LES
COLONIES ANIMALES

ET LA

FORMATION DES ORGANISMES

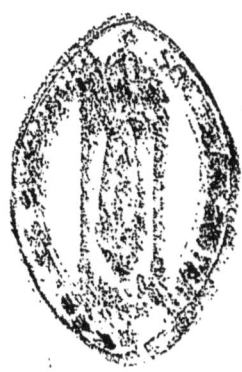

511-80 — CORBEIL, TYP. ET STÉR. CRÉTÉ.

LES
COLONIES ANIMALES

ET LA

FORMATION DES ORGANISMES

PAR

EDMOND PERRIER

PROFESSEUR-ADMINISTRATEUR DU MUSÉUM D'HISTOIRE NATURELLE

Avec 2 planches et 158 figures dans le texte.

PARIS

G. MASSON, ÉDITEUR

LIBRAIRE DE L'ACADÉMIE DE MÉDECINE

120, BOULEVARD SAINT-GERMAIN, EN FACE DE L'ÉCOLE DE MÉDECINE

MDCCCLXXXI

A MON PÈRE

ANTOINE PERRIER

DIRECTEUR DE L'ÉCOLE NORMALE PRIMAIRE
DE L'ALLIER.

PRÉFACE

Peu de mots suffiront pour expliquer l'origine et la portée de ce livre.

La chaire que j'ai l'honneur d'occuper au Muséum d'Histoire naturelle est celle où Lamarck développa pour la première fois, d'une manière scientifique, l'idée que les espèces animales étaient variables et descendaient, par voie de filiation naturelle, des espèces différentes qui les avaient précédées. C'est parmi les chaires de Zoologie du Muséum celle dont le domaine s'étend jusqu'aux sources mêmes de la vie : il comprend la plupart des êtres à qui la science moderne demande anxieusement la solution du grave problème de nos origines. Je n'ai pas cru qu'il me fût possible de passer indifférent, dans mes cours, à côté de cette grande théorie de la descendance formulée autrefois par le plus illustre de mes prédécesseurs et, de nos jours, aussi brillamment attaquée que vaillamment défendue.

En décembre 1878, désireux d'aller, autant que possible,

au fond des choses, sans parti pris, sans idée préconçue, sans autre souci que celui de m'éclairer moi-même en compagnie d'un auditoire que je remercie des sympathies qu'il n'a cessé de me témoigner, je commençai une série de leçons ayant pour titre : *Des arguments que l'histoire des animaux inférieurs fournit pour ou contre le transformisme.*

Chemin faisant, j'ai acquis la conviction qu'une loi simple permettait de relier entre eux tous les faits que j'avais à exposer ; j'ai été conduit à énoncer cette proposition : *Tous les organismes supérieurs ne sont autre chose que des associations, ou, pour me servir du terme scientifique, des* COLONIES *d'organismes plus simples diversement groupés.*

Ainsi formulée, cette idée ressemble à certains égards à celle que soutenait Dugès, en 1831, dans son *Mémoire sur la conformité organique dans l'Échelle animale.*

Elle en diffère par des points essentiels : Dugès n'avait pas les éléments nécessaires pour déterminer la nature et les rapports réciproques des organismes qui se sont associés et plus ou moins confondus pour former les animaux supérieurs. L'idée d'une évolution des êtres vivants ne s'est nullement présentée à son esprit : l'éminent naturaliste de Montpellier voyait dans le mode de constitution qu'il attribuait aux animaux la réalisation d'un plan conçu par une intelligence créatrice et nullement la conséquence de lois naturelles dominant une lente élaboration des organismes. Il cherchait avant tout un compromis entre la théorie de l'*Unité de plan de composition* du Règne animal soutenue par Geoffroy Saint-Hilaire, la théorie de la multiplicité des plans de structure que défendait Cuvier, et l'idée de la série animale dont de Blainville s'était fait le champion.

La cause même des groupements organiques qu'il constatait lui échappait et la théorie, réduite aux proportions d'une simple loi métaphysique, se trouvait privée de ses plus importantes conséquences.

Nous nous efforçons, au contraire, d'établir qu'une propriété commune à tous les animaux inférieurs, le pouvoir de se reproduire par division ou, comme les végétaux, par bourgeonnement, a été la cause première de toute l'évolution organique. Les êtres nés les uns des autres par ce procédé sont d'abord demeurés associés et ce sont leurs associations qui portent le nom de *Colonies*. Ces colonies sont ensuite devenues des organismes.

Nous cherchons à déterminer les conditions qui ont présidé à cette transformation : nous prouvons qu'on peut en suivre les phases pas à pas dans toutes les parties du Règne animal et nous arrivons ainsi à enchaîner les unes aux autres par un lien étroit toutes les formes animales actuellement vivantes ; nous rattachons à des conditions d'existence précises les différences, fondamentales en apparence, que l'on observe entre les animaux composant les quatre grands embranchements de Cuvier ; nous établissons comment le type supérieur des Vertébrés a pu se dégager naturellement de certaines formes d'animaux sans vertèbres ; enfin nous démontrons que le développement embryogénique des animaux, tel qu'on l'observe aujourd'hui, n'est que la conséquence immédiate de la série de phénomènes que nous avons exposés.

Ceci nous amène à apprécier autrement qu'on ne l'a fait jusqu'ici les rapports réciproques des différents groupes du Règne animal et à en asseoir la classification sur des principes nouveaux.

D'autre part, nous nous trouvons en présence de l'une des questions philosophiques les plus intéressantes ; comment l'in-

divualité de l'animal supérieur a-t-elle pu se substituer à celle
des individus d'ordre inférieur qui se sont unies pour la former?
Comment un *moi* unique a-t-il pris la place de tous ces *moi*
primitifs? Nous essayons, en terminant, de l'esquisser.

Le chemin parcouru suffit à montrer combien la théorie
que nous développons diffère de celles qui l'ont précédée.

Nous admettons pleinement la doctrine de l'Évolution et
nous donnons les raisons supérieures qui nous y ont déterminé, malgré les points obscurs qui subsistent encore ; mais
nous prions instamment les adversaires de cette doctrine de
vouloir bien considérer que la plupart des faits que nous
avons reliés entre eux dans cet ouvrage se trouvent groupés
en dehors de toute hypothèse : de leur rapprochement décou-
lent des conséquences qu'il est impossible d'éviter. Les assimilations que nous avons faites entre les colonies animales et
les organismes proprement dits subsistent, sans exception,
qu'on les explique au moyen d'une harmonie établie d'emblée
par une intelligence créatrice ou qu'on en cherche les causes
dans des lois naturelles.

Notre livre s'adresse donc à tous ceux qui s'intéressent
aux choses de la nature, sans distinction d'opinion.

Nous avons fait tous nos efforts pour en rendre la lecture
facile à quiconque se préoccupe des questions palpitantes
que nous avons abordées, et nous avons eu le désir de
demeurer accessible même aux lecteurs étrangers aux sciences
naturelles : la science ne déroge pas en tendant la main à
ceux qui veulent bien venir à elle. Nous avons été puissamment aidé dans cette partie de notre tâche par les sacrifices
qu'a bien voulu faire M. Georges Masson pour donner à notre
livre tout l'aspect d'un livre de luxe, et nous devons encore
de vifs remercîments à M. Gaston Tissandier, directeur de

l'excellent journal *la Nature*, qui a publié un résumé de nos principaux chapitres et fait graver la plupart des nombreuses figures qui plaideront auprès de nos lecteurs, mieux encore que notre texte, en faveur de la cause que nous soutenons.

La *Nouvelle Revue* et la *Revue Scientifique* ont également donné l'hospitalité à nos deux premiers chapitres.

Les dessins ont été faits avec un soin tout particulier par MM. Clément et Morieu, et reproduisent en petit les planches murales peintes par M. Clément, d'après les mémoires originaux, pour notre enseignement du Muséum.

Edmond PERRIER.

Paris, le 2 février 1881.

TABLEAU

exprimant le degré de parenté des groupes primordiaux du Règne animal.

I. — Plastides.

.... Monères.

.... Rhizopodes.   Infusoires flagellifères.   Grégarines.

.... Rhizopodes composés.   Flagellifères sociaux.   Catallactes, Labyrintulées, etc.

II. — Mérides ou colonies de Plastides.

1. — *Mérides isolés*.......... Dicyémidés. — Orthonectidés. — Chétognathes. — Gastérotriches. — Rotifères.

2. — *Mérides métagénétiques.* Infusoires ciliés. — Protascus. — Prohydra. — Procystis. — Proscolex. — Pronauplius. — Protrocha.

SÉRIE DES SPONGIAIRES.	SÉRIE DES ACALÈPHES.	SÉRIE DES ÉCHINODERMES.	SÉRIE DES PLATHELMINTHES.	SÉRIE DES ARTHROPODES.	SÉRIE DES NÉPHROSTOMÉS.
Olynthus.	Hydres.	Cystidés.	Turbellaria. Trématodes.	Nauplius.	Trochosphère.

III. — Zoïdes et Dèmes ou colonies de Mérides.

1. — *Zoïdes et Dèmes irréguliers, à protoméride originairement fixé*........ Infusoires sociaux.   Éponges.

      Hydroméduses.

        Siphonophores.   Bryozoaires.

2. — *Zoïdes rayonnés, issus des précédents*...........

    1. — Isolés.   Cténophores.   Échinodermes.

        Rhizostomidés.

    2. — Groupés en dèmes irréguliers.   Coralliaires.

3. — *Zoïdes et Dèmes linéaires, à protoméride originairement libre*........

    1. — Libres et à bouche du côté neural, quand elle existe.   Cestoïdes.

        Onychophores.   Vers annelés.

        Crustacés.   Arachnides.

        Myriapodes.

        Insectes.   Mollusques.   Provertébrés.

    2. — Modifiés par la fixation.   Cirripèdes.   Brachiopodes.   Ascidies.

    3. — Libres et à bouche du côté hæmal.   Amphioxus.

        Vertébrés.

LES
COLONIES ANIMALES

ET LA

FORMATION DES ORGANISMES

LIVRE PREMIER

LA VIE ET LES PREMIERS ÊTRES

CHAPITRE PREMIER

INTRODUCTION. — LES THÉORIES PHYSIQUES ET LA DOCTRINE DE LA DESCENDANCE.

Deux doctrines sont depuis longtemps en présence relativement à l'origine des espèces animales et végétales.

L'une affirme que ces espèces ont apparu sur le globe à peu près telles que nous les voyons aujourd'hui, qu'elles n'ont subi et ne peuvent subir que de très légères modifications, qu'il n'y a et n'y a jamais eu rien de commun entre elles.

L'autre soutient que le règne animal et le règne végétal, avec tout leur appareil d'*espèces*, de *genres*, de *familles*, d'*ordres*, d'*embranchements*, n'ont pas été créés de toutes pièces ; que la vie s'est d'abord montrée sur la terre sous une forme simple, d'où sont sorties par une série ininterrompue de modifications successives toutes les formes, si complexes soient-elles, que nous révèle l'étude de la Nature.

Pouvons-nous choisir entre ces deux alternatives?

Quelques-uns disent : Ce sont là questions hors de notre portée. Il sera éternellement impossible à la science humaine de les résoudre. Acceptons le monde tel qu'il est sans nous embarrasser de ce qu'il a pu être ou de ce qu'il deviendra.

Mais l'homme ne se connaît pas si bien qu'il puisse assigner des limites à son propre savoir. Il serait au plus haut point téméraire d'affirmer que nul ne pourra comprendre, quel que soit le développement futur des connaissances, ce qui échappe de nos jours à notre entendement. Le droit du naturaliste à rechercher l'origine des êtres vivants est donc absolu. Cela admis, il est d'un trop grand intérêt de connaître cette origine, pour que l'on renonce jamais à la découvrir.

Tout autre est en effet la situation de l'homme vis-à-vis des organismes suivant la façon dont ils se sont formés.

Supposons-les immuables : la science de l'anatomiste est fatalement bornée à l'enregistrement de formes sans aucun lien entre elles ; celle du physiologiste ne subsiste qu'en vertu d'une hypothèse : rien ne prouve que les résultats de ses études sur une espèce soient vrais encore pour l'espèce la plus voisine. La recherche des lois est une pure chimère. Chaque espèce, indépendante de celles qui lui ressemblent le plus, est, comme elles, suivant une expression de Louis Agassiz, l'incarnation d'une pensée créatrice distincte. Vouloir établir un lien entre ces pensées, c'est vouloir pénétrer l'intelligence créatrice elle-même. Désespérant de l'atteindre, l'homme la rapetisse à l'image de sa propre intelligence. Il se représente le Créateur comme un architecte sans cesse occupé à construire de splendides édifices ou d'humbles cabanes qu'il laisse subsister quelque temps pour les renverser ensuite, par un caprice de sa volonté, et les remplacer par d'autres plus conformes aux idées nouvelles qui se dér ulent dans son esprit. L'homme assiste en spectateur à ces changements successifs dont la raison, extérieure au monde physique, lui est absolument cachée. L'intérêt avec lequel il les suit est purement philosophique. De tels phénomènes ne le touchent que très indirectement, puisqu'ils sont l'effet d'une volonté à laquelle il doit lui-même l'existence et dont il ne saurait deviner les motifs. Les espèces étant des faits sans rapport entre eux, l'homme n'a rien à leur demander ni sur leur origine, ni sur la sienne. Lié à certains êtres vivants par une cohabitation en quelque sorte accidentelle, il cherche à les connaître, soit en vue du profit qu'il en peut tirer, soit pour défendre contre eux sa personne ou ses établissements. Pourquoi s'inquiéterait-il des autres? C'est affaire à quelques curieux de les décrire et de les classer. La vie elle-même est soustraite à son action et n'a aucun secret à lui livrer.

Supposons au contraire que les espèces se soient graduellement produites à la surface du globe, que celles qui nous entourent descendent des espèces différentes qui les ont précédées, que toutes se rattachent par une succession non interrompue de formes continuellement en voie de variation, à des êtres simples, apparus dès l'origine et qui auraient produit tous les autres en se transformant ou en se groupant de façons diverses. Dès lors les espèces se trouvent intimement reliées entre elles. Les plus voisines sont réellement la même chair et le même sang. Les lois de la physiologie ont une généralité nécessaire. Celles que découvre l'anatomie comparée sont les lois mêmes de la formation et du développement des organismes. Elles dérivent des lois de la physiologie générale, c'est-à-dire des propriétés inhérentes aux substances vivantes. Les formes qui se succèdent résultent de l'action réciproque de ces substances et des milieux dans lesquels elles sont placées. Les premières étant bien connues dans leurs propriétés fondamentales, l'histoire des modifications subies par les seconds contient l'explication des transformations successives des organismes. L'homme, capable d'agir sur les milieux, doit être par cela même capable d'agir sur le monde vivant qui l'entoure, capable d'agir sur lui-même puisqu'il en fait partie. Sorti du règne animal, — qu'il constitue ou non un règne nouveau, — il trouve dans le passé de ce règne, sa propre histoire. Tout être vivant peut revendiquer avec lui quelque parent commun, n'est qu'une modification de la substance même dont il est formé ou d'une substance analogue. Apprendre à connaître les animaux et les végétaux, si infimes qu'ils soient, c'est donc apprendre à connaître l'homme, c'est apprendre à connaître le jeu de son organisme, et les modifications dont il est susceptible. Les lois des modifications de la matière vivante sont les mêmes partout : elles renferment le secret de ce que nous nommons les maladies, comme aussi celui de les prévenir ou de les guérir. La médecine, la physiologie, l'embryogénie, la science des formes, qu'on l'appelle anatomie comparée, zoologie, botanique descriptive ou paléontologie, constituent un ensemble étroitement cohérent auquel se relient toutes les sciences qui s'occupent de l'homme, et l'on conçoit, au-dessus de toutes ces sciences particulières, une science qui les englobe toutes, une *Science de la vie*, dont la science de l'homme n'est qu'un cas particulier : cette science a reçu un nom, celui de *Biologie*.

Il ne saurait plus être question de pensées créatrices isolément incarnées. Les espèces n'ont plus, pour seule et unique cause, une volonté aux desseins impénétrables. Leur développement s'accomplit suivant un ordre logique, rigoureux, résulte de lois fixes, inéluctables, comparables de tous points aux lois de la physique et de la chimie et entraînant avec elles des conséquences aussi variées. Chaque forme a ses causes déterminables et s'impose à nous, non plus comme un fait à constater, mais comme un problème à résoudre. De là l'accroissement d'activité qui s'est manifesté dans les sciences de la vie depuis la publication du livre célèbre de Darwin sur l'*Origine des espèces*.

A la place de l'implacable et froide immobilité dans laquelle le dogme de la fixité des espèces fait dormir l'empire organique tout entier, la théorie du développement graduel des formes spécifiques, la théorie de la *Descendance*, de l'*Évolution*, ou encore, comme on l'a appelée d'un mot, le *Transformisme*, nous montre partout le mouvement, la lutte, le progrès. La vie du monde n'est plus un tableau que contemple d'un œil désintéressé ce grand spectateur qui s'appelle l'Humanité ; c'est un drame parfois sanglant, une immense bataille à laquelle il prend sa rude part et dont toutes les péripéties peuvent l'atteindre.

Toutefois là n'est pas seulement la cause de l'accueil enthou-

siaste qui a été fait au transformisme, des bruyants débats dont il
a été l'objet. Ces débats n'auraient guère dépassé sans doute l'horizon du monde savant, si la doctrine discutée n'avait présenté
un accord remarquable avec d'autres idées théoriques, nées séparément, mais qui sont bien vite devenues le fondement même
de la philosophie scientifique de notre époque.

Le transformisme a sa place marquée à côté des grandes doctrines qui ont, depuis le commencement de ce siècle, renouvelé la
face des sciences physiques. C'est par ces doctrines qu'a été
ouverte la voie brillante qu'il a parcourue, c'est d'elles qu'il tire
une partie du crédit qu'on lui a si rapidement et si généralement
accordé. Si on veut l'apprécier avec impartialité, il est donc indispensable de ne pas le séparer de l'ensemble de conceptions auxquelles il se relie, qui en sont le commentaire obligé et qui, se
prêtant un mutuel appui, témoignent en quelque sorte les unes
pour les autres.

Nous devons jeter un coup d'œil sur cet ensemble grandiose.

Plusieurs naturalistes avaient avant Darwin pensé que les
êtres vivants sont liés généalogiquement entre eux. L'illustre
philosophe cite, dans l'une de ses préfaces, une liste de trente-
quatre naturalistes ou philosophes qui tous, depuis le dix-huitième siècle, ont plus ou moins explicitement émis l'idée que les
espèces actuelles sont susceptibles de varier, de donner naissance,
dans des conditions déterminées, à des espèces nouvelles et descendent elles-mêmes d'espèces éteintes ou encore vivantes qui ne
présentaient pas leurs caractères. Dans cette liste on trouve des
noms illustrés tels que ceux de Buffon, Lamarck, Étienne et Isidore
Geoffroy Saint-Hilaire, Bory de Saint-Vincent, Léopold de Buch,
d'Omalius d'Halloy, pour ne citer que les morts. En France même,
c'était au fond leurs opinions sur le degré de variabilité des êtres
vivants et sur leur origine qui divisaient Cuvier et Geoffroy
Saint-Hilaire et firent éclater entre ces deux hommes de génie la
brillante discussion dont l'Académie des sciences de Paris a gardé
le souvenir.

Comment une question de cet ordre a-t-elle pu cesser, depuis
lors, de préoccuper les naturalistes ? Comment, après avoir eu de

tels défenseurs, la doctrine de la descendance a-t-elle pu tomber dans l'oubli ? Comment à cet oubli un si bruyant réveil a-t-il succédé? Sans doute l'idée nouvelle de la *sélection naturelle* apportée par Darwin, la dialectique sévère, la science étendue du naturaliste anglais ont eu leur part dans cet accueil ; mais la cause principale est plus haut ; elle est avant tout dans la transformation profonde qui s'est opérée dans l'esprit philosophique depuis l'époque des mémorables débats qui tenaient captive l'attention de Gœthe malgré le grondement des révolutions. Reportons-nous aux premières années de ce siècle, que de progrès accomplis !

La Chimie minérale venait à peine de trouver ses législateurs et rien n'aurait pu faire prévoir les développements immenses de la Chimie organique. On croyait encore à la matérialité des agents physiques : la lumière, l'électricité, la chaleur, le magnétisme étaient des *fluides*, différents les uns des autres, pénétrant la substance des corps, s'amassant en eux en proportions diverses, tandis que des *forces*, causes du mouvement, l'attraction, l'affinité, la cohésion sollicitaient leurs molécules. Si les mouvements des astres étaient déjà bien connus et calculés, on possédait à peine quelques notions sur la nature des planètes, et l'on ignorait totalement ce que pouvaient être le soleil, les étoiles et les comètes. L'Histoire même de la terre, la Géologie essayait seulement ses premiers pas : on considérait le globe terrestre comme un frêle ballon roulant dans l'espace, sujet à d'effroyables cataclysmes, à des révolutions mystérieuses détruisant, par intervalles, tout ce qui avait vie, nécessitant par conséquent un réveil périodique de la puissance créatrice. C'était là l'idée fondamentale de la Paléontologie de Cuvier. L'homme était apparu au début de la dernière période de calme, il devait, selon toute probabilité, finir avec elle.

D'autres idées cosmogoniques ont acquis aujourd'hui un caractère de certitude absolue. Une étude attentive des phénomènes qui s'accomplissent actuellement à la surface du globe a montré qu'ils étaient capables à eux seuls de produire sur lui les changements dont la géologie nous raconte l'histoire. Il n'y a pas eu de convulsions générales séparant les unes des autres les époques géologiques, transformant d'un coup la disposition des continents et des mers : la terre est parvenue à l'état où nous la voyons par une série ininterrompue de modifications graduelles et continues dont les causes agissent encore sous nos yeux et paraissent éternelles. La théorie des *causes actuelles* de Lyell a pris la place de la théorie des *révolutions du globe* et des *cataclysmes successifs*, exposée jadis par Cuvier avec tant de grandeur.

L'Astronomie est venue à son tour, aidée de toutes les ressources de la Physique, nous révéler cette partie du passé de notre globe que la Géologie ne peut atteindre. Le spectroscope a retrouvé dans le soleil, dans les étoiles et jusque dans les comètes, les substances terrestres et pas d'autres. L'unité chimique de l'Univers a été de la sorte établie. Nous avons appris qu'une portion considérable de la masse solaire était encore à l'état de gaz incandescent, que les comètes étaient en grande partie constituées de pierres disjointes ; ces pierres ou d'autres semblables traversent souvent notre atmosphère sous forme d'étoiles filantes ; quelques-unes tombent sur notre sol, et les recherches de M. Stanislas Meunier ont prouvé qu'elles avaient autrefois fait partie de globes volumineux, sièges comme le nôtre, comme la lune, de phénomènes volcaniques. L'histoire des astres et de leurs métamorphoses est maintenant complète : le soleil et les étoiles nous représentent leur jeunesse, la terre et la plupart des planètes leur âge mûr. La lune froide et morne, presque entièrement solidifiée, traversée par d'immenses cassures, nous offre l'image de leur décrépitude. C'est déjà peut-être un cadavre dont les diverses parties, par le progrès du refroidissement, finiront par se disjoindre : l'astre sera remplacé par un amas de pierres météoriques.

Mais cet état ne fait que préparer une nouvelle métamorphose. Séparées de leurs sœurs par les mille accidents de leur course à travers l'espace, quelques-unes de ces pierres vont augmenter la masse d'astres plus considérables, d'autres, déviées de leur route, deviennent complètement errantes, allant au hasard des influences qui agissent sur elles, d'autres enfin sont englobées dans les amas cométaires. Là nous assistons à une sorte de renaissance, les pierres et les particules matérielles de provenances diverses, que la comète a ramassées le long de son orbite, animées de vitesses différentes, obéissant d'ailleurs à leur attraction réciproque, deviennent satellites les unes des autres. A chaque instant des chocs, des frottements, viennent ralentir leurs mouvements rapides, créant par cela même la lumière propre des comètes et la chaleur qui fondra, vaporisera même leurs éléments épars pour les réduire en une seule masse et transformer la comète en astre planétaire. La comète est donc une des formes que peut revêtir l'enfance des astres dont toutes les phases de la vie nous sont désormais connues.

Cependant une idée nouvelle s'est fait jour et a porté le premier coup à la vieille hypothèse des *fluides* ou *agents physiques*. Rumford avait entrevu que la chaleur pourrait bien n'être qu'une transformation du mouvement : Fresnel proclame que la lumière n'est autre chose qu'un mouvement vibratoire, et aussitôt toutes les propriétés de cet « agent » jusque-là mystérieux, tous les phénomènes de l'optique s'expliquent comme par enchantement. J. Mayer, Joule, Hirn, Tyndall reprennent l'idée de Rumford et démontrent à leur tour que la chaleur n'est, elle aussi, qu'un mode particulier de vibration des particules matérielles. Ils prouvent que la chaleur se change en mouvement et le mouvement en chaleur suivant des règles fixes qu'ils déterminent. La *théorie mécanique de la chaleur* est créée : elle entraîne avec elle une théorie nouvelle de la constitution moléculaire des corps. Les solides, les liquides, les gaz que l'on pouvait croire formés de particules immobiles présentent au contraire une incroyable activité intérieure. Leur température, telle que l'apprécient nos organes, n'est autre chose que l'impression produite sur nous par le frémissement de leurs particules.

Déjà notre illustre Ampère avait établi l'identité de l'électricité et du magnétisme. Seebeck montre qu'il suffit de chauffer le point de soudure de deux métaux pour produire un courant électrique. L'influence de la chaleur sur le magnétisme, la production de l'électricité par le frottement font partie de nos premières notions sur ces agents ; leur transformation en lumière et en chaleur, par conséquent en mouvement, est devenue un fait vulgaire qu'attestent aujourd'hui d'innombrables industries et l'éclairage même de nos rues.

L'ancienne hypothèse des fluides indépendants est donc morte pour jamais ; il n'y a plus pour les physiciens qu'une matière subtile, l'*Éther*, remplissant l'espace, pénétrant tous les corps, capable d'agir sur eux et de leur communiquer ses mouvements.

La notion mystérieuse de la *force* fait place à celle du *mouvement*. Il n'y a d'autre cause au mouvement que le mouvement lui-même, d'autre moyen de transmettre le mouvement que le choc, d'autre cause modificatrice du mouvement que les mouvements antérieurement acquis. Le mouvement est lui-même indestructible, toujours en quantité constante dans l'univers, mais indéfiniment transformable, à ce point que nous venons à peine d'apprendre à le reconnaître sous ses dernières métamorphoses.

L'étude de la matière fait, elle aussi, de rapides progrès.

Les chimistes ont successivement décrit une soixantaine d'éléments qu'ils considèrent comme distincts, indécomposables, formant toutes les substances par leurs combinaisons diverses et qui sont pour eux des *corps simples* (1). On s'efforce d'abord de définir nettement les propriétés qui les distinguent, mais on ne tarde pas à se demander si ces prétendus éléments sont réellement indépendants les uns des autres, si quelques traits ne révèlent pas en eux une origine commune, si les alchimistes n'avaient pas raison de chercher la transmutation des métaux. M. Dumas établit le premier que ces corps peuvent se grouper en familles dont tous les éléments se comportent sensiblement de la même façon dans les réactions chimiques; revenant à une hypothèse de Proust, il fait voir que leurs poids atomiques sont en général des nombres entiers comme si les atomes des corps réputés simples étaient en réalité composés eux-mêmes d'un nombre variable de parties toutes identiques entre elles, comme si ces atomes ne différaient les uns des autres que par le nombre de ces parties.

(1) Le nombre des corps simples, qui était de 61 jusqu'à la découverte du spectroscope, serait aujourd'hui de 73 si les résultats des plus récents travaux se confirment. Les corps ajoutés à la liste sont tous des métaux, à savoir : le *Cæsium* et le *Rubidium* (Kirchhoff et Bunsen), le *Thallium* (Lamy, Crookes), l'*Indium* (Reich et Richter), le *Gallium* et le *Samarium* (Lecoq de Boisbaudran), le *Mosandrum* (Lawrence Smith), le *Philippium* et le *Decipium* (Delafontaine), le *Scandium* (Nilson), le *Thulium* et l'*Holmium* (Clève).

Mais de quoi sont faites ces parties elles-mêmes ? Existerait-il une *substance primordiale* unique constituant à elle seule tout l'univers ? Cette collectivité que nous nommons, par abstraction, la *matière* et dont notre esprit fait une grande unité, aurait-elle une existence réelle ? La question est posée. MM. Mendeleef et Lothar Meyer, poursuivant la voie ouverte par M. Dumas, signalent à leur tour de singuliers rapports entre les poids atomiques des corps simples et leurs principales propriétés. Ils indiquent des lacunes dans la liste de ces corps, ils vont jusqu'à prédire que ces lacunes seront comblées et décrivent d'avance les éléments qui restent à découvrir. M. Lecoq de Boisbaudran arrive à des conclusions analogues par l'étude du spectre des corps simples, c'est-à-dire par l'étude de la constitution de la lumière qu'ils émettent quand ils sont incandescents. La découverte voulue, cherchée du *gallium* par laquelle s'est illustré notre compatriote, celle du *scandium* par M. Clève, viennent confirmer ces diverses prévisions théoriques. M. Lockyer observe de son côté, dans le spectre de certains corps simples, tels que le *calcium* et le *phosphore*, des dédoublements qui semblent indiquer en eux un commencement de décomposition. Les « *corps simples* » ne sont donc pas plus que les « *agents physiques* » des entités indépendantes les unes des autres. Ainsi tend à se confirmer l'idée qu'ils ne sont probablement que les apparences diverses d'une seule substance, la *Matière* par excellence, une et indestructible comme le mouvement, probablement identique à l'*Éther*.

Les apparences diverses que revêt cette matière, c'est encore aux mouvements qui l'agitent que des physiciens éminents l'attribuent. La forme même des atomes dépendrait d'après des recherches toutes récentes des vibrations dont ils sont animés. L'apparence géométrique des cristaux serait due aux mouvements intimes de leurs particules intégrantes. On arrive ainsi à conclure que le mouvement est absolument indispensable à l'existence des corps. C'est lui qui a fait naître leurs atomes et leurs molécules au sein de l'Éther. L'Éther n'est lui-même que la matière primordiale à l'état de raréfaction et de repos le plus grand que nous puissions concevoir. L'existence de la matière suppose donc le mouvement, comme le mouvement suppose la matière. L'un et l'autre sont indestructibles, inséparables. Les deux entités auxquelles nous avions ramené les corps et les forces se réduisent à leur tour à une majestueuse unité.

Toutes les parties du monde inorganique étant unies dans la continuité la plus absolue, leur état actuel résulte non seulement de leur action réciproque, mais encore de leur état antérieur et domine les états qui devront suivre. Tout phénomène, toute substance a une cause et devient cause à son tour ; aucun phénomène, aucune substance n'apparaît dans le monde subitement, isolément. Les physiciens et les chimistes disent depuis longtemps en parlant de la matière : « Rien ne se perd, rien ne se crée. » Cette proposition s'applique tout aussi bien aux phénomènes, combinaisons diverses, étroitement enchaînées l'une à l'autre de deux essences également indestructibles : le mouvement et la matière. Il ne saurait y avoir de *génération spontanée* pour les phénomènes pas plus qu'il n'y en a pour les substances, et, par un contraste piquant, c'est peut-être la meilleure raison théorique que l'on puisse imaginer en faveur de l'hypothèse de la génération spontanée des êtres vivants primitifs.

Nulle part on n'aperçoit dans le monde inorganique l'action d'une force extérieure à ce monde, d'une volonté apportant au cours des choses un trouble quelconque. Le physicien, en son laboratoire, ne peut concevoir la Divinité que comme présidant de toute éternité à l'existence de la matière et du mouvement dont elle est la cause première et au fonctionnement des lois immuables qui régissent l'enchaînement des phénomènes. C'est pour lui cette intelligence dont un illustre géomètre, complétant une pensée de Laplace, a magnifiquement décrit la puissance, en disant :

« Une intelligence assez vaste pour connaître à un moment donné la position de tous les atomes de l'univers, la grandeur et la direction des vitesses dont ils sont animés, connaîtrait non seulement le présent, mais pourrait encore prédire le plus lointain avenir et plonger dans les profondeurs du passé le plus reculé. »

Certes, dans cette conception de l'univers, une grande part est faite à l'hypothèse. Bien des apparences sont peut-être prises pour des réalités, des ressemblances pour des identités. Mais quel plus beau spectacle que de voir, dans toutes les directions, les sciences physiques remonter par un perpétuel et puissant effort la chaîne des causes, les ramener graduellement les unes aux autres, ne s'arrêter qu'après les avoir réduites à une seule, après avoir établi dans toute l'étendue de leur vaste domaine une admirable continuité! Comment ne pas accorder au moins la confiance de l'enthousiasme à ces hardies conquérantes de la Nature?.

Pendant que, sans aucune protestation, cette révolution transformait nos connaissances relatives au monde inorganique, une ère nouvelle se levait aussi pour les sciences qui poursuivent l'étude des êtres organisés. « La Vie, disait une école célèbre, est une force *sui generis* qui soustrait pour un temps la matière aux lois des forces physico-chimiques. Les réactions qui s'accomplissent dans les organismes sont de tout autre nature que celles qui prennent naissance en dehors d'eux. L'intervention de la vie dans les phénomènes leur donne un caractère capricieux, irrégulier, qui ne permet pas de retrouver dans leur succession des relations de causes à effet analogues à celles que les observateurs sont habitués à voir dans les phénomènes purement physiques. »

C'était là, en substance, la théorie du *vitalisme*, théorie qui semblait condamner l'homme à demeurer éternellement impuissant en face de l'insondable mystère de la vie. Le physiologiste devait se borner à enregistrer les faits : si par hasard il tentait quelques expériences, leur résultat ne pouvait être prévu que par une sorte de calcul des probabilités. La vie était rebelle à toute précision.

Les travaux des premiers physiologistes semblaient, il faut bien le dire, donner raison à cette décourageante doctrine. Magendie lui-même, accumulant expériences sur expériences n'était pas sûr, malgré sa robuste foi, de se retrouver dans le dédale de leurs résultats contradictoires. Claude Bernard montre enfin que les résultats des expériences physiologiques ne sont contradictoires qu'en apparence; que les divergences observées tiennent à ce que l'expérimentateur s'est, à son insu, placé dans des conditions dissemblables et, croyant faire une opération, en a fait une autre en réalité différente. Il édifie le code de l'expérimentation physiologique : il proclame cette grande vérité que les forces physiques ou chimiques agissent dans les organismes, comme dans le monde minéral ; il affirme enfin que, dans les organismes, comme dans le monde minéral, tout phénomène reconnaît une ou plusieurs causes déterminables, causes nécessaires et suffisantes pour assurer sa production. C'est là toute la théorie du *déterminisme* des phénomènes physiologiques, théorie féconde, car elle établit pour la première fois d'une manière explicite l'existence, entre les phénomènes physiologiques et leurs causes, de liens aussi étroits que ceux qui unissent les phénomènes chimiques ou physiques aux causes qui les déterminent. Pour la première fois, les principes de *causalité* et de *continuité*, sources de toute connaissance certaine dans l'empire inorganique, sont transportés dans l'empire organique. Les êtres vivants sont désormais considérés comme de petits mondes au sein desquels tous les phénomènes s'enchaînent, comme s'enchaînent dans le monde extérieur les phénomènes physico-chimiques.

En même temps, les perfectionnements apportés au microscope, les progrès accomplis dans l'art des recherches micrographiques ont permis d'étudier plus complètement les agents immédiats des phénomènes physiologiques. Schwann reconnaît que ces agents ne sont dans les deux règnes que des modifications relativement légères d'un élément fondamental, toujours le même, auquel on est convenu de donner le nom de *cellule*. La *cellule* est essentiellement une petite masse de substance vivante nue ou enveloppée dans une membrane d'ordinaire complètement close. Dans cette substance on aperçoit en général une vésicule d'aspect un peu différent, le *noyau*, contenant à son tour une petite masse globuleuse, le *nucléole*. Les cellules présentent dans leur forme et leurs dimensions une variété infinie. Elles constituent, presque à elles seules, tous les organismes, s'associant de mille façons, tout en conservant leur individualité, concourant toutes au même but, sans aliéner cependant leur indépendance, semblables à des musiciens jouant sur des instruments divers les parties différentes d'une même symphonie et contribuant, sans se connaître, à sa parfaite exécution.

Les incomparables recherches de M. Pasteur sur les *fermentations* répandent un jour tout nouveau sur les phénomènes intimes qui s'accomplissent au sein de ces éléments, véritables ouvriers de la vie, et sur les réactions chimiques dont les organismes sont le siège. Les *ferments*, causes des fermentations, ne sont en définitive que des cellules libres, toutes semblables entre elles, quand le ferment est pur, et que l'on peut faire vivre à l'exclusion de toutes autres, dans des conditions parfaitement déterminées. Mille cellules de ferment ne font que multiplier par mille l'action d'une seule. Suivre tous les détails d'une fermentation, c'est donc observer à un énorme grossissement ce qu'on pourrait appeler la *vie chimique* d'une cellule, d'un élément anatomique d'espèce déterminée, placé dans des conditions parfaitement définies ; c'est étudier la vie dans son degré le plus grand de simplicité, dans les circonstances les plus voisines de celles que l'on cherche à réaliser dans les expériences de physique ou de chimie.

Les conclusions auxquelles conduit cette étude sont transportables, à de légères modifications près, à la vie des cellules engagées dans des organismes. La vie d'un végétal ou d'un animal élevé ne diffère, au point de vue chimique, d'une fermentation, que par le nombre et la variété des phénomènes résultant de l'association d'éléments dont les propriétés sont parfois très diverses et dont chacun se comporte comme un véritable ferment. Si l'on pouvait faire vivre et cultiver, en dehors des organismes dont ils font partie, leurs éléments anatomiques, on réussirait à les connaître comme on connaît les *levûres* ou les *bactéries*, et les mystères les plus intimes de la vie seraient par cela même dévoilés. C'est ce qui donne à l'étude des ferments une importance philosophique si considérable, c'est la raison pour laquelle s'étendent sans cesse les limites du vaste champ dont M. Pasteur a entrepris l'exploration d'une façon si brillante, c'est pourquoi se multiplient indéfiniment les conséquences des admirables recherches de ce maître illustre.

On est aujourd'hui suffisamment avancé dans les études de chimie organique pour pouvoir affirmer que les réactions chimiques qui s'accomplissent dans les organismes sont de même nature, sont soumises aux mêmes lois que celles qui s'accomplissent au dehors. Bien plus, on est parvenu à les imiter dans le plus grand nombre des cas sans avoir recours à l'intervention de la vie. On croyait autrefois que les êtres vivants pouvaient seuls combiner l'hydrogène avec le carbone — tout au moins ne savait-on obtenir de carbure d'hydrogène que par la décomposition des matières dites *organiques*. M. Berthelot réussit le premier à obtenir directement l'un de ces carbures, l'*acétylène*. Or à l'aide de l'acétylène on peut former tous les autres carbures ; ceux-ci fournissent à leur tour les sucres, les alcools, les essences, les huiles et les divers acides ou alcaloïdes organiques. Dès 1860, M. Berthelot rassemble les résultats obtenus et dote la science de cette œuvre magistrale : l'*Essai de chimie organique fondée sur la Synthèse*. Il affirme et démontre que les composés les plus complexes produits par les corps vivants peuvent être reconstitués en prenant pour point de départ les éléments eux-mêmes à l'état isolé : le carbone, l'oxygène, l'hydrogène et l'azote. La barrière qui séparait les composés organiques des composés minéraux est désormais brisée.

A la vérité, les substances albuminoïdes, plus complexes que toutes les autres, résistent encore. Mais M. Schützenberger a réussi à leur faire éprouver les plus remarquables transformations : leur constitution chimique, naguère encore si obscure, commence à s'éclaircir et rien ne permet de supposer qu'on ne parviendra pas à les faire rentrer dans la loi commune.

Faut-il aussi désespérer d'obtenir artificiellement ces curieuses substances que les végétaux et les animaux fabriquent en si grande abondance et qui jouissent même à l'état amorphe de la singulière propriété de dévier le plan de polarisation de la lumière ? Dans les minéraux, cette faculté est liée à la forme cristalline et à cette altération régulière de la symétrie des cristaux que l'on nomme l'*hémiédrie*. Dans les composés organiques le pouvoir de dévier le plan de polarisation de la lumière, le pouvoir rotatoire, comme on l'appelle par abréviation, est indépendant de la cristallisation et semble plutôt dépendre de la constitution chimique du composé. Or toutes les fois que la synthèse a permis d'obtenir un de ces corps doués du pouvoir d'agir sur la lumière polarisée, elle a toujours

donné en même temps une quantité égale d'un corps identique, à
cette différence près qu'il agit exactement en sens inverse sur cette
umière, de sorte que l'ensemble de ces deux corps forme une solution neutre. Si le pouvoir rotatoire est dû à une certaine dissymétrie dans l'arrangement des atomes ou des molécules des corps, il
semble donc que cette dissymétrie ne puisse être obtenue que sous
l'action de la vie. Aurait-elle pour cause, comme l'a pensé
M. Pasteur, la façon même dont la lumière solaire vient frapper
les végétaux, source première de tous les composés organiques? Le
pouvoir rotatoire aurait alors une origine toute physique. Il faudrait peut-être renoncer à obtenir artificiellement des substances
qui d'emblée en fussent douées ; mais cette impossibilité n'impliquerait aucune antithèse entre les produits de la vie et les produits ordinaires de la chimie.

On peut donc affirmer qu'il n'y a pas de substance dont la production soit exclusivement réservée à l'action de la vie. Les organismes n'ont pas de chimie qui leur soit propre, ils n'ont pas non
plus de physique particulière. Le rôle de la chaleur, de l'électricité,
de la lumière dans l'accomplissement des phénomènes vitaux devient chaque jour plus manifeste.

D'autre part, la connaissance de certaines dispositions anatomiques suffit souvent à rendre compte de quelques-uns des phénomènes physiologiques les plus mystérieux ; la structure de la moelle
épinière donne l'explication des mouvements réflexes ; celle des
olives de la moelle allongée conduit à ne voir dans la coordination
des mouvements nécessaires à la production de la parole qu'un
admirable mécanisme. L'organisme lui-même apparaît comme une
machine, tantôt simple, tantôt complexe, soumise dans tous les cas
aux lois rigoureuses de la mécanique, ne les transgressant jamais.

Ainsi le jeu des forces physiques conserve toute sa précision
dans le domaine de la vie qui cesse enfin d'être considérée comme
antagoniste de ces forces. Des liens chaque jour plus nombreux
unissent le monde organique au monde inorganique ; tous deux
se montrent régis par les mêmes lois.

La vieille antithèse entre le végétal et l'animal disparaît à son
tour. Non seulement l'un et l'autre ont pour élément fondamental

la *cellule*, toujours composée des mêmes parties essentielles, mais cette cellule, qu'elle soit animale ou végétale, se comporte toujours de la même façon, naît, croît, meurt, se nourrit, se reproduit suivant les mêmes lois, contracte les mêmes rapports avec le milieu dans lequel elle doit vivre. C'est seulement dans les détails que se manifestent des différences : si bien qu'entre la *vie. animale* et la *vie végétale*, il devient impossible de tracer aucune limite précise.

A cette conception de l'unité de la vie correspond la conception d'une substance unique, fondamentale, chargée d'accomplir tous les phénomènes vitaux, commune à la fois aux cellules animales et aux cellules végétales dont elle forme la partie vraiment active, capable de subir de nombreuses transformations, présente dans tous les éléments anatomiques et cause première de leurs propriétés communes. Cette substance d'une importance si exceptionnelle, c'est le *protoplasme*. De même que les physiciens ramènent toutes les forces à ce substratum *unique*, le *mouvement*, de même que les chimistes voient dans les corps réputés simples et leurs composés les transformations diverses d'une matière primordiale également *unique*, de même les physiologistes subordonnent toutes les substances vivantes à une substance primitive qui les engendre toutes, mère de la vie et des organismes, le *protoplasme*.

Nous retrouvons donc partout, dans tous les domaines de la science, cette même tendance à remonter à une cause unique.

Mais le protoplasme lui-même n'est pas une cause qui échappe à toute analyse comme le mouvement, comme la matière primordiale. Ce n'est pas davantage un corps simple à la manière des éléments de la chimie ; il est formé de carbone, d'hydrogène, d'oxygène, d'azote et d'une petite quantité d'autres substances minérales. Est-il impossible à la chimie de reproduire une telle combinaison ?

Cette question, quelques-uns se la posent déjà avec audace. Forts des succès prodigieux réalisés par la synthèse chimique dans l'espace d'un demi-siècle, ils n'hésitent pas à répondre de ses succès à venir ; ils affirment hardiment que l'homme saura un jour faire sortir la vie de la matière inerte ; mais cela n'est pas nécessaire pour relier le monde vivant au monde minéral. Le protoplasme est le siège de tous les phénomènes vitaux, il est composé lui-même d'éléments chimiques bien définis, n'est-ce pas assez pour montrer qu'aucune frontière ne sépare l'empire organique de l'empire inorganique, pour prouver qu'il existe de l'un à l'autre une parfaite continuité ?

L'enchaînement de ces idées paraît absolument nécessaire. La grandiose conception du monde qui en résulte semble devoir s'imposer d'une façon irrésistible : l'accord est tel entre les diverses sciences d'observation que l'on croit l'énigme de l'univers sur le point de s'évanouir.

Cependant une difficulté subsiste.

Si variées que soient les substances et les forces, on arrive par une série d'inductions légitimes à les réduire à l'unité ; il semble au premier abord qu'il ne puisse en être de même des formes. Dans le monde vivant, certaines d'entre elles se perpétuent sans changement considérable depuis qu'il est donné à l'homme d'observer : des animaux ou des végétaux naissent les uns des autres, toujours semblables à leurs parents dont ils transmettent fidèlement la forme et les facultés à leur descendance. Ces formes, d'apparence immuable, caractérisent les *espèces*.

A les voir se répéter ainsi à travers le temps, les naturalistes ont dû penser tout d'abord qu'elles avaient été créées telles que nous les voyons, qu'elles ont été, sont encore et demeureront toujours irréductibles l'une à l'autre. Ainsi les chimistes ont fait successivement des corps qu'ils ont découverts, ainsi les physiciens, des forces. Comme eux, et avant eux, les naturalistes se sont efforcés de décrire et de caractériser leurs espèces, de les distinguer les unes des autres, de faire ressortir ce qui pouvait les séparer avant de rechercher ce qu'elles avaient de commun. Quelques-uns affirment encore que ce travail d'analyse est le but suprême de la science, et refusent au zoologiste et au botaniste ce droit à la synthèse dont physiciens et chimistes usent si largement. Cependant les naturalistes descripteurs eux-mêmes préparent l'avènement de nouvelles idées. Les espèces se multiplient à l'infini, il devient bientôt nécessaire de mettre de l'ordre dans ce chaos. L'attention se porte de plus en plus sur les ressemblances : on précise celles qui ont frappé de tout temps; on en découvre de nouvelles et l'on commence à répartir les espèces en groupes de plus en plus compréhensifs, que Linnée échelonne de la *classe* au *genre*. Les *classifications* prennent naissance. Ce ne sont d'abord que des moyens de se reconnaître facilement dans le vaste catalogue des productions de la nature. Peu à peu se dégage l'idée qu'elles doivent représenter exactement les affinités réelles des êtres. On ne s'arrête plus à des *systèmes* plus ou moins ingénieux ; on recherche une *méthode naturelle* de classification, et le mot de *parenté* se présente naturellement à l'esprit pour exprimer les rapports des espèces les plus voisines. On compare volontiers les classifications à des arbres généalogiques, sans leur en attribuer cependant la signification ; la comparaison est si bien dans l'esprit de Cuvier lui-même, le partisan résolu de la fixité des espèces, l'inventeur de la théorie des créations successives, que, lorsqu'il veut désigner les quatre groupes primordiaux par lui établis dans le règne animal, il ne trouve pas de meilleur nom que celui d'*embranchements*. Les noms de *famille*, de *tribu*, sans cesse employés dans la nomenclature, ne réveillent-ils pas d'ailleurs la même idée ?

Lamarck a le premier la hardiesse de donner à ces comparaisons le sens d'une réalité. Chaque f is qu'on veut peindre l'ensemble des rapports que les êtres présentent entre eux, on est conduit à chercher des images dans les degrés de parenté ; n'est-il pas plus simple d'accepter franchement ce que la force des choses semble imposer et de dire que l'empire organique est vraiment composé d'êtres tous parents entre eux, dont les classifications nous présentent un arbre généalogique approché ?

Lamarck est profondément imbu de ces idées de *continuité* et de *causalité* qui sont le fondement même des sciences physiques et que seuls, parmi les savants, repoussent encore les naturalistes. Il admet que les animaux et les végétaux sont descendus les uns des autres par une série ininterrompue de transformations graduelles dont il recherche les causes ; il signale merveilleusement l'influence modificatrice des milieux, de l'habitude, des croisements, met nettement en lumière l'importance de l'hérédité des caractères, accepte enfin, pour les formes les plus simples des deux règnes, la *génération spontanée*, grâce à laquelle le monde vivant se relie, selon lui, au monde minéral. Un livre profond, la *Philosophie zoologique* résume sa doctrine, où, pour la première fois, le Règne animal et le Règne végétal sont représentés comme le résultat d'une *évolution* graduelle et non d'une *création*, dans le sens où l'on emploie généralement ce mot.

Aux côtés de Lamarck, Étienne Geoffroy Saint-Hilaire, comme lui professeur au Muséum, travaille à démontrer l'*unité de plan de composition* du Règne animal. Il poursuit l'étude des modifications diverses dont ce plan est susceptible. Appuyé sur la *loi des connexions* qui lui permet de reconnaître toujours un même organe et d'en suivre pas à pas les métamorphoses, il montre comment les mêmes parties peuvent être appelées à jouer les rôles les plus différents et à s'adapter aux fonctions qu'elles remplissent ; il signale l'importance philosophique des *organes rudimentaires*, frappés d'avortement par suite du défaut d'usage, fait servir l'étude des monstruosités elles-mêmes à déterminer les lois de formation des organismes, et dote l'anatomie comparée d'une méthode de recherche d'inépuisable fécondité. C'est à lui que revient l'idée de comparer les animaux inférieurs aux embryons des animaux supérieurs ; il ouvre ainsi la voie que l'embryogénie a depuis si brillamment parcourue. Chemin faisant, il signale l'influence des conditions extérieures sur le développement des animaux ; il demande à ces conditions l'explication de certaines monstruosités et fait pressentir la possibilité de cette tératogénie expérimentale, réalisée depuis par M. Dareste (1). Plus d'une fois, il exprime d'une façon explicite sa croyance à la mutabilité des formes spécifiques ei à l'évolution graduelle du règne animal ; toute sa philosophie anatomique est un ardent plaidoyer en faveur de cette doctrine.

D'autres conceptions moins scientifiques, toutes issues de ce besoin de l'esprit humain de substituer le simple au complexe, avaient été déjà proposées pour relier entre elles les formes vivantes. Oken voyait dans les animaux la représentation des diverses parties

_____
(1) Camille Dareste, *Recherches sur la production artificielle des monstruosités ou Essais de tératogénie expérimentale*, 1877.

de l'homme, synthèse de la création, merveilleuse réduction de l'univers, véritable *microcosme*. Le microcosme résultait lui-même de la répétition de parties primitivement semblables entre elles, plus ou moins modifiées ; cette idée, fausse sans doute si on la prend dans toute sa généralité, n'est cependant pas stérile : c'est elle qui conduit Oken à voir dans le crâne une modification de la colonne vertébrale, dans les os qui le composent des vertèbres transformées ; c'est depuis les *philosophes de la nature* dont Oken était le chef que l'on a plus activement recherché dans un organisme donné les parties de même nature, qu'on les a suivies dans toutes les transformations qu'elles peuvent subir, dans tous les rôles qu'elles peuvent jouer ; c'est seulement après avoir cherché à perfectionner la théorie vertébrale du crâne que Gœthe découvre dans les appendices variés des végétaux et jusque dans les pétales ou les étamines de la fleur, de simples modifications de la feuille.

Après avoir comparé les organismes entre eux, on compare les unes aux autres leurs diverses parties, on détermine leurs similitudes et leurs différences, on formule les lois de leur association. Ainsi se trouve créée une science nouvelle, la *morphologie*, qui rétablit l'ordre et la continuité dans le chaos jadis inextricable des formes vivantes et ne permet plus de méconnaître leur intime parenté.

L'étude du développement embryogénique vient encore resserrer cette parenté. Von Baër croyait avoir reconnu quatre types de développement, correspondant aux quatre embranchements de Cuvier et tout aussi indépendants les uns des autres. La notion de ces quatre types ne tarde pas à faire place à une toute autre conception des phénomènes d'évolution. On reconnaît d'abord que tous les animaux procèdent d'un œuf, aussi bien les mammifères que les éponges ; on démontre l'identité essentielle de l'œuf dans toute la série animale, et l'œuf lui-même ne se trouve pas distinct des cellules proprement dites dont il reproduit avec fidélité, dans le plus grand nombre des cas, la structure typique. On est bientôt amené à constater que les premières phases du développement sont les mêmes du plus bas au plus haut degré de l'échelle. Il est dès lors naturel de penser que la durée de la ressemblance de deux animaux pendant la période de leur développement est en quelque sorte proportionnelle à leurs affinités zoologiques. Dès 1844, M. Milne Edwards exprime cette pensée avec une netteté qui n'a jamais été surpassée :

« Les affinités zoologiques, dit l'illustre professeur (1), sont proportionnelles à la durée d'un certain parallélisme dans la marche des phénomènes génésiques chez les divers animaux ; de sorte que les êtres en voie de formation cesseraient de se ressembler d'autant plus tôt qu'ils appartiennent à des groupes distinctifs d'un rang plus élevé dans le système de nos classifications naturelles, et que les caractères essentiels, dominateurs, de chacune de ces divisions, résideraient, non pas dans quelques particularités de formes organiques permanentes chez les adultes, mais dans l'existence plus ou moins prolongée d'une constitution primitive commune, du moins en apparence. »

N'oublions pas que tous les animaux ont le même point de départ, l'*œuf*, que leur développement s'accomplit essentiellement au moyen d'un procédé unique, la *segmentation,* non pas du *vitellus,* comme on le dit d'ordinaire, mais de l'œuf tout entier, abstraction faite de son enveloppe, et nous sommes ainsi conduits à nous représenter le règne animal comme un arbre dont le tronc se ramifie rapidement pour donner quelques branches maîtresses, ramifiées à leur tour à l'infini. Les divisions ultimes représentent les espèces, les diverses touffes correspondent aux groupes de nos méthodes. Ces groupes eux-mêmes, loin d'être indépendants, sont nécessairement reliés entre eux, puisque l'on peut toujours trouver dans l'histoire du développement des êtres qu'ils renferment des phases de ressemblance plus ou moins longues. De là à la doctrine de la descendance, il n'y a évidemment qu'un pas.

L'idée de l'unité d'origine du règne animal apparaît donc comme une conséquence bien difficile à écarter du rôle assigné

---

(1) Milne Edwards, *Considérations sur quelques principes relatifs à la classification naturelle des animaux (Annales des sciences naturelles,* 3e série, t. I, p. 65, 1844, et *Observations sur le développement des Annélides;* même recueil, t. III, p. 146, 1845).

pàr M. Milne Edwards à l'embryogénie dans la détermination des affinités zoologiques : elle repose non plus sur de simples interprétations, mais sur des observations rigoureuses que sont venues successivement appuyer les innombrables recherches accomplies depuis lors.

Ainsi, de toutes parts, les hommes voués à l'étude de la vie, quelle que soit la direction de leurs travaux, physiologistes, zoologistes, anatomistes, embryologistes, tous ceux qui cherchent à grouper les faits accumulés, tous arrivent à se trouver face à face, dans le monde vivant, avec les mêmes principes de *continuité* et de *causalité* qui, dès l'origine, se sont imposés aux physiciens et aux chimistes ; tous arrivent à proclamer l'existence d'une grande unité qui domine les manifestations si variées de la vie à la surface du globe. L'idée s'est sans doute bien souvent présentée à eux de relier ces manifestations elles-mêmes à celles qui les ont précédées et de remonter ainsi jusqu'aux âges les plus lointains du passé.

La paléontologie accomplit cette œuvre. Reconstituant les faunes et les flores dont les débris sont ensevelis dans les couches géologiques, elle fournit à la science les données les plus inattendues. De même que l'hypothèse des révolutions du globe s'est effondrée, celle des créations successives tombe devant les faits. Des faunes et des flores diverses se succèdent à la surface du globe à mesure qu'il poursuit son évolution ; mais aucune d'elles n'apparaît ou ne disparaît en bloc. Les espèces s'éteignent une à une et naissent une à une, de telle sorte que leur ensemble subit insensiblement dans le cours des âges une incessante transformation. La comparaison des organismes fossiles avec les organismes actuellement vivants révèle des rapports singuliers : chez certains d'entre eux, Louis Agassiz reconnaît des états permanents de formes que traversent seulement les organismes contemporains pour s'élever rapidement plus haut, ce sont pour lui des *types embryonnaires;* ailleurs, certains traits d'organisation indiquent l'apparition prochaine de groupes jusque-là inconnus, et les types qui les présentent ont ainsi le caractère de *types prophétiques.* D'autres fossiles enfin, réunissant en eux des caractères qu'on ne trouve aujourd'hui que disséminés chez des êtres d'ailleurs éloignés les uns des autres, constituent des *types synthétiques*. Qui ne voit que ces différents types embryonnaires, prophétiques, synthétiques ne font que diminuer les distances qui séparent les organismes actuels, que resserrer les liens de parenté un peu lâches en apparence qui les unissent ?

Progressivement, mais d'une façon continue, le règne animal et le règne végétal se rapprochent de la physionomie que nous leur connaissons aujourd'hui. Tous deux subissent une véritable évolution, parallèle à l'évolution du globe et qui se manifeste par la disparition successive de certaines formes et leur remplacement par d'autres ordinairement analogues, mais plus voisines des formes actuelles.

Comment s'effectue ce double mouvement ?

Faut-il admettre qu'une cause surnaturelle préside à une destruction continue des organismes que contre-balance une création également continue ?

Mais nous savons aujourd'hui comment les organismes disparaissent. Depuis les temps historiques, le Dinornis a cessé de vivre à la Nouvelle-Zélande, l'Æpyornis à Madagascar, le Dronte et plusieurs espèces de Tortues aux îles Mascareignes. En Europe, les Aurochs ne forment plus qu'un mince troupeau ; certaines Baleines ont disparu de nos mers. Les Apteryx et les Strigops diminuent rapidement à la Nouvelle-Zélande (1). Nous avons même vu des races humaines s'éteindre sans retour. Or nous avons la certitude la plus absolue que ces phénomènes n'ont rien de surnaturel, nous en connaissons les causes d'une façon certaine et, comme l'époque actuelle ne diffère en rien de celles qui l'ont précédée, nous sommes autorisés à attribuer à des causes naturelles l'extinction des espèces fossiles des âges plus anciens.

Si, d'autre part, des espèces disparaissent de nos jours, à moins que nous ne marchions — chose peu probable — vers l'extinction

---

(1) Le Dinornis, l'Æpyornis, le Dronte étaient, comme l'Apteryx encore vivant, des oiseaux incapables de voler ; la taille des deux premiers dépassait celle de l'autruche. Les Strigops sont des perroquets qui habitent des terriers et dont la physionomie rappelle singulièrement celle des oiseaux de proie nocturnes.

totale du monde vivant, il faut nécessairement que ces espèces soient remplacées, de même que l'ont été les espèces disparues autrefois. Il apparaît donc de nos jours des espèces nouvelles. Or, cela ne peut avoir lieu que de deux façons : ou lentement, et c'est alors par une graduelle transformation d'espèces actuellement existantes ; ou brusquement, et cette brusque apparition serait un phénomène sur le caractère duquel il n'est peut-être pas hors de propos d'insister.

Une espèce, au moment de son apparition, est nécessairement représentée, au moins dans les groupes supérieurs, par deux individus, le mâle et la femelle. Ces individus sont eux-mêmes constitués par un certain poids de carbone, d'hydrogène, d'oxygène, d'azote, de chaux et de quelques autres substances minérales. De deux choses l'une : ou ces substances sont créées en même temps que l'individu qu'elles constituent et viennent augmenter d'autant la masse du globe, ou elles existaient déjà et sont seulement soumises à un nouveau groupement.

Il n'est pas un physicien, un chimiste, un astronome qui ne proteste contre la première de ces hypothèses. Quant à la seconde, elle a été faite souvent ; elle supposerait aux premiers individus de chaque espèce un mode de génération bien connu et qu'on a déjà nommé, la *génération spontanée*. Tout le monde sait les efforts infructueux tentés par Pouchet, Joly, Musset, Charlton Bastian et bien d'autres pour obtenir la génération spontanée des êtres les plus simples : tout le monde sait avec quelle incomparable précision M. Pasteur a démontré, pour les organismes microscopiques, l'impossibilité d'admettre une telle origine. Qui donc serait disposé à y croire pour des organismes plus élevés ?

Le mot de *création* substitué à celui de *génération spontanée* ne diminue en rien la difficulté. Car la volonté créatrice ne se manifeste que par ses actes, et la science, ne pouvant remonter au delà de la constatation de ceux-ci, attribuera, par définition même, à la génération spontanée, l'apparition de tout être né sans parents. Cette apparition aurait lieu du reste forcément à un jour et en un lieu déterminés. Qu'on se demande l'accueil que ferait le monde savant à un voyageur qui oserait écrire : « Tel jour, à telle heure, en tel endroit j'ai vu apparaître spontanément un lion ou un éléphant ! »

Aussi bien pour le mode d'apparition des espèces que pour tous les autres phénomènes biologiques l'esprit humain se trouve donc implicitement amené à admettre la *continuité* et la *causalité*. On n'ose parler de la *génération spontanée* des espèces qu'en l'appelant *création*, de la création qu'en la faisant reculer jusqu'à des époques auprès desquelles les époques mythologiques semblent d'hier, et quand tout démontre que des espèces nouvelles doivent se former sans cesse, quand on demande comment elles apparaissent, les plus sincères répondent : « Nous ne saurons jamais. »

D'ailleurs, aucune tentative tenant compte de toutes les connaissances acquises depuis le commencement de ce siècle n'est faite pour donner une solution du problème. Nous arrivons ainsi à l'année 1859, date de la publication du livre de Darwin.

Darwin met nettement en lumière les effets de la *concurrence vitale*, de la *lutte pour la vie;* il montre tous les êtres vivants obligés de conquérir ou de défendre leur place au soleil, mettant à profit pour cela les moindres avantages, ne réussissant à vivre et à se créer une postérité que s'ils l'emportent sur des concurrents moins aptes à soutenir la bataille. Ceux-ci disparaissent fatalement, de sorte que la vie appartient à un certain nombre d'élus, objets d'une *sélection naturelle*, et qui ne se perpétuent qu'à la condition de se modifier sans cesse.

Le fait même de la lutte pour la vie et de la sélection qui en résulte est indiscutable. C'est bien vaincues dans cette lutte, que les espèces disparaissent : les Baleines de nos océans ont été victimes de leur grande taille, le Dronte de son inaptitude à voler, diverses races humaines de leur infériorité intellectuelle.

Dans la théorie de Darwin, comme dans celle de Lamarck, l'hérédité des caractères acquis joue un grand rôle : cette hérédité ne saurait être mise en doute. On ne pourrait nier davantage que les espèces ne soient susceptibles de varier. Quiconque a manié une grande collection, quiconque a eu à marquer la limite précise entre deux espèces voisines, habitant une zone quelque peu étendue, sait combien cela est difficile. La multiplication même des noms spécifiques dont s'effraient si souvent les partisans les plus résolus de la fixité des espèces, n'est-elle pas la preuve de cette variabilité ? Autour de nous, n'avons-nous pas réussi à faire varier dans les proportions les plus étendues les espèces dont nous avons fait nos compagnes habituelles ? C'est, dira-t-on, l'influence de la *domesticité.* Mais l'homme a-t-il à son service des force différentes de celles de la nature ? Qui voudrait soutenir que les modifications subies par les animaux autour de lui ont été dès l'abord des modifications préméditées, maintenues à l'aide d'une rigoureuse sélection , comme cela arrive pour les races qu'on réussit à créer si rapidement de nos jours ? L'homme n'a fait que varier davantage les conditions d'existence des animaux asservis qui se sont naturellement adaptés à ces conditions. L'influence du milieu artificiel créé par lui ayant été moins prolongée que celle du milieu naturel, a été par cela même moins profonde. L'homme a en général déterminé la formation de *races* et non la formation d'*espèces.* Comment du reste aurait-il pu détruire en quelques centaines d'années l'empreinte des millions de siècles qui ont précédé l'établissement de sa domination dans la nature ?

Voilà donc bien des faits acquis : les espèces varient ; leurs variations se transmettent par voie d'hérédité ; la lutte pour l'existence fait disparaître les variations inutiles ou désavantageuses ; un petit nombre de variations sont donc choisies pour se perpétuer, fixées par l'accumulation des générations, et caractérisent d'abord des *variétés* et des *races*, puis des *espèces.*

Sans doute, la théorie de la formation des espèces telle que Darwin l'a présentée n'est pas complète : les causes premières, apparemment fort multiples, des variations individuelles restent à déterminer ; les distances à franchir de l'Infusoire jusqu'à l'Homme sont trop considérables pour que toutes les lacunes soient comblées dans cette vaste généalogie ; la raison de la fécondité illimitée des races et de l'infécondité relative des espèces croisées entre elles, n'est pas trouvée ; mais ce sont des problèmes à résoudre, problèmes que pose la théorie de la descendance et que l'on ne saurait transformer en objections contre elle. Quelle est la théorie physique ou chimique qui ne présente, elle aussi, ses difficultés, qui n'ait ses points réservés, de qui on puisse dire qu'elle montre absolument le fond des choses?

La théorie de la descendance avait le mérite immense de faire rentrer dans la loi commune les sciences naturelles; de faire disparaître la discontinuité qu'impliquait nécessairement la fixité des espèces. Elle était seule capable d'accomplir cette révolution. Il n'y a pas d'alternative en dehors de la *création* et de l'*évolution* : or l'astronomie, la physique, la chimie, avaient montré l'évolution dans toutes les parties de l'univers et l'avaient fait admettre par tous les esprits ; comment s'étonner du retentissement énorme obtenu par la rénovation d'une doctrine qui la montrait dans le domaine de la vie, dernier refuge de cette puissance aux impulsions soudaines, aux brusques soubresauts, sous les traits de laquelle les anciens aimaient à se représenter le Créateur et le Maître du m nde ?

Si les animaux descendent effectivement les uns des autres, un problème nouveau s'impose aux recherches des naturalistes : Quelle a été leur filiation ? Quels ont été les ancêtres des animaux et des végétaux actuels ? Quels liens relient les espèces fossiles aux espèces vivantes de nos jours?

De toutes parts surgissent les travaux : Huxley nous montre comment les oiseaux sont issus des reptiles, et la découverte de plusieurs échantillons d'*Archæopteryx*, sorte de lézard emplumé, vient resserrer encore les affinités de ces animaux. Plusieurs naturalistes, aux premiers rangs desquels M. Albert Gaudry, s'efforcent d'établir les *Enchaînements du monde animal* (1). Le cheval est rattaché à l'*Hipparion* à trois doigts, descendant lui-même de l'*Anchitherium*, issu à son tour des *Palæotherium;* Woldemar Kowalewski indique la souche commune des ruminants et des porcins, tandis que son frère croit trouver dans l'embryogénie comparée des Ascidies et du Vertébré le plus inférieur, l'*Amphioxus*, la preuve que ces organismes ont une origine commune.

Tout récemment encore la faune des phosphorites, si brillamment étudiée par M. H. Filhol, révèle des liens inattendus entre les différents types de mammifères carnassiers; les chats se trouvent

(1) C'est le titre de l'un des récents ouvrages (1878) du savant professeur de paléontologie du Muséum.

reliés aux martes ; les chiens et les hyènes aux civettes, et les espèces de cette faune témoignent dans la classe des mammifères
d'une variabilité que nous ne connaissons plus.

Au milieu de la multitude de travailleurs qui se font les apôtres
de la doctrine de la descendance, un homme se signale par la
tournure philosophique de ses travaux et la hardiesse de ses conceptions. Ernest Hæckel, professeur à l'université d'Iéna essaye
de montrer quelle a été la succession probable des organismès, et
tente de dresser d'après les documents actuels un arbre généalogique du règne animal. Il attaque bientôt et pose d'une façon
nouvelle le problème de l'origine de la vie : il n'admet plus que
des animaux ou des végétaux, même réduits à une seule cellule,
puissent se former directement par l'union des éléments chimiques. Mais la cellule est essentiellement formée d'une substance
peu différente, en apparence, d'un composé chimique. Cette substance c'est le *protoplasme* que l'on trouve partout où la vie se
manifeste, et c'est elle qui, suivant Hæckel, serait produite par
l'union directe des éléments chimiques : seul, d'après lui, le *protoplasme* pourrait naître spontanément. Une fois formé, il se per-
pétuerait, pourrait acquérir des propriétés nouvelles, s'organiserait
en cellules et ces cellules, se groupant à leur tour, constitueraient
enfin toute la série des organismes.

Hæckel admet ainsi une continuité absolue entre le monde minéral et le monde organique. L'un a engendré l'autre : les mêmes
lois sont applicables à tous deux. Ce sont les lois de la physique et
de la chimie qui ont présidé à l'apparition et au développement
de la vie à la surface du globe. Le monde est un et contient en lui-
même les raisons de ses incessantes transformations. Telle est la
doctrine à laquelle le zoologiste d'Iéna a donné le nom de *Mo-
nisme*, vaste ensemble où la théorie de la descendance a sa
place marquée, comme complément nécessaire des théories de l'u-
nité de la force et de l'unité de la matière. Là s'arrête la puissance de l'induction et de la généralisation scientifiques. Remonter
plus haut pour essayer de découvrir l'origine même de la matière
et du mouvement ne saurait appartenir à la Science. Au-dessus
d'elle la métaphysique et les religions offrent à l'esprit humain

de vastes horizons. Elles ont un domaine à elles que la Science ne tente pas de leur disputer.

Nous avons essayé de montrer la place du transformisme dans la plus vaste philosophie naturelle qui ait jamais été conçue : nous avons tenté de faire voir combien il est conforme à toutes les tendances qu'affirment les sciences physiques ; nous nous sommes efforcé d'exposer les raisons supérieures qui l'imposent à l'esprit, malgré toutes les objections de détail.

Mais, l'évolution une fois admise, la succession généalogique des êtres une fois établie, il reste encore à rechercher les lois qui ont présidé à cette évolution, qui ont imprimé à cette succession la direction qu'elle a suivie. Comment le protoplasme a-t-il pris naissance ? Quelles conditions ont déterminé sa formation ? Ces conditions sont-elles encore réalisables ? Comment se sont constituées les premières cellules ? Comment ont-elles pris les caractères différents qui les distinguent ? Par quel procédé sont-elles parvenues à se grouper de manière à former — elles si simples — des organismes aussi compliqués que ceux des animaux supérieurs ? Ce sont là d'importantes questions sur lesquelles l'histoire des groupes inférieurs du règne animal nous semble jeter une vive lumière.

On peut encore s'élever par une pente presque insensible d'êtres exclusivement constitués par du protoplasme homogène jusqu'aux organismes supérieurs, suivre pas à pas la complication graduelle des formes vivantes et montrer qu'un petit nombre de procédés généraux ont suffi à les produire.

Nous tentons dans cet ouvrage de mettre en lumière quelques-uns de ces procédés, que paraissent indiquer nettement les faits rassemblés depuis le commencement de ce siècle par d'innombrables investigateurs.

CHAPITRE II

L'une des conceptions les plus séduisantes de la biologie moderne a été celle de cette substance particulière, le *protoplasme*, commune à tous les êtres vivants, jouissant chez tous d'un certain nombre de propriétés générales, accomplissant à elle seule les phénomènes vitaux les plus variés, nécessaire à la production des plus humbles d'entre eux.

Le protoplasme est-il une réalité, ou ne doit-on voir en lui qu'une simple fiction ? Est-ce une substance que l'on puisse isoler ou une abstraction telle que ces prétendus fluides auxquels les physiciens attribuaient naguère encore les phénomènes électriques, calorifiques ou lumineux ?

L'idée d'une substance simple, possédant la vie, comme les éléments de la chimie possèdent leurs propriétés particulières, est ancienne dans la science. Au commencement de ce siècle Oken affirmait déjà l'existence d'une substance vivante fondamentale, d'une *gelée primitive*, devenue célèbre sous son nom allemand de *Urschleim*. C'est par elle qu'avait, selon lui, commencé le monde vivant, c'est d'elle qu'étaient sortis tous les organismes, c'est elle encore qui constituait la partie la plus importante du système nerveux, et formait toute seule le corps entier des êtres les plus infimes, des infusoires qu'Oken supposait dépourvus d'organes. La *gelée primitive*, le *Urschleim*, se formait spontanément au sein des eaux : les infusoires, n'étant que des grumeaux de cette gelée, naissaient comme elle sans parents.

Le rôle attribué par Oken à sa gelée primitive était tout hypothétique; il résultait de conceptions *à priori* ou d'observations erronées contre lesquelles s'éleva avec une ardeur qui ne s'est jamais démentie dans le cours de sa longue carrière l'illustre micrographe Ehrenberg (1). Le *Urschleim* était sur le point de s'évanouir devant le nombre et la précision apparente de ses observations : il fut sauvé par un de nos compatriotes, Dujardin, naturaliste infatigable, mort professeur à la Faculté des sciences de Rennes.

Ehrenberg attribuait aux infusoires une organisation tout aussi complexe à certains égards que celle des animaux supérieurs. Dujardin démontra que le corps de certains êtres microscopiques est en réalité formé d'une substance molle, sans forme déterminée, incapable de se constituer en éléments définis et, *a fortiori*, en organes ou appareils, parfois absolument homogène, plus souvent granuleuse, douée de la faculté de se mouvoir, sans cesse parcourue par des courants qui entraînent dans un sens ou dans un autre les granules qu'elle contient. C'était bien là la gelée d'Oken. Mais, cette fois, la curieuse substance était rigoureusement observée, nettement définie ; ses propriétés étaient scientifiquement déterminées, aucune part n'était faite à l'hypothèse dans leur description. La substance vivante primitive qu'Oken avait inventée sans l'avoir jamais vue, Dujardin la découvrait réellement : il lui donnait le nom de *sarcode*, parfaitement choisi, car c'est la substance de la chair, sans être cependant la chair elle-même.

Depuis cette époque, qui remonte déjà à une quarantaine d'années, tous les naturalistes ont confirmé les observations de Dujardin. On a fait plus : on a montré que le contenu de toutes les cellules animales était une substance jouissant exactement des mêmes propriétés fondamentales que le sarcode. Les botanistes ont en même temps reconnu l'existence d'une substance sem-

(1) Né à Delitz, en Saxe, près Leipzig, le 19 août 1795, mort à Berlin le 27 juin 1876.

blable dans toutes les cellules végétales, pendant la période où elles s'accroissent et se reproduisent. Hugo von Mohl l'a appelée *protoplasme* alors que son identité avec le sarcode de Dujardin n'était pas encore soupçonnée. L'anatomiste allemand, Max Schultze, a montré à son tour qu'entre le protoplasme végétal et le sarcode animal, il n'y avait aucune différence essentielle : l'un et l'autre possèdent les mêmes propriétés, jouent le même rôle ; il est donc inutile de leur attribuer deux noms distincts : le nom de protoplasme a prévalu dans la science, sans doute parce qu'il exprime plus clairement cette idée théorique que la substance qu'il désigne est, comme l'a dit Huxley, la *base physique de la vie.*

Le protoplasme n'est donc pas une hypothèse. Il est bien vrai que les tissus, les organes, les appareils, les systèmes compliqués que l'anatomie fait découvrir dans les organismes élevés ne sont nullement nécessaires à la production de la vie. Leur arrangement réciproque, qui constitue l'*organisation*, peut sans doute donner une direction particulière aux phénomènes vitaux, mais ne modifie en rien leur essence. De là on a conclu que la vie n'est ni une *force* particulière, ni une combinaison de forces résultant du concours d'un nombre variable d'activités. Ce serai une *propriété* d'une substance ou d'un groupe de substances, d'un ou plusieurs protoplasmes, propriété indépendante de toute forme et de toute structure déterminées. Étudier le protoplasme et ses propriétés, ce serait donc étudier les conditions dans lesquelles la vie peut se produire et la vie elle-même. L'intérêt qui s'attache à l'étude de la vie se concentre tout entier sur cette merveilleuse substance, seule apte à la produire, dont elle est inséparable et qui ferait de l'homme presque un dieu s'il parvenait jamais à la faire naître à son gré.

S'il est impossible d'attribuer au protoplasme une forme ou une structure déterminée, c'est également en vain que l'on chercherait à le rattacher à l'une des catégories dans lesquelles la physique répartit les corps. Ce n'est ni un solide ni un liquide ; sa consistance est intermédiaire entre celles qu'on désigne habituellement par ces mots ; elle est variable, mais ne saurait at-

teindre à une fluidité absolue ni à la rigidité qui caractérise les
corps vitreux ou cristallisés ; fluide, le protoplasme se fusionnerait
avec les liquides au sein desquels il vit ; solide, il ne se prêterait
pas aux échanges nécessaires à sa nutrition. Sa consistance particulière est donc une condition indispensable à son existence.
Dans sa masse nagent ordinairement d'innombrables granula-
tions qui semblent en faire partie intégrante, mais qui ne sont
le plus souvent que des corpuscules étrangers en voie d'incorporation ; le protoplasme pur, le protoplasme typique est en définitive
une substance molle, douée d'une cohésion plus ou moins voisine
de celle du blanc d'œuf, limpide et homogène, rappelant par
tous ces caractères les substances dites *albuminoïdes.*

Sa composition chimique moyenne, autant qu'elle a pu être
établie, est aussi celle de ces substances, c'est-à-dire qu'il est
formé de carbone, d'hydrogène, d'azote, d'oxygène associés à une
petite quantité de soufre et d'autres matières minérales.

C'est là un fait de haute importance : la substance douée de vie
n'est pas simple ; elle est composée d'éléments chimiques parfaitement connus, dont les proportions sont déterminables ; de plus,
cette substance se rapproche beaucoup d'un certain groupe de
substances, les substances albuminoïdes, que rien n'autorise à
considérer comme d'une autre nature que les composés chimiques ordinaires. Par cela même, une question se présente à
l'esprit : Est-il possible de reproduire le *protoplasme*, de créer par
conséquent la vie par les procédés ordinaires de la chimie, c'est-à-
dire en faisant agir d'une certaine façon les agents physiques sur
les éléments chimiques qui le composent ?

Il importe de bien distinguer cette question de la production
chimique du protoplasme, de la question fameuse des *générations spontanées*, telle qu'on l'entend d'habitude. Il ne s'agit plus
ici de créer des organismes complexes, fussent-ils microscopiques,
de fabriquer même un élément histologique, doué de personnalité, si simple qu'on le suppose : tout démontre que la Vie, dans
ce qu'elle a de plus général, réside dans une substance sans forme
ni structure particulière, qu'on a même supposée sans dimensions
déterminées et sans personnalité, semblable sous ce rapport à toutes

les substances chimiques, homogène comme elles ; c'est cette substance que l'on demande à l'art du chimiste de reconstituer.

A priori, le problème n'a rien d'absurde ; les belles expériences de M. Pasteur ne s'appliquent pas au protoplasme libre et impersonnel, si l'on peut parler ainsi, au protoplasme vierge de toute influence héréditaire, vierge de toute modification imposée par le milieu, tel qu'on se plaît à concevoir la substance qui a manifesté les premières activités vitales ; les ferments, les moisissures, les infusoires étudiés par le savant chimiste sont des organismes ayant forme, structure, dimensions, résultant de l'action prolongée d'influences extérieures ; leur évolution est dominée par les lois d'une longue hérédité ; ce sont en un mot des *êtres* vivants et non pas la substance vivante elle-même.

Quant à cette substance, on peut seulement conclure des expériences faites jusqu'à ce jour que les composés chimiques dans lesquelles elle se résout, lorsqu'elle cesse d'être active, ne peuvent la régénérer s'ils sont abandonnés à eux-mêmes. Or, ce n'est pas là un fait particulier au protoplasme. Quand un composé chimique a été détruit, il est bien rare que ses éléments laissés en présence les uns des autres se combinent spontanément, sans qu'aucune cause extérieure les force à se rapprocher de nouveau. Après l'électrolyse de l'eau, l'oxygène et l'hydrogène peuvent demeurer indéfiniment mélangés sans reformer de l'eau, si quelque flamme ou une étincelle électrique ne vient pas déterminer leur union.

La question de l'origine chimique du protoplasme, de sa formation spontanée dans la nature actuelle, demeure donc entière. Le fait même qu'on n'a pas encore réussi à le reproduire ne prouve pas grand'chose contre cette origine ; car le protoplasme, s'il est un véritable composé chimique, appartient certainement, par sa composition, au groupe des substances albuminoïdes ; jusqu'à ce jour tous les efforts des chimistes ont été de même impuissants à produire celles-ci, mais l'on ne peut conserver beaucoup de doutes sur un succès plus ou moins prochain.

Malheureusement, une étude plus attentive démontre que les raisons propres à entretenir cette espérance, en ce qui concerne

les substances albuminoïdes, ne s'appliquent nullement au protoplasme. Si les éléments qui s'unissent pour former ce dernier
sont identiques à ceux qui forment les composés chimiques, il n'y
en a pas moins, entre ces composés et la substance vivante, des
différences d'ordre fondamental. Tout d'abord, un composé chimique déterminé contient toujours les mêmes corps simples, dans
les mêmes proportions, il est défini par sa composition même ;
tout changement dans la nature, les proportions ou l'arrangement
moléculaire de ses éléments en fait un autre composé doué de
propriétés nouvelles et que l'on peut cáractériser, comme lui, à la
fois par sa composition et ses propriétés. De plus, même dans les
composés organiques où les différences de composition sont moins
grandes que partout ailleurs grâce au nombre d'équivalents des
corps simples qui entrent en jeu dans les combinaisons, le passage d'un composé à un autre ne s'effectue pas d'une manière continue. C'est par sauts brusques, par *proportions définies*, que les
éléments chimiques s'unissent entre eux. Pour me servir d'un
exemple simple, 14 grammes d'azote ne se combineront pas indifféremment avec toutes les quantités d'oxygène possibles, mais
bien avec 8, 16, 24, 32, 40 grammes de ce gaz, de manière qu'entre
un composé et le suivant, il y ait toujours une différence de
8 grammes d'oxygène, ni plus ni moins. C'est même là ce qui
distingue les véritables composés chimiques des simples mélanges ;
c'est aussi l'un des caractères qui les distinguent du protoplasme.

La composition du protoplasme change, en effet, dans des
proportions absolument quelconques, non seulement quand on
passe d'un animal à un autre, mais dans un même animal, quand
on passe d'un organe à un autre, dans un même organe, d'un
tissu à un autre. Il y a plus : dans une même cellule, le protoplasme est toujours en voie de changement de composition ; il ne
cesse de faire des emprunts au milieu extérieur et de lui céder
quelque chose de sa propre substance. Généralement il lui emprunte plus qu'il ne lui donne ; son poids, son volume augmentent
donc peu à peu et c'est en cela que consiste la *nutrition*.

Même quand le protoplasme n'est pas en voie d'accroissement,
alors qu'il demeure stationnaire ou s'amoindrit, ce double échange,

entraînant avec lui une modification continuelle de composition,
ne s'arrête pas. Toujours des substances de nature diverse entrent
dans la gelée vivante, tandis que d'autres en sortent ; il semble qu'un
perpétuel courant la traverse, chaque molécule ne faisant que
passer pour céder sa place à une autre.

Ainsi, non seulement le protoplasme diffère de tous les composés
chimiques par des changements de composition ininterrompus, qui
n'influent cependant en rien sur ses propriétés, mais encore par ce
fait qu'aucun des atomes de matière qui se trouvent en lui au moment où peut le saisir l'analyse, atomes qui constituent l'essence
même du composé chimique, n'est destiné à y demeurer.

Un composé chimique cesse d'être lui-même dès qu'on modifie si peu que ce soit l'édifice de ses molécules : pour le protoplasme cet édifice n'est rien ; il s'écroule perpétuellement pour se
reconstruire aussitôt, et c'est précisément la façon dont il s'écroule
et se réédifie qui définit chaque sorte de protoplasme. On pourrait dire que le composé chimique est caractérisé par des substances, le protoplasme par des mouvements. Dès que les mouvements s'arrêtent en lui, le protoplasme n'est plus ; il se transforme en un mélange de substances albuminoïdes et rentre alors
dans le domaine de la chimie.

A vrai dire, la Vie ne réside donc pas dans les substances chimiques du protoplasme ; mais dans les mouvements dont les particules de cette substance sont animées. Le protoplasme est vivant,
mais il n'est pas la *Vie :* la Vie est une combinaison de mouvements ou, si l'on veut, une *forme du mouvement.* Étant un mouvement, la Vie peut à son tour devenir cause de mouvements ;
elle en détermine de plus ou moins complexes. A ce point de vue
il est réellement permis de la considérer comme une force, et de
dire qu'il existe une *force vitale.*

Toutefois, cette force vitale prend un caractère tout différent
de ceux que lui attribuait l'école dite *vitaliste.* Ce n'est plus un
agent capricieux et inconstant, une sorte d'intelligence libre d'agir
à sa guise, défiant toutes les ressources de l'expérience, toute la
sagacité des physiologistes. Elle nous apparaît soumise, comme
tous les mouvements, à toutes les lois de la mécanique ; elle est au

protoplasme ce que l'affinité est aux atomes, et les phénomènes
qui s'accomplissent sous son impulsion présentent une fatalité semblable à celle des phénomènes dont l'affinité est la cause ; ils sont
aussi rigoureusement déterminés par les circonstances qui interviennent dans leur production. La science du physiologiste présente donc le même degré de certitude rigoureuse que la science
du chimiste, que celle du physicien.

La Vie s'ajoute, se superpose à l'affinité et aux agents physiques
pour produire, à côté des phénomènes physico-chimiques, les phénomènes qui lui sont propres et qui sont essentiellement des phénomènes de mouvement soumis à des lois que recherche le biologiste. Ces mouvements vitaux n'empêchent en rien le jeu des
affinités : dès qu'ils s'éteignent, les mouvements dus aux affinités
se montrent seuls, les composés chimiques prennent la place de la
substance vivante, et c'est pourquoi il n'est pas un composé chimique duquel on puisse dire qu'il ne se forme que sous l'action de
la vie, pas un composé extrait d'un végétal ou d'un animal que la
chimie ne puisse avoir la prétention de reproduire.

La vie mettant les molécules de carbone, d'hydrogène, d'oxygène, d'azote et de soufre qu'elle associe temporairement dans
un état de tressaillement qui lui est propre, favorise seulement la
formation de combinaisons d'une instabilité et d'une complexité
plus grande que celle des combinaisons inorganiques. C'est pourquoi ces combinaisons ne peuvent être reproduites par le chimiste
qu'au prix de longs et ingénieux efforts.

Vainement on prétendrait, comme l'a fait Oken, comme le fait
encore de nos jours Hæckel, que l'histoire de la vie n'est qu'un
chapitre particulier de la chimie du carbone. Cela peut être vrai
de la chimie organique ; mais eût-on rassemblé et combiné
toutes les substances chimiques que l'on croit entrer dans un protoplasme donné, de manière à former un produit chimiquement
identique, encore faudrait-il imprimer aux molécules de ce composé ces mouvements complexes qui caractérisent la vie, qui aboutissent à une assimilation et à une désassimilation constantes que
la chimie ne connaît pas. Or, nous ne savons qu'un moyen de
communiquer à un tel composé les mouvements qui lui manquent :

c'est de le mettre en contact avec un protoplasme vivant. Il y a chance qu'il pénètre alors dans la masse de ce dernier, qu'il s'identifie avec sa substance et arrive ainsi à vivre à son tour. Mais ce phénomène de communication ou de transformation de la vie n'est autre chose que la *nutrition*.

La nutrition est encore un des caractères qui distinguent la substance vivante de la substance minérale. Elle ne consiste pas seulement, en effet, dans un accroissement pur et simple de la masse qui se nourrit ; sans cela, la différence entre les deux catégories de substances ne serait pas grande. Placé dans une solution saturée du corps dont il est formé, un cristal s'accroît aussi et présente par là une ressemblance superficielle avec un grumeau de protoplasme ; mais dans les deux cas l'accroissement a lieu de deux façons bien différentes. Dans le premier, le cristal ne fait qu'attirer à lui des molécules possédant sa propre composition chimique et ces molécules s'attachent à sa surface ; dans le second, le protoplasme englobe dans sa masse des substances dont la composition est souvent très variable, les décompose, s'assimile certaines de leurs parties, en rejette d'autres, maintenant constamment sa composition propre entre certaines limites de variation. A la manière de ces ferments solubles que seul il sait produire, qui ne sont peut-être qu'une partie de lui-même, il peut faire et défaire à son profit certaines combinaisons chimiques et s'accroît ainsi à l'aide de substances qui n'ont avec lui que de lointaines analogies de composition. Les substances organiques les plus résistantes finissent par céder à l'action corrosive de certains protoplasmes. La cellulose, substance fondamentale du bois et du coton, est dissoute par les *Amylobacter* et même par quelques organismes microscopiques tout à fait gélatineux comme les *Vampyrella*. Une bactérie observée par M. Miquel au laboratoire de la station météorologique de Montsouris décompose le caoutchouc et s'assimile une partie de sa substance en dégageant de l'acide sulfhydrique.

Souvent la nutrition du protoplasme est facilitée par l'exercice d'une faculté particulière que seul encore il possède parmi toutes les substances connues. Non seulement la gelée vivante est con-

stamment en proie à un mouvement intérieur qui ne s'arrête pas,
mais elle peut aussi spontanément exécuter des mouvements d'ensemble qui modifient profondément son apparence et ses contours.
Aussi bien chez les végétaux que chez les animaux, lorsqu'elle
n'est pas captive dans quelque vésicule rigide, on la voit se
découper en lobes sans cesse changeants, s'étaler, se ramasser sur
elle-même, s'allonger en menus filaments et, grâce à ces diverses
manœuvres, se déplacer, ramper sur les corps solides, aller au-
devant des substances qui sont propres à la nourrir, les englober
pour les décomposer ensuite et s'assimiler leurs débris. Les conditions extérieures, la chaleur, la lumière, l'électricité, la composition chimique du milieu ne sont pas sans influence sur ces mouvements et agissent de même sur la mystérieuse circulation dont
le protoplasme est le siège ; mais on ne saurait voir dans les
forces physiques ou chimiques leur cause première. Même quand
toutes les conditions demeurent rigoureusement constantes autour
de lui, le protoplasme continue à se mouvoir. C'est donc une cause
intérieure, résidant dans sa propre substance, qui détermine ses
mouvements, et cette cause nous ne pouvons guère la concevoir
que comme une volonté obscure, se déterminant sous l'action de
stimulations extérieures ou de vagues besoins qui supposent un
premier rudiment de conscience.

Nous nous éloignons déjà considérablement de la notion vulgaire
du composé chimique ; mais que penser de cette autre faculté dont
aucun protoplasme actuel n'est totalement dépourvu et qu'on peut
appeler la *faculté d'évolution?* Il n'y a presque pas de corps vivants,
même parmi les plus simples, dont l'existence ne présente plusieurs
phases successives parfaitement distinctes. Abstraction faite des
matières nutritives qui viennent s'ajouter à la substance vivante
proprement dite, les œufs de tous les animaux ont non seulement
la même composition anatomique, non seulement ils sont essentiellement formés de protoplasme, mais encore l'analyse chimique
ne saurait révéler entre eux que des différences de composition
d'ordre infinitésimal. Et cependant l'un de ces œufs devient
une Éponge, un autre une Méduse, un troisième un Calmar, cet
autre un Poisson, cet autre enfin un Homme ! N'est-ce pas la meil-

leure preuve, qu'en dehors des substances chimiques et des forces qui en émanent, il y a dans ces divers protoplasmes quelques ressorts cachés dont ne tiennent pas compte les partisans de l'origine chimique de la vie?

De leur essence, les atomes de carbone, d'oxygène, d'hydrogène et d'azote, comme ceux de tous les autres corps simples, sont immuables, et nous ne pouvons leur imposer aucune modification d'aucune sorte. Ce ne sont donc pas les atomes qui peuvent posséder la faculté d'évoluer. Peut-on davantage l'attribuer à une de leurs combinaisons? De quelque façon que nous les supposions groupés, si ces atomes sont dans cet état de repos relatif, d'équilibre plus ou moins stable qui caractérise tout composé chimique, rien ne pourra faire que leur ensemble se transforme de lui-même et présente une trace quelconque de cette faculté évolutive, faite en grande partie de modifications héréditaires, transmises de génération en génération par chaque protoplasme à sa progéniture. Nous ne connaissons que les mouvements qui, sans perdre leurs qualités initiales, conservent ainsi la trace de toutes les perturbations qu'ils ont subies, et nous sommes encore ramenés par conséquent à concevoir la vie comme une forme variable, mais rigoureusement déterminée dans chaque cas, du mouvement.

Enfin une autre qualité non moins importante des protoplasmes les distingue encore des composés chimiques. Rien ne limite les dimensions de ces composés. On peut les obtenir en aussi grandes masses que l'on veut. Quelle que soit la taille d'un cristal, on peut l'augmenter encore ; il n'en est pas de même de la matière vivante : toute masse protoplasmique qui a atteint quelques dixièmes de millimètre au maximum se divise spontanément en deux ou plusieurs masses distinctes, équivalentes entre elles, équivalentes à la la masse d'où elles dérivent, qui se *reproduit* en elles. Le protoplasme n'existe donc qu'à l'état d'*individus* ayant une taille limitée, et c'est pourquoi tous les êtres vivants sont nécessairement composés de ces corpuscules microscopiques que les anatomistes désignent sous le nom de *cellules*.

Que signifie cette limitation de la taille des protoplasmes, sinon qu'ils sont le résultat d'une action qui ne s'exerce pas à leur surface comme à leur centre, que leurs molécules centrales ne sont pas dans les mêmes conditions que leurs molécules périphériques ? Est-ce ainsi qu'agissent l'affinité et la cohésion qui déterminent la formation des corps simples ou composés ? Ne les voyons-nous pas au contraire produire des masses telles que toutes leurs parties se ressemblent exactement, quelle que soit leur situation respective ?

Ainsi, par les changements incessants qui s'accomplissent dans leur composition, par les mouvements dont ils sont le siège, par leur faculté de se nourrir, de se diviser en individualités distinctes, de se reproduire, les protoplasmes se distinguent nettement de toutes les substances chimiques : ils constituent une classe de substances tout à fait à part auxquelles on ne saurait étendre, sans un étrange abus de langage, les conséquences des découvertes qui attestent d'une façon si magnifique du reste la puissance de la chimie. Eût-on réalisé artificiellement la plus complexe des substances albuminoïdes, eût-on réalisé la synthèse de tous les composés que l'on peut extraire des êtres vivants, on n'aurait pas pour cela le droit d'espérer la création prochaine de la Vie. Tous ces composés existent dans le cadavre, et cependant la mort s'en est emparée pour jamais !

Entre les substances vivantes et les composés chimiques, il y a donc un hiatus manifeste ; la biologie n'est pas la suite de la chimie organique. Il n'est pas indifférent toutefois d'avoir montré que la Vie n'est pas, comme on l'a cru longtemps, la conséquence de l'organisation, qu'elle existe avec tous ses caractères dans une classe de substances tout aussi simples, au point de vue de la structure, que les composés chimiques. Ainsi dégagée de toute complication accessoire, réduite à son essence, elle se prêtera plus facilement à notre analyse. Il est donc important de bien établir dans quelles limites nous avons le droit d'affirmer que les protoplasmes sont homogènes, c'est-à-dire dépourvus de toute structure régulière.

Est-on bien sûr que cette homogénéité ne soit pas une simple apparence résultant de l'imperfection de nos instruments d'optique, incapables de nous révéler les détails d'une organisation aussi délicate que pourrait l'être celle du protoplasme? La semifluidité du protoplasme ne serait-elle pas due précisément, comme celle de certaines humeurs de l'économie, à ce que les liquides qu'il contient sont emprisonnés dans quelque réseau flexible et ne serait-elle pas une preuve que ce que nous croyons une substance homogène est en réalité un organisme?

La réponse est facile. Nos microscopes peuvent donner des grossissements de 2,000 fois en diamètre; l'œil aperçoit, d'autre part, des objets qui n'ont guère plus de un centième de millimètre d'épaisseur, tels sont les poils follets de notre peau, les fils de certaines araignées. Les plus forts grossissements des microscopes peuvent donc rendre perceptibles des objets 2,000 fois plus petits, c'est-à-dire n'ayant guère que un deux-cent-millième ou cinq millionnièmes de millimètre de diamètre. Or, il a été possible d'acquérir des données assez positives sur les distances qui séparent les molécules des corps et sur les grandeurs de ces molécules (1).

On y est parvenu par diverses méthodes qui toutes ont fourni des résultats d'une remarquable concordance. M. Loschmidt a cherché à déduire le diamètre des molécules du rapport entre la densité d'un gaz et celle du liquide qui résulte de sa condensation. M. Van der Waals a pris pour point de départ les écarts que l'on observe entre la compressibilité réelle des gaz et la compressibilité théorique exprimée par la loi de Mariotte; d'autre part, l'étude des propriétés optiques de certaines bulles ou de lames d'eau de savon obtenues par M. Plateau a permis à sir William Thomson d'établir par le calcul qu'il ne pouvait exister dans leur épaisseur plus d'une rangée de molécules, et cette épaisseur a pu être approximativement évaluée. Par toutes ces méthodes on arrive à trouver, pour le diamètre des molécules, des grandeurs variant de quelques millionnièmes à une fraction de millionnième de millimètre. Cauchy, de son côté, a autrefois démontré que les propriétés de la lumière supposent que les distances des molécules dans les corps sont elles-mêmes des grandeurs voisines du millionnième de millimètre. Toutes ces grandeurs sont à peine inférieures à celle des

---

(1) Dans son livre intitulé la *Théorie atomique*, faisant partie de la *Bibliothèque scientifique internationale*, M. Ad. Wurtz a donné, page 232, un résumé remarquable des recherches accomplies dans ce sens.

plus petits objets visibles aux plus forts grossissements du microscope. Si maintenant l'on se rappelle que, de l'avis unanime des chimistes, les substances albuminoïdes doivent compter parmi les composés dont les molécules ont le plus grand volume (1), on arrive à conclure que tout groupement de ces molécules en nombre suffisant pour constituer quelque chose de comparable à un élément anatomique serait visible. Dans le protoplasme les molécules ne constituent donc pas des unités d'une autre nature que celles dont sont formés les composés chimiques. Le jour où l'on verrait la structure du protoplasme, on serait bien près de voir aussi celle des composés chimiques, et cela indique nettement dans quelle mesure nous pouvons affirmer que le protoplasme est dépourvu d'organisation ou, ce qui revient au même, qu'il est homogène.

Il y a plus : si l'on entend par organisation une disposition spéciale et déterminée de parties semblables ou dissemblables, on est conduit à présumer que ce genre d'organisation se trouverait bien plutôt dans les composés chimiques que dans le protoplasme. Les molécules de ces composés sont en effet liées entre elles d'une façon plus ou moins étroite; elles sont dans un état de repos relatif, grâce auquel le composé peut se maintenir et résister dans une certaine mesure aux actions qui tendent à le détruire; celles du protoplasme sont, au contraire, constamment en voie de destruction et de reconstitution, en sorte que c'est précisément par l'absence de toute fixité dans sa structure, par l'extrême mobilité de toutes ses particules élémentaires que le protoplasme différerait de tous les composés chimiques connus.

Si l'on considère que, dans la série des composés organiques, les moins stables sont précisément ceux dont la composition se rapproche le plus du protoplasme, on pourrait être tenté

(1) D'après Lieberkühn, la formule de l'albumine serait $C^{240}H^{392}Az^{75}O^{75}S^3$, c'est-à-dire qu'une molécule d'albumine serait composée de 240 atomes de carbone, 392 atomes d'hydrogène, 75 atomes d'azote, 75 atomes d'oxygène et 3 atomes de soufre, comprendrait par conséquent 785 atomes de divers corps simples, aussi peut-on de l'eau séparer ces énormes molécules par simple filtration à travers ces filtres exceptionnellement fins dont Graham se servait pour ses dialyses.

de voir dans ce dernier corps une sorte de composé limite dans
lequel toute stabilité aurait disparu. Mais quand, par un artifice
quelconque, de tels composés se forment dans les mains du chimiste, ils ne se reconstituent pas une fois détruits. Nous voyons,
au contraire, l'instabilité chimique du protoplasme coexister avec
une stabilité remarquable de toutes ses propriétés biologiques.
Tels les tourbillons qui se forment dans les cours d'eau et dans
les mers, persistent avec tous leurs caractères pendant une longue
durée, conservant leur personnalité alors que les molécules qu'ils
entraînent sont sans cesse renouvelées.

Ces ressemblances entre les êtres vivants et les tourbillons n'ont
pas manqué de frapper les physiologistes les plus sagaces : c'est à
un tourbillon que Cuvier comparait la Vie ; c'est encore à un tourbillon que Huxley compare l'être vivant, voulant faire saisir l'un
et l'autre cette permanence de la forme et des fonctions au milieu
du renouvellement perpétuel de la matière qui caractérise les corps
vivants. Mais la comparaison revêt un caractère plus précis quand, au
lieu de prendre pour l'un de ses termes un être de raison comme la
Vie, ou un organisme complexe, formé d'une multitude d'organes
ou de tissus, elle s'empare d'un corps tel que le protoplasme, qui
n'admet d'autre substratum que les atomes mêmes de la chimie. Il
faut bien reconnaître alors que l'analogie est plus profonde qu'on ne
voudrait le croire, que le protoplasme est vraiment le siège d'un
mouvement particulier qui va saisir au dehors certaines molécules
pour les rejeter ensuite, après les avoir associées quelque temps à
d'autres molécules qu'il avait de même entraînées et qui tôt ou tard
subiront le même sort.

Quelle peut être la nature de ce mouvement ? Le problème est
exactement de même ordre que celui qu'ont isolément abordé les
physiciens et les chimistes contemporains, lorsqu'ils ont essayé de
déterminer ce que sont les forces dont ils étudient les effets. Les
conclusions auxquelles ils sont parvenus ne sont pas sans jeter
quelque lumière dans l'esprit du biologiste.

Les forces, nous disent les physiciens, ne sont pas des entités
distinctes ; ce ne sont que des transformations du mouvement.
Le monde est composé d'une matière unique dont toutes les

parties sont animées de mouvements plus ou moins complexes, que nous classons sous diverses catégories, suivant la façon dont nos sens les perçoivent, suivant les effets qu'ils produisent.

La lumière et l'électricité sont, pour le plus grand nombre des savants, des mouvements de ce fluide impondérable qui remplit l'espace, au sein duquel se meuvent les astres, dans lequel vibrent les molécules matérielles, être mystérieux, présent partout, confident des moindres tressaillements de la matière, messager fidèle, grâce auquel tous les mondes se donnent la main et entretiennent d'incessantes relations, gardien inconscient de toutes les activités de l'Univers. La lumière et l'électricité statique semblent n'être que des mouvements vibratoires de forme particulière des molécules de cette substance ; l'électricité dynamique est un mouvement d'ensemble de l'éther circulant entre les molécules matérielles qui le retiennent prisonnier. Dans les phénomènes dus à la chaleur et au magnétisme, les molécules matérielles interviennent directement ; mais c'est encore à des mouvements vibratoires de formes spéciales, que sont dues les manifestations de l'activité que l'on rapporte à ces causes.

Toutes les molécules matérielles sont également aptes à manifester des phénomènes calorifiques ; les phénomènes magnétiques, capables de modifier la lumière, d'engendrer l'électricité et par elle tous les autres agents physiques, semblent cependant l'apanage exclusif d'un petit nombre de substances voisines du fer.

Les atomes matériels ne seraient, à leur tour, suivant les curieuses recherches de William Thomson et de Helmholtz, que des tourbillons de l'éther, semblables à ces couronnes de fumée qui s'élèvent dans l'air après l'explosion d'une bouche à feu, et que savent reproduire en petit les habiles fumeurs, en lançant d'une certaine façon la fumée de leur cigare. S'il en est ainsi, il faut bien attribuer tous les phénomènes qui ressortissent à la pesanteur, à l'attraction moléculaire et à l'affinité, aux impulsions diverses que reçoit l'éther de ces tourbillons et aux actions que par son intermédiaire ces tourbillons exercent les uns sur les autres, actions auxquelles viennent se mêler, pour les favoriser ou les contrarier, celles des mouvements qui produisent les agents physiques.

Ainsi, nous voyons les diverses formes du mouvement des particules matérielles, qu'il s'agisse de l'éther ou des atomes, engendrer, en se propageant dans l'éther, les phénomènes variés qu'on attribuait jadis aux fluides ou agents physiques.

- Chaque forme du mouvement a une tendance marquée à se reproduire sous la forme qui lui est propre : un corps choqué prend un mouvement d'ensemble, comme celui qui est venu le frapper ; un corps chaud échauffe les corps placés dans son voisinage ; un corps lumineux en fait des sources de lumière ; un corps électrisé en tire des étincelles ; un aimant donne la propriété de s'attirer réciproquement à tous les morceaux de fer ou d'acier qui subissent son action. Grâce à des artifices spéciaux, nous savons aujourd'hui transformer les uns dans les autres la plupart de ces mouvements ; mais, à mesure qu'ils deviennent plus complexes, leur métamorphose devient de plus en plus difficile. Nous voyons déjà les tourbillons simples qui se produisent dans les cours d'eau et dans l'atmosphère persister longtemps, malgré toutes les actions qui sembleraient devoir les détruire. Les calculs de Helmholtz, vérifiés par les expériences de William Thomson, montrent que, dans un milieu homogène, les couronnes de fumée, les tourbillons auxquels on est conduit à comparer les atomes, seraient éternels, indivisibles.

« Ces tourbillons, dit M. Wurtz (1), sont doués d'élasticité et peuvent changer de forme. Le cercle est leur position d'équilibre et, lorsqu'ils sont déformés, ils oscillent autour de cette position, qu'ils finissent par reprendre. Mais qu'on essaie de les couper, ils fuiront devant la lame, ou vont s'infléchir autour d'elle sans se laisser entamer. Ils offrent donc la représentation matérielle de quelque chose qui serait indivisible et insécable. Et lorsque deux anneaux se rencontrent, ils se comportent comme deux corps solides élastiques : après le choc ils vibrent énergiquement. Un cas singulier est celui où deux anneaux se meuvent

(1) Ad. Wurtz, *La théorie atomique*, 1879, p. 238.

dans la même direction, de telle sorte que leurs centres soient
situés sur la même ligne droite et que leurs plans soient perpendiculaires à cette ligne ; alors l'anneau qui est en arrière se contracte continuellement tandis que sa vitesse augmente. Celui qui
avait pris l'avance se dilate au contraire, sa vitesse diminuant
jusqu'à ce que l'autre l'ait dépassé, et alors le même jeu recommence, de telle sorte que les anneaux se pénètrent alternativement. Mais à travers tous ces changements de forme et de vitesse,
chacun conserve son individualité propre, et ces deux masses
circulaires et fermées se meuvent dans l'air comme quelque chose
de distinct et d'indépendant... »

Pour sir William Thomson, ce milieu parfait et ces tourbillons
qui le parcourent représentent l'Univers. Le milieu, c'est l'éther
des physiciens ; les tourbillons, ce sont les atomes éternellement
vibrants, agissant les uns sur les autres comme nos tourbillons de
fumée, pouvant se pénétrer, se mélanger, s'associer de mille
façons sans rien perdre de leur individualité, sans changer de
caractère, sans disparaître jamais, soustraits à toutes les actions
des forces physiques incapables de les faire naître et de les détruire.
Leur nombre est constant ; il ne saurait s'en former de nouveaux
que par un acte de création, aucun de ceux qui existent ne saurait
s'évanouir. C'est une démonstration du vieil axiome des chimistes :
Rien ne se perd, rien ne se crée.

Ce qui est constant dans les atomes comme dans les tourbillons
ordinaires, se propageant dans le fluide même où ils sont nés, ce
ne sont pas les particules d'éther qui les composent, ce sont les
mouvements, et c'est dans la nature même de ces mouvements que
réside leur personnalité. Nous ignorons si les particules d'éther qui
composent un atome ne sont pas sans cesse renouvelées, ces particules ne devenant apparentes pour nous qu'au moment où elles
entrent dans le tourbillon. S'il en était ainsi, les corps n'existeraient
que par une sorte de nutrition analogue à celle dont les protoplasmes sont le siège.

Quoi qu'il en soit, nous voyons, par cet exemple, le mouvement
créer à l'aide de la matière des personnalités réelles, durables,
capables d'agir les unes sur les autres, se laissant influencer par

tous les mouvements qui se produisent en dehors d'elles, sans perdre
pour cela leur essence, manifestant par la durée de leurs tressaillements qu'elles conservent une sorte de souvenir des actions
exercées sur elles. Sans doute ce n'est pas encore là la vie, telle
que nous la concevons. Mais n'est-il pas instructif de voir les formes
du mouvement, à mesure qu'elles deviennent plus complexes, donner naissance à des êtres dont les propriétés se rapprochent de
plus en plus de celles des êtres vivants ?

Supposons que des mouvements semblables ou plus complexes,
au lieu de s'emparer de l'éther, s'emparent de certains des tourbillons
nés dans son sein, entraînent et associent certains atomes, les conditions ne seront plus aussi simples : dans le milieu divers où ils
se produisent, portant sur des êtres animés aussi de mouvements, ces mouvements nouveaux ne pourront plus se perpétuer
de la même façon, mais ils produiront eux-mêmes des êtres personnels, indépendants des molécules qui les constituent, de
dimensions déterminées, capables de se modifier sans cesse sans
perdre leur essence, conservant le souvenir conscient ou non des
actions exercées sur eux, en un mot des protoplasmes.

S'il en est ainsi, nous sommes en droit d'appliquer à ces derniers une grande partie de ce que nous avons appris sur les atomes.
Les atomes des diverses sortes de substances chimiques, modifications d'un même élément, ont apparu pendant une certaine période
d'évolution de notre globe ou du système astronomique dont il fait
partie ; rien ne peut laisser supposer qu'il s'en soit formé de nouveaux en dehors de cette période, et nous savons que les forces physico-chimiques sont incapables d'un tel acte créateur. Ces atomes
se sont montrés avec tout un cortège de propriétés qui leur ont
fait les destinées les plus diverses. Quelle différence entre le petit
nombre de composés fournis par les métaux précieux et la multitude infinie des composés du carbone !

De même, dans une période postérieure de l'évolution de notre
planète, alors que les éléments futurs des substances vivantes flot-
taient, mélangés dans une lourde atmosphère, tout frémissants de
leur condensation récente, certaines formes du mouvement comparables à celles qui ont été employées à former les atomes ont pu

produire les premières combinaisons vivantes, les premiers protoplasmes. Rien ne permet de supposer que ces protoplasmes fussent
alors tous identiques entre eux : ils devaient au contraire différer,
non seulement par la nature des particules matérielles qui entraient
dans leur constitution, mais encore par les conditions du mouvement qui les animait. Il y avait donc en eux deux éléments
différents de variété. Sans doute, si les substances employées à
former ces protoplasmes n'ont pas été plus nombreuses, c'est qu'au
moment où ils ont pu se produire, nombre d'éléments chimiques
avaient déjà pris l'état solide : l'azote, l'oxygène, l'hydrogène, le
carbone et leurs diverses combinaisons, la silice, qui a dû se présenter longtemps sous l'état gélatineux, les sels de chaux peu solubles, mais répandus partout, et quelques autres corps ont fait tous les
frais de ces substances vivantes. Celles-ci, comme les corps simples,
sont nées avec des propriétés différentes, des aptitudes diverses et
la lutte pour la vie s'est trouvée par conséquent établie d'emblée
sur la terre.

Tandis que les éléments matériels évoluaient, formant, en
vertu de leurs propriétés initiales, les innombrables composés chimiques, produisant des composés de plus en plus stables comme
s'ils cherchaient les combinaisons les plus propres à assurer leur
éternel repos, les protoplasmes évoluaient à leur tour, sollicitant
au contraire la matière au mouvement, cherchant à l'entraîner
chacun dans sa sphère, y réussissant plus ou moins, sans cesse en
présence les uns des autres, forcés par les conditions mêmes de
leur existence à engager la rude bataille d'où devait sortir le progrès
pour les uns, la mort pour les autres.

L'évolution ultérieure de chacun de ces protoplasmes a été sans
doute déterminée par les conditions d'existence qui se sont succédé à la surface du globe et parmi lesquelles se place en première
ligne la concurrence vitale. Mais elle a été dominée avant tout par
les propriétés premières, ce qu'on pourrait appeler les propriétés
natives, tout comme cela s'est produit pour les corps simples ; là
aussi les circonstances ont amené la succession des phénomènes auxquels les éléments chimiques ont pris part; mais dans ces phénomènes chaque élément a joué un rôle assigné d'avance par les pro-

priétés qu'il tenait de son origine. Les propriétés chimiques que manifestaient les corps simples ont été pour eux ce que les propriétés vitales ont été pour les protoplasmes. Ce que nous appelons l'*affinité* pour les premiers correspond à ce que nous nommons la *vie* pour les seconds.

De même que nous ne pouvons reproduire les corps simples, de même nous sommes sans moyen de produire la vie, par la raison que toutes les combinaisons de mouvement aptes à la produire ont été d'un seul coup employées à cette féconde création. Dès le début la somme des mouvements vitaux a atteint sur le globe son maximum : les uns se sont graduellement éteints, vaincus dans la lutte par les mouvements, avec qu'ils ne pouvaient s'harmoniser ; d'autres se sont perpétués, produisant des organismes de mieux en mieux armés pour se protéger, seuls aptes à vaincre l'inertie de la matière que nous ne savons plus ranimer.

Évidemment ces assimilations ne doivent pas être prises d'une façon trop absolue ; nous ne voudrions pas affirmer l'identité des mouvements vitaux dans les protoplasmes avec les mouvements qui s'exécutent dans les atomes et qui, réagissant les uns sur les autres à travers l'éther, déterminent les phénomènes attribués par les anciens chimistes à une force spéciale, l'*affinité*. La lumière est un mouvement vibratoire qui agite les molécules d'éther, la chaleur agite au contraire bien réellement les atomes matériels et les molécules ; n'y aurait-il entre la *vie* et l'*affinité* qu'une différence du même ordre ? Cela est possible, mais qui pourrait dire si cette différence est la seule ? Il faudrait, pour être en droit de l'affirmer, avoir comparé la trajectoire des molécules d'éther dans les atomes et celle des atomes dans les protoplasmes, comparaison destinée sans doute à demeurer éternellement hors de nos moyens d'investigation. Mais c'est déjà quelque chose que d'avoir pu constater de telles ressemblances ; quelques conséquences vont en donner la preuve.

On considère habituellement comme deux parties d'un même tout la doctrine de l'*évolution* et celle des *générations spontanées*. Si l'on entend par là que la théorie de l'évolution suppose des êtres primitifs dénués de parents et formés par le libre jeu des forces existant dans le monde, cela nous paraît en effet bien difficile à contester. Mais si l'on prétend, comme le font la plupart des partisans de la génération spontanée, que le phénomène de la création de la vie se reproduit encore de nos jours, nous répondons que ce peut être une opinion soutenable, mais qu'elle n'a rien de commun avec le transformisme. Nous venons de voir, en effet, qu'une première création de protoplasmes ne suppose pas plus des créations subséquentes que la création première des atomes ne suppose qu'il puisse s'en former encore. Cuvier, partisan de la fixité des espèces, et Huxley, partisan de leur variabilité indéfinie, peuvent donc se rencontrer sur cette proposition, qu'ils ont l'un et l'autre formulée presque dans les mêmes termes : « La vie seule engendre la vie. »

On a considéré, et la plupart des biologistes considèrent encore comme incompatibles la théorie d'une *force vitale* particulière et celle du *déterminisme physiologique*, qui nous montre les organismes soumis à des lois aussi constantes que celles de la physique et de la chimie. C'est là encore le résultat d'une confusion. Le *déterminisme*, c'est-à-dire le fait que dans le monde vivant, comme dans le monde minéral, les *mêmes causes produisent toujours les mêmes effets*, n'a rien à faire avec la théorie qui ne veut voir dans les êtres vivants que le résultat de la libre action sur la matière des forces ordinaires de la physique et de la chimie. L'affinité produit des phénomènes d'un autre ordre que la pesanteur, la chaleur, l'électricité, le magnétisme et la lumière ; son action peut être modifiée par l'intervention de ces agents, cela n'empêche pas qu'elle ne soit une force distincte. De même la vie est une force qui se superpose à toutes les autres, y compris l'affinité, combine ses effets aux leurs, reçoit leur influence sans cesser de demeurer distincte et de produire tout un ordre nouveau de phénomènes qui lui sont propres. Il ne faudrait pas toutefois vouloir cacher sous ce mot *force* un être intelligent, capricieux ou volontaire. Les forces ne sont que des modes spéciaux de mouvement dont l'origine nous est inconnue, que l'on peut considérer comme primitifs et dont les transformations diverses sont la cause de tous les phénomènes : quelques-uns de ces modes de mouvement ont une remarquable permanence, on peut admettre qu'ils ont donné naissance aux atomes et aux premiers protoplasmes, d'où émanent l'*affinité* et la *vie* ou *force vitale*.

Cette dernière ne saurait se comporter autrement que l'affinité, avec laquelle elle présente tant de ressemblance ; ses effets sont aussi certains, aussi réguliers que ceux des autres forces de la nature, issues comme elle du mouvement. Mais confondre la vie avec les forces physico-chimiques, c'est faire une erreur plus considérable encore que celle qui consisterait à confondre l'homme avec le gorille ou le gorille avec l'homme, quoique l'un et l'autre puissent bien avoir quelque parent commun.

Le déterminisme des phénomènes physiologiques n'exclut donc pas plus la force vitale que le transformisme n'implique les générations spontanées dans l'état présent de notre globe. Les protoplasmes se sont formés une fois pour toutes ; ils ont apparu avec des facultés particulières qui ont réglé leur évolution, concurremment avec les conditions extérieures ; étant données ces conditions, la marche de leur évolution s'est trouvée aussi rigoureusement déterminée que le sont aujourd'hui les diverses transformations des composés chimiques.

La science de la vie, la biologie, est donc tout entière dans l'histoire des protoplasmes et de leurs modifications diverses, comme la chimie est tout entière dans l'histoire des corps simples. Mais le biologiste se butte dans ses recherches à une difficulté qu'ignore le chimiste. Quand ce dernier a isolé les corps simples, qu'il en a déterminé toutes les propriétés, il sait qu'il retrouvera ces éléments toujours identiques à eux-mêmes, et il peut les considérer comme autant de causes constantes, immuables, auxquelles tous les phénomènes chimiques se laissent aisément ramener. Au contraire, les protoplasmes, aux propriétés desquels il faut rattacher tous les phénomènes biologiques, changent incessamment ; ils se transforment souvent avec une merveilleuse rapidité : témoin la multitude infinie de cellules variées qui, chez les animaux supérieurs, naissent d'une cellule unique, l'œuf.

On peut affirmer qu'il n'existe pas actuellement un seul protoplasme identique dans toutes ses propriétés aux protoplasmes primitifs. Cependant on trouve encore dans les mers, dans les eaux

douces et jusque dans la terre humide, des êtres d'une telle simplicité que l'esprit se trouve amené à les considérer comme les formes
vivantes les plus rapprochées des formes originelles. C'est à leur
étude que nous devons demander la confirmation des vues que
nous venons de développer sur la nature de la vie et les caractères
essentiels des protoplasmes. C'est dans leurs propriétés que nous
devons rechercher les causes premières et les lois de l'admirable
développement organique qui a permis aux êtres vivants de s'élever de l'humble sarcode jusqu'à l'homme.

CHAPITRE III

Hæckel a donné le nom de Monères aux formes les plus humbles sous lesquelles la vie se manifeste dans la nature actuelle.

Ses découvertes ont fait connaître aux naturalistes des êtres vivants plus étonnants, par leur extrême simplicité, que les organismes les plus perfectionnés ne le sont par la complexité de leur structure.

Un grumeau de gelée ! voilà tout ce que montrent en eux nos meilleurs instruments d'optique, nos microscopes les plus puissants. Mais cette gelée est vivante : on la voit à chaque instant changer de forme, s'emparer d'animaux d'ordre élevé, les dissoudre et les incorporer dans sa propre substance. Ce grumeau de gelée grandit et se reproduit : parfois il est absolument transparent ; entouré de grêles prolongements de formes variées, il apparaît dans le liquide qui l'entoure semblable à ces légers filaments qui ondulent dans un verre d'eau au-dessus d'un morceau de sucre qui fond ; d'autres fois sa masse est parsemée de très fins granules, presque toujours entraînés par cette sorte de mouvement circulatoire que nous avons déjà désigné sous le nom de *circulation protoplasmique*. Ces caractères se montrent déjà chez des êtres remarquables, dont la simplicité de structure avait été révélée par Dujardin, dès 1830, et à qui l'illustre micrographe de Rennes avait

donné le nom de *Rhizopodes ;* c'est leur étude qui lui avait suggéré
l'idée du Sarcode. Mais les Monères de Hæckel sont encore inférieures à ce que l'on considérait alors comme les formes les plus élémentaires de la vie. On trouve dans la substance sarcodique des Rhizopodes des rudiments incontestables d'organisation : les Monères en
sont complètement dépourvues pendant la plus grande partie de
leur existence. Cet élément, qui semble dans tout le reste des
règnes organiques une partie essentielle des cellules, le noyau
lui-même, leur manque. Le protoplasme, à part quelques granules
d'origine étrangère, a chez elles la limpidité d'un liquide.

La première Monère est relativement une nouvelle venue dans la
science. Elle fut observée en 1864 à Villefranche, près de Nice, par
Hæckel. C'est une sorte de sphère gélatineuse dont l'homogénéité
n'est troublée que par la présence, dans sa masse, de quelques
gouttelettes plus pâles : sa surface entière est hérissée de grêles filaments, rayonnant de toutes parts, qui s'allongent, se contractent, se
ramifient, s'accolent de toutes les façons possibles, peuvent même
rentrer complètement dans la masse générale et y disparaître en
entier pour être presque aussitôt remplacés par d'autres : leur
existence est donc tout à fait temporaire. C'est, en effet, la gelée
vivante elle-même, le protoplasme, qui s'étire ainsi à sa surface
pour produire ces espèces de pieds, ces *pseudopodes* qui lui servent
à la fois à ramper, à saisir les aliments et même à les digérer.
Qu'un Infusoire, un petit Crustacé vienne à frôler l'un des pseudopodes de notre Monère, il est aussitôt arrêté au passage et comme
paralysé. Les pseudopodes ne tardent pas à l'envelopper de leur
réseau gélatineux. Un mouvement insensible transporte la proie
jusque dans la sphère centrale où elle semble se dissoudre complètement. Les parties qui résistent à cette action dissolvante sont re-
poussées au dehors par un mouvement analogue à celui qui les
avait conduites dans la sphère du Sarcode. Celle-ci grandit assez
rapidement. Lorsqu'elle a atteint une certaine taille, elle s'allonge,
puis s'étrangle dans sa région moyenne et se partage bientôt en
deux sphères à peu près égales qui continuent, chacune pour son
compte, l'exercice des mêmes fonctions.

C'est bien là la vie sous la forme la plus simple que l'on puisse concevoir : toutes les fonctions exercées par une substance unique, homogène ; la reproduction, conséquence directe de l'accroissement, consistant dans le partage en deux moitiés égales d'une masse primitivement unique ; aussi Hæckel n'a-t-il pas hésité à

Fig. 1. — 1. Reproduction de la *Protomœba primitiva*. — 2. *Myxastrum radians*.

voir dans sa Monère de Villefranche un représentant des premières formes vivantes telles qu'elles ont dû, suivant lui, apparaître spontanément sur le globe : de là le nom de *Protogenes primordialis*, qu'il a donné à cet être singulier (1).

Il est à noter cependant que la Protogène est déjà un type assez nettement défini. Si sa forme sphérique relève des lois de la méca-

(1) *Zeitschrift für wissenschaftliche Zoologie*, t. XV, p. 360, pl. XXVI, fig. 1, 2.

nique, il n'en est pas de même de celle de ses pseudopodes; de
plus sa taille est généralement déterminée, elle ne dépasse guère
1 millimètre de diamètre. Dès que cette taille est atteinte, la division de la sphère en deux autres se produit. Il semble qu'il y ait dans
le protoplasme une sorte de centre d'attraction dont l'action est
limitée à une certaine distance. Quand par l'accroissement de la
masse cette distance est franchie, un centre nouveau se constitue
et une division s'opère. Chacun des grumeaux protoplasmiques
ainsi formés est une unité, un individu bien distinct, qui n'a plus
aucun lien avec la masse primitive, peut se trouver placé dans des
conditions biologiques toutes différentes de celles où se trouveront
ses frères ou ses collatéraux et subir par conséquent une évolution
toute particulière. Ce seul fait que les protoplasmes ne peuvent
dépasser une certaine taille a donc une importance considérable,
puisqu'il introduit un élément nouveau de variété dans l'espèce
organique. Cette importance augmente encore si l'on remarque
que, les grumeaux nés de la division constituant des unités équivalentes, la nutrition ne produit pas seulement l'accroissement des
Protogènes, elle prépare l'exercice d'une fonction nouvelle qui n'est
autre que la reproduction. La *Protogenes* n'est donc pas un être absolument amorphe.

Une autre Monère, la *Protamœba primitiva* (fig. 1), est plus simple
encore que la Protogènes. Sa forme est absolument indéfinie : ses
contours changent à chaque instant sans s'arrêter jamais, sa masse
se découpe de mille façons en lobes arrondis, plus ou moins distincts, mais qui ne s'étirent jamais en filaments comme les pseudopodes de la *Protogènes*. Les *Protamœba* semblent ainsi des gouttelettes graisseuses qui coulent sur le porte-objet du microscope ;
malgré leur extrême simplicité, ils ne dépassent pas non plus une
très faible taille ; quand ils ont atteint quelques centièmes de millimètre, ils se partagent par le travers, comme les Protogènes :
chaque individu en fournit ainsi deux autres. La *Protamœba primitiva* a été également découverte par Hæckel, qui l'a décrite en
1866 dans sa *Morphologie générale*.

On a rencontré dans les profondeurs de l'Océan, jusqu'à
25,000 pieds au-dessous du niveau de la mer, une Monère qui

paraît plus simple que les précédentes, en ce sens qu'on pourrait la croire absolument amorphe. Suivant Hæckel, ce nouvel être réalise d'une façon complète le type du protoplasme primitif : il peut grandir indéfiniment sans être astreint à se diviser et ne se décompose jamais en individus distincts. Quand par hasard une portion de sa substance vient à être séparée de la masse commune, elle grandit indépendamment ; mais si les deux masses viennent à se rencontrer de nouveau, elles se soudent et ne forment plus qu'un seul être absolument continu. Chez une telle substance, il ne saurait être question de reproduction. La reproduction, sous sa forme la plus simple, suppose des êtres vivants, limités, donnant naissance à des êtres semblables à eux : ici, rien de pareil, puisque la masse vivante est tout à fait illimitée. C'est, en 1868, durant la croisière du navire anglais *the Porcupine*, que les naturalistes Carpenter et Wyville Thomson découvrirent cette remarquable Monère ; entre les particules solides du fin limon que ramenait la drague, ils aperçurent une sorte de glu protoplasmique animée de mouvements d'une extrême lenteur. Cette glu contenait des corpuscules calcaires de forme parfaitement définie, que les uns ont considérés comme produits par la substance sarcodique elle-même, dans lesquels d'autres ont vu des algues calcaires très simples ayant servi de nourriture au protoplasme. Elle fut rencontrée par couches d'une vaste étendue en diverses régions de l'Atlantique, et des échantillons conservés dans l'alcool concentré furent rapportés et remis au professeur Huxley. C'est cet illustre anatomiste qui les décrivit comme appartenant à une Monère nouvelle et qui donna à celle-ci le nom de *Bathybius Hæckeli* (1).

Le *Bathybius* fit, lors de son apparition dans la science, une profonde sensation. Était-il donc vrai qu'il existât dans les profondeurs de l'Océan un limon animé, sans forme et sans limites, couvrant de ses réseaux de vastes étendues, abandonnant de temps à autre une portion de sa substance à quelque évolution individuelle, laissant ainsi échapper de son sein des êtres nouveaux ?

(1) *Journal of microscopical Science*, vol. VIII, 1868.

Était-ce là cette gelée vivante d'où l'empire organique serait sorti, héritière du *Urschleim* rêvé par Oken, mère des faunes et des flores de l'avenir ?. La vie s'élançait-elle du fond de l'Océan, comme d'un vaste et mystérieux laboratoire pour remplir les mers et les conti- nents de ses productions variées ? On le crut un moment.

Malheureusement les .naturalistes d'une autre expédition, celle du *Challenger*, dirigée par Wyville Thomson lui-même, n'ont pu retrouver le *Bathybius*. Il est donc certain qu'on s'était trompé sur sa répartition au sein des mers ; la terre n'est pas enveloppée, comme on l'avait pensé, d'une couche vivante. Mais on est allé plus loin : on a prétendu que le *Bathybius* n'existait pas, que c'était un simple précipité gélatineux de sulfate de chaux, comme il s'en pro- duit toutes les fois qu'on ajoute à de l'eau de mer de l'alcool con- centré. Wyville Thomson, qui avait vu cependant les mouve- ments de l'être problématique, Huxley qui l'avait nommé et décrit ont cru devoir revenir sur leur opinion, en présence de l'insuccès des recherches du *Challenger* et considérer, eux aussi, le préten- du *Bathybius* comme une substance minérale.

Cependant Hæckel avait, de son côté, étudié cette substance et reconnu qu'elle se colorait vivement en rouge par le carmin, que l'iode et l'acide nitrique la coloraient en jaune ; de tels caractères ne sauraient appartenir à un simple précipité de sulfate de chaux ; ils sont communs au contraire à un grand nombre de substances albuminoïdes. Le savant professeur d'Iéna persiste donc à considé- dérer comme parfaitement réelle l'existence du *Bathybius*.

D'autres observations sont du reste venues démontrer qu'il existe, dans la vase marine, des masses vivantes analogues à celles décrites par Huxley. Un naturaliste attaché à l'expédition du *Polaris* et heureusement échappé au naufrage de ce bâtiment, le Dʳ Emile Bessels a trouvé dans le détroit de Smith, par une profondeur de 92 brasses seulement, des masses de protoplasmes ne différant du *Bathybius* que parce qu'elles ne contiennent aucune concrétion calcaire. Il s'est fondé sur l'absence de ces particules solides pour distinguer la Monère plus simple qu'il venait de découvrir sous le nom de *Protobathybius* (1). S'il est vrai que les corpuscules

(1) Dʳ Em. Bessels, *Memorandum on the most important discoveries of the*

calcaires du *Bathybius* lui soient réellement étrangers, le *Protobathybius* n'est sans doute pas autre chose que le véritable *Bathybius*.
Or, les observations du Dr Émile Bessels ne peuvent laisser aucun
doute : le *Protobathybius* est bien un être vivant; ses mouvements

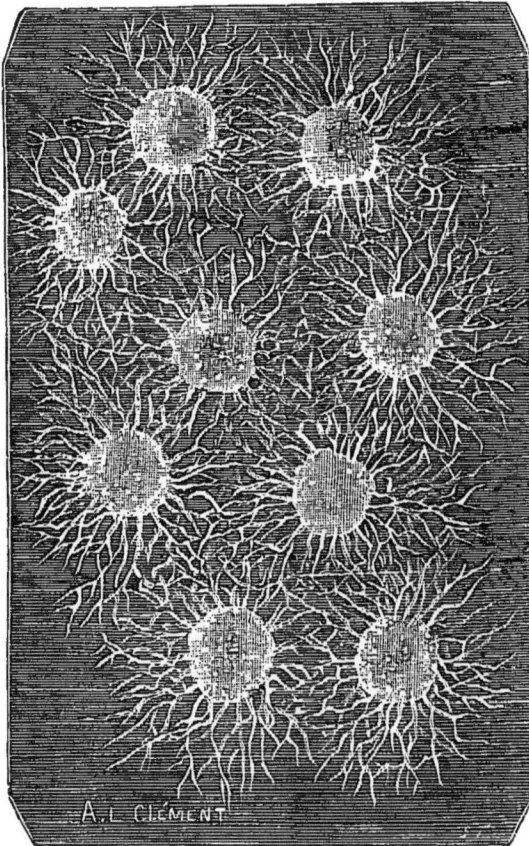

Fig. 2. — *Myxodictyum sociale*. (D'après Hæckel.)

ont pu être observés au microscope; ses diverses parties sont le siège
d'une véritable circulation protoplasmique, il absorbe, à l'aide
de ses « magnifiques mouvements amiboïdes », des particules de

Northpol-Expedition (*Annual Report of the Secretary of the Navy*. Washington,
1873).

carmin ou d'autres corps étrangers. Son corps s'étend en un réseau complexe qui change incessamment de forme. Ces faits détruisent évidemment toutes les critiques qui ont été adressées au *Bathybius*. Si ce dernier n'est pas aussi répandu au fond des mers qu'on l'avait supposé tout d'abord, il n'en existe pas moins avec tous les caractères qu'on lui avait attribués et paraît décidément réaliser la forme vivante la plus simple qu'il soit possible de concevoir. En est-il vraiment ainsi ? C'est un point que nous allons éclaircir.

Une autre Monère, découverte également par Hæckel, nous ramène vers les Protogènes, mais avec une particularité nouvelle, c'est le remarquable *Myxodictyum sociale* (1). Là le proplasme (fig. 2 et 7, n° 2) constitue, comme chez la *Protogenes*, des individualités distinctes : ce sont de petits grumeaux plus ou moins sphériques, entourés de toutes parts de pseudopodes ramifiés et rayonnants. La reproduction s'opère exactement comme chez les Protogènes : quand une masse a acquis un certain volume, elle se divise en deux parties à peu près égales ; mais les deux moitiés, au lieu de se séparer complètement, demeurent unies par leurs pseudopodes et il en est de même des individus qu'elles engendrent par une nouvelle division ; le phénomène s'est-il répété un certain nombre de fois, l'ensemble des individus forme une véritable société dont les membres sont tellement unis qu'on peut suivre dans les pseudopodes confluents le passage des granules psotoplasmiques d'un individu dans la substance de ceux avec qui il est uni. Tous les individus se ressemblent, les courants protoplasmiques charrient de l'un à l'autre les particules alimentaires, c'est le communisme dans toute l'acception du mot. Les *Myxodictyum* sont donc des Monères vivant en société ; elles nous montrent, dans les formes les plus simples des êtres vivants, une tendance bien manifeste des individus qui se ressemblent à s'associer pour mettre tout en commun. Comment ces sociétés se forment-elles ? Deux interprétations sont possibles. Ou bien elles résultent de ce que les divers individus qui se forment par division du protoplasme ne peuvent se séparer au point de vivre d'une vie indépendante, et dans

(1) E. Hæckel, *Monographie der Moneren* (*Jenaische Zeitschrift*, Bd. IV, 1868).

ce cas le *Myxodictyum* serait une forme de passage entre le *Bathybius* et la *Protogenes;* ou bien l'association est un phénomène consécutif qui n'exclut pas une individualisation complète des sphérules et qui ne se produit que parce qu'elle est dans certains cas avantageuse, ayant pour conséquence de faire profiter tous les individus associés des bonnes captures de chacun.

Une Monère analogue, qui a été découverte dans les eaux douces de la terre humide de notre pays par M. Aimé Schneider, professeur à la faculté des sciences de Poitiers, vient à l'appui de cette dernière manière de voir. La *Monobia confluens* (1) ressemble beaucoup au *Myxodictyum sociale*, mais celles de ses colonies qui ont été observées nt formées d'un moins grand nombre d'individus; ces individus eux-mêmes sont plus petits et leurs pseudopodes sont si grêles et si transparents qu'on aurait peine à les apercevoir au microscope s'ils ne présentaient de distance en distance de légers renflements révélés par les jeux de lumière qu'ils produisent. Comme chez toutes les autres Monères, on ne distingue dans le protoplasme que les débris des corpuscules qui ont servi à l'alimentation et qui ont généralement entourés d'une gouttelette liquide résultant de l'action chimique que la matière vivante a exercée sur eux : aucune trace de noyau ou de toute autre organisation. M. Schneider a vu les *Monobia* former des colonies dans lesquelles tous les individus étaient frères, ne s'étaient jamais complètement séparés et changeaient à chaque instant leur position relative sans cesser de demeurer unis par un ou plusieurs de leurs pseudopodes; ces colonies se forment, comme celles du *Myxodictyum*, par simple division en deux parties égales des premiers individus qui les composent. Mais à côté des sociétés on trouve très fréquemment des individus isolés dont la forme est assez généralement celle « d'un biscuit à la cuiller » et qui émettent surtout des pseudopodes tout autour de leurs extrémités renflées. Ces individus ne sont pas du reste condamnés à un isolement perpétuel : leur forme même semble indiquer qu'ils sont en voie de division et s'apprêtent à fonder des colonies; on les voit aussi, quand ils rencontrent

(1) *Archives de zoologie expérimentale*, t. VII, 1878.

une colonie déjà formée, souder leurs pseudopodes à ceux de quelqu'un des individus associés et prendre rang dans la colonie.

Ainsi, dans les *Monobia*, l'association n'a rien d'essentiel ni de permanent ; elle peut se former ou se défaire suivant les circonstances. Faut-il admettre que la volonté des individus composants soit pour quelque chose dans ces alternatives ? La force qui pousse au dehors les pseudopodes de la Monère, les contracte, les divise, les rapproche pour saisir une proie ou la faire cheminer vers le centre, provoquée à agir dans une certaine mesure par les circonstances extérieures, émane cependant de l'intérieur ; elle peut donc être comparée à une volonté, et il est difficile de nier que cette volonté s'exerce dans l'acte de la soudure, car la fusion de deux pseudopodes n'est pas fatale, quand a lieu leur rencontre. Une volonté suppose d'ailleurs des sensations obscures peut-être, mais réelles ; et l'on comprend alors que les divers individus d'une colonie, ayant chacun tout ce qu'il faut pour mener une vie indépendante, demeurent ensemble, s'isolent ou se réunissent, après s'être séparés, suivant que les circonstances sont plus propres à l'un ou l'autre des genres de vie qu'ils peuvent mener.

Les filaments protoplasmiques qui unissent deux individus d'un *Myxodictyum* ou d'une *Monobia* peuvent avoir toutes les dimensions possibles, relativement aux centres d'où ils partent ; plus ils grossissent, plus l'importance de ces centres devient faible, et l'on conçoit très bien que l'on puisse arriver ainsi jusqu'à un réseau d'apparence amorphe, tel que celui du *Bathybius*. C'est donc une question de savoir si l'on doit considérer comme les plus rapprochées des formes primitives, les Monères sans individualité apparente comme le *Bathybius* ou celles qui sont individualisées comme les Protogènes. Les partisans de la nature purement chimique du protoplasme n'hésitent pas : les composés chimiques, les cristaux eux-mêmes, n'ont aucune individualité puisqu'ils peuvent grandir indéfiniment ; il n'y a pas de raison pour qu'une masse d'albumine ait un volume plutôt qu'un autre ; cela suffit pour qu'on affirme qu'il a dû en être de même des premiers protoplasmes. Le protoplasme n'étant qu'un composé albuminoïde a dû apparaître tout d'abord sans forme ni dimensions déterminées.

Les idées que nous avons exposées dans le chapitre précédent relativement à l'origine de la substance vivante montrent que cette hypothèse n'a rien de nécessaire. Il n'y a aucune raison de ne pas admettre que les premiers protoplasmes aient apparu avec des dimensions finies. Si les mouvements les plus complexes que nous ayons pu observer, si les tourbillons ont précisément pour caractère de créer une sorte de personnalité à l'ensemble de molécules qu'ils entraînent, si les atomes, produits de ces mouvements complexes, se sont formés avec des dimensions finies qui ne sont susceptibles que de faibles variations, pourquoi le plus complexe de tous les mouvements moléculaires, pourquoi la vie protoplasmique ne condamnerait-elle pas les masses primitives qu'elle constitue à ne pas dépasser certaines dimensions et n'aurait-elle pas ainsi créé d'emblée leur individualité? Cette dernière opinion paraît la plus vraisemblable d'après la théorie, et, quand on considère que les Monères *individuelles* sont la règle, on en arrive à penser qu'elles ont pour le moins autant de droit que l'exceptionnel *Bathybius* à être considérées comme primitives. Leur rôle a, dans tous les cas, été prépondérant, car c'est à elles que le monde vivant doit sa variété infinie.

Si les observations du docteur Émile Bessels ont réhabilité le *Bathybius*, en tant que substance vivante, elles tendent d'ailleurs à jeter un doute bien grand sur son importance morphologique. En effet, partout où le savant a rencontré son *Protobathybius*, il l'a trouvé associé avec un être également protoplasmique, mais présentant déjà des traces bien nettes d'organisation, avec un véritable Rhizopode qu'il a nommé *Hæckelina gigantea*. L'*Hæckelina* a non seulement une taille bien définie, mais encore une forme à peu près constante. Elle se présente sous l'aspect d'étoiles à plusieurs branches couvertes de fin gravier et atteignant parfois près de 1 centimètre de diamètre. Au delà des extrémités de ces branches la masse sarcodique se prolonge à nu, en forme de bras, et émet de toute sa surface un réseau délicat de pseudopodes. La substance entière de l'*Hæckelina* est parsemée de gouttelettes jaunes assez régulièrement espacées, et l'on voit en outre dans son intérieur des cellules qui sont en train de se diviser et constituent peut-être un appareil de reproduction. Plusieurs *Hæckelina* s'unissent en général par leurs bras de manière à former des colonies assez semblables à celles du *Myxodictyum*. Or, dit le docteur Bessels (1), « supposez que les grumeaux protoplasmiques du réseau du *Protobathybius* se recouvrent de sable, vous aurez, sauf l'absence peu importante des pseudopodes, quelque chose de fort semblable à l'*Hæckelina*. » Il se pourrait donc que le *Protobathybius* ne fût qu'une forme transitoire de l'*Hæckelina* qui, dans tous les fonds sablonneux au-dessous de quatorze brasses, forme elle aussi des couches dont l'épaisseur et l'étendue « ne peut être comparée qu'à celle du *Bathybius*. » Le *Protobathybius* et le *Bathybius* seraient dès lors, comme le *Myxodictyum* et la *Monobia*, de simples colonies de Monères. Nous rencontrerons plus tard des réseaux protoplasmiques tout à fait analogues (2) dont la nature coloniale ne saurait être mise en doute. S'il en est ainsi du *Bathybius*, on ne saurait évidemment le considérer comme la forme la plus rapprochée des protoplasmes primitifs ; le rôle inférieur demeure aux Monères personnelles ; conformément à la théorie, il faut considérer l'individualité comme un des caractères fondamentaux des protoplasmes et la reproduction comme une de leurs fonctions essentielles.

Les Monères que nous avons étudiées jusqu'ici ne nous ont présenté que les formes les plus rudimentaires de cette dernière fonction. Chez toutes les autres la reproduction se distingue bien plus nettement de l'accroissement ordinaire ; ce n'est plus une simple division en deux parties d'un corps devenu en quelque sorte trop grand : il y a formation de corps reproducteurs spéciaux, extrêmement remarquables parce que leur forme, très nette cependant, se retrouve avec une étonnante constance non seulement chez un assez grand nombre de Monères, mais encore chez beaucoup de végétaux et d'animaux inférieurs. On peut donner le nom de *zoospores* à ces corps reproducteurs.

Les *Vampyrella* et les *Protomonas*, si bien étudiées par le natu-

---

(1) *Hæckelina gigantea; ein Protist aus der Gruppe des Monothalamien.* (*Jenaische Zeitschrift für Naturwissenschaft*, t. IX, 1875 ; Note de la p. 277).

(2) Ceux des Myxomycètes.

raliste russe Cienkowski (1), sont de petites Monères à pseudopodes courts, mais filamenteux. Les unes habitent l'eau douce, comme la *Protomonas amyli*, qui vit parmi les débris de certaines plantes en décomposition, les *Nitella;* d'autres sont marines, comme la *Vampyrella gomphonematis.* A une certaine époque de leur existence, les Protomonades rétractent leurs pseudopodes et se transforment en sphérules parfaitement régulières. La couche extérieure de ces sphérules devient plus résistante que le reste du protoplasme et constitue une sorte de kyste membraneux dans lequel le protoplasme se segmente en un nombre considérable de petites masses globuleuses. Puis le kyste se rompt et les petites masses s'échappent. Elles présentent alors à peu près la forme classique sous laquelle on représente les larmes dans les cérémonies religieuses. Ce sont des corpuscules piriformes dont l'extrémité amincie se prolonge en un long et mince filament, une sorte de cil dont les mouvements ondulatoires permettent au jeune zoospore de se déplacer rapidement dans le liquide ambiant. Bientôt des pseudopodes poussent sur toute la surface du corps reproducteur, le cil se confond avec eux; le zoospore est devenu une nouvelle *Protomonas*.

Chez quelques espèces, chez la *Protomonas amyli*, par exemple, un certain nombre de zoospores ainsi modifiés s'assemblent, se fusionnent complètement pour reconstituer la *Protomonas*. Ce phénomène se retrouve assez fréquemment chez les organismes inférieurs à forme amiboïde; il n'est donc pas sans importance et pourrait bien être l'origine du phénomène si général de la fécondation.

Les *Vampyrella* (fig. 3) diffèrent surtout des *Protomonas* parce que leurs kystes ne fournissent jamais à la fois que quatre spores, d'apparence amiboïde. Beaucoup habitent les eaux douces, et leur corps peut revêtir l'apparence régulière d'un soleil de feu d'artifice ou présenter les formes les plus bizarrement découpées. Elles sont extrêmement voraces; mais leur nourriture

---

(1) *Beiträge zur Kenntniss der Monaden. (Archiv für mikroskopische Anatomie,* vol. I, 1865) et *Ueber Palmellaceen und einige Flagellaten,* même recueil, vol. VI, 1870.

paraît être exclusivement végétale. On les voit se fixer à la surface de ces filaments verdâtres qui envahissent les eaux stagnantes et qui sont connues sous le nom de *conferves*. La paroi de la conferve se dissout au point où s'est fixée la *Vampyrella*, et le contenu vert de l'algue passe dans la substance de la Monère. Il semble que celle-ci hume, au moyen d'une succion, le contenu de celle-là, comme les vampires étaient réputés humer le sang des malheureux auxquels ils s'attaquaient. C'est là l'étymologie du nom de notre Monère (fig. 7). En réalité, le protoplasme de la *Vampyrella* pénètre simplement, grâce à ses mouvements amiboïdes, dans l'intérieur de la cellule, englobe la substance qui s'y trouve contenue et l'entraîne avec lui quand il se retire.

De petits organismes, en forme de bâtonnets, récemment étudiés par M. Van Tieghem (1), les *Amylobacter*, agents de la fermentation butyrique, jouissent, comme le protoplasme des *Vampyrella*, de la faculté de dissoudre et de décomposer la paroi, si résistante d'ordinaire, des cellules végétales.

Un mode de reproduction très analogue à celui des *Protomonas* est présenté par une splendide Monère trouvée à l'île Lancerote, l'une des Canaries, lors du séjour que firent dans ces îles MM. Herman Fol, Greef et Hæckel. Cette Monère a été décrite par Hæckel sous le nom de *Protomyxa aurantiaca* (2). La *Protomyxa* (fig. 4, 5 et 6), se trouve ordinairement sur les coquilles abandonnées d'un petit mollusque voisin des Poulpes, des Calmars et des Seiches, la *Spirule de Péron*, coquilles que la mer rejette par milliers sur la plage. Elle est visible à l'œil nu et on la reconnaît à sa belle couleur orangée qui tranche sur le fond blanc de la coquille. Elle allonge en tous sens ses pseudopodes ramifiés et diversement contournés toujours à la recherche d'Infusoires et de petits Crustacés dont les carapaces sont longtemps reconnaissables dans la masse gélatineuse qui s'est nourrie à leurs dépens. Quand elle a suffisamment grandi, la *Protomyxa* se comporte exactement comme les *Protomonas*, elle rentre ses pseudopodes et s'enferme dans une membrane épaisse et trans-

---

(1) *Comptes rendus de l'Académie des sciences*, 1879, t. LXXXVIII, p. 205.

(2) *Histoire de la création naturelle*, édition allemande, 1868, et *Monographie der Moneren* (*Jenaische Zeitschrift für Naturwissenschaft*, t. IV, p. 64).

lucide qui n'est qu'une modification de sa substance périphérique.
La masse ainsi enfermée est d'abord complètement homogène
(fig. 5, n° 1) ; mais elle ne tarde pas à se diviser et se transforme en
un amas de petites sphères assez semblable à une mûre (fig. 5, n. 2).
Bientôt les sphères se séparent les unes des autres, s'agitent à l'intérieur du kyste qui se rompt et laisse échapper une multitude de

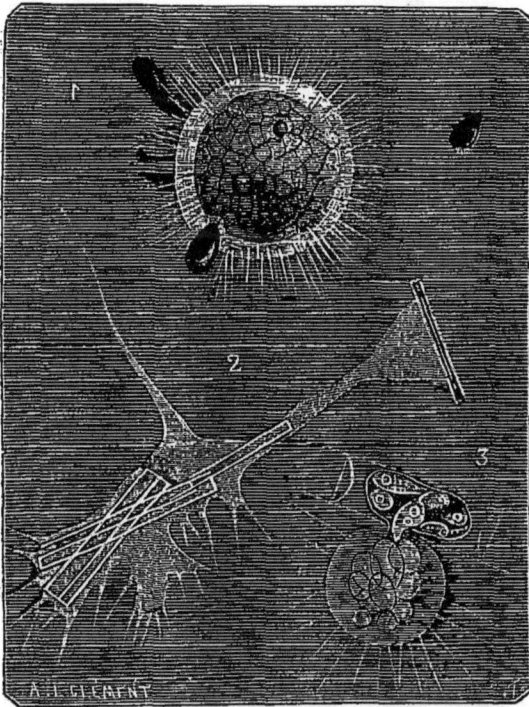

Fig. 3. — 1. *Actinosphærium Eichhornii* dévorant des *Stentor*. — 2. *Vampyrella vorax* ayant mangé
des Diatomées. — 3. *Vampyrella Spirogyra* (grossissement 320 diamètres), dévorant le contenu d'une
cellule d'Algue (d'après Cienkowski).

zoospores orangés, exactement semblables du reste à ceux que nous
avons précédemment décrits. Ces zoospores n'ont, pour se transformer en *Protomyxa*, qu'à grandir et à émettre des pseudopodes,
ce qu'ils font presque aussitôt après leur mise en liberté (fig. 6).

Le *Myxastrum radians* (fig. 7, n° 1), découvert par Hæckel dans
le fin limon de Puerto del Arrecife, à l'île Lancerote, dès le début

de ses recherches sur les Monères, est encore plus remarquable. C'est aussi une sphérule de protoplasme, émettant de toutes parts de grêles pseudopodes, mais ce protoplasme est absolument incolore et ses prolongements sont plus délicats que ceux de la *Protomyxa*. Le *Myxastrum* se nourrit, comme elle, de Diatomées dont on peut

Fig. 4. — *Protomyxa aurantiaca* ayant capturé de nombreux Infusoires.

voir dans la figure 7 les carapaces enfermées dans la substance vivante. Quand vient le moment de la reproduction, les pseudopodes rentrent comme d'habitude dans la masse commune, une enveloppe protectrice se forme à ses dépens, tandis que le protoplasme restant se segmente; mais la segmentation ne donne plus ici des sphères confusément arrangées ; elle produit des zoospores allongés en forme de fuseau qui se disposent en rayonnant autour du centre et s'enferment dans une carapace siliceuse que les jeunes *Myxastrum* abandonnent peu de temps après leur naissance.

Divers auteurs ont encore décrit un certain nombre d'êtres dont les formes et les propriétés se rattachent de très près à celles des

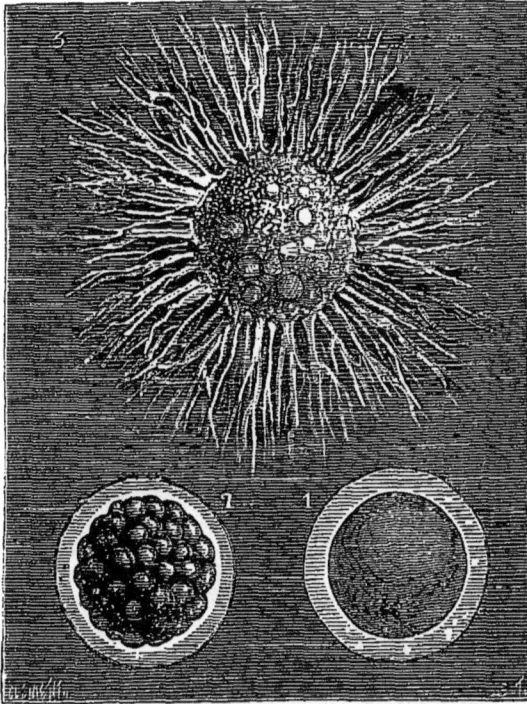

Fig. 5. — *Protomyxa aurantiaca*. — 1. *Protomyxa* enkystée. — 2. Segmentation de l'intérieur du kyste. — 3. L'animal, à jeun, ayant développé ses pseudopodes.

Monères dont nous venons de parler. Il existe, suivant Greef, caché dans la vase des étangs, en masses relativement énormes, un protoplasme vivant, le *Pelobius*, qui remplacerait dans les eaux douces le *Bathybius* marin. Oscar Grimm, Cienkowski ont fait connaître plusieurs espèces bien distinctes de *Protomonas* et de *Vampyrella*.

Meereschowski [1] a décrit plus récemment encore une espèce

[1] *Archiv für mikroskopische Anatomie*, 1879, vol. XVI, p. 213, pl. XI, fig. 5,

nouvelle de *Protamœba*, la *Protamœba Grimmi*, en même temps qu'une Monère particulièrement remarquable, puisqu'au lieu d'être libre comme toutes les autres, elle se fixe à l'aide d'un pédoncule hyalin, immobile, sécrété par son protoplasme. Au sommet de ce pédoncule, la Monère s'épanouit, dardant de toutes parts ses pseudopodes rayonnants. Meereschowski a donné à cette

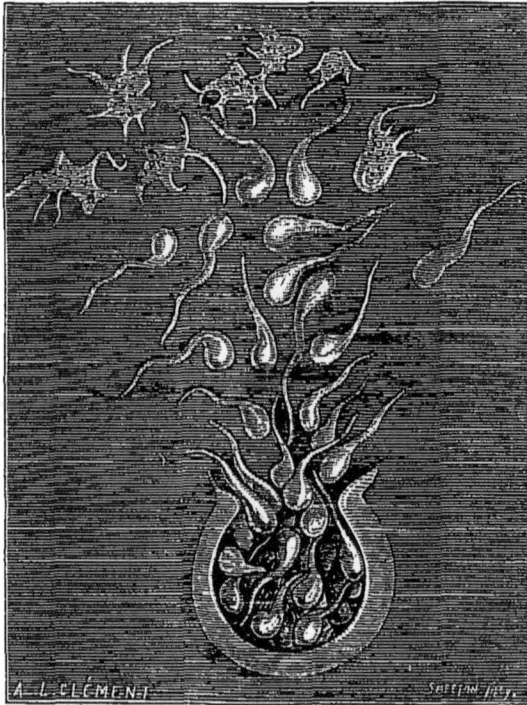

Fig. 6. — Kyste de *Protomyxa aurantiaca* rompu et montrant les phases flagellifère et amiboïde des zoospores (d'après Hæckel).

espèce intéressante le nom d'*Hæckelina borealis* qui ne pourra être conservé, la dénomination générique d'*Hæckelina* ayant déjà été employée par Bessels pour désigner, comme on l'a vu, un véritable Rhizopode. L'*Hæckelina borealis* est peut-être l'ancêtre des Rhizopodes fixés et des Infusoires suceurs qui s'attachent en si grand nombre aux végétaux aquatiques, tels que les *Podophrya*,

Solenophrya, etc. En raison de cette parenté hypothétique, on pourrait lui attribuer le nom de *Protophrya borealis*.

Il existe une autre classe de *Monères* qui se distinguent par des caractères bien tranchés. Là, la taille est encore plus petite, presque réduite aux limites extrêmes de ce qui est visible au micro-

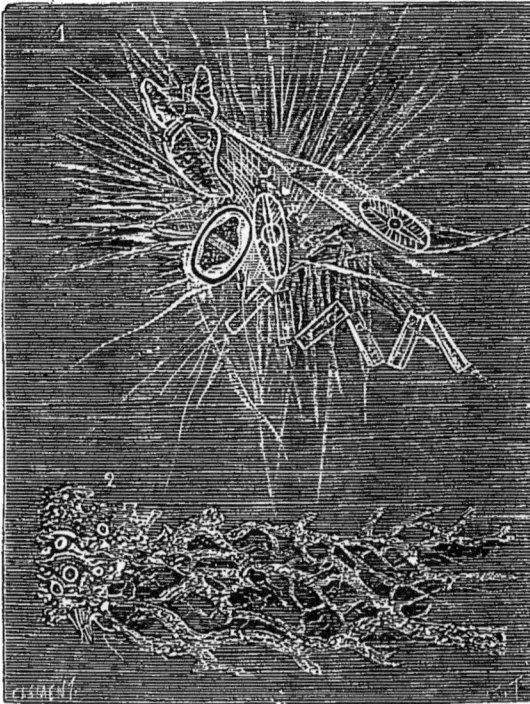

Fig. 7. — 1. *Myxastrum radians* ayant absorbé des Diatomées et des Infusoires. — 2. Réseau protoplasmique du *Myxodictyum sociale* (d'après Hæckel).

scope; la consistance du protoplasme est devenue plus ferme; la forme est nettement arrêtée; plus de pseudopodes contractiles ni de mouvements amiboïdes. Quelques espèces sont cependant très agiles. Chez les plus grandes on peut s'assurer qu'un ou plusieurs filaments vibratiles battent le liquide et fonctionnent comme des rames déliées. D'ailleurs, dans ces petits êtres, les plus puissants microscopes ne révèlent aucune trace d'organisation, rien que l'on puisse comparer même à un noyau de cellule. Il faut donc bien voir en eux des Monères. Les botanistes les ont souvent revendiqués, et ont créé pour eux la classe des Schizomycètes : ils les considèrent comme des champignons inférieurs, voisins des levûres avec lesquelles ils partagent le pouvoir de provoquer des fermentations. Les Schizomycètes sont en effet ces Vibrions, ces Bactéries, ces *Micrococcus* qui abondent partout, pullulent dans tous les liquides organiques exposés à l'air et pénètrent même dans les tissus des animaux et des végétaux où ils se multiplient parfois à l'infini, déterminant les désordres les plus graves, causant des maladies d'autant plus redoutables qu'elles sont contagieuses au plus haut degré. Rien n'égale l'activité physiologique de ces molécules vivantes que leur petitesse a fait désigner sous le nom de *Microbes*. On les voit décomposer, pour se nourrir, les substances organiques les plus résistantes : les tissus les plus durs, la cellulose, la corne, les peaux ne résistent pas à l'action de quelques-unes d'entre elles. Le ferment microscopique observé à Montsouris par M. Miquel, qui s'attaque au caoutchouc et le décompose en dégageant de l'acide sulfhydrique est une Monère de ce groupe ; une autre, étudiée par MM. Schlœsing et Muntz, décompose les matières organiques azotées contenues dans le sol et produit à leurs dépens de l'*acide nitrique* (1). La vie même des plus puissants organismes succombe sous l'action dissolvante de certaines espèces dont l'effrayante multiplication défie toutes les ressources de la médecine. Un naturaliste allemand, Cohn, assure qu'une Bactérie peut en vingt-quatre heures produire seize millions cinq cent mille Bactéries. Il faudrait cinquante et un chiffres pour représenter en nombre sa postérité au bout d'une semaine. Une seule goutte d'eau peut contenir des millions d'individus.

Le charbon ou pustule maligne, la fièvre puerpérale, la fièvre récurrente, la diphtérie ou croup des enfants, la variole, le typhus des bêtes à cornes, le choléra des poules, dont l'étude fournit actuellement à M. Pasteur de si importants résultats et peut-être la

_____

(1) *Comptés rendus de l'Académie des sciences,* novembre 1879.

plupart des maladies épidémiques ou contagieuses sont dues au développement dans l'organisme de diverses espèces de Bactéries ; on
comprend maintenant pourquoi les plus terribles de ces maladies
se communiquent si rapidement, pourquoi elles éclatent parfois
d'une manière foudroyante, pourquoi, dans un milieu infesté, il
est si difficile de s'en défendre.

Les Bactéries parasites des animaux sont souvent de forme
globulaire ; on leur donne alors le nom de *Micrococcus*, littéralement *petits granules* : ce sont en effet les plus petits de tous
les corps vivants connus. Les *Bacillus* et les Vibrions sont de
forme allongée, les *Spirillum* et les *Spirochœta* sont enroulés en
spirale plus ou moins serrée et munis à chacune de leurs
extrémités d'un fouet vibratile qui les fait mouvoir avec une
grande rapidité ; quelques espèces, les *Bacterium* proprement
dits, vivent en petites colonies linéaires, semblables à des chapelets.

Tous ces êtres se reproduisent ordinairement par simple division
de leur corps en deux parties égales. Ce sont les agents les plus actifs de certaines fermentations et de la putréfaction des matières
organiques. Ils ne peuvent vivre en général que dans des conditions
bien déterminées. Chaque espèce a son milieu dans lequel elle se
développe à l'exclusion de tout autre et dans lequel elle produit des
altérations parfaitement caractéristiques. La présence de l'air est
nécessaire au développement de certaines espèces, comme le *Micrococcus ureæ* qui produit la fermentation ammoniacale de l'urine,
ou la *levûre lactique* qui aigrit le lait. L'*Amylobacter* qui rancit le
beurre en produisant la fermentation butyrique, est tué au contraire par le contact de l'oxygène ; il s'attaque aux substances
les plus diverses, produisant toujours de l'acide butyrique et
peut se développer dans des milieux où nul autre être vivant
n'aurait accès ; aussi ce Microbe aérophobe est-il répandu partout à profusion dans la nature. La présence ou l'absence de
l'air semble indifférente à quelques-uns de ces organismes qui se
bornent à changer, suivant les circonstances, leur façon de vivre ;
plus souvent, au contraire, un léger changement dans les conditions ambiantes suffit à détruire toute la population animée d'un

liquide en pleine fermentation : un acide ajouté à l'urine empêche le développement du ferment de l'urée ; quelques degrés d'élévation dans la température suffisent pour tuer la Bactérie charbonneuse. Les oiseaux sont, dans les conditions ordinaires, incapables de contracter le charbon : par une admirable expérience, M. Pasteur a montré qu'il suffisait de refroidir les pattes d'une poule en les tenant dans de l'eau fraîche, pour faire cesser cette immunité.

Ces faits ont une importance pratique considérable : chaque sorte de ferment ayant des conditions d'existence parfaitement déterminées, ce qui tue l'un laissant l'autre parfaitement vivant, on voit que, dans un même liquide, il n'est pas impossible de détruire un ferment donné au milieu d'une foule d'autres : il n'est pas impossible en particulier d'atteindre dans le sang un organisme parasite, tout en respectant la vie des globules. Toute maladie contagieuse apparaît donc comme une maladie radicalement guérissable, à la seule condition de bien connaître toutes les particularités qui distinguent le mode d'existence du ferment qui la produit, du mode d'existence des globules sanguins et des éléments anatomiques. De là l'intérêt qui s'attache à la détermination exacte de ces ferments et aux tentatives de culture en dehors de l'organisme dont ils sont l'objet.

Les conséquences théoriques qui se dégagent de tout ce qui précède n'ont pas un moins grand intérêt.

Si simple que soit la substance qui constitue les Monères, elle présente d'une Monère à l'autre des propriétés fort différentes. Nous connaissons déjà autant de protoplasmes distincts qu'il existe de Monères, et chacun de ces protoplasmes se reproduit, non seulement avec tous ses caractères physiques et chimiques, mais encore avec tous ses caractères physiologiques : les individus vivants qu'il constitue naissent, vivent et meurent toujours de la même façon. Cependant toutes ces substances possèdent un certain nombre de propriétés qui leur sont communes : toutes exécutent des mouvements spontanés, toutes s'accroissent et s'assimilent des substances étrangères qu'elles façonnent par leur simple contact de manière à les rendre identiques à elles-mêmes, toutes présentent une tendance à constituer de petites masses individuelles capables

elles-mêmes de se résoudre en masses plus petites encore, aptes à se
transformer en individus nouveaux. En d'autres termes, tous ces protoplasmes se meuvent, se nourrissent, s'accroissent et, ce qui en est
une conséquence, se reproduisent. Là se bornent les ressemblances :
car chez chacun d'eux la locomotion, la nutrition et la reproduction s'accomplissent d'une façon particulière. Ces grandes fonctions
caractérisent la *vie ;* mais la vie a dans chacune des espèces une mo-
dalité propre, de même que dans chaque sorte d'atomes chimiques,
l'*affinité* présente ses caractères spéciaux. Chez les atomes, ces caractères sont originels et dus aux modifications diverses d'une classe
particulière de mouvements : l'histoire des Monères nous montre
également les protoplasmes très différents les uns des autres, dès
l'origine et même dans les formes les plus simples. Elle ne nous
fournit aucun argument en faveur de l'hypothèse que les propriétés
particulières de chacun d'eux ont été acquises. La théorie nous a
permis d'établir que cette hypothèse n'est nullement nécessaire à
la doctrine de la continuité entre le monde organique et le monde
inorganique ; loin de conduire à la conception d'un protoplasme
unique dont les parties se seraient graduellement isolées les unes
des autres, auraient acquis une individualité et des caractères distinctifs de plus en plus marqués, elle nous mène directement à
l'idée de protoplasmes individualisés d'emblée et possédant, dès le
moment de leur formation, les propriétés qui constituent ce qu'on
pourrait appeler, à l'exemple des philosophes, leur *devenir.* Tout
ce que l'on sait aujourd'hui des Monères est parfaitement d'accord
avec cette manière de voir.

On peut donc admettre qu'il n'y a pas eu à l'origine *un* proto-
plasma, mais *des* protoplasmes. Ce mot désigne non pas *une substance* vivante, mais une *classe de substances :* les substances douées
de vie, et ces substances ont toujours été nombreuses et variées.
Sans doute leurs formes et leurs propriétés n'étaient pas d'abord
exactement celles que nous leur voyons aujourd'hui : la postérité
des unes s'est éteinte, celle des autres a donné naissance à des branches plus ou moins nombreuses dont les rapports seraient difficiles
à établir ; l'adaptation étroite de certains ferments à leurs conditions d'existence montre que plusieurs d'entre eux, issus peut-être

d'une même origine, se sont modifiés avec ces conditions qui leur
sont devenues de plus en plus nécessaires ; mais rien ne permet de
supposer qu'on pourrait remonter des Monères actuelles à une
substance unique dont elles ne seraient que les modifications.

Comment concevoir, du reste, dans l'hypothèse d'un protoplasme
primitif unique et non fragmenté en masses individuelles, dans
l'hypothèse d'un protoplasme impersonnel et continu, que la concurrence vitale et la diversification des formes qui en doit résulter
aient pu s'établir sur la terre ? Nous voyons bien un tel protoplasme grandir indéfiniment, empruntant à la matière inorganique ce qui est nécessaire à son développement ; nous le voyons,
toujours continu, envahir les mers, tandis que des mouvements
incessants maintiennent l'homogénéité de sa substance ; nous com-
prenons bien que le hasard ait pu détacher momentanément quelques-unes de ses parties, mais ces parties elles-mêmes auraient dû
bien vite, en grandissant, rejoindre la masse principale et s'unir à
elle de nouveau. Comment croire qu'elles aient au contraire continué à se diviser de manière à former une foule de petits individus
indépendants, ayant chacun des propriétés distinctes et désormais
incapables de se confondre en une seule masse ? Supposera-t-on
qu'une multitude de petits centres d'attraction préexistaient dans
ce protoplasme en apparence homogène ? Ce serait admettre déjà
que ses diverses parties avaient une existence individuelle ; mais
comment ces centres se seraient-ils séparés ? Comment les individus résultant de cette séparation, aptes à s'unir entre eux à la première rencontre, sans cesse ramenés à l'identité par ces unions,
fussent-elles temporaires, auraient-ils pu subir l'influence élective
de la concurence vitale ? Il faut donc admettre non seulement des
individus protoplasmiques primitifs, mais encore des *espèces protoplasmiques primitives*.

La réalité de ces espèces se trouve confirmée par une particularité de la physiologie des Monères qu'on ne saurait trop mettre
en relief. Bien que nos premières notions précises sur les Monères
ne remontent pas à une époque bien éloignée, nous en connaissons actuellement un assez grand nombre. Or, parmi elles, il n'y
en a pas une seule qui soit capable de se nourrir directement de

matières minérales, pas une seule qui puisse par conséquent communiquer directement la vie à des substances qui n'aient pas été, au préalable, élaborées par elle. Les Monères à protoplasme libre, mou, capable de s'étirer en pseudopodes, celles que Hæckel nomme les *Rhizomonères*, englobent et digèrent de petits Infusoires, des Crustacés microscopiques, des Algues monocellulaires, des Diatomées. Les Monères à protoplasme rigide, à formes bien déterminées, celles qui jouent le rôle de ferments, les *Tachymonères* de Hæckel, se développent soit dans le sang des animaux, soit dans les diverses humeurs de leur économie, pendant la vie ou après la mort des organismes qu'ils attaquent, soit dans des solutions de composés organiques ; les substances grasses ou albuminoïdes sont leur milieu de prédilection.

N'est-ce pas un fait bien étrange que les formes vivantes les plus simples, loin d'animer la matière inerte, soient au contraire constamment employées à détruire ce que la vie a produit? Comment expliquer ce fait sinon par la lutte qui a dû s'établir de très bonne heure entre les protoplasmes différents, vivant côte à côte ? Une fois passée la période de formation dont les phénomènes échappent à toute analyse, les diverses Monères se sont réciproquement servi de nourriture, et celles qui n'ont pas été entraînées dans la splendide évolution qui a déterminé la formation du Règne animal et du Règne végétal n'en ont pas moins continué à chercher leurs aliments dans la substance des êtres plus favorisés qui s'élevaient graduellement, parmi elles, jusqu'aux sommets de l'organisation.

Il a fallu bien des perfectionnements avant que certaines Monères, gardant toute leur vie la membrane d'enveloppe qui protège temporairement le protoplasme de quelques-unes d'entre elles, soient devenues capables de demander directement à l'air atmosphérique et à l'eau, plus ou moins chargés de matières minérales, les éléments de leur constitution. Ce jour-là le Règne végétal a fait son apparition sur la terre. Pas plus que le Règne animal, il ne s'est formé subitement; longtemps les Monères ont été les seuls habitants de ce globe, et c'est d'elles que sont lentement sortis, se développant simultanément côte à côte, les êtres qui devaient plus tard couvrir le sol de son vert manteau de végétaux ou donner aux prairies comme aux forêts leurs innombrables habitants.

Aucune raison théorique, aucun argument paléontologique ne permet de supposer que les végétaux aient été les ancêtres des animaux, comme on le dit communément. Le contraire est beaucoup plus probable, car la cellule végétale avec son protoplasme enfermé dans une prison de cellulose est bien plus éloignée des Monères, que la cellule animale nue ou entourée d'une mince membrane de nature albuminoïde. Par leurs mouvements, par le caractère de leur alimentation, les Monères ressemblent bien plus aux animaux inférieurs qu'aux végétaux : les animaux qui devaient si étrangement distancer les végétaux dans la série organique avaient donc sur eux, selon toutes les apparences, l'avantage de la primogéniture.

La reproduction des Monères n'est pas un phénomène moins significatif que leur nutrition. Toutes, après avoir grandi un certain temps, donnent par division de nouveaux individus. Souvent, nous l'avons vu cette division, s'accomplit dans des conditions de complexité qui témoignent de son importance au point de vue de la conservation de l'espèce. En serait-il ainsi si les Monères pouvaient se produire spontanément ? La faculté de la reproduction n'est pas une preuve absolue contre la génération spontanée, mais elle est tout au moins une forte présomption, et si l'on se souvient que les expériences les plus précises ont prouvé que les Monères qui déterminent les fermentations ne proviennent jamais que de Monères semblables à elles, contenues dans les substances qui fermentent, on est en droit d'étendre ces conclusions aux Monères à protoplasme diffluent et de répéter, avec Cuvier et Huxley : *La vie seule engendre la vie.* Loin d'infirmer cette proposition fondamentale, l'histoire des Monères ne fait que la confirmer. Le phénomène de l'apparition de la vie a été un phénomène de même ordre que celui de l'apparition de la matière et comme sa continuation. Il n'y a pas de raison pour que l'un se renouvelle aujourd'hui plutôt que l'autre.

La vie s'est montrée dès le début avec une grande variété : nous avons vu comment cette autre proposition importante se concilie

avec les idées sur la continuité des phénomènes qui sont aujour-
d'hui la base philosophique de la science. L'histoire des Monères
nous permet de comprendre en quoi pouvait consister la variété
primitive des substances vivantes, indiquée déjà par la théorie qui
voit dans la vie une forme particulière du mouvement. La cause
première de cette variété est de même ordre que celle de la variété
des éléments chimiques.

Enfin *les êtres vivants ont apparu à l'état d'individus* ayant une
grandeur déterminée et fort petite, phénomène que permet encore
de prévoir l'assimilation que nous avons faite entre les mouvements
qui ont produit les premiers protoplasmes et ceux qui ont produit
les atomes. L'histoire des Monères n'est encore qu'une démonstration de cette dernière proposition.

Le développement des deux Règnes organiques est tout entier
dominé par ces trois prémisses.

Les êtres vivants élémentaires ne dépassant pas une taille presque
toujours microscopique ne pourront en conséquence former les
animaux et les végétaux de grande taille que nous connaissons
qu'à la condition de s'associer en nombre considérable. C'est la
cause première de l'*Organisation*.

Les protoplasmes ont apparu à l'état d'êtres individuels, indépendants ; c'est pour eux une qualité fondamentale : même en se
groupant en vastes sociétés ils ne pourront perdre leur individualité, qui fait partie de leur essence. Nous retrouvons ainsi le principe de l'*Indépendance des éléments anatomiques*, sur lequel s'appuie la physiologie expérimentale tout entière.

Tout individu protoplasmique procède d'un individu protoplasmique : donc, tous les éléments associés pour constituer un organisme proviennent d'éléments vivants antérieurs ; aucun d'eux ne
saurait se former spontanément dans les humeurs de l'économie.
Autrement dit : *Toute cellule procède d'une cellule*. C'est le principe fondamental de l'embryogénie et de l'histologie.

Nous sommes ainsi amenés à concevoir tout organisme comme
une association nombreuse d'individus, ayant vis-à-vis les uns des
autres une réelle indépendance, et formant la postérité d'un individu primitif, analogue à chacun d'eux.

EDMOND PERRIER. 6

Toutefois les éléments qui constituent les organismes ne sont pas des Monères : ce sont des êtres plus compliqués, des *cellules*. Entre le premier organisme et la Monère la plus élevée, il y a donc une étape à parcourir.

Comment cette étape a-t-elle été franchie ? C'est ce que nous allons maintenant rechercher.

CHAPITRE IV

Les Radiolaires et les Foraminifères.

Examinant un jour les dépôts vaseux qui se forment dans les sources minérales de Franzenbad et de Carlsbad, en Allemagne, l'illustre micrographe Ehrenberg ne fut pas peu étonné de les trouver presque entièrement constitués par des corpuscules siliceux, souvent d'une grande élégance, toujours de forme bien déterminée et qui ne pouvaient avoir été produits que par des êtres vivants. Poursuivant ces recherches dans les dépôts analogues, il reconnut qu'une foule d'entre eux étaient formés de semblables éléments. Bientôt même des assises géologiques puissantes, celles de la craie, lui fournirent des carapaces d'êtres microscopiques en telle abondance que la masse des autres fossiles semblait presque insignifiante relativement à la leur. Des îles tout entières, les Barbades, par exemple, ne sont, pour ainsi dire, que les gigantesques ossuaires d'un monde aussi merveilleux par la petitesse de ses citoyens, que par leur infinie variété et leur innombrable multitude. Suivant Max-Schultze, l'once de sable du port de Gaëte ne contient pas moins de un million et demi de ces squelettes invisibles, qui peuvent cependant s'accumuler en quantité suffisante pour faire des montagnes.

D'une délicatesse de structure qui défie les plus habiles artistes,
d'une richesse de formes qui surpasse tout ce que l'imagination la
plus vive pourrait concevoir, ces squelettes se rattachent à deux
types bien distincts. Tantôt ils sont formés par de petites loges
sphériques ou ovoïdes, ou diversement contournées, empilées de
façon à former des chapelets, des spirales, des pyramides, ou des
figures bizarrement capricieuses (fig. 8 et 9) ; les parois de ces
loges et les cloisons qui les séparent sont, en général, criblées
d'une multitude de petits trous ; les loges possèdent en outre
une ouverture spéciale et la substance qui forme leurs parois
est du calcaire. Tantôt, au contraire, le squelette est constitué soit
de sphères treillissées, emboîtées les unes dans les autres comme
celles que fabriquent certains artistes chinois, soit de longues aiguilles réunies par l'une de leurs extrémités, libres sur le reste de
leur étendue ou reliées entre elles par une admirable dentelle
pierreuse ; d'autres fois enfin ce squelette se réduit à de petits corpuscules épars en forme d'ancres, d'érignes ou de crochets ; souvent se rencontrent des formes qui rappellent un casque à pointe
et les différents thèmes sont variés de la manière la plus étrange,
avec une profusion devant laquelle l'esprit demeure confondu
(fig. 10 et 11). Dans tous, la substance qui constitue le squelette
n'est autre chose que la substance même du cristal de roche, la
silice.

On désigne les êtres qui sécrètent les squelettes calcaires, per-
forés, à plusieurs loges, ceux du premier type, sous le nom de *Po-
lythalames* ou de *Foraminifères;* ceux qui forment les squelettes
siliceux, treillissés, du second type, sous celui de *Polycystines* ou
de *Radiolaires*.

En présence de l'extrême complication de leurs parties solides,
on serait tenté de croire que ces êtres sont eux-mêmes fort compliqués, malgré l'exiguïté de leur taille. Quelques naturalistes
distingués, de Haan, Lamarck, Latreille, d'Orbigny, de Férussac,
avaient eu cette idée. Frappés de la ressemblance que présentent
parfois les coquilles microscopiques des Foraminifères, avec celles
de certains mollusques marins d'un type fort élevé, ces savants
avaient cru que les Foraminifères étaient eux-mêmes des Mollus-

ques. Ils les considéraient comme des représentants microscopiques du groupe auquel appartiennent les Pieuvres, les Seiches, les Calmars, les Nautiles, les Spirules, ou encore les fossiles, parfois gigantesques, connus sous le nom d'Ammonites. Ils avaient été confirmés dans leur manière de voir par ce fait que l'ouverture des loges des Foraminifères donne passage, quand l'animal est vivant, à une multitude de bras présentant une vague ressemblance avec ceux d'un Nautile. Cependant un examen plus complet, fait à l'aide d'instruments suffisamment grossissants, conduit bien vite à une tout autre opinion.

Les bras souvent de couleur orangée, que l'animal émet en grand nombre par l'orifice de sa coquille, ne montrent nullement la fixité de forme qui caractérise ceux des Poulpes ; non seulement on les voit s'allonger et se raccourcir incessamment, mais encore ils se divisent de mille manières, leurs ramifications se soudent entre elles quand elles se rencontrent et leur ensemble forme souvent des réseaux irréguliers dont les mailles s'ouvrent ou se rétrécissent sans cesse, dont la configuration change d'une manière continuelle. Les soudures qui s'établissent entre les diverses ramifications ne sont pas une simple apparence : en examinant avec soin ces prétendus bras, on reconnaît qu'ils sont parcourus par des courants de granules ; arrivés au point où les soudures se manifestent, les granules passent indifféremment d'un bras à l'autre, montrant ainsi qu'il y a entre ces bras une continuité bien réelle, qu'il y a non seulement contact, mais encore fusion complète de leur substance.

Quelle peut donc bien être cette substance apte à se ramifier ainsi à l'infini, à se souder avec elle-même, à s'étaler en un réseau délicat ou à se ramasser en un mince grumeau, laissant, comme un liquide, s'établir des courants dans sa propre masse, sensible, contractile et cependant homogène, vivante et cependant semblable à une goutte mucilagineuse dépourvue de toute structure ?

Cette substance, nous la connaissons, nous l'avons déjà vue constituer toutes les Monères et les êtres qui s'en rapprochent le plus ? C'est elle encore qui forme les Radiolaires et les Foraminifères : c'est le *Protoplasme*. On doit surtout à notre illustre com-

patriote Dujardin d'avoir établi cette vérité. Ce sont les Foraminifères et les Radiolaires qui lui fournirent la première idée de sa
théorie du Sarcode, dont nous avons déjà parlé : c'est à Dujardin
qu'on doit d'avoir démontré que les prétendus bras de ces êtres ne
sont que des prolongements sarcodiques, des *pseudopodes* analogues à ceux des Monères. Dujardin comparait ces pseudopodes au
chevelu d'une racine de végétal ; de là le nom de Rhizopodes (1)
sous lequel il réunit nos architectes microscopiques. Les pseudopodes des Foraminifères et des Radiolaires jouissent d'ailleurs
exactement des mêmes propriétés que ceux des Monères et des
Amibes. Ils arrêtent, par leur simple contact, les Infusoires ou les
petits Crustacés qui viennent se frôler contre eux, les saisissent,
les enveloppent de leur réseau mucilagineux, les dissolvent, s'in-
corporent leur substance qui est entraînée par la circulation protoplasmique dans la masse sarcodique principale où pénètrent
même parfois des particules solides. Il n'est donc pas douteux qu'il
ne s'agisse ici d'une véritable substance protoplasmique.

Dans la masse sarcodique d'un Foraminifère, les recherches les
plus minutieuses, celles toutes récentes de Hertwig, par exemple,
n'ont pu faire découvrir autre chose qu'un noyau tel que celui des
Amibes ou des *Actinophrys*, noyau qui se déplace dans chaque
individu à mesure que le nombre de ses loges augmente.

La structure des Radiolaires est un peu plus compliquée. Au
centre de leur corps — qui ne dépasse pas, du reste, la grosseur
d'une tête d'épingle — le microscope montre, noyée dans le protoplasme, une capsule membraneuse, dont le contenu est parfois
segmenté en masses polyédriques plus ou moins opaques. Il y a
continuité entre le protoplasme contenu dans la capsule et celui
dont elle est enveloppée ; les spicules et les aiguilles siliceuses
traversent souvent ses parois pour se réunir à son centre, mais
elle n'a aucun rapport direct avec le squelette proprement dit. On
trouve aussi dans la masse sarcodique des corpuscules réfringents,
de couleur jaune, qui paraissent être de véritables cellules, contiennent de l'amidon, et sont eux aussi indépendants du squelette.

(1) De ῥίζα, racine, πούς, pied. — Littéralement : animaux à pieds en forme
de racine.

Dans certains types, de taille relativement un peu plus considérable, il existe plusieurs capsules centrales (1). On doit considérer ces formes comme résultant de la réunion de plusieurs individus ordinaires qui ont mis en commun leur protoplasme. Elles sont aux Radiolaires ordinaires à peu près ce que les *Myxodyctium* sont aux *Protomyxa;* ce sont des *Radiolaires composés.* Il est fort probable qu'il existe aussi des Foraminifères composés et peut-être doit-on considérer chaque loge d'un Foraminifère comme un individu distinct, de sorte qu'il n'y aurait de Foraminifères simples que les Foraminifères uniloculaires tels que les *Lagenulina* (fig. 8, n° 5), en forme de petite bouteille, les *Vertebralina* en forme de bâtonnets ou les *Cornuspira* (fig. 9, n° 3), en forme de spirale. Les Foraminifères à plusieurs loges seraient des Foraminifères composés, de véritables colonies de Foraminifères uniloculaires. De fait, les *Nodosaires*, les *Dentalines*, les *Cristellaires*, les *Frondiculaires*, les *Flabellines*, etc., représentées dans les figures 8 et 9 des pages suivantes, semblent n'être que des colonies de *Lagenulina* diversement groupées, et l'on trouve entre elles toutes sortes de formes de passages. D'autre part il existe aussi tous les intermédiaires possibles entre les formes compliquées telles que les *Spiroloculines* ou les *Quinqueloculines*, et les formes plus simples, telles que les *Triloculines*, les *Biloculines* et les *Miliolines.* Ce sont donc des formes qui semblent être provenues les unes des autres par l'adjonction graduelle d'individus nouveaux aux individus primitifs, suivant des lois d'ailleurs très variables.

Une seule objection peut être faite à cette manière de voir. D'après Hertwig (2), chaque Foraminifère ne contiendrait qu'un seul noyau qui se déplacerait à mesure que le nombre des loges augmenterait. S'il en est ainsi, chaque coquille, malgré la multiplicité de ses loges, ne contiendrait qu'un seul individu, équivalent à une cellule : c'est un point qui demanderait de nouvelles recherches.

Quoi qu'il en soit, dans les deux groupes des Foraminifères et des Radiolaires le protoplasme accuse des propriétés chimiques

---

(1) Tels sont les genres *Collozoum*, *Sphærozoum*, dépourvus de squelette, *Collosphæra* et *Siphonosphræa* où il existe un squelette pour chaque capsule.
(2) *Jenaische Zeitschrift für Naturwissenschaft*, 1876.

bien distinctes, puisque dans un cas il enlève de la silice à l'eau ambiante pour la laisser déposer dans sa masse, tandis que dans l'autre c'est du carbonate de chaux qui est sécrété par une substance en tout semblable en apparence à la première.

On pourrait supposer que cette différence tient surtout à ce que les êtres qui la présentent vivent dans des conditions différentes. Les Foraminifères habitent en effet le plus souvent le fond de la mer et rampent lentement sur les tiges et les frondes des algues sous-marines ; les Radiolaires se rencontrent, au contraire, en abondance à la surface des eaux où ils flottent par légions innombrables. Mais on ne voit pas pourquoi ces habitudes pourraient influer sur la nature chimique des produits solides que les Rhizopodes déposent dans leur substance. D'ailleurs, ces petits êtres sont loin d'être ainsi parqués dans des domaines différents. Plusieurs Foraminifères aiment précisément à se trouver parmi les troupes flottantes de Radiolaires : telles sont les Pulvinulines, les Globigérines (fig. 8, n° 2), ou encore les Hastigérines. Ces dernières, avec leur carapace sphérique, criblée de trous régulièrement disposés et surmontée d'une multitude d'épines longues et grêles, reproduisent même d'une manière frappante la physionomie de certains Radiolaires : on les rangerait certainement dans ce dernier groupe, si leur coque n'était exclusivement calcaire.

D'autre part, les dernières expéditions d'exploration sous-marine ont montré que dans diverses régions de l'Atlantique et du Pacifique le fond de l'Océan était formé par un fin limon exclusivement composé soit de Foraminifères, soit de Radiolaires vivants formant des dépôts en tout analogues à ceux qui ont constitué la craie. Le genre de vie n'est donc pour rien dans la nature des sécrétions solides du protoplasme, et c'est bien par un véritable choix, ou, si l'on veut, par une sorte d'affinité élective de ce corps que prennent naissance des dépôts de silice dans un cas, des dépôts de carbonate de chaux dans l'autre. Quelques Foraminifères présentent du reste des spicules siliceux, tandis que le squelette de certains Radiolaires peut contenir du calcaire. Il existe enfin des Rhizopodes tout à fait dépourvus de squelette, tels que les *Amibes*, l'*Actinophrys sol*, l'*Actinosphærium Eichhornii;* d'autres ont le corps recouvert en tout ou en partie par une membrane albuminoïde. Chez les *Arcella*, assez semblables aux Amibes, cette membrane recouvre la région dorsale ; chez les *Lagynis*, qui se rattachent de près aux Foraminifères, elle a la forme d'une petite bouteille dont le goulot livrerait passage aux pseudopodes ; chez les *Gromia* (fig. 8, n° 1) le protoplasme déborde par le goulot et entoure la

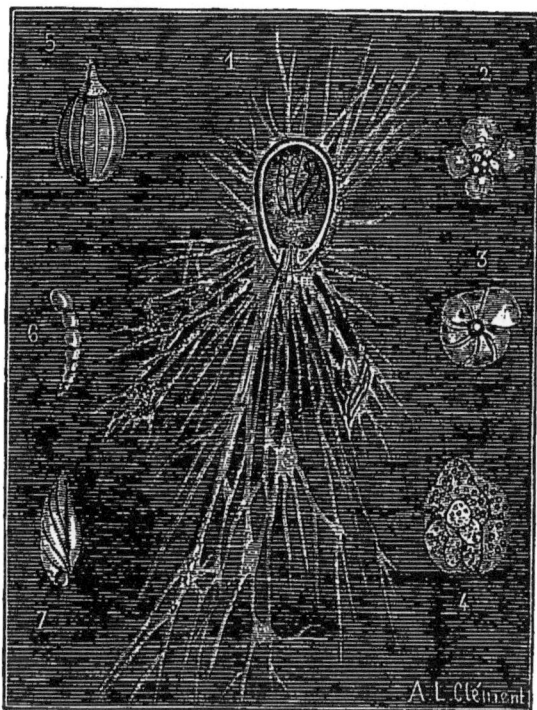

Fig. 8. — FORAMINIFÈRES DIVERS. — 1. *Gromia oviformis*, Duj. — 2. *Globigerina bulloides*, d'Orbigny. — 3. *Anomalina hemisphærica*, Terquem. — 4. *Rosalina anomala*, Terquem. — 5. *Lagenulina costata*, Williamson. — 6. *Dentalina punctata*, d'Orbigny. — 7. *Cristellaria triangularis*, Terquem.

paroi extérieure de la membrane, émettant de toutes parts des pseudopodes rayonnants. Souvent cette membrane est capable d'agglutiner des grains de sable, de petites coquilles, et le Rhizopode habite alors une maison assez semblable à celle que dans nos cours d'eau savent se construire les larves de Phryganes.

C'est le cas des *Difflugia* ou de l'*Hæckelina gigantea*, dont il a été précédemment question.

S'il est étrange de voir des substances, si semblables entre elles en apparence, être le siège de phénomènes chimiques aussi différents que ceux qui supposent la formation de squelettes calcaires ou siliceux ou celle de simples membranes enveloppantes, il l'est bien plus encore de voir les parties solides qui se déposent dans ces substances affecter d'un type à l'autre des dispositions à la fois très régulières et éminemment variables.

Chez les Foraminifères, le squelette est en général réduit à une coquille qui enveloppe le protoplasme; les chambres ou loges qui s'ajoutent l'une à l'autre pendant la croissance peuvent naître de diverses façons; cependant les formes produites se rattachent en somme à des types assez simples, mais qui ne sont pas soumis à une grande symétrie. Chez les Nodosaires, les Dentalines (fig. 8, n° 6), les Frondiculaires, ces chambres se disposent bout à bout, en ligne droite ou légèrement courbe; chez les Cristellaires (fig. 8, n° 7), elles se disposent également en files, mais s'insèrent sur le côté les unes des autres et sont de plus en plus grandes, de manière à figurer un commencement de spire. Il en est de même chez les Flabellines, mais ici les dernières loges sont en forme de chevrons et à cheval sur les deux faces latérales des loges de la première série; avant le développement des loges en chevron, les jeunes Flabellines sont de véritables Cristellaires; elles passent aux Frondiculaires lorsque la spirale primitive est très courte. A leur tour, les Frondiculaires ne se distinguent des Nodosaires que parce que dans ces dernières la séparation des loges est à peu près plane, tandis que dans les premières chaque loge pénètre toujours plus ou moins dans la suivante.

Dans le groupe des Miliolides, les loges poussent alternativement à droite et à gauche de la loge primitive. Quand chaque nouvelle loge recouvre au moins la moitié de la loge précédente, on ne voit jamais que la dernière et l'avant-dernière loge, quel que soit le nombre de celles qui se sont superposées; c'est le caractère des *Biloculines*. Si la dernière loge ne recouvre qu'à peu près le tiers de celle sur laquelle elle naît, trois loges sont toujours apparentes; la section de l'ensemble qu'elles forment est triangulaire : on a alors le genre *Triloculine*. Dans tous les autres cas, toutes les loges qui se superposent sont plus ou moins visibles, au moins sur un côté de la colonie : on a donné le nom de *Quinqueloculines* aux formes dans lesquelles on voit deux loges d'un côté et trois de l'autre, celui de *Spiroloculines* aux formes dans lesquelles ces nombres sont

Fig. 9. — FORAMINIFÈRES DIVERS. — 1. *Miliola tenera*, Max Schultze. — 2. *Rotalia veneta*, Max Schultze. — 3. *Cornuspira planorbis*, Max Schultze.

dépassés, celui de *Milioles* (fig. 9, n° 1) enfin aux espèces dans lesquelles on aperçoit sur les deux faces de la coquille le même nombre de loges. Mais tous ces types sont étroitement reliés entre eux. .

Les loges des Globigérines (fig. 8, n° 2), des Anomalines (fig. 8, n° 3), des *Rosalina* (fig. 8, n° 4), des *Rotalia* (fig. 9, n° 2), ont une tendance bien manifeste à se disposer en spirale ; ce sont certai-

nement les espèces de ce genre qui avaient conduit d'Orbigny
à comparer les Foraminifères aux Céphalopodes. Les plus complexes de ces êtres sont les Nummulites, formés d'une multitude
de loges disposées en spirale serrée et pouvant atteindre les dimensions d'une pièce de cinq francs. Quelques espèces vivantes, les
Orbitolites, rappellent encore de nos jours la dimension et l'apparence des Nummulites. Mais ces dernières ont disparu après avoir
eu une ère de prospérité telle que leurs débris forment presque à
eux seuls la plus grande partie de certains pics des Pyrénées.

La texture du test des Foraminifères présente aussi d'importantes
variations. Certaines Quinquéloculines sont revêtues d'une simple membrane ; la coquille est mince, hyaline, percée de trous
chez les Globigérines, Orbiculines, *Textularia*, *Rotalia;* épaisse et
également perforée chez les *Lagenulina* (fig. 8, n° 5), *Nodosaria*,
Dentalina (fig. 8, n° 6), *Lingulina*, *Cristellaria* (fig. 8, n° 7), *Frondi-
cularia*, *Flabellaria*, *Rosalina* (fig. 8, n° 4), etc. Son aspect rappelle
celui de la porcelaine et elle est imperforée chez les Milioles (fig. 9,
n° 1) et les animaux voisins. Enfin la coquille épaisse des Nummulites est parcourue par tout un système de canaux dont le rôle et la
nature sont totalement inconnus. Partout cependant les parties
solides constituent un simple revêtement du protoplasme ; la substance vivante paraît être aux chambres qui la contiennent ce
qu'un Mollusque est à sa coquille.

Dans les Radiolaires nous voyons apparaître un véritable squelette, plongeant dans la substance même qu'il est chargé de soutenir, et dont les formes, plus variables encore que celles des carapaces des Foraminifères, sont les plus étonnantes que le règne
animal puisse offrir. Ce sont d'abord de simples spicules siliceux,
irrégulièrement branchus, qui se disposent sans ordre autour de la
sphère centrale, comme chez les *Thalassosphères;* ces spicules deviennent plus nombreux, s'enchevêtrent de mille façons, se
soudent les uns aux autres et finissent par former un tissu spon-
gieux soutenu de place en place par des spicules plus forts en
forme de flèches barbelées, comme chez les *Spongosphæra*, ou
par une charpente régulière comme le disque figurant un crible à
mailles rectangulaires des *Spongasteriscus*.

Dans le groupe des Acanthométrides, les pièces principales du squelette sont de longues aiguilles prismatiques qui se réunissent toutes au centre de la capsule sphérique et divergent ensuite, régulièrement espacées l'une de l'autre. Ordinairement ces aiguilles servent de support à des pièces accessoires qui peuvent demeurer isolées, constituant ainsi une série de boucliers supportés chacun

Fig. 10. — RADIOLAIRES. — 1. *Arachnocorys circumtexta*, Hæckel. — 2. *Amphilonche heteracanta* Hæckel. — 3. *Acanthometra elastica*, Hæckel.

par une aiguille qui traverse son centre, comme chez les *Xiphacantha*, ou s'unir entre elles et former ainsi une ou plusieurs sphères continues, emboîtées les unes dans les autres, comme chez les *Dorataspis* (fig. 11, n° 1). Les épines des *Acanthometra* ne portent pas d'appendices, et celles de l'*Acanthometra elastica* (fig. 10, n° 3) sont flexibles comme du verre filé. Quelque-

fois une épine prend un développement beaucoup plus considérable que les autres et figure une sorte de double glaive dont
le milieu serait occupé par la masse protoplasmique suspendue
elle-même à des épines plus petites : les *Amphilonche* (fig. 10, n° 2)
présentent d'une façon bien nette cette élégante disposition que
reproduisent avec diverses variantes les *Diploconus* et quelques
autres genres. Dans la famille des Pansoleniées, chez les *Aulacan-
tha*, par exemple, les grandes aiguilles sont creuses et leur axe est
traversé par un filament protoplasmique qui vient s'épanouir au
dehors.

Ailleurs, le squelette est formé par une sphère ou par plusieurs
sphères concentriques constituées chacune par une dentelle siliceuse dont les mailles présentent souvent une régularité absolument
géométrique. La charpente sphérique des *Heliosphæra*, des *Arach-
nosphæra* et de quelques autres types, est ainsi formée de mailles
hexagonales parfaitement égales, et de sa surface s'élancent vers
l'extérieur des épines rayonnantes, diversement ornementées, qui
ajoutent encore à l'élégance de ces charmants objets.

Enfin deux types méritent une mention toute particulière. Chez
l'un, dont les *Euchitonia* (fig. 11, n° 2) donnent une bonne idée,
les parties solides sont planes : autour d'un disque circulaire viennent se placer trois ailes s'élargissant graduellement vers l'extérieur
et formées, comme le disque central, d'arcs de cercle concentriques que relient des barres transversales. Une dentelle de cristal
de roche remplit l'intervalle des trois sections et le tout est compris
entre deux disques siliceux, percés de trous dont chacun correspond aux mailles du tissu intermédiaire. Ces dispositions éprouvent
des modifications diverses ; les arcs de cercle des trois sections en
forme d'ailes peuvent être remplacés par un tissu réticulé (1) ; les
mailles du tissu qui les séparent peuvent, au contraire, se régula-
riser et se disposer en séries concentriques (2) ; les ailes, au lieu
d'aller en s'élargissant du centre à la périphérie (3), peuvent affecter la forme d'un pétale de fleur, s'allonger, se raccourcir, se

(1) *Euchitonia Köllikeri*, Hæckel.
(2) *Euchitonia Leydigii*, Hæckel.
(3) *Euchitonia Beckmanni*, Hæckel.

bifurquer, se rétrécir ou s'élargir jusqu'à se toucher, ce qui arrive chez les *Rhopalastrum*. On passe ainsi à des genres où tout le squelette consiste en un disque formé de mailles disposées en séries concentriques (1) ou de cercles également concentriques coupés par des rayons qui se prolongent en pointes aiguës (2). A ces

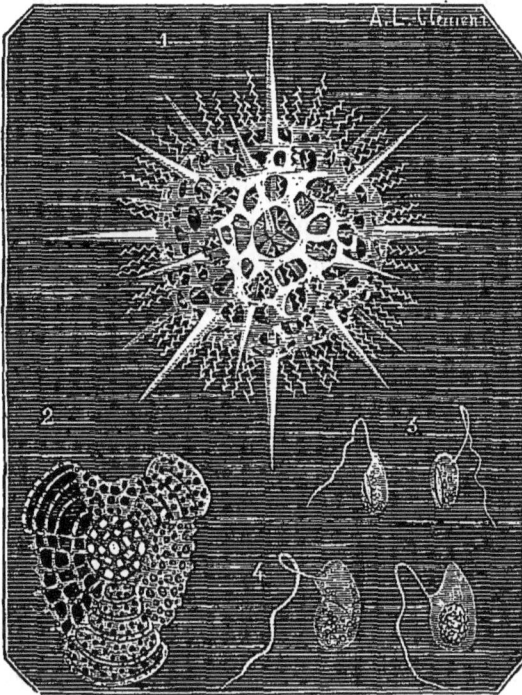

Fig. 11. — RADIOLAIRES. — 1. *Doraluspis polyancystra*, Hæckel. — 2. *Euchitonia Beckmanni*, Hæckel. — 3. Spores spiculifères de Collozoum. — 4. Spores sans spicules de Collozoum.

genres en correspondent d'autres où la disposition circulaire est remplacée par la disposition spirale (3).

On peut considérer les *Arachnocorys* (fig. 10, n° 1) comme représentant, dans ce qu'il a d'essentiel, le second type : une sorte de

(1) *Euchitonia Köllikeri*, Hæckel.
(2) *Stylodyctia*.
(3) *Discospira*, *Operculina*, *Stylospira*.

casque surmonté d'une pointe et entouré d'épines, une large visière
continue, s'évasant à partir de l'ouverture du casque, offrant ordinairement trois arêtes qui s'allongent en aiguillons, hérissée
elle aussi de nombreuses épines, voilà la forme fondamentale à
laquelle se rattachent tous les Cystidés. Faites varier les proportions relatives de la tête du casque et de sa visière, augmentez ou
diminuez le nombre des épines et des pointes, effacez ou exagérez
la saillie des arêtes, et vous aurez toutes les formes qui appartiennent à ce groupe singulier. On comprend qu'un pareil squelette
suppose des modifications assez profondes dans la disposition des
parties molles des Radiolaires qui les présentent. La vésicule centrale, divisée chez eux en trois parties en forme de poire, correspondant à chacune des arêtes du squelette, se transporte en effet à
l'un des pôles de la masse protoplasmique ; c'est elle que coiffe directement la tête du casque siliceux ; quant au protoplasme, il continue à envoyer de toutes parts ses pseudopodes mobiles et ramifiés.

Comment prennent naissance des squelettes à la fois si variés, si
élégants et si compliqués ? La première idée est de rechercher
dans les parties molles s'il n'existe pas quelque structure spéciale
qui détermine le dépôt du calcaire ou de la silice dans des régions
déterminées. La peau de la plupart des animaux a une tendance
bien marquée à s'encroûter de substances solides ; beaucoup de
pièces du squelette des Vertébrés n'étaient au début que des plaques
dermiques osseuses qui ont été graduellement entraînées à l'intérieur. Ne pourrait-on pas voir dans la coquille des Foraminifères
une production analogue soit à la coquille des Mollusques, soit à la
carapace des Crustacés, soit au test des Oursins ? Mais chez tous
ces animaux il existe une peau véritable ; celle-ci, recouvrant
des organes demi-solides, d'une forme déterminée, affecte par
cela même une forme nettement définie. Chez les Foraminifères,
au contraire, le sarcode est absolument mou, presque liquide, et de
plus constamment en mouvement ; on ne voit guère comment une
telle substance aurait pu servir de moule aux coquilles si variées
et à formes si arrêtées qui le recouvrent. L'existence de certaines espèces qui ne sont jamais revêtues que d'une peau molle

conduit à se demander si la formation d'une enveloppe membraneuse ne précède pas toujours l'apparition du calcaire ; mais on n'a aucune observation précise sur ce point. D'ailleurs ce n'est pas toujours à la surface que se montre l'appareil protecteur; chez certaines *Gromia*, où il demeure membraneux, on le voit ordinairement enveloppé d'une couche assez épaisse de protoplasme. D'où vient ce protoplasme? S'est-il répandu autour de la membrane après que celle-ci s'est constituée à la surface de la jeune Gromie? Cette membrane s'est-elle formée au contraire dans l'épaisseur même du protoplasme? C'est là ce que nous ignorons et l'on peut espérer qu'une fois ces problèmes secondaires résolus, le problème plus général de la formation des coquilles chez les Foraminifères sera considérablement éclairci.

Les Radiolaires sont encore plus embarrassants. Ce n'est plus à la surface de leur protoplasme, c'est presque toujours dans l'épaisseur même de leur substance que se déposent les particules solides, qui forment leur admirable squelette. Or là, point de conditions particulières, point de structure apparente, qui puisse expliquer l'apparition de dépôts siliceux en un point plutôt qu'un autre. Le plus souvent c'est autour de la capsule centrale que se construit le treillis cristallin, mais à distance cependant, de sorte que l'intervention directe de cette capsule dans sa production est au moins fort douteuse, et ne saurait être invoquée, dans tous les cas, que pour la partie la plus intérieure du squelette. Toutefois cette capsule peut avoir une autre influence indirecte : sa membrane est percée de pores très petits, par lesquels communiquent ensemble la couche externe et la couche interne de protoplasme qu'elle sépare. A travers ces pores s'établissent, sans doute, des courants protoplasmiques dont la direction est constante ; à chaque courant dirigé vers l'extérieur correspondent nécessairement des contre-courants en sens inverse; dans certaines régions ces deux sortes de mouvement se neutralisent et là, plus facilement qu'ailleurs, peuvent prendre naissance des dépôts de particules solides. Est-ce ainsi que se forment ces fins canaux siliceux dont l'axe, dans un grand nombre de genres, est occupé par un cordon sarcodique? Les déplacements moléculaires que produisent les actes incessants d'assimilation et

le désassimilation dont le protoplasme est le siège, impriment forcément à sa masse des mouvements complexes, dont la circulation
protoplasmique n'est sans doute que l'un des effets ; le conflit de ces
mouvements détermine-t-il dans le protoplasme vivant des lieux de
repos relatif, comparables, dans une certaine mesure, aux lignes
nodales des surfaces vibrantes ? Seraient-ce là les points où prennent naissance les dépôts solides ? Il faut bien supposer quelque chose
d'analogue car, de même que dans un liquide sans cesse agité, aucune cristallisation régulière ne saurait se produire, on ne voit pas
comment des charpentes solides, aussi géométriques que des cristaux, pourraient se former dans un milieu dont toutes les parties
seraient en mouvement.

D'autre part, quand on se rappelle l'admirable complication des
fleurs de glace qui constituent les flocons de neige, quand on se rappelle que la forme cristalline de la silice dérive, comme celle de la
glace, du prisme hexagonal régulier, et appartient par suite, à celui
de tous les systèmes cristallins qui se prête au plus grand nombre
de combinaisons symétriques, on ne peut se défendre de l'idée
que les lois de la cristallisation ne soient pour quelque chose
dans l'arrangement des faisceaux d'aiguilles et des mailles hexagonales que l'on retrouve si fréquemment dans le squelette des
Radiolaires. A la vérité, nous ne trouverons plus à appliquer ici les
lois mathématiques de la cristallographie. La régularité, qui frappe
dans certaines formes, s'amoindrit ou disparaît dans des formes
évidemment voisines ; mais ces perturbations ne sont pas inexplicables. Les cristaux ne présentent une grande régularité que lorsqu'ils apparaissent et se développent dans des milieux bien fluides
et en repos ; or le protoplasme est toujours plus ou moins vis-
queux et toujours en mouvement. En outre, les recherches de
Harting ont démontré, depuis quelque temps déjà, que la présence
de substances albuminoïdes dans une liqueur apportait un obstacle
tout particulier à la formation des cristaux, substituait notamment
à leurs faces planes et à leurs arêtes, des lignes et des surfaces
courbes, comme on en observe si souvent dans les concrétions
solides qui se forment au milieu des tissus des êtres vivants ; or le
protoplasme est certainement analogue, au point de vue chimique,

à une substance albuminoïde. Tout cela contribue, sans aucun doute, à masquer la part qu'il faut attribuer à la forme cristalline de la silice dans les productions dont nous cherchons à entrevoir l'explication.

Comment d'ailleurs espérer actuellement une explication précise et définitive de phénomènes résultant de l'action combinée des forces du monde minéral et de celles qui émanent des substances vivantes, que nous connaissons si peu? Que savons-nous de la mécanique intime de la vie? L'étude du mode de formation des carapaces cristallines des Radiolaires, de leurs rapports avec les mouvements protoplasmiques, n'est-elle pas de nature à nous apporter quelques révélations sur cet obscur mystère? L'avenir le dira. Mais il se dégage des faits acquis une conséquence importante; c'est que, sous une identité apparente, les protoplasmes les plus semblables entre eux, tels que ceux des Radiolaires, cachent une diversité inouïe de propriétés et d'aptitudes, aussi bien au point de vue chimique qu'au point de vue physiologique. A mesure que l'on avance dans ces études, on comprend de moins en moins comment peut s'accorder la diversité infinie que nous constatons à chaque pas avec l'hypothèse que le protoplasme n'est qu'un simple composé chimique. L'esprit se refuse de plus en plus énergiquement à ne voir en lui qu'une seule et unique substance: il conçoit, en un mot, *des* protoplasmes mais non pas *un* protoplasme.

On s'est demandé comment naissent, se développent et se reproduisent les étonnants architectes dont nous venons d'esquisser l'histoire. Malheureusement les recherches qui ont été faites dans cette direction n'ont donné jusqu'ici que fort peu de résultats. Dujardin, Max Schultze ont vu chez les Troncatulines des corps reproducteurs que Stretill Wright considère comme des œufs; Schneider a décrit chez les Milioles une sorte de reproduction sexuée, et il a pu suivre les premières phases du développement de quelques espèces; mais ce sont là des observations isolées qui ne permettent aucune généralisation.

On est un peu plus avancé en ce qui concerne les Radiolaires grâce aux recherches de Hertwig. A un certain moment, les pseudopodes et le protoplasme qui entourent la capsule centrale disparaissent peu à peu ; le contenu de celle-ci se divise en une multitude de petits corps sphéroïdaux, puis la capsule se rompt et ces petits corps apparaissent sous forme de globules munis d'un filament mobile, constamment agité et qui leur sert d'appareil locomoteur. Nous retrouvons, par conséquent, persistant avec une remarquable ténacité, l'élément reproducteur que nous avons déjà rencontré chez les *Protomyxa*, les *Myxastrum*, les *Protomonas* et autres Monères. Seulement le zoospore est ici pourvu d'un noyau et contient même parfois une concrétion minérale, d'apparence cristalline (fig. 11, n⁰ˢ 3 et 4). Il est probable que ces zoospores après avoir nagé quelque temps à l'aide de leur fouet vibratile, émettent des pseudopodes et se transforment directement en Radiolaires.

En somme, la reproduction des Rhizopodes ne diffère pas d'une simple division du parent en un nombre variable d'individus nouveaux. Ceci va nous donner l'explication d'un phénomène des plus remarquables, dont tous les naturalistes qui ont voulu étudier ces êtres, ont été frappés.

Les Foraminifères sont innombrables, et cette épithète s'applique tout aussi bien aux formes qu'ils peuvent revêtir et que l'on serait tenté d'appeler spécifiques qu'aux individus eux-mêmes. Des naturalistes éminents ont consacré un temps considérable à l'étude de ces formes : William Carpenter, en Angleterre, a essayé de classer les foraminifères vivants, et a publié un gros volume in-4° qu'il a intitulé modestement : *Introduction à l'étude des Foraminifères*. En France, le savant doyen de nos géologues, M. Terquem, a consacré toute une série de beaux mémoires à l'étude des foraminifères fossiles. L'un et l'autre arrivent à cette conclusion qu'il est impossible de tracer une limite à la variabilité de leurs formes : on peut passer de l'une à l'autre par les transitions les plus ménagées. Aussi Carpenter n'hésite-t-il pas à dire qu'il n'y a pas d'espèces parmi les Foraminifères, mais seulement des séries de formes se rattachant toutes plus ou moins à un nombre, très grand du reste, de types souvent unis entre eux de mille manières. Il arrive même à montrer que les types actuellement vivants se relient d'une façon continue aux types fossiles, que, parmi ceux-ci, les fossiles d'un terrain passent insensiblement aux fossiles du terrain précédent, de sorte qu'on peut remonter par des séries ininterrompues jusqu'aux formes les plus anciennes. Le type Foraminifère a ainsi subi à travers les âges d'innombrables variations, sans cependant présenter aucun progrès notable dans son organisation. Les formes primitives ont donné naissance à une infinité de formes, toutes reliées entre elles, sans que les séries produites de la sorte aient cessé d'être distinctes.

Quoique moins explicite, M. Terquem exprime à peu près la même idée :

« L'instabilité des espèces, dit-il (1), est inhérente, non aux ornements plus ou moins simples ou compliqués, mais bien à la forme des coquilles et au mode d'agencement de leurs loges... Quand l'espèce a épuisé tout son système de variations, elle acquiert les caractères d'une autre espèce et finalement, de variations en variations, l'espèce perd les caractères typiques du genre pour produire ceux d'un autre genre.

« C'est en effet ce qui se produit dans les *Marginulines*, qui finissent par se confondre avec les *Cristellaires ;* ceux-ci, de leur côté, dans leurs variations non moins fréquentes, tendent à se rapprocher des Marginulines et il n'est plus possible d'établir la limite exacte où un genre commence et où l'autre cesse ; il y a fusion complète. »

Plus loin (2), M. Terquem montre que les coquilles biloculaires de l'oolithe inférieure, semblables aux Biloculines « deviennent d'une manière insensible des Triloculines, que celles-ci passent de même aux Quinquéloculines, etc. » Dans le seul genre Marginuline, pour la seule localité de Fontoy, il ne décrit pas moins de 194 formes, qu'il ramène à 33 espèces, susceptibles peut-être, dans son opinion, d'être réduites à 2 ou 3. Malgré cela, M. Terquem ne croit pas à une variabilité indéfinie ; son opinion est tout entière contenue dans cette phrase de l'illustre conchyliologiste

---

(1) *Premier mémoire sur les Foraminifères du système oolithique.* — Metz, 1867. — p. 44 et suivantes.

(2) Page 329.

Deshayes : « Nous ne pensons pas que les espèces soient modifia-
bles à l'infini, comme sembleraient l'indiquer les opinions de
Lamarck ; nous croyons qu'elles le sont jusqu'à une limite déterminée à laquelle l'espèce s'éteint plutôt que de recevoir de nouvelles modifications, les conditions de son existence étant enfin
parvenues à leur extrême limite. »

M. Terquem nous dit lui-même que chez les Foraminifères, les
limites de variations sont assez étendues pour permettre à une
espèce de passer d'un genre à un autre, pour permettre à deux
genres de se fusionner ; son opinion ne diffère donc pas beaucoup
de celle de Carpenter. Parker et Rupert Jones vont beaucoup plus
loin en admettant chez les Foraminifères une variabilité indéfinie.

En somme tous les savants qui se sont occupés de classer ces
êtres reconnaissent que leurs formes n'ont aucune fixité ; ils diffèrent seulement sur le point de savoir si les séries que l'on peut
établir entre elles convergent toutes vers une même forme primitive, ou vers plusieurs formes indépendantes.

Tout récemment le professeur Hæckel, d'Iéna, a eu à examiner
une riche collection de Radiolaires recueillis par le *Challenger*
pendant son expédition de draguages. *A priori,* il avait demandé
cent planches in-4° pour figurer les formes, fort nombreuses déjà,
qu'il croyait avoir reconnues comme distinctes. Un examen plus
approfondi lui a montré que ces cent planches lui permettraient
tout juste de figurer les types principaux. Il existe entre ces types
une quantité infinie de formes intermédiaires ; rien ne permet de les
répartir en espèces malgré l'apparente régularité de leurs parties
solides qui semblerait donner prise à des caractéristiques précises.

L'espèce n'existerait donc pas non plus parmi les Radiolaires.

Il suffit pour rendre compte de ces conclusions, si étranges au
premier abord, de rapprocher les conditions de la reproduction des
êtres inférieurs qui nous occupent, des conditions de la reproduction
des organismes les plus élevés parmi les végétaux et les animaux. Là
la reproduction nécessite, en général, le concours de deux individus
différents ou, tout au moins, d'éléments bien différents d'un même
individu. Dans l'acte de la fécondation, les caractères personnels
des individus tendent à se neutraliser, les caractères qui leur sont

communs, les caractères spécifiques tendent à primer les autres,
aussi l'espèce se maintient avec des caractères à peu près constants
et dont la limite de variation, encore à déterminer, assez restreinte
pour chaque période géologique, peut cependant être considérée
comme indéfinie quand on embrasse la série des temps.

La génération sexuée n'exclut pas chez un grand nombre d'a-
nimaux et chez la plupart des végétaux un autre mode de repro
duction, dans lequel une partie quelconque, détachée d'un individu, est apte à se constituer en un individu nouveau. Les végétaux,
par exemple, se reproduisent non seulement par graines, mais encore par bouturage, par marcottage, etc. Or personne n'ignore
que, dans ce dernier cas, les jeunes présentent non seulement
tous les caractères spécifiques, mais encore tous les caractères essentiellement personnels de l'individu d'où ils proviennent. C'est
ainsi que les jardiniers conservent et multiplient les innombrables
variétés qu'ils ont réussi à obtenir, soit dans les plantes d'ornement, soit dans les arbres à fruits. Toute variété peut être reproduite à un nombre d'individus aussi grand qu'on le veut; elle
sert elle-même de point de départ pour réaliser des variétés nouvelles dont rien ne limite le nombre.

Chez les Rhizopodes, ce que nous savons actuellement nous
autorise à penser que la génération sexuée n'existe pas. La reproduction n'est donc chez eux qu'un véritable bouturage : toutes les
variations individuelles se conservent par conséquent, et s'accu-
mulent avec le temps, modifiant sans cesse les formes primordiales, écartant les unes des autres les formes issues d'un même parent, rapprochant d'autres formes d'origine différente, établissant ainsi mille liens accidentels d'un type à l'autre. L'influence
héréditaire qui, dans la génération sexuée, tend à perpétuer
la constance des formes, semble ici se mettre au service de l'influence modificatrice des actions extérieures dont elle contribue à
maintenir l'effet. L'espèce ne peut donc se fixer. Théoriquement,
elle ne saurait exister pour des êtres dépourvus de génération
sexuée et les faits sont, on vient de le voir, parfaitement d'accord
avec la théorie.

D'autre part, les variations que les propriétés du protoplasme

peuvent éprouver sous l'action des circonstances extérieures, ne
sauraient ici être maintenues dans une direction déterminée, comme
cela peut avoir lieu pour des organismes supérieurs, entre lesquels
la lutte pour la vie est ardente, la sélection naturelle par conséquent très rigoureuse, le perfectionnement rapide. L'ornementation du test d'un Foraminifère, la forme des spicules d'un Radio-
laire, leur disposition même, ne sauraient assurer un avantage
bien considérable à la masse protoplasmique qui les sécrète. Toutes ces masses sont à peu près équivalentes au point de vue de
l'activité vitale. On ne voit pas en elles de cause de progrès. Leurs
formes, malgré leur inconstance, tournent donc constamment
dans le même cercle. Les types originels se conservent aussi bien
que les variétés qui en dérivent : c'est pourquoi des formes analogues de Rhizopodes se retrouvent à la fois parmi les fossiles les
plus anciens et dans la faune actuelle.

Nous n'apercevons ici aucune des conditions auxquelles
Darwin attribue la formation des espèces élevées ; comment
expliquer, ce qui est pourtant nécessaire, dans la théorie de
l'évolution, que ces espèces dérivent des formes simples dont nous
venons de parler, puisque ces formes semblent vouées à une éter-
nelle infériorité ? Faut-il admettre qu'au moment où ils ont pris
naissance, les premiers protoplasmes possédaient chacun déjà une
faculté d'évolution spéciale, qui a permis aux uns de produire,
sous l'action stimulante des agents extérieurs, les êtres vivants
les plus hautement organisés, tandis que d'autres n'ont guère pu
s'élever au-dessus de leur condition primitive ? Cela n'aurait rien
d'absurde. L'œuf des animaux actuels, même les plus élevés, est
plus simple que la plupart des Rhizopodes. Il n'est lui aussi
qu'une petite masse de protoplasme, enfermée dans une mince
membrane et contenant un noyau et un nucléole. Cet œuf possède pourtant une faculté d'évolution dont la nature nous
échappe, que nos sens ne nous permettent pas de définir et qui
l'entraîne, à travers mille transformations, vers un but précis,
déterminé. Mais certaines particularités physiologiques nous permettront bientôt d'assigner des causes plus simples aux premiers
phénomènes de l'évolution organique.

Laissant de côté les Schizomycètes, ces petits êtres homogènes, à protoplasme cohérent, qui jouent le rôle de ferments, les Monères appartiennent à deux groupes bien distincts. Dans l'un, dont les Protamibes sont le type, les pseudopodes sont relativement à la masse commune, courts, épais, arrondis au sommet, ne se soudent jamais entre eux, et semblent plutôt des lobes du protoplasme que des appendices. Dans le second groupe, au contraire, les pseudopodes sont allongés, minces, grêles, pointus, susceptibles de se diviser à l'infini comme le chevelu des racines d'un arbre et de se souder temporairement entre eux quand ils se rencontrent (1). Chacun de ces groupes, contenant du reste des formes qui peuvent n'avoir entre elles aucun rapport génétique, a donné naissance à un groupe correspondant de Rhizopodes.

Un phénomène d'une importance considérable, puisqu'il semble avoir été nécessaire à la formation des éléments anatomiques, des cellules qui constituent les organismes les plus élevés, l'apparition d'un *noyau* au sein de la masse protoplasmique a marqué le passage des Protamibes aux Amibes (*Amœba*), sans autres modifications dans la forme ou les propriétés physiologiques. L'Amibe, comme le Protamibe est un petit grumeau gélatineux dont les contours changent sans cesse et qui se nourrit en englobant dans sa substance des particules solides. De temps à autre, on voit se former en un de ses points une vésicule limpide qui grossit lentement, puis se vide tout à coup, déversant à l'extérieur le liquide qu'elle contient ; c'est la *vésicule contractile* que l'on retrouve dans un grand nombre d'organismes inférieurs et dont les pulsations rythmiques se produisent à des intervalles suffisamment réguliers pour qu'on ait cherché dans leur durée, un caractère distinctif des espèces. On peut voir en elle le premier rudiment d'un appareil d'excrétion. Par son intermédiaire le protoplasme se débarrasse de la trop grande quantité d'eau et des substances inutiles qu'il contient ; bien qu'elle se creuse en un point à peu près fixe, la

---

(1) Hæckel a désigné respectivement ces deux groupes sous les noms de *Lobomonères* et de *Rhizomonères*, littéralement *Monères-lobes* et *Monères-racines*.

vésicule contractile manque de parois propres et ne peut être considérée comme un véritable organe.

Quant au noyau, la petitesse de ce corps s'opposera sans doute toujours à ce qu'on ait des notions précises sur sa composition chimique ; on sait seulement qu'il est, comme le reste du protoplasme, de nature albuminoïde. Mais il possède cependant des propriétés chimiques spéciales. On trouve un noyau dans toutes les cellules animales ou végétales, au moins pendant leur période de reproduction par division ; il est tantôt plus brillant, tantôt plus pâle que la masse qui l'entoure, tantôt plus limpide, tantôt granuleux ; quelquefois, il n'est possible de le mettre en évidence qu'à l'aide de réactifs, comme l'acide acétique, qui éclaircit la substance environnante ou de matières colorantes comme le carmin qui le teint plus fortement en rouge. Ces phénomènes suffisent à montrer que le noyau des cellules n'est pas chimiquement identique au protoplasme, dans lequel il est plongé.

Ses propriétés physiologiques sont également bien distinctes et d'une haute importance. Dans certaines cellules, pendant la période de repos, le noyau paraît enveloppé d'une membrane ; mais pendant que les cellules se divisent, il est nu et prend une part importante à leur division. On avait vu depuis longtemps qu'il se segmentait comme elles et semblait même provoquer la reproduction en se partageant le premier. Des découvertes récentes dues surtout à M. Herman Fol, de Genève, et au docteur Bütschli, sont venues préciser son rôle durant ce phénomène. On le voit alors s'allonger, se décomposer en fibrilles et former finalement une sorte de fuseau au sommet duquel les granules du protoplasme viennent se disposer en étoiles rayonnantes rappelant un peu ces étoiles que la limaille de fer forme aux pôles d'un aimant. Puis le fuseau s'effile en son milieu et se divise, les étoiles s'effacent et leur partie centrale, avec l'extrémité correspondante du fuseau, devient un nouveau noyau. Nous devons renoncer, pour le moment, à expliquer ces singuliers mouvements du protoplasme ; mais tout indique qu'ils ont le noyau pour point de départ, preuve incontestable de l'importance désormais prépondérante de cette formation nouvelle.

. Les Amibes conduisent à des formes plus élevées qui se distinguent par la transformation d'une partie de leur substance en membrane protectrice. Chez les *Arcella*, où cette membrane recouvre une moitié du protoplasme, il ne peut plus se former de pseudopodes dans cette moitié; le petit être se meut donc à l'aide de la moitié opposée qui repose dès lors constamment sur le sol : ainsi se constituent une région dorsale et une région ventrale. Les *Difflugia*, à membrane dermique agglutinante, lés *Quadrula*, chez qui cette membrane présente un élégant quadrillage, sont, parmi les Rhizopodes, les termes les plus élevés de la série qui a pour point de départ les Monères du premier type.

Ce sont des Monères du second type qui ont donné naissance aux Foraminifères et aux Radiolaires dont le protoplasme reproduit toutes leurs propriétés. Leur développement s'est fait en deux sens différents suivant que le corps s'est revêtu ou non d'une enveloppe. Les *Lieberkhunia*, avec leur mince membrane, leur corps s'allongeant en une sorte de bras d'où partent les pseudopodes, les *Gromia* enfermées dans leur membrane comme dans une bourse, sont les premiers termes de l'évolution qui a conduit aux Foraminifères, tandis que nous trouvons dans les *Actinophrys* et les *Actinosphærium* de nos eaux douces des formes analogues aux ancètres des Radiolaires.

Les *Actinophrys* ne sont pour ainsi dire que des Protogènes pourvues d'un noyau et d'une vésicule contractile; elles se reproduisent, comme les Monères, par simple division en deux parties. Fort abondantes dans les eaux stagnantes, elles y font un grand carnage d'infusoires et de petits crustacés. Les *Actinosphærium* (fig. 3, n° 1, page 69) ont les mêmes mœurs et à peu près la même apparence; mais leur taille est beaucoup plus considérable : on les aperçoit facilement à l'œil nu, ce sont de petites pelotes gélatineuses, de la grosseur d'une tête d'épingle. Leur partie centrale, plus obscure, renferme un grand nombre de noyaux et simule déjà le contenu de la capsule des Radiolaires. La ressemblance avec les Radiolaires s'accuse davantage chez les *Acanthocystis* de Carter, et quelques autres genres, également d'eau douce, qui possèdent de fins spicules siliceux, disposés en rayons comme ceux des Acanthomètres, ou épars comme ceux des Thalassosphères. On trouve même chez les *Clathrulina*, les *Astrodisculus* et les *Hyalolampe* une coquille siliceuse, treillissée, rappelant celle des Héliosphères, et Cienkowski a démontré que les *Clathrulina* se reproduisent au moyen de zoospores. Les *Clathrulina* présentent, avec la *Protophrya* ou *Hæckelina borealis* une curieuse analogie : elles vivent, comme elle, fixées à l'aide d'un pédoncule aux objets submergés.

Il ne manque à ces êtres, pour être de véritables Radiolaires, qu'une capsule centrale et les corpuscules jaunes, contenant de amidon, si généralement répandus dans ce groupe. Par tout le reste de leur structure, ils établissent de la façon la plus graduelle le passage des formes relativement si compliquées des Radiolaires aux formes si élémentaires des Monères à pseudopodes réticulés.

En présence des légions infinies de Rhizopodes qui doivent leur origine à ces dernières, il semble que la postérité des Monères à pseudopodes courts et massifs ait été bien peu de chose. Ce n'est là qu'une apparence. On ne trouve dans les organismes supérieurs aucun élément dont le protoplasme présente les caractères du protoplasme des Foraminifères ou des Radiolaires. Au contraire, dans ces organismes, divers éléments passent au moins temporairement par la forme amiboïde. Chez l'Homme même, les globules blancs du sang conservent tous les caractères des amibes. Nous sommes ainsi amenés à penser que si les organismes inférieurs qui ont pour type le protamibe sont aujourd'hui si peu nombreux, c'est que la plupart se sont élevés rapidement dans l'échelle organique pour en atteindre les sommets.

Une qualité de leur protoplasme, bien peu importante au premier abord, paraît leur avoir préparé ces hautes destinées : c'est précisément l'impossibilité où se trouve ce protoplasme de donner naissance à de fins pseudopodes. Entourées de leur chevelure vivante, qui surgit de tous côtés, les Monères à fins pseudopodes sont toujours maintenues à distance les unes des autres. Leurs masses principales peuvent rarement arriver à se rencontrer. Leur protoplasme dès que sa division commence, se frange de toutes parts comme une étoffe qui s'effile et dans laquelle n'a prise aucun point de suture. Les mouvements des pseudopodes, sans cesse occupés à se ramifier de plus en plus, tendent à rendre à chaque instant plus fragiles les liens qui unissent temporairement les masses nées les unes des autres, ou celles que le hasard fait rencontrer. Les *Myxodictyum*, les *Monobia*, voilà le seul genre de colonies, lâches et sans cohérence, livrées sans défense à toutes les actions destructives, que de tels êtres peuvent former. L'apparition d'une membrane enveloppant le protoplasme, même en partie, faciliterait une association moins imparfaite ; mais la surface sans cesse mouvementée des Monères à pseudopodes réticulés se prête mal au développement des membranes protectrices qui abritent le protoplasme des cellules d'un grand nombre d'organismes inférieurs.

Il en est tout autrement chez les Monères amiboïdes. Leurs pseudopodes courts, lents à se former, permettent le contact sur de larges surfaces ; une communication intime peut s'établir entre les deux individus qui se touchent, préparant ainsi la vie coloniale. Qu'un grand nombre d'individus s'unissent ; ils formeront une masse compacte ; leurs moyens d'union seront suffisants pour leur permettre une certaine résistance aux forces qui tendraient à rompre l'association. Ce sera déjà un commencement d'organisme. Sur ces corps aux mouvements paresseux et peu marqués des membranes pourront s'étendre, suffisamment perméables pour ne pas s'opposer aux échanges nécessaires à la nutrition, limitant néanmoins les individus, cimentant leur union au moyen des exsudations qui traversent leur épaisseur et constituant de nouveaux moyens de défense, à l'abri desquels pourront se produire les phénomènes les plus merveilleux de l'évolution organique. Ainsi, pour employer une heureuse comparaison de Hæckel, tandis que les Monères à pseudopodes réticulés se dépensaient à former le frêle gazon d'une prairie, les Monères amiboïdes ont fourni les semences de deux arbres gigantesques, dominant tout l'empire organique : le règne animal et le règne végétal.

Si les animaux et les végétaux sont vraiment sortis de cette humble origine, nous devons retrouver des traces de leur parenté primitive, car le progrès n'est que bien rarement le partage de tous les enfants d'une même famille. A côté de ceux qui ont escaladé les plus hauts degrés de la hiérarchie, nous pouvons espérer retrouver quelques retardataires qui n'ont pu s'élever beaucoup au-dessus de leur condition première. Peut-être même chez les plus haut parvenus dans des directions différentes, pourrons-nous découvrir quelques caractères communs, parchemins à demi effacés qui nous donneront le moyen de remonter jusqu'aux premiers ancêtres. Il est donc d'un haut intérêt, au point de vue de la doctrine de la descendance, de savoir s'il existe au-dessus des Rhizopodes des formes plus franchement animales ou plus franchement végétales, par lesquelles cependant se touchent les deux Règnes, de rechercher même, si les conditions de la vie sont aussi différentes qu'on le suppose, dans les provinces les plus éloignées de l'Empire organique.

Cette étude, si elle nous donne un résultat positif, doit par une conséquence naturelle nous apprendre comment les premiers organismes se sont formés et quelles ont été les causes des premières divergences qui se sont produites.

CHAPITRE V

Entre un végétal et un animal, appartenant l'un et l'autre aux classes élevées de leur règne respectif, il ne semble pas qu'il puisse y avoir rien de commun. Quel contraste au premier abord, dans les façons de vivre de ces deux êtres !

L'animal est sans cesse en mouvement; il témoigne de mille façons sa sensibilité aux impressions qui lui viennent du dehors; il éprouve des émotions intérieures qui le déterminent à effectuer les actes les plus variés; il absorbe des aliments le plus souvent solides et d'origine organique, combinaisons complexes dont les éléments principaux sont le Carbone, l'Oxygène, l'Hydrogène et l'Azote; il les brûle dans ses tissus, rejette dans l'atmosphère de l'Acide carbonique et de la vapeur d'eau, et développe une quantité variable, mais souvent considérable de chaleur. Ses tissus sont essentiellement formés de substances albuminoïdes contenant les quatre éléments que lui apportent les substances dont il fait sa nourriture.

Le Végétal, au contraire, immobile et impassible à la surface du sol dans lequel plongent ses racines, ignore le milieu dans lequel il se développe et ne saurait avoir aucune notion de sa propre existence. Il puise dans la terre et dans l'air des aliments simples de nature minérale, qui ne pénètrent dans ses tissus qu'à l'état liquide ou gazeux. Là ces substances minérales sont diversement groupées pour former des myriades de composés dont un grand nombre constitueront précisément les aliments des animaux. A l'air, le Végétal emprunte de l'Acide carbonique, au sol il demande de l'eau, des composés azotés, des sels minéraux ; pour unir ces matériaux, il absorbe la chaleur solaire ; enfin, il restitue de l'Oxygène à l'atmosphère. Ses tissus sont essentiellement formés de substances ne contenant que trois éléments : le Carbone, l'Oxygène et l'Hydrogène.

L'antithèse, à s'en tenir à ces termes, est aussi complète que possible : on s'est plu longtemps à voir dans l'antagonisme du végétal et de l'animal une des grandes harmonies de la Nature, l'un réparant sans trêve les perturbations apportées par l'autre dans l'équilibre de notre coin du monde. Et cependant ce contraste, cette antithèse, cet antagonisme, n'ont rien d'absolu. Parfaitement réels quand on considère les résultats ultimes de la vie végétale et de la vie animale, ils s'effacent dès qu'on veut descendre à l'analyse des phénomènes, ou à l'étude de certains types particuliers, si bien que toute définition embrassant l'ensemble des animaux ou des végétaux devient absolument impossible.

Nombre de plantes exécutent des mouvements très apparents. Depuis les belles observations de Linné tout le monde connaît les mouvements qui font passer les végétaux de l'état de veille à celui de sommeil : tout le monde sait que certaines fleurs tournent sur leur tige pendant le jour, suivant le mouvement du soleil, les noms de *Tourne-sol*, d'*Héliotrope* rappellent cette curieuse propriété. Le pédoncule spiral des fleurs femelles de Vallisnérie se déroule pour porter la fleur à la surface de l'eau et s'enroule pour la ramener au fond quand la fécondation s'est produite. Les folioles de la feuille en forme de trèfle de l'*Hedysarum gyrans* tournent d'une façon constante sur leur pétiole ; leur mouvement s'accomplit périodiquement, en cinq minutes environ ; l'un des pétales (1) de la fleur d'une orchidée africaine, le *Megachirium falcatum*, oscille perpétuellement de haut en bas ; des mouvements oscillatoires analogues, quoique beaucoup plus faibles et souvent

_____

(1) Le Labelle.

masqués par des mouvements plus étendus et de nature différente, s'observent chez un grand nombre d'autres plantes telles que les *Mimosa*, certaines espèces d'*Acacia*, d'Oxalides (1), de Trèfles (2).

Les plus singuliers de ces mouvements, parce qu'ils se rapprochent le plus des mouvements des animaux, sont ceux qui sont excités par le contact d'un corps solide ou par un ébranlement communiqué à la plante. Tels sont les mouvements bien connus des Sensitives ou *Mimosa* qui sont loin d'être aussi particuliers à ces plantes qu'on pourrait le croire, car on les retrouve plus ou moins marqués dans les feuilles de nombreuses espèces d'Oxalides, dans celles de l'Acacia vulgaire (*Robinia pseudo-acacia*) et encore chez les genres *Æschinomene*, *Smithia*, *Desmanthus*, etc.

Les étamines de l'Épine-vinette, des *Mahonia*, de plusieurs fleurs composées (3), parmi lesquelles celles des Chardons et des Chicorées, les stigmates du pistil des *Mimulus*, *Martynia*, *Goldfussia*, etc., l'ensemble des organes reproducteurs de certaines Orchidées (4), exécutent au moindre contact des mouvements souvent très vifs. Ces mouvements ont, en général, pour effet de faciliter la fécondation et ils sont provoqués le plus souvent par le piétinement des insectes qui viennent butiner dans les fleurs.

Ce sont aussi les insectes qui provoquent dans les poils du *Drosera*, les feuilles de la Dionée Gobe-mouches, celles des Vésiculaires, des mouvements dont ils sont les victimes.

Chose bien remarquable! la suppression de l'oxygène abolit temporairement ces mouvements ; l'oxygène pur les arrête ; l'éther, le chloroforme les suspendent. Il semble que dans ces diverses circonstances les plantes soient asphyxiées, empoisonnées, endormies comme l'auraient été des animaux. Les plantes sont seulement plus vivaces, et leurs mouvements renaissent dès qu'elles sont replacées dans des conditions normales.

Si la plante exécute certains mouvements sous l'influence d'excitations extérieures, s'il est possible de lui enlever momentané-

(1) *Oxalis acetosella.*
(2) *Trifolium incarnatum*, *Trifolium pratense.*
(3) *Centaurea*, *Onoperdon*, *Cnicus*, *Carduus*, *Cynara*, *Cichorium*, *Hieracium.*
(4) Le gynostème des *Stylidium*, de la Nouvelle-Hollande.

ment cette faculté par l'emploi d'anesthésiques, n'est-il pas légitime de conclure à l'existence chez elle d'une sorte de sensibilité? Sans doute cette sensibilité est confuse, sans doute elle n'aboutit pas à une conscience, mais qui pourrait dire en quoi consistent la sensibilité et la conscience d'une Éponge?

Le mode d'alimentation de la plante a pu sembler jusque dans ces dernières années, plus caractéristique. Mais la possibilité pour les plantes de rendre assimilables et d'absorber des substances solides, de *digérer* en un mot, tout comme le font les animaux, ne saurait plus être mise en doute. Les poils du chevelu des racines de tous les végétaux sont de véritables organes de digestion des matières qui les entourent et de nombreux travaux, en tête desquels il faut citer ceux de Charles Darwin et de son fils Francis, ont eu pour but de démontrer l'existence de *Plantes carnivores*. Les *Drosera*, les *Dionæa*, les *Nepenthes*, certains *Arum* sécrètent des sucs qui dissolvent les matières albuminoïdes et contiennent une sorte de pepsine, comme le suc gastrique des animaux. Ces plantes digèrent et absorbent la substance des insectes qu'elles capturent. Elles peuvent donc se nourrir, comme les animaux, de matières albuminoïdes. Elles peuvent, comme eux, rendre assimilables des matières qui ne le sont pas par elles-mêmes. Inversement, certains vers parasites, les Tænia, les Echinorhynques, par exemple, se bornent à absorber par la peau une nourriture toute préparée, comme pourraient le faire des végétaux. Des Crustacés parasites des Crabes, les Sacculines ont même un véritable appareil radiculaire qui plonge dans les viscères de leur hôte pour y puiser les sucs alimentaires.

La respiration n'établit pas davantage une différence tranchée entre le Règne animal et le Règne végétal. S'il est vrai que les animaux ne rejettent ordinairement dans l'air que de l'acide carbonique et de la vapeur d'eau ; s'il est exact que les plantes absorbent au contraire l'acide carbonique de l'air et lui restituent de l'oxygène, il ne faut pas oublier qu'elles ne le font qu'à la lumière solaire et que cet acte est du reste une sorte de digestion qui, pendant le jour peut dissimuler la véritable respiration. Mais la nuit, ou simplement à l'ombre, celle-ci reprend le dessus et les plantes comme les animaux dégagent alors de l'acide carbonique. Certains animaux, colorés en vert, les *Stentor*, l'Hydre verte, plusieurs vers inférieurs se comportent, du reste, au soleil comme des végétaux, dégagent de l'oxygène et meurent dès que cette fonction est supprimée. Les recherches faites par M. Geddes au laboratoire de zoologie expérimentale de Roscoff ont mis ce fait en pleine évidence pour de petites planaires qui habitent les parties les plus chaudes de la plage et forment sur le sable des plaques du plus beau vert (1). Comme les plantes, ces animaux contiennent cette importante substance à laquelle notre végétation doit ses belles couleurs, la *chlorophylle*.

On a cru que les végétaux produisaient seuls de l'amidon et de la cellulose. Depuis longtemps déjà la cellulose a été trouvée dans la tunique des Ascidies et des animaux voisins, et les recherches de Claude Bernard ont montré que l'une des principales fonctions du foie des animaux supérieurs est la sécrétion d'une substance facile à convertir en sucre, le *glycogène*, substance qui présente avec l'amidon les plus grandes analogies.

Il n'est donc pas une fonction que l'on puisse considérer comme absolument propre à l'un des deux Règnes. Les traits les plus caractéristiques de la vie végétale se retrouvent toujours chez quelque représentant du Règne animal ; réciproquement, même au point de vue des mouvements et de la sensibilité, quelques végétaux ne le cèdent en rien à certains animaux inférieurs.

Dans les deux Règnes, nous trouvons d'ailleurs les mêmes éléments anatomiques. Les végétaux comme les animaux sont formés de cellules juxtaposées. Chez les uns comme chez les autres le contenu de ces cellules, l'agent essentiel de la vie, n'est autre chose que du protoplasme. Chez les animaux le protoplasme est libre ou enveloppé d'une mince membrane flexible ; chez les végétaux, il est contenu dans une enveloppe résistante de cellulose ; mais ces règles souffrent encore de nombreuses exceptions. Les capsules qui entourent les cellules des cartilages des vertébrés sont tout aussi résistantes que la paroi de la plupart des cellules végétales et l'on a signalé des végétaux supérieurs chez qui le protoplasme peut

(1) *Comptes rendus de l'Académie des sciences de Paris*, décembre 1878, p. 1095.

demeurer absolument libre. Les *Dipsacus* sont des plantes bien
connues de nos pays où on les désigne souvent sous le nom de
Cardères à foulons. Leurs feuilles opposées forment autour de la
tige une sorte de coupe, dans laquelle abondent des poils glandu-
leux. M. Francis Darwin a vu ces poils émettre de longs filaments
protoplasmiques, tout comme pourraient le faire des Rhizopodes.

Même enfermé dans ses capsules de cellulose, le protoplasme végétal ne perd pas la faculté de se mouvoir. Dans les poils des étamines
de *Tradescantia virginica*, dans les poils vénéneux des orties, les
poils étoilés de l'*Althæa rosea*, dans les cellules des *Chara*, des Val-
lisnéries et de diverses autres plantes aquatiques, le protoplasme
est le siège d'une véritable circulation analogue à celle que
présente le sarcode chez les Monères et les Rhizopodes. Il
semble qu'on n'ait qu'à briser la paroi de la cellule pour le voir
s'épandre en masse et se mouvoir à la façon des amibes. Des
recherches récentes ont démontré que toutes les jeunes cellules
végétales et beaucoup de cellules déjà âgées présentaient une
semblable circulation protoplasmique. Dans les poils des *Drosera*,
C. Darwin a minutieusement décrit des mouvements plus remarquables encore, en ce sens qu'ils portent sur la totalité du protoplasme et accompagnent les mouvements d'ensemble de ces poils.

Les végétaux relativement inférieurs qui forment l'embranchement des Cryptogames présentent des caractères généraux qui les
rapprochent bien plus encore des animaux que les végétaux plus
élevés des groupes phanérogames. Chez eux, nous voyons la
faculté de mouvement se généraliser. Beaucoup de Cryptogames
présentent un mode de génération sexuée, résultant de la fusion
d'un élément femelle, la *spore*, avec un élément mâle, l'*anthérozoïde*. Le nom de ce dernier indique déjà qu'il rappelle certains
animaux, et de fait, c'est presque toujours un petit être, doué de
mouvements extrêmement rapides qu'il exécute, grâce aux battements de cils dont il est pourvu, et qui sont en tout semblables aux
cils des zoospores de Radiolaires.

Chez les Fougères et les Prêles, l'anthérozoïde, enroulé en
tire-bouchon, porte, à sa partie antérieure, un nombre considérable de longs cils vibratiles (fig. 12, nᵒˢ 8 à 11). Les Mousses

et les *Chara* ont aussi des anthérozoïdes enroulés en hélice, mais munis de deux cils seulement (fig. 12, n°s 5, 6, 7) ; les *Fucucus* et les autres Algues marines de couleur olivâtre possèdent toutes des anthérozoïdes fort actifs, de forme ovoïde, [présentant quelquefois

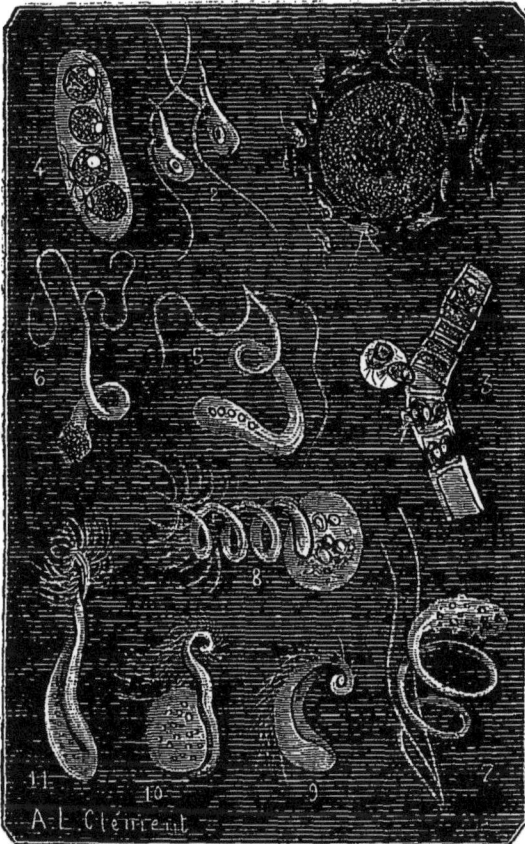

Fig. 12. — Zoospores et anthérozoïdes des CRYPTOGAMES. — 1. Spore et anthérozoïdes de *Fucus vesicolosus* (les anthérozoïdes sont plus gros qu'ils ne devraient être proportionnellement). — 2. Anthérozoïdes du même plus fortement grossis. — 3. Anthérozoïdes d'*Œdogonium gemelliparum* sortant du filament de l'algue où ils se sont développés. — 4. Zoospores de *Bulbochæte intermedia* enfermés dans leur cellule génératrice. — 5. Anthérozoïde d'une characée (*Nitella flexilis*). — 6. Anthérozoïde d'une mousse (*Funaria hygrometrica*). — 7. Anthérozoïde d'une autre mousse (*Sphagnum acutifolium*). — 8. Anthérozoïde d'une fougère (*Adianthum capillus Veneris*). — 9, 10, 11. Anthérozoïdes d'une Prêle (*Equisetum arvense*).

une tache oculiforme de couleur rouge, et toujours deux fouets vibratiles, partant d'un même point et dirigés l'un en avant, l'autre

en arrière (fig. 12, n°˙ 1 et 2) ; enfin, certaines Conferves ou
Algues d'eau douce ont aussi des anthérozoïdes dont la forme est
assez variable (fig. 12, n° 3). De plus, dans ce dernier groupe et
dans celui des Champignons, on voit apparaître un autre mode de
reproduction. Le contenu de certaines cellules se change en petits
corps pourvus tantôt d'un ou de deux cils vibratiles, tantôt, comme
chez les *OEdogonium* ou les *Bulbochæte* (fig. 12, n° 4), d'une couronne de cils. Ces petits corps, auxquels on peut appliquer la dénomination de zoospores, se fixent, après avoir nagé plus ou moins
longtemps et se changent directement soit en une Algue, soit en un
Champignon semblable à leur parent. La forme la plus commune
de ces zoospores est celle d'une petite masse ovoïde, pourvue d'un
ou deux cils. C'est donc encore, à fort peu de chose près, l'élément reproducteur que nous avons eu plusieurs fois l'occasion
de signaler chez diverses Monères et chez les Radiolaires. On
ne peut cependant douter, dans le cas actuel, que les organismes qui l'ont produit soient bien réellement des végétaux.

Les zoospores des Algues sont généralement colorés en vert
par la *chlorophylle,* mais les zoospores des Champignons sont
absolument incolores, et rien ne pourrait indiquer, si l'on ne connaissait pas leur origine, que l'on doive les rapporter au règne
végétal plutôt qu'au règne animal.

Dans les végétaux dont nous venons de nous occuper, la période
de mobilité est relativement de courte durée ; mais il n'en est pas
toujours ainsi. Dans certains groupes, sa durée est plus longue, au
contraire, que celle des autres périodes, de façon qu'elle constitue, pour ainsi dire, l'état normal, la période d'immobilité n'étant
alors qu'une période transitoire. C'est ce qu'on voit, par exemple,
chez les *Volvox,* les *Stephanosphæra* ou les *Gonium.*

Une masse gélatineuse, sphérique chez les *Stephanosphæra* et
les *Volvox* (fig. 13, n° 2), quadrangulaire chez les *Gonium* (fig. 13,
n° 1), renferme des cellules vertes, régulièrement disposées un peu
au-dessous de sa surface et munies chacune de deux cils vibratiles
qui font saillie hors de la masse gélatineuse, et fouettent constamment le liquide ambiant. Grâce au mouvement des cils, la masse
entière nage en tournoyant. Chez les *Volvox* (fig. 13, n° 2), les cel-

· lules ciliées sont fort nombreuses et reliées entre elles par une sorte de réseau protoplasmique. Chez le *Stephanosphæra pluvialis*, que l'on trouve après les pluies dans les moindres flaques d'eau, et notamment dans les creux des grosses pierres, ces cellules ne sont qu'au nombre de huit, disposées perpendiculairement à l'un des plans équatoriaux de la sphère ; elles sont en forme de fuseau, et

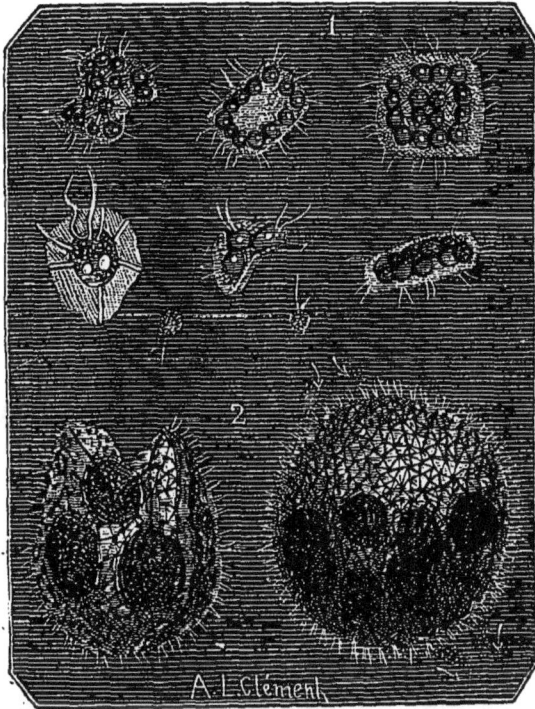

Fig. 13. — ALGUES de la famille des VOLVOCINÉES. — 1. Familles et cellules isolées de *Gonium pectorale*, Ehrb. — 2. Familles ou colonies de *Volvox globator*, Ehrb. (La colonie de gauche est rompue. Toutes les deux contiennent des jeunes.)

de leurs extrémités partent des filaments protoplasmiques qui vont s'attacher à la périphérie de la sphère. On a pu suivre presque toutes les phases de la vie de ce singulier végétal. Pendant la nuit, chacune des huit cellules composantes se partage en deux, quatre et enfin huit nouvelles cellules, de manière à produire une petite famille en tout semblable à celle dont elle faisait partie. Au matin, chaque *Stephanosphæra* contient donc, au lieu de huit cellules, huit jeunes individus, qui se meuvent à l'intérieur de la masse gélatineuse primitive jusqu'à ce que celle-ci se dissolve et les laisse en liberté. Le phénomène se renouvelle aussi longtemps que persistent les conditions de chaleur, de lumière et d'humidité nécessaires à la vie de la plante. De temps en temps, la succession des générations est interrompue par la formation d'un nombre considérable de petites sphérules, dites *microgonidies*, résultant d'une division répétée des cellules mères. Ces microgonidies, pourvues chacune de quatre cils vibratiles, se séparent les unes des autres et nagent librement dans le liquide ambiant : on ignore quelle est leur destinée ultérieure.

Lorsque les conditions deviennent moins favorables, chacune des huit cellules composant une *Stephanosphæra* perd ses cils, s'isole, s'enveloppe d'une membrane résistante et tombe au fond de l'eau, où sa couleur passe graduellement au brun et au rouge. Elle peut très bien, dans cet état, supporter la dessiccation ; mais que l'humidité revienne, la cellule isolée se divise de nouveau en deux, quatre, quelquefois huit parties ; sa membrane d'enveloppe disparaît et met en liberté des zoospores pourvus de deux cils locomoteurs. Chacun de ces zoospores donne naissance, par division, à une nouvelle *Stephanosphæra* à huit cellules.

La période de repos est donc ici presque nulle, et si l'on s'en tenait au caractère tiré du mouvement, il faudrait faire des *Stephanosphæra* et des autres Volvocinées de véritables animaux : la couleur verte des cellules composantes, la ressemblance des zoospores avec ceux des *Hydrodictyon*, qui, par la durée de leur période de repos, sont bien réellement des Algues, voilà les seules raisons qui font rattacher les *Volvox* au règne végétal.

Au contraire, on rattache plus volontiers au règne animal la remarquable *Magosphæra planula* découverte, en 1869, par Hæckel, dans la mer du Nord, et qui présente cependant certaines analogies avec les Volvox. A l'état adulte, un individu de *Magosphæra* (fig. 14, nos 3 et 4) a l'apparence d'une petite sphère composée de trente-deux cellules en forme de pyramides, dont les sommets se réunissent au centre de la sphère, et dont les bases polygonales affleurent à la surface de celle-ci, où elles se disposent en mosaïque. Toute la surface libre des cellules est couverte de cils vibratiles, et la *Magosphæra* nage, comme un *Volvox*, en tournoyant sur elle-même. A un certain moment, la sphère se désagrège : les cellules mises en liberté se meuvent quelque temps encore en rampant, à la manière des amibes (fig. 4, n°s 5, 6, 7):

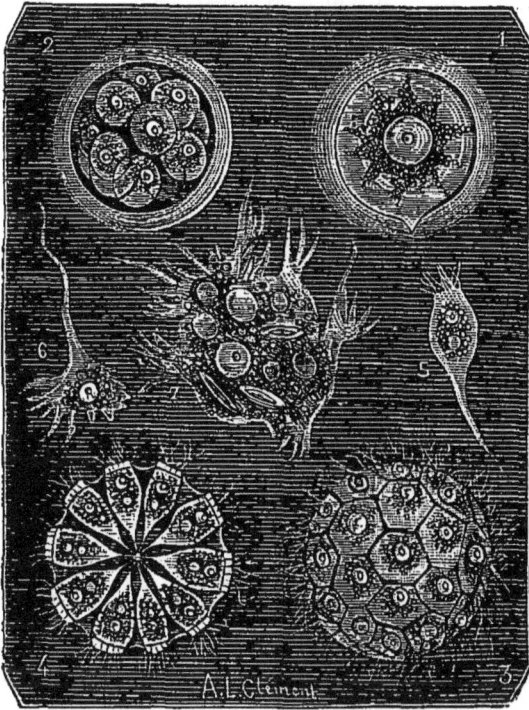

Fig. 14. — *Magosphæra planula*, Hæckel. — 1. Phase ovulaire de la *Magosphæra*. — 2. Segmentation de l'œuf à l'intérieur du kyste. — 3. *Magosphæra* adulte dont la surface est au foyer du microscope. — 4. La même, dont le plan équatorial est mis au foyer du microscope pour montrer la disposition interne des cellules. — 5, 6, 7. Cellules de la *Magosphæra* après leur isolement, revêtant diverses formes amiboïdes avant de s'enkyster pour passer à l'état d'œuf. (D'après Hæckel.)

puis elles prennent la forme sphérique et s'entourent d'une membrane d'enveloppe (fig. 4, n° 1). Rien ne les distingue alors des œufs des animaux. L'œuf de la *Magosphæra* n'a pas besoin d'être fécondé; son contenu, par une série de bipartitions successives (fig. 3, n° 2), donne naissance à trente-deux cellules, d'abord indépendantes, et effectuant sans cesse des mouvements amiboïdes. Mais bientôt tout se régularise : les cellules s'effilent vers le centre du kyste, et prennent la disposition rayonnée que nous connaissons ; elles cessent de produire des mouvements amiboïdes, sauf à leur surface. Là même, les pseudopodes qu'elles émettent cessent de devenir rétractiles tout en continuant à se mouvoir ; ils forment ainsi le revêtement de cils vibratiles de la sphère. Enfin le kyste se rompt ; une nouvelle *Magosphæra* est mise en liberté.

L'histoire du développement des *Magosphæra* nous montre un fait intéressant : la transformation des pseudopodes sans forme déterminée, essentiellement transitoires, en quelque sorte accidentels, de la masse amiboïde, en organes nettement définis, de forme constante, les *cils vibratiles*. Répandus dans le règne animal tout entier, jouant un rôle important dans l'économie des êtres les plus élevés, chez l'homme même, où ils revêtent d'une couche continue la trachée artère et les bronches, ces organes ne sont que de simples prolongements du protoplasme cellulaire qui, tout en perdant la faculté de changer de forme, conserve cependant la faculté primordiale de se mouvoir.

Les naturalistes qui considèrent la matière verte comme caractéristique des végétaux, seraient disposés à ranger les *Magosphæra* dans le règne animal ; mais nous avons vu combien ce caractère a peu de valeur. Les *Magosphæra* sont donc des êtres absolument ambigus, et cela ne veut pas dire, remarquez-le bien, que si les naturalistes ne savent actuellement où les placer, ils pourraient néanmoins se décider un jour ; cela signifie tout simplement qu'en réalité les *Magosphæra* ne sont ni des animaux ni des végétaux ; elles sont composées des mêmes matériaux qu'eux, mais ces matériaux n'ont encore acquis ni le mode de groupement, ni les caractères qui les distinguent dans les deux règnes.

On peut en dire tout autant de cette curieuse *Labyrinthula macrocystis* découverte par Cienkowski, à Odessa, sur des pilotis enfoncés dans la mer. C'est une sorte de réseau muqueux, dans lequel peuvent glisser, en tournant sur elles-mêmes, des cellules couleur jaune d'œuf, tantôt isolées, tantôt groupées en amas irréguliers, plus ou moins considérables. Le mode de reproduction et

de développement des Labyrinthules est encore peu connu. Leurs
mouvements et l'absence totale de matière verte dans leurs tissus,
tendraient à les rapprocher des animaux; mais ces caractères se
retrouvent chez les *Myxomycètes* que l'on pourrait prendre aussi,
pendant la plus grande partie de leur existence, pour des animaux,
et que la considération de leurs organes de reproduction oblige
cependant à regarder comme de simples Champignons.

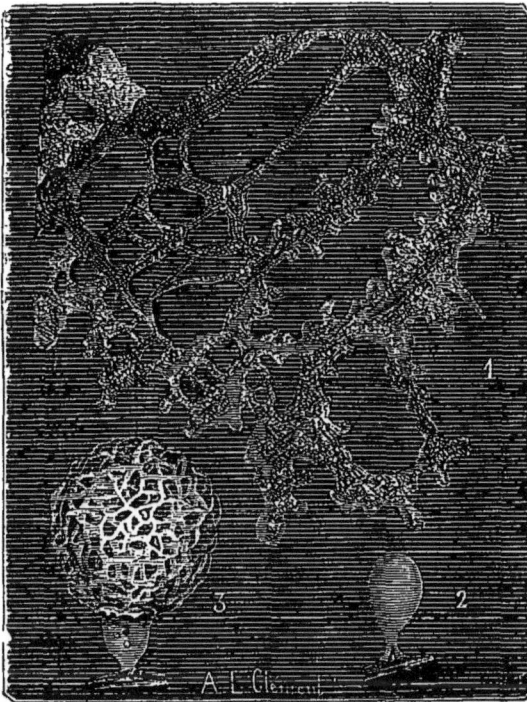

Fig. 15. — MYXOMYCÈTES. — 1. Réseau protoplasmique du *Didymium leucopus* pendant sa phase
amiboïde. — 2. Sporange fermé d'*Arcyria incarnata.* — 3. Sporange après l'émission des spores et
la sortie du *capillitium* encore adhérent aux parois de l'organe. (D'après Sachs.)

Le type du groupe des *Myxomycètes* est un organisme qui se
développe abondamment pendant l'été sur les amas de copeaux de
chêne ou de hêtre désignés par les fabricants de cuir sous le nom
de *tannée*. Cet organisme est lui-même bien connu : c'est le *Cham-*
pignon de la tannée ou *fleur du tan;* les botanistes l'appellent

Æthalium septicum. Il forme des masses muqueuses orangées, d'un assez grand volume, et que l'on voit émettre de toutes parts des prolongements analogues aux pseudopodes des amibes ; ces prolongements sont aptes à se souder entre eux, de manière que la masse entière a presque toujours une apparence réticulée semblable à celle dont le *Bathybius* nous a déjà fourni un exemple. Grâce à ses mouvements protoplasmiques, cette masse se déplace assez rapidement, elle englobe des matières étrangères, les dissout et se nourrit par conséquent tout à fait à la façon d'un animal. La figure 15 (n° 1) représente le réseau protoplasmique d'un champignon voisin le *Didymium leucopus.* Arrive la fin de l'été, tout change : à la surface du tan se montrent des espèces de gâteaux ayant quelquefois jusqu'à 30 centimètres de diamètre et 2 centimètres d'épaisseur. Ces gâteaux sont d'abord d'un beau jaune, et deviennent ensuite bruns ; ils sont formés d'une sorte d'écorce rugueuse, au-dessous de laquelle se trouve un feutrage très serré de tubes anastomosés en réseau. Chacun de ces tubes en contient d'autres, beaucoup plus fins, formant un nouveau réseau dans les mailles duquel sont emprisonnées les petites semences sphériques, les *spores* qui doivent reproduire l'*Æthalium.* On donne le nom de *capillitium* (fig. 15, n° 3) aux tubes minces qui sont développés autour des spores, celui de *sporanges* aux gros tubes qui les contiennent. La croûte colorée qui protège ces tubes chez les *Æthalium* manque dans la plupart des autres genres ; chez les *Physarum* les tubes sont eux-mêmes indépendants les uns des autres ; ils sont remplacés par de petites sphères isolées chez les *Arcyria* (fig. 15, n. 2) ; enfin le *capillitium* est absent chez les *Licea* et les *Cribraria.* Dans tous les cas, c'est la masse muqueuse tout entière des Myxomycètes qui se métamorphose en organe de fructification. La croûte rugueuse qui forme, chez les *Æthalium*, la paroi externe de l'organe, n'est autre chose qu'une portion de cette masse dans laquelle se sont rassemblées toutes les substances solides étrangères que contenait le protoplasme au moment de la fructification. Cette sorte d'épuration est l'indication du début de la phase reproductrice.

Les spores de Myxomycètes mises dans l'humidité se gonflent ;

leur paroi éclate, et leur protoplasme, devenu libre, manifeste
aussitôt des mouvements amiboïdes ; peu à peu cependant sa
forme se fixe, l'une de ses extrémités s'effile en un long cil mobile à l'aide duquel le zoospore ainsi constitué, peut nager dans
le liquide ambiant. Ces zoospores se reproduisent plusieurs fois par
division ; finalement un certain nombre d'entre eux reprennent
l'apparence amiboïde, se fusionnent et constituent de la sorte
un jeune Myxomycète qui n'a plus qu'à grandir pour refaire la
masse protoplasmique dont nous avons parlé tout d'abord.

Lorsque, durant cette longue série de phénomènes, la sécheresse
intervient, les zoospores ou les jeunes Myxomycètes qui résultent
de leur fusion s'entourent d'une membrane d'enveloppe, *s'enkystent* et attendent ainsi le retour de l'humidité ; dans ces mêmes
circonstances les masses protoplasmiques de taille déjà considérable se résolvent en une infinité de petits corps sphériques, enfermés chacun dans sa membrane et aptes à reproduire autant de
nouveaux individus.

Rien de tout cela évidemment ne permet de conclure à la
nature végétale des Myxomycètes : au contraire, leurs mouvements, leur mode d'alimentation tendraient à les faire considérer
comme des animaux. Des botanistes éminents tels que de Bary et
Rostafinski, ont soutenu successivement cette dernière opinion,
l'un en 1866, l'autre en 1873 ; mais d'autres naturalistes ont prouvé
que le passage des Myxomycètes aux véritables Champignons se
faisait d'une façon insensible. Suivant Famitzine et Woronine, les
Myxomycètes passent aux *Ceratium* d'une part, aux *Polypores* de
l'autre par le *Ceratium hydnoides* et la *Polysticta reticulata*.
M. Maxime Cornu a établi en outre leur passage aux Saprolégniées,
petits Champignons parasites des matières animales en décomposition, par l'intermédiaire des *Chitridium,* eux-mêmes parasites
des Saprolégniées. En présence de liens aussi multiples, il est impossible de séparer les Myxomycètes des Champignons, il faut voir
en eux la forme de ce groupe la plus rapprochée de l'état initial
des organismes, ou, suivant une expression courante parmi les
naturalistes, de l'état non *différencié*, correspondant à une époque
du développement de la vie où il n'y avait encore ni végétaux, ni

animaux, mais des êtres protoplasmiques ayant en eux la puissance de le devenir.

Il est digne de remarque que nous retrouvons chez les Myxomycètes, succédant l'une à l'autre, trois formes que nous avons déjà eu presque constamment l'occasion de signaler : 1° la forme *amiboïde*, dans laquelle une masse protoplasmique dépourvue de toute membrane d'enveloppe se meut en modifiant sans cesse son contour, soit qu'elle produise de grêles et minces pseudopodes comme chez les *Rhizopodes*, soit qu'elle se découpe en lobes arrondis plus ou moins profonds comme chez les Amibes ; 2° la forme *ovulaire*, dans laquelle la masse protoplasmique devient sphérique, s'entoure d'une membrane et subit, ainsi abritée, diverses modifications généralement en rapport avec les phénomènes de reproduction ; 3° la forme *flagellifère* représentée par une petite masse ovoïde de protoplasme munie d'un long filament, constamment en vibration, qui sert d'organe locomoteur.

Ces deux dernières formes ont dans la plupart des êtres que nous venons d'étudier une plus courte durée que la première, tout au moins n'attirent-elles pas autant l'attention parce que les œufs sont immobiles, parce que les œufs et les zoospores sont de petite taille. La forme ovulaire, quelle que soit sa durée, ne peut d'ailleurs être considérée que comme transitoire, car elle implique une période de repos apparent qui est, en réalité, une période d'élaboration interne préparant le passage de la forme amiboïde à la forme flagellifère. Il n'en est pas de même de cette dernière qui se fixe à ce point que les zoologistes ont dû former une classe spéciale des *Infusoires flagellifères*.

Ces Infusoires, tous microscopiques, mais féconds au point de colorer de grandes masses d'eau, sont les *Monades* des anciens auteurs ; on en connaît aujourd'hui un grand nombre d'espèces qui pullulent dans toutes les parties du globe. Les uns sont pourvus d'un seul *flagellum* ou fouet vibratile, les autres en ont deux ; la plupart possèdent une *vésicule contractile* (fig. 17, n° 1) analogue à celleque présentent les Amibes, les *Actinophrys* et divers autres Rhizopodes, vésicule qui se retrouve même chez quelques spores d'algues.

Il ne faut pas confondre les *Infusoires flagellifères* avec les *Infusoires ciliés*, tels que les *Stentor* (fig. 16, n° 4), dont l'organisation est plus élevée et dont le corps est revêtu d'un grand nombre de cils vibratiles.

La forme et la couleur des Infusoires flagellifères sont extrêmement variables. Les *Phacus* (fig. 16, n° 2) sont aplatis en forme de feuille, les Euglènes (fig. 16, n° 3) allongées en forme de bâtonnet, les Astasies (fig. 16, n° 1) sont ovoïdes et peuvent être considérées comme des cellules de Volvocinées qui vivent toujours indépendamment les unes des autres au lieu de s'associer en colonies comme celles des *Stephanosphœra*, des *Gonium* ou des *Volvox* proprement dits.

Certaines espèces sont colorées en vert et l'on peut les considérer comme des végétaux unicellulaires, d'autant plus que les Astasies se revêtent, pendant un certain temps, d'une enveloppe de cellulose ; d'autres, comme l'*Euglena sanguinea*, l'*Astasia hæmatodes* (fig. 16, n° 1) présentent une couleur d'un rouge vif. Plusieurs organismes de ce groupe contribuent à la coloration rouge que présente parfois la pluie ou la neige, coloration attribuée jadis à du sang par le peuple effrayé. La *Monas prodigiosa*, également de couleur rouge, se développe assez fréquemment sur les substances amylacées ; on en a vu sur du pain, sur des hosties et l'on a considéré l'apparition des taches sanguinolentes que produit quelquefois sur ces dernières l'accumulation de myriades de ces petits êtres comme des manifestations non équivoques de la colère divine. On doit à Ehrenberg d'avoir définitivement montré la cause de ce phénomène prétendu miraculeux.

Beaucoup d'Infusoires flagellifères sont dépourvus de toute matière colorante. S'il est permis de rapprocher des algues ceux de couleur rouge ou verte, les Infusoires flagellifères incolores pourraient être rapprochés des Champignons ; mais, d'autre part, rien ne saurait empêcher de les classer parmi les animaux, et nous verrons qu'en fait, ils se rattachent très étroitement à certains éléments constitutifs des Éponges. Quelques-uns de ces organismes sont remarquables par l'apparition, à la base de leur flagellum, d'une sorte de collerette membraneuse, figurant un entonnoir suivant l'axe duquel le flagellum serait disposé. C'est un des caractères du

genre *Salpingæca*. Diverses *Salpingæca* sécrètent un étui membraneux, en forme d'urne, dans lequel elles habitent, telle est la *Sal-
vingæca Clarkii*, Butschli (fig. 17, n° 2).

Assez souvent un certain nombre d'Infusoires s'associent pour

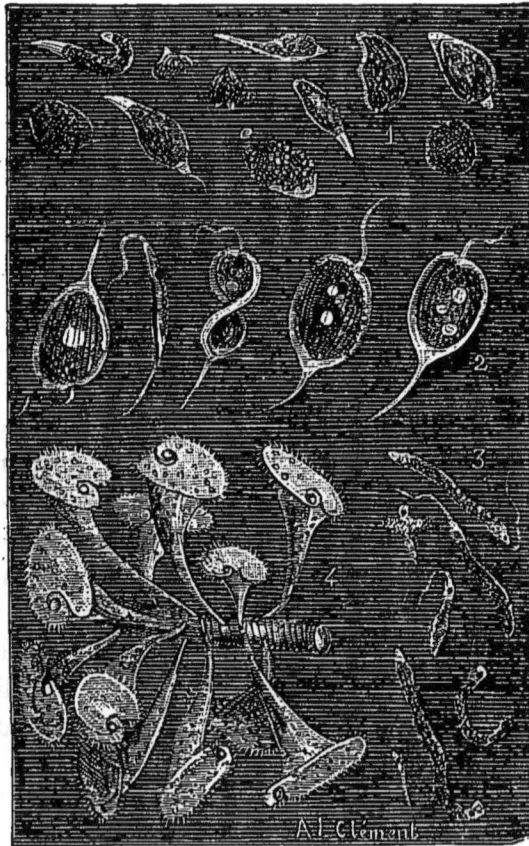

Fig. 16. — INFUSOIRES FLAGELLIFÈRES. — 1. *Astasia hæmatodes*, Ehrb. — 2. *Phacus longicauda*
Ehrb. — 3. *Euglena deses*, Ehrb. — INFUSOIRES CILIÉS. — 4. *Stentor polymorphus*, Ehrb.

former des colonies. Des cellules semblables à des *Salpingæca*
s'accolent-elles au nombre de huit à douze, en ligne droite, elles
constituent les *Codonodesmus* de Stein. Les *Anthophysa* (fig. 18,
n° 3) et les *Cephalothamnium* (fig. 18, n° 2) forment de gros capi-
tules sphériques à l'extrémité de tiges plus ou moins ramifiées et

flexueuses; les *Uvella* (fig. 17, n° 4), qui sont colorées en vert et les *Codosiga* (fig. 17, n° 1), qui sont incolores, se disposent en bouquets au sommet d'un long pédoncule. Les *Dinobryon* (fig. 17, n° 3), dont chaque individu possède un étui qui lui est propre, vivent en colonies ramifiées, arborescentes, d'une grande élégance.

Plusieurs espèces forment des colonies relativement volumi-

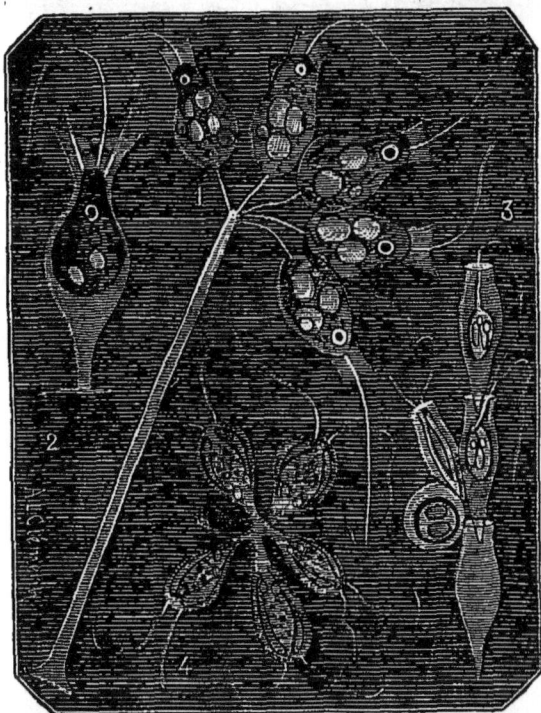

Fig. 17. — INFUSOIRES FLAGELLIFÈRES. — 1. *Codosiga Botrytis*, Ehrb. Les deux individus de gauche montrent sur le côté leur vésicule contractile gonflée. — 2. *Salpingæca Clarkii*, Bütschli. — 3. *Dinobryon sertularia*, Ehrb. — 4. *Uvella virescens*, Ehrb.

neuses et très remarquables, les unes par la régularité de l'arrangement des individus qui les composent, les autres par l'importance que prennent chez elles les parties secondaires sécrétées par les Infusoires pour se constituer un abri. Comme les *Anthophysa* et les *Codosiga*, les *Poteriodendron* (fig. 19, n° 4) sont pédoncules ; mais ici le fouet vibratile est en dehors de la collerette qui

l'entoure dans d'autres genres, et chaque individu a son pédoncule
particulier ; c'est par une série de bifurcations successives que se
forment ces colonies charmantes par leur parfaite symétrie. Les
pédoncules des *Dendromonas* (fig. 19, n° 1) sont disposés de manière

Fig. 18. — INFUSOIRES FLAGELLIFÈRES. — 1. *Rhipidodendron splendidum*, Stein. — 2. *Cephalo-thamnium Cyclopum*, Stein. — 3. *Anthophysa vegetans*, Stein. (D'après Stein.)

à porter au même niveau tous les individus et à constituer ainsi des
espèces de corymbes.

Une urne membraneuse, transparente, à peine visible, un pédoncule plus ou moins allongé, voilà les seules parties qui viennent
compliquer les colonies que nous venons d'étudier : la cellule flagel-

lifère en est toujours l'élément le plus volumineux Chez les *Rhipi-*
dodendron (fig. 18, n° 1), l'Infusoire habite un tube plus ou moins
courbe, épais, granuleux, peu transparent, dont la longueur croît
constamment et qui s'allonge si bien que son propriétaire n'occupe

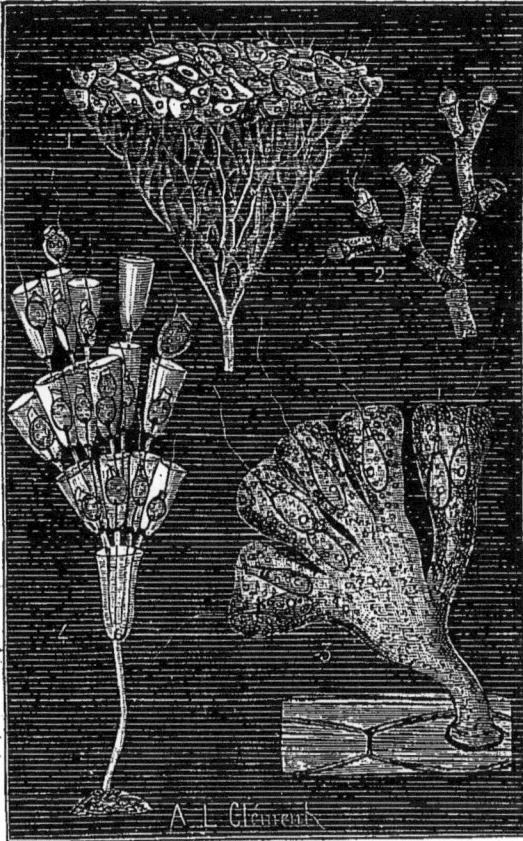

g. 19. — INFUSOIRES FLAGELLIFÈRES. — 1. *Dendromonas virgaria*, Weise. — 2. *Cladomonas fru-*
ticulosa, [Stein. — 3. *Phalansterium digitatum*, Stein. — 4. *Poteriodendron petiolatum*, Stein.
(D'après Stein.)

plus qu'une partie insignifiante de sa longueur. Plusieurs de ces
tubes s'accolent l'un à l'autre de manière à former de gracieuses touffes, épanouies en éventail. Les *Cladomonas* (fig. 19, n° 2)
construisent des tubes analogues, mais divisés en ramifications

dichotomiques. L'habitation prend une importance plus grande encore chez les *Phalansterium* (fig. 4, n° 3) que l'on trouve logés au sommet de grandes massues gélatineuses, hantées les unes sur les autres et se disposant en arborescences plus ou moins compactes.

Ainsi non seulement les *Infusoires flagellifères* sont aptes à vivre en commun, à se grouper en colonies, mais encore ils peuvent, sans rien perdre de leur caractère primitif, compliquer ces colonies de parties accessoires volumineuses, vivantes en apparence et qui ne sont guère cependant que le résultat d'une sorte d'exsudation de l'Infusoire. On passe graduellement de formes simples, comme les Euglènes ou les *Salpingæca*, à de véritables cités d'Infusoires, cités bâties en commun, où chaque individu conserve son indépendance, au même degré que peuvent le faire les citoyens d'une ville les uns par rapport aux autres. De même aussi que dans une ville les maisons et les édifices sont infiniment plus volumineux que les habitants, nous voyons, dans ces colonies d'Infusoires flagellifères, l'habitation former souvent une masse infiniment plus considérable que la masse totale des êtres actifs à qui elle doit son origine. Ce renversement du rapport de grandeur entre l'essentiel et l'accessoire a une importance qui mérite d'être signalée ; nous le retrouverons dans d'autres cas où il aurait pu devenir embarrassant si sa possibilité n'était pas nettement démontrée par les faits que nous venons d'exposer.

Il arrive quelquefois que les individus composant ces colonies se détachent et vont fonder ailleurs de colonies nouvelles. Il suffit d'observer quelque temps un *Rhipidodendron* pour voir ce phénomène se produire. Aussi toute colonie contient-elle un assez grand nombre de tubes abandonnés par leur hôte ; mais quand la plupart des Infusoires sont encore là, une merveilleuse activité règne dans ce petit monde ; l'eau ambiante, constamment fouettée par les flagellum vibratiles, circule rapidement autour de lui, apportant sans cesse l'air nécessaire à la respiration et les matières alimentaires que chaque Infusoire saisit au passage.

Les colonies d'*Anthophysa*, de *Codosiga*, d'*Uvella*, de *Dinobryon*, etc., sont évidemment formées d'éléments exactement cor-

respondants à ceux qui constituent un *Volvox*, une *Stephanosphæra*
ou une *Magosphæra*. Il y a pourtant entre ces deux ordres de
colonies une différence importante : dans celles de la première
espèce, chacun des individus composants conserve, nous l'avons
vu, d'une façon complète sa personnalité ; il ne contracte avec
ses voisins qu'une union en quelque sorte mécanique, il en est tout
à fait indépendant au point de vue physiologique ; personne certainement n'aura l'idée de considérer ces colonies comme ayant une
individualité propre. Il en est tout autrement des *Volvox* et des
organismes voisins ou des *Magosphæra*. Là l'individu paraît être
l'assemblage de cellules ciliées ou flagellées que nous avons décrit
plus haut : les cellules composantes ne sont que des individualités
secondaires, subordonnées, concourant ensemble au maintien de
l'individualité plus élevée dont elles font partie. Toutes ces cellules sont d'ailleurs exactement semblables entre elles, jouent
exactement le même rôle, se comportent exactement de la même
façon. Toutes portent en elles-mêmes comme l'effigie de l'individu
complexe dont elles font partie ; toutes sont également aptes à le
reproduire avec les particularités qu'il présente, et, dans ce groupe,
la reproduction consiste essentiellement, en effet, en ce que chacune des cellules composant un individu, s'isole et se partage
ensuite de manière à reconstituer un organisme semblable à celui
dont elle s'est détachée.

Quelquefois l'organisme des Infusoires flagellifères se complique
notablement, sans s'élever cependant au-dessus de la valeur d'une
simple cellule. Dans les *Ceratium*, dont la figure 4 de la page 70
représente un individu capturé par une *Protomyxa*, dans les *Peridinium* le corps est couvert d'une carapace bizarrement découpée, dont les fentes laissent apparaître des bandelettes de cils
vibratiles coexistant avec les *flagellum*. Les *Peridinium* sont phosphorescents ; ils se développent quelquefois en telle abondance
que, malgré leurs dimensions absolument microscopiques, ils peuvent rendre les vagues lumineuses sur de vastes étendues. Une
phosphorescence de la mer exclusivement due à des *Peridinium*
a été observée par Ehrenberg, en 1869, dans la baie de Naples.

C'est, du reste, un organisme assez voisin de ces Infusoires, mais de taille beaucoup plus grande, la *Noctiluca miliaris* qui produit le plus ordinairement dans nos pays le brillant phénomène de la phosphorescence de la mer. Sa forme est sensiblement sphérique : toutefois, un sillon d'une certaine profondeur s'étend le long d'un de ses méridiens et du fond de ce sillon part un tentacule mobile que l'on a comparé au flagellum des Infusoires. Au pied de ce tenta-cule se trouve une fossette profonde, à demi recouverte par une sorte de lèvre garnie de cils vibratiles, et portant en outre à sa face inférieure deux *flagellum* (fig. 20, n°s 1 et 6). La paroi du corps des Noctiluques est membraneuse et résistante ; elle constitue une vésicule à l'intérieur de laquelle se trouve un noyau d'où rayonne un réseau protoplasmique, toujours en mouvement. On pourrait comparer ces êtres bizarres à des Radiolaires dont tout le proto-plasme serait contenu à l'intérieur de la vésicule centrale. Les Noctiluques ont été étudiées avec soin par MM. de Quatrefages, Busch, Huxley, Webb, Brightwell. Dans ces derniers temps, Cien-kowski et M. Charles Robin se sont occupés de leur reproduction : elle a lieu soit par simple division, soit par formation de zoospores en tout semblables à ceux des Radiolaires (fig. 20, n°s 2 et 3). Chaque Noctiluque fournit, suivant le moment où s'arrête la segmentation de son contenu, 256 ou 512 zoospores ; cette fécondité explique comment le nombre des individus est quelquefois assez considé-rable pour donner à l'eau de la mer une apparence laiteuse. Sou-vent deux Noctiluques s'accolent l'une à l'autre au moment de la production des zoospores, qui semble hâtée par cette sorte d'ac-couplement (fig. 16, n°s 4 et 5) ; mais il reste encore beaucoup d'obscurité sur la véritable nature et le degré d'importance de ce rapprochement qu'on a quelquefois considéré comme un achemi-nement vers la reproduction sexuée.

Ces phénomènes de reproduction montrent que les Noctiluques sont déjà des êtres plus élevés que les *Infusoires flagellifères* proprement dits. Doit-on les considérer comme des animaux ? Évidemment elles ne présentent pas beaucoup plus que les Myxo-cètes les caractères propres au règne animal : ce sont des êtres équivalents à une seule cellule, mais la cellule a pris ici une taille considérable et s'est singulièrement éloignée de la forme typique qu'on lui connaît dans les organismes plus élevés.

En présence de tous ces faits, en présence des discussions sans fin qui ont surgi parmi les naturalistes, du désaccord qui existe encore entre eux au sujet de la place que doivent occuper dans nos méthodes les êtres dont nous venons de retracer l'histoire, il est bien évident que la délimitation des deux règnes, déjà si difficile à établir au point de vue physiologique quand on ne considère que les formes supérieures, est tout à fait impossible à tracer quand on descend aux formes inférieures des deux séries. Nous arrivons des deux côtés, par les transitions les plus ménagées, à des êtres qui se ressemblent et que l'on peut à volonté regarder comme les plus simples des animaux ou comme les plus dégradés des végétaux. Toute discussion sur la place que doivent occuper ces êtres est absolument inutile : ils ne sont ni des végétaux ni des animaux. Ils ne présentent aucun des caractères qui nous permettent de distinguer ceux-ci de ceux-là ; ce sont des matériaux non encore ébauchés. Leurs analogues dans les âges les plus reculés du monde se sont modifiés et groupés de manière à former deux séries divergentes dont ils ont été le point de départ, mais on ne peut les faire entrer eux-mêmes dans l'une ou l'autre de ces séries ; ils appartiennent à la fois à toutes deux ; ils forment comme un pont entre les deux Règnes organiques, et c'est pourquoi Hæckel a récemment proposé de les réunir dans un règne à part, le RÈGNE DES PROTISTES.

Les deux idées que le Règne animal et le Règne végétal se confondent insensiblement l'un avec l'autre, qu'il existe entre eux un règne intermédiaire, participant de leur double nature, sont loin d'être nouvelles. Aussi anciennes que la science elle-même, elles ont eu tour à tour leurs partisans. Les formes de passage des uns, celles qui, suivant les autres, devraient former le règne intermédiaire, ont nécessairement varié beaucoup à mesure que s'étendaient les investigations des naturalistes. Aristote considérait déjà les Ascidies, les Anémones de mer et les Éponges comme faisant le passage aux végétaux. Au seizième siècle, Freigius proposait, le pre-

mier, d'établir un règne intermédiaire entre les animaux et les
végétaux ; au dix-huitième siècle, l'idée de ces organismes intermédiaires revenait sans cesse dans les écrits des naturalistes. Buffon
pense que les trois Règnes sont insuffisants pour contenir toutes
les productions de la Nature : il est ainsi bien près d'en créer un
quatrième. Le nom de *Zoophytes* ou d'*Animaux-plantes*, imaginé

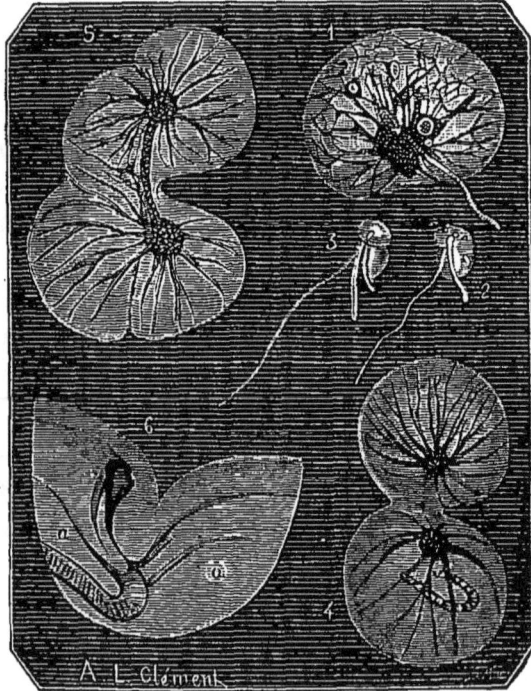

Fig. 20. — NOCTILUQUES. — 1. *Notiluca miliaris.* — 2 et 3. Spores flagellifères de la même. — 4 et
5..Phases diverses de la conjugaison des noctiluques. — 6. Portion de noctiluque montrant le sillon
méridien et les flagellum qui sont à la base du tentacule.

par Pallas pour désigner les Coraux et les organismes analogues,
implique la même idée ; mais Linné fait des Zoophytes un simple
groupe de sa classe des Vers, tandis que Treviranus entend désigner par ce mot un règne véritable.

A propos du Corail, Donati écrit en 1758 (1) la phrase suivante :

(1) *Essai sur l'histoire naturelle de la mer Adriatique*, ch. VII, fig. 50 (Traduction italienne de Pierre de Hondt, La Haye).

« Vous voyez ici une végétation de plante et une propagation
d'animal ; jugez donc si le Corail appartient à l'un ou l'autre de ces
deux règnes, ou s'il ne faut pas le placer dans un règne mitoyen. »

Et soixante ans plus tard, Bory de Saint-Vincent s'élève contre
les naturalistes « qui attachent beaucoup d'importance à distinguer
le végétal de l'animal, distinction aussi vaine, aussi peu nécessaire
à connaître que celle qu'on supposerait exister entre deux bandes
de couleurs de l'arc-en-ciel. » Le même naturaliste réunissait
dans un règne des Psychodiaires tous les êtres ambigus, Polypes,
Éponges, Infusoires, et cherchait à montrer comment s'effectuait
leur passage aux animaux et aux plantes véritables.

La plupart de ces êtres, dont la nature paraissait encore douteuse en 1825, ont trouvé leur place dans l'un des deux Règnes ;
mais les progrès accomplis par la science ne nous ont pas montré
plus nettement pour cela qu'à nos prédécesseurs la ligne de démarcation tant de fois cherchée par eux. Si personne ne doute
plus que les Coraux, les Éponges, un grand nombre d'Infusoires même soient de véritables animaux, il reste au-dessous d'eux
un nombre immense d'êtres vivants que rien ne rattache aux animaux plutôt qu'aux végétaux et dont il faut renoncer à assigner la
place dans l'une des deux grandes divisions primordiales de nos
systèmes. C'est de ceux-là seulement que Hæckel compose son
Règne de Protistes.

Réunir dans un même groupe tous les êtres de nature douteuse,
affirmer ainsi l'existence de formes qui ne peuvent trouver place dans
les deux grands Règnes organiques, peut avoir certains avantages ;
mais est-il bien nécessaire d'élever au rang de règne ce groupe de
transition ? S'il est déjà difficile, disons mieux, impossible, de distinguer par une définition précise les deux premiers règnes l'un de
l'autre, comment donner une définition plus exacte du troisième,
qui doit les toucher par tant de points ? Si nous ne pouvons décider
dans un grand nombre de cas entre les deux alternatives que nous
offraient les anciennes méthodes, comment pourrons-nous mieux
décider dans la méthode nouvelle, qui nous en offre une troisième ?
Faudra-t-il prendre pour caractère du troisième règne l'hésitation
même que provoquera dans notre esprit l'être qu'il s'agira de clas-

ser? Le Règne animal et le Règne végétal sont au moins parfaitement distincts dans leurs régions supérieures, mais que penser de
ce règne des Protistes, qui devra confronter d'une part à l'empire
inorganique et se relier d'autre part à chacune des deux grandes
divisions de l'empire organique? Pourquoi paraître considérer
comme un domaine particulier ce qui n'est que la ligne de séparation de deux domaines; pourquoi voir une œuvre à part dans ce
qui n'est tout au plus qu'une préface? Le confluent de deux rivières a-t-il jamais été pour personne une rivière distincte? Fait-on
un être particulier du tronc qui supporte les deux branches maîtresses d'un arbre?

Nous acceptons volontiers le mot *Protiste* comme un adjectif
exprimant l'extrême simplicité d'organisation des êtres les plus
inférieurs; mais il nous semble d'autant plus impossible de créer
pour ces êtres un règne particulier, que la plupart d'entre eux ne
sont pas exactement intermédiaires entre les animaux et les végétaux et manifestent une tendance bien nette soit vers les uns, soit
vers les autres. Les transitions sont d'ailleurs tellement insensibles, que Hæckel se trouve conduit à ranger parmi ses Protistes
les Infusoires ciliés, en qui bien peu de naturalistes refuseront de
voir de véritables animaux, et les Champignons, que nul n'avait
songé jusqu'ici à distraire du règne végétal (1). Les Protistes sont
bien, comme le disait Bory de Saint-Vincent, cette zone indécise
qui sépare deux couleurs de l'arc-en-ciel et qu'on ne saurait définir, parce qu'elle passe sans qu'on puisse saisir ses limites aux
deux couleurs qui l'avoisinent. Ils sont comme le vestibule des
deux grands Règnes organiques, mais non pas un règne distinct.

Si maintenant, résumant les faits que nous venons d'exposer,
nous essayons de mettre plus nettement en lumière les rapports qui
unissent les Protistes soit entre eux, soit aux végétaux et aux ani-

---

(1) Le règne des Protistes tel qu'il est défini par Hæckel comprend les
Monères, les Amibes (sous le nom de *Lobosa*), les Grégarines, les Infusoires
flagellifères, les Catallactes (*Magosphæra*), les Infusoires ciliés, les Infusoires suceurs (*Acineta*), les Labyrinthulées, les Diatomées, les Champignons,
les Myxomycètes, les Ruizopodes (*Foraminifères, Héliozoaires, Radiolaires*), en
tout quatorze classes.

maux proprement dits, nous pouvons tracer le tableau suivant de leur évolution :

Au plus bas degré de l'échelle, immédiatement au-dessus des Monères, se montrent des êtres protoplasmiques dont l'homogénéité n'est troublée que par la présence d'un noyau et d'un nucléole. Leur protoplasme est libre, sans membrane d'enveloppe, et son contour peut prendre toutes les formes possibles. Tels sont les Amibes, qui se reproduisent par une simple division en deux parties, à laquelle prennent part le noyau et le nucléole aussi bien que le protoplasme.

Un premier progrès est réalisé lorsque ce protoplasme devient apte à sécréter une enveloppe membraneuse au sein de laquelle il se divise de manière à donner naissance à des zoospores plus ou moins nombreux. L'enveloppe est-elle de nature albuminoïde, l'organisme qui l'a produite se rapproche du règne animal; est-elle, au contraire, de la nature de la cellulose, l'organisme tend à se rapprocher du règne végétal. Les substances albuminoïdes sont toujours plus ou moins flexibles, la cellulose est résistante ; il suit de là que les mouvements du protoplasme pourront encore se manifester au dehors dans le premier cas ; ils cesseront d'être apparents dans le second. C'est pourquoi tous les animaux sont capables de se mouvoir, tandis que le plus grand nombre des végétaux sont toute leur vie immobiles. La tendance vers le règne végétal s'accuse encore si, dans le protoplasme, se déposent des granules d'amidon ou une matière colorante verte ou rouge, comme on le voit dans beaucoup d'Infusoires flagellifères. Si la matière colorante n'apparaît pas, l'indétermination subsiste et l'on peut tout aussi bien rattacher les formes qui en sont dépourvues au règne animal, qu'au rameau du règne végétal représenté par les Champignons. Les Myxomycètes sont le dernier terme du passage des Protistes proprements dits aux Champignons. Au contraire, les Euglènes, les Astasies et autres Infusoires flagellifères colorés nous conduisent directement aux Algues vertes ou rouges, et par celles-ci aux végétaux les plus élevés et les mieux caractérisés.

Quant au passage aux animaux, il s'établit d'une façon si naturelle qu'il faut un certain effort d'esprit pour ramener au règne végétal les êtres qui viennent de nous occuper. On croirait d'abord devoir les classer dans le Règne animal, et de fait les premières formes franchement animales du monde organique sont infiniment plus près des Protistes que les premières formes franchement végétales. Le protoplasme, quelque paradoxal que cela paraisse, a dû moins se modifier, nous l'avons vu, pour produire les premiers

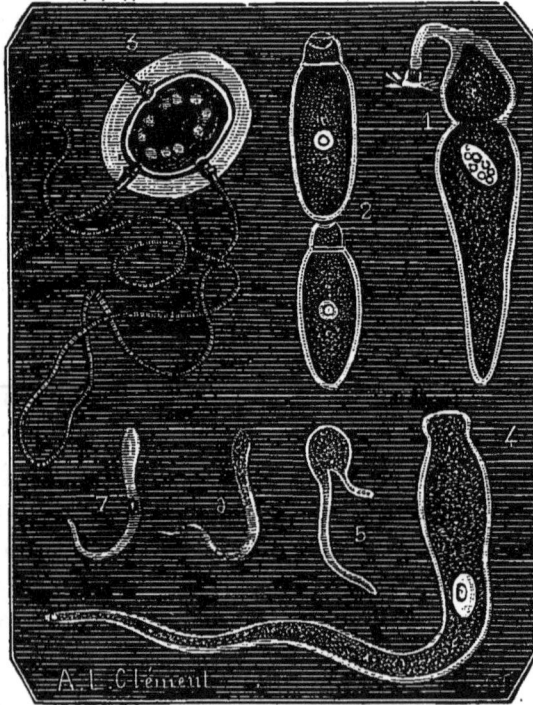

Fig. 21. — GRÉGARINES. — 1. *Hoplorhynchus oligacanthus*, A. Schneider. — 2. *Clepsidrina blattarum*, Schneider. — 3. Kyste de la même espèce émettant ses spores. — 4, 5, 6, 7. Phases diverses du développement de la *Gregarina gigantea*, E. Van Beneden, du homard.

animaux que pour produire les premiers végétaux. Ceux-là ont peut-être précédé ceux-ci dans l'ordre d'apparition.

Les Grégarines, découvertes en 1826 par Léon Dufour, nous montrent à leur tour comment peut s'opérer la transformation des Monères en individus cellulaires, c'est-à-dire en individus dont le protoplasme contient un noyau et est entouré d'une membrane.

Les Grégarines adultes se composent de une ou deux cellules dont l'antérieure est parfois surmontée d'un appendice caduc servant peut-être d'organe de fixation (fig. 21, n° 1); toutes sont parasites. On les trouve par petits amas (de là leur nom de Grégarines) dans l'intestin d'un très grand nombre d'Insectes, dans celui des Taupes, dans la cavité du corps de certains Vers, dans les organes reproducteurs des Lombrics, qui en sont presque toujours bourrés. Elles ont été étudiées avec soin par Lieberkühn, Édouard Van Beneden et Aimé Schneider. A une certaine période de leur existence, elles s'entourent d'un kyste résistant; quelquefois deux Grégarines s'unissent pour s'enkyster en commun. Dans tous les cas, le contenu du kyste se divise bientôt et se transforme en une foule de petits corps que l'on appelle des *pseudo-navicules*, parce qu'ils ont chacun la forme d'une petite navette. Bientôt de longs tubes (1) se développent à la surface du kyste (fig. 21, n° 3), les *pseudo-navicules* s'y engagent et sont ainsi mises en liberté. Sous l'influence de l'humidité, l'enveloppe extérieure de ces petits corps se rompt; il en sort une petite masse protoplasmique douée de mouvements amiboïdes. M. Édouard Van Beneden a étudié le développement de ces corps amiboïdes chez une Grégarine gigantesque (*Gregarina gigantea*), de près d'un centimètre de long, qui habite l'intestin du homard (fig. 21, n° 4). La masse protoplasmique, après s'être mue pendant quelque temps d'une façon irrégulière, ne conserve plus que deux pseudopodes (fig. 21, n° 5) : l'un d'eux est rigide, immobile; l'autre est, au contraire, flexible et sans cesse agité d'un mouvement vermiculaire. Ce dernier se détache bientôt; il ressemble alors tout à fait à un petit ver, à une petite filaire sortant de l'œuf (fig. 21, n°s 6 et 7). Mais l'examen le plus attentif ne saurait y faire reconnaître la moindre trace d'organes : c'est une véritable Monère, la *pseudofilaire* de M. E. Van Beneden.

Bientôt cependant, dans sa région moyenne, apparaît une petite tache claire qui grandit peu à peu. Il semble qu'une sorte de départ se fasse dans la masse protoplasmique, qu'une partie plus cohérente, plus réfringente se précipite et se condense dans la région

(1) Aimé Schneider, *Contribution à l'histoire des Grégarines*. Archives de zoologie expérimentale, t. IV, 1875.

centrale : c'est l'origine du noyau, dont le mode de formation serait ainsi presque mécanique. La Monère, pourvue d'un noyau,
est devenue une cellule. La cellule, pour être parfaite, n'a plus
qu'à s'entourer d'une membrane ; une simple modification physique de la couche la plus externe du protoplasme suffit à produire
ce phénomène et la jeune Grégarine se trouve ainsi achevée. On
a contesté que les pseudo-navicules fissent partie du cycle d'é-
volution des Grégarines ; quelques naturalistes voient en elles
de simples parasites des Grégarines enkystées ; mais cela ne remet
nullement en question la partie de l'histoire embryogénique des
Grégarines qui les relie, par l'intermédiaire d'une phase où elles
sont de véritables Monères, à la masse protoplasmique qui produit
les pseudofilaires : M. Édouard Van Beneden n'a pas observé, en
effet, les pseudo-navicules de la *Gregarina gigantea*.

Ainsi le passage graduel des animaux et des végétaux aux Monères se trouve établi de la façon la plus complète. Nous voyons les
Monères se transformer en individus plus complexes ; ceux-ci vivent
d'abord à l'état de simples cellules, capables de revêtir successivement plusieurs formes ; mais bientôt ils acquièrent une aptitude
nouvelle, celle de s'associer. Les cellules nées les unes des autres demeurent unies en véritables familles dont les membres
conservent cependant une grande indépendance réciproque,
comme on le voit chez les *Dinobryon*, les *Anthophysa*, les *Codosiga*, etc. Souvent même, comme chez les *Rhipidodendron* et les
Phalansterium, l'union des individus semble n'avoir lieu que par
l'intermédiaire de parties secondaires dont la masse est considérable et qui viennent compliquer la colonie d'un élément important. Mais les membres de la famille peuvent aussi, par un progrès
nouveau, contracter une union plus intime et constituer alors de
véritables *individus polycellulaires*, composés d'ailleurs de cellules
toutes semblables entre elles, comme les *Volvox* et les Algues voisines ou les *Magosphæra*. Toutes les cellules faisant partie de cette
individualité nouvelle sont aptes à la reproduire, contiennent en
elles-mêmes la loi de son développement et la transmettent à leur
descendance. C'est là une conséquence nécessaire de ce fait que la

reproduction des cellules n'a jamais lieu que par une simple division. Les parties qui proviennent de cette division sont forcément identiques à la cellule-mère et en possèdent par conséquent toutes les propriétés chimiques ou physiologiques, y compris celles qui déterminent son mode d'évolution. Il y a donc une raison toute mécanique de cette grande loi d'*hérédité*, en vertu de laquelle chaque organisme transmet à sa descendance ses caractères hérités ou acquis : *L'hérédité est la conséquence inéluctable du mode de reproduction des éléments constitutifs des êtres vivants.* Nous aurons à développer plus complètement cette proposition.

Les éléments constituant une société ou *colonie* sont primitivement tous semblables entre eux ; plus tard demeurent associés des éléments dissemblables, provenant cependant les uns des autres, représentant les phases successives que peuvent revêtir certains êtres monocellulaires, jouant dans l'association des rôles différents, vivant chacun pour son compte, mais accomplissant aussi au profit commun certaines fonctions qui leur sont propres. De là naît une variété plus grande : la colonie, au lieu d'être comparable à une association d'échoppes d'ouvriers travaillant chacun pour soi, semble devenir une vaste usine où la puissance de production se développe rapidement dans des proportions considérables.

Le but commun vers lequel tendent tous les efforts, c'est la conservation de la colonie, l'accroissement de sa prospérité ; toutes les activités se coordonnent pour atteindre ce résultat. La colonie revêt par cela même le caractère d'une unité supérieure au service de laquelle semblent travailler les individus associés ; elle constitue ce que nous appelons un *organisme ;* toutes ses parties, liées entre elles par une solidarité de plus en plus grande, finissent par devenir inséparables. Ce ne sont plus les parties, c'est la colonie elle-même qui mérite désormais le nom d'*individu.*

Depuis longtemps déjà les physiologistes, étudiant les organismes les plus élevés, sont arrivés à voir en eux des sociétés d'êtres unicellulaires. Ils comparent volontiers le fonctionnement de ces sociétés à celui des sociétés humaines, inversement les hommes politiques aiment à rapprocher les conditions d'existence des nations de celles des êtres vivants. L'étude de l'évolution graduelle du Règne

animal donne à ces comparaisons une saisissante réalité. Tous
les organismes supérieurs ont été d'abord, nous espérons le prouver, des *associations*, des *colonies* d'individus semblables entre
eux. Un procédé simple et constant a suffi pour réaliser l'effrayante
complexité des animaux les plus élevés : c'est la *transformation
des colonies en individus*. Des lois rigoureuses, toujours les
mêmes, ont présidé à cette transformation; elles ressortiront naturellement de la série des faits dont l'exposition va suivre.

LIVRE II

LES COLONIES IRRÉGULIÈRES

CHAPITRE PREMIER

LES ÉPONGES ET LA FORMATION DE L'INDIVIDUALITÉ ANIMALE.

Pendant leur période d'activité, les êtres que nous avons étudiés jusqu'ici se montrent sous deux formes fondamentales : 1° la forme *amiboïde* dans laquelle le protoplasme nu peut produire, sur toute sa surface, des appendices temporaires d'aspect essentiellement variable, les *pseudopodes ;* 2° la forme *ciliée* ou *flagellifère* dans laquelle le protoplasme, souvent contenu dans une enveloppe, s'étire en un ou plusieurs longs filaments, les *flagellum, fouets* ou *cils vibratiles,* seuls capables désormais d'exécuter des mouvements et ne cessant jamais de battre d'une façon rythmique l'eau qui les entoure.

D'ordinaire la même monère, le même protiste peut revêtir successivement ces deux formes, après avoir traversé une phase de repos que l'on peut appeler la phase *ovulaire,* en raison de la ressemblance ou même de l'identité que pendant cette phase l'être considéré présente avec l'œuf des animaux. On se souvient, en effet, que les *Protomonas,* les *Vampyrella,* les *Myxastrum,* les *Protomyxa,* les Radiolaires, les Myxomycètes s'enkystent après avoir vécu plus ou moins longtemps sous la forme amiboïde, puis qu'à l'abri de son enveloppe protectrice, leur substance se divise en zoospores monociliés qui s'échappent du kyste et nagent librement dans le liquide ambiant. Sous ces deux formes, plusieurs individus peuvent s'associer pour constituer des colonies : les *Myxodyctium* sont des colonies de monères amiboïdes ; il existe des Foraminifères et des Radiolaires composés; les *Anthophysa*, les *Codosiga*, les *Phalansterium*, les *Dinobryon*, les algues de la famille des Volvocinées, les *Magosphæra* sont des colonies de cellules ciliées.

Toutes ces colonies sont formées d'éléments semblables entre eux. Ces éléments eux-mêmes sont souvent complètement indépendants les uns des autres. Toutefois, chez les Foraminifères et les Radiolaires, de même que chez les Volvocinées, ils manifestent déjà une certaine tendance à s'unir d'une façon intime pour constituer une unité plus élevée à laquelle on peut donner le nom d'*individu polycellulaire*. Chez les Éponges, la *cellule amiboïde* (fig. 24, n° 5) et la *cellule ciliée* ou *flagellifère* (fig. 24, nᵒˢ 2, 3, 4) s'associent pour former des colonies qui sont, par conséquent, composées de deux sortes d'individus unicellulaires. De plus, ces individus s'unissent si étroitement qu'il n'est plus possible de voir en eux autre chose que les éléments composants d'un individu d'espèce nouvelle, l'*individu spongiaire* (fig. 1, n° 1). Le plus grand désaccord a longtemps régné, il est vrai, parmi les naturalistes au sujet de ce qu'il fallait entendre par le mot *individu* chez les Éponges; mais Oscar Schmidt et surtout le professeur Hæckel, dans sa belle *Monographie des Éponges calcaires*, ont nettement montré, dans ces dernières années, comment on pouvait faire dériver les formes si variées de ces animaux d'un type simple, essentiellement le même pour toutes, et ce type est devenu par cela même le type idéal de l'individu spongiaire.

On se ferait, hâtons-nous de le dire, une idée très fausse de ce que peut être une Éponge si l'on ne connaissait que l'Éponge usuelle, l'Éponge de toilette. Le réseau fibreux que l'on emploie dans les usages domestiques n'est, en effet, qu'une sorte de squelette destiné à soutenir la masse charnue d'un organisme des plus singuliers dont il reproduit assez fidèlement la forme et les principales particularités anatomiques. La composition chimique des fibres de ce squelette se rapproche beaucoup de celle de la soie. Chez certaines Éponges, au réseau fibreux viennent

s'associer des productions siliceuses de forme bien nettement
définie, ce sont les *spicules*. Le plus souvent, les fibres manquent
et le squelette est alors tout entier constitué par ces spicules dont
les formes, [extrêmement variées, ont souvent une grande élé-

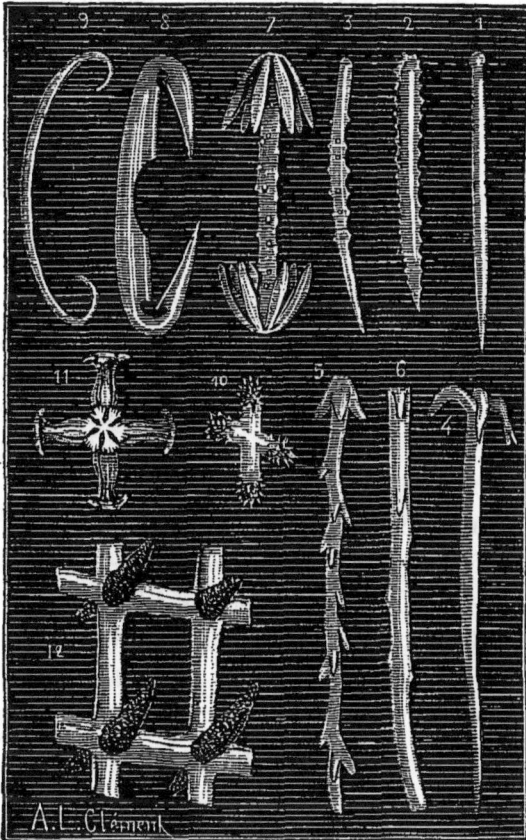

Fig. 22. — SPICULES D'ÉPONGES. — 1. Spicule en épingle d'*Hymeniacidon carnosa*. — 2, 3. *Hali-chondria incrustans*. — 4. *Tethea Collingsii*. — 5, 6, 11. *Euplectella aspergillum*. — 7, 10, 11. *Hyalonema mirabilis*. — 8. *Hymenodesmia Johnsoni*. — 9. *Halichondria variantia*. — 12. Réseau siliceux de *Farrea*.

gance (fig. 22). On y remarque des épingles, des crochets, des
ancres, des étoiles à trois rayons, des clous à tête étoilée, des
croix, etc. Le rôle des spicules n'est pas moins varié que leurs
formes ; les uns soutiennent les parties molles de l'Éponge et for-

ment la base de son squelette (fig. 22, n°ˢ 1, 2, 3, 10, 12) ; d'autres
unissent ensemble ses divers tissus (même fig., n°ˢ 7, 8, 9, 11) ;
quelques-uns, terminés en pointe acérée, hérissent sa surface
externe ou les parois de ses canaux, et deviennent ainsi de véritables
organes de défense (même fig., n° 4) ; on voit enfin chez les Euplectelles (pl. I, fig. 2) de longs spicules dont la pointe est enfoncée dans
le squelette tandis que l'extrémité est armée de crochets (fig. 22,
n°ˢ 5 et 6) ; ces spicules servent à fixer l'Éponge aux corps environnants.

Tantôt les spicules sont siliceux, tantôt ils sont calcaires. Nous
voyons donc le protoplasme manifester encore ici des aptitudes chimiques différentes, mais exactement de même ordre que celles déjà
connues de nous : les matières solides qui se déposent dans sa substance sont de trois sortes : elles sont de nature organique, calcaires
ou siliceuses. Des spicules calcaires et siliceux ne coexistent jamais
dans une même Éponge, de sorte que la composition chimique des
spicules indique bien réellement ici une différence fondamentale
dans les propriétés du protoplasme ; c'est un point sur lequel nous
avons déjà insisté en parlant des Foraminifères et des Radiolaires.
On pourrait donc se demander si les Éponges à spicules calcaires
ou, pour abréger le discours, les *Éponges calcaires* et les *Éponges
siliceuses* ne descendent pas de Protistes différents qui se seraient
développés parallèlement. Tout au plus y aurait-il entre elles, dans
cette hypothèse, une parenté collatérale. Quelques Éponges, entièrement dépourvues de squelette, devraient peut-être alors former
un groupe spécial : on leur donne le nom de *Myxosponges* ou
Éponges gélatineuses.

Les fibres et les spicules des Éponges ont été étudiés avec un
soin extrème ; leur forme, la façon dont ces formes se combinent
entre elles, l'arrangement des diverses sortes de spicules ont été
employés à caractériser des genres et des espèces. Ces productions
ne sont cependant que l'accessoire de l'Éponge, le principal c'est
la masse charnue dans laquelle elles se développent, masse creusée
de canaux ramifiés en sens divers et aboutissant à des orifices extérieurs qu'on reconnaît encore facilement en examinant avec tant
soit peu d'attention une Éponge de toilette. Cet examen montre

bien vite que ces pores sont de deux sortes : les uns rares, de grand
diamètre, dans lesquels on pourrait facilement placer le bout du
doigt, sont les *oscules ;* les autres, extrêmement nombreux et de
petit diamètre, sont les *pores inhalants*. On trouve assez fréquemment, dans les eaux douces, deux espèces de petites Éponges sili-

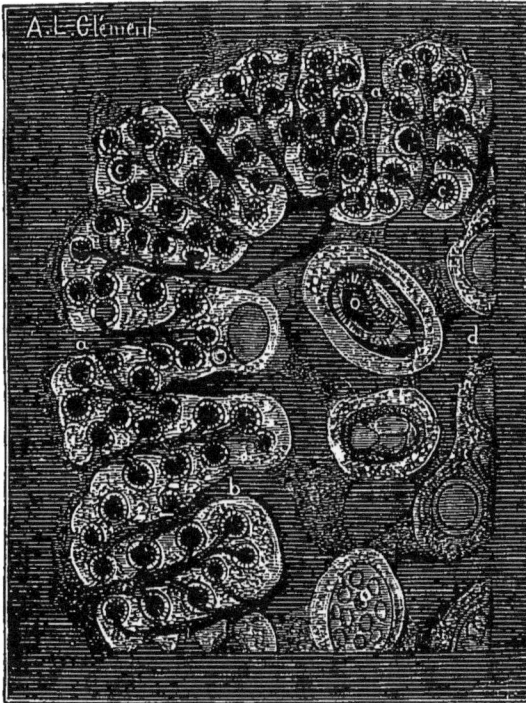

Fig. 23. — Coupe à travers une Éponge gélatineuse (*Halisarca lobularis*) montrant le système des corbeilles vibratiles (*c*) placées sur le trajet des canaux correspondant aux pores inhalants ; la cavité
centrale (*d*) correspond à l'oscule ; dans l'épaisseur des colonnes charnues qui la traversent sont des
embryons (*o*) à différents degrés de développement ; en *a*, canaux interstitiels.

ceuses : la *Spongilla lacustris* et la *Spongilla fluviatilis*, dont les
pores et les oscules sont parfaitement évidents. Qu'on place ces
Éponges dans un vase rempli d'eau tenant en suspension une poussière colorée comme de la poudre d'indigo ou de carmin. On ne
tardera pas à constater, grâce au mouvement de cette poussière,
qu'un courant d'eau continu pénètre dans la substance de l'animal

par l'intermédiaire des pores inhalants et que cette eau est rejetée
à l'extérieur par l'intermédiaire des oscules. Les pores inhalants
semblent donc des milliers de petites bouches constamment ouvertes à l'eau chargée de matières alimentaires ; les oscules servent
d'orifice de décharge.

On comprendra facilement comment est entretenu le courant
d'eau qui traverse l'Éponge si l'on veut bien jeter les yeux sur la
figure 4, qui représente une coupe pratiquée à travers une éponge
gélatineuse, l'*Halisarca lobularis*. On voit sur cette figure : 1° de
grandes lacunes centrales, qui font partie d'une vaste cavité correspondant à l'un des oscules, et 2° tout un système de canaux,
partant de la périphérie de l'Éponge, aboutissant tous à la cavité
centrale et s'ouvrant à l'extérieur par des orifices qui ne sont autre
chose que les pores inhalants. Sur leur trajet les plus petits de ces
canaux présentent presque toujours un élargissement sphérique,
tapissé par des cellules munies chacune d'un flagellum. C'est là ce
que l'on nomme une *corbeille vibratile* (fig. 2 et 4). Le mouvement
des cils qui revêtent ces remarquables organes empêche l'eau d'y
séjourner, la chasse toujours dans le même sens ; de là le courant
qu'il s'agit d'expliquer. Carter, qui a découvert ces corbeilles
vibratiles, les comparait à des *Volvox* retournés ; il voyait en elles
la partie fondamentale de l'Éponge, l'organisme, l'individu dont
toutes les autres parties n'étaient que des dépendances. Les
Éponges étaient pour lui quelque chose comme des colonies de
Volvox.

Il y a de vrai dans cette manière de voir, que la plupart des
Éponges doivent être, en effet, considérées comme des colonies.
Chaque oscule est le centre d'un système particulier de canaux et
de cavités, qui constituent dans l'Éponge un domaine à part dont
les limites sont plus ou moins nettement tracées. Parfois il y a
continuité absolue entre deux domaines voisins ; mais parfois aussi
la séparation est complète et chaque domaine se comporte alors
comme un individu distinct. D'autre part, nombre d'Éponges ne
possèdent jamais qu'un oscule ; ces dernières méritent évidemment le nom d'*Éponges simples* par opposition à celles dont les
oscules sont multiples et qui sont des *Éponges composées*. Le do-

maine de chaque oscule correspond à une Éponge simple dans ces
Éponges composées qui résultent par conséquent de la réunion, ou
même de la fusion presque totale d'un nombre plus ou moins
considérable d'*Éponges simples*. Seules ces dernières sont de véritables *individus;* les autres sont des collectivités, des *colo-*

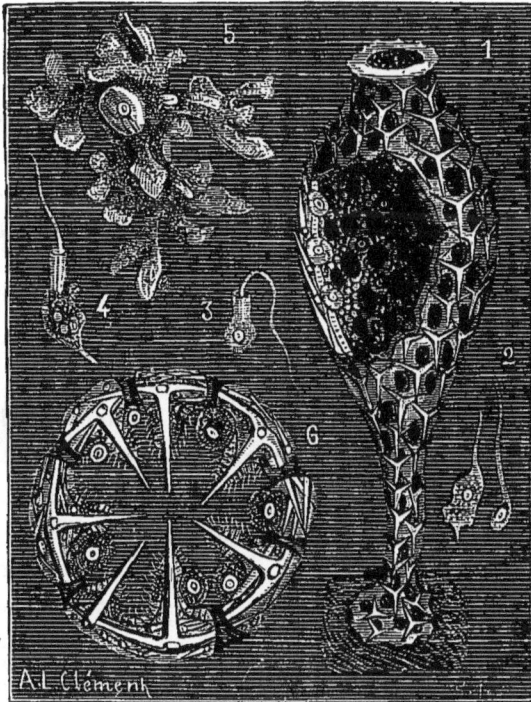

Fig. 24. — ÉPONGES CALCAIRES. — 1. *Olynthus primordialis*, Hæckel, type de l'*individu spon-*
giaire. — 2. Éléments mâles du même. — 3, 4. Cellules flagellifères du même. — 5. Cellule amiboïde considérée comme un œuf. — 6. Coupe transversale d'un *Ascaltis Gegenbauri*, montrant la
couche amiboïde, les spicules, les œufs et la couche des cellules flagellifères.

nies. C'est là une distinction de la plus haute importance pour
l'intelligence de l'organisation des Éponges; elle fut établie pour
la première fois par Oscar Schmidt (1).

Tandis que les Éponges composées doivent à leur nature colo-

(1) Oscar Schmidt, *Die Spongien des Adriatischen Meeres*, Leipsig, 1862 à 1870.

niale une variété de formes pour ainsi dire infinie, en général les Éponges simples présentent, au contraire, une forme sensiblement constante. L'une des plus remarquables, celle à laquelle Hæckel (1) a ramené toutes les autres, est l'*Olynthus* (fig. 3, n° 1), que l'on peut se figurer comme une sorte de petite urne dont l'ouverture ne serait autre chose que l'oscule de l'Éponge; ses parois minces, soutenues par des spicules calcaires à trois branches, sont assez régulièrement perforées de trous, qui jouent le rôle de *pores inhalants*. Ces trous peuvent se fermer temporairement; il arrive même quelquefois qu'ils se ferment tous ensemble : la cavité intérieure de l'urne ne communique alors avec l'extérieur que par l'oscule que l'on pourrait prendre pour une bouche.

Les parois de l'*Olynthus* sont constituées par deux couches cellulaires superposées, bien distinctes. La couche interne est formée de cellules munies chacune d'un flagellum entouré à sa base d'une collerette membraneuse (fig. 5, n°ˢ 3 et 4 et fig. 22, n° 2). Ces cellules sont identiques à celles qui constituent les corbeilles vibratiles des Éponges composées, de sorte qu'on peut considérer la cavité tout entière d'un *Olynthus* comme ne formant qu'une grande corbeille vibratile. On ne peut manquer d'être frappé de la ressemblance absolue des cellules flagellifères des Éponges avec les *Salpingœca* ou avec les individus constitutifs des colonies d'*Anthophysa* (fig. 18, page 130) et de *Codosiga* (fig. 17, page 129). Le noyau, le nucléole, la vésicule contractile, la collerette qui entoure le flagellum, tout concourt à établir leur identité fondamentale avec ces petits êtres. Aussi un naturaliste américain, James Clark (2), a-t-il proposé de considérer les Éponges comme des colonies d'Infusoires flagellifères, des *colonies de Monades*, opinion que soutient également M. Saville Kent (3).

En ne considérant que la couche externe de cellules, d'autres naturalistes avaient été conduits, d'une façon analogue, à voir dans les Éponges des *colonies d'Amibes*. Il est impossible, à la vérité, de dis-

(1) Hæckel, *Die Kalkschwämme*, 3 vol. Berlin, 1872.

(2) James Clark, *On the Spongiæ ciliatæ as Infusoria flagellata* (*Memoirs of Boston society of Natural history*, vol. 1, part. III, 1868).

(3) Saville Kent, *Annals and Magazine of Natural history*, 1878.

tinguer dans cette couche des cellules nettement délimitées ; mais
on y voit de nombreux noyaux indiquant son origine cellulaire, et
quand une partie quelconque de sa substance vient à être isolée,
cette partie se met à exécuter des mouvements amiboïdes de la plus

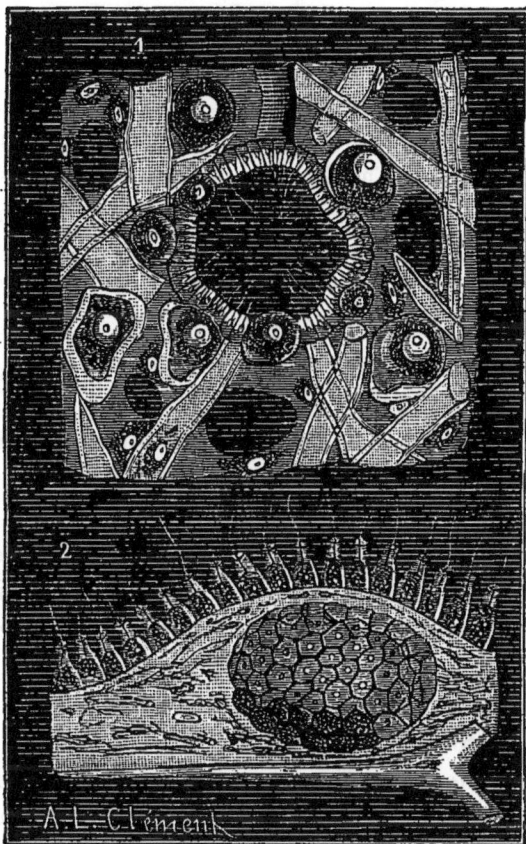

Fig. 25. — 1. Coupe à travers une Éponge calcaire (*Leucyssa incrustans*), montrant une corbeille vibratile, avec ses cellules à un seul cil, des œufs, les noyaux des cellules de la substance sarcodique
et les enveloppes des spicules. — 2. Portion d'une éponge calcaire (*Sycandra compressa*) montrant
la couche des *cellules flagellifères*, et au-dessous un embryon en voie de développement.

grande netteté. C'est là une particularité si frappante que pendant
longtemps de nombreux auteurs, parmi lesquels il faut citer Dujardin, Carter, avant sa découverte des corbeilles vibratiles, Carpenter,
Gegenbaur, etc., ont placé les Éponges à côté des Rhizopodes.

.La divergence de ces opinions doit être pour nous un enseignement. Il n'est pas plus permis de dire que les Éponges sont des colonies d'Infusoires flagellifères ou des colonies d'Amibes que de dire qu'une maison est un assemblage de moellons ou un assemblage de pièces de bois. La maison, une fois construite, est un objet nouveau, méritant une dénomination propre et que ne définit plus suffisamment la désignation des matériaux qui la composent, parce que ces matériaux sont désormais liés d'une façon déterminée, en vue d'une destination précise. Il n'en est pas moins vrai cependant qu'après avoir pris place dans l'ensemble qui constitue l'édifice, moellons et pièces de bois conservent entièrement leurs caractères propres. C'est ce qui arrive pour les éléments d'une Éponge : chacun d'eux demeure comparable soit à un Infusoire flagellifère, soit à un amibe; chacun d'eux conserve à un haut degré son individualité, vit pour son propre compte, à sa façon spéciale ; mais une discipline particulière soumet à sa loi tous ces organismes et les fait concourir au maintien de l'existence et à la prospérité d'une individualité nouvelle, d'une unité d'ordre supérieur : l'Éponge simple, l'*Olynthus*. Chacun de ces éléments composants de l'Éponge s'est élevé d'ailleurs au-dessus de sa condition primitive d'organisme unicellulaire. Il porte en lui une force d'évolution qui l'entraîne, dès qu'il est isolé, à reproduire l'individu dont il faisait partie : il n'est plus fait pour vivre indépendant; seul, il est incomplet et tout l'effort reproducteur tend chez lui à reconstituer la société que nous venons d'apprendre à connaître. Cette tendance est mise à profit pour la reproduction de l'espèce chez les Spongilles et chez diverses Éponges marines dont la masse presque tout entière se résout à certaines époques en petites sphérules protoplasmiques, enveloppées d'un kyste, soutenu lui-même par des spicules d'une forme spéciale. A un moment donné, le protoplasme s'échappe du kyste par un orifice ménagé à cet effet, et après avoir rampé pendant un temps plus ou moins long à la façon d'un amibe, se transforme en Éponge.

Les Éponges ont un autre mode de reproduction, plus général et peut-être aussi plus instructif. Dans leur substance, probablement dans la couche amiboïde, apparaissent de grandes cellules, bien distinctes des tissus environnants et pourvues d'un beau noyau et d'un nucléole (fig. 25, n° 1). Ces cellules n'ont pas de membrane d'enveloppe, et lorsqu'elles sont isolées, leur contour présente les incessantes modifications de forme caractéristiques des amibes (fig. 24, n° 5); on doit les considérer comme de véritables œufs,

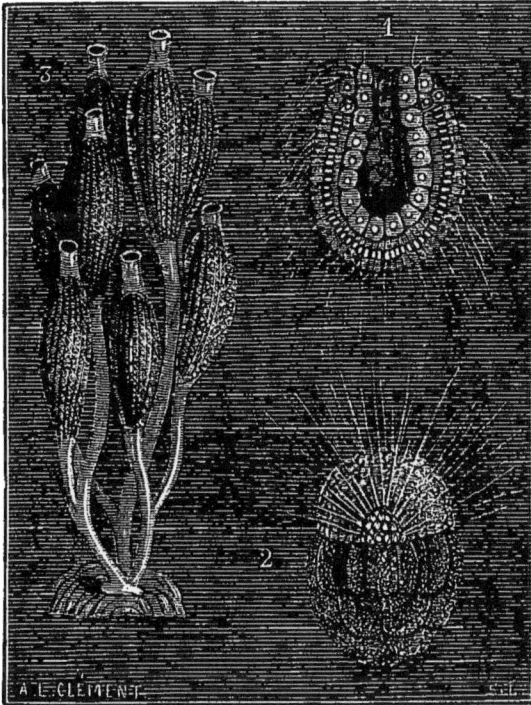

Fig. 26. — ÉPONGES CALCAIRES. — 1. Larve ou *Gastrula* de l'*Olynthus armatus*, d'après Hæckel. — 2. Larve de *Sycandra raphanus*, d'après F. E. Schulze. — 3. Colonie de *Sycinula ampulla*, Hæckel.

d'autant plus que l'élément mâle semble représenté chez les Éponges par d'autres cellules munies d'un flagellum et résultant peut-être d'une modification des cellules flagellifères ordinaires dont elles ne diffèrent guère que par leur petite taille (fig. 24, n°ˢ 2 et 6). La fécondation n'a pas été observée de façon que l'on sache positivement en quoi elle consiste : mais il n'en est pas moins

certain que les grandes cellules ovulaires ne tardent pas à se diviser, sans quitter la place où elles sont nées, en deux, quatre, huit,
seize, trente-deux cellules ou même davantage et à se transformer
en une petite masse sphérique, creuse, composée de cellules toutes
semblables entre elles (fig. 25, n° 2), toutes semblables à la cellule
d'où elles sont provenues par une série de bipartitions successives, équivalant chacune, par conséquent, à un amibe. La jeune
Éponge, à ce moment, n'est réellement qu'une colonie d'Amibes.

Mais bientôt les cellules d'une des moitiés de la sphère s'allongent,
s'effilent, produisent un flagellum, se transforment, en un mot, en
cellules flagellifères, comme nous avons vu le faire les cellules
amiboïdes des *Magosphæra*. L'embryon devient ainsi une colonie
d'amibes et de monades (fig. 26, n° 2). Ces dernières jouent dans la
colonie le rôle d'individus locomoteurs ; grâce au mouvement de
leur fouet vibratile, l'embryon peut nager librement dans le liquide
ambiant. Il est alors exactement comparable aux embryons des
animaux supérieurs ; il représente au même titre qu'eux un individu distinct ; et cependant l'histoire du développement d'un tel
individu nous apprend qu'il résulte de l'union d'éléments tout à
fait identiques quant à leur structure et à leur mode d'évolution
aux êtres unicellulaires que nous avons étudiés précédemment et
auxquels nous n'avons pu refuser la qualité d'individus. Il n'y a
dans l'histoire des Éponges qu'un fait nouveau , c'est que ces
individus élémentaires, au lieu de se séparer à mesure qu'ils se
forment, demeurent unis ; leur indépendance réciproque est d'ailleurs encore assez grande, nous l'avons vu, pour que des savants
expérimentés aient pu les prendre pour les véritables individus
dont l'association immédiate aurait constitué l'Éponge, sans passer
par d'autres intermédiaires.

Les Éponges, même à cet égard, ne diffèrent pas des organismes
les plus élevés. Comme elles, les animaux et les végétaux, du plus
humble au plus parfait, l'homme lui-même, ne sont que des assem-
blages de cellules qui conservent toutes vis-à-vis de leurs compagnes
une grande liberté d'allures. Seulement ces cellules sont plus nombreuses, elles revêtent des formes plus variées, accomplissent des
fonctions plus diverses et se groupent de mille façons en organes

ou en tissu plus distincts que chez les Éponges. Toutes ces cellules, comme celles des Éponges, proviennent d'un œuf unique ; mais elles subissent, au cours de l'évolution de l'être plus complexe dont elles font partie, des modifications plus considérables ; si chacune d'elles se nourrit, se multiplie, se transforme et meurt sans que ses voisines en prennent souci, elles concourent toutes ensemble à constituer un milieu spécial, indispensable à leur existence respective ; aussi chercherait-on en vain leurs analogues vivant à l'état isolé ; elles paraissent n'exister que pour l'organisme dont elles sont les éléments constituants ; elles semblent faites pour lui, et leur individualité est dès lors confondue dans la sienne, tandis que celle des éléments de l'Éponge paraît être demeurée complète ; mais il n'y a là qu'une différence de degré. Le mécanisme de formation des Éponges est en réalité le même que le mécanisme de formation des animaux les plus élevés ; les uns et les autres sont des colonies de cellules dont les ancêtres, d'abord solitaires, ont parcouru bien des étapes, se sont groupés de bien des façons avant de constituer les organismes qui se développent aujourd'hui autour de nous.

Les cellules flagellifères et les cellules amiboïdes, éléments essentiels de l'Éponge, se groupent d'ailleurs en tissus variés aussi bien chez elle que chez les animaux supérieurs. Dans la couche externe, les cellules amiboïdes sont ordinairement tellement confondues qu'elles ne deviennent distinctes que par leur noyau ; elles forment ainsi une sorte de masse sarcodique (1) qui subit des modifications particulières, soit à la surface de l'Éponge, soit le long de quelques-uns de ses canaux, soit enfin autour des spicules. Elle devient alors plus compacte et forme de véritables membranes (fig. 25, n° 1) qu'il est souvent facile d'isoler. Dans la substance même de la masse sarcodique on trouve un nombre assez considérable de cellules étoilées assez semblables aux cellules du tissu conjonctif des animaux supérieurs. Les cellules flagellifères à leur tour présentent d'assez nombreuses modifications. Dans la plupart des Éponges calcaires, elles se touchent à peine et semblent autant d'Infusoires parfaitement distincts les uns des autres (fig. 25, n° 2) ;

(1) C'est ce qu'on nomme le *Syncytium* de l'Éponge.

mais dans un grand nombre d'Éponges fibreuses, on les voit s'aplatir de plus en plus, prendre parfois une forme lenticulaire et figurer ainsi une membrane épidermique à la surface des canaux ou des corbeilles vibratiles. Dans tous ces faits, la tendance des cellules à se grouper en tissus est manifeste.

Si les Éponges possèdent des tissus, elles possèdent aussi des organes ; leurs oscules, leurs corbeilles vibratiles, les canaux qui traversent leurs parois et mettent en rapport les diverses parties ne peuvent être désignées que sous ce nom. Enfin la masse entière ressent des impressions et peut exécuter des mouvements d'ensemble : une Éponge ouvre et ferme à volonté ses oscules, elle peut se contracter plus ou moins sur elle-même, toutes choses qui supposent une coordination des volontés des éléments constituants, et, si l'on peut parler ainsi à ce degré de la vie animale, une sorte de conscience commune. L'individualité des éléments cellulaires, si indépendants les uns des autres chez l'*Olynthus* et chez beaucoup d'autres Éponges calcaires, est donc subordonnée, chez les Éponges plus élevées, à une individualité plus générale, celle de l'Éponge elle-même. Mais — c'est là le point essentiel — ce phénomène s'accomplit graduellement. Entre les Éponges dont les tissus sont le plus variés, l'individualité la plus accusée et une société d'Infusoires, telle qu'une *Anthophysa*, on trouve un nombre considérable de transitions ; de sorte que si l'on ne peut dire, avec James Clark, que les Éponges soient de simples colonies de Monades, on se trouve cependant conduit à les considérer comme formées par la continuation du procédé qui a produit ces colonies. Les Éponges résultent de la *transformation en individus* de semblables *colonies*, transformation qui suppose que des liens plus intimes se sont établis entre les organismes associés. De tels liens résultent simplement de ce que les éléments cellulaires d'une colonie, occupant en elle des positions variées, vivant par conséquent dans des conditions différentes, ont pris des formes et des fonctions appropriées à leurs situations respectives, avantageuses dans ces situations, désavantageuses dans toutes les autres et sont ainsi devenus peu à peu inséparables. Si bien que, chez les Éponges supérieures, leur indépendance est à peine plus grande que celle des éléments anatomiques des animaux d'ordre plus élevé.

Revenons maintenant à notre embryon d'Éponge.

Après avoir nagé quelque temps, il se laisse choir au fond de

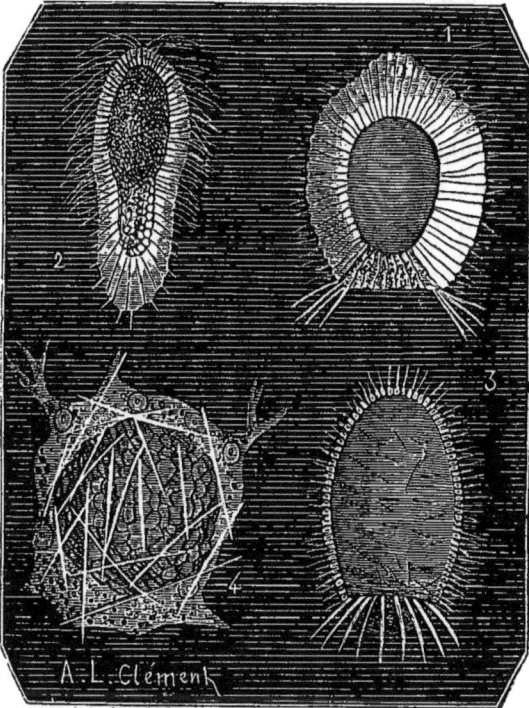

Fig. 27. — LARVES D'ÉPONGES. — 1. Larve de *Verongia rosea* (Éponge fibreuse). — 2. Larve de *Halisarca lobularis* (Éponge gélatineuse). — 3. Larve de *Isodyctia rosea* (Éponge siliceuse). — 4. Jeune Éponge calcaire. (*Sycandra raphanus*) à surface externe encore douée de mouvements amiboïdes ; l'oscule n'est pas encore formé.

l'eau et va se fixer à l'abri de quelque aspérité du sol. On voit alors l'hémisphère composé de cellules amiboïdes envahir de plus en plus l'hémisphère flagellifère. Celui-ci semble rentrer en se retournant lui-même dans l'intérieur du premier et l'embryon se trouve ainsi transformé peu à peu en une sphère composée de deux couches, l'une interne provenant des cellules monadoïdes, l'autre externe provenant des cellules amiboïdes. Ces dernières ne tardent pas du reste à se fusionner au point de n'être plus distinctes que par leurs noyaux ; mais la masse qu'elles constituent conserve encore longtemps la faculté de s'étirer en pseudopodes qui servent à assurer la fixation de l'Éponge (fig. 27, n° 4). L'Éponge ne présente à ce moment aucun orifice. Bientôt les spicules apparaissent, l'oscule se forme, puis les pores inhalants. L'être qui résulte des métamorphoses de l'embryon est une Éponge simple plus ou moins analogue à un *Olynthus*. L'Embryogénie nous conduit donc, elle aussi, à considérer cette dernière forme comme le véritable individu chez les Éponges. Plus tard, dans les Éponges munies de corbeilles vibratiles, des vacuoles se creusent dans la masse et les cellules amiboïdes qui les tapissent se transforment en cellules monadoïdes.

Ce que nous venons de dire s'applique surtout aux Éponges calcaires dont l'Embryogénie présente encore du reste quelques points douteux ou obscurs. Chez les Éponges siliceuses et chez les Éponges gélatineuses (Myxosponges) on trouve des formes larvaires un peu différentes. Nous en avons fait représenter quelques-unes (fig. 27, n°‌ˢ 1, 2 et 3) empruntées à l'intéressant Mémoire de M. Charles Barrois. On remarquera dans ces figures, comme dans la fig. 26, n° 2, que l'embryon d'Éponge a toujours la forme d'un sphéroïde complètement clos dont la paroi peut être formée d'une ou de deux rangées de cellules ; une partie plus ou moins étendue de la surface externe est seule formée de cellules pourvues d'un fouet vibratile. Hæckel a décrit dans sa monographie des Éponges calcaires une autre sorte d'embryon dont l'existence a été depuis révoquée en doute, mais qui mérite une mention particulière, car il est devenu sous le nom de *gastrula* le point de départ d'une vaste théorie. Cet embryon (fig. 26, n° 1) serait un sac à double paroi, pourvu d'un orifice unique, une façon d'animal réduit à un estomac revêtu d'une peau immédiatement appliquée sur la muqueuse stomacale. Cette muqueuse serait formée par une simple couche de cellules amiboïdes, la peau serait au contraire formée d'une couche également simple de cellules flagellifères. Pour se transformer en *Olynthus*, l'embryon se fixerait

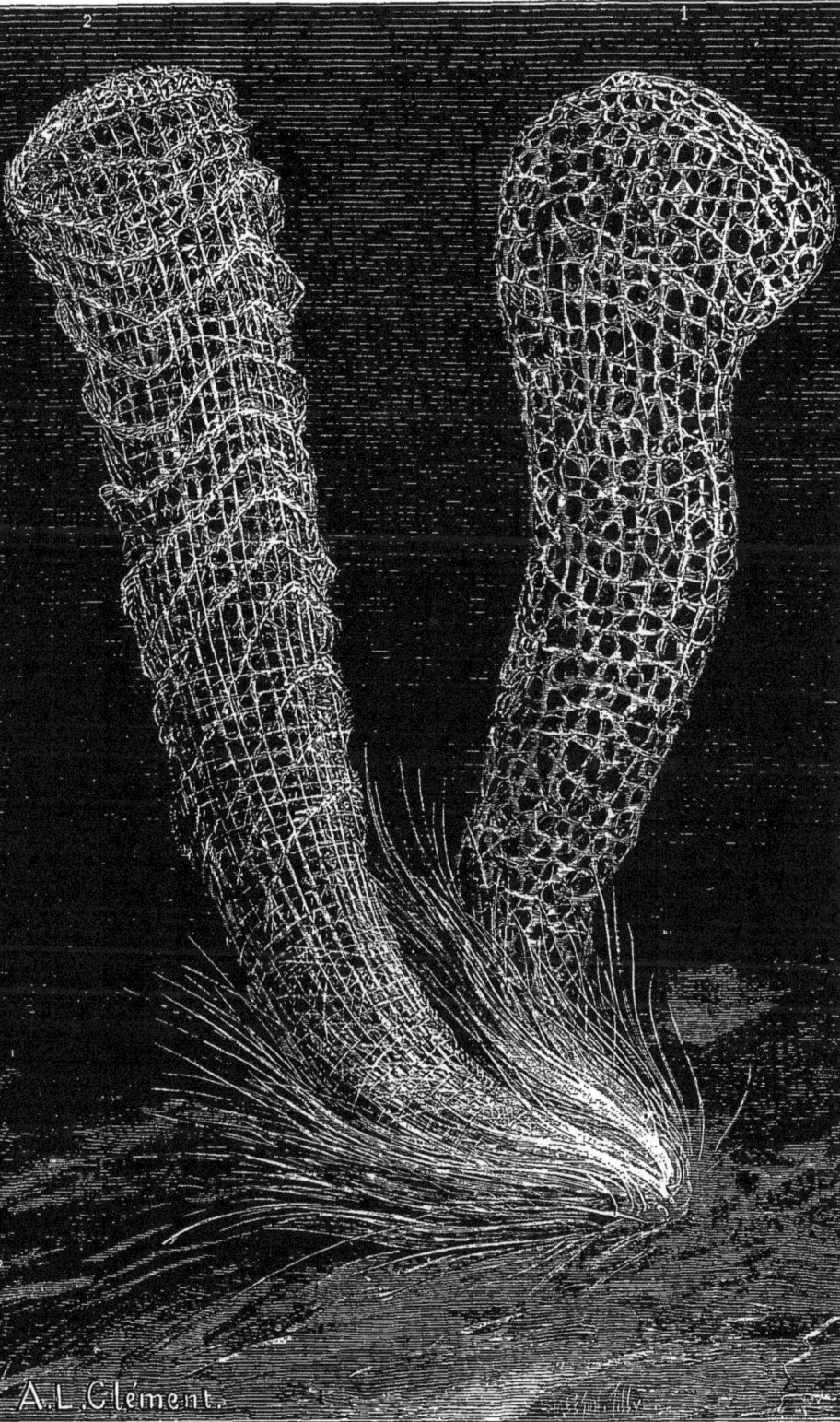

A.L.Clément

et produirait des spicules : puis ses cellules externes se fusionne-
raient, tandis qu'un flagellum se développerait sur chacune de ses
cellules internes ; enfin ses parois se perceraient de pores inhalants. Bien qu'on ait étudié soigneusement, depuis les travaux de
Hæckel, le développement d'un grand nombre d'Éponges, personne n'a pu revoir ni la gastrula des Éponges ni ses métamorphoses ; Hæckel pensait que cette forme embryonnaire était le
point de départ commun de tous les animaux, le premier ancêtre
qui venait s'affirmer au début du développement de chacun
d'eux. Par une singulière fortune, les Éponges, qui avaient fourni
la base de la théorie, paraissent ne jamais traverser la phase
gastrula; on a pu constater au contraire l'existence réelle d'une
phase analogue dans le développement d'animaux appartenant
aux groupes les plus divers depuis les zoophytes jusqu'aux vertébrés. Il est impossible de ne pas accorder une certaine importance à une forme embryonnaire aussi répandue.

Dans le groupe des Éponges siliceuses, les Éponges simples sont
plus rares que dans celui des Éponges calcaires ; mais elles atteignent en revanche une taille bien plus considérable et une
élégance de forme qui confond l'observateur. Parmi les plus
remarquables de ces Éponges se placent en première ligne ce
magnifique *Alcyoncellum speciosum* (planche I, fig, 1), recueilli
pour la première fois par Quoy et Gaimard, durant le voyage de
l'*Astrolabe*, et la belle *Euplectella aspergillum* des îles Philippines
(planche I, fig. 2). Ces grandes Éponges manquent d'oscules. Leur
squelette est formé par un réseau siliceux, transparent comme le
plus pur cristal de roche, régulier comme la plus belle dentelle.
Des spicules à six branches (fig. 22, nos 11 et 12) en constituent
la partie fondamentale, mais ces spicules sont reliés entre eux par
des fibres siliceuses qui donnent au tissu de l'Éponge une assez
grande solidité. Ce sont les Éponges dont le squelette est à la fois
le plus géométrique et le plus compliqué.

L'*Alcyoncellum speciosum* est toujours demeuré fort rare ; les
naturalistes du *Challenger* en ont cependant recueilli de beaux
exemplaires. Les Euplectelles sont, au contraire, devenues assez

EDMOND PERRIER.   11

communes ; mais on ne se lasse pas pour cela d'admirer la beauté
de leur tissu délicat et la finesse incomparable des grêles filaments
qui forment à leur base comme une chevelure de verre filé ; elles
demeurent encore l'ornement des plus belles collections. Quatre
ou cinq fois plus grande que l'*Euplectella* et que l'*Alcyoncellum*,
la *Meyerina claviformis*, également des Philippines, est encore
plus gracieusement tissée ; mais toutes ces Éponges siliceuses sont
moins étonnantes peut-être que l'*Hyalonema Sieboldi* dont la partie spongieuse est portée au sommet d'une torsade de spicules cristallins, pouvant dépasser trois décimètres de long. Un polypier,
que l'on a pris quelque temps pour une partie de l'Éponge, vient
presque toujours développer ses calices au-dessous de celle-ci,
sur son brillant pédoncule ; ce dernier, que l'on croyait être autrefois une sorte d'aigrette entourant l'oscule, plonge au contraire
dans le limon sous-marin et soutient l'Éponge et le Polype bien
au-dessus du sol. Les *Hyalonema* ont été d'abord rencontrées
dans les mers du Japon ; mais M. Barboza du Bocage en a signalé
une espèce sur les côtes du Portugal et la drague du *Challenger*
en a ramené une autre des régions profondes de l'Atlantique.

Nous avons déterminé la forme simple des Éponges, celle qui,
dans ce groupe du règne animal, est le véritable *individu ;* nous
savons qu'on peut se figurer l'*individu spongiaire* comme une sorte
d'urne dont les parois, percées de trous, livreraient constamment
passage à de l'eau qui sortirait par l'ouverture de l'urne, par l'oscule ; nous avons vu comment on pouvait relier cet individu
aux organismes unicellulaires et même aux monères par une
série de formes successives : les Monères deviennent cellules ;
les êtres unicellulaires se reproduisent d'abord par division en
deux parties semblables ; puis la reproduction s'effectue à l'intérieur d'un kyste ; elle consiste en une division de la masse
protoplasmique en un grand nombre de parties dont la forme,
nettement déterminée, est différente de celle du parent ; le *zoospore
flagellifère*, la *Monade* succède ainsi à l'*Amibe* et alterne avec lui.
La forme zoospore devient peu à peu la plus importante des
deux ; ainsi prend naissance le groupe des *Infusoires flagellifères*.

Amibes et Infusoires flagellifères acquièrent ensuite la faculté de
vivre en sociétés composées d'individus tous semblables entre eux.
Dans ces sociétés, chaque individu est d'abord complètement indépendant de ses voisins et conserve d'une façon à peu près complète sa personnalité ; mais peu à peu cette personnalité s'efface,
elle est absorbée par celle de la société : l'individu primitif déchoit

Fig. 28. — ÉPONGES CALCAIRES. — Colonie arborescente d'*Ascandra pinus*, Hæckel.

de son rang : il n'est plus qu'une partie plus ou moins importante
d'une individualité nouvelle, le rouage d'une machine ; enfin les
deux formes amibe et monade s'associent pour produire, avec quelques modifications de détail, l'individu spongiaire dans lequel les
uns et les autres peuvent être plus ou moins complètement fusionnés entre eux.

Cet individu spongiaire, une fois constitué, se prête à son tour

exactement aux mêmes combinaisons que les éléments unicellulaires qui le composent. Un certain nombre d'individus bourgeonnent d'abord les uns sur les autres, tout en conservant
d'une manière complète leur indépendance ; dans une belle
éponge calcaire des côtes de la Manche, le *Leucosolenia bothryoïdes*
ou *Ascandra variabilis,* de Hæckel, quelques-uns des individus
nouvellement formés peuvent même se détacher, ils se fixent
ensuite sur les algues voisines et fondent ainsi de nouvelles colonies (1). Chez la *Sycinula ampulla* (fig. 26, n° 3), les nouveaux
individus se forment seulement sur le pédoncule des anciens,
de sorte qu'ils demeurent encore parfaitement séparés ; chez
d'autres espèces, les bourgeons peuvent naître en un point quelconque de leur parent, dès lors toute régularité tend à disparaître. Dans les colonies arborescentes d'*Ascandra pinus* (fig. 22),
les divers individus composants sont encore assez distincts, mais
déjà leurs limites respectives sont souvent difficiles à déterminer.
Leurs cavités centrales communiquent directement entre elles de
façon à établir entre tous les individus composants des rapports
étroits au point de vue de la nutrition : aussi voit-on fréquemment
un certain nombre d'individus demander à leurs compagnons des
services divers ; chez quelques-uns, notamment, l'oscule disparaît
et l'eau qui entre par les parois du corps est éliminée par les individus voisins. Les individus d'une même colonie peuvent donc
présenter des formes assez différentes les unes des autres, ce qu'on
exprime, dans le langage scientifique, en disant qu'ils manifestent
un commencement de *polymorphisme* (2). Il arrive dans d'autres
colonies que plusieurs individus, d'abord distincts, se réunissent
par leur extrémité supérieure pour n'avoir qu'un oscule commun ;
on voit encore des colonies de même espèce, nées d'embryons différents et croissant dans le voisinage les unes des autres, se souder
tout comme peuvent le faire les individus d'une même colonie. Ce
phénomène a été désigné par Hæckel sous le nom de *concrescence.*
    Souvent les individus composant une même colonie se fusion-

---

(1) G. Vasseur, *Reproduction asexuelle de la Leucosolenia bothryoïdes ;* (*Archives
de zoologie expérimentale,* t. VIII, 1880).
  (2) De πολὺς, plusieurs et μορφή, forme.

nent à ce point. qu'il est impossible de tracer entre eux aucune démarcation ; le nombre des individus composants ne peut être alors déterminé que par celui des oscules, et comme certains individus, dans quelques espèces, sont privés de cet orifice, ce dénombrement n'a lui-même rien de rigoureux. Ordinairement toutefois les divers individus d'une colonie laissent entre eux d'étroits espaces dans lesquels l'eau peut circuler pour pénétrer dans l'Éponge à travers les pores inhalants. Il en résulte un système de canaux bien différent de celui qui résulte de la fusion des cavités digestives et qu'on observe dans un grand nombre de colonies (fig. 23, *a*). L'Éponge commune, l'Éponge de toilette, est une des Éponges composées où la fusion des individus constituant la colonie est poussée au plus haut degré.

Un cas particulièrement remarquable est celui où la fusion des individus se fait de telle façon que la colonie reproduit à peu près fidèlement la forme primitive et semble par conséquent revenir à l'état d'*individu*. C'est ce qu'on observe chez certaines Éponges calcaires que M. Hæckel a réunies dans une même famille naturelle, celle des *Sycones*. On prendrait, au premier abord, ces Éponges pour des individus simples, exactement comparables à des *Olynthus* dont les parois se seraient épaissies, et seraient par conséquent traversées par des canaux rayonnants au lieu d'être simplement percées de trous. M. Hæckel pense cependant qu'on doit les considérer comme des colonies : pour lui, chacun des canaux rayonnants est la cavité digestive d'un individu particulier, né par bourgeonnement sur la paroi extérieure de l'*Olynthus* primitif, celui dans la cavité duquel viennent déboucher tous les canaux rayonnants. Les *Sycones* seraient donc des colonies dont les individus composants se seraient fusionnés de manière à reconstituer un autre individu d'ordre plus élevé, un individu, simple en apparence, mais en réalité composé d'*Olynthus* comme l'*Olynthus* est lui-même composé d'individus unicellulaires. Ce serait là le dernier terme de l'évolution des Éponges. Elles aussi commenceraient par s'associer pour former des colonies ; puis ces colonies se transformeraient en individus. Nous verrons bientôt ce phénomène se produire avec une remarquable netteté dans un groupe voisin, celui des Polypes hydraires, et son importance apparaîtra de plus en plus grande, à mesure que nous avancerons dans la connaissance des procédés, suivant lesquels le règne animal a acquis son développement.

En général, chez les Éponges composées, l'individualité de la colonie demeure assez vague et la forme est tellement flottante qu'on a créé jusqu'à des genres différents pour des individus appartenant à la même espèce. C'est là un caractère commun à toutes les colonies formées d'individus dont le mode de production sur leur parent n'est pas soumis à des lois fixes et constantes : toutes les circonstances qui déterminent l'apparition de nouveaux bourgeons peuvent dès lors influer sur l'aspect de la colonie, et ce fait a une importante conséquence. On s'est plus d'une fois demandé s'il ne serait pas possible de peupler la Méditerranée et les côtes de l'Océan des belles Éponges usuelles qu'il faut aller chercher dans le golfe de Smyrne. Mais pour être utilisées dans les usages domestiques, les Éponges doivent présenter une forme suffisamment compacte : une éponge aplatie en espalier, ou découpée en digitations profondes, comme la belle espèce qui porte le nom significatif de *gant de Neptune*, ne serait évidemment d'aucun usage. De plus son tissu doit être suffisamment serré et formé de fibres présentant un certain degré de finesse ; or tout cela varie chez l'Éponge commune aussi bien que la forme, et l'on est encore bien loin de savoir quelles conditions il faudrait réaliser pour installer des parcs de Spongiculture dont l'exploitation pût être sûrement fructueuse.

La variabilité des Éponges porte d'ailleurs sur toutes leurs parties. Il n'y a pas un seul caractère employé à la détermination des genres et des espèces qui ne soit, dans cette classe du Règne animal, sujet à la critique. On a invoqué tour à tour la disposition et la forme des oscules, leur absence ou leur présence, la forme et la disposition des spicules ; mais à peine a-t-on défini, à l'aide de ces caractères, un certain nombre de genres et d'espèces, qu'une multitude d'intermédiaires viennent les réunir de sorte que toute délimitation de l'espèce devient finalement impossible. Hæckel, qui a étudié les Éponges calcaires, Oscar Schmidt,

qui a étudié les Éponges cornées et siliceuses, arrivent l'un et
l'autre à cette conclusion qu'il n'y a pas d'espèce chez les Éponges,
phénomène qui ne saurait nous surprendre après ce que nous avons
vu chez les Rhizopodes. La génération sexuée est encore, en effet,
à peine indiquée chez les Éponges; elle paraît, en tous cas,
résulter de l'action réciproque d'éléments nés sur le même individu; la génération asexuée a donc dans ce groupe une importance prédominante ; nous nous retrouvons dans des conditions où
la génération reproduit l'individu avec l'ensemble de ses caractères
acquis ou hérités, sans que ceux-ci puissent suffisamment prédominer sur ceux-là pour constituer ce type moyen, sensiblement
immuable pendant une longue période de temps, qui permet
de caractériser une espèce. Dans le groupe des Polypes hydraires,
nous allons voir la génération sexuée prendre, au contraire, ses
caractères définitifs; l'espèce en même temps s'accuse assez nettement et la concordance de ces deux phénomènes nous fait comprendre comment la fixité apparente des espèces actuelles, loin
d'être un argument contre la théorie de la descendance, témoigne
au contraire en sa faveur.

CHAPITRE II

L'HYDRE D'EAU DOUCE ET L'INDIVIDUALITÉ ANIMALE.

———

Les recherches de Trembley (1), publiées à Leyde en 1744, ont rendu célèbres les Hydres ou Polypes d'eau douce. Des êtres que l'on peut multiplier autant qu'on le veut en les coupant en morceaux, qui vivent après avoir été retournés comme un gant, sans paraître avoir éprouvé le moindre dommage de cette opération, devaient à bon droit passer pour merveilleux. Ils nous apportent en effet de précieux enseignements.

Les Polypes de nos mares et de nos étangs ont été signalés pour la première fois en 1703, dans les *Transactions philosophiques de la Société Royale de Londres*, par l'illustre micrographe hollandais Leuwenhœk (2) et par un anonyme, qui n'avaient chacun pu en avoir qu'un très petit nombre d'exemplaires. Bernard de Jussieu les chercha et les découvrit aux environs de Paris où ils abondent, de même que dans les bassins du Jardin des Plantes. Il les montra à Réaumur qui en parle dans la préface du tome VI de ses *Mémoires pour servir à l'histoire des Insectes*. Mais ce fut seulement en 1740 que, sans connaître les travaux antérieurs, Trembley, précepteur des enfants du comte de Bentinck, com-

(1) *Mémoires pour servir à l'histoire d'un genre de Polypes d'eau douce à bras en forme de cornes*, par A. Trembley, de la Société Royale.
(2) Né à Delft en 1638.

mença l'étude des Polypes qu'il avait découverts à nouveau dans les bassins du château de Sorgulict, propriété du comte aux environs de La Haye. Ces petits êtres de couleur verte, presque toujours immobiles sur la plante qui les supporte, terminés par une

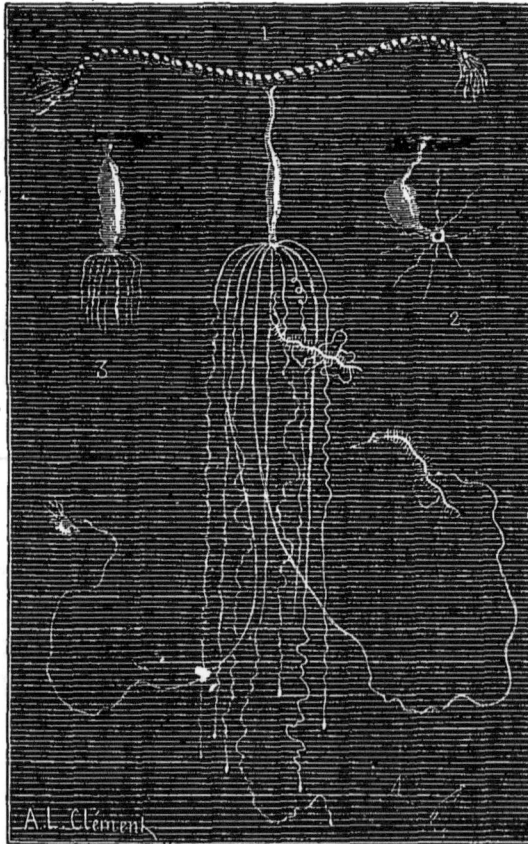

Fig. 29. — HYDRES A DIVERS ÉTATS DE CONTRACTION. — 1. Hydre brune ayant saisi deux Naïs et une Daphnie. — 2. Une autre à demi contractée et bourrée de nourriture. — 3. Hydre grise également en train de digérer ; ces deux figures montrent bien la différence de longueur des pédoncules dans ces deux espèces. (Grossissement = 3 fois environ.)

couronne de filaments déliés qui ressemblent à des branches ou à des racines, lui parurent tout d'abord des végétaux. Bientôt il les vit s'agiter lentement dans le liquide, se contracter ou s'étendre, changer de place pour venir se fixer toujours dans la partie la

plus éclairée du vase qui les renfermait. Il dut se demander dès
lors s'il n'avait pas affaire à des animaux ; mais il conservait
encore quelques doutes et il entreprit, pour les éclaircir, la merveilleuse série d'expériences qui ont fait de lui l'émule de Bonnet,
son maître, de Swammerdamm, son contemporain, et de Lyonet,
l'habile anatomiste, qui, dans son enthousiasme, apprit à graver
pour exécuter lui-même sur le cuivre les planches des Mémoires
sur les Polypes.

Il existe dans nos eaux douces trois espèces d'Hydres, déjà dis-
tinguées par Trembley : l'Hydre verte (*Hydra viridis*), l'Hydre aux
longs bras (fig. 29, nᵒˢ 1 et 2, et fig. 30) ou Hydre brune (*H. fusca*)
et l'Hydre grise (*H. vulgaris* ou *H. grisea*) (fig. 29, nᵒ 3). Les unes
et les autres offrent la forme générale d'un cornet dont l'extrémité
pointue serait pourvue d'une sorte de ventouse permettant à l'animal de se fixer sur les corps submergés, tandis que l'ouverture du
cornet serait surmontée par les bras du Polype dont le nombre varie
de six à treize ou même dix-huit. Une membrane tendue entre les
bras ferme cette ouverture, mais d'une façon incomplète, car elle
est elle-même percée à son centre d'un orifice par lequel la cavité
du cornet communique avec l'extérieur. Cet orifice sert à la fois à
l'entrée des matières alimentaires et à la sortie des résidus de la
digestion.

Les bras ont ordinairement l'aspect de filaments grêles, très
contractiles, pouvant se mouvoir en tous sens ; chez l'Hydre verte,
leur longueur ne dépasse jamais la moitié de celle du corps de l'a-
nimal, mais ils peuvent atteindre — j'en ai été témoin — plusieurs
décimètres chez l'Hydre aux longs bras (fig. 29, nᵒ 1). Ils sont alors
aussi déliés que des fils d'araignée et constituent d'ailleurs, comme
eux, un véritable appareil de chasse. Tantôt le Polype les étend
autour de lui comme des rayons délicats qui vont se fixer aux
objets voisins et demeurent longtemps immobiles, tantôt il s'en
sert pour explorer l'eau qui l'entoure. Malheur aux animaux de
petite taille qui viennent à les rencontrer. Aussitôt frappés de paralysie, ils demeurent adhérents au bras qu'ils ont touché. Celui-ci
s'enroule autour d'eux (fig. 30) et ne tarde pas à se recourber
pour transporter sa proie dans la cavité même du Polype.

Cette façon de pêcher semble au premier abord identique à celle que nous avons décrite précédemment chez les Rhizopodes. On est tenté d'assimiler les bras ou tentacules des Polypes aux filaments protoplasmiques qui constituent les pseudopodes des orga-

Fig. 30. — HYDRE BRUNE, ayant saisi deux Daphnies, portant deux œufs et entourée de ses grands. nématocystes, grossie 15 fois. (Les vésicules des nématocystes qui restent normalement dans les. tissus sont ici figurées libres pour montrer l'ensemble de ces organes.)

nismes les plus inférieurs et qui sont également capables d'arrê-ter et de paralyser subitement de petits animaux. Cette ressem-blance est toute superficielle. Chez les Rhizopodes, c'est dans la substance même des filaments protoplasmiques que réside la fa-

culté stupéfiante ; les bras des Hydres offrent au contraire des organes bien définis, spécialement chargés de sécréter une substance
vénéneuse et de la porter dans l'organisme des animaux dont le
Polype veut s'emparer. Ce sont d'innombrables vésicules (fig. 30) à
parois résistantes, toutes remplies d'un liquide hyalin et dans lesquelles on aperçoit, à un fort grossissement, un fil très fin enroulé
en une spirale parfaitement régulière. Au moindre contact, ce fil
est projeté au dehors comme un ressort fortement bandé et pénètre dans les tissus à la façon d'un aiguillon, portant avec lui le liquide venimeux dans lequel il était plongé et qui recouvre encore
sa surface. On donne à ces singuliers organes le nom de *nématocystes*, qui rappelle que leurs parties essentielles sont un fil et une
vésicule (1), ou celui de *capsules urticantes* qui fait allusion à leur propriété la plus remarquable. Les Hydres et les animaux analogues
ne sont pas seuls à en posséder : les Actinies ou *Anémones de mer*,
les Coraux, les Madrépores, les Polypes flottants connus sous le
nom de *Galères* et les Zoophytes du même groupe sont tous pourvus
de nématocystes dont l'action est souvent extrêmement puissante.
Il est impossible de manier quelques-uns de ces animaux sans ressentir aussitôt comme une violente brûlure, suivie d'une enflure
plus ou moins prononcée, qui demeure parfois assez longtemps
douloureuse. Les mille flèches empoisonnées que le Polype darde
de tous côtés causent à elles seules ces phénomènes inflamma-
toires bien connus des pêcheurs ; aussi désigne-t-on depuis longtemps sous le nom d'*orties de mer* les belles anémones qui abondent sur presque toutes les plages. L'une des plus urticantes est
l'*Anthea cereus*, reconnaissable à ses longs bras verts, à pointe rose,
qu'elle ne peut jamais retirer entièrement dans le sac brun-rou-
geâtre qui forme son corps.

Les nématocystes des Hydres d'eau douce sont disposés par petits groupes formant autour des bras des spirales assez régulières, faciles à distinguer avec une forte loupe. Chacun de ces
groupes présente à son centre une capsule plus grande que les autres et dont le fil spiral est armé à sa base, légèrement renflée, de

---

(1) De νῆμα, fil et κύστις, vessie.

trois crochets recourbés en arrière, qui le transforment en une sorte
de harpon. On a cru autrefois que ces crochets étaient placés au
sommet du fil qui était censé demeurer engagé dans les tissus,
tandis que la vésicule à venin était projetée au dehors. Une figure
presque classique, et que nous reproduisons pour mettre en garde
contre elle, représente même une Hydre dont tous les grands
nématocystes sont développés de la sorte (fig. 30). C'est exactement
le contraire qui a lieu ; mais cette figure a au moins le mérite de
donner une bonne idée du nombre et de la disposition de ces
singuliers organes.

Supprimez les bras d'une Hydre, faites abstraction des nématocystes, il reste un organisme qui n'est pas sans de réelles analogies
avec l'*Olynthus*, forme typique des Éponges. Dans les deux cas,
l'organisme tout entier se trouve réduit à une sorte de sac dont les
parois sont constituées par deux couches superposées de cellules,
séparées par une couche moins distincte, où se développent des spicules chez les Éponges, des fibres contractiles plus ou moins nettes
chez les Hydres. L'intérieur du sac est dans les deux cas une cavité digestive. Mais tandis que chez les Hydres cette cavité ne communique avec l'extérieur que par un orifice unique, remplissant
à la fois les fonctions de bouche et d'anus, nous avons vu chez les
Éponges un nombre considérable de pores servir à l'entrée de
l'eau et des matières alimentaires, comme s'ils étaient autant de
petites bouches, tandis qu'un orifice unique, l'oscule, est seul
chargé de porter à l'extérieur ce dont l'organisme doit se débarrasser. L'oscule est donc *physiologiquement* un anus. Il paraît cependant que tous les pores inhalants peuvent se fermer simultanément dans certaines circonstances chez les *Olynthus* ; de sorte
que dans ce cas, sauf les bras qui peuvent, du reste, manquer à
certaines Hydres, comme la *Protohydra Leuckarti* de Schneider,
sauf encore les spicules et les nématocystes, l'Éponge correspond
exactement à l'Hydre ; l'oscule, servant à la fois à l'entrée et à la
sortie de l'eau et des aliments, est tout à fait comparable à l'orifice unique des Hydres.

Il y a donc au point de vue de la constitution générale une
grande analogie entre l'*Olynthus*, forme la plus simple des Épon-

ges, et l'Hydre ordinaire. Ce sont des organismes exactement de
même ordre. Toutefois, si l'on a pu hésiter longtemps avant de définir ce qu'on doit appeler *individu* chez les Éponges, si l'*Olynthus*
lui-même, immobile, à peine sensible, sans volonté apparente,
n'a pu être que difficilement distingué d'une véritable colonie
d'Infusoires, il n'en saurait être de même des Hydres. Là la vie
animale se manifeste dans toute son activité. Chaque Hydre se
montre nettement comme un individu autonome qui veut, sait se
mouvoir en vue d'un but déterminé et coordonne ses mouvements
de manière à atteindre ce but. On a pu pressentir, par ce que nous
avons déjà dit, ces facultés chez notre Polype ; mais rien ne les
met mieux en évidence que l'observation des moyens qu'il emploie
pour se déplacer. On le voit (fig. 31, n⁰ˢ 1 à 4) courber son corps
en arc, se fixer par la bouche, détacher son pied et le ramener
vers sa bouche, puis détacher celle-ci, la fixer de nouveau et
ramener vers elle, comme précédemment, sa partie postérieure ;
l'hydre marche alors exactement comme le font les *Chenilles*
arpenteuses qui ont l'air de mesurer le terrain sur lequel elles
se meuvent. Les n⁰ˢ 1 et 4 de la figure 3 représentent les diverses positions d'une Hydre rampant ainsi. Mais l'animal procède quelquefois d'une façon plus expéditive. Il fait son premier pas comme
précédemment, se fixe par la bouche, puis se dresse verticalement,
recourbe son corps du côté opposé, fixe son pied et se remet debout
exactement comme un gymnaste exécutant une culbute (fig. 31,
n⁰ˢ 5 à 9). C'est ordinairement pour aller vers la lumière qu'elles
aiment beaucoup, bien qu'elles n'aient pas d'yeux, que les Hydres
exécutent tous ces mouvements ; mais elles se déplacent aussi pour
chercher leur proie. Évidemment tout indique ici, à la différence
de ce que nous avons vu chez les Éponges, une personnalité parfaitement nette. D'ailleurs une comparaison plus rigoureuse de
ces deux sortes d'organismes montre qu'il existe entre eux des différences importantes, témoignant que leur origine ne saurait être
la même.

Nous avons vu chez les Éponges la couche cellulaire interne que
nous appellerons, pour abréger, l'*entoderme*, différer essentiellement de la couche externe, à laquelle on peut donner le nom

d'*exoderme*. L'entoderme des Éponges est formé de monades flagellifères, l'exoderme est formé d'amibes et ces deux sortes d'éléments se distinguent déjà chez la larve. L'entoderme et l'exoderme de l'Hydre se ressemblent, au contraire, d'une façon presque complète. L'une des plus célèbres expériences de Trembley

Fig. 31. — LOCOMOTION DES HYDRES. — 1, 2, 3, 4. Hydre rampant à la manière des Chenilles arpenteuses. — 5, 6, 7, 8, 9. Positions successives d'une Hydre effectuant une culbute. (Grossissement = 3 fois.)

témoigne même d'une façon indiscutable de leur intime analogie. On peut à volonté faire, aussi souvent qu'on le désire, de
l'entoderme d'une Hydre son exoderme et inversement. Il suffit
pour cela de retourner comme un doigt de gant le double sac qui
constitue le Polype. Pour que l'animal continue à vivre, il faut
alors que son exoderme, qui lui servait de peau, se mette à digérer les aliments; que son entoderme, qui jouait le rôle de mu-

queuse digestive, devienne, au contraire, la partie tout à la fois
protectrice et sensible du corps. Quel bouleversement plus complet peut-on apporter dans un organisme ? Il semblerait que l'Hydre dût cent fois en mourir. Ce retournement est cependant sans
aucune espèce de gravité pour le singulier animal. Pendant quelques heures, le patient semble à la vérité mal à l'aise ; il tente
même des efforts, assez souvent couronnés de succès, pour recouvrer sa position primitive. Mais, s'il n'y parvient pas, il fait très
vite contre mauvaise fortune bon cœur : au bout de deux jours tout
au plus, on le voit étendre ses bras pour pêcher et manger copieu-
sement ; il répare le temps perdu. L'exoderme s'acquitte fort bien
de ses nouvelles fonctions et l'entoderme, devenu la peau, ne lui
cède en rien sous ce rapport. Rien ne saurait évidemment mieux
prouver l'identité primitive de ces deux tissus que la facilité avec
laquelle on les transforme l'un dans l'autre.

Cette opération du retournement des Hydres se fait sans beaucoup de peine ; elle mérite d'être décrite avec quelque détail. Le
Polype est de trop petite taille pour qu'il soit facile de le manier
dans son état normal. Il faut avant tout accroître son volume, dilater autant que possible sa cavité : on y parvient, grâce à la glou-
tonnerie de l'animal qui, s'il se contente à la rigueur d'Infusoires
ou de petits Crustacés, tels que les Cyclopes et les Daphnies, dévore aussi parfaitement de grosses Naïs ou même des larves d'Insectes. Les vers rouges que l'on vend habituellement à Paris pour
nourrir les poissons lui conviennent parfaitement ; ce sont les larves d'un Diptère, le *Chironome plumeux*. On donne donc une de
ces larves à manger à une Hydre qui n'est guère plus grosse
qu'elle. L'Hydre se dilate pour l'avaler, comme on le voit figure 32,
n° 1 ; on la met alors dans le creux de sa main gauche avec
un peu d'eau, puis avec une soie de porc, on refoule lentement
vers l'intérieur le fond du sac qui la constitue (fig. 32, n° 2).
Quand on a réussi à l'y faire pénétrer d'une certaine quantité, il
arrive d'ordinaire que, l'animal en se débattant, se retourne
brusquement de lui-même ; sinon, on continue à refouler le sac
jusqu'à ce que le retournement complet soit obtenu. Cela fait, on
embroche l'Hydre près de sa bouche avec une nouvelle soie, de

manière à l'empêcher de se *déretourner*, pour employer l'expression de Trembley. Au bout de deux jours, l'Hydre est complètement habituée à sa nouvelle manière d'être ; elle recommence à
manger.

Du succès de cette opération faudrait-il conclure que les deux
couches de cellules qui forment la partie essentielle de l'Hydre

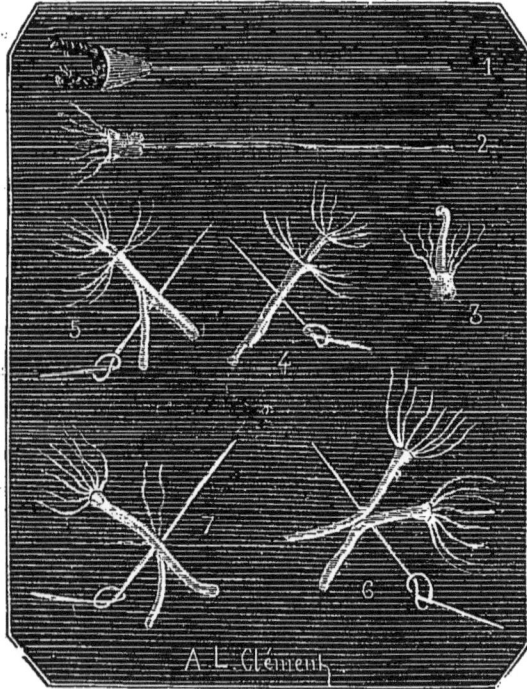

Fig. 32. — OPÉRATIONS SUR LES HYDRES. — 1, 2, 3. Façon de retourner une hydre. — 4, 5, 6, 7.
Deux polypes mis l'un dans l'autre et en train de se séparer, d'après Trembley. Le Polype extérieur se
fend pour laisser sortir le Polype intérieur. (Grossissement = 3 fois.)

sont, à l'état normal, absolument identiques l'une à l'autre et
que dès lors leur situation relative n'est d'aucune importance pour
l'animal ? Le contraire paraîtra déjà probable si l'on se souvient
que l'Hydre est visiblement malade pendant un certain temps
après avoir été retournée et qu'elle fait des efforts pour revenir à
sa position primitive ? Mais l'Hydre retournée se charge de prouver

directement que l'exoderme et l'entoderme ne jouissent pas, en
temps ordinaire, de propriétés identiques. Il arrive fréquemment
qu'une Hydre ayant subi cette opération se *déretourne* en partie,
de manière à présenter l'apparence de la figure 32, n° 3. Dans ces
conditions l'entoderme de la partie *déretournée* se trouve sur une
plus ou moins grande longueur en contact immédiat avec l'entoderme de la partie retournée qu'il recouvre : il ne tarde pas à se
souder complètement avec lui. De plus la partie déretournée forme
à la partie supérieure du Polype une espèce de ligature qui res-
serre l'orifice supérieur, amène au contact toutes les parties provenant de l'ancien exoderme et ces parties ne tardent pas à se
souder à leur tour, de sorte que la bouche se ferme ; il s'en refait
bientôt une nouvelle au point de contact de l'extrémité de la
partie réfléchie de l'animal avec le reste du corps.

Nous voyons se manifester ici une curieuse propriété des tissus
de l'Hydre, celle de se souder entre eux quand on les maintient en
contact. Toutefois, dans le cas dont nous venons de parler, la soudure n'a eu lieu qu'entre tissus de même nom : entoderme avec
entoderme, exoderme avec exoderme.

Inversement la couche exodermique est-elle apte à se souder à
la couche entodermique et réciproquement? Si ces deux couches
sont exactement de même nature, cela doit être. Une autre expérience va répondre. Il est possible de faire avaler à un Polype un
autre Polype presque aussi grand que lui. Si l'on coupe d'un coup
de ciseau l'extrémité amincie du Polype qui doit avaler l'autre,
on peut disposer les deux animaux de façon que le Polype intérieur soit exactement recouvert par le Polype extérieur comme par
un manchon et le dépasse seulement à ses deux extrémités (fig. 32,
n° 4). On pourrait croire que dans ces conditions le Polype intérieur
sera digéré ou absorbé. Il n'en est rien. Loin de chercher à s'entre-
dévorer, les deux Polypes font tout ce qu'ils peuvent pour se débarrasser l'un de l'autre : ils y parviennent toujours rapidement si l'on
n'a pas eu soin de les maintenir unis en les embrochant au moyen
d'une soie. Même dans ce cas ils trouvent encore moyen de se séparer, mais au prix d'une opération des plus terribles en apparence. Tantôt en avant, tantôt en arrière de la soie, le Polype ex-

térieur se fend (fig. 32, n⁰ˢ 5 et 7); cette fente s'étend bientôt sur toute la longueur du corps de l'animal et le Polype intérieur se trouve mis en liberté. Puis le Polype extérieur se referme; les deux bords de la fente se ressoudent, et chacun des deux patients revient à la vie ordinaire.

Dans cette expérience, l'exoderme, la peau du Polype intérieur est en contact avec l'entoderme ou couche digestive du Polype extérieur; ces deux parties n'ont évidemment manifesté aucune aptitude à se souder. Mais faisons l'expérience d'une autre façon : retournons le Polype qui doit être avalé avant de l'introduire dans la cavité digestive de l'autre. Les conditions sont changées : le Polype intérieur et le Polype extérieur se touchent par toute l'étendue de leur entoderme; le résultat est tout différent. Les Polypes, cette fois, ne se séparent pas : au bout de peu de jours les parois de leur corps sont absolument confondues; les deux animaux ne forment plus qu'un Polype unique qui ne se distingue guère des Polypes ordinaires que par la plus grande épaisseur des parois de son corps et par sa double couronne de tentacules. Le Polype intérieur est seul chargé désormais des fonctions digestives, et l'on doit noter qu'en sa qualité de Polype retourné, c'est à l'aide de son ancien exoderme qu'il s'en acquitte.

On pourrait varier l'expérience en liant ensemble deux Hydres de manière à les maintenir en contact par leur exoderme, ou bien en retournant une Hydre et lui faisant aussitôt avaler de force une Hydre non retournée : ce seraient cette fois les deux exodermes qui se toucheraient, et ce qui se passe quand une Hydre « se déretourne » en partie ne peut laisser aucun doute sur le succès de l'expérience : les deux Hydres se souderaient encore.

Ainsi chez les Hydres la soudure ne s'établit qu'entre tissus appartenant à la même paroi, interne ou externe, du Polype. Il y a donc bien normalement chez ces animaux deux tissus différents, composés tous les deux de cellules, jouant l'un le rôle de peau, l'autre celui de muqueuse digestive et possédant chacun des propriétés spéciales, caractéristiques. Mais de ce fait qu'un simple retournement de l'Hydre suffit pour les transformer l'un dans l'autre, il résulte nécessairement que ces tissus tiennent leurs propriétés particulières, non pas d'une différence d'origine ou de quelque autre cause plus ou moins mystérieuse, mais simplement d'une différence de position, d'une différence dans l'action et la réaction réciproques de ces tissus et des milieux extérieurs, c'est-à-dire d'une cause toute physique. Les Hydres nous montrent avec la dernière évidence quelle peut être l'influence de ces milieux sur les tissus organiques ; elles nous montrent que, placés hors de leurs conditions normales, ces tissus ne meurent pas fatalement, ils peuvent se transformer de manière à vivre dans les conditions nouvelles qui leur sont faites ; ils *s'adaptent* à ces nouvelles conditions. Leurs propriétés physiologiques, leur composition chimique, la forme même des éléments qui les composent peuvent dès lors se modifier plus ou moins profondément, et c'est là l'une des sources les plus fécondes de diversification du règne animal.

Mais cette faculté d'adaptation des tissus, qu'est-elle à son tour, sinon la faculté que possèdent les êtres vivants élémentaires, les organismes unicellulaires, de s'adapter eux-mêmes aux milieux dans lesquels le hasard les fait vivre ? Dans le cas spécial de l'Hydre, les cellules qui constituent l'entoderme ou couche digestive, celles qui constituent l'exoderme ou couche protectrice et sensible, sont-elles autre chose que des organismes unicellulaires, de petits êtres, plus ou moins analogues aux amibes, temporairement associés pour former un organisme plus élevé, se partageant le travail, devenant en quelque sorte les uns les ministres des affaires intérieures, les autres les ministres des affaires extérieures de la société qu'ils constituent, conservant d'ailleurs la faculté de changer de rôle quand les circonstances les y forcent ?

Tout aussi bien que l'*Olynthus* avec lequel nous indiquions précédemment sa ressemblance, tout aussi bien que les Éponges, l'Hydre doit être considérée comme une colonie d'individus élémentaires dont la personnalité, pour s'être fondue quelque peu dans celle de la société qu'ils constituent, n'en est pas moins encore facile à dégager. Le propre de l'individu est, en effet, de pouvoir vivre d'une vie indépendante. Or, chez l'Hydre — cela est peut-être encore plus clair que chez les Éponges — toutes les parties du corps sont aptes non seulement à vivre séparées les unes des autres, mais encore à

reproduire dans ces conditions un organisme analogue à celui de
qui elles ont été détachées. C'est encore à Trembley que l'on doit
les belles recherches qui mettent hors de doute cette proposition
et c'est précisément sur leur résultat que comptait l'habile, expérimentateur pour décider si les Hydres qu'il observait étaient des
animaux ou des végétaux. Les parties d'un végétal sont seules
aptes, pensait-il, à vivre encore et à reproduire le végétal après en
avoir été détachées. Il se mit donc à couper des Hydres de diverses
façons ; les fragments vécurent et se reproduisirent comme devaient
le faire des fragments d'un végétal. Mais Trembley eut bientôt
tant d'autres raisons de considérer les Hydres comme des animaux qu'il conclut seulement de ses recherches que son critérium
était faux et qu'il avait sous les yeux la bête la plus étrange de la
création. L'hydre devait, en effet, paraître telle à une époque où
l'on comparait tous les organismes au plus élevé d'entre eux, où
l'on n'avait aucune notion sur les éléments anatomiques et où l'on
ne pouvait par conséquent soupçonner leur indépendance.

Une Hydre est-elle coupée en deux moitiés dans le sens de sa
longueur? Chacune des deux moitiés ne met pas plus de vingt-
quatre heures pour se refermer de manière à constituer une Hydre
nouvelle capable de saisir une proie et de la digérer.

Si l'on coupe une Hydre par le travers, en deux jours la moitié
antérieure s'est refait un pied et la moitié postérieure a déjà
poussé de nouveaux bras. Si, au lieu de ne donner qu'un coup de
ciseaux, on en donne deux de manière à partager l'Hydre en trois
morceaux, il ne faudra pas plus de huit jours à chacun de ces tiers
d'Hydres pour redevenir une Hydre complète. Que l'on essaye de
couper une Hydre longitudinalement en deux moitiés, puis de diviser encore par le travers chacune de ces moitiés en deux ; l'Hydre
est alors écartelée : mais en huit jours chacun des fragments a
reconstitué un polype parfait. On peut découper l'Hydre en un
nombre de rondelles superposées qui n'est limité que par l'impossibilité de saisir avec des ciseaux un corps trop petit, chacune de ces
rondelles refait encore une Hydre. A la seule condition d'attendre
que les parties en voie de restauration aient atteint une taille suffisamment considérable, Trembley a réussi à tailler dans une Hydre

cinquante morceaux, et à fabriquer ainsi, aux dépens d'un même individu, cinquante hydres nouvelles.

Évidemment, dans de bonnes conditions, la division pourrait être poussée bien au delà et nous sommes dès lors en droit de dire que toute partie du corps d'une Hydre est capable de vivre d'une vie indépendante, et doit être en conséquence considérée comme un individu. Ce que nous savons des relations des Éponges et des autres organismes composés avec les Monères et les êtres unicellulaires, nous autorise à penser que ces individus élémentaires ont d'abord vécu isolés, se reproduisant par simple division. Les éléments nés les uns des autres, au lieu de se séparer, sont arrivés peu à peu à demeurer unis, puis se sont partagé le travail physiologique, tout en conservant la possibilité de se substituer les uns aux autres et de vivre isolément, possibilité qui témoigne encore de leur communauté d'origine, de leur égalité primitive, de leur indépendance réciproque et qui ne saurait s'expliquer en supposant l'Hydre formée d'emblée.

Ce que nous avons considéré comme la cavité digestive de l'Hydre n'est d'ailleurs nullement une condition nécessaire à la nutrition des éléments du Polype. On ne doit voir en cette cavité qu'un lieu où les matières nutritives sont maintenues à la disposition de ces éléments et où tous viennent puiser commodément et isolément leurs aliments. C'est une sorte de garde-manger plutôt qu'un lieu d'élaboration ; aussi les éléments du Polype peuvent-ils puiser directement leur nourriture dans le milieu ambiant. Cela est évidemment nécessaire pour qu'un lambeau détaché du corps d'une Hydre puisse augmenter suffisamment de volume et de poids pour constituer une Hydre nouvelle. Ces lambeaux se comportent alors exactement, au point de vue de la nutrition, comme les organismes unicellulaires et c'est encore une preuve à l'appui de l'indépendance primitive de leurs éléments.

Mais, au fond, qu'est-ce que la nutrition pour les organismes unicellulaires, constitués presque exclusivement par une gelée homogène, enveloppée ou non d'une membrane ? C'est le pouvoir de transformer totalement ou partiellement en une substance analogue à la leur, et de s'incorporer ensuite, les substances différentes *avec lesquelles ils sont en contact.* C'est ainsi qu'agissent les ferments ; ce n'est pas autrement qu'agissent les cellules des Hydres et les lambeaux qui en sont formés. Dans une Hydre bien vivante, on peut voir, durant la digestion, les cellules de l'entoderme émettre vers l'intérieur de la cavité stomacale de véritables pseudopodes, semblables à ceux des amibes, et qui englobent les matières alimentaires. Ces cellules se nourrissent donc exactement comme les Rhizopodes et les Monères en enfermant dans leur protoplasme les substances qu'elles doivent s'assimiler.

La nutrition suppose en présence deux substances différentes, l'une active, qui transforme l'autre et s'en nourrit; l'autre passive, qui est décomposée et absorbée. Deux êtres protoplasmiques, deux êtres composés d'une substance homogène, ou même deux êtres composés dans toute leur étendue d'éléments semblables entre eux, ne pourront donc, s'ils sont identiques, se servir réciproquement de nourriture : ils pourront se fusionner, se souder l'un à l'autre, mais alors même ils ne se seront pas nourris l'un de l'autre, puisque chacun aura conservé sa constitution primitive et se sera simplement ajouté à son semblable. C'est ce qui arrive pour des lambeaux d'Hydres que l'on maintient en contact : ils se soudent avec une extrême facilité, mais ne s'altèrent pas réciproquement. On s'explique maintenant que l'Hydre, malgré sa gourmandise, ne dévore pas ses semblables. Animal presque homogène dans toutes ses parties, il est sans action sur un organisme aussi homogène que lui et qui lui est identique : il se soude à lui ou en demeure indépendant sans le modifier. La même chose a lieu du reste pour les Éponges, pour les Coraux, pour les Ascidies d'espèce identique, et cette aptitude à la soudure est un des bons caractères physiologiques de l'espèce chez ces animaux.

Pourquoi, chez les Hydres, l'exoderme se soude-t-il à l'exoderme, l'entoderme à l'entoderme, tandis que l'exoderme et l'entoderme sont sans action l'un sur l'autre? Il serait difficile de l'expliquer actuellement d'une façon complète. Mais on peut conclure qu'entre l'identité absolue qui fait que deux êtres peuvent se souder en un seul et l'antagonisme qui fait qu'ils peuvent se nourrir l'un de l'autre, il y a des états intermédiaires correspondant à une sorte d'indifférence. Ainsi, l'Hydre brune ne paraît pas se nourrir de l'Hydre verte ; mais ses tissus ne se soudent qu'avec une extrême difficulté à ceux de cette espèce. Entre les éléments constitutifs de ces polypes il n'y a pas assez de dissemblance, ni assez de ressemblance pour que l'un de ces deux phénomènes se produise. Au contraire, les fibres musculaires, les cellules épithéliales, les éléments des différents tissus d'un jeune brochet, par exemple, sont des étrangers pour les éléments cellulaires d'une tout autre nature de la muqueuse digestive du brochet plus gros qui en fait sa proie : aussi sont-ils transformés par eux et assimilés. Pour que les animaux de même espèce arrivent à s'entre-dévorer, il faut que leurs tissus aient acquis un certain degré de variété. C'est donc un signe de perfection organique que la possibilité pour un animal de servir de nourriture à ses semblables.

Le phénomène de la soudure des tissus analogues de différents Polypes entraîne une conséquence des plus curieuses et qui montre bien à quel point l'individualité des éléments constitutifs d'une Hydre est distincte de celle de l'Hydre elle-même. On peut, en effet, couper une Hydre en plusieurs parties, souder chacune de ces parties à des fragments enlevés à des Hydres différentes et constituer ainsi une sorte de mosaïque qui ne tarde pas à devenir une Hydre distincte. Aucune trace des individualités primitives n'a été conservée, les lambeaux de diverses origines qu'on a rassemblés s'accommodent de leurs nouveaux compagnons et reconstituent avec eux une société nouvelle analogue à celle dont ils faisaient partie, mais distincte et possédant son individualité propre.

La possibilité de mélanger ainsi les éléments provenant de Polypes différents nous permet de préciser aussi nettement que possible le caractère de l'individualité chez les Hydres. Il est bien évident que si les divers éléments n'avaient pas gardé une indépendance considérable à l'égard les uns des autres, un tel mélange ne saurait avoir lieu ; cette indépendance permet seule de changer à volonté les membres de l'association ; l'individualité de l'Hydre est dès lors analogue à celle d'une société dont tous les membres se borneraient à mettre en commun leurs efforts et leurs richesses, et à manger, chacun pour son compte, à la même table. Peu im-

porterait à une pareille société que l'un de ses membres dis-
parût s'il était remplacé par un autre qui lui fût équivalent ;
l'association demeurerait tout aussi prospère, quels que fussent
ses membres, tant que les règles qui la régissent seraient respectées.
Cette société pourrait évidemment se partager en sociétés distinctes
ayant chacune leur autonomie, et c'est ce qui arrive pour l'Hydre
quand on la sectionne. On peut aller plus loin dans cette voie et
constituer des sections ayant une certaine indépendance, mais
demeurant toutefois directement reliées entre elles ; c'est ce que l'on
fait en coupant longitudinalement la partie antérieure d'un Polype
et laissant les lambeaux attachés à sa partie postérieure. Chaque
lambeau se referme et reconstitue la partie antérieure d'un Polype.
Il semble qu'on ait alors un animal à plusieurs têtes et c'est là
l'étymologie de ce nom d'Hydre qui a prévalu dans la science
pour désigner les *Polypes d'eau douce à bras en forme de cornes*,
de Trembley. Dans une Hydre ainsi faite, combien doit-on compter
d'individus ? Y en a-t-il autant que de têtes ? N'y en a-t-il, au contraire, qu'un seul ? Rien ne saurait permettre de répondre à cette
question, car si les parties qui demeurent unies mettent tout en
commun et contribuent également à faire vivre la partie de l'Hydre
primitive qui les supporte, il suffit d'un coup de ciseaux pour en
faire autant d'Hydres distinctes.

Ce que l'anatomiste fait avec ses ciseaux, la nature le fait du reste
spontanément. Chaque partie de l'Hydre, artificiellement isolée,
est capable, nous l'avons vu, de reproduire une Hydre ; sans se séparer du reste de l'animal, chaque partie de l'Hydre est aussi capable de s'individualiser et de reproduire une Hydre nouvelle. C'est
toutefois principalement au point où le corps de l'Hydre commence
à s'amincir pour former le pied, que se manifeste cette tendance à
l'individualisation. Il est impossible de conserver une Hydre quelques jours en la nourrissant convenablement, sans voir se manifester dans cette région du corps une ou deux petites bossélures.
Ce sont d'abord de simples boursouflures de la paroi dans lesquelles
se prolonge la cavité digestive. Peu à peu ces boursouflures grandissent ; une ouverture se creuse à leur extrémité libre, et des bras
poussent autour de cette ouverture : une Hydre nouvelle s'est for-

mée sur la paroi du corps de la première. Sa cavité digestive continue
à communiquer largement avec la cavité digestive de sa mère.
Chacun des deux animaux peut chasser et engloutir sa proie pour
son compte, mais par les contractions du corps la masse alimentaire est portée alternativement d'une cavité digestive dans l'autre :
de sorte que le produit de la chasse profite également aux deux
Polypes. C'est le commencement d'une société nouvelle, d'une *colonie*, dans laquelle deux individus de génération différente mettent
en commun toute leur activité physiologique. En général, chez les
Hydres d'eau douce, cette association, qui semble surtout avantageuse
à l'individu en voie de développement, n'est que de faible durée ;
Il ne faut pas plus de vingt-quatre heures, en été, pour qu'un jeune
Polype soit déjà complètement formé ; en hiver, quinze jours sont
parfois à peine suffisants ; le Polype reste cependant uni plus longtemps à celui qui l'a produit ; mais au bout d'un temps variable de
deux jours à cinq ou six semaines, suivant que la température est
haute ou basse, la communication s'oblitère entre la mère et son
rejeton, et celui-ci se détache pour vivre isolément.

Il n'est pas rare de trouver des Hydres qui portent deux, trois,
quatre ou cinq petits à différents degrés de développement (fig. 33,
nos 2 et 3). La tendance à former des colonies s'accuse donc d'une
façon assez nette chez nos intéressants Polypes ; on n'a pas trouvé
cependant d'Hydre vivant à l'état de liberté qui portât plus de sept
jeunes, ce qui est déjà respectable. En entretenant des Polypes
en captivité, il est possible d'aller beaucoup plus loin et de se rendre
compte en même temps des causes qui peuvent influer sur l'activité
de la génération des Polypes. Plus un Polype est maintenu à une
chaude température, plus sa nourriture est abondante, et plus
sont nombreux les petits qu'il est capable de produire dans un
temps donné, plus est considérable la durée de leur union avec la
mère. Cela s'explique sans peine : la chaleur et l'abondance de
nourriture surexcitent toujours l'activité vitale, il n'y a donc rien
d'étonnant à ce que, dans ces conditions, les petits deviennent plus
nombreux. Le manque de nourriture doit aussi forcer les jeunes
à abandonner leur mère dès qu'ils sont capables de se suffire. Ils
vont donc, pour leur propre compte, chercher une région plus

plantureuse : c'est la vie de tous les jours. Mais si la nourriture
abonde, les individus provenant de diverses générations n'ont plus
de raison de se séparer aussi vite ; ils demeurent unis, et Trembley
a pu obtenir par des soins convenables une Hydre qui ne portait

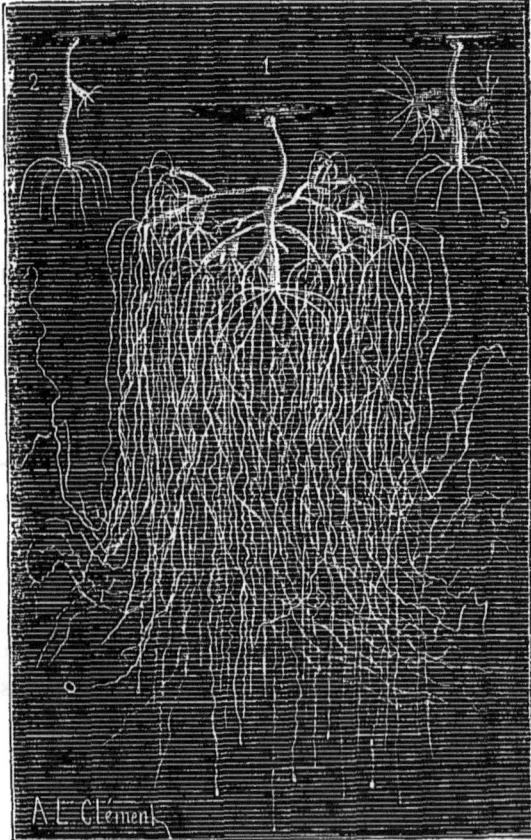

Fig. 33. — REPRODUCTION DES HYDRES. — 1. Hydre grise abondamment nourrie en captivité et
ayant produit une colonie de dix-neuf petits. — 2. Hydre portant un petit. — 3. Hydre pêchée dans
une eau exceptionnellement riche en Infusoires et petits Crustacés, et parvenue au maximum ordinaire de fécondité.

pas moins de dix-neuf petits appartenant à trois générations différentes (fig. 33, n° 1). C'était bien là une véritable colonie dont il
aurait été intéressant de suivre la destinée ultérieure.

Ainsi l'Hydre d'eau douce nous fait assister au passage de la vie

solitaire à la vie sociale. Il suffit d'un peu de bien-être pour que
l'individu ne se sépare pas de ses semblables, pour que la société se
fonde. L'homme, en pareil cas, n'agit pas autrement. Quand son
domaine peut nourrir sa famille, il ne se sépare pas de ses enfants,
il trouve même avantageux de les garder avec lui et considère
comme une bénédiction une nombreuse famille. Quand le domaine est trop petit ou trop pauvre, les enfants sont trop souvent
considérés comme une charge ; ils émigrent ; le chef de famille
reste seul.

Les Hydres d'eau douce n'arrivent jamais à former des colonies
bien nombreuses ; mais après avoir vu la tendance à la vie sociale
se manifester d'une façon aussi nette chez elles, on ne sera pas
étonné que la vie en commun devienne l'état normal dans des
conditions plus favorables. C'est surtout chez les espèces marines, en général plus abondamment pourvues de nourriture,
vivant au milieu de conditions d'existence plus constantes, que
la *colonie* se présente comme le mode ordinaire d'existence. Les
Polypes forment alors des touffes arborescentes, souvent volumineuses, semblables à des pieds de Mousses ou à des Algues ; en
même temps que se développe, pour protéger la colonie et la soutenir, un étui de consistance cornée, le *Polypier*. On a découvert
cependant dans quelques-uns des cours d'eau de l'Europe un Polype voisin des Hydres, le *Cordylophora lacustris* (fig. 34), remarquable en ce qu'il vit toujours en colonies arborescentes et en ce
qu'il possède un Polypier corné tout comme les Polypes hydraires
marins. Cet animal a été signalé en 1873 (1), dans les bassins sou-
terrains du Jardin des Plantes, c'était la première fois qu'on le ren-
contrait en France. Ses colonies formaient de petites touffes sur les
coquilles de la *Dreyssena polymorpha*, sorte de moule qui envahit
depuis peu nos cours d'eau, cheminant de l'est à l'ouest, et qui
paraît avoir été primitivement, comme le *Cordylophora*, un type
semi-marin. La *Dreyssena* semble porter le *Cordylophora* avec elle
partout où elle arrive, de sorte qu'on peut se demander si l'on

(1) E. Perrier, *Sur l'existence à Paris du Cordylophora lacustris* (*Archives de
Zoologie expérimentale*, t. II, 1873, p. 17).

n'est pas en présence d'une double immigration dans les eaux
douces d'animaux primitivement marins, qui habitent encore dans
les eaux saumâtres de la Baltique ou de l'embouchure des fleuves,
et qui auraient peu à peu remonté ceux-ci jusqu'au centre des

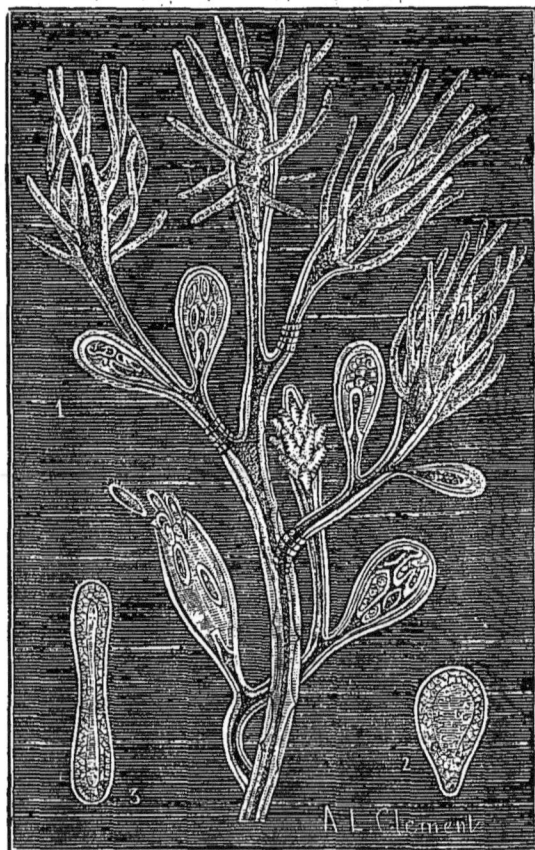

Fig. 34. — HYDRAIRES D'EAU DOUCE. — 1. Colonie de *Cordylophora lacustris* montrant les individus nourriciers et les individus reproducteurs. — Dans l'un des deux, les jeunes larves (*Planules*) ont
acquis leur complet développement et s'échappent. — 2, 3. Planules ou Larves de *Cordylophora* à
deux états de contraction différents. (Grossissement = 30 fois environ.)

continents pour se répandre ensuite dans les ruisseaux, voire même
dans les simples conduites d'eau des villes, où la multiplication de
la *Dreyssena* est fréquemment devenue un sérieux embarras.

Outre son habitude de former des colonies, le *Cordylophora* se

distingue nettement des Hydres par sa taille un peu plus petite et
par la disposition de ses bras qui, au lieu d'être disposés en couronne à peu près régulière, sont épars à la surface du corps, lequel
présente la forme générale d'une massue.

La disposition des bras en couronne n'est pas du reste un caractère absolu des Hydres. Ces bras poussent assez souvent tantôt un
peu plus haut, tantôt un peu plus bas, quelquefois tout à fait loin de
la bouche, vers le milieu du corps, par exemple. Dans ce cas, ils
se produisent parfois fort tard et d'une façon toute particulière. Sur
le corps du Polype naît une bosselure que l'on prendrait d'abord
pour le premier rudiment d'un jeune. Cette bosselure grandit, puis
un petit tubercule apparaît à son sommet, s'effile et se transforme
en un véritable bras auquel la bosselure forme une base conique
élargie ; enfin cette base se résorbe et le bras persiste, mais à une
place anormale. On serait tenté de dire que ce bras représente à
lui seul une Hydre avortée, et d'assimiler chaque bras d'une Hydre
à un individu; mais précisément Trembley n'a jamais réussi à
faire transformer en Hydre un bras isolé. Nous verrons cependant
que chez certains Hydraires marins les bras peuvent tout aussi bien
que les autres parties du corps se transformer en individus et ces
individus présentent même une importance toute particulière : car
ce sont les individus reproducteurs.

Les Hydres d'eau douce et les *Cordylophora* peuvent, en dehors
du mode de reproduction que nous venons de décrire, se reproduire
par voie de génération sexuée, c'est-à-dire au moyen d'œufs qui
doivent être préalablement fécondés pour se développer. Vers la fin
de la belle saison il se produit sur les Hydres (fig. 30), comme dans
les colonies de *Cordylophora* (fig. 34, n° 1), des excroissances qui
ressemblent tout à fait d'abord à de jeunes Polypes en voie de formation et occupent exactement la place où se produisent habituellement ces derniers. Mais au lieu de produire des bras et de se creuser
d'une bouche, ces excroissances se transforment en petits sacs
sphériques, et l'on voit apparaître dans les uns des œufs, dans les
autres les éléments caractéristiques du sexe mâle (1). Les premiers

(1) Il y a quelques années, M. Édouard Van Beneden, professeur à l'Université de Liège, a cru devoir conclure d'observations faites sur des Polypes très

de ces sacs sont des ovaires, les autres des glandes génératrices mâles ; ce sont par conséquent des *organes*, au sens ordinaire de ce mot. Mais leur position tout extérieure est bien différente de la position habituelle des organes analogues chez les autres animaux ; leur mode de formation ressemble d'autre part d'une façon bien frappante à celle des Polypes eux-mêmes. En fait, l'étude des Polypes marins nous prouvera que ces *organes* ne sont autre chose que des *individus* modifiés en vue de la reproduction. Le nouveau pas que va faire la nature dans la complication des êtres et qui consiste dans la production d'organes chargés d'accomplir des fonctions spéciales, elle le fait donc en choisissant dans les colonies des individus qu'elle transforme de manière à les rendre plus aptes que leurs frères à l'accomplissement de ces fonctions ; aussi la distinction entre l'organe et l'individu est-elle d'abord difficile à établir. Bientôt cependant le caractère *personnel* de l'organe s'efface ; mais à mesure que chacun des membres de la colonie cède de sa personnalité, se dévoue plus exclusivement à sa tâche, à mesure que grandit la division du travail physiologique, grandit et se développe à son tour une personnalité nouvelle, plus active et plus puissante, la personnalité même de la *colonie*, qui devient à son tour l'*individu*.

voisins des Hydres que les glandes mâles de la reproduction étaient toujours produites par l'exoderme, les glandes femelles par l'entoderme. Il considère en conséquence les deux feuillets de l'Hydre comme sexués, suppose qu'il en est ainsi dans tout le règne animal et établit sur cette hypothèse une théorie nouvelle de la fécondation. Les idées du savant belge ont été combattues par quelques naturalistes ; mais ont été confirmées d'un autre côté par d'habiles observateurs : il serait bien intéressant de savoir si le retournement de l'Hydre influe sur la sexualité de ses deux feuillets cellulaires et s'il suffit d'intervertir leur position pour intervertir aussi le mode de développement de l'appareil reproducteur.

CHAPITRE III

LES MÉDUSES ET LEUR PARENTÉ AVEC LES HYDRES.

Quiconque a visité une plage connaît les Méduses.

La mer rejette parfois sur ses grèves une quantité considérable de ces globes gélatineux, transparents comme du cristal, irisés comme de gigantesques diamants. Les gens de mer n'y touchent qu'avec précaution : ils savent que leur contact, comme celui des Anémones et des Galères, produit une inflammation des plus vives. Les Méduses possèdent, en effet, de nombreuses et puissantes capsules urticantes, aussi Cuvier les rangeait-il dans sa classe des Acalèphes, c'est-à-dire des Orties (1).

Certaines espèces atteignent une très grande taille. Parmi celles qui habitent nos côtes, l'une des plus communes dépasse souvent un pied de diamètre : c'est le Rhizostome bleu, ainsi nommé à cause de la splendide teinte azurée que présentent certaines parties de son corps. Les Méduses voyagent fréquemment par bandes considérables. Une substance grasse particulière répandue dans les cellules de leur épiderme rend plusieurs d'entre elles lumineuses pendant la nuit : telles sont la Pélagie noctiluque (fig. 36, n° 1), la *Cunina moneta* et d'autres encore, qui contribuent pour leur part au merveilleux phénomène de la phosphorescence de la mer.

(1) En grec ἀκαλήφη, ortie.

Il y a dans toute Méduse deux parties principales : 1° le globe transparent, gélatineux ou corné qui, de suite, attire sur elle l'attention, et que l'on voit constamment agité de contractions

Fig. 35. — MÉDUSES. — 1. *Eleutherie*, Méduse marcheuse produite par la *Clavatella prolifera* et dont l'ombrelle n'est représentée que par les bras bifurqués qui constituent l'appareil locomoteur. — 2. *Cladonema radiatum*, Méduse en forme de cloche (*Craspédote*), à la fois nageuse et marcheuse montrant une ombrelle très développée du haut de laquelle pend le sac stomacal ou manubrium *m*, au-dessus de l'ouverture circulaire du voile *s*. (Grossissement = 10 fois.)

rythmiques pendant que nage l'animal ; c'est ce qu'on appelle l'*ombrelle* ou la *cloche* de la Méduse ; — 2° une sorte de sac parfois vivement coloré (fig. 35, n° 2, *m*), suspendu au-dessous de l'ombrelle, plus ou moins analogue par sa forme à un battant de cloche, ordinairement ouvert par le bas et généralement très mobile ; c'est le *sac stomacal* ou encore le *manubrium*, que l'on peut appeler tout simplement le *battant ;* l'ouverture que porte ce sac à son extrémité libre est la bouche (fig. 35, n° 2, *s*). Chez les Rhizostomes, il n'y a pas de bouche proprement dite et le manubrium se divise en un grand nombre de ramifications terminées chacune par un orifice et constituant autant de suçoirs à l'aide desquels l'animal pompe sa nourriture. Souvent le sac stomacal porte autour de la bouche des tentacules ou bras, qu'il ne faut pas confondre avec ces suçoirs et qui le font ressembler, quand il est pris isolément, à un Polype hydraire.

L'ombrelle des Méduses présente deux formes principales bien distinctes : tantôt c'est une masse transparente compacte, qui surmonte le sac stomacal comme le chapeau d'un Champignon surmonte le pédoncule qui le supporte (fig. 36). Tantôt, au contraire, l'ombrelle se rabat autour du sac stomacal, de manière à figurer réellement une cloche dont le sac stomacal serait le battant. Dans ce cas, l'ouverture de la cloche est rétrécie par un disque membraneux, le *voile* ou *velum*, percé à son centre d'une ouverture par laquelle peut faire saillie le sac stomacal et disposé au devant de la cloche comme l'iris au-devant du globe de l'œil (fig. 35, n° 2). Les Méduses pourvues d'un *velum* forment une classe bien distincte (1) ; elles ont une organisation généralement plus simple que les autres, atteignent une moins grande taille, demeurent même quelquefois presque microscopiques et nagent toujours obliquement en comprimant leur ombrelle à intervalles réguliers, de manière à chasser brusquement l'eau qu'elle contient. De cette brusque expulsion de l'eau résulte un véritable phénomène de

---

(1) A cause de cette particularité, elles ont été désignées par Gegenbaur sous le nom de *Méduses Craspédotes* (de κράσπεδον, bordure), par opposition aux précédentes qui ont été nommées *Méduses Acraspèdes*. Forbes avait précédemment divisé les Méduses en deux groupes, les *Gymnophthalmes* (de γυμνός, nu et ὀφθαλμός, œil) dont les organes des sens sont nus, et les *Stéganophthalmes* (de στεγανός, couvert) où ces organes, nés dans une fossette, sont protégés par un repli des téguments. Les divisions de Gegenbaur correspondent à peu près exactement à celles de Forbes, les Méduses craspédotes étant en général gymnophthalmes et inversement.

recul dont l'action se manifeste sur le fond de l'ombrelle et détermine le déplacement de l'animal.

On découvre sans peine sur le bord de l'ombrelle des Méduses différentes sortes d'organes. Ce sont d'abord des filaments plus ou moins longs, plus ou moins nombreux, diversement disposés et le plus souvent garnis de pelotes de nématocystes. A l'aide de ces filaments, que l'on peut désigner sous le nom de *tentacules* ou de *filaments pêcheurs*, les grandes Méduses sont capables de capturer d'assez gros animaux, des crustacés, des poissons, qui sont réduits en une sorte de bouillie, soit dans le sac stomacal, soit au dehors, au moyen de sucs excrétés par l'animal et assimilés par cette masse d'apparence presque amorphe. C'est l'organisme le plus élevé, le plus complexe, le plus fini, si l'on peut s'exprimer ainsi, qui sert de proie au plus simple. La pièce d'or devient billon. Souvent, à la base des tentacules ou de leurs groupes, quelquefois alternant avec eux, se trouvent des capsules sensitives, dans la structure desquelles on ne peut méconnaître des yeux ou des oreilles fort simples, mais parfaitement caractérisés. Un système nerveux bien défini est en rapport avec ces capsules. Enfin l'ombrelle des Méduses est parcourue par un système de canaux qui cheminent sans se diviser le long des méridiens chez les Méduses en forme de cloche, et se ramifient à l'infini chez les Méduses en forme de champignon, les Rhizostomes, par exemple, de manière à former sur le bord de l'ombrelle un vaste réseau à mailles serrées. Ces canaux, le plus souvent au nombre de quatre ou de huit, partent du fond de la cavité stomacale, communiquent directement avec elle, puisent dans son intérieur les matières nutritives pour les répartir dans le reste du corps et constituent ainsi une sorte d'appareil circulatoire. Cet appareil n'est en réalité que la continuation de la cavité digestive, c'est une cavité digestive ramifiée dans les tissus, de là son nom d'*appareil gastro-vasculaire*. Il est complété chez les Méduses, où les vaisseaux sont simples, par un canal circulaire qui les fait communiquer tous ensemble en longeant le bord de l'ombrelle et, chez les Méduses à vaisseaux plus ou moins divisés, par le réseau périphérique né des nombreuses anastomoses des ramifications de ces vaisseaux. Dans tous les cas, les matières digestives élaborées passent directement du fond de la cavité stomacale dans l'appareil circulatoire, qui est en continuité avec elle et communique librement par son intermédiaire avec l'eau extérieure. Il ne saurait y avoir ici de sang proprement dit. Le liquide nourricier est un mé-

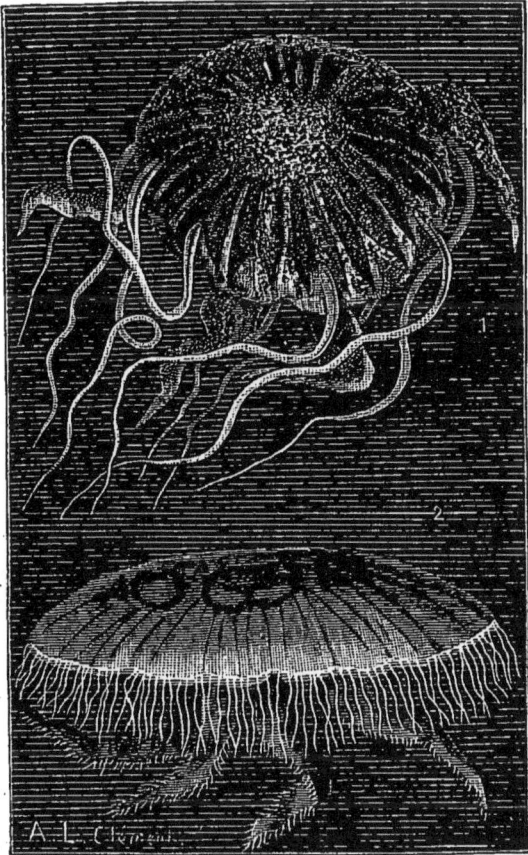

Fig. 36. — MÉDUSES NÉES DE SCYPHISTOMES. — 1. Pélagie noctiluque. — 2. Aurélie oreillarde (*Aurelia aurita*).

lange d'eau de mer et de produits immédiats de la digestion ; sa progression dans les vaisseaux est assurée par les contractions de l'ombrelle et par des cils vibratiles qui tapissent la paroi des canaux. C'est évidemment l'une des dispositions les plus simples que puissent présenter les *appareils de nutrition*.

Des glandes génitales bien développées se montrent soit dans l'épaisseur du sac stomacal, soit vers le sommet de l'ombrelle, soit sur le trajet des vaisseaux ; les sexes sont ordinairement séparés.

Par tous ces caractères, les Méduses s'élèvent bien au-dessus des

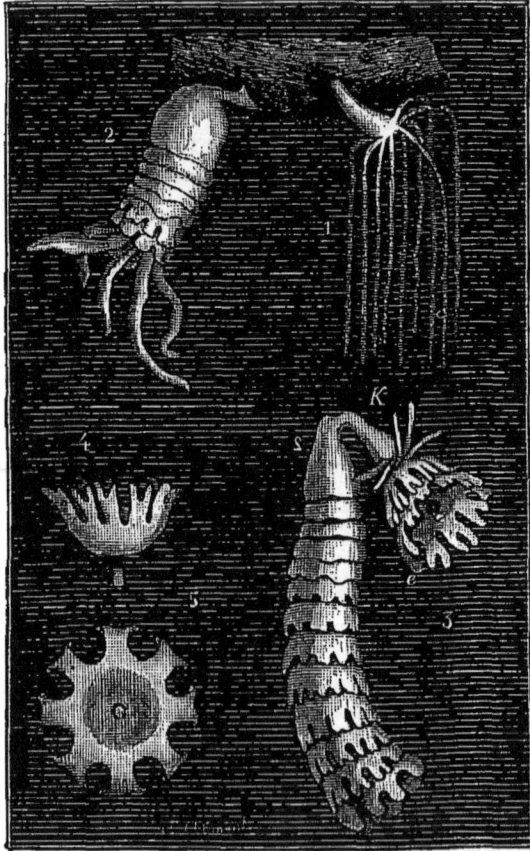

Fig. 37. — 1. Scyphistome de la *Cyanæa capillata*. — 2. Strobile né de ce Scyphistome et dont les tentacules commencent à s'atrophier. — 3. Deux strobiles ayant déjà donné naissance à plusieurs Méduses ; le 1er article du strobile de droite reproduit un Scyphistome. — 4, 5. Petites méduses (Éphyres) nées de ces scyphistomes et destinées à se transformer en *Cyanæa capillata*.

Hydres dans l'échelle des organismes. Il semble qu'une distance énorme les sépare, que ce soient des êtres construits sur des types presque entièrement différents. Cuvier, et avec lui tous les natura- listes de son époque, ne manquèrent jamais de constituer dans

leurs méthodes des groupes bien distincts pour les Polypes et les
Acalèphes. Aussi quelle ne fut pas la surprise de tous les naturalistes lorsqu'en 1837, un naturaliste norvégien peu connu jusqu'alors, Michaël Sars, vint annoncer (1) que les rapports génétiques les plus étroits unissaient les Méduses aux Hydres, que les
Méduses étaient filles des Polypes ou pour mieux dire n'étaient que
des Polypes modifiés!

Sars était le fils d'un capitaine au long cours de Bergen. Habitué de
bonne heure au spectacle de la mer, il s'était épris de ses merveilles
et, afin de pouvoir consacrer à leur étude une grande partie de sa
vie, il avait choisi pour carrière le ministère évangélique. Successivement pasteur à Kinn et à Manger, localités situées sur le bord de
la mer, il en explorait avec une ardeur infatigable les grèves ro-
cheuses, si admirablement disposées pour offrir aux animaux marins les circonstances variées, propres à assurer leur multiplication.
Quelques publications remarquables par l'exactitude des descrip-
tions qu'elles contenaient et par la précision des détails avaient
déjà attiré l'attention sur ses recherches. Parmi les êtres qu'elles
faisaient pour la première fois connaître aux naturalistes se trouvaient deux Polypes, l'un presque semblable aux Hydres d'eau
douce, pour lequel Sars créait le genre *Scyphistome* (fig. 37, n° 1);
l'autre, plus grand, plus allongé, ayant un corps cylindrique régulièrement annelé, était le type du genre *Strobile* (fig. 37, n° 2).

Personne à cette époque n'aurait songé à une parenté entre le
Scyphistome et le Strobile. Cependant Sars ne tarda pas à découvrir une foule de formes intermédiaires entre eux ; il vit lui-même
le Scyphistome se changer en Strobile sous ses yeux : les deux
genres devaient donc être réunis ; mais le pasteur-naturaliste
n'était pas au bout de ses étonnements. Après s'être marqués seulement par des étranglements successifs, les segments du corps d'un
Strobile prennent une forme très particulière. Ils deviennent
concaves à leur partie supérieure, convexes à leur partie infé-

---

(1) *Archiv für Naturgeschichte*, vol. I, 1837, et *Lettres sur quelques animaux
invertébrés de la Norwége* (*Annales des sciences naturelles*, 2° série, vol. VII,
1837). Voir aussi : *Mémoire sur le développement de la Medusa aurita et de la
Cyanea capillata* (*Annales des sciences naturelles*, 2° série, vol. XVI, 1841).

rieure et augmentent graduellement d'épaisseur ; en même temps leurs bords se découpent en huit lobes présentant eux-mêmes une échancrure assez profonde. Le Strobile ressemble alors à une pile d'assiettes creuses ou d'écuelles à contour élégamment festonné. Le segment supérieur continue à porter les tentacules du Polype tout en acquérant des lobes, comme ceux qui le suivent. Au fond de l'échancrure des lobes de chaque segment apparaît enfin une tache colorée, un œil (fig. 37, n° 3). Sars ne pouvait s'y méprendre ; à cet état, les divers segments d'un Strobile rappellent exactement certaines petites Méduses, abondantes précisément dans les eaux où vivent les Scyphistomes et pour lesquelles on avait créé le genre *Ephyra*. Il n'hésita pas à annoncer que les *Ephyra* (fig. 37, n°° 4 et 5) n'étaient autre chose que les segments détachés du corps du Strobile, vivant désormais librement, d'une vie indépendante et vagabonde. Il eut d'ailleurs bientôt la bonne fortune de constater directement que ses prévisions étaient parfaitement exactes, il put voir les segments des Strobiles se séparer un à un dans ses aquariums et devenir autant de petites Méduses. Les Acalèphes et les Polypes devaient donc être désormais réunis comme il avait fallu réunir les Scyphistomes et les Strobiles ; mais ce n'étaient plus deux genres, c'étaient cette fois deux classes qui se fondaient en une seule.

Ce n'est pas tout : les petites Méduses, les *Ephyra*, issues des Strobiles, n'ont pas atteint leur forme définitive. Elles grandissent et se transforment encore : leur ombrelle s'élargit, se régularise, se frange sur ses bords de filaments grêles et délicats tombant autour d'elle de la plus gracieuse façon ; quatre bras apparaissent autour de la bouche et s'allongent de plus en plus. L'*Ephyra* est devenue l'*Aurelia aurita* (fig. 36, n° 2), l'une de nos plus charmantes Méduses. D'autres Éphyres, provenant bien entendu de Scyphistomes et de Strobiles d'espèces distinctes, donnèrent encore à Sars une autre Méduse d'un type un peu différent, la *Cyanea capillata.*

Les observations de Sars ont été répétées depuis par un grand nombre de naturalistes ; tous ont reconnu leur exactitude absolument rigoureuse, quelques-uns ont pu même les compléter.

Un professeur·de l'Université de Louvain, P. J. Van Beneden, qu'ont illustré ses belles recherches sur les migrations des Ténias, a pu suivre, sur les côtes de Belgique, les métamorphoses du Scyphistome et du Strobile de la *Cyanæa capillata*(1). Il restait encore quelques doutes sur le sort du premier et du dernier segment du corps des Strobiles, segments qui ne ressemblent pas tout à fait aux autres : Van Beneden a vu les tentacules du Scyphistome qui surmontent le premier segment du Strobile se flétrir (fig. 37, n° 2) et disparaître graduellement, résorbés par l'animal qui les porte et qui devient ainsi identique à ses frères. Quant au dernier segment, celui qui est fixé, il reproduit bientôt une nouvelle couronne de tentacules : ·avant même que l'Éphyre qu'il supporte ait pris sa liberté, il est redevenu lui-même (fig. 37, n° 3) un nouveau Scyphistome, apte à se transformer en Strobile et à fournir, par conséquent, une génération nouvelle de Méduses. On ignore encore combien de fois le phénomène peut se répéter, combien de générations de Méduses peuvent naître d'un seul Polype. Il est possible que les Scyphistomes se reproduisent ainsi durant toute la belle saison.

Le·Scyphistome, l'Hydre·ou plutôt le Polype. hydraire qui engendre les Méduses résulte lui-même de la métamorphose d'une petite larve ovoïde sans organes, formée de cellules toutes semblables entre elles, issue d'un œuf de Méduse et qui ne se fixe sur les corps sous-marins qu'après avoir plus ou moins longtemps nagé librement à l'aide des cils vibratiles dont son corps est entièrement recouvert. Cette larve ciliée, qui est aussi la·première forme sous laquelle se montrent les Coraux et les Madrépores, est ce qu'on appelle une *planule* (fig. 34, n° 2 et 3 et fig. 43, n° 5).

Cette longue série de phénomènes se résume finalement ainsi : l'œuf d'une Méduse donne naissance à une larve ciliée ovoïde, la *planule*; celle-ci se transforme en un Polype hydraire, le *Scyphistome*. Par division spontanée de son corps, le Scyphistome, devenu *Strobile*, produit un nombre assez considérable de générations de *Méduses*. Les Méduses à leur tour subissent d'importantes méta-

---

(1) P. J. Van Beneden, *Polypes des côtes de Belgique* (*Mémoires de l'Académie. royale des sciences, belles-lettres et arts de Bruxelles*, 1867).

morphoses, puis, arrivées à l'âge adulte, pondent des œufs, et le
cycle de la génération se trouve ainsi fermé ; nous revenons au
point de départ.

Ces découvertes avaient certes de quoi surprendre et les naturalistes devaient les interpréter de bien des façons. Tout d'abord
on fut frappé des différences manifestes que présentent la forme
extérieure et l'organisation des Hydres et des Méduses que l'on
considérait comme leurs filles. Rien n'était plus contraire aux idées
reçues, rien n'est encore plus fait pour frapper l'imagination que
de voir des êtres d'une forme déterminée engendrer des êtres de
forme absolument différente, des fils qui ne ressemblent jamais à
leurs parents et reproduisent, au contraire, d'une façon constante
les traits de la génération qui précède. Il ne pouvait être ici question
de métamorphoses puisque l'Hydre primitive, le Scyphistome ne
conservait pas son individualité, que celle-ci disparaissait et se trouvait finalement remplacée non par une autre individualité — ce
qui aurait encore pu fournir matière à discussion — mais par un
grand nombre d'individualités nouvelles, indépendantes les unes
des autres. C'était bien là le propre de la reproduction ; on se trouvait réellement en présence de deux *générations* différentes succédant régulièrement l'une à l'autre, *alternant* l'une avec l'autre. Un
illustre naturaliste danois, Steenstrup, caractérisa ce phénomène
en le désignant (1) du nom de *génération alternante* qui est encore
usité dans la science. Il montra en outre que ce mode de génération
n'était pas particulier aux Méduses, qu'on le retrouvait chez un assez
grand nombre d'animaux et notamment chez beaucoup de Vers.
La reproduction des Méduses cessait donc d'être un fait exceptionnel ; l'alternance de formes successives était la règle chez beaucoup d'Invertébrés inférieurs. Mais quelles étaient les causes de cette
alternance, à quels phénomènes plus profonds pouvait-on la rattacher? P. J. Van Beneden ne tarda pas à faire remarquer que les
Hydres et les Méduses devaient leur origine à deux procédés de développement bien différents. Les Hydres provenaient directement
d'un œuf fécondé, relevaient, par conséquent, de la *génération*

(1) Steenstrup, *Ueber den Generationwechsel*, Copenhague, 1842.

sexuée; les Méduses naissaient des Hydres sans fécondation préalable par une simple division du corps, plus ou moins compliquée
de cette individualisation de parties récemment formées, que nous
avons déjà eu occasion de désigner sous le nom de *bourgeonnement,*
par comparaison avec ce qui se passe dans le règne végétal. La
génération alternante était donc simplement pour Van Beneden un
cas particulier de cette faculté plus générale que possèdent beaucoup d'êtres vivants de se reproduire de deux façons, par voie
sexuée et par voie *agame.* Il y a de nombreux animaux chez qui
l'on peut constater l'existence de ces deux sortes de reproduction,
sans que les générations qui en résultent et qui se succèdent diffèrent entre elles ; il y en a d'autres chez qui la génération sexuée
n'apparaît qu'après un nombre plus ou moins considérable de
générations agames; l'alternance peut manquer soit dans la forme
des individus nés les uns des autres, soit dans les modes de reproduction, soit dans les deux à la fois sans que l'essence du phénomène change. P. J. Van Beneden repousse donc, pour ce phénomène, la dénomination de *génération alternante* et propose de la
remplacer par celle de *digénèse,* impliquant seulement l'existence
de deux modes différents de reproduction (1).

M. de Quatrefages (2) admet pleinement ces distinctions, mais
pour lui la génération agame n'est qu'une forme modifiée et presque
une conséquence de l'*accroissement* proprement dit. On a pu voir
déjà en maintes occasions combien cette vue était juste, combien
l'*accroissement* et la *reproduction* sont, en effet, deux phénomènes
intimement liés l'un à l'autre. La reproduction agame n'est au
fond qu'un accroissement suivi d'individualisation, un véritable
marcottage, pour me servir d'un terme emprunté à la culture.
Mais elle a une conséquence, qui est pour M. de Quatrefages le
point capital ; elle multiplie la puissance de reproduction des êtres
qui la présentent ; elle fait sortir d'un œuf non plus un seul individu, mais toute une volée d'individus aptes à se reproduire par
voie sexuée. Imaginez que d'une Chrysalide sorte non pas un pa-

(1) P. J. Van Beneden, *Mémoire sur les Vers intestinaux* (Supplément aux
Comptes rendus de l'Académie des sciences, t. II, 1860).
(2) A. de Quatrefages, *Métamorphoses de l'homme et des animaux,* Paris, 1857.

pillon, mais des centaines de papillons tous capables de s'accoupler, et voyez quelle sera la fécondité des Lépidoptères ! Voilà pour M. de Quatrefages le caractère essentiel de la reproduction des Méduses : entre deux générations sexuées successives, il y a engendrement d'un nombre plus ou moins considérable de générations qui ne le sont pas. C'est ce que le savant professeur du Muséum indique par le mot de *généagénèse* qui lui sert à désigner non-seulement les phénomènes étudiés par Sars et les phénomènes analogues, mais encore tous ceux qui rentrent dans la *digénèse* et dont le mécanisme, variable dans les détails, ne paraît pas suffisamment indiqué par ce dernier mot.

Steenstrup est surtout frappé des différences souvent profondes que présentent les formes qui se succèdent ; il les explique par le rôle différent que ces formes ont à jouer. Pour lui la forme essentielle est celle qui se reproduit par voie sexuée ; les autres sont une sorte de terrain vivant sur lequel la forme sexuée se développe, elles ont surtout pour fonction de réunir et d'élaborer les réserves alimentaires qui doivent être utilisées par cette forme privilégiée ; Steenstrup les désigne sous le nom de *nourrices*. L'œuf n'est pas suffisamment riche en substances nutritives pour mener à bien l'évolution de l'être qui doit assurer la propagation de l'espèce, il se borne à produire un organisme provisoire, chargé de suppléer à son insuffisance. C'est là, d'après le savant de Copenhague, la cause de l'alternance des formes dans une même espèce.

Les organismes inférieurs sont délicats, fragiles, exposés à mille dangers ; la fécondation de leurs œufs est le plus souvent livrée au hasard, et, parmi les œufs fécondés, bien peu donnent naissance à des individus qui arrivent au terme de leur croissance et deviennent capables de se reproduire à leur tour. Pour diviser les chances, la nature met à profit, suivant M. de Quatrefages, l'accroissement de l'individu ; elle le laisse grandir et, dès qu'il a acquis une certaine taille, elle le brise en un nombre plus ou moins considérable de parties dont chacune tente la fortune pour son propre compte et se reproduit si elle est assez heureuse pour arriver au port. L'*alma parens rerum* agit ici comme un bon général qui éparpille ses troupes pour donner moins de prise à l'artillerie. En fait, la *généagénèse* est incontestablement, pour les espèces qui la présentent, une condition avantageuse dans la lutte pour la vie.

Van Beneden enfin ne se préoccupe ni du but à atteindre, ni du résultat obtenu : il se borne à constater l'existence chez un grand nombre d'animaux de deux modes de reproduction : toutes les autres circonstances ne sont pour lui que des accessoires de ce phénomène principal.

Mais au fond, qu'est-ce que cette *génération asexuée* dont les conséquences sont si. importantes à tous les points de vue ? N'en trouverait-on pas l'explication dans quelque phénomène plus général ? Est-elle sans rapport elle-même avec la génération sexuée ? Les Éponges, les Hydres ne sont, nous l'avons vu, que des colonies d'*individus unicellulaires*. Chacun de ces individus, bien que fondu dans une individualité plus générale, conserve au moins, de son indépendance primitive, le pouvoir de se reproduire; bien plus, s'il est isolé, les divers éléments qui naîtront successivement de lui devront venir se grouper, en vertu des lois mêmes de l'hérédité, de manière à reconstituer une colonie semblable à celle dont leur progéniteur faisait partie. Toute cellule d'une Hydre ou d'une Éponge peut donc être considérée comme un élément reproducteur et fonctionne, à peu de chose près, comme telle chez les Éponges et chez les Hydres. Il suffit, pour lui donner cette qualité, d'un accident qui la sépare de ses compagnes. Mais les éléments anatomiques conservent, lorsqu'ils sont engagés dans les colonies, toutes les facultés qu'ils manifestent lorsqu'on les isole ; on conçoit donc qu'ils puissent reproduire, sous l'influence de causes naturelles, les phénomènes qu'ils produisent sous l'influence de causes artificielles : sans avoir besoin de se séparer, ils peuvent donc devenir le point de départ de nouvelles colonies ; ainsi s'expliquent à la fois la génération asexuée ou *métagénèse*, la *digénèse* et la *généagénèse*, simples conséquences des lois de l'hérédité, de l'indépendance des éléments anatomiques, et de leur faculté de reproduction.

Cette explication de la génération asexuée fait pressentir la nécessité de la génération sexuée. Lorsqu'un organisme s'élève, tous ses éléments constitutifs, loin de continuer à se ressembler, présentent une variété croissante de positions, de formes, de fonctions.

Chaque cellule arrive à un rang déterminé dans l'ordre de l'évolution, résulte d'un travail d'élaboration spécial auquel ont pris part toutes les cellules qui, depuis l'œuf, comptent dans sa généalogie ; elle participe à son tour à la production d'autres cellules qui vont se diversifiant de plus en plus. Isolée et prise comme point de départ d'une évolution nouvelle, on comprend, à la rigueur, qu'elle puisse refaire toutes les parties de l'organisme auquel elle appartient qui se sont formées après son apparition ; mais comment pourrait-elle revenir en arrière, refaire ses ancêtres, reconstituer les éléments en qui réside sa propre cause? Les actions qui modifient graduellement les caractères primitifs des cellules associées modifient donc nécessairement aussi leur pouvoir reproducteur.

D'autre part la vie coloniale place les cellules dans des conditions de plus en plus spéciales, en dehors desquelles elles ne peuvent vivre ; or, la reproduction suppose précisément que la cellule ou le groupe de cellules qui en est le point de départ peut conquérir son indépendance. On doit donc voir, dans un organisme, le pouvoir de le reproduire qu'ont tout d'abord les cellules, diminuer à mesure qu'elles se spécialisent, à mesure que leur individualité se subordonne davantage à celle de la colonie. De là, la nécessité d'une localisation du pouvoir reproducteur.

Considérons même un organisme simple, formé, comme les Éponges ou les Hydres, de deux sacs cellulaires emboités l'un dans l'autre ; ces deux sacs sont, vis-à-vis du milieu extérieur, dans des conditions différentes. Les éléments qui les forment ne sont plus identiques à l'élément originel d'où la première Hydre, la première Éponge sont sorties ; ils ont subi une évolution, acquis des propriétés particulières, ils constituent deux espèces nouvelles d'éléments, éloignées l'une et l'autre de leur point de départ. Pour que l'une quelconque de ces deux sortes d'éléments soit propre à la reproduction, il faut revenir en arrière : il faut que les propriétés acquises soient neutralisées et que les propriétés premières, plus ou moins masquées par elles, reprennent ainsi toute leur valeur. Cette neutralisation peut être obtenue chez les Éponges et chez les Hydres par le mélange d'éléments provenant de la couche externe et de la couche interne de l'animal : ce mélange n'est autre chose que la *fécondation*, phénomène capital de la génération sexuée. Ainsi s'expliquerait la différence d'origine des glandes reproductrices mâle et femelle constatée par Édouard Van Beneden chez certains Polypes hydraires, et confirmée par Herman Fol chez des Mollusques où les éléments mâle et femelle semblent cependant naître côte à côte dans une seule et même glande. La reproduction asexuée n'échappe chez les animaux inférieurs à cette condition de rénovation des éléments d'où procède le nouvel individu, que parce que tous les tissus rassemblés au point où se manifeste spontanément un bourgeon prennent part tous ensemble à la formation du nouvel individu.

Les phénomènes de *conjugaison* qu'on observe chez de nombreux êtres unicellulaires montrent d'ailleurs que la génération sexuée est antérieure à toute association de cellules. Cette conjugaison consiste dans la fusion, peut-être accidentelle au début, de deux ou plusieurs individus ; elle a évidemment pour conséquence de ramener à une certaine moyenne de propriétés les éléments cellulaires, sans cesse sollicités à varier, même lorsqu'ils sont isolés, et leur permet ainsi de se constituer en espèces distinctes.

Dans la *génération alternante* proprement dite, la reproduction asexuée se complique d'un autre phénomène de haute importance. La partie qui se transforme en individu s'adapte en même temps à des conditions nouvelles d'existence, comme aussi à un rôle physiologique particulier. Il en résulte dans sa forme extérieure, dans son allure générale des modifications profondes, grâce auxquelles un être d'organisation plus ou moins élevée peut être substitué à un être d'organisation plus simple. Les conditions qui ont amené cette métamorphose peuvent être extrêmement variées, la métamorphose elle-même peut donc s'accomplir dans les sens les plus différents ; aussi toutes les Méduses sont-elles loin de se ressembler, parfois même elles sont remplacées par des êtres en apparence sans rapport avec elles. Il est toujours possible cependant de relier entre elles les formes les plus disparates de manière à établir leur filiation.

Il est facile d'abord de se convaincre que l'individualisation, même compliquée, dont nous venons de parler, se produit exactement comme dans le cas des Hydres d'eau douce, et que la formation

des Méduses n'est que la conséquence de la faculté de reproduction
possédée par une partie quelconque du polype primitif. L'histoire
des petites Méduses en forme de cloche est à cet égard particulièrement instructive.

Ces Méduses ne naissent pas comme les grandes Méduses en

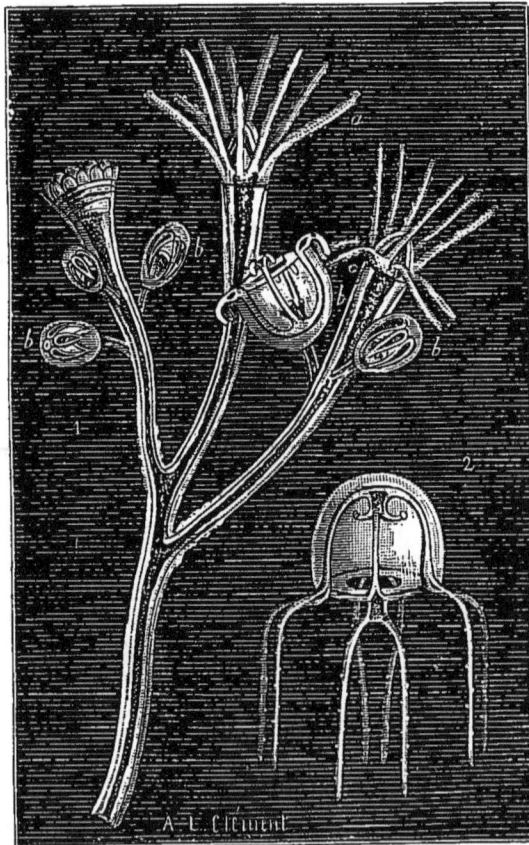

Fig. 38. — HYDRAIRES. — 1. Colonie de *Bougainvillia ramosa* portant des Méduses développées dans
les régions où se développent également des polypes; — *a*, Polypes nourriciers; — *b*, Individus
sexués (Méduses) à divers états de développement (grossie 10 fois). — 2. Méduse de *Bougainvillia
ramosa* devenue libre (même grossissement).

forme de Champignon, par division transversale d'un Strobile.
Elles proviennent d'Hydres vivant en colonies plus ou moins arborescentes, comme les *Cordylophora* et sont elles-mêmes la conséquence d'un véritable bourgeonnement. Or, quand on passe d'une

espèce à l'autre, on les voit apparaître en des points absolument quelconques de la colonie.

Les *Perigonimus* forment des colonies dont les divers individus sont reliés entre eux par un réseau ramifié, rampant à la surface des objets sous-marins : leurs Méduses naissent sur les mailles de ce réseau et se dressent à des places correspondantes à celles qu'occupent les Polypes eux-mêmes : chaque Méduse représente donc un Polype qui s'est tout entier transformé. Chez les *Bougainvillia* (fig. 38, n° 1), les colonies sont ramifiées et la Méduse se développe également sur des rameaux identiques à ceux qui portent les Hydres. Chez les *Clavatelles* (fig. 40) qui produisent une charmante petite Méduse marcheuse désignée par M. de Quatrefages sous le nom d'Éleuthérie (fig. 35, n° 1), les Méduses naissent en un lieu spécial à l'extrémité inférieure des Polypes. Chez les *Syncoryne* (fig. 39), elles occupent une place plus remarquable encore ; c'est parmi les tentacules qu'elles apparaissent, occupant exactement la place de l'un d'eux. Il semble que dans ce cas la Méduse ait été produite par un simple tentacule et que, malgré l'insuccès des expériences de Trembley pour réaliser le fait artificiellement, on ait ainsi la démonstration de cette proposition que les tentacules d'un Polype hydraire sont susceptibles de s'individualiser, aussi bien que les autres parties de son corps, et d'atteindre au même degré de perfectionnement organique. Il serait étrange, en effet, que les éléments associés pour constituer le Polype et qui se disposent de manière à former les tentacules fussent les seuls qui n'eussent conservé aucune trace d'une faculté qui appartient à tous les autres.

Chez les *Corymorpha*, les Méduses se montrent aussi dans une position analogue à celle qu'on leur voit chez les Syncorynes (fig. 44), entre la trompe qui porte la bouche de l'animal et la couronne de tentacules : elles sont disposées en grappes le long de pédoncules qui retombent gracieusement autour de la tige de l'animal ; mais dans ce cas la Méduse paraît plutôt le résultat d'une prolifération spéciale de la région buccale, que de la transformation d'un tentacule.

Quelques Méduses naissent enfin dans des conditions particuliè-

.rcment intéressantes. Elles se disposent soit en collerettes, soit en grappes autour de certains individus qui les produisent à l'exclusion des autres individus de la colonie, et présentent des modifications de forme caractéristiques, de sorte qu'on peut les considérer comme

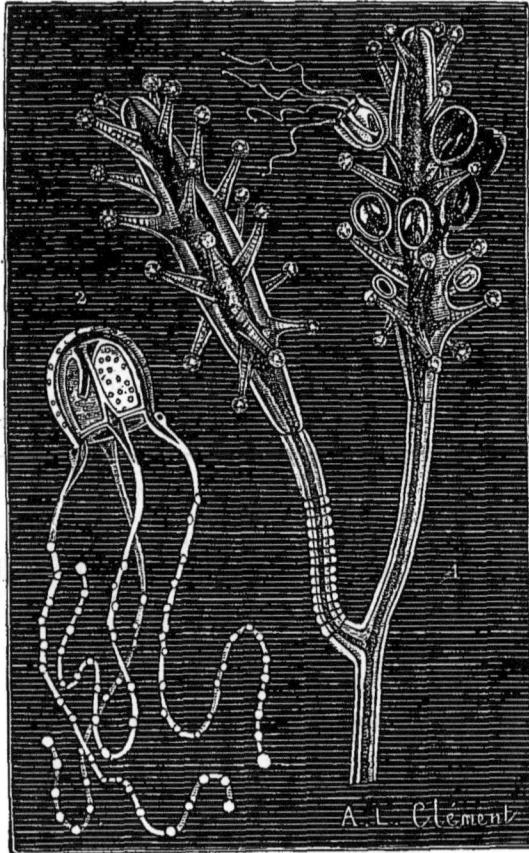

Fig. 39. — HYDRAIRES MARINS. — 1. Colonie de *Syncoryne eximia*, montrant sur l'un des individus des Méduses poussant à la place des tentacules. — 2. Méduse de Syncoryne dans sa position normale pendant la natation. On voit nettement l'ombrelle et ses canaux gastro-vasculaires, le sac stomacal et le velum avec son ouverture circulaire. (Grossissement = 10 fois.)

des *individus reproducteurs*, spécialement chargés de former et de porter, pendant leur évolution, les *individus sexués* (1), les Méduses.

(1) Ces deux termes : *individu sexué* et *individu reproducteur*, cessent par conséquent d'être équivalents pour nous.

La perte des tentacules, la disparition de la bouche et de la cavité digestive sont les caractères les plus ordinaires des individus reproducteurs que l'on trouve notamment chez les *Podocorynes* (fig. 42), les *Dicorynes* (fig. 45), et un assez grand nombre d'autres types. Dans tout un groupe d'Hydraires qu'Allman a désigné, à cause de cela, sous le nom d'Hydraires cryptoblastiques et qui comprend, entre autres, les genres *Campanulaire*, *Plumulaire*, *Sertulaire*, etc., ces individus reproducteurs et les individus sexués qu'ils portent finissent par constituer une sorte d'appareil reproducteur spécial, enfermé dans un étui corné, plus ou moins compliqué.

La place où naissent les Méduses est donc infiniment variable. Quand on considère le groupe des Polypes hydraires tout entier, on peut s'attendre à voir se former à une place quelconque, comme la théorie l'indique, ces individus sexués dont l'organisation paraît si énigmatique quand on la compare à celle des Hydres. Toutefois, dans chaque espèce, dans chaque genre la faculté de reproduction a une tendance bien marquée à se manifester en un lieu spécial d'élection, de sorte que la position des Méduses peut servir assez souvent dans les caractéristiques.

Il y a un remarquable contraste au point de vue de l'importance relative de la forme sexuée dans les deux groupes de Méduses. Les grandes Méduses nées de la division d'un Scyphistome ont une vie de longue durée, pendant laquelle elles grandissent et se transforment beaucoup; le Scyphistome n'a ordinairement qu'une existence transitoire. Les petites Méduses nées par bourgeonnement sur des colonies de Polypes hydraires atteignent au contraire presque tout leur développement sur la colonie, et ne vivent que peu de temps après s'être détachées, de sorte que c'est la forme hydraire, correspondant au Scyphistome, qui paraît être la forme principale. Il est incontestable que, dans le premier groupe, la forme hydraire tend à disparaître; son importance première est cependant encore nettement accusée par ce fait que certains Scyphistomes passent encore de nos jours toute leur vie sans produire de Méduses et acquièrent cependant eux-mêmes un degré d'organisation assez élevée; ils constituent le groupe intéressant des *Lucernaires* dont plusieurs espèces, semblables à des corolles de Campanules, vivent, sur nos côtes, à de faibles profondeurs, fixées aux feuilles des Zostères ou des Fucus. Inversement, dans d'autres types, la larve ciliée qui sort de l'œuf ne se fixe jamais et elle se transforme directement en Méduse ; c'est le cas de plusieurs *Æginides.*

Des recherches récentes de Hæckel (1) semblent indiquer, d'autre part, que les Méduses ne seraient pas le dernier terme de l'évolution des Polypes hydraires. On trouve fréquemment à la surface de la mer, quelquefois par troupes nombreuses, des organismes transparents comme les Méduses, qui possèdent souvent, comme elles, des filaments pêcheurs, garnis de capsules urticantes, mais nagent de toute autre façon. Leur corps ne se contracte pas d'une façon rythmique, à la façon de celui des Méduses, la progression est assurée par le battement régulier de minces lames membraneuses déchiquetées sur leur bord, disposées en rangées parfaitement régulières et sur lesquelles l'arc-en-ciel déploie tous les reflets chatoyants de sa riche palette. Ce sont les Cténophores tantôt presque sphériques, comme les *Cydippes,* étirés en forme de datte, comme les *Beroës,* ou comprimés et allongés en ruban comme l'étonnant *Ceste* de la Méditerranée.

Dans la substance gélatineuse même qui constitue le corps des Cténophores est creusée une cavité digestive du fond de laquelle partent des canaux rayonnants, à peu près disposés comme ceux qui parcourent l'ombrelle d'une Méduse. Ces animaux possèdent donc un véritable appareil gastro-vasculaire ; par là ils se rapprochent des Méduses ; mais leur corps ne se décompose pas en un sac stomacal et en une ombrelle ; quelques naturalistes, au lieu de les rapprocher des Méduses, les rapprochent au contraire, pour cette raison, des Échinodermes et notamment des Oursins. Mais suivant des recherches récentes de Hæckel il y aurait entre eux et les Méduses des formes de passage nettement accusées. Chez une intéressante Méduse que le savant d'Iéna nomme *Ctenaria ctenophora,* le sac stomacal serait très réduit ; on trouverait des bandes de lames

(1) E. Hæckel, *Ursprung und Stammverwandschaft der Ctenophoren (Sitzungsberichten der Jenaische Gesellschaft für Medecin und Naturwissenschaf,* 16 mai 1879).

vibratiles aidant à la locomotion de l'animal et une paire de tentacules rétractiles comme ceux des Cydippes. Que le sac stomacal se
réduise de manière à cesser d'être distinct, que les bandes de lames
vibratiles se développent davantage, la *Ctenaria* deviendrait effectivement un Cténophore, de sorte qu'on pourrait voir dans ce
dernier groupe d'animaux le produit d'une simple transformation
des Méduses. Ce résultat est intéressant ; il ne manque pas de vrai-
semblance, mais demande à être appuyé de nouvelles observations. Dans tous les cas, la parenté des Cténophores et des Méduses
est incontestable.

Et maintenant quelle peut être la nature des Méduses elles-
mêmes ? Nous les voyons bien naître sur des Polypes hydraires ; mais
elles présentent, dès leur apparition, des caractères si différents de
ceux de ces derniers que l'esprit se refuse à voir en elles une simple
modification de forme de ces animaux. D'où leur sont venus leur
ombrelle transparente, leur appareil vasculaire, leur sac stomacal et leurs autres organes ? Comment une si étonnante métamorphose du polype a-t-elle pu se produire ? Il ne sera possible de donner
une explication satisfaisante de l'origine de ces élégants Acalèphes,
que lorsque nous connaîtrons mieux les innombrables variations
de forme dont les Polypes hydraires sont susceptibles et que nous
aurons pu déterminer le mode de constitution de leurs colonies.

CHAPITRE IV

La *division du travail* est la condition même du progrès dans
toute organisation sociale. L'association est peu utile quand tous
ses membres possèdent les mêmes facultés, accomplissent les
mêmes actes de la même façon. Chacun peut alors se passer de
ses voisins, et ce n'est que dans de bien rares circonstances qu'il
est conduit à leur demander une assistance passagère et accidentelle. Les liens entre les membres d'une pareille association sont nécessairement fort lâches ; la société elle-même n'a aucun caractère
personnel ; elle est représentée par un nombre, mais elle ne saurait
avoir ni volonté, ni cohérence. Que la division du travail apparaisse, tout change. Chaque individu a un rôle assigné, auquel il
doit avant tout se dévouer, une fonction, un métier qu'il exerce
plus ou moins exclusivement, et dans lequel il acquiert, au grand
avantage de la société, une habileté extrême. En revanche, il devient, par le fait même de son application spéciale, de plus en plus
inhabile à faire toute autre chose ; il se trouve, par suite, forcé
d'emprunter à chaque instant le concours de ceux de ses concitoyens
qui ont pris une direction différente, et qui sont à leur tour dans
l'obligation de lui demander ses services. Ainsi s'établit entre
tous les membres de la société une solidarité qui grandit d'autant

plus que la division du travail est plus grande. Chaque travail se
trouvant mieux fait par les individus qui s'y consacrent plus particulièrement, l'échange réciproque met à la disposition de tous des
produits d'une qualité supérieure, et si les divers individus accomplissent régulièrement leur tâche, si les échanges s'opèrent d'une
façon strictement équitable, une telle société ne peut manquer de
grandir et de prospérer. Riche et puissante, elle est en état de soutenir avantageusement contre ses voisines la lutte pour l'existence, et tôt ou tard l'emporte fatalement sur elles. Chez elle,
l'individu conserve une large part d'indépendance ; il ne saurait
être soumis, dans l'exercice de sa fonction, à des règles absolues
qui le condamneraient à la routine et seraient la négation de tout
progrès ; il n'est même pas nécessairement assujetti d'une façon
immuable à un rôle déterminé, il peut se transformer dans le
cours de son existence, et sa progéniture, qui hérite dans une large
mesure de ses aptitudes et de ses facultés, peut à son tour en acquérir qui lui soient propres et arriver à prendre un rôle tout nouveau ; cependant, il arrive nécessairement, en raison même de la
solidarité qui unit tous les individus, que chaque citoyen doit faire
à la société l'abandon d'une certaine part de son indépendance,
que tous doivent être soumis à une discipline rigoureuse, dont
l'inobservance serait la mort de la société. Quand les règles qui
dominent toute cette organisation sont enfreintes, la société souffre. Un commencement de conscience sociale s'est donc développé,
et avec elle une personnalité réelle dans laquelle se confond en
partie celle des citoyens. Cette personnalité ne résulte pas de la
prédominance d'un membre quelconque de la société, qui impose
aux autres sa volonté et les réduit à l'état d'esclaves : chacun concourt à la former par l'abandon qu'il fait d'une partie de sa liberté,
par sa soumission à tout ce qui est nécessaire à la prospérité de
l'association, qui lui donne en échange une part de bien-être plus
grande que celle à laquelle lui donneraient droit ses facultés personnelles, s'il était livré à lui-même.

Pour que la société puisse vivre, il faut non seulement que tous
ses membres soient intéressés à son maintien, que la majorité
d'entre eux prospère, mais encore qu'elle soit elle-même constam-

ment en voie de progrès, sans quoi elle serait bientôt dominée par
des sociétés mieux organisées et condamnée à disparaître. Des modifications incessantes doivent donc s'accomplir dans son sein : il
faut qu'à chaque instant, toutes les parties composantes s'harmo-

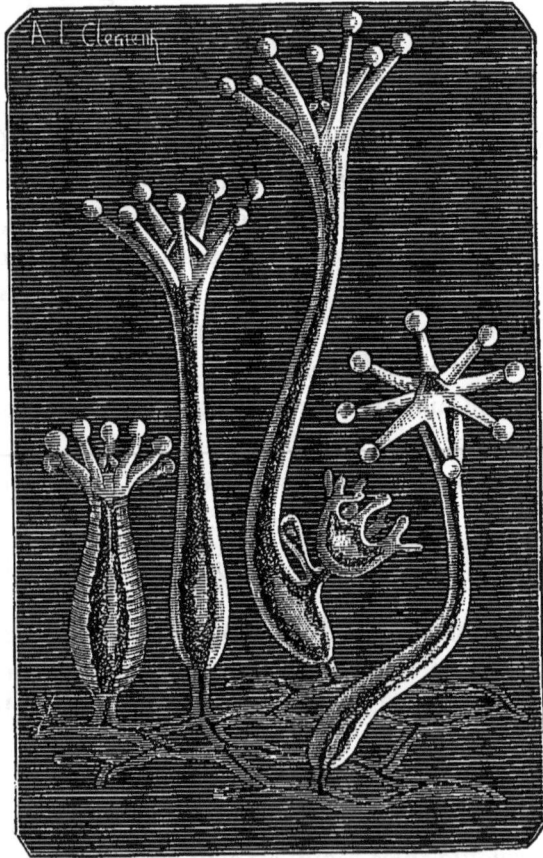

Fig. 40. — HYDRAIRES. — Colonie de *Clavatella prolifera*, grossie 7 fois. Le plus grand individu
porte à sa base de jeunes individus sexués (Méduses modifiées), les *Éleuthéries*, de Quatrefages.

nisent entre elles, que rien d'immobile ne puisse entraver leur accord. La société la plus vivace est celle où l'immobilité est réduite
au minimum. Cette liberté de transformation ne saurait affaiblir
pourtant la discipline nécessaire à laquelle tous les organismes associés doivent se soumettre. Vis-à-vis de cette discipline, l'individu

n'est plus qu'un organe social, il doit fonctionner comme tel et remplir rigoureusement son rôle pour le bien de tous.

Quelque semblables entre eux qu'aient pu être primitivement les individus qui se sont unis en colonie, une telle identification avec des fonctions diverses ne peut avoir lieu sans amener, par une inévitable conséquence, l'apparition et le développement de différences extérieures ou intérieures de plus en plus marquées. Chacun prend, suivant une expression vulgaire, mais aussi juste qu'énergique, la *figure de son emploi*. Quelques-uns n'éprouvent que des modifications sans grande importance ; d'autres s'élèvent dans l'échelle de l'organisation ; d'autres, au contraire, dégénèrent. La *division du travail*, indispensable à la force, à la puissance, à l'autonomie de la société, entraîne fatalement avec elle, comme une nécessité qu'on n'a pas le droit d'appeler un mal parce qu'elle est dans l'essence des choses, l'*inégalité des conditions*.

Appliquons ces considérations aux colonies animales.

Des individus de même espèce, de même origine, issus des mêmes parents, demeurant unis les uns aux autres, formeront des sociétés d'autant plus puissantes, d'autant plus aptes à prendre l'avantage, que les règles de la division du travail seront plus strictement appliquées chez elles. Dans ces sociétés, les individus ne pourront, d'après ce qui précède, conserver une forme identique. Les uns, accaparant pour eux seuls les fonctions relatives à l'alimentation de la société, auront des organes propres à saisir les êtres qui doivent devenir leur proie, une bouche, un estomac, dans lequel les matières alimentaires seront élaborées, pour être réparties ensuite, grâce à un système de canaux plus ou moins compliqué, dans toutes les parties de la colonie. Quelques-uns se trouvant particulièrement chargés de la reproduction, tout l'effort nutritif se portera chez eux vers l'appareil génital ; ils cesseront de dépenser leur activité vitale à la recherche et à la capture d'une proie ou à l'élaboration de matières alimentaires que leurs compagnons préparent pour eux et qu'ils se bornent à assimiler. Dès lors, leurs organes de préhension s'amoindriront et disparaîtront ; leur bouche s'oblitérera, leur cavité digestive seule persistera, demeu-

rera en communication avec celle des individus chargés des fonctions nutritives et y puisera les substances alimentaires déjà élaborées, toutes prêtes à pénétrer dans les tissus. D'autres encore

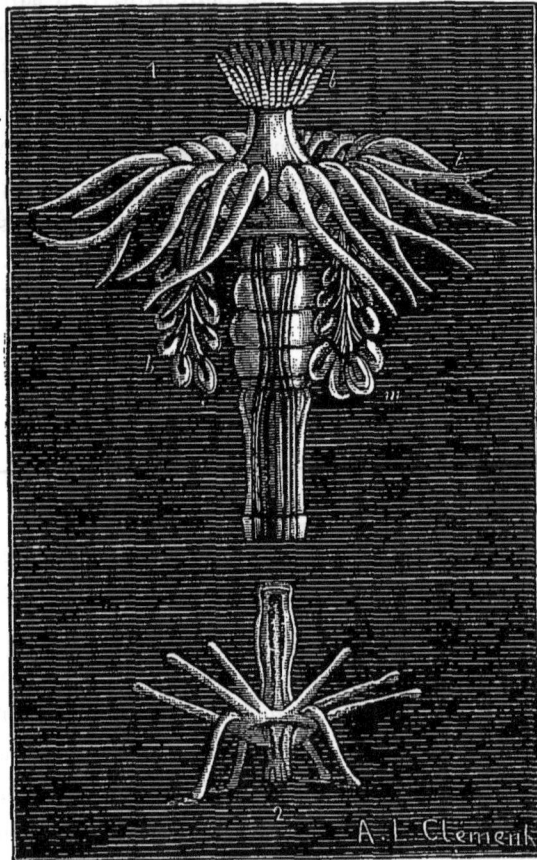

Fig. 41. — HYDRAIRES. — 1. Extrémité supérieure d'un individu de *Tubularia indivisa,* grossi un
peu plus de 2 fois: *a,* tentacules buccaux; *b,* deuxième couronne de tentacules; *m,* grappe d'individus sexués (Méduses incomplètes). — 2. Une jeune *Tubularia indivisa* encore libre et marchant la
bouche en bas.

pourront avoir en partage la locomotion, et acquerront dès lors
de nouveaux organes appropriés à cette importante fonction.

Ainsi la physionomie, l'aspect extérieur, l'organisation même
changeront avec l'emploi. Ce ne sera plus par la description d'une

forme unique que l'espèce pourra être définie, elle sera quelquefois représentée par cinq ou six formes équivalentes entre elles. Non seulement le parent pourra différer complètement de sa progéniture, mais les individus de même génération, les frères, s'adaptant chacun à une fonction particulière, ne se ressembleront même plus, et paraîtront plus éloignés les uns des autres que s'ils n'étaient pas d'une espèce identique. L'espèce deviendra donc polymorphe. Ce sera le premier degré de l'organisation sociale.

Il existe déjà un certain polymorphisme chez les Éponges ; mais là, l'état très inférieur de la génération sexuée ne permet pas la fixation par hérédité des progrès accomplis par les individus ; de plus, en raison de la prédominance dans leur économie d'une proportion considérable de matières minérales inertes et par cela même vouées à l'immobilité, les Éponges ne présentent qu'une faible plasticité. Le polymorphisme se manifeste au contraire dans les colonies de Polypes hydraires, d'une façon d'autant plus remarquable que les individus composants conservent à un haut degré leur personnalité et sont par conséquent faciles à reconnaître. D'autre part, chez ces animaux, la reproduction agame et la reproduction asexuée sont combinées de façon à avoir une importance presque pareille ; d'où il suit que nous trouvons également réunies la mobilité résultant toujours de la reproduction agame, qui permet à toutes les modifications individuelles de se transmettre, et la stabilité résultant de ce que la génération sexuée ramène sans cesse à une moyenne relativement constante les formes sollicitées à varier par les actions extérieures.

Nous avons déjà vu quelles différences profondes séparaient l'organisation des Polypes hydraires de celle des Méduses, bien que ces animaux représentent la forme asexuée et la forme sexuée d'une même espèce. Quoique très variable encore, la forme des individus asexués est infiniment plus fixe chez les Hydres que chez les Éponges. Les espèces sont nombreuses, très différentes entre elles, mais présentent cependant des caractères qui les rendent d'ordinaire assez facilement reconnaissables. La forme fondamentale des polypes est presque toujours une modification de celles que nous ont présentées les Hydres et les *Cordylophora*. Les *Dicoryne* (fig. 45, n° 1), les *Bougainvillia* (fig. 38), les *Perigonimus*, les *Eudendrium* (fig. 47, n° 1), les *Hydractinia* (fig. 46), les *Podocoryne* (fig. 42), les *Garveia*, les Tubulaires (fig. 41), les Campanulaires, les Sertulaires, les Plumulaires, etc., ont les tentacules disposés en couronne comme les Hydres. Les *Clava*, les Corynes (fig. 43), les Syncorynes (fig. 39), les Gémellaires, les ont épars, comme les *Cordylophora* (fig. 34). Le curieux *Stauridium* sur lequel Dujardin observa l'un des premiers, en 1845 (1), la formation par bourgeonnement des Méduses du genre *Cladonema* (fig. 35, n° 2) sur des Polypes hydraires, ne possède que huit tentacules, quatre relativement grands, terminés par des bouquets de nématocyste, et disposés en croix autour de la bouche, quatre autres, grêles et plus petits, alternant avec les premiers, situés vers la moitié inférieure du corps. Chez les *Myriothela*, dont la taille est considérable, et que l'on rencontre depuis les côtes de Suède jusqu'à celles de Bretagne (2), toute la moitié supérieure du corps est libre, et la moitié inférieure est au contraire couverte de nombreux tentacules épars, parmi lesquels se développe l'appareil reproducteur. Si la *Protohydra Leuckarti* de Greeff (3) est un hydraire adulte, il y aurait même des hydraires absolument dépourvus de tentacules, des Polypes sans pieds. Partout le nombre et la disposition des tentacules sont d'ailleurs éminemment variables.

Les colonies ont également une apparence très différente, même dans des types voisins. Peu d'Hydraires vivent isolés comme les Polypes de Trembley ; mais tous sont bien loin de former des colonies arborescentes, même aussi simples que celles des *Cordylophora*. Très souvent de l'extrémité inférieure du corps du Polype, du point même par lequel il adhère aux corps étrangers, naissent des espèces de racines qui rampent en se ramifiant à la surface des

(1) Dujardin, *Mémoire sur le développement des Méduses et Polypes hydraires* (*Annales des sciences naturelles*, 3ᵉ série, vol. XII, 1849).

(2) Cet hydraire a été trouvé à Roscoff (Finistère), par M. de Lacaze-Duthiers.

(3) Greeff, *Protohydra Leuckarti* (*Zeitschrift für wissenschaftliche Zoologie*, t. XX, 1870).

corps et forment ainsi un réseau plus, ou moins serré sur lequel bourgeonnent de nouveaux individus. Les colonies s'étendent alors en surface et forment sur les roches, les algues et jusque sur les coquilles des mollusques vivants et les carapaces des crabes, soit des

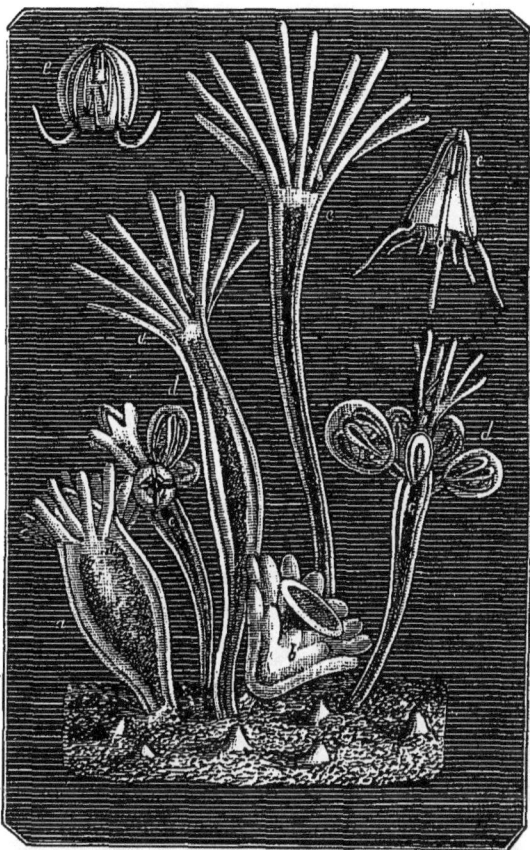

Fig. 42. — *Podocoryne carnea*, grossie 8 fois. *a, b,* individus nourriciers contractés ; *c,* individus reproducteurs ; *d,* individus sexués (Méduses) ; *e,* individu nourricier épanoui., — Les figures marquées *e* et isolées dans le haut du dessin sont des Méduses devenues libres et en train de nager, grossies 8 fois environ.

masses encroûtantes, soit de petites touffes rappelant l'apparence des mousses et des lichens. Tel est le cas des *Clava*, de certaines Syncorynes, des Gémellaires, des Clavatelles (fig. 40), des Hydracti-nies (fig. 46), des Podocorynes (fig. 42), des *Perigonimus* et des

Tubulaires (fig. 41), dont les individus atteignent quelquefois près d'un décimètre de longueur. Les tiges flexibles des Campanulaires rampent à la surface des feuilles, dressant seulement les clochettes pédonculées qui portent les Polypes. Les *Bougainvillia* (fig. 38), les

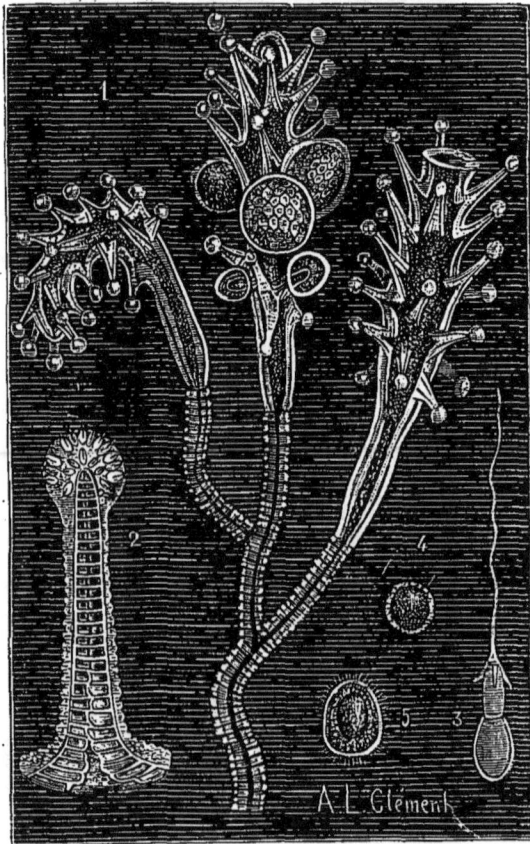

Fig. 43. — HYDRAIRES. — 1. Fragment de colouie de *Coryne pusilla* (grossie 20 fois environ) montrant deux individus stériles et un individu reproducteur. — 2. Un tentacule grossi 100 fois terminé par un bouquet de Nématocystes. — 3. Une capsule urticante ou nématocyste avec son fil spiral développé, grossie 400 fois. — 4. Un œuf mûr, grossi 60 fois. — 5. Planule ciliée prête à se métamorphoser en Polype.

Eudendrium (fig. 47, n° 1) et le plus grand nombre des Hydraires ayant un polypier corné suffisamment résistant (1) forment le plus

(1) Les Hydraires Calyptoblastiques d'Allman, notamment les Sertulaires, Plumulaires, Antennulaires, Halecium, etc.

souvent des colonies arborescentes dont le port est quelquefois
caractéristique dans toute l'étendue d'un genre, comme si un commencement d'individualité tendait à se manifester. Dans un grand
nombre de cas, chez les Corynes et certaines *Bougainvillia*, par
exemple, les deux formes de colonies se combinent : le réseau
encroûtant donne naissance, non plus à des Polypes isolés, mais à
des touffes arborescentes de Polypes. Ces derniers, qui bourgeonnent le plus souvent sans ordre, se disposent, dans le groupe des
Sertulariens, suivant des règles fixes, qui fournissent des caractères pour la distinction des espèces et des genres.

Malgré cela, nous ne trouvons pas encore dans les colonies des
Polypes hydraires proprement dits cette fixité de forme que nous
verrons bientôt s'accuser de plus en plus. L'instabilité paraît ici
presque aussi grande que chez les Éponges, quand on considère la
classe tout entière. Les Polypes eux-mêmes, malgré la simplicité
de leur structure, présentent d'un groupe à l'autre des variations
de forme extérieure plus étendues que dans les classes les plus
élevées du règne animal. C'est spécialement par l'étude des individus sexués, dérivés des individus agames par une série de lentes
et graduelles modifications, vivant longtemps aux dépens de la
colonie, subissant plus que tous les autres, en raison même de leur
complication, le contre-coup des influences qui s'exercent sur elle,
que l'on peut bien mesurer l'étendue de la mobilité des formes
animales qui nous occupent. Aucun de ces individus — on peut le
dire — n'a conservé le type primitif, fondamental ; aucun d'eux
ne présente d'une façon complète la forme et l'organisation d'un
Polype. Mais tous ne sont pas parvenus, tant s'en faut, à l'état si
nettement caractérisé de Méduse. Beaucoup même après l'avoir
atteint sont revenus en arrière ; la colonie semble, comme le fait
très justement remarquer P. J. Van Beneden, n'avoir plus la
puissance de les conduire jusqu'au terme de leur évolution normale ; elle ne produit que des Méduses plus ou moins incomplètes, des Méduses *atrophiées,* ce que le savant naturaliste belge
appelle d'un seul mot des *Atrophions.* L'atrophie peut du reste
présenter tous les degrés. Chez les *Tubularia indivisa* (fig. 41), la
Méduse atteint presque son entier développement ; elle peut même

posséder des tentacules chez la *Tubularia larynx,* chez la *Gonothy-roea Loveni* (fig. 48, n° 1) et autres espèces où son appareil gastro-vasculaire est complet ; mais l'ouverture de l'ombrelle est très petite et celle du sac stomacal n'existe pas ; l'animal ne peut nager ; il est incapable de prendre de la nourriture et ne se détache pas du Polype qui lui a donné naissance. Chez la *Garveia nutans,* la Méduse est encore plus incomplète ; son ombrelle et son sac stomacal sont également dépourvus de tout orifice ; mais l'ombrelle possède encore quatre canaux gastro-vasculaires terminés en cæcum, le canal cir-culaire qui réunit d'ordinaire ces canaux et longe le bord libre de l'ombrelle chez les Méduses a disparu. Chez les Hydractinies, les canaux gastro-vasculaires ne sont plus représentés que par un léger renflement de la base de la cavité du sac stomacal entre les deux parois duquel les œufs se développent ; l'ombrelle manque complè-tement. Chez l'*Eudendrium ramosum* (fig. 47, n° 2), la *Clava squa-mata,* la cavité du sac stomacal est rejetée sur le côté, comme un organe inutile, par le développement de l'œuf unique que contien-nent ses parois. Enfin cette cavité peut même cesser de se prolon-ger dans le sac reproducteur, c'est le cas des Hydres d'eau douce.

Assez souvent un seul sexe est ainsi frappé d'arrêt de développe-ment et c'est indifféremment, suivant les espèces, le sexe mâle ou le sexe femelle ; mais les deux peuvent aussi avorter sans que le degré de développement de l'un entraîne nécessairement le même degré de développement de l'autre. On trouve ainsi dans un même groupe tous les intermédiaires entre les Méduses parfaites et de simples sacs remplis d'œufs et de semence. Les Méduses des deux sexes avortent complètement, par exemple, chez les Hydres, les *Cor-dylophora* (fig. 34), les *Clava*, les Hydractinies (fig. 46), certaines Corynes (*Coryne squamata*). Elles atteignent presque leur complet développement dans les deux sexes chez les *Tubularia indivisa*, *Coryne aculeata, Syncoryne ramosa.* La femelle seule devient une Méduse libre chez les *Corydendrium parasiticum*, *Bougainvillia ramosa* et *racemosa, Eucoryne elegans, Pennaria Cavolini ;* c'est, au contraire, le mâle qui arrive à l'état parfait chez la *Podoco-ryne carnea* et les *Coryne mirabilis* et *gravata.* Enfin les deux sexes sont également bien développés chez les *Tubularia Du-*

mortieri, *Syncoryne mirabilis*, *cleodora*, *Sarsii*, *stenio*, etc. (1).
L'examen des espèces appartenant à ces différents genres prouve
qu'on peut établir entre les formes de leurs individus reproducteurs
une gradation continue montrant de la façon la plus indiscutable
que les plus simples, les plus dégradés sont morphologiquement
les équivalents des plus parfaits. La Méduse si élégante, si agile, si
complexe même dans son organisation, peut donc se réduire à ce
point de n'être plus qu'une glande reproductrice, sans individualité propre, simple dépendance du Polype qui la porte. Ce n'est
plus un être personnel, c'est un organe. Néanmoins l'équivalence
morphologique subsiste : nous devons considérer cet organe comme
représentant la Méduse ; le sac reproducteur de l'Hydre d'eau
douce n'est qu'une Méduse avortée.

Dans ces transformations des Méduses, la forme du Polype primitif n'est absolument pour rien. En regard de chaque genre de Polypes producteurs de Méduses, on peut mettre un ou plusieurs genres
de Polypes, identiques en apparence, mais qui ne produisent jamais
que des Méduses plus ou moins atrophiées. Les Corynes (fig. 43)
ne diffèrent des Syncorynes (fig. 39) dont il a été précédemment
question que par la substitution de simples sacs reproducteurs aux
belles Méduses à quatre tentacules que produisent ces dernières et
pour lesquelles on avait créé le genre *Sarsia*. Les Syncorynes ne diffèrent à leur tour des *Gemellaria* que par la forme des Méduses
qu'elles produisent. De même les colonies complexes d'Hydractinies
(fig. 46), que nous étudierons plus tard, ne diffèrent des colonies de
Podocorynes (fig. 42) que parce que les premières n'ont que des sacs
reproducteurs, tandis que les Podocorynes produisent, exactement
à la place de ces sacs, de petites Méduses bien développées, pourvues
de huit tentacules simples ; c'est aussi le caractère qui distingue les
Eudendrium (fig. 47) des *Bougainvillia* (fig. 38). Les *Heterocordyle*
ont toute l'apparence de *Perigonimus* où les Méduses à deux tentacules qui poussent sur les stolons seraient remplacées par des individus sans bouche, ni tentacules, portant à leur surface de nombreuses Méduses avortées.

(1) Van Beneden, *Recherches sur les Polypes des côtes de Belgique* (*Mémoires
de l'Académie royale des Sciences de Bruxelles*, 1867).

Le parallélisme absolu des deux formations n'est peut-être nulle part plus saisissant que chez les *Tubularia* (fig. 44, n° 1) et les *Corymorpha* (même fig., n° 2). Les Tubulaires poussent en général isolément sur un réseau de stolons et chaque individu n'est relié à ses

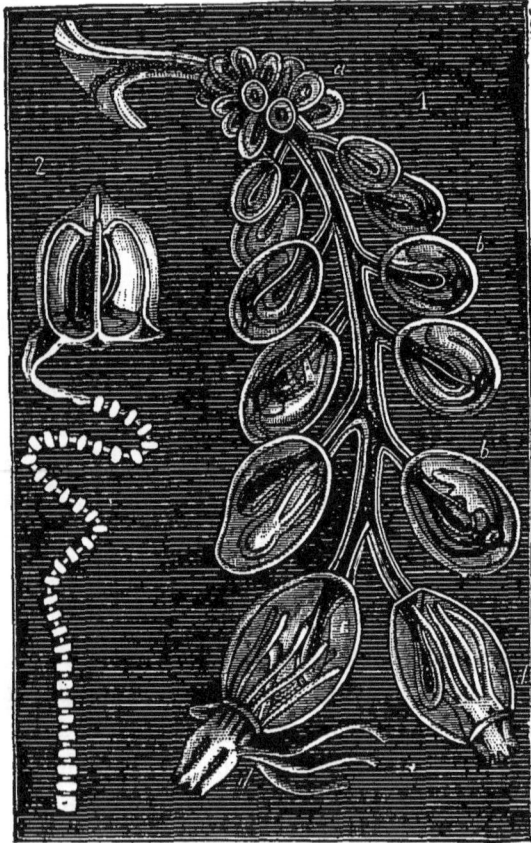

Fig. 44. — HYDRAIRES. — 1. Un rameau reproducteur de *Tubularia indivisa,* grossi 13 fois ; *a,* jeunes individus sexués en voie de développement ; *b,* individus sexués (Méduses incomplètes) plus développés ; *d,* jeune tubulaire développée dans l'individu sexué et en voie d'éclosion. — 2. Méduse de *Corymorpha nutans* grossie 3 fois.

frères que par ces sortes de racines communes ; les *Corymorpha* sont isolées et enfoncent dans le sable la partie inférieure de leur corps. Les polypes dans les deux genres ont une forme commune, mais très particulière : ils portent (fig. 41) deux couronnes de tentacules, dont l'une placée immédiatement autour de la bouche, au sommet du cône qui porte celle-ci, tandis que l'autre, formée de tentacules plus grands, entoure la base même de ce cône. Nous avons déjà dit qu'entre ces deux couronnes poussent, chez les *Corymorpha*, des grappes de Méduses souvent formées d'une dizaine d'individus qui se détachent successivement, pour nager librement et pêcher leur nourriture à l'aide du long tentacule unique, dont chacun d'eux est muni. Les Tubulaires présentent des grappes en tout analogues (fig. 44, n° 1), souvent plus fournies, mais dont les divers éléments ne revêtent jamais la forme de Méduse. Ils s'en rapprochent cependant parfois beaucoup, car on peut reconnaître en eux, nous l'avons vu, une véritable ombrelle, parcourue par un appareil gastro-vasculaire bien développé, et portant même des rudiments de tentacules. Mais cette ombrelle demeure fermée pendant la plus grande partie de son existence ; le sac stomacal qu'elle entoure et avec lequel communiquent ses vaisseaux n'offre jamais de bouche et, par conséquent, ne peut servir à la digestion ; enfin, ces Méduses incomplètes ne se détachent jamais du pédoncule qui les supporte. Il en est de mâles et de femelles ; celles-ci ne produisent en général qu'un seul œuf, qui traverse toutes les phases de son développement dans la cavité de l'ombrelle de sa mère, et n'en sort (fig. 44, n° 1, *d*) que sous la forme d'un Polype présentant déjà une ressemblance considérable avec les Tubulaires adultes. Ce jeune Polype marche quelque temps (fig. 41, n° 2) à l'aide des longs bras dont il est pourvu ; puis il se fixe pour prendre enfin sa forme définitive.

L'examen des listes de Van Beneden montre que dans l'étendue d'un seul genre tous les passages du simple sac reproducteur à la Méduse complète peuvent se rencontrer. Suivant ce naturaliste, tandis que les deux sexes avortent également chez la *Coryne squamata*, ils atteignent presque l'état de Méduse chez la *Coryne oculeata*, le mâle y parvient même complètement chez les *Coryne mirabilis* et *gravata*. Les Syncorynes seraient plus remarquables encore puisque de la *Syncoryne Listeri*, où les deux sexes avortent, on peut s'élever aux *Syncoryne cleodora, Sarsii* et *stenio* où ils atteignent tous deux l'état de Méduse, par l'intermédiaire de la

Syncoryne ramosa où les Méduses, quoique assez parfaites, ne quittent jamais la colonie. Les Tubulaires nous offriraient des exemples analogues.

Des Polypes hydraires extrêmement voisins peuvent produire

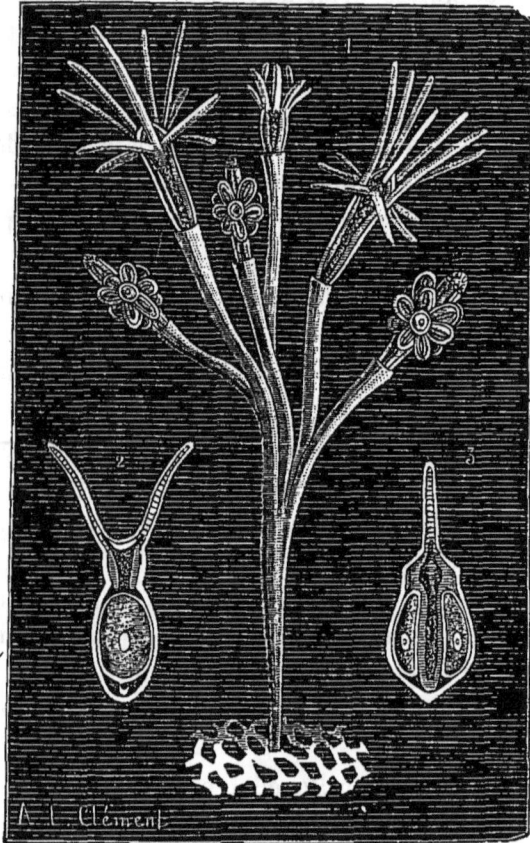

Fig. 45. — HYDRAIRES. — 1. Colonie de *Dicoryne conferta* avec individus nourriciers et individus reproducteurs dépourvus de tentacules (grossie 10 fois environ). — 2. Individu sexué (Sporosac) femelle, vu de face (grossi 50 fois). — 3. Le même vu de profil (d'après Allman).

des individus sexués d'aspect absolument différent. Les Hydraires du groupe des *Eudendrium* sont à cet égard particulièrement remarquables. Tandis que les *Eudendrium* vrais ne donnent que rarement des Méduses complètes, les *Bougainvillia* produisent des Mé-

duses pourvues de quatre tentacules bifurqués dès leur base, les
Perigonimus des Méduses qui n'ont que deux tentacules opposés, les
Dicorynes (fig. 45, n°ˢ 2 et 3) des individus sexués libres d'une
forme tout autre que celle des Méduses.

En présence de cette instabilité dans la forme extérieure comme
dans l'organisation, que les Méduses offrent à un si haut degré, en
présence de tous ces passages graduels entre les formes sexuées de
Polypes presque identiques les uns aux autres sous leur forme
agame, n'est-il pas permis de se demander s'il ne serait pas possible
d'amener, par le choix de conditions convenables, les Hydractinies,
les Corynes, les Tubulaires, les *Garveia*, à produire des Méduses
complètes, et d'arrêter inversement le développement des Méduses
dans les genres correspondants des Podocorynes, des Syncorynes,
des *Gemellaria*, des *Corymorpha*? Ce seraient là de bien curieuses
expériences à tenter. Peut-être la nature s'est-elle chargée du reste
de les faire pour nous. Louis Agassiz a cru voir que, suivant la
saison, les Méduses produites par la *Coryne mirabilis* peuvent
devenir libres ou pondre sans se détacher de la colonie. Des
recherches attentives permettraient sans doute de découvrir d'autres
cas où, dans la même espèce, on trouverait des colonies produisant
des Méduses, d'autres n'en produisant pas. Une température et
une nourriture convenables suffisent pour amener l'Hydre d'eau
douce, habituellement solitaire, à fonder de petites colonies : des
circonstances analogues ne pourraient-elles pas déterminer les
Méduses à demeurer unies à la colonie qui les a produites, hâter
chez elles le développement et l'expulsion des éléments reproducteurs et rendre, par conséquent, inutile la formation des organes
destinés à assurer l'existence des individus sexués pendant la durée
de sa vie vagabonde? Quels arguments plus précieux pourrait-on
recueillir en faveur de la mutabilité des formes spécifiques? Les
Polypes hydraires nous montrent déjà comment un organisme
simple peut revêtir les formes les plus diverses, redescendre l'é-
chelle de l'organisation après avoir acquis une forme, en apparence,
définitive ou la remonter, au contraire, pour devenir un organisme
relativement élevé ; ils nous permettent, encore de nos jours, de
suivre pas à pas cette merveilleuse métamorphose ; ils nous ensei-

gnent comment elle a pu avoir lieu spontanément; quel complément à cette grande leçon si nous pouvions à notre gré produire ou empêcher cet admirable phénomène !

L'individu sexué, né sur une colonie d'Hydraires, peut du reste devenir libre et apte à se mouvoir sans revêtir nécessairement la forme de Méduse. Chez la *Clavatellaprolifera* (fig. 35, n° 1 et fig. 40), cet individu sexué décrit par M. de Quatrefages sous le nom d'*Eleutérie* (1) est presque une Hydre, sans appareil de fixation, assez analogue à un jeune Tubulaire et qui marche sur les Algues à l'aide des longs tentacules bifurqués, terminés par des pelotes de nématocystes, dont est garni le pourtour de son corps. Ces tentacules rappellent un peu les tentacules courts sur lesquels la *Cladonema radiatum* (voir la fig. 35, p. 193), la Méduse élégante provenant des *Stauridium*, aime à reposer son ombrelle. Mais ici, il n'y a pas à proprement parler d'ombrelle ; les éléments reproducteurs se développent, au-dessus du sac stomacal, dans la région dorsale et convexe de l'Eleuthérie, celle par laquelle le jeune animal était d'abord fixé à la colonie.

Chez la *Dicoryne conferta* (fig. 45, n°s 2 et 3), l'individu sexué est particulièrement étrange : c'est une sorte de double sac ovale, muni, à l'un de ses pôles, de deux bras placés côte à côte et divergeant comme des cornes. Cet animal nage à l'aide des longs cils vibratiles, dont tout son corps est recouvert. De même que l'Éleuthérie des Clavatelles rappelle un peu les jeunes Tubulaires, l'individu sexué des Dicorynes n'est pas sans analogie avec les larves de certaines Méduses dont le développement s'effectue directement, sans nécessiter la formation préalable de Polypes hydraires, telles que les *Ægineta* ou les *Æginopsis*. On pourrait donc considérer ces formes aberrantes comme représentant quelques-unes des phases du développement historique des Hydres ou des Méduses, quelques-unes des phases que le Polype sexué a eu à traverser avant d'atteindre sa forme définitive.

Retenons de tout ceci que les Méduses sont essentiellement

(1) A. de Quatrefages, *Mémoire sur l'Elenthérie dichotome* (*Annales des sciences naturelles*, 3° série, t. XVIII, 1842).

polymorphes, c'est-à-dire que leur forme est essentiellement variable et peut changer avec une extrême facilité suivant les circonstances ; leurs tentacules, leur ombrelle, leur velum, leur appareil circulatoire peuvent avorter ; l'ouverture de l'ombrelle peut changer de place, se trouver portée sur le côté, comme on le voit chez les Tubulaires, ou disparaître. Il suffit que la Méduse demeure attachée à la colonie pour que ces modifications se produisent en elle, et l'on sait que pour conduire à demeurer unis des individus primitivement destinés à se séparer, il n'est besoin que d'un peu plus de chaleur et d'une plus copieuse nourriture. D'autres influences peuvent sans doute agir dans ce sens et transformer des Méduses primitivement destinées à devenir libres, en Méduses qui demeurent indéfiniment fixées. Ce sont là des faits d'une haute importance et dont nous sommes bien loin d'avoir encore épuisé les conséquences.

Si nous avons pu supposer qu'il ne serait pas impossible d'obtenir expérimentalement des modifications assez considérables dans la forme des Méduses d'une même colonie, si même il paraît probable que dans les colonies issues d'une même ponte, il arrive naturellement que les individus sexués ne se présentent pas toujours avec des caractères identiques, nous avons dû cependant, pour établir le polymorphisme des individus sexués du groupe des Hydraires, avoir recours à des formes que l'on considère habituellement comme appartenant à des espèces ou même à des genres distincts. Les différences profondes qui séparent une Méduse adulte de l'Hydre qui l'a engendrée nous ont montré toutefois que, dans une même colonie, les individus sexués revêtent une forme qui paraît au premier abord n'avoir aucun rapport avec celle de l'individu stérile. Mais ce n'est pas seulement entre l'individu agame et l'individu sexué que de telles différences se produisent.

Les colonies d'Hydres marines se trouvent dans les conditions les plus variées. A marée basse, quand l'eau ne recouvre plus les feuilles vertes et déliées des Zostères ou les brunes frondes vésiculeuses des Varechs que d'une mince couche transparente, on aperçoit sur elles les grêles filaments des *Campanulaires*, terminés chacun par une coupe élégante sur laquelle s'étale, semblable à une délicate corolle, la couronne de tentacules du Polype. Plus bas, parmi les touffes du *Fucus vesiculosus*, ces masses, couleur de chair, rappelant un peu certains Champignons, sont des *Clava* de différentes espèces. Les Laminaires, notamment le superbe

Fig. 46. — POLYPES HYDRAIRES. — Colonie d'*Hydractinia echinata* grossie 6 fois; *a*, individus nourriciers épanouis; *b*, un individu nourricier contracté la bouche ouverte; *c*, un Dactylozoïde (individu astome et stérile); *d*, individu reproducteur; *e*, individus sexués (Sporosacs) femelles; *f*, épines cornées protectrices (d'après Allman).

Baudrier de Neptune, portent souvent les colonies en forme de plumes, des *Aglaophenia*. Les diverses espèces de Sertulaires couvrent de leur mousse aux teintes foncées la plupart des corps sous-marins et s'attachent souvent aux coquilles d'Huîtres et de Peignes pendant la vie du Mollusque qui les habite. Les Hydractinies, les Podocorynes, les *Perigonimus*, les Heterocordyles et plusieurs autres espèces préfèrent, au contraire, se fixer sur les coquilles de Mollusques, tels que les Nasses, les Troques, les Buccins et jusque sur leur opercule. Ces Polypes choisissent souvent de préférence les coquilles qui sont habitées par les Crabes singuliers, connus sous les noms de *Pagures* ou *Bernard-l'Hermite*. Toutes les fois que vous voyez une coquille contenant un *Pagure* courir sur le sable, enveloppée comme d'une sorte de mousse légère, demi-transparente, recueillez-la : ce sont des Polypes qui forment son habit. Chez les Hydractinies, une substance cornée sert de soutien à la colonie, revêt la coquille d'une croûte épaisse, et se prolongeant plus ou moins au delà de son ouverture, lui forme une collerette par laquelle sortent les pinces du Crabe. Des épines se dressent sur cette base cornée et constituent pour les Polypes une palissade naturelle.

En examinant de près une colonie d'Hydractinies (fig. 46), on ne tarde pas à distinguer en elle diverses sortes d'individus. Les plus nombreux (fig. 46, *a*) dont le corps, très contractile, peut revêtir les aspects les plus variables, ont à peu près l'apparence des Hydres d'eau douce, sauf qu'ils possèdent un plus grand nombre de tentacules, plus régulièrement disposés. Leur bouche peut se dilater démesurément (fig. 46, *b*) ; ils mangent avec avidité, sont stériles et doivent être considérés essentiellement comme des *individus nourriciers*. On peut avec N. Moseley les désigner sous le nom de *Gastrozoïdes* (1). Au milieu d'eux se trouvent d'autres individus plus allongés, plus grêles, privés de bouche, et chez lesquels les bras sont remplacés par un collier de tentacules remplis de nématocystes (fig. 46, *d*) ; sur ces individus se développent les sacs reproducteurs mâles et femelles des Hydractinies (fig. 46, *e*), les Méduses sexuées qui sont chargées de reproduire et de disséminer les colonies des Podocorynes. Ce sont là des *individus reproducteurs* ou *Gonozoïdes* (2). Sur les bords de la colonie se montrent encore d'autres

---

(1) De γαστήρ, estomac et ζῶον, animal, littéralement *animal-estomac*.
(2) De γεννάω, j'engendre et ζῶον, animal, *animal-reproducteur*.

individus stériles (fig. 46, *c*), construits sur le type de ceux qui portent les sacs reproducteurs, mais un peu plus grêles, plus allongés et susceptibles de se rouler en spirale au moindre contact. Leur position et leur façon générale de se comporter démontrent que ces individus se sont modifiés de manière à devenir des espèces d'organes du tact, des tentacules coloniaux. On peut les appeler des *Dactylozoïdes* (1). D'autres filaments dépourvus de bouquets de nématocystes, plus ou moins flexueux, mais rarement enroulés en spirale régulière, représentent chez les Hydractinies un degré plus inférieur encore de dégénération de l'individu. Il paraîtrait même — c'était du moins l'opinion de Louis Agassiz — que les Épines cornées qui hérissent la colonie (fig. 46, *f*) sont formées par des bourgeons exactement semblables à ceux qui deviennent des Polypes ; seulement ces bourgeons, au lieu de continuer à grandir, sont rapidement recouverts d'un enduit chitineux. On n'en doit pas moins les considérer comme de véritables individus, arrêtés dans leur développement et transformés en organes de défense.

On peut donc se figurer une colonie d'Hydractinies comme une espèce de ville dans laquelle les individus se sont partagé les devoirs sociaux et les accomplissent ponctuellement. Les uns sont de véritables officiers de bouche ; ils se chargent d'approvisionner la colonie ; ils chassent et mangent pour elle ; d'autres la protègent ou l'avertissent des dangers qu'elle peut courir, ce sont les agents de police. Sur les autres repose la prospérité numérique de l'espèce et ils sont de trois sortes, à savoir : les individus reproducteurs chargés de produire les bourgeons sexués, les individus mâles et les individus femelles. Dans la ville le nombre total des corporations — que l'on me passe le mot — n'est pas inférieur à sept. Une telle division du travail laisse nettement pressentir qu'une individualité nouvelle pourra naître d'une association d'Hydres ; nous verrons bientôt, en effet, comment cette individualité se réalise.

La diversité des aspects que peut revêtir l'individu chez les Hy-

(1) De δάκτυλος, doigt et ζῶον, animal, *animal-doigt*.

dractinies est bien faite pour étonner. On se demande tout d'abord quelles causes ont pu déterminer d'aussi multiples adaptations : un seul exemple suffira à montrer à quel point la forme et l'organi-sation des Polypes sont sous la dépendance des circonstances exté-rieures. Il arrive assez souvent que certains animaux viennent se loger à l'intérieur d'un Polype nourricier, soit pour y trouver un abri, soit pour profiter de la chasse de leur hôte et se nourrir ainsi sans se donner beaucoup de peine. La gêne qui résulte de la présence de ces parasites ne semblerait pas devoir être bien consi-dérable et cependant le Polype ainsi habité perd presque toujours ses tentacules et prend un aspect très voisin de celui des individus reproducteurs. Les larves de Pycnogonides, êtres bizarres, inter-médiaires entre les Crustacés et les Arachnides, sont les auteurs les plus habituels de ce singulier phénomène. Les excitations incessantes produites par le contact des objets extérieurs sur les Polypes occupant le bord d'une colonie d'Hydractinies n'ont-elles pas été suffisantes pour déterminer chez eux une dégénérescence analogue à celle qui résulte de l'excitation produite par la présence d'un corps étranger ? L'organe reproducteur en voie de formation, attirant à lui les fluides nutritifs, n'agit-il pas dans le même sens qu'un parasite qui détourne à son profit une part de l'activité digestive du Polype ? Ces assimilations, quoique imparfaites, n'en sont pas moins suffisantes pour indiquer comment se produisent ces variations de la forme fondamentale des Hydres, si éton-nantes qu'elles paraissent. Quelquefois ces modifications ne sont que transitoires, et leur rapport avec la fonction que remplit le Polype n'en est alors que plus évident. L'*Eudendrium ramo-sum* (fig. 47) porte ses capsules reproductrices en verticilles au-dessous de la couronne de tentacules. Les individus reproducteurs (fig. 47, *b*) ne diffèrent d'abord en rien des individus stériles (fig. 47, *a*), mais leurs tentacules tombent dès que les bourgeons sexués ont atteint un certain développement (fig. 47, *c*). Il est évident que si l'on parvenait à faire apparaître ces derniers avant que le Polype qui les porte se soit garni de tentacules, ces tenta-cules ne se développeraient pas et on aurait ainsi un Polype re-producteur analogue à celui des Hydractinies.

Louis Agassiz (1) et Allman (2) ont observé un phénomène exactement inverse de celui que présente l'*Eudendrium ramosum*. Dans un Hydraire américain pourvu de sacs reproducteurs très simples, le *Rhizogeton fusiformis*, L. Agassiz a vu ces sacs se transformer en

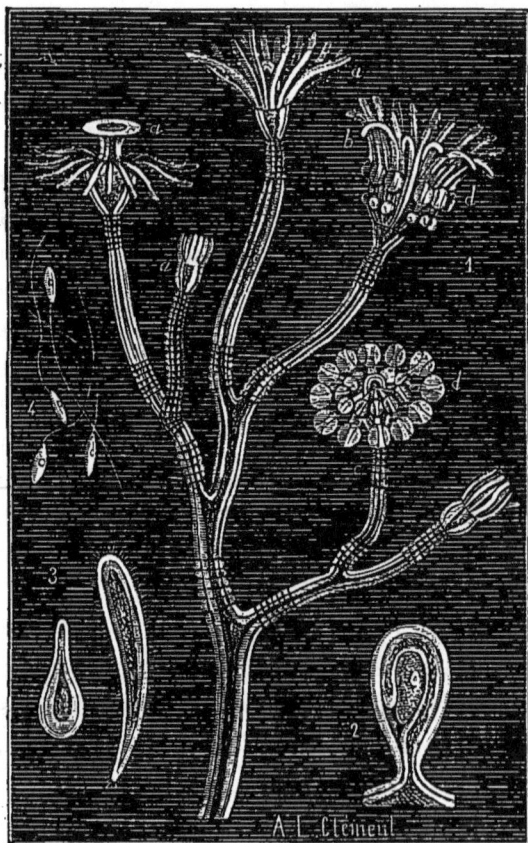

'Fig. 47. — HYDRAIRES. — 1. Colonie d'*Eudendrium ramosum* grossie 7 fois; *a*, individu stérile; *b*, individu portant des sacs reproducteurs mâles, avant la chute des tentacules; *d*, bouquet de sacs reproducteurs mâles. — *2*. Un sac ovigère. — 3. Planules à divers états de développement. — 4. Spermatozoïdes.

Polypes complets, après s'être débarrassés de leur contenu. La même chose a été observée par Allman sur le *Cordylophora lacustris*.

(1) Louis Agassiz, *Contributions to the Natural History of United States*, t. IV, p. 226.

(2) Allman, *A Monography of Gymnoblastic or Tubularian Hydroids*, p. 40, 1871.

C'était cette fois la partie de l'individu reproducteur correspondant
au sac stomacal qui avait·produit un Polype, ce qui est du reste
parfaitement conforme aux homologies. Allman pense que˙ces
deux cas sont accidentels : ils n'en sont que plus intéressants, puisqu'ils démontrent, par cela même, l'influence des conditions dans
lesquelles les Polypes sont placés. Rien ne saurait mieux prouver
que le développement précoce des éléments sexuels peut retarder
momentanément l'évolution des Polypes qui les porte, évolution
qui reprend son cours dès que disparaissent les causes qui la
gênaient.

Dans l'une des grandes divisions de la classe des Polypes hydraires, où l'on observe un développement plus considérable de l'étui
corné qui soutient et protège, dans un grand nombre d'autres
genres, le corps délicat des Polypes, les individus reproducteurs et
les individus sexués qui se développent sur eux affectent une disposition des plus remarquables. Quand on examine ces colonies où
chaque Polype a une loge particulière, où ces loges ont, suivant
les genres et les espèces, une forme et une disposition tout à, fait
caractéristiques et souvent fort élégantes, l'attention est bien vite
attirée par des loges beaucoup plus grandes que les autres et
dont la surface est ordinairement couvèrte d'une ornementation
particulière. Ces loges ressemblent quelquefois à de petites corbeilles habilement tressées : plus souvent ce sont des urnes relativement spacieuses, au col rétréci, qui surgissent sur les rameaux de
la colonie comme les cônes des Thuya ou des Cyprès au milieu de
leurs frondes aux mille découpures. Les noms de *Sertulaire cyprès*,
de *Sertulaire sapin* qui ont été donnés à quelques espèces indiquent
à quel point cette ressemblance est frappante. Elle est d'autant plus
réelle que les loges en question sont précisément les appareils de
fructification de nos Polypes. Je me sers à dessein du mot *appareil*,
car le contenu de ces chambres est l'équivalent de tout un rameau
du Polypier. Dans l'*Obelia geniculata* (fig. 48, n° 2) l'axe de chaque
loge en forme d'urne est occupé par une sorte de massue charnue (1), dont le sommet dilaté ferme l'ouverture de l'urne : cette

_____

(1) Le *Blastostyle* d'Allman.

massue n'est pas autre chose qu'un individu reproducteur sur toute la longueur duquel se forment successivement, de haut en bas, un nombre considérable de Méduses. Les Méduses les plus rapprochées de l'ouverture de la loge arrivent les premières à l'état de maturité, et s'échappent bientôt pour nager librement à l'extérieur.

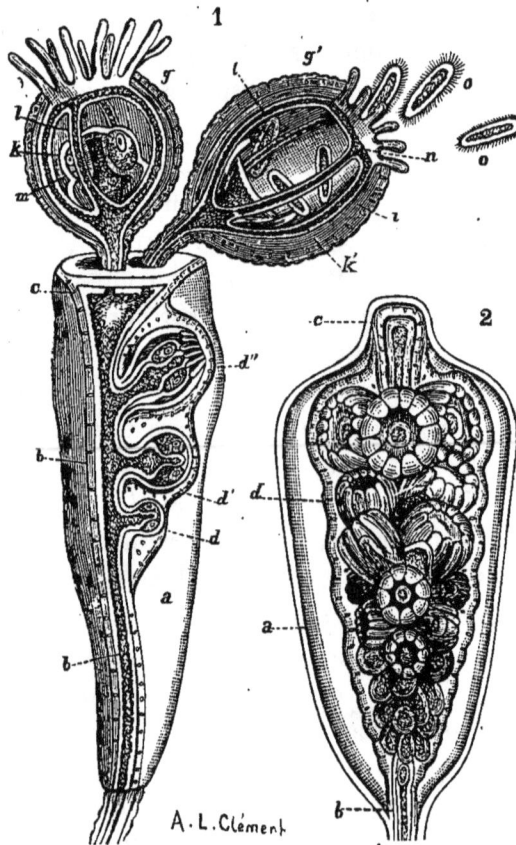

Fig. 48. — 1. Appareil fructificateur de la *Gonothyræa Loveni* : *a*, cavité de la loge; *b*, individu reproducteur (*Blastostyle*); *c*, son sommet élargi en forme d'opercule; *d*, *d'*, *d"*, individus sexués parvenus à maturité et présentant l'organisation d'une Méduse; *k*, *k'*, paroi externe du sac stomacal incomplet; *l*, canaux gastro-vasculaires aboutissant au vaisseau circulaire *n*; *m*, œufs; *o*, embryons ciliés ou planules s'échappant de la cavité de l'*ombrelle*. — 2. Appareil fructificateur de l'*Obelia geniculata* : *a*, la loge; *b*, l'individu reproducteur couvert de Méduses à différents degrés de développement; *c*, son extrémité supérieure élargie en opercule; *d*, membrane commune enveloppant les Méduses (d'après Allman).

Sans que rien de fondamental soit changé dans cette disposition, les individus sexués peuvent prendre toutes les formes que nous

connaissons déjà depuis l'état de Méduse jusqu'à l'état de simple
sac reproducteur ne contenant qu'un seul œuf. Déjà chez la *Gonothyræa Loveni* (fig. 48, n° 1), les Méduses ne dépassent pas l'état auquel elles arrivent chez les Tubulaires, et ressemblent même exactement aux Méduses de la *Tubularia larynx* dont l'ombrelle porte
autour de son orifice, très petit du reste, une couronne de tentacules. Ces Méduses ne se détachent jamais de l'individu reproducteur
et les œufs se transforment en larves ciliées ou planules (fig. 48,
n° 1, *o*) dans la cavité de l'ombrelle. Au fur et à mesure que les larves
mûrissent, l'accroissement de l'individu reproducteur porte successivement les Méduses hors de la loge qui les contient : les planules
s'échappent alors tandis que la Méduse se flétrit et disparaît comme
disparaissent les fruits mûrs après leur déhiscence. Les individus
sexués sont réduits à de simples sacs contenant chacun un œuf chez
les *Laomedea*. Chez la *Laomedea repens*, Allman, l'individu reproducteur présente une modification particulière : presque dès sa base il se
divise en quatre branches sur chacune desquelles se développe une
double série de sacs sexués, exactement comme cela arrive pour le
placenta de certains végétaux. Parmi les Hydraires à appareil reproducteur très simple, le *Cordylophora lacustris* nous a déjà présenté une division analogue de l'individu reproducteur. Chez les
Sertulaires, c'est seulement à son extrémité supérieure, après avoir
donné naissance sur sa longueur à plusieurs individus sexués, que
l'individu reproducteur se divise en plusieurs autres, autour desquels se développent (1) autant de lames cornées, découpées sur
leur bord comme des feuilles et dont l'ensemble forme une sorte
de corolle au-dessus de la loge. Au centre de cette corolle apparaît d'ordinaire une poche sphérique (2) dans laquelle passent
les œufs, quand ils sont mûrs, pour y subir les premières phases de
leur développement. Ne dirait-on pas que cet appareil est une
fleur pourvue de ses pétales, de son ovaire infère par rapport à la
corolle et contenant un placenta couvert d'ovules ?

Peut-être ces ramifications de l'individu reproducteur condui-
sent-elles à la disposition singulière que l'on observe chez l'*Hale-

(1) *Sertularia rosacea*, *Sertularia tamarisca*, etc.
(2) L'*Acrocyste* ou la *poche marsupiale* de Allman.

cium halecinum où chaque grande loge contient, accolés l'un à l'autre sur une partie de leur longueur, deux individus stériles, tout à fait semblables aux individus nourriciers, et un individu reproducteur qui disparaît quand les œufs sont arrivés à maturité. On pourrait voir dans les deux individus stériles des ramifications de l'individu reproducteur parvenues à l'état de Polype, grâce à une exagération de développement semblable à celle qui change, dans les fleurs doubles, les étamines ou même les feuilles carpellaires en pétales et rend ainsi ces organes stériles. Les Plumulaires nous fournissent d'ailleurs l'exemple d'un appareil dans lequel plusieurs individus reproducteurs, nés symétriquement sur un même rameau, sont rassemblés dans une même enveloppe cornée, semblable à une petite corbeille, dans laquelle tous les individus seraient déposés. On réserve à cet appareil des Plumulaires le nom de *Corbules.*

Nous avons déjà vu dans un grand nombre de cas s'effectuer, chez les Polypes hydraires, le passage d'un individu à l'état d'organe, ou le passage d'un organe à l'état d'individu : les différents exemples que nous venons de citer montrent qu'il n'est pas moins fréquent de voir un assez grand nombre d'individus s'associer pour former un organe. Nul ne songerait à voir dans les appareils reproducteurs des *Laomedea*, des *Obelia*, des Sertulaires ou des Plumulaires autre chose que de simples organes, si une comparaison attentive des modes de reproduction des Polypes hydraires n'amenait à conclure, en toute certitude, que ces organes résultent de la fusion d'un nombre plus ou moins considérable de polypes modifiés en vue de la fonction de reproduction. Ainsi chez les végétaux un nombre variable de feuilles, originairement indépendantes les unes des autres, s'associent en se modifiant, pour former un organe complexe : la fleur.

S'il est rare que chez les Hydraires proprement dits le polymorphisme soit porté aussi loin que chez les Hydractinies et les Podocorynes, on retrouve cependant assez fréquemment associées cinq sortes d'individus : l'*individu nourricier*, l'*individu reproducteur*, les deux sortes d'*individus sexués* (le mâle et la femelle), enfin ces individus sans bouche dont le rôle se borne à palper et à saisir, et que nous avons nommés avec Moseley des *dactylozoïdes*, car ils auront pour nous dans la suite une importance particulière. Ces dactylozoïdes sont surtout faciles à observer chez un Polype voisin des Campanulaires, découvert par Thomas Hincks, qui lui a donné le nom d'*Ophiodes mirabilis* (1). Les individus nourriciers portent, un peu au-dessous de la bouche placée au sommet d'un cône surbaissé, une couronne parfaitement régulière de tentacules ; au-dessous de cette couronne, le corps présente une constriction circulaire formant une sorte de cou, puis se renfle de nouveau pour s'amincir ensuite de manière à figurer une massue. Les dactylozoïdes sont beaucoup plus minces, très capables d'une grande extension, très mobiles, presque cylindriques et terminés chacun par un bouquet de capsules urticantes, comme ceux des Hydractinies. Ils sont presque aussi nombreux que les individus nourriciers et disséminés dans la colonie sans présenter avec eux aucun rapport déterminé de position. Des individus reproducteurs, offrant une disposition spéciale, complètent un ensemble analogue au fond à celui des Hydractinies, mais très différent d'aspect parce que la colonie, au lieu de s'étaler en couche horizontale, forme, au contraire, des branches ramifiées portant les diverses sortes d'individus. Les Ophiodes sont enveloppés par un mince Polypier corné où les diverses sortes d'individus possèdent des loges de forme différente et très facilement reconnaissables. Les plus grandes ressemblent à des urnes : c'est dans leur intérieur que se développent les individus reproducteurs ; les moyennes s'évasent en entonnoir : elles sont habitées par les individus nourriciers ; les plus petites, ayant l'aspect de petits cornets, appartiennent aux dactylozoïdes.

Dans presque toutes les colonies de Polypes du groupe des Plumulaires, on observe, à la base des loges occupées par les individus nourriciers, de petites loges (fig. 49, n° 1), souvent disposées par couples, toutes semblables aux loges des dactylozoïdes des *Ophiodes*, mais habitées cependant par des individus d'une structure toute spéciale et des plus significatives. Ces individus ont

---

(1) *Annals and Magazine of Natural History*, novembre 1866.

été désignés par Busk, qui a le premier attiré sur eux l'attention, sous le nom de *nématophores* (1). Quand on observe pendant quelque temps une colonie bien vivante de Plumulaires ou
d'Antennulaires (fig. 49, n° 1), on ne tarde pas à voir sortir des

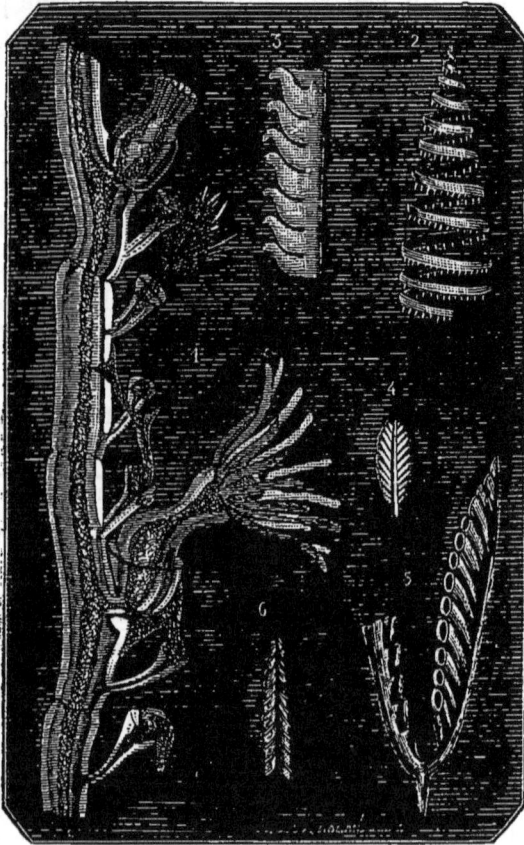

Fig. 49. — 1. *Antennularia antennina*, montrant deux polypes et six nématophores à divers états de
contraction. — 2 à 6 : GRAPTOLITES : 2, *Graptolites turriculatus*, Barrande; 3, *Graptolites prio-
don*, Bronn; 4. *Diplograpsus folium*, Hisinger; 5, *Prionotus geminus*, Hisinger; 6, *Gladiolites
Geinitzianus*, Barrande.

petites loges en question des masses charnues, qui s'allongent en
s'amincissant jusqu'à dépasser de beaucoup les Polypes propre-

(1) Busk, *Hunterian Lecture delivered at the Royal College of Surgeons*,
London, 1857.

ment dits. On ne reconnaît en elles aucune structure : ces masses
sont d'abord presque cylindriques ou coniques, mais peu à peu
leur surface se hérisse de prolongements irréguliers, de véritables
pseudopodes, en tout analogues à ceux des Protozoaires. L'être qui
habite les petites loges d'une colonie de Plumulaires n'a rien de
l'organisation d'un Polype hydraire ; il est exclusivement formé de
protoplasme, ou plutôt de masses protoplasmiques diversement
fusionnées entre elles. S'il existait seul, si l'on supprimait par la
pensée tous les individus nourriciers et reproducteurs, on ne
pourrait manquer de considérer la partie restante de la colonie
comme une colonie de Rhizopodes. Il faudrait placer les Plumulaires, les Antennulaires et tous les Hydraires qui ont comme elles
des nématophores, à côté des Foraminifères et des Radiolaires.

Eh bien, il est une période de la vie de ces singuliers Polypes,
où cette condition est réalisée, où les *individus protoplasmiques*,
les nématophores, existent seuls. Quand la jeune planule qui provient d'un œuf de Plumulaire se fixe, ce sont les individus protoplasmiques avec leur appareil protecteur qui naissent les premiers (1). La Plumulaire est caractérisée, dès le début de son
développement, par ces individus. Or, c'est une loi fondamentale
du développement embryogénique des êtres — tel que l'interprète
la doctrine transformiste — que les métamorphoses éprouvées par
chaque individu, dans le cours de son évolution, ne font que reproduire, en abrégeant leur durée, les diverses formes qu'a traversées,
dans la suite des temps, l'espèce à laquelle il appartient pour parvenir à sa forme actuelle. Les Hydraires auraient-ils donc apparu
tout d'abord sous la forme de simples colonies de Rhizopodes qui
se seraient graduellement compliquées, comme l'ont fait depuis les
colonies d'Hydraires elles-mêmes ? C'est l'opinion d'un homme qui
s'est illustré par ses recherches sur ces animaux, le naturaliste
anglais Georges James Allman : c'est aussi l'opinion de l'un des
savants qui occupent les rangs les plus élevés dans la science euro-
péenne, Thomas Huxley.

(1) Allman, *A Monograph of Gymnoblastic or Tubularian Hydroids*. Part. II,
1876.

Cette hypothèse que suggère l'embryogénie semble du reste confirmée par la paléontologie. Dans les terrains les plus anciens, dans les couches siluriennes, on trouve des fossiles délicats, semblables à des Mousses d'une grande régularité, dont les folioles seraient remplacées par de petites loges toujours disposées, suivant une loi déterminée : ce sont les *Graptolites*, aux formes aussi nombreuses qu'élégantes et variées (fig. 49, nos 2 à 6). Ils sont généralement constitués par un axe solide sur lequel viennent se placer des loges pressées les unes contre les autres, presque toujours soudées entre elles, et formant tantôt une seule série occupant l'un des côtés de l'axe, tantôt deux séries symétriquement disposées de chaque côté de ce dernier. L'axe peut être absolument rectiligne, comme chez les *Diplograpsus*, ou bifurqué et gracieusement courbé de manière à figurer une accolade, ou enroulé en spirale et présenter encore d'autres dispositions fort diverses. Les loges ne sont pas moins variables d'aspect. Quelquefois elles sont en forme de cornet comme celles des nématophores des Plumulaires ; souvent aussi leur ouverture se rétrécit brusquement de manière à devenir à peine visible, et l'on ne peut supposer qu'un organisme comparable à une Hydre ait pu jamais passer à travers une pareille filière. Nous avons vu, au contraire, les Rhizopodes habiter des loges ou des coquilles qui les enveloppent complètement et ne laissent qu'un étroit orifice pour permettre au protoplasme demi-fluide, qui forme le corps de ces animaux, de se répandre à l'extérieur ; on est donc conduit à penser que les êtres qui ont formé les Graptolites étaient de nature protoplasmique, comme les Rhizopodes que nous connaissons, et, par conséquent, tout à fait semblables aux nématophores des Plumulaires. Les Graptolites étaient des colonies de nématophores, comme les jeunes Plumulaires, réduites à leurs nématophores, sont elles-mêmes de véritables Graptolites.

Ces rapprochements jettent une vive lumière tout à la fois sur la véritable nature des Graptolites et sur la généalogie des Polypes hydraires. Les Hydraires, comme les Éponges, sont ainsi rattachés aux Rhizopodes ; mais pour ces deux groupes la généalogie s'établit d'une façon différente. Les Éponges sem-

blent avoir exigé la formation préalable d'éléments cellulaires
de deux sortes : c'est sur les éléments qu'a porté tout d'abord la
division du travail ; l'*individu spongiaire* n'est venu qu'après, et ses
colonies ne se sont jamais élevées bien haut. Chez les Hydres,
l'*individu hydraire* s'est formé avant toute spécialisation des éléments qui le constituaient, et, dans la suite, les plus essentiels de
ces éléments, ceux qui constituent l'exoderme et l'entoderme, sont
encore demeurés de même nature. Les Hydraires primitifs, les
Graptolites se sont très vite constitués en colonies, et c'est seulement entre les individus de ces colonies complexes qu'a commencé
la division du travail.

Il y a donc eu, dès l'origine, une différence profonde dans le mécanisme de formation des Éponges et des Hydres. Les unes et les
autres dérivent des êtres protoplasmiques et des organismes monocellulaires, et sont encore trop près de cette origine pour ne pas
manifester quelques analogies ; chez les unes et les autres, le progrès organique s'accuse par la production d'une cavité dans laquelle
les matières alimentaires sont retenues pour être élaborées ; mais
là se borne la ressemblance et les parties qui entourent cette cavité,
les éléments constitutifs de ses parois, les individus monocellulaires qui contribuent à former l'individualité nouvelle sont déjà
de nature différente. Ce ne sont pas, en un mot, les mêmes Protozoaires qui ont formé les Éponges d'une part, les Hydres de l'autre.

Aussi le progrès s'arrête-t-il très vite dans le premier de ces
groupes, tandis que nous allons voir les colonies des Polypes hydraires se transformer en individualités nouvelles, plus complexes
et d'une haute importance.

CHAPITRE V

PREMIER MODE DE TRANSFORMATION DES COLONIES D'HYDRES
EN INDIVIDUS.

(Les Siphonophores.)

Bien peu d'animaux marins excitent l'étonnement au même
degré que les Siphonophores ; bien peu offrent des formes aussi
capricieuses, aussi variées, aussi inattendues. Qu'on imagine de
véritables lustres vivants, laissant flotter nonchalamment leurs
mille pendeloques, au gré des molles ondulations d'une mer tran-
quille, repliant sur eux-mêmes leurs trésors de pur cristal, de rubis,
de saphirs, d'émeraudes, ou les égrenant de toutes parts, comme
s'ils laissaient tomber de leur sein une pluie de pierres précieuses,
chatoyant des innombrables reflets de l'arc-en-ciel, montrant
en un instant à l'œil ébloui les aspects les plus divers ; tels sont ces
êtres merveilleux, bijoux animés que l'on croirait fraîchement
sortis de l'écrin de quelque reine de l'Océan. L'esprit ne saurait
rêver rien de plus riche, et c'est précisément pourquoi la froide
analyse des naturalistes est demeurée longtemps confondue en
présence d'organismes qui ne semblaient relever que de la fantaisie
d'un divin joaillier.

Les Siphonophores sont bien connus des navigateurs qui désignent
l'un d'entre eux, la *Physale*, sous le nom de *Galère*. C'est surtout

dans les mers chaudes et tempérées qu'ils abondent. Par les temps
calmes, ils viennent à la surface, et se laissent aller à la dérive, em-
portés par les courants ; mais ils savent aussi très bien se soustraire
à la poursuite de leurs ennemis : après avoir suivi plus ou moins
longtemps la même route, on les voit tout à coup changer d'allure. L'extrême complexité de leur corps, fait pour flotter et non
pour nager, n'est pas un embarras pour eux : toutes ses parties se
mettent admirablement au service de la volonté directrice ; leurs
mouvements se coordonnent de la façon la plus précise.

Rien n'égale cependant la multiplicité et la variété des parties
qui doivent obéir ainsi.

Les Galères ou Physales montrent tout d'abord une sorte de ballon allongé, aux reflets d'un violet brillant, qui peut atteindre la
grosseur d'une outre de cornemuse, flotte à la surface de l'eau
et présente à l'action du vent une large crête membraneuse,
vivement colorée, lui servant de voile. A l'une des extrémités de
son grand axe, le ballon est effilé et se trouve percé à sa partie
supérieure d'un orifice par lequel l'air peut s'échapper, tandis qu'un
bouquet de tentacules orne sa partie inférieure ; l'autre extrémité
est plus large, et sur toute la portion qui plonge habituellement
dans l'eau, on voit naître une forêt de filaments qui peuvent, à la
volonté de l'animal, ou s'étendre démesurément, ou se rétracter
au contraire jusqu'à venir se perdre dans le fouillis d'organes suspendus comme eux à la coque de ce petit navire gonflé d'air.

Parmi ces organes, on distingue surtout de grands tubes pourvus
d'une ouverture à leur extrémité libre et portant chacun un des filaments dont il vient d'être question. Ce sont les *siphons* dont l'existence très générale chez les animaux qui nous occupent leur a valu
le nom de Siphonophores. D'autres siphons plus petits portent des
filaments moins longs et sont disposés d'une façon assez irrégulière
sur de longs rameaux charnus, divisés de mille façons, qui naissent
du ballon, à la base des grands siphons. Ces rameaux portent encore des bouquets de tubes sans ouverture, qui semblent sécréter un
suc digestif particulier et que M. de Quatrefages (1) a nommés, pour

---

(1) A. de Quatrefages, *Mémoire] sur l'organisation des Physales (Annales des
sciences naturelles)*, 4ᵉ série, vol. II; 1854.

cette raison, tubes hépatiques. Les tubes hépathiques sont entre-
mêlés de grappes d'organes reproducteurs. Un même rameau
peut porter un nombre indéfini de branches secondaires, présentant
une constitution identique à la sienne. La cavité interne des siphons
et celle de tous les autres appendices communiquent directement
avec un canal qui occupe la cavité centrale de chaque rameau ;
tous ces canaux viennent enfin se réunir en un réseau qui rampe
dans l'épaisseur des parois de la vessie aérienne.

Les Galères sont extraordinairement urticantes. Les longs filaments adossés à leurs Siphons sont garnis d'une multitude innombrable de volumineux nématocystes qui en font de puissants
instruments de défense. Ce sont aussi pour les Physales de précieux
instruments de chasse. S'étendant de toutes parts, comme un filet
vivant, autour de l'animal, explorant sans cesse les eaux environnantes, attirant même par leur apparence inoffensive les poissons
et les crustacés nageurs en quête d'un gibier facile, ils déchargent
au moindre contact leurs mille flèches subtiles et empoisonnées sur
toute proie qui vient à les toucher, la paralysent, l'enveloppent de
leur inextricable écheveau et méritent ainsi leur nom de *filaments
pêcheurs ;* ils sont capables chez les grandes Physales de s'emparer
d'animaux d'ordre élevé et de taille relativement considérable.

Dès qu'une proie a été capturée, il se passe un phénomène
curieux : un certain nombre de filaments pêcheurs concourent à
la maintenir d'abord et à la porter ensuite au contact de tubes
hépatiques qui dégorgent sur elle leur suc corrosif. Les tissus de
l'animal et jusqu'à ses os et à ses écailles, s'il s'agit d'un poisson,
sont transformés peu à peu en une épaisse bouillie ; le liquide de
tubes hépatiques, sans qu'il soit besoin d'un estomac, d'une cavité
spéciale, a opéré une véritable digestion extérieure. La proie est
maintenant à point : les Siphons grands et petits s'appliquent sur
cette sorte de chyme, l'absorbent, et la masse nutritive, après avoir
séjourné quelque temps dans leur cavité, passe dans les canaux qui
la répartissent entre toutes les régions du corps.

Dans tous les actes qui composent cette singulière digestion, la
Physale n'a cessé de se comporter en individu parfaitement autonome. Entre sa façon de faire et la façon de faire d'une Méduse, en

pareil cas, on ne pourrait signaler qué de bien faibles différences, et l'on est tout d'abord tenté de voir dans les siphons qui portent les bouches les représentants des suçoirs d'un Rhizostome, dans la vessie aérifère qui soutient l'animal à la surface de l'eau l'analogue de l'ombrelle d'une Méduse. Tout comme la Méduse, la Physale sait accélérer ou ralentir sa marche, émerger ou plonger à volonté, monter, descendre, aller droit devant elle ou virer de bord ; elle sait faire concourir tous ses organes à ces actes compliqués. Au point de vue physiologique, comme au point de vue psychologique, si je puis m'exprimer ainsi, une Physale et une Méduse semblent être des individus du même ordre.

Un fait, tout d'abord insignifiant en apparence, vient cependant provoquer la réflexion. Les grappes reproductrices des Physales présentent une apparence que nous connaissons bien : elles sont essentiellement constituées par de petites Méduses incomplètement développées, tout comme les grappes reproductrices des Tubulaires. De là trois conséquences importantes : premièrement, la parenté des Siphonophores avec les Hydro-Méduses se trouve confirmée ; secondement, puisque la Physale, au lieu d'être directement sexuée comme le sont les Méduses, produit au contraire des Méduses sur lesquelles se développent les éléments reproducteurs, on ne saurait la comparer à la phase *Méduse*, mais bien à la phase *Hydre* du développement de nos Polypes ; troisièmement enfin, si cette conclusion est exacte, la Physale ne peut être un individu unique ; c'est une agglomération d'individus équivalant chacun à une Hydre, une véritable colonie flottante de Polypes hydraires. Les grands et les petits siphons du singulier Acalèphe nous apparaissent donc comme autant d'Hydres portant chacune un énorme tentacule, le filament pêcheur. Les tubes hépatiques sont également des bouquets de Polypes, des dactylozoïdes accomplissant une fonction particulière ; les grappes reproductrices sont enfin, nous l'avons vu, des grappes de Méduses des deux sexes. Il y a donc ici cinq sortes d'individus, sans compter le globe flottant ou vessie aérienne, organe très particulier dont nous verrons un peu plus tard l'origine. On pourrait même à la rigueur considérer les filaments pêcheurs comme dérivant de Polypes analogues soit

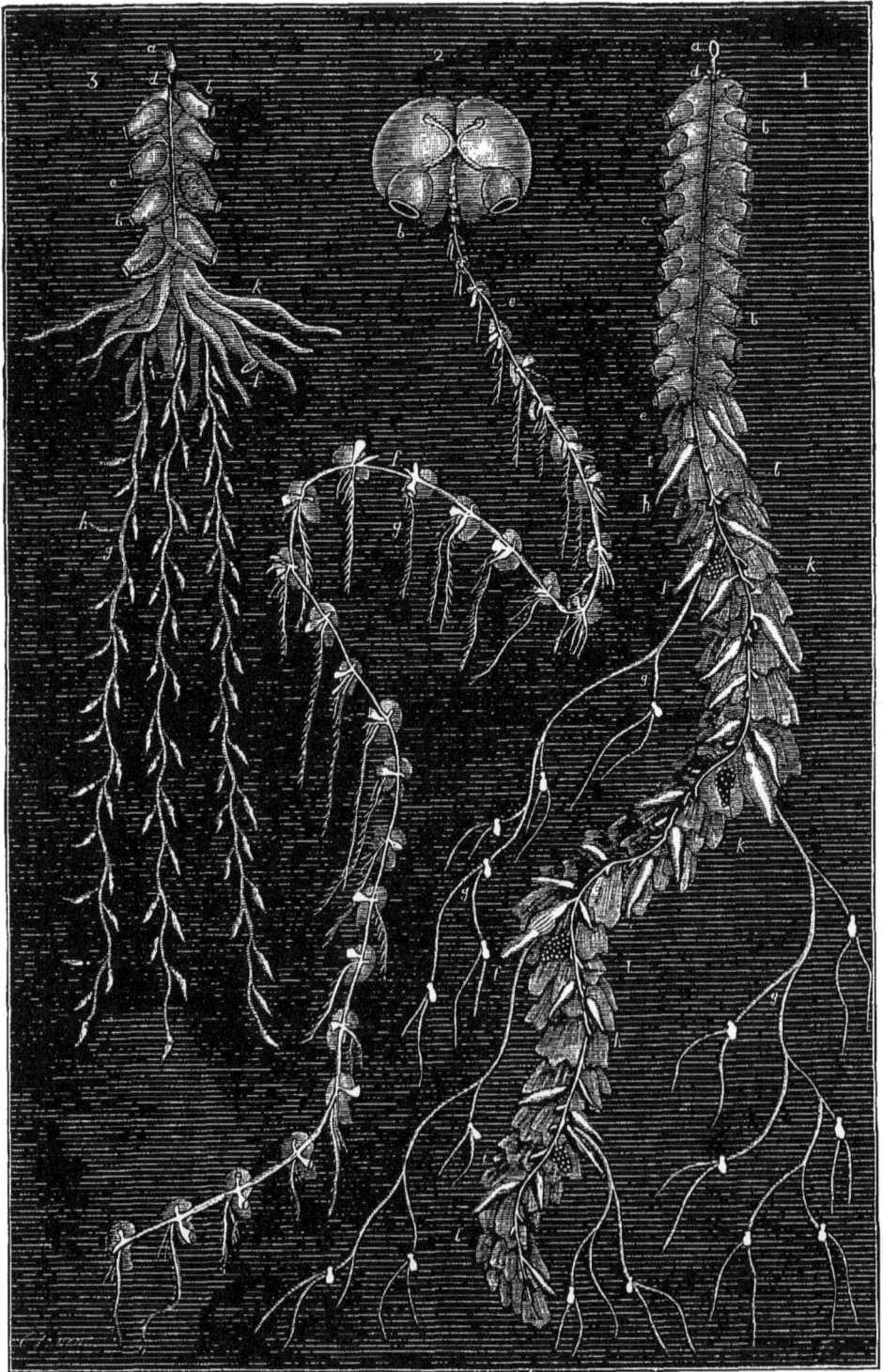

SIPHONOPHORES. — Nº 1. *Agalma Sarsii*, Kölliker. — *a*, Vésicule aérifère servant d'appareil de flottaison. — *b*, Méduses ou cloches natatoires. — *d*, Cloches natatoires en voie de formation. — *e*, Axe commun. — *f*, Polypes nourriciers ou gastrozoïdes. — *g*, Filaments pêcheurs portant leur appareil urticant. — *h*, Polypes sans bouche ou dactylozoïdes. — *k*, Groupes de Méduses femelles. — *l*, Bractées. — Nº 2. *Praya
diphyes*, C. Vogt. — *b*, Cloches natatoires. — *e*, Axe commun. — *f*, Groupes de Méduses formant autant d'individus distincts. — *g*, Filaments
pêcheurs. — Nº 3. *Physophora hydrostatica*. — *a*, Vésicule aérifère. — *b*, Cloches natatoires. — *d*, Cloches natatoires en voie de développement. — *e*, Axe commun. — *f*, Polypes nourriciers. — *g*, Filaments pêcheurs. — *h*, Appareils urticants. — *k*, Dactylozoïdes servant d'organes protecteurs.

aux dactylozoïdes, soit aux nématophores des Hydraires et leur
attribuer une individualité propre; mais que ce soient des *individus*
ou des *organes*, cela n'a pas grand intérêt, puisque nous savons que
toute partie du corps d'une Hydre est susceptible de s'individualiser
et que d'autre part, chez ces êtres, le mode de production des
organes est fondamentalement le même que celui des individus, en
sorte qu'on pourrait presque, dans la région où nous sommes du
règne animal, définir l'organe, un *individu adapté à une fonction
particulière*.

Les Physophores (pl. II, n° 3) sont constitués un peu autrement
que les Physales et élargissent encore l'idée que nous devons nous
faire de nos Acalèphes flottants. Ici la vésicule aérifère (*a*) est fort
petite : elle présente la forme générale d'un ellipsoïde dont le grand
axe serait vertical et qui serait le bouton terminal d'une sorte de
tige portant le reste de la colonie. Cette colonie comprend à son
tour : 1° une double série de cloches contractiles, parfaitement
transparentes, situées immédiatement au-dessous de la vésicule
aérifère (pl. II, n° 3, *b*); 2° une couronne de longs tentacules vermiformes, sans bouche ni organes, souvent colorés des teintes les
plus vives et rangés circulairement autour d'un disque qui termine la tige inférieurement (*ibid.*, *k*); 3° des siphons (*ibid.*, *f*)
pourvus d'une bouche et d'une cavité digestive présentant à leur
base une couronne de nématocystes et munis chacun d'un long
filament pêcheur (*ibid.*, *g*), portant lui-même de petits organes
d'un beau rouge (*ibid.*, *h*), semblables à des boutons de fleurs et qui
ne sont autre chose que des appareils urticants d'une structure
assez complexe, contenant des milliers d'énormes nématocystes;
4° et 5° des grappes d'individus séxués mâles et femelles (1)
intercalés entre les siphons, et dont le développement est toujours
considérable.

Nous retrouvons donc chez les Physophores, comme chez les
Physales, des *individus nourriciers* ou *gastrozoïdes*, des *dactylozoïdes* qui jouent seulement le rôle d'organes protecteurs, des

_____

(1) Non visibles dans les gravures.

individus reproducteurs ou *gonozoïdes*, qui sont des Méduses avortées. Mais, en outre, si l'on vient à considérer les cloches contractiles que porte la tige, on est tout de suite frappé de leur ressemblance avec des Méduses dépourvues de sac stomacal ou de *manubrium*, avec des Méduses réduites à leur ombrelle. L'ombrelle a du
reste conservé ses fonctions : par ses contractions rythmiques elle
détermine la locomotion de la colonie ; c'est toujours une *cloche
natatoire*. Nous voyons donc apparaître ici une nouvelle catégorie d'individus, les *individus locomoteurs*, chargés de remorquer
leurs compagnons : ces individus ne sont plus des Hydres, mais
bien des Méduses, c'est-à-dire des individus reproducteurs transformés.

Nous avons signalé déjà un phénomène identique lorsque nous
avons montré comment les Éponges se constituaient au moyen
d'êtres monocellulaires. Nous avons vu, dans le groupe des Protistes,
la forme Amibe donner naissance, pour les besoins de la reproduction, à une forme plus mobile, la forme Monade ; nous retrouvons ces deux formes associées dans l'Éponge. Seulement, la Monade
est détournée de sa destination primitive, qui était la dissémination
de l'espèce, et sa faculté locomotrice est utilisée pour la production
des courants qui traversent l'Éponge, et portent à ses diverses parties l'eau aérée et les matières nutritives qui sont nécessaires à
l'entretien de leur existence. De même, pour les besoins de la
dissémination de son espèce, l'Hydre se transforme en une Méduse
qui nage et se meut avec agilité dans le liquide qui l'entoure.
Puis l'Hydre et la Méduse cessent de se séparer, forment une colonie complexe, un être nouveau, le Siphonophore, et là encore la
Méduse est détournée de son rôle primitif ; elle cesse d'être un
individu reproducteur ; mais ses facultés acquises sont utilisées et
elle devient un individu exclusivement locomoteur. Le parallélisme
entre les deux modes de transformation ne saurait être plus
complet.

Ce n'est pas, du reste, la seule adaptation à laquelle se prêtent
les Méduses. Chez les Agalmes (pl. II, n° 1), la colonie commence,
comme chez les Physophores, par une vésicule aérienne (*ibid., a*),

suivie d'une tige le long de laquelle sont disposées deux séries de cloches natatoires (*ibid.*, *b*). Mais au lieu de s'épanouir en un disque portant le reste de la colonie, cette tige (*ibid.*, *e*) se prolonge et c'est sur sa longueur que sont disséminées, formant comme un épi mobile et transparent, les diverses sortes d'individus.

« Je ne connais, dit M. Carl Vogt [1], à propos de l'une des espèces, l'*Agalme rouge*, rien de plus gracieux que cette Agalme lorsqu'elle flotte étendue près de la surface des eaux. Ce sont de longues et délicates guirlandes marquées de place en place par des paquets d'un rouge vermillon, tandis que le reste du corps se dérobe à la vue par sa transparence.

« L'organisme entier nage toujours dans une position un peu oblique, mais il peut se mouvoir avec assez de vitesse dans toutes les directions et plus d'une fois les guirlandes ont échappé par des mouvements subits au courant qui devait les entraîner dans mes bocaux.

« J'ai souvent eu en ma possession des guirlandes de plus d'un mètre de long, dont la série des cloches natatoires mesurait plus de deux décimètres, de sorte que dans les grands bocaux de pharmacie dont je me servais pour garder mes animaux en vie, les colonnes de cloches natatoires touchaient le fond alors que la vésicule aérienne flottait à la surface. Immédiatement après la capture, les colonies se contractaient à tel point qu'elles étaient à peine reconnaissables, mais lorsqu'on laissait les bocaux spacieux en repos, sans remuer, ce qui ne pouvait avoir lieu dans le bateau, tout l'ensemble se déroulait et se déployait dans les contours les plus gracieux à la surface du bocal. La colonne des cloches natatoires se tenait alors immobile dans une position verticale, la bulle d'air en haut, et bientôt commençait le jeu des différents appendices. Les Polypes placés de distance en distance sur le tronc commun de couleur rose s'agitaient en tous sens et prenaient, par les contractions les plus bizarres, mille formes diverses... Mais ce qui excitait le plus la curiosité, c'était le jeu continuel des fils

---

[1] *Recherches sur les animaux inférieurs de la Méditerranée*, 1er Mémoire : sur les Siphonophores de la mer de Nice, p. 63.

pêcheurs qui tantôt se déroulaient en s'allongeant de la manière la
plus surprenante, tantôt se retiraient brusquement avec la plus
grande précipitation. Chaque Polype semblait un pêcheur qui fait
descendre au fond de l'eau une ligne garnie de hameçons vermeils
qu'il retire lorsqu'il sent la moindre secousse et qu'il lance ensuite
de nouveau pour la retirer de même. Tous ceux qui ont vu chez
moi ces colonies vivantes ne pouvaient se détacher de ce spectacle
saisissant. »

Les filaments pêcheurs (fig. 3, n° 1, g), qui semblent formés de
tronçons distincts placés bout à bout, se bifurquent gracieusement
de place en place et leurs branches sont, en général, terminées par
une vrille épaisse du plus beau rouge, véritable arsenal, constitué
par une accumulation d'organes urticants, en forme de sabre, contenant un fil spiral barbelé (fig. 50, n° 4), qui est lancé au dehors au
moindre attouchement. Les vrilles, de 2 millimètres de longueur
environ, se prolongent en un appendice transparent, contourné lui-
même en spirale ; elles sont capables de s'enrouler ou de se dérouler
plus ou moins, montrant alors dans leur axe un double cordon
transparent, également garni de nématocystes et sur lequel s'appliquent leurs spires. A la base de chaque filament pêcheur s'en
trouvent beaucoup d'autres en voie de formation, prêts à le remplacer au cas où il viendrait à être brisé. Entre les Polypes nourriciers (ibid., f), pourvus d'une large bouche et de suite reconnaissables aux douze bandes rouges qui parcourent leur longueur, se
trouvent de nombreux individus astomes (ibid., h) à la base desquels
on voit un fil pêcheur rudimentaire. Ces individus ondulent en
tous sens constamment agités, semblables à des vers et paraissent
disposés sans ordre le long de la colonie. Ils ressemblent beaucoup
aux dactylozoïdes vermiformes, rouge-vermillon, des Physophores
Autour d'eux, mais sans rapport apparent avec eux, se trouve
disséminée sans ordre la multitude des individus reproducteurs.

Jusqu'ici, au point de vue de la constitution fondamentale, il y a
la plus frappante analogie entre un Physophore et une Agalme ; la
différence la plus notable consiste en ce que chez les Physophores
les individus reproducteurs des deux sexes se ressemblent beaucoup et sont les uns et les autres réunis en grappes, tandis que chez

les Agalmes les femelles seules (fig. 3, n° 1, *k* et fig. 1, n° 3) sont ainsi groupées. Les mâles (fig. 50, n° 2) sont isolés et seraient des Méduses parfaites si leur *manubrium* (*ibid.*, *f*), creux comme d'habitude et à parois remplies d'éléments fécondateurs, présentait

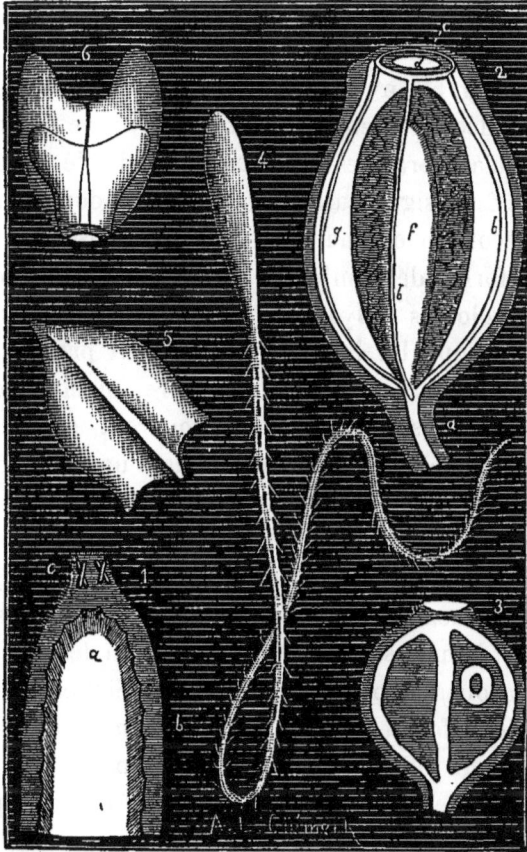

Fig. 50. — Détails de l'*Agalma Sarsii*. — 1. Extrémité d'une dactylozoïde contenant deux couples de cristaux *c;* sa cavité *a* est garnie de cils vibratiles. — 2. Individu mâle. *a*, pédoncule qui l'attache à l'axe; *b*, canaux gastro-vasculaires de l'ombrelle; *c*, ouverture de l'ombrelle; *g*, cavité de l'ombrelle; *f*, sac stomacal ou *manubrium* dont les parois contiennent les spermatozoïdes. — 3. Individu femelle. — 4. Une capsule urticante ou nématocyste avec son fil spiral déroulé. — 5. Une bractée. — 6. Une cloche natatoire, très réduite.

une ouverture buccale. Durant la vie de l'Agalme, l'ombrelle de ces Méduses mâles se contracte rythmiquement comme les cloches natatoires elles-mêmes et contribue peut-être à la locomotion.

Quand la Méduse est mûre, elle se détache et nage librement autour de la colonie qui l'a produite.

Voici maintenant une disposition nouvelle qui manque à la fois aux Physales et aux Physophores. Le long de la tige des Agalmes, sur le côté opposé aux Polypes, généralement au-dessus des siphons et des dactylozoïdes et comme pour leur servir de bouclier, se trouvent un grand nombre de lames parfaitement transparentes (pl. II, n° 1, *l* et fig. 50, n° 5), de consistance cartilagineuse et dont les bords sont découpés en écu de blason. On ne saurait mieux les comparer qu'aux bractées qui, dans un épi de blé, protègent les épillets. Quelle est la signification de ces organes dont nous n'avons nulle part rencontré les analogues? Si l'on considère l'extrême variabilité de forme de l'ombrelle des Méduses, qu'elles appartiennent à des colonies d'Hydraires fixés ou à des Siphonophores, si l'on remarque que les bractées contiennent presque toujours une indication d'appareil gastro-vasculaire, qu'elles sont enfin étroitement unies au siphon qu'elles recouvrent, on arrive à leur trouver une réelle analogie avec l'ombrelle d'une Méduse dont le siphon serait le manubrium. L'Agalme serait donc non plus une colonie de Polypes hydraires, mais bien une colonie de Méduses. Au fond, la distinction n'est pas de grande importance, puisque les Méduses elles-mêmes ne sont qu'une modification des Hydres; il est cependant bon de savoir, pour la précision des comparaisons que l'on peut avoir à établir entre les divers Siphonophores, si le mélange des deux formes hydre et méduse n'est pas nécessaire pour constituer un Siphonophore; chez ceux de ces êtres qui seraient exclusivement des colonies de Méduses, les siphons ne pourraient plus être considérés, dans ce cas, comme indépendants des organes qui les accompagnent.

L'existence de colonies de Méduses est aujourd'hui bien connue ; malgré leur qualité d'individus sexués, les Méduses, en effet, n'ont pas perdu la faculté de se reproduire par bourgeonnement, à la façon des Hydres. Le bourgeonnement peut même avoir lieu, comme chez les Hydres, sur les parties les plus variées de la Méduse : la Méduse d'une sorte de Tubulaire très voisine des *Corymorpha*, l'*Hybocodon prolifer*, d'Agassiz, produit de nouvelles

Méduses tout le long de son tentacule unique ; les *Amphicodon*
ont deux tentacules, souvent chargés de grappes de jeunes ; chez
les Méduses de diverses Syncorynes (fig. 51, n° 2), c'est sur le pourtour de l'ombrelle, à la base des quatre tentacules, que naissent les
bourgeons ; chez les Éleuthéries, le bourgeonnement se produit au

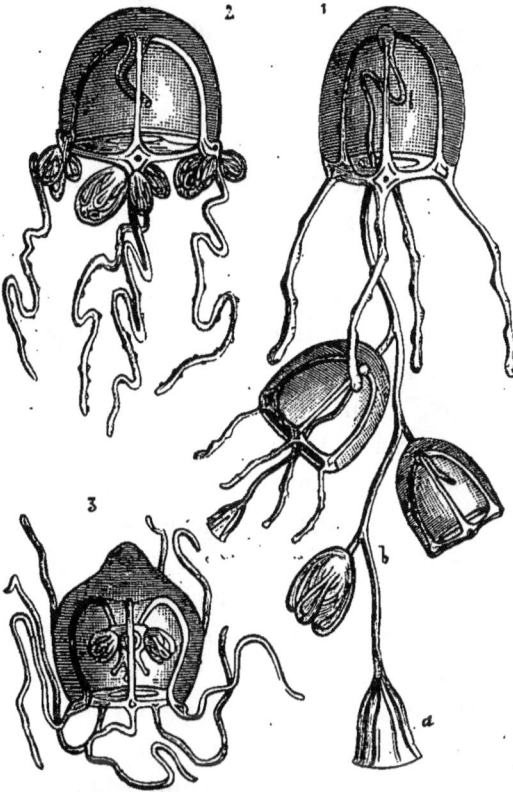

Fig. 51. — BOURGEONNEMENT DES MÉDUSES. — 1. *Sarsia* portant de jeunes Méduses pédonculées sur son
sac stomacal. — 2. Méduse d'une Syncoryne portant de jeunes individus sur le bord de son ombrelle.
— 3. Jeune *Lizzia* portant de petits individus sessiles sur son sac stomacal.

contraire sur le manubrium et il en est encore ainsi chez les *Sarsia*
(fig. 51, n° 1) qui sont également des Méduses de Syncorynes et chez
les *Lizzia* (fig. 51, n° 3). On peut même trouver, sur le long manubrium des *Sarsia*, des Méduses de plusieurs générations constituant
déjà des colonies d'une vingtaine d'individus. Le bourgeonnement

peut aussi avoir lieu sur le dos de l'ombrelle, comme l'a vu Metschnikoff chez des Méduses parasites d'autres Méduses; il peut enfin
être tout à fait interne et se produire au fond du sac stomacal. Il est
à noter que dans tous ces cas les Méduses produisent par voie agame
des Méduses et non des Hydres : il ne peut donc résulter de ce mode
de génération que des colonies exclusivement composées de Méduses. Tout porte à penser que les individus constituant ces colonies
peuvent éprouver, comme les Hydres elles-mêmes, les diverses
modifications de forme qui résultent de la division du travail et constituer des colonies tout aussi complexes que celles qui résultent du
mélange d'Hydres et de Méduses. Il n'y aurait donc pas lieu de
s'étonner si, parmi les Siphonophores, on trouvait des colonies
exclusivement composées de Méduses plus ou moins modifiées et,
en même temps, des colonies à qui l'on ne saurait appliquer de
qualification plus exacte que celle d'*hydromédusaires*, puisqu'elles
contiennent à la fois des Méduses et des Hydres véritables.

Chez les *Agalmes*, le rôle des individus astomes, des dactylozoïdes, qui poussent isolés le long de la tige commune, semble au
premier abord assez mal défini. Ces individus ne paraissent pas
remplir un rôle digestif particulier, comme ceux observés par
M. de Quatrefages chez les Physales ; ils sont trop courts et trop
cachés parmi leurs compagnons pour qu'on puisse leur attribuer
un rôle dans la recherche ou dans la capture des petits êtres dont
la colonie se nourrit; on ne peut même voir réellement en eux des
individus chargés spécialement d'explorer les alentours de la colonie et de la renseigner sur les dangers qu'elle peut courir. Du
moment qu'on ne leur découvre aucune utilité, ils semblent
infirmer cette grande loi de la division du travail physiologique,
dont le polymorphisme des individus constituant une même colonie
est une conséquence. La forme devant s'adapter à la fonction, il ne
devrait pas y avoir de forme inutile. Cela est incontestable, en
principe; en fait, quand la réaction réciproque d'un organisme
donné et du milieu extérieur a déterminé le développement simultané d'un organe et d'une fonction, il peut très bien arriver que
l'organe et la fonction se séparent, que la fonction disparaisse
même et l'organe, désormais inutile, n'en persiste pas moins plus

ou moins longtemps, sauf à disparaître ou à se modifier à son tour pour accomplir quelque fonction nouvelle. Il n'est pas d'animal tant soit peu élevé qui ne porte les traces indubitables de quelque transformation de ce genre. Les organes rudimentaires de tant de Vertébrés, sur lesquels Étienne Geoffroy Saint-Hilaire a le premier attiré l'attention et qui sont d'une si haute importance pour les déterminations de l'anatomie comparée, ces organes rudimentaires ne sont pas autre chose que des organes qui ont cessé d'accomplir leur fonction primitive et qui sont, par suite, en voie de disparition ou de transformation : tels sont le cæcum de l'intestin grêle des mammifères, le coccyx de l'homme et des singes supérieurs, les ailes d'un assez grand nombre d'oiseaux, les pattes de beaucoup de reptiles du groupe des Scincoïdiens. Il y a donc lieu, quand on trouve un organe problématique chez un animal, soit d'étudier le même organe aux différents âges de l'animal, soit d'étudier chez les animaux voisins les organes analogues et de rechercher s'ils ne fournissent pas quelques renseignements sur sa véritable nature.

Il sera facile d'expliquer la présence d'individus à la fois astomes et stériles, en apparence, chez les Agalmes si l'on examine, comme l'a fait Carl Vogt, au lieu d'Agalmes adultes de jeunes colonies. Là point d'individus inutiles. Tout d'abord, chaque individu possède sa plaque protectrice, chaque plaque protectrice son polype. Les polypes eux-mêmes ne sont que de deux sortes : les uns, pourvus d'une large bouche et d'un long filament pêcheur, sont les individus nourriciers que nous connaissons déjà ; les autres, transparents, dépourvus de bouche, portent tous à leur base des grappes plus ou moins volumineuses, dans lesquelles on reconnaît sans peine les bourgeons des individus reproducteurs. Plus tard, à mesure que la colonie grandit, que le nombre des individus augmente, il se fait entre ces éléments une véritable dissociation. Les rapports primitifs des plaques protectrices avec les divers individus deviennent difficiles à constater ; les bourgeons reproducteurs s'éloignent des individus qui les ont produits et se disséminent sur le tronc commun. Bientôt il devient impossible de reconnaître entre eux aucun lien de parenté ; nous arrivons à l'état ordinaire des colonies adultes d'Agalmes. Mais le passage se fait graduellement, insensiblement et les individus astomes, en forme de dactylozoïdes, n'en méritent pas moins de conserver le nom d'individus reproducteurs; ils sont absolument les analogues des individus reproducteurs, également sans bouche et porteurs de bourgeons sexués, que nous avons précédemment signalés chez les Polypes hydraires proprement dits.

Ce serait maintenant une question de savoir si, chez les jeunes Physophores, on ne pourrait pas démontrer entre les dactylozoïdes et les grappes reproductrices des rapports analogues à ceux que ces différentes parties présentent chez une jeune Agalme. La dissociation des individus serait produite chez les Physophores par le raccourcissement extrême de l'axe commun, comme elle est produite chez les Agalmes par un très grand allongement. Peut-être aussi trouverait-on chez de jeunes Physales un rapport analogue entre les grappes reproductrices et ce que M. de Quatrefages appelle les cæcums hépatiques.

Chez une autre espèce d'Agalme, l'*Agalme pointillée*, les plaques protectrices se rapprochent davantage de la forme de cloche, typique chez les Méduses libres. Ces cloches et les divers individus de qui elles dépendent sont rassemblés en bouquets le long de l'axe commun, qui est absolument nu dans l'intervalle de ces bouquets.

C'est ce que l'on voit plus nettement encore chez un autre Siphonophore de forme assez analogue, la *Praya diphyes* (pl. II, fig. 2); mais ici nous constatons en outre une tendance remarquable à l'individualisation des groupes qui se forment ainsi, de sorte qu'entre l'individualité du polype hydraire et celle de la colonie, vient s'interposer une individualité nouvelle, capable de devenir à son tour totalement indépendante, et qu'il est par conséquent intéressant de connaître.

Les *Praya diphyes* peuvent, comme les Agalmes rouges, atteindre plus d'un mètre de long. Leur contractilité est telle qu'un individu de cette taille peut se réduire, quand il le veut, à n'avoir plus que la longueur du doigt. Les *Praya* manquent de vésicule aérifère;

elles ne possèdent que deux cloches natatoires, très semblables à des Méduses, entre lesquelles prend naissance le tronc commun, rétractile, qui porte le reste de la colonie. Les bouquets d'individus situés sur ce tronc sont uniformément composés de la façon suivante. Chaque groupe comprend un polype nourricier, muni d'un long filament pêcheur et protégé par une pièce cartilagineuse, en forme de casque, dans laquelle il peut complètement se retirer avec son filament. Le polype doit être considéré comme le sac stomacal d'une Méduse dont la pièce en forme de casque serait l'ombrelle; cette pièce présente du reste, comme d'habitude, un appareil gastro-vasculaire qui complète l'analogie. Son ouverture est fermée par une autre pièce parfaitement transparente, attachée au côté opposé du tronc commun, et dont la forme se moule exactement sur celle de l'ouverture, de façon à intercepter toute communication entre la cavité intérieure du casque et l'extérieur, lorsque le Polype s'est contracté. Mais cette pièce nouvelle n'est pas un simple opercule, comme celui qui ferme l'orifice des cloches natatoires chez d'autres Siphonophores, les *Hippopodius* et les *Vogtia*, par exemple. C'est une véritable Méduse, pourvue d'un appareil gastro-vasculaire complet, d'un velum contractile en forme d'iris et ne différant des Méduses typiques que par l'absence de manubrium et par le développement particulier de la paroi de son ombrelle, adaptée à une fonction nouvelle. Enfin, vis-à-vis de chaque polype, on voit attaché au tronc commun, parmi d'autres bourgeons remplis de cellules urticantes, un petit corps isolé, ayant l'apparence d'un bourgeon de Méduse; c'est l'individu reproducteur, tantôt mâle, tantôt femelle, mais changeant de sexe d'un groupe à l'autre, de sorte que si chaque groupe est sexué, la colonie tout entière est hermaphrodite.

On pourrait dire que les *Praya* sont des Agalmes dont les cloches natatoires ont quitté le sommet de la colonie pour venir se mettre chacune au service d'un polype. Il résulte de cette disposition nouvelle que les différents groupes ne sont pas liés d'une façon aussi intime à l'ensemble de la colonie, et c'est en effet, dit M. Vogt, « un spectacle fort surprenant que celui des mouvements de tous les groupes qui semblent n'avoir entre eux qu'un lien absolument

physique. Je ne puis mieux comparer, ajoute-t-il, toutes les évolu-
tions des polypes qu'à celle d'une réunion de jongleurs faisant des
exercices de gymnastique autour d'une corde qui est ici représentée
par le tronc commun. Sauf cette adhérence, la vie, la volonté de
chaque groupe sont parfaitement indépendantes, et on ne remarque une dépendance dans l'ensemble que lorsque le tronc commun se contracte pour ramener tous ses appendices vers les cloches natatoires qui se mettent alors en mouvement. »

Chaque groupe secondaire d'une *Praya* a tout ce qu'il lui faut
pour constituer un organisme autonome : son individu nourricier,
son individu locomoteur, son filament pêcheur et même son
appareil de protection et son individu reproducteur. Il peut donc
se détacher sans être pour cela menacé en quoi que ce soit dans
son existence, et il est fort probable qu'à un certain moment tous
les groupes quittent, en effet, la colonie, soit pour en former de
nouvelles, soit pour pondre, comme le font les Méduses des hydraires ordinaires.

On s'est quelquefois demandé si, plutôt que de considérer ces individualités secondaires comme résultant d'une association de Méduses, il ne valait pas mieux voir en elles un seul et même individu,
une méduse dont le battant serait extérieur, comme un marteau
de sonnerie, au lieu d'être intérieur, le casque n'étant alors qu'un
organe accessoire. Les Galéolaires d'une part, les Athoribies de
l'autre fournissent une réponse à cette question. Les Galéolaires,
comme les *Praya*, ont deux cloches natatoires ; mais ces cloches ont
la forme de sabots et sont de dimensions et d'aspect un peu différents. Entre les deux cloches, naît comme d'habitude le tronc commun qui supporte les individus nourriciers et reproducteurs. Ces
individus sont groupés exactement comme chez les *Praya* ; mais
chaque groupe comprend une bractée protectrice, en forme de
cornet, qui enveloppé le groupe tout entier, un Polype avec son
filament pêcheur et une Méduse sexuée dont le battant a ses parois
remplies d'œufs ou de spermatozoïdes. Ici l'on ne saurait bien évidemment considérer le polype extérieur comme dépendant de la
Méduse puisqu'elle a déjà son battant ; il occupe d'ailleurs par
rapport à elle exactement la même position que chez les *Praya* et,

par conséquent, nous sommes amenés à le considérer aussi chez ces dernières comme indépendant de la cloche natatoire à laquelle il est accolé.

Les groupes secondaires des Galéolaires ne diffèrent de ceux des *Praya* que parce que, dans chaque groupe, le même individu sert à la fois à la reproduction et à la locomotion. Mais ici se présente, en outre, une particularité importante. Tandis que les colonies de *Praya* sont hermaphrodites, celles de Galéolaires, comme celles d'un genre voisin, les Diphyes, sont unisexuées: dans une même colonie tous les individus reproducteurs sont exclusivement mâles ou femelles. Il y a donc entre eux un lien physiologique, de nature inconnue, qui n'existe pas chez les *Praya*. Le développement des groupes secondaires se fait graduellement chez ces animaux, des cloches natatoires à l'extrémité libre du tronc commun, où se trouvent les individus les plus âgés. Dès que les groupes qui sont à cette extrémité sont arrivés à maturité, ils se détachent pour vivre d'une vie indépendante. L'illustre anatomiste anglais Huxley, les ayant recueillis pendant leur phase indépendante, les avait d'abord pris pour des organismes spéciaux, des Siphonophores réduits en quelque sorte au maximum de simplicité ; il avait créé pour eux le genre Eudoxie. On doit à Carl Vogt d'avoir bien montré que les Eudoxies ne sont que les groupes terminaux, individualisés, d'organismes analogues aux Diphyes. Il est inutile de faire ressortir davantage les affinités qui lient les Eudoxies aux groupes correspondants des *Praya*.

De petits Siphonophores, qui ne sont pas sans quelque ressemblance avec les Eudoxies, les *Athorhybies*, viennent enfin faire disparaître tous les doutes qui pourraient subsister relativement à l'assimilation que nous avons faite des plaques protectrices des Polypes avec les ombrelles des Méduses. Là, en effet, les cloches natatoires ont disparu et sont remplacées immédiatement au-dessous de la vésicule aérienne par une couronne de boucliers en tout analogues aux bractées des genres précédents. Entre ces bractées se montrent des dactylozoïdes et les gastrozoïdes, précisément dans les rapports qu'ils pourraient avoir avec elles, si elles étaient des ombrelles rudimentaires.

Les *Praya*, les Diphyes, les Galéolaires se rapprochent évidemment beaucoup de la forme la plus élémentaire que puissent présenter les Siphonophores. On ne peut rien concevoir de plus simple qu'une colonie flottante composée de Polypes naissant isolément sur un stolon que maintient à la surface de l'eau, comme un ludion, une vésicule remplie d'air, dont la formation première peut être attribuée, nous le verrons tout à l'heure, à une sorte d'accident. De petits Siphonophores, les Rhisophyses, ne s'élèvent guère au-dessus de cette condition. Que les Polypes situés à l'une des extrémités de la tige se développent en Méduses locomotrices, en même temps que la vésicule aérienne disparaît, que les Polypes situés plus bas produisent chacun, tout en se modifiant eux-mêmes plus ou moins, une ou plusieurs Méduses sexuées, nous passons aussitôt de la forme rhizophyse à la forme diphye ou galéolaire. Puis une division du travail se fait dans chaque groupe ; l'une des Méduses devient exclusivement locomotrice ; les Méduses sexuées se développent alors plus ou moins, nous arrivons aux *Praya*. Dans tous ces types, la personnalité de la colonie est fort peu développée. Chaque groupe s'est constitué en un village à peu près indépendant de ses voisins ; de telles colonies sont de simples *confédérations*. Les Agalmes et les types voisins, tels que les Apolémies ou les Stéphanomies (fig. 52), s'élèvent déjà plus haut sur l'échelle des individualités. Chaque groupe ne peut plus se suffire à lui-même ; la faculté de locomotion se centralise décidément d'une façon complète. Les Méduses sexuées, arrivées à maturité, peuvent bien parfois se détacher ; mais elles n'aident en rien au transport de la colonie et ce sont les cloches natatoires accumulées en double série ou, comme chez les Stéphanomies, en rangées multiples au-dessus de la vésicule aérienne, qui accomplissent seules cette fonction. Il en résulte nécessairement une dépendance plus grande de tous les individus ; des liens plus intimes s'établissent entre eux ; les impressions produites sur une partie quelconque de l'ensemble doivent nécessairement être transmises aux cloches locomotrices ; les mouvements de celles-ci, sous peine de désordre, doivent être coordonnés. Il naît donc une sorte de *conscience coloniale :* par cela même, la colonie tend à constituer une unité nouvelle ; elle tend à former ce

que nous nommons un *individu*. Cette individualité s'accuse da
vantage chez les Physophores où le tronc commun se raccourcit,

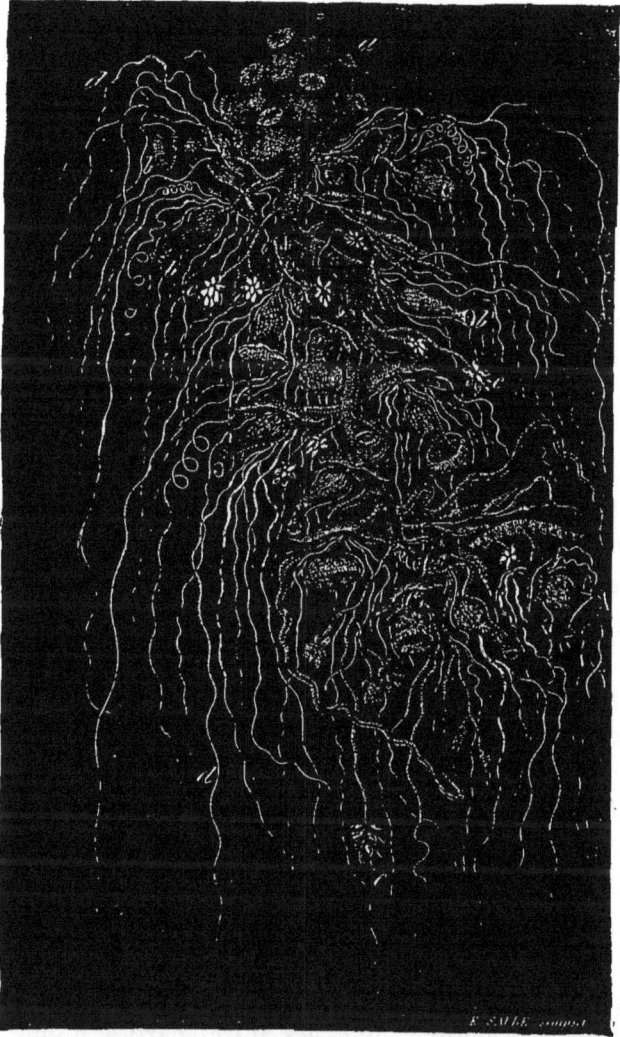

Fig. 52. — SIPHONOPHORE. — *Stephanomia contorta*, Edw. — *a*, cloches natatoires ou méduses
locomotrices. — *b*, siphons ou gastrozoïdes recouverts de leurs bractées. — *c*, grappes reproductrices. — *d*, filaments pêcheurs.

où tous les individus se rassemblent de manière à former une sorte
de bouquet qui s'épanouit au-dessous des cloches natatoires; elle

est peut-être encore plus développée chez les Physales. Là, la vésicule aérifère prend un immense développement; les cloches locomotrices et l'axe commun disparaissent en entier, et c'est directement à la surface de la poche remplie d'air que naissent les Polypes
principaux et les troncs ramifiés qui portent les Polypes secondaires,
les grappes reproductrices et les individus astomes qui jouent le
rôle de cæcums hépatiques. M. de Quatrefages nous montre ces
singulières colonies comme déjà très hautement individualisées.
Toutefois elles ne présentent pas encore cet arrangement constant, calculé d'une façon précise, sans lequel la coordination des
mouvements ne saurait être absolue, ni la perception des impressions régulièrement centralisée de manière à produire une véritable conscience et, par conséquent, un individu parfait.

Ce sont d'autres Siphonophores qui nous fournissent ce dernier
terme de l'évolution de l'*individualité*.

Certes, si les Polypes hydraires et les lois de leurs associations
n'avaient pas été connues, si l'on n'avait pas rencontré dans nos
mers d'autres organismes du même ordre, il ne serait venu à l'esprit de personne de décomposer l'individualité des Vélelles ou des
Porpites (fig. 53). Ces êtres, aussi singuliers qu'élégants, sont cependant des colonies au même titre que les Physales. Chez eux, la
vésicule-aérifère est remplacée par un appareil assez compliqué
présentant la forme d'un disque aplati chez les Porpites, d'une
sorte de parallélipipède de très faible hauteur chez les Vélelles. Le
long de la petite diagonale de la face supérieure du parallélipipède s'élève chez les Vélelles une sorte de crête triangulaire qui
surnage au-dessus de l'eau et qui sert à l'animal à prendre le
vent pour se laisser pousser par lui. Cette crête manque aux Por-
phites. C'est à la face inférieure du disque chez les Porpites, du
parallélipipède chez les Vélelles, que sont attachés les Polypes
vivement colorés, comme toutes les autres parties, d'une magnifique teinte bleu de Prusse. Dans les deux genres, la constitution de
la colonie est à peu de chose près la même; nous nous occuperons
seulement des Porpites qui sont à la fois plus simples et plus régulières.

Là le centre du disque est occupé par un grand Polype (fig. 53,

n° 1 *a* et n° 2, *g*), toujours stérile et qui est exclusivement nourricier ; c'est l'estomac principal de la colonie. Autour de lui viennent
se ranger circulairement une foule d'autres Polypes plus petits
(fig. 53, n° 1 *b*, et n° 2 *h*), pourvus également d'une bouche et qui

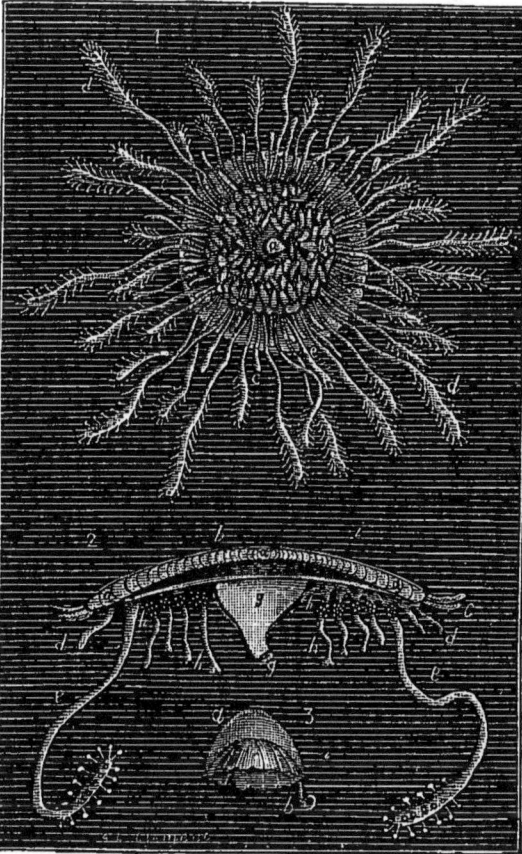

Fig. 53. — SIPHONOPHORE. — *Porpita Mediterranea.* — 1. *Porpita* vue par sa face inférieure. —
a, polype central stérile; *b*, polypes reproducteurs portant les individus sexués; *c*, petits dactylozoïdes marginaux; *d*, grands dactylozoïdes garnis de tentacules. — 2. Coupe diamétrale d'une Porpite : *a*, appareil cartilagineux aérifère; *b*, tégument; *g*, individu stérile; *h*, individus reproducteurs; *c*, *d*, petits dactylozoïdes ; *e*, grands dactylozoïdes. — 3. Individu sexué, en forme de méduse
libre (*Chrysomitra*).

peuvent par conséquent l'assister dans ses fonctions de nourricier de la colonie. Ils ont cependant un autre rôle important à
jouer. C'est sur eux, à leur base, que bourgeonnent les individus

sexués. Ces derniers ne sont autre chose que de petites Méduses à un seul tentacule latéral, pour qui le professeur Gegenbaur, avant de connaître exactement leur origine, avait institué le genre *Chrysomitra* (fig. 53, n° 3). Ces Méduses, chose exceptionnelle chez les Siphonophores, se détachent avant d'avoir développé les éléments reproducteurs. Ceux-ci n'apparaissent que lorsque les *Chrysomitra* ont déjà vécu plus ou moins longtemps d'une façon indépendante.

Vers le bord du disque, les individus reproducteurs sont remplacés par une couronne de longs dactylozoïdes, sans bouche, bien entendu, en forme de massue et portant épars sur leur surface, de petits tentacules terminés chacun par un bouquet de capsules urticantes (fig. 53, *d* et n° 2, *e*). Au-dessus d'eux se trouvent d'autres appendices (fig. 53, *c*, *e* et n° 2, *c*, *d*) que l'on pourrait considérer comme des dactylozoïdes rudimentaires. Enfin parmi les Polypes on voit une foule de courts prolongements tubulaires qui semblent des dépendances de l'appareil aérifère.

Telles sont les Porpites qui présentent ordinairement les dimensions d'une pièce de cinq francs. A part leurs bouches multiples, elles ont, en somme, assez exactement la physionomie d'une anémone de mer flottante. Or jusqu'à présent — nous verrons bientôt ce qu'il faut penser de cette opinion — tous les naturalistes ont considéré chacune de ces anémones comme un individu simple, au même titre que les Méduses. La multiplicité des bouches n'est d'ailleurs pas un signe de complexité, puisque les Rhizostomes, qui sont homologues des vraies Méduses, en possèdent un nombre assez considérable. Nous sommes donc arrivés à un point où la *colonie* est indiscutablement devenue un *individu*. Les Vélelles et les Porpites se sont constituées à l'aide des Hydres, exactement comme les Hydres et les Éponges se sont constituées à l'aide des organismes monocellulaires. Il suffit de se rappeler la série des formes intermédiaires que nous avons pu établir entre les Rhizopodes, les Infusoires flagellés, leurs colonies fixes et les Éponges, pour reconnaître, dans les deux cas, une parfaite analogie. Seulement, dans un cas, les individus qui s'associent sont les plus simples des êtres, les éléments primitifs ; dans l'autre, ce sont des individus résultant de cette première association qui se groupent à leur tour pour constituer, par des procédés identiques, une individualité plus élevée, qu'on pourrait appeler une individualité de troisième ordre. Les *Praya*, les Diphyes, les Galéolaires nous ont appris que, même dans cette dernière individualité, pouvaient se constituer encore des individualités intermédiaires.

Il reste à rechercher comment les colonies fixes de Polypes hydraires ont pu se transformer en colonies flottantes, pour produire les Siphonophores. L'embryogénie va nous éclairer sur ce point et confirmer en même temps tout ce que nous venons de dire relativement à la nature coloniale de ces êtres singuliers. Nous avons vu comment se développent les colonies de Polypes hydraires : l'œuf se transforme en une larve ciliée, la *Planule*, qui se fixe et commence alors à se transformer en un Polype unique ; la colonie se constitue ensuite par un bourgeonnement successif de Polypes les uns sur les autres.

S'il est réel que les Siphonophores soient des colonies d'hydres, l'œuf d'un Siphonophore ne doit donner directement qu'un seul individu ; les autres doivent naître par voie agame de celui-là. Mais il est clair, d'autre part, que, dès le début, une différence doit se manifester : la jeune larve ciliée, la Planule ne peut se fixer, sans quoi elle reproduirait la forme ordinaire des colonies d'hydraires ; destinée à vivre en haute mer, elle doit acquérir rapidement les moyens de se soutenir et de se mouvoir dans le liquide ambiant. Lorsque le Polype dans lequel elle se transforme a atteint une certaine taille, les cils vibratiles dont elle est revêtue ne seraient plus suffisants pour remplir cette fonction : aussi voyons-nous apparaître, presque en même temps que les premiers linéaments du Polype, l'appareil aérifère qui devra servir de flotteur à la colonie. L'apparition précoce de cet appareil est significative. Elle nous montre que c'est sur la larve même, sur la planule, qu'ont porté les modifications d'où est résultée la transformation des colonies d'Hydraires en Siphonophores. Les Hydraires vivent presque tous à de faibles profondeurs ; que des Planules emportées vers la haute mer aient acquis individuellement la propriété de conserver dans leurs tissus une certaine quantité de gaz, elles auront pu se maintenir dans des conditions d'existence plus favo-

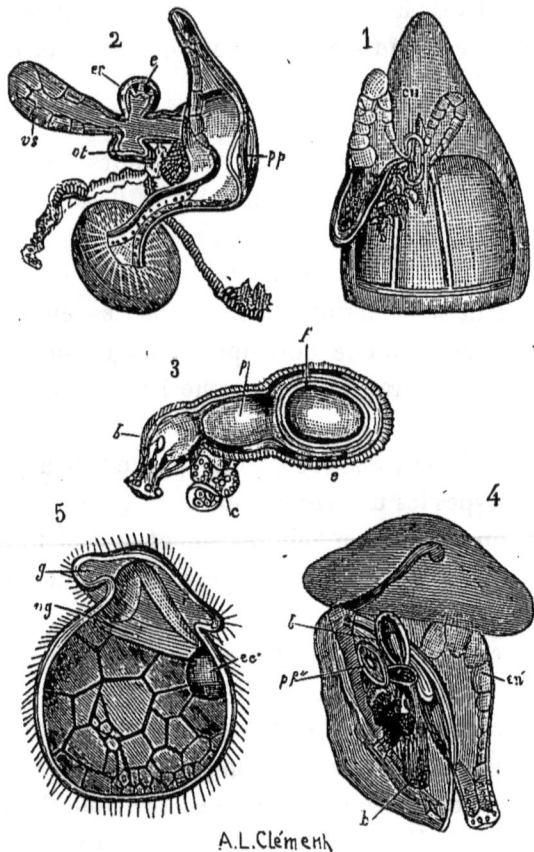

A.L.Clément

Fig. 54. — EMBRYOGÉNIE DES SIPHONOPHORES. — 1. Jeune *Galeolaria aurantiaca* âgée de 10 jours, montrant la 1re méduse locomotrice, à sa gauche, le rudiment du 1er polype et de son filament pêcheur; CH, rudiment de la 2e méduse locomotrice; au-dessus d'elle vésicule glandulaire spéciale. — 2. *Galeolaria aurantiaca* âgée de 11 jours: *vs*, vésicule glandulaire; *er*, 2e méduse locomotrice avec ses canaux gastro-vasculaires, *e*; *vt*, 2e polype; *pp*, 1er polype avec son filament pêcheur et sa plaque tectrice (d'après Metschnikoff). — 3. Jeune Physale; *e*, poche aérifère; *f*, sa cavité; *b*, 1er polype; *p*, sa cavité stomacale; *c*, son filament pêcheur (d'après Huxley). — 4. Jeune d'*Agalma Sarsii* âgée de 12 jours; *en'*, 1er siphon; *l*, vésicule aérifère; *b*, rudiment du filament pêcheur; *pf''*, rudiment de la 3e plaque tectrice. — 5. Larve d'*Agalma Sarsii* âgée de 6 jours. *g*, dépôt de gélatine entre l'entoderme et l'exoderme dans le rudiment de la plaque tectrice; *ng*, cavité interne comprise entre les deux couches cellulaires; *ec'*, épaississement exodermique d'où naîtra l'appareil aérifère.

rables à leur développement que celles qui auront été entraînées par leur poids à des profondeurs considérables, où elles ne trouvent ni l'air, ni la lumière, ni la chaleur qui leur est nécessaire, et où la pression de la masse d'eau superposée est énorme. Les larves flottantes se seront donc maintenues, transmettant à une partie de leur descendance la faculté précieuse à laquelle elles ont dû leur salut. Cette faculté s'est ensuite généralisée et, par le plus simple des mécanismes, la classe si remarquable des Siphonophores s'est trouvée constituée. On voit, par là, que l'appareil de flottaison n'est, en quelque sorte, que le résultat d'un accident du développement ; il provient de l'adaptation d'une partie de la Planule ou du Polype qu'elle produit à une fonction nouvelle, et l'on ne saurait par conséquent, dans aucun cas, le considérer comme l'équivalent d'un individu. Son évolution postérieure a suivi deux voies très différentes, et, comme on devait s'y attendre, son degré de développement a dû être en raison inverse de celui des individus locomoteurs. Si l'appareil de flottaison a rapidement acquis un certain volume et une organisation en rapport avec les conditions d'existence créées par le milieu ambiant, les individus purement locomoteurs ne se sont pas développés : les individus sexués ont pu cesser de revêtir la forme de Méduse complète, comme chez les Physales, ou bien se sont détachés de bonne heure, comme chez les Vélelles et les Porpites. Dans ce cas, la colonie, au début, n'est absolument constituée que par un Polype unique, muni de son appareil aérifère (fig. 54, n° 3), comme Huxley (1) l'a constaté chez les Physales, comme Carl Vogt (2) et Huxley l'ont vu chez les Vélelles. C'est exactement ce que supposait la théorie. Si l'appareil de flottaison se développe peu ou mal, il est évident qu'il y aura avantage pour la colonie à ce que les individus locomoteurs se développent et se perfectionnent rapidement. De plus, d'après les lois bien connues de la sélection naturelle, ce développement devra tendre à s'accélérer de plus en plus, et il arrive, en effet, que ces individus se développent directement sur la Planule, avant même que celle-ci se soit transformée en Polype (fig. 54, n°ˢ 1, 2 et 4).

(1) Huxley, *Oceanic hydrozoa* (Ray Society, London, 1854).

(2) Carl Vogt, *Recherches sur les animaux inférieurs de la Méditerranée*, 1ʳᵉ partie (*Mémoires de l'Institut genevois*, 1854).

Un habile naturaliste, M. Elias Metschnikoff, a voulu conclure
de ce fait, que l'élément fondamental des colonies de Siphonophores était la Méduse (1) : les siphons ou gastrozoïdes, les tentacules, cæcums hépatiques, individus astomes ou dactylozoïdes,
les filaments pêcheurs, les pièces protectrices cartilagineuses ne
sont pour lui que les organes de Méduses diversement modifiées.
Les Hydres, et leurs formes secondaires, n'entrent pour rien dans
la colonie. Nous avons déjà fait remarquer combien cette distinction
était subtile, puisque les Méduses dérivent indubitablement des
Hydres, et qu'une Méduse sans ombrelle n'est, en définitive, autre
chose qu'une Hydre véritable. Mais les faits extrêmement intéressants observés par Metschnikoff n'impliquent nullement les conclusions qu'il en tire. Ils sont absolument conformes aux procédés
ordinaires de l'embryogénie ou même du bourgeonnement. N'avons-
nous pas vu celui-ci s'accélérer d'une manière extraordinaire, chez
les Hydres bien nourries, au point qu'une toute jeune Hydre, à
peine formée, n'ayant encore que des bras rudimentaires, commence déjà à produire des bourgeons? Qu'une cause quelconque
vienne hâter le développement de ces bourgeons ou entraver le
développement de la mère, le bourgeon le plus jeune pourra devenir un individu parfait, bien avant celui qui l'a produit ; il y
aura interversion dans l'ordre naturel du développement. Il semblera parfois que l'individu de seconde génération se soit développé
avant celui qui devait le produire. Bien peu d'animaux, ayant
atteint un certain degré de complication, sont absolument exempts
d'interversions de ce genre, dans le développement de leurs organes.
C'est là toute l'explication des faits observés dans le développement
des Siphonophores pourvus de cloches locomotrices. La planule
qui provient de leur œuf se transforme toujours en Polype hydraire ;
elle n'est même, à proprement parler, qu'un jeune Polype
hydraire qui est devenu apte à produire déjà des bourgeons de
Méduses au cours de son développement. Ces Méduses, éminemment
utiles à la future colonie en leur qualité d'individus locomoteurs,

_____

(1) Elias Metschnikoff, *Studien über die Entwickelung der Médusen und
Siphonophoren* (*Zeitschrift für wiss. Zoologie*, vol. XXIX, 1874).

hâtées pour cette raison dans leur développement, conformément aux conséquences ordinaires de la sélection naturelle, prennent les devants sur le Polype nourricier. Celui-ci est inutile à la colonie, tant que l'embryon contient suffisamment de cette matière nutritive que les œufs renferment toujours en proportion variable ; il n'y a donc aucun inconvénient à ce que son développement soit retardé. Mais à un certain moment, ce développement, d'abord ralenti, reprend la marche ordinaire et le Polype nourricier s'épanouit. Ce Polype est toujours, il faut le remarquer, le résultat d'une transformation directe de la Planule primitive (fig. 54, n° 1), tandis que la première cloche natatoire, malgré sa précocité, s'est développée sur le côté de cette Planule, exactement à la façon d'un bourgeon ordinaire. Cela achève de justifier l'explication que nous venons de donner et qui ramène au même plan général le développement de tous les Siphonophores.

L'embryogénie confirme donc pleinement les conséquences auxquelles nous avait conduits l'observation des colonies adultes de Siphonophores. Ces êtres sont bien réellement des colonies d'Hydraires que leur genre de vie errante a conduites à s'individualiser de plus en plus. Leur histoire nous fait assister à toutes les phases de cette transformation en individu d'une colonie, c'est-à-dire d'un groupe d'individus eux-mêmes complexes : elle nous en fait en même temps pénétrer le mécanisme. Aussi bien que les Hydres, les Méduses pourront prendre part à la production de ces individualités nouvelles ; mais nous pouvons dès maintenant établir qu'elles doivent elles-mêmes leur origine à une petite société de Polypes qui s'est individualisée.

L'une des modifications les plus fréquentes que subissent les Hydraires vivant en colonies, c'est la disparition de la bouche. Dès qu'un individu s'adapte à une fonction nouvelle, l'orifice unique par lequel sa cavité digestive communique avec l'extérieur tend à s'oblitérer ; l'animal, suffisamment imprégné des sucs alimentaires élaborés par ses concitoyens, cesse de chasser et de digérer pour son compte : il puise, comme un parasite, sa nourriture dans la colonie au lieu de la chercher au dehors. A cet état, le Polype hydraire est réduit essentiellement à une massue plus ou moins développée dont l'axe est occupé par un canal correspondant à la cavité digestive des autres individus : c'est ce que nous avons appelé un *dactylozoïde*. Les individus reproducteurs revêtent ordinairement cette forme particulière. Si l'on examine le sac stomacal ou *manubrium* d'une Méduse en forme de cloche, on ne peut manquer d'être frappé de la ressemblance considérable que ce manubrium présente avec un Polype ; la ressemblance est surtout grande lorsque l'orifice buccal est entouré de tentacules, ce qui arrive très fréquemment. Supposons donc qu'autour d'un Polype nourricier se développe un verticille de 4, 8 ou 16 dactylozoïdes ; supposons que ces nouveaux individus s'accroissent suffisamment pour arriver à se toucher, ils se souderont alors forcément comme nous avons vu se souder les Hydres maintenues en contact. Ils finiront donc par constituer autour de l'individu nourricier une sorte de corolle très semblable à l'ombrelle d'une Méduse dont cet individu serait le manubrium et dont les canaux gastro-vasculaires seraient représentés par les cavités centrales des dactylozoïdes ; il ne manquerait pour que la Méduse fût complète que le canal circulaire qui longe le bord de l'ombrelle ; or la formation de semblables canaux de communication entre cavités homologues est un fait dont il serait facile de trouver de nombreux exemples. Il est donc déjà permis de se demander si la Méduse ne résulterait pas de l'individualisation d'une petite colonie formée d'un Polype nourricier occupant l'axe d'une couronne de dactylozoïdes. Le mode de développement des Méduses et les propriétés physiologiques de leurs segments confirment cette hypothèse. Si l'on jette les yeux sur les figures 38, n° 1, *b; 39, n° 1 ; 42, d; 48, n° 2* qui montrent des Méduses en voie de développement sur des colonies de *Syncoryne eximia*, de *Bougainvillia ramosa*, de *Podocoryne carnea*, de *Corymorpha nutans*, d'*Obelia geniculata* ou même sur la figure 51, qui montre des Méduses bourgeonnant sur d'autres Méduses, on voit partout l'ombrelle naître autour du sac stomacal sous la forme de parties indépendantes, en nombre égal à celui des canaux gastro-vasculaires de la future Méduse. Chacune de ces parties est un véritable dactylozoïde ; il ne se soude que plus·tard à ses voisins et alors seulement apparaît le canal circulaire qui met en communication les cavités centrales des dactylozoïdes et complète ainsi l'appareil gastro-vasculaire. La Méduse une fois constituée, chacun des dactylozoïdes conserve encore une part importante d'autonomie ; il forme la ligne moyenne d'une région qui se contracte indépendamment de ses voisines ; il peut être le centre du développement de glandes de la reproduction qui lui sont propres et même donner naissance à de nouvelles Méduses ; il ne cesse, en toutes ces circonstances, de se comporter comme un individu.

Un de ces dactylozoïdes peut donc, dans certains cas, se développer isolément, sans que le verticille se complète jamais, et l'on s'explique ainsi quel genre de rapport existe entre les Méduses et les bractées ou les pièces protectrices analogues des Siphonophores. Ces bractées ne correspondent qu'à un seul des dactylozoïdes transformés qui constituent une Méduse ; ce sont des quarts ou des huitièmes de Méduse ; chacune d'elles est morphologiquement équivalente à un Polype hydraire.

La Méduse au contraire n'est pas équivalente au Polype sur lequel elle bourgeonne, mais bien à une série de Polypes ; elle est exactement à l'Hydre ce que la fleur est à la feuille (1) ; son ombrelle est une corolle monopétale qui a même été polypétale dans sa jeunesse. De même que la fleur est formée de feuilles modifiées qui se sont groupées en rayons, par suite de leur rapprochement sur l'axe qui les porte, de même la Méduse est formée de polypes hydraires modifiés, qui ont pris une disposition rayonnante par suite du raccourcissement de la distance qui les séparait à l'origine. Singulière ressemblance entre les procédés mis en usage dans le règne végétal et le règne animal pour la constitution de parties analogues et qui montre à elle seule combien certains animaux inférieurs méritent ce nom de Zoophytes, d'Animaux-plantes que leur a fait donner leur apparence extérieure ! Ainsi disparaît le mystère de la transformation des Hydres en

(1) Le professeur Jæger a développé cette comparaison entre la Méduse et la fleur dans son *Manuel de zoologie*.

Méduses; la Méduse est complexe par rapport à l'Hydre, puis-qu'elle résulte de la soudure de plusieurs hydres : l'individualité de l'une est aussi nette que l'individualité de l'autre, et cependant la Méduse n'a pu être au début qu'une association de Polypes dont les individualités confondues ont fini par constituer.la sienne. Cette transformation est de même nature que celle qui donne naissance aux Siphonophores, mais elle est chez ces derniers plus frappante encore, car elle s'empare non plus d'un fragment d'une colonie de Polypes, comme dans le cas des Méduses, mais de la colonie tout entière.

Un autre groupe, dérivé lui aussi des Polypes hydraires, va nous offrir des phénomènes tout à fait semblables, mais obtenus par une voie différente.

CHAPITRE VI

LES CORALLIAIRES ET LEURS COLONIES.

Le Corail a donné son nom à une classe nombreuse d'animaux, les CORALLIAIRES, qui lui sont plus ou moins analogues et qui jouent dans les régions chaudes du globe un rôle considérable. Le fond de la mer est en quelque sorte tapissé de leurs colonies, qui montent graduellement vers la surface, et finissent par former des îles d'une étendue assez vaste pour suffire au développement de flores et de faunes variées, en attendant que l'homme lui-même vienne s'y établir. Souvent leurs édifices s'étendent en longues murailles de récifs en avant des continents et les protègent contre l'érosion des vagues furieuses de l'Océan.

Les architectes de ces prodigieux monuments sont ordinairement désignés, comme les Hydres, sous le nom de *Polypes*, quoique leur structure soit, en apparence, fort différente. Ils comptent parmi les êtres les plus délicats; presque toujours leurs tissus sont à demi transparents, parfois ils revêtent des teintes éclatantes, et les colonies, quand tous leurs hôtes sont épanouis, ressemblent alors, suivant leur étendue, soit à de gracieux bouquets, soit à d'admirables massifs des fleurs les plus brillantes : Marsigli, apercevant pour la première fois, en 1706, les animaux de Corail, crut en avoir réellement découvert les fleurs et en avoir démontré par cela même, d'une manière incontestable, la nature végétale ; aucun

nom ne saurait être mieux choisi que celui d'*Anémone de mer*,
sous lequel tout le monde désigne le plus commun des Coralliaires
qui vivent sur nos côtes, l'*Actinia equina*.

Le Corail et l'Anémone de mer peuvent être considérés comme
les représentants des deux grandes divisions de la classe des Coralliaires, divisions que l'examen le plus superficiel de ces animaux
suffit à faire reconnaître. Les fleurs du Corail n'ont jamais
que huit pétales, et ces pétales sont toujours régulièrement frangés sur leurs bords. Les Anémones de mer ont, au contraire,
un nombre variable et souvent très considérable de pétales, ou,
pour parler plus exactement, de *tentacules;* ce nombre augmente
avec l'âge et il est ordinairement un multiple de six (1). Les tentacules sont régulièrement coniques, parfois découpés en houppes
ou arborescents, comme chez le *Thalassianthus aster*, Klünzinger,
de la mer Rouge (fig. 55), jamais frangés, pectinés ou dentelés sur
leurs bords. De semblables caractères paraissent sans doute de peu
d'importance, mais ils se retrouvent avec une telle constance chez
ces êtres présentant, d'ailleurs, les formes les plus variées, qu'on
est naturellement conduit à leur attribuer une grande valeur.

Les Coralliaires du premier type, ceux qui ressemblent le plus
au Corail, sont désignés sous le nom d'ALCYONNAIRES. Ils vivent toujours en colonies plus ou moins nombreuses dont les plus
simples sont celles des Cornulaires (2), où chaque individu
habite une petite loge cornée, semblable à celle des Hydres, et
n'est relié à ses voisins que par une sorte de stolon extrêmement
grêle. Les Tubipores, de l'océan Pacifique, constituent des masses
compactes formées de tubes calcaires cylindriques, presque droits,
de couleur rouge foncé, dans chacun desquels habite un Polype.
Des planchers calcaires continus unissent de loin en loin tous ces
tubes entre eux, et un réseau vasculaire assez complexe met les
divers Polypes en rapport étroit de nutrition les uns avec les au-

---

(1) Les *Antipathes* ont régulièrement six tentacules et les *Gerardia* vingt-
quatre.

(2) Plusieurs espèces vivent dans la Méditerranée et se rencontrent jusque
sur les côtes de Bretagne. M. Poirier, aide-naturaliste au Muséum, en a recueilli
une à Roscoff (Finistère).

tres. Les tubes calçaires ont environ 2 millimètres de diamètre, ils sont placés les uns à côté des autres, de manière à rappeler un peu la disposition des tuyaux d'orgue : de là le nom de Tubipore-Musique (*Tubipora musica*, Linné) donné à l'espèce la plus commune du

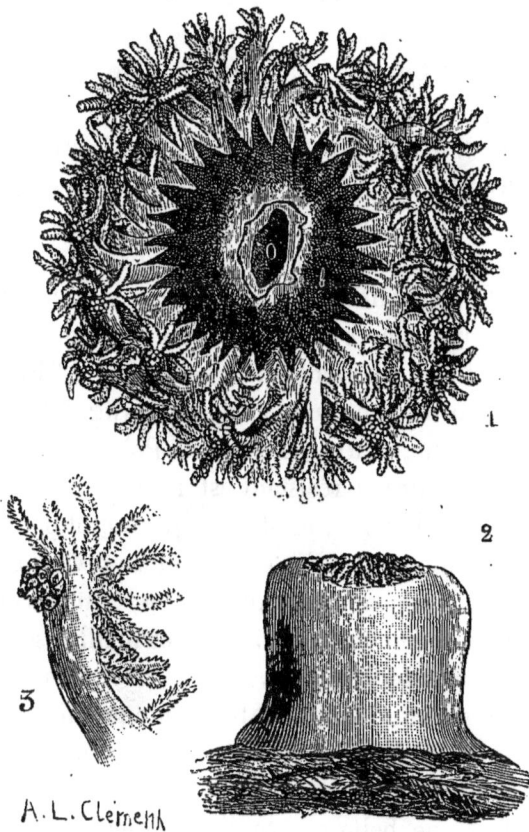

Fig. 55. — CORALLIAIRES. — *Thalassianthus aster*, Klünzinger, de la mer Rouge. — 1. Un individu épanoui, vu de face. — 2. Un individu rétracté, vu de profil. — 3. Un tentacule isolé et grossi pour montrer les digitations et le bouquet dorsal d'organes urticants.

genre. La plupart des autres Alcyonnaires jouissent de la propriété de sécréter en quantité variable des particules solides, qui se déposent non plus à l'extérieur, mais dans l'épaisseur même de leurs tissus. Ce sont chez les *Alcyons* proprement dits, qui étalent sur les rochers sous-marins leurs croûtes charnues, vivement colorées, des *spicules* analogues à ceux des Éponges, et dont les formes, nettement déterminées, sont très caractéristiques des espèces. Ce sont aussi des spicules d'un rouge de sang qui donnent sa riche couleur à la masse charnue du Corail ; les parties solides qu'elle revêt, et qu'on emploie dans la joaillerie, ne sont elles-mêmes qu'une agglomération de ces spicules soudés les uns avec les autres.

Les branches de Corail, si estimées comme parures, avec leur solidité, leur apparence végétante, leur teinte magnifique, ont longtemps été une énigme pour la science. Orphée voyait en elles des algues rougies par le sang de Méduse et pétrifiées par le regard mourant de la Gorgone, lorsque Persée posa la tête du monstre sur le rivage pour purifier ses mains dans la mer. Ovide pensait que le Corail était mou sous l'eau et se durcissait à l'air. La plupart des naturalistes ont cru, jusqu'à Peyssonnel, que cette précieuse production des mers était une plante (1). En réalité, les branches de Corail ne sont que l'axe solide (fig. 59, *a*), dépourvu de vie par lui-même, d'une colonie de Polypes. Chez les Gorgones, cet axe calcaire et résistant est remplacé par un axe de consistance cornée, flexible, élastique, qui tantôt pousse de longs rameaux parfaitement rectilignes, tantôt se divise en branches légères, de manière à simuler un buisson, tantôt s'épanouit en éventail, ou bien forme un réseau dont les mailles serrées font de la colonie une sorte de crible vivant. Cet axe corné n'exclut pas la présence de spicules dans les tissus mous qui l'enveloppent, et la forme de ces spicules est, là encore, absolument caractéristique des espèces.

L'axe solide d'une belle espèce d'Alcyonnaires, l'*Isis hippuris*, Lamarck, présente une particularité remarquable : il est formé de parties alternativement calcaires et cornées. Les parties calcaires sont d'un blanc pur et ont un peu l'aspect du Corail blanc ; les parties cornées sont brunes et leur couleur foncée tranche nettement sur celle des parties qu'elles séparent, de sorte que l'axe tout entier

---

(1) Voir l'historique de la découverte de l'animalité du Corail dans l'*Histoire naturelle du Corail*, de M. de Lacaze-Duthiers, 1 vol. — J.-B. Baillière.

paraît régulièrement annelé de brun et de blanc. Une disposition
analogue se rencontre chez tous les Alcyonnaires du groupe des
Mélitées ; mais elle est moins tranchée, parce que les parties calcaires et cornées présentent la même teinte générale. Quelques
Alcyonnaires, dépourvus d'axe solide, tels que les *Bébryces,* empruntent à d'autres, plus privilégiés, les moyens de se soutenir,
viennent, en parasites, établir leurs colonies sur celles de diverses
Gorgones et étouffent sous leurs vivaces plaques rouges les Polypes
qui gênent leur développement. Aucune fusion ne s'établit, du
reste, entre les deux colonies, pas plus qu'il ne s'en produit entre
les tissus d'Hydraires d'espèces distinctes. On a donné des noms
différents à la Bébryce, suivant qu'on l'a rencontrée dans tel ou
tel état d'épanouissement. M. Deshayes en a publié une belle
figure, sous le nom d'*Anthozoanthe parasite* (1).

La plupart des colonies d'Alcyonnaires n'ont pas de forme déterminée. De même que chaque essence d'arbre, chaque espèce a bien
un port qui lui est propre, mais elle varie à l'infini cette forme générale, qui échappe d'ordinaire à toute description et subit d'une
manière évidente l'influence modificatrice des milieux ambiants.
Il n'en est cependant pas toujours ainsi. Certaines espèces ne vivent
pas indissolublement fixées aux rochers sous-marins, comme celles
dont nous venons de parler ; elles sont libres de toute adhérence
et se bornent à enfoncer plus ou moins profondément dans les
fonds vaseux leur partie inférieure, dépourvue de Polypes. Quelques-unes se laissent même parfois emporter au gré des vagues.
Elles sont aux colonies ordinaires à peu près ce que sont les Siphonophores aux autres colonies de Polypes hydraires. Chose remarquable ! la vie indépendante a produit chez elles exactement les
mêmes modifications que chez les Siphonophores ; elles ont acquis
une sorte d'individualité, peut-être moins élevée, mais qui se
traduit nettement par une tendance bien marquée à revêtir une
forme constante.

Les *Rénilles* ont, comme leur nom l'indique, l'apparence d'un
rein aplati, soutenu par un pédoncule fixé à sa partie rentrante,

(1) Voir Alfred Fredol, *le Monde de la mer,* Paris, 1865, in-8, page 96.

celle qui correspondrait au hile de la glande. Les Polypes disséminés sur les deux faces de la plaque réniforme se détachent en
jaune sur un fond du plus beau violet. Les *Véretilles* (fig. 56, n° 2)
ont l'aspect d'une longue massue, dont un tiers est dépourvu de
Polypes, tandis que les deux autres tiers, plus renflés, portent un
nombre considérable de ces animaux, incapables de se cacher dans
la masse charnue sur laquelle ils prennent naissance. Chez les
Virgulaires, la massue s'allonge considérablement en forme de
baguette, et les Polypes se développent sur des espèces de crêtes,
obliquement disposées relativement à l'axe de la baguette. Enfin,
chez les *Pennatules* (fig. 56, n° 1), l'axe se raccourcit de nouveau et
s'épaissit; mais les crêtes obliques que nous avons vues chez les
Virgulaires s'épanouissent en larges feuilles latérales, serrées les
unes contre les autres, soutenues par des nervures rayonnantes,
formées de longs-spicules et portant les Polypes sur l'une de leurs
faces. Ces feuilles s'élargissent et s'allongent graduellement, du
sommet de la tige jusque vers son milieu, pour diminuer ensuite
et laisser finalement un espace nu assez allongé, exactement
comme le font les barbes d'une plume; il en résulte pour la colonie une ressemblance réelle avec une grande plume d'oiseau,
de là le nom de *Pennatules* et aussi celui de *Plumes de mer* sous
lesquels on désigne ces étranges Zoophytes. Les Pennatules grises
de la Méditerranée ont à peu près la taille d'une belle plume
d'autruche; elles sont, à l'époque de la reproduction, vivement
phosphorescentes.

Là s'arrêtent les transformations que subissent les colonies d'Alcyonnaires dans la direction de l'individualisation. Dans aucune
d'elles les Polypes composants ne perdent leur personnalité; dans
aucune d'elles leur forme ne se modifie pour se prêter à une division de travail, et si, dans un petit nombre de cas comme chez les
Sarcophytons (fig 57, n° 2), et diverses Pennatules, nous voyons apparaître des individus de deux formes différentes, ces individus ne
sont pas des individus perfectionnés en vue de quelque fonction
nouvelle à accomplir, mais simplement des individus incomplets,
qui ne modifient pas d'une manière importante les allures de la
colonie. Évidemment on ne saurait refuser une personnalité

à ces colonies provenant chacune d'un œuf unique et conservant toujours une forme rigoureusement définie, composées à la vérité de Polypes indépendants, mais offrant, en outre, des parties qui produisent ces Polypes et dont aucun d'eux ne peut revendiquer

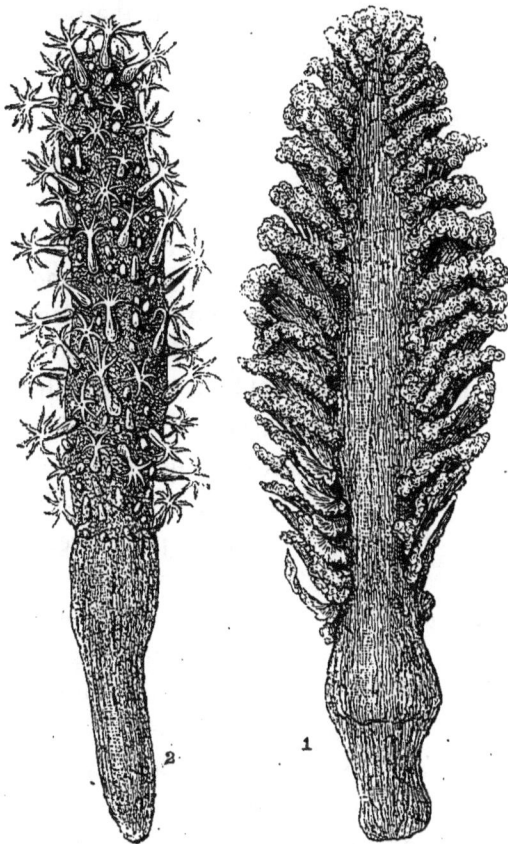

Fig. 56. — CORALLIAIRES. — 1. *Pennatula grisea*, Lk, de la Méditerranée. — 2. *Veretillum cynomorium*, de Blainville (demi-grandeur naturelle environ).

la propriété, des parties qui sont, en d'autres termes, des *organes de la colonie* et non des dépendances des Polypes. Toutefois ces parties communes n'établissent entre les Polypes aucun lien psychologique. Chaque Polype semble ignorer totalement l'existence de ses voisins ; aucune sensation commune, aucun mouvement combiné ne paraît pouvoir se produire dans cet assemblage d'êtres tous identiques et vivant chacun pour soi. Il y a donc entre les *colonies personnelles* des Coralliaires et les *colonies personnelles* des Hydres certaines différences tout à l'avantage de ces dernières. Les causes de cette infériorité des colonies de Coralliaires, d'où la division du travail semble totalement absente (1), apparaîtront pleinement lorsque nous aurons pu faire connaître d'une manière complète la nature réelle des individus constitutifs de ces colonies.

Les Coralliaires du second type sont souvent désignés sous le nom de Zoanthaires. Ils se divisent eux-mêmes en trois groupes, suivant que leurs tissus conservent leur mollesse primitive, sécrètent un axe solide plus ou moins analogue à celui des Gorgones ou produisent enfin un polypier calcaire, tellement moulé sur les animaux qui l'habitent, qu'on retrouve dans les loges de ceux-ci comme une reproduction pétrifiée de toutes les parties molles. Les Actinies ou Anémones de mer de nos côtes appartiennent au premier groupe, que M. Milne-Edwards appelle pour cela groupe des Actiniaires. Le type du second groupe est ce que les pêcheurs nomment le *Corail noir*. On croyait autrefois que le corail noir était souverain contre toutes sortes de douleurs ; de là le nom d'*Antipathe* qui lui a été donné et celui d'Antipathaires qui a été étendu à tous les représentants du groupe auquel il appartient. Les Polypes de ce groupe n'ont d'ordinaire que six tentacules mal développés. Il faut toutefois rapprocher d'eux un singulier coralliaire de la Méditerranée, soigneusement étudié par M. de Lacaze-Duthiers, qui lui a imposé le nom de *Gerardia La-*

(1) Il convient de faire à ce sujet quelques réserves. Nous ignorons à peu près totalement, en effet, quelle est la véritable nature de l'axe des Pennatules et des lames qui portent les Polypes. Sont-ce de simples parties accessoires, empruntées à l'ensemble des Polypes, comme chez le Corail, dont le développement a été si bien décrit par M. de Lacaze-Duthiers? Sont-ce des individus transformés? L'embryogénie peut seule nous renseigner sur ce point, et peut-être l'étude du développement de ces colonies fournirait-elle de précieux renseignements sur la morphologie des Polypes coralliaires.

marckii (fig. 57, n. 1) (1). Les *Gerardia* ont vingt-quatre tentacules égaux entre eux et assez allongés. Pendant leur jeune âge,
elles sont complètement molles et vivent, comme les *Bébryces*, en
parasites sur le polypier des Gorgones. Peu à peu elles étouffent

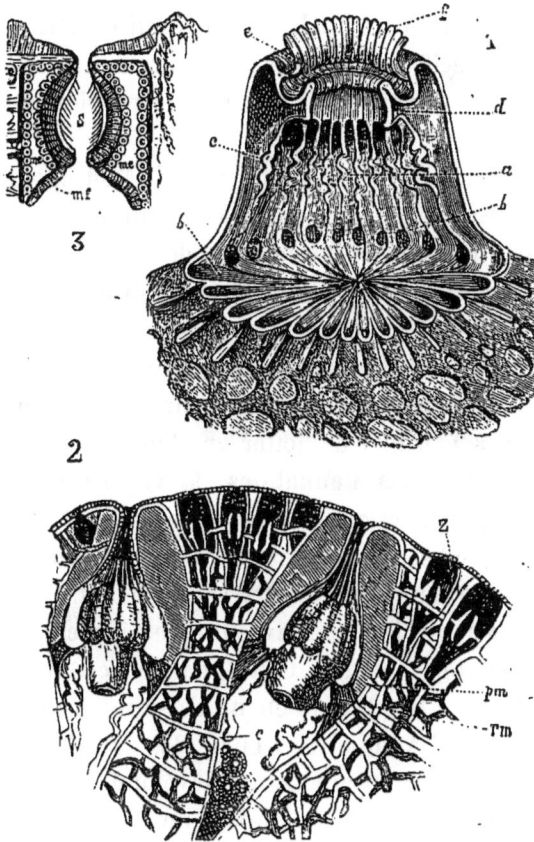

celles-ci et se mettent à sécréter un axe solide, dont la consistance
et l'apparence générale rappellent celles d'un bois dur et poli. A

(1) H. de Lacaze-Duthiers, *Mémoires sur les Antipathaires* (*Annales des sciences
naturelles* : Zoologie, 5e série, t. II et t. IV).

l'intérieur de cet axe on trouve encore très souvent l'axe de la Gorgone qui a été recouverte. Enfin le troisième groupe est celui des Madréporaires. C'est celui qui renferme le plus grand nombre d'espèces et aussi les espèces de la plus grande taille, celles qui jouent dans l'économie de la nature le rôle le plus important. Ce sont exclusivement les Madréporaires qui construisent les îles de Corail et les récifs auxquels les régions chaudes du Pacifique et les mers qui les avoisinent doivent une physionomie si particulière.

Un assez grand nombre d'Actiniaires et de Madréporaires vivent à l'état isolé. Presque tous les Actiniaires sont dans ce cas; ils ne sont même pas fixés au sol d'une façon définitive et peuvent ramper grâce aux contractions d'une sorte de disque qui termine la partie inférieure de leur corps et qui leur sert à la fois d'organe d'adhérence et de pied. Dans certains genres, tels que les *Mynias*, ce pied se renfle de manière à former une bourse, qui se remplit d'air et permet à l'animal de flotter en pleine mer. Pas plus chez les *Mynias* que chez les Pennatules, la vie errante ne modifie l'agencement des parties qui constituent essentiellement le Polype Coralliaire. Le pied seul est transformé en un véritable ludion et le Polype se laisse emporter par les vagues à la façon des Physales, des Vélelles et des Porpites, avec lesquels il n'est pas sans présenter une certaine analogie. Cette analogie est plus profonde, nous le montrerons bientôt, qu'on ne l'a supposé jusqu'ici. Chez quelques espèces d'Actiniaires, chez les *Thalassianthus* par exemple, les tentacules prennent un développement tout à fait remarquable, se divisent, se découpent de mille manières et forment ainsi les plus élégantes arborescences; on ne peut, à leur aspect, se défendre de l'impression que chacun d'eux est une individualité distincte et que le *Thalassianthus* est une colonie formée de leur assemblage.

Parmi les Madréporaires, les espèces vivant solitaires sont plus rares; on en connaît cependant un certain nombre, et l'on trouve, entre autres, sur nos côtes, la *Caryophyllia Smithi* et la *Balanophyllia verrucaria*, Pallas, que l'on peut conserver des années entières vivantes, dans un simple flacon d'eau de mer, sans qu'on ait

besoin ni de renouveler leur eau, ni de pourvoir à leur alimentation (1). La plupart des Madréporaires forment de volumineuses
colonies dans lesquelles les individus sont tantôt presque complètement isolés, comme dans les *Mussa*, les *Oculina*, les *Dendrophyl-*

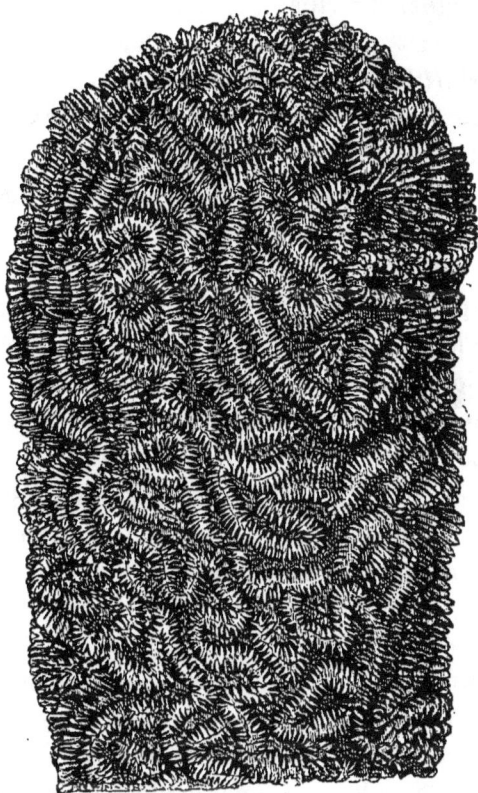

Fig. 58. — CORALLIAIRES. — *Dendrogyra cylindrus*, Ehrenberg (demi-grandeur).

lia ; tantôt pressés les uns contre les autres, au point que l'ouverture de leur calice perd sa forme circulaire pour prendre un contour

(1) J'ai conservé vivantes dans ces conditions, pendant plus d'un an, dans
mon cabinet du Muséum, à Paris, plusieurs Balanophyllies, qui m'ont été
expédiées du laboratoire de zoologie expérimentale fondé à Roscoff (Finistère)
par M. de Lacaze-Duthiers. Le savant professeur de la Sorbonne a pu conserver dans des conditions analogues des Caryophyllies plus de trois ans.

polygonal, comme dans les *Astroïdes* (fig. 60, n° 2) ou les *Porites;*
tantôt enfin tellement confondus qu'il est absolument impossible
de dire où commence et où finit chacun d'eux. Les individus, chez
les *Cæloria*, les *Diploria*, les *Dendrogyra* (fig. 58), les Méandrines,
se fusionnent ainsi latéralement, de manière à former à la surface
du polypier de longues et tortueuses galeries dans lesquelles rien ne
peut indiquer la part qu'il faut faire à chacun des composants.
Chez les *Herpetholitha*, les *Halomitra* et quelques autres genres,
la colonie peut devenir libre : elle prend alors une forme
déterminée, celle d'une sorte de ver allongé dans le premier cas,
d'un bonnet conique dans le second ; de là son nom grec, qui signifie *mitre de mer*. Les individus sont là à peine distincts ; rien ne
vient les limiter extérieurement, de sorte que ces colonies reprennent à très peu près l'apparence des individus simples du même
groupe, tels que les *Fongies* (1) : nouvel et frappant exemple de la
tendance des colonies devenues libres à passer à l'état d'individus.
Particularité remarquable, comme chez les Éponges du genre
Sycon, c'est avec la forme simple primitive d'où elle dérive que
la colonie présente, dans le cas actuel, une réelle ressemblance ;
la nature semble donc ici revenir sur ses pas et ramener par un
long détour l'individu complexe à la forme que présentait déjà
l'individu simple.

Malgré les nombreuses variations que nous venons de signaler
dans l'apparence extérieure et dans la constitution de leur polypier, les Polypes coralliaires présentent une grande uniformité de
structure. Au centre de la couronne, le plus souvent multiple, de
leurs tentacules, s'ouvre la bouche (fig. 55, n° 1, *a*, lig. 57, *c*),
ordinairement elliptique et capable de s'élargir démesurément ou
de se réduire à un orifice à peine visible. Cette bouche conduit
dans une sorte de cylindre (fig. 57, *d*), tantôt largement ouvert
par le bas, tantôt susceptible de se fermer complètement et qui
pend dans la cavité du corps du Polype ; les uns ont considéré ce
cylindre comme un rudiment d'estomac, les autres comme un

(1) Ces dernières sont ainsi nommées parce qu'elles rappellent tout à fait
un chapeau de champignon du genre Agaric qui serait privé de son pédoncule.

œsophage ; il n'y a pas d'inconvénient à lui conserver le nom de *sac stomacal*. Entre la paroi externe du sac stomacal et la paroi interne de la cavité du corps, il existe nécessairement un espace vide annulaire ; cet espace correspond à la zone occupée extérieurement par les tentacules, qui sont creux et peuvent d'ordinaire, quand l'animal se contracte, rentrer dans son intérieur en se retournant comme des doigts de gant (fig. 59, *d*). Quand les tentacules sont épanouis, leur cavité communique largement avec l'espace annulaire dont nous venons de parler et peut, en conséquence, être considérée comme un prolongement vers l'extérieur de la cavité du corps du Polype.

Entre deux tentacules contigus, au-dessous de la membrane qui forme, à l'intérieur de la couronne tentaculaire, une sorte de plancher, au centre duquel serait située la bouche, naît toujours une cloison verticale (fig. 57, *c*) qui descend jusqu'à la partie inférieure de la cavité du corps, s'accole intérieurement au sac stomacal dans une étendue plus ou moins grande de sa longueur, et devient libre quand elle a dépassé ce sac. Il suit de là que l'espace annulaire qui sépare le sac stomacal de la paroi du corps est divisé en autant de loges sans communication entre elles que le Polype a de tentacules. Au-dessous du sac stomacal, le bord interne des cloisons qui séparent ces loges devenant libre, toutes les loges (fig. 57, *a*) communiquent largement, sur tout le reste de leur étendue, avec un espace central que l'on considère comme la *cavité viscérale* du Polype. Un corps que l'on essayerait de faire entrer dans cette cavité par l'extrémité coupée de l'un des tentacules ne pourrait donc y arriver qu'après avoir dépassé le sac stomacal. De même un corps suffisamment petit, entré par la bouche, ne pourrait pénétrer dans la cavité des tentacules qu'après avoir traversé le sac stomacal ; il s'engagerait alors dans la loge, béante intérieurement, qui correspond à un tentacule et remonterait ainsi jusqu'au sommet de ce dernier.

M. de Lacaze-Duthiers a justement comparé ces loges rayonnant autour de la cavité centrale, aux stalles d'une salle de spectacle. On peut encore s'en faire une idée moins gracieuse mais parfaitement exacte, en imaginant qu'autour d'un gros cylindre creux vertical, on a étroitement lié des cylindres de diamètre plus petit, contigus les uns aux autres, puis, qu'on a enlevé la moitié inférieure du gros cylindre et pratiqué une large fente verticale sur la partie intérieure correspondante des petits. La partie restante du gros cylindre représenterait le sac stomacal ; la partie intacte des petits cylindres, les tentacules et les loges péristomacales qui leur correspondent ; leur partie fendue figurerait enfin les stalles qui rayonnent autour de la cavité viscérale.

Le bord libre des cloisons porte toujours une sorte d'ourlet saillant, bizarrement contourné, qu'on appelle le *cordon pelotonné*. Ce cordon pelotonné est bourré de nématocystes ou corps urticants exactement semblables à ceux des Hydres. Il y en a aussi une quantité considérable dans la partie externe des tentacules. La présence constante de nématocystes chez les Coralliaires et la ressemblance absolue de ces organes avec ceux des Hydres ne sont pas des faits sans importance. Il est impossible que des organes construits sur un type si particulier et si compliqué se retrouvent, avec cette constance et cette généralité, chez tous les représentants de deux ordres du Règne animal, sans impliquer entre ces deux ordres des affinités réelles ; nous ne tarderons pas, en effet, à les voir surgir d'elles-mêmes.

C'est sur les parois des cloisons des loges périviscérales que naissent les glandes génitales. Ce sont ordinairement des sacs plus ou moins volumineux dont chacun contient un œuf ou une masse de spermatozoïdes. Ces sacs sont suspendus à la paroi des cloisons et flottent par conséquent dans la cavité viscérale. On comprendra bien la singularité de cette disposition si nous ajoutons que la plupart des auteurs voient encore dans la cavité viscérale la véritable cavité digestive. Les Coralliaires semblent alors porter leurs organes génitaux dans l'estomac.

Tous les animaux supérieurs ont leur corps partagé en deux cavités dont l'une enveloppe l'autre plus ou moins complètement, savoir : 1° la *cavité digestive* où sont élaborées les matières alimentaires ; 2° la *cavité générale*, dans laquelle tous les organes sont contenus, placés d'ordinaire entre la paroi externe du tube digestif et la paroi interne de l'enveloppe extérieure du corps. Les Vertébrés, les Arthropodes, les Mollusques et les animaux qu'on y rattache, les Vers, les Echinodermes eux-mêmes ont une cavité digestive distincte de la cavité générale. Cette cavité apparaît même de très bonne heure, car dès le début de leur développement, la plupart de ces animaux se montrent sous la forme bien connue d'une *Gastrula* (fig. 26, n° 1, page 155), formée de deux sacs, ayant une ouverture commune, et dont l'un, plus petit, est suspendu dans la cavité de l'autre. Les deux sacs étant soudés tout le long de leur ouverture, celle-ci ne peut évidemment conduire que dans l'intérieur du plus petit. Ce dernier correspond à l'*entoderme* des Hydres ; ses parois fourniront à l'animal adulte le revêtement cellulaire de la paroi interne de son tube digestif et des glandes qui en dépendent. Le sac extérieur, analogue à l'*exoderme* des Hydres, est aussi l'exoderme de l'embryon : il fournit à l'adulte la peau, le système nerveux, les organes des sens et s'associe d'ordinaire à l'*entoderme* pour former avec lui la plupart des autres organes, soit directement soit après avoir constitué avec lui une couche cellulaire intermédiaire, le *mésoderme*. Entre l'*exoderme* et l'*entoderme* des embryons de la plupart des animaux (1), il existe une cavité close ; c'est là la *cavité générale primitive*, qui prend une part plus ou moins grande à la formation de la cavité générale définitive et dans lesquelles se développent, aux dépens des deux feuillets, tous les autres organes, ainsi complètement séparés de la cavité digestive.

Chez les Éponges et les Polypes hydraires l'entoderme et l'exoderme sont intimement soudés l'un à l'autre, qu'ils soient ou non séparés par un feuillet mésodermique, de sorte qu'il n'y a pas à proprement parler de cavité générale. Chez les Coralliaires, on admet généralement qu'il y a un commencement de distinction entre la cavité digestive et la cavité générale : l'intérieur du tube œsophagien serait une indication de cavité digestive ; l'intérieur des loges rayonnantes qui l'entourent, l'in-

(1) Hæckel (*Règne des Protistes*, trad. française, p. 69) ne considère même comme de véritables animaux que les êtres se présentant à leur état embryonnaire sous cette forme d'un double sac dont les deux feuillets sont séparés par un espace vide.

térieur des tentacules et la cavité centrale dans laquelle s'ouvrent
toutes les loges constitueraient la cavité générale de chaque
Polype ; mais ici la cavité digestive rudimentaire s'ouvrirait
largement dans la cavité générale ; le sac stomacal, percé par
le bas, serait simplement traversé par les matières alimentaires
qui tomberaient dans la cavité générale pour y être élaborées ;
les deux cavités digestive et générale seraient donc confondues,
et c'est pourquoi le zoologiste allemand Leuckart a placé les
Coralliaires dans une division spéciale du Règne animal, celle des
Coelentérés (1) où il les réunit aux Polypes hydraires et aux
Éponges. Nous avons vu précédemment ce qu'il fallait penser de
la parenté des Éponges et des Hydraires. Les analogies que présentent, à certains égards, ces animaux ne peuvent faire oublier les
différences originelles qui les séparent. Les Polypes hydraires et
les Coralliaires sont au contraire de même souche ; mais les analogies invoquées par Leuckart pour les réunir ne sont qu'apparentes.
La cavité viscérale d'un Coralliaire ne peut, en effet, être comparée ni à la cavité digestive d'une Hydre, ni à la cavité générale des
autres animaux ; nous le démontrerons un peu plus tard. D'autre
part chez les Hydres, comme chez les Méduses, la cavité digestive
ne saurait se confondre avec une cavité générale qui n'existe pas à
proprement parler. Ni les uns, ni les autres ne sont donc des
Cœlentérés au sens précis de ce mot et comme, en définitive, tous
ces animaux sont plus ou moins urticants, que le nom d'*orties* leur
était autrefois communément donné à tous, peut-être vaudrait-il
mieux, étendre au groupe dans lequel on les réunit la dénomination d'Acalèphes, qui signifie ortie, en grec, et que Cuvier n'appliquait qu'à un certain nombre d'entre eux.

Dans les colonies les plus simples de Polypes hydraires, les cavités générales des différents individus communiquent directe-

_____

(1) De κοῖλος, creux et ἔντερα, viscères, — κοῖλος est pris ici pour cavité générale
et ἔντερα pour cavité digestive ; la réunion des deux mots indique que chez les
Cœlentérés la cavité digestive et la cavité générale ne sont qu'une seule et
même chose.

ment ensemble, de sorte que les matières alimentaires passent avec la plus grande facilité de l'une à l'autre, comme nous l'avons vu dans les petites colonies d'Hydres d'eau douce. Quand la colonie se complique, quand les différents individus, au lieu d'être simplement greffés les uns sur les autres, semblent émerger d'une masse charnue commune, dont les diverses parties ne peuvent être attribuées à un individu plutôt qu'à un autre, les prolongements des cavités générales, dans cette masse, peuvent se ramifier et s'anastomoser entre elles de manière à constituer une sorte de réseau

Fig. 59. — Corail rouge: *a*, l'axe calcaire de couleur rouge employé en bijouterie ; *b*, les vaisseaux ; *c*, coupe transversale d'un Polype ; *d*, coupe longitudinale d'un Polype rétracté ; *e*, coupe longitudinale d'un Polype épanoui.

vasculaire plus ou moins complexe. C'est ce que l'on observe souvent chez les Siphonophores, et c'est aussi le mode de communication que l'on constate, chez les Coralliaires, entre les divers individus d'une même colonie.

Dans son admirable ouvrage sur le Corail (1), M. de Lacaze-Duthiers a fait connaître en détail le système de vaisseaux qui parcourent les ramifications diverses d'une branche de Corail. Les uns (fig. 59, *b*), directement en contact avec l'axe calcaire, sur lequel ils laissent leur empreinte sous forme de stries à peu près régulières, sont parallèles et reliés les uns aux autres, de loin en loin, par de courtes et minces branches latérales ; ils communiquent

(1) *Histoire naturelle du Corail.* — J.-B. Baillière, 1864.

aussi avec un réseau vasculaire irrégulier, mais à mailles serrées, qui est plus superficiel et envoie vers chaque Polype un certain nombre de branches, plus fines que les autres, venant s'ouvrir directement dans la cavité viscérale. Ainsi les matières alimentaires élaborées par tous les individus passent aussitôt dans le système vasculaire commun et sont également réparties dans toutes les régions de la colonie : c'est le *communisme* dans toute l'acception du mot.

Les *Gerardia* (fig. 57) sont particulièrement remarquables en ce que les communications du Polype avec l'appareil vasculaire colonial s'établissent avec une régularité parfaite. Les cloisons qui séparent les loges se prolongent en côtes légèrement saillantes sur le plancher inférieur de la cavité viscérale et se réunissent au centre de ce plancher de manière à le découper en secteurs rayonnants ; du fond de chaque loge, c'est-à-dire de l'espèce de cul-de-sac qui correspond à l'union de sa paroi extérieure avec le secteur correspondant du plancher, part un vaisseau unique qui vient s'ouvrir dans le réseau commun. Il suit de là que si l'on considère chaque loge comme le prolongement du tentacule qui la surmonte, le canal qui suit la loge peut être, à son tour, considéré comme un prolongement de ce même tentacule, et l'on est par conséquent en droit de dire que chaque tentacule, communiquant avec le réseau commun par un canal qui lui est propre, se greffe directement sur ce réseau. C'est là un fait d'une certaine importance et que nous aurons à invoquer par la suite.

A part la trace des vaisseaux et quelques cavités informes indiquant parfois la place des individus, l'axe solide des Alcyonnaires garde rarement la trace du Polype ; au contraire, chez les Madréporaires, chaque Polype marque profondément son empreinte sur le polypier ; sa place est indiquée par un calice plus ou moins profond, divisé par tout un système de lames calcaires en *chambres* rayonnantes, qui rappellent les *loges* rayonnantes du Polype (fig. 60) qui l'ont produit. Nous avons déjà dit qu'on voit dans chaque calice, chez les Madréporaires, tout un appareil de parties solides rappelant par leur disposition la disposition dès parties molles que nous venons de décrire : il est nécessaire, pour faire bien comprendre ce qui va suivre, de préciser nettement quelles sont les parties dures qui constituent un polypier et quels sont les rapports de ces parties avec les tissus qui les recouvrent.

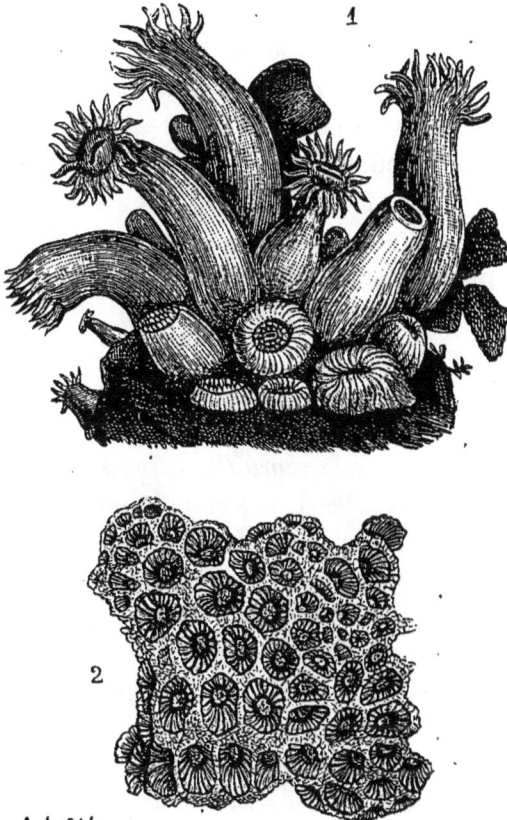

Fig. 60. — MADRÉPORAIRES. — *Astroïdes calycularis*, de la Méditerranée. — 1. Polypes épanou s et rétractés. — 2. Polypier dégarni de Polypes.

Prenons pour exemple la *Caryophyllia Smithi* qui a le double avantage de vivre sur nos côtes et de présenter avec la plus grande netteté toutes les parties essentielles d'un Polypier. Ce qui frappe tout d'abord chez elle, c'est l'appareil cloisonnaire formé de

lames (1) calcaires verticales, à bord convexe, qui font saillie au-
dessus du polypier. Ces lames sont de diverses grandeurs. Il est
facile d'en distinguer 12 plus grandes que les autres, puis 12 immédiatement plus petites, intercalées entre elles, puis 24 encore
plus petites et toutes d'égales dimensions : on en compte un plus
grand nombre encore de taille immédiatement inférieure.
L'ensemble des lames de même grandeur constitue ce qu'on.
appelle un *cycle;* on peut retrouver des cycles analogues dans la
disposition des tentacules. Aucune des lames n'atteint le centre
du calice. Il reste en avant des plus grandes un espace circulaire,
une sorte de cirque, occupé par un bouton calcaire, à surface irrégulière ; ce bouton porte le nom de *columelle.* Entre la columelle
et les lames, directement sur le prolongement de celles-ci, se
voient d'autres petites lames calcaires, parfaitement indépendantes
des premières et qu'il ne faut pas confondre avec les dents que
présentent dans certaines espèces les lames principales ; ce sont les
palis. Le polypier doit être limité extérieurement : aussi le bord
externe de toutes les lames vient-il se souder à une enveloppe calcaire conique qui constitue la *muraille.* Assez souvent, il semble
que les lignes de suture des lames et de la muraille soient marquées extérieurement par des crêtes calcaires diversement den-
ticulées ; on donne à ces crêtes le nom de *côtes.* Enfin la muraille
est fréquemment couverte d'une sorte d'enduit qui la fait paraître
vernissée. Cet enduit porte le nom d'*épithèque.*

Tous les polypiers ne présentent pas un ensemble de parties
aussi compliqué. La columelle peut manquer et les lames ne
pas atteindre l'axe vers lequel elles convergent ou, au contraire,
s'y rencontrer et même se replier en s'enroulant sur elles-mêmes le
long de leur ligne de contact. Dans les deux derniers cas, les palis
manquent naturellement ; mais ils peuvent aussi manquer (fig. 60)
quand la columelle existe ou quand les lames ne se rencontrent
pas. Il est rare d'ailleurs que leur nombre soit égal à celui des

---

(1) A l'exemple de M. de Lacaze-Duthiers, nous nous servirons des termes
de *lames* pour désigner ces pièces dures et calcaires, réservant le nom de
cloisons aux parties molles qui séparent les *loges* du Polype. L'intervalle entre
deux lames sera une *chambre* du polypier.

lames : les Caryophyllies, par exemple, n'ont qu'une seule couronne
de palis, alors qu'elles peuvent avoir jusqu'à six cycles de lames.
Les côtes manquent encore très souvent ; enfin dans les polypiers
composés il peut arriver que tout ou partie de la muraille disparaisse. Ainsi chez les Méandrines, chez les *Dendrogyra* (fig. 58),
toutes les parties de muraille, transversales par rapport aux galeries
sinueuses qui forment la surface du polypier, manquent nécessairement. De même chez les *Halomitra*, il existe bien une muraille
générale pour la colonie, mais les divers individus qui la composent sont dépourvus de muraille particulière. Toutes ces particularités sont mises à profit pour établir des divisions de différents
ordres dans la classe des Coralliaires, distinguer les espèces, les
genres et les familles dans lesquels se divise ce groupe extrêmement nombreux du Règne animal.

Quels sont maintenant les rapports que les parties dures d'un
polypier présentent avec les parties molles d'un Polype coralliaire ?

La concordance qui paraît exister entre ces diverses parties ins-
pire tout d'abord l'idée que les lames solides du polypier ne sont
pas autre chose que la partie centrale solidifiée des cloisons du
Polype, une sorte de squelette de ces cloisons. Il n'en est rien
cependant. Chaque lame du polypier est exactement interca-
lée entre deux cloisons du Polype, de sorte qu'elle fait saillie sur le
plancher de la loge correspondante. Si cette loge était fermée intérieurement, autrement dit si le tentacule correspondant se pro-
longeait sans s'ouvrir jusqu'à la base du Polype, la lame du polypier serait contenue dans sa cavité, absolument comme la columelle
dans la cavité viscérale. Par suite de cette disposition les *loges*
du Polype ne correspondent nullement aux *chambres* du polypier.
Chaque chambre de celui-ci est à cheval sur deux loges de celui-là
et réciproquement.

De cette description, il résulte en toute évidence qu'entre l'organisation si simple de la plupart des Hydraires et l'organisation
si complexe des Coralliaires, les différences sont aussi nombreuses
que profondes. Les uns et les autres n'ont qu'un seul orifice pour
l'entrée et la sortie des matières alimentaires, mais cet orifice
conduit dans des cavités construites d'une façon absolument diffé-

rente. La cavité digestive est très simple chez les Hydraires, très complexe chez les Coralliaires. On a bien signalé sur les parois de la cavité digestive de certains Hydraires, des Scyphistomes notamment, des cordons longitudinaux qu'on serait tenté de comparer avec les cloisons de la cavité viscérale des Coralliaires; mais ce sont là de simples cordons cellulaires qui n'ont pas de rapport avec la génération sexuée, comme les cloisons de ces derniers, ne présentent pas leur arrangement régulier et n'offrent surtout jamais leur étroite relation avec les tentacules. Les tentacules mêmes ne peuvent être comparés dans les deux cas. Souvent, chez les Hydraires, ils naissent d'une façon tout à fait irrégulière; alors même qu'ils affectent une disposition en couronne, cette couronne n'offre rien d'absolument typique; le nombre des tentacules qui la composent peut varier, ces tentacules peuvent même se déplacer sans que rien autre chose soit modifié dans l'économie de l'animal; le tentacule de l'Hydre n'est souvent lui-même qu'un simple cordon de cellules, une simple prolifération très localisée de la paroi du corps de l'animal. Chez le Coralliaire, c'est au contraire une des parties essentielles du corps, une des parties qui dominent l'organisation tout entière de l'animal, une des parties qui déterminent la forme même du polypier. Aussi voit-on les tentacules se grouper toujours suivant des règles invariables, affecter dans toute l'étendue de la classe une disposition remarquablement constante, qui contraste de la façon la plus complète avec l'extrême variabilité que présente d'un genre à l'autre, et souvent dans une même espèce, la disposition des tentacules des Polypes hydraires. Ces tentacules, ces espèces de pieds multiples qui ont valu aux animaux de ces deux classes ce même nom de Polypes, ces tentacules, dis-je, sont des productions d'ordre absolument différent. Tout nous avertit qu'ils ont chez les Coralliaires une importance morphologique de premier ordre, que rien ne saurait faire pressentir dans le groupe, pourtant si varié, des Polypes hydraires.

Les Coralliaires, plus complexes et plus élevés en apparence que les Polypes hydraires, sont loin d'avoir leur perfectibilité. Même lorsqu'ils se détachent du sol pour vivre à l'état de liberté, ils ne présentent jamais d'organes aussi nombreux que ceux de certaines Méduses. Ils ne présentent plus cette mobilité de forme, cette faculté d'adaptation dont sont susceptibles les organismes simples, et qui frappe d'étonnement quand on étudie la classe des Polypes hydraires. La constance relative de leur forme dans toute l'étendue de la classe témoigne, comme leur complexité, que ces êtres ne sont arrivés à leur état actuel qu'après une longue élaboration, après des modifications lentement accumulées, et fixées aujourd'hui d'une manière à peu près définitive. Ils semblent protégés contre toute transformation par l'effort même qu'ils ont coûté.

Et cependant rien, jusqu'à ces dernières années, ne pouvait faire supposer comment avaient pris naissance ces organismes si admirablement réguliers dans toutes leurs parties. Bien que tous les naturalistes fussent persuadés que les Coralliaires n'étaient pas sans quelque parenté avec les Hydraires, on les plaçait dans leur voisinage, plutôt par instinct, par habitude, qu'en raison de ressemblances qu'il eût été difficile de préciser et qui n'étaient du reste que superficielles. Le problème de la parenté des Hydraires et des Coralliaires peut être aujourd'hui résolu, grâce aux documents recueillis sur les Millépores et les animaux voisins durant l'expédition de draguages du navire *The Challenger*, par l'un des naturalistes de l'expédition, M. Moseley, et si les pages qui précèdent ont pu paraître à plus d'un lecteur surchargées de détails, c'est que nous avons tenu à montrer avec quelle netteté chacun de ces détails si multiples trouvera son explication quand nous aurons fait connaître le procédé simple qui a permis aux colonies de Polypes hydraires de se transformer en colonies de Coralliaires.

CHAPITRE VII

Quand on vient à briser un polypier ordinaire, on s'aperçoit bien vite que les chambres comprises entre les lames calcaires d'un même calice sont divisées en étage, à différentes hauteurs, par de petits planchers transversaux, de nature calcaire comme le Polypier lui-même. Ces planchers ne se correspondent pas dans deux chambres voisines, de sorte que celles-ci manifestent les unes par rapport aux autres une certaine indépendance et que la cavité centrale demeure plus ou moins libre. Dans un assez grand nombre de polypiers à lames généralement rudimentaires, cette disposition fait place à une disposition tout autre : les planchers successifs ne se limitent plus à l'étendue d'une chambre, ils s'étendent à toute la cavité des calices qui se trouvent ainsi divisés en étages superposés, dépourvus de toute communication les uns avec les autres. Les polypiers qui présentent cette structure particulière ont été réunis par MM. Milne Edwards et Jules Haime dans un même groupe, et ils ont reçu le nom de POLYPIERS TABULÉS ; MM. Milne Edwards et Jules Haime les considéraient, d'ailleurs, comme formant une simple section dans l'ordre des Madréporaires. Il n'existe actuellement qu'un petit nombre de genres de ces polypiers tabulés ; presque tous vivent dans les mers chaudes : ce sont les *Millépores* aux

frondes blanches, fragiles, très découpées, plus ou moins aplaties
et percées, comme leur nom l'indique, d'une multitude de petits
trous représentant les loges des Polypes ; les *Héliopores* dont le polypier aux ramures épaisses, cylindriques, présentant des calices
plus distincts, est remarquable par sa teinte bleu-foncé ; les
Pocillopores, formant des masses très irrégulièrement dendri-
tiques, sur lesquelles on aperçoit des calices polygonaux, presque dépourvus de lames ; enfin les *Sériatopores*, reconnaissa-

Fig. 61. — HYDROCORALLIAIRES. — *Millepora* (esp. indét., d'après Moseley): *g*, gastrozoïdes;
d, dactylozoïdes.

bles à leurs ramifications terminées en pointes, sur lesquelles les
calices sont disposés en séries sensiblement rectilignes, assez
espacées les unes des autres. Mais un grand nombre d'autres genres sont fossiles et se trouvent surtout dans les terrains les plus
anciens tels que les terrains silurien, dévonien et carbonifère.

Pendant longtemps, personne n'a douté que ces animaux ne
fussent de véritables Coralliaires ; tout dans l'apparence générale
de leur polypier semblait confirmer cette manière de voir ; les
différences dont nous parlions tout à l'heure devaient sembler

effectivement bien légères en présence de ce fait que tous les polypiers calcaires dont on avait pu jusqu'alors étudier les architectes avaient manifestement pour auteurs des organismes voisins des Actinies.

En 1859, l'illustre naturaliste suisse Louis Agassiz, fixé depuis peu en Amérique, eut, pour la première fois, l'occasion d'observer à l'état vivant les Polypes des Millépores. Il fut vivement surpris de ne leur trouver aucun des caractères bien connus des Coralliaires : c'étaient, à n'en pas douter, des Polypes hydraires, bien reconnaissables au petit nombre, à la forme, à la disposition de leurs tentacules, à l'absence de cloisons dans leur cavité générale. L'examen de la figure 61 suffira pour faire comprendre à quel point L. Agassiz avait raison.

Ce savant publia son observation en mai 1859, dans le cinquième volume de la *Bibliothèque universelle de Genève;* mais son opinion ne fut accueillie qu'avec la plus grande réserve.

« Au moment d'envoyer ce chapitre à l'impression, écrivait M. Milne Edwards, dans le troisième volume de son *Histoire naturelle des Coralliaires* (1), nous apprenons que M. Agassiz a étudié le mode d'organisation des parties molles des Millépores et a constaté que ces Zoophytes ne sont pas des Coralliaires, mais bien des Acalèphes hydroïdes voisins des Hydractinies. M. Dana partage l'opinion de M. Agassiz et ce dernier pense que les Favosites, ainsi que les autres espèces dont les cloisons ne sont pas continues verticalement, c'est-à-dire nos Madréporaires tabulés et rugueux, doivent être considérés comme étrangers à la classe des Coralliaires. Mais les faits sur lesquels il se fonde ne sont pas encore assez connus pour que nous puissions en discuter la valeur, et, jusqu'à plus ample informé, nous continuerons à ranger les polypiers dont il est ici question d'après la méthode adoptée dans nos précédents ouvrages. »

En 1860, l'un de nos naturalistes les plus éminents, celui de tous les zoologistes français qui pouvait alors passer à bon

---

(1) *Histoire naturelle des Coralliaires*, par MM. Milne Edwards et Jules Haime, t. III, p. 224, 1860.

droit pour connaître le mieux les Zoophytes, M. Milne Edwards, croyait donc devoir maintenir encore son opinion primitive, à savoir que les Millépores étaient des Coralliaires. Depuis cette époque jusqu'en 1875, deux naturalistes américains seulement eurent l'occasion d'observer les Polypes de Madréporaires tabulés. Le professeur Verrill put étudier les *Pocillopores* et le comte de Pourtalès constater de nouveau avec Agassiz que les Millépores étaient bien des Polypes hydraires. En 1871, Allman, dont nous avons rappelé si souvent les travaux sur les Polypes hydraires, hésitait pourtant à rapprocher de ces animaux les Polypes tabulés et rugueux. Verrill avait, du reste, été conduit par ses observations à une opinion diamétralement opposée à celle d'Agassiz ; il avait vu que les Polypes des Pocillopores possèdent tous douze tentacules simples ; c'étaient donc bien des Coralliaires de l'ordre des Zoanthaires, comme le voulait M. Milne Edwards. Enfin, pour compléter la confusion, un autre tabulé, l'*Heliopora cœrulea*, avait été autrefois décrit et figuré par Hombron et Jacquinot (1), comme ayant quinze ou seize tentacules; il ne rentrait en conséquence dans aucun des groupes connus.

C'est seulement en 1875, grâce au grand voyage d'exploration et de draguages entrepris sous les auspices du gouvernement anglais par le navire *The Challenger*, que la question a été définitivement jugée. L'un des jeunes naturalistes de cette brillante expédition, H. N. Moseley, a pu étudier presque complètement soit à l'état frais, soit à l'état conservé, l'*Heliopora cœrulea* aux Philippines, le *Millepora alcicornis* aux Bermudes, le *Pocillopora acuta* également aux Philippines. Il a pu faire des coupes au travers des animaux, après leur avoir préalablement enlevé leur substance calcaire, et ce n'est pas sans un réel étonnement qu'il a dû constater la parfaite exactitude des assertions différentes émises par les divers auteurs à l'égard des différents genres de Tabulés. Il était rigoureusement exact que les Pocillopores étaient des Zoanthaires, comme le voulait Verrill, les Millépores des Hydraires, comme le voulait Louis Agassiz ; mais, chose plus étrange encore, les Hélio-

---

(1) Voyage de l'*Astrolabe* (Zoophytes, pl. XX, fig. 12, 13, 14).

pores n'appartenaient à aucun de ces deux groupes : c'étaient des Coralliaires voisins du Corail, des Gorgones, des Pennatules, des Alcyonaires en un mot (1). Ainsi dans ce groupe des Tabulés se trouvaient rassemblés des animaux appartenant aux deux grandes divisions primordiales de la classe des Coralliaires et des animaux appartenant à une classe différente, celle des Hydraires ; des êtres absolument différents pouvaient sécréter des polypiers à peu près complètement semblables entre eux. Il était en outre définitivement démontré que les Hydraires, qui s'enveloppent habituellement de polypiers cornés, sont aussi capables de produire, comme les Coralliaires, des polypiers calcaires.

Là ne devaient pas se borner les découvertes de Moseley. Presque en tête de l'ordre des Madrépores, les naturalistes placent de charmants polypiers à structure compacte, à surface parfaitement polie, généralement ramifiés de la façon la plus élégante et dont les branches arrondies portent, de place en place, les calices isolés et saillants des Polypes. Ce sont les Oculinides dont quelques espèces, l'*Oculina virginea*, par exemple, sont colorées du rose le plus tendre. Une section spéciale, établie dans cette famille, renfermait les plus délicats d'entre ces Zoophytes, les *Stylaster* (fig. 62). Là le polypier prend les formes les plus gracieuses : le *Stylaster flabelliformis* habite les parages de l'île Bourbon, où on le trouve jusqu'à des profondeurs de 160 brasses. Son polypier aplati est formé de veines solides, flexueuses, diversement divisées, émettant de toutes parts, toujours dans le même plan, une profusion de ramuscules arrondis sur lesquels se développent les Polypes. Toute cette dentelle de pierre figure une sorte d'éventail du blanc le plus pur. Le *Stylaster flabelliformis* est certainement l'un des objets les plus élégants qu'on puisse admirer dans les collections zoologiques. Le *Stylaster roseus*, des îles Sandwich et de diverses

---

(1) On the structure and relations of alcyonarian Heliopora cœrulea, with some account of the anatomy of a species of Sarcophyton ; Notes on the structure of the genera Millepora, Pocillopora and Stylaster, and remarks on affinities of certain Palæozoic Corals, by H. N. MOSELEY (Philosophical Transactions of the Royal society, London, vol. CLXVI, part. I, 25 november 1875). — On the structure of a species of Millepora occurring at Tahiti, Society Islands, by H. N. MOSELEY (Ibid., 6 avril 1876).

autres régions du Pacifique, est de plus petite taille ; ses ramifications n'ont pas la même tendance à se produire dans un plan déterminé ; mais il se recommande par sa magnifique couleur rose. Deux espèces se rencontrent dans les mers européennes : le *Stylaster gemmascens,* dans les parties profondes de l'Atlantique, sur les côtes de Norwège ; le *Stylaster Madeirensis* à Madère. On trouve aussi sur les côtes de Norwège un polypier voisin des *Stylaster*, l'*Allopora oculina,* dont les congénères (fig. 64), parfois vivement colorés, ont été rencontrés à des profondeurs formidables dans diverses régions de l'Atlantique et du Pacifique. Une autre espèce d'Oculinide, la *Cryptohelia pudica* (fig. 65), présente cette particularité tout exceptionnelle que chacun de ses calices est surmonté d'une sorte d'opercule fixé seulement par un point de sa circonférence et derrière lequel le Polype se dissimule.

Dans un groupe assez éloigné des Oculinides, MM. Milne Edwards et Jules Haime plaçaient enfin des Polypiers rappelant un peu la physionomie des *Stylaster*, ornés comme eux de teintes rouges, mais bien faciles à distinguer parce que, chez eux, les calices des Polypes ne sont jamais placés que sur la tranche des rameaux aplatis du polypier ; ces calices forment ainsi deux séries opposées, d'où le nom de *Distichopores* donné à nos Zoophytes. L'espèce la plus commune, le *Distichopore violet,* est d'une teinte vineuse ; il nous arrive des îles Fidji, des îles Sandwich et de plusieurs autres archipels du Pacifique.

Aussi bien que les Oculinides, les Distichopores étaient pour tout le monde de véritables Coralliaires.

Les Oculinides doivent compter parmi les groupes qui présentent au plus haut degré les caractères typiques de la classe. Eh bien ! les recherches récentes de M. H. N. Moseley (1) montrent d'une indiscutable façon que les Distichopores d'une part, et d'autre part les *Stylaster*, les *Allopora*, les *Cryptohelia*, les *Sporadopora*, etc., considérés jusqu'ici comme des Oculinides, ne sont nullement des Coralliaires, mais bien des polypes hydraires.

(1) H. N. Moseley, *On the structure of the* Stylasteridæ, *a family of the hydroïd stony Corals* (*Philosophical Transactions of the Royal society*, London, 28 february 1878).

M. Moseley insiste avec raison sur les caractères qui rapprochent
de la façon la plus nette les animaux qui nous occupent des Hydraires et sur ceux qui les séparent des Coralliaires. Préoccupé
de bien établir son importante découverte, il est surtout frappé

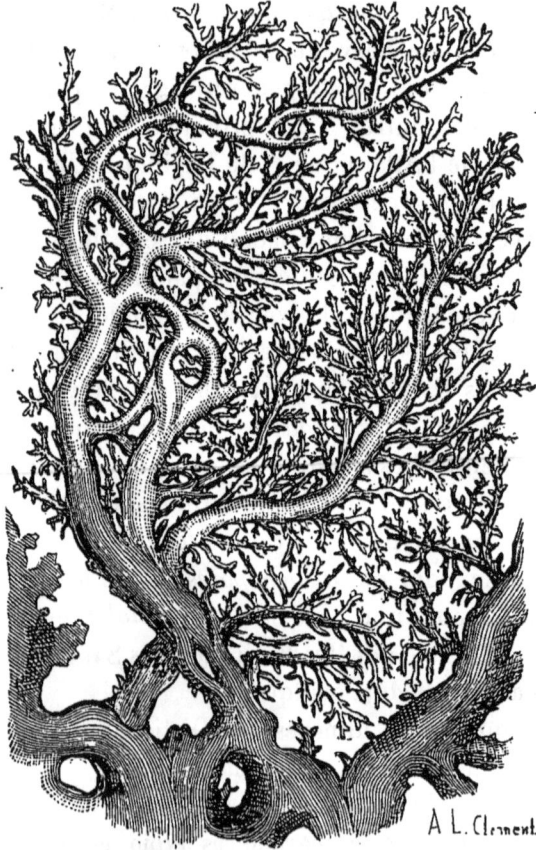

Fig. 62. — HYDROCORALLIAIRES. — *Stylaster flabelliformis* (d'après nature).

de ces derniers caractères et s'arrête après avoir démontré la
nécessité d'épurer la classe des Coralliaires, et de créer dans celle
des Hydraires un ordre particulier, celui des *Stylasteridæ*, pour
les animaux qui ont fait l'objet de ses habiles investigations. Est-
ce à dire qu'entre les Coralliaires et ces Hydraires, capables de sécréter du calcaire, de produire des polypiers que rien d'essentiel

ne distingue de ceux des véritables Coralliaires, il n'y ait pas de
réelles et profondes affinités ? Nous allons voir, au contraire, que
les Millépores, les Stylaster, les Distichopores et les nombreux
Zoophytes voisins, récemment découverts par M. Moseley, nous

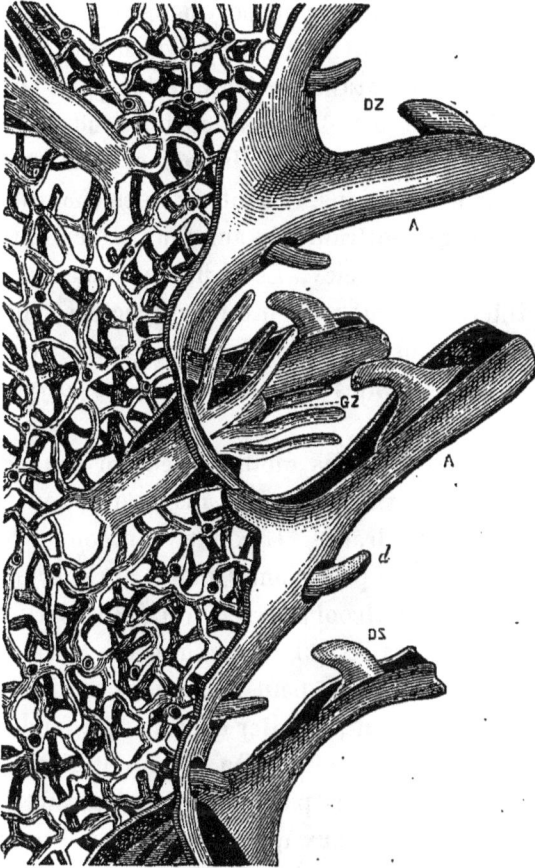

Fig. 63. — *Spinipora echinata* (grossi 15 fois). — A, tubes calcaires dans lesquels sont enfermés les
dactylozoïdes DZ ; GZ, gastrozoïdes ; *d*, petits dactylozoïdes (d'après Moseley).

montrent le chemin qu'ont suivi les Hydraires pour se transformer
en Coralliaires, nous conduisent pas à pas, sans sauter une seule
étape, des premiers aux seconds.

Si l'on examine avec quelque attention le polypier d'un *Sporadopora*, d'une *Errina*, d'un *Spinipora*, ou même d'un Millépore,

on reconnaît bien vite que les loges de polypes parsemées à sa surface, et qui ressemblent à une multitude de petits trous d'aiguille,
sont presque toujours de deux ou trois dimensions différentes.
Toutes ces loges ont leur bord également simple chez les *Sporadopora ;* chez les *Errina,* leur bord inférieur se prolonge en
une sorte de godet qui donne au polypier son aspect hérissé et qui
semble destiné à soutenir la base du polype lorsqu'il se développe ;
chez les *Spinipora,* les grands orifices sont simples ; mais les petits
sont surmontés d'une sorte de cheminée, longitudinalement fendue
en dessus (fig. 63), qui présente elle-même, vers sa base, un certain nombre de perforations. Ce sont ces fines cheminées, semblables à des épines, qui ont valu à ces animaux la dénomination générique choisie par M. Moseley. Les différences de dimensions des
pores, les différences que présente leur structure, suffisent déjà à
indiquer qu'ils ne doivent pas avoir le même rôle et que, s'ils sont
les uns et les autres habités par des polypes, ces polypes ne doivent
pas se ressembler.

On peut donc prévoir déjà qu'ils doivent présenter des phénomènes de polymorphisme analogues à ceux que nous avons dû reconnaître chez les Hydraires. L'examen anatomique vient absolument confirmer cette prévision. Quand, après avoir plongé une
colonie vivante dans l'alcool pour en durcir les parties molles, on
la débarrasse du calcaire qui l'imprègne en la faisant macérer
dans un liquide acidulé, on peut facilement pratiquer des coupes
dans les tissus qui restent, et aller chercher au fond de leur loge
les polypes qui s'y sont retirés. On reconnaît alors que les plus
grandes loges sont habitées par un Polype hydraire (fig. 63, GZ)
absolument identique à ceux que nous avons si souvent décrits.
Ce polype possède une bouche, des tentacules disposés en couronne, pleins comme ceux de la plupart des Hydraires et non rétractiles ; sa cavité stomacale ne présente aucune trace du cloisonnement caractéristique des Coralliaires. Nous sommes donc
bien en présence d'un polype hydraire tout à fait typique. Ce
polype ne présente pas trace d'appareil reproducteur ; il a une
bouche et une cavité stomacale, c'est donc un polype nourricier,
un *gastrozoïde.*

Dans les petites loges, nous trouvons au contraire des polypes sans bouche, sans tentacules, évidemment de même nature que les individus astomes des Hydractinies, des *Ophiodes* et de divers Siphonophores : ce sont, en d'autres termes, de véritables *dactylozoïdes* (1). Entre ces dactylozoïdes et les gastrozoïdes, il n'y a chez les Sporadopores, les Errines, les Spinipores aucune relation de position ; les uns et les autres sont disséminés sans ordre à la surface du polypier, et se montrent ainsi comme des individualités parfaitement indépendantes. Les dactylozoïdes des Sporadopores et des Errines sont de simples tubes coniques, quelquefois légèrement renflés en massue, complètement rétractiles chez les premiers, incomplètement chez les seconds ; de là le godet qui les protège dans ce dernier cas. Les dactylozoïdes des Spinipores se rétractent seulement dans le tube qui surmonte leur loge ; ils présentent vers leur extrémité libre une sorte de prolongement en forme de pioche, courbée vers l'axe du polypier (fig. 63, DZ) et sont ordinairement associés à de petits dactylozoïdes simples qui sortent par les trous pratiqués à la base de chaque tube saillant (fig. 63, *d*). Les *Labiopora* possèdent également deux sortes de dactylozoïdes ; mais là les individus se disposent en séries régulières. Chez les Distichopores, tous les individus sont également arrangés en une triple série linéaire sur la tranche du polypier, et chaque gastrozoïde se trouve ainsi avoir dans son voisinage au moins deux dactylozoïdes, mais ces deux sortes de polypes n'en contractent pas pour cela de rapports plus intimes les uns avec les autres.

Les coupes minces révèlent encore chez les *Stylasteridæ* la présence d'autres loges sphériques, peu visibles au dehors et dans lesquelles se développent des bourgeons sexués (fig. 64 et 65, G) identiques, sous tous les rapports, à ceux des Hydres, des *Cordylophora*, des *Clava*. Nous avons vu que ce sont là de véritables individus reproducteurs et nous les avons désignés sous le nom de

---

(1) C'est précisément pour le polype astome des *Stylasteridæ* que ce nom de dactylozoïde a été imaginé par M. Moseley. Nous l'avons, par extension, appliqué aux individus dépourvus de bouche des premières colonies d'Hydraires que nous avons rencontrées afin de laisser aux faits que nous avions à exposer toute leur généralité.

gonozoïdes. Ces gonozoïdes sont absolument enfouis dans la substance même du polypier ; ils paraissent totalement indépendants des gastrozoïdes et des dactylozoïdes. Peut-être y aurait-il lieu de rechercher si leur indépendance, par rapport à ceux-ci, n'est pas plus apparente que réelle, s'il ne s'est pas produit là un phénomène analogue à celui que nous avons signalé chez les Agalmes et si, par conséquent, les dactylozoïdes ne sont pas, en réalité, les individus reproducteurs sur lesquels poussent les individus sexués qui se dissocient ensuite.

Chez les Sporadopores, d'autres cavités creusées sur le polypier ne sont pas autre chose que des cupules remplies de nématocystes à divers états de développement et dont les plus grands forment une sorte de pavage irrégulier fermant l'ouverture de la cupule. Il serait curieux de savoir si, pendant la vie, ces organes ne sont pas capables de s'épanouir hors de la cupule comme les appendices protoplasmiques des Plumulaires.

On trouve donc dans les types qui nous occupent, en tenant compte des deux sortes d'individus sexués, quatre ou même cinq catégories d'individus, dont l'indépendance respective ne saurait être mise un moment en doute. L'identité avec les colonies d'hydraires est absolue : la nature calcaire du polypier est la seule différence qu'il soit possible de signaler. Grâce à l'énorme développement du polypier, les divers individus sont même plus distants les uns des autres, chez les *Stylasteridæ*, que dans les colonies ordinaires de Polypes hydraires ; leurs cavités générales ne communiquent plus directement entre elles. Elles sont mises en rapport par un réseau vasculaire très compliqué (fig. 63 et suivantes), dans les mailles duquel se dépose la substance calcaire. Les branches terminales de ce réseau vont s'ouvrir dans la cavité des dactylozoïdes et des gastrozoïdes. En général, chaque dactylozoïde n'est en rapport qu'avec une seule branche vasculaire dont il semble n'être que la continuation extérieure : plusieurs branches, au contraire, viennent recueillir dans la cavité des gastrozoïdes les matières alimentaires élaborées par eux, et les répartissent dans toutes les régions de la colonie. Autour des gonozoïdes femelles, le réseau vasculaire tresse une sorte de cor-

beille dans laquelle les œufs reposent comme dans un nid ; il
envoie dans chaque gonozoïde mâle un rameau unique en forme
de massue, qui n'est autre chose qu'un sac stomacal rudimentaire
autour duquel se développent les masses de spermatozoïdes : c'est
la disposition que nous avons précédemment rencontrée chez les
Hydraires à Méduses atrophiées.

Évidemment, rien jusqu'ici ne rappelle les traits typiques des
Coralliaires ; nous sommes absolument au contraire dans les données du type des Hydraires. Les Millépores présentent une première modification intéressante. Comme si quelque force attrac-
tive les dominait, les dactylozoïdes viennent se ranger en cercle
autour des gastrozoïdes (fig. 61). Sur le polypier on voit déjà
chacun des grands pores entouré d'un cercle à peu près régulier
de pores plus petits dont le nombre, sans être absolument constant,
varie cependant dans des limites assez étroites ; on en compte
ordinairement de six à huit. Ce nombre peut, du reste, varier
suivant les espèces. Il y a là un phénomène bien évident de concentration des dactylozoïdes autour des gastrozoïdes ; mais les
divers individus restent cependant tout aussi distincts les uns des
autres que dans les genres précédents. Leurs rapports physiologiques s'établissent exactement de la même façon et les dactylozoïdes des Millépores sont même plus compliqués que ceux des
autres types : ils sont pourvus de tentacules disséminés, terminés
chacun par une pelote de nématocystes (fig. 61, *d*). Le gastrozoïde
(fig. 61, *g*) est en revanche un peu plus simple : il ne possède que
quatre tentacules massifs, très courts, terminés également par des
pelotes de nématocystes. Les gastrozoïdes et les dactylozoïdes
peuvent se retirer entièrement dans leurs loges dont l'entrée se
trouve alors défendue par de volumineuses capsules urticantes.

Dans les quatre genres *Allopora* (fig. 64), *Stylaster*, *Astylus*,
Cryptohelia (fig. 65), la concentration des dactylozoïdes autour
des gastrozoïdes s'accentue d'une manière remarquable. Les dactylozoïdes ne sont plus simplement rangés circulairement autour
du gastrozoïde, tout en demeurant à la fois écartés les uns des
autres et écartés de ce dernier. Ils se rapprochent au point que les
parties calcaires qui les soutiennent se soudent entre elles et

forment un calice continu, cloisonné comme celui des Coralliaires
et au centre duquel se trouve le gastrozoïde (fig. 64, GZ). Désormais
ce dernier forme avec les dactylozoïdes qui l'entourent un seul et
unique système, ayant son domaine à part dans la colonie, ses

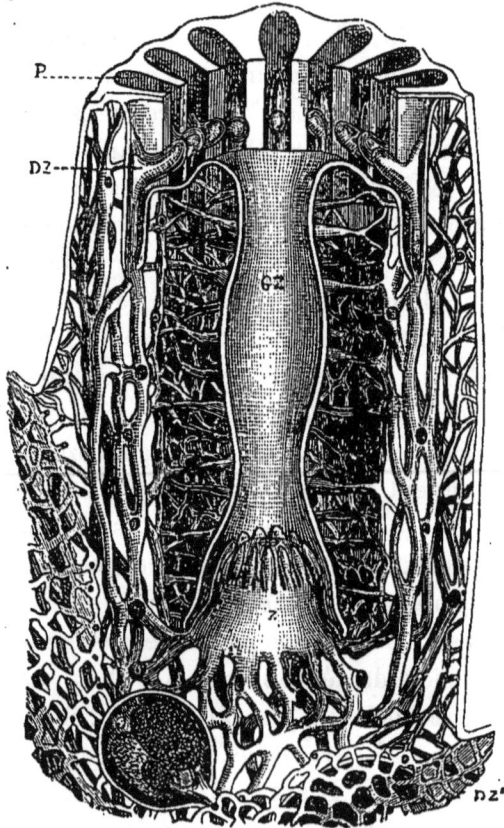

Fig. 64. — HYDROCORALLIAIRES. — *Allopora profunda* (grossie 25 fois). — Coupe à travers l'un
des calices, dont le calcaire a été dissous. P, muraille et cloisons du calice ; DZ, dactylozoïdes ;
Z, gastrozoïde ; GZ, gaine du gastrozoïde ; U, gonozoïde ou individu sexué (d'après Moseley).

organes particuliers et par conséquent une individualité déjà nettement accusée. Dans ce système, les divers individus tendent manifestement à descendre au rang d'organe. La ressemblance avec
les Coralliaires est suffisamment grande, chez les *Allopora* et les
Stylaster, pour que le seul examen des polypiers ne permette pas

à priori de distinguer ces productions de celles des véritables Madréporaires. Nos *Stylasteridæ* présentent encore cependant, dans leurs parties molles et dans les rapports de ces parties avec les parties dures, des différences qui les éloignent sensiblement des vrais Coralliaires. Tout d'abord leurs gastrozoïdes et leurs dactylozoïdes ne communiquent entre eux que par l'intermédiaire du réseau vasculaire que nous avons précédemment décrit chez les espèces à dactylozoïdes irrégulièrement disséminés. Le gastrozoïde garde de la façon la plus nette son caractère de polype hydraire ; il possède même des tentacules, courts à la vérité, mais bien évidents. Les dactylozoïdes gardent aussi leurs caractères particuliers ; dans les deux genres, ils possèdent un prolongement latéral, semblable au prolongement en pioche des Spinipores et toujours dirigé vers l'axe du système. En réalité, les *Stylaster* et les *Allopora* ne sont pas autre chose que des *Spinipora* dont tous les dactylozoïdes sont venus se ranger en cercle autour des gastrozoïdes et se sont tellement rapprochés les uns des autres que leurs tubes calcaires protecteurs se sont soudés. Ces tubes en se soudant forment les calices. Les individus sexués ou gonozoïdes ont suivi eux aussi ce mouvement de concentration ; ils se sont enfoncés de plus en plus dans les tissus et sont venus se placer immédiatement au-dessous de chaque système, mais sans rien perdre non plus de leur constitution primitive. Nous sommes encore assez loin, comme on voit, du type Coralliaire ; nous demeurons franchement dans le type hydraire.

La ressemblance qui résulte pour les polypiers du cloisonnement des calices n'est elle-même qu'apparente. Il suit, en effet, du mode de formation des calices tel que nous venons de l'indiquer, que chez les *Stylaster* et les animaux voisins, les cloisons rayonnantes sont extérieures aux polypes, qu'elles alternent avec eux, les séparent les uns des autres, de manière que chaque dactylozoïde est placé dans la loge qui lui correspond absolument comme dans un étui. Chez les Coralliaires au contraire, les lames du calice, loin de séparer les tentacules, sont situées à l'intérieur même de la loge qui leur fait suite. Les tentacules les coiffent comme d'une sorte de bonnet charnu ; chacun d'eux, au lieu d'oc-

cuper une chambre du calice, est à cheval sur deux chambres
consécutives dont il occupe les deux moitiés contiguës. Il n'y a
donc aucune homologie à établir entre les cloisons et les loges
d'un calice d'*Allopora* ou de *Stylaster* d'une part, et les lames et
les chambres d'un calice de Coralliaire d'autre part. Nous désignons à dessein par des noms différents les parties similaires, en
apparence, de ces calices.

Chez les *Astylus*, un progrès nouveau est accompli dans la centralisation. Les dactylozoïdes, séparés par des cloisons moins
épaisses, sont beaucoup plus rapprochés les uns des autres; ils
sont aussi beaucoup plus près du gastrozoïde et, quand ils se rétractent, se rabattent au-dessus de lui, exactement comme le feraient
les tentacules d'un Coralliaire au-dessus de la bouche du polype.
En même temps, les uns et les autres, pouvant désormais se rendre des services réciproques de plus en plus fréquents, se trouvant unis décidément à la façon des organes d'un même animal,
des simplifications importantes peuvent se produire dans leur
structure. Les dactylozoïdes jouent maintenant par rapport au
gastrozoïde le rôle de tentacules, celui-ci n'a donc plus besoin
d'organes de cet ordre : il se réduit à un simple tube, comme chez
les Siphonophores ; ces mêmes dactylozoïdes, plus voisins les uns
des autres, peuvent s'entr'aider pour la capture des proies ; ils n'ont
plus besoin d'appendices : ils se simplifient donc, à leur tour, et
prennent la forme régulièrement conique des tentacules des Coralliaires. Quant aux gonozoïdes, ils continuent à se rapprocher des
systèmes, mais demeurent toujours placés à l'extérieur des dactylozoïdes. On n'en trouve pas encore entre ceux-ci et les gastrozoïdes.

Les diverses parties de chaque système circulaire, composé d'un
gastrozoïde et de ses dactylozoïdes, fonctionnent déjà comme les
diverses parties d'un polype de Coralliaire ; physiologiquement, le
polype coralliaire est réalisé. Cependant c'est toujours au moyen
de vaisseaux que les individus d'un même système communiquent
entre eux. Un fait important nous achemine vers la réalisation d'un
nouveau type : c'est la production au-dessous du gastrozoïde d'un
espace vide au-dessus duquel celui-ci semble suspendu et qui

s'étend même au-dessous de la zone occupée par les dactylozoïdes.

Tous ces caractères s'accusent encore plus nettement chez les *Cryptohelia* (fig. 65). Les tentacules sont beaucoup plus près les uns des autres, beaucoup plus près du gastrozoïde. La membrane qui les unit ne recouvre plus qu'une couche fort peu épaisse de vaisseaux anastomosés; l'espace vide qui s'était produit sous chaque système s'agrandit considérablement, devient de plus en

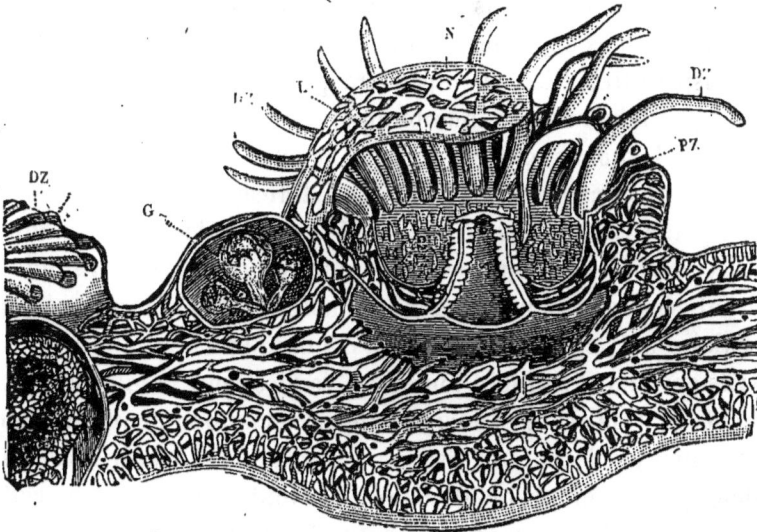

Fig. 65. — *Cryptohelia pudica*. — Coupe à travers un calice. DZ, dactylozoïde; S, gastrozoïde, au centre de la couronne de dactylozoïdes; O, sa bouche; GZ, gaine du gastrozoïde devenue membrane buccale; G, gonozoïdes; PZ, muraille et cloisons du calice; L, opercule; N, réseau vasculaire (d'après Moseley).

plus apparent. Enfin l'individualité des systèmes s'accuse par là production d'organes destinés à protéger l'ensemble de chacun d'eux. Une sorte de chaperon (fig. 65, L) s'élève au-dessus de chaque calice et le masque d'une façon plus ou moins complète.

Lorsqu'un phénomène s'accomplit d'une façon aussi régulière, avec des gradations aussi ménagées que le phénomène de concentration dont nous venons de suivre la marche à travers le groupe des Hydraires à polypier calcaire, il est permis de se demander ce qui arriverait si, continuant dans le même sens, ce phénomène s'accentuait encore davantage. Est-il probable d'ailleurs qu'après avoir déterminé la formation d'individualités aussi nettes que celle des systèmes de *Cryptohelia*, la cause qui a amené les dactylozoïdes et les gonozoïdes à se serrer graduellement autour des gastrozoïdes se soit arrêtée là ?

Supposons donc que les liens entre les parties composantes d'un même système deviennent encore plus intimes. Les dactylozoïdes vont se rapprocher les uns des autres ; les cloisons qui les séparent et que nous avons déjà vues s'amincir des *Allopora* aux *Cryptohelia*, vont disparaître. Rien n'empêchera plus les dactylozoïdes de se souder par leur base ; la membrane qui va de la circonférence du cercle sur lequel ils sont rangés à la bouche du gastrozoïde se rétrécira et, sa concavité diminuant, elle se transformera en une membrane plane, au-dessous de laquelle le gastrozoïde sera suspendu ; les dactylozoïdes, se rapprochant de plus en plus des gastrozoïdes, finiront nécessairement par se souder avec lui. Mais alors le réseau vasculaire qui les unit et qui fait communiquer ensemble leurs cavités deviendra inutile ; toutes ces cavités vont se mettre directement en rapport et s'ouvrir dans la chambre commune qui s'est formée au-dessous du système. Les *gonozoïdes* eux-mêmes, entraînés par le mouvement commun, vont pénétrer dans cette chambre et se fixer à ses parois, naturellement cloisonnées par les parties confondues des dactylozoïdes contigus. Si, comme l'analogie l'indique, ces dactylozoïdes n'étaient eux-mêmes primitivement que les individus reproducteurs, il devient absolument nécessaire que les gonozoïdes se développent sur ces cloisons. Mais alors le type Coralliaire est complètement réalisé jusque dans ses moindres détails ; il apparaît comme le résultat nécessaire de la continuation du phénomène qui a déjà déterminé la production des *Allopora*, des *Stylaster*, des *Astylus* et des *Cryptohelia*. Ces derniers animaux sont bien réellement des êtres intermédiaires entre les Hydraires et les Coralliaires et ainsi se trouve justifiée, plus complètement même que son auteur ne le pensait, la dénomination d'Hydrocoralliaires par laquelle Moseley a proposé de désigner l'ensemble des Hydraires à polypier calcaire.

S'il en est ainsi, toutes les particularités de structure communes aux Hydraires et aux Coralliaires s'expliquent de la façon la plus simple. On conçoit que la structure de leur polypier soit la même, on conçoit que le réseau vasculaire qui met en communication les diverses parties de leurs colonies soit construit dans les deux cas sur le même type ; on conçoit que les uns et les autres présentent à profusion cette arme si singulière, construite d'une façon si compliquée et si constante : la *capsule urticante* ou *nématocyste ;* on conçoit enfin que les Coralliaires, résultat d'une modification longtemps continuée dans le même sens de certaines colonies de Polypes hydraires, organismes compliqués, en définitive, aient perdu leur plasticité. Constitué par un laborieux effort dans une voie déterminée, formé de parties soudées entre elles par une longue sélection, l'individu coralliaire a acquis des caractères qui ne pouvaient plus se modifier que dans des détails insignifiants. Il nous apparaît maintenant sous un nouveau jour. On comprend que malgré l'identité des premières phases du développement dans les deux groupes, l'Hydre et l'Actinie, provenant l'un et l'autre d'œufs et de larves semblables, ne soient pas des individualités que l'on puisse comparer. Chacune des parties de l'Actinie, du Polype coralliaire, se trouve représenter une Hydre tout entière. Dans toute fleur de Corail, dans tout polype de Madrépore, le sac stomacal est, en effet, l'équivalent d'un gastrozoïde ; chaque tentacule, l'équivalent d'un dactylozoïde, portant lui-même les individus chargés de la reproduction sexuelle. La cavité du sac stomacal, les cavités des tentacules et des loges sont les cavités digestives d'autant de Polypes hydraires. Les loges elles-mêmes ne sont que les parties inférieures des dactylozoïdes, ouvertes longitudinalement pour communiquer avec la cavité centrale. Quant à cette cavité, c'est une sorte de salle commune, une sorte d'*atrium*, représenté d'abord par l'espace vide qui se constitue au-dessous des systèmes des *Cryptohelia* et des *Astylus ;* elle n'a rien de commun ni avec la cavité digestive, ni avec la cavité générale des autres animaux ; c'est une cavité banale, en quelque sorte, dans laquelle il n'y a pas à s'étonner, par conséquent, que puissent se produire et se développer les glandes sexuelles.

A la vérité, entre les *Cryptohelia* et les véritables Madrépores, tels que nous les avons décrits, il existe encore une lacune, mais cette lacune n'est pas aussi considérable qu'elle peut le paraître au premier abord. Nous avons déjà vu que l'indépendance réciproque des dactylozoïdes est encore bien indiquée chez les *Gerardia* où toutes les loges continuant les tentacules sont séparées les unes des autres par un léger repli, jusqu'au centre de la cavité commune et communiquent chacune par un vaisseau unique avec le réseau vasculaire colonial, exactement comme le font les dactylozoïdes des *Stylasteridæ*. Le sac stomacal n'est pas de son côté toujours aussi complètement uni aux dactylozoïdes que chez les polypes du Corail et de la *Gerardia*. Dans l'*Heliopora cœrulea*, et dans les Alcyonnaires du genre *Sarcophyton* (fig. 57, n° 2), ce sac pend librement dans la cavité commune et ne contracte sur toute sa longueur aucune adhérence avec les tentacules; les cloisons elles-mêmes descendent dans cette cavité sans s'attacher à elle, de sorte qu'il n'y a pas, à proprement parler, de loges périgastriques. Cet estomac déjà indépendant des tentacules peut, d'autre part, se contracter et se fermer inférieurement de manière à ne plus communiquer momentanément avec la cavité située au-dessous de lui et dans laquelle s'ouvrent directement les tentacules ou dactylozoïdes; il a donc conservé presque entièrement son caractère primitif de gastrozoïde. Il y a plus, dans ce même *Sarcophyton*, de même que chez les Pennatules, un certain nombre de gastrozoïdes (fig. 57, n° 2, z) peuvent se développer isolément et demeurer dépourvus de dactylozoïdes; ils pendent chacun librement dans une cavité relativement spacieuse, rappellent un peu la structure des corbeilles vibratiles des Éponges et semblent exclusivement chargés d'introduire de l'eau dans la colonie.

Il est certain qu'une étude plus approfondie de la structure encore à peu près complètement inconnue des parties molles des Polypes à polypiers calcaires permettra, si nous sommes dans le vrai, de combler bien d'autres lacunes entre les colonies d'Hydrocoralliaires et celles des Coralliaires proprement dits, et d'expliquer bien des particularités singulières de celles-ci. Il serait intéressant,

par exemple, de savoir si, chez les Méandrines et les autres colonies de Coralliaires à individus mal limités, cette absence de
délimitation ne coïnciderait pas avec une dissociation des dactylozoïdes et des gastrozoïdes, ceux-là n'étant qu'imparfaitement
groupés autour de ceux-ci, comme chez les *Distichopores*.

Nous venons de montrer comment un polype de Coralliaire peut
résulter de la fusion de plusieurs polypes hydraires de forme différente, mais nous n'avons encore rien dit de la formation du polypier, si complexe pourtant, et lié d'une façon si intime au polype
lui-même. Nous avons fait voir seulement que les ressemblances
qu'on avait cru constater entre les calices cloisonnés des *Allopora*
ou des *Stylaster* et ceux des vrais Madréporaires n'étaient que des
ressemblances superficielles. La théorie de formation des Polypes
coralliaires que nous avons développée semble même définitivement exclure toute comparaison, car les cloisons des *Stylasteridæ*, intercalées entre leurs dactylozoïdes, doivent disparaître
complètement pour permettre la soudure de ceux-ci. Comment
donc songer à les retrouver dans les calices des Madréporaires ?
Ce ne sont pas elles, en effet, qui constituent les diverses parties
du polypier ; mais bien d'autres parties dont nous n'avons pas parlé
jusqu'à présent. Au fond de la loge de chaque gastrozoïde on aperçoit dans plusieurs genres d'Hydrocoralliaires une proéminence de
forme conique, une sorte de colonnette pointue bien distincte des
autres pièces calcaires : on la voit facilement chez les Sporadopores,
Pliobothrus, Errines, Distichopores, Labiopores et Spinipores ;
c'est ce que M. Moseley nomme le *gastrostyle*. Dans les genres *Stylaster* et *Allopora*, à chaque dactylozoïde correspond une pièce
semblable, le *dactylostyle* qui, au lieu d'être conique, comme le
gastrostyle, présente une forme lamellaire, partage en deux moitiés
chaque loge calcaire de dactylozoïde et vient s'appuyer par son
bord externe sur la muraille du calice. Dans les Stylastéridés où
les dactylozoïdes se rangent circulairement autour des gastrozoïdes,
les gastrostyles et les dactylostyles sont toujours absents ou présents en même temps ; par leur forme, par leur position, ils correspondent exactement à la *columelle* et aux *lames* des calices des Co

ralliaires ; dans le mouvement de concentration des individus, il n'y
a aucune raison pour qu'ils disparaissent ; il semble même naturel
qu'ils se développent d'autant plus que les autres parties calcaires,
constitutives du même calice, s'amoindrissent davantage ; ils arrivent donc à prendre la prédominance et deviennent définitivement
les parties essentielles du calice des Coralliaires. La muraille
n'est, à son tour, qu'une transformation de la muraille primitive des
calices d'Hydrocoralliaires ou peut-être de la fusion des bords
externes des dactylostyles eux-mêmes. On trouve enfin chez les
Stylaster, entre le gastrostyle et la couronne de dactylostyles, une
couronne de petites pièces accessoires dont les liens avec les
parties molles sont beaucoup moins intimes ; on pourrait voir dans
ces pièces l'origine des *palis*.

Ainsi nous retrouvons chez les Hydrocoralliaires toutes les parties
qui devront constituer plus tard le polypier des Coralliaires ; les
modifications qu'elles subissent concordent exactement avec celles
des parties molles elles-mêmes. L'identification entre les deux
types paraît dès maintenant complète. Quelques rapprochements
fournis par le développement embryogénique des Coralliaires viennent lui donner un nouvel appui.

Quand on examine un polypier complètement développé, avec
son appareil de lames partant de la muraille et faisant inégalement saillie dans le polypier, on ne peut échapper à l'impression
que ces lames naissent de la muraille, sous forme de côtes légères,
et s'avancent graduellement vers le centre à mesure qu'elles vieillissent ; les plus courtes paraissent les plus jeunes et toutes semblent n'être que des dépendances de la muraille. C'est l'opinion
que MM. Milne Edwards et Jules Haime ont développée d'une
façon si remarquable dans leur classique *Histoire naturelle des
Coralliaires*. La muraille est, pour eux, « la pièce fondamentale,
qui sert de support à toutes les autres » (1) ; son accroissement se
fait d'une façon inégale ; il est particulièrement plus rapide le long
de certaines lignes, « points de départ d'autant de prolongements
verticaux qui s'avancent vers le centre de la cavité viscérale... et

---

(1) *Histoire naturelle des Coralliaires*, t. 1er, p. 34.

divisent cette cavité en une série de chambres disposées circulairement (1). »

Les choses, dans notre théorie, devraient se passer autrement.

Les lames et la columelle provenant des dactylostyles et du gastrostyle, la muraille de la paroi externe provenant d'autre part du
calice primitif, sont des parties totalement indépendantes les unes
des autres qui doivent naître séparément, isolément, et ne contracter d'union entre elles qu'en raison de leur accroissement consécutif. Cette union n'a rien d'essentiel : les lames et la columelle pourraient même exister sans la muraille. D'autre part, les lames et la
columelle sont des transformations de parties internes de chaque
individu primitif, liées essentiellement à son organisation et qui
n'ont eu à subir, dans la suite du développement, aucune modification autre que celles résultant de leur accroissement ; elles sont
nées plus ou moins près les unes des autres et ont grandi, voilà
tout. Le calice primitif de l'Hydrocoralliaire est, au contraire, un
appareil de seconde formation qui a dû subir mille transformations
pour s'adapter sans cesse au double phénomène de l'accroissement
des polypes et de leur concentration graduelle vers le gastrozoïde.
Il y a donc entre ces parties des différences physiologiques dont
on peut s'attendre, si notre théorie est vraie, à retrouver le contre-
coup dans le développement du polypier des Coralliaires actuels.

Nous ne possédons sur ce sujet qu'une seule étude : heureusement elle est due à un observateur des plus expérimentés, M. de
Lacaze-Duthiers, et elle a été conduite avec l'habileté consommée
et la sincérité absolue qui distinguent les travaux de ce savant
éminent. C'est l'histoire complète du développement de l'*Astroïdes
calycularis* (fig. 60, n°s 1 et 2), polypier fort abondant sur les côtes
d'Algérie, où il couvre certains fonds de ses masses d'un jaune
orangé des plus vifs (2). Or, cette étude montre qu'effectivement
les lames du polypier, sa muraille, sa columelle apparaissent d'une
façon tout à fait indépendante : les lames se montrent les premières, totalement isolées les unes des autres, et leurs deux extré-

(1) *Annales des Sciences naturelles*, 3° série, t. IX, p. 61.
(2) H. de Lacaze-Duthiers, *Développement des Coralliaires (Archives de Zoologie expérimentale*, t. II, 1873, p. 320, pl. XIV et XV).

mités sont même, au début, très distantes du centre et de la circonférence du Polype (fig. 66, n° 3, *lg*) ; ces lames sont tout de suite parfaitement solides et résistantes. La muraille vient après, mais

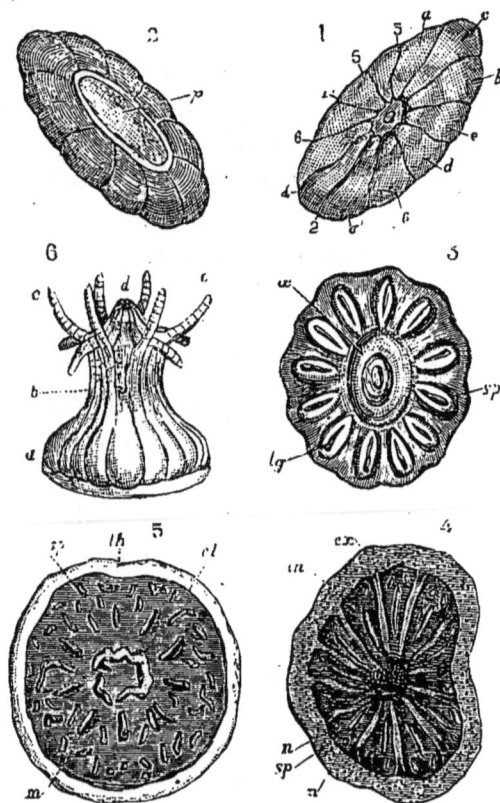

Fig. 66. — Développement de l'*Astroïdes calycularis*. — 1. Jeune embryon vu par sa face orale 1 à 6, cloisons de différents âges; *a,b,c*, tentacules. — 2. Le même, vu par la face inférieure; *p*, région correspondante au gastrozoïde ou *pied*. — 3. Embryon montrant, en *sp*, les loges et en *lg*, les lames calcaires qui se déposent; *œ*, sac stomacal. — 4. Embryon un peu plus âgé; *ex*, exoderme; *in*, entoderme; *sp*, loges contenant chacune une lame calcaire; *n*, nodules calcaires qui s'unissent à la lame et à la muraille. — 5. Embryon où les lames se sont formées irrégulièrement; *m, sp*, nodules calcaires qui les représentent; *cl*, columelle formé isolément; *lh*, muraille. — 6. Jeune *Astroïdes* vu de profil; *a*, muraille ; *b*, loges dessinées extérieurement ; *c*, tentacules ; *d*, bouche et mamelon buccal correspondant au gastrozoïde (d'après Lacaze-Duthiers).

elle demeure longtemps de faible consistance, et se laisse déformer comme une membrane qui serait seulement pénétrée de calcaire ; non seulement elle apparaît indépendamment des lames,

mais elle manifeste aussitôt des propriétés physiologiques différentes et, par sa mollesse, semble conserver la trace des nombreuses modifications qu'elle a subies. Enfin naît la columelle
qui a d'abord la forme d'un anneau calcaire adhérent au sol
sur lequel le polype est fixé, mais dont l'axe correspond à
celui du sac stomacal (fig. 66, n° 3, œ et n° 5, cl) : à ce moment,
les lames se sont déjà assez rapprochées du centre pour que la
columelle paraisse quelquefois être dans leur dépendance ; on
s'assure facilement que cette dépendance n'est qu'apparente : il
suffit de tourmenter le polype et de l'empêcher ainsi de se fixer.
Les lames se forment alors d'une façon tout à fait irrégulière et ne
sont représentées que par des nodules calcaires disjoints, disséminés sans ordre dans la substance du Polype (fig. 66, n° 5, sp, m); cela
n'empêche pas la columelle de se développer avec sa forme normale
et elle ne montre alors de liens d'aucune sorte avec les nodules
qui représentent les lames (fig. 66, n° 5, cl). Elle a, comme l'indique la théorie, une consistance analogue à celle de ces dernières.

Un autre fait étonnant au premier abord trouve encore une
explication toute naturelle dans le mode de formation que nous
avons attribué aux polypes coralliaires. Les lames apparaissent, en
effet, d'une façon toute spéciale : à un certain moment, avant que
la muraille ne se soit formée, chacune d'elles est composée de trois
parties, l'une occupant la région moyenne de chaque loge, les
deux autres placées symétriquement, près de la paroi extérieure
de la loge et dans les angles de cette loge contigus aux loges voisines ; ces deux parties naissent un peu plus tard que la première avec laquelle elles ne tardent pas à se souder, de telle façon
que chaque lame finit par figurer une sorte d'Y (fig. 66, n° 4, n et
sp). Les deux nodules extérieurs sont très probablement les derniers vestiges des cloisons qui, dans les calices des *Allopora*, des
Stylaster, des *Astylus* et des *Cryptohelia*, séparent les différents
dactylozoïdes les uns des autres. Il est même à noter que dans la
figure (1) où M. de Lacaze-Duthiers montre la première apparition
de ces nodules, ils sont, dans 10 loges sur 12, représentés divergents

(1) *Archives de Zoologie expérimentale*, 1873, t. II, pl. XIV, fig. 28.

de la lame principale, comme s'ils étaient destinés à embrasser
le tentacule à la base duquel ils se trouvent; c'est seulement plus
tard que, par suite d'un changement d'orientation, ils convergent
vers la lamelle médiane et se soudent avec elle de manière à la faire
paraître bifurquée extérieurement. Plus tard encore cette bifurcation .est empâtée par.les progrès des dépôts calcaires et cesse absolument d'être apparente; en même temps ces dépôts unissent
les lames à la muraille et les parties primitivement disjointes des
calices finissent ainsi par former un même tout.

Cette concordance entre les données de la théorie et celles de
l'embryogénie est d'autant plus précieuse que les travaux de M. de
Lacaze-Duthiers sont très antérieurs à ceux de M. Moseley, qu'ils
ont été publiés cinq ans au moins avant ceux-ci, et que même en pu-
bliant, en 1878, ses beaux travaux sur les *Stylasteridæ*, M. Moseley,
loin de vouloir établir la parenté de ces Zoophytes avec les Coralliaires, ne songeait qu'à bien montrer à quel point ils en différaient.

On pourrait, pousser encore plus avant les comparaisons. Les
beaux mémoires de M. de Lacaze-Duthiers sur les Coralliaires sont
riches de faits qu'il y aurait intérêt à étudier pas à pas en leur
demandant le contrôle dont toute théorie exacte doit sortir victo-
rieuse. Qui pourra par exemple jeter les yeux sur les jeunes *Astroï-*
des représentés dans les n°s 1, 2, 3 et 6 de la figure 66 que nous
empruntons à ces mémoires, sans être frappé de l'indépendance
réciproque des tentacules et du sac stomacal de ces petits êtres, sans
remarquer que les tentacules demeurent distincts les uns des autres,
depuis leur sommet jusqu'à la base du corps du Polype, montrant
ainsi que les loges de celui-ci sont bien réellement, comme nous
l'avons plusieurs fois répété, le prolongement des tentacules?

A cet égard un autre fait est particulièrement.instructif. S'il est
vrai que la paroi du corps du Polype résulte de la fusion de dactylozoïdes primitivement distincts, la partie centrale des cloisons doit être nécessairement formée par la fusion des feuillets
exodermiques de ces dactylozoïdes et présenter, en conséquence,
tous les caractères propres à l'exoderme des Polypes nydraires. Cet
exoderme se distingue de la façon la plus nette de l'entoderme par

la présence d'un nombre considérable de nématocystes ; on le voit effectivement, sur des coupes transversales de l'animal, se replier vers l'intérieur et se prolonger jusqu'au bord lib e de chaque cloison, en conservant tous ses nématocystes devenus cependant parfaitement inutiles. Cette couche exodermique dépasse même le bord libre des cloisons ; c'est elle qui forme le bourrelet pelotonné supporté par celles-ci et qui est, lui aussi, particulièrement riche en nématocystes.

Ainsi, la plupart des faits actuellement constatés, ceux-là même qui semblaient énigmatiques, trouvent tout naturellement leur interprétation dans la théorie.

Mais si les polypes coralliaires se sont formés de la sorte, s'ils sont bien réellement le résultat de la fusion d'un certain nombre de polypes hydraires de forme différente, il est parfaitement évident qu'ils n'ont pu se produire, au début, que sur des colonies d'hydraires où la division du travail avait déjà déterminé un polymorphisme assez avancé. La vie coloniale a donc été la vie primitive des Coralliaires ; elle était, en quelque sorte, une nécessité de leur développement, et l'on s'explique ainsi la disproportion considérable entre le nombre de ceux de ces animaux qui vivent en colonie et le nombre de ceux d'entre eux qui vivent solitaires. Ce n'est qu'assez tard, quand l'individualité du polype a été suffisamment consolidée, que les Coralliaires ont pu se séparer les uns des autres et lutter isolément pour leur existence. Dans des colonies défavorablement placées, les individus nouvellement formés ont alors quitté la masse commune, et sont devenus la souche des Actinies et des Madrépores solitaires qui habitent presque tous les régions peu profondes de la mer et la zone des marées. Mais ces espèces elles-mêmes n'ont pas entièrement perdu leur faculté primitive de se reproduire par bourgeonnement ou par division ; c'est ce dernier mode de reproduction qui a pris le dessus, et c'est encore par une sorte de segmentation incomplète, compliquée, il est vrai, de bourgeonnement, que le développement du polype semble se faire aujourd'hui. Malheureusement les types observés jusqu'ici, à ce point de vue, comptent précisément parmi les plus élevés et les plus récemment formés. L'on ne sait rien,

au contraire, du développement des *Stylaster* et des Zoophytes
voisins, et c'est seulement quand on connaîtra l'embryogénie de
ces animaux et celle des Coralliaires qui semblent s'en rapprocher
le plus que des comparaisons plus approfondies pourront être
fructueuses.

Nous sommes arrivés au terme des modifications que les polypes
hydraires et leurs colonies sont susceptibles de présenter. On ne
peut douter maintenant que des individualités, même complexes,
ne soient capables, après s'être constituées, de perdre leur autonomie pour contribuer à former des individualités nouvelles d'ordre plus élevé. C'est une des conséquences de la vie sociale aussi
bien pour les êtres les plus simples, les êtres monocellulaires, que
pour les organismes qui résultent de leurs premières associations.
Plus faciles à observer que les êtres monocellulaires, plus franchement animales que les Éponges, les Hydres nous ont permis de
suivre pas à pas toutes les phases de cette transformation, de déterminer nettement les caractères de ces singuliers changements d'un
animal vivant isolé en un animal apte à vivre en colonies, de
prendre sur le fait la métamorphose d'une colonie en un véritable
animal.

Les polypes hydraires, en se modifiant, suivent trois directions différentes. Chaque individu se perfectionne d'abord ; il
acquiert plus de volume ; ses éléments constitutifs, primitivement
tous semblables entre eux, s'approprient à des rôles déterminés,
et revêtent des formes différentes, en rapport avec leurs fonctions ; ainsi, par une division du travail et une diversification des
éléments s'accomplissant au sein d'un organisme déjà constitué, prennent graduellement naissance les parties différentes des
divers individus. Puis ce phénomène, au lieu de se produire sur
les individus eux-mêmes, se produit sur leurs colonies, où des
individus ayant des formes et des fonctions différentes succèdent
à des individus tous semblables entre eux. Un premier mode de
groupement d'individus de forme différente produit les Méduses,
dont personne ne saurait contester l'individualité. Dans les cas
où la colonie a pu devenir libre tout entière, les Méduses douées

de la faculté de se mouvoir ont joué, à leur tour, un grand rôle dans l'individualisation de la colonie flottante dont l'ensemble a dès lors constitué un Siphonophore. Mais chez les Siphonophores, il semble que l'ordre n'ait pu s'établir au milieu de la multitude d'organes résultant des modifications sans nombre échelonnées de l'hydre à la méduse : l'individualité des colonies ne s'est jamais élevée assez haut pour absorber complètement celle des polypes. Dans beaucoup de colonies qui sont demeurées fixées et particulièrement dans celles qui se sont développées dans les mers profondes, la Méduse a pour ainsi dire avorté. Certains individus n'en ont pas moins perdu la faculté de se nourrir par eux-mêmes, soit qu'ils aient primitivement joué le rôle d'individus reproducteurs, soit pour toute autre cause; ils sont devenus plus tard les pourvoyeurs de la colonie et sont demeurés subordonnés, pour leur alimentation, aux individus nourriciers. Les colonies dans lesquelles les pourvoyeurs étaient groupés autour des individus nourriciers avaient un avantage évident sur celles où ces individus étaient disposés sans ordre, ainsi a pris naissance tout d'abord la disposition propre aux Millépores. Les colonies où les sucs nourriciers partant du gastrozoïde avaient le moins de chemin à faire pour arriver aux dactylozoïdes étaient, d'autre part, mieux nourries et conséquemment plus vivaces que les autres : elles ont encore pris l'avantage et ainsi s'est produite cette concentration graduelle des dactylozoïdes autour des gastrozoïdes qui a abouti à la constitution des Coralliaires. Tous les Polypes étant, dans ce cas, perpendiculaires à la surface de la colonie, ne pouvant, comme chez les Siphonophores, se développer dans toutes les directions, leur concentration devait nécessairement établir entre eux cette disposition rayonnée, que Cuvier considérait comme caractéristique de l'une de ses grandes divisions du Règne animal. L'histoire des Ascidies, et surtout celles des Étoiles de mer et des Oursins, nous montrera une semblable disposition obtenue, dans des circonstances analogues, avec des animaux bien différents des Hydres.

CHAPITRE VIII

LES COLONIES DES BRYOZOAIRES.

Nos études sur les Polypes hydraires nous ont permis de démontrer la réalité de la transformation en individus de colonies animales formées elles-mêmes d'individus complexes. Il existe d'autres animaux qu'on a longtemps confondus avec les Hydres, que l'on classait d'abord avec elles dans le règne végétal et dont les colonies ne sont pas moins remarquables : ce sont les *Polypes à panache* de Trembley, ceux qu'en raison de leur physionomie Ehrenberg a appelés les BRYOZOAIRES (1), c'est-à-dire les *Animaux-Mousse* et que le naturaliste anglais Grant, frappé de leur habitude presque constante de vivre en colonies nombreuses, avait nommés, à peu près en même temps, les *Polyzoaires* (2) ou *animaux sociaux*.

Les eaux douces comme les eaux marines nourrissent des Bryozoaires. Dans les eaux stagnantes et les rivières à faible courant, on les trouve sur les pierres, les bois flottants, quelquefois sur les herbes aquatiques. Leurs colonies ne sont jamais bien volumineuses et leur consistance est le plus souvent presque gélatineuse. Elles s'étendent d'ordinaire en se ramifiant à la surface

(1) Du grec βρύον, mousse, et ζῶον, animal.
(2) Du grec πολύς, beaucoup, et ζῶον, animal.

des corps submergés; rarement elles forment, comme les *Lopho-pus* (fig. 67) ou les *Cristatelles* (fig. 73), des colonies compactes. Une observation superficielle ne montre pas entre les Bryozoaires et les Hydres de différence bien sensible : la plupart des Bryozoaires

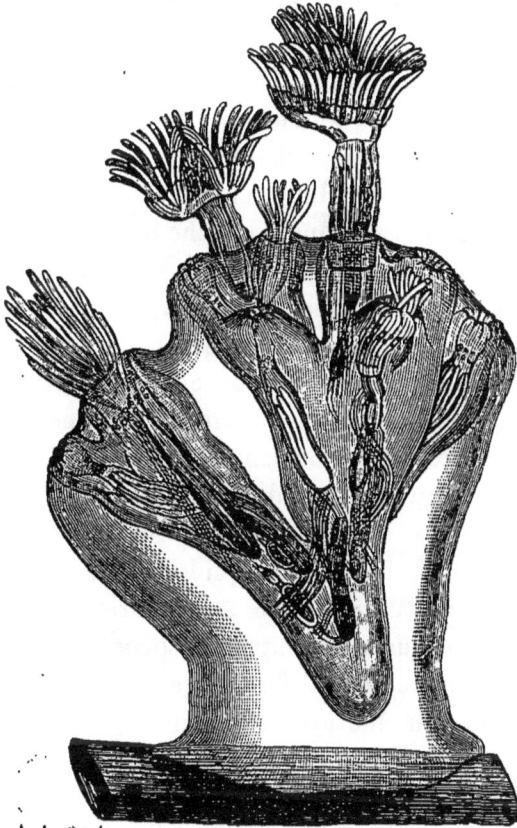

Fig. 67. — BRYOZOAIRES. — *Lophopus cristallinus.* — Les Polypes épanouis montrent nettement la disposition en double fer à cheval des tentacules des Bryozoaires d'eau douce et la forme en siphon recourbé du tube digestif.

ont, comme ces dernières, un corps allongé, une couronne de ten-tacules au centre de laquelle se trouve la bouche, et qui permet de leur appliquer aussi justement qu'à elles la dénomination de Polypes. Toutefois leurs allures sont bien différentes : autant les mouvements des Hydres sont lents et comme hésitants, autant ceux des Polypes à panache sont rapides et précis. A la moindre alerte ils se retirent vivement au fond de la cellule qu'ils habitent et reparaissent de même, peu après, en étalant leur couronne. Celle-ci se meut tout d'une pièce, mais on ne voit pas les tentacules qui la composent s'étendre au loin, se rétracter isolément, s'infléchir de toutes façons, saisir des animaux au passage et se replier pour les porter à la bouche, comme le font ceux des Hydres ; on ne voit pas non plus les Infusoires et les petits Crustacés frappés de paralysie au contact du Polype ; au contraire tout les fins corpuscules qui l'approchent sont aussitôt entraînés par un rapide mouvement de tourbillon et, si leur volume n'est pas trop grand, précipités en masse dans la bouche béante de l'animal.

Le mode de préhension des aliments est donc tout différent chez nos deux sortes de Polypes. Les Hydres chassent réellement et ne capturent que les proies qui les tentent ; les Bryozoaires sont le centre d'un courant mystérieux, entraînant vers eux, d'une façon continue, des matières alimentaires qu'ils ne peuvent choisir. Il faut user du microscope pour pénétrer la cause de ce courant. On reconnaît alors que les bras du Polype sont couverts de cils vibratiles animés d'un mouvement extraordinairement actif ; ces cils fouettent à coups répétés l'eau qui les entoure, la forcent à circuler autour de l'animal et à s'engouffrer dans son tube digestif avec tout ce qu'elle tient en suspension. Dans le tube digestif, des cils vibratiles la font encore circuler tandis que les matières qu'elle amène avec elle sont retenues et élaborées dans le vaste estomac du Polype. Les Hydres sont exclusivement carnivores, les Bryozoaires sont omnivores. Les algues microscopiques et les diatomées forment la partie essentielle de leurs repas.

Le microscope révèle, en outre, dans la structure des Bryozoaires de nombreuses particularités qui les éloignent notablement des Hydres. Leur appareil digestif n'est plus une simple cavité, creusée dans l'épaisseur du corps et ne possédant qu'un seul orifice, servant à la fois pour l'entrée des matières alimentaires et la sortie des résidus de la digestion. C'est un tube complet, recourbé en forme d'U, possédant deux orifices externes, rapprochés, il est vrai, l'un de l'autre, mais bien distincts (fig. 67 et fig. 73, n° 2), et réservés chacun d'une façon constante et exclusive à un seul des usages que cumule l'orifice unique des Hydres.

Pour la première fois nous voyons apparaître une véritable bouche, un véritable tube digestif dans lequel il faut encore distinguer un œsophage, un estomac et un intestin. Ces faits n'avaient pas échappé à Trembley ; leur réalité a été confirmée, en 1828, par M. Milne Edwards en France, par Ehrenberg en Allemagne, et ces deux illustres savants ont été ainsi amenés à conclure simultanément, mais indépendamment l'un de l'autre, à la nécessité de séparer dans des groupes particuliers les *Polypes à bras en forme de cornes*, les HYDRAIRES, des *Polypes à panache*, les BRYOZOAIRES.

Ce n'est pas seulement par leur appareil digestif que les Bryozoaires s'élèvent au-dessus des Polypes proprement dits. Tandis que chez ces derniers les parois mêmes du corps, formées de deux couches superposées, constituent la paroi de la cavité digestive, le tube digestif des Bryozoaires a des parois propres, absolument séparées de celles du corps. Il y a un espace vide assez considérable entre les deux parois : c'est la *cavité générale* que traversent des muscles très nets, chargés de faire mouvoir les diverses parties de l'animal, et dans laquelle flottent librement les glandes reproductrices. On voit même, chez les Bryozoaires d'eau douce, à la base de la couronne des tentacules, entre la bouche et l'anus, un ganglion nerveux, une sorte de cerveau. Rien de semblable chez les Hydraires où les muscles, quand ils existent, et les glandes génitales ne se développent jamais que dans l'épaisseur des parois du corps, et où le système nerveux demeure diffus tant que l'Hydre ne s'est pas élevée au rang de Méduse.

Chez la plupart des Bryozoaires marins, les tentacules forment une couronne parfaitement circulaire autour de la bouche (fig. 70 et 71). Cette disposition ne se rencontre, parmi les Bryozoaires d'eau douce, que chez les Paludicelles (fig. 73, n° 2) et les Urnatelles ; dans les autres genres, la bouche recouverte d'une sorte de lèvre ciliée (1) vient s'ouvrir au milieu de la

(1) L'épistome.

partie convexe d'un fer à cheval (1) dont les bords interne et
externe portent les tentacules (fig. 67 et 73, n° 1). Ceux-ci forment par conséquent deux couronnes incomplètes concentriques, emboîtées l'une dans l'autre et qui se rejoignent à l'extrémité libre des cornes du fer à cheval. Au-dessous de cette
double couronne, du côté de la concavité du fer à cheval,
du côté par conséquent où la double couronne est ouverte, se
trouve l'anus. L'animal est à peu près symétrique par rapport
à un plan qui comprend la bouche, l'anus, le ganglion nerveux, et partage en deux moitiés égales l'ensemble de l'appareil
tentaculaire. C'est encore une différence à signaler entre les
Bryozoaires et les Hydraires dont le plan de symétrie est absolument indéterminé.

Par tous ces détails de leur organisation, les Bryozoaires s'é-
loignent considérablement des Hydraires avec lesquels on les con-
fondait jadis : on ne connaît même aucune forme de passage qui
permette de les relier les uns aux autres. On a indiqué comme
occupant une position intermédiaire entre eux l'*Halilophus mirabilis* recueilli par Michel Sars, au moyen de la drague, dans
les régions profondes de l'Atlantique qui avoisinent les îles
Lofoden ; cette opinion émise par Ossian Sars, fils du grand
observateur, ne saurait être soutenue. L'*Halilophus mirabilis* ne
possède pas, il est vrai, de faisceaux musculaires nettement définis ; ses téguments sont directement appliqués sur les organes
qu'ils protègent, de manière à supprimer presque entièrement la
cavité générale ; le tube digestif lui-même n'offre pas la division
ordinaire en trois régions ; mais cet appareil n'en conserve pas
moins ses parois propres et ses deux orifices ; l'animal offre
même la disposition en fer à cheval des tentacules et la lèvre
buccale qui caractérise les Bryozoaires d'eau douce, plus élevés
que tous les autres. L'*Halilophus* est donc un Bryozoaire dégradé,
si l'on veut ; mais son organisation conserve son type spécial, sans
rien perdre de ce qu'elle a de caractéristique, sans se rapprocher
en quoi que ce soit de celle des Polypes hydraires.

_____

(1) Le lophophore.

Nous avons pu, sans forcer aucune analogie, faire remonter jusqu'aux Rhizopodes la généalogie des Polypes hydraires ; rien ne
permet jusqu'à présent de rattacher sûrement les Bryozoaires à
quelque forme inférieure du règne animal. Nous nous trouvons
donc en présence d'un type organique tout à fait différent de

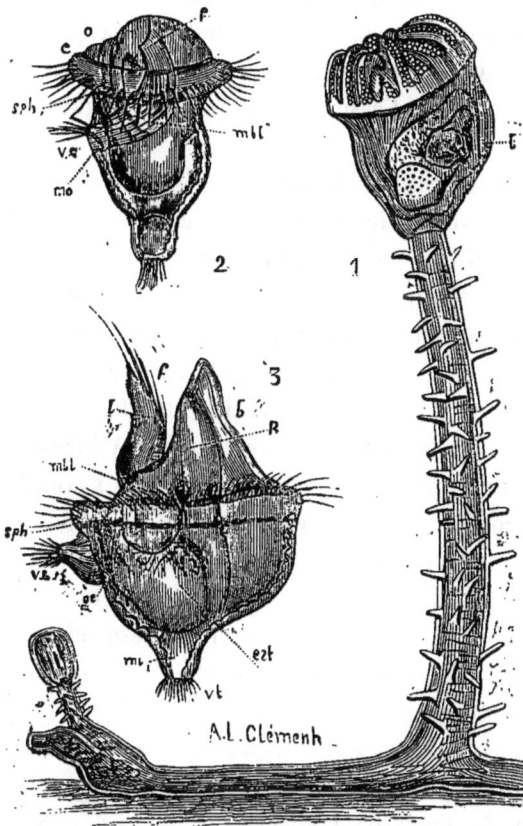

Fig. 68. — BRYOZOAIRES. — *Pedicellina echinata.* — 1. Un individu adulte avec des stolons à sa
base dont l'un est terminé par un bourgeon. — 2. Larve de *Pedicellina echinata* à l'état de rétraction : *o*, bouche ; *c*, couronne ciliée ; *sph*, région contractile au-dessous de la couronne ; *va*, organe
tactile, cilié ; *mo, mbl*, muscles qui le font mouvoir ; *f*, fente séparant la face buccale en deux parties.
b et *l*, bien visibles dans le n° 3 qui représente la même larve à l'état d'expansion. — 3. Mêmes lettres.
et en outre : *œ*, œsophage ; *est*, estomac ; R, rectum ; *vt*, ventouse terminale du corps ; *mi*, masse
musculaire qui lui correspond.

ceux dont nous nous sommes occupés jusqu'ici, et dont il est, par
cela même, intéressant d'étudier les divers modes de groupements
coloniaux.

L'*individu* chez les Bryozoaires présente, nous l'avons vu, une organisation plus élevée que celle de l'*individu* chez les Hydraires ; il semble, au premier abord, plus apte à vivre seul, il est cependant plus souvent encore soumis à la vie sociale. On ne connaît qu'un très petit nombre de Bryozoaires vivant isolés : tels sont les Loxosomes, encore se trouvent-ils le plus souvent dans des conditions toutes particulières, fixés en parasites sur la peau d'animaux fouisseurs, ou habitant dans l'intérieur des canaux ciliés des Éponges (1), comme si l'assistance d'un autre organisme leur était absolument nécessaire.

Tous les autres forment des colonies le plus souvent très nombreuses et qui revêtent les apparences les plus diverses. Les colonies des Pédicellines (fig. 68, n° 1) voisines des Loxosomes, celles des *Æthea*, sont formées d'individus réunis entre eux seulement par des stolons rampants ; celles des Sérialaires sont arborescentes et les individus sont groupés en bouquets le long des rameaux. Mais ordinairement les loges dans lesquelles habitent les polypes sont serrés les unes contre les autres de manière à former des masses plus ou moins compactes. Les *Membranipores* s'étendent en plaques minces, comme une légère dentelle, à la surface des fucus et des laminaires ; les *Cellépores* déposent leurs masses consistantes jusque sur les galets ; les *Flustres* imitent, par les dispositions de leurs frondes flexibles, les algues au milieu desquelles elles vivent ; les *Electra* (fig. 69, n° 1) aux loges régulièrement disposées en verticilles, les *Canda* (fig. 69, n° 2), les *Crisia* (fig. 69, n° 3) aux rameaux articulés, les *Salicornaria*, les *Myriozoum*, les *Hornera* forment des polypiers rameux, rappelant parfois ceux des Hydraires ou de certains Hydrocoralliaires, des *Stylaster*, par exemple ; les Eschares ont une consistance absolument pierreuse

---

(1) Le *Loxosoma singulare*, Keferstein, vit sur la peau d'une Annélide, la *Capitella rubicunda* ; le *Loxosoma phascolosomatum*, C. Vogt, sur l'extrémité caudale des *Phascolosoma elongatum* et *margaritaceum*, espèces de Géphyriens ; le *Loxosoma Neapolitanum*, Kowalevsky, sur les tubes d'une Annélide sédentaire, le Phyllochétophère ; les *Loxosoma Raja* et *cochlear*, d'Oscar Schmidt, dans les canaux de plusieurs Éponges ; le *Loxosoma Kersteinii*, Claparède, sur les colonies d'un autre Bryozoaire, le *Zoobothrium pellucidum*.

et poussent en lames planes, d'épaisseur à peu près constante, qui
se soudent entre elles de manière à présenter toutes sortes d'anfractuosités. Les colonies des *Adeona* sont formées de lames semblables, régulièrement percées de trous arrondis, à bord élégam-

. A. Clémenh

Fig. 69. — BRYOZOAIRES. — 1. Fragment très grossi d'un polypier d'*Electra verticillata*.
— 2. Id. de *Canda reptans*. — 3. Id. de *Crisia eburnea* avec ovicelle.

ment festonné ; enfin chez les Rétépores et les *Carbasea* (fig. 70, n° 2),
les trous qui perforent les lames sont en forme de losange, si
nombreux et si rapprochés que la colonie rappelle absolument l'aspect d'un tissu à mailles lâches, tel que celui d'un filet délicat ; de là
le nom de *manchettes de Neptune*, donné à ces élégantes colonies.

Les petits pores innombrables que montrent les parties solides

des polypiers, et qu'il ne faut pas confondre avec ces trous, sont les orifices des loges occupées par leurs habitants. Ces pores n'affectent jamais, comme chez les Coralliaires, la forme de calices rayonnés. Dans certains cas, les colonies présentent une forme à peu

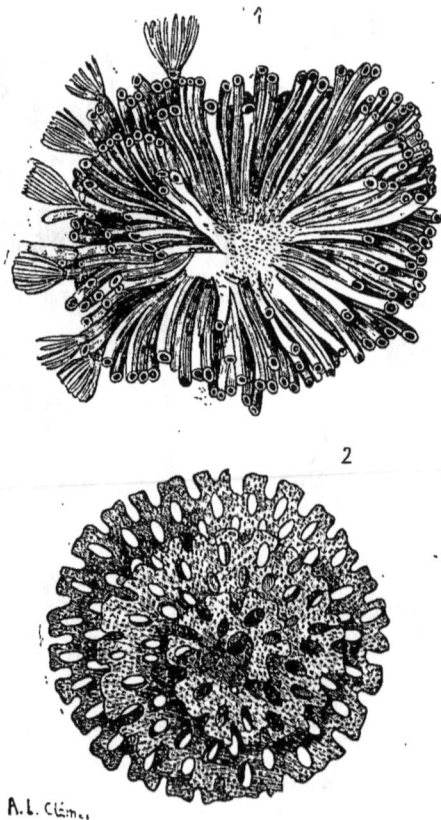

Fig. 70. — BRYOZOAIRES. — 1. *Tubulipora verrucosa* avec un certain nombre de polypes épanouis. — 2. *Carbasea cribriformis*.

près géométrique : telles sont celles des *Tubulipores* (fig. 70, n° 1) où tous les individus sont rangés en cercle, et surtout celles des *Carbasea* (fig. 70, n° 2) qui sont souvent libres, et se disposent soit en cornet, soit en spirale parfaitement régulière.

Dans un très grand nombre de genres, des organes extrêmement singuliers sont disséminés parmi les polypes et occupent, en général, une place fixe par rapport à eux. On ne saurait mieux les comparer qu'à des têtes microscopiques d'oiseau de proie : c'est pourquoi le nom d'*aviculaires* leur a été donné (fig. 71, n° 1 et n° 2, *av*). Dans les genres où il existe des aviculaires, ces organes sont placés

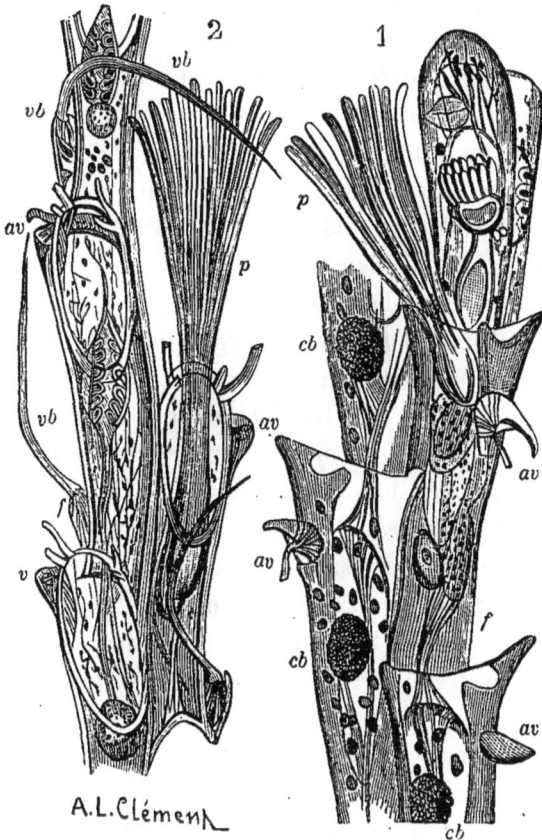

Fig. 71. — BRYOZOAIRES. — **1.** Groupe de loges de *Bugula avicularia* portant chacune un aviculaire, *av*; dans trois de ces loges le polype s'est réduit à l'état de corps brun, *cb*; la loge qui contient un polype épanoui *p* est surmontée de deux bourgeons. — **2.** Groupe de loges de *Scrupocellaria scruposa* avec aviculaires de forme particulière, *av* sur le côté des loges et trois vibraculaires, *vb*.

à l'entrée des loges des polypes; ils sont ordinairement sessiles, quelquefois supportés par un pédoncule (1), et peuvent exécuter des mouvements d'ensemble très variés. La mandibule supérieure

(1) Dans les genres *Bicellaria*, *Bugula*, *Beania*, etc.

de leur bec est fixe ; la mandibule inférieure, très mobile, est
actionnée par des muscles qui s'insèrent en rayonnant dans toute
la cavité qui correspondrait à celle du crâne de l'oiseau. L'aviculaire
ne cesse d'ouvrir et de fermer son bec, et d'osciller au devant
de la loge du polype qui le supporte : il est probable que c'est
un organe de préhension, destiné à arrêter et peut-être à broyer
les particules alimentaires trop grosses pour que le courant ciliaire
puisse les amener tout entières vers la bouche ; il est également
probable qu'il fonctionne souvent comme organe de défense, et que
plus d'un crustacé contre la gourmandise duquel le polype, mou
et sans armes, serait sans défense quand il est épanoui, se trouve
happé au passage par l'aviculaire. Quand les polypes sont rétractés,
ce moyen de protection leur est à peu près inutile : l'entrée de leur
loge est ordinairement fermée par une couronne de soies (1), ou
par un véritable opercule (fig. 69, n° 2).

Outre les aviculaires, d'autres Bryozoaires, la plupart des *Cellularia* et les *Scrupocellaria*, par exemple, possèdent des organes
non moins singuliers, les *vibraculaires* (fig. 71, n° 2, *vb*). Ce sont
de longs filaments contractiles qui s'agitent, pareils à des vers, à la
surface de la colonie, et semblent, comme les aviculaires, continuellement en proie à un mouvement pendulaire. Les vibraculaires sont fixés à leur base sur une sorte de loge comparable à
celle qu'habitent les polypes. Cette loge contient et protège l'appareil musculaire qui fait mouvoir le filament.

Les loges des polypes sont enfin souvent surmontées de loges
spacieuses, de forme spéciale, dans lesquelles on trouve d'ordinaire des larves à tous les états de développement (fig. 69, n° 3).
Ce sont de véritables *chambres d'incubation* (2).

---

(1) On désigne les Bryozoaires qui présentent la première de ces dispositions sous le nom de *Cténostomes*, les autres sous le nom de *Chilostomes* (*Cellularia*, *Bugula*, *Electra*, etc.); dans quelques genres l'orifice est nu et le
Bryozoaire est dit alors *Cyclostome* (*Tubulipora*, *Crisia*, etc.). Ces dénominations viennent des mots grecs στόμα, bouche; κτείς, peigne; κεῖλος, lèvre.

(2) Ces diverses parties ont fourni la base d'une nomenclature assez compliquée. Les auteurs appellent *zoœcie* (de ζῶον, animal et οἶκος, maison)
la loge qu'habite le Polype, *oœcie* (de ὠόν, œuf et οἶκος, maison) la chambre
d'incubation, *polypide* le polype lui-même.

Les colonies de Bryozoaires présentent donc une complication presque aussi grande que celles des Polypes hydraires. On reconnaît en elles quatre sortes de parties plus ou moins indépendantes, mais dont l'individualité est attestée par ce fait qu'elles ne sont pas indissolublement liées les unes aux autres et que leur existence est loin d'être constante, même dans les espèces les plus rapprochées : la *Cellularia Peachii*, par exemple, manque d'aviculaires et de vibraculaires, tandis que la plupart de ses congénères en son' pourvues ; dans deux genres voisins les mêmes différences peuvent *à fortiori* se manifester. Enfin les Bryozoaires d'eau douce et plusieurs familles de Bryozoaires marins ne présentent jamais rien de semblable, bien qu'ayant, du reste, la même organisation que les autres animaux de leur groupe. Les aviculaires et les vibraculaires ne font donc pas partie intégrante de l'économie de nos polypes. On ne voit d'ailleurs, dans ceux-ci, rien qui puisse leur donner naissance par une simple transformation.

Ces singuliers appareils seraient-ils des individus modifiés de manière à jouer un rôle spécial, comme nous en avons tant vu chez les Hydres ? La différence entre le polype, si complexe, en apparence, du Bryozoaire et l'aviculaire ou le vibraculaire, à peu près dépourvus d'organes, est tellement grande que l'on repousse tout d'abord cette interprétation. Cependant ce sont bien là des *organes de la colonie* et non pas des organes des individus qui la composent; leurs mouvements sont totalement indépendants de ceux des polypes dans le voisinage desquels ils sont placés ; aucune impression s'exerçant sur l'aviculaire n'agit sur le polype ou inversement ; aucune communication physiologique ou anatomique n'existe entre eux. On est donc forcé de revenir à l'idée qu'ils représentent des individus autonomes ; cette idée se trouve, en effet, confirmée par le mode de développement des aviculaires. Ces organes se forment par un bourgeonnement tout semblable à celui qui produit les loges habitées par les polypes. Bien plus, les aviculaires de la *Flustra foliacea* peuvent eux-mêmes bourgeonner et produire des loges de Polypes, comme ces loges elles-mêmes, auxquelles ils ressemblent, d'ailleurs, beaucoup plus que dans les autres genres. Mais l'équivalence de l'aviculaire et de la loge du polype devient plus manifeste encore dans certains cas. Au fond du bec des aviculaires de plusieurs Bryozoaires, tels que la *Bugula flabellata*, la *Bicellaria ciliata*, à l'endroit qui correspondrait au gosier de l'oiseau, on aperçoit des corps qu'on a souvent considérés comme des glandes; leur situation, leur mode de formation montrent que ce ne sont autre chose que les rudiments d'un tube digestif (1). L'aviculaire correspond, par conséquent, à un individu dont le tube digestif ne se serait pas développé, ou ne se serait développé que fort incomplètement; ses muscles sont ceux qui feraient mouvoir le polype dans sa loge; sa mandibule inférieure mobile n'est autre chose qu'un opercule, et, de fait, c'est seulement dans le groupe des Bryozoaires operculés que l'on trouve des aviculaires.

Les vibraculaires sont incontestablement des organes analogues aux aviculaires; la loge sur laquelle ils reposent est, dans la *Scrupocellaria scruposa* (fig. 71, n° 2, *vb*), exactement semblable à celle des aviculaires; leur appareil musculaire est construit sur le même type, et il suffit, pour passer de l'un de ces appareils à l'autre, de supposer que la mandibule mobile de l'aviculaire s'est considérablement allongée. On peut donc appliquer aux vibraculaires les conclusions qui s'imposent d'une manière absolue pour les aviculaires : ils représentent une troisième sorte d'individus. Les Bryozoaires sont par conséquent des êtres polymorphes comme les Polypes hydraires; dans leurs associations deux sortes d'individus ne se développent qu'à demi, et, par une étrange division du travail, les uns se bornent à protéger la colonie et à mâcher les matières alimentaires que doit dissoudre l'estomac des individus parfaits; les autres, par leur agitation perpétuelle, contribuent à renouveler l'eau à la surface de la colonie et à produire, concurremment avec les cils vibratiles des tentacules, les courants qui amènent sans cesse des aliments aux polypes et emportent leurs déjections. L'animal, dans ces deux cas, est à peu près réduit à son habitation : il est difficile de supposer une dégénérescence plus complète. On a quelquefois comparé la loge encroûtée de calcaire

(1) Heinrich Nitsche, *Beiträge zur Kenntniss der Bryozoen* (*Zeitschrift für wissenschaftliche Zoologie*, 1861. Bd XXI, S. 490).

d'un Bryozoaire à la coquille d'un colimaçon : que serait un colimaçon réduit à sa coquille? On se prend à douter, en présence
d'un pareil résultat, de la légitimité des conclusions auxquelles
conduit cependant, d'une façon inévitable, l'anatomie comparée.
L'observation des phénomènes physiologiques qui se succèdent
dans une même loge de Bryozoaire lève les derniers scrupules que
pourrait conserver l'esprit le plus rigoureux.

Certains Bryozoaires vivant à de faibles profondeurs, sur des
parties de la grève qui se découvrent à chaque marée, s'acclimatent
très bien dans de petites cuvettes plates, dont il est à peine nécessaire de changer l'eau et que l'on peut porter sur la platine du
microscope toutes les fois qu'on veut observer. Ils s'accommodent
même d'un long voyage. M. Lucien Joliet a réussi à conserver
pendant cinq mois, dans le laboratoire de zoologie de la Sorbonne,
une branche de *Bowerbankia imbricata* qui est demeurée, pendant
tout ce temps, en parfaite santé. La *Bugula flabellata* est tout aussi
robuste : une colonie recueillie à Roscoff (Finistère), pendant l'automne, a passé tout l'hiver à Paris et, au printemps suivant, a pu
être rapportée, aussi vivace que possible, dans son pays natal. Ces
Bryozoaires se prêtent donc de la meilleure grâce du monde à l'observation et dans des conditions, pour ainsi dire, physiologiques.

Dans une colonie bien accoutumée à ce genre de vie, choisissez le
polype le plus vigoureux et suivez-le plusieurs jours avec attention.
Au début, vous le verrez s'épanouir fréquemment; peu à peu, il
se reposera plus longuement au fond de sa loge ; finalement, il ne
sortira plus du tout ; ses organes ne tarderont pas à se flétrir ;
bientôt il ne sera plus possible de les distinguer : une masse brune
amorphe, d'abord irrégulière, mais qui prendra graduellement
la forme sphérique (fig. 71, n. 1, *cb*), un cordon cellulaire, le *funicule*, par lequel le polype était relié à la paroi de sa cellule, voilà
tout ce qui restera de l'animal, naguère si actif, qui occupait la
loge. Cependant la maison ne demeurera pas longtemps vide. En
un de ses points qui n'a rien de fixe, du reste, parfois même à la
surface du *corps brun* (1), débris du premier occupant, un bour-

_____

(1) Ce *corps brun* a été l'objet des interprétations les plus diverses. Dans ses

geon se forme et grandit (fig. 71, n. 2). Il n'y a plus à en douter, c'est un polype nouveau qui apparaît. Quelquefois ce polype naît à côté du corps brun qui demeure dans la loge, où il diminue lentement et finit par disparaître; mais le plus souvent le nouveau polype, en quelque point qu'il ait apparu, se rapproche du corps brun par le fait même de sa croissance, l'englobe dans son estomac, le désagrège et en rejette successivement toutes les parties. La loge se trouve complètement déblayée quand le polype a atteint son complet développement. Le nouveau venu aura du reste le sort de son prédécesseur : après avoir vécu quelque temps d'une vie des plus actives, il dépérira à son tour et se transformera en un nouveau corps brun qui persistera à côté du précédent, ou sera éliminé quand un troisième polype, né comme les autres sur les parois de la loge, aura fait son apparition.

A voir les régions de la colonie où les polypes sont le plus remuants, il semble que ces animaux en soient la partie principale, la partie essentiellement vivante; la loge paraît au contraire comme une partie accessoire, une simple habitation tout à fait inerte, quelque chose comme la maison du polype. Mais quelle singulière habitation! Voilà donc une maison dont les propriétaires meurent périodiquement, et qui se crée, quand elle est vide, un nouvel hôte ; une maison dont les murailles enfantent ses propres habitants! Quel conte de fées a jamais étonné nos oreilles du récit de semblable prodige?

Cela se renouvelle un certain nombre de fois durant l'été : puis la scène change. Nous avons vu que chaque Polype est relié aux parois de sa loge par un cordon cellulaire plus ou moins allongé qu'on appelle le *funicule* (fig. 71, *f*). Tantôt dans la substance de ce funicule, tantôt dans l'épaisseur des parois de la loge, un certain nombre de cellules prennent un caractère particulier, grandissent rapidement, se multiplient avec une prodigieuse activité, deviennent bientôt libres dans la cavité viscérale et flottent tout autour

---

Contributions à l'histoire naturelle des Bryozoaires des côtes de France (*Archives de zoologie expérimentale*, vol. VI, 1876), M. L. Joliet a fort bien exposé et discuté les opinions de ses prédécesseurs, en même temps qu'il a donné aux siennes propres des bases expérimentales irréfutables.

du tube digestif. La plupart bornent là leur développement et semblent représenter les globules du sang des animaux supérieurs; d'autres produisent dans leur intérieur un grêle filament qui s'échappe à son tour, c'est un spermatozoïde : un très petit nombre, qui ne se séparent que fort tard du funicule, deviennent des œufs. Souvent un seul de ces œufs arrive à maturité : les autres disparaissent. Le développement des spermatozoïdes et des œufs a lieu à des époques différentes : bien que présentant l'hermaphrodisme le plus net, un polype bryozoaire ne peut donc féconder lui-même ses œufs.

Le polype proprement dit ne semble prendre aucune part directe à la formation de ces divers éléments. C'est toujours sur le funicule ou sur ses ramifications qu'ils apparaissent, et le funicule ne saurait être considéré comme appartenant au polype, car il survit aux individus qui se succèdent dans la loge, et c'est toujours par une prolifération de sa substance qu'il s'en produit de nouveaux. Si le lieu d'apparition des jeunes pousses et des éléments reproducteurs semble varier, c'est tout simplement que le funicule se ramifie de façons diverses, que parfois il s'étale en réseau à la surface intérieure de la loge et que, partout où se trouve une particule de sa substance, cette particule peut former un polype ou des glandes génitales. Le funicule a d'ailleurs la même durée que la loge dans laquelle il se trouve ; c'est donc avec elle et non avec le polype qu'il est le plus intimement uni : il est un des éléments obligés de la maison qu'habitent successivement les divers polypes ; il fait partie intégrante de cette maison qui, ayant engendré ses propres habitants, engendre encore, par un prodige plus surprenant, les œufs qui devront fonder des colonies nouvelles.

Le procédé par lequel les œufs sont expulsés dépasse en merveilleux tout ce que nous venons de voir. M. L. Joliet a suivi pas à pas toutes les phases du phénomène sur la *Valkeria cuscuta* et quelques autres types (1). Une loge est en pleine reproduction : sa cavité est remplie de spermatozoïdes, deux œufs à peu près égaux sont attachés au funicule. Le polype est parfaitement

(1) Le *Bowerbankia imbricata* et la *Lagenella repens* notamment.

vivant : fréquemment il s'épanouit, puis se contracte brusquement. A chaque fois un grand nombre de spermatozoïdes sont
refoulés vers l'ouverture de la loge, passent au travers de la fine
membrane qui unit le polype au bord de son orifice et sont expulsés au dehors. Au bout de quelque temps, il n'en reste plus un
seul : la loge ne contient alors que le polype et les deux œufs. Le
polype cesse bientôt de se mouvoir, s'atrophie, se change en corps
brun, en même temps que la membrane qui le reliait à l'orifice
de la loge se tend au-dessus de cet orifice. La bouche du polype
se trouvant à son tour oblitérée, la loge est momentanément close.
Cependant, l'un des œufs a pris l'avance sur l'autre qui commence à se résorber : le gros œuf finit par demeurer seul et atteint
un volume considérable. A ce moment, sur la paroi de la loge, en
un point où vient s'attacher quelque branche du funicule, un
petit polype apparaît, remonte vers le sommet de la maison et
développe rapidement tout l'appareil musculaire des polypes
ordinaires. Lui-même n'atteint jamais l'état parfait : ses bras
restent à l'état de bourgeons, son œsophage ne se creuse pas d'une
cavité et peu à peu se réduit aux dimensions d'un fil. Graduellement, le polype, l'œuf et le funicule se rapprochent ; ils arrivent à
se disposer en un cordon continu qui s'étend en ligne droite du
fond de la loge à son ouverture. La portion du funicule comprise
entre le polype et l'œuf commence alors à se raccourcir, le polype
est amené par suite de ce raccourcissement en contact avec l'œuf,
glisse sur l'un de ses côtés, descend au-dessous de lui, de sorte que
l'œuf se trouve ainsi immédiatement en rapport avec l'orifice de la
loge. Le polype, parvenu au fond de celle-ci, se résorbe à son
tour, mais ses muscles restent et c'est désormais l'œuf qu'ils actionnent directement et qu'ils font passer dans la gaine où étaient primitivement enveloppés les tentacules naissants du polype. Dans
cette gaine l'œuf se trouve en libre communication avec l'eau
extérieure : c'est là qu'il est fécondé, là qu'il se développe, toujours attaché au funicule. La larve qu'il produit se comporte
exactement comme le ferait le polype qui, suivant l'heureuse
expression de M. Joliet, a disparu pour lui prêter ses muscles. Elle
peut, grâce à eux, remonter jusqu'à l'orifice de la loge ou se retirer

au fond, à la manière d'un polype qui s'épanouit ou se rétracte. Finalement, elle se détache et s'échappe au dehors, pour nager activement à l'aide des cils vibratiles dont elle est couverte. Quand tous ces phénomènes sont accomplis, la loge qui, outre les polypes et les éléments reproducteurs, a engendré un plus ou moins grand nombre d'autres loges semblables à elle-même, perd toute activité et meurt. La formation des éléments sexués marque le terme de son existence.

Quelle est donc la signification de cette loge que nous avions tout d'abord qualifiée d'habitation du polype? Évidemment notre interprétation première, celle qui s'impose quand on ne connaît pas la série de phénomènes que nous venons de décrire, celle qu'ont adoptée tous les anciens auteurs, ne saurait plus se soutenir. La loge est vivante par elle-même, elle est indépendante des polypes qui se sont successivement développés sur ses parois, et cela est si vrai que dans l'*Alcyoncella fungosa* (fig. 73, n. 4), les *Lophopus*, les Plumatelles, deux ou plusieurs Polypes habitent simultanément la même loge. La loge présente donc, tout aussi bien que les polypes qu'elle contient, les caractères physiologiques d'un *individu*.

Ce que nous nommions jusqu'ici l'individu, chez le Bryozoaire, est donc, en réalité, un être complexe, une petite colonie; cette colonie comprend deux individus : l'un, de durée éphémère, est chargé de toutes les fonctions de relation et de nutrition; c'est le polype, dont les bras ciliés sont à la fois des organes de respiration et de préhension des aliments, dont le tube digestif élabore les matières nutritives. Cet individu est absolument stérile; il ne peut même pas se reproduire par bourgeonnement ou par division; c'est, dans l'acception la plus stricte du mot, un *individu nourricier*. Quand il meurt, un autre le remplace et la série de ces individus nourriciers est engendrée par l'individu de l'autre espèce, celui que nous avons désigné jusqu'ici sous le nom de *loge*. Ce dernier a gardé pour lui seul toute la puissance reproductrice et nous devons l'appeler, par conséquent, l'*individu reproducteur*.

Il s'en faut cependant que toutes ses parties jouissent également de la faculté de reproduction. On peut se représenter l'individu reproducteur comme une vésicule creuse dont les parois sont formées de deux couches : l'une extérieure, résistante, ordinairement encroûtée de calcaire, dans laquelle tous les phénomènes vitaux ont cessé ; l'autre intérieure, cellulaire au début, pareille ensuite à une couche homogène de protoplasme, réellement vivante, capable de grandir, de se diviser, de produire des loges nouvelles dans lesquelles naîtront des polypes, ou qui se transformeront simplement en chambres d'incubation (1). La couche extérieure ne fait que la suivre dans toutes ses transformations et n'en est en réalité que la portion la plus externe, devenue inerte. Dans cette vésicule se trouve un troisième tissu d'une importance exceptionnelle, car c'est en lui que réside la plus grande part du pouvoir reproducteur. Très réduit chez les Pédicellines (fig. 68), il est au contraire fort développé chez les autres Bryozoaires où il forme une sorte de cordon solide, le *funicule*, s'élevant du fond de la loge, mais pouvant émettre des ramifications qui s'étalent en réseau à la surface intérieure de celle-ci à laquelle ils communiquent, dès lors, une part de leurs facultés génétiques. C'est ce tissu (2), constamment en voie de prolifération, qui produit les polypes, les globules sanguins, les œufs et les spermatozoïdes. Sa puissance chez des Pédicellines se borne à produire un polype unique et les éléments de la génération sexuée ; il ne forme ces derniers, chez les Bryozoaires ordinaires, qu'après avoir produit plusieurs générations de polypes. C'est la partie la plus vivante de la loge, sa raison d'être. Quand son pouvoir reproducteur est épuisé, la loge elle-même a épuisé sa vitalité et meurt.

Comme chez les Polypes hydraires, l'individu reproducteur est aussi celui sur qui s'exercent plus spécialement les influences modificatrices. C'est lui qui, dans la division du travail, se prête aux fonctions les plus variées. Indépendant des polypes qu'il contient, il peut cesser d'en produire quand il s'adapte à un rôle particulier

(1) Ces deux couches ont été nommées par Allman et sont désignées par tous les auteurs sous les noms d'*ectocyste* et d'*endocyste*.

(2) L'*endosarque* (ἔνδον, dedans ; σάρξ, chair) de M. Joliet.

et se transformer seul, mais il peut aussi entraîner le polype dans les modifications qu'il subit. Tel est le cas pour les aviculaires. Les *Valkeria* nous ont montré un Polype qui n'apparaissait un instant que pour fournir à l'œuf et à la larve les muscles qui sont nécessaires pour les mouvoir dans la loge où ils doivent se développer : les muscles d'un aviculaire ou d'un vibraculaire sont de même ceux d'un polype avorté dont on ne retrouve les dernières traces que dans un certain nombre d'espèces comme la *Bugula flabellata* ou la *Bicellaria ciliata*. Mais bien d'autres parties résultent encore de transformations des loges : telles sont, en premier lieu, les chambres d'incubation des œufs qui surmontent si fréquemment les loges à Polypes ; tels sont encore les articles de la tige des Sérialaires et des *Crisia* (fig. 69, n° 3) qui ne sont que des loges complètement closes, asexuées, dépourvues de polypes, produisant les loges qui doivent engendrer à la fois les Polypes et les éléments sexués. La transformation des loges conduit encore à des formes plus simples, plus dégénérées : les épines qui se développent à la surface de certaines colonies, les stolons qui fixent sur le sol les espèces arborescentes ne sont pas autre chose que des loges adaptées à ce rôle modeste. Cela résulte d'une façon bien certaine de leur mode de développement (1).

Puisque les loges produisent les polypes, qu'elles ne sont liées en aucune façon à leur existence, on comprend très bien qu'il puisse y avoir des loges de Bryozoaires qui vivent libres de tout habitant. On s'est demandé si, inversement, il existait des polypes bryozoaires normalement dépourvus de loges. On a cru poser là une question qui fût simplement la contre-partie de la précédente. La question est cependant tout autre, car elle revient à celle-ci : un polype bryozoaire peut-il se développer autrement que par bourgeonnement dans une loge préexistante? Si cela était, l'équivalence des deux individus qui constituent le Bryozoaire serait par cela même démontrée irréfutablement, puisque chacun d'eux pourrait se développer isolément. On ne connaît cependant

---

(1) Dr H. Nitsche, *Beiträge zur Kenntniss der Bryozoen* (*Zeitschrift für wissenschaftliche Zoologie*, t. XXI, 1871, p. 491).

aucun bryozoaire qui se développe dans ces conditions. Peut-être l'*Halilophus mirabilis* de Sars, indépendant comme il l'est de son polypier, présente-t-il un mode de développement différent de celui qui a été constaté dans les autres genres : c'est une étude à faire ; mais jusqu'ici nous devons considérer tout polype comme ayant été engendré par une loge. Il semble donc y avoir une subordination du polype à la loge, et l'on peut se demander si le polype équivaut réellement à une loge tout entière ou s'il résulte simplement d'une adaptation à des fonctions spéciales d'une partie des tissus de celle-ci. Cette question ne saurait être tranchée d'une façon définitive dans l'état actuel de nos connaissances ; mais nous verrons bientôt que sa solution importe moins, au fond, qu'on pourrait le croire.

En résumé, il suit nécessairement du mode de production des polypes que chacun d'eux, quand il vit, forme avec sa loge un tout complexe dont les diverses parties sont ensemble dans les rapports les plus étroits. A première vue il ne viendrait pas plus à l'esprit de distinguer le polype de sa loge, qu'un colimaçon de son manteau qui sécrète, lui aussi, une coquille. Pour tous les anciens naturalistes l'*individu* dans une colonie de Bryozoaires, c'était un polype plus sa loge. Cette manière de voir est encore parfaitement correcte. Ce n'est pas seulement, en effet, par le funicule sur lequel il a bourgeonné que le polype est lié à sa loge : des muscles nombreux s'attachent d'une part aux parois de celle-ci, d'autre part au corps du polype (1) ; quelques-uns vont d'un point de la loge à l'autre, n'ont aucun rapport anatomique avec le polype (2), mais sont liés physiologiquement avec lui de façon qu'ils naissent et disparaissent ensemble. La loge et son polype réagissent donc constamment l'un sur l'autre. Un grand nombre de Bryozoaires possèdent un ganglion nerveux qui règle leurs rapports ; un tube cilié s'ouvrant par l'une de ses extrémités dans la cavité de la loge, par l'autre dans la couronne tentaculaire, met chez plusieurs espèces, cette cavité en communication avec l'exté-

(1) Muscles rétracteurs.
(2) Muscles pariéto-vaginaux et muscles pariétaux.

rieur par l'intermédiaire du polype (1). Ce sont là des relations qui ne diffèrent en rien de celles qui existent, chez un Ver, par exemple, entre son tube digestif et les parois de son corps. *Physiologiquement* l'ensemble du polype et de sa loge forme donc à coup sûr un *individu. Morphologiquement*, cet individu est peut-être formé de deux autres : le polype lui fournit les organes de digestion, de respiration et d'innervation ; la loge, l'enveloppe extérieure du corps et les organes de reproduction. La loge et le polype, quoique se prêtant un mutuel concours pour la constitution d'un *individu physiologique* plus complexe, n'en conservent pas moins une indépendance qui se trahit nettement par la différence de leur durée.

Un animal dont les organes de digestion, de respiration et d'innervation disparaissent périodiquement pour être remplacés par d'autres, déconcerte au premier abord quiconque n'a observé que les animaux supérieurs. Chez ceux-ci les diverses parties de l'individu sont liées d'une façon autrement intime. Une telle combinaison n'a pourtant rien de surprenant quand on se reporte au mode de constitution des organismes avec lequel nous ont familiarisés l'histoire des Éponges et celle des Hydres. Nous avons vu que ces animaux étaient des associations d'éléments nés les uns des autres, qui primitivement se séparaient pour vivre isolément et n'étaient arrivés que peu à peu à la vie sociale, tout en gardant une large part de leur indépendance. Nous avons vu qu'on pouvait, sans les faire périr, les séparer les uns des autres : ils reforment dans ce cas des sociétés nouvelles, identiques à celles d'où ils proviennent ; ils peuvent spontanément se grouper de manière à former, dans la société qu'ils constituent, des sociétés secondaires qui tantôt arrivent à une complète autonomie, tantôt demeurent subordonnées à la société primitive. Dans le premier cas, ces sociétés secondaires forment de nouveaux *individus ;* dans le second elles forment seulement des *organes* et les plus nombreuses transitions permettent de passer de l'individu à l'organe ou inverse-

(1) Le fait a été constaté chez les *Alcyonidium gelatinosum, Membranipora pilosa, Pedicellina echinata,* appartenant à des groupes très différents; il est sans doute plus général qu'on ne pense.

ment : de telle façon que toute délimitation est impossible entre les formations que ces deux mots désignent ; qu'il peut y avoir et qu'il y a, dans bien des cas, une absolue équivalence entre l'individu et l'organe ; il devient dès lors superflu de rechercher s'il faut appliquer à certaines parties l'une de ces dénominations plutôt que l'autre. En raison même de l'indépendance primitive des éléments anatomiques, indépendance qui n'est jamais complètement aliénée, un groupe quelconque de ces éléments est un candidat au titre d'individu et devient réellement tel, s'il peut arriver à s'isoler de l'organisme dans lequel il s'est produit et à vivre par lui-même. Mille circonstances peuvent amener la réalisation de ce phénomène ou l'empêcher quand il a commencé à se produire, de manière à donner au développement de l'individualité ce caractère étonnamment accidentel que nous avons eu si souvent à constater dans l'histoire des Polypes hydraires.

L'histoire des Bryozoaires ne fait que reproduire les mêmes traits sous un aspect un peu différent. Dans un Bryozoaire la société qui constitue l'individu est scindée en deux groupes que l'on peut à volonté considérer comme deux individus ou deux organes parce qu'une fois constitués, ils ne sont pas absolument nécessaires l'un à l'autre, que la durée de l'un ne détermine pas d'une façon rigoureuse la durée de l'autre, et que, cependant, ils fonctionnent ensemble de manière à ne former, pendant toute la durée de leur existence, qu'une seule et même unité physiologique. Dans les organismes les plus élevés, les éléments anatomiques de tous les organes naissent, vivent et meurent tout à fait indépendamment les uns des autres : ils se renouvellent sans cesse au sein de l'organisme dont ils font partie sans qu'il y ait aucun rapport entre leur durée et la sienne. Chez les Bryozoaires il n'y a de plus qu'une seule particularité : au lieu de disparaître isolément, c'est par groupes que ces éléments disparaissent, et c'est seulement le fait de cette disparition en masse des éléments du Polype, alors que ceux de la loge persistent encore, qui donne au premier son caractère individuel. Cette disparition simultanée d'un groupe tout entier d'éléments nécessite l'existence d'un tissu chargé de réparer la perte ; le funicule remplit ce rôle important et complète périodiquement le Bryozoaire lorsque son polype s'est résorbé. Il reproduit le polype comme les fragments de Tubulaires ou d'autres Hydraires reproduisent leur tête quand celle-ci vient à disparaître.

Les Insectes, dans leur métamorphose, nous présentent quelque chose de tout à fait analogue. Là aussi, pendant la période d'immobilité qui sépare l'état de larve de l'état parfait, la plus grande partie des tissus disparaît ; des bourgeons spéciaux qui sont demeurés au repos pendant toute la période larvaire reconstituent, parfois sur un plan tout à fait nouveau, les organes disparus, tout comme le funicule refait l'*individu nourricier* du Bryozoaire. Chez les Insectes ces bourgeons épuisent en une fois leur pouvoir reproducteur ; chez les Bryozoaires, sauf chez les Pédicellines et les Loxosomes, le funicule peut renouveler plusieurs fois le polype ; tant qu'il possède cette faculté de régénération, il ramène le Bryozoaire à la vie après une courte phase de repos ; quand il l'a perdue, la mort arrive sans retour et l'individu tout entier, loge et polype, disparaît exactement comme cela se passe chez les Insectes (1).

On dirait qu'en un Bryozoaire les éléments anatomiques chargés de jouer les rôles les plus actifs sont encore à peine capables de les soutenir ; ils s'usent rapidement à accomplir leur tâche tandis que persistent les éléments dont la vie est moins agissante. Dans un organisme plus élevé, dont les éléments seraient plus cohérents, la mort simultanée d'éléments constituant à eux seuls presque tout l'ensemble des systèmes organiques serait nécessairement fatale : ici le contre-coup se fait à peine sentir. La nutrition devenant moins active, un certain nombre d'éléments dont les besoins sont relativement considérables disparaissent avec le polype, bien qu'ils semblent au premier abord n'avoir aucun lien avec lui ; tels sont les muscles des parois de la loge ou *muscles pariétaux ;* d'autres, moins spécialisés, trouvent encore moyen de se

---

(1) Chez les Pédicellines la tête tombe périodiquement ; mais le pédoncule qui la supporte conserve sa vitalité et reproduit bientôt une tête nouvelle. Ce pédoncule est sans doute l'analogue des articles de la tige des *Crisia*, c'est-à-dire une loge transformée et normalement dépourvue de polype.

suffire, et comme le tissu funiculaire a conservé la faculté de reproduction dans sa presque totalité, le dommage est bientôt réparé.

Nulle part la division du travail combinée avec l'indépendance
des éléments anatomiques ne produit des résultats plus frappants
et plus instructifs ; nulle part on ne trouve démontrée d'une façon
plus nette cette faculté que possèdent les éléments de se grouper
au sein d'un individu en individualités nouvelles, qui peuvent paraître ou même devenir réellement autonomes parce que les éléments qui les composent le sont eux-mêmes, mais dont la formation n'implique pas la disparition de l'individualité primitive. De
ce que l'on peut considérer le polype et sa loge comme deux individus distincts, il ne s'en suit pas, tant s'en faut, que l'être résultant de leur union ne soit pas lui aussi un véritable individu.
N'avons-nous pas vu la Porpite, le Polype coralliaire, se constituer par la soudure d'individus dont chacun est l'équivalent absolu
d'un Polype hydraire?

Les deux *individus morphologiques* qui constituent un Bryozoaire apparaissent de très bonne heure. Dans ce groupe du Règne
animal les larves, ordinairement fort compliquées, affectent des
formes assez variées ; chez toutes cependant le corps est divisé en
deux moitiés par un bourrelet plus ou moins apparent (fig. 72,
n° 3, *c*), qui tantôt est parfaitement circulaire, tantôt se déforme de
manière à présenter des courbes et des renflements pouvant changer complètement la physionomie de la larve (fig. 72, n°ˢ 1 à 7, *c*).
Ce bourrelet est couvert de puissants cils vibratiles. Il est souvent
surmonté d'une sorte de disque rétractile (*mi*) également cilié,
tandis qu'au-dessous de lui se trouvent un ou deux orifices (*ibid.*, *o*)
constituant dans ce dernier cas une bouche et un anus reliés par
un tube digestif déjà passablement compliqué. La larve des Membranipores, le *Cyphonautes* (fig. 72, n° 7), est l'un des organismes
microscopiques les plus étranges que l'on puisse voir.

M. Joliet considère avec raison ces larves, quand elles sont complètement développées, comme équivalant à un polype et à sa loge,
ce qui est, soit dit en passant, une preuve que cet ensemble doit
être bien réellement considéré comme le véritable *individu bryo-*

zoaire. Le jeune animal est d'abord libre et nage en tournoyant
sur lui-même d'une façon tout à fait caractéristique. Mais cette
phase n'est que, de courte durée. Bientôt le terme de la vie est

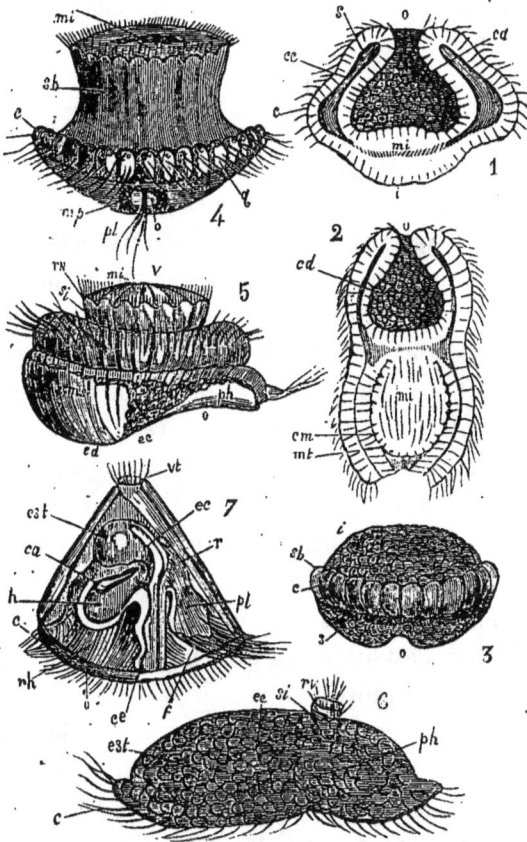

Fig. 72. — LARVES DE BRYOZOAIRES. — 1. Jeune larve de *Bugula flabellata*, avant l'éclosion. —
2. La même nageant librement. — 3. Très jeune larve (trochosphère) d'*Alcyonidium Mytili*. — 4. La
même plus âgée. — 5. Larve libre de *Membranipora nitida*. — 6. Larve de *Flustrella hispida*. —
7. Larve libre (Cyphonautes) de *Membranipora pilosa*. Dans toutes les figures: *c*, couronne ciliée ;
i, région aborale de la larve; *sb, si*, parties qui en proviennent ; *s*, région orale ; *mi*, parties qui en
proviennent: *o*, bouche; *ph*, pharynx ; *cd*, cavité digestive primitive; *est*, estomac *r*, rectum
mi, disque vibratile ; *v,vt*, ventouse de ce disque.

arrivé pour la portion de la larve qui correspond au polype : la
larve tombe au fond de l'eau. Ses parties intérieures perdent leur
aspect primitif et éprouvent des modifications profondes : la larve
cesse d'avoir une forme régulière ; elle se fixe. Désormais tous ses

organes locomoteurs lui deviennent inutiles ; elle prend peu à peu la forme d'une simple loge dans laquelle le polype apparaît bientôt. La colonie est maintenant fondée et se développe comme nous l'avons vu. Nous retrouvons dans cette métamorphose de la larve les faits fondamentaux que nous connaissons déjà.

Quelle que soit la colonie de Bryozoaires que l'on observe, on ne voit jamais les individus complets se grouper, dans la colonie, pour constituer en elle des individualités d'ordre supérieur. Comme les Coralliaires, les Bryozoaires sont eux-mêmes le résultat d'une trop longue élaboration, d'une trop considérable accumulation héréditaire de modifications acquises, pour que leur organisme soit encore susceptible de se prêter à d'importantes adaptations. Les seules adaptations nouvelles que l'on observe, chez eux, tiennent à ce que la loge et le polype ont conservé l'un par rapport à l'autre une indépendance relative. Le polype très complexe et d'existence éphémère demeure toujours identique à lui-même ; la loge, dont les éléments sont plus rapprochés de l'état primitif, se prête au contraire, nous l'avons vu, à un certain nombre de transformations. Nous connaissons déjà les principales ; mais il en est de plus intéressantes, car elles permettent à certaines colonies d'atteindre en bloc et d'une manière presque complète à la qualité d'individus.

Par une exception assez remarquable, c'est chez les Bryozoaires d'eau douce que nous voyons cette transformation s'accomplir. Au lieu d'être encroûtées de calcaire ou de matière cornée, comme les loges des Bryozoaires marins, les loges des Bryozoaires d'eau douce demeurent souvent molles et gélatineuses. Chez le *Lophopus cristallinus* (fig. 67), qui forme de petites colonies adhérentes aux tiges des lentilles d'eau (1) et d'autres plantes aquatiques, toutes les loges sont confondues entre elles et forment une masse glaireuse, d'une transparence parfaite, de laquelle émergent les polypes. Les *Lophopus* avec leurs polypes unis par une substance commune, n'ayant à proprement parler qu'un seul corps, sont déjà un

(1) Les diverses espèces de *Lemna*.

acheminement évident vers la constitution d'une individualité particulière.

Les Cristatelles (fig. 73, n° 1) sont bien plus avancées dans cette direction. Là encore, chaque polype garde son individualité ; les

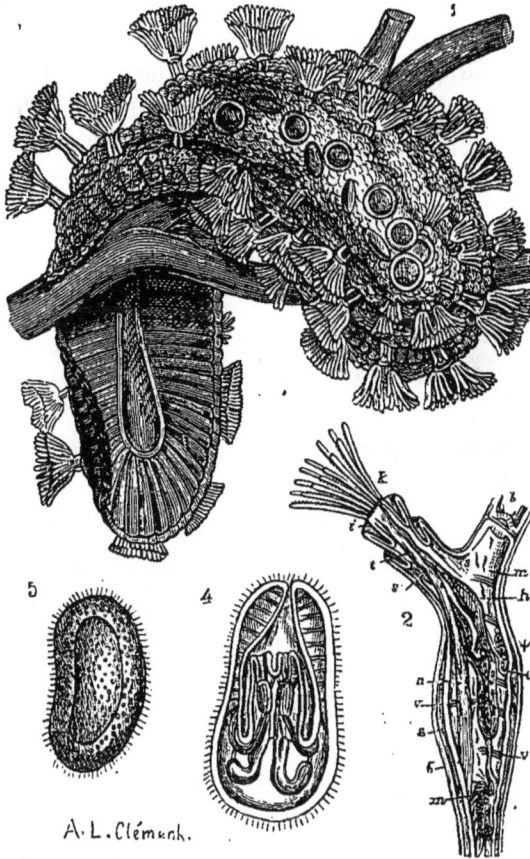

Fig. 73. — BRYOZOAIRES. — 1. Colonie de *Cristatella mucedo* rampant sur des herbes aquatiques et montrant des Polypes épanouis et des œufs d'hiver. — 2. *Paludicella Ehrenbergü*, une loge avec le polype épanoui : *k*, tentacules ciliés du polype ; *i*, gaine du polype plusieurs fois repliée sur elle-même ; *t*, muscle rétracteur du polype ; *s*, muscles pariéto-vaginaux : *v*, muscles pariétaux ; *m*, glande mâle développée sur la paroi de la loge à l'extrémité de l'une des branches du funicule et spermatozoïdes flottant dans la loge ; *o*, ovaire à l'extrémité d'une autre branche des funicules ; *n*, endocyste ; *b*, ectocyste ; *h*, œsophage du polype. — 3. Jeune larve d'*Alcyoncella fungosa*. — 4. Larve plus âgée et contenant deux embryons.

loges seules se fusionnent dans une certaine mesure et la colonie tout entière, parfois assez volumineuse, est une plaque ovale, dont

la forme est bien déterminée. Mais le point le plus important, c'est
que cette plaque n'est plus fixe comme les autres colonies des
Bryozoaires ; sa face inférieure constitue une sorte de pied sur
lequel la colonie rampe, comme une limace sur sa sole ventrale.
Elle peut même s'infléchir autour des tiges d'un suffisant diamètre
et les embrasser assez étroitement pour grimper sur elles, à la façon
d'un Ver. Cela suppose qu'une coordination s'est établie entre
les mouvements des diverses loges confondues, qu'une conscience générale a commencé à se développer, en d'autres termes
que la colonie a acquis un degré assez élevé d'individualité.
C'est déjà presque un animal à un seul corps, mais à une multitude de bouches et d'appareils digestifs. Les polypes Coralliaires
nous ont montré une transformation analogue de leurs colonies : les Cristatelles correspondent aux Pennatules, aux Vérétil-
les, aux Rénilles et aux autres Alcyonnaires nageurs.

Il semble que des rapports aussi étroits ne puissent s'établir
entre les membres d'une même colonie sans que des organes ou
des tissus spéciaux prennent en même temps naissance pour présider à ces rapports. Quand l'organisme se complique, on voit
toujours apparaître un système nerveux chargé de maintenir l'harmonie entre ses diverses parties. Si les éléments nerveux sont
disséminés chez le plus grand nombre des Polypes hydraires ils
se rassemblent chez les Méduses en organes bien définis. On a
signalé quelque chose de semblable chez les Coralliaires. On ne
serait pas surpris de découvrir chez les Siphonophores un appareil de cette nature, d'autant plus perfectionné que la solidarité
doit être plus grande entre les différents membres de la colonie
flottante. Les Bryozoaires, dont les tissus sont formés d'éléments
plus variés et mieux caractérisés que ceux de tous les animaux
que nous avons étudiés jusqu'ici, devraient se prêter merveilleusement à l'étude de l'évolution de ces organes directeurs.
Quand on observe une de leurs colonies, on voit assez souvent
tous les polypes s'épanouir ou se rétracter en même temps. Il
semble donc que, même dans le cas où les individus sont parfaitement distincts les uns des autres, une sorte de *conscience sociale*

se soit déjà développée. Un observateur sagace et ingénieux,
Fritz Müller, a décrit tout un ensemble de tissus qu'il considère
comme le siège de cette conscience et auquel il a donné le nom
de *système nerveux colonial* (1). Il a vu chez la *Serialaria Coutinhii*
tous les polypes unis entre eux par des cordons contenant des éléments cellulaires qui lui paraissaient être des cellules nerveuses.
Ces cordons se divisent, envoient des rameaux aux parois des
loges et se renflent de loin en loin de manière à figurer des ganglions analogues à ceux qui caractérisent le système nerveux des
Mollusques ou des animaux articulés. Des observateurs éminents,
Smitt, Claparède, Hincks, ont successivement retrouvé, chez
nombre de Bryozoaires marins, les organes décrits par Fritz Müller et leur ont attribué la signification à laquelle s'était arrêté cet
auteur. Le fait paraissait si bien établi que Hæckel, depuis sa découverte, n'a cessé de soutenir que chez les Bryozoaires le véritable individu c'est la colonie. Comment admettre en effet qu'un
ensemble doué d'un système nerveux particulier n'ait pas une
personnalité ?

Cependant on a fait remarquer que ce prétendu système nerveux ne contractait jamais aucun rapport avec le système nerveux
particulier de chaque polype ; en vain le docteur Henrich Nitsche
a cherché en lui les éléments caractéristiques du tissu nerveux ;
il a dû demeurer, à cet égard, dans une réserve parfaitement justifiée. M. Joliet est venu, à son tour, démontrer que les connexions
des rameaux de l'appareil en question n'avaient rien qui vînt
confirmer l'opinion que s'en était faite Fritz Müller. Loin d'a-
boutir aux organes les plus actifs du polype ou à quelque point
spécial de la loge, ils viennent s'attacher au hasard aux parois de
celle-ci, en des points où il n'y a certainement ni impression à percevoir, ni mouvement à produire. Ses prétendus ganglions sont,
en réalité, partagés dans toute leur épaisseur par le diaphragme
corné qui sépare l'une de l'autre deux loges consécutives, et
qui ne laisse communiquer les deux moitiés de l'organe que par
un très étroit orifice central. Enfin, fait plus grave que tous les

(1) *Archiv für Naturgeschichte*, 1860, p. 310-318, pl. XIII.

autres, M. Joliet a vu les globules du sang, les œufs, les spermatozoïdes, les polypes eux-mêmes engendrés par ces nerfs singuliers !

On l'a deviné déjà, le *système nerveux colonial* de Fritz Müller
n'est que l'ensemble des funicules des diverses loges et de leurs
dépendances. M. Joliet a montré d'ailleurs que les mouvements
qu'exécutent simultanément tous les polypes d'une colonie ne
se manifestent jamais que lorsqu'une action a été exercée à la
fois sur eux tous, comme lorsqu'on ébranle le vase qui contient
une colonie. Mais, à la condition d'y mettre quelque précaution, on peut exciter un polype, le détacher même de la colonie
sans que les autres paraissent s'en apercevoir.

Il n'y a donc pas irradiation dans toute la colonie des sensations
éprouvées par chaque polype, et, malgré tout ce qu'avait de sé-
duisant cette idée d'un tissu particulier établissant entre tous les
membres d'une même société la communauté des sensations et de
la volonté, il faut convenir que rien de semblable n'a encore été
découvert.

A la vérité les Bryozoaires qui ont servi à ces recherches comptent précisément parmi ceux où les individus sont le plus nettement séparés, parmi ceux où rien ne permet de supposer
qu'une conscience sociale ait commencé à se développer. Peut-
être une semblable recherche donnerait-elle chez les Cristatelles
de meilleurs résultats.

Faut-il d'ailleurs s'attendre à découvrir un système nerveux présentant tout l'appareil de fibres, de cellules, de ganglions que l'on
observe chez les animaux supérieurs? Non, sans doute. Quelques
éléments cellulaires à peine modifiés suffisent probablement aux
premières manifestations de l'individualité psychologique d'une
colonie : une simple fibre unissant le ganglion nerveux d'un
polype à ceux de ses voisins, il n'en faudrait pas davantage
pour assurer la communauté des sensations dans une colonie de
-Bryozoaires.

Les parties qui unissent entre eux les différents membres d'une
colonie de Bryozoaires sont, même chez les Cristatelles, peu

compliquées. Chez les Coralliaires, un appareil circulatoire très ramifié met en rapport les différents polypes; s'il n'y a pas communauté d'impressions, il y a au moins communauté de nutrition dans toute l'étendue de la colonie ; un liquide unique circule dans les vaisseaux et répartit également partout les matières nutritives élaborées par les différents polypes. Chez les Bryozoaires rien de semblable; chaque loge est séparée de ses voisines (1); chaque individu digère pour lui seul et ce n'est que par endosmose qu'il peut communiquer à ses compagnons la part de matières nutritives qu'il ne consomme pas lui-même.

Des animaux plus élevés que les Bryozoaires, quoique présentant avec eux certaines affinités de détail, vont nous offrir des associations plus parfaites à certains égards : ce sont les Ascidies dont les larves, en forme de têtard de grenouille, sont devenues fameuses depuis que Kowalevsky a cru voir en elles les plus simples des Vertébrés, les représentants de la forme primitive de l'embranchement du règne animal auquel l'homme lui-même appartient, les êtres qui comblent la lacune que tous les naturalistes ont longtemps admise entre les animaux pourvus d'une colonne vertébrale et les animaux sans vertèbres.

(1) Il y a cependant des exceptions.

CHAPITRE IX

Les animaux que les zoologistes réunissent dans le groupe des TUNICIERS sont relativement peu nombreux ; mais presque tous sont célèbres dans la science à cause de quelque particularité de leur organisation, de leurs mœurs ou de leur histoire.

Ce sont des êtres d'une organisation plus élevée que celle des Bryozoaires, de taille beaucoup plus considérable, assez semblables cependant aux organismes résultant de la réunion d'une loge de Bryozoaire et d'un polype pour que M. Milne Edwards ait cru pouvoir les réunir à eux dans une grande division de l'embranchement des Mollusques, celle des MOLLUSCOÏDES.

Les Tuniciers ont, en effet, comme les Bryozoaires, un tube digestif, généralement recourbé en forme d'anse (fig. 74 et 75) et pourvu de deux orifices, un ganglion nerveux unique, situé entre ces deux orifices ; beaucoup vivent fixés pendant la plus grande partie de leur existence et sont susceptibles de former des colonies ; mais là se bornent les ressemblances. On ne voit jamais chez un Tunicier le tube digestif avoir une durée différente de celle des autres organes et mourir, pour être rapidement remplacé ; les parois du corps n'ont aucun pouvoir reproducteur spécial ; elles sécrètent en général une enveloppe épaisse, translucide, en grande partie formée d'une substance presque identique à la *cellulose*

que l'on croyait auparavant exclusivement propre aux végétaux ;
grâce à cette enveloppe, l'animal paraît réduit à une sorte de sac,
percé seulement de deux orifices, l'un pour l'entrée, l'autre pour
la sortie de l'eau ; ce sac aux contours irréguliers adhère, pa
une étendue plus ou moins grande de sa surface, aux corps sub
mergés ; sa consistance varie de celle de la gélatine épaisse à celle
du cartilage.

L'organisme qu'il contient est plus élevé que ceux dont nous
avons jusqu'ici fait l'histoire. Aux organes de la digestion et de
la reproduction vient s'ajouter, chez les Tuniciers, un appareil
circulatoire parfois fort complexe et possédant un organe central
d'impulsion, un véritable *cœur*. Ce cœur est, sans aucun doute
l'un des organes les plus remarquables de l'économie de nos Molluscoïdes. Il est fort simple : un tube musculaire, enveloppé d'un
sac membraneux, en guise de péricarde, sans valvules, oreillettes,
ni ventricules, c'est là tout. Mais il possède la singulière propriété
de battre pendant un certain temps dans un sens, puis de se
mettre, après une courte pause, à battre en sens inverse. Le cours
du sang se trouve ainsi brusquement changé, à des intervalles
irréguliers, dans toutes les parties du corps : tous les vaisseaux
qui jouaient à un instant donné le rôle d'artères jouent, l'instant
d'après, le rôle de veines et inversement. Une telle permutation
des diverses parties de l'appareil circulatoire est unique dans le
règne animal, mais elle est absolument générale chez les Tuniciers et témoigne de la parenté intime qui unit tous les êtres
de cette classe exceptionnelle à tant de titres.

L'appareil respiratoire présente à son tour des caractères auxquels on a attaché une haute importance philosophique : il est
toujours constitué aux dépens de la partie antérieure du tube digestif. C'est une particularité que les Tuniciers présentent en commun avec les Vertébrés et qu'on a invoquée à l'appui de l'idée émise
par le naturaliste Kowalevsky et ardemment soutenue par beaucoup d'observateurs éminents, que les Tuniciers sont, de tous les
animaux sans vertèbres, les plus voisins des Vertébrés. Ce seraient
là nos derniers ancêtres invertébrés.

Cet appareil respiratoire ou *branchie* (fig. 74, n° 1, *Br* et n° 2) présente, suivant les types, de nombreuses variations. Il conserve toujours cependant certains traits d'une généralité frappante. Ce sont toujours les cils vibratiles dont il est pourvu qui entraînent vers la bouche l'eau chargée de particules alimentaires ; cette eau

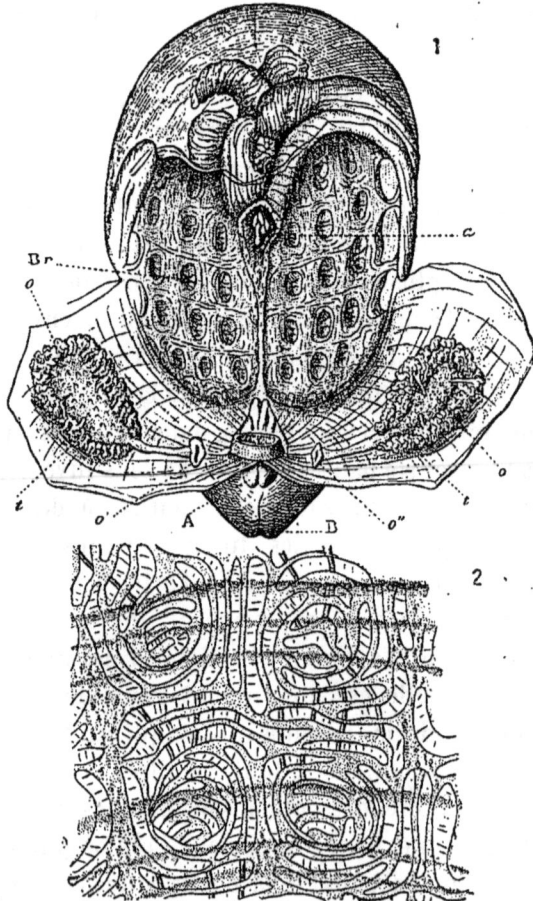

Fig. 74. — TUNICIERS. — 1. Organisation de la *Molgula* (*Anurella*) *roscovita*. La chambre cloacale est ouverte pour montrer la branchie Br ; l'extrémité anale du tube digestif, *a* et les glandes reproductrices mâle, *t*, et femelle, *o*, qui se trouvent sur les lambeaux rabattus de ses parois ; A, ouverture contractée du siphon efférent ; B, ouverture du siphon afférent. — 2. Fragment de la branchie de la *Molgula echinosiphonica* montrant la complication des fentes ciliées et quatre des culs-de-sac sur lesquels ces fentes sont disposées. (D'après de Lacaze-Duthiers.)

ne pénètre pas dans l'estomac : elle traverse la branchie percée d'un grand nombre de trous et tombe dans un sac s'ouvrant à l'extérieur par un orifice expirateur spécial (*ibid.*, A), ou bien (1) elle ne fait que traverser la partie antérieure du tube digestif et s'échappe par deux orifices latéraux et symétriques garnis de cils vibratiles très vigoureux (fig. 75, n° 3).

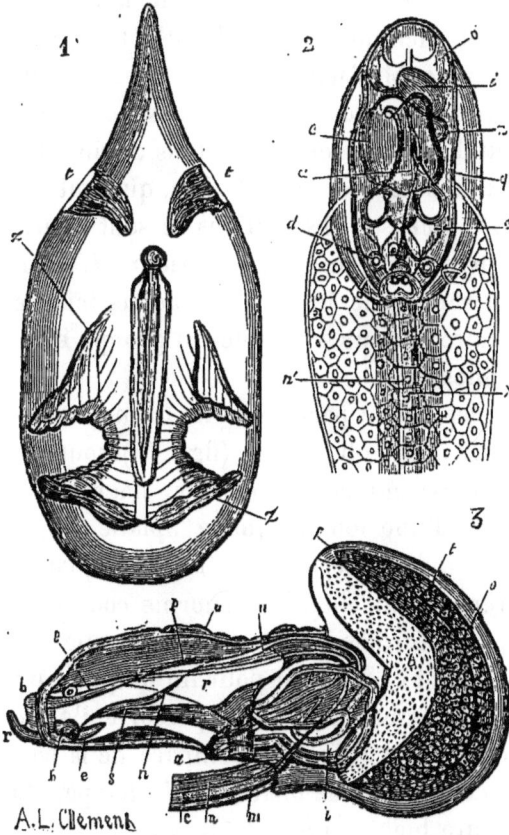

Fig. 75. — APPENDICULAIRES. — 1. *Oïkopleura cophocerca,* au centre de sa coquille; *t,* ouverture treillagée de la coquille; *z,* grande cavité de la coquille (grossissement 6 fois). — 2. *Oïkopleura dioïca* vue de face; *a,* œsophage; *d,* glandes unicellulaires; *e,* estomac; *i,* intestin; *n,* pylore de l'estomac; *n',* le nerf caudal; X, corde cellulaire dite *corde dorsale; o,* ovaire. — 3. *Oïkopleura cophocerca,* vue de profil; *b,* la bouche; *r,* le pharynx s'ouvrant latéralement à l'extérieur par un large canal situé sur la figure un peu en arrière de l'anus; *f,* l'estomac; *i,* l'intestin; *a,* l'anus; *b,* glandes; *g,* ganglion nerveux et otocystes; *n,* nerf dorsal se recourbant postérieurement pour pénétrer dans la queue; *m,* muscles de la queue; *o,* ovaire; *t,* testicules (grossissement 25 fois). (D'après Herman Fol.)

Sur le côté de la cavité respiratoire opposé à celui où l'on voit le ganglion nerveux, se trouve une sorte de gouttière glandulaire à

(1) Chez les Appendiculaires.

demi close, à bords ciliés (fig. 78, n° 3, *Ra*) : c'est l'*endostyle*
commun à tous les Tuniciers. Ce corps sécrète une sorte de cordelette gélatineuse sur laquelle viennent s'agglutiner toutes les
particules nutritives que l'eau entraîne avec elle : la cordelette est
entraînée vers l'orifice buccal situé au fond de la branchie, pénètre
dans cet orifice et chemine ensuite dans le tube digestif, abandonnant tout ce qui subit l'action des sucs gastrique et intestinal,
auxquels sa propre substance est, d'ailleurs, réfractaire. M. Herman Fol a pu étudier dans tous ses détails ce singulier mode de
préhension des aliments chez les *Doliolum*, qui sont des Tuniciers
exceptionnels (1); mais ses observations se sont trouvées exactes
de tous points pour les Tuniciers supérieurs. C'est encore une
particularité qui rapproche les uns des autres tous ces animaux
et contribue à faire de leur ensemble un groupe bien distinct et
parfaitement homogène.

On rencontre cependant parmi eux les formes et les mœurs les
plus diverses. Les Appendiculaires (fig. 75) sont presque microscopiques; elles vivent en pleine mer, nageant à la surface
de l'eau à l'aide d'une longüe queue aplatie, repliée sous le
corps de l'animal qu'elle dépasse de trois ou quatre longueurs
et qui semble reposer sur elle. Une énorme coquille gélatineuse
(*ibid.*, n° 1, *tz*), aux formes bizarres, transparente comme l'eau
même, abrite l'animal et constitue pour lui un précieux moyen de
protection. Qu'un poisson carnassier aperçoive l'Appendiculaire
et se jette sur elle pour la saisir ; il s'empare de la coquille, mais
d'un vigoureux coup de queue l'habitant s'échappe, abandonnant
son logis qu'il aura bientôt reconstruit.

Les *Salpes* et les *Doliolum* ou *Barillets* vivent également en pleine
mer où leur corps délicat, d'une limpidité parfaite, se confond
presque avec l'eau qui l'entoure. Les Barillets ont, comme leur nom
l'indique, la forme d'un petit baril qui serait défoncé des deux
côtés : un courant d'eau déterminé par le mouvement des cils vibratiles de la branchie traverse constamment ce tonneau des Danaï-
des d'un nouveau genre. Des anneaux musculaires régulièrement

---

(1) Herman Fol, *Mémoire sur les Appendiculaires du détroit de Messine* (*Mémoires de l'Académie de Genève*, t. XVIII, p. 8).

espacés, figurant les cercles du baril, permettent à l'animal de se contracter, de chasser plus ou moins vivement l'eau qu'il contient et de progresser ainsi par un mouvement de recul exactement semblable à celui que nous avons précédemment décrit chez les

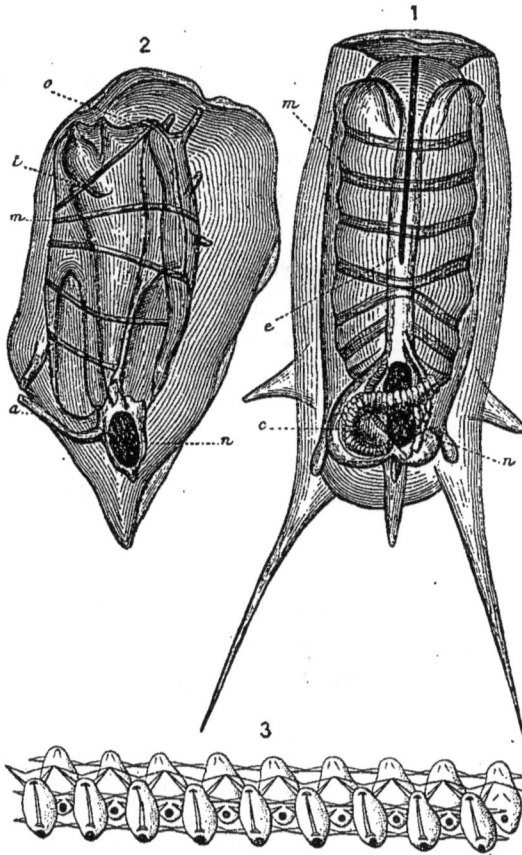

Fig. 76. — SALPES. — 1. Forme solitaire (*Salpa democratica*, Forskäl) et 2, forme sociale (*Salpa mucronata*, Forskäl), d'une même espèce. — 3. Chaîne de la même espèce (*Salpa pyramidalis*, Quoy et Gaimard) : *o*, orifice buccal ; *e*, endostyle ; *l*, languette saillante dans la cavité branchiale : *m*, muscles ; *n*, viscères ou nucleus ; *c*, chaîne de jeunes salpes dans la salpe solitaire ; *a*, appendices à l'aide desquels s'unissent les salpes sociales comme on le voit au n° 3.

Méduses. Chez les jeunes, une petite queue, en forme de gouvernail, complète l'appareil de locomotion.

Les Salpes (fig. 76) ont des formes plus compliquées : leur corps ouvert, comme celui des *Doliolum*, à ses deux extrémités présente d'assez nombreux appendices : sa cavité est traversée par une branchie étendue en écharpe de haut en bas et d'avant en arrière. Tous les viscères sont réunis, en dehors de la cavité occupée par la branchie, en une seule masse, souvent colorée très vivement, le *nucleus*. Les Salpes sont des animaux tantôt vivant solitaires, tantôt au contraire en sociétés parfois nombreuses, dont les membres sont reliés en une sorte de chaîne par des espèces de moignons dépendant de la paroi du corps et figurant des membres rudimentaires (fig. 76, n° 3). On croyait autrefois que les *Salpes solitaires* et les *Salpes agrégées* constituaient des espèces distinctes ; le premier, le poète de Chamisso, qui était aussi un hardi voyageur et un observateur de mérite, s'aperçut qu'une même espèce de Salpes menait alternativement ces deux modes d'existence.

Quand on examine avec quelque attention une Salpe solitaire on aperçoit bien vite, à travers les parois cristallines de son corps, une sorte de chapelet enroulé en spirale autour du nucléus. La longueur de ce chapelet varie avec les individus ; parfois on voit l'une de ses extrémités flottant au-dessous de l'animal, tandis que l'autre est fixée sur les viscères, dans le voisinage du cœur. Ce chapelet n'est pas autre chose qu'une colonie de jeunes Salpes, encore à l'état d'embryon vers l'extrémité fixée, déjà parfaitement développées vers l'extrémité libre de la chaîne. Leur forme, leur organisation même sont assez différentes de celles de l'individu solitaire dans lequel elles se sont développées (fig. 76, n° 1, c et n° 3) : personne ne soupçonnerait leur parenté, s'il n'était facile de prendre sur le fait cette singulière filiation. Les Salpes agrégées ne produisent jamais de nouvelles chaînes. Chaque individu porte sous ses téguments un œuf ou un embryon unique, dans un état de développement plus ou moins avancé et qui devient identique à l'individu solitaire, parent de la chaîne.

Chaque espèce de Salpe est donc représentée par deux sortes d'individus qui se succèdent en alternant, de génération en génération, et qui diffèrent non seulement par leur apparence extérieure, mais encore par leur organisation et leurs mœurs : les enfants reproduisent périodiquement non pas les traits de leurs parents, mais ceux de leurs grands-parents.

Tous ces faits avaient été constatés de 1815 à 1818 par Adalbert de Chamisso, alors attaché comme naturaliste (1) à l'expédition de découvertes du capitaine Kotzebue. Lorsqu'ils furent publiés, en 1819 (2), on ignorait encore l'étrange succession de phénomènes que présente la reproduction des Hydres et des Méduses; on ne crut guère aux affirmations du naturaliste-romancier, auteur des *Aventures de Peter Schlemihl*, l'homme qui a perdu son ombre et court après elle dans tous les coins du monde. Les observateurs les plus scrupuleux ont cependant confirmé depuis la parfaite exactitude de ce qu'avait vu chez les Salpes leur brillant prédécesseur.

Les *Doliolum* sont plus remarquables encore que les Salpes : deux générations identiques sont séparées au moins par deux générations différentes, de sorte que les mêmes formes ne reviennent qu'à la quatrième génération. Les enfants ne ressemblent jamais qu'à leur bisaïeul. Les *Doliolum* sont d'ailleurs toujours solitaires.

Au contraire d'autres Tuniciers non moins étonnants, les Pyrosomes (fig. 79), vivent toujours en colonie. Leur nom signifie *corps enflammé :* ce sont en effet des êtres doués de la faculté de produire une phosphorescence des plus vives. Péron qui les a décrits le premier, en 1804, compare la lueur qu'ils répandent à celle d'un fer rouge : cette lueur varie avec l'état de santé de l'animal; elle peut passer du rouge vif au violet et au bleu et se ravive brusquement lorsque la colonie effectue quelque mouvement : un Pyrosome, placé dans un bocal, est parfois suffisamment lumineux pour qu'on puisse lire auprès de lui durant la nuit. Les colonies de Pyrosomes ne se rencontrent qu'en pleine mer. On les voit souvent nager obliquement près de la surface, semblables à des manchons de cristal, sur lesquels seraient taillées mille facettes miroitantes. Ces manchons, parfaitement

(1) Adalbert de Chamisso était Français; il naquit en 1781 au château de Boncourt, en Champagne, et quitta la France lors de l'émigration. Il n'y revint qu'après la paix de Tilsitt, en 1807, et fut alors nommé professeur à Napoléonville. Il se fixa définitivement en Prusse au retour de ses voyages et mourut directeur du Jardin des Plantes de Berlin.

(2) Chamisso, *De animalibus quibusdam e classe Vermium*, Berlin, 1819.

cylindriques, sont fermés à une extrémité, ouverts à l'autre et le diamètre de leur orifice peut être agrandi ou diminué grâce à la présence d'une sorte d'iris musculaire assez semblable au voile des Méduses. C'est aussi en se contractant et en chassant l'eau plus ou moins vivement à travers cet orifice que la colonie progresse, par un recul tout semblable à celui qui détermine la progression des Méduses. Les parois du manchon sont constituées par une infinité d'animaux dont chacun est assez semblable à une Salpe (fig. 80, n° 3) : tous sont disposés perpendiculairement à l'axe de la colonie et présentent un orifice à leurs deux extrémités : l'orifice extérieur sert à amener dans la cavité respiratoire l'eau chargée d'air et de particules alimentaires ; l'orifice intérieur déverse dans la cavité du manchon les matières excrémentitielles, l'eau qui a traversé la branchie et peut-être les embryons des jeunes colonies. Tout cela est entraîné au dehors par les courants alternatifs que déterminent les brusques contractions du Pyrosome.

Le sagace compagnon de voyage de Péron, Lesueur, avait déjà parfaitement reconnu, en 1815, les principaux phénomènes physiologiques que présentent les Pyrosomes : il avait notamment remarqué que leurs parois étaient sans cesse traversées par une multitude de courants d'eau de mer ; c'est à lui que revient l'honneur d'avoir démontré que chacun de ces courants correspondait à un animal distinct, que par conséquent le Pyrosome n'était pas un organisme comparable à une Méduse ou à un Beroë, mais une colonie, une sorte de ville flottante, composée de Tuniciers.

Toutefois cette ville flottante présente déjà des traces non équivoques d'une véritable individualité. Elle possède une forme parfaitement déterminée pour chaque espèce ; les mouvements. des diverses Ascidies y sont coordonnés en vue d'une natation d'ensemble ; il existe des organes *coloniaux* comme le vélum qui rétrécit l'orifice du manchon ; enfin les observations du professeur Paolo Panceri, de Naples, sur la production de la phosphorescence, témoignent hautement des liens étroits qui unissent entre eux les divers membres de la colonie. Chaque individu possède deux organes producteurs de lumière, situés immédiatement au-dessous des branchies et adhérents à la tunique externe ;

en excitant directement l'un d'eux, on peut déterminer chez lui l'apparition d'un brillant éclair ; mais l'action ne se limite pas au seul individu sur lequel on agit : on la voit rayonner autour de lui et produire de longues traînées de lumière qui parcourent plus ou moins rapidement le cylindre vivant, comme si chaque animal transmettait à ses voisins les excitations qu'il a reçues. Il existe chez les Pyrosomes un véritable système musculaire social. M. Panceri pense que les *muscles coloniaux* sont pourvus de nerfs qui mettent les ascidies en rapport les unes avec les autres et suivant lesquels se propage l'excitation qui détermine la production de lumière. Nous avons vu qu'il fallait abandonner chez les Bryozoaires l'hypothèse séduisante d'un système nerveux colonial ; ce système se retrouverait-il chez les Tuniciers ? Il ne semble pas qu'on ait à cet égard des renseignements certains ; mais le fait de l'existence d'une sorte de lien sensitif entre les diverses ascidies d'un Pyrosome n'en est pas moins réel et indique certainement l'existence chez ces êtres d'un commencement de conscience commune.

Les Appendiculaires, les Salpes, les Doliolum, les Pyrosomes et leurs congénères sont les seuls *Tuniciers nageurs*, les seuls qui vivent libres de toute attache, flottant au gré des vagues ou des courants dans presque toutes les mers. Tous les autres, formant la grande division des Ascidies, passent la plus grande partie de leur existence fixés à la surface inférieure des rochers, ou parmi les racines capricieusement divisées des grands laminaires. Parmi elles cependant quelques-unes jouissent encore d'une demi-liberté : les Molgules (fig. 74, n° 1), par exemple, dont M. de Lacaze-Duthiers a donné (1) une si belle monographie, vivent enfouies dans le sol des grèves sablonneuses : elles agglutinent autour d'elles de très petits cailloux, des débris de coquille et de polypier et ne laissent apercevoir que les deux siphons par lesquels s'établit le courant d'eau de mer qui traverse constamment leur branchie. Encore les siphons ne sont-ils apparents que lorsque l'animal se croit en toute sécurité ; à la moindre alerte, il les contracte et l'on

(1) *Archives de zoologie expérimentale*, t. III, 1874 et t. VI, 1877.

n'a plus sous les yeux, suivant l'expression des pêcheurs, qu'un *œuf de sable* qui se dissimule admirablement dans le gravier qui l'entoure.

Les Ascidies abondent sur un grand nombre de plages, elles atteignent parfois une assez grande taille ; il n'est pas très rare d'en rencontrer de la grosseur d'un œuf de poule. Elles adhèrent en général aux corps sous-marins par une large surface et figurent des excroissances gélatineuses tout à fait irrégulières. Qu'on les touche, on les voit brusquement se contracter et projeter au loin, en même temps, un mince filet liquide ; souvent quand, à basse mer, sur une grève, on retourne une grosse pierre, une multitude de petits jets d'eau s'élançant de toutes parts sont la première indication de la présence des Ascidies qui tapissent sa face inférieure.

Les *Boltenia* (fig. 77, n° 2) qui habitent les mers polaires des deux hémisphères sont remarquables parce que leur corps ovoïde, quelquefois de la grosseur du poing, est suspendu à l'extrémité d'une longue tige flexible qui seule est fixée aux rochers. M. de Lacaze-Duthiers a dragué sur les fonds coralligènes de la Méditerranée une petite Ascidie (fig. 77, n° 3) dont la tunique a la forme d'une sorte de cylindre sur lequel un opercule peut se rabattre à la façon d'un couvercle de tabatière. Il a donné à ce curieux tunicier, qu'on a voulu rapprocher des mollusques bivalves, le nom de *Chevreulius Callensis* (1). Dans tous les autres genres la tunique est absolument continue. Quelquefois, comme chez certaines *Cynthia*, elle est vivement colorée en rouge ; chez les Pérophores (fig. 78) et les Clavelines elle est au contraire parfaitement incolore et tellement transparente qu'on peut étudier à travers ses parois tous les détails de l'organisation, suivre la marche des corpuscules sanguins et constater, sans aucune préparation, le phénomène si intéressant de la réversibilité des battements du cœur.

Beaucoup d'Ascidies vivent solitaires ; on les a réunies dans un même groupe, celui des Ascidies simples. Mais dans ce groupe,

---

(1) Lacaze-Duthiers, *Sur un nouveau genre d'Ascidiens* (*Annales des sciences naturelles*, 5e série, t. IV).

chez quelques *Cynthia*, par exemple, on voit déjà se manifester des phénomènes de bourgeonnement. Ces phénomènes sont absolument constants dans les genres Claveline et Pérophore, aussi trouve-

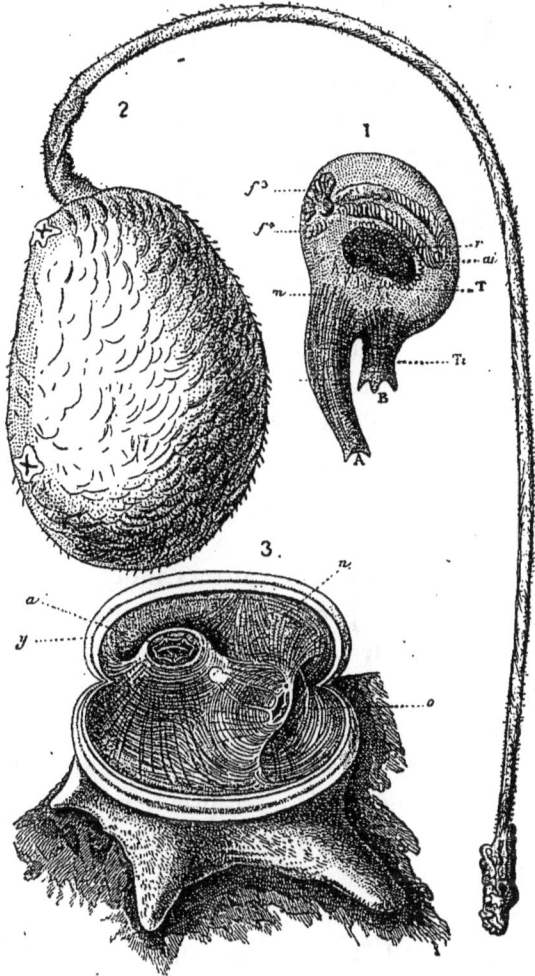

Fig. 77. — ASCIDIES SIMPLES. — 1. *Molgula* (*Anurella*) *solenota*, Lac. Duth. (côté droit). A, orifice efférent ; B, orifice afférent ; T, Ti, siphons correspondant à ces orifices ; *m*, fibres musculaires des siphons ; *ai*, *r*, tube digestif ; *f³*, *f⁴*, lobes droits du foie ; T, glandes reproductrices (grand. nat.) — 2. *Boltenia oviformis*, munie de son pédoncule (¹/₃ gr. nat.). — 3. *Chevreulius Callensis*, Lac. Duth. *a*, orifice afférent ; *o*, orifice efférent ; *n*, ganglion nerveux situé dans leur intervalle ; *y*, opercule de la tunique (Gross. 3 fois).

t-on presque constamment les Clavelines par petits bouquets dans les prairies de zostères, tandis que les Pérophores (fig. 78) forment à la surface des algues marines d'élégantes arborescences. Dans un cas comme dans l'autre, tous les individus sont absolument autonomes, leur mode de groupement n'a rien de régulier; ils ne sont reliés entre eux que par leurs pédoncules greffés les uns sur les autres et par les anastomoses que leurs vaisseaux présentent entre eux. Le sang est donc commun à toute la colonie chez les Pérophores; mais les cœurs, la plupart des vaisseaux, les branchies, les tubes digestifs des divers individus sont complètement indépendants. M. Milne-Edwards a appelé *Ascidies socailes*, les Ascidies qui forment de telles colonies (1). Ces colonies elles-mêmes reproduisent assez exactement les formes les plus simples des colonies de Polypes hydraires, telles que celles des *Clava*.

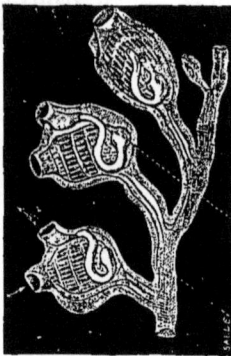

Fig. 78.

ASCIDIES SOCIALES. — *Pe-rophora Listeri.* — Les flè-ches indiquent le sens du courant d'eau de mer qui traverse la branchie; *i*, intes-tin ; *e*, estomac ; *o*, siphon af-férent; *r*, siphon efférent.

Dans les *Ascidies composées*, les divers individus d'une même colonie contractent des rapports beaucoup plus intimes. Ces individus appartiennent à trois types que l'habile anatomiste Savigny a le premier distingués (2). Chez les *Polycliniens*, le corps est pour ainsi dire passé à la filière, et les organes sont répartis en trois masses suspendues chacune à celle qui la précède par un grêle pédoncule. La première masse ou *masse thoracique* ne comprend guère que la branchie, la seconde est formée par l'estomac et le tube digestif, la troisième par les organes génitaux. Ces deux dernières se réunissent chez les *Didemniens* dont le corps est ainsi divisé en deux moitiés par un étranglement médian. Enfin le tube digestif et les organes géni-taux remontent chez les *Botrylliens* vers la partie inférieure de la branchie, de sorte que le corps ne forme plus qu'une seule masse ovoïde, adhérente à l'un des côtés de l'organe respiratoire. Dans

(1) H. Milne-Edwards, *Observations sur les Ascidies composées des côtes de la Manche.* — Mémoires de l'Académie des sciences, t. XVIII.

(2) Savigny, *Mémoires sur les Animaux sans vertébres*, 1816.

ces trois familles, les colonies se perfectionnent exactement de la même façon. De même que nous, avons vu les divers individus d'une colonie de *Stylasteridæ* se grouper en *systèmes* de plus en plus serrés et finir par constituer ainsi cette unité complexe le *Polype coralliaire*, de même nous voyons les diverses ascidies

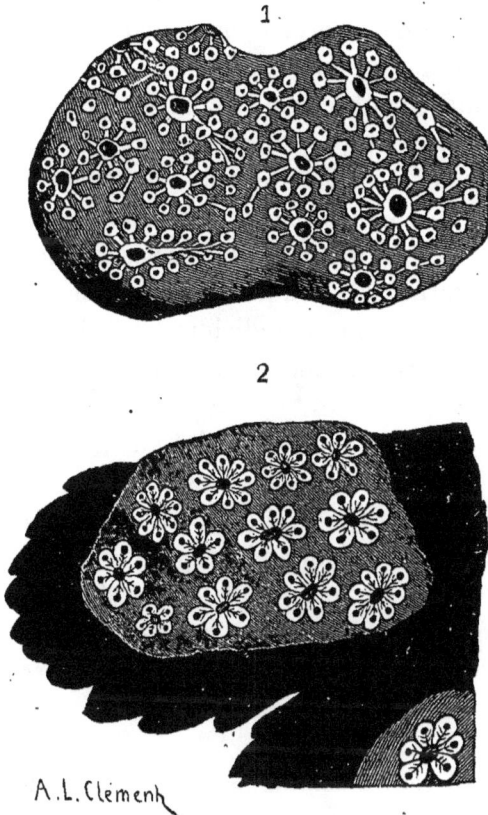

Fig. 79. — ASCIDIES COMPOSÉES. — 1. Amarouque argus (*Amaræcium argus*. M. E.) — 2. *Botryllus violaceus* (Gross. 3 fois).

d'une colonie se rapprocher graduellement jusqu'à former de véritables *systèmes rayonnés* tout comme ceux des *Stylaster*. Toutefois, nous ne trouvons pas ici la division du travail et le polymorphisme, si frappants chez les Polypes hydraires : point d'individu central, ni d'individus périphériques, rangés autour de lui comme autant de serviteurs empressés. Tous les membres d'un même système se, ressemblent; tous présentent les mêmes organes, également développés : la formation du système semble n'avoir d'autre but que de fournir aux individus qui le constituent un orifice commun par lequel toutes leurs déjections puissent être rejetées à l'extérieur. Dans les systèmes parfaitement réguliers des Botrylles (fig. 79, n° 2), par exemple, les individus sont rangés en cercle, l'orifice branchial tourné en dehors, l'orifice excréteur tourné en dedans. Tous ces orifices viennent s'ouvrir dans une chambre centrale surmontée d'une sorte de cheminée membraneuse par laquelle le courant d'eau efférent et les déjections diverses des individus du système arrivent au dehors. Chaque individu envoie une languette membraneuse à cette cheminée centrale, qui devient ainsi véritablement un organe commun par l'intermédiaire duquel certaines sensations sont probablement perçues par tous les individus à la fois. Les *Polyclinum* présentent une disposition semblable, également reproduite chez les *Diazona*.

Chez les Amarouques (fig. 79, n° 1) et aussi, suivant M. Giard, chez les *Aplidium* de Savigny, la masse commune dans laquelle sont enveloppés les divers individus est creusée de canaux ramifiés s'ouvrant, à l'extérieur de loin en loin, par des orifices assez apparents sur les colonies vivantes. C'est le long de ces canaux, véritables égouts, que sont disposés les individus associés. L'eau dépouillée d'air, les résidus de la digestion, les embryons arrivent pêle-mêle dans ces conduits et sont expulsés par les orifices qui perforent leur paroi.

Il y a quelques genres comme les *Sigillina*, où les individus, tout en se groupant assez régulièrement et demeurant enfermés dans une enveloppe commune, sont cependant totalement isolés les uns des autres : ces genres forment le passage entre les colonies des ascidies sociales et les colonies à systèmes composés des Botrylles, des Polyclinum et des Amarouques.

Malgré leur tendance au groupement, nous ne verrons pas chez les ascidies composées, les colonies se transformer en véritables organismes. Nous avons déjà fait remarquer, à propos des Coralliaires, que lorsqu'un individu atteignait un certain degré de complication, représentait, en quelque sorte, le résultat d'efforts accumulés en vue de souder ensemble, de river les unes aux autres ses parties constituantes, cet individu semblait avoir perdu presque toute plasticité et devenait incapable de subir d'autres modifications que celle de la dissociation de ses parties. Il suit de là que la division du travail a infiniment moins de prise sur de telles colonies, que sur des colonies formées d'individus plus simples. Le polymorphisme n'arrivant pas à s'établir, les divers individus se suffisent à eux-mêmes ; leur individualité demeure distincte ; celle de la colonie ne peut se dégager ; l'association demeure à l'état de colonie et ne passe pas à celui d'individu. Certaines colonies n'en prennent pas moins une forme régulière et une structure spéciale qui pourraient les faire considérer comme des individus : tel est le cas des Pennatules, des Rénilles et de divers Coralliaires du même groupe.

Nous retrouvons chez les Tuniciers composés des phénomènes tout à fait du même ordre. Les Pyrosomes nous en ont déjà offert un exemple ; il semble même que chez eux la colonie ait une certaine personnalité, car on la voit changer de route volontairement, après avoir nagé quelque temps dans un sens, éviter les obstacles et fuir la main qui cherche à la saisir, tous actes qui supposent un certain concert dans les volontés, une harmonie dans les mouvements, une communauté dans les sensations qui touche de bien près à la conscience ; différents types d'ascidies composées sont également fort remarquables. Une espèce du Cap de Bonne-Espérance présente constamment la forme d'un gros œuf parfaitement régulier porté par un pédoncule, encore robuste, mais d'un diamètre beaucoup plus petit que celui de l'œuf. Une autre espèce s'épanouit en une sorte d'éventail rappelant les inflorescences de certaines variétés cultivées d'Amaranthe. Les *Sigillina* forment de longues massues pédonculées. Ce sont là autant d'indices d'une personnalité. La forme de la colonie n'est plus livrée à tous les hasards d'un bourgeonnement irrégulier ; c'est elle au contraire qui semble dominer l'arrangement des nouveaux individus et les forcer à se disposer suivant des lois déterminées. L'adaptation et l'hérédité ont suffi, en général, à amener ce progrès. La résistance au polymorphisme des individus constituant la colonie, des *individus-ascidies* ou, comme disait Huxley, des *Ascidiozoïdes*, a seule empêché le progrès de se continuer et l'être collectif résultant de l'assemblage de ces individus de devenir une véritable unité.

Presque tous les Tuniciers présentent dans leur développement des métamorphoses dont la constance et la généralité méritent d'attirer l'attention et qui sont la preuve que ces remarquables organismes ont subi d'une façon énergique, dans le cours des âges, l'influence de forces modificatrices puissantes.

Fort peu de Tuniciers sortent de l'œuf avec leur forme définitive. On pourrait tout au plus considérer comme dépourvus de métamorphoses les Appendiculaires, les Salpes, les Pyrosomes et les Molgules, ces curieuses ascidies des plages de sables, auxquelles M. de Lacaze-Duthiers a consacré plusieurs beaux mémoires (1); encore aurons-nous à examiner bientôt ce qu'il faut en penser. La plupart des ascidies simples ou composées ont, en naissant, toute l'apparence d'un têtard de grenouille. Une masse antérieure contient tous les viscères, une longue queue mobile fouette l'eau en arrière : c'est l'appareil locomoteur de l'animal dont les téguments sont dépourvus des cils vibratiles, instruments ordinaires de locomotion des embryons dans les classes les plus variées du règne animal.

Ce têtard (fig. 83, n° 1), que MM. Audouin et Milne-Edwards ont les premiers décrit avec quelques détails chez les ascidies composées, a une importance toute particulière pour la détermination des affinités intimes des Tuniciers, que l'on considère ou non ces affinités comme l'expression d'une parenté effective, d'une parenté généalogique. Il se retrouve, en effet, à peine modifié dans tous les groupes des Tuniciers. On peut fixer à trois le nombre de ces groupes et leur attribuer la valeur d'*ordres :* ce sont les Appendicu-

---

(1) De Lacaze-Duthiers, *Les Ascidies simples des côtes de France.* — Archives de zoologie expérimentale, t. III, 1874 et t. IV, 1877.

LAIRES, élevées à ce rang par M. Herman Fol ; les THALIDES, de Savigny, comprenant les *Doliolum*, les Salpes et les Pyrosomes ; les
LUCIES, également de Savigny, qui ne sont que l'ensemble des
Ascidies simples ou composées (1). Les Appendiculaires demeurent
toute leur vie à l'état de têtard ; on peut dire qu'elles sont des
embryons permanents de Tuniciers et la disposition de leur queue
réfléchie sous la région ventrale de l'animal, ne fait qu'accentuer
leur caractère embryonnaire, car, dans l'œuf, la queue du têtard
des ascidies est, comme chez les Appendiculaires adultes, repliée
sous le corps et conserve cette situation pendant presque tout le
temps qui précède l'éclosion. Dans l'ordre des Thalides, les Salpes
et les Pyrosomes n'ont pas de têtard, mais Krohn a soigneusement
décrit et figuré (2) celui des *Doliolum*. Enfin dans l'ordre des
Lucies, le genre *Anurella* (3) est le seul où, par une exception tout
à fait inattendue, révélée par les patientes et habiles recherches
de M. de Lacaze-Duthiers, l'Ascidie en sortant de l'œuf soit dépourvue de queue.

Le têtard a un sort très différent dans les trois ordres des Tuniciers : nous avons vu qu'on pouvait le considérer comme persistant
chez les Appendiculaires comparables, à cet égard, aux Batraciens
urodèles tels que les Salamandres ou les Tritons ; chez les *Doliolum*, le têtard demeure libre, et sa queue disparaît sans que l'a-

(1) On a dit qu'il n'y avait pas plus de raison de distinguer des Ascidies
simples, *sociales* et composées, qu'il n'y en aurait de distinguer des Éponges,
des Hydraires ou des Coralliaires simples, sociaux ou composés. Il est bon de
remarquer cependant que les Ascidies groupées en systèmes comme les Botrylles sont à peu près aux Ascidies simples dans le même rapport que les
Coralliaires sont aux Hydres et l'on distingue cependant avec soin ces animaux les uns des autres. Cette différence d'interprétation tient surtout à ce
que l'on compare l'ensemble d'un polype coralliaire à une hydre ; on est
alors immédiatement frappé du contraste, et l'on perd ainsi de vue la valeur morphologique des tentacules descendus au rang d'organe, tandis que
les divers rayons d'une étoile de Botrylle, conservant nettement leur caractère d'Ascidies, c'est-à-dire d'animaux compliqués, on continue à les comparer aux Ascidies simples et on laisse au second rang leur système qui passe
au premier dans le cas des Coralliaires.

(2) *Archiv für Naturgeschichte*, 1852.

(3) De Lacaze-Duthiers, *Les Ascidies simples des côtes de France*. — Archives
de zoologie expérimentale générale, t. VI, 1877.

nimal perde jamais la faculté de nager en haute mer ; chez les Ascidies, au contraire, le têtard se fixe à quelque objet sous-marin à
l'aide de ventouses, généralement au nombre de trois (fig. 83, *b''*),
qui se trouvent à la partie antérieure de son corps. La tunique de
l'Ascidie se soude elle-même à l'objet sur lequel s'est fixé le têtard ;
bientôt la queue se résorbe et l'Ascidie acquiert sa forme définitive.

Ces destinées si variées, ces genres de vie si profondément dissemblables des Tuniciers adultes ne rendent que plus remarquable
et plus significative la persistance de la forme urodèle dans les trois
ordres de la classe. C'est là évidemment la forme larvaire typique,
ou si l'on veut la forme larvaire primitive, disons mieux, la forme
que devait présenter l'ancêtre commun de tous les Tuniciers, dont
les traits doivent se reproduire, plus ou moins modifiés, au début
de la vie embryonnaire de tous ses descendants.

Dans tous les cas où ces traits ont disparu, deux problèmes se
posent à nous. Quelle a pu être la cause de cette disparition ? Par
quels procédés de développement a-t-elle été amenée ? Partisans
des causes finales et transformistes sont également intéressés à en
chercher la solution : la science ne saurait se borner à constater
simplement les faits, sans s'en inquiéter davantage. Nous montrerons dans le prochain chapitre comment une explication toute
naturelle découle de l'étude comparative des phénomènes qui
caractérisent les deux sortes de reproduction chez les Tuniciers.

Expliquer la disparition exceptionnelle de la forme larvaire
commune à tous les ordres de Tuniciers, montrer qu'on ne saurait
considérer cette forme comme le résultat d'une simple adaptation
de la larve à la vie pélagique, postérieure à l'apparition du type
Tunicier, c'est laisser à cette larve toute son importance, au point
de vue généalogique. Or cette importance est, un moment, devenue
capitale après les recherches de Kowalevsky sur l'embryogénie
des Ascidies (1). Malgré les travaux de Geoffroy Saint-Hilaire, la
croyance à un hiatus profond entre les animaux pourvus, comme
l'homme, d'une colonne vertébrale et les animaux sans vertèbres,
était demeurée, depuis Lamarck, comme une sorte de dogme

_____

(1) *Mémoires de l'Académie de Saint-Pétersbourg*, vol. X, 1866-1867.

scientifique. Quelques essais avaient été tentés pour établir entre les Vertébrés et les animaux composés d'anneaux comme les Insectes, la réalité de la parenté qu'avait cru pouvoir indiquer Geoffroy ; mais ils n'avaient été accueillis qu'avec indifférence par la plupart des naturalistes.

En 1866, Kowalevsky vint annoncer qu'il était en mesure de démontrer, par une tout autre voie, la parenté entre les Vertébrés et les Invertébrés. Suivant lui, c'était par les Tuniciers que s'établissait la liaison tant cherchée entre les deux grandes divisions du règne animal. Etudiant presqu'en même temps l'embryogénie des Ascidies simples et celles du Vertébré le plus inférieur et, selon toute apparence, le plus ancien de celui qu'Hæckel a appelé le *vénérable* Amphioxus, il avait été frappé de certaines ressemblances inattendues, dans le mécanisme de formation de la plupart des organes ; d'autre part, l'appareil respiratoire des Ascidies adultes et celui de l'Amphioxus présentent d'incontestables analogies. Kowalevsky concluait donc de ses recherches que le têtard d'une Ascidie n'était qu'un vertébré plus simple encore que l'Amphioxus ; l'Ascidie devenait alors une sorte de vertébré dévoyé. Les Tuniciers, confondus jusque-là dans un même groupe avec les Bryozoaires, considérés par tous comme n'ayant pas de plus proches parents que les Mollusques acéphales, Huîtres, Moules, Peignes, devaient-ils donc représenter désormais le prototype de l'embranchement le plus élevé du règne animal, celui des Vertébrés? Les Poissons, les Batraciens, les Reptiles, les Oiseaux, les Mammifères ne seraient-ils que des Tuniciers perfectionnés? Auraient-ils tout au moins les mêmes ancêtres? Cette opinion, encore énergiquement soutenue par de nombreux naturalistes, donne à l'histoire des Tuniciers un intérêt tout particulier. Nous aurons à l'examiner.

CHAPITRE X

———

Si quelque philosophe de la nature avait annoncé, au commencement de ce siècle, qu'une colonie d'animaux peut sortir toute formée d'un œuf unique, que d'un œuf peut éclore non le fils, mais le petit-fils de l'animal qui l'a pondu, le fils n'apparaissant dans l'œuf que pour s'y reproduire et y mourir aussitôt, de telles affirmations eussent été certainement accueillies comme des rêveries insensées. Ce sont là cependant des faits réels qui ressortent sans contestation possible de l'histoire du développement embryogénique des Pyrosomes. Si paradoxaux, si étranges qu'ils puissent encore paraître, il faut bien se résigner à les enregistrer. Ce que l'imagination la plus hardie n'aurait osé concevoir, la nature le réalise, comme pour démontrer une fois de plus la profondeur de ce mot de Faraday : « Dans les sciences, l'absurde même est possible. »

Il est absurde, en effet, de supposer qu'un œuf se forme pour produire un être qui ne verra jamais le jour, que les enveloppes de cet œuf seront à la fois le berceau et le tombeau d'un organisme qui se reproduira à leur intérieur en demeurant à l'état de fœtus, et dont les restes lentement résorbés, serviront d'aliments à la génération nouvelle, seule destinée à paraître au dehors. Pourquoi tout cet appareil, pourquoi tant de complications dans la reproduction d'animaux, en somme, assez simples? Pourquoi, dans le cas actuel, ces moyens détournés quand nous voyons, dans tant d'autres, des résultats certainement plus complexes obtenus de la façon la plus rapide, en allant droit au but?

La doctrine des créations directes ne saurait nous donner aucune explication de ces faits étranges. Si nous admettons au contraire la théorie de l'évolution, l'étude des phénomènes de la reproduction chez les Ascidies composées et chez les Salpes nous permet de reconstituer toutes les phases par lesquelles ont dû passer les Pyrosomes pour atteindre leur forme actuelle, d'expliquer toutes les singularités de leur développement et d'affirmer une fois de plus la généralité des lois qui régissent les transformations des sociétés animales.

Bien plus, à être ainsi expliquées les particularités en apparence mystérieuses du développement de nos Tuniciers perdent leur caractère insolite. Elles jettent une vive lumière sur certains traits essentiels du développement des animaux supérieurs, élargissent singulièrement l'idée que nous devons nous faire des phénomènes embryogéniques, soulèvent de nouveaux problèmes et donnent, en même temps, la solution d'énigmes qui, sans elles, fussent demeurées éternellement indéchiffrables.

On a quelquefois soutenu qu'on devait considérer comme un individu simple tout organisme tirant son origine d'un œuf unique ou pour le moins tout organisme tel qu'il est constitué à sa sortie de l'œuf, et cette dernière opinion est encore très généralement répandue. Or plusieurs Vers, beaucoup d'Articulés, le plus grand nombre des Vertébrés sortent de l'œuf, à peu près tels qu'ils seront toute leur vie. On devrait donc les considérer comme des individus simples; il ne saurait être question de voir en eux une transformation de colonies. Les faits observés successivement par Savigny (1), Huxley (2) et Kowalevsky (3), dans l'histoire des Pyrosomes, laissent, à cet égard, la discussion ouverte et nous aurons plus d'une fois à

(1) *Mémoires sur les animaux sans vertébres*, 1816.
(2) *Philosophical Transactions of the Royal Society*, 1851.
(3) *Archiv für mikroskopische Anatomie*, Bd XI, 1875.

les invoquer dans la suite ; il y en a peu dont les conséquences soient aussi fécondes et dont la signification soit aussi décisive.

Les Pyrosomes sont des colonies. A ce titre, ils doivent jouir de deux modes de reproduction : la reproduction agame, destinée à produire la colonie et à augmenter son importance ; la génération sexuée, destinée à multiplier les colonies et à assurer par leur dissémination, la conservation de l'espèce. Chacun des membres de la colonie jouit à la fois de ces deux modes de reproduction. Chacun d'eux produit, pour ainsi dire indéfiniment, des individus nouveaux qui viennent s'intercaler entre leurs parents ou leurs aînés et accroissent ainsi le volume de la société dont ils font partie ; chacun d'eux met au jour, dans le courant de son existence, au moins une nouvelle colonie de Pyrosomes, qui s'est en partie développée dans son organisme, provient d'un œuf fécondé et se trouve déjà constituée à sa naissance.

On peut suivre sur un même Pyrosome (1) toutes les phases du développement des colonies futures. Déjà les plus jeunes individus contiennent un œuf parfaitement mûr (fig. 81, n° 3, ov); chez les plus âgés la jeune colonie est prête à éclore. L'éclosion elle-même n'a pas été observée ; mais il semble qu'elle doive entraîner la rupture des téguments de l'animal dans lequel le développement s'est opéré ; cette parturition si difficile qu'elle soit n'est pas du reste nécessairement mortelle.

Savigny croyait que chaque œuf donnait immédiatement naissance à quatre embryons qui, s'unissant déjà avant d'éclore en une petite colonie, constituaient la première forme libre du Pyrosome. Huxley a le premier démontré que les phénomènes n'étaient pas aussi simples. Il a vu se former, aux dépens d'une faible partie du vitellus de l'œuf, un premier embryon (fig. 80, n° 2, c) présentant, quoique d'une façon rudimentaire, les traits généraux d'une Ascidie. Cet embryon est couché sur le reste du vitellus, qui con-

---

(1) Nous appelons ainsi la colonie tout entière pour laquelle Péron avait créé ce nom ; nous désignerons les individus sous le nom suffisamment distinctif d'Ascidies. Huxley a créé pour le pyrosome le nom d'*Ascidiarium*, qui a l'avantage de s'appliquer à toutes les colonies d'Ascidies. Les individus qui s'associent pour former un *Ascidiarium* sont pour lui des *Ascidiozoïdes*.

serve sa forme à peu près sphérique ; l'embryon coiffe ce·vitellus comme une sorte de ·calotte, ou, si l'on veut, le reçoit dans sa face inférieure comme dans une coupe ; de là le nom de *cyathozoïde* qui lui a été donné par Huxley. Kowalevsky, qui a suivi avec

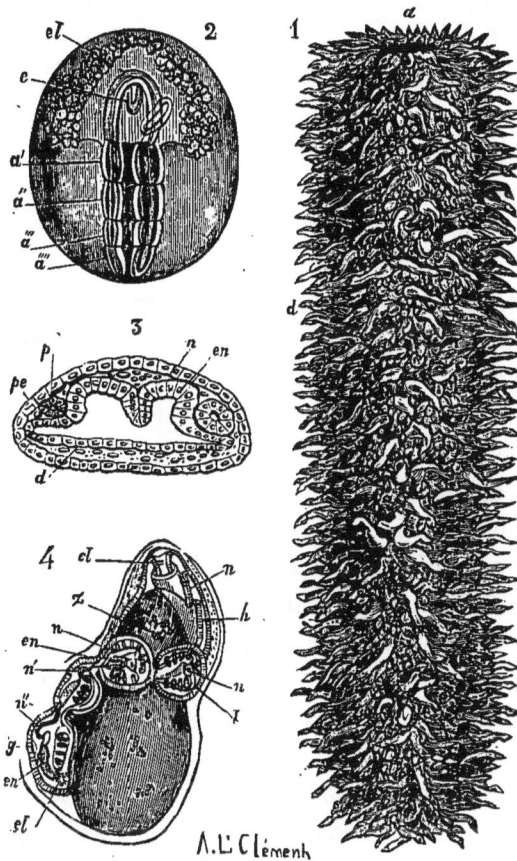

Fig. 80. — 1. *Pyrosoma elegans*, Lesueur. — *d*, appendices des ascidiozoïdes; *a*, ouvertures du manchon (1/3 de la grandeur naturelle). — 2. Embryogénie des Pyrosomes ; *c*, cyathozoïde ; *a*, *a'*, *a"s a"*, *a'''*, ascidiozoïdes; *cl*, sac excréteur. — 3. Phase plus avancée ; *n*, vésicule nerveuse ; *pe*, péricarde ; *h*, cœur ; *en*, endostyle ; *g*, orifice afférent ; *el*, orifice afférent; *z*, vitellus nutritif. —. 4. *pc*, sacs périthoraciques; *en*, branchie dans la région endostylaire ; *d*, région opposée ; *n*, téguments.

détail (1) la formation de cet embryon l'a vu se constituer, comme celui des animaux supérieurs, aux dépens d'un feuillet cellulaire

(1) *Archiv für mikroskopische Anatomie*, vol. XI, 1875.

qui se développe lui-même, à l'un des pôles de l'œuf, par voie de
segmentation de l'une des portions du vitellus, dite *formative*,
l'autre portion, dite *nutritive*, demeurant intacte. A peine le cyathozoïde s'est-il formé qu'on voit sa partie postérieure se segmenter
en quatre parties semblables entre elles (fig. 80, n° 2, a', a'', a''',
a''''), situées toutes les quatre dans le prolongement l'une de l'autre
et dans celui du cyathozoïde, de sorte que tout cet ensemble possède le même plan de symétrie. Il semble qu'on ait alors sous les
yeux l'embryon d'un animal articulé, couché à la surface d'un
vitellus extrêmement volumineux. Peu à peu le cyathozoïde grandit ; en même temps le vitellus diminue et bientôt se trouve presque
entièrement englobé dans la concavité du corps de l'embryon. Les
segments qui terminent le corps de celui-ci grandissent aussi et se
séparent de plus en plus les uns des autres. L'accroissement même
de leur taille s'oppose à ce qu'ils puissent trouver place sur le prolongement du cyathozoïde ; ils se portent sur le côté et forment une
sorte de chaîne courbe qui s'étend en écharpe sur la surface libre
du vitellus, à l'opposé du cyathozoïde (fig. 80, n° 4). Ce dernier atteint des dimensions bien plus considérables que celle des quatre
segments pris ensemble. Toutefois, malgré sa grande taille, il ne
possède encore qu'une organisation très simple alors qu'on aperçoit déjà dans les quatre segments qui se sont produits à sa partie
postérieure, tous les caractères de quatre ascidies présentant même
des fentes branchiales parfaitement distinctes. Jamais, du reste,
le cyathozoïde ne devient une véritable ascidie : il ne tarde pas à
diminuer de volume de même que le vitellus, tandis que les quatre
petites ascidies, ses filles, continuent à grandir ; ses organes rudimentaires se flétrissent eux-mêmes et lorsque, par les progrès de
leur croissance, les quatre ascidies sont arrivées à se réunir en
couronne, ce qui reste du cyathozoïde ne forme plus qu'une sorte
de coupe hémisphérique sur le bord de laquelle sont disposés les
quatre premiers individus du Pyrosome. Ce travail de résorption
du cyathozoïde se continue encore et l'individu qui a donné naissance aux quatre ascidies a presque entièrement disparu quand a
lieu l'éclosion.

On ne saurait contester au cyathozoïde le caractère d'individu :

les phases de son développement sont exactement celles de plusieurs Tuniciers qui arrivent à une existence indépendante ; on
voit se former en lui un ganglion nerveux, un rudiment de sac
branchial ; des sacs péribranchiaux, qui tous apparaissent de la façon ordinaire. C'est à le former qu'est d'abord appliqué tout l'effort
embryogénique et, à un certain moment, il est seul distinct à la
surface du vitellus. Lui seul provient directement de la segmentation de l'œuf fécondé ; lui seul peut être considéré comme produit
par la génération sexuée. Mais, phénomène remarquable et que
nous avons déjà signalé chez les Siphonophores, à peine cet
individu, né par voie de génération sexuée, est-il ébauché, qu'il
possède la faculté de reproduction par voie agame. Ce n'est encore qu'un embryon hors d'état de se suffire à lui-même, de quitter
l'œuf, et déjà sa partie postérieure s'allonge, se segmente et semble attirer vers elle toute l'activité vitale. Bientôt chaque segment
s'organise en un individu distinct, tandis que l'individu générateur,
enrayé dans son développement, disparaît peu à peu. Tous ces
phénomènes s'accomplissent sous les enveloppes de l'œuf, de telle
façon que lorsque ces enveloppes se brisent, ce n'est pas en réalité
l'individu né de l'œuf qui est mis en liberté, mais bien d'autres
individus engendrés par lui et déjà parfaitement distincts les uns
des autres, ayant chacun son individualité propre, représentant
chacun une ascidie entièrement constituée. L'œuf n'a pas donné
directement naissance à quatre individus comme le croyait Savigny ; mais, en définitive, le résultat est le même et le procédé par
lequel il a été obtenu est particulièrement instructif. Il nous montre la génération agame pouvant s'exercer dans les périodes les
plus précoces de la vie embryonnaire et l'œuf arrivant ainsi à
produire non pas un individu unique, mais toute une petite
famille.

Dans le Pyrosome tous les membres de cette famille parviennent à conquérir une individualité parfaitement distincte. Mais
supposons que la vie sociale ait marqué plus profondément son
empreinte sur la jeune colonie enfermée dans l'œuf, appli-
quons-lui les résultats de nos études antérieures ; nous devons prévoir que la *division du travail physiologique*, le *polymorphisme,*

l'*absorption des individualités* constituantes de la colonie par celle
de la colonie elle-même pourront se produire dans l'œuf même.
Dès lors les diverses individualités associées n'arriveront pas à
se séparer complètement ; elles seront toujours dominées par
l'individualité qui résulte de leur assemblage ; dans l'œuf même
se constituera un animal simple, en apparence, mais qui en réalité résultera de la fusion d'organismes primitivement capables
de devenir indépendants les uns des autres, aussi bien que les
quatre Ascidies qui se sont formées, chez le Pyrosome, en arrière
du cyathozoïde.

La vie sociale peut donc retentir sur le développement de l'embryon, amener la formation dans l'œuf de véritables colonies ; un
animal composé, résultant de la soudure de plusieurs autres, peut
sortir de l'œuf constitué de toutes pièces. C'est là une conséquence
nécessaire de l'histoire embryogénique des Pyrosomes, conséquence dont toute l'importance ressortira lorsque nous aurons à
expliquer le mode de formation des animaux supérieurs, tels que
les Articulés ou les Vertébrés.

Chacune des ascidies qui constituent le jeune Pyrosome possède
du reste, pour son propre compte, le pouvoir de se reproduire par
voie agame et transmet cette faculté à sa descendance : c'est grâce
à cela que s'accroît le Pyrosome, dont tout individu est constamment en voie de bourgeonnement, en même temps que s'accomplissent dans son sein les phénomènes de génération sexuée que
nous venons de décrire. Ce bourgeonnement reproduit l'un des
traits les plus essentiels de celui du cyathozoïde : les divers organes
de l'ascidie mère contribuent à la formation de la fille. Le fait est
moins frappant chez les Polypes hydraires, à cause de leur constitution plus simple ; mais en réalité chez ces animaux les seules
parties distinctes, l'exoderme et l'entoderme, prennent également
part à la formation des nouveaux individus. Il n'y a donc pas là,
comme on l'a cru, quelque chose de particulier au bourgeonnement des Tuniciers.

Dans le Pyrosome, l'endostyle de chaque Ascidie est le point
de départ du bourgeonnement. A son extrémité postérieure, il
donne naissance à une sorte de bourgeon (fig. 81, n° 1, *ed*) qui

ne tarde pas à se creuser d'une cavité et à grandir en se portant vers l'extérieur. Dans cette région, l'endostyle se trouve enveloppé par un tissu particulier, très nettement cellulaire, auquel Kowalevsky attribue la signification d'un ovaire. Le bourgeon en grandissant se couvre du tissu de l'ovaire comme d'une sorte de coiffe (même figure, *eist*) et le refoule devant lui, en même temps que

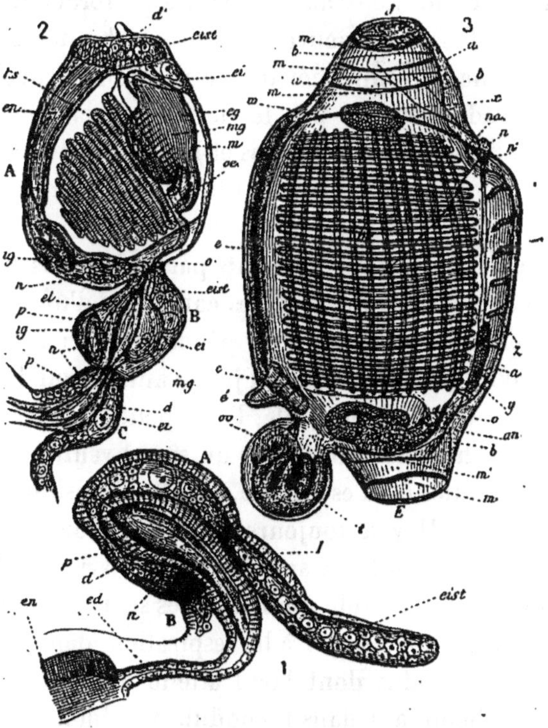

Fig. 81. — Développement agame des *Pyrosomes*. — 1. Chaîne de bourgeons peu de temps après sa formation sur l'endostyle *en* d'un individu adulte. — A, B les ascidies en formation; *ed*, bourgeon central né sur l'endostyle *en* et destiné à former la branchie et le tube digestif des jeunes; *d*, téguments du bourgeon formés aux dépens de ceux du parent; *p*, sac péribranchial né de ces téguments; *n*, ganglion nerveux; *eist*, tissu reproducteur coiffant le bourgeon central et dans lequel se forment les œufs. — 2. Chaîne de trois bourgeons A, B, C, plus avancés dans leur développement (grossis 80 fois). Mêmes lettres et en outre : *en*, endostyle; *eg*, point où se formera l'orifice efférent; *ig*, orifice afférent; *ks*, fentes branchiales; *œ*, œsophage; *m*, *mg*, estomac; *ei*, l'œuf destiné à mûrir dans l'ascidie; *o*, orifice de communication entre les bourgeons. — 3. Jeune ascidie d'un Pyrosome, presque adulte (grossie 30 fois). J, orifice afférent; E, orifice efférent; *a*, tunique; *b*, manteau; *z*, bandes musculaires du manteau; *m*, *m'*, bandes musculaires des siphons; *br*, branchies; *e*, endostyle; *o*, bouche; *an*, anus; *é*, bourgeon en voie de formation; *c*, cœur; *ov*, ovisac communiquant par son pédoncule avec la branchie; *t*, glande mâle; *n*, ganglion nerveux et nerfs qui en partent; *xy*, organes indéterminés.

les téguments qui le recouvrent. Au début, le bourgeon a donc la forme d'une massue formée de trois couches superposées, dépendant l'extérieure (d) du manteau, la moyenne (ed) de l'ovaire, l'intérieure (eist) de l'endostyle de l'ascidie mère. Cette massue grandit et on voit bientôt la partie qui correspond à son manche présenter des étranglements. Les portions de la massue ainsi limitées sont destinées à s'organiser en autant de nouveaux individus.

Des trois couches qui forment chaque bourgeon, l'extérieure donnera naissance au manteau et aux sacs péribranchiaux (p) des nouveaux individus ; l'intérieure produira la branchie et le tube digestif. La couche moyenne mérite une attention particulière. Elle est refoulée graduellement par le développement des organes vers la partie postérieure du corps et la plupart de ses éléments ne subissent aucune modification ultérieure. L'un d'entre eux cependant (fig. 81, n° 2, ei) prend l'avance sur ses voisins, se distingue de plus en plus des éléments parmi lesquels il était primitivement confondu, revêt tous les caractères d'un œuf et s'entoure d'une sorte de sac, muni d'un pédoncule creux qui va s'ouvrir dans la cavité de la branchie du jeune animal qui le porte (1). Par l'intermédiaire du pédoncule, l'eau peut donc passer librement de la branchie dans l'intérieur du sac et venir baigner l'œuf qui s'y trouve contenu. C'est grâce à cette disposition que l'œuf peut être fécondé. Il y a toujours dans la colonie un certain nombre d'individus dont les spermatozoïdes arrivés à maturité sont expulsés dans le liquide ambiant ; ces spermatozoïdes, pénétrant avec l'eau qui doit servir à la respiration, dans la chambre branchiale des individus dont l'œuf attend leur action, arrivent jusqu'à lui en cheminant dans le conduit du pédoncule ; pendant presque toute la durée du développement, on peut en voir un certain nombre, plus ou moins altérés, à l'intérieur de la partie élargie du pédoncule la plus voisine de l'œuf. Après la fécondation le sac qui renferme l'œuf se clôt de toutes parts, le pédoncule se résorbe graduellement et il ne reste bientôt plus de lui qu'une chambre close pleine de débris de spermatozoïdes, adhérente à l'un des pôles du sac ovigère.

Les ascidies qui composent un Pyrosome sont hermaphrodites ;

(1) A l'ensemble de l'œuf et de ce sac pédonculé Huxley a donné le nom d'*ovisac*.

on peut voir (fig. 81, n° 2, *t*) la glande mâle, embrassant l'œuf
de ses digitations et rejetée avec lui dans une sorte d'annexe de
l'animal située entre l'orifice d'excrétion et le point où se forme
la chaîne des bourgeons reproducteurs; mais les éléments de cette
glande sont encore loin d'être parvenus à maturité, que le développement du jeune embryon est depuis longtemps commencé; ils
ne pourront féconder en conséquence que les œufs d'individus
plus jeunes. C'est seulement aussi dans une génération postérieure
que les éléments constituant l'ovaire de chaque individu se développeront et arriveront à produire une nouvelle colonie. Ceci
conduit à poser quelques questions imprévues.

L'œuf que porte, dès le début de son existence, chaque ascidie,
l'embryon qui naît de cet œuf est-il le fils ou le frère de l'ascidie?
L'ascidie qui porte un embryon, doit-elle être considérée comme
sa mère ou ne serait-elle qu'une sœur nourricière? Les ascidies
même d'un Pyrosome sont-elles de véritables hermaphrodites? Ne
seraient-elles pas, en réalité, des mâles ayant la double mission de
féconder les œufs des générations qui les suivent et de recevoir en
dépôt, pour assurer leur développement, les œufs fécondés des
générations antérieures?

Dans un individu résultant du développement d'un œuf, tous
les organes procèdent au même titre de l'œuf, tous sont également
la propriété de l'individu dans lequel ils sont contenus. Chez les
Pyrosomes, l'ovaire de chaque individu n'est au contraire, nous
l'avons vu, qu'une partie plus ou moins accrue et nullement
modifiée, d'ailleurs, de l'ovaire de l'ascidie sur laquelle cet individu s'est formé. Pendant la plus grande partie de la période du
développement, l'ovaire de la mère et celui de la fille sont tellement en continuité qu'ils ne forment qu'un seul et même organe :
aucune ligne de démarcation ne les sépare. A ce moment cependant, dans un bourgeon qui n'est encore nettement distinct ni de
sa mère ni de son aîné, l'œuf qui doit se développer en lui est déjà
parfaitement reconnaissable, presque mûr au milieu de ceux qui
l'entourent. Cet œuf, comment l'attribuer à un individu qui n'existe
pas encore? Il fait partie d'un organe appartenant certainement à
la mère par l'une de ses extrémités; bien plus, il s'est formé dans

le corps de celle-ci : il s'y trouvait déjà à l'état de cellule bien définie avant toute trace de bourgeonnement, et n'a fait que passer
dans le bourgeon, quand celui-ci a commencé à se constituer.
L'individu dans lequel l'œuf se développe n'a donc sur lui aucun droit réel de maternité ; il s'est borné à le recevoir tout formé
de l'organisme auquel il doit lui-même son existence. L'œuf et le
bourgeon sont, au même titre, fils de cet organisme : ce sont deux
frères, formés il est vrai de deux façons très différentes, et dont
l'un, plus précoce que l'autre, se trouve chargé de présider, à la
place de la véritable mère, aux destinées de son cadet.

S'il en est ainsi, ce frère aîné ne saurait être considéré comme
un hermaphrodite : l'œuf qui se développe en lui, n'est pas à lui ;
ceux qui constituent son ovaire n'arrivent jamais à maturité que
dans ses fils. On peut donc contester qu'un tel individu joue
véritablement jamais le rôle de femelle ; la glande mâle accomplissant au contraire toute son évolution à ses dépens, on ne peut
douter que le sexe mâle ne lui appartienne bien réellement.

Mais où seront dès lors les femelles ? Les considérations que nous
venons d'exposer s'appliquent à tous les individus qui constituent un
Pyrosome. Aucun d'eux ne peut revendiquer la propriété absolue de
l'ovaire qu'il contient ; il faut remonter pour trouver les véritables
producteurs de ces ovaires aux quatre ascidies qui ont fondé la colonie et plus probablement encore jusqu'au cyathozoïde. Dans cette
dernière hypothèse, celui-ci serait la seule femelle, mais quelle
singulière femelle qui disparaît à peu près avant de sortir de
l'œuf, léguant à sa progéniture son ovaire qui lui survit, continue
à se développer, loge quelqu'une de ses parties dans chacun des
individus nouveaux formés dans la colonie, met à profit pour multiplier ses éléments les matières alimentaires élaborées par ces individus, tandis qu'un de ces mêmes éléments, conduit ainsi à
maturité, nourri et protégé par son hôte, s'apprête à jeter les fonde-
ments d'une autre colonie ! Ne semble-t-il pas que cet ovaire, héri-
tage que chaque individu transmet à sa descendance, après l'avoir
accru, soit dans chaque ascidie comme une sorte d'étranger, une
manière de parasite, grandissant en conservant son indépendance,
provoquant peut-être la formation des organismes qui doivent

assurer sa prospérité et permettre à chacun de ses éléments d'accomplir sa destinée?

Les Salpes reproduisent avec quelques instructives modifications l'histoire des Pyrosomes.

Chacun des individus de petite taille qui vivent en société contient, dès son jeune âge, un œuf qui doit subir en lui tout son développement. Les rapports de cet œuf et de l'individu qui le porte sont exactement ceux que nous ont offert les Pyrosomes; la fécondation s'accomplit de la même manière; mais le développement suit une tout autre voie. Il aboutit à la formation d'un individu unique qui, pendant toute la période fœtale, est uni à l'individu qui le porte par un organe des plus remarquables et dont les fonctions présentent une étonnante analogie avec celles du placenta des mammifères. Dans cet organe le sang du fœtus, celui de l'adulte, se mettent en rapport l'un avec l'autre au travers des tissus de chacun d'eux, sans jamais se mêler; les échanges s'opèrent exclusivement par endosmose. Quand elle peut se suffire, la jeune Salpe quitte l'individu nourricier : elle doit mener désormais une vie indépendante durant laquelle elle sera toujours solitaire.

Mais auparavant ont déjà commencé chez elle les phénomènes qui doivent assurer la production des nouvelles chaînes de Salpes (1). Le bourgeon qui doit produire cette chaîne est d'abord un simple diverticulum en doigt de gant qui naît à peu près à égale distance du placenta et de l'amas de viscères auxquels on donne habituellement le nom de nucleus. Bientôt apparaît sur le péricarde ou enveloppe du cœur un diverticulum semblable qui s'engage dans le premier, et y forme une cloison complète, le divisant en deux canaux juxtaposés. L'organe ainsi constitué, qu'on a comparé aux *stolons* des fraisiers, vient se loger au-dessous du test qu'il refoule devant lui et l'on ne tarde pas à voir apparaître dans chacune de ses deux cavités un cordon plein, d'apparence protoplasmique. Ces cordons ne sont pas autre chose que des ovaires ru-

(1) Les mémoires les plus récents sur ce sujet sont ceux de Brooks dans le *Bulletin of the Museum of comparative Zoology*, t. VIII, 1876 et de Salensky, dans le *Zeitschrift für wissenschaftliche Zoologie*, t. XXX, supplément, 1878.

dimentaires dans toute la longueur desquels on distingue bientôt des œufs, placés bout à bout et formant une rangée unique (1). En même temps la paroi extérieure du stolon se creuse de sillons annulaires, assez régulièrement espacés, qui la divisent en segments placés bout à bout. Chacun de ces segments correspond exactement à l'un des œufs dans lesquels s'est divisé le cordon ovarique ; il devient par la suite l'un des individus de la double chaîne que forment la plupart des Salpes sociales, et emporte avec lui l'œuf qui lui correspond et qui devra se développer, uni à ses organes par un placenta. Concurremment avec cet œuf ou avec l'embryon qui résulte de son évolution, tous les individus d'une chaîne de Salpes possèdent une glande mâle ; on les considère donc communément comme hermaphrodites, et les Salpes solitaires sont dès lors des individus asexués. Mais Brooks a fort justement fait remarquer que l'œuf porté par ces individus était formé avant même qu'aient apparu les premiers linéaments de leurs organes : au moment où il se montre cet œuf ne saurait appartenir qu'à la Salpe solitaire, qui est dès lors une femelle, les Salpes agrégées étant simplement des mâles nourriciers. Les considérations que nous avons développées à propos des Pyrosomes s'appliquent évidemment de tous points au cas actuel ; seulement ici, si l'on en croit Brooks, l'ovaire aurait tout entier passé dans le stolon, et chacun des individus de la chaîne n'emporterait avec lui qu'un œuf unique.

Ce dernier fait n'est pas sans importance. Chez les Salpes agrégées chaque individu ne contient qu'un œuf, au développement duquel il doit pourvoir : il a une durée d'existence suffisante et au delà pour mener à bien cette tâche, et il ne produit pas par voie agame de nouveaux individus. Chez les Pyrosomes chaque individu, outre l'œuf qui se développe en lui, contient un grand nombre d'autres œufs fort éloignés encore de l'époque de leur maturité ; il ne saurait vivre assez longtemps pour assurer le développement de tous ces germes ; il produit donc de nouveaux

---

(1) Quels sont les rapports de ces ovaires avec la salpe solitaire ? Brooks les considère comme se formant spontanément dans les deux canaux juxtaposés du stolon.

individus par voie asexuée et leur confie le précieux dépôt qu'il a reçu lui-même. La faculté de reproduction asexuée semble donc liée, chez nos Tuniciers, au mode de développement des éléments de leur ovaire si singulier déjà par son origine. On dirait que ce tissu ovarique, l'un des facteurs essentiels de la reproduction sexuée, peut encore déterminer ou empêcher, suivant ses propres besoins, la formation de nouveaux individus par voie asexuée. Peut-être la multiplication plus ou moins rapide de ses éléments est-elle, en effet, la cause immédiate de la production d'un plus ou moins grand nombre d'individus nés par voie asexuée ; mais il est plus probable encore que les phénomènes simultanés manifestés par le tissu ovarique et les tissus qui concourent avec lui à la formation de nouveaux individus, tiennent à quelque cause commune, plus générale, dont les effets se sont harmonisés par voie d'adaptation héréditaire.

Les Salpes ne produisant par voie asexuée, qu'une seule série d'individus qui contiennent les éléments de la reproduction sexuée mais ne forment jamais de bourgeons, leurs colonies ne peuvent s'accroître, et demeurent ce qu'elles étaient quand elles ont quitté l'individu où elles ont pris naissance ; il y a une alternance parfaitement régulière des deux modes de génération ; la vie sociale résulte de ce que les frères issus d'une même mère demeurent unis entre eux ; mais l'association ne va pas au delà : les individus constituant la génération suivante redeviennent indépendants. Chez les Pyrosomes, au contraire, les individus nés par voie asexuée se reproduisent encore de cette façon un nombre de fois indéterminé ; ils n'abandonnent pas leur progéniture ; ils la font entrer dans leur association à mesure qu'elle se développe ; la colonie grandit donc rapidement et la vie sociale prend une activité considérable. La colonie elle-même tend à se constituer de plus en plus tôt, et c'est ainsi que dans l'œuf, avant d'être complètement formé, l'individu né par voie sexuée commence à produire, par voie asexuée, de nouveaux individus et perd lui-même cette dernière qualité.

Les Pyrosomes ne semblent pas, au premier abord, présenter une alternance de génération semblable à celle des Salpes ; en réalité, il y a dans les deux cas un parallélisme complet. Le cyathozoïde

des Pyrosomes correspond exactement à la forme solitaire des
Salpes, le Pyrosome lui-même à la forme agrégée de ces animaux.
Seulement la durée de la forme solitaire, de plus en plus rac-
courcie en raison de la précocité et de l'énergie de plus en plus
grandes du bourgeonnement, a fini par devenir presque nulle
dans le cas des Pyrosomes. La forme sociale a pris au contraire
de plus en plus d'importance ; elle a éliminé l'autre à peu près
entièrement, et l'alternance semble, dès lors, avoir disparu.

Les Ascidies composées présentent des phénomènes très analogues
à ceux que nous ont offerts les Tuniciers du groupe des Thalides.
Savigny et, après lui, Kölliker, Lœwig (1), Van Beneden, avaient
cru autrefois que les colonies de Botrylles étaient déjà représentées,
au sortir de l'œuf, par un petit système de quatre individus, identique aux systèmes des colonies adultes et se formant directement
sur l'embryon. C'eût été quelque chose de très analogue à ce qu'on
observe chez les Pyrosomes. Metschnikoff (2), Krohn (3), ont montré depuis qu'il n'y avait là qu'une illusion produite par certaines
particularités de structure de la larve des Botrylles. Cette larve est
un têtard ; elle se fixe et se métamorphose comme toutes les autres ;
mais à peine est-elle fixée qu'elle produit par bourgeonnement
un nouvel individu et disparaît. Celui-ci, au début de son apparition, montre déjà les traces de deux bourgeons symétriques : ces
bourgeons grandissent, et ils présentent à peine les traits caractéristiques d'une jeune ascidie que leur parent commence à s'atrophier ; en raison de sa disparition, les deux individus formant la
troisième génération arrivent à se trouver en contact par leur
orifice d'excrétion. Mais auparavant ils ont déjà produit eux-mêmes
deux nouveaux bourgeons latéraux : ce sont ceux qui deviennent
les individus définitifs. La troisième génération est, en effet, destinée à s'atrophier comme les précédentes et c'est seulement la
quatrième, formée de quatre individus rayonnants autour d'une
région centrale représentant leur cloaque commun, qui constitue
le premier système du Botrylle (fig. 82, n° 1).

(1) *Annales des Sciences naturelles*, 8e série, Zool., t. V, 1846, p. 193.
(2) *Bulletin de l'Académie des sciences de Saint-Pétersbourg*, t. VI (1868), p. 719.
(3) *Archiv für Naturgeschichte*, 35e année, 1869, 1er vol., p. 190 et 326.

Il semble évident — et c'est, du reste, ce que l'on observe le plus souvent — qu'un individu donné ne devrait commencer à se reproduire qu'après s'être lui-même complètement constitué. Les conditions primitives de la reproduction par bourgeonnement sont donc bien modifiées déjà chez les Botrylles. Mais les phénomènes qui précèdent la formation du premier système sont particulièrement instructifs : trois générations n'ont qu'une existence éphémère et sont sacrifiées à la constitution de ce système. Le chemin suivi pour arriver au but ne démontre-t-il pas à lui seul que cette constitution a du être graduellement acquise? Tous les individus devaient avoir d'abord la même durée et ne se réunissaient pas en systèmes étoilés. Cette forme une fois réalisée s'est perpétuée par voie d'hérédité. Elle était avantageuse, la sélection naturelle a dû avoir pour effet d'en amener le plus rapidement possible la production dans chaque nouvelle colonie ; ainsi ont été abrégées toutes les phases qui devaient y conduire ; mais ici cette abréviation n'est pas très considérable et laisse encore apercevoir les principales étapes de la route parcourue.

Les phénomènes présentés par le têtard de l'*Astellium spongiforme* et par celui du *Pseudodidemnum cristallinum*, étudiés par M. Giard (1), sont plus singuliers encore. Le têtard commence déjà à bourgeonner dans l'œuf, mais n'en poursuit pas moins son développement ; au moment de son éclosion, il porte sous sa tunique deux jeunes individus. La petite colonie ne nage guère librement que deux ou trois heures, puis se fixe ; la queue du têtard disparaît, et sept ou huit heures après la fixation, on peut déjà observer un petit système composé de six ou sept individus bien développés

Chez les *Didemnum gelatinosum* (2) observés par Gegenbaur, l'abréviation est encore plus considérable et atteint presque au degré

---

(1) A. Giard, *Recherches sur les Ascidies composées*. — Archives de Zoologie expérimentale, t. I, 1870.

(2) Cette espèce serait sans doute considérée par M. Giard comme un *Pseudodidemnum*; elle n'est pas identique à son *Pseudodidemnum cristallinum* et son développement se rapproche au contraire de celui du *Diplosoma* de Mac-Donald. M. Giard ne faisant pas mention dans ses *Recherches* du mémoire de Gegenbaur, une assimilation précise avec les espèces qu'il décrit est malheureusement impossible.

observé chez les Pyrosomes. Le bourgeonnement commence, en effet, à se produire alors que l'embryon est encore sous les enveloppes de l'œuf (1). La larve du *Didemnum* est un têtard (fig. 82, n° 2), qui doit, dans certains cas, quitter l'œuf pour aller librement fonder de nouvelles colonies; mais il n'en est pas toujours ainsi. Très souvent, on voit sur la face du têtard qui, dans l'œuf, est appliquée sur la queue, apparaître deux lobes larges et saillants (fig. 82, n° 2, B et C). Le têtard continue son évolution, présente même à un certain moment les trois ventouses qui servent ordinairement à le fixer au moment de sa métamorphose (Ibid., p'), ainsi qu'une vésicule nerveuse et les organes des sens (Ibid., o) qu'elle contient habituellement, mais cette phase dure peu et le têtard commence déjà à se transformer en Ascidie sous les enveloppes de l'œuf. En même temps les deux lobes qui se sont produits sur sa face ventrale subissent des changements considérables; ils se séparent de plus en plus du têtard qui les a produits et finissent par figurer deux masses ovoïdes, pédonculées, réunies elles-mêmes par un pédoncule commun au sac stomacal de l'Ascidie résultant de la métamorphose du têtard (fig. 82, n° 3, B'); mais alors le lobe supérieur est devenu un sac branchial; le lobe inférieur, un tube digestif; la réunion des deux lobes ou, si l'on veut, des deux bourgeons constitue une ascidie complète, étranglée vers le milieu du corps, comme cela est de règle dans la tribu des Didemniens. Cependant le têtard a achevé sa métamorphose; sa queue a complètement disparu, et l'enveloppe de l'œuf, qui n'est pas encore rompue, se trouve contenir deux ascidies, unies l'une à l'autre dans la région moyenne du corps, comme les frères Siamois, par un cordon charnu transversal. Quand ce jeune couple est mis en liberté, il ne possède aucun moyen de locomotion, il est fort probable qu'il ne quitte pas la colonie où il s'est formé et ne fait qu'accroître le nombre des individus qui la composent.

Il y a, dans cette histoire des *Didemnum*, deux séries de faits qui méritent également l'attention: le mode de formation de la nouvelle ascidie, l'influence du bourgeonnement précoce sur le têtard.

(1) *Archiv für Anatomie, Physiologie und wissenschaftliche Medicin*, t. IV, p. 149

Au point de vue de la constitution morphologique des Ascidies, quelle valeur faut-il attribuer à l'intervention de deux bourgeons dans la formation d'un même animal? Est-ce à dire que l'on doive considérer l'ascidie elle-même comme un animal composé? On ne saurait mettre en doute la réalité de ce bourgeonnement en deux parties; il avait déjà été vu en 1859 par Mac-Donald, chez une ascidie australienne (1). Il a été constaté de nouveau par Ganin (2) sur l'animal même qui avait servi aux observations de Gegenbaur, par M. Giard (3) sur divers Didemniens; malheureuse-

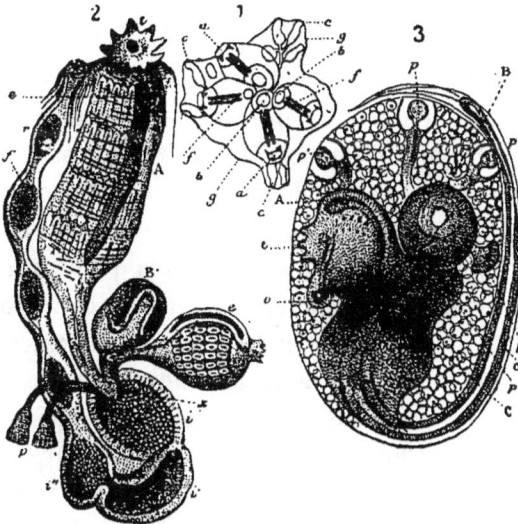

Fig. 82. — 1. Premier système d'une colonie de *Botrylles*. *a*, orifice afférent; *b*, orifice efférent; *c*, organes de fixation pris par les premiers auteurs pour des bourgeons; *f*, bande colorée sur chaque individu; *g*, enveloppe commune. — 2. Têtard de *Didemnum gelatinosum* bourgeonnant dans l'œuf. A, la partie renflée du têtard; B et C, bourgeons qui constitueront une seconde ascidie; *t*, tentacules de la branchie de l'ascidie qui résulte de la métamorphose du têtard; *o*, œil; *p*, appendices particuliers aux *Didemnum*; *p*, organes frontaux de fixation du têtard; *c*, queue. — 3. La même larve après l'éclosion; mêmes lettres et, en outre : *e*, endostyle de l'ascidie née par bourgeonnement et dont B′ représente la région intestinale; *i*, *i′* *i″*, diverses parties de l'intestin; *r*, rectum; *f*, boules excrémentielles.

ment les faits recueillis jusqu'à ce jour sont loin d'être suffisants pour qu'on en puisse tirer quelque conclusion relativement à la nature même des Tuniciers. Il existe un groupe d'Ascidies com-

(1) Le *Diplosoma Rayneri*, M. D. — Trans. of the Linnæan Society, t. XXII, p. 373.

(2) *Zeitschrift für wissenschaftliche Zoologie*, t. XX, 1870.

(3) *Archives de zoologie expérimentale*, t. I, 1872.

posées qui semblerait devoir être plus instructif, sous ce rapport, que celui des Didemniens, c'est le groupe des Polycliniens où le corps est divisé non plus en deux, mais en trois parties : respiratoire, abdominale et génitale. Or, là l'ascidie se forme tout d'une pièce, ce qui fait supposer qu'il n'y a dans le cas du *Didemnum* qu'une simple modification du procédé général de bourgeonnement où l'on voit les organes des nouveaux individus se former régulièrement au moyen des organes analogues de leur parent.

Quant à l'influence de la précocité du bourgeonnement sur le têtard, elle est des plus remarquables. Dans les Ascidies que M. Edwards a désignées sous le nom d'*Ascidies sociales* en raison de la simplicité de leurs colonies, le bourgeonnement ne commence qu'après la fixation du têtard ; mais il arrive souvent — c'est le cas des Pérophores (1), par exemple — que le têtard a subi dans l'œuf ses principales métamorphoses, de telle sorte qu'au moment de son éclosion, c'est déjà une ascidie toute formée, et n'ayant conservé de son état larvaire que les organes des sens et la queue qui lui sert à nager. Quand l'association devient plus intime, le bourgeonnement s'accélère, et chez un grand nombre d'ascidies composées, le têtard présente déjà, au sortir de l'œuf, les rudiments des nouveaux individus qu'il devra produire ; il n'en atteint pas moins son complet développement. Chez les Diplosomides, le bourgeonnement est encore plus précoce : il se produit dans l'œuf même. Dès lors l'importance du têtard diminue considérablement. Il se montre encore dans l'œuf presque complet ; mais sa métamorphose arrive rapidement ; sa queue ne lui est plus d'aucune utilité et ne prend pas l'accroissement qu'elle acquiert d'habitude. Chez les Pyrosomes enfin, non seulement le têtard a complètement disparu, non seulement l'embryon, à mesure qu'il se développe, revêt d'emblée le type ascidie ; mais il tend lui-même à disparaître. Il ne sort jamais de l'œuf, sous l'enveloppe duquel on voit se produire une succession de générations analogues à celles que présentent les Botrylles hors de l'œuf.

Le mode de reproduction des Pyrosomes n'est donc pas un fait

(1) A. Giard, *Recherches sur les Ascidies composées;* Archives de Zoologie expérimentale, t. I, p. 677.

isolé, c'est le couronnement de toute une série de faits dont le nombre serait sans doute considérablement accru par des recherches nouvelles. Les gradations qu'on observe dans la série nous montrent une tendance de plus en plus grande, comme un effort plus ou moins fructueux mais constant, à précipiter le déroulement d'une même succession de phénomènes, représentant d'abord des *temps* nettement distincts du développement, arrivant ensuite peu à peu à empiéter les uns sur les autres, au point que certaines phases parviennent à se substituer à celles qui devaient normalement les précéder et à les faire entièrement disparaître. Nous avons déjà rencontré chez les Hydraires et leurs dérivés des traces incontestables d'une telle *accélération* des phases de la génération asexuée. Mais elle est plus évidente peut-être chez les Ascidies, en raison même de l'élévation plus grande dans l'échelle organique des formes qui se substituent les unes aux autres et des traces plus nettes que laissent ces formes de leur existence éphémère.

Nous pouvons suivre ici presque pas à pas, et d'une façon inespérée, si l'on songe à la longueur du temps depuis lequel ce grand phénomène s'accomplit, l'*accélération* graduelle des phénomènes génésiques depuis le moment où des Ascidies, bourgeonnant successivement les unes sur les autres, forment une colonie dont tous les membres sont indépendants, jusqu'au moment où cette colonie sort toute formée de l'œuf : un pas de plus et la colonie se transforme dans l'œuf en un animal composé, résultat que nous verrons atteint chez un grand nombre de Vers, chez les Arthropodes et chez les Vertébrés.

On ne saurait trop le faire dès à présent remarquer, ces mots *accélération des phénomènes génésiques* ne sont nullement l'expression d'une hypothèse, mais bien celle du résultat de la comparaison d'un grand nombre de faits. Quelles que soient les opinions scientifiques que l'on professe, que l'on soit partisan ou non de la théorie de la descendance, si l'on cherche à exprimer le rapport qui existe entre le mode de développement des Pyrosomes, des Diplosomes, des Astellium et des Botrylles, on ne peut grammaticalement employer une formule qui ne soit l'équivalent de celle-ci : il y a des derniers aux premiers abréviation graduelle de la durée des phases du bourgeonnement, ou, si l'on veut employer un seul mot, *accélération* des phénomènes de la génération asexuée.

L'influence de la vie sociale, dans cette importante série de phénomènes est évidente : ce mode d'existence est une conséquence de la reproduction agame ; il constitue un avantage ordinairement incontestable pour les animaux qui le pratiquent et plus tôt il se trouve réalisé, plus l'avantage est lui-même marqué. La sélection naturelle tend donc constamment à conserver les colonies dont la formation est précoce, et à éliminer celles qui sont tardives. L'hérédité intervient, à son tour, pour accélérer de plus en plus la production du premier bourgeon.

On peut objecter, il est vrai, qu'il n'y a pas toujours un parallélisme absolu entre la perfection apparente de la vie sociale et le degré de l'accélération génésique. Les Botrylles, par exemple, dont les colonies sont plus parfaites que celle des Didemniens, ont cependant un développement moins accéléré. Mais il ne faut pas oublier que les comparaisons de ce genre n'ont de valeur que si elles portent sur des êtres appartenant au même rameau généalogique. Or, rien ne prouve qu'il en soit ainsi des Didemnum et des Botrylles ; ces derniers présentent peut-être même, à certains égards, plus de ressemblance avec les Pyrosomes.

Chez les Botrylles les individus fondateurs de la colonie arrivent à l'état parfait, mais n'ont qu'une durée éphémère ; chez les Pyrosomes, le cyathozoïde n'atteint même pas cet état parfait et disparaît dans l'œuf même : supposons que les phénomènes se précipitent plus encore, cette forme du cyathozoïde qui n'est qu'ébauchée chez les Pyrosomes, finirait-elle par disparaître ? Chez les Botrylles, trois générations se succèdent avant d'arriver à la formation de la colonie : à laquelle de ces générations peut-on comparer le cyathozoïde des Pyrosomes ? Est-ce à la première ou à la dernière, et, dans ce dernier cas, que sont devenues les précédentes ? On ne peut jusqu'ici répondre d'une façon plausible à ces questions ; toutefois quelques remarques sont permises à ce sujet. Chez les Pyrosomes, la larve en forme de têtard a disparu ; le cyathozoïde revêt d'emblée la forme ascidie et cette forme est pré-

cisément celle qu'engendrent toujours les têtards par voie de bourgeonnement. Il semble donc naturel d'admettre que le cyathozoïde
correspond non à la première génération des Botrylles, mais à l'une
de celles qui lui succèdent, les précédentes ayant disparu. Or, chez
les Pyrosomes, contrairement à ce que l'on voit chez les autres
Tuniciers, il existe un vitellus nutritif volumineux, sur lequel se

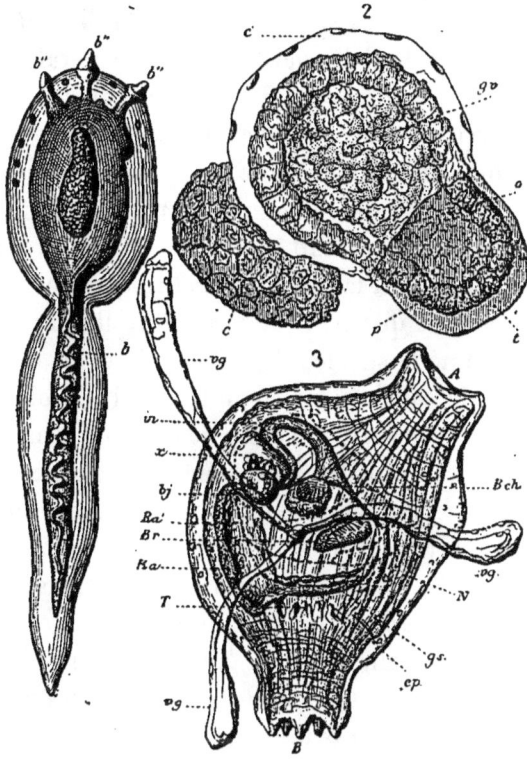

Fig. 83. — 1. Têtard d'une ascidie composé (*Amarouque*) : *b*, membrane caudale ; *b″*, organes de fixation (grossi 15 fois). — 2. Embryon de Molgule au moment de son éclosion ; *c*, coque de l'œuf dont
l'animal s'est débarrassé ; *c′*, seconde enveloppe que l'animal quitte également ; *t*, tunique ; *p*. couche
tégumentaire ; *vg*, masse viscérale (gross. 300 fois). — 3. Jeune molgule à peu près complètement
développée ; B, orifice afférent ; T, tentacules, à l'orifice de la branchie ; *Br*, premières fentes
branchiales ; *Bch*, bouche ; *in*, intestin ; *Ra*, endostyle ; *x*, cœur et amas de cellules qui l'avoisinent
bj, rein ; N, position du ganglion nerveux ; *op*, *gs*, partie supérieure de la branchie ; *vg*, premiers
organes d'adhérence (gross. 175 fois). D'après de Lacaze-Duthiers.

développe tout un appareil cellulaire dont une partie seulement
est employée à la formation de l'embryon. Les générations disparues ne seraient-elles pas représentées par quelqu'une de ces
formations préliminaires qui n'arrivent jamais à se réunir à l'état

d'organisme, de même que le cyathozoïde n'arrive jamais à l'état d'ascidie ?

S'il en était ainsi, l'absence de têtard constatée par M. de Lacaze-Duthiers chez certaines Molgules trouverait une explication nouvelle. Chez ces animaux singuliers, l'être qui sort de l'œuf (fig. 83, n° 2) n'est, à aucun point de vue, comparable au têtard des autres Tuniciers (même fig., n° 1). Il constitue rapidement une petite ascidie dont les siphons sont très éloignés l'un de l'autre (Ibid, n° 3), et dont le manteau porte généralement cinq appendices vasculaires (vg), doués d'un pouvoir énergique de contractilité et d'adhésion ; grâce à ces contractions, le jeune animal paraît d'une forme si mobile qu'on le dirait doué de mouvements amiboïdes ; l'illusion est encore complétée par la facilité avec laquelle ses appendices se collent aux petits objets environnants qu'ils accrochent et fixent à la surface de la tunique. Ces appendices ne sont pas autre chose que les premières des villosités qui recouvriront plus tard toute la surface de la Molgule et lui permettront de se faire l'habit de sable ou de coquilles qui la dérobe si facilement aux yeux. A cet état, la jeune Molgule n'est pas sans une réelle ressemblance avec les individus fondateurs des colonies de Botrylles décrits par Krohn. Sur la figure de Krohn, les appendices vasculaires de ces individus (fig. 82, n° 1, c) sont même au nombre de cinq, exactement comme chez les Molgules ; d'autre part, l'œuf des Molgules contient ordinairement un vitellus nutritif assez abondant et dont les éléments rappellent tout à fait ceux qui résultent de la dégénérescence de certaines parties du têtard chez les autres ascidies. Faut-il voir dans ces faits une indication que la jeune Molgule est un animal de seconde génération, procédant par voie agame d'un têtard qui aurait fini par ne plus se développer dans l'œuf où il ne serait représenté que par des éléments nutritifs plus ou moins abondants ?

Toute hardie qu'elle paraisse, cette interprétation n'est pas plus invraisemblable que les faits révélés par l'histoire même des Pyrosomes ; elle mérite donc examen. Mais il y a une autre explication plus naturelle. La vie sociale n'est, en effet, que l'une des causes de l'accélération des phénomènes génésiques ; cette cause est comprise elle-même dans une formule plus générale qui est celle-ci : *Toutes les fois qu'un organisme présente, à l'état adulte, une forme différente de sa forme première, la forme définitive tend à se produire de plus en plus rapidement.* Il suit de là qu'à mesure qu'un type prend des caractères de plus en plus spéciaux, les formes primordiales du groupe auquel il appartient doivent disparaître peu à peu de son embryogénie ; la Molgule est précisément une des formes où le type ascidie a pris ses caractères les plus tranchés, où les organes propres à ce type, comme la branchie, ont subi les plus grands perfectionnements ; on peut la considérer comme représentant l'un des termes supérieurs des modifications dont ce type est susceptible ; la disparition de la forme têtard, si importante que soit cette forme, est donc un phénomène normal et dont nous retrouverons fréquemment les analogues. La disparition du têtard n'est pas une exception aux lois de l'embryogénie ; elle est au contraire conforme à ces lois ; elle ne doit diminuer en rien la confiance que l'on accorde aux données que peut fournir cette science relativement à la parenté des êtres, elle nous avertit seulement que la marche des phénomènes embryogéniques est sujette à des modifications dont nous devons rechercher les causes et tâcher de découvrir la signification ; elle nous avertit encore que les caractères des animaux adultes retentissent sur toutes les phases de leur développement, de telle sorte que si, dans certains cas, la forme de l'embryon peut nous donner d'utiles renseignements sur les affinités d'une forme adulte, inversement la forme adulte contient souvent l'explication des modifications que subit la marche des phénomènes génésiques.

Sous le bénéfice de ces observations, nous sommes donc en droit de continuer à voir dans le têtard des ascidies la larve typique des animaux de ce groupe, larve qui peut disparaître dans certains cas, comme la forme hydre est quelquefois éliminée du développement de certaines Méduses, sans rien perdre de sa signification primitive.

RÉSUMÉ DES DEUX PREMIERS LIVRES

Nous avons terminé l'étude des animaux que l'on considère le plus habituellement comme vivant en colonies, étude que nous avons fait précéder de celle des organismes les plus simples. Il est nécessaire de résumer maintenant en peu de mots les conclusions auxquelles nous sommes parvenus. Nous avons d'abord constaté l'existence d'un groupe de substances, les *protoplasmes*, substances dans lesquelles réside la vie et qui sont soumises à cette étrange loi de ne pouvoir exister qu'à l'état d'*individus* distincts dépassant rarement quelques dixièmes de millimètre de diamètre. Ces individus dont les formes sont susceptibles d'un certain nombre de variations et s'échelonnent depuis le simple grumeau protoplasmique jusqu'à la cellule pourvue d'un noyau, d'un nucléole et d'une membrane d'enveloppe, ces individus, dis-je, se forment par la division en deux ou plusieurs parties d'un individu antérieur ; ils peuvent s'isoler complètement les uns des autres à mesure qu'ils se forment ou demeurer associés pour mener une existence commune. *Toute association est le commencement d'un organisme.*

Dans les associations nombreuses tous les individus ne peuvent être exactement dans les mêmes rapports soit entre eux, soit avec le monde extérieur ; en raison de ces différences, leur forme et leurs fonctions se modifient ; l'association d'abord *homogène*, c'est-à-dire formée d'individus tous semblables entre eux devient *hétérogène*, c'est-à-dire formée d'individus dissemblables. Grâce à leur *variabilité*, grâce à l'*indépendance réciproque* qu'ils conservent dans une mesure plus ou moins étendue ces individus désormais *polymorphes*, accomplissent des fonctions différentes, profitables à tous ; entre eux se fait une *division du travail physiologique* nécessaire à l'existence de l'association.

Le maintien de l'association, sa prospérité, semblent être le but commun vers lequel tendent les efforts de tous les individus associés ; cette unité de but transforme l'association en un nouvel *individu* qui devient bientôt d'autant plus réel que ses membres, ayant à remplir chacun une fonction différente nécessaire à tous, ne peuvent plus se séparer sans être en danger de mort. Une *solidarité* de plus en plus grande s'établit entre eux.

Par la simple association de ces individus protoplasmiques que l'on peut désigner sous le nom de *plastides* (1), il se forme donc déjà des organismes parfois assez complexes et que nous désignerons, pour abréger le discours, sous le nom de *mérides* (2). Mais ces individus, dont la taille est souvent assez limitée, s'associent également : ce sont leurs associations que les zoologistes ont le plus habituellement désignées sous le nom de *colonies*. Nous avons étudié successivement des colonies d'Éponges, des colonies d'Hydres, des colonies de Polypes coralliaires, des colonies de Bryozoaires, enfin des colonies d'Ascidies. Malgré les différences profondes qui séparent les individus composant ces colonies, partout nous avons vu apparaître à des degrés divers la même succession de phénomènes ; la colonie d'abord homogène, formée d'individus tous semblables entre eux, est devenue hétérogène ; entre les individus associés actuellement *polymorphes*, une *division du travail physiologique* s'est accomplie et la conséquence de ces faits a encore été la *transformation de la colonie en individu*.

De même que les plastides associés naissent les uns des autres par voie de division, les mérides qui résultent de leur association et qui s'unissent pour former une colonie, naissent également les uns des autres, soit par division des individus préexistants, soit par une sorte de bourgeonnement qui s'opère à leur surface. Le premier individu de la colonie provient d'un œuf fécondé, mais les autres se forment de toutes pièces, sans qu'il soit nécessaire d'œufs ni de fécondation préalable. Cette espèce particulière de reproduction, la *reproduction agame*, qu'on appelle d'un seul mot la *métagénèse*, peut donc être considérée comme la cause première de la formation des colonies et des individus dans lesquels ces colonies se transforment. A mesure que cette transformation de-

(1) De πλασσω, je forme ; les plastides sont, en effet, les éléments formateurs par excellence de tous les organismes.

(2) De μέρος, partie ; les mérides deviennent les parties constituantes des organismes supérieurs. Heckel a désigné les mérides d'une façon analogue dans les mots *métamère* et *antimère*.

devient plus complète, la reproduction agame devient aussi de plus en plus précoce, de telle façon que par une *accélération* de plus en plus grande de toutes les phases qui précèdent la constitution de la colonie ou de l'*individu composé*, cet individu tend d'une façon manifeste à se former d'emblée dans l'œuf, fait que nous ne verrons se réaliser complètement que chez les animaux supérieurs.

Toutes les colonies que nous avons étudiées présentent du reste des conditions d'existence communes : elles sont *flottantes* ou *fixées*. Les colonies fixées peuvent à leur tour se développer librement suivant les trois directions de l'espace, ou suivant deux d'entre elles seulement ; nous ne les voyons jamais revêtir de formes à symétrie bien déterminée ; mais dans les deux cas, les individus associés se groupent souvent de manière à présenter une disposition *rayonnée*, comme nous l'ont montré les Méduses, les polypes Coralliaires et les Botrylles. Ainsi les formes absolument irrégulières et les formes dont le type est nettement rayonné sont intimement liées à un mode d'existence au moins momentanément sédentaire.

Les colonies fixées ne se transforment jamais en bloc en individus. Toutefois les groupes rayonnés d'individus qui naissent sur certaines d'entre elles peuvent s'individualiser, se détacher et mener une vie indépendante. Les colonies errantes présentent au contraire une tendance manifeste à se transformer totalement en individus ; toutes celles que nous connaissons sont même individualisées à des degrés variables et leur forme tend toujours à devenir régulière : les Siphonophores, les Pennatules, les Cristatelles, les Pyrosomes nous en ont fourni la preuve dans les groupes les plus divers. *La vie errante favorise donc le développement de l'individualité.*

Il y a un lien étroit entre le type que revêt chaque forme de colonie et ses conditions d'existence. Il est de toute évidence que ce type est à peu près complètement indépendant de la nature des individus associés : les hydres, les ascidies en s'associant ne forment pas toujours des *colonies rayonnées ;* inversement, dans les mêmes conditions d'existence, les hydres et les ascidies, quoique de nature bien différente, peuvent former des *colonies rayonnées.*

Nous pouvons donc pressentir déjà que ce qu'on appelle le *type*, chez les animaux, c'est-à-dire le mode de disposition de leurs diverses parties, est le produit du genre de vie auquel ils sont astreints.

Dans les conditions spéciales où vivent les êtres que nous venons d'étudier, nous n'avons pas vu apparaître le type de *symétrie bilatérale* si caractéristique des animaux supérieurs. Ce sont en effet des colonies d'une autre nature qui le réalisent, colonies auxquelles seront cependant applicables toutes les lois que nous avons déjà constatées.

LIVRE III

LES COLONIES LINÉAIRES

CHAPITRE PREMIER

CONDITIONS DE FORMATION ET D'EXISTENCE DES COLONIES LINÉAIRES.

Imaginons une colonie composée d'individus placés bout à bout, en ligne droite, formant par conséquent une *série linéaire ;* ainsi que le faisait déjà remarquer en 1865 M. de Lacaze-Duthiers, dans l'une de ses leçons au Muséum d'histoire naturelle (1), une telle disposition favorisera plus que toute autre les rapports réciproques des individus et tendra à établir entre eux une union de plus en plus intime. Une rapide comparaison avec les colonies que nous avons déjà étudiées suffira pour établir jusqu'à l'évidence cette proposition.

Ces colonies peuvent être ramenées à deux types essentiels : elles sont irrégulières, le plus souvent rameuses, ou bien formées d'individus disposés comme autant de rayons autour d'un centre. Dans le premier cas, en dehors des communications qui s'établissent d'ordinaire entre les cavités digestives, les rapports d'un individu déterminé avec ses voisins sont purement accidentels ; ils n'ont tout au moins rien de nécessaire. Un individu donné peut se mouvoir à sa guise, sans que ses compagnons soient le moins du

---

(1) *Revue des cours scientifiques* du 28 janvier 1865.

monde affectés par ses mouvements. Dans certains cas, soit pour
se contracter, soit pour s'étendre, il est forcé de prendre un point
d'appui sur ses voisins et réagit par conséquent sur eux ; mais toute
adhérence contractée par lui avec un corps solide a pour effet de
neutraliser ces réactions et d'isoler ainsi complètement les uns des
autres les membres de la colonie. D'ailleurs chaque individu
chasse et digère pour son compte et quand les sucs élaborés pour
la nutrition sont mis en commun, ils ont toujours à suivre pour
arriver à leur destination une voie plus ou moins compliquée. Les
réactions même qu'un membre de la colonie peut exercer sur ses
semblables rayonnent autour de lui, se divisent en courants multiples et s'épuisent d'autant plus vite que ces courants sont plus
nombreux et que les individus qu'ils doivent atteindre sont plus
éloignés les uns des autres ; leurs effets sont nécessairement incertains et irréguliers en raison même de la disposition irrégulière
des individus de la colonie.

Dans une colonie rayonnée les liens sont déjà plus intimes ;
mais là encore la disposition est peu favorable au développement
d'une personnalité élevée. S'il existe un individu central, cet
individu est immédiatement en rapport avec tous ceux qui sont
rangés en cercle autour de lui ; mais ces derniers peuvent demeurer
presque indépendants les uns des autres, n'être en communion
que sur une partie de leur étendue ou seulement même par l'intermédiaire de l'individu central. Les dactylozoïdes d'un Millépore, d'un Stylaster, les tentacules d'un Coralliaire se contractent
ou s'épanouissent isolément, sans que leurs voisins en aient nécessairement conscience.

Il en est tout autrement dans une chaîne rectiligne d'individus.
Les deux individus terminaux jouissent bien d'une certaine indépendance ; s'ils sont libres de toute adhérence avec le sol, ils peuvent se rétracter sur eux-mêmes, se replier dans tous les sens,
sans réagir sur les individus intermédiaires ; mais il suffit qu'un de
leurs points devienne fixe, même temporairement, pour que tous
les individus de la chaîne ressentent nécessairement les moindres
mouvements des parties situées entre eux et le point fixe. Tout
mouvement de contraction du premier individu, en arrière de ce

point, a pour effet de ramener vers lui la chaîne entière des membres de la colonie ; tout mouvement d'expansion refoule, au contraire, cette même chaîne en arrière. Que l'un des deux individus terminaux se déplace, il traîne nécessairement après lui tous ses compagnons et les force à se déplacer de la même quantité ; quant aux individus intermédiaires, aucun de leurs mouvements ne peut passer inaperçu pour le reste de la colonie ; qu'ils se resserrent ou s'étalent, ils rapprochent ou écartent inévitablement tous les individus entre lesquels ils sont compris ; les adhérences passagères ou permanentes qu'ils peuvent contracter avec les corps environnants, ne changent rien à ces réactions, et la production de charpentes solides pouvant servir de points d'appui aux parties molles, est même impuissante à les supprimer : chacun des individus constituant la colonie doit donc arriver très vite, par une sorte de nécessité mécanique, à avoir conscience de l'existence de ses coassociés.

Entre les diverses cavités des membres de la colonie, les communications s'établissent comme d'elles-mêmes ; tous les fluides sont mis en commun ; la moindre pression exercée par l'un des individus, détermine aussitôt en eux des mouvements qui se transmettent, sans aucune déperdition de force, d'un bout à l'autre de la colonie et de tels mouvements contribuent encore à faire naître entre tous ses membres la communauté des sensations. Presque fatalement la colonie est donc amenée à cet état d'unité psychologique qui fait d'elle ce que nous nommons un individu.

Les organes de même nature sont, d'ailleurs, dans les meilleures conditions possibles pour se fusionner par le fait seul de leur accroissement et pour se transformer en organes coloniaux. C'est ainsi, par exemple, que les tubes digestifs des divers individus placés bout à bout n'ont qu'à s'ajouter l'un à l'autre pour former un tube unique, dont les segments demeurent plus ou moins reconnaissables et qui devient le tube digestif de l'individu composé. Les aliments avalés par les individus terminaux peuvent passer, sans que rien les arrête, dans le tube digestif des autres, céder la place à un nouveau bol de matières nutritives, de sorte que ces individus peuvent théoriquement avaler de nouvelles substances tant que le tube digestif commun n'est pas rempli. D'autres bouches que les leurs sont inutiles car, marchant les premiers, plus libres dans leurs mouvements que leurs compagnons forcés de suivre leur trace, ils suffisent à s'emparer, partout où ils passent, de tout ce qui peut servir à l'alimentation de la colonie : des bouches multiples gêneraient même le fonctionnement du tube digestif commun, soit en offrant une issue à des matières incomplètement élaborées, soit en facilitant l'obstruction de l'intestin par suite du conflit des aliments ingérés par un individu donné et ceux qui le précèdent. La sélection naturelle a dû faire, en conséquence, disparaître rapidement les bouches accessoires et conserver seulement celles des individus terminaux.

Ces individus ne sont pas eux-mêmes absolument équivalents entre eux ; l'un d'eux, plus ancien, s'est trouvé, de ce chef, investi des fonctions de mouvoir et de nourrir la jeune colonie quand elle n'était encore qu'une partie de lui-même. Obligé de chercher et d'ingérer la nourriture de tous, on pourrait presque dire d'avoir pour tous de l'initiative, s'avançant toujours le premier, traînant à sa suite la chaîne plus ou moins longue de sa progéniture, portant seul une bouche, la première bouche qui se soit formée, c'est lui qui détermine l'*avant* de la colonie. Seul il peut choisir la route à suivre, aller en avant ou reculer, modifier l'allure de la colonie, en accélérer ou ralentir les mouvements ; il doit donc être à chaque instant informé des dangers que peuvent courir chacun de ses membres. A lui doivent aboutir toutes les impressions ; à lui, de les apprécier et de réagir en conséquence : plus que tout autre, il a besoin d'un appareil tactile d'une grande finesse, d'organes des sens multiples et variés, son système nerveux doit donc prendre un développement considérable. L'individu le plus ancien, l'individu antérieur devient donc, par la force des choses, l'individu prédominant, au point de vue des fonctions de relations : il s'empare des organes les plus délicats, revêt une forme de plus en plus différente de celle de ses compagnons et, seul ou associé à quelques-uns d'entre eux, finit par prendre la direction de la colonie tout entière. Mais, dès lors, qu'est-il autre chose sinon ce que nous nommons une *tête* ?

La colonie est désormais un individu parfait; la plupart des Annélides, les curieux Péripates de l'hémisphère austral, les Myria-podes nous montrent d'une façon frappante les traits prévus de colonies ainsi constituées.

. Des modifications intérieures de haute importance viennent encore accuser cette transformation. C'est une règle générale dans les organismes, que lorsque deux tissus vivants, de même nature, arrivent à se rencontrer et à se presser l'un contre l'autre, ils se soudent. Deux hydres maintenues en contact par leur peau se greffent l'une sur l'autre; une hydre retournée introduite dans une hydre normale, de manière que les deux entodermes soient en contact, se fusionne avec elle, ce qui n'aurait pas eu lieu si elle n'avait pas été retournée, l'exoderme de l'une se trouvant alors en contact avec l'entoderme de l'autre; des organes qui apparaissent dans les embryons, pairs et symétriques, se transforment par un phénomène analogue, en organes impairs et médians. C'est le fondement, très réel de la loi d'*attraction du soi pour soi* de Geoffroy Saint-Hilaire. Ces soudures peuvent se manifester aussi bien dans le sens longitudinal que dans le sens transversal. Ainsi des organes se répétant par séries linéaires doivent, par le progrès même de leur croissance, arriver à se fusionner; ils forment alors des unités d'un nouvel ordre, de petits domaines indépendants dans la colonie. Grâce aux adhérences nouvelles qu'ils ont contractées, les organes soudés entre eux peuvent s'éloigner plus ou moins des individus desquels ils dépendent pour se rapprocher des organes semblables des autres individus; de la sorte, un organe compact, véritable unité physiologique, peut se substituer à une série d'organes primitivement indépendants: l'anatomie ou l'embryogénie comparées pourront seules dévoiler son origine première. L'histoire des métamorphoses des Insectes est pleine de transformations de ce genre. On peut voir, en particulier, le système nerveux des larves se concentrer graduellement chez l'adulte, les ganglions quittant les anneaux qui leur correspondent pour se réunir dans le thorax ou l'abdomen en masses plus ou moins volumineuses.

Viennent maintenant la division du travail physiologique et les modifications de formes qui en sont la conséquence, les différents individus pourront prendre chacun un rôle particulier et revêtir des caractères appropriés. Là colonie se divisera en régions comme chez certaines Annélides, chez les Crustacés et les Insectes; certaines parties s'isoleront davantage de leurs voisines ; d'autres au contraire pourront se fusionner presque complètement, comme cela arrive chez les Araignées; la colonie pourra revêtir, en un mot, toutes les apparences que manifestent les animaux de la classe des Annelés ou de celle des Arthropodes.

La disposition relative des différents membres d'une colonie linéaire rend tellement facile sa transformation en individu que cette transformation a dû se produire de très bonne heure et presque dans tous les cas. De là deux conséquences :

Les colonies dans lesquelles les individus sont demeurés indé-pendants doivent être relativement rares aujourd'hui.

Les individus résultant de la transformation de ces colonies, ayant apparu de bonne heure, se montrant d'ailleurs éminemment per-fectibles, doivent s'être élevés plus haut dans la série zoologique. C'est en effet ce que nous aurons bientôt à constater.

Mais, dira-t-on, comment ont pris naissance les colonies linéaires elles-mêmes ? Quelles causes ont présidé à leur formation ? Il semble qu'on puisse en rendre compte d'une façon satisfaisante et cependant fort simple.

La plupart des êtres que nous avons étudiés jusqu'ici dérivent de larves ou d'embryons agiles, de forme presque sphéroïdale, nageant avec facilité à l'aide des cils vibratiles dont ils sont revêtus, dans un liquide de densité presque égale à la leur. Plus lourds, ces embryons ne pourraient se soutenir au moyen de leurs rames lé-gères et leur existence se passerait forcément au ras du sol. Le cas a dû se présenter. Mais cette simple augmentation de densité des embryons entraîne avec elle d'autres conséquences importantes. Les tissus n'étant plus supportés de toutes parts par la poussée du liquide ont dû s'affaisser sur eux-mêmes; le frêle animal a dû s'aplatir, et passer d'une forme symétrique par rapport à un axe à une forme symétrique par rapport à un plan : ainsi est née ce que l'on nomme la *symétrie bilatérale*, celle qui caractérise les animaux formés de deux moitiés telles que notre moitié droite et notre moitié gauche. En outre, la nécessité de rechercher sa nourriture a forcé l'embryon ainsi modifié, à maintenir constamment tourné vers le sol son orifice buccal : il était dès lors évidemment avantageux que cet orifice au lieu de demeurer terminal, se transportât sur l'une des faces du corps ; cette face était fatalement destinée à devenir celle par laquelle l'animal reposerait sur le sol ; les deux faces de l'embryon ont donc cessé d'être semblables, l'une est devenue la face *dorsale*, l'autre la face *ventrale*. Cette même nécessité de la recherche de la nourriture imposait à l'animal l'obligation de se mouvoir presque toujours dans la direction où se trouvait sa bouche et de porter celle-ci constamment en avant : un côté *antérieur* et un côté *postérieur* ont été déterminés de la sorte et, par conséquent, les deux moitiés symétriques du corps sont devenues, l'une la moitié *droite*, l'autre la moitié *gauche*.

Tout cela s'enchaîne nécessairement.

Ces diverses régions du corps que nous pouvons aujourd'hui facilement reconnaître et dénommer, dont nous pouvons même indiquer l'origine dans l'hypothèse que nous avons admise, n'ont plus au contraire rien de déterminé dès que nous en sortons. Une éponge, une hydre, une anémone de mer, une ascidie même, n'ont, à proprement parler, ni dos, ni ventre, ni droite, ni gauche. Cela est si vrai que les principaux anatomistes qui se sont occupés des ascidies, Savigny, M. H. Milne-Edwards, M. de Lacaze-Duthiers ont chacun désigné sous ces noms des parties totalement différentes (1).

La symétrie bilatérale a été parfois considérée comme un signe de perfection chez les animaux. Ce que nous venons de dire montre qu'elle peut s'accorder parfaitement avec un degré de simplicité

_____

(1) Savigny considère les siphons d'une ascidie comme formant son côté *antérieur*, et le siphon excréteur comme *ventral*; M. H. Milne-Edwards adopte, quant au côté antérieur, les idées de Savigny ; mais pour lui le siphon excréteur est *dorsal*; M. de Lacaze-Duthiers considère aussi ce siphon comme dorsal; mais les deux siphons déterminent, à son avis, le côté *postérieur* de l'ascidie, ce qui est tout à fait logique quand on veut comparer une ascidie à un mollusque acéphale. Huxley tourne la difficulté en distinguant simplement un côté *neural*, déterminé par la présence du ganglion nerveux et un côté *hæmal*, déterminé par la présence de l'endostyle et du cœur.

extrême de l'organisme. Son apparition n'en a pas moins été un fait important dans l'histoire du règne animal. La symétrie bilatérale, si elle n'est pas un *signe de perfection*, a été sûrement une *cause de perfectionnement*, et c'est pourquoi on la retrouve dans les plus élevés des animaux. C'est elle, en effet, qui a déterminé l'apparition des colonies linéaires dont nous avons montré tout à l'heure l'exceptionnelle perfectibilité.

Revenons à l'organisme simple que nous pouvons considérer comme le type primitif, le type élémentaire de l'animal à symétrie bilatérale. Comme tous les organismes de son rang, il est doué de la faculté de reproduction asexuée : des êtres nouveaux peuvent bourgeonner sur lui ; mais se trouve-t-il à cet égard dans les mêmes conditions que les hydres? Sa progéniture peut-elle apparaître en un point quelconque de son corps? L'examen des rôles différents que sont appelées à jouer les régions antérieure et postérieure, droite et gauche, dorsale et ventrale de l'animal, montre qu'il ne saurait en être ainsi. La région antérieure doit demeurer extrêmement mobile pour explorer le sol et découvrir les matières alimentaires; les côtés sont constamment agités par les mouvements nécessaires à la locomotion et doivent demeurer libres d'exécuter ces mouvements ; la face ventrale appuie sur le sol dont elle doit embrasser les moindres anfractuosités et dont elle ne saurait être séparée sans nuire à la sûreté de la progression ; sur la face dorsale les bourgeons devraient, pour s'élever, lutter contre la pesanteur à laquelle nous avons vu céder cependant les tissus de l'animal, ce qui impliquerait contradiction. Tout animal chez qui la reproduction s'effectuerait dans ces diverses parties serait mis, par cela même, dans des conditions désavantageuses et par conséquent menacé de mort. La partie postérieure du corps, qui n'a aucun rôle actif à jouer, demeure donc seule parfaitement libre de produire des individus nouveaux ; les tissus s'y trouvent dans un état de tranquillité relative qui favorise leur accroissement régulier et les phénomènes plus ou moins compliqués de leur évolution. Les jeunes organismes qui viennent s'ajouter dans cette région à l'organisme primitif, cessent rapidement d'être une gêne pour devenir au contraire des auxiliaires; ils prennent leur part du travail de la loco-

motion, du travail de la digestion, et produisent bientôt, à leur
tour, de nouveaux individus dans les mêmes conditions. Chaque
individu venant, par une inévitable nécessité physiologique,
se placer dans le prolongement de ses aînés, la *colonie linéaire* se
trouve fondée.

On peut donc considérer ce genre de colonies comme engendré
par la symétrie bilatérale ; celle-ci résulte, de son côté, d'un simple
accroissement dans la densité des organismes amenés à ramper
sur le sol, au lieu de nager librement ou de se fixer. S'il est vrai
que la production des colonies linéaires ait été pour les organismes une cause décisive de progrès, quels effets splendides ont
été la conséquence de ce fait, en apparence, si simple et si peu
important : l'accroissement de poids d'un faible amas de cellules !

L'histoire des Vers inférieurs vient donner une saisissante réalité à ces vues théoriques. Il serait difficile de donner une définition précise et rigoureuse de ce que les naturalistes actuels enten-
dent par ce mot *Ver*, plus ancien que la science et qui rappelle à
l'esprit tout ce qui est infime, tout ce qui rampe sur les fonds li-
moneux des mers ou dans la vase des cours d'eau. Depuis Linné,
la classe des Vers n'a cessé d'être le capharnaüm où les naturalistes rassemblent pêle-mêle tout ce qu'ils ne peuvent avec quelque
certitude classer ailleurs : Linné y plaçait les Mollusques ; Cuvier y
laissa des Crustacés ; on classe souvent encore dans ce groupe
les Bryozoaires et même les Tuniciers. Quoi qu'il en soit, le Ver
est essentiellement, dans le langage ordinaire, un animal libre,
plus ou moins allongé, rampant, symétrique, d'organisation très
inférieure ; c'est bien l'être hypothétique dont nous avons dans
les pages précédentes retracé les caractères et qui a dû fournir les
premières colonies linéaires.

Mais nous ne devons pas demeurer dans les abstractions ; nous
devons indiquer d'une façon précise les formes auxquelles nous
faisons allusion, si elles existent encore dans la nature. Or, on reconnaît sans peine leurs analogues dans les animaux qui ont été
réunis sous la dénomination commune de *Turbellariés*. Là l'organisation semble d'une simplicité extrême : point de membres, ni
de régions du corps distinctes (fig. 84) ; pour organes locomoteurs,

de simples cils vibratilés d'une finesse excessive, recouvrant d'une
façon continue tous les téguments ; une forme aplatie ; une bouche située sur la face ventrale et généralement vers la partie
antérieure du corps ; un intestin presque toujours terminé en cul-
de-sac, réduit par conséquent à une simple poche plus ou moins
développée ; des organes des sens rudimentaires ; des viscères
enchevêtrés les uns dans les autres ; l'intestin et la paroi du corps
reliés par des tissus compacts, ne laissant entre eux aucun intervalle
semblable à celui qui existe chez les animaux supérieurs : voilà tout
ce que révèle d'abord un examen superficiel. Malheureusement une
étude minutieuse des Turbellariés même les plus inférieurs ne tarde
pas à montrer que ce sont là des animaux déjà très éloignés du point
de départ que nous avons supposé. Les téguments forment, en réalité, une couche parfaitement distincte, bourrée de *bâtonnets* qu'on
a souvent comparés aux nématocystes des Acalèphes : au-dessous
d'eux se succèdent quatre couches alternativement transversales et
longitudinales de véritables fibres musculaires, entremêlées de
pigments diversement colorés ; puis vient un tissu réticulé, contenant un assez grand nombre de corps glandulaires et remplissant
tout l'intervalle qui sépare les muscles tégumentaires de l'intestin.
C'est dans les mailles de ce tissu que s'intercalent le système nerveux et ses rameaux délicats ; d'innombrables arborescences vasculaires constituent un appareil d'excrétion dont les branches
maîtresses s'ouvrent tantôt directement à l'extérieur, tantôt dans
une gaîne particulière qui enveloppe l'œsophage ; c'est encore
dans ces mailles que se rencontrent les diverses parties de l'appareil de la génération (fig. 84, n° 1). Celui-ci est d'une complication
particulièrement remarquable. A l'exception des Némertes, la
plupart des Turbellariés sont hermaphrodites. L'appareil mâle
comprend chez eux tantôt un grand nombre de testicules, tantôt
deux seulement dont le produit, accumulé souvent dans une vésicule séminale, est porté à l'extérieur par un organe copulateur de
forme variable. Outre l'ovaire, l'appareil femelle se compose, en
général, de deux glandes volumineuses chargées de sécréter des
éléments nutritifs qui viennent se déposer autour de l'œuf, avant
que celui-ci ne s'enferme dans une coque, d'une poche copulatrice

où la semence est conservée après l'accouplement, enfin d'un utérus où l'œuf fécondé séjourne quelque temps avant la ponte et accomplit parfois une partie de son développement.

Voilà donc des animaux fort compliqués, ne rappelant en rien la grande simplicité des hydres auxquelles on serait tenté de comparer le Ver primitif, fort éloignés par conséquent de ce *prototype*. La forme générale du corps a bien été conservée ; mais les organes

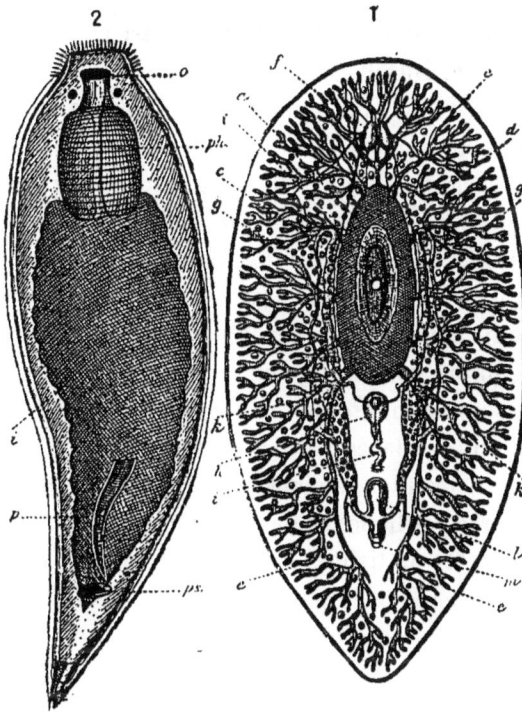

Fig. 84. — TURBELLARIÉS. — 1. *Polycelis pallidus* (grossi 3 fois) : *a*, œsophage ; *b*, pharynx ; *c*, bouche ; *d*, estomac ; *e*, ramifications du tube digestif ; *f*, ganglion nerveux et nerfs qui en partent ; *g*, canaux déférents aboutissant aux testicules répandus dans les tissus et représentés sur la figure par des cercles ombrés ; *h*, vésicule séminale ; *i*, organes copulateurs ; *k*, matrice ; *l*, poche copulatrice ; *m*, orifice génital femelle. — 2. *Vortex hispidus*, Claparède (grossi 300 fois) : *o*, bouche suivie des deux yeux ; *ph*, pharynx ; *i*, intestin terminé en cul-de-sac ; *p*, spicule copulateur ; *ps*, orifice génital.

internes ont subi de tels perfectionnements, que l'on pourrait s'attendre à la disparition presque complète des propriétés premières des ancêtres ; l'appareil de la reproduction sexuée présente en particulier un tel luxe de développement que l'on devrait craindre,

par une compensation naturelle, l'extinction définitive de la reproduction asexuée.

Il n'en est rien cependant. Dans quelques types remarquables,
cette faculté s'est heureusement conservée avec ses caractères ty-
piques. Elle a été observée par divers naturalistes dans les formes
les plus variées de Turbellariés inférieurs, en particulier chez les
Catenula lemnæ, Dugès (1), *Strongylostomum cærulescens*, OErsted,
Microstomum lineare, OErsted (2), *Microstomum giganteum*,
Hallez (3), *Stenostomum leucops* et *unicolor*, Oscar Schmidt (4),
Alaurina prolifera, Busch, (5), *Alaurina composita*, Mecznikoff (6).
D'après les recherches les plus récentes, celles de M. Hallez,
chez le *Microstomum giganteum*, un individu isolé, d'abord simple,
arrivé à une certaine taille, est divisé en deux parties par une
double cloison se produisant entre le tiers postérieur et les deux
tiers antérieurs de sa longueur (fig. 85, n° 1, *as, as*); le tiers postérieur devient peu à peu un individu nouveau ; mais il ne se
sépare pas tout d'abord et ne tarde pas à se segmenter à son tour
exactement comme son aîné ; en même temps celui-ci éprouve
une nouvelle segmentation, de sorte que l'on a bientôt une chaîne
de quatre individus placés bout à bout. De ces quatre individus
deux seulement, les plus anciens, possèdent des bouches (même
fig. *m*); plus tard les bouches des deux autres apparaissent (*m₁*),
mais déjà tous les individus se sont segmentés et on les voit
séparés les uns des autres par de jeunes individus sans bouche
qui portent à huit le nombre des segments de la chaîne. Ce

(1) Dugès, *Recherches sur l'organisation et les mœurs des Planariés* ; Annales
des Sciences naturelles, 1ʳᵉ série, t. XV, 1828, — et *Aperçu de quelques observations nouvelles sur les Planaires et plusieurs genres voisins* ; Annales des
Sciences naturelles, 1ʳᵉ série, t. XXI, 1830.

(2) OErsted, *Entwurf einer systematische Eintheilung und specialische Bes-
chreibung der Plattwürmer*, Copenhague, 1844.

(3) Hallez, *Contributions à l'histoire naturelle des Turbellariés* ; Travaux de
l'Institut zoologique de Lille, fascicule II, 1879.

(4) Oscar Schmidt, *Die Rhabdocœlen Strudelwürmer des süssen Wassers* ; Iéna,
1848.

(5) Busch, *Beobachtungen über wirbellose Thiere*, Berlin, 1851.

(6) Mecznikoff, *Zur Naturgeschichte der Turbellarien* ; Archiv für Naturgeschichte, t. XXXI, 1865.

nombre n'est généralement pas dépassé ; quelquefois cependant, chez le *Vortex lineare*, une nouvelle division s'opère et l'on a alors une colonie de seize individus (fig. 85, n° 1).

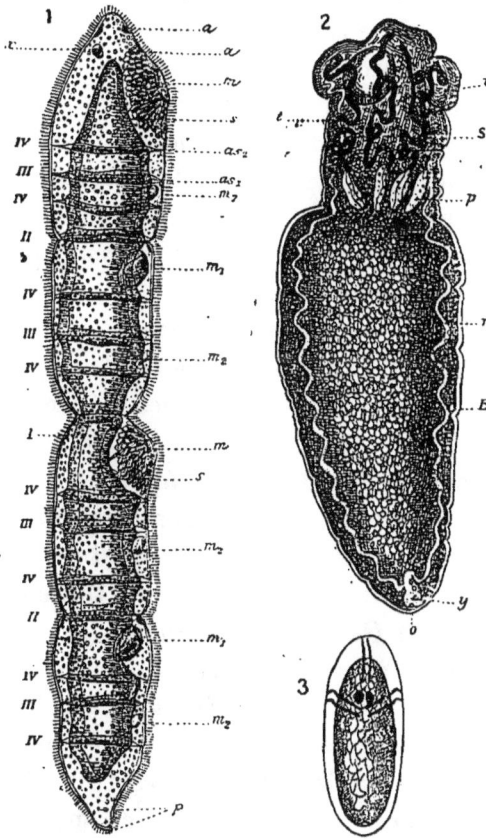

Fig. 85. — 1. Colonie linéaire de *Microstomum lineare*, formé de 16 individus, à quatre états de développement, grossie 20 fois environ. I, II, III, IV, les individus de chacune des quatre générations qui constituent la colonie ; *as*, *as*, cloisons de 4ᵉ et de 3ᵉ génération ; m', m_1, m_2, bouches de différents âges ; *a*, fossettes vibratiles et *x*, yeux de l'individu le plus âgé ; *p*, extrémité postérieure effilée de l'individu primitif. — 2. Cysticerque d'un cestoïde (Tetrarhynque), grossi 15 fois. E, l'individu caduc ordinairement vésiculaire résultant de la métamorphose de l'embryon ; S, le *Scolex*, ou tête, produit par bourgeonnement sur l'individu E ; *v*, ventouses du Scolex ; *t*, les trompes armées de crochets, caractéristiques des Tétrarhynques ; *p*, poches dans lesquelles elles se rétractent ; *r*, vaisseaux excréteurs ; *y*, vésicule excrétrice. — 3. *Hexacanthe* ou embryon à six crochets des cestoïdes, grossi 200 fois.

La chaîne se brise bientôt d'une façon d'ailleurs fort irrégulière, tantôt en son milieu, tantôt en deux tronçons inégaux comprenant chacun un nombre variable d'individus.

Évidemment nous sommes fort près du mode primitif de reproduction. Les bourgeons se forment bien à la partie postérieure du corps, comme la théorie l'indique ; tous les individus qui se succèdent sont absolument équivalents ; tous se ressemblent d'une façon complète ; il n'y a entre eux aucun lien physiologique permanent, aucune subordination. Les colonies de Microstomes, à part leur disposition linéaire, sont exactement comparables aux colonies temporaires des Hydres d'eau douce. Les unes ne sont pas plus élevées que les autres dans l'échelle sociale. Mais, sans nous éloigner beaucoup des Turbellariés, nous allons trouver un autre groupe de Vers dans lequel les colonies prennent un caractère individuel bien nettement dessiné.

On a donné le nom général de Trématodes à des vers parasites qui s'attaquent à peu près à tous les groupes d'animaux, sont ordinairement munis de ventouses analogues à celles des Sangsues et dont le corps est souvent aplati comme une feuille. Deux espèces, bien connues sous le nom de *Douves du foie*, se logent dans les canaux biliaires du mouton et déterminent parfois chez cet animal une grave maladie, la *cachexie aqueuse*, dont les ravages ont été souvent une cause de ruine pour les éleveurs. Une curieuse espèce, à tissus plus épais, le *Gastrodiscus Sonsinoni* (fig. 86) récemment découvert, habite, dans certains pays, l'intestin du cheval. Les Douves et les autres Trématodes présentent avec les Turbellariés en général les plus étroites analogies; leur forme extérieure est sensiblement la même ; leur tube digestif se divise en eux branches arborescentes (fig. 87, n° 1, *b*, *e*), mais leur appareil excréteur et surtout leur appareil de la génération reproduisent presque dans leurs moindres détails les dispositions propres aux Turbellariés à tube digestif droit. Les Trématodes sont de véritables Turbellariés devenus parasites et chez lesquels les cils vibratiles des téguments ont disparu. Ces délicats organes locomoteurs ont été remplacés par des ventouses souvent munies de crochets, mieux appropriées à la vie sédentaire que mènent des parasites.

Les Trématodes diffèrent encore des Turbellariés parce qu'ils ont conservé à un haut degré le pouvoir de reproduction par voie agame, pouvoir qu'ils exercent dans des conditions toutes particulières. Ils peuvent former des colonies, et ces colonies, d'un ordre relativement élevé, tout le monde les connaît : leur type n'est autre chose que le Ver solitaire, le Ténia. Les Trématodes vivant en colonie constituent une classe nombreuse de parasites, celle des *Vers rubannés* ou Cestoïdes, dont les représentants vivent aux depens de presque toutes les espèces d'animaux vertébrés et n'épargnent même pas les Oiseaux-Mouches (1).

Que l'on compare un anneau encore jeune de Ténia à un Trématode adulte, il sera facile d'y reconnaître tous les organes qui

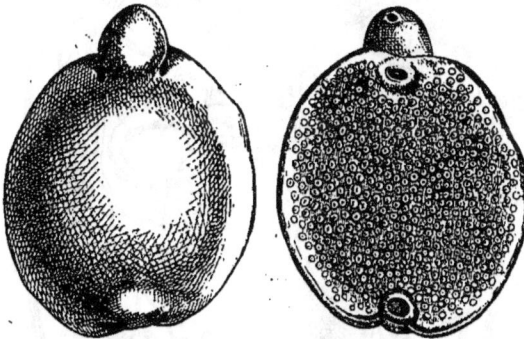

Fig. 86. — TRÉMATODES. — *Gastrodiscus Sonsinoni,* Cobbold; grossi 4 fois. — N° 1, face dorsale ; n° 2, face ventrale montrant la bouche, l'orifice génital, la ventouse postérieure et les nombreuses petites ventouses, caractéristiques du genre, qui sont disséminées sur sa surface épanouie en disque.

constituent ce dernier (fig. 87, n°ˢ 1 et 2). Le tube digestif, si tant est qu'il existe, a subi à la vérité une transformation profonde ; mais il existe un appareil excréteur bien caractérisé, et l'on retrouve trait pour trait dans l'appareil génital les dispositions si particulières que montre l'appareil correspondant des Trématodes et des Turbellariés. Chaque segment possède en propre un double appareil reproducteur, indépendant de celui de ses voisins ; l'appareil mâle est pourvu de son appareil copulateur spécial ; l'appareil

(1) M. le Dᴿ Camille Viguier, actuellement professeur à l'école supérieure des sciences d'Alger, a trouvé dans le tube digestif d'un oiseau-mouche de l'isthme de Panama un Cestoïde parfaitement caractérisé qui a été malheureusement desséché par accident, mais dont les débris ont été néanmoins conservés dans les collections du Muséum. C'est sans doute avec les petits insectes dont elles se nourrissent que ces délicates créatures avalent le jeune Ténia qui se développera plus tard dans leur intestin.

femelle, construit avec la complication ordinaire, ne manque pas
davantage de son orifice externe. Les anneaux d'un Ténia ne sont
donc pas de simples parties d'un tout organique indivisible : ce
sont de véritables individus, des organismes autonomes, ayant
encore actuellement leurs analogues vivant à l'état solitaire. Ces

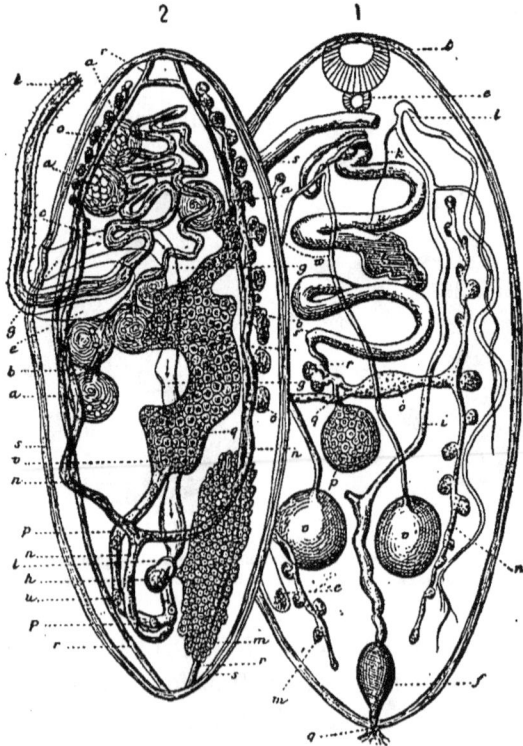

Fig. 87. — Comparaison d'un Trématode et d'un anneau de Cestoïde. — 1. *Trématode :* b, pharynx;
e, œsophage et tube digestif; f, vésicule terminale de l'appareil rénal; g, orifice de cette vésicule;
i, k, l, ramifications des vaisseaux de l'appareil rénal; n, glandes annexes de l'appareil génital
femelle; o, région où le produit de ces glandes s'unit à l'œuf et aux zoospermes, avant la ponte;
p, ovaire; r, poche copulatrice; i, s, t, u, matrice; v, glandes mâles; w, canaux déférents. — 2. *Anneau* ou *proglottis* de Cestoïde : a, glandes mâles; b, c, canaux déférents; e, poche renfermant
l'organe copulateur; l, organe copulateur; g, orifice de l'appareil génital femelle; h, poche copulatrice; m, ovaire; n, conduits des glandes accessoires de l'appareil femelle (deutoplasmigène);
o, ces glandes accessoires; p, q, matrice; r, vaisseaux représentant l'appareil rénal des Trématodes;
s, paroi musculaire du corps; u, v, œufs.

anneaux ne sont pas, du reste, indissolublement unis les uns aux
autres; arrivés à maturité, ils se séparent spontanément de la
colonie dont ils faisaient partie pour vivre plus ou moins longtemps
d'une vie indépendante; ils se meuvent souvent alors avec plus

d'agilité que lorsqu'ils étaient unis à leurs compagnons, ils peuvent
encore se nourrir et grandissent même parfois d'une façon considérable.

Enfin, s'il était besoin de démontrer davantage le caractère colonial des Ténia, on pourrait encore invoquer l'extrême variabilité

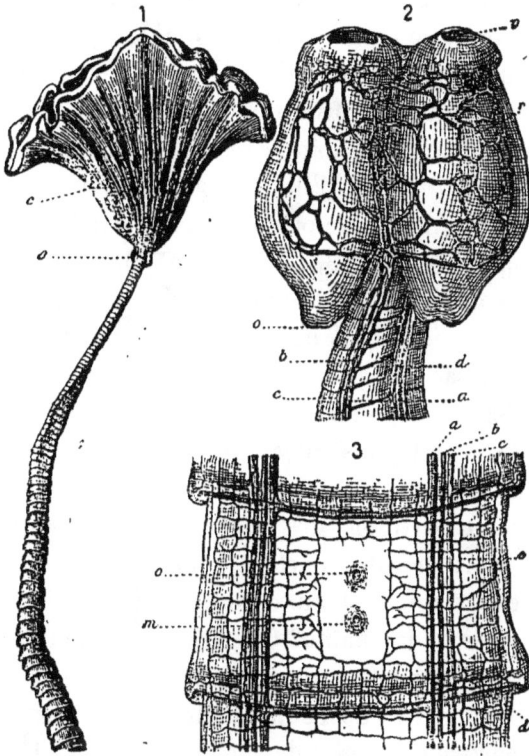

Fig. 88. — CESTOIDES. — 1. *Duthiersia expansa*, ver solitaire d'un lézard (Varan à deux bandes);
c, le *scolex* ou *tête* de ce Cestoïde; *o*, orifice inférieur des deux ventouses, élargies en éventail qui
forment ce Scolex (grossie 2 fois). — 2. Scolex ou tète du *Solenophorus megacephalus* du Python
(grossie 5 fois); *o*, orifice inférieur, *v*, orifice supérieur des ventouses du *scolex*; *v*, *b*, *c*, les trois
vaisseaux latéraux qui mettent les proglottis en rapport les uns avec les autres; *r*, réseau vasculaire qui dans le scolex fait communiquer entre eux tous les vaisseaux (d'après les dessins de M. Poirier.
— 3. Un *anneau* ou *proglottis* du même *Solenophorus* (grossi 5 fois); *a*, vaisseau communiquant
par un gros vaisseau transversal avec le vaisseau symétrique; *b*, vaisseau intermédiaire ne communiquant avec les précédents que dans le *scolex*; *c*, vaisseau externe donnant naissance dans chaque
anneau à une branche *d*, qui fournit à son tour le réseau superficiel; *e*, *o*, *m*, orifices de l'appareil
génital (d'après les dessins de M. Poirier).

que l'on observe dans le nombre des anneaux suivant les espèces.
Dans quelques cas ce nombre est de plusieurs centaines ; mais, en
revanche, le *Tænia echinococcus*, qui n'est guère plus gros qu'un

grain de mil et vit dans l'intestin du chien, ne possède jamais que
deux anneaux, dont l'un représente la tête des Ténias ordinaires,
et ces deux anneaux sont même confondus en un seul dans les
Caryophyllæus, parasites des Poissons.

Si nette que soit la distinction entre les divers individus qui
constituent un ruban de *Tænia*, la colonie chez ces animaux n'en
présente pas moins une tendance remarquable vers l'unité. Il a
fallu les remarquables travaux de P.-J. Van Beneden, professeur
à l'Université catholique de Louvain, pour détruire l'ancienne opinion que chaque ruban de Cestoïde constituait un animal unique
et cette opinion compte encore d'illustres partisans. Ne voit-on pas,
en effet, dans un tel ruban, une partie spéciale par laquelle le parasite se fixe (fig. 85, s; fig. 88, n° 1, c et n° 2), qui ne présente
jamais d'organes génitaux, porte toujours des ventouses, souvent
une armature plus ou moins complexe de crochets, des taches
oculiformes, une sorte de système nerveux central, et semble par
tous ces caractères correspondre à une tête? Tous les anneaux ne
sont-ils pas, d'autre part, unis entre eux par un système fort complexe de canaux (fig. 88, n° 2 et 3) dont les uns sont chargés
d'assurer l'égale répartition des matières alimentaires, tandis
que les autres vont prendre partout, dans la colonie, les humeurs inutiles et les rejettent au dehors par un orifice situé à
l'une des extrémités de la chaîne? Ces faits témoignent sans doute
qu'une réelle unité physiologique s'est établie entre tous les anneaux d'une même ruban de Ténia; mais nous savons qu'ils sont
sans grande importance au point de vue de l'individualité même de
ces anneaux. Dans une colonie d'Hydraires ou de Corallaires, les
divers Polypes sont également unis par un réseau vasculaire extrêmement riche; ni ce réseau, ni le polymorphisme si fréquent de
ces animaux, n'empêchent de considérer leur ensemble comme une
colonie.

Tel est le cas des Cestoïdes : la vie coloniale a permis chez eux
une division du travail, suivie de polymorphisme. Tout ruban
complet de Cestoïde se compose de deux sortes d'individus : 1° un
individu asexué, le *scolex*, qu'on appelle vulgairement la *tête*
(fig. 85, S; 88, n° 1, c et n° 2), doué à un haut degré de la

faculté de se reproduire par bourgeonnement, servant en même temps à fixer la colonie dans l'intestin de son hôte ; 2° les *proglottis* ou *cucurbitains* (fig. 87, n° 2 et 88, n° 3), pourvus d'organes très développés de génération sexuée, mais incapables de se reproduire par bourgeonnement, correspondant aux individus sexués des colonies d'Hydraires. L'ensemble du *scolex* et des *proglottis* peut être considéré comme une sorte d'individu auquel P.-J. Van Beneden a proposé d'étendre la dénomination de *strobile*, rapprochant ainsi la colonie cestoïde de la colonie que produit en se segmentant le scyphistome des Méduses supérieures (1). Ce rapprochement est d'autant plus acceptable qu'un Ténia ne donne, comme le strobile des Méduses, l'illusion d'un animal unique qu'en raison de la disposition linéaire des parties qui le composent. Au fond, s'il est permis de comparer les chaînes de Turbellariés aux colonies temporaires des Hydres d'eau douce, les Cestoïdes ne s'élèvent guère au-dessus des colonies permanentes de *Cordylophora* ou d'Hydres marines dans lesquelles le polymorphisme est souvent même beaucoup plus considérable.

Malgré la localisation de la faculté de bourgeonnement sur un seul individu, cette faculté s'exerce encore sur cet individu dans des conditions très voisines des conditions normales. Le *scolex* paraît grandir sans cesse par son extrémité postérieure exactement comme le font les Microstomes, et les parties nouvelles qui se forment s'organisent successivement en segments distincts. La seule différence, c'est que ces segments une fois formés n'en produisent plus d'autres ; de nouveaux anneaux ne viennent plus s'intercaler entre eux ; les proglottis se disposent donc naturellement à la suite les uns des autres, par rang d'âge, les plus jeunes refoulant incessamment les plus anciens plus loin du scolex. Les proglottis grandissent d'ailleurs, au moins pendant un certain temps, à mesure qu'ils vieillissent ; ils sont par conséquent d'autant plus larges qu'ils sont plus âgés ; de là la forme particulière des colonies de Ténias qui vont en s'élargissant presque régulièrement de leur extrémité dite antérieure à leur extrémité postérieure.

(1) Voir pages 197 et 198 et figure 37.

Les Cestoïdes, à leur état de parasite intestinal, ne forment que des colonies linéaires ; l'individu qui seul possède le pouvoir de reproduction agame, le scolex, ne donnant naissance à de nouveaux individus qu'à l'une de ses extrémités ; mais il est facile de montrer que cette localisation de la faculté de reproduction n'est qu'un phénomène secondaire, dû à des conditions particulières d'existence, une modification d'une faculté de reproduction plus générale et de donner ainsi une confirmation expérimentale à la théorie du mode de formation des colonies linéaires que nous avons exposée au début de ce chapitre.

Nous avons vu que, chez des organismes condamnés à ramper sur le sol, les nécessités de la locomotion avaient dû fatalement déterminer la production de colonies linéaires. Or ces nécessités n'existent pas pour des Vers parasites, au-devant de qui la nourriture vient d'elle-même, et pour qui la faculté de locomotion est, en conséquence, devenue inutile. Chez ces animaux la reproduction agame devrait donc s'exercer, comme chez les Hydres, sur toute la surface du corps. Mais les Cestoïdes descendent, comme les Trématodes, des Turbellariés, chez qui la reproduction asexuée s'est déjà localisée à la partie postérieure de l'animal. Ce caractère acquis ne pourra disparaître que sous l'influence persistante d'actions tendant à détruire l'effet de celles qui l'ont produit ; on devra donc voir, chez les Cestoïdes, la reproduction asexuée se manifester successivement, sur toute la surface du corps ou seulement à l'une de ses extrémités, suivant que les circonstances extérieures seront plus ou moins favorables à l'un de ces modes de reproduction.

A l'état adulte, les Cestoïdes habitent l'intestin de leur hôte et, dans l'espace tubulaire où ils sont obligés de résider, il est avantageux pour eux de conserver la forme allongée propre aux colonies linéaires ; la seconde hérédité se trouve favorisée par les circonstances, elle prend le dessus et la reproduction agame demeure localisée à l'extrémité postérieure du *scolex*. Néanmoins le nombre relativement considérable de Ténias monstrueux qu'on observe indique encore la lutte qui s'établit entre les deux tendances contraires ; on rencontre souvent, en particulier, des Ténias dont les anneaux présentent une section triangulaire ou en forme de croix, et qui résultent de la soudure de deux anneaux formés simultanément sur le scolex dans des directions différentes (1).

L'embryon des Ténias (fig. 85, n° 3) va, au contraire, se loger, en sortant de l'œuf, au milieu même des tissus, parmi les fibres musculaires, au sein du parenchyme des glandes et jusque dans la substance du cerveau. Là, il se transforme en une vésicule qui, chez certaines espèces, peut atteindre la grosseur d'un œuf, produit un ou plusieurs scolex pouvant s'abriter dans sa cavité, et forme ce qu'on appelle un *cysticerque* (fig. 85, n° 2). A la place où il s'est produit, le cysticerque demeure immobile, attendant qu'un accident le fasse pénétrer dans le tube digestif de l'hôte qui doit le nourrir pendant les dernières phases de son développement.

Dans une telle situation, le bourgeonnement linéaire ne serait évidemment d'aucun avantage pour le jeune animal. Toutes les parties de son corps sont également favorables à la production de nouveaux individus; il n'y a pas de raison pour qu'il s'allonge dans un sens plutôt que dans un autre, et l'on voit alors, dans un assez grand nombre de cas, les conditions les plus anciennes de la reproduction, réapparaître par un cas remarquable d'atavisme. Chez le Cénure cérébral qui habite le cerveau ou la moelle épinière du mouton et provoque, chez cet animal, la singulière maladie connue sous le nom de *tournis*, l'embryon grandit assez pour atteindre la taille du poing et produit sur toute sa surface une foule de scolex destinés à devenir autant de Ténias dans l'intestin du Chien ou du Loup. M. P. Mégnin a récemment découvert dans les muscles d'une Gerboise une espèce de Cénure dans laquelle l'embryon transformé en vésicule produit par bourgeonnement, en des points quelconques de sa surface, un nombre plus ou moins considérable de vésicules nouvelles sur lesquelles naissent les scolex.

En 1877, un naturaliste de Grenoble, M. Alfred Villot (2), a trouvé sur les canaux biliaires d'un Myriapode, le *Glomeris limbatus*, les kystes des scolex de deux espèces de Ténias qui achèvent

(1) Léon Vaillant, *Bulletin de la Société philomathique*, 1869.
(2) *Comptes rendus de l'Académie des sciences*, 1877, t. LXXXIV, p. 1097 et t. LXXXV, p. 352 et 971.

leur développement dans l'intestin des Musaraignes, le *Tænia sca-laris* et le *Tænia pistillum* de Dujardin. La vésicule résultant de la métamorphose de l'embryon s'enveloppe d'une membrane résistante et ces kystes, plus compliqués que les Cénures, non seulement produisent comme eux, sur toute leur surface, une multitude de têtes de Ténias, mais, comme le Cénure de la Gerboise, engendrent aussi un grand nombre de kystes nouveaux qui demeurent plus ou moins unis entre eux.

Cette faculté se retrouve encore à un plus haut degré dans l'*Échinocoque des vétérinaires* qui produit chez les animaux domestiques et même chez l'homme, d'énormes tumeurs trop souvent mortelles. La paroi de ces Échinocoques est formée de deux membranes superposées, dont l'une externe, élastique, résistante, est simplement un appareil de protection, tandis que l'autre, interne, mince et contractile, produit sur toute sa surface de nouvelles capsules et une infinité de têtes de Ténias. C'est chez les Échinocoques qu'est portée au plus haut degré l'activité génétique de la vésicule qui provient de la métamorphose de l'embryon.

Un fait important de l'histoire de ces animaux semble indiquer bien nettement que la reproduction asexuée de la vésicule embryonnaire n'est pas une propriété nouvelle acquise par celle-ci, mais qu'elle n'est autre chose que la propriété de reproduction agame du Scolex exercée dans d'autres circonstances. En effet, si la reproduction asexuée de la vésicule embryonnaire et celle du scolex sont des phénomènes du même ordre, il est évident que le pouvoir reproducteur de la première entraînera nécessairement, en se développant, un amoindrissement du pouvoir reproducteur du second. C'est ce qui arrive chez les Échinocoques. Les *scolex* povenant de leurs énormes vésicules se développent en Ténias dans l'intestin du chien, où ils deviennent des *T. echinococcus ;* or nous avons vu que ces Ténias demeurent presque microscopiques et ne possèdent le plus souvent qu'un seul anneau parvenu à maturité.

Ce lien entre les deux séries d'individus nés d'un même embryon par voie agame serait encore fortifié si l'on devait considérer comme fondées les conclusions tirées par M. Mégnin des observations intéressantes au plus haut point faites par lui sur le développement des Ténias des mammifères. On a été frappé depuis longtemps de ce que les Ténias des mammifères herbivores sont très généralement dépourvus de la couronne de crochets qui est, pour le scolex des Ténias de carnassiers, un si puissant moyen de fixation; les carnassiers s'infestent de Ténias en avalant les cysticerques cachés dans les tissus des herbivores dont ils font leur nourriture habituelle. Ainsi une même espèce de Ténia habite successivement à l'état de cysticerque, l'épaisseur des muscles ou des viscères d'un herbivore et, à l'état de strobile, l'intestin d'un carnassier (1). Les travaux de Küchenmeister, de P. J. Van Beneden, de Leuckart, ont accrédité l'idée que ces *migrations* étaient nécessaires au développement des vers analogues aux Ténias ou vers cestoïdes. Cette nécessité ne semble plus aujourd'hui aussi rigoureuse : les *Ligules* sont des Cestoïdes qui habitent successivement les poissons et les oiseaux. M. Donnadieu a pu ramener la question de leurs migrations à une question de température (2); de son côté, M. Mégnin (3) pense que les embryons d'une espèce donnée de Cestoïdes peuvent fixer indifféremment leur résidence soit dans les tissus, soit dans le tube digestif du même animal; dans le premier cas, ils se transformeraient d'abord en cysticerques et ne passeraient à l'état de strobiles qu'après une migration; dans le second, ils se développeraient directement en strobiles. Les strobiles provenant de cysticerques auraient des scolex pourvus de crochets; les strobiles formés directement en seraient dépour-

---

(1) Il faut étendre un peu cette proposition; ainsi le *T. solium* de l'homme lui vient du porc, le *T. fasciolaris* du chat lui vient de la souris ; le *T. cucumerina* du chien habite à l'état de cysticerque une sorte de pou de cet animal, le *Trichodectes canis* et le chien introduit le premier de ces parasites dans son intestin en cherchant à se débarrasser du second. Nous avons vu que les Ténias des musaraignes passent la première période de leur existence dans des Myriapodes, les *Glomeris*. En somme, la règle qui détermine les stations successives du cysticerque et du strobile, c'est que l'hôte du premier soit habituellement dévoré par l'hôte du second.

(2) A. L. Donnadieu, *Contributions à l'histoire de la Ligule* (Journal de l'anatomie et de la physiologie de l'homme et des animaux, 1877).

(3) P. Mégnin, *Nouvelles observations sur le développement et les métamorphoses des Ténias des mammifères.* -- Même recueil, 1879, p. 225.

vus. Chez les mammifères, la même espèce de Ténia pourrait donc se présenter, à l'état de strobile, sous deux formes distinctes : l'une sans crochets, propre aux herbivores ; l'autre pourvue de crochets habitant l'intestin des carnivores. Ainsi le *Tænia pectinata* du lapin et le *Tænia serrata* du chien appartiendraient l'un et l'autre à la même espèce que le *Cysticercus pisiformis*, si abondant dans la cavité péritonéale du lapin ; le premier résulterait d'un développement sur place, le second d'un développement après migration d'embryons identiques.

Le *Tænia echinococcus* se trouverait dans le même cas.

D'après M. Mégnin, ses embryons éclos dans le tube digestif d'un herbivore peuvent se développer dans des cavités en communication directe avec l'intestin, ou échouer dans des cavités complètement closes d'où ils ne peuvent sortir une fois qu'ils ont subi leur métamorphose en Échinocoque. L'Échinocoque habitant une cavité ouverte se développe peu sous cette forme ; il ne produit qu'un nombre relativement faible de scolex qui donnent chacun naissance à un Ténia sans crochets, pourvu d'un nombre assez considérable d'anneaux et qui n'est autre chose que le *T. perfoliata* du cheval. L'chinocoque habitant une cavité close grandit au contraire beaucoup, pullule sur place, sous sa forme d'chinocoque, d'une façon irrégulière et donne naissance à une infinité de scolex ; mais lorsque la dent d'un carnassier ramène ceux-ci dans des conditions propres à leur développement, la puissance génétique est épuisée et chaque scolex ne peut plus donner naissance qu'à un nombre fort limité d'anneaux.

Si les faits constatés par M. Mégnin ont bien la signification que ce savant observateur leur attribue, ce serait une intéressante confirmation de l'influence du milieu sur le mode d'exercice de la génération agame. Nous devons toutefois, pour des raisons qui apparaîtront plus tard, faire à l'égard des conclusions de M. Mégnin des réserves sérieuses mais qui n'enlèvent rien au contraste manifesté par les Cestoïdes lorsqu'ils bourgeonnent dans des cavités closes ou dans le tube digestif d'un animal.

Nous venons de trouver réalisées dans la nature, au delà de toute espérance, lés colonies linéaires dont nous avons d'abord supposé l'existence ; nous avons pu suivre, dans ces colonies, les premières conséquences des lois de développement auxquélles nous avons été conduits par des considérations à priori. Les études antérieures que nous avons faites sur les colonies animales nous ont amenés à penser que la transformation de ces colonies en individus sera plus facile et par conséquent plus complète que partout ailleurs. Nous devons maintenant rechercher si cette prévision est confirmée, si la transformation supposée a réellement eu lieu, si elle a eu lieu dans des conditions conformes à celles qu'indique la théorie, et, dans le cas de l'affirmative, montrer quelles ont été ses conséquences pour le développement ultérieur du Règne animal.

CHAPITRE II

Les Vers annelés.

Quel pourrait être le sort de colonies linéaires semblables à celles dont les Turbellariés et les Cestoïdes viennent de nous fournir des exemples? Ces colonies seraient-elles aptes à se transformer en organismes sans éprouver d'autre modification qu'une division du travail plus considérable entre les individus qui les composent et par conséquent l'apparition d'un polymorphisme plus grand parmi les individus ?

On aperçoit bien vite dans leur constitution les indices d'une faiblesse compatible avec l'existence de colonies temporaires, comme celles des Turbellariés, ou vivant dans des conditions spéciales comme celles des Cestoïdes, mais qui deviendrait rapidement causes de destruction si elle se maintenait dans des colonies devant présenter les conditions de durée et de puissance physiologique que requiert un organisme obligé de rechercher sa nourriture et de défendre sa vie. Dans les colonies de Microstomes, l'apparition périodique de jeunes individus entre les individus déjà adultes, entrave singulièrement la coordination des mouvements de ces derniers. Les tissus en voie de formation des jeunes, ne peuvent ni recueillir les impressions, ni exécuter

les mouvements d'une façon aussi parfaite que les tissus analogues
des adultes : ils sont entre ceux-ci comme des masses à demi
inertes qui s'opposent même aux réactions réciproques des individus plus développés. Chez les Cestoïdes, la maturation successive des
segments, l'inactivité qui résulte pour eux de l'accumulation à leur
intérieur des produits de la génération, enfin l'état embryonnaire
perpétuel de la région du corps qui suit immédiatement le scolex
et semble correspondre à la partie antérieure de l'animal peuvent
bien s'accorder avec la vie obscure d'un parasite demeurant immobile dans l'organe où il s'est réfugié, mais seraient autant de dé-
savantages pour un animal vivant en pleine liberté. S'imagine-
t-on, ce que pourrait être l'existence d'un Ver dont la région
antérieure et la région postérieure, constamment en voie de rénovation, seraient à peu près incapables de percevoir une sensation,
d'accomplir un mouvement?

La vie sociale étant un avantage, la sélection naturelle tendra
à accélérer constamment la production des circonstances qui peuvent en assurer le parfait fonctionnement, et il n'est pas difficile de
prévoir dans quelle direction s'accompliront les modifications des
colonies. Les raisonnements qui nous ont permis d'établir comment un animal symétrique, doué du pouvoir de reproduction
agame, est nécessairement amené à ne produire de nouveaux
individus qu'à sa partie postérieure sont, en effet, de tous points
applicables aux colonies linéaires qui résultent de ce mode de reproduction. Les parties antérieure, latérales et ventrale de ces colonies ont à jouer les mêmes rôles que les parties correspondantes
d'un Ver simple ; elles doivent donc demeurer parfaitement libres,
et le bourgeonnement tend, par suite, à se localiser dans la région
postérieure dont il pourra occuper une partie plus ou moins considérable. Suivant une règle dont nous avons pu apprécier dans nos
précédentes études le degré de généralité et dont les effets se manifestent déjà chez les Cestoïdes, le bourgeonnement tendra également à s'accélérer de plus en plus ; de telle façon que les individus
nouveaux, n'ayant pendant un certain temps aucun rôle particulier à jouer dans la colonie, largement nourris par leurs aînés
arrivés à l'état adulte, n'auront plus besoin de parvenir à cet état

pour commencer à se reproduire. De même que nous avons vu, chez les Pyrosomes, le cyathozoïde bourgeonner déjà dans l'œuf, nous verrons des segments, à peine formés, en produire déjà de nouveaux : ainsi une chaîne plus ou moins longue d'anneaux de plus en plus jeunes à mesure que l'on s'éloignera de la partie antérieure de la colonie, se constituera rapidement à l'arrière de celle-ci.

Là se trouve un anneau qui a son rôle à part : c'est le dernier. Nous l'avons déjà vu disputer la prépondérance à celui qui est devenu la tête de la colonie et ne céder qu'au droit de primogéniture ; il n'en conserve pas moins une réelle importance au point de vue de la sécurité de l'association dont il constitue l'arrière-garde, comme l'anneau antérieur en constitue l'avant-garde. Les yeux, les appendices tactiles qu'il porte dans beaucoup d'Annélides témoignent de la réalité de ce rôle. On prévoit donc que ce n'est pas à sa suite que de nouveaux individus se formeront, mais il pourra s'en former soit immédiatement avant lui, soit même aux dépens de sa partie antérieure, sa partie postérieure demeurant intacte.

D'ailleurs, précisément en raison du nombre des unités qui constituent la colonie, les phénomènes de reproduction agame pourront présenter une plus grande variété que lorsqu'il s'agissait d'un Ver simple. Les différents individus associés ne sont pas tous dans des conditions identiques : un individu placé entre deux autres pourra, par exemple, se comporter autrement que l'individu antérieur et l'individu postérieur. Seules, en effet, ses parties latérales sont actives ; sa partie antérieure et sa partie postérieure sont redevenues équivalentes l'une à l'autre, au point de vue physiologique ; les raisons qui avaient localisé le bourgeonnement à sa partie postérieure n'existent plus : cet individu s'il se met, pour une raison quelconque, à en produire de nouveaux, pourra sans inconvénient le faire à ses deux extrémités. Ces conclusions se trouvent de point en point d'accord avec les faits qu'elles expliquent et prévoient ; chacun peut s'en convaincre avec la plus grande facilité.

Il existe dans nos eaux douces une quantité innombrable de petits vers annelés, agiles, transparents et d'une réelle élégance. Ils se plaisent comme les Nymphes antiques, dans les claires fontaines, au milieu des herbes des ruisseaux : de là leurs noms de *Naïs*, de *Dero* qui rappellent ces gracieuses divinités. Les *Naïs*, plus communes, plus anciennement connues, ont donné leur nom à la famille qui réunit tous ces êtres délicats, la famille des Naï- diens. Cette famille est elle-même très voisine de celle des Lom- briciens dont le type est le Ver de terre, et ne s'éloigne pas beau- coup des nombreuses familles qui constituent la grande classe des Annélidés marines.

Tous ces Vers sont également formés d'anneaux placés bout à bout, parfaitement distincts les uns des autres, mais souvent tous semblables entre eux ; l'anneau antérieur et l'anneau posté- rieur présentent seuls d'ordinaire des modifications caractéristiques. Tous se meuvent à l'aide de soies rigides, élastiques, de consistance cornée, plus ou moins nombreuses, plus ou moins longues (fig. 89 et 91) et qui revêtent souvent des formes aussi complexes que va- riées. C'est surtout dans les Annélides marines que ces organes éprouvent le plus de modifications ; ils sont en général portés par des mamelons charnus (1), disposés en double rangée de chaque côté du corps et forment dans chaque mamelon un volumineux faisceau. Chez les Lombrics, les Naïs et les animaux voisins les mamelons qui portent les soies n'existent pas ; mais celles-ci conser- vent encore très généralement la disposition typique. Les caractères fournis par les soies présentent une telle constance qu'on a tenté plusieurs fois d'en faire la base de la classification des Annélides (2). Il ne faut pas cependant leur donner une importance trop exclu- sive. On peut seulement dire que, d'une manière générale, les An- nélides terrestres et d'eau douce sont moins bien armées de soies lo- comotrices que les Annélides marines (3) et c'est l'un des carac-

(1) Les parapodes.

(2) Voir Grube : *Die Familien der Anneliden*, et Léon Vaillant : *Note sur deux espèces du genre* Perichæta *et essai de classification des Annélides lombricines* (Annales des Sciences naturelles, 5e série, t. X, p. 225).

(3) Plusieurs de ces dernières manquent totalement de soies, tels les *Pho- ronis*, les *Tomopteris* ou encore les *Polygordius*.

tèrës que l'on emploie encóre pour diviser les vers annelés, pourvus de soies, en deux classes : celle des *Polychètes* (1), à soies nombreuses et variées, comprenant toutes les Annélides marines et celle des *Oligochètes* (2), à soies peu nombreuses, rarement de plus de trois sortes sur un même individu et fréquemment toutes semblables. C'est dans la classe des Oligochètes que viennent se ranger les Vers de terre ou Lombrics, les *Tubifex* dont esnombreuses familles marbrent souvent de plaques rouges la vase des ruisseaux, enfin les *Naïs* que leurs soies multiples et polymorphes rapprochent davantage des Annélides marines.

Tous ces êtres sont, d'ailleurs, étroitement unis entre eux ; ce sont des organismes dont la parenté intime ne saurait être contestée, dont le mode de constitution est absolument identique. Ce que nous démontrerons pour un Oligochète serait applicable aux Polychètes ; mais l'on trouve dans ces deux classes des faits absolument identiques qui dispensent d'étendre par induction à l'une, les résultats fournis par l'étude de l'autre.

Personne ne refusera à un Ver de terre le caractère d'individu : c'est pour ainsi dire le type du Ver ; son organisme est sans doute formé d'anneaux placés bout à bout, mais il ne semble pas que ces anneaux soient séparables les uns des autres. Un Ver de terre mutilé répare bien dans une certaine mesure des parties importantes de son corps, se refait une queue, voire même une tête ; mais les mutilations ne sauraient être poussées au delà d'une certaine limite. Les anneaux, pour vivre, ont besoin les uns des autres, on ne saurait les isoler, même par groupes, sans entraîner fatalement leur mort ; il semble qu'il n'y ait là qu'une individualité, celle du Lombric, et que les unités dans lesquelles son corps se décompose ne soient que des unités apparentes, sans réelle autonomie.

Il n'en est plus ainsi quand on étudie les *Naïs*. Là, en effet, apparaît un phénomène que ne présentent à aucun degré ni les Lombrics, ni même les *Tubifex* pourtant si voisins des Naïs et,

- (1) De πολύς, beaucoup et χαίτη, cheveu, soie.
 (2) De ὀλίγος, peu nombreux et χαίτη, cheveu, soie.

comme elles, habitants des eaux douces. Considérons d'abord une
Dero (fig. 89). Le corps de ces charmants animaux se termine par
un large pavillon qui peut à volonté se rétracter ou s'épanouir,
laissant alors apparaître quatre digitations (fig. 89, n° 2, *v*) couvertes de cils vibratiles, parcourues chacune par un anse vasculaire et
constituant évidemment un appareil respiratoire. A mesure que l'on
s'approche de ce pavillon, on voit les anneaux du corps diminuer

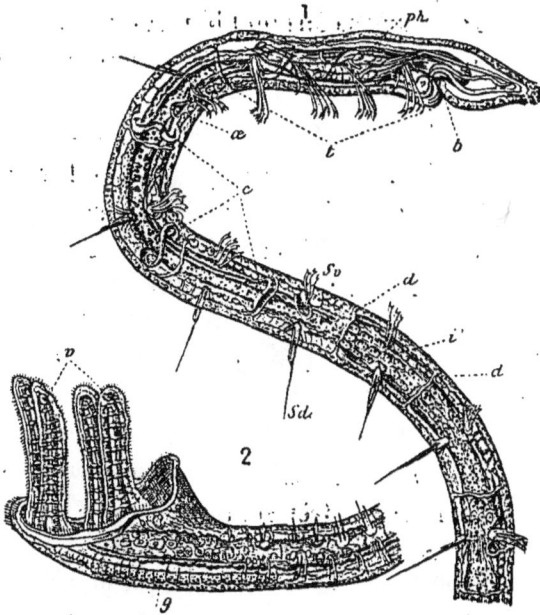

Fig. 89. — OLIGOCHÈTES. — *Dero obtusa* (grossissement 40 fois). — 1, partie antérieure de l'animal ;
b, bouche ; *ph*, masse glandulaire pharyngienne ; *œ*, œsophage ; *i*, intestin ; *c*, anses vasculaires latérales fonctionnant comme des cœurs ; *d*, cloisons séparant les anneaux les uns des autres ; —
Sd, soies dorsales ; *Sv*, soies ventrales ; *t*, les quatre premiers anneaux qui se forment en même
temps que la tête, pendant le bourgeonnement et qui se distinguent par la forme et la disposition
particulière de leurs soies. — 2. Extrémité postérieure du même animal ; *v*, les digitations couvertes
de cils vibratiles qui surmontent le pavillon respiratoire ; *g*, la série des anneaux en voie de formation à la partie postérieure du corps.

de longueur ; les soies locomotrices qu'ils portent, se raccourcir de
plus en plus ; tous les organes qu'ils contiennent, devenir de plus
en plus rudimentaires (fig. 89, n° 2; *g*). Les soies ne se montrent
bientôt plus que comme des points brillants enfermés dans une cellule ; les fibres musculaires elles-mêmes sont remplacées par des éléments cellulaires, les segments deviennent enfin tellement courts

que le corps paraît marqué de simples stries de moins en moins
espacées jusqu'au contact du pavillon respiratoire. Ce sont là tous
les caractères de parties en voie de formation : durant le printemps
et l'été on ne rencontre pas une *Dero* qui ne présente à sa région
postérieure une semblable accumulation de segments nouveaux,
d'autant plus jeunes qu'on se rapproche davantage de l'extrémité anale. L'animal est donc en voie constante d'accroissement :
des anneaux nouveaux se forment sans cesse à la partie postérieure
de son corps ; ces anneaux se forment immédiatement en avant du
dernier segment transformé en appareil de respiration. C'est déjà
exactement ce qui devrait être si la *Dero* était une colonie linéaire.
Dans ces conditions, il semble que le jeune Ver doive grandir indéfiniment ; il n'en est rien. Dès qu'il a acquis un nombre de segments
variable de 40 à 60, on voit vers le milieu de son corps, à la
hauteur du 18ᵉ anneau, en général, les téguments devenir opaques et comme granuleux ; c'est toujours immédiatement en
avant et en arrière de l'une des cloisons qui séparent deux anneaux consécutifs (fig. 89, n° 1, *d*) que ce phénomène se produit.
La région opaque grandit de plus en plus ; bientôt on distingue
en elle des segments parfaitement évidents, d'autant plus marqués
que l'on s'éloigne en avant ou en arrière de la cloison : il est évident qu'un bourgeonnement très actif se produit à la fois des deux
côtés de celle-ci, et ce double bourgeonnement a pour points de
départ l'extrémité postérieure de l'anneau qui précède la cloison,
l'extrémité antérieure de celui qui la suit. Ce fait n'est pas sans
importance ; il montre, comme nous l'avions prévu, que dans les
anneaux intermédiaires du corps dont les deux extrémités se trouvent placées dans des conditions identiques, la faculté de reproduction agame peut se réveiller. Les bourgeons qui se forment en
arrière et en avant de la même cloison ont d'ailleurs des sorts
bien différents. Le premier produira seulement le segment qu'on
désigne d'ordinaire sous le nom de *tête*, plus quatre anneaux qui
différeront toujours des anneaux suivants par l'absence des faisceaux de soies dorsales et la forme particulière des soies ventrales
(fig. 89, n° 1, *t*) ; le second produira un pavillon respiratoire et
un nombre indéfini de nouveaux anneaux. Lorsque la tête

et le pavillon respiratoire qui lui est contigu ont acquis un développement suffisant, ils se séparent l'un de l'autre et les deux *Dero*, désormais indépendantes, qui se sont ainsi constituées, continuent à grandir chacune par son extrémité postérieure, jusqu'au moment où peut se produire une nouvelle division. L'apparition, vers l'automne, des organes de la génération sexuée met seule un terme à cette série de bipartitions successives (1).

Les *Naïs* présentent exactement les mêmes phénomènes ; mais, en même temps, de nouveaux individus se forment chez elles d'une autre façon. La *Naïs proboscidea*, par exemple (fig. 93, n° 1), se partage d'abord en deux, à peu près vers le milieu du corps, comme la *Dero obtusa*, pendant que l'anneau placé en avant de la cloison qui a été le point de départ de cette division se met à bourgeonner à ses deux extrémités ; les deux bourgeons nouvellement formés grandissent, s'avancent à la rencontre l'un de l'autre et absorbent peu à peu toute l'étendue de l'anneau primitif (fig. 91, n° 1, B) ; en même temps qu'ils se multiplient, les segments constituant ces bourgeons s'accroissent ; le premier d'entre eux se transforme en tête, le dernier en segment anal ; l'anneau devient ainsi un nouvel individu.

Bien avant que cette métamorphose ait atteint son terme, les mêmes phénomènes s'accomplissent dans l'anneau qui précède immédiatement et ainsi de suite, en remontant, de sorte que l'individu primitif se trouve porter quelquefois, à son extrémité postérieure, une chaîne de trois ou quatre individus. Chez les *Chætogaster*, très voisins des Naïs, et dont une espèce se trouve parfois en abondance dans les mucosités qui recouvrent le corps des Mollusques de nos eaux douces, tels que les Lymnées, le bourgeonnement s'accomplit avec une telle activité qu'il n'est pas rare de trouver des chaînes de douze à seize individus composés chacun de quatre anneaux (2).

En général, dans chaque anneau, la formation du bourgeon postérieur précède celle du bourgeon antérieur. Lorsque par l'indi-

---

(1) E. Perrier, *Histoire naturelle de la Dero obtusa;* Archives de Zoologie expérimentale, t. Ier, 1870-1872.

(2) Claus, *Würzburg Naturwissenschaft's Zeitschrift,* vol. I.

vidualisation successive de ses anneaux, la Naïs a été réduite à une certaine longueur, les bourgeons postérieurs continuent seuls à se développer (1); la Naïs cesse donc de donner naissance à de nouveaux individus, mais elle s'allonge précisément par le procédé qui lui servait tout à l'heure à se reproduire, et arrive peu à peu à une taille double de celle à laquelle elle avait été réduite. Alors une nouvelle division se produit en son milieu de la façon que nous avons déjà décrite chez les *Dero ;* avant que cette division ait atteint son terme, de jeunes individus se forment de nouveau aux dépens des anneaux qui précèdent le point de division et la série des phénomènes que nous venons d'étudier recommence. Finalement, les glandes de la reproduction sexuée apparaissent dans tous les individus ; la gemmiparité s'arrête ; les Naïs s'accouplent, pondent et meurent.

Tous ces faits ont une haute signification. En premier lieu, ils nous montrent nettement que, chez les Naïdiens, l'accroissement de l'individu et la reproduction agame ne sont que des phases différentes d'un seul et même phénomène, conformément à ce qui doit être si ces animaux sont des colonies linéaires. L'avant-dernier anneau du corps en se reproduisant lui-même détermine l'allongement de la colonie ; il suffit de quelques anneaux nouveaux formés dans la région moyenne de l'animal pour transformer en individus distincts les parties situées en avant et en arrière du point où ces nouveaux anneaux se sont produits. On peut déterminer à volonté cette transformation, en un point quelconque du corps, par un simple coup de ciseaux ; les deux parties séparées se refont l'une une tête, l'autre une queue, et chacune d'elles devient un nouvel individu. Enfin un anneau quelconque du corps, produisant à ses deux extrémités des anneaux semblables à lui, peut, à son tour, atteindre à la qualité d'individu. La production des nouveaux anneaux s'accomplit exactement de la même façon que nous avons vu s'accomplir celle des nouveaux individus chez les Microstomes et plusieurs autres Turbellariés ; toute la différence

---

(1) Tauber, *Undersögelser over Naidernes Kjönslöse Formering* ; Naturhistorik Tidskrift, 1874, Copenhague.

consiste en ce que, chez ces derniers, les individus nouvellement formés se séparent plus ou moins rapidement de leurs parents, tandis que chez les Naïs, ils lui demeurent attachés et contribuent à former avec lui un ensemble complexe, une individualité supérieure, celle de la Naïs. Mais chacun des anneaux de cette dernière n'en est pas moins lui aussi un véritable individu ; il le montre en reprenant d'une façon totale son autonomie dès que les circonstances sont favorables ; il est à la Naïs exactement ce qu'un Polype hydraire est à la colonie dont il fait partie et qu'il est capable de reproduire dès qu'il en est détaché.

Chez les Naïs, à la vérité, la vie sociale a rendu les différents membres de la colonie plus nécessaires les uns aux autres ; de même que les cellules d'une Hydre d'eau douce ne peuvent continuer à vivre et reproduire l'Hydre que si elles sont plusieurs ensemble, de même les anneaux de la Naïs ont besoin de s'appuyer, en quelque sorte, sur un certain nombre d'anneaux semblables pour reconstituer un organisme tel que celui d'où ils ont été détachés ; mais il suffit de quatre anneaux chez les *Chætogaster*, pour que la vie indépendante soit possible, quoique les *Chætogaster* adultes, pourvus de leur appareil reproducteur sexué, ne possèdent pas moins d'une quinzaine de segments. La meilleure preuve que la nécessité d'être unis pour vivre et se reproduire n'est pour ces anneaux qu'une condition acquise, une simple condition de nutrition, c'est que chacun d'eux possède, lorsqu'il est engagé dans la colonie, la faculté de refaire une Naïs complète, dont il est le centre, et de se séparer ensuite de ses compagnons.

Les *Naïs*, les *Chætogaster* sont donc incontestablement des colonies et chacun de leurs segments est réellement un individu. Or, ces organismes, relativement inférieurs dans la classe des Lombriciens, se relient de la façon la plus intime et par une série de transitions aux formes supérieures de la classe à laquelle ils appartiennent. Les *Tubifex* communs dans tous les ruisseaux à fonds vaseux, peuvent être considérés comme le type d'une famille de Lombriciens ne différant guère des *Naïs* que par leur taille plus grande, par leur appareil circulatoire plus développé, contenant un liquide sanguin d'un rouge vif qui donne à ces ani-

maux leur couleur caractéristique, par l'uniformité de leurs soies
locomotrices, bifurquées à l'extrémité libre, et surtout par certaines
particularités de leur appareil reproducteur ; ils se relient intimement eux-mêmes, par ces dernières particularités, aux *Enchytræus*, petits vers à sang blanc, très abondants dans la terre
humide des jardins ; la complexité de leur appareil circulatoire
et la couleur de leur sang les rattachent, d'autre part, aux Lombriciens terrestres ou Vers de terre proprement dits, qui sont les
géants de la classe. Entre ces divers groupes les passages sont tellement insensibles que la plupart des tentatives faites pour subdi-
viser les Oligochètes en familles ou en ordres naturels ont à peu
échoué. Il est donc évident que tous les animaux composant cette
classe sont exactement équivalents entre eux : ce sont tous, par
conséquent, des colonies linéaires, et l'on peut suivre, chez eux,
la fusion de plus en plus complète des individus primitifs dans
une individualité qui les comprend tous et semble finalement tout
à fait indivisible. Le caractère colonial, si nettement accusé chez
les *Naïs* par la segmentation du corps, son mode d'accroissement,
l'indépendance relative et les facultés reproductrices de chacun des
segments, n'est plus accusé bientôt que par les premiers de ces
caractères. Chez les *Tubifex*, les *Enchytræus* et les Lombrics, l'accroissement du corps se fait encore comme chez les *Naïs* et
les *Chætogaster ;* la division en anneaux équivalents entre eux est
encore de la dernière évidence ; mais la reproduction asexuée a
désormais cessé de se produire spontanément. Un Ver de terre
mutilé reproduit cependant non seulement la partie postérieure,
mais aussi sa tête, y compris le cerveau. On a même affirmé que si
l'on coupait un individu en deux moitiés égales, chacune des
deux parties, placée dans des conditions convenables, finissait par
se compléter ; mais les fonctions de l'animal sont déjà trop centralisées, les diverses parties de la colonie primitive sont trop bien
appropriées à la vie commune pour qu'on puisse admettre, à défaut de preuves positives, que les segments postérieurs, séparés
d'organes qui semblent essentiels à la nutrition puissent continuer
à vivre. Les segments antérieurs contiennent le cerveau, tout un
appareil de glandes digestives, un gésier, des cœurs puissants,

l'appareil de la reproduction ; les parties retranchées en arrière de ces anneaux privilégiés sont donc, après la section, dans des conditions vitales très inférieures ; on comprendrait qu'elles soient incapables de refaire un nouvel individu alors que la moitié antérieure aurait seule conservé ce pouvoir. C'est à l'expérience de nous l'apprendre.

L'aptitude à la reproduction agame est moindre encore chez les Sangsues (fig. 90) que l'on doit considérer comme étroitement unies aux Lombrics, mais qui ont subi dans une direction différente un degré de concentration organique plus considérable. Là, en effet, les segments du corps sont bien moins distincts, parfois même difficiles à reconnaître ; ils ne portent plus de soies lomocotrices ; mais des organes de fixation, des ventouses se sont développées aux deux extrémités du corps et tiennent ainsi sous leur dépendance l'organisme tout entier.

En rapport avec le degré élevé d'organisation que présentent les Vers de terre et les Sangsues, les phénomènes de développement ont pris eux-mêmes, chez ces animaux, un caractère particulier. Théoriquement, il devrait se former dans l'œuf un premier anneau qui produirait ensuite successivement tous les autres. Peut-être chez les Naïdiens, dont le développement est malheureusement inconnu, les choses se rapprochent-elles de ces conditions premières ; mais chez les *Tubifex*, chez les Lombrics et les Sangsues, le processus embryogénique est infiniment plus rapide. De même que nous avons vu sous l'influence accélératrice de l'hérédité sociale, le cyathozoïde d'un Pyrosome produire dans l'œuf, avant même d'être complètement formé, les premiers individus de la colonie, de même nous voyons, chez la plupart des Lombriciens et des Sangsues, l'embryon se segmenter dans l'œuf avec une telle rapidité qu'un assez grand nombre d'anneaux semblent se former simultanément. Le jeune animal, au moment de son éclosion, ne possède cependant pas tous les anneaux qu'il doit avoir à l'éta⁴

Fig. 90. — HIRUDI-NÉES. — Sangsue médicinale.

adulte. Après sa naissance, de nouveaux segments se forment à la
partie postérieure de son corps, comme chez les *Naïs;* mais, tandis
que, chez celles-ci, le nombre des segments nécessaires pour constituer un individu est assez variable et que celui des anneaux nés
par voie agame de l'anneau primitif peut être considéré comme
indéfini, chez les Lombriciens supérieurs et chez les Sangsues ce
nombre devient à peu près constant pour une même espèce. Cette
tendance à la fixité du nombre des parties constitutives d'un
individu est un des caractères les plus manifestes que présente
toute colonie lorsque son individualité arrive à une certaine
puissance.

Chez les Naïs, le nombre des segments qui peut provenir
d'un seul œuf est sans doute très variable; les circonstances
dans lesquelles se trouvent placées les diverses Naïs nées par voie
agame des premiers individus formés peuvent en accroître ou en
diminuer le nombre dans une proportion considérable. De même
que pour les Hydres d'eau douce, ce sont probablement des conditions de température ou de nutrition qui déterminent l'intensité
de la reproduction agame et l'apparition des organes de reproduction sexuée qui y met un terme. Le *pouvoir reproducteur*
que l'on suppose souvent exister dans l'œuf, qui est censé s'épuiser
à mesure que le nombre des individus nés par voie agame augmente et qui rendrait nécessaire, par cela même qu'il est limité,
l'apparition de la génération sexuée, cette sorte de dot de puissance vitale que, suivant certains naturalistes, l'œuf transmet-
trait à sa descendance, n'intervient certainement chez les *Naïs,*
que d'une façon bien secondaire dans la détermination du nombre total des segments successivement engendrés. Même lorsque
tous les segments nés d'un œuf demeurent unis, leur nombre
peut encore être très variable; cependant, à mesure que l'union
de ces segments devient plus étroite, une place de moins en moins
grande est laissée à l'imprévu; des règles de plus en plus rigides déterminent avec une précision toujours croissante le
nombre, les rapports réciproques et les fonctions des individualités
secondaires appelées à constituer l'organisme qui prend naissance.
Le nombre des segments engendrés par voie agame devient

constant comme si l'œuf. et. ses premiers descendants contenaient réellement. une réserve nutritive spéciale, nécessaire à la production des nouveaux individus, qui cessent de se former dès que cette réserve est épuisée. Mais l'existence d'une réserve semblable est en opposition avec le fait qu'il suffit de couper la tête ou la queue d'un Lombric pour faire réapparaître le pouvoir reproducteur et augmenter par conséquent le nombre des anneaux issus d'un œuf. Ce nombre continue donc à être sous la dépendance, non pas d'une prétendue puissance vitale reçue par l'œuf, mais bien des conditions d'existence que créent aux segments associés le milieu extérieur et les rapports réciproques qu'ils contractent entre eux.

Les plus simples des Lombriciens et des Sangsues sont déjà des colonies ayant subi de profondes modifications, comme en témoigne la localisation de l'appareil reproducteur chez ces animaux, cependant hermaphrodites. S'il nous a été possible de reconstituer leur origine à l'aide de déductions rigoureuses, nous n'avons pu cependant, sans doute à cause de notre ignorance de l'embryogénie des *Naïs*, retrouver chez eux les passages qui les relient aux conditions théoriques de formation et de développement des colonies linéaires. Nous serons plus heureux dans la classe des ANNÉLIDES proprement dites qui représentent, dans les mers, avec une richesse de formes et une variété d'organisation infiniment plus grandes, les *Naïs*, les *Tubifex*, les *Enchytræus* et les Lombrics de nos eaux douces ou des parties humides de notre sol.

Les plus communes et peut-être aussi les plus nombreuses en espèce de ces ANNÉLIDES sont les *Néréides* (fig. 91, nᵒˢ 1 et 2,); on peut les considérer comme réalisant extérieurement le type idéal des animaux de cette classe, auxquels les anciens naturalistes appliquaient même indistinctement leur nom. Leur corps très allongé, composé d'une multitude d'anneaux s'amincit graduellement en arrière ; leur tête porte deux paires d'appendices charnus, les *antennes*, dont l'une, la plus externe est tout à fait caractéristique ; elle consiste en deux masses ovoïdes, assez allongées, occupant ensemble toute la largeur de la tête et surmontées chacune d'un petit tubercule plus ou moins apparent (fig. 92, n° 1, *d*). A leur base se trouvent quatre yeux reconnaissables à leur teinte noire ; l'anneau qui suit porte la bouche et quatre paires de tentacules allongés, grêles, très mobiles, terminés en pointe, qui complètent, si je puis m'exprimer ainsi, l'armature sensitive de la partie antérieure du corps. Les soies locomotrices sont, pour la plupart, composées d'une hampe, légèrement élargie et échancrée à son extrémité libre dans laquelle vient s'enchâsser un appendice aplati, dentelé, en forme de serpe ou de crochet.

Les Néréides abondent sur toutes les plages. A côté d'elles, viennent se placer des êtres longtemps demeurés énigmatiques et pour qui de Blainville et OErsted ont successivement établi les genres *Nereilepas* et *Heteronereis*. Chez ces Vers, le corps est brusquement divisé en deux moitiés : la moitié antérieure reproduit exactement les caractères d'une Néréide, la moitié postérieure prend un aspect rès différent et se frange de tout un appareil d'appendices locomoteurs qui lui donnent une apparence plumeuse (fig. 91, n°ˢ 3 et 4). Aux mamelons qui servent de pied, s'ajoutent des lames membraneuses, aplaties en forme de feuille, souvent armées d'un éventail de longues soies. Les soies elles-mêmes, au lieu d'être surmontées d'un crochet ou d'une serpe microscopique, soutiennent chacune une large palette aplatie et deviennent autant de petites rames, frappant l'eau à coups redoublés, et entraînant l'animal dans une rapide et incessante natation. Les Néréides rampent sur les fonds vaseux de la mer, les Hétéronéréides aiment au contraire les eaux pures de la surface où elles se meuvent entourées des chatoyants reflets que produit la lumière, en se jouant dans leurs mille avirons de cristal. Que penser de ces êtres hybrides, chenilles par devant, papillons par derrière, qui semblent réaliser sous une forme nouvelle les Sirènes et les Tritons, les Centaures et les Sphynx de la mythologie ? On les classait à part, dans les méthodes, en attendant que l'observation suivie de leurs mœurs et de leur origine vînt révéler le secret de leur existence.

En 1864, un naturaliste finlandais, Malmgren, comparant la *Nereis pelagica* de Linné et la *Nereis Dumerilii* d'Audouin et Milne

Edwards avec les *Heteronereis grandifolia* et *fucicola*, fut frappé de l'extrême ressemblance de leurs parties antérieures. Chez ces Néréides les organes de la reproduction paraissaient toujours à l'état rudimentaire ; chez les Hétéronéréides, ils se montraient toujours à un état avancé de développement. Malmgren conclut

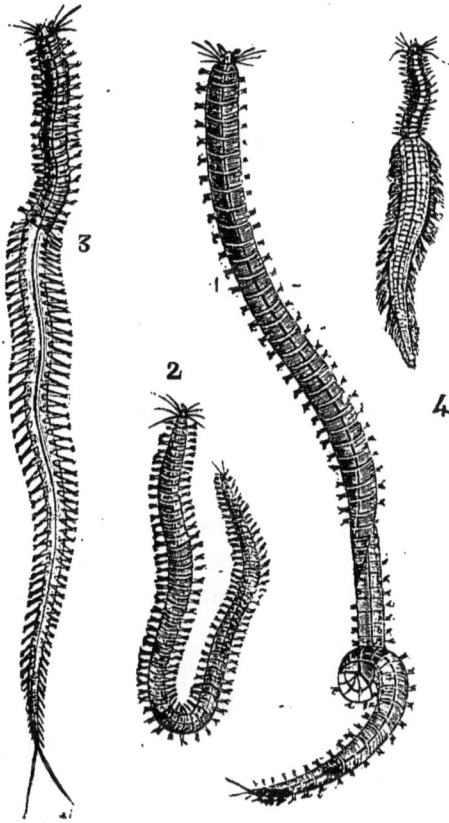

Fig. 91. — ANNÉLIDES. — 1, *Nereis cultrifera*, Grube, adulte. — 2, jeune individu. — 3, forme *hétéronéréide* femelle de la même espèce. — 4, forme *hétéronéréide* mâle. Grandeur naturelle.

de ces faits que les Néréides et les Hétéronéréides représentaient respectivement la forme asexuée et la forme sexuée d'une seule et même espèce. Peut-être les Néréides produisaient-elles les Hétéronéréides par bourgeonnement, comme l'hydre produit la méduse ; peut-être une simple métamorphose transformait-elle les unes dans les autres, comme les chenilles en papillons. .

Presque en même temps, Ernst Ehlers, professeur à l'université de Göttingue, comparait, de son côté, avec soin les Néréides avec les Hétéronéréides conservées dans les collections, et découvrait des individus chez qui les faisceaux de soies caractéristiques des Hétéronéréides étaient en train de se substituer aux soies plus simples des Néréides; il devenait évident qu'une simple métamorphose se produisait à l'époque de la maturité sexuelle et donnait aux Néréides, avec une forme nouvelle, une agilité qui leur manquait jusque-là (1).

Mais déjà un fait important venait jeter quelque doute sur ces interprétations : en 1867, Ljungman avait rencontré et soumis à l'examen de Malmgren lui-même des *Nereis Dumerilii* renfermant des œufs presque mûrs. Pouvait-on considérer plus longtemps cette Néréide comme la forme asexuée de l'Hétéronéréide fucicole ?

La question était entièrement à reprendre et elle fut reprise, l'année même, par Edouard Claparède (2), professeur à l'université de Genève, durant le dernier hiver que passa à Naples ce savant regretté, avant d'être enlevé à la science. A Naples, Claparède retrouva la *Nereis Dumerilii*, et il put se convaincre, tout à fait contre son attente, de l'identité spécifique bien réelle de cette Néréide avec l'Hétéronéréide fucicole. A l'époque de la maturité sexuelle, c'est bien par une métamorphose que l'animal passe de l'une à l'autre de ces formes. Mais la métamorphose est infiniment plus complexe que ne le croyait Ehlers : elle ne se borne pas à un développement des organes de la locomotion et à une sorte de *mue* des soies latérales : elle envahit l'organisme tout entier, élargit la tête (fig. 92, nos 1 et 2), agrandit les yeux, fait disparaître le pigment d'un violet éclatant disséminé à la surface des viscè-

---

(1) Ernest Ehlers, *Die Borstenwürmer*, in-4°, 2° parties, 1868, p. 451.

(2) Ed. Claparède, *Recherches sur des Annélides présentant deux formes sexuées distinctes*. Archives des Sciences physiologiques et naturelles de Genève, 5° série, t. XXXIX, 1869. p. 129. — Extrait de l'ouvrage intitulé : *Les Annélides chétopodes du golfe de Naples, Supplément* ; Mémoires de l'Académie de Genève, t. XX, 1869.

res, multiplie les ramifications vasculaires, transforme enfin toutes
les fibres musculaires de l'animal en fibres plus transparentes
qui laissent apercevoir à travers les téguments la couleur propre

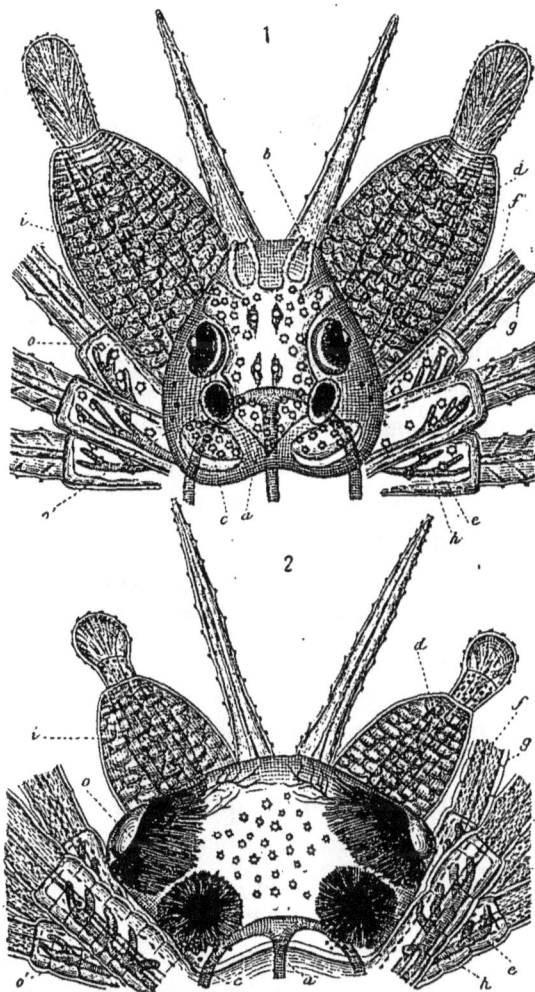

Fig. 92. — ANNÉLIDES. — Tête d'une même espèce de *Néréide* (*Nereis Dumerilii*) avant et pendant l'époque de la reproduction (grossie 15 fois) : *i*, partie périphérique ; *d*, partie axiale des grandes antennes ; *g, e*, les tentacules ; *f*, leur partie centrale ; *h*, rameaux vasculaires enfermés à leur base ; *a, c*, vaisseaux céphaliques ; *o, o'*, les deux paires d'yeux. Les lettres se correspondent dans les deux figures (d'après Claparède).

des éléments de la reproduction. Dans certaines espèces, après
la métamorphose, les mâles se distinguent des femelles non seu-

lement par les couleurs des produits sexuels qu'on aperçoit par
transparence, mais encore par un développement plus considérable de l'appareil locomoteur (fig. 91, n°s 3 et 4).

Une fois transformée, l'annélide quitte le sol, comme le ferait
un insecte fraîchement débarrassé des enveloppes de la Nymphe,
et s'envole vers la haute mer. Ici se présente un fait singulier.
Les Hétéronéréides que l'on pêche à la surface de l'eau ne dépassent guère 40 millimètres de longueur : en revanche on trouve
souvent, rampant au fond de la mer et habitant des tubes, comme
les vraies Néréides, de grandes Hétéronéréides ayant de 60 à 80 millimètres de long. Jamais ces individus de grande taille ne s'élèvent
à la surface ; mais parmi eux on rencontre des individus plus
petits qui sont alors vifs, remuants et bons nageurs comme les
individus pélagiques. Les œufs des grands individus présentent
une couleur jaune intense et une zone granuleuse périphérique
qui manquent à ceux des petits. Claparède croyait « donc nécessaire
de distinguer deux formes d'Hétéronéréides, l'une petite et fort
agile, gagnant la surface de la mer pour porter au loin les éléments reproducteurs ; l'autre beaucoup plus grande, mais moins
agile, ne s'éloignant guère du fond de la mer, et servant à la multiplication de l'espèce dans un lieu donné. »

Ces différences dans les mœurs des Hétéronéréides étaient déjà
connues de M. de Quatrefages, bien avant la publication du mémoire
de Claparède. Le savant professeur du Muséum en donne une
explication beaucoup plus simple, que rendent d'ailleurs très
plausible les caractères mêmes invoqués par Claparède pour distinguer ses deux formes d'Hétéronéréides.

« L'Hétéronéréide vagabonde, dit M. de Quatrefages (1), a été pêchée par moi, au printemps, dans les mers de Sicile, nageant librement en pleine eau, et dans aucun des individus que je me suis
procurés je n'ai trouvé ni œufs, ni zoospermes. Au contraire, à
Saint-Vaast, j'ai trouvé en très grande quantité les H. d'OErsted,
vivant sous terre dans de petits lots de sable vaseux couverts de
zostères qui découvraient à marée basse au milieu des rochers.

_____

(1) *Suites à Buffon* de Roret, *Histoire naturelle des Annelés*, t. I, p. 131, 1865.

Pendant tout le mois de septembre, le nombre de ces Annélides ne parut pas diminuer, mais ayant laissé passer quelques jours sans m'occuper d'elles, je n'en trouvai pas une seule quand je voulus m'en procurer. Toutes celles que j'avais ouvertes étaient gorgées, soit de zoospermes à maturité, soit d'œufs prêts à être pondus. Il m'a paru probable qu'après avoir assuré la multiplication de l'espèce, en déposant leurs œufs à l'abri, elles avaient regagné la mer et repris leur course vagabonde. »

Tous ces faits rapprochés ne s'expliqueraient-ils pas, en effet, en supposant que les Hétéronéréides ne viennent nager à la surface que pendant la formation dans leur corps des éléments de la reproduction, peut-être pour trouver plus de lumière et une eau plus oxygénée, plus propre au développement de ces éléments, plus en rapport avec l'importance nouvelle prise par l'appareil circulatoire et les appendices tégumentaires qui servent à la respiration ; elles grandissent en même temps, mais leur accroissement de taille n'est pas suffisant pour compenser la diminution d'agilité qui résulte pour elles de l'envahissement total de la cavité du corps par les éléments reproducteurs; alors les Hétéronéréides retournent vers le fond, s'y débarrassent de leurs produits et meurent ou redeviennent de simples Néréides, après avoir déposé leur *robe de noces*.

Le phénomène saillant demeure donc l'apparition, chez les Néréides, aux approches de la maturité sexuelle, de deux régions du corps, absolument distinctes, dont il n'existait aucune trace auparavant. Pourquoi l'apparition de ces deux régions, pourquoi cette modification partielle qui fait paraître l'Hétéronéréide formée de deux individus soudés bout à bout? Ce fait va s'expliquer de lui-même, quand nous l'aurons rapproché d'autres faits que nous fournit encore l'histoire des Annélides.

Les *Autolytus* (fig. 93, n° 2) sont de petites annélides dont l'apparence extérieure est peu éloignée de celle de jeunes Néréides; elles doivent leur nom à la faculté qu'elles possèdent de se diviser spontanément par le travers (1), chaque moitié constituant un

(1) Étymologie : αὐτός, moi-même ; λυῶ, je divise.

nouvel individu. L'une des espèces de ce genre, l'*Autolytus cornutus*, habitant la côte orientale des États-Unis, a été étudiée dans toutes les phases de son existence par M. Alexandre Agassiz (1). L'on retrouve chez elle des phénomènes tout aussi remarquables que ceux offerts par les Néréides et qui contiennent l'explication de ces derniers.

Les Autolytes se présentent sous trois formes tellement différentes qu'on les a d'abord classées dans trois genres distincts. L'une de ces formes, celle pour laquelle Grube avait créé le genre *Autolytus* (2), est asexuée et produit les deux autres en se partageant par le milieu du corps. Celles-ci sont sexuées : la forme mâle (fig. 95, n° 2) était considérée par OErsted comme le type du genre *Polybostrichus* (3), tandis que la femelle (fig. 95, n° 1) était pour Max Müller une *Sacconereis*. Plus tard Max Müller reconnut que les *Polybostrichus* et les *Sacconereis* n'étaient que les mâles et les femelles d'une même espèce.

A ce moment Krohn avait déjà démontré que la *Nereis prolifera*, dont O.-E. Müller avait décrit, dès 1788, le mode de reproduction par voie agame, produisait des individus sexués de forme autre que la sienne et différant eux-mêmes considérablement entre eux, suivant le sexe ; il avait identifié la forme mâle avec la *Nereis corniculata* du même auteur. Or la *Nereis prolifera* n'est autre chose qu'un *Autolytus*, la *Nereis corniculata* est de son côté un *Polybostrichus*. Dès ce moment le cycle de la génération des Autolytes était donc à peu près connu ; il restait à voir sortir de l'œuf des *Sacconereis* un véritable Autolyte. Cette lacune a été comblée par Alexandre Agassiz, qui a, en même temps, confirmé et complété les observations de ses devanciers de façon qu'il ne saurait demeurer l'ombre d'une incertitude sur ces singuliers phénomènes.

Lorsque l'Autolyte asexué a acquis 40 à 45 anneaux, au niveau

---

(1) *On alternate generation in Annelids and the Embryology of Autolytus cornutus* (Boston *Journal of natural history*, vol. VII, july 1862, p. 384).

(2) Grube, *Die Familien der Anneliden* (*Wiegmann's Archiv*, 1850, I, p. 310).

(3) OErsted, *Grönland's Annulata dorsibranchiata*, Copenhague, 1843, p. 30. Ce genre est ensuite devenu pour Grube (*loc. cit.*) le genre *Diploceræa*.

du treizième anneau apparaît une tête d'individu sexué (fig. 93,
n° 2) en même temps qu'un certain nombre d'anneaux qui la suivent immédiatement. Cette tête diffère déjà considérablement
par le nombre, la forme, les dimensions des antennes ou des tentacules de la tête de l'individu primitif; elle est différente aussi

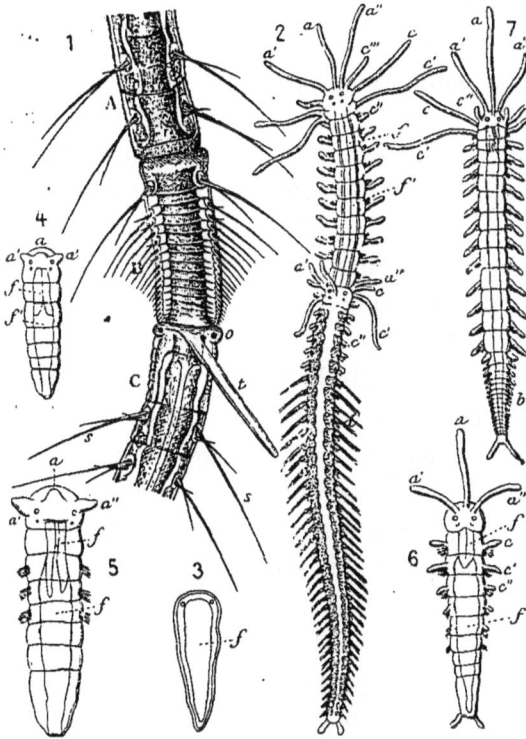

Fig. 93. — Reproduction agame des Annélides. — 1. Bourgeon de *Naïs* (*Stylaria*) *proboscidea*
(gross. 33 fois environ) : A, extrémité de la moitié antérieure de l'individu primitif ; C, tête et premiers anneaux nouvellement formés en avant de la moitié postérieure de cet individu ; B, jeune individu se développant aux dépens de l'anneau postérieur de A ; o, yeux ; t, tentacule impair caractéristique de la *Naïs proboscidea* ; s, soies locomotrices. — 2. *Autolytus cornutus* en voie de
segmentation (grossi 7 fois); d, faisceaux de soies caractéristiques de l'individu sexué. — 3, 4, 5,
6, 7, formes successives de l'*Autolytus cornutus* depuis son éclosion jusqu'à l'état adulte (fort grossissement). — a, a', a″, antennes ; c, c', c″. tentacules et cirres à divers états de développement ; ff, tube
digestif.

suivant le sexe de l'individu qui se forme, mais les individus sexués
se distinguent encore de l'individu asexué par leur appareil locomoteur. Avant qu'ils ne se détachent, on voit naître de chaque

côté du corps, au-dessus de chaque pied, un tubercule dans
lequel apparaissent bientôt de longues et fines soies, en forme d'aiguilles qui manquaient totalement à l'individu asexué (fig. 93,
n° 2, *d*) ; en même temps les éléments de la reproduction se développent et les femelles sont parfois absolument remplies d'œufs
qu'elles sont encore attachées au corps de leur parent, dans lequel
on n'aperçoit jamais aucune trace d'organes de génération.

Une fois libres, les individus reproducteurs manifestent une vivacité bien autrement grande que celle de l'individu asexué. Ce
dernier habite généralement dans des tubes ; les mâles et les femelles sont au contraire essentiellement errants, rampent sur les
tiges de Campanulaires ou nagent en pleine eau, et mettent dans
leurs mouvements une telle violence qu'ils perdent souvent leurs
faisceaux de soies supérieures. Le contraste entre leur activité et
la nonchalance de l'individu qui les a engendrés n'est jamais plus
frappant que dans la période qui précède la séparation. La petite
colonie sort à chaque instant du tube qu'habitait l'individu asexué
pour y rentrer ensuite : elle semble ne pouvoir tenir en place ;
mais cette turbulence est exclusivement le fait des individus
sexués. Le parent suit sans résistance tous leurs mouvements et
semble une masse inerte poussée en avant par l'être remuant qu'il
a produit. Après la séparation, cet individu si paresseux reprend
cependant une certaine activité, se complète et le même phénomène de division ne tarde pas à recommencer.

Comparons maintenant les phénomènes de la reproduction chez
les Autolytes, à ceux que nous ont offerts les Néréides. Supposons
que chez les premiers la tête des individus sexués ne se forme pas,
l'identité est complète. L'individu agame de l'Autolyte, le parent
des individus sexués, correspond exactement à la partie antérieure
du corps de l'Hétéronéréide ; l'individu sexué correspond à la partie postérieure du corps de cette dernière. Le parallélisme se poursuit jusque dans les détails : même développement de l'appareil
locomoteur ; même accroissement d'activité ; même mode d'apparition des caractères sexuels par métamorphose portant sur des
parties déjà existantes. Nous sommes donc en droit de considérer
d'ores et déjà les Hétéronéréides comme résultant de la soudure de

deux individus, l'un comparable aux individus nourriciers des Polypes hydraires, l'autre aux individus reproducteurs.

La *Syllis amica* (fig. 94, n° 1), étudiée par M. de Quatrefages, se comporte à peu près comme les Autolytes ; l'individu sexué (*b*) se forme seulement aux dépens d'une partie moins considérable du parent et ses caractères distinctifs, déjà manifestes avant la séparation, ne se développent pourtant d'une façon complète qu'après qu'elle s'est produite. L'individu reproducteur ne vit d'ailleurs que fort peu de temps : il meurt après l'évacuation des œufs ou des zoospermes.

Chez la *Syllis amica* les deux individus agames et asexués sont nettement séparés l'un de l'autre ; on ne trouve pas trace dans le premier d'éléments sexués. Chez la *Syllis fiumensis*, de Sicile, que MM. de Quatrefages et Ehlers ont successivement étudiée, les produits de la génération sont tellement abondants qu'ils envahissent la partie postérieure du corps de l'individu agame, tout en demeurant contenus dans une membrane spéciale. Les deux individus finissent cependant par se séparer, car Ehlers a fréquemment vu des mâles et des femelles indépendants et dont le corps était rempli d'œufs ou de zoospermes (1).

Certaines Annélides sédentaires nous présentent des cas plus simples. Sars (2), Oscar Schmidt (3) ont constaté que les Filigranes (4) se reproduisaient par voie de division transversale ; le nouvel individu est seul sexué ; il ressemble complètement à son parent. Huxley (5) a constaté la même chose chez les Protules, mais ici le parent et sa progéniture sont également sexués. Claparède a confirmé ces observations sur les Protules (6) et les a étendues plus tard aux *Salmacina incrustans* et *œdificatrix* (7).

(1) Ehlers, *Die Borstenwürmer*, p. 232.
(2) Michaël Sars, *Fauna norvegica littoralis*.
(3) O. Schmidt, *Neue Beiträge zur Naturgeschichte der Würmer*, 1848.
(4) *Filograna implexa* et *Filograna Schleidenii*.
(5) *Edinburgh new philosophical Journal*, 1855.
(6) Claparède, *Beobachtungen über Anatomie und Entwickelungsgeschichte der wirbellöser Thiere angestellt an der Küste der Normandie*, 1863.
(7) Claparède, *Les Annélides Chétopodes du golfe de Naples* (Mémoires de l'Institut Genevois, 1869).

Kröyer a constaté des phénomènes analogues chez la *Sabelle ocellée* (1).

En tenant compte de ces diverses observations, une gradation évidente, conforme à tout ce que nous ont appris les colonies de Polypes, relie entre eux les phénomènes de la reproduction asexuée des Annélides. Les Protules nous montrent une reproduction par simple division transversale; les deux moitiés qui se séparent sont absolument équivalentes entre elles, jouent le même rôle ; c'est ce que nous avons déjà vu chez les *Naïs*. Déjà chez les Filigranes la division du travail physiologique apparaît: tous les anneaux qui composaient l'individu primitif cessent d'être équivalents; les anneaux postérieurs, les plus jeunes, s'emparent du pouvoir reproducteur. Des œufs et des spermatozoïdes se développent en eux, tandis que les anneaux antérieurs se chargent plus spécialement des fonctions de nutrition ; il y a là une répartition des rôles comparable à celle que nous avons constatée tant de fois chez les Polypes hydraires, une tendance manifeste des anneaux du ver à se constituer en *anneaux nourriciers* et *anneaux reproducteurs*. Les anneaux d'une même sorte, placés bout à bout, s'unissent d'ailleurs pour constituer un seul et même individu: l'*individu nourricier* ou l'*individu reproducteur ;* ces deux individus ne tardent pas à se séparer.

Chez les Monères, les Rhizopodes, les végétaux inférieurs, les Éponges, les Acalèphes, nous avons vu la fonction de locomotion s'associer à la fonction de reproduction, se mettre à son service pour la dissémination de l'espèce. L'individu reproducteur, quand il s'isole, est toujours doué d'organes locomoteurs spéciaux ou perfectionnés, si bien qu'il perd, chez les Siphonophores et les Éponges, son caractère d'individu reproducteur pour devenir exclusivement locomoteur. La *Syllis amica,* l'*Autolytus cornutus,* l'*Autolytus prolifer* nous présentent, chez les Annélides, quelque chose de semblable. L'individu reproducteur, au moment où il se constitue, acquiert en même temps de nouveaux organes de locomotion et une vivacité de mouvements qui manquaient à l'indi-

(1) Kröyer, *Oversigt over Videnskabelige selskab Forhandlingar,* 1856.

vidu primitif. Ces modifications n'atteignent leur complet déveloptement, chez la *Syllis amica*, qu'après la séparation de l'individu reproducteur ; elles se produisent plus vite chez les Autolytes où l'individu reproducteur est déjà gorgé d'œufs ou de zoospermes et entièrement caractérisé avant de se séparer. Cet individu manifeste chez l'*Autolytus cornutus* une sorte de nonchalance à se séparer de son parent; chez la *Syllis fiumensis* cette paresse est encore plus caractérisée ; les éléments génitaux produits dans l'individu reproducteur distendent la membrane qui les enveloppe et la font remonter jusqu'au troisième avant-dernier anneau de l'individu asexué.

Faisons un pas de plus : que la tête lente à se développer et souvent incomplète de la *Syllis fiumensis* ne se développe pas, et que l'individu reproducteur revête néanmoins ses caractères sexuels, qui apparaissent toujours de très bonne heure, nous aurions dans la famille des Syllidiens un terme exactement correspondant à celui que nous offrent les Hétéronéréides, dans la série voisine des Néréidiens. Or, ce terme existe : les *Syllia* de Gosse sont de véritables *Heterosyllis*, et leur origine qui ressort si nettement de l'ensemble de faits que nous venons d'exposer nous explique celle des Hétéronéréides.

Ainsi, dans ces dernières, le monstre de la fable est vraiment réalisé. L'Hétéronéréide est bien formée, comme elle le paraît, de deux êtres différents placés bout à bout : la Néréide à l'époque de la reproduction se coupe virtuellement en deux ; sa partie antérieure demeure chenille, sa partie postérieure devient papillon : la comparaison que nous faisions tout à l'heure est parfaitement exacte. Toutefois, pour deux êtres aussi dissemblables que la lente Néréide et sa pétulante progéniture, l'existence commune serait bien difficile : nous en avons vu la preuve chez l'*Autolytus cornutus*. Un accord se fait donc entre les deux parties, la transformation gagne quelques-uns des organes ou des tissus de l'individu antérieur. Les conditions d'existence se trouvant changées, c'est presque une conséquence mécanique de la vie sociale à deux.

L'individu reproducteur ayant, du reste, sur l'individu agame une prédominance bien marquée, une fois la fusion accomplie

entre les deux organismes, il arrive que le type du premier envahit
peu à peu le second ; la distinction entre les deux individus devient de moins en moins nette ; quelques-uns des anneaux antérieurs conservent seuls le type asexué et passent graduellement au
type sexué. C'est ce que nous montrent à des degrés divers toute
une série de Néréides dont les pieds sont surmontés d'une lame
foliacée semblable à celle des Hétéronéréides et dont les soies sont
mélangées de soies en forme de rame comme celles de ces derniers
animaux : la Néréide hétérochète, de Java, et la Néréide yankee,
de New-York, sont à cet égard particulièrement remarquables (1).

Les Néréides de Duméril nous offrent encore d'autres particularités remarquables. Nous avons vu que Ljungmann avait pu,
dès 1867, envoyer à Malmgren des exemplaires de cette espèce qui
avaient conduit leurs œufs ou leurs éléments fécondateurs à complète maturité, sans avoir revêtu la forme hétéronéréide. Malmgren
pensait que ces individus devaient appartenir à quelque espèce
particulière, difficile à distinguer de celle qu'il avait étudiée. Claparède a démontré que ces Néréides sexuées appartiennent bien à la
même espèce que les Hétéronéréides dans lesquelles il avait vu se
transformer les Néréides de Duméril. La même espèce peut donc
se reproduire, par voie sexuée, dans des conditions différentes qui
rappellent l'état larvaire et l'état parfait des insectes.

Que des animaux se reproduisent sans perdre pour cela leurs
caractères larvaires, sans revêtir la livrée sexuée de leurs congénères, c'est un fait avec lequel sont familiers tous les entomologistes : les femelles de Vers luisants, celles de plusieurs Bombyx,
les deux sexes des punaises des lits et de beaucoup de parasites
sont à peu près dans ce cas. On peut forcer les Salamandres à conserver leurs branchies longtemps après la maturité sexuelle et,
dans nos climats, ce n'est qu'exceptionnellement qu'on voit les
Axolotls, cependant si féconds, perdre la livrée caractéristique
des larves de Batraciens. Mais il n'est pas besoin d'avoir recours
à ces exemples pour expliquer le fait observé par Ljungman et
Claparède. Puisque chacune des deux moitiés d'une Hétéroné-

(1) De Quatrefages, *Histoire naturelle des Annelés*, t. Ier, p. 552 et 553.

réide correspond à un individu, une Néréide ne peut se transformer en Hétéronéréide qu'après avoir acquis un nombre d'anneaux suffisamment grand pour que la segmentation soit possible. L'individu asexué conserve toujours de quinze à vingt segments ; l'individu sexué en présente toujours davantage, beaucoup plus du double ; en fait, les plus petites Hétéronéréides de l'espèce qui nous occupe possèdent au moins soixante-dix segments environ. Or, les anneaux des Annélides deviennent très vite, et indépendamment les uns des autres, aptes à la reproduction. M. de Quatrefages a vu de petites Marphyses sanguines, n'ayant encore que le cinquième de leur taille, produire déjà des œufs, mais seulement dans la région moyenne de leur corps, les anneaux postérieurs étant encore trop jeunes et les anneaux antérieurs demeurant toujours stériles. Chez les Néréides plusieurs anneaux peuvent ainsi arriver à maturité, avant que le nombre total des anneaux de l'animal soit suffisant pour que la segmentation ait lieu : dès lors la reproduction s'accomplira sans métamorphose. C'est ce que semblent indiquer les faits observés par Claparède. Les Néréides de Duméril sexuées sont toutes d'une taille beaucoup plus petite que les Hétéronéréides de la même espèce : elles ne dépassent que rarement quarante à quarante-cinq segments, et n'atteignent jamais le nombre soixante-cinq que présentent les plus petites Hétéronéréides de cette espèce. L'écart entre ces nombres est de quinze à vingt segments et représente précisément la longueur moyenne de la portion antérieure des Hétéronéréides, c'est-à-dire la longueur moyenne de l'individu asexué. Claparède ne peut être suspect d'avoir cherché une telle coïncidence ; il faut reconnaître dès lors que ses chiffres présentent une remarquable confirmation de la théorie que nous proposons.

Quoi qu'il en soit, cette faculté de la Néréide de Duméril de se reproduire à la fois sous la forme néréidienne et sous la forme hétéronéréidienne nous fait voir que cette dernière n'est pas nécessairement liée à l'apparition des éléments sexuels chez les Néréides. La Néréide de Duméril nous prépare à l'existence d'animaux du même genre qui ne quittent jamais leur forme première, et c'est, en effet, le plus grand nombre. Nous sommes donc en présence d'un type qui semble osciller entre deux formes extrêmes que peuvent revêtir et conserver pendant toute leur vie les différents anneaux du corps. L'une de ces formes, la forme Néréide, est primitive ; l'autre est le résultat d'une adaptation en rapport avec la fonction de reproduction. Comme les Syllis, comme les Protules, les Néréides possèdent une forme asexuée et une forme sexuée ; chez les premières ces deux formes se séparent de bonne heure sur des individus distincts ; chez les secondes ces individus demeurent unis, tout en revêtant leurs caractères spéciaux ; de là la forme Hétéronéréide.

Comme si les Néréides devaient reproduire dans leur type, cependant élevé, tous les traits propres aux Annélides inférieurs, il faut encore que la même espèce présente, à côté d'individus sexués de deux formes distinctes, d'autres individus qui réunissent en eux les deux sexes. M. Gaston Moquin-Tandon avait décrit en 1869, sous le nom de *Nereis massiliensis*, une Néréide hermaphrodite trouvée à Marseille. Des observations plus récentes de Mecznikoff, faites à Villefranche-sur-Mer, tendent à faire penser que cette Néréide n'est elle-même qu'une jeune Néréide de Duméril (1). Quelle moisson de faits intéressants nous offre l'histoire de ces singuliers animaux !

Nous venons d'assister à la soudure de deux individus de forme et de fonction différentes, à la fusion de ces individus en un individu complexe d'ordre plus élevé ; nous avons pu expliquer, de la sorte, toute une série de phénomènes singuliers et embrasser dans une seule théorie le plus grand nombre des phénomènes de la reproduction agame chez les Annélides. Le fait capital d'où nous sommes parti est la division du corps d'un animal en deux régions, égales ou non, qui deviennent chacune un nouvel individu. Ce fait n'était pas nouveau : nous l'avions déjà rencontré chez les *Dero*, et un peu plus complexe chez les *Naïs*. Mais le parallèle entre les deux groupes peut se poursuivre plus loin.

---

(1) Claparède, *Annélides du golfe de Naples (Supplément)* (Mémoires de l'Académie de Genève, t. XX, p. 435, 1869).

Au moment où M. de Quatrefages communiquait à l'Académie des sciences ses belles recherches sur la reproduction des Syllis (1), M. H. Milne Edwards publiait (2) de remarquables observations sur la reproduction agame d'une Annélide nouvelle, la *Myrianida fasciata*. Les Myrianides (fig. 94, n° 2) sont voisines des *Syllis*. Elles s'en distinguent surtout par la transformation du tentacule qui surmonte le pied de ces dernières en un large appendice foliacé ; de

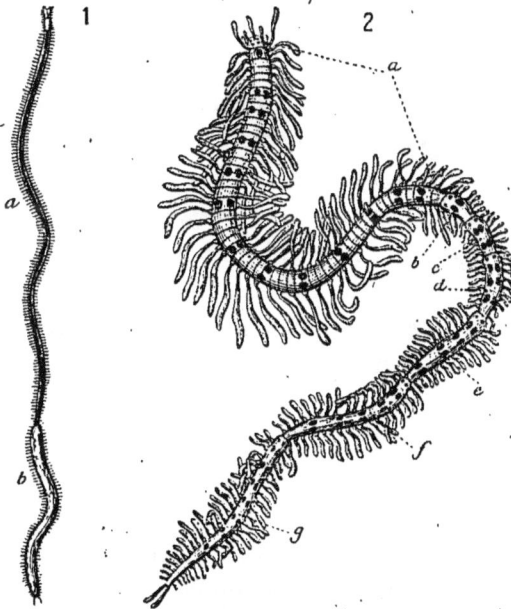

Fig. 94. — Reproduction agame des Annélides. — 1. *Syllis amica*, en voie de reproduction ; *a*, l'individu asexué ; *b*, l'individu sexué. — 2. *Myrianida fasciata* en voie de reproduction (grossie 2 fois) : *a*, ce qui reste de l'individu primitif ; *b, c, d, e, f*, chaîne de six jeunes individus de plus en plus développés à mesure qu'ils s'éloignent de l'individu primitif.

là un aspect des plus étranges. Le plus souvent on rencontre ces animaux par chaînes de quatre, cinq, six individus placés bout à bout et à divers états de développement. O.-F. Müller avait déjà constaté un fait semblable chez sa *Nereis prolifera* que certains auteurs ont confondue avec la *Syllis prolifera* de Johnston et que M. de Quatre-

(1) *Comptes rendus de l'Académie des sciences*, 15 janvier 1844, et *Annales des sciences naturelles*, 3ᵉ série, t. I, p. 22.

(2) *Annales des sciences naturelles*, 3ᵉ série, t. III, p. 170.

fages rattache au genre Myrianide ; mais son observation était demeurée contestée jusqu'au moment où M. de Quatrefages rappela l'attention sur la reproduction asexuée des Syllis ; elle a été depuis confirmée par Krohn qui a démontré en même temps que les nouveaux individus se formaient successivement aux dépens des derniers anneaux de l'individu primitif, chacun de ces anneaux se transformant en un nouvel individu. C'est exactement ce que nous avons vu chez les *Naïs ;* l'identité entre les phénomènes de reproduction agame que nous ont présentés les Lombriciens d'eau douce et les Annélides marines est absolue. Il n'y a donc pas lieu de répéter ici les raisonnements que nous avons faits à l'égard des premiers. L'histoire des Myrianides, des Syllis, des Autolytes, des Filigranes, des Protules, des Serpules, démontre jusqu'à l'évidence que les Annélides ne sont nullement des Vers simples. Ce sont de véritables colonies, formées d'animaux placés bout à bout. Chacun de leurs segments est un organisme à part, un individu parfait, qui a dû être jadis capable d'une vie indépendante et conserve encore une part considérable de ses facultés primitives (1).

Il reste à confirmer la théorie par l'étude des phénomènes embryogéniques chez les Annélides. Là nous allons trouver une série nouvelle de faits s'éclairant les uns les autres et qui nous permettront de remonter du type le plus simple de développement, tel que l'implique la formation des colonies linéaires, au type plus complexe que nous présenteront certains organismes déjà hautement perfectionnés de la classe importante des Annélides.

(1) On a encore signalé deux modes de reproduction des Annélides qui ne rentreraient pas dans ceux que nous venons d'énumérer et seraient assez difficiles à expliquer. Pagenstecher a cru voir, chez l'*Exogone gemmifera*, de jeunes individus se former de chaque côté du corps, sur la face dorsale des mamelons sétigères supérieurs. M. Léon Vaillant, chez une Annélide demeurée énigmatique, a décrit des jeunes naissant sur une expansion membraneuse de la tête, ce qui serait infiniment plus singulier. Mais Krohn a montré qu'il ne s'agissait, dans le premier cas, que d'un mode de gestation très répandu chez les Annélides inférieures voisines des Exogones ; le second n'a malheureusement pu être étudié par M. Vaillant d'une manière suffisante pour qu'il soit encore possible de se faire, à son égard, une opinion définitive.

CHAPITRE III

———

Le choix du type auquel on s'adresse est de la plus haute importance lorsqu'on cherche à démêler la signification de phénomènes aussi complexes et aussi éloignés de leur allure primitive que les phénomènes embryogéniques. Les espèces qui montrent encore à l'état adulte les traces les plus manifestes de leur constitution coloniale sont celles chez qui l'on peut s'attendre à voir les phénomènes embryogéniques présenter la marche la plus normale et par conséquent la plus instructive. C'est là que ces phénomènes doivent avoir subi au plus faible degré l'influence accélératrice de la vie coloniale. Mais c'est là aussi que la vie larvaire doit avoir la plus grande durée, et cette durée est, à son tour, la source de difficultés d'un autre genre. Les larves qui passent lentement à l'état adulte, qui sont exposées à des vicissitudes très nombreuses, se sont souvent adaptées à des conditions d'existence fort différentes ; elles ont acquis des organes accessoires, destinés soit à les défendre, soit à augmenter leurs facultés locomotrices, soit enfin à assurer leur subsistance ; ces organes défigurent parfois complètement le type primitif. Sous l'action des tendances héréditaires qui entraînent dans une direction déterminée l'évolution de la colonie dont la larve est le fondateur, ces caractères personnels au premier individu, inutiles à la constitution de la colonie,

disparaissent au moment où elle se forme, mais ils compliquent
son développement de métamorphoses au milieu desquelles il est
parfois difficile de distinguer les phénomènes essentiels des phénomènes accessoires. C'est là un nouvel écueil à éviter.

On trouve réunies chez l'*Autolytus cornutus*, et probablement chez les autres Annélides du même genre, des conditions
exceptionnellement favorables aux études que nous poursuivons.
Nous avons vu, en effet, ces Annélides posséder au même degré
que les Naïs la faculté de se reproduire par voie agame, et l'exercer sous des formes aussi diverses qu'intéressantes ; elles présentent de plus une particularité qui soustrait complètement leurs
larves à toute influence modificatrice et permet à ces larves de
conserver leur forme primitive. Au moment de la ponte, on voit se
développer sur la face ventrale des individus femelles une volumineuse poche sphérique ; de là le nom de *Sacconéréides*, c'est-
à-dire de *Néréides à sac*, qui leur avait été donné à l'époque où
leur parenté avec les Autolytes était encore inconnue (1). Les œufs
mûrs et fécondés passent dans cette poche (fig. 95, n° 1) et y accomplissent leur développement. Ainsi abritées, n'ayant pas d'ennemis
à fuir, de subsistance à rechercher, ne vivant, du reste, en aucune
façon, aux dépens de leur mère, demeurant trop peu de temps pri-
sonnières pour avoir à subir les dégradations ordinaires du parasitisme contre lesquelles les protégerait, au besoin, la puissance même
de leur force évolutrice, ces larves peuvent être considérées comme
ayant conservé, mieux que toutes les autres, la marche normale et
régulière du développement des Annélides. Elles se montrent, à
l'époque de leur éclosion (2), sous forme de petits vers *plats, en
forme de triangle allongé, munis de deux yeux*, dépourvus de bouche (3), présentant des rudiments de tube digestif, *couverts de
cils vibratiles*, mais n'offrant aucune trace de soies locomotrices.

(1) Voir précédemment page 152.
(2) Alexandre Agassiz, *On the alternate generation in Annelida and embryology
of Autolytus cornutus* (*Boston Journal of natural history*, t. VII, 1862).
(3) Cette observation demanderait peut-être à être revue, les larves des
autres Annélides paraissent toutes posséder une bouche au moment de leur
éclosion.

A cet état l'embryon d'Autolyte présente, suivant M. Alexandre
Agassiz, la ressemblance la plus frappante avec un jeune Turbellarié. N'est-ce pas, d'autre part, l'organisme simple que nous
nous sommes tout d'abord représenté comme ayant pu être la
souche des premières colonies linéaires?

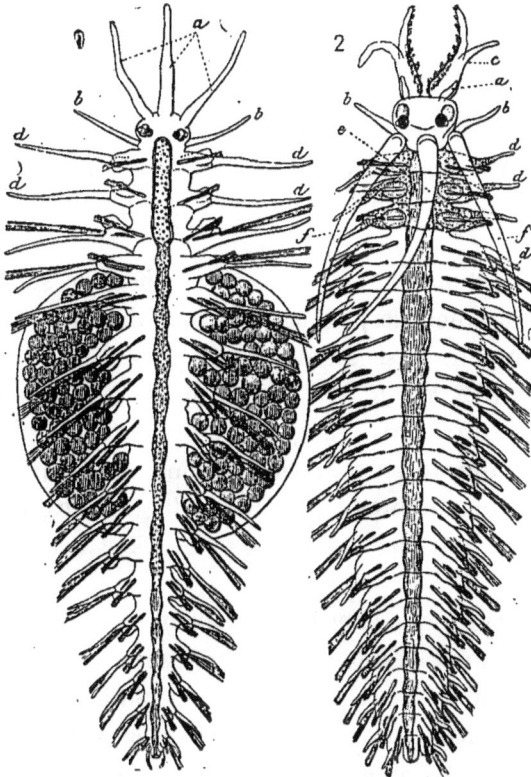

Fig. 93. — ANNÉLIDES. — 1. *Autolytus prolifer*, femelle (*Sacconereis helgolandica*, Müller), portant son sac à œufs. — 2. *Autolytus prolifer*, mâle (*Polybostrichus Mülleri*, Kæferstein) dont les
trois premiers anneaux sont seuls sexués et remplis de spermatozoïdes. — *a*, antennes ; *b*, première
paire de cirres dorsaux ; *c*, antennes bifurquées du mâle ; *d*, cirres dorsaux normaux ; *f*, cirres ten-
taculaires du mâle ; *e*, antenne médiane du mâle. (Grand. nat. = 0^m,01.)

Derrière les yeux, on aperçoit bientôt un étranglement annulaire
qui semble limiter la tête (fig. 93, n° 3) ; plus bas, vers la région
moyenne du corps, un autre étranglement, portant aussi sur le
rudiment du tube digestif, indique la séparation en deux anneaux

de la région du corps située derrière la tête. La bouche se voit alors sur la surface inférieure du corps, comme une fente située entre la tête et le premier anneau. Le second anneau qui est actuellement le dernier continue à s'allonger ; un nouvel étranglement se produit vers le milieu de sa longueur et porte à quatre le nombre des anneaux, y compris la tête ; puis, le même phénomène se répétant successivement plusieurs fois, le jeune Autolyte compte bientôt sept segments en tout ; on voit nettement (fig. 93, n⁰ˢ 4 à 7) que les nouveaux anneaux se forment constamment par une bipartition du dernier. Nous retrouvons par conséquent ici, dans toute leur simplicité primitive, les conditions les plus normales du développement d'une colonie linéaire.

C'est seulement quand l'embryon est composé de sept anneaux que les soies locomotrices, caractéristiques des Annélides, font leur apparition dans le segment qui suit la tête, le premier segment du corps (fig. 93, n° 4) ; elles se montrent successivement dans tous les autres par rang d'âge ; bientôt le dernier et l'avant-dernier anneau en sont seuls dépourvus. En même temps se développent les antennes qui ornent la tête, les deux cirres du segment anal, puis les mamelons sétigères et les cirres qu'ils supportent.

Il est à remarquer que dans le développement, si conforme à la théorie, de l'Autolyte, le rôle du dernier segment est tout différent de celui qu'on lui attribue généralement chez les Naïs ou les Syllidiens. On admet d'ordinaire que, chez ces Vers, l'élongation du corps et même la production des nouveaux individus sont produites par la formation rapide de nouveaux anneaux qui bourgeonneraient entre le dernier et l'avant-dernier ; mais les détails recueillis par divers observateurs sur cet intéressant phénomène, et notamment les observations de Semper (1) sur les *Naïs* et les *Chætogaster*, tendent à montrer que le bourgeonnement a déjà subi chez ces animaux de profondes modifications. Chez les Auto-

---

(1) Semper,·*Die Verwandschaftsbeziehungen der gegliederten Thiere*, Arbeiten der zoologisch-zootomischen Institut in Würzburg, t. III, 1876-1877, p. 161.

lytes, c'est bien le dernier anneau qui est en jeu ; c'est lui qui s'allonge et se partage, le nouvel ·anneau se constituant aux dépens de sa partie antérieure, tandis que sa moitié postérieure conserve une figure constante. Cela ne paraît pas particulier aux Autolytes ; si l'on jette les yeux sur les nombreuses figures de larves d'Annélides qui ont été représentées, on reconnaît, dans beaucoup d'entre elles la trace plus ou moins évidente de ce mode de formation des nouveaux anneaux ; les figures publiées par Claparède et Metschnikoff (1) des larves d'*Audouinia filigera*, d'*Ophriotrocha puerilis* (fig. 96, n° 2) et de *Nephthys scolopendroïdes* sont à cet égard particulièrement instructives. On y voit toujours le dernier anneau présenter une partie postérieure plus ou moins invariable et une autre antérieure, évidemment en voie d'élongation, marquée de légers étranglements qui indiquent un commencement de segmentation.

Supposons maintenant que la formation des nouveaux anneaux s'accélère à la partie antérieure du dernier, que chacun d'eux, à peine formé, se montre déjà distinct de celui qui le précède, nous aurons une apparence très analogue à celle qui est affectée par la partie postérieure du corps des *Naïs* et des Annélides les plus élevées, pendant leur développement. On est donc amené à penser que la façon dont se développent les segments à la partie postérieure du corps des Vers annelés n'est qu'une modification du phénomène plus simple que nous venons d'étudier chez les Autolytes et quelques autres Annélides ; le dernier anneau du corps serait le véritable anneau générateur et sa partie antérieure, presque toujours considérée comme l'avant dernier anneau, serait le point de départ de toutes les formations nouvelles. Le résultat de la comparaison entre les cas simples et les cas compliqués s'exprime donc par cette même proposition que nous avons déjà formulée à propos des colonies irrégulières : *la complication résulte d'une accélération des phénomènes de reproduction agame.*

Il serait intéressant de savoir si l'on ne pourrait pas constater l'apparition et les progrès de cette accélération pendant la

---

(1) Claparède und Metschnuikoff, *Beiträge zur Kenntniss der Entwickelungsgeschichte der Chætopoden*, Zeitschrift für wissenschaftliche Zoologie, t. XIX, 1879.

durée de la vie d'une même Annélide, de rechercher en particulier si pendant une certaine période de temps la formation des anneaux ne deviendrait pas plus rapide à mesure que l'Annélide grandirait.

On pourrait croire, au premier abord, que le mode de développement des Annélides est tout à fait l'opposé de celui que présentent les Ténias. Là, en effet, on considère habituellement le *scolex* comme la *tête* du Ver, et ce serait par conséquent la *tête* et non la *queue* qui aurait conservé la puissance génétique. Quelques naturalistes ont voulu opposer sous le nom de *strobilation* ce mode de développement, caractérisé par une production d'anneaux d'avant en arrière, au mode de développement des Annélides, à la véritable *segmentation* dans laquelle les anneaux se développent d'arrière en avant (1). Mais, en tenant compte de toutes les circonstances du développement des Ténias, on arrive au contraire à établir entre la *strobilation* et la *segmentation* un tel parallélisme qu'on ne peut considérer la première que comme la plus curieuse conséquence héréditaire de la seconde. Chez les Annélides, le segment postérieur n'est autre chose, en effet, que le *second segment* formé, qu'on peut considérer comme un *individu reproducteur*, tandis que le premier présente des modifications spéciales et devient l'*individu sensitif* ou la *tête*. Or, chez les Vers cestoïdes, le scolex, l'individu reproducteur, est lui aussi, comme nous l'avons vu, le second segment de la colonie; le premier segment n'est autre chose que la vésicule qui résulte de la métamorphose de l'embryon né dans l'œuf; au point de vue morphologique, c'est cette vésicule qui correspond à la tête des Annélides, et le scolex, que l'on considère habituellement comme la tête des Ténias, correspond au contraire au segment postérieur des Vers supérieurs; il en possède aussi la principale fonction, celle de produire de nouveaux anneaux; c'est à proprement parler la queue. Il suffit, dès lors, de renverser le Ténia, de placer le scolex dans la position où l'on place le segment anal des Anné-

---

(1) Semper, *Die Verwandschaftsverhaltnisse der gegliederten Thiere*, Arbeiten der zoologisch-zootomischen Institut in Würzburg, t. III.

lides, pour retrouver une correspondance parfaite dans le rôle et
dans l'ordre chronologique d'apparition des anneaux. La vraie
différence entre le Cestoïde et l'Annélide, au point de vue du
mode de constitution de la colonie, c'est que, chez le premier, la
véritable *tête*, la *tête morphologique* disparaît après avoir joué
pendant quelque temps un rôle actif; le rôle prédominant in-
combe alors au segment postérieur qui prend ainsi tous les caractères d'une *tête physiologique*; chez la seconde, au contraire, la
tête morphologique persiste et demeure la tête physiologique.
Il est à noter, que le segment anal vient immédiatement après
elle dans l'ordre d'importance, et nous avons vu qu'il partage,
dans une certaine mesure, ses fonctions.

Supposons d'ailleurs que l'embryon ordinairement très remuant d'un Ténia ne subisse pas de métamorphose et produise
un scolex sans prendre la forme vésiculaire : c'est lui qui sera
l'individu actif de la colonie, lui qui marchera le premier, traînant en arrière sa progéniture, lui qui choisira la voie à suivre
et l'ouvrira au besoin; personne ne pourra lui refuser le caractère
d'une tête. C'est précisément ce qui arrive chez un très remarquable parasite découvert en 1863 par Ratzel (1) dans la cavité du
corps des *Tubifex* et étudié depuis par Leuckart qui l'a nommé
Archigetes Sieboldii (2). L'*Archigetes* paraît poursuivre tout son
développement sans quitter son hôte; il se montre d'abord sous
la forme d'un embryon à six crochets semblable à tous égards
à celui des Cestoïdes ordinaires et qui marche dans la direction
où se trouvent ses crochets; ceux-ci marquent donc sa partie antérieure. Cet embryon se fixe dans les tissus. A sa partie postérieure, celle qui est opposée aux crochets, se constitue bientôt un
anneau dans lequel se développent les organes qui caractérisent
un proglottis adulte de Cestoïde. La reproduction agame ne va
pas plus loin. Ici, l'embryon à six crochets qui correspond à la
vésicule dite *caudale* du cysticerque a persisté et a conservé son

(1) F. Ratzel, *Zur Entwickelungsgeschichte der Cestoden*, Archiv für Naturgeschichte, t. XXXIV, p. 138.

(2) Leuckart, *Archigetes Sieboldii, eine geschlechtreife Cestodenamme*, Zeitschrift für w. Zoologie, t. XXX, Supplément, 1872.

rôle de tête; l'anneau unique qui s'est formé *à sa partie posté-rieure* n'est autre chose qu'un scolex sexué bien caractérisé comme scolex par une paire de ventouses latérales rappelant celles des Bothriocéphales. Si de nouveaux anneaux se formaient suivant la règle ordinaire, ils se développeraient entre le scolex et l'embryon qui lui a donné naissance, par conséquent *à la partie postérieure* de la colonie, car on ne peut donner aucune raison pour in-tervertir l'orientation initiale du premier individu formé; les choses se passeraient exactement comme chez les Annélides. Le développement de l'*Archigetes* prouve donc irréfutablement ce que de simples considérations morphologiques nous avaient déjà permis d'établir : à savoir que le *scolex* du Ténia est non pas la *tête*, mais la *queue* de la colonie. Au point de vue phy-siologique on peut cependant conserver le nom de tête au scolex des Cestoïdes, car chez ces animaux le premier individu formé, la *tête morphologique* se transforme, puis disparaît, et c'est à l'extrémité opposée du corps que passe la *tête physiolo-gique*. Cette seconde tête peut même disparaître à son tour, suivant les observations de M. Mégnin, sans que le reste de la colonie en soit incommodé. Le caractère adventif de la tête physiologique, son peu d'importance au moment de son apparition, l'influence des circonstances extérieures sur son développement sont ici bien manifestes.

Ces influences s'exercent tout aussi bien sur les larves d'Anné-lides vivant en liberté que sur l'embryon parasite des Ténias; mais, loin de déterminer chez elles une atrophie de tous les organes, elles favorisent au contraire le développement d'appareils de tou-tes sortes destinés à mettre la larve dans les meilleures conditions d'existence. Aussi, loin d'avoir, comme les Autolytes, une forme simple au début de leur existence, les Annélides présentent-elles dans cette période de leur développement les formes les plus bi-zarres et les plus variées. Elles ont pourtant ce caractère commun d'avoir pour organes essentiels de locomotion des cils vibratiles ; mais leurs cils sont groupés des façons les plus diverses. Tantôt ils forment au jeune animal un revêtement uniforme (fig. 98, n° 1), tantôt ils se disposent en bandes ou ceintures plus ou moins régulières, qui s'étendent sur toute la circonférence du corps (fig. 96, n° 2 et fig. 98, n° 2) ou se limitent soit à la région dorsale (fig. 97, n° 2), soit à la région ventrale (fig. 97, n° 3). De là, dans les formes larvaires, des modifications infinies dont il est souvent difficile de saisir le sens (1). Parmi toutes ces formes il y en a quatre qui semblent tout d'abord devoir mériter l'attention : dans toutes les quatre le ceintures ciliées sont complètes, mais leur nombre peut être 1, 2 ou indéfini, et leur position peut également varier. La ceinture unique est placée, par exemple, à la partie antérieure du corps, immédiatement au-dessus de la bouche (fig. 96, n° 1), ou bien au contraire vers la région moyenne (fig. 96, n° 4) ; dans le premier cas, elle laisse du même côté du corps les deux orifices du tube digestif ; dans le second, elle les sépare. Lorsqu'il n'existe que deux ceintures, l'une est placée en avant de la bouche, comme dans le premier des cas précédents, l'autre à l'extrémité postérieure (fig. 98, n° 2) ; lorsqu'il en existe plusieurs (fig. 96, n° 2) les deux ceintures extrêmes conservent encore cette disposition, seulement un certain nombre de nouveaux cercles ciliés viennent s'intercaler entre elles. Mais ces caractères sont loin d'avoir la même importance. Tout d'abord, lorsqu'il existe plus de deux ceintures

(1) JOHANNES MÜLLER (*Ueber die Jungenzustände einiger Seethiere*, Monatsber. der Akad. der Wiss. Berlin, 1851), BUSCH (*Beobachtungen über Anatomie und Entwickelung einiger wirbelloser Seethiere*), MAX SCHULTZE (*Ueber Entwickelung von Arenicola piscatorum*, Halle, 1856), CLAPARÈDE (*Untersuchungen über Anat. und Entwick. wirbelloser Thiere an der Küste von Normandie*, Leipzig, 1863), ont successivement essayé de donner une classificat on des larves d'Annélides, en s'appuyant sur la disposition de leurs ceintures ciliées. On appelle *larves atroques*, celles dont les cils sont uniformément répartis ; *larves céphalotroques*, celles qui ont une couronne de cils laissant d'un même côté la bouche et l'anus ; *larves mésotroques*, celles qui possèdent une seule ceinture médiane, entre la bouche et l'anus ; *larves télotroques*, celles qui portent une ceinture à chaque extrémité ; *larves polytroques,* celles qui ont plus de deux ceintures. Lorsqu'il existe plusieurs ceintures incomplètes, la larve est *gastrotroque* si les demi-ceintures sont limitées à la région ventrale, *nototroques* lorsqu'elles sont limitées à la région dorsale. Ces dénominations sont composées au moyen du mot τροχός, roue (pour ceinture) et des déterminatifs α privatif, κεφαλή, tête μέσος, moyen, τῆλε, éloigné, πολύς, plusieurs, γαστήρ, ventre, νῶτον, dos. Certaines larves portent des soies caduques qui ne se retrouvent plus chez l'adulte, Claparède les nomme *métachètes,* de μετὰ, après, χαίτη, cheveu.

vibratiles, c'est que le corps est déjà segmenté, au moins dans sa région ventrale ; le nombre des ceintures est donc, avant tout, une question d'âge ou mieux de degré de développement. On voit, en effet, les larves de Leucodores, par exemple, qui n'ont d'abord qu'une seule ceinture, arriver graduellement à en avoir un nombre considérable ; que ces ceintures soient complètes ou incomplètes, le fait a peu d'importance ; c'est là simplement une affaire d'adaptation. Toutefois, la multiplication des ceintures ciliées, concordant avec celle du nombre des anneaux, indique assez nettement que ces ceintures doivent être considérées comme un des traits caractéristiques des parties constitutantes de l'Annélide. Nous sommes ainsi amenés à étudier avec plus de soin leur disposition dans les larves où aucune trace de segmentation ne s'est encore manifestée.

Ces larves, à moins d'être ciliées sur toute leur surface, comme les larves de Lumbriconéréides (fig. 98, n° 1), ne présentent jamais qu'un ou deux cercles de cils (fig. 96, n° 1) ; encore cette dernière disposition, très fréquente sans doute, plus fréquente même qu'aucune autre, doit-elle être considérée comme subordonnée, car, dans un grand nombre de cas, la ceinture postérieure est seulement indiquée et l'on est ainsi graduellement conduit aux cas où elle fait entièrement défaut. Nous demeurons donc en présence de trois formes larvaires qui seules ont quelque droit à être considérées comme typiques : dans la première les téguments sont entièrement revêtus d'une fine toison de cils, comme chez l'*Autolytus cornutus* ou la *Lumbriconéreis ;* c'est probablement la forme primitive ; dans les deux autres, il n'existe qu'une ceinture ciliée qui est placée tantôt de manière à laisser d'un même côté du corps les deux orifices du tube digestif, tantôt de manière à les séparer. Ces trois sortes de larves sont celles qui ont été désignées par les auteurs sous le nom de larves *atroques, céphalotroques* et *mésotroques.*

On ne connaît guère avec certitude de larves mésotroques que celles du *Telepsavus costarum* (fig. 96, n° 4), des Chétoptères et de quelques genres voisins. Mais l'examen de ces larves, au moment où apparaît la ceinture unique médiane, montre qu'elles portent déjà un grand nombre de faisceaux de soies rudimentaires (fig. 96, n° 4, s) indiquant un état avancé de segmentation du corps ; elles sont par conséquent comparables aux larves à plusieurs ceintures ; leur ceinture médiane n'est qu'une de ces ceintures plus développée, un

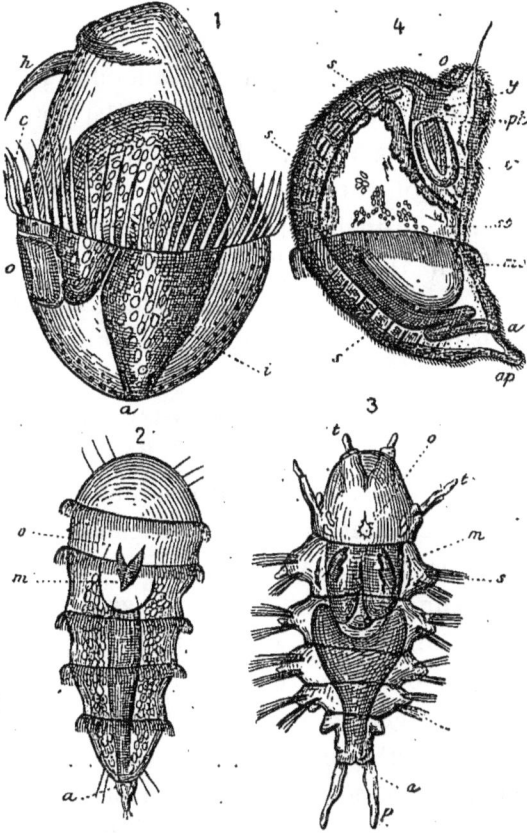

Fig. 96. — LARVES D'ANNÉLIDES. — N° 1. Larve céphalotroque de *Phyllodoce*, grossie 100 fois. — 2. Larve polytroque d'*Ophriotrocha puerilis*, grossie 100 fois. — 3. Très jeune Néréide. — 4. Larve mésotroque d'un Chétoptéride (*Telepsavus costarum*), grossie 100 fois. — Dans toutes les figures : *o*, bouche ; *a*, anus ; *ph*, pharynx ; *i*, tube digestif ; *st*, estomac ; *m*, mâchoires ; *t, t'*, antennes ou tentacules ; *y*, yeux ; *e, mc*, ceintures vibratiles ; *h*, appendice cilié servant probablement au tact ; *s*, soies locomotrices ; *p, ap*, appendice terminaux.

organe d'adaptation probablement en rapport avec le développement si singulier que présentent certaines régions du corps chez les Annélides de la famille des Chétoptérides, à l'état adulte. Ces larves ne peuvent donc, à aucun titre, être considérées comme des formes

primitives ; elles sont elles-mêmes le résultat d'une accélération du
développement et ne sauraient nous donner aucune indication relativement à l'individu fondateur des colonies d'Annélides. Les larves
atroques paraissent également assez rares, ce sont des larves de
Syllidiens ou d'Euniciens ; toutefois, un assez grand nombre
d'observations porteraient à penser qu'avant de prendre la forme
céphalotroque, beaucoup d'embryons d'Annélides seraient ciliés
sur toute leur surface ; mais ce n'est là qu'un état tout à fait transitoire. En somme, les larves céphalotroques, avec ou sans ccin-
ture postérieure, constituent la forme simple, de beaucoup la plus
générale, des larves d'Annélides ; à ce type se rattachent les larves
de *Polynoë* (fig. 97, n° 1), de *Phyllodoce* (fig. 96, n° 1), de *Nephthys*,
de *Nerine* (fig. 97, n° 3), de *Spio*, de *Cirratule*, d'*Audouinia*, de
Capitella et probablement de la plupart des Annélides errantes ;
c'est donc le type normal, celui sur lequel notre attention doit plus
particulièrement se porter. Mais cette forme de larve n'est pas
spéciale aux Annélides proprement dites ; elle s'est déjà présentée
à nous chez les Bryozoaires ; nous la retrouverons plus tard encore ;
c'est donc une forme d'une importance considérable et qu'on a
désignée d'un mot par le nom de *trochosphère*.

A cet état, le jeune ver est déjà à un organisme assez élevé
(fig. 96, n° 1) : son tube digestif, pourvu de deux orifices, remonte
d'abord vers la partie antérieure de l'animal, pour se recourber
ensuite et s'ouvrir au sommet de la partie postérieure ; on peut y
reconnaître assez souvent un œsophage, un estomac et un intestin ;
la bouche occupe toujours sa position caractéristique, immédiatement au-dessous de la ceinture vibratile ; il existe assez souvent
des yeux et fréquemment apparaissent, sur diverses parties du
corps, des appendices que l'on pourrait considérer comme des
organes du tact. Quelquefois autour de la bouche se développent
des lèvres plus ou moins épaisses qui peuvent s'allonger en un
cône portant à son extrémité l'orifice buccal (fig. 97, n° 1) ou former au-dessus de cet orifice une sorte de trompe ; les deux régions
du corps que sépare la couronne ciliée peuvent enfin présenter les
modifications de formes les plus nombreuses ; de là la variété
d'aspect que présentent les larves. Souvent encore, et c'est là un

point dont l'importance apparaîtra plus tard, la zone de la ceinture ciliée se développe en un bourrelet saillant ou en un large repli, frangé de longs cils, qui constitue un puissant appareil de locomotion. Cet appareil, déjà remarquable chez certaines larves d'Annélides errantes, telles que les *Polynoë* (fig. 97, n° 1, *c*) ou les Leucodores, atteint sa plus grande perfection chez les larves des

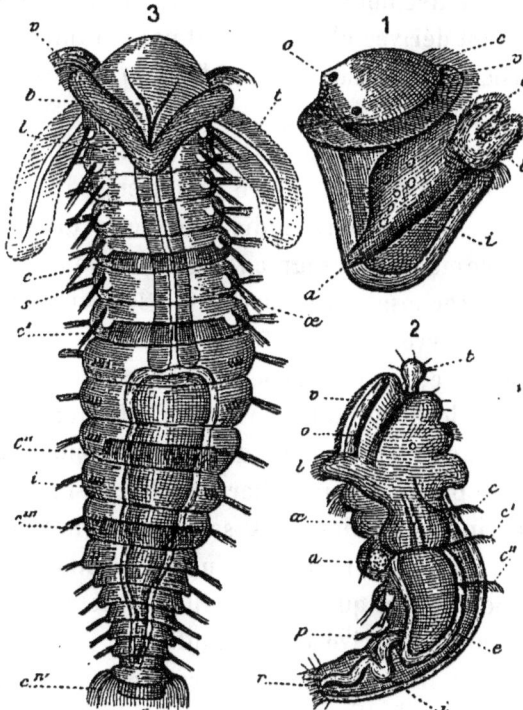

Fig. 97. — LARVES D'ANNÉLIDES. — 1. Larve céphalotroque de *Polynoë* : *o*, yeux ; *c*, ceinture ciliée et *v*, expansion membraneuse qui la supporte ; *b*, bouche ; *l*, lèvres ciliées entourant la bouche ; *i*, tube digestif. — 2. Larve nototroque de *Wartelia* : *t*, tentacule unique ; *v*, repli cilié entourant la bouche ; *o*, bouche ; *l*, lèvre inférieure ; *c*, *c'*, *c"* demi-ceintures ciliées ; *a*, vésicule auditive ; *p*, pieds ; *œ*, œsophage ; *e*, estomac ; *i*, intestin ; *v*, anus. — 3. Larve gastrotroque de *Nerine cirratulus* : *v*, repli cilié passant au-dessous de la bouche ; *b*, bouche ; *l*, lèvre inférieure ; *t*, tentacule ; *c*, *c'* à *c"'*, demi-ceintures ciliées ; *s*, soies locomotrices ; *œ*, œsophage ; *i*, estomac et intestin.

Annélides céphalobranches (fig. 98, n° 3 et 4), où il se complique souvent d'ailes membraneuses, premiers rudiments de l'appareil respiratoire si développé de ces animaux. Les larves sont à ce moment essentiellement pélagiques et ne présentent ordinairement aucune trace de soies locomotrices ; ces organes n'apparaissent que plus tard lorsque la segmentation est déjà bien manifeste ; ils manquent encore aux anneaux nouvellement formés et ne se montrent que lorsque ceux-ci ont atteint un certain âge ; la partie antérieure du corps possède déjà son armature complète de soies, que la partie postérieure en est encore totalement dépourvue. Les soies locomotrices sont donc, chez les Annélides, des organes dont l'acquisition est relativement récente. L'organisme primitif d'où la classe entière est dérivée n'en possédait pas et rampait sur le sol comme un Turbellarié ou nageait à l'aide d'un appareil cilié plus ou moins développé.

La trochosphère ne présente aucune trace d'anneaux ou de segments ; l'apparition d'une ceinture postérieure de cils doit être considérée comme la première indication de la division de son corps en deux segments ; le segment nouvellement formé n'est lui-même qu'une trochosphère équivalente à la première et engendrée par elle ; la larve est alors formée de deux trochosphères soudées. La première, la plus ancienne, se transforme peu à peu et devient la tête de l'Annélide ; la seconde forme son segment postérieur ; chacune d'elles équivaut donc à un segment de l'animal adulte, et le développement tout entier se réduit à l'interposition de segments nouveaux, entre les deux segments primitifs. Les segments nouveaux résultent à leur tour d'une division répétée de l'un des segments postérieurs qui se reproduit d'une façon continue jusqu'à ce que l'animal arrive à l'état adulte.

Il suit de là que la trochosphère, forme primitive de l'Annélide ne représente que l'un des segments du Ver ; elle arrive à constituer l'Annélide simplement en se reproduisant elle-même, par voie de division transversale, exactement comme le Microstomes et autres Turbellariés inférieurs ; seulement, ici, la la segmentation ne va pas jusqu'à la séparation complète des parties qui se sont formées ; ces parties demeurent unies entre elles et chacune d'elles devient l'un des segments de l'Annélide. Tous les segments d'une Annélide sont de tous points équivalents à la trochosphère primitive ; celle-ci était sans conteste un individu autonome, au moment de son éclosion ; il en est nécessairement de même des segments qu'elle a formés et qui ne sont que la répétition d'elle-même. L'Annélide, résultat de l'association de ces individus, est donc, par définition même, une colonie. La trochosphère primitive ne donne par sa métamorphose directe qu'un

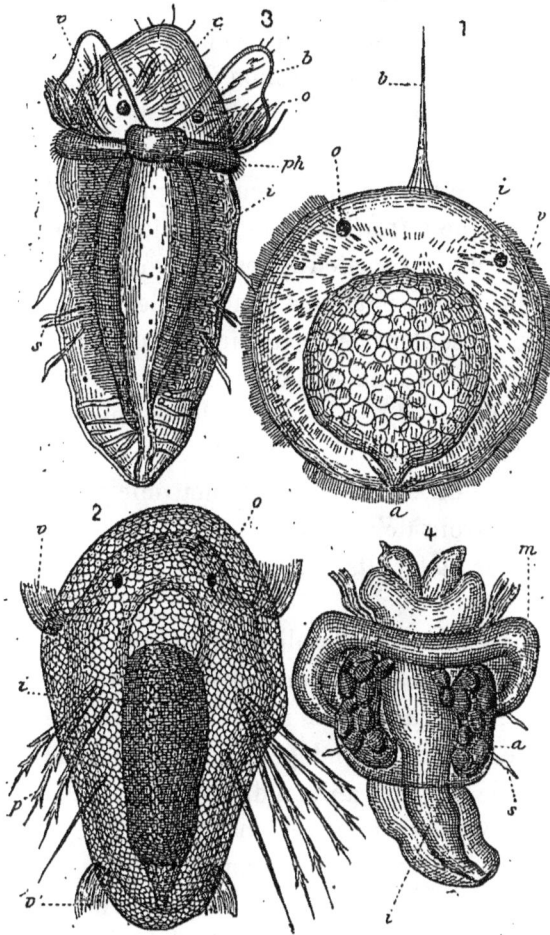

Fig. 98. — LARVES D'ANNÉLIDES. — 1. Larve atroque d'une Eunicide (*Lumbriconereis*), grossie 100 fois. — 2. Larve télotroque et métachète de *Nerine cirratulus*, grossie 100 fois. — 3. Larve de *Dasychone lucullana*, annélide voisine des Serpules. — 4. Larve de *Pileolaria militaris*, grossie 100 fois. Dans toutes les figures : *i*, intestin ; *ph*, pharynx ; *a*, anus ; *o*, yeux ; *s*, soies locomotrices permanentes ; *p*, soies caduques des larves métachètes ; *v*, *v'*, ceintures vibratiles ; *b*, *m*, voile céphalique cilié.

seul des individus associés, et cet individu n'est autre, comme l'indiquait la théorie, que la tête de l'Annélide.

Les Annélides, que nous venons d'étudier, *sont, au moment de leur éclosion réduites à leur tête ;* cette tête, qui n'est plus tard qu'un segment de l'animal comme les autres, vit alors à l'état d'individu parfait, et se suffit complètement ; elle engendre tous les autres segments en se reproduisant elle-même par voie agame. Ces segments sont par conséquent comme elle des individus. Peut-on souhaiter une démonstration plus complète de cette proposition : *Les Annélides ne sont autre chose que des colonies linéaires ?*

Il est intéressant de voir combien peu de segments suffisent, dans certains cas, pour que l'Annélide présente déjà tous les caractères du genre auquel elle appartient. Les Néréides adultes (fig. 91) n'ont guère moins d'une centaine d'anneaux ; leurs larves sont déjà reconnaissables, présentent des mâchoires, des antennes, des soies de Néréides alors qu'elles ne sont encore formées que de cinq ou six anneaux (fig. 96, n° 3). Ce petit nombre d'anneaux, parfaitement développés d'ailleurs, bien caractérisés, et qui suffit pour constituer un individu, n'est-il pas une nouvelle preuve à ajouter à celles que nous avons déjà données de l'indépendance primitive des segments et de la faculté qu'ils ont dû avoir de s'individualiser isolément ?

Une autre conséquence de l'individualité de chaque segment est que, chez les Annélides sédentaires dont le corps est divisé en régions distinctes, chacune de ces régions acquiert une sorte d'individualité et se développe, indépendamment des autres parties, tout comme si elle était un animal distinct. Chez les Naïdiens, le corps est déjà divisé en deux régions, dont l'une, composée le plus souvent de la tête et de quatre anneaux, peut être désignée sous le nom de région céphalique ; cette région se forme isolément, lors de l'individualisation de chaque nouvelle partie du corps, et ses segments se développent d'avant en arrière, comme s'il s'agissait d'un nouvel individu. Chez les Térébelles, la région thoracique qui porte les branchies ne commence à se développer que lorsque l'animal possède déjà trente-huit ou quarante segments (1).

(1) Milne Edwards, *Observations sur le développement des Annélides*, Annales des sciences naturelles, 3ᵉ série, t. III, 1845, p. 157.

Ses anneaux se forment successivement et d'avant en arrière comme ceux de la tête des *Naïs*. De nouveaux anneaux se forment de même en arrière de la tête pour constituer la région thoracique chez la *Salmacina Dysteri* (1). L'examen des figures de larves d'Annélides publiées par Claparède dans ses divers mémoires semble indiquer que ce phénomène se produit aussi dans plusieurs des types qu'il a étudiés, et il est probablement beaucoup plus fréquent qu'on ne l'a cru jusqu'ici. Il est évidemment de même nature que celui qui donne naissance à de nouveaux individus chez les Syllis, les Myrianides, et même les Autolytes et les Hétéronéréides : les anneaux postérieurs ou les anneaux intercalaires qui, dans ces Annélides, s'organisent en nouveaux individus dont l'aspect est souvent si différent de celui de leurs parents, se bornent ici à constituer des régions distinctes du corps. Dès 1844, M. Milne Edwards signalait cette identité entre la génération agame de certains animaux articulés et l'accroissement des régions du corps chez certains autres :

« Lorsque le développement devient plus actif, dit-il dans son mémoire précédemment cité (2), comme dans le cas de la multiplication par bourgeonnement, dont les Syllis et nos Myrianides offrent des exemples, on voit même un anneau donner directement naissance à deux ou plusieurs zoonites qui, en se reproduisant à leur tour de la manière ordinaire, constituent une ou plusieurs séries intercalaires ; l'ensemble des produits segmentaires représente alors une série de *groupes de zoonites*, dont chacun s'allonge par sa partie postérieure comme le faisait la série unique dans le cas précédent (3)... Ce phénomène qui, dans la classe des Annélides, ne se manifeste que lors de la reproduction de nouveaux individus (4) par voie de bourgeonnement..., se voit ailleurs pendant le développement de l'embryon... Chez les Crustacés, par

(1) Giard, *Note sur le développement de la Salmacina Dysteri* ; Comptes rendus de l'Académie des sciences, t. LXXXII, 1876, p. 287.

(2) Annales des sciences naturelles, 3ᵉ série, t. III, 1845, p. 174.

(3) Celui où l'animal ne se reproduit pas par voie asexuée.

(4) Le mode de développement des diverses régions du corps des Annélides était alors inconnu ou n'avait pas été interprété comme il l'a été depuis.

exemple, il paraît y avoir trois de ces systèmes ou séries de systèmes génésiques de zoonites, dont l'allongement peut se continuer après la formation du premier anneau de la série suivante, et il est à noter que ces groupes correspondent précisément aux trois grandes divisions du corps de ces animaux : la tête, le thorax et l'abdomen. »

L'assimilation entre chacune des régions du corps d'un Crustacé et les nouveaux individus qui se forment chez une Syllis ou une Myrianide s'impose donc en dehors de toute théorie ; cette assimilation est incontestablement tout aussi légitime en ce qui concerne les diverses régions du corps de la plupart des Annélides sédentaires. Si les Annélides errantes sont des colonies au premier degré, ces Annélides sédentaires méritent le nom de colonies au second degré ; chez elles, chaque région du corps peut être considérée comme un individu adapté à une fonction ou à un mode d'existence spécial : l'Annélide résulte de la fusion de ces individus. Nouvel exemple de ce procédé constant de transformation des colonies dont les conséquences ont été si nombreuses, si variées, si importantes.

Il ne faudrait pas conclure de ce qui précède que la tête, le thorax, l'abdomen d'une Annélide, d'un Crustacé ou d'un Insecte aient dû nécessairement former des individualités capables, sous leur forme actuelle, de vivre isolées les unes des autres : la division du travail a sans doute produit sur place le polymorphisme que nous constatons aujourd'hui ; elle a porté sur des individus ou des groupes d'individus qui pouvaient se passer les uns des autres et se séparaient, en conséquence, lorsqu'ils étaient encore tous identiques entre eux, qui se séparent encore, malgré un certain degré de polymorphisme, chez les Syllis et les Autolytes, mais qui, déjà chez les Hétéronéréides, demeurent unis toute leur vie. Plus tard, lorsque la division du travail est devenue plus complète, suivant une loi générale l'union est en même temps devenue plus intime : de sorte que plus les régions du corps sont distinctes chez un animal articulé, plus les individus composants sont différemment construits, plus les fonctions qu'ils remplissent sont variées, et moins ces régions ou ces individus ont de tendance à quitter leurs compagnons.

A mesure que se cimente l'union des membres d'une colonie vermiforme, on doit s'attendre à voir se précipiter les phénomènes embryogéniques qui tendent à la constitution de cette colonie. Les anneaux se formaient d'abord un à un par simple division du dernier ou de l'avant-dernier segment, et ne prenaient un caractère individuel qu'après avoir atteint une certaine taille : ce temps de croissance s'amoindrit de plus en plus ; à peine un anneau est-il caractérisé qu'un autre se caractérise à son tour ; bientôt il se forme en avant du dernier anneau une sorte de plage neutre qu'envahit une segmentation tellement rapide que les anneaux sont déjà distincts avant qu'aucun des organes qu'ils doivent contenir ait commencé à se former ; cette plage se limite enfin à une région circonscrite de la face ventrale, qui semble le point de départ de toutes les formations nouvelles et qu'on a nommée pour cette raison la *bandelette germinative*. Par quel procédé s'opèrent ces changements dans le mode de production des nouveaux individus ? On ne peut dire que cette question ait encore été explicitement posée ; il n'y a donc pas à s'étonner que nous manquions actuellement de documents pour la résoudre ; mais c'est là un problème important dont la solution donnera la clef de bien des mystères embryogéniques. L'étude comparative de la formation des nouveaux anneaux pendant la période larvaire et dans le voisinage de l'état adulte ; celle du mode de régénération des segments excisés, chez une seule et même espèce, pourraient fournir, à cet égard, de précieux renseignements, car il semble que l'accélération dans la production des parties nouvelles que l'on observe en comparant des espèces de plus en plus hautement individualisées, se manifeste aussi chez le même individu, à mesure que, par les progrès de la croissance, la collaboration d'un plus grand nombre de parties donne aux phénomènes vitaux une intensité plus grande. Mais l'embryogénie comparée des différents types conduit au même résultat par une voie un peu différente, et ces deux modes de recherche peuvent se servir réciproquement de moyen de contrôle.

On observe, en effet, dans le développement de l'embryon des Annélides, des gradations exactement correspondantes à celles que présente la formation des nouveaux individus ou des nouveaux anneaux dans les colonies linéaires. On y trouve tous les intermédiaires entre le développement des Syllidiens et des Néréides, où les anneaux se forment successivement et un à un, et celui des Chétoptères, des Lombrics et des Sangsues, où un grand nombre d'anneaux prennent leur origine presque simultanément dans un tissu formatif spécial, occupant une région plus ou moins limitée de la face ventrale de l'embryon.

Entre les Annelés marins et les Annelés d'eau douce ou terrestres, comme les Lombrics, il existe d'ailleurs une différence importante. Ces derniers ne pourraient évidemment subsister dans la terre humide, à l'état de simplicité où nous avons vu naître la plupart des embryons d'Annélides : la plus grande partie de leur développement s'accomplit donc, non pas sous les enveloppes de l'œuf, mais à l'intérieur d'une sorte de capsule assez résistante, dans laquelle la mère, au moment de la ponte, accumule un certain nombre d'œufs, un faisceau de spermatozoïdes et une réserve considérable de matières alimentaires. Dans les grandes espèces, il arrive souvent qu'un seul de ces œufs se développe ; les autres sont dévorés par le jeune ver : c'est une façon comme une autre d'être utilisés. Au moment de l'éclosion définitive, le Lombric présente déjà un assez grand nombre d'anneaux ; toutes les parties de l'adulte sont nettement caractérisées en lui. Quand l'Annélide se trouve mise en rapport avec le monde extérieur, elle n'est souvent représentée, au contraire, que par son premier anneau. La plus grande partie de son développement doit s'accomplir au grand jour : elle est donc extrêmement jeune par rapport au Lombric naissant. On voit par là combien serait grande l'erreur que l'on commettrait en considérant comme équivalents deux organismes, fussent-ils même voisins, au moment de leur naissance ; c'est une erreur analogue que l'on a commise lorsqu'on a essayé de classer, d'après le nombre de leurs ceintures vibratiles, des larves d'Annélides que l'on supposait implicitement contemporaines. On est sans cesse exposé à commettre cette erreur dans les études d'embryogénie comparée, à cause de ce raccourcissement des phénomènes de développement dont nous avons déjà vu tant d'exemples : une larve qui acquiert presque simultanément une vingtaine de segments, comme les larves de Polynoës, celles de Lombrics ou encore comme les larves mésotroques des Chétoptéridés, est au point de vue embryogénique, bien moins jeune qu'une larve, plus âgée de quelques heures ou même de quelques jours, mais qui n'a employé ce temps qu'à acquérir 3 ou 4 segments. Toute comparaison portant sur l'ordre d'évolution de leurs organes sera sans valeur, si l'on ne tient pas compte, avant tout, des indications fournies par la marche de la segmentation du corps, phénomène primordial, qui mesure véritablement l'âge physiologique de l'animal, puisqu'il indique la quantité de matériaux employés à sa formation, et que ces matériaux naissent les uns des autres.

Or, le résultat de tous les rapprochements que l'on peut faire entre le mode d'évolution des larves d'Annélides observées jusqu'à ce jour est exactement celui auquel nous a conduit l'étude des Tuniciers. *A mesure que les diverses parties de la colonie deviennent plus étroitement solidaires, le développement de l'Annélide tout entière s'accélère de plus en plus.* Entre les cas où le développement est le plus rapide et ceux où le développement est le plus lent, on trouve toutes les transitions et l'on peut affirmer que les différences observées dans le mode de formation des tissus, des organes et des segments tiennent uniquement à l'accélération embryogénique. Ces différences ne sauraient donc être invoquées contre les conclusions auxquelles nous ont conduits les observations exactes, rigoureusement interprétées dont l'embryogénie des Annélides a été l'objet. Elles posent des problèmes de physiologie et d'histologie fort intéressants, mais dont la solution ne saurait modifier en rien le problème plus général, désormais résolu, de la constitution des Annélides.

Si les Annélides sont des colonies, si leurs anneaux sont autant d'individus distincts, ces individus peuvent, comme ceux des colonies d'Hydraires, éprouver des modifications diverses. L'histoire de ces modifications va nous offrir des arguments nouveaux et d'un autre ordre en faveur de la thèse que l'embryogénie nous permet déjà de considérer comme établie.

CHAPITRE IV

———

Chez un très grand nombre d'Annelés, l'apparence extérieure du corps et même les organes internes sont demeurés dans des conditions très voisines de celles que doit remplir une colonie linéaire typique. Les anneaux des Lombrics et de la plupart des Annélides, qu'on désigne sous le nom d'*errantes* à cause de leurs mœurs vagabondes, se répètent toujours identiques à eux-mêmes ; seuls l'anneau postérieur et les premiers anneaux antérieurs subissent des modifications spéciales en raison du rôle particulier qui leur revient dans une colonie linéaire. Ces rôles ne sont pas sans avoir quelque ressemblance, aussi n'y a-t-il pas entre les extrémités d'une Annélide le contraste que l'on est habitué à voir entre la tête et la queue des animaux supérieurs : les anneaux terminaux de plusieurs Vers marins se ressemblent à ce point que les plus habiles naturalistes ont quelquefois confondu les deux bouts de l'animal l'un avec l'autre : Savigny, Cuvier, de Blainville, ont pris la tête de l'*Ophelia bicornis* pour la queue ; la même erreur a été commise par Oken relativement aux *Sternaspis*. Mais ce n'est pas seulement l'apparence extérieure de l'animal qui pourrait conduire à de tels renversements : l'organisation du segment anal présente souvent de curieuses analogies avec celle du segment céphalique ; tous deux portent des appareils tactiles bien développés, tous

deux peuvent être pourvus d'yeux, aussi bien caractérisés à l'extrémité postérieure qu'à l'extrémité antérieure. La *Nematonereis contorta*, l'*Oria Armandi*, les Fabricies, ont généralement deux yeux
sur le segment anal, les Amphicorines, les Myxicoles en ont quatre,
l'*Amphiglena Mediterranea*, six ou huit.

Il est à remarquer que cette particularité s'observe surtout chez
des Annélides dans lesquelles la tête a été détournée de son rôle
primitif, du rôle de *cicerone* de la colonie, par le développement
d'un volumineux panache respiratoire. Les Annélides à branchies
céphaliques (fig. 99) sont ordinairement
sédentaires et habitent dans des tubes calcaires ou dans des étuis de grains de sable
qu'elles savent fabriquer ; leur tête, ornée
de son panache, fait seule saillie hors du
tube dans lequel l'animal se retire brusquement à la moindre alerte. Tout autres
sont les mœurs des espèces qui possèdent
des yeux postérieurs ; les Amphicorines et
les Myxicoles quittent volontiers leur tube
pour courir à l'aventure ; ils en sortent
la queue la première ; on les voit alors
explorer le sol avec leur segment anal et
marcher en dirigeant, toujours en avant,
ce segment qui semble traîner après lui
tout le reste de la colonie. L'anneau pos-

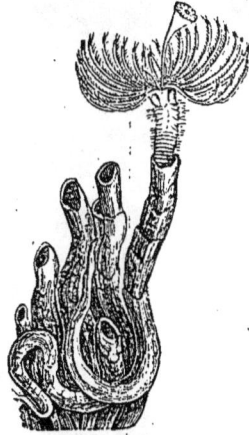

Fig. 99. — ANNÉLIDE SÉDEN-
TAIRE. — *Serpula contortupli-
cata*. Un seul individu est épanoui
et montre ses branchies et son
opercule (légèrement grossie).

térieur s'est donc réellement emparé d'une des fonctions essentielles de la tête, ou plutôt les rôles que remplit ordinairement une
tête se sont partagés entre les deux extrémités du corps : la *tête
digestive*, celle qui porte la bouche, est demeurée à l'extrémité qui
correspond au côté antérieur des autres Vers, la *tête sensitive* s'est
transportée à l'extrémité postérieure, gênée qu'elle était dans
l'exercice de ses fonctions par le développement particulier de l'appareil respiratoire. Il s'est ici produit quelque chose de très analogue à ce que nous avons vu chez les Ténias, où le premier individu de la colonie qui aurait dû devenir une tête, déchoit de son
rôle, se transforme en un individu protecteur destiné généra-

lement à disparaître et se trouve remplacé au point de vue de la fonction par le scolex, qui n'est autre chose que le second individu par rang d'âge, celui qui, chez les Annélides, occupe toujours l'extrémité postérieure.

Les yeux postérieurs et les yeux antérieurs ne sont pas des

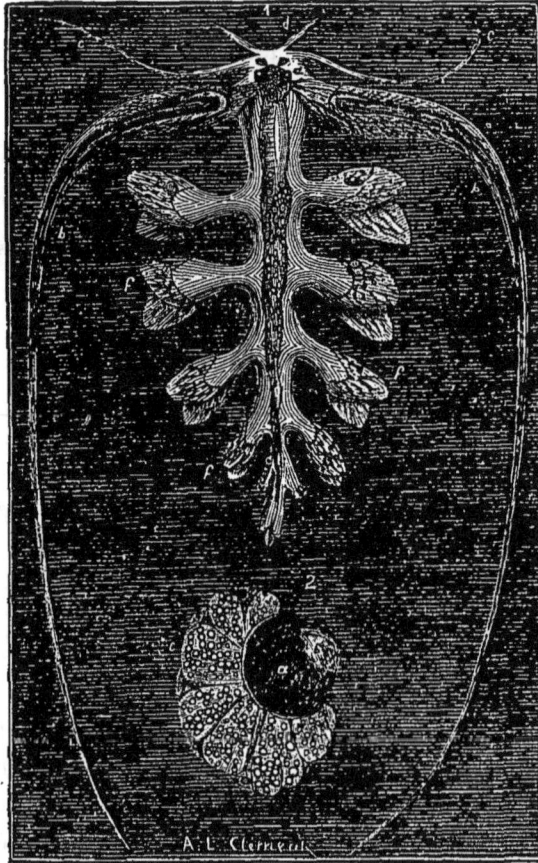

Fig. 100. — ANNÉLIDES. — 1. *Tomopteris vitrina*, jeune (grossi 13 fois); *a*, le cerveau et les yeux; *b*, grands tentacules portant une soie; *c, d*, antennes et tentacules secondaires; *f*, rames pédieuses portant les yeux. — 2. Un des yeux portés par les pieds; *a*, pigment; *b*, cristallin; *c*, cellules indéterminées (nerveuses ?). Grossissement 200 fois.

formations nouvelles : ils sont simplement les restes des yeux que possédait primitivement chacun des anneaux du corps, en sa qualité d'individu autonome. Dans les genres où il existe des yeux postérieurs, on trouve, en effet, presque toujours quelques espèces qui en portent sur tous les anneaux, telles sont : le *Myxicole parasite* (1) qui possède quatre yeux sur chaque segment, l'*Amphicorine coureuse*, l'*Amphicorine argus* (2) qui en ont deux. Plusieurs Annélides errantes présentent aussi de ces yeux segmentaires : les *Tomopteris* (fig. 100) ont un œil admirablement développé sur chacune de leurs rames pédieuses (3), les Polyophthalmes en ont au moins une série, parfois deux de chaque côté (4), et ces animaux marchent également bien la tête ou la queue en avant, comme si ces deux extrémités étaient à peu près équivalentes. On voit même de chaque côté du corps, dans le voisinage des pieds, chez certaines Eunices (fig. 101), deux taches noires qui ne peuvent être que des yeux rudimentaires (5), car elles sont remplacées chez l'*Eunice vittata* par de véritables yeux pourvus d'un cristallin (6).

Plus souvent encore que les yeux, les organes de l'ouïe quand ils existent, appartiennent à d'autres segments que le segment céphalique. Il n'est pas, en effet, particulièrement utile à la colonie que cette fonction soit exercée par un anneau plutôt que par un autre. Les organes auditifs n'ont été rencontrés que chez un petit nombre d'espèces ; ils sont simplement constitués par une paire de petites vésicules sphériques garnies intérieurement de cils vibratiles et contenant tantôt une concrétion calcaire, très réfringente, parfaitement arrondie, tantôt une multitude de petits corpuscules analogues à ceux de l'oreille interne des animaux supérieurs. M. de Lacaze-Duthiers a donné à l'organe exactement semblable que l'on trouve chez la plupart des Mollusques le nom d'*otocyste*. L'*Oria Armandi*,

---

(1) De Quatrefages, *Histoire naturelle des Annelés*, t. II, p. 474 et suivantes.
(2) De Quatrefages, *même ouvrage*, p. 480.
(3) Vejdovsky, *Beitrage zur Kenntniss der Tomopteriden* (Zeitschrift für wissenschaftliche Zoologie, t. XXXI, 1878, p. 195).
(4) De Quatrefages, ouvrage cité, p. 203.
(5) Ehlers pense que ces taches pourraient résulter d'une accumulation de pigment dans les organes segmentaires ; mais il n'exprime cette opinion qu'avec doute (*Die Borstenwürmer*, p. 341) ; Claparède combat absolument cette manière de voir (*Annélides Chétopodes du golfe de Naples*; Mém. de la Soc. de Phys. et d'Hist. nat. de Genève., t. XX, p. 396).
(6) Claparède, *même ouvrage*.

la *Dialychone acustica* (1), possèdent une paire d'otocystes dans le
segment qui porte la bouche ; c'est dans le segment suivant qu'on les
trouve chez les Amphicorines coureuse et régulte ; ils passent au
troisième segment du corps chez l'*Amphicorine argus* (2) ; enfin chez
les *Wartelia* (3) que Claparède a considérées comme des larves de
Térebelles (4), ils sont situés dans le quatrième segment (fig. 96, n° 2).
Cette variabilité de position montre que l'appareil auditif est un appareil en voie de disparition chez les Annélides, de même que la rareté
des yeux latéraux, leur imperfection, leur dissémination dans les
groupes les plus différents, témoignent qu'ils constituaient d'abord
une disposition générale qui tend aujourd'hui à s'effacer.

Nous avons le droit de conclure de tous ces faits que les divers
anneaux du corps étaient primitivement aussi bien pourvus que
les anneaux antérieur et postérieur sous le rapport des organes des
sens. Cela suppose qu'ils étaient, eux aussi, capables de mener une
vie indépendante, ou qu'ils étaient, tout au moins, les équivalents
d'animaux ayant cette faculté. Les organes visuels leur sont devenus
presque toujours inutiles, en raison du rôle assumé par le segment
céphalique et le segment anal, en raison surtout de la concentration dans le premier des phénomènes de conscience et de volonté.
et ils ont graduellement disparu.

Dans tous les Vers annelés le système nerveux se compose de
deux parties : l'une, située dans la tête, que l'on considère habituellement comme un cerveau, l'autre, située dans le corps, tout
le long de la ligne médiane ventrale, entre le tube digestif et les
téguments. Le cerveau est composé de deux masses nerveuses ou
ganglions placés au-dessus de l'œsophage et de deux masses nerveuses, placées au-dessous, reliées de chaque côté par un cordon
vertical, de manière à constituer autour du tube digestif un col-

---

(1) Claparède, *les Annélides Chétopodes du golfe de Naples.*

(2) De Quatrefages, *Histoire naturelle des Annelés*, t. II, p. 474 et suivantes.

(3) Giard, *Sur les Wartelia* ; Comptes rendus de l'Académie des sciences,
1878, 1er semestre, p. 1147.

(4) Claparède, *Beobachtungen über Anatomie und Entwickelungsgeschichte
wirbelloser Thiere an der Küste von Normandie angestellet*, 1863.

lier complet, le *collier œsophagien*. Le reste du système nerveux
se compose d'une double série de ganglions dont chaque paire
est située dans l'un des anneaux du corps ; des cordons nerveux
transversaux relient entre eux les deux ganglions d'une même
paire ; d'autres cordons longitudinaux relient les ganglions d'un
anneau à ceux des anneaux qui suivent et qui précèdent ; les ganglions de la première paire sont reliés aux ganglions inférieurs du
collier œsophagien. Cet ensemble constitue une double chaîne
ventrale dont les diverses parties peuvent être plus ou moins confondues ; on le désigne sous le nom de *chaîne ganglionnaire*. C'est
cette disposition très remarquable du système nerveux que Cuvier
avait prise pour caractère primordial de son embranchement des
Articulés.

Il semble au premier abord qu'entre le *collier œsophagien* et la
chaîne ganglionnaire des animaux articulés, il y ait, au point de
vue des fonctions, un contraste aussi complet que celui généralement admis entre le cerveau et la moelle épinière des Vertébrés.
A part le volume relatif beaucoup plus faible du collier œsophagien, la comparaison que nous venons d'indiquer se soutient assez
bien. Le cerveau des Vertébrés est le centre auquel aboutissent
toutes les sensations : c'est à lui qu'arrivent les fibres sensitives de
tous les points du corps, c'est lui qui fournit directement leurs nerfs
aux organes des sens, à la face et aux principaux viscères thoraciques ; c'est lui qui est l'intermédiaire obligé de la conscience, l'organe de la volonté. Chez l'Annélide, les ganglions supérieurs qu'on
désigne plus particulièrement sous le nom de *ganglions cérébroïdes*
envoient de même des nerfs aux organes tactiles ou *antennes*, aux
yeux, quelquefois à la lèvre supérieure ; les parties latérales du
collier, les *connectifs*, innervent l'anneau buccal et ses appendices,
envoient quelques rameaux à la première cloison interannulaire et
donnent naissance aux nerfs de la partie antérieure du tube digestif ; c'est dans les ganglions cérébroïdes que les principales sensations, visuelles et tactiles, sont perçues, appréciées et transformées
en actes volontaires. Le collier œsophagien d'une Annélide remplit
donc toutes les fonctions du cerveau d'un Vertébré ; mais il est
loin de les avoir aussi complètement centralisées et lorsqu'on vient

à le comparer aux centres de la chaîne ganglionnaire qui résident dans chaque anneau, on est frappé de la ressemblance profonde qui existe entre eux. Lorsqu'un segment du corps est pourvu d'organes de la vue ou de l'ouïe, il n'emprunte jamais, en effet, de nerfs aux ganglions cérébroïdes ; ce sont ses propres ganglions qui innervent ces organes et qui réunissent dès lors toutes les fonctions d'un *cerveau segmentaire*. C'est le ganglion postérieur qui apprécie, chez les Myxicoles et les Amphicorines, la direction que doit suivre l'animal ; il fonctionne bien plus nettement encore comme un véritable cerveau. Ainsi, au point de vue physiologique, aucune différence essentielle ne distingue les parties composant le collier œsophagien des autres parties du système nerveux ; c'est-à-dire que ces dernières sont ou ont été capables de remplir, dans des temps plus ou moins reculés, les fonctions que le collier œsophagien a seul conservées dans le plus grand nombre des cas : ce collier n'est autre chose que l'ensemble des premiers segments de la chaîne ganglionnaire, au travers duquel est venu passer l'œsophage.

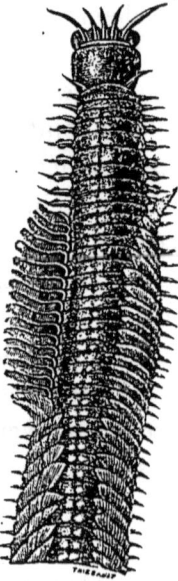

Fig. 101. — ANNÉLIDE ERRANTE. — *Eunice Harassii :* partie antérieure du corps réduite ; un certain nombre des branchies plumeuses de gauche ont été rabattues sur le côté.

Au point de vue psychologique les ganglions cérébroïdes ne jouissent pas non plus de propriétés bien particulières et leur pouvoir de centralisation paraît assez borné ; chaque ganglion tient sous sa dépendance les mouvements de l'appareil locomoteur de l'anneau qui lui correspond. Lorsqu'on vient à couper en deux une Annélide, sa partie postérieure continue à se mouvoir aussi régulièrement que sa partie antérieure. M. de Quatrefages a pu conserver assez longtemps des fragments postérieurs d'Eunices (fig. 101) et les a vus « manifester par la coordination de leurs mouvements, par la manière dont ils se comportaient quand on dirigeait sur eux une lumière très vive, une sorte de conscience et de volonté ». L'illustre académicien a observé des faits de même,

nature dans un très grand nombre d'espèces et a vu les portions
médianes du corps se comporter comme les portions postérieures (1). L'indépendance psychologique des divers anneaux est
ici bien évidente. Chaque ganglion n'a pas seulement conscience
de lui-même, il a aussi conscience dans une certaine mesure de ses
voisins, comme l'implique la coordination des mouvements de
toutes les parties détachées, si longues qu'elles soient. Cette conscience est, à la vérité, bien plus nette dans le cerveau ; mais elle
tend à s'affaiblir à mesure qu'augmente le nombre des anneaux.
Certaines Eunices (2) peuvent atteindre 1ᵐ,50 de long, sur près
de 3 centimètres de large, elles possèdent plusieurs centaines
d'anneaux ; il en est de même de plusieurs Vers de terre des pays
chauds (3). Sans parler de ces Annelés gigantesques dont la taille
est comparable à celle des plus grands reptiles de nos pays,
on rencontre souvent dans nos mers des Annélides d'une taille
moindre et chez qui la conscience de l'extrémité postérieure de
leur corps est tellement affaiblie qu'elles se mordent elles-mêmes,
sans paraître aucunement le ressentir. C'est sans doute à cette diminution de la conscience qu'il faut attribuer la facilité avec laquelle
se mutilent spontanément, sauf à réparer plus tard leurs pertes,
les Annélides tenues en captivité dans de mauvaises conditions.
La faiblesse de la subordination des divers segments au segment
céphalique ne serait-elle pas aussi pour une part dans l'apparition
des phénomènes de scissiparité chez les Annélides inférieures ?

Tout ce que nous avons dit dans le chapitre précédent de la
constitution coloniale des Annélides trouve donc une confirmation
absolue dans les rapports physiologiques et psychologiques des
différents segments. L'anatomie ne manque pas de son côté de
nous fournir des arguments.

Chaque anneau possède, dans un grand nombre de types, son
appareil locomoteur, ses branchies, ses reins, ses organes de repro-

---

(1) De Quatrefages, *Histoire naturelle des Annelés*, t. Iᵉʳ, p. 88. — *Suites à
Buffon de Roret*.

(2) *Eunice Roussææi*, de Quatrefages ; *E. gigantea*, Linné.

(3) *Titanus brasiliensis*, du Brésil ; *Anteus gigas*, de Cayenne ; *Acanthodrilus*,
de la Nouvelle-Calédonie.

duction tout comme ses ganglions nerveux. L'appareil digestif et
l'appareil circulatoire, qui doivent répartir également les matières
alimentaires entre tous les membres de la colonie, ont une tendance plus grande à se fusionner, mais conservent cependant des
traces bien nettes de leur segmentation primitive. Le tube digestif
s'étrangle au niveau de chaque cloison de séparation des anneaux,
comme s'il était formé d'un chapelet d'estomacs. Le vaisseau dorsal,
particulièrement chargé de donner au sang l'impulsion qui doit le
faire cheminer dans tout l'organisme, se compose d'une série
de poches contractiles dont chacune correspond à un anneau
et représente par conséquent un *cœur segmentaire*. Les vaisseaux
longitudinaux non contractiles se sont, à la vérité, réunis en tubes
indivis; mais tous les vaisseaux latéraux se répètent fidèlement
d'anneau en anneau, sauf dans les régions où ces anneaux ont
subi eux-mêmes des modifications plus ou moins considérables.
Chez les *Magelona* (1) le vaisseau ventral serait encore divisé en
autant de parties indépendantes qu'il y a de segments, de sorte que
dans chaque anneau le sang ne circulerait pas, mais éprouverait
un simple balancement.

Dans tous les viscères, à l'intérieur aussi bien qu'à l'extérieur
du corps, la segmentation est donc le phénomène dominant de
l'organisation de l'Annélide : à tous les points de vue, comme cela
doit être dans une véritable colonie, les divers segments des Annélides errantes sont équivalents entre eux. Nous avons prouvé
que ces segments étaient, en réalité, des individus.

De leur individualité primitive résulte pour eux un certain degré
d'indépendance et de cette indépendance la possibilité d'éprouver
des modifications qui ne se répercutent pas sur leurs voisins. Dans
les colonies linéaires comme dans les colonies irrégulières que
nous avons étudiées précédemment, la *division du travail physiologique* peut donc s'établir, entraînant à sa suite un degré plus ou
moins marqué de *polymorphisme*, ou, si l'on veut, d'inégalité dans
les conditions des individus. On peut déjà rattacher à ces causes

---

(1) F. Müller, *Einiger über die Annelidenfauna der I. Sta Catharina*, p. 215,
pl. VI, fig. 10 et 11, 1858.

les formes reproductrices spéciales des Syllidiens, les métamorphoses des Néréides .et les différences sexuelles que l'on observe
chez ces animaux ; les. caractères acquis par l'anneau céphalique
et l'anneau postérieur des Annélides errantes s'y relient plus
étroitement encore, puisqu'ils n'impliquent pas une tendance à la

Fig. 102. — ANNÉLIDE SÉDENTAIRE. — *Spirographis unispira*, Cuv. grand. nat.

séparation des segments en question, mais, au contraire, une tendance à la transformation de la colonie en individu.

Le polymorphisme ne s'élève guère plus haut chez les *Annélides
errantes ;* mais il prend une importance bien plus considérable

chez les Annélides dites *sédentaires*. Les tubes qu'habitent ces Annélides présentent des dispositions très diverses. Les *Pectinaires* traînent peut-être le leur après elles à la manière des larves de Phryganes de nos eaux douces; ordinairement le tube est fixé, l'animal
ne le quitte presque jamais et passe la plus grande partie de sa vie
dans le lieu qu'il a choisi pour s'établir. Les Térebelles (fig. 103), les
Clymènes habitent un tube droit ouvert aux deux bouts, collé à la
face inférieure des pierres et des rochers ou enfoncés dans le sable;
et l'animal peut faire saillir son corps par les deux extrémités : les
Sabelles, les Spirographes (fig. 102) exsudent un tube droit qui
prend la consistance de parchemin; celui des Myxicoles est constitué par une épaisse masse gélatineuse, transparente; celui des
Serpules (fig. 99) est calcaire : tous ces animaux ne montrent
guère, lorsqu'ils sont au repos, que la partie antérieure de leur
corps ; enfin, les Chétoptères (fig. 105), les Arénicoles, creusent
dans la vase une galerie en forme d'u, dans laquelle l'eau pénètre
par les deux extrémités comme dans un siphon ; dans l'intervalle
des marées, le tube demeure empli et l'eau séjourne dans la
partie courbe du siphon.

Au point de vue de leurs relations avec le monde extérieur,
au point de vue notamment de la fonction respiratoire, ces divers
animaux se trouvent donc dans des conditions très différentes, et
leur organisation reflète ces différences. Les anneaux qui composent leur corps reçoivent inégalement l'action du milieu
ambiant et réagissent sur lui de façons très dissemblables ; ils ne
peuvent plus jouer tous le même rôle ; il y a un avantage à ce
que quelques-uns d'entre eux se spécialisent, et dès lors l'organisme cesse de présenter l'uniformité de structure si frappante
chez les Annélides errantes : le corps se divise en régions plus ou
moins distinctes les unes des autres.

Dans les espèces qui habitent des tubes droits, la partie antérieure du corps est la seule qui ne soit pas couverte par le tube ;
c'est sur elle que se centralisent les fonctions les plus importantes ; il se constitue, en arrière de la tête, une région thoracique
plus volumineuse que le reste du corps, sur laquelle les soies locomotrices sont autrement disposées et sont d'une forme parti-

culière; cette région porte les branchies chéz les Térebelles
(fig. 103); elle est nue, au contraire, chez les Serpules et les
Sabelles. La tête subit à son tour des modifications importantes;
n'ayant plus à explorer les alentours de l'animal ou à le guider,
elle perd sa mobilité, s'élargit, s'aplatit, se confond avec l'anneau

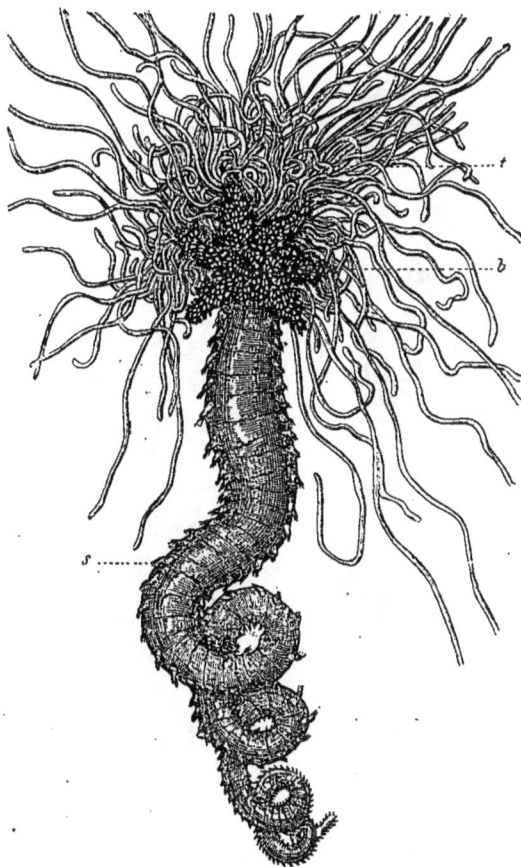

Fig. 103. — ANNÉLIDE SÉDENTAIRE. — *Terebella Edwardsi*, de Quatrefages (demi-grandeur
naturelle). — *b*, branchies; *s*, faisceaux de soies locomotrices; *t*, paquet de filaments préhensiles.

buccal et en même temps ses appendices, désormais inutiles, sous
leur ancienne forme, prennent des fonctions et un aspect nouveaux. Chez les Hermelles (fig. 104, n° 2, *o*), elle disparaît sous les tentacules qui s'aplatissent pour fermer exactement le tube qu'habite

l'animal ; chez les Pectinaires, elle porte une rangée de fortes soies
d'un magnifique éclat métallique, tandis que deux des antennes se
soudent en une espèce de voile qui se rabat sur la bouche pour la
protéger ; ces mêmes antennes deviennent chez les Térebelles un
paquet souvent considérable de longs filaments mobiles que l'ani-

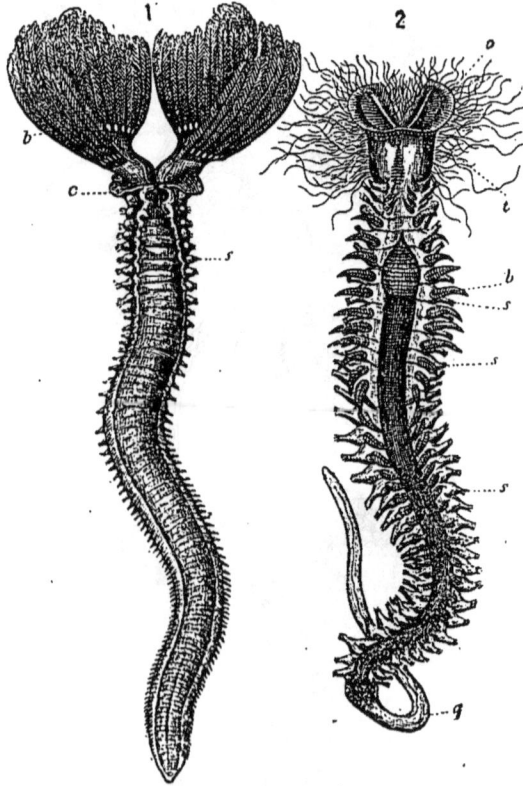

Fig. 104. — ANNÉLIDES SÉDENTAIRES. — 1. *Distylia volutifera* (grandeur naturelle). — *b*, branchies;
c, expansion membraneuse de la tête ; *s*, soies locomotrices ; — 2. *Hermella alveolata* (grossie deux
fois). — *o*, portion antérieure élargie, transformée en opercule ; *t*, tentacules ; *b*, branchies ; *s*, soies
locomotrices ; *q*, queue.

mal étend de toutes parts autour de lui, avec lesquels il saisit fort
adroitement et ramène vers lui une foule de petits corps dont il
fait sa nourriture ou qu'il emploie à consolider son tube : ce sont
encore ces antennes qui forment chez les Sabelles, les Distylies

(fig. 104, n° 1), les Myxicoles, les Serpules (fig. 99), etc., les deux élégants panaches qui surmontent le corps de l'animal. Ces panaches découpés en nombreuses lanières, ornés de barbules, couverts de cils vibratiles, déterminent dans l'eau un vif tourbillon qui engouffre dans la cavité buccale de l'Annélide les petits organismes dont elle fait sa pâture, et amène sans cesse dans son

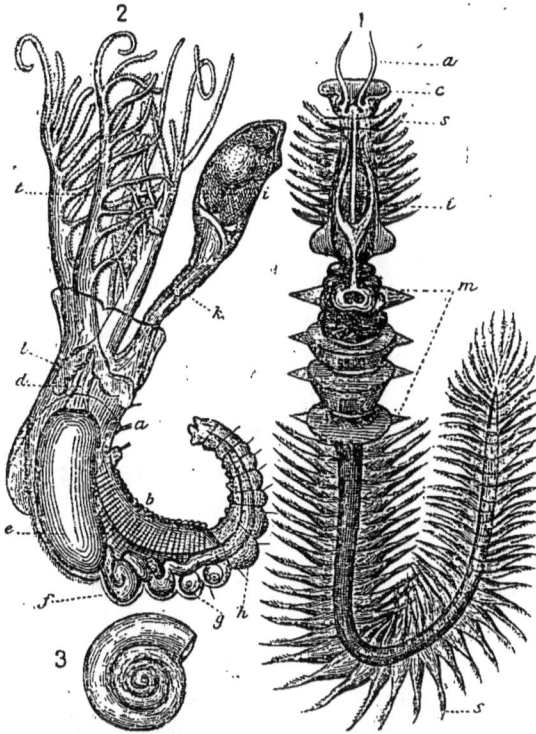

Fig. 105. — ANNÉLIDES SÉDENTAIRES. — 1. *Chætopterus Valencinii,* de Quatrefages (demi-grandeur naturelle) : *a,* antennes ; *c,* expansion membraneuse de la tête ; *i,* pieds supérieurs du 1er anneau thoracique ayant pris l'apparence de cornes ; *m,* anneaux thoraciques ; *s,* pieds et soies locomotrices. — 2. *Spirorbis lœvis,* grossie 20 fois : *t,* les antennes transformées en branchies ; *a,* région antérieure munie de soies ; *b,* région moyenne dépourvue de soies ; *g,* anneaux femelles ; *h,* anneaux mâles ; *d,* œsophage ; *e,* estomac ; *f,* intestin ; *k,* appendice supportant l'opercule ; *i,* opercule contenant les œufs ; *l,* glande sécrétant le tube calcaire. — 3. Tube calcaire de Spirorbe, grossi 4 fois.

voisinage l'eau aérée nécessaire à sa respiration. L'échange gazeux s'établit au travers des téguments du panache, de sorte que les antennes, primitivement organes du tact, sont ici devenues des

.organes de préhension des aliments en même temps que des
organes de respiration. Elles n'ont pas pour cela perdu toute fonction sensitive, car, chez un grand nombre d'espèces, chaque
plume du panache porte des yeux très développés. Chez les Serpules, les Vermilies, les Spirorbes (fig. 105, n° 2, *ki*), à côté des
branchies on aperçoit un appendice charnu qui porte à son extrémité évasée un corps calcaire ou corné ; lorsque l'animal se
rétracte, ce corps vient s'appliquer sur l'ouverture du tube qu'il
ferme exactement ; c'est là l'*opercule*, et l'appendice qui le supporte
n'est aussi qu'une antenne modifiée. Chez les Spirorbes, la cavité
de cette antenne communique largement avec le corps ; l'opercule
lui-même est creux, et les œufs accomplissent leur développement
dans sa cavité.

C'est la région moyenne du corps qui se transforme dans les
espèces d'Annélides habitant un tube recourbé. C'est elle, en effet,
qui demeure le plus constamment plongée dans l'eau, et c'est par
elle que la respiration peut être accomplie de la façon la plus
régulière. Ses anneaux portent des houppes branchiales chez
les Arénicoles ; chez les Chétoptères (fig. 105, n° 1) ils sont au
nombre de cinq (*m*), et prennent une forme très singulière et très
différente d'un anneau à l'autre ; les pieds supérieurs du premier
se relèvent sur le dos, et, se dirigeant en avant, semblent deux
cornes qui remontent jusqu'au deuxième anneau de la région précédente ; l'anneau suivant est boursouflé et de couleur noirâtre ; les
trois autres s'élèvent en larges poches demi-transparentes qui
ondulent sans cesse comme pour déterminer un courant de liquide
dans le tube parcheminé qu'habite cette splendide Annélide.

Les Phyllochétoptères et les *Telepsavus*, quoique modifiés autrement, n'ont pas une apparence moins étrange.

En général, il n'y a jamais, dans chaque espèce, qu'un nombre
fixe d'anneaux qui subissent des modifications à la partie
antérieure du corps. Toutes les fonctions importantes des Annélides tubicoles se concentrent peu à peu dans ces anneaux qui
ont subi des adaptations spéciales ; chaque organe nouveau qui
se constitue est un progrès vers cette localisation ; d'où il suit que
l'abdomen lui-même, en grande partie inutile, devenant même

dans certains cas une gêne, est fatalement amené à se réduire le plus possible. Le nombre total des anneaux de l'animal, d'abord variable et illimité, tend à diminuer et à prendre en même temps une fixité de plus en plus grande, de sorte que toutes les parties du corps, divisé en régions, contractent des rapports réciproques de plus en plus déterminés, tels que ceux qu'on observe chez les animaux supérieurs.

Par une sorte de *balancement*, que Geoffroy Saint-Hilaire avait déjà nettement aperçu, le *perfectionnement* des parties entraîne avec lui une *réduction du nombre* de ces parties, comme si l'organisme se débarrassait alors de tout ce qui est superflu. Déjà l'abdomen des Arénicoles présente des signes de dégénérescence : ses anneaux postérieurs sont moins apparents et totalement dépourvus d'organes locomoteurs ; mais nulle part la rétrogradation de la région abdominale n'est plus manifeste que chez les Hermelles et les Pectinaires. A la partie postérieure des Hermelles (fig. 104, nº 2, *q*), on voit un appendice vermiforme que l'on prendrait volontiers pour un parasite. Un examen plus attentif montre que c'est là une sorte de queue dont l'animal tiré de son tube paraît du reste fort embarrassé ; il se résigne le plus souvent à la replier au-dessous de lui comme pour la dissimuler. On ne peut y reconnaître ni annulation distincte, ni trace de soies locomotrices ; cependant le tube digestif, les deux vaisseaux dorsal et ventral, la chaîne ganglionnaire traversent dans toute sa longueur ce singulier prolongement du corps ; mais ils y sont, eux aussi, frappés de dégénérescence ; les parois de l'intestin sont minces, translucides, ne présentent aucun étranglement ; les deux vaisseaux dorsal et ventral ne communiquent plus que par des anses semi-annulaires. La partie de l'abdomen qui avorte ainsi peut être égale dans certaines espèces au quart de l'animal entier ; le phénomène qui a donné naissance à cet avortement est de même nature que celui qui a produit la queue des Vertébrés ; seulement, chez les Vertébrés, la plupart des organes ont définitivement quitté cette région ; ils n'ont fait que s'atrophier dans la queue des Hermelles. Chez les Pectinaires il existe aussi une queue ; mais les anneaux, au nombre de cinq ou six, qui la composent, se sont

élargis, aplatis, et tout l'organe forme, en général, une plaque repliée sous le corps, à peu près comme l'abdomen rudimentaire des
Crabes. Certains Vers annelés nous fournissent un autre exemple
d'une queue plus semblable encore à celle des Vertébrés, mais ayant
subi une adaptation spéciale. Ce sont les Sangsues : chez elles le
tube digestif s'ouvre sur le dos, un peu en avant de l'extrémité postérieure du corps, et les anneaux qui suivent se soudent de manière
à former un disque circulaire qui n'est autre chose que la ventouse
anale. Il est à peine utile de faire remarquer que, si l'on retournait
la sangsue de manière que sa chaîne ganglionnaire devienne dorsale, comme la moelle épinière des Vertébrés, la ventouse en question occuperait, par rapport aux autres organes, une position
toute semblable à celle de la queue de ces animaux.

Que l'on cherche maintenant à appliquer aux diverses régions
du corps des Annélides sédentaires des dénominations communes,
on s'aperçoit bien vite de l'insuffisance de toute nomenclature. Il
semble au premier abord que les dénominations de *tête*, *thorax*,
abdomen et *queue* puissent répondre à tous les besoins ; mais comment définir toutes ces parties ?

La *tête* est caractérisée chez les animaux supérieurs par la présence du cerveau, de la bouche et des organes des sens. Les ganglions cérébroïdes des Annélides occupent le segment antérieur
du corps ; la bouche est située sur le suivant ; la tête comprend
donc chez elles au moins deux anneaux. Chez les Lombrics, les
ganglions cérébroïdes n'occupent jamais le premier anneau du
corps et sont quelquefois refoulés jusque dans le quatrième ; la
tête de ces Vers aurait ainsi l'étendue de quatre anneaux. Chez les
Naïdiens, lors de leur reproduction par division, il se forme toujours non seulement un segment céphalique, mais encore quatre
anneaux nouveaux qui diffèrent des autres par la forme de leurs
soies. Il semblerait naturel d'étendre le nom de tête à l'ensemble
de toutes ces parties nouvelles, et la tête comprendrait ainsi cinq
anneaux. Désigne-t-on, d'autre part, par *région thoracique* la région
qui, généralement plus élargie que les autres, précède immédiatement l'abdomen ? Il faut attribuer ce nom aux cinq anneaux des
Chétoptères dont nous avons précédemment décrit la singulière

conformation, la tête serait alors formée des onze anneaux qui
précèdent.

En somme, il a paru plus simple de donner chez les Annélides le
nom de tête au premier segment du corps qui est en général placé
au-dessus et en avant de la bouche, et cette détermination peut
être justifiée par le fait que ce segment, contenant le cerveau et
supportant souvent les organes des sens, est bien réellement une
tête physiologique ; mais il faudrait se garder de croire que la tête
ainsi définie corresponde à ce qu'on nomme la tête chez un Insecte
ou chez tout autre animal articulé. Là, en réalité, un nombre
d'anneaux, variable d'un groupe à l'autre, se sont entièrement
confondus pour former cette région du corps, de même que le
crâne des Vertébrés s'est constitué à l'aide de plusieurs segments
vertébraux. On peut voir dans la variabilité de position de la région
thoracique chez les Annélides et dans la multiplicité des segments qui la précèdent, une sorte d'acheminement vers les têtes
complexes des animaux supérieurs qui demeurent encore ici
décomposées en leurs parties théoriques.

Entre les variations de la forme extérieure des segments et les
modifications que subissent les organes qu'ils contiennent il n'y a
aucune relation nécessaire. Sous leurs anneaux qui se ressemblent
tous, les Annélides errantes et les Lombrics cachent des organes
très variés : plusieurs possèdent une trompe, un gésier, des mâchoires profondément situées, des cœurs, des glandes de diverses
natures : ces organes sont obtenus à l'aide de modifications, en
quelque sorte *personnelles* à chaque anneau et ne dépassant pas son
étendue, des organes typiques qu'il contient. Ainsi le gésier des
Lombrics résulte de l'épaississement des parois musculaires du tube
digestif dans un ou deux de leurs anneaux ; leurs cœurs ne sont que
des dilatations des anses vasculaires latérales d'un certain nombre
d'anneaux, etc. Ces anneaux demeurant séparés les uns des autres
par des cloisons presque complètes, il ne peut, en général, s'opérer
aucune soudure entre les parties qu'ils contiennent, sauf pour le
tube digestif et les vaisseaux longitudinaux dont les soudures d'un
anneau à l'autre sont, pour ainsi dire, originelles ; on ne trouve
donc pas, chez les Annélides, d'organes compacts comme le foie ou

le rein des animaux supérieurs. Les éléments de ces organes sont disséminés dans l'étendue entière du Ver; les seules modifications qu'ils éprouvent sont une exagération de volume, un avortement ou une adaptation à des fonctions particulières.

L'indépendance des anneaux est souvent telle que, chez un même animal, les uns peuvent être mâles et les autres femelles; chez les Spirorbes (fig. 105, n° 2) les premiers anneaux de l'abdomen (*g*) sont femelles, les autres (*h*) mâles; chez les Autolytes mâles (fig. 95, n° 2), les anneaux antérieurs sont seuls sexués, les autres sont stériles, tandis que tous les anneaux produisent des œufs chez les femelles. Les Lombriciens et les Sangsues ne possèdent, au contraire, qu'un seul anneau femelle; mais plusieurs anneaux sont mâles, le plus grand nombre demeurent stériles; c'est un cas remarquable de la réduction d'une propriété qui, chez les Annélides marines, dont les sexes sont habituellement séparés, est ordinairement commune à tous les segments du corps.

En résumé, dans le groupe si étendu des Vers annelés, les individus élémentaires, groupés en colonie, demeurent toujours à un haut degré d'indépendance vis-à-vis les uns des autres, quelque nette que paraisse d'ailleurs l'individualité de la colonie. Les organes digestifs, les portions longitudinales de l'appareil circulatoire et les centres nerveux sont les seules parties qui contractent une union plus ou moins intime; c'est uniquement par leur intermédiaire que s'établit l'unité physiologique de la colonie. Les portions transversales de l'appareil circulatoire, les nerfs, les organes des sens, les organes de respiration, de sécrétion, de reproduction demeurent propres à chaque segment, sans contracter de soudures avec les organes ou appareils analogues qui existent dans les segments voisins; dans l'unité qui se fonde, ils ne cessent de maintenir l'équivalence des individus et leur autonomie.

A part la disposition relative des individus composants, le Ver annelé reproduit donc tous les traits qui affirment le caractère colonial d'un Siphonophore, par exemple. La division du travail ne produit pas chez l'un d'effets plus complexes que chez l'autre; le polymorphisme est peut-être même moins considérable chez l'Annelé, et si un plus haut degré d'individualité est obtenu chez lui, cela tient surtout aux avantages qui résultent, à cet égard, de la disposition linéaire. Toutefois la division du travail trouve ici à s'exercer d'une façon différente, ce qui donne à ses effets une plus grande variété.

Entre le tube digestif et la paroi externe du corps s'est développée une cavité dans laquelle se disposent les autres viscères ; grâce à l'espace qui les sépare, le tube digestif, les organes qui l'environnent et les parois du corps ne sont plus indissolublement liés les uns aux autres. Chacun d'eux peut s'adapter à un rôle particulier, prendre une forme spéciale sans entraîner des modifications correspondantes autour de lui. Chaque organe devient ainsi une sorte d'individu secondaire, indépendant à la fois des organes analogues des segments voisins et des organes différents du segment qui le contient. L'existence des cloisons interannulaires maintient, à la vérité, tous les organes d'un même segment dans certains rapports réciproques ; mais que les cloisons disparaissent, ces rapports cesseront d'être nécessaires. En vertu d'une propriété commune à tous les tissus vivants, les organes de même nature appartenant à des segments différents pourront se souder entre eux. Les adhérences ainsi contractées les amèneront à quitter leur position normale, s'ils ne suivent pas l'accroissement des parties environnantes : ainsi pourront se constituer, à l'intérieur d'un corps réellement segmenté, des organes qui paraîtront échapper à toute segmentation. Nous démontrerons bientôt qu'il en est réellement ainsi et nous aurons à faire, par la suite, d'importantes applications des données acquises de la sorte.

Lorsque la disparition des cloisons interannulaires se produit chez un animal segmenté dont les téguments ne sont soutenus par aucune production solide, on conçoit qu'elle ait une autre conséquence : elle doit entraîner avec elle la disparition de la segmentation, même dans la paroi du corps, et ramener l'animal à un état de simplicité apparente qui peut devenir fort embarrassant pour l'appréciation de sa véritable nature. C'est sans doute ce qui est arrivé pour la classe entière des Géphyriens. Ces vers exclusivement marins fouissent parfois en grande abondance les fonds vaseux ou sablonneux de nos grèves. Leur corps, à peu près cylindrique, ne possède que des vestiges d'organes de locomotion ; sa partie antérieure est rétractile et, dans certaines espèces, se montre surmontée, quand elle s'épanouit, d'une couronne régulière de tentacules ; ni leur corps ni leurs viscères ne présentent aucune trace de segmentation. Leurs larves ressemblent cependant tout à fait à des larves d'Annélides, présentent des segments distincts, et leur système nerveux se compose d'un collier œsophagien et d'une bandelette ventrale dépourvus de ganglions ; quelques-uns ont un petit nombre de paires de soies locomotrices. On ne peut donc voir dans ces êtres singuliers que des Annélides arrivées à un état de dégradation qui les rend méconnaissables. Ils ne sont cependant que la préface de modifications infiniment plus profondes que nous aurons bientôt à signaler pans le type annelé.

CHAPITRE V

Les animaux articulés.

Nous avons assisté, en étudiant le groupe des Vers, à la transformation graduelle de colonies linéaires en véritables individus physiologiques et psychologiques, et nous avons pu suivre pas à pas toutes les phases de cette transformation.

Les animaux pourvus de membres articulés, souvent appelés Arthropodes ou Articulés, ceux dont les Écrevisses, les Mille-Pieds, les Araignées et les Insectes nous représentent les types vulgaires, forment une série exactement parallèle à celle des Vers annelés : les diverses modifications dont l'organisme se montre susceptible dans cette importante division du Règne animal, ne sont pour ainsi dire que la reproduction amplifiée de celles que nous avons constatées chez les Vers. La ressemblance est telle que de nombreux naturalistes considèrent encore aujourd'hui, à l'exemple de Cuvier, ces animaux comme n'étant que des variations légères d'un seul et même type, comme ne formant que deux rameaux différents d'un même embranchement.

Les animaux articulés et les animaux annelés ont, en effet, les uns et les autres, pour type des organismes hypothétiques, formés d'anneaux tous identiques entre eux et présentant non seulement

la même structure extérieure, mais encore des organes semblables
et semblablement placés. Les formes innombrables qu'ils revêtent
peuvent toutes être déduites de ce type primitif, en supposant des
variations dans le nombre des anneaux, en admettant des changements de forme et de structure chez un certain nombre d'entre eux,
et en tenant compte aussi de la faculté que possèdent les anneaux
ou les organes qu'ils contiennent de se fusionner plus ou moins
complètement les uns avec les autres.

Ces anneaux sont peut-être encore plus évidents chez les Articulés que chez les Annelés, et de même que, chez ces derniers,
nous avons trouvé l'organisme type d'où tous les autres sont dérivés
à peu près complètement réalisé chez les Annélides errantes, de
même nous voyons les Péripates et les Myriapodes, parmi les
articulés, reproduire à peu de chose près le type colonial primitif.

Les Péripates (fig. 106) sont des animaux fort singuliers, répartis
sur une vaste étendue de l'hémisphère austral, et qu'on hésitait à
classer, jusque dans ces dernières années, soit parmi les Annelés,
soit parmi les Articulés. Une de leurs espèces a été étudiée avec
soin durant l'expédition du *Challenger*, par M. Moseley (1), qui
a pu montrer d'une manière définitive que c'étaient de véritables
articulés.

Ils habitent à terre les endroits humides et ombragés, et ont
l'habitude bizarre de sécréter, quand on les manie ou qu'on les
irrite, une toile assez semblable à celle des araignées, mais dont
les fils sortent de deux papilles situées près de la bouche. Leur apparence rappelle assez bien celle d'une chenille nue, dont la
tête, peu distincte, se prolongerait en deux appendices assez allongés, flexibles, s'amincissant graduellement de la base au sommet
et semblables à des antennes. Leur corps est divisé en anneaux
bien apparents qui tous se ressemblent entre eux, et portent sur leur
face ventrale, au lieu de membres articulés, une paire de mamelons charnus, coniques, terminés à leur extrémité libre par une

(1) H. Moseley, *On Peripatus Capensis*; Philosophical Transactions of the
Royal Society. London, 1874.

griffe bifurquée. Ces organes ressemblent beaucoup à ce qu'on appelle les *pieds membraneux* chez les Chenilles ; mais, outre ces pieds membraneux, celles-ci possèdent à la partie antérieure du

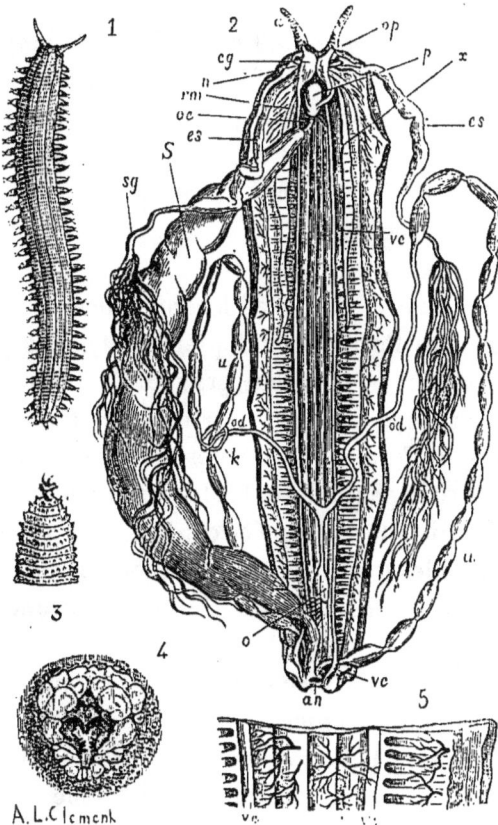

Fig. 106. — ONYCHOPHORES. — 1. *Peripatus Edwardsi*, gr. nat. — 2. Anatomie du *Peripatus capensis* (d'après Moseley) : *a*, antennes ; *op*, nerfs optiques ; *cg*, ganglions cérébroïdes ; *p*, pharynx ; *œ*, œsophage ; *S*, estomac ; *an*, anus ; *sg*, glandes sécrétant la substance qui forme la toile ; *es*, leur canal excréteur ; *vc*, nerfs latéraux ; *o*, ovaire ; *od*, oviducte ; *u*, utérus dans lequel se développent les embryons ; *k*, nœud formé par l'un des oviductes ; *x*, corps de nature indéterminée. — 3. Patte grossie d'un *Peripatus Edwardsi*. — 4. Bouche du même montrant les lèvres en forme de bourrelet et au fond une paire de mâchoires bifurquées qui ne sont que des pattes modifiées. — 5. Portion ouverte étalée des parois du corps d'un Péripate montrant les nerfs latéraux *vc* et les bouquets de trachées sous forme de ramifications dessinées en noir.

corps, trois paires de *pieds articulés*, correspondant aux pieds futurs du papillon et qui manquent aux Péripates, dont la bouche est également construite sur un type tout différent.

Les Péripates respirent, comme les autres Articulés terrestres, au moyen de tubes remplis d'air qui s'ouvrent à l'extérieur par des orifices diversement situés à la surface des anneaux et se prolongent plus ou moins à l'intérieur du corps où ils se terminent en doigt de gant. Ces tubes respiratoires portent le nom de *trachées;* leurs orifices externes, celui de *stigmates.* Les trachées de la plupart des Articulés terrestres sont très ramifiées, et leur paroi est soutenue par un ruban élastique enroulé en spirale serrée ; les trachées des Péripates sont, au contraire, fort courtes, manquent de spirale, et leurs stigmates, au lieu de former de chaque côté du corps une rangée parfaitement régulière, sont disséminés sur toute la surface des anneaux.

L'appareil respiratoire, l'appareil locomoteur et les autres traits de l'organisation des Péripates indiquent nettement que ce sont des êtres très inférieurs dans leur groupe. Ces animaux remontent sans doute à une époque fort ancienne, où la faune terrestre était plus uniforme que de nos jours, car leurs espèces, peu nombreuses, très peu différentes les unes des autres, se trouvent dans des localités fort éloignées et n'ayant entre elles aucune communication, telles que le cap de Bonne-Espérance, les Indes, l'Australie, la Nouvelle-Zélande, le Chili et la Guyane.

Les Myriapodes (fig. 107), bien connus sous le nom de *bêtes à mille pieds* ou simplement de *cent-pieds,* abondent dans tous les pays et atteignent parfois une taille considérable ; quelques-uns sécrètent un venin qui rend leur morsure, sinon redoutable, au moins fort douloureuse. Ils ont, comme les Péripates, le corps allongé et divisé en anneaux à peu près tous semblables entre eux. Ces anneaux portent une ou deux paires de pattes articulées qui, chez les Scutigères, sont aussi longues et aussi grêles que celles des Araignées si communes dans les bois humides, que l'on désigne habituellement sous le nom de *faucheurs.* Comme chez les Annélides, les premiers et le dernier anneau sont généralement les seuls qui diffèrent des autres : les premiers anneaux, en se soudant, constituent la tête qui porte une paire d'antennes, des yeux et trois paires d'organes masticateurs, à savoir : une paire de *mandibules* et deux paires de *mâchoires.* Ces deux paires de mâchoires se soudent chez les Iules

(fig. 107, n° 1) de manière à former un organe unique ; chez les Scolopendres (fig. 107, n°. 2), les mâchoires demeurent distinctes et,
en outre, la première paire de pattes se dirige vers la bouche et se
transforme en grands crochets, au sommet desquels viennent s'ouvrir les glandes à venin.

L'organisation interne des Péripates et des Myriapodes reproduit

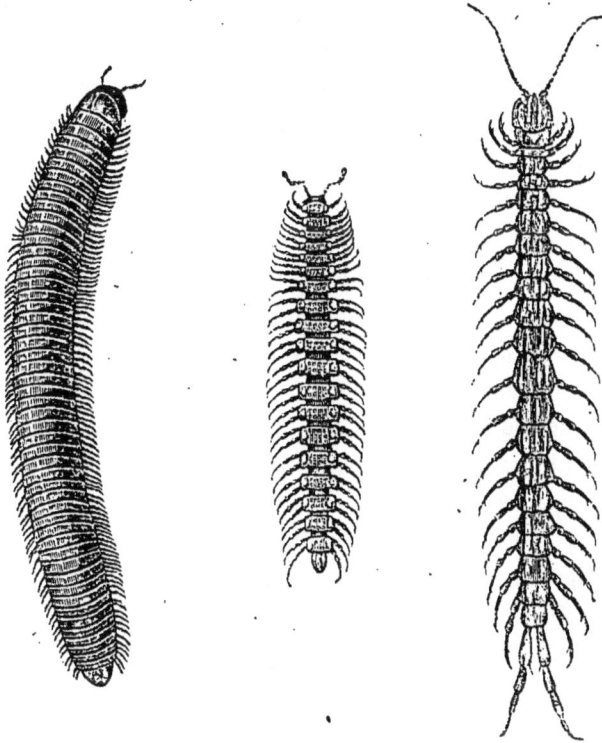

Fig. 107. — MYRIAPODES. N° 1. Iules (*Iulus terrestris*). — N° 2. Polydesme (*Polydesmus
complanatus*). — N° 3. Scolopendre (*Lithobius forficatus*).

exactement la segmentation si nette des téguments, et le fait est
d'autant plus remarquable que, chez tous les animaux articulés, les
cloisons verticales qui limitent les anneaux, chez les Vers, ont
complètement disparu et qu'aucune barrière ne sépare les divers
organes. Chacun des anneaux forme donc un tout complet, possède tous les organes nécessaires pour assurer son indépendance

physiologique. C'est exactement la répétition de ce que nous ont montré les Vers annelés. Le tube digestif lui-même, chez qui les traces de composition disparaissent toujours en premier lieu, présente chez les Péripates des étranglements correspondants à chaque sillon de séparation des anneaux. Ces étranglements n'existent plus chez les Myriapodes, où le tube digestif, divisé en régions, comme chez les Annélides supérieures, conserve cependant, en général, la forme d'un tube étendu en ligne droite du premier au dernier segment du corps. A part l'appareil génital, tous les autres organes résultent de l'union de parties semblables dont le nombre et la position correspondent exactement au nombre et à la position des anneaux. Le cœur ou vaisseau dorsal se décompose en ampoules placées bout à bout, possédant chacune une paire d'orifices latéraux, en forme de boutonnières ; l'appareil respiratoire consiste en une série de paires de bouquets de trachées ; la chaîne nerveuse, exactement semblable à celle des Annélides, se renfle en ganglion dans chaque anneau qui possède par conséquent, en propre, un centre nerveux, un cœur, un appareil respiratoire, en même temps que des membres, un appareil musculaire et un système tégumentaire particuliers.

Il y a donc, au point de vue de la disposition des parties, une ressemblance extrême entre les animaux articulés et les animaux annelés ; l'identité pour certains appareils importants comme la chaîne nerveuse est même absolue. Les plus grandes différences portent sur l'appareil génital dont la segmentation est nulle chez les Myriapodes et les Péripates ; mais il existe entre les Lombrics et les Annélides, qui appartiennent cependant au même type, des différences de même ordre, dues probablement aux conditions plus rigoureuses dans lesquelles doit s'effectuer la reproduction chez les animaux terrestres.

Une telle identité de structure autorise évidemment à supposer que les animaux qui la présentent se sont formés de la même façon : si les uns résultent de la transformation de colonies linéaires en individus, tout conduit à attribuer aux autres la même origine, et le mode de développement des Myriapodes vient confirmer cette induction. En effet, ces animaux ne naissent pas tout formés à la manière d'une unité dont la division en parties semblables serait le résultat d'un phénomène secondaire. Ils quittent l'œuf, comme les Annélides, ne possédant qu'un petit nombre d'anneaux, neuf en général, dont trois seulement sont pourvus de membres (1). Les autres anneaux poussent successivement à la partie postérieure du corps et viennent ainsi s'ajouter un à un à l'organisme, témoignant de la sorte que celui-ci s'est formé dans la suite des temps d'une façon graduelle, par addition de parties semblables. Le nombre des parties associées n'a encore rien de nécessaire, et ces parties sont par conséquent d'une grande indépendance les unes par rapport aux autres. Chez les *Geophilus* le nombre des anneaux dépasse quelquefois 150 et s'accroît peut-être pendant toute la durée de la vie de l'animal; mais en général il est beaucoup plus limité et devient constant, d'abord pour chaque espèce, ensuite dans l'étendue tout entière d'un même genre. Au moment de l'éclosion, les Géophiles possèdent déjà un grand nombre de pattes et de segments (2); quelques Scolopendres sortent de l'œuf avec leur nombre définitif d'anneaux et de membres. C'est là une preuve que la centralisation a fait de rapides progrès dans la colonie.

L'indépendance des segments est loin d'ailleurs d'être aussi grande chez les animaux articulés que chez les animaux annelés. On ne voit jamais, même chez les Myriapodes, une partie du corps se détacher spontanément de l'ensemble pour former un nouvel individu, et toute mutilation peut, au contraire, être extrêmement grave. Les deux moitiés d'une Scolopendre coupée par le travers peuvent vivre encore pendant quelque temps et se mouvoir comme deux animaux distincts; mais elles finissent par succomber l'une et l'autre sans s'être complétées, ce que l'absence de toute cloison

---

(1) G. Newport, *On the organs of Reproduction and the development of the Myriapoda*, Philosophical Transactions, 1841. — Fabre, *Recherches sur l'anatomie des organes reproducteurs et sur le développement des Myriapodes*, Annales des sciences naturelles, 4ᵉ série, v. III, 1855. — E. Metschnikoff, *Embryologie der doppelfussigen Myriapoden*, Zeitschrift für wissenschaftliche Zoologie, Bd XXIV, 1874.

(2) Metschnikoff, *Embryologisches Untersuchungen über Geophilus*, Zeitschrift für w. Zoologie, vol. XXV, 1875.

limitant les segments suffit d'ailleurs à expliquer. La blessure qui
résulte de la section permet, en effet, au liquide sanguin de s'échapper complètement, et la perturbation brusque qui en résulte pour
la nutrition des tissus est, à elle seule, une cause de mort. Les divers
segments ne peuvent donc plus vivre séparés de leurs semblables ;
mais ils n'en conservent pas moins, dans une large mesure, leur
autonomie physiologique, comme en témoignent les mouvements
qu'ils continuent encore à exécuter chez un Myriapode coupé en
morceaux. On peut constater mieux encore l'autonomie du ganglion nerveux de chaque segment, en coupant les cordons qui l'u-
nissent au ganglion précédent et au ganglion suivant sans blesser
autrement l'anneau qui le contient. Les membres continuent alors
à se mouvoir avec la même harmonie qu'auparavant.

Ainsi, au triple point de vue de l'organisation, du mode de développement et de la physiologie, les Péripates et les Myriapodes nous
présentent la concordance la plus parfaite avec les Annélides.
Nous sommes donc bien autorisés à conclure que, si les uns sont
des colonies linéaires individualisées, les autres sont nécessairement
des colonies de ce genre. Nous n'avons pu compléter notre démonstration de l'individualité des segments chez les Myriapodes en les
montrant aptes, comme ceux des Annélides, à vivre isolés et à
produire de nouveaux individus ; mais nous savons que cette faculté disparaît chez les Annélides supérieures, au-dessus desquelles
les Myriapodes doivent évidemment être placés. On pouvait donc
prévoir qu'elle disparaîtrait également chez ces derniers.

En revanche, l'équivalence de tous les segments s'affirme chez
eux avec la plus grande netteté. On ne saurait nier que ces
anneaux, qu'on a souvent désignés, comme ceux des Annélides,
sous le nom de *zoonites*, n'aient entre eux la plus parfaite identité ;
on ne saurait nier davantage qu'ils ne soient exactement analogues
aux anneaux du corps des Insectes et des Araignées ; mais là les
anneaux qui se suivent ne se ressemblent plus comme chez les
Myriapodes, et l'importance tout à fait exceptionnelle des modifications que chacun d'eux peut subir indépendamment de ses voisins n'est, en somme, qu'une démonstration indirecte de l'autonomie que tous conservent.

On voit d'abord se manifester un phénomène constant : le nombre des anneaux du corps diminue considérablement et tend à devenir absolument fixe pour des groupes zoologiques ayant une grande étendue, comme les ordres ou même les classes. En même temps, les anneaux restants se spécialisent, se partagent le travail physiologique et prennent une forme correspondante à leur fonction ; le plus souvent, un certain nombre d'anneaux consécutifs

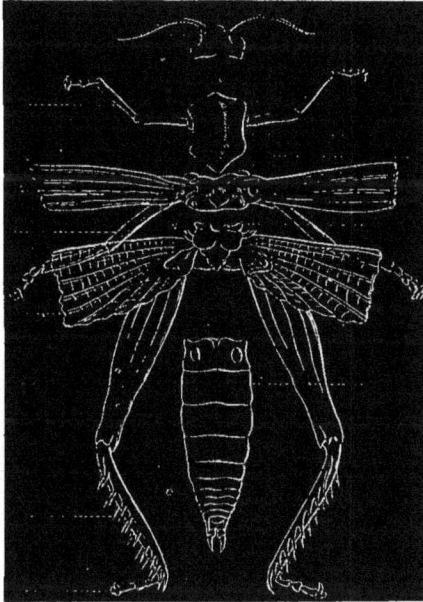

Fig. 108. — Différentes régions (tête, thorax formé de trois anneaux et abdomen) du corps d'un Insecte (*Criquet*).

subissent en même temps la même modification, de sorte que le corps se décompose en régions distinctes, dans chacune desquelles les anneaux ont une structure caractéristique. De ces régions, les plus antérieures sont aussi celles dans lesquelles le nombre des anneaux se montre le plus constant, tellement que ce nombre peut fournir des caractères de classe. Chez tous les Insectes, par exemple, le corps est décomposé en trois régions : la *tête*, le *thorax* et l'*abdomen* (fig. 108). Les anneaux composant la tête sont, comme chez les Myriapodes, soudés au point de ne pouvoir être distingués, mais la tête elle-même présente partout une telle identité de structure, ses appendices présentent une telle constance de nombre et de position malgré les importantes transformations qu'ils subissent d'un groupe à l'autre, qu'il ne peut demeurer le moindre doute sur la fixité absolue du nombre des segments qui la composent ; le *thorax* porte les membres ; il est *toujours* formé de trois anneaux ; le nombre des anneaux de l'abdomen oscille, au contraire, entre six et onze ; à la vérité, cette variabilité n'est souvent qu'apparente et tient à ce que les trois derniers anneaux de l'abdomen peuvent être profondément modifiés chez les

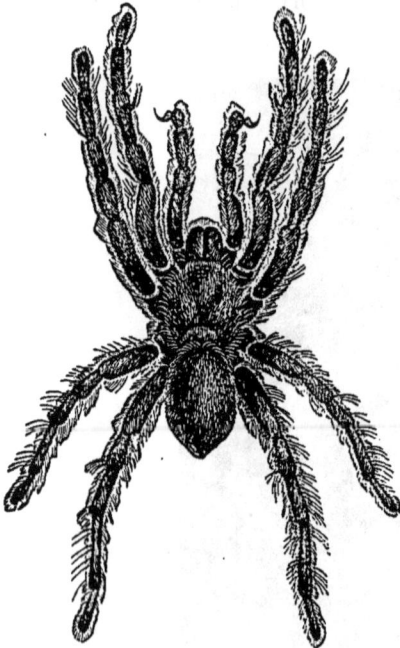

Fig. 109. — ARACHNIDES. — N° 1. Mygale aviculaire (1/3 grand. nat.). — N° 2. Bouche d'une Araignée vue en dessous ; *a*, chélicères ou antennes servant de mandibules ; *b*, leur crochet terminal ; *c*, les palpes ou pattes-mâchoires ; *d*, leur partie basilaire désignée souvent sous le nom de mâchoires ; *e*, lèvre inférieure ; *f*, première paire de pattes.

femelles où leurs diverses parties servent à constituer les aiguillons, les tarières, les oviscaptes, si admirablement compliqués qui doivent préparer le nid, porter la ponte en lieu sûr ou la défendre au besoin (1).

Chez les Arachnides (fig. 109), il n'y a pas, à proprement parler, de tête distincte correspondante à celle des Insectes ; mais les

(1) H. de Lacaze-Duthiers, *Recherches sur l'armure génitale femelle des Insectes*, Annales des sciences naturelles, 3e série, t. XII, XIV, XVII, XVIII, XIX.

six premiers anneaux du corps se confondent en une seule et
même région à laquelle on donne le nom de céphalothorax, et
l'on n'aperçoit entre eux d'autres lignes de démarcation que celles
qui résultent de l'insertion des appendices qu'ils portent. Constamment, la première paire d'appendices constitue l'armature buccale ;
la seconde forme un appareil de préhension, et les anneaux qui les
portent peuvent être considérés comme des anneaux céphaliques ;
les quatre paires suivantes d'appendices servent exclusivement à la
marche : ce sont des pattes, et les anneaux correspondants forment
une sorte de thorax. La tête des Arachnides est donc toujours formée de deux anneaux, leur thorax de quatre ; ces nombres sont
constants comme chez les Insectes. Mais le nombre des articles de
l'abdomen est bien plus variable que chez ces derniers.

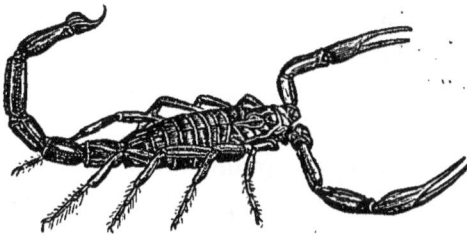

Fig. 110. — ARACHNIDES — Scorpion.

L'étude comparative de cette région du corps chez les Arachnides
est extrêmement intéressante, car elle permet d'établir deux faits
importants, à savoir : 1° que les animaux articulés dont le corps a
un nombre d'anneaux limité descendent d'un type où ce nombre
était beaucoup plus considérable, et, 2°, que c'est par une véritable
atrophie des anneaux postérieurs qu'a eu lieu la réduction du nombre total des anneaux du corps. De même qu'on voit une sorte de
queue se former chez les Hermelles par une diminution considérable
de la largeur des anneaux postérieurs et une simplification très
grande de leur organisation, de même chez les Scorpions (fig. 110),
il se forme une queue par la réduction des six derniers anneaux de
l'abdomen qui en compte treize en tout. Cette queue porte le crochet venimeux à son extrémité postérieure, elle est parcourue dans

toute sa longueur par la portion terminale du tube digestif ; ses
anneaux contiennent, comme les autres, des ganglions nerveux ; ils
font donc bien réellement partie de l'abdomen et sont équivalents
à ceux qui les précèdent. L'abdomen des Télyphones se prolonge
également en une queue ; mais le tube digestif ne se prolonge plus
dans cet appendice grêle, et cependant encore nettement divisé en
anneaux ; les anneaux de l'abdomen qui n'ont pas subi de réduction
dans leurs dimensions, sont au nombre de douze, ce qui suppose
que les ancêtres des Télyphones avaient un plus grand nombre d'anneaux que ceux des Scorpions. La queue disparaît chez les Phrynes,
très voisinés des Télyphones, et dont l'abdomen est définitivement
réduit à onze anneaux. Les *Chelifer* ou *Pinces des bibliothèques*, qui
reproduisent en petit la physionomie des Scorpions, sont également
dépourvus de queue, et leur abdomen est divisé, comme celui des
Phrynes, en onze anneaux bien distincts. Chez les véritables Araignées, le nombre total des anneaux de l'abdomen est de dix chez
l'embryon (fig. 115, n° 4) ; mais, de ces dix, quatre seulement sont bien
développés ; les six autres, presque entièrement atrophiés, constituent une queue très courte, indiquant qu'il s'est produit ici un
phénomène de réduction de même nature, mais plus complet encore que celui dont les Scorpions, les Télyphones et les Phrynes
nous offrent un exemple.

L'abdomen peut enfin disparaître presque entièrement : on
trouve souvent parmi les algues marines, venant de profondeurs
diverses, de petits animaux aux formes bizarres, aux longues
pattes noueuses, aux mouvements lents et incertains, ce sont les
Pycnogonon et les *Nymphon*, reconnaissables encore à ce que leur
tête, assez large, porte une paire d'appendices courts, en forme
de pince d'écrevisse, et à ce que de longs prolongements tubulaires du tube digestif s'engagent dans les pattes qui contiennent
aussi une partie plus ou moins considérable des glandes génitales. Les pattes logeant les organes qui se développent habituellement dans l'abdomen, celui-ci n'a plus de raison d'être ;
il se réduit à un simple tubercule qui porte l'anus. Les dispositions anatomiques si singulières du tube digestif des Pycnogonon
ne sont, en réalité, qu'une exagération de ce qu'on observe chez

les Araignées, où l'estomac envoie vers chaque patte et chaque
antenne un prolongement tubulaire qui, chez les Galéodes,
pénètre même à l'intérieur du membre.

Ce phénomène d'atrophie graduelle de la partie postérieure
du corps est donc général chez les Arachnides, et nous sommes
autorisés à penser qu'il a dû se produire de même chez les Insectes trop éloignés de leur type primitif pour en avoir conservé
des traces. Tous ces animaux ont eu par conséquent des ancêtres multiannelés et sont parvenus à leur type actuel par suite
de la suppression d'un nombre plus ou moins considérable d'anneaux de la partie postérieure de leur corps, suppression contre-
balancée par un perfectionnement considérable de leurs anneaux
antérieurs, diversement modifiés en vue de l'accomplissement
de certaines fonctions spéciales.

Les Araignées nous montrent encore un phénomène extrêmement frappant : les anneaux de leur corps, parfaitement distincts
pendant la période embryonnaire, se soudent ensuite et se fusionnent d'une manière tellement complète qu'il devient impossible
d'établir entre eux aucune ligne de démarcation ; il n'existe plus
que deux divisions : le *céphalothorax* et l'*abdomen*. La possibilité
de la fusion de plusieurs anneaux en une seule masse est donc ici
rigoureusement démontrée : on peut suivre, pendant le développement, toute la marche graduelle de cette fusion qui a joué un rôle
important dans la production d'un grand nombre d'organismes.

Les régions du corps une fois constituées prennent chez les Articulés, comme chez les Annelés, une certaine autonomie qui est
indiquée par la faculté qu'elles acquièrent de produire de nouveaux anneaux à leur extrémité postérieure, comme si elles constituaient de véritables individus. C'est ainsi que la plupart des
Acarus ou Mites abandonnent l'œuf, n'ayant que trois ou même
deux paires de pattes ; la quatrième paire ne se forme que plus
tard avec l'anneau qui la porte. Les Annélides sédentaires nous ont
offert des faits entièrement analogues.

Les appendices des segments subissent naturellement des modifications plus considérables encore que les segments eux-mêmes. Normalement, chacun des anneaux du corps devrait porter une paire de pattes articulées : il en est réellement ainsi chez les Péripates et les Myriapodes. On peut considérer certaines larves d'Insectes, les Chenilles (fig. 111), par exemple, et peut-être les larves

Fig. 111. — Chenille de *Papillon Machaon*.

de *Sialis*, ou même certains Insectes parfaits, dépourvus d'ailes, tels que les *Japyx* et les *Campodea*, comme remplissant encore cette condition ; seulement, chez tous ces animaux, les pattes abdominales demeurent à l'état rudimentaire.

Chez les Insectes arrivés à l'état parfait, les membres abdominaux disparaissent d'ordinaire entièrement ; seuls un ou deux anneaux

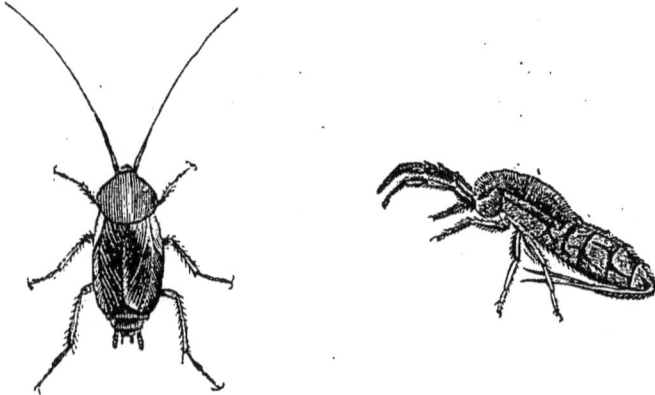

Fig. 112. — INSECTES. — Nº 1. Blatte orientale. — Nº 2. Podurelle très grossie.

de l'extrémité postérieure portent assez souvent, notamment chez les Orthoptères (fig. 112, nº 1) et les Thysanoures (fig. 112, nº 2), une paire d'appendices articulés, modifiés de façons diverses, et qui représentent sans doute des pattes ; un Coléoptère de la famille des *Staphylins*, le *Spirachta eurymedusa*, porte même trois paires d'appendices de ce genre, mais ces pattes sont très modifiées et ne servent pas à la locomotion. Les pattes conformées pour la marche sont, en général, strictement limitées aux anneaux du thorax, encore ces pattes sont-elles loin de se ressembler toujours exactement. Assez fréquemment les quatre paires de pattes postérieures sont seules locomotrices. La paire antérieure s'adapte alors à des fonctions diverses : elle devient un remarquable organe de préhension

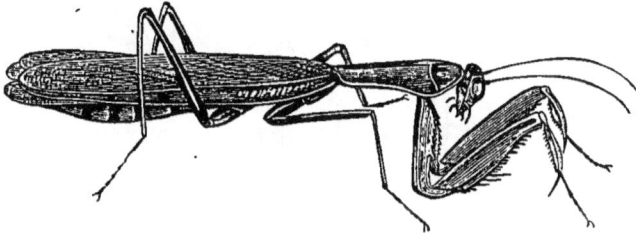

Fig. 113. — INSECTE ORTHOPTÈRE. — Mante religieuse.

chez les Mantes (fig. 113), les Mantispes, les Nèpes, les *Emesa*, les larves de Cigales, et, plus modifiée encore, constitue le singulier outil fouisseur des Courtilières (fig. 114); certains Papillons

Fig. 114. — INSECTE ORTHOPTÈRE. — Courtilière commune.

cessent de s'en servir, elle diminue alors considérablement de volume et vient se cacher parmi les poils qui couvrent leur thorax. Tout le monde connaît enfin les modifications qui font des pattes postérieures des Sauterelles (fig. 108) des organes éminemment propres au saut.

Les pattes abdominales manquent d'une façon complète chez les Araignées adultes; il n'en existe qu'une paire très modifiée chez les Scorpions où elles ont l'apparence d'une paire de peignes cornés, à dents très nombreuses chez certaines espèces; mais l'embryogénie prouve que les anneaux de l'abdomen possédaient autrefois des membres chez ces animaux. On a observé des rudiments de pattes (fig. 115, n°s 1 à 4) sur les quatre premiers anneaux de l'abdo-

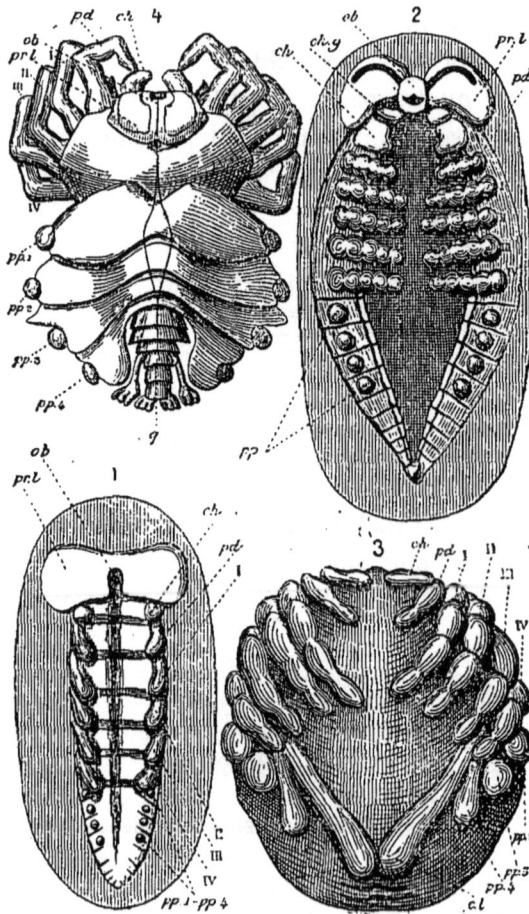

Fig. 115. — EMBRYOGÉNIE. — 1. Embryon d'une Araignée (*Angelena labyrinthica*) supposé déroulé au moment où les membres viennent d'apparaître (d'après Balfour) ; — **2.** Le même un peu plus âgé. — 3. Embryon plus avancé avec sa forme naturelle (grossissement considérable). — **4.** Jeune araignée (*Epeira diadema*) dont les dix segments abdominaux sont encore bien distincts. Dans toutes les figures : *ob*, lèvre supérieure et bouche ; *prl*, lobes céphaliques ; *ch*, chélicères ; *chg*, ganglions nerveux des chélicères ; *pd*, palpes ; I à IV, pattes ambulatoires ; pp_1 à pp_4, pattes rudimentaires des anneaux abdominaux, destinées à disparaître plus tard ; *cl*, lobe postérieur recourbé ; *q*, post-abdomen ou queue formée de six anneaux (d'après Barrois).

men des embryons de Scorpions (1), de Chelifer (2) et d'Arai-

(1) E. Metschnikoff, *Embryologie des Scorpions.*

(2) E. Metschnikoff, *Entwickelungsgeschichte der Chelifer*, Zeitschrift für wissensch. Zoologie, vol. XXI, 1871.

gnées (1). La deuxième paire d'appendices, celle qui fait suite à l'armature buccale, présente chez les Arachnides de remarquables métamorphoses : elle forme les *palpes maxillaires*, quelquefois aussi désignés sous le nom de *pattes-mâchoires*, à l'aide desquels les Araignées explorent le terrain sur lequel elles marchent, maintiennent la proie qu'elles dévorent ou accomplissent certains actes dépendant de la fonction de reproduction ; ces mêmes palpes maxillaires forment les pinces énormes qui donnent aux Scorpions, aux Télyphones et aux *Chelifer*, une certaine ressemblance avec les Écrevisses et les Crabes, ou bien encore ils viennent renforcer l'armature buccale qui permet aux Acarus de percer les téguments des animaux sur lesquels ils vivent en parasites.

Chez les Galéodes, la troisième paire d'appendices, grêle et dépourvue de griffes, fonctionne aussi comme appareil de tact, de sorte que les pattes ambulatoires sont réduites à trois paires, comme chez les Insectes. On pourrait, à la rigueur, chez ces animaux, considérer comme une tête l'ensemble des trois anneaux dont les appendices sont devenus des appareils de mastication ou des appareils tactiles ; le thorax présenterait alors le même nombre d'anneaux que celui des Insectes ; mais c'est là une ressemblance toute superficielle, car la tête des Insectes est formée de plus de trois anneaux.

Fait bien remarquable ! ce sont toujours des pattes modifiées qui forment l'appareil de mastication si compliqué de tous les animaux articulés. Comme les pattes, ces appendices reçoivent, en effet, leurs nerfs des parties du système nerveux situées sous le tube digestif, et ces nerfs naissent et se comportent, dans les deux cas, exactement de la même façon. Nous avons déjà vu comment, chez les Scolopendres, les premières pattes devenaient des crochets venimeux dépendant de la bouche ; les appendices qui précèdent forment une sorte de lèvre inférieure munie de filaments articulés, qu'on appelle les *palpes*, et au-devant de laquelle on aperçoit les véritables mâchoires, précédées elles-mêmes des mandibules (2).

---

(1) Balfour, *Notes on the development of the Araneina*, Quarterly Journal of microscopical science, vol. XX, avril 1880.

(2) Cette disposition est caractéristique des Myriapodes agiles, carnassiers,

Dans tout le groupe de Myriapodes où il existe deux paires de pattes à chaque anneau, groupe auquel appartiennent les Iules, les Polydesmes et les *Glomeris* (1), les deux paires de mâchoires sont soudées entre elles, dépourvues de palpes, et les mandibules demeurées libres fonctionnent seules alors comme organes de mastication ; les appendices qui forment les crochets à venin des Scolopendres se dirigent bien aussi vers la bouche chez les Iules, mais ils conservent absolument la forme de pattes.

La bouche des Insectes (fig. 116 et 117) est formée de trois paires de membres : la première (m), puissante, dépourvue de palpes, très variable dans sa forme, constitue les *mandibules ;* la seconde (n) plus faible, portant une ou deux paires de palpes (q, r), les *mâchoires ;* les deux moitiés de la troisième, également pourvues de palpes (p), se soudent au moins par leur base, deviennent par conséquent incapables de se mouvoir latéralement, et leur ensemble est désigné par les entomologistes sous le nom de *languette* ou lèvre inférieure. Savigny a montré dans un célèbre mémoire (2) comment de simples modifications dans la forme et les proportions de ces parties suffisent à produire le bec acéré des Insectes suceurs avec toute son armature de stylets pénétrants, la trompe molle qui sert aux abeilles à humer le miel (fig. 117) ou la curieuse langue-spirale des papillons.

Chez le plus grand nombre des Insectes la bouche est recouverte en dessus par une pièce mobile impaire, résultant probablement de la soudure de deux pièces latérales et qu'on appelle la lèvre supérieure ou *labre.* Outre cette armature buccale, la tête des Insectes et des Myriapodes porte encore à sa partie supérieure une paire d'appendices, formés le plus souvent d'un nombre considérable d'articles et qui sont uniquement, chez les In-

---

venimeux, ne possédant qu'une paire de pattes par anneau qui forment le groupe des *Chilopodes* (χεῖλος, lèvre ; πούς, pied), dont les Scolopendres sont le type.

(1) Ce sont les *Chilognathes* (de χεῖλος, lèvre et γνάθος, mâchoire) qui sont lents dans leurs mouvements, se nourrissent de matières végétales en décomposition et dont les anneaux portent chacun deux paires de pieds.

(2) Mémoires sur les animaux sans vertèbres, — in-8°, 1816.

sectes adultes, des organes de sensibilité ; ce sont les *antennes* dont tout le monde connaît les aspects élégants et variés. Les antennes se distinguent d'une façon bien nette des appendices buccaux et des pattes parce qu'elles reçoivent directement leurs nerfs des

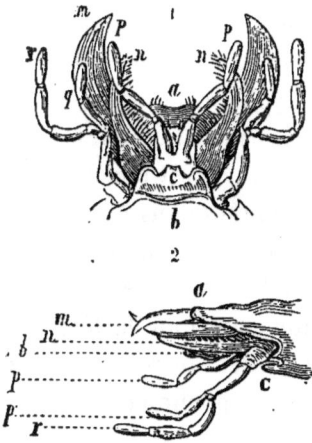

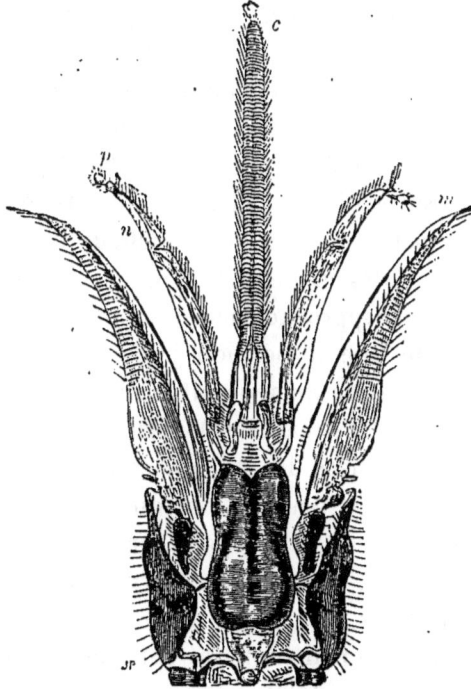

Fig. 116. — Bouche de *Carabe*. — N° 1, la bouche vue en dessous : *a*, lèvre supérieure ; *m*, mandibules ; *n*, mâchoires ; *q, r*, palpes maxillaires ; *c*, languette ou lèvre inférieure ; *p*, palpes labiaux. — N° 2, la bouche vue de profil ; mêmes lettres.

Fig. 117. — Bouche d'une espèce d'abeille (Anthophore) vue par-dessous : *m*, mandibules ; *n*, mâchoire ; *c*, lèvre inférieure ; *p*, palpes maxillaires (grossie).

ganglions cérébroïdes situés au-dessus de l'œsophage. Quelquefois chez les larves, celles des Hydrophiles, par exemple, ces antennes sont détournées de leur destination ordinaire et peuvent devenir des organes de préhension (1) ; c'est un exemple, rare

(1) Les larves d'Hydrophiles sont carnassières ; elles dévorent leur proie en la maintenant entre leur dos et leur tête renversée en arrière. Dans cette bizarre attitude les antennes sont mises en contact avec l'animal qu'il s'agit de maintenir, et leur article basilaire solide et armé de pointes joue alors le rôle d'une branche de pince.

chez les Insectes, de leur adaptation à la fonction de nutrition.

Cette adaptation est au contraire constante chez les Arachnides. Là, en effet, M. Blanchard a prouvé qu'il n'y a ni mandibules ni mâchoires; mais les antennes se rapprochent de la bouche, comme chez les Scorpions, ou se recourbent vers elle, comme chez les Araignées. Chez les premiers elles prennent la forme d'une pince bifurquée, courte, dirigée en avant, rappelant en petit les grandes pinces de l'animal; chez les secondes (fig. 123, n° 2, *m*, *g*), leur base se renfle, tandis que leur extrémité se transforme en un crochet mobile, aigu, recourbé et percé au sommet; c'est là l'appareil venimeux à l'aide duquel les Araignées saisissent leur proie et la tuent. Chez les Faucheurs (Opilionides), ces crochets sont didactyles, et il en est de même chez les Télyphones et les Phrynes, ce qui rapproche encore ces animaux des Scorpions. C'était là sans doute une disposition jadis très générale, car c'est encore sous cette forme qu'apparaît le rudiment des antennes dans l'embryon même des Araignées domestiques (1). On donne aux antennes ainsi transformées des Araignées le nom de *chélicères*. Cette transformation particulière des antennes explique pourquoi la tête des Arachnides ne supporte pas, comme celle des autres animaux articulés, d'appendices servant au tact; ces appendices ont été employés à un autre usage.

Mais faut-il admettre entre les antennes et les pattes une différence radicale? Les antennes ne seraient-elles pas simplement les appendices d'un ou plusieurs segments antérieurs à la bouche, comme le segment céphalique des Annélides? Ces suppositions peuvent paraître un peu hasardées, quand on mesure la distance qui sépare des pattes locomotrices les antennes plumeuses d'un Bombyx, le court stylet qui en tient lieu chez les Cigales, ou le long filament antennaire des Sauterelles; mais un examen plus approfondi montre qu'elles sont parfaitement fondées. Les antennes sont, à la vérité, des organes de sensibilité, les pattes des organes de locomotion; mais cela n'a rien d'absolu, car chez divers In-

---

(1) Balfour, *Notes on the development of the Araneina*, Quarterly Journal of microscopical science, avril 1880.

sectes, tels que les Grillons, les Sauterelles (1) et le Sphinx tête de
mort, les organes de l'ouïe se trouvent sur les pattes antérieures.
Dans une autre classe d'Articulés, celle des Crustacés, les pattes
peuvent aussi porter des yeux (2), et les mâchoires partagent avec
elles cette faculté : inversement dans quelques divisions de cette
classe, telle que celle des Cladocères, les antennes peuvent demeurer des organes de locomotion. Chez les Araignées mêmes,
les chélicères qui reçoivent, chez l'animal adulte, leurs nerfs
du cerveau et sont indiscutablement des antennes, naissent d'a-
bord à la face ventrale, en arrière de la bouche (3), comme de
véritables pattes, et ne passent à la face dorsale et en avant de la
bouche que dans la suite du développement.

Toute différence physiologique entre les antennes et les pattes
s'efface donc, et la question de l'identité anatomique de ces organes mérite par conséquent un sérieux examen. Les Crustacés
permettront de résoudre plus facilement ce problème que les Insectes et les Myriapodes, dont les segments céphaliques se sont
adaptés trop complètement à des fonctions spéciales.

Les Crustacés montrent d'ailleurs plus nettement encore, s'il est
possible, toutes les modifications et transformations d'appendices que
nous venons d'indiquer. Ces animaux jouent dans les eaux douces
et dans la mer le rôle qui appartient sur terre aux Myriapodes,
aux Arachnides et aux Insectes. Leurs organes de respiration sont
externes, dépendent en général des pattes et portent le nom de
branchies; ils sont disposés pour extraire de l'eau l'air qu'elle tient
en dissolution ; les organes de respiration des autres Articulés sont
au contraire, nous l'avons vu, situés à l'intérieur du corps, indépendants de l'appareil locomoteur et constitués par des tubes
maintenus béants par une fine spirale chitineuse et dans lesquels

(1) Ceci s'applique seulement aux *Locustides,* chez les *Acridiens* ou Criquets
les organes de l'ouïe sont situés sur la partie antérieure du premier article
de l'abdomen.

(2) Chez la *Thysanopoda norvegica* et diverses *Euphausia* il existe, outre les
yeux céphaliques, huit paires d'yeux situés sur les segments et dont deux sont
portés par l'article basilaire des 2e et 7e paires de pattes.

(3) Balfour, *Notes on the development of the Araneina,* Quarterly Journal of
microscopical science.

l'air atmosphérique pénètre directement ; ce sont des *trachées*.
Cette différence dans le mode de respiration permet de diviser
l'embranchement des animaux articulés en deux sous-embranche-
ments également importants.

Bien qu'ils atteignent parfois une taille plus considérable, les
Crustacés ont une organisation plus simple que celle des Articulés
pourvus de trachées ; on ne trouve cependant pas parmi eux de
colonies typiques, telles que nous en offrent les Péripates et les
Myriapodes, mais on y observe une variabilité de forme et de
structure beaucoup plus grandes que celles des autres groupes
réunis ou, pour mieux dire, cette variabilité est d'une autre
nature. Elle ne consiste pas seulement dans des modifications de
détail, respectant les dispositions principales ; mais elle affecte
ces dispositions elles-mêmes, de sorte qu'un caractère qui paraît
de premier ordre dans les articulés pourvus de trachées, tel que
le nombre des parties de chaque région du corps, est susceptible
de varier dans un même groupe de Crustacés. C'est là, du reste,
un trait commun à tous les groupes inférieurs du Règne animal : il suffira de rappeler le peu d'homogénéité de la classe des
Poissons ou de celle des Reptiles comparée à l'identité presque
absolue de structure de tous les Oiseaux ou de tous les Mammifères.

Tous les Crustacés, sauf les Crustacés supérieurs à yeux pédonculés qui forment l'ordre des *Podophthalmes* (1), traversent dans
leur développement une forme commune, très caractéristique,
prise d'abord pour type d'un genre particulier auquel on avait donné
le nom de *nauplius* (fig. 118, nos 1 et 3). Quelquefois, cette forme
n'est reconnaissable que dans l'œuf, mais le plus souvent le nauplius est déjà capable d'éclore et de mener une vie indépendante.
Certains Podophthalmes, les *Penœus*, voisins des Crevettes, les
Euphausia, les *Nebalia*, appartenant à des groupes assez éloignés,
présentent comme les Crustacés inférieurs la forme de *nauplius*
au moment de leur naissance ou dans l'œuf, preuve certaine que le

---

(1) De πούς, pied, ὀφθαλμός, œil, littéralement animaux à yeux pourvus d'un
pied. C'est à cet ordre qu'appartiennent les Crevettes, les Langoustes, les
Homards, les Écrevisses, les Crabes, etc.

nauplius est pour les Podophthalmes aussi bien que pour les autres Crustacés, une forme larvaire typique rappelant l'organisme primitif d'où tous ces animaux seraient issus. Le nauplius est aux Crustacés exactement ce que la larve à couronne vibratile que nous

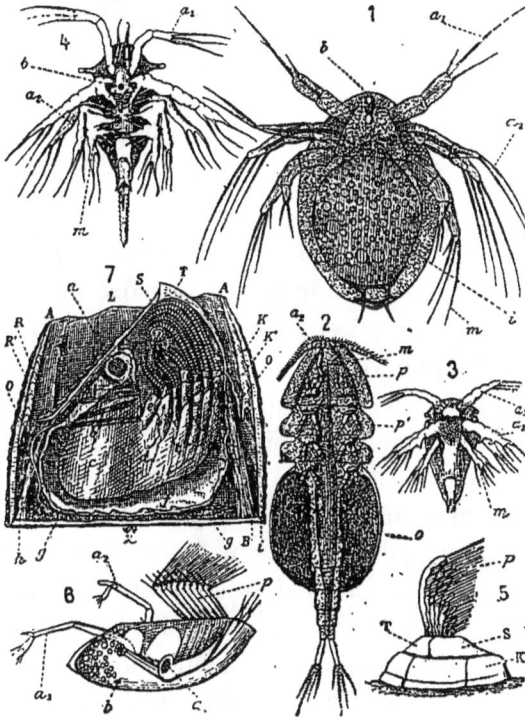

Fig. 118. — DÉVELOPPEMENT DES CRUSTACÉS. — N° 1. *Nauplius* de *Notodelphys mediterranea* (grossi 125 fois). — N° 2. *Notodelphys mediterranea*, femelle avec sa poche à œufs. — N° 3. Nauplius d'un cirripède (*Balanus balanoïdes*) très grossi, au sortir de l'œuf. — N° 4. Le même après la première mue. — N° 5. Le même ayant pris la forme cypridienne après son avant-dernière mue. — N° 6. Jeune Balane peu de temps après sa fixation. — N° 7. *Balanus balanoïdes*, adulte un peu réduit. (Dans toutes les figures de 1 à 6, a_1 et a_2, les deux paires de membres qui deviendront les antennes ; *m*, les futures mandibules ; *p*, les pattes ; dans les figures 6 et 7 ; *A*, *K*, *K'*, *R*, *R' O*, les diverses pièces de la coquille, *T*, les pièces postérieures (*terga*), *S* les pièces antérieures (*scuta*) qui forment le clapet de la coquille ; *f*, *g*, le manteau membraneux enveloppant l'animal ; *B*, *b*, *h*, muscles ; *c*, la portion céphalique de l'animal ; *e*, la bouche ; *d*, *c'*, la portion d'où naissent les pieds en forme de cirres.)

avons désignée sous le nom de trochosphère est aux Annélides ; il est donc d'un haut intérêt de le connaître et de le suivre dans ses diverses métamorphoses. Au moment de son éclosion, c'est un animal transparent, ne présentant aucune trace d'articulation, de forme

ovale (fig. 118, n° 1) ou triangulaire et muni de deux ou trois
paires de membres. Ces membres, eux-mêmes dépourvus d'articles, sont souvent bifurqués et terminés par un pinceau de soies
raides, très longues, qui augmentent considérablement leur
étendue. Ils servent exclusivement d'organes de natation ou de
reptation ; ce sont par conséquent de véritables *pattes*. Bien que
la plupart des Crustacés possèdent, à l'état adulte, deux paires
d'antennes et une armature buccale fort compliquée, les nauplius ne possèdent jamais d'antennes ; leur bouche est un orifice
dépourvu de tout appareil de mastication ; certaines espèces se
servent seulement de quelques-unes des soies de leurs membres
pour refouler vers elle les matières alimentaires. Bientôt, on voit
apparaître les rudiments d'une quatrième paire de membres, puis
généralement la peau qui enveloppait le jeune animal tombe et
celui-ci se montre pourvu de membres nouveaux qui s'étaient formés sous les téguments, qui sont au nombre de trois à six paires
et qui sont, comme étaient les précédents, des membres locomoteurs. Mais, pendant que cette évolution se préparait, les pattes
primitives ont elles-mêmes subi les plus singulières métamorphoses : les deux premières paires (a_1, a_2) sont remontées vers la
région dorsale du jeune animal, elles constituent désormais les
deux paires d'antennes ; la troisième paire (m) s'est rapprochée
de la bouche, et s'est aussi profondément modifiée dans sa forme :
elle a cessé de servir à la natation ; elle est désormais uniquement
employée à broyer ou à saisir les aliments ; elle s'est transformée
en une paire de *mandibules*. La quatrième paire de pattes, qui
avait apparu postérieurement, subit à son tour une transformation
analogue ; c'est elle qui constitue les *mâchoires*. Les membres qui
se sont formés en dernier lieu n'échappent pas eux-mêmes à ces singulières adaptations : leur première paire au moins devient toujours, chez les Crustacés ordinaires, un appareil accessoire de mastication ,mais les deux membres qui la composent conservent d'ordinaire une plus ou moins grande ressemblance avec des pattes
locomotrices, de là le nom de *pattes-mâchoires* sous lequel on les
désigne.

Ce n'est pas tout : la plupart des Crustacés podophthalmes

quittent l'œuf sous une forme particulière qui leur est également commune, mais qui est beaucoup plus avancée dans son développement que le nauplius. Cette forme larvaire qu'on désigne sous le nom de *Zoë*, est ordinairement caractérisée par les bizarres prolongements pointus de sa carapace et possède le plus souvent sept ou huit paires d'appendices, à savoir : deux paires d'antennes, une paire de mandibules, deux paires de mâchoires et deux ou trois paires de pattes disposées de manière à servir plutôt à la natation qu'à la marche ; son corps se termine par un abdomen assez long mais ne portant aucune trace de membres (fig. 119). Eh bien ! des trois paires d'organes locomoteurs que porte la *Zoë*, au moment de

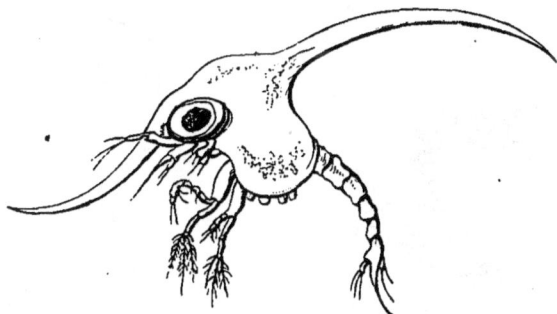

Fig. 119. — CRUSTACÉ. — Zoë ou larve de Crabe (*Cancer mœnas*).

son éclosion, aucune ne conservera cette fonction : toutes deviendront des dépendances de la bouche, des pattes-mâchoires, sans cesser cependant de conserver avec les véritables pattes une certaine ressemblance de forme, comme chacun peut s'en convaincre en examinant, chez un crabe, les parties qui entourent la bouche et qui précèdent la paire de grandes pinces. C'est seulement plus tard que se développeront, au nombre de cinq ou de six, les anneaux thoraciques portant les pattes définitives et qu'apparaîtront aussi les pattes abdominales destinées à subir elles-mêmes des modifications spéciales. Chez l'écrevisse (fig. 120) qui sort de l'œuf à peu près formée mais se lie d'une façon intime aux Crustacés traversant la forme de Zoë, il est facile de reconnaître les pattes-mâchoires, avec leur forme caractéristique, au-devant de la première paire de pattes.

EDMOND PERRIER. 34

Tandis que chez le plus grand nombre des Crustacés les appendices primitifs du nauplius sont détournés de leur fonction d'organes locomoteurs, il existe une petite famille bien remarquable où ils la conservent pendant toute la vie de l'animal : tout le monde connaît, au moins sous leur nom vulgaire de *puces-d'eau*, les Daphnies. Ce sont de petits Crustacés enfermés dans une carapace bivalve et qui abondent parfois dans les ruisseaux, où ils forment

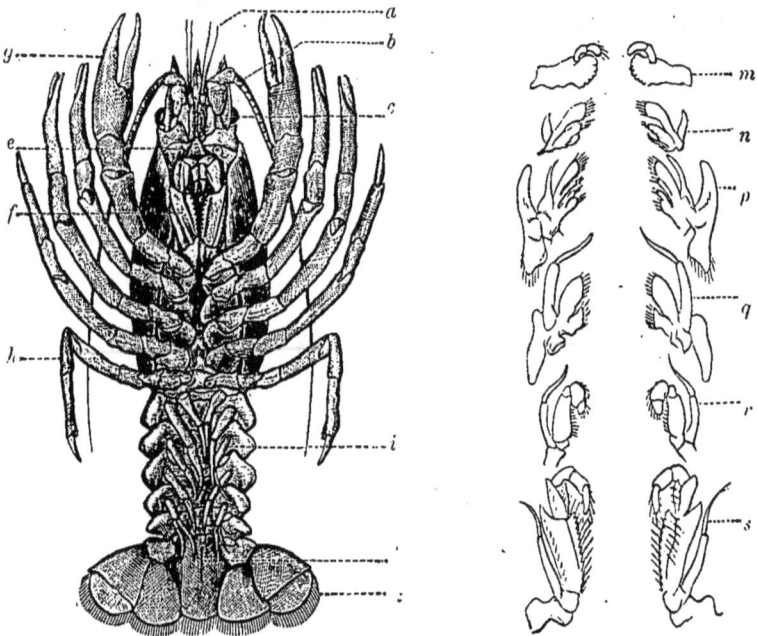

Fig. 120. — CRUSTACÉS. — N° 1. Écrevisse fluviatile, vue par sa face inférieure : *a*, antennes internes; *b*, antennes externes; *c*, yeux pédonculés; *e*, *f*, mâchoires et pattes-mâchoires; *g*, première paire de pattes ambulatoires ou pinces ; *h*, pattes ambulatoires ordinaires ; *i*, pattes abdominales chargées de porter les œufs; *k*, dernière paire de pattes abdominales transformées en rames; *l*, dernier anneau de l'abdomen en *telson*. — N° 2. Pièces buccales de l'écrevisse : *m*, mandibules ; *n*, et *p*, 1re et 2e paires de mâchoires; *q*, *r*, *s*, les trois paires de pattes-mâchoires.

la nourriture la plus recherchée des jeunes poissons. On voit ces petits êtres avancer par soubresauts en fouettant l'eau au moyen de deux longs appendices bifurqués et garnis de soies, qui s'insèrent au voisinage de leur tête. Ces membres locomoteurs ne sont pas autre chose que la seconde paire de membres du nauplius, celle qui devient la seconde paire d'antennes chez les autres Crustacés. Les Daphnies (1) nagent donc encore au moyen de leurs antennes. Ce sont, du reste, des Crustacés assez éloignés du type primitif, ils possèdent sous leur carapace cinq paires de petites pattes, tandis que leurs mandibules et leurs mâchoires sont atrophiées.

Les Limules (fig. 121) sont le dernier reste d'un groupe d'Arti-

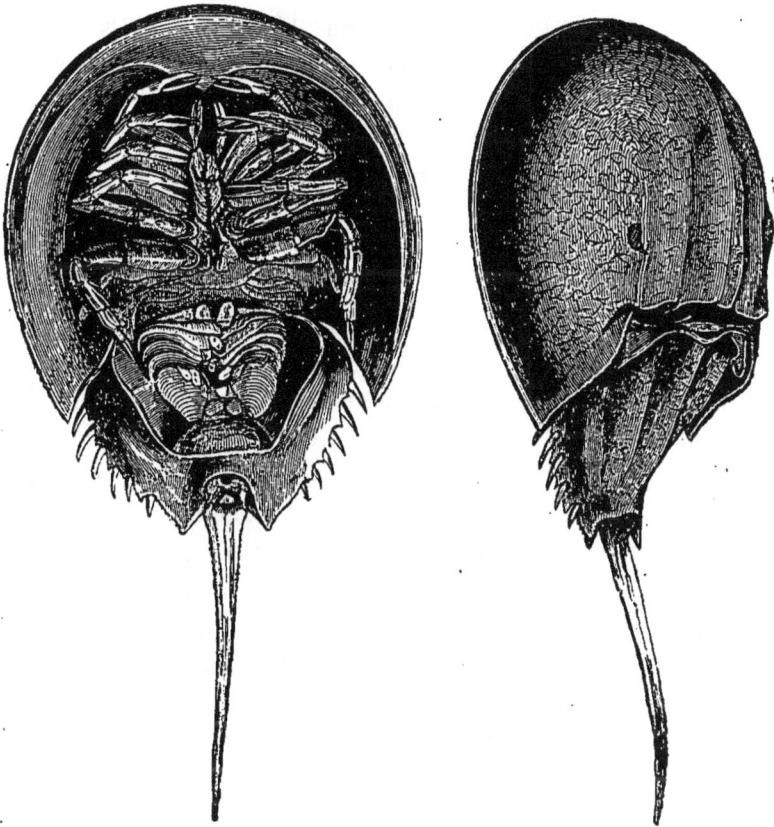

Fig. 121. — CRUSTACÉS. — N° 1. Limule polyphème, vue de trois quarts. — N° 2. La même, vue en dessous.

culés qui a apparu dès la période primaire et qui a autant de rapports avec la classe des Arachnides, qu'avec celle des Crustacés. Là

(1) Elles sont le type du petit groupe des *Cladocères* (de κλάδος, branche et κέρας, corne, animaux à antennes branchues) auquel s'applique également tout ce que nous venons de dire.

nous trouvons encore la preuve de l'identité originelle de tous les
appendices des articulés : tous les membres céphalo-thoraciques
ont conservé chez les Limules une forme commune, sont demeurés
des organes locomoteurs et se sont néanmoins appropriés, en
même temps, à une autre fonction; ils se sont disposés en une
sorte de cercle au centre duquel est venue s'ouvrir la bouche. Au-
devant d'elle une première paire d'appendices représente les antennes, articulées comme les pattes, et terminées comme elles par
une pince didactyle ; autour d'elle les pattes servent à la locomotion, mais en même temps l'article basilaire de chaque membre
s'est modifié de façon à pouvoir broyer les aliments en se rapprochant des articles semblables de ses voisins : tous ces appendices, au
nombre de six paires sont donc, dans toute l'acception du terme,
des *pattes-mâchoires* (1).

Ainsi l'identité fondamentale de tous les appendices du corps
que la comparaison des articulés pourvus de trachées nous avait
conduit à admettre, se trouve absolument démontrée chez les
Crustacés. Au cours du développement de ces animaux nous pouvons voir ces membres, primitivement pareils sous le triple
rapport de la forme, de la position et de la fonction, se modifier,
se déplacer et, après avoir servi à la locomotion, devenir peu à
peu exclusivement propres à d'autres fonctions spéciales, tandis
que des membres nouveaux apparaissent pour remplir temporairement les fonctions locomotrices délaissées par les premiers et se
modifier à leur tour dans des sens divers.

Les antennes, les mandibules, les mâchoires, les pattes-mâchoi-

(1) Par les faibles modifications et le nombre de leurs appendices céphalo-
thoraciques, par l'existence d'une seule paire d'antennes dont la ressemblance avec les chélicères des Scorpions est incontestable, les Limules se
rapprochent beaucoup des Arachnides. D'autres traits de leur organisation
interne resserrent encore leur parenté avec ces animaux ; mais leur abdomen
porte des branchies, ce qui est l'un des caractères essentiels des Crustacés ;
aussi prend-on souvent les Limules comme types d'une classe spéciale, celle
des *Mérostomacés* qui comprend, en outre, un assez grand nombre d'articulés
des plus anciennes périodes géologiques.

M. Alphonse Milne Edwards a publié, il y a quelques années (*Annales des
Sciences naturelles*, 5ᵉ série, vol. XVII, 1872), des *Recherches sur l'anatomie
des Limules*.

res sont indifféremment tout d'abord de véritables pattes et servent
soit à la marche, soit à la nage. Ces organes, si variés par la suite,
commencent par avoir la même forme et la même fonction ; ils
naissent de la même façon ; nous avons donc le droit d'affirmer
qu'il n'existe entre eux aucune différence. Malgré leur position en
avant et au-dessus de la bouche, malgré leur mode tout spécial
d'innervation, les antennes elles-mêmes ne sont pas autre chose
que des pattes modifiées, et ce n'est pas là une hypothèse puisque
tout observateur attentif peut voir s'accomplir sous ses yeux la
métamorphose qui les tire des pattes du nauplius.

Cette détermination des antennes a une importance de premier
ordre, car elle nous permettra de comprendre la véritable nature
du cerveau des animaux articulés. Mais l'ensemble des faits que
nous venons de rappeler a une portée plus générale encore. Quel
sens auraient, en effet, les assimilations entre les appendices des
Articulés, auxquelles sont parvenus, après de si grands efforts, tant
d'illustres anatomistes, quelle signification pourraient avoir les admirables phénomènes d'évolution que nous offrent ces appendices
dans le cours du développement d'un animal, si l'on n'admettait
pas que les animaux articulés sont, comme les animaux annelés,
formés de segments placés bout à bout, primitivement tous semblables entre eux, jouissant malgré les liens qui les unissent d'une
indépendance relative, pouvant dès lors se modifier chacun dans
une direction différente ; si l'on ne reconnaissait pas que les animaux articulés sont de véritables colonies dont tous les membres,
remplissant des fonctions diverses, sont associés pour constituer
une unité nouvelle ?

Nous avons suivi chez les Annélides l'évolution de segments analogues ; nous savons que là les segments ne sont pas indissolublement unis à leurs semblables, qu'ils peuvent s'en séparer, vivre
d'une vie indépendante et reproduire des organismes identiques
à celui d'où ils se sont détachés ; nous savons en un mot que ce
sont de véritables *individus;* nous savons encore que l'Annélide,
au moment de sa naissance, n'est pendant un temps plus ou moins
long constituée que par un seul de ces individus qui se meut, se
nourrit et se reproduit comme un organisme complet, et que les

autres viennent, par la suite, s'ajouter un à un à celui-là pour former l'Annélide adulte ; le mot *individu* a donc bien ici le sens
d'*animal indépendant* ayant en lui tout ce qu'il faut pour vivre
isolé et n'ayant perdu cette faculté que par suite de modifications
consécutives. On ne saurait contester que l'Annélide soit une *colonie* à la façon des colonies d'Hydres, mais de forme différente.
Comment douter qu'il en soit de même des Articulés, en présence
du parallélisme si parfait qu'ils présentent avec les Vers annelés ?
Comment refuser aux segments des Articulés cette qualité d'individus quand nous les voyons se comporter en tout, d'une façon
aussi manifeste, comme les segments des Annélides ?

D'ailleurs, le nauplius des Crustacés produit un à un les segments
de l'animal adulte, exactement comme la trochosphère produit ceux
de l'Annélide ; il est lui aussi constamment en voie d'accroissement
et de reproduction agame. La trochosphère ne forme qu'une seule
partie de l'Annélide, sa tête ; de même le nauplius ne fournit,
par métamorphose directe, qu'une seule partie du Crustacé et c'est
également la tête ; ses membres deviennent les appendices de la
tête : les *antennes* et les *mandibules*. Le plus souvent de nouveaux
anneaux formés en arrière de cette *tête primitive*, viennent s'a-
jouter au nauplius pour former la tête définitive et apportent à la
bouche des appendices supplémentaires, les *mâchoires* et les *pattes-
mâchoires;* en même temps la région thoracique fait son apparition tandis que d'autres segments, se formant entre le dernier et
l'avant-dernier anneau du corps, complètent l'abdomen. Entre le
thorax et l'abdomen la séparation est brusque, en général; mais
le mode même de formation de la tête et du thorax, qui se développe derrière elle et dont les premières parties formées se soudent
très souvent avec elle, indique qu'aucune démarcation tranchée ne
peut exister entre ces deux régions ; aussi est-on souvent amené à
les confondre sous la dénomination commune de *céphalothorax*.

La tête se trouvant formée, comme le reste du corps, d'anneaux,
c'est-à-dire d'individus distincts, équivalents à ceux qui entrent
dans la constitution du thorax et de l'abdomen, le seul caractère
des anneaux céphaliques consiste dans les fonctions spéciales que
remplissent les appendices de ces anneaux. A moins de réserver,

comme l'a fait M. de Quatrefáges pour les Annélides, le nom de
tête aux anneaux qui précèdent la bouche et portent les antennes,
il faut considérer comme faisant partie de cette région du corps tous
ceux dont les appendices seront transformés de manière à devenir
soit des organes de sensation, soit des pièces buccales, et c'est ce
que l'on est bien forcé de faire chez les Myriapodes et les Insectes
où les anneaux à appendices modifiés se fusionnent de manière à
former un tout nettement séparé. Rien dans tout cela ne diffère de
ce que nous avons vu chez les Annélides sédentaires.

Singulier rapprochement! Le nauplius au moment de son
éclosion représente seulement la *tête* du Crustacé, tout comme la
trochosphère représente, à ce moment, la tête de l'Annélide.
La *tête* n'est, dans les deux cas, *que le premier individu ou l'ensemble des premiers individus formés* dans la colonie. Si l'on
veut exprimer le fait d'une façon] plus saisissante on peut dire
que *les Crustacés, comme les Annélides, sont, au moment de
leur naissance, des animaux réduits à leur tête, et dont la tête se
répétant elle-même, produit le reste du corps.* Dans le cas des
Annélides, dans celui des Crustacés, les phénomènes sont exactement les mêmes ; tout aussi rigoureusement que l'embryogénie
des Annélides, l'embryogénie des Crustacés démontre donc que
ces animaux, et avec eux, les autres Articulés qu'on ne saurait
en séparer, sont des colonies linéaires.

Chez les Crustacés supérieurs, chez ceux qui sont adaptés à la
vie terrestre le développement s'accélère : au moment de la naissance les diverses régions du corps sont déjà formées et continuent
à se développer isolément à la façon d'individus distincts, comme
nous le montrent les Zoës; assez souvent même le jeune animal
sort de l'œuf avec tous ses anneaux comme cela arrive chez les
Cloportes et les Écrevisses, ou bien il ne lui manque que quelques anneaux abdominaux, et nous arrivons ainsi graduellement au mode de développement des Arachnides et des Insectes
qui possèdent toujours à leur naissance tous les anneaux de leur
corps.

Les Myriapodes, parmi les Articulés pourvus de trachées, semblent être demeurés en arrière, mais il n'en est rien : leur *tête* est,

en effet, beaucoup plus parfaite que celle des Arachnides ; le nombre de ses appendices (1) nous autorise à la considérer comme résultant de la fusion de quatre articles au moins ; en revanche, l'*abdomen* n'ayant subi aucune adaptation, peut atteindre une grande longueur ; il fournit souvent à la tête un nouvel article, celui qui chez les Scolopendres porte les crochets venimeux.

Chez les Arachnides, comme chez les Limules, la région antérieure du corps ne se divise pas en tête et en thorax : les appendices du premier anneau, représentant les antennes des Crustacés, forment les crochets à venin ou chélicères ; ceux du second anneau forment les palpes tout en conservant l'apparence de membres locomoteurs, ceux des quatre anneaux suivants demeurent à l'état de pattes.

Enfin chez les Insectes, la tête se constitue très vite comme chez les Myriapodes et se trouve, comme chez eux, formée de quatre et peut-être même de six (2) anneaux ; là, elle est complètement individualisée ; derrière elle, le thorax, également bien distinct, se constitue toujours à l'aide de trois anneaux ; enfin vient l'abdomen dépourvu de membres chez les insectes adultes mais qui montre encore chez diverses larves qu'il en était originairement pourvu.

Il est difficile de passer par une transition absolument ménagée des Crustacés aux Arachnides et de ceux-ci aux Insectes ou aux Myriapodes ; mais tous ces animaux se relient entre eux avec la plus grande facilité et leur mode de développement paraît extrêmement clair lorsqu'on les ramène au type fondamental de la colonie linéaire tels que les Annélides nous l'ont montré.

Si, dans une même série, celle des Crustacés, par exemple, ou celle que forment les Arachnides, les Myriapodes et les Insectes, on vient à comparer les phénomènes embryogéniques, on constate, comme chez les Annélides, ce phénomène général : dans les

---

(1) Une paire d'antennes, une paire de mandibules et deux paires de mâchoires.

(2) Il serait possible, en effet, que l'on dût considérer le labre des Insectes comme un résultat de la fusion d'une paire d'appendices correspondant aux antennes internes des Crustacés, et que l'on dût compter, comme chez les Crustacés podophthalmes, un anneau pour les yeux.

types inférieurs les appendices au moment de leur apparition sont tous semblables entre eux et ne se modifient que par la suite ; mais à mesure qu'un type déterminé se fixe ou se perfectionne davantage, ces appendices se montrent sous une forme et à une place de plus en plus rapprochées de la forme et de la place définitives. Les antennes, les mandibules et les mâchoires tendent à prendre d'emblée leurs fonctions particulières. De même les segments tendent à se former de plus en plus vite ; les parties de ceux qui doivent plus tard se fusionner finissent par se former dans un blastème commun, de sorte que les appendices demeurent seuls distincts. Ainsi, bien qu'il soit démontré par les considérations et comparaisons précédentes, que la tête des Myriapodes et des Insectes résulte de la fusion de plusieurs anneaux, ces anneaux ne sont d'ordinaire reconnaissables à aucune période du développement de l'animal. Enfin les segments, dont le plus grand nombre se formait d'abord après l'éclosion, finissent par apparaître simultanément dans l'œuf d'où le jeune animal sort avec tous ses éléments constitutifs : la larve d'un insecte, par exemple, quitte l'œuf avec tous ses anneaux (1). En dehors de toute hypothèse, le résultat de cette comparaison ne peut s'exprimer, aussi bien pour les Articulés que pour les Annelés que de la façon suivante :

« Dans les types élevés, il y a tendance à la production de plus en plus rapide de la forme définitive, précocité de plus en plus grande du pouvoir reproducteur des individus associés, raccourcissement toujours croissant de la durée des phases embryogéniques qui précèdent l'apparition de la forme définitive, de telle façon que celle-ci finit par se constituer directement dans l'œuf. »

C'est le phénomène que nous n'avons cessé de constater depuis le commencement de ces études et que l'on peut désigner simplement du nom d'*accélération embryogénique*.

Parmi les conséquences de cette accélération, il en est une qui

---

(1) Il y a donc une grande différence entre cette larve définitivement constituée et le nauplius auquel on donne souvent le nom de larve des Crustacés et qui ne présente que la tête du Crustacé.

doit être signalée d'une façon particulière. Lorsque le corps se
décompose en régions distinctes, ces régions arrivent à se comporter comme autant d'individus secondaires, qui peuvent se modifier indépendamment des régions voisines ; leurs éléments constituants peuvent, par exemple, se fusionner complètement, alors
qu'ils demeurent distincts partout ailleurs. Ces diverses régions
subissent, chacune d'une façon particulière, l'accélération embryogénique, de telle façon que, malgré l'identité de leur constitution primitive, elles peuvent arriver à se développer par des procédés, en apparence différents, et qui tiennent simplement à ce
que la forme et l'intensité de cette accélération n'ont pas été les
mêmes pour toutes. Cela est particulièrement manifeste en ce qui
concerne la tête des Myriapodes et des Insectes. Cette remarque
trouvera par la suite d'importantes applications.

Du moment qu'il est démontré que les Articulés sont des colonies linéaires, ces animaux peuvent nous fournir des renseignements précieux sur les modifications dont leur genre d'association
est susceptible, enseignements dont nous aurons plus tard à faire
notre profit.

L'étude des Articulés à respiration trachéenne et notamment
celle des Arachnides nous a déjà permis d'établir des faits importants que l'on peut résumer ainsi. Dans une colonie linéaire, les
anneaux de la région antérieure du corps ont une tendance particulière à se modifier soit en se compliquant, plus ou moins, soit en
se soudant les uns aux autres. Ces modifications concordent avec
une réduction du nombre des anneaux du corps et une fixité
dans ce nombre qui deviennent de plus en plus grande. La réduction du nombre des anneaux du corps se produit par une atrophie
graduelle des anneaux postérieurs qui peuvent persister en formant
une queue, être utilisés comme tels ou disparaître entièrement.

Ces modifications dans l'apparence extérieure de l'animal ne
vont pas sans entraîner dans son organisation intérieure des modifications d'autant plus intéressantes que l'on voit quelques-unes
d'entre elles se produire sur un même animal, à mesure qu'il
avance en âge.. Les plus remarquables sont peut-être celles qu'é-

prouve le système nerveux auquel on attache, depuis Cuvier, une importance prépondérante dans les classifications.

L'histoire des métamorphoses du nauplius et celle du développement des Arachnides nous montre d'abord un fait important que nous avons déjà constaté, du reste, dans le développement des Annélides. C'est que des parties primitivement ventrales telles que les deux premières paires d'appendices du nauplius ou les chélicères des Araignées passent à la région dorsale, tandis que la bouche recule de manière à se laisser précéder par ces parties qui étaient

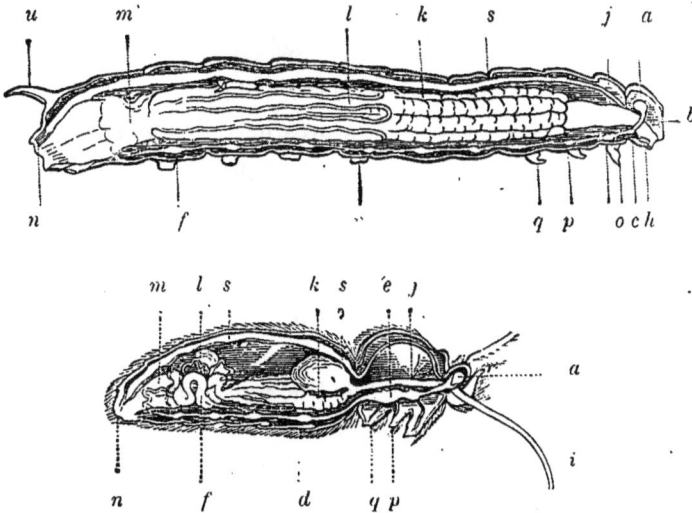

Fig. 122. — Anatomie de la chenille et du papillon d'une même espèce de Sphinx : *a*, ganglions cérébroïdes ou sus-œsophagiens ; *b*, collier œsophagien ; *c*, premiers ganglions de la chaîne nerveuse ventrale ; *d*, *f*, les divers ganglions de la chaîne nerveuse tous nettement séparés chez la chenille ; *e*, masse nerveuse résultant chez le papillon de la fusion des 3ᵉ et 4ᵉ paires de ganglion de la chenille ; *h*, bouche ; *i*, trompe ; *j*, œsophage ; *k*, estomac ; *l*, *m*, intestins ; *n*, anus ; *o*, *p*, *q*, *r*, pattes ; *s*, vaisseau dorsal servant de cœur ; *u*, corne postérieure de la chenille.

primitivement plus ou moins nettement derrière elle. De même que le premier anneau qui portait la bouche se trouve finalement placé au-dessus d'elle, chez les Annélides, de même un ou deux anneaux ont subi cette modification chez les Articulés et se sont adaptés exclusivement aux fonctions de sensibilité. Ils ont naturellement entraîné les parties du système nerveux, formées tout d'abord de deux moitiés symétriques, qui leur correspondaient ; ces parties sont venues se placer au-dessus de l'œsophage et ont constitué les ganglions cérébroïdes (fig. 122, *a*), tandis que leurs connectifs sont forcément demeurés à droite et à gauche de l'œsophage. Ainsi s'explique l'existence du collier nerveux antérieur qui est une disposition commune à tant d'animaux (fig. 122, *b*). Toutes les objections que l'on pourrait tirer du mode actuel de formation des diverses parties de ce collier ne sauraient prévaloir contre les faits primordiaux qui nous montrent quelle est son origine. L'expérience de tous les jours prouve, en effet, combien sont variables les mécanismes grâce auxquels se produisent, lors du développement embryogénique, des dispositions identiques et manifestement dues aux mêmes causes primitives. Ces causes une fois précisées, les phénomènes intimes qui s'accomplissent dans les tissus sont des procédés secondaires d'abréviation auxquels il faut se garder de donner, comme on le fait trop souvent, le premier rang dans l'appréciation des affinités.'

La chaîne nerveuse subit, chez les Articulés, des transformations importantes sur lesquelles il est utile d'insister.

Les Insectes passent successivement, tout le monde le sait, par trois états, au moins, l'état de *larve*, l'état de *nymphe* et l'état d'Insecte parfait. A l'état de larve, les diverses régions du corps sont beaucoup moins distinctes, les anneaux beaucoup plus semblables entre eux et, sauf le dernier ou les deux derniers, chaque anneau possède un ganglion nerveux. Dans les adultes correspondants, tout autre est la disposition des centres nerveux : les ganglions abandonnent souvent l'anneau auquel ils correspondent, pour venir se souder aux ganglions les plus rapprochés (fig. 122, n° 2, *c*). Ces déplacements se font, dans les Insectes voisins, avec une telle régularité que M. Émile Blanchard, à la suite de ses belles et précises recherches sur le système nerveux des animaux sans vertèbres (1), a pu trouver « dans le degré de centralisation des noyaux médullaires, des caractères de famille ayant une persistance des plus remarquables ». Ce ne sont pas seulement les ganglions d'une même région du

---

(1) Émile Blanchard, *Recherches anatomiques et zoologiques sur le système nerveux des animaux sans vertèbres* (*Annales des Sciences naturelles*, 3ᵉ série, t. V, 1846).

corps qui peuvent se souder entre eux. Chez beaucoup d'Insectes, les ganglions postérieurs du thorax se soudent également avec un ou plusieurs ganglions abdominaux.

En général, durant les métamorphoses, le système nerveux se raccourcit par suite de la fusion ou du rapprochement d'un nombre plus ou moins considérable des ganglions de la larve ; mais il n'en est pas toujours ainsi. M. Jules Künckel, aide naturaliste au

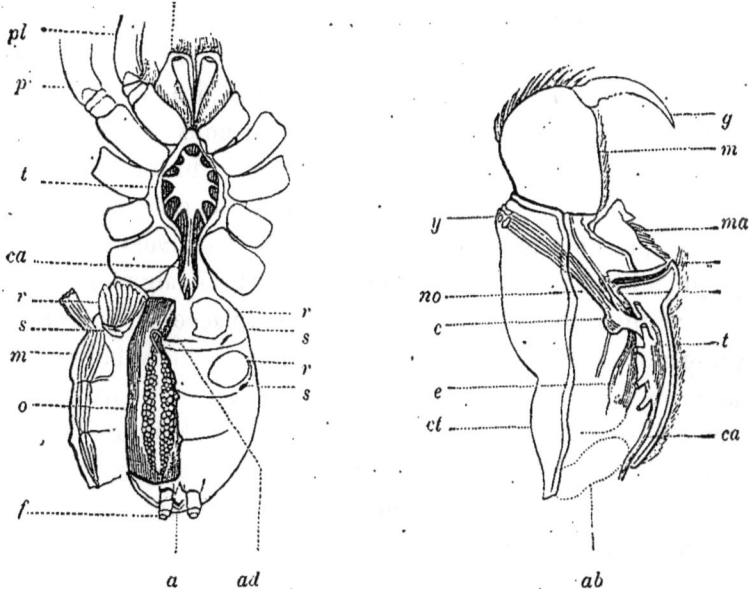

Fig. 123. — ARACHNIDES. — Anatomie d'une Mygale : *ct*, céphalothorax ; *m*, chélicères ; *g*, crochet qui les termine ; *ma*, pièces dépendant de la 2ᵉ paire d'appendices et fonctionnant comme mâchoires ; *pl*, 2ᵉ paire d'appendices ou palpes maxillaires ; *p*, les 4 paires de pattes ; *b*, bouche ; *œ*, œsophage ; *e*, estomac ; *ab*, abdomen ; *c*, ganglion cérébroïde ; *t*, masse nerveuse thoracique résultant de la fusion de tous les ganglions de la chaîne ventrale ; *ca*, cordons nerveux ; *no*, nerf optique ; *y*, yeux ; *r*, poches respiratoires ou poumons ; *s*, leurs orifices extérieurs ou stigmates ; *m*, muscles ; *o*, ovaire ; *ad*, orifice des oviductes ; *a*, anus ; *f*, filières.

Muséum (1), a, le premier, montré que chez certains Diptères dont les larves ont un système nerveux très concentré le contraire

---

(1) J. Künckel, *Comptes rendus de l'Académie des sciences de Paris*, t. LXVII, 1868 ; p. 1232. — Les recherches postérieures de M. Künckel et celles de M. Brandt ont montré que le système nerveux se *dilatait* au lieu de se *condenser* chez un assez grand nombre de Diptères. Voir dans le même Recueil, t. LXXXIX, 1879 : Ed. Brandt, *Recherches anatomiques et morphologiques sur le système nerveux des Insectes*, p. 491. — J. Künckel, *Recherches morphologiques et zoologiques sur le système nerveux des Insectes diptères*, p. 497.

pouvait avoir lieu; mais la concentration des ganglions de la
larve n'est elle-même qu'un phénomène secondaire, car il résulte encore des recherches de M. Künckel que « chez tous les
Diptères, les ganglions sont distincts et nettement séparés dans
l'embryon ». Ainsi, dans le cours du développement, les ganglions quittent d'abord la position que leur assigne leur origine,
pour s'en rapprocher ensuite de nouveau. Il est impossible dans
l'état actuel de nos connaissances d'assigner à ces phénomènes une
cause précise et d'en découvrir le véritable sens; le fait important
pour nous est d'avoir constaté qu'ils peuvent se produire chez un
même animal aux âges successifs de sa vie, car nous devons en conclure à *fortiori* qu'ils ont été également possibles durant l'évolution
paléontologique des espèces et leur demander la raison des différences que présente le système nerveux dans les divers types. On
s'explique ainsi, par exemple, comment chez les Araignées toute la
chaîne ganglionnaire ventrale a pu être remplacée par une masse
nerveuse unique (fig. 123, *t*), de forme étoilée située dans le céphalothorax, et qui envoie des nerfs aux palpes, aux pattes et à
l'abdomen, ou comment, chez les Crabes, dont l'abdomen, allongé
pendant le jeune âge, est devenu si petit à l'age adulte, la chaîne
ganglionnaire est de même remplacée par une masse nerveuse
thoracique de forme annulaire.

De toutes les actions modificatrices, il en est deux qui se font
sentir avec une énergie toute particulière sur les colonies qui nous
occupent : nous avons déjà vu la vie sédentaire, à l'intérieur de
tubes fixés, modifier profondément les Annélides; il n'y a pas d'Articulés menant de la même façon, pendant toute leur vie, ce genre
d'existence (1), mais il y en a qui se fixent définitivement dans le
jeune âge et d'autres qui vivent en parasites sur le corps ou dans
les organes d'autres animaux. Les uns et les autres éprouvent les
plus étranges déformations.

(1) Les Pagures ou *Bernards-l'Ermite* se logent cependant dans des coquilles
vides de Mollusques et il en résulte pour ces Crustacés des modifications
importantes sur lesquelles nous aurons occasion de revenir.

Sur les branchies et quelques autres parties du corps des poissons on trouve souvent des organismes mous, aux formes bizarres, qui paraissent n'avoir rien d'arrêté et sur lesquels il est absolument impossible d'apercevoir aucune trace d'annulation. Les plus connus de ces parasites sont les Lernnées (fig. 124, n° 1) que Cuvier plaçait parmi les Zoophytes, à côté des Vers intestinaux. Nordmann reconnut le premier, en 1832, que c'étaient de véritables

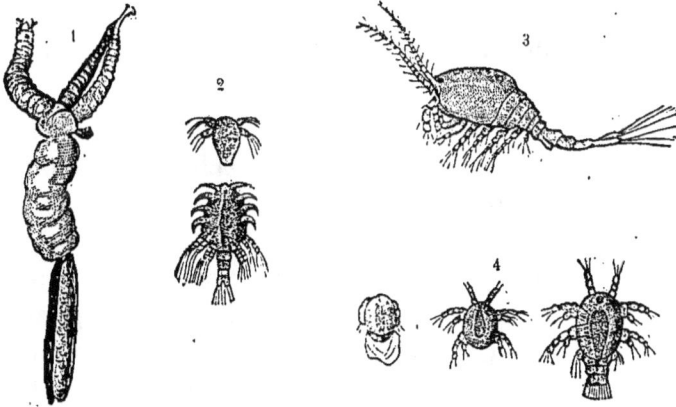

Fig. 124. — CRUSTACÉS. — 1. *Tracheliastes polycolpus*, parasite des carpes, femelle avec ses tubes remplis d'œufs. — 2. Son nauplius au sortir de l'œuf et après sa première mue. — 3. *Cyclops quadricornis* de nos eaux douces (très-grossi). — 4. Ses larves à divers états de développement.

Crustacés. Au sortir de l'œuf, ces animaux se présentent soit à l'état de nauplius (fig. 124, n° 2), soit même à un état de développement plus avancé ; ils arrivent rapidement, dans tous les cas, à posséder deux paires d'antennes, une armature buccale plus ou moins compliquée et de deux à quatre pattes natatoires parfaitement constituées au moyen desquelles ils nagent avec agilité. Il sont alors fort semblables à ces petits Crustacés qui abondent dans les moindres flaques d'eau et qui s'égarent même assez souvent dans les carafes de nos tables, les Cyclopes (fig. 124, n° 3). Après avoir nagé quelque temps, le futur parasite se fixe aux branchies de quelque poisson au moyen de sa seconde paire d'antennes transformée en griffes. Les mâles, en général, se modifient peu, parfois ils demeurent libres ou vont se fixer, comme des parasites, sur les femelles ; celles-ci grossissent énormément, changent de forme et finissent par ne plus présenter aucun des traits caractéristiques des Crustacés. Les Lernées qui sautent dans leur développement la phase de nauplius se fixent temporairement une première fois, arrivent ainsi à un état de développement assez élevé ; puis reprennent leur liberté, pour venir se fixer de nouveau après l'accouplement et revêtir alors l'aspect vermiforme qu'elles garderont toujours.

Comme les Araignées, les Crustacés parasites nous montrent que la segmentation du corps, après avoir été nettement accusée, peut sous des influences diverses disparaître entièrement. Des êtres qui primitivement étaient des colonies linéaires bien caractérisées font ainsi un retour apparent vers l'état simple, et le parasitisme est une des causes qui peuvent amener ce retour.

La vie sédentaire, la fixation amène des modifications non moins profondes chez les animaux qui s'y résignent. Il est impossible de visiter une plage sans remarquer de petites éminences coniques, formées par des coquilles à plusieurs valves qui hérissent tous les rochers à fleur d'eau et rendent parfois sur eux la marche très pénible. Ce sont les *Balanes* ou glands de mer (fig. 118, n° 7) ; si on vient à les placer dans l'eau, on voit bientôt les deux clapets qui ferment hermétiquement la coquille quand elle est à sec, s'entr'ouvrir et livrer passage à une sorte de panache recourbé qui se montre et disparaît rapidement, à des intervalles réguliers, comme s'il jouait à cache-cache. On avait pris d'abord ces animaux pour des Mollusques et, les réunissant aux Anatifes (fig. 125) dont la coquille est portée à l'extrémité d'un long pédoncule charnu et à quelques autres, on avait créé pour eux l'ordre des CIRRIPÈDES (1). Les recherches de Thompson confirmées par celles de Burmeister, Martin-Saint-Ange, Goodsir, Rathke, ont montré que ces animaux étaient de véritables Crustacés et celles de Spence Bate (2) ont permis de préciser d'une façon remarquable leurs affinités.

(1) De *cirrus*, boucle de cheveux, et *pes*, pied ; animaux à pied chevelu.
(2) Spence Bate, *On the development of the Cirripedia* ; Annals of Natural History, 1851.

Les Cirripèdes sortent de l'œuf à l'état de nauplius(fig. 118, n° 3);
leur larve est facile à reconnaître à sa forme triangulaire, aux
longues pointes dans lesquelles s'allongent les sommets de sa
carapace et à la trompe ventrale et mobile à l'extrémité de laquelle s'ouvre la bouche. Ce nauplius ne possède d'abord, comme
d'ordinaire, que trois paires de pattes au moyen desquelles il
nage activement ; mais il grandit, sa peau tombe et se renouvelle; il finit par acquérir une quatrième paire de membres et les

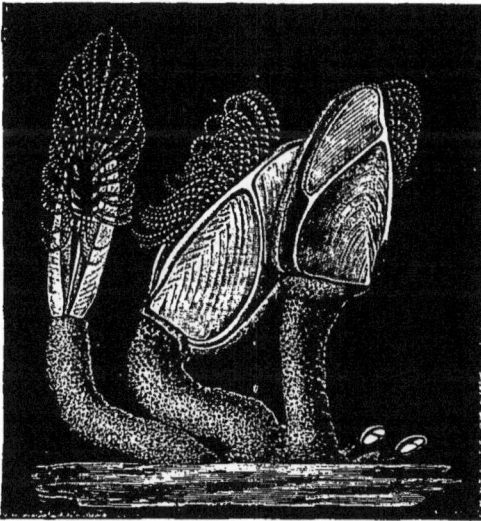

Fig. 125. — CIRRIPÈDE. — Anatifes (*Lepas anatifera*), réduits de moitié.

rudiments de six paires de pieds qui demeurent d'abord enfermés sous les téguments (fig. 118, n° 4). Une nouvelle mue le transforme singulièrement. Il était auparavant large et bombé ; il est
maintenant comprimé latéralement, et son corps est enfermé dans
une carapace bivalve, rappelant par sa forme, dans des dimensions
très réduites, la double coquille des Huîtres et des autres Mollusques acéphales (fig. 118, n°6). La jeune larve ressemble alors beaucoup à de petits Crustacés, les *Cypris*, aussi communs que les
Daphnies dans nos eaux douces, et qui sont également protégés
par une carapace bivalve à valves articulées.

EDMOND PERRIER.   35

Les appendices du nauplius ont cependant subi des modifications considérables : la première paire de membres est devenue une antenne de quatre articles, dont l'avant-dernier s'élargit de manière à former une espèce de ventouse, au fond de laquelle vient s'ouvrir une glande particulière. La seconde paire de membres a disparu, les deux suivantes se sont transformées en mâchoires. Quant aux six paires de pieds qui s'étaient montrées sous les téguments, ils sont libres maintenant et constituent six paires de rames bifurquées (fig. 118, n° 6, *p*). La jeune larve ne cesse de se mouvoir : tantôt elle nage à l'aide de ses pattes postérieures, tantôt elle marche au moyen de ses antennes ; elle possède une tache oculaire impaire et deux gros yeux composés.

Cependant on voit graduellement se produire en elle des parties nouvelles : il semble qu'un être différent, véritable Cirripède celui-là, se forme sous ses téguments ; quand ces parties ont atteint un certain développement, la jeune larve se fixe au moyen de la ventouse de ses antennes ; une sécrétion de la glande qui lui correspond rend définitive son adhérence au corps sous-jacent ; une dernière mue fait apparaître le jeune Cirripède (fig. 118, n° 5). Celui-ci subit encore diverses modifications ; ses yeux latéraux s'atrophient, tandis que la tache oculaire impaire subsiste ; les membres antérieurs achèvent leur métamorphose en pièces buccales et les pattes natatoires constituent le panache que l'animal fait incessamment mouvoir, et qui ne sert plus désormais qu'à renouveler l'eau autour de lui, tout en attirant vers la bouche les particules alimentaires. Le Cirripède passera désormais sa vie dans cette bizarre attitude, les pieds en l'air, la tête en bas, enveloppé dans sa coquille multivalve qui est son seul moyen de protection. Sa tête peut demeurer de dimensions restreintes : l'animal est alors sessile comme les Balanes (fig. 118, n° 7) ; ou bien elle s'allonge démesurément et forme le long pédoncule charnu qui supporte les Anatifes (fig. 125). Soupçonnerait-on, en voyant le Cirripède adulte, qu'il a débuté dans la vie à peu près exactement comme certaines Crevettes (1), et qu'il a revêtu ensuite une forme très

_____

(1) Les *Penæus*.

analogue à celle des *Cypris*, affirmant ainsi qu'il a dû longtemps demeurer confondu dans la foule des Crustacés ordinaires avant de prendre les étranges caractères qui le distinguent ?

Tous les Cirripèdes ne s'attachent pas à des corps inertes : il en est dont les larves recherchent particulièrement l'appui d'autres animaux. Les *Coronules* se fixent sur les Baleines et les Tortues marines ; les *Dichelaspis*, sur les Crabes et les Langoustes ; les *Alepas* se partagent entre les Crustacés, les Coraux et les Oursins. C'est d'abord une simple cohabitation ; mais le familier de la maison ne tarde pas à se changer en parasite. Les *Analesma* enfoncent dans la peau des requins les prolongements en forme de racines de leur court pédoncule, s'enfouissent presque complètement dans les téguments de leur hôte et là, entourés de sucs nourriciers qui exsudent de toutes parts, n'ayant qu'à se laisser vivre, sans souci de chercher des aliments qui viennent à eux, manifestent bientôt des traces évidentes de dégénérescence : leurs pieds cirriformes et leurs mâchoires, désormais inutiles, demeurent à l'état rudimentaire. Chez les *Protolepas* qui se fixent à l'intérieur du manteau d'autres Cirripèdes, le tube digestif subit à son tour une rétrogradation marquée ; enfin tous les membres et le tube digestif lui-même disparaissent dans le curieux groupe des *Rhizocéphales*.

Sur certaines côtes, on voit beaucoup de Crabes porter à la partie postérieure de leur corps, un sac d'un jaune sale, parfois volumineux, qui s'insinue entre le corps de l'animal et son petit abdomen replié en dessous, écartant l'une de l'autre ces deux parties habituellement contiguës. Les pêcheurs prennent souvent ces sacs pour des œufs. Cette masse informe n'est pas autre chose — tout son développement le démontre — qu'un Cirripède, la *Sacculine des Crabes*. Tous ses organes internes se réduisent, à peu de chose près, à un appareil reproducteur ; mais son pédoncule, résultant de la métamorphose de la tête de la larve, plonge dans les viscères du Crabe, s'y divise en une multitude de racines qui embrassent le foie, étreignent l'intestin et vont chercher dans le malheureux animal, comme dans un sol vivant, les sucs qui doivent

assurer sa subsistance. De là le nom de Rhizocéphales (1) donné
aux Sacculines et aux Cirripèdes analogues. Ces animaux présentent le plus haut degré de parasitisme qu'il soit possible de concevoir : aussi, bien que, dans leur jeune âge, ils revêtent successivement des formes plus élevées que celles des Lernées, leur
dégénérescence est-elle encore plus con plète.

Ainsi, dans la classe des Crustacés, nous pouvons mesurer la
grandeur des effets que certains modes d'existence peuvent produire sur l'organisme. Nous pouvons même comparer dans un
groupe déterminé, l'influence de deux modes d'existence différents.
Qu'un Crustacé, déjà nettement caractérisé, dont l'organisation
porte même les traces de modifications considérables du type primitif, qu'une sorte de *Cypris* vienne à être obligé de vivre immobile, fixé qu'il est par une partie de son corps, des métamorphoses
profondes se manifestent bientôt dans toute son économie ; un
abri se développe autour de lui ; ses membres, inutiles pour la
marche, s'adaptent à une autre fonction, revêtent une forme nouvelle ; certaines parties du corps, les yeux, par exemple, s'atrophient ; d'autres prennent un développement qui, dans la vie
normale, eût été impossible ; les organes internes eux-mêmes,
placés les uns par rapport aux autres dans des conditions nouvelles,
obligés de contracter d'autres rapports avec le milieu extérieur ne
tardent pas à subir le contre-coup de ce mode nouveau d'existence.

Un animal fixé doit encore attirer à lui les matières alimentaires ; chez les Cirripèdes ce sont les pieds qui se chargent de ce
soin et se modifient dès lors dans un sens tout nouveau. Mais un
parasite n'a plus même ce souci ; une fois qu'il est solidement attaché à son hôte, si le milieu qu'il a choisi est convenable, les sucs
nutritifs le baignent, le pénètrent d'eux-mêmes et vont, tout élaborés, à la rencontre des éléments qu'ils doivent alimenter ; des membres seraient inutiles, un appareil digestif même devient superflu ;
cet appareil cesse ses fonctions puis disparaît tandis que les tissus,
au milieu d'une abondance malsaine, prennent un développement

---

(1) De ῥίζα, racine ; et κεφαλή, tête ; animaux à tête en forme de racine.

que, dans tout animal élevé, on considérerait comme maladif : le corps cesse alors de présenter ses formes ordinaires, et finit enfin par n'être plus qu'un sac, parfois énorme, rempli d'œufs.

Ce sont là des modifications extrêmes dues à l'action persistante d'un genre de vie tout à fait anormal. L'étude que nous venons d'en faire dans un groupe parfaitement défini, la puissance qu'ont eue des conditions biologiques bien déterminées de défaire en partie ce qu'avait pu produire une longue hérédité, nous montrent l'influence que de semblables conditions ont pu avoir sur le développement ultérieur d'organismes moins élevés et doivent nous mettre en garde contre les affinités trompeuses que pourraient présenter des animaux appartenant à d'autres groupes et vivant dans ces mêmes conditions.

Enfin nous devons pressentir que d'autres actions ont pu modifier les organismes, et nous sommes autorisés — nous l'avons fait, du reste, pour les Annélides sédentaires — à tenir compte de leur intervention pour reconstituer la véritable nature d'êtres qu'elles pourraient avoir écartés de leur type primitif.

CHAPITRE VI

LES FORMES ORIGINELLES DES VERS ANNELÉS ET DES ANIMAUX ARTICULÉS.

———

Chaque anneau d'un Ver annelé ou d'un animal articulé est un individu né par voie agame, qui aurait pu mener une existence indépendante et qui ne demeure uni à ses aînés que parce qu'il résulte pour lui des avantages de cette association.

Ce théorème a une réciproque : il existe ou il a existé des animaux vivant isolés, et qui sont équivalents à un anneau de Ver annelé ou d'Articulé.

De telles propositions sont autrement liées dans les théories biologiques que les théorèmes et leurs réciproques dans les théories mathématiques. Là, les démonstrations sont absolues : le théorème existe par lui-même ; les conséquences qu'on en peut tirer, les analogies qu'il permet de pressentir, n'ajoutent rien au degré de certitude qu'acquiert l'esprit. Dans le domaine des sciences naturelles, où toute proposition générale n'est assise que sur une accumulation de probabilités, chaque conséquence confirmée, chaque analogie établie, concourt à la démonstration de la proposition principale.

L'existence d'animaux équivalents aux zoonites des Annélides, qui soient à ces dernières ce que l'Olynthus est aux Éponges, l'Hydre aux Méduses, aux Coralliaires et aux Siphonophores, l'Ascidie aux Pyrosomes, aurait évidemment pour notre théorie une haute importance. Nous avons déjà trouvé dans les Trématodes et les Turbellariés les facteurs des colonies qui ont constitué les Ténias et les autres Cestoïdes; d'autres organismes peuvent-ils être également considérés comme tenant de près aux êtres de diverses sortes qui ont fondé les colonies linéaires?

On rattache habituellement à l'embranchement des Vers un nombre assez considérable de formes inférieures, tellement différentes les unes des autres qu'on a créé pour elles plusieurs classes distinctes. Tous ces êtres, souvent d'une taille microscopique, présentent les affinités les plus variées; les uns descendent, sous le rapport de leur organisation, presque aussi bas que les Rhizopodes, ce qui ne doit pas nous étonner, puisque les individus qui forment aujourd'hui des colonies linéaires n'ont pu atteindre d'un coup le perfectionnement organique que nous leur voyons; les autres, au contraire, se rapprochent des Turbellariés, accusent certaines ressemblances soit avec les Bryozoaires, soit avec les Mollusques, ou bien rappellent davantage les Vers parasites, tels que les *Ascaris*, qui forment la classe des Nématoïdes; plusieurs semblent même manifester quelques tendances vers les animaux articulés. Tous présentent, d'ailleurs, ce caractère commun, que leur corps est absolument simple, et qu'on n'y peut découvrir aucune indication réelle de zoonites ; si parfois ses parois présentent des traces d'annulation, l'absence totale de correspondance entre cette annulation apparente et la disposition des organes, ainsi que la simplicité du développement, autorisent à penser qu'il s'agit ici de simples rides toutes superficielles, analogues à celles qui, chez les Sangsues, semblent diviser les anneaux réels en anneaux secondaires.

La plupart de ces animaux sont absolument vagabonds ou ne se fixent que temporairement; presque tous présentent une symétrie bilatérale parfaite, et ceux-là même chez qui cette symétrie n'est pas absolument réalisée, se partagent perpendiculairement à leur axe longitudinal, lorsqu'ils se reproduisent par voie agame, témoignant ainsi de leur parenté avec les animaux symétriques et d'une aptitude incontestable à former des colonies linéaires. C'est seulement quand l'animal se fixe définitivement que ce mode de segmentation disparaît et peut être remplacé par une segmentation dans le sens longitudinal ou par un bourgeonnement irrégulier. Il se forme alors non plus des colonies linéaires, mais des colonies arborescentes comme celles des Polypes (fig. 128, n° 4).

Nous voyons encore ici, par conséquent, des êtres essentiellement voisins affecter tel ou tel mode de groupement, suivant qu'ils mènent une existence errante ou sédentaire.

Les caractères communs que présentent ces êtres quand on les considère à un point de vue très général, les lacunes qui les séparent les uns des autres, montrent qu'ils sont les restes actuels d'un groupe aussi nombreux que varié auquel se rattachent étroitement les Éponges simples, les Hydres, les individus constitutifs des colonies de Bryozoaires, les Turbellariés, les trochosphères, les nauplius, etc. On peut concevoir ces organismes comme résultant des perfectionnements successifs des premières colonies de cellules. A une certaine époque ils ont dû constituer à eux seuls toute la faune du globe terrestre, et leur faculté de se reproduire par voie agame a été la cause première de la formation des organismes supérieurs. Ceux d'entre eux qui se sont fixés d'une façon permanente se sont groupés en colonies massives, arborescentes ou rayonnées; ceux qui sont demeurés libres ont produit les colonies linéaires, et nous avons pu voir déjà combien devaient être nombreuses et variées les conséquences de ces divers modes de groupement.

Mais de ce que, dans certaines espèces, les individus nés les uns des autres ont formé des colonies et sont entrés de la sorte dans une voie nouvelle d'évolution, de ce que cette évolution a produit des organismes étonnants par leur complexité et qui ont pris dans la nature le rôle principal, il ne s'ensuit pas que les espèces analogues qui sont restées étrangères à la vie sociale aient pour cela toutes disparu. Les sociétés humaines n'ont pas éliminé les animaux sauvages; de même les colonies animales n'ont pas entièrement détruit, dans la lutte pour l'existence, les organismes simples d'où elles sont dérivées: Tandis qu'elles subissaient leurs merveilleuses métamorphoses, ces organismes, eux aussi colonies de cellules, se perfectionnaient à côté d'elles ; leurs cellules se différenciaient de plus en plus les unes des autres, se groupaient en organes variés, en vertu de la double loi qui régit toute association : le *polymorphisme* et la *division du travail physiologique*. C'est là l'origne de tous les êtres qui s'échelonnent entre les plus humbles Infusoires et les Vers. Dans leur ensemble,

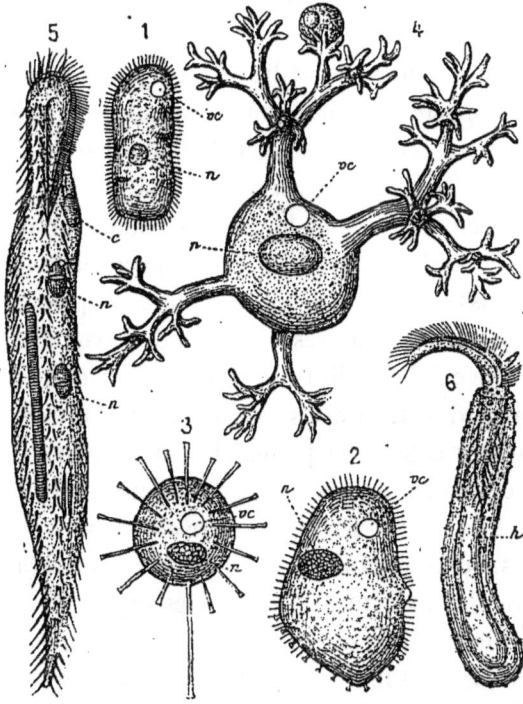

Fig. 126. — INFUSOIRES SUCEURS. — 1. *Podophrya fixa* à l'état mobile. — 2. La même laissant apparaître ses suçoirs. — 3. La même fixée (grossissement 200 fois) : *vc*, vésicule contractile ; *n*, nucleus. — 4. *Dendrocometes, paradoxus* Ehrb ; *vc*, vésicule contractile ; *n*, nucleus (grossi 450 fois). — 5. *Uroleptus piscis*, Eherb (grossi 320 fois). — 6. *Uroleptus musculus*, Ehrb avec son tube (grossi 320 fois).

il ne faut pas voir quelque chose qui corresponde à ces groupes naturels dont la recherche est souvent considérée comme l'un des objets principaux de la zoologie. C'est une sorte de vaste chantier qui a fourni à la construction de nombreux édifices, dans lequel certains matériaux ont subi divers degrés d'élaboration, tandis que d'autres sont demeurés bruts ou se sont détruits sous l'action du temps. L'ordre primitif qui existait dans ce chantier a donc disparu; des formes que reliaient jadis un grand nombre d'intermédiaires sont maintenant isolées et nous sommes forcés de créer pour elles dans nos méthodes des groupes spéciaux.

Les plus simples de tous les organismes élémentaires sont ceux auxquels on réserve aujourd'hui le nom d'INFUSOIRES. Ils se divisent en deux ordres : l'ordre des *Infusoires suceurs* ou *Acinétiens* et celui des *Infusoires ciliés*.

Les Infusoires suceurs ne sont libres que pendant une certaine période de leur existence; ils se meuvent alors à l'aide des cils vibratiles dont leur corps est couvert (fig. 126, n⁰ˢ 1 et 2). Quelques-uns peuvent en développant des cils vibratiles, passer à volonté dans l'espace d'une demi-heure, de l'état immobile à l'état vagabond. La *Podophrya fixa* (1) et une espèce parasite de *Sphærophrya* (2) jouissent de cette faculté; mais le plus souvent ces alternatives ne sont pas soumises à l'action de la volonté et l'animal se fixe après une existence libre plus ou moins longue. Quelques espèces parasites des Infusoires ciliés ont été prises par Stein, Eberhard et d'autres pour les jeunes de ces animaux (3). Pendant leur phase fixée, les Infusoires suceurs demeurent à peu près immobiles, mais de diverses parties de leur corps on voit sortir des tubes allongés, d'apparence rigide, légèrement évasés à leur extrémité libre (fig. 126, n° 3). Ce sont les suçoirs au moyen desquels ces singuliers animaux capturent les Infusoires ou les petits Crustacés dont ils font leur nourriture et extraient du corps de leurs victimes tous les fluides nourriciers qu'il contient. Les suçoirs peuvent se mouvoir lentement et sont rétractiles, sauf chez le *Dendrocometes paradoxus* (fig. 126, n° 4) où ils sont, en revanche,

---

(1) E. Maupas, *Sur l'organisation et le passage à l'état mobile de la Podophrya fixa*; Archives de Zoologie expérimentale, t. V, 1876.

(2) Engelmann, *Zur Naturgeschichte der Infusionsthiere*, p. 15.

(3) Les principaux travaux sur la parenté des Acinétiens et des Infusoires ciliés, sont ceux de Stein (*De Organismus der Infusionsthiere*. Leypsig, 1859-1867), de Balbiani (*Journal de la Physiologie de l'homme et des animaux*, de Brown-Séquard, t. I, III et IV), du Dr Eberhard (*Zeitschrift für wissenschaftliche Zoologie*, t. XVIII, 1868), etc.

ramifiés. Certaines espèces, les *Dendrosoma*, Ehrenberg, vivent en colonies arborescentes.

Les Infusoires ciliés, découverts en 1675, par le naturaliste hollandais Leuwenhœk, sont célèbres depuis les recherches d'Ehrenberg, qui leur attribuait une organisation extraordinairement compliquée et leur avait donné le nom de *polygastriques*, en raison du nombre considérable d'estomacs qu'il croyait avoir observés chez eux. Dujardin, au contraire, leur étendit en 1839 sa théorie du sarcode et les représenta comme des grumeaux de cette substance dans lesquels se creusent temporairement, sous l'action des cils vibratiles, des vacuoles où les aliments se rassemblent et sont digérés. Presque en même temps, Meyen décrivait les Infusoires comme de simples cellules, équivalentes à celles qui sont engagées dans les organismes, idée séduisante, entrevue déjà par Oken, et qui n'a cessé d'avoir de fervents adeptes parmi les naturalistes les plus autorisés. Si quelques Infusoires parasites, comme les Opalines peuvent, surtout dans leur jeune âge, fournir des arguments à cette manière de voir, il faut bien reconnaître qu'ils constituent une exception et que la plupart des autres présentent un degré de complication organique ainsi qu'une variété de phénomènes physiologiques dont aucune cellule animale ou végétale parfaitement authentique ne fournit d'exemple. Il est donc au moins fort douteux que les Infusoires soient des êtres unicellulaires.

En même temps que des cils vibratiles beaucoup d'Infusoires possèdent des organes locomoteurs très variés et qui semblent soumis à l'action de la volonté ; tels sont les cirrhes disposés en rangées régulières qui, chez beaucoup d'espèces, aboutissent à la bouche, les crochets dont les Oxytriques, les *Uroleptus* (fig. 126, nos 5 et 6) se servent comme de pattes pour courir à la surface des Conferves, les rames aplaties et déchiquetées à leur extrémité libre des Stylonychies, ou encore les longues soies raides, disposées en ceinture sur lesquelles les *Halteria* reposent comme sur des échasses et au moyen desquelles, par une détente brusque, elles peuvent exécuter des bonds prodigieux.

Schmid, Stein, Allman, Claparède et d'autres zoologistes ont

observé, sous les téguments de nombreuses espèces (1), une couche
de bâtonnets qui, dans certaines circonstances, émettent un fil
extrêmement fin et présentent ainsi une remarquable ressemblance
avec les bâtonnets des téguments des Turbellariés, de beaucoup
d'Annélides et de certains Mollusques. Chez d'autres, tels que les
Stentor (fig. 127, n° 7), on aperçoit sous la cuticule des stries qui
indiquent l'existence de fibres contractiles, et le pédoncule des
Vorticelles (fig. 128, n° 1) contient une sorte de fibre musculaire
décomposable en éléments distincts.

L'appareil digestif est lui-même très loin d'avoir le degré de simplicité que lui supposait Dujardin. Il est presque toujours possible
de démontrer chez les Infusoires ciliés l'existence d'un orifice par
lequel les aliments pénètrent à l'intérieur du corps. A cet orifice
on voit souvent faire suite un tube d'une longueur remarquable
chez les *Amphileptus* et qui, chez les *Enchelyodon*, les *Prorodon*, les
Chilodon, les *Nassula*, porte des parties cornées disposées en rangées parallèles ou en réseau et fonctionnant comme des dents. On
peut comparer ce tube à un œsophage et son orifice extérieur à
une bouche. Dans l'œsophage du singulier *Didinium nasutum*
(fig. 127, n° 1), il se forme des faisceaux de filaments aigus que l'a-
nimal darde comme des nuées de petites flèches (fig. 127, n° 2) sur
le gibier qu'il poursuit (2). Dans cette espèce, à l'œsophage fait
suite un tube mince, visible seulement quand l'animal mange
(fig. 127, n° 3) et qui s'ouvre par un orifice à l'extrémité postérieure du corps : le *Didinium nasutum* possède donc un tube
digestif complet. Chez les Stentor, les Vorticelles et les Ophry-
diens, il existe également un anus situé au voisinage de la bouche ;
on l'observe comme elle, à l'intérieur du vestibule, dans ces deux
derniers types. Malgré la fixité de position de l'orifice buccal et de
l'orifice anal, on n'a pu démontrer l'existence, chez ces animaux,
d'un tube digestif complet ; Claparède, Lachmann, Lieberkühn,
Leydig, Carter, Balbiani, inclinent néanmoins à penser que, chez

(1) *Paramæcium, Bursaria, Loxophyllum, Nassula, Prorodon, Ophryoden-
dron*, etc.

(2) E. Balbiani, *Observations sur le Didinium nasutum* (*Archives de Zoologie
expérimentale*, t. II, 1873).

les Infusoires, il doit y avoir plus fréquemment qu'on ne le
suppose, au moins des portions de tube digestif. Mais ils regardent comme prouvé que cet organe manque dans un grand nombre de cas.

Outre leur vésicule contractile, environnée parfois, notamment
chez les Paramécies (fig. 127, n° 8, v), de vacuoles qui se dispo-

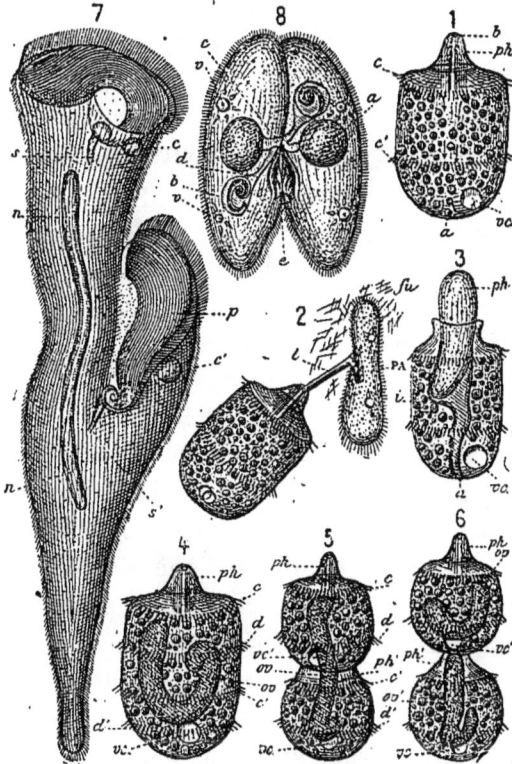

Fig. 127. — INFUSOIRES. — 1. *Didinium nasutum* très grossi, au repos. — 2. Un individu lançant ses
flèches contre une Paramécie PA. — 3. Le même avalant la Paramécie *ph* qu'il a capturée. — 4. Individu
sur le point de se diviser et montrant déjà 4 ceintures de cils. — 5 et 6. Phases de la division transversale. Dans toutes les figures, *b*, bouche; *i*, intestin; *a*, anus; *vc, vc'*, vésicule contractile; *ov*, nucleus (ovaire); *c, c', d, d'*, ceintures ciliées. — 7. Reproduction par division du *Stentor Rœselii*:
s, s', bouche: *p*, surface frontale garnie de rangées de cils; *e, c'*, vésicules contractiles; *n*, nucleus (ovaire). — 8. Accouplement des *Paramécies*: *a*, ovaires; *b*, testicules; *e*, canaux excréteurs
de ces glandes abouchés l'un avec l'autre; *e*, franges ciliées de la région buccale; *v*, vésicules contractiles étoilées.

sent en étoile autour d'elles, à des places fixes, comme si elles
étaient les extrémités gonflées de véritables vaisseaux, certains

Infusoires tels que les *Stentor*, les Spirostomes, les Stylonychies, les Bursaires, les Cyrtostomes, les Paramécies présentent des traces d'un appareil vasculaire assez complexe.

Enfin tous les Infusoires ciliés possèdent deux organes importants sur lesquels von Siebold a particulièrement attiré l'attention ; on les désigne, depuis ses travaux, sous les noms de *nucleus* et de *nucléole* qui se rattachent évidemment à l'hypothèse que les Infusoires ciliés sont de simples cellules. Les recherches de Stein (1) et surtout celles de Balbiani (2), ont nettement prouvé que le nucleus n'est autre chose qu'un ovaire, le nucléole un testicule. On rencontre souvent des couples d'Infusoires (fig. 127, n° 8) dans lesquels les deux individus sont unis au point d'être fusionnés dans une partie de leur étendue ; on croyait autrefois que ces couples étaient une des phases de la reproduction asexuelle des Infusoires par voie de division longitudinale ; on ne peut plus douter aujourd'hui qu'il ne s'agisse ici d'un véritable accouplement. Cet accouplement est accompagné d'une soudure complète des deux individus ; mais il n'y a pas lieu de s'étonner de ce phénomène si l'on se souvient que les tissus de même nature de la plupart des organismes inférieurs se soudent constamment lorsqu'ils sont maintenus un certain temps en contact. Chez les Vorticelles cependant (3), ce n'est pas d'une simple soudure qu'il s'agit. L'un des individus accouplés, de plus petite taille que son compagnon, est totalement absorbé par lui.

Pendant que dure l'accouplement, le nucleus et le nucléole subissent des changements considérables (fig. 127, n° 8, *a* et *b*) : le premier se divise ordinairement en fragments dont chacun paraît appelé à se comporter comme un œuf. Dans le second, on voit se développer des filaments d'une extrême ténuité : ce sont les spermatozoïdes (4) qui passent, à leur maturité, de l'individu dans le-

(1) *Journal de la Physiologie de l'homme et des animaux*, dirigé par Brown-Séquard, 1860.

(2) *Der Organismus der Infusionsthiere*, 1859 et 1867.

(3) Balbiani, *Reproduction sexuée des Vorticellines* Comptes rendus de l'Académie des sciences, 1875, p. 678).

(4) Balbiani, *Journal de la Physiologie de l'homme et des animaux*, dirigé par Brown-Séquard, 1860.

quel ils ont pris naissance, dans celui avec lequel il est accouplé et
vont féconder ses corpuscules ovulaires. On ne sait malheureusement presque rien sur les modifications que subissent ceux-ci après
leur union avec les spermatozoïdes.

Dans certaines espèces, notamment chez les Paramécies et les
Stylonychies, les deux individus accouplés sont identiques; leurs
organes reproducteurs subissent les mêmes modifications pendant
l'accouplement, la fécondation est réciproque; mais il n'en est pas
toujours ainsi. Chez les Vorticelles le petit individu, celui qui est
absorbé par l'autre (1) joue exclusivement le rôle de mâle; le gros
individu possède cependant aussi un nucléole dont la destination
est inconnue.

Le nucleus et le nucléole prennent également part aux phénomènes de la reproduction asexuée; cette reproduction a lieu de
deux façons: elle s'opère par division transversale chez les Infusoires libres (fig. 127, n°s 4, 5, 6 et 7), qui tendent ainsi à former
des colonies linéaires, elle s'opère au contraire par division longitudinale (fig. 128, n°s 2 et 3) chez les Infusoires fixés, qui fournissent souvent des colonies arborescentes. Dans tous les cas, le
nucleus et le nucléole, quelle que soit leur forme, viennent
se placer perpendiculairement au plan suivant lequel doit s'accomplir la division et se partagent en deux moitiés parfaitement
égales qui passent chacune dans l'un des nouveaux individus.
On n'a signalé dans cette division du noyau, du nucléole et du
protoplasme entier de l'Infusoire, aucun des phénomènes aujourd'hui bien connus qui se présentent constamment lors de la

---

(1) On attache généralement une grande importance, au point de vue de
la théorie de la reproduction sexuée, à cette absorption totale de l'un des
individus accouplés par l'autre, ou si l'on veut, au mélange des protoplasmes des deux individus qui s'accouplent. Mais cette importance est toute
différente suivant que l'on considère les phénomènes de conjugaison des
Monères, des êtres franchement monocellulaires et les phénomènes qui accompagnent l'accouplement des infusoires ciliés: les phénomènes de la fécondation chez ces derniers paraissent se compliquer de phénomènes qui sont
la conséquence même du contact de deux protoplasmes et qu'on n'a pas
suffisamment distingués. Ces phénomènes n'ont rien à faire cependant avec
la reproduction, et une partie d'entre eux rentre peut-être simplement dans la
catégorie des phénomènes de nutrition.

division des cellules ; il y a là simplement un partage de tissus entre les deux frères jumeaux, semblable à celui que nous avons constaté dans tous les cas analogues, et nullement une véritable segmentation cellulaire.

Que penser maintenant de l'assimilation que l'on fait depuis si longtemps et que soutiennent encore des hommes aussi éminents que Hæckel, entre les Infusoires ciliés et les cellules animales ou végétales même les plus compliquées ? Connaissons-nous des cellules douées de membres, produisant des bâtonnets urticants, possédant un tube digestif, un appareil vasculaire, élaborant des œufs et des spermatozoïdes ? En connaissons-nous qui se divisent à la façon des Infusoires ? Non. Il faut donc conclure que les Infusoires ciliés ne sont pas de simples cellules, mais de véritables colonies de cellules dont le mode de développement est encore inconnu et dont les différents individus sont presque entièrement fusionnés les uns avec les autres, à peu près comme dans la couche externe des Éponges. Toutefois cette conclusion ne pourra être considérée comme définitive que le jour où on aura pu observer un œuf d'Infusoire et en suivre le développement.

Quelle que soit du reste la nature des Infusoires ciliés, ils nous fournissent un exemple frappant du rapport dont nous avons précédemment montré toute l'importance entre le genre de vie d'un animal, la façon dont s'accomplit chez lui la reproduction agame et la forme des colonies qu'il peut constituer. Dans un même groupe, nous voyons des animaux très rapprochés les uns des autres se diviser longitudinalement s'ils sont fixés comme le sont les Vorticelles et produire ainsi des colonies arborescentes telles que celles des *Epistylis* (fig. 128, n° 2) ou des *Zoothamnium*, colonies dont il faut encore rapprocher celles que forment les Infusoires suceurs fixés, tels que les *Dendrosoma*, ou se diviser, au contraire, transversalement à la façon des Vers, comme le font tous les Infusoires nageurs ou marcheurs ; on n'en connaît pas qui demeurent associés ; mais il est bien évident que si cela avait lieu, la colonie qui en résulterait ne pourrait être que linéaire et ressemblerait tout à fait à une colonie de Turbellariés. La réalité de la loi qui relie la forme

des colonies animales aux habitudes de l'individu qui les fonde
ne saurait être rendue plus palpable.

Les *Orthonectida*, parasites des Ophiures et des Némertes récemment étudiés par M. Giard (1) et M. Jourdain (2), sont couverts,
comme les Infusoires, de cils vibratiles, mais leur corps se décompose en cellules distinctes et les cellules, disposées par zones

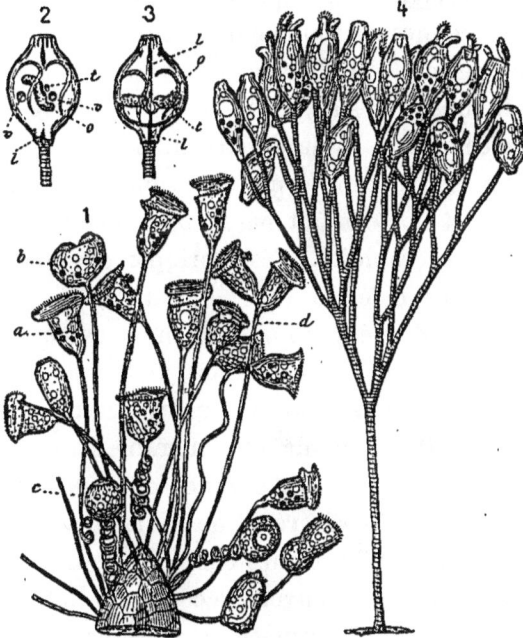

Fig. 128. — INFUSOIRES. — 1. *Vorticella nebulifera : a,* un individu épanoui ; *b,* un individu rétracté
au sommet de son pédoncule droit ; *c,* un individu complétement rétracté ainsi que son pédoncule
d, un individu se reproduisant par division. — 2 et 3. Phases de la division longitudinale de l'*Epistylis nutans* (d'après Balbiani) : *l,* sillon suivant lequel s'effectuera la division ; *o,* nucleus (ovaire);
t, nucléole (testicule); *v,* vésicule contractile. — 4. Colonie d'*Epistylis nutans.* — Gross. 150 fois.

successives, peuvent prendre dans certaines zones des caractères
particuliers qui donnent à l'animal une apparence segmentée
(fig. 129). Il ne semble pas cependant que ces zones constituent
des individualités distinctes analogues à celles des anneaux des
Vers et, sous les réserves qu'impose leur parasitisme, l'on peut,

(1) Giard, *Les* ORTHONECTIDA, *classe nouvelle du phylum des Vers* (Journal de
l'Anatomie et de la Physiologie de l'homme et des animaux, t. XV, 1879).
(2) *Revue des Sciences naturelles,* 1880.

jusqu'à plus ample informé, considérer les *Orthonectida* comme de simples colonies de cellules à peine plus élevées que les planules des Hydres et peu éloignées des *Dicyemida*, également parasites.

A une distance énorme au-dessus de ces organismes viennent les Rotifères qu'Ehrenberg avait eu le tort de rapprocher des Infusoires. Là il ne saurait plus être question de sarcode ; les Rotifères possèdent des organes parfaitement distincts que la transparence des tissus permet d'étudier dans tous leurs détails : muscles, nerfs, glandes, tube digestif, sont d'une admirable netteté. La locomotion s'accomplit à l'aide de cils puissants disposés sur des organes spéciaux, souvent en forme de disque (fig. 129, nᵒˢ 3 et 4) et que le battement des cils fait paraître semblables à de petites roues tournant avec rapidité. C'est l'origine du nom même de *Rotifère*. De chaque côté du tube digestif, dont l'estomac est armé de mâchoires cornées toujours en mouvement, qui constituent ce qu'on nomme le *mastax*, on voit deux tubes ciliés (fig. 129, nᵒ 3, s) communiquant librement par un ou plusieurs orifices avec la cavité générale et s'ouvrant d'autre part dans le tube digestif. Ce sont là des organes en tout semblables à ceux qui constituent l'appareil rénal des Vers et qui, se répétant dans chaque anneau, sont désignés chez eux sous le nom d'*organes segmentaires*. Le plus souvent le corps des Rotifères se prolonge en une sorte de queue annelée en apparence, terminée par deux courts appendices divergents (*x*) ; c'est l'une des rares parties de l'animal où l'on peut voir quelque trace de segmentation ; mais la segmentation n'est, très probablement, que superficielle. Tout le reste de l'organisation, loin de montrer ces répétitions caractéristiques des animaux composés, reproduit au contraire exactement les principaux traits d'un anneau annélide qui aurait subi des adaptations de même nature que celles qu'on observe sur les larves de ces animaux, alors qu'elles sont encore réduites à un seul segment. Les organes vibrants des Rotifères rappellent absolument ceux qui se développent chez les larves d'annélides aux dépens de la couronne ciliée de la trochosphère.

Quelques Rotifères, les *Lacinularia*, les *Conochilus* forment des colonies dans lesquelles tous les individus sont réunis par une masse gélatineuse commune; d'autres, se fixent, temporairement dans un étui d'une transparence parfaite (fig. 129, n° 4, h).

On rapproche quelquefois des Rotifères d'autres petits animaux vivant la plupart dans les eaux douces, progressant à l'aide de cils

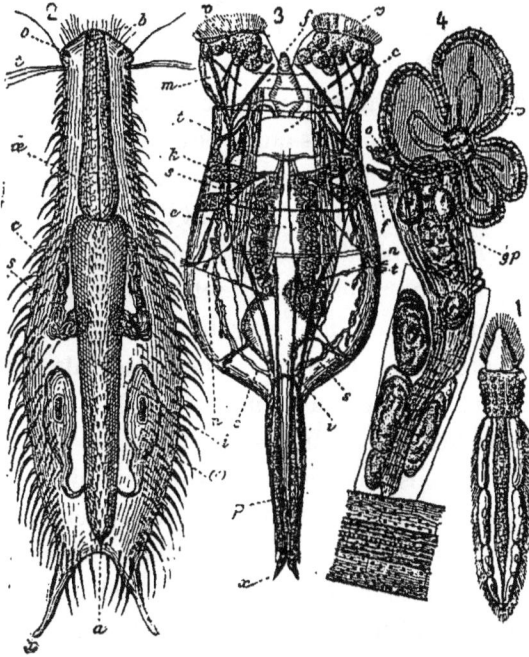

Fig. 129. — ORTHONECTIDE. — 1. *Rhopalura ophiocomæ*, Giard très grossi. — GA STÉROTRICHES — 2. *Chætonotus maximus*: b, bouche; o, yeux, t, soies tactiles; œ, œsophage; i, i ntestin; a, auus. x, bifurcation terminale du corps; s, organes segmentaires; ov, ovaires. — ROTIFÈRES. —; 3. *Brachionus plicatilis*: v, disques vibratiles; f, appendice servant à la marche; e, estomac; i, intestin; p, extrémité postérieure du corps; x, sa bifurcation; m, muscles; t, soies tactiles; s, organes segmentaires. — 4. *Meliceta ringens*: o, yeux; h, tube; g, jeunes individus; les autres lettres comme dans la figure 3, grossie 100 fois.

vibratiles, mais dont les cils très fins ne se trouvent que sur la face ventrale : de là la dénomination générale de *Gastérotriches* (1) sous laquelle on les comprend.

Ces Gastérotriches ont une forme allongée qui rappelle de loin

(1) De γαστὴρ, ventre; θρίξ, cheveu, Metschnikoff et Claparède. Ce groupe ne renferme encore que les genres *Chætonotus*, *Ichthydium*, *Chætura*, *Cephalidium*, *Turbanella*, *Dasydites*, *Hemidasys*; ce dernier est le seul genre marin.

celle que pourrait avoir un poisson microscopique particularité
que rappelle le nom d'*Ichthydium* donné par Ehrenberg à l'un des
genres. Assez souvent, chez les *Chætonotus* (fig. 129, n° 2), par
exemple, le dos est recouvert de longues soies chitineuses disposées
avec une assez grande régularité. Le corps est toujours bifurqué
à son extrémité postérieure comme celui des Rotifères. Le tube
digestif s'étend en ligne droite de l'extrémité antérieure à l'extrémité postérieure du corps ; il se divise nettement en un œsophage
musculeux (*œ*) rappelant celui des Vers nématoïdes et en un intestin
proprement dit. La bouche, entourée de longues soies tactiles (*t*) est
tout à fait terminale ; l'anus (*a*) s'ouvre entre les deux branches de la
fourche postérieure. Les œufs, peu nombreux (*ov*), se développent
à l'intérieur du corps de la mère pendant l'été ; mais, à l'approche
de l'hiver, les femelles pondent des œufs plus gros, entourés d'une
coque dure que les embryons ne quittent qu'au printemps. Il existe
de chaque côté du corps un tube excréteur très replié (*s*), tout à fait
identique à un organe segmentaire. Les téguments et les viscères
ne présentent aucune trace de segmentation.

Les Gastérotriches rappellent les Rotifères par la limitation de
leur revêtement de cils vibratiles, la bifurcation de leur extrémité
postérieure, leurs organes segmentaires ; mais quelques-uns de ces
caractères tels que la présence de cils vibratiles, appartiennent aussi
aux Turbellariés inférieurs dont les Gastérotriches se rapprochent
encore par la forme générale de leur corps et leur tube digestif rectiligne, dépourvu de *mastax ;* ils empruntent, d'autre part, aux Nématoïdes leur œsophage ; enfin leur organisation générale n'est pas
éloignée de celle d'un anneau annélide. On les a donc représentés
comme un de ces types primitifs d'où plusieurs autres seraient issus
en suivant des voies différentes : c'est peut-être leur donner beaucoup d'importance, mais ils font certainement partie, comme les
Rotifères, de ce groupe de formes simples dont les Vers annelés ne
sont que des colonies.

C'est également à ce groupe qu'appartiennent sans conteste les
Turbellariés proprement dits (1) qui atteignent une taille énorme

_____

(1) *Turbellariés rhabdocœles* et *dendrocœles.*

relativement à celle des animaux que nous venons d'étudier. Les Vers plats communs dans toutes les mers, qui forment la classe des *Némertiens*, deviennent quelquefois réellement gigantesques ; certaines espèces, le *Lineus longissimus*, par exemple, dépassent 1ᵐ,50 de longueur. On a longtemps considéré les Némertes et les Planaires comme intimement unies ; les unes et les autres ont en effet le corps entièrement couvert de cils vibratiles, et leur cavité générale est absolument bourrée par les tissus et les organes. Puis on a remarqué que les Némertes possédaient toujours une trompe ordinairement armée de stylets venimeux, que leur tube digestif avait toujours deux orifices, que leur appareil circulatoire était complétement clos et qu'enfin leurs sexes étaient généralement séparés. Par tous ces caractères les Némertes s'éloignent des Planaires et on les en a séparées pour les rapprocher davantage des Annélides. On revient aujourd'hui à la première manière de voir. Le manque de soies locomotrices, l'absence ordinaire dans les téguments et les viscères d'une segmentation nettement indiquée, le développement tout à fait spécial et fort compliqué qui caractérisent les Némertes ne permettent pas de les ranger auprès des Annélides. Tout récemment M. Hallez (1) a signalé d'intéressantes analogies entre le développement des Planaires et celui des Némertes. Il pense que ces animaux sont très proches parents et conserve l'ancienne classe des Turbellariés.

On pourrait se demander s'il ne faut pas voir dans les Némertes une forme composée de Turbellariés qui] serait aux Planaires ce que les Ténias sont aux Trématodes. La répétition de chaque côté du corps de cœcums provenant de l'intestin, de poches génitales intercalées entre ces cœcums, l'existence réelle, dans un assez grand nombre de types, de véritables cloisons comparables par leur disposition, sinon par leur mode de formation, à celle des Annélides, pourraient être invoquées à l'appui de cette manière de voir. Chez un petit ver marin, le *Dinophilus metameroïdes*, intermédiaire à plusieurs égards entre les vrais Turbellariés et les Némertes, le corps est nettement segmenté et même divisé en régions

(1) P. Hallez, *Contributions à l'histoire naturelle des Turbellariés.* Lille, 1879.

dont l'une semble en voie de résorption, comme chez les Hermelles et forme une sorte de courte queue. Ce serait un argument en faveur de l'hypothèse que les Némertes sont des colonies linéaires chez qui la segmentation extérieure aurait complètement disparu.

Quelques naturalistes (1) se sont efforcés de démontrer que telle était bien la structure de ces singuliers animaux qui auraient dès lors présenté avec les Annélides des ressemblances d'autant plus grandes qu'il existe des Annélides sans soies mais très nettement segmentées, les *Polygordius*, en qui l'on pourrait voir un passage aux Némertes. Mais M. J. Barrois conclut de ses recherches (2) que la segmentation chez les Némertes n'est qu'une apparence due au développement semi-régulier sur les intestins de séries de cœcums latéraux qui viennent se souder avec les parois du corps et entre lesquelles se développent des poches remplies d'œufs ou de filaments fécondateurs, communiquant chacune avec l'extérieur par un orifice particulier. Les Némertes sont pour lui des animaux simples, comparables aux Planaires, mais d'une organisation plus élevée et étirés en longueur au lieu d'être élargis comme celles-ci. Le choix entre les deux opinions contradictoires est d'autant plus difficile que le mode de développement tout à fait extraordinaire des Némertes indique chez ces animaux une altération profonde de leur type primitif.

Peut-être en raison de l'obscurité du sujet, en raison des faits étranges que présente l'embryogénie des Némertes, nous sera-t-il permis d'indiquer un rapprochement pour lequel nous ne saurions trop réclamer l'indulgence. L'un des caractères les plus bizarres du développement des Némertes, c'est qu'elles se forment de plusieurs parties nées séparément, sous les téguments d'une larve ciliée, aux formes souvent singulières et très variées quoique dérivées d'un même type. Ces parties se soudent entre elles, autour du tube digestif de la larve, et finissent par constituer un nouvel animal tout à fait indépendant, qui souvent se meut librement à l'in-

(1) Hubrecht, *Niederlandisches Archiv fur Zoologie*, Bd II, p. 99.
(2) J. Barrois, *Recherches sur l'embryologie des Némertes* (*Annales des Sciences naturelles*, 1877, et thèse de doctorat, in-4°, p. 201).

térieur du premier dont les téguments disparaissent pour mettre la jeune Némerte en liberté. Celle-ci paraît être, dans ce cas, un animal complexe, résultant non pas d'une métamorphose de la larve, mais de la fusion d'un certain nombre d'êtres indépendants nés en elle par voie de génération agame.

Or précisément, dans le groupe zoologique auquel les Némertes appartiennent, nous trouvons un mode de reproduction agame, très exceptionnel et qui consiste dans la formation directe d'individus nouveaux à l'intérieur d'une larve, sans qu'il se produise des œufs au préalable. Les Trématodes du groupe des Distomes pondent des œufs d'où s'échappe un embryon cilié ; cet embryon va se loger dans les tissus de quelque Mollusque d'eau douce et là se transforme en une larve, semblable à un Ver, pourvue d'un tube digestif terminé en cæcum et possédant vers son tiers postérieur deux moignons de membres. Cette larve fut décrite d'abord comme un parasite particulier des Mollusques sous le nom de *Rédie*. Dans les tissus de la Rédie il ne tarde pas à se faire un grand travail qui aboutit à la production, entre le tube digestif et les téguments, d'une multitude d'êtres nouveaux, semblables à de microscopiques têtards de grenouille. Ce sont des *Cercaires* qui abandonnant bientôt le corps de la Rédie, sortent même de celui du Mollusque et nagent librement à l'aide des brusques mouvements de leur queue. Cette phase de liberté n'est que de courte durée. Les Cercaires pénètrent à leur tour dans quelque nouvel animal, généralement un mollusque ou insecte, perdent leur queue et s'entourent d'un kyste membraneux clos de toutes parts ; ce sont alors de véritables petits Distomes qui attendent prisonniers, sous cette nouvelle forme, que leur hôte soit dévoré par quelque oiseau ou quelque poisson pour revenir à la liberté dans le tube digestif de celui-ci et y atteindre leur complet développement.

N'est-il pas permis de se demander s'il n'existe aucun lien entre le bourgeonnement interne qui conduit à la formation des Cercaires dans les Rédies et le bourgeonnement interne grâce auquel se constituent les muscles de toutes les Némertes, les muscles et les téguments définitifs de plusieurs d'entre elles, qui se forment ainsi par une véritable génération alternante? C'est ce que de nouvelles recherches permettraient seules de décider. Si ce lien était établi on s'expliquerait à la fois et le mode singulier de développement des Némertes, et leur taille hors de proportion avec celle qu'atteignent ordinairement les animaux simples, et les différences considérables qui les séparent des Annélides.

Les Vers parasites qui constituent la classe des Nématoïdes, et dont le corps est allongé et cylindrique comme celui des Lombrics peuvent être pris au premier abord pour des animaux simples. Leur corps est dépourvu de toute trace d'annulation, leurs viscères ne présentent aucune répétition, laissant entrevoir une disposition primitive d'organes semblables en série linéaire, mais on a cependant de sérieuses raisons de penser qu'ils dérivent aussi de colonies linéaires. Ils se rattachent, en effet, à un petit groupe d'animaux marins habitant à une assez grande profondeur et dont le premier, découvert en 1841 par Dujardin, ne fut décrit par lui qu'en 1851 (1) sous le nom d'*Echinoderes*.

Les Echinodères (fig. 130, n° 3), sont des animaux vermiformes n'ayant, pour tous membres, que des espèces de poils isolés sur les anneaux et dont l'ensemble forme plusieurs rangées longitudinales régulières. Leur tête est armée de nombreuses épines et leur apparence générale est tellement semblable à celle des embryons de certains Vers nématoïdes, les *Gordius*, qu'on est conduit à voir en eux des formes libres très voisines de la forme originelle de ces parasites.

Tout près des Echinodères viennent se placer les *Desmoscolex* (fig. 130, n° 2), n'ayant comme eux pour tous membres que des soies isolées dont la constitution est, il est vrai, fort remarquable. L'organisation des *Desmoscolex* rappelle beaucoup celle des Vers nématoïdes les plus caractérisés. La parenté est donc évidente, la segmentation extérieure des *Desmoscolex* ne l'est pas moins, et l'on peut admettre, en conséquence, que les Nématoïdes sont des Vers annelés, c'est-à-dire des colonies linéaires

---

(1) Dujardin, *Sur un petit animal marin, l'Echinodère, formant un type intermédiaire entre les Crustacés et les Vers* (*Annales des Sciences naturelles, Zoologie*, 3e série, t. XV, p. 158. Pl. III).

dont les divisions primitives ont disparu, comme ont disparu celles des nombreux Crustacés parasites qui constituent l'ordre des Lernéens.

Chez les Desmoscolex, comme chez les Echinodères, les téguments seuls sont annelés, de sorte qu'il peut rester quelques doutes sur la nature coloniale de ces organismes contre laquelle viennent

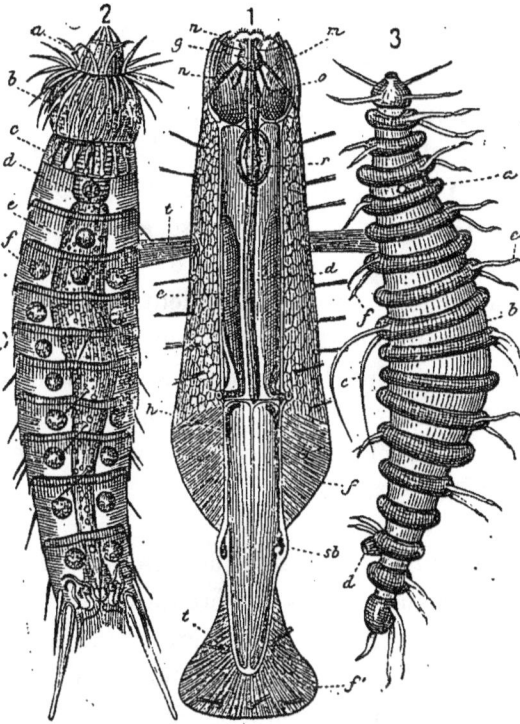

Fig. 130. — CHÉTOGNATHES. — 1. *Spadella draco* grossie 10 fois : *m*, soies servant de mâchoires ; *n*, nerfs ; *g*, ganglions nerveux ; *t, t'*, poils tactiles ; *d*, tube digestif ; *f, f'* expansions nombreuses ayant l'apparence de nageoires ; *e*, organes de la génération ; *h*, canaux déférents ; *sb*, vésicule séminale. — 2. *Desmoscolex minutus :* a, yeux ; *b*, côté ventral ; *c*, soies caractéristiques des femelles ; *d*, anus ; *e, f*, soies à extrémité rétractile. — 3. *Echinoderes Dujardini :* a, pharynx et trompe ; *b*, segment céphalique rétractile et couvert d'épines ; *c*, cou ; *d*, œsophage ; *f*, sphères de pigments. (Fig. 2 et 3, grossies 200 fois).

encore parler la simplicité du mode de développement des Nématoïdes et les ressemblances que présentent quelques-uns d'entre eux avec certains Turbellariés inférieurs. Mais les *Echinoderes* et les *Desmoscolex* se rapprochent bien moins des Annélides que des animaux articulés où la disparition de la segmentation intérieure est habituelle : c'est donc de ces animaux qu'il faudrait rapprocher les Nématoïdes.

De petits animaux marins, que leur corps en forme de flèche a fait appeler *Sagitta* et *Spadella* (fig. 130, n° 1), ont eu la singulière fortune d'être rangés tour à tour parmi les Mollusques (1), parmi les Vers et même parmi les Vertébrés. Ils ont environ un centimètre de long et nagent, parfois en quantité considérable, près de la surface de la mer, à la poursuite des petits crustacés ou des embryons dont ils font leur nourriture. Deux groupes symétriques de crochets ventraux légèrement recourbés, grêles, allongés, pointus comme des soies, leur servent de mâchoires ; c'est pourquoi on a donné le nom de classe de *Chétognathes* au groupe zoologique dans lequel les a fait isoler de remarquables particularités d'organisation. On a quelque tendance actuellement à les placer tout près des Nématoïdes ; mais ils se développent d'une façon totalement différente. Contrairement à ce qui a lieu chez les Nématoïdes, leur bouche primitive se referme complètement et c'est du côté opposé du corps que se forme plus tard la bouche définitive. Les *Sagitta* demeurent, en raison de ce fait, tout à fait isolées parmi les Vers inférieurs.

Les Infusoires, quelques parasites de signification douteuse, les Turbellariés, les Trématodes, les Rotifères, les Gastérotriches, peut-être les Chétognathes, voilà donc les seuls organismes actuellement connus, se rattachant plus ou moins directement à l'embranchement des Vers et que l'on ait quelques raisons de considérer comme des organismes simples polycellulaires. Les Infusoires, les Rotifères, les Turbellariés et les Trématodes sont nombreux ; les autres groupes sont réduits chacun à trois ou quatre genres ou même à un seul ne contenant qu'un petit nombre d'espèces, d'où l'on peut conclure que les formes solitaires ont décidément succombé en grand nombre dans la lutte pour l'existence qu'elles ont eu à soutenir contre les formes sociales de plus en plus puissamment organisées.

(1) Milne-Edwards, *Note additionnelle au Mémoire de Krohn sur la Sagitta bipunctata*, Quoy et Gaymard (*Annales des Sciences naturelles*, 3° série, t. III, 1843, p. 114).

Les Rotifères, les Gastérotriches, les Chétognathes forment un ensemble singulier en ce sens que dans ce groupe la génération par bourgeonnement externe ou par division du corps a entièrement disparu. Si singulier qu'il puisse paraître, ce phénomène n'est pas inexplicable. Chez la plupart de ces animaux et chez quelques Turbellariés, la reproduction agame a pris, en effet, une direction particulière. Pendant tout l'été, s'isolent dans les tissus des cellules qui se comportent comme de véritables œufs, mais se développent sans avoir besoin d'être fécondées. L'activité physiologique dépensée d'ordinaire pour le bourgeonnement se trouve employée à la formation de ces faux œufs. De même chez certains Trématodes, la reproduction par segmentation a été remplacée par le bourgeonnement interne des Rédies. La reproduction sexuée vient, d'ailleurs, comme d'ordinaire interrompre régulièrement la série des générations agames.

Il ressort, en résumé, de ce qui précède qu'un nombre assez considérable de formes vivantes peuvent être considérées comme les équivalents morphologiques des segments ou zoonites des animaux articulés et des vers annelés. Un caractère histologique d'une réelle importance établit entre les formes qui se rattachent à chacune de ces deux séries de colonies linéaires une différence qui mérite d'être signalée. Si l'on compare une trochosphère d'Annélide avec un nauplius de Crustacé, on est tout de suite frappé de la différence des procédés au moyen desquels la locomotion est obtenue dans les deux types : la trochosphère nage grâce aux battements des innombrables cils vibratiles dont elle est revêtue, elle est dépourvue de membres. Le nauplius manque totalement de cils vibratiles, il fouette l'eau avec ses pattes armées de longues soies chitineuses. Cette différence est tout aussi caractérisée chez les animaux dont ces êtres ne représentent que la partie céphalique. Le Crustacé, l'Arachnide, le Myriapode, l'Insecte, sont dépourvus de cils vibratiles ; l'Annélide, le Lombricien, la Sangsue, le Géphyrien en présentent au contraire dans toutes les parties de leur corps. Aux premiers se rattachent donc les Échinodères, les Desmoscolex et les Nématoïdes, tandis que les Infusoires, les Rotifères, les Gastérotriches, les Turbellariés et même les Chétognathes ont plus d'affinité avec les seconds.

L'absence de cils vibratiles a eu, d'autre part, sur la formation du type articulé et sur ses diverses modifications une influence considérable. Qu'un animal couvert de cils vibratiles vienne à se fixer, ses cils n'en continueront pas moins à battre l'eau environnante et à déterminer autour de lui un courant rapide, incessant, qui lui apportera de l'eau chargée d'air et de matières alimentaires; chez les Vorticelles et surtout chez les Rotifères, on voit les cils vibratiles fonctionner indifféremment de ces deux façons. Un tel animal peut donc sans grand danger pour lui, ou bien se fixer, ou continuer soit à nager, soit à ramper sur le sol. Dans le premier cas il fondera une colonie irrégulière, dans le second, une colonie linéaire. Nous avons en effet, parmi les Infusoires et parmi les descendants des trochosphères, des représentants de ces deux ordres de colonies.

Au contraire, un nauplius fixé ne pourrait à l'aide de ses trois paires de courtes pattes, aux mouvements lents et non susceptibles de se répéter indéfiniment sans fatigue, produire un courant d'eau suffisant pour assurer sa subsistance; aussi ne connaît-on pas de nauplius qui se fixe et qui produise autre chose qu'une colonie linéaire.

Les animaux articulés qui résultent de la transformation de ces colonies linéaires en individus subissent eux-mêmes les conséquences de l'absence de cils vibratiles. Chez les autres invertébrés aquatiques, les cils vibratiles prennent une part active à la locomotion; chez les Crustacés ils sont remplacés par des appendices plus volumineux, des membres articulés, en un mot de véritables pattes; au début, cet appareil de locomotion est assez imparfait, et peut-être faut-il attribuer à la difficulté qui en résulte pour le déplacement le nombre relativement considérable des Crustacés parasites. Chez les Zoophytes et les Vers annelés, les cils vibratiles jouent un rôle important dans la constitution de l'appareil respiratoire, en déterminant un courant d'eau perpétuel à la surface des expansions tégumentaires dans lesquelles le liquide nourricier vient chercer air qui doit

le vivifier. Ce mouvement, grâce auquel l'eau qui a perdu son
oxygène est sans cesse remplacée par de l'eau aérée, est évidemment indispensable à l'accomplissement régulier des échanges
gazeux entre l'organisme et le milieu extérieur. L'appareil respiratoire des articulés, manquant de cils vibratiles, ne saurait
être construit sur le même type que celui des Annélides. Le
mouvement des liquides ambiants ne cesse pas néanmoins d'être
une condition indispensable de la respiration ; ce mouvement
peut être produit par l'appareil locomoteur, soit qu'il détermine
le déplacement de l'animal, soit au contraire que, l'animal étant
au repos, le liquide fouetté par les appendices se déplace. Les
deux cas se trouvent réalisés dans la classe des Crustacés. Les
plus inférieurs d'entre eux n'ont pas d'appareil respiratoire spécial, mais partout où se montre un appareil de ce genre, c'est à
l'appareil locomoteur qu'il est emprunté : tantôt un certain nombre
de membres se transforment en palettes mobiles qui agitent sans
cesse le liquide pendant que le sang se répand dans leur épaisseur, tantôt des formations nouvelles, des branchies spéciales,
se développent sur les pattes locomotrices, tandis que des organes,
dépendant aussi de ces pattes, sont chargés, comme chez l'Écrevisse, d'assurer le renouvellement de l'eau. Ordinairement, il se
fait donc une division du travail entre les diverses parties de
l'appareil locomoteur ; mais lorsque cet appareil ayant acquis un
certain développement, le crustacé abandonne la vie errante pour
la vie sédentaire, comme le font les Cirripèdes, l'appareil locomoteur tout entier devient un appareil respiratoire en même
temps qu'un appareil de préhension des aliments, exactement
comme cela arrive pour les branchies des Annélides tubicoles.

On voit par ces exemples quelles modifications importantes peuvent résulter, pour un organisme, de particularités histologiques
qui semblent au premier abord tout à fait négligeables. L'absence
ou la présence de cils vibratiles ne peut être constatée qu'au microscope, et cependant c'est là bien certainement un *caractère dominateur* au sens où Cuvier entendait ce mot, puisqu'il détermine à lui
seul, par une corrélation nécessaire, comme aurait dit le grand
naturaliste, une forme nouvelle de l'appareil locomoteur et de

l'appareil respiratoire. Il n'est pas impossible, d'autre part, que l'absence de cils vibratiles ne soit corrélative à son tour de la propriété que possèdent l'épiderme et les tissus analogues des articulés de se recouvrir d'une couche continue, plus ou moins épaisse, de cette substance cornée particulière, la *chitine*, qui forme presque à elle seule le squelette des Insectes, qui est déjà présente chez les nauplius et qui, en raison de sa résistance, détermine encore l'apparition de ces *mues* singulières pendant lesquelles l'animal se débarrasse de ses téguments, une mue nouvelle marquant chacune des étapes successives de son développement.

Ainsi l'apparition en quantité plus abondante d'un simple produit de sécrétion, la *chitine*, aurait suffi pour différencier d'abord l'une de l'autre des formes simples, plus ou moins voisines de la trochosphère et du nauplius, formes qui peuvent très bien avoir été reliées par des types intermédiaires. La trochosphère et le nauplius une fois distincts, l'évolution les a entraînés, en raison même de leurs différences initiales, dans des voies de plus en plus divergentes. La distinction que tous les naturalistes ont conservée entre les Articulés et les Vers annelés est donc une distinction originelle qui remonte jusqu'à la constitution de l'individu équivalent au premier segment, et les ressemblances que l'on observe entre ces deux classes d'animaux sont uniquement des ressemblances de groupement.

LIVRE IV

GROUPEMENTS ET TRANSFORMATIONS PAR COALESCENCE
DES COLONIES LINÉAIRES

CHAPITRE PREMIER

LES COLONIES LINÉAIRES ET LES ANIMAUX RAYONNÉS.

I. — Constitution générale des Échinodermes.

Le 1ᵉʳ février 1837, un anatomiste français, qui occupa avec honneur la chaire d'anatomie comparée du Muséum, Duvernoy, communiquait à la Société d'histoire naturelle de Strasbourg le résultat d'observations qu'il avait entreprises sur les Oursins et les Astéries ou Étoiles de mer (1). Frappé de ce que les bras de ces Zoophytes présentent à leur partie inférieure des pièces solides, régulièrement disposées comme les vertèbres d'un squelette, et sont en outre formés de deux moitiés parfaitement symétriques, il avait cru trouver dans chacun de ces bras l'équivalent d'un animal particulier. Dix ans après, en 1848, dans un nouveau mémoire (2) Duvernoy développait cette idée : « Dans l'Étoile de mer qui a cinq rayons, disait-il, il y a proprement cinq colonnes vertébrales. Ces colonnes dont le nombre varie dans les différentes espèces et dans les genres de cette famille avec celui des rayons, sont plus ou moins libres vers leur extrémité caudale, et soudées par leur extré-

------

(1) L'*Institut*, 1837, pag. 208 et 209.
(2) Duvernoy, *Sur l'analogie de composition et quelques points de l'organisation des Echinodermes* (Mémoires de l'Académie des sciences, 1849, vol. XX).

mité buccale. Les Astéries à rayons libres sont donc les serpents des Échinodermes, mais des serpents sans tête, à plusieurs corps et à une seule bouche. »

C'était là une façon hardie d'envisager la constitution de ces singuliers organismes. Duvernoy ne faisait cependant que donner une forme plus précise à une idée déjà exprimée en 1818 (1) par son prédécesseur au Muséum, de Blainville, qui pensait qu'on pouvait considérer non seulement les Astéries et les Oursins, mais encore les Méduses et les Polypes « comme composés d'un certain nombre d'autres animaux disposés autour d'un centre ».

⎣ Cette idée visée également, en 1831, par Dugès dans son mémoire sur la conformité organique parut ingénieuse ; mais on ne pouvait lui supposer à cette époque d'autre caractère que celui d'une vue de l'esprit. A la suite des belles recherches de Sars, de Johannes Müller et des autres naturalistes, qui nous ont fait connaître les étonnantes métamorphoses des Étoiles de mer et des Oursins, elle a été récemment reprise par Reichert, d'abord, puis par Hæckel. Pour Hæckel, chacun des bras d'une Étoile de mer serait un Ver ; d'après le savant d'Iena, l'explication du développement si étrange des Étoiles de mer serait tout entière contenue dans ce fait : les cinq Vers qui la composent naissent par bourgeonnement sur la larve qui n'est elle-même qu'un Ver de forme différente, chargé de produire la colonie rayonnée et qui disparaît dès qu'elle l'a constituée. Les rapports de la larve et de l'Étoile seraient exactement ceux d'une Hydre et de la Méduse qui pousse sur elle. La reproduction des Échinodermes serait donc une véritable génération alternante : rien ne s'opposerait à ce qu'une seule larve produisît, comme on l'a affirmé, plusieurs Étoiles de mer, plusieurs Oursins.

Il est difficile, en effet, lorsqu'on observe une Étoile de mer et surtout une Ophiure, de se défendre de l'idée que chacun de ses rayons est bien un animal distinct. Ces rayons, au nombre de cinq, rarement de six (2), plus rarement encore de huit, sont, chez les Ophiures, toujours allongés et souvent armés de rangées d'épines

(1) *Bulletin des sciences*, p. 155.
(2) Quelques *Ophiactis* et *Ophiacantha*.

qui rappellent grossièrement la disposition des soies des Annélides; ils sont fixés à une sorte de disque circulaire et s'agitent
autour de lui comme de véritables serpents. Ils ondulent sur le sol
à la façon de ces reptiles et continuent même à se mouvoir assez
longtemps après avoir été détachés comme s'ils étaient réellement
des organismes autonomes. Cependant la mort arrive bientôt sans
qu'aucun phénomène de reproduction se soit manifesté.

Fig. 131. — OPHIURE. — *Palæocoma* (genre fossile).

Les bras des Ophiures ne contiennent, d'ailleurs, aucun organe
essentiel : l'appareil digestif, l'appareil reproducteur sont concentrés dans le disque et les bras jouent simplement le rôle d'appareil
locomoteur; ils perdent fréquemment leur aspect vermiforme et
peuvent se recourber en vrilles, comme chez les *Trichaster*, ou se
ramifier à l'infini comme chez les *Astrophyton*. L'idée qu'ils sont
de véritables individus paraîtrait donc bien contestable si l'histoire
des Étoiles de mer ne venait l'appuyer de plus solides arguments.

Tout d'abord le nombre des bras des Astéries est extrêmement variable suivant les espèces et les genres, comme si vraiment ces animaux n'étaient que des associations dans lesquelles peuvent entrer, indifféremment un nombre quelconque de membres. Tandis que chez les Ophiures, le nombre des bras est presque toujours cinq et ne dépasse pas sept, chez les *Brisinga* que l'on a voulu, il y a quelques années, considérer comme une forme intermédiaire entre les Étoiles de mer et les Ophiures, ce nombre est déjà de onze ou douze. Il est également de douze, chez une curieuse Étoile, récemment draguée dans le golfe du Mexique par M. Alexandre Agassiz et qui, par la simplicité d'organisation de ses bras, se rapproche beaucoup plus des Ophiures que les *Brisinga*. J'ai proposé de nommer cette espèce intéressante dont le disque, parfaitement circulaire, est tout à fait membraneux, *Hymenodiscus Agassizii* (fig. 132). Une Astérie de nos côtes, le *Solaster papposus* a communément treize ou quatorze bras ; le *Solaster endeca*, plus septentrional, en a onze ; les *Acanthaster* de l'océan Pacifique de onze à vingt et un ; les *Pycnopodia* de la côte de Californie en offrent également jusqu'à vingt ; le *Labidiaster radiosus* de la côte de Patagonie en possède trente et plus ; les *Heliaster* des côtes du Chili sont encore mieux pourvus : le nombre de leurs bras peut s'élever jusqu'à quarante. Quand le nombre des bras dépasse dix, il est ordinairement sujet, dans une même espèce, à de nombreuses variations d'un individu à l'autre. Au-dessous, il est généralement constant : il y a des espèces de *Luidia* qui ont normalement neuf (1), sept (2) ou six bras, des *Asterina* qui en ont huit. Le nombre six est très fréquent chez les *Asterias* (3). Mais ce n'est que chez les individus monstrueux qu'on trouve quatre rayons, ou un nombre moindre.

Ces variations si grandes dans le nombre des bras s'expliquent tout naturellement dans l'hypothèse que ce sont des organismes indépendants, nés par bourgeonnement sur un parent commun. Quoi d'étonnant à ce que leur nombre croisse ou décroisse suivant l'activité de ce bourgeonnement ? Quelques faits semblent même

(1) *Luidia senegalensis*, Adanson.
(2) *Luidia Savignyi*, Audouin et *Luidia ciliaris*, Philippi.
(3) *Asterias polaris*, Müller et Troschel, *A. borealis*, Ed. Perrier, *A. hexactis*, Stimpson, etc.

autoriser à penser que le nombre des bras n'est pas absolument
constant pendant la vie d'un même animal et qu'il peut venir s'en
intercaler de nouveaux entre les premiers formés ; il faut bien que
ceux-ci aient une indépendance réciproque considérable pour ne
pas souffrir de l'intercalation de ces parties nouvelles.

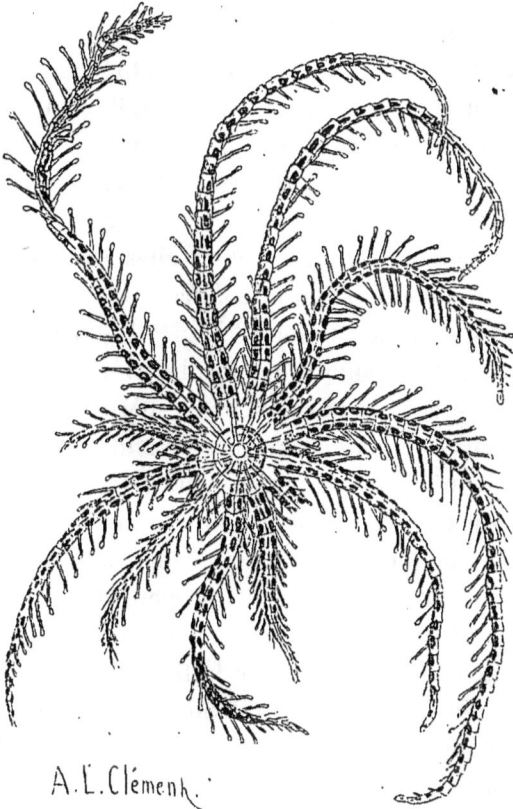

A.L.Clémenh.

Fig. 132. — ASTÉRIE. — *Hymenodiscus Agassizii*, E. P. (grandeur naturelle).

Il y a plus. Un certain nombre d'espèces ne se présentent que
rarement avec des bras tous égaux entre eux : les bras d'une moitié
du corps sont plus petits que ceux de l'autre moitié, comme s'ils
étaient plus jeunes, et l'on observe surtout ce phénomène chez les
espèces qui ont plus de cinq bras. Tel est le cas d'une jolie Astérie
épineuse, l'*Asterias tenuispina*, qu'on trouve en abondance dans

la Méditerranée et jusqu'aux environs du cap Vert. L'*Asterias calamaria* de l'île Bourbon, qui lui ressemble beaucoup, paraît toujours aussi en train de reproduire une moitié de son corps ; il en est de même du petit *Stichaster albulus*, Stimpson, du Groënland et d'une élégante *Asterina* de la mer Rouge, à qui Valenciennes a donné le nom d'*Asterina Wega*. Par une coïncidence remarquable, parmi les Ophiures qui ont plus de cinq bras on constate aussi fréquemment des faits analogues. Steenstrup et Sars en avaient déjà signalé quelques-uns ; Lütken a vu des irrégularités de cette nature chez l'*Ophiothela isidicola* et les *Ophiactis Savignyi*, *sexradia*, *virescens*, *Krebsii*, *Mülleri*, *virens* ou même chez les *Ophiocoma pumila* et *Valenciennii* qui n'ont que cinq bras. Pourquoi ces espèces présentent-elles cette particularité à l'exclusion de bien d'autres qui ne sont cependant ni plus fragiles, ni plus exposées à des mutilations? Le Dr Lütken pense — et le fait a été absolument démontré pour l'*Ophiactis virens*, par le Dr Heinrich Simroth (1), — que toutes ces espèces se partagent spontanément en deux à certaines époques de leur existence, chacune des moitiés arrivant à se compléter pour refaire une Ophiure ou une Étoile. Dans les espèces à bras nombreux, le lien qui unit les différents rayons semblerait donc moins serré que chez les espèces typiques ; un certain nombre de rayons pourraient devenir indépendants, se constituer en une individualité nouvelle et c'est déjà un argument de valeur à l'appui de la théorie qui veut voir dans chacun d'eux l'équivalent d'un individu distinct. Toutefois cette faculté de reproduction n'est pas liée d'une façon absolue, à la multiplicité des bras. Les espèces dont les bras sont le plus nombreux, les *Solaster*, les *Acanthaster*, les *Pycnopodia*, les *Heliaster*, ne semblent pas se reproduire par division spontanée. En revanche, l'individualité des bras s'affirme d'une façon complète dans une autre catégorie de phénomènes. Quelques naturalistes sont portés à penser que les bras des *Brisinga* se détachent successivement à l'époque de la reproduction pour disséminer plus facilement les œufs et les spermatozoïdes ; chez plusieurs espèces d'Astéries à

(1) *Zeitschrift für wissenschaftliche Zoologie*, vol. XXVIII, pag. 419, 1877.

cinq bras le fait de la chute spontanée de ces parties est incontestable et prend une autre signification.

Les *Linckia* sont des Étoiles de mer à bras allongés, assez grêles,

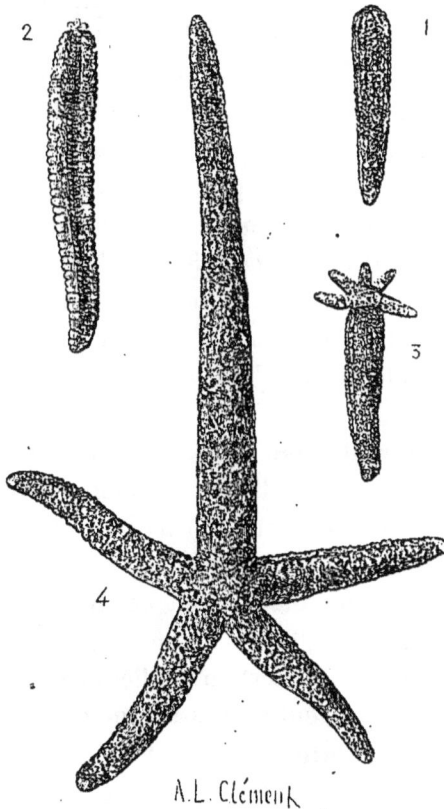

Fig. 133. — REPRODUCTION DES ASTÉRIDES. — 1. Bras d'une *Linckia Guildingii*, au moment où il vient de se détacher. — 2. Autre bras ayant produit une petite étoile à son extrémité cicatrisée. — 3. Un autre ayant la forme dite *comète*. — 4. Une *Linckia* presque complète formée par voie agame (grandeur naturelle).

presque cylindriques, dépourvus d'épines mais à squelette très développé. Dans certaines espèces (1) on trouve beaucoup d'individus

(1) *Linckia diplax*, Müller et Troschel, *Linckia Guildingii*, Gray, *Linckia multifora*, Lamarck, *Linckia Ehrenbergii*, Müller et Troschel. Il en est de même chez quelques *Ophidiaster*, genre très voisin des *Linckia* et chez les *Mithrodia*, grandes et remarquables Astéries de l'océan Pacifique qui en sont un peu plus éloignées.

présentant un bras proportionnellement énorme et quatre ou cinq autres beaucoup plus petits (fig. 133). Ces individus ressemblent grossièrement à une Étoile qui aurait une queue ; aussi les anciens naturalistes les appelaient-ils des *Comètes*. On a pensé que ces comètes étaient la preuve qu'un seul bras détaché de l'Étoile était capable de reproduire l'Étoile tout entière. La collection du Muséum contient une série d'exemplaires de la *Linckia Guildingii*, recueillis par Duchassaing aux Antilles et qui ne peuvent laisser aucun doute à cet égard. On peut voir dans cette série un bras simplement cicatrisé (fig. 133, n° 1), un autre sur lequel commence à apparaître une petite Étoile (fig. 133, n° 2) dont les bras ont à peine un millimètre de long et qui ne présente encore aucune trace de disque. Puis les bras grandissant, le disque se caractérise, toutes les parties de l'Étoile de mer sont désormais distinctes (fig. 133, n°s 3 et 4).

Il résulte des observations de Hæckel que la chute des bras et leur transformation en nouvelles Étoiles de mer n'est pas un phénomène accidentel. C'est un mode normal de reproduction. A certaines époques, il se fait successivement à la base des bras une résorption annulaire des tissus ; chaque bras se détache à son tour et devient une Étoile, tandis qu'un bras nouveau le remplace sur l'individu primitif. Il est certain d'ailleurs que, chez la plupart des Étoiles, les bras peuvent vivre assez longtemps après avoir été détachés de l'individu principal. Il suffit de garder pendant quelques jours dans un aquarium la plus grande Étoile de mer de nos côtes, l'*Astérie glaciale*, pour être témoin du phénomène. Lorsque l'animal commence à être malade, il s'ampute de lui-même successivement les bras et les bras isolés s'agitent presque aussi longtemps que ceux qui demeurent attachés au disque. Que l'animal mutilé soit replacé dans de meilleures conditions, il reproduit rapidement les parties qu'il a perdues, et chacun des bras peut, à son tour, reproduire l'animal entier. Cette faculté générale ou du moins très fréquente chez les espèces dont les bras sont très développés par rapport au disque, s'amoindrit naturellement à mesure que le disque prend de plus en plus d'importance et que les bras deviennent de moins en moins distincts.

La fusion graduelle des bras et du disque est l'un des caractères les plus remarquables de la morphologie des Étoiles de mer.
Tandis que, chez les Ophiures, les organes se sont concentrés dans
le disque en abandonnant les bras, de sorte que ceux-ci ne sont
plus, dans ce groupe, que des membres locomoteurs, on voit, au
contraire chez les Astéries, les organes envahir de plus en plus
les bras qui, gonflés par eux, deviennent de moins en moins distincts du disque, et finissent par ne plus former avec lui qu'une
masse pentagonale (1) capable même, dans certaines Étoiles de
mer, telles que les Culcites, de prendre la forme sphérique.

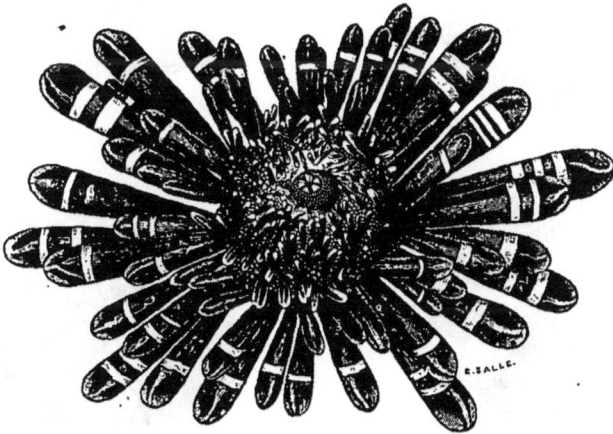

Fig. 134. — OURSIN. — *Acrocladia mammillata*, vue par la face buccale (réduite de moitié).

Par une autre voie, la forme sphérique a été définitivement réalisée, avec une régularité géométrique, chez les Oursins (fig. 134)
qui, malgré leur apparence bien différente, appartiennent incontestablement au même type organique que les Étoiles de mer
et nous font assister aux modifications les plus singulières de la
colonie primitive. Le nombre des parties constituantes que nous
avons vu varier dans des limites restreintes chez les Ophiures,
considérables chez les Étoiles de mer, devient d'une fixité absolue

_____

(1) On peut observer dans le genre *Pentagonaster* tous les passages entre la
forme nettement étoilée et la forme pentagonale. Les *Asterina* présentent des
gradations analogues.

chez les Oursins, toujours formés, à l'état normal, de cinq fuseaux
sphériques exactement semblables (fig. 135). Mais nous voyons
apparaître ici une autre tendance déterminée par une disposition
nouvelle de l'appareil digestif.

Chez les Ophiures cet appareil n'a qu'un seul orifice, la bouche.
Chez la plupart des Étoiles de mer, il en a deux, mais le second
orifice est un pore à peine visible, qui peut être quelquefois absent
et dont l'importance physiologique est très peu considérable. Le

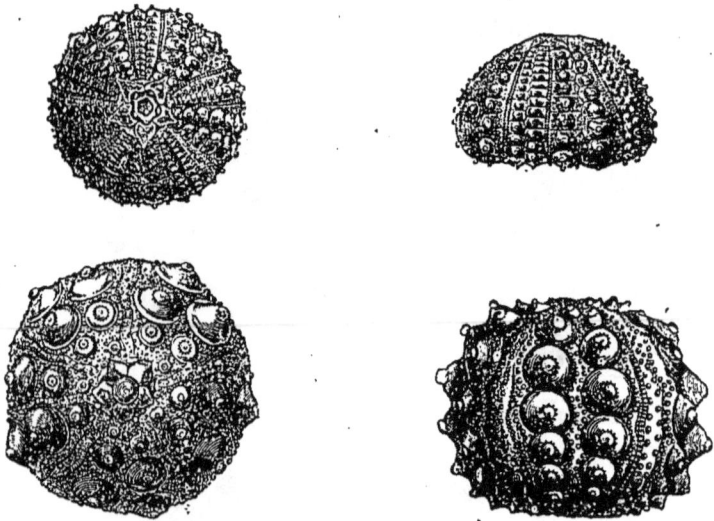

Fig. 135. — OURSINS. — N° 1. *Goniopygus major*, vu par le pôle anal. — N° 2. Le même, vu de profil.
— N° 3. *Hemicidaris crenularis*, vu par le pôle anal. — N° 4. Le même, vu de profil.

tube digestif des Oursins présente, au contraire, deux orifices également développés. Chez un grand nombre de ces animaux
(fig. 134 et 135), l'orifice buccal et l'orifice anal sont situés sur un
même axe vertical autour duquel viennent se disposer régulièrement les différents organes; l'animal présente alors, comme les
Étoiles de mer, une structure nettement rayonnée. Mais dans d'autres espèces (fig. 136 et 137), la bouche devient excentrique, l'anus
descend vers la partie inférieure de l'animal, la structure rayonnée
est moins nette et toutes les parties finissent par se disposer symétriquement par rapport à un plan vertical passant par les deux

orifices du tube digestif. L'animal rayonné devient un animal à symétrie bilatérale comme les Vers et comme les Vertébrés : nous assistons à toutes les phases de cette transformation que nous avons déjà invoquée dans d'autres circonstances. Cinq animaux

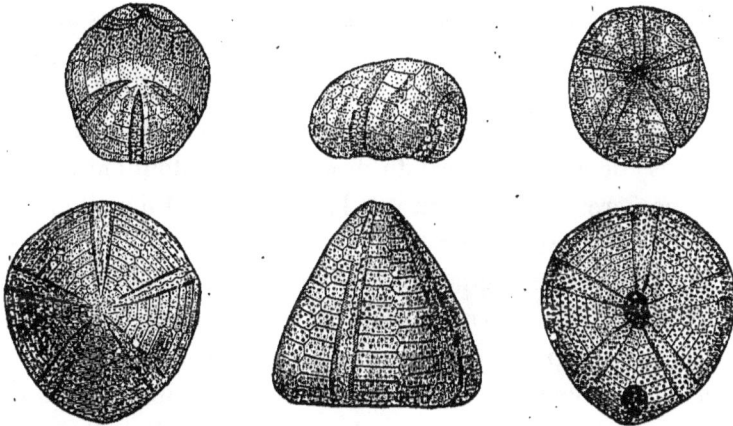

Fig. 136. — OURSINS à symétrie bilatérale. — 1. *Dysaster Eudesii*, vu par sa face supérieure de profil, et par sa face inférieure. — 2. *Galerites albogalrusc*, vu dans les mêmes positions.

présentant chacun la symétrie bilatérale se seraient donc soudés, suivant la théorie, pour constituer d'abord un animal rayonné et revenir ensuite, par ce chemin détourné, à la symétrie bilatérale.

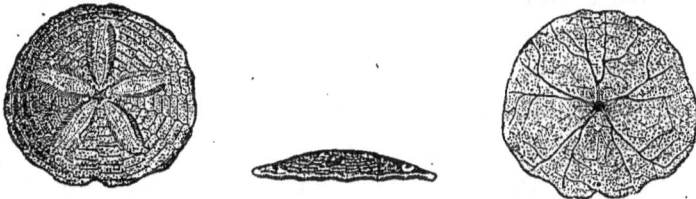

Fig. 137. — OURSINS. — *Scutella subrotunda*, vue par sa face supérieure, de profil et par sa face inférieure où l'on aperçoit la bouche au centre et l'anus près de l'échancrure médiane de la partie inférieure.

Tantôt l'Oursin, tout en conservant à peu près sa forme globuleuse, s'allonge dans le sens horizontal de manière à présenter la figure d'un cœur (1), et l'une des cinq zones qui le constituent

(1) Dans la famille des *Spatangoïdes*, par exemple, dont une espèce qui habite la Méditerranée est même vulgairement désignée sous le nom de *Cœur de mer*.

tend alors à se confondre avec les zones voisines ; tantôt l'animal s'aplatit jusqu'à devenir discoïde, comme chez les Scutelles (fig. 137); les cinq parties primitives se manifestent alors nettement et paraissent même avoir une tendance à se séparer les unes des autres mais en affectant un mode de groupement différent du mode primitif. On voit, en effet, apparaître entre elles des espèces de fenêtres ovales, allongées suivant l'un des rayons et qui percent de part en part le corps de l'animal. Il y a deux de ces fenêtres ou *lunules* chez les *Lobophora*, six chez les *Mellites*. Chez les Encopes les lunules atteignent le bord du disque et en festonnent le pourtour de manière à rappeler un peu la physionomie des Étoiles de mer. Enfin chez les Rotules la partie postérieure du disque présente de nombreuses digitations qui reproduisent bien davantage encore l'aspect de ces derniers animaux. Nous ne revenons cependant pas vers le groupe des Astérides, car la symétrie bilatérale est, en réalité, conservée et les lunules ou entailles n'occupent nullement la place qu'elles devraient avoir si elles étaient comparables aux intervalles des bras d'Ophiures et d'Étoiles de mer.

Les grandes expéditions d'explorations sous-marines entreprises par l'Angleterre ont amené la découverte d'un grand nombre d'animaux singuliers, parmi lesquels plusieurs espèces d'Oursins que les formes connues jusque-là n'auraient jamais pu faire soupçonner : telles sont les *Calveria*. C'est un caractère général des Oursins d'avoir un test dur et résistant : si vous appuyez sur ce test, vous pouvez le briser, mais il ne plie en aucun point : les Oursins ne peuvent modifier leur forme extérieure comme le font les Étoiles de mer et, jusqu'à un certain point, les Ophiures. Leur test est pourtant formé de pièces distinctes, mais ces pièces, de forme hexagonale, sont enchâssées les unes dans les autres, comme les pièces d'un parquet; leurs sutures même sont encroûtées de calcaire, de sorte que la continuité est absolue entre les parties (1).

---

(1) Certains Oursins de la collection du Muséum sont cependant déformés comme si une pression avait été exercée sur leur test, pendant que celui-ci aurait traversé une période de malléabilité après laquelle il se serait consolidé de nouveau, mais il est possible que leur test ait été simplement défoncé et que l'animal ayant survécu à la blessure l'ait réparé.

Chez les *Calveria*, ces plaques sont, au contraire, disjointes et peuvent jouer les unes sur les autres comme les lattes d'une jalousie. L'animal est donc capable de subir des modifications de forme considérables. Cette flexibilité du test, exceptionnelle chez les Oursins, devient la règle chez d'autres animaux marins appartenant comme eux à la grande division zoologique des Échinodermes. Chez les Holothuries (fig. 138), il ne se forme même plus de plaques régulières. Les téguments, fort épais, sont simplement bourrés de corpuscules calcaires analogues à ceux des Coralliaires et ayant comme eux des formes caractéristiques pour chaque espèce.

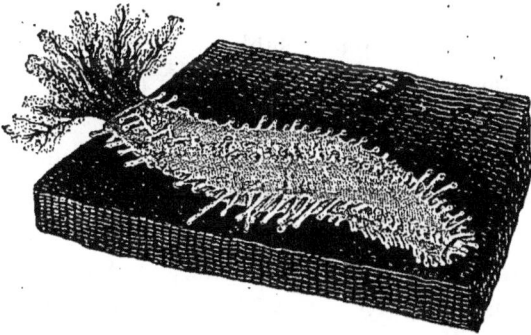

Fig. 138. — HOLOTHURIE. — *Cucumaria pentacta*.

Le corps est mou, se déforme facilement; mais il est encore aisé de reconnaître, dans la plupart des espèces, qu'il est formé de cinq parties accolées suivant leur longueur et disposées géométriquement, comme chez les Oursins réguliers, autour de l'axe longitudinal du corps. Celui-ci s'est considérablement allongé de sorte que l'Holothurie, au lieu d'être sphérique comme l'Oursin, présente la forme d'un boudin. A part cela, la comparaison entre les animaux des deux groupes peut se poursuivre jusque dans les moindres détails.

Toutefois la forme du corps des Holothuries et son faible degré de consistance amènent une conséquence nécessaire. Tandis que les Oursins, comme les Étoiles de mer, comme les Ophiures, marchent la bouche tournée vers le sol et peuvent maintenir vertical leur

axe de symétrie; les Holothuries se tiennnent horizontalement
couchées sur un des côtés de leur corps, la bouche en avant, et
rampent ainsi sur les pierres. Cette reptation peut d'abord avoir
lieu sur un côté quelconque du corps, mais dans beaucoup d'Holothuries (1) l'une des faces du corps s'adapte plus particulièrement
à cette fonction : c'est sur cette face que l'animal repose, sur
cette face qu'il marche. Dans le genre *Psolus*, il se forme une
large sole plane, nettement limitée, semblable sous tous les rapports à la sole ventrale des Limaces, ou à celle de certains Vers;
en même temps la bouche se relève et d'antérieure qu'elle était
devient franchement dorsale. Les faces dorsale et ventrale sont
bientôt à ce point distinctes l'une de l'autre que chez quelques
espèces, pour lesquelles on a établi le genre *Cuvieria* (fig. 139,
nos 1 et 2), la face ventrale plane est tout à fait nue, tandis que la
face dorsale est protégée par de grandes écailles calcaires, semi-
circulaires, se recouvrant les unes les autres comme les ardoises
d'un toit. Il résulte de ces modifications que les *Psolus* cessent de
présenter un arrangement rayonné de leurs parties pour devenir
eux aussi des animaux symétriques bilatéraux. Ainsi par deux voies
différentes, dans deux groupes voisins, nous assistons à la transformation de la symétrie radiaire en symétrie bilatérale : mais
dans les deux cas, la pesanteur et les nécessités de la locomotion sur
le sol sont les causes premières de ce changement de symétrie.
Elles agissent sur l'organisme complexe de l'animal rayonné, exactement comme elles l'ont fait sur l'organisme simple auquel les colonies linéaires doivent leur origine : la théorie que nous avons
développée relativement aux causes de formation des colonies trouve
ainsi dans l'histoire des Échinodermes une confirmation inattendue.

La symétrie radiaire peut encore disparaître chez les Holothuries par un autre procédé. Les cinq fuseaux dans lesquels le corps
se décompose sont surtout marqués, chez ces animaux, par les
lignes de tentacules et de pieds terminés par des ventouses qui
permettent à l'animal d'adhérer aux corps solides. Ces lignes sont
disposées suivant cinq méridiens dans les espèces qui présentent

---

(1) *Stichopus*, Brandt, *Holothuria*, Linné, *Mülleria*, Jæger.

la conformation typique (1); dans celles où une sole ventrale se délimite, c'est généralement sur cette sole que les pieds se rassemblent; mais, dans plusieurs genres, ils sont absolument épars

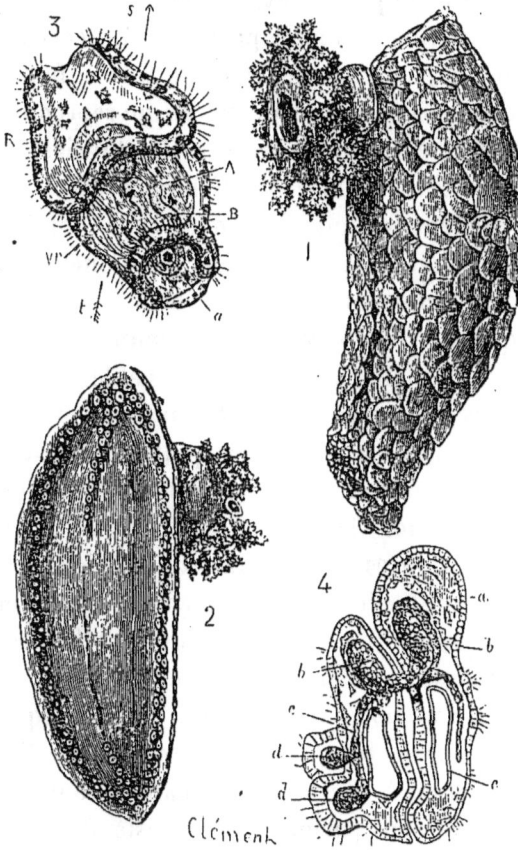

Fig. 139. — HOLOTHURIES. — 1. *Cuvieria (Psolus) squamata*, vue de trois quarts de manière à montrer sa face dorsale. — 2. La même, vue du côté opposé pour montrer le pied garni de tubes ambulacraires sur lequel elle marche (grandeur naturelle). — 3. Larve d'*Holothuria tubulosa*, dans sa position normale pendant la natation; R, bandelettes de cils vibratiles; A, tube digestif; a, anus; B, cavité générale; vp, rudiment de l'appareil ambulacraire. — 4. Coupe optique à travers une très jeune Holothurie (*Cucumaria doliolum*): a, parois du corps; b, rudiments des tentacules; e, poches péritonéales; d, tubes ambulacraires en voie de formation; e, canaux ambulacraires (d'après Selenka).

à la surface des corps et ils finissent par manquer complètement chez les Molpadies et chez les Synaptes. Les pieds sont remplacés

(1) *Cucumaria*, de Blainville, *Ocnus*, Forbes, etc.

chez ces dernières par une multitude de petites pièces calcaires, figurant rigoureusement une ancre de vaisseau et suffisant, malgré leur petite taille, pour fixer l'animal aux corps qui l'entourent. Quand les pieds ont complètement disparu, rien ne trahit plus à l'extérieur la disposition rayonnée primitive. Le corps de l'Holothurie, mou, allongé, cylindrique, rappelle tout à fait celui d'un Ver. Il y a, d'autre part, des Vers véritables qui reproduisent d'une façon si fidèle la forme extérieure des Holothuries, qu'on les a longtemps placés dans la classe des Échinodermes : tels sont les Siponcles qui fouissent, comme des Lombrics, le sol de toutes les prairies sous-marines; telles sont aussi les Bonellies qui habitent les trous des rochers et ne laissent sortir à l'extérieur qu'un long cou bifurqué, de couleur verte, bien connu des pêcheurs de la Méditerranée. Les Siponcles, les Bonellies et les Vers analogues n'avaient pas été reconnus pour des Vers avant M. de Quatrefages qui les a nommés Géphyriens (1) parce qu'ils semblent former un pont entre l'embranchement des Rayonnés et des Articulés.

Les affinités entre les Géphyriens et les Holothuries ne sont pas seulement extérieures : M. de Lacaze-Duthiers et plusieurs autres anatomistes ont découvert entre ces êtres de nombreuses particularités communes de structure. Les Holothuries nous ramènent donc à leur tour à l'embranchement des Vers; mais cette fois, l'Échinoderme ne nous apparaît plus comme l'équivalent de cinq Vers soudés par la tête; il se montre comme l'équivalent d'un Ver unique, et cette nouvelle assimilation trouve à son tour des défenseurs convaincus parmi les naturalistes (2).

L'Holothurie, au lieu d'être une modification extrême du type Échinoderme, serait, au contraire, dans cette manière de voir, la forme primitive, intimement liée aux Vers, d'où seraient descendues toutes les autres.

L'examen que nous venons de faire du groupe des Échinodermes nous conduit donc à deux résultats contradictoires. Il faudrait admettre, pour concilier ces résultats, que cinq Vers, en se sou-

(1) De γέφυρα, pont.
(2) Semper à Würzbourg, Claus à Vienne, Huxley en Angleterre, etc.

dant longitudinalement sur toute la longueur de leur corps, peuvent reconstituer un seul Ver. Si fécond que soit le règne animal en phénomènes surprenants, une telle proposition demanderait, pour être admise, à être démontrée par les preuves les plus évidentes. Il faut donc pénétrer plus avant dans le cœur du sujet.

Dans une question ainsi posée nous savons déjà quels enseignements peut fournir l'embryogénie. D'autre part, il est un groupe d'Échinodermes, celui des *Crinoïdes*, qui, par son ancienneté, par la variété des formes qu'il contient, est naturellement indiqué comme la souche commune d'où tous ces êtres sont sortis. C'est donc à l'embryogénie et plus particulièrement à celle des Crinoïdes que nous devons demander de trancher le différend.

CHAPITRE II

II. — Les Crinoïdes.

De tous temps les naturalistes ont été frappés par la singulière configuration de certaines pierres qu'on rencontre en abondance dans un grand nombre de localités. Généralement de forme pentagonale, présentant d'ordinaire sur leurs deux faces l'empreinte d'une étoile parfaitement régulière, ces pierres étaient désignées par les amateurs de curiosités sous les noms de *pierres étoilées* ou d'*Entroques*.

Ce sont les débris d'animaux appartenant au groupe des Crinoïdes. Ils forment parfois, presque à eux seuls, la masse de puissantes assises de l'époque du muschelkalk et ont donné leur nom à toute une couche géologique, le *calcaire à Entroques*. Les Crinoïdes étaient donc prodigieusement nombreux dans les mers de l'époque secondaire : ils tapissaient leurs profondeurs de véritables prairies animées et présentaient alors une immense variété de formes souvent d'une extrême l'élégance. Presque tous les Crinoïdes de cette époque étaient fixés au sol : une longue tige flexible, formée d'articles nombreux (c'étaient précisément les *entroques* des anciens naturalistes), supportait une touffe d'appendices également articulés, parfois ramifiés à l'infini et qui pou-

vaient s'étaler au-dessus de la tige comme les feuilles pennées de
certains palmiers, ou se resserrer frileusement les uns contre
les autres, s'enroulant de mille façons, comme les pétales d'une
fleur durant son sommeil. Quelques-uns de ces Crinoïdes avaient
plus d'un mètre de longueur, et la tige de certains *Pentacrinus su-
bangularis* dépassait cinquante pieds (1).

On peut suivre les Crinoïdes jusqu'à l'époque la plus reculée de
l'histoire du globe, et leurs formes, à mesure que l'on se rapproche des couches les plus profondes que les géologues aient
étudiées, deviennent plus dissemblables entre elles, plus voisines
en même temps des formes typiques des autres classes d'Échino-

Fig. 140. — CRINOÏDE. — *Hemicosmites pyriformis*, vu de profil et par la région buccale.

dermes. Les appendices qui surmontent la tige et qu'on nomme
les *bras* de l'Encrine se raccourcissent; leurs ramifications
sont moins nombreuses; leurs mouvements moins étendus;
leurs pinnules demeurent parfois constamment enchevêtrées et
finissent par se souder entre elles ; des rangées de plaques calcaires
se développent dans l'intervalle des bras et cimentent cette union ;
enfin on arrive à des formes remarquables dont les éléments, en se
groupant et se soudant de façons diverses, semblent avoir produit les Holothuries et les Oursins aussi bien que les Encrines, les
Ophiures et les Étoiles de mer. Certaines formes anciennes ressemblent, en effet, à des Étoiles de mer dont tous les bras se
seraient relevés sur le dos et soudés par leur extrémité ou à des

(1) Claus, *Zoologie*, trad. française, pag. 246.

EDMOND PERRIER. 38

Oursins qui seraient fixés au sommet d'un pédoncule; d'autres, dépourvues de bras, paraissent, au premier abord, se rattacher aux Oursins en raison de leur forme sphérique, mais ils ne présentent pas la division en dix fuseaux si caractéristique de ces animaux et sont exclusivement formés de pièces calcaires polygonales, régulièrement groupées (fig. 140).

Ces formes compactes, qui se montrent dès l'apparition de la classe des Échinodermes, sont certainement une des grosses difficultés de la théorie qui veut voir dans ces derniers des colonies de Vers. La difficulté est encore accrue si l'on considère que ces formes sont contemporaines d'autres à bras très ramifiés, et qu'il suffit souvent de priver celles-ci de leurs bras pour reproduire à peu près les premières. Il semble résulter de là que les bras des Crinoïdes, qui devraient être la partie principale de l'animal, si celui-ci était une colonie de Vers, n'en seraient au contraire que des appendices accessoires pouvant ou non se développer suivant les espèces.

Après avoir eu une époque d'extraordinaire prospérité durant la période secondaire, les Crinoïdes ont rapidement décliné dans les périodes suivantes; leurs espèces sont devenues infiniment moins nombreuses et infiniment moins bien représentées. On a cru longtemps que les Comatules (fig. 141) avaient seules persisté jusqu'à l'époque actuelle; il en existe dans toutes les mers, des deux pôles à l'équateur; elles remontent sur nos côtes à peu de distance des grèves que le reflux laisse à découvert et demeurent souvent à sec pendant quelques heures durant les marées d'équinoxe.

Au lieu d'être fixées comme la plupart des Crinoïdes anciens, les Comatules sont libres. A les voir gracieusement accrochées parmi les grands varechs, on dirait des touffes d'algues écarlates, ouvrant et fermant tour à tour leurs dix rameaux semblables à des plumes flexibles. Elles paraissent ne se plaire sur les algues flottantes que jusqu'à un certain âge; plus tard elles quittent ces stations où leur corps fragile courrait trop de dangers, et viennent s'abriter sous les galets que la mer accumule sur certains récifs (1).

---

(1) C'est du moins ce que l'on observe sur les grèves de Roscoff (Finistère).

Là, elles appliquent exactement, sur la pierre, leurs dix bras rayonnants, tandis que sur les varechs elles les tiennent ordinairement à demi relevés, plus ou moins enroulés au sommet, de manière à reproduire le profil d'une fleur de lis (1). Qu'on vienne à les inquiéter, elles quittent aussitôt la place et se mettent à nager en imprimant à leurs bras de lentes ondulations. Ce sont probablement les seuls Échinodermes dont le corps soit suffisamment léger pour se prêter à ce mode de locomotion.

Fig. 141. — CRINOÏDES. — *Comatula* (*Antedon*) *rosacea* (grandeur naturelle).

En 1755, Guettard décrivit le premier, dans les Mémoires de l'Académie des sciences de Paris, une autre espèce vivante de Crinoïde : c'était, cette fois, une véritable Encrine fixée au sommet

Dans le chenal qui sépare la plage de l'île de Batz, située en face de Roscoff, les *Comatules* se trouvent sur les varechs ; elles sont toujours de petite taille. Au récif de Roléa, où elles habitent sous les galets, leur taille est presque double. C'est un fait sur lequel M. de Lacaze-Duthiers a souvent attiré l'attention de ses élèves.

(1) Le mot Encrine et celui de Crinoïde viennent en effet du mot grec κρίνον qui signifie lis.

d'une longue tige, comme celles des mers crétacées. La découverte de ce représentant attardé d'une faune que l'on croyait éteinte pour jamais fit profonde sensation. Le Muséum garde encore précieusement l'Encrine de Guettard (*Pentacrinus asteria*, Linné, *Pentacrinus caput-Medusæ*, Miller). Jusqu'à ces dernières années, les Encrines demeurèrent fort rares dans les collections. Successivement, on a cependant découvert d'autres représentants du même groupe. Une seconde espèce de Pentacrine, le *P. Mülleri*, OErsted, nous est également venue des Antilles. D'Orbigny a fait connaître sous le nom d'*Holopus Rangii* un Crinoïde fixé, plus intéressant encore, dont la tige est extrêmement courte et épaisse, de sorte que l'animal paraît attaché par la partie inférieure de son disque qui se serait moulée sur son support. L'*Holopus Rangii* n'est connu que par l'unique échantillon, mal conservé, du reste, de d'Orbigny, échantillon qui fait partie des collections du Muséum d'histoire naturelle et par quelques exemplaires ramenés par la drague dans les parages de la Barbade, durant une des expéditions dirigées par le comte de Pourtalès.

En 1864, Ossian Sars a recueilli en assez grande abondance, dans les régions profondes de l'Atlantique qui avoisinent les îles Lofoden, un nouveau Crinoïde fixé, le fameux *Rhizocrinus Lofotensis* (figure 142, n° 2), dont la tige rampe sur les corps environnants auxquels elle adhère par des prolongements ramifiés, ayant tout à fait l'apparence de racines et qui sont les analogues des cirrhes simples, en forme de crochet, que l'on observe le long de la tige des Pentacrines. Une espèce différente de *Rhizocrinus*, le *Rhizocrinus Rawsoni*, Pourtalès, a été découverte sur les côtes des États-Unis et divers échantillons de ce genre y ont été pêchés, soit par Louis Agassiz, soit par de Pourtalès. Des *Rhizocrinus* ont été également trouvés, en 1869, par Wyville Thomson dans le canal des îles Feroë, au cap Clear, aux îles Shetland, et par les naturalistes de la *Joséphine*, à l'entrée du canal de Gibraltar. Les expéditions d'exploration sous-marine organisées par l'Angleterre sont encore venues ajouter à la liste des Crinoïdes vivants, le *Bathycrinus gracilis*, Wyville Thomson (figure 142, n° 3), de l'entrée de la baie de Biscaye. Lovén a décrit l'*Hyponome Sarsii*. Enfin dans les régions profondes de l'Atlantique qui avoisinent les côtes de Por-

Fig. 142. — CRINOÏDES des grandes profondeurs. — 1. *Pentacrinus Wyville- Thomsoni*, Gw. Jeffreys. — 2. *Rhizocrinus Lofotensis*, O. Sars. — 3. *Bathycrinus gracilis*, Wyville-Thomson.

tugal, la drague du *Porcupine* a ramené une vingtaine d'individus d'un nouveau Pentacrine, le *Pentacrinus Wyville-Thomsoni*, Gwyn-Jeffreys, qui présente, suivant Wyville Thomson, cette particularité remarquable que sa tige n'est pas fixée. L'animal l'enfonce seulement dans la vase et peut, quand il le veut, se déplacer. Ce dernier Pentacrine a été découvert seulement le 24 juillet 1876 (planche III, fig. 1).

Tous ces Crinoïdes vivent à des profondeurs considérables : le *Pentacrinus caput-Medusæ*, à 25 ou 30 brasses au-dessous du niveau de l'Océan, le *Rhizocrinus Lofotensis* depuis 100 jusqu'à 900 brasses, le *Pentacrinus Wyville-Thomsoni*, à 1095 brasses, enfin le *Bathycrinus gracilis* à 2,435 brasses. Dans ces régions que les mouvements des tempêtes effleurent à peine, que n'atteignent pas les variations de température extérieure, où le soleil n'envoie plus que de faibles rayons, où les organismes phosphorescents répandent seuls une lueur d'étoiles, la vie a pu échapper aux modifications profondes que lui ont incessamment imprimées les conditions si variables et si variées de la surface. Là elle a pu suivre sans secousses la lente et graduelle évolution du globe ; c'est dans le fond des mers que se sont perpétués jusqu'à nous, avec leur forme initiale, les êtres pour qui la vie dans de telles conditions avait été originairement possible. La difficulté d'atteindre les habitants de ces sombres abîmes les a longtemps soustraits à notre investigation, mais on sait aujourd'hui, grâce surtout aux recherches d'Agassiz et de ses élèves, qu'ils sont fort nombreux et que dans certaines régions les Pentacrines couvrent le sol sous-marin d'une végétation d'un nouveau genre.

Les Crinoïdes vivants ont toujours excité la curiosité des naturalistes, mais de toutes les formes qui ont été décrites aucune peut-être ne mérite autant d'intérêt que le modeste *Pentacrinus europæus*, découvert, en 1827, par Thomson sur les Comatules de nos côtes et à qui de Blainville donna plus tard le nom de *Phytocrinus*. C'est un véritable Crinoïde, de fort petite taille, il est vrai, mais reproduisant dans tous ses détails la figure des Encrines des âges géologiques et celle des Pentacrines des Antilles, avec leur pédoncule flexible, leurs bras en verticille et les cirrhes préhensiles de leur tige (fig. 143). On le crut d'abord une espèce indépendante;

mais, en 1837, Thomson observant de nouveau ses petites Encrines les vit avec étonnement quitter leur tige, marcher à l'aide de leur bras ou se fixer avec leurs cirrhes. Les suivant de plus près, il vit les bras, qui paraissaient d'abord simplement bifurqués au sommet, revêtir peu à peu tous les caractères des bras des Comatules. Bientôt l'observation fut répétée de divers côtés, notamment par le

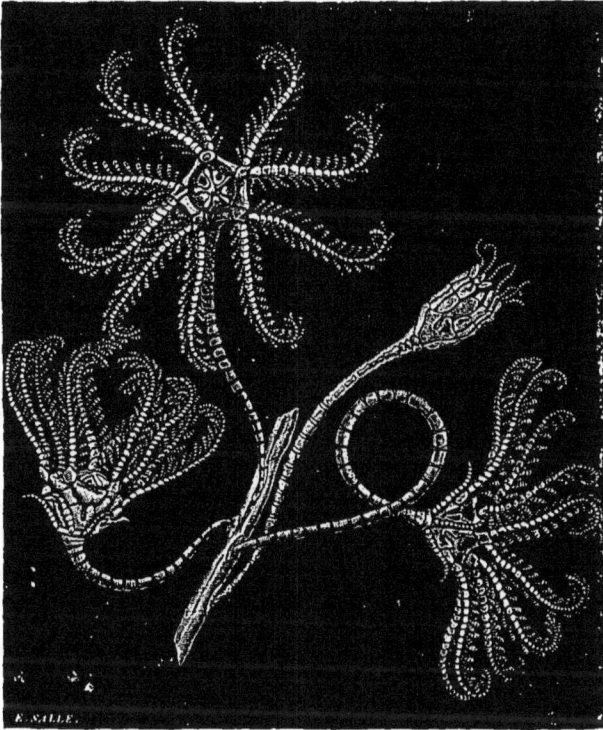

Fig. 143. — CRINOÏDES. — Groupe de jeunes Comatules à l'état où elles furent décrites sous le nom de *Pentacrinus europæus*.

naturaliste français Dujardin. Il fallut reconnaître que le Pentacrine d'Europe n'était qu'une jeune Comatule.

Cependant, en 1849, Busch voyait naître de l'œuf d'une Comatule des îles Orcades une petite larve vermiforme, portant plusieurs ceintures de cils vibratiles. Comment cette larve vermiforme se changeait-elle en Pentacrine ? C'est ce que Busch ne put savoir.

Ces données éparses ne furent coordonnées qu'en 1865, après les beaux travaux de Wyville Thomson et de William Carpenter (1), récemment complétés par ceux de Götte (2).

Pour bien juger de la façon dont s'opère le développement de nos Crinoïdes jetons un coup d'œil sur l'organisation des Comatules adultes.

Les Comatules ont dix bras qui se réunissent deux par deux avant d'atteindre le disque : ces dix bras ne sont en réalité que cinq bras bifurqués et nous trouvons par conséquent dans le groupe des Crinoïdes ce type 5 qui s'est montré d'une manière si constante dans les autres Echinodermes. Chaque bras est formé d'une tige centrale, sur les deux bords de laquelle viennent se disposer de petits rameaux simples, alternant d'un côté à l'autre et diminuant de longueur de la base des bras au sommet. On désigne ces rameaux sous le nom de *pinnules.* A certaines époques leur tissu se gonfle considérablement : ce sont les glandes génitales qui se développent; leurs produits sont déversés à l'extérieur par un orifice spécial à chaque pinnule. Plus grêles et en apparence moins importants que les bras des Ophiures, les bras des Comatules contribuent cependant, comme on voit, à l'accomplissement d'une fonction de premier ordre. Le disque auquel ils se réunissent ne contient guère que l'appareil digestif. Ce disque est soutenu par une sorte de coupe ou de calice dont les pièces calcaires sont disposées avec une grande régularité : l'une d'entre elles forme la base du calice et porte les appendices articulés, analogues aux cirres de la tige des Pentacrines, qui servent à la Comatule à s'accrocher. Au-dessus de cette pièce se trouvent deux séries superposées d'autres pièces formant les parois de la coupe dont les bords supportent les cinq bras bifurqués et dont la cavité contient le sac viscéral. La surface de ce dernier présente à son centre un orifice, la bouche ; elle est, en outre, découpée en cinq secteurs à peu près égaux entre eux par de petits cordons saillants qui descendent de

(1) *Philosophical Transactions of the Royal Society*, t. 154 et 155.

(2) Götte, *Entwickelungsgeschichte der Comatula Mediterranea*; Achiv. für mikroskopiche Anatomie, t. XII, 1876, pag. 583.

la bouche vers les bras. Sur l'un de ces secteurs s'élève un tube charnu dont l'ouverture supérieure est entourée de huit petites dents. C'est le tube anal.

Les deux orifices du tube digestif, situés tous les deux sur la même face du disque, sont donc, chez les Comatules, tous les deux tournés vers le haut, attitude qui est exceptionnelle chez les Echinodermes actuels, mais qui était forcément celle des Crinoïdes fixés que nous avons précédemment étudiés.

Le tube digestif est une sorte de sac, enroulé autour d'un axe central. Ses parois, couvertes de cils vibratiles, sont nettement séparées de celles du corps ; il existe donc une cavité générale. Cette cavité communique avec l'extérieur par un grand nombre de fins tubes ciliés venant s'ouvrir chacun à la surface du disque où ils s'épanouissent en forme d'entonnoir. Dans les très jeunes Comatules on ne trouve qu'un seul de ces orifices pour chaque secteur du disque ; mais leur nombre augmente rapidement et atteint 40 ou 50 chez les grands individus. Il résulte de cette disposition que l'eau de mer peut entrer directement dans la cavité générale et baigner ainsi tous les organes.

Cette cavité se prolonge elle-même dans les bras, sous forme d'un tube situé entre le tégument supérieur et l'axe calcaire ; ce tube est simple chez les très jeunes individus ; mais, quand se développe l'appareil génital, il se forme à son intérieur (1), deux cloisons longitudinales, perpendiculaires entre elles, qui le partagent en trois cavités ; l'une inférieure immédiatement au-dessus de l'axe calcaire, les deux autres sur le même niveau, immédiatement au-dessous des téguments. Au point de jonction de ces deux cloisons se trouve le cordon génital d'où naissent les glandes mâle ou femelle : il semble donc que les cloisons ne soient que des sortes de ligaments destinés à supporter ce cordon.

Les bras contiennent encore d'autres appareils importants : ce sont, immédiatement au-dessous du tégument, qui est vibratile, une bandelette nerveuse entourée d'un canal spécial, et surtout un tube

(1) J'ai observé toutes les phases de ce phénomène au laboratoire de zoologie expérimentale de Roscoff (Finistere).

régulièrement sinueux que l'on appelle le *tube ambulacraire*. Ce
tube, très apparent, envoie une branche dans chaque pinnule et
donne en outre naissance, au sommet de chacun de ses angles, à un
rameau perpendiculaire à la direction des bras ou des pinnules,
qui se divise rapidement en trois branches inégales, garnies de papilles ; à la base de chaque bras, il se réunit au tube analogue du
bras de la même paire et de l'union de ces tubes résultent les
cinq cordons ou plutôt les cinq tubes, qui divisent le disque en
secteurs égaux. Ces cinq cordons se jettent eux-mêmes dans
un anneau circulaire entourant la bouche. L'*appareil ambulacraire* ainsi constitué est un véritable appareil respiratoire. A cet
ensemble de canaux assez compliqués, il faut encore ajouter un
appareil vasculaire dont la nature et la disposition demandent
encore de nouvelles études.

Les recherches dont les Pentacrines et les *Rhizocrinus* ont été
l'objet de la part de Johannes Müller, Ludwig et Herbert Carpenter
permettent d'affirmer que les Crinoïdes fixés ne diffèrent en rien
d'essentiel des Comatules. Il serait difficile de trouver dans cette
organisation quelque chose qui rappelle celle des Vers.

Les rapports physiologiques des bras et du disque méritent une
attention particulière. Les bras sont incapables de reproduire l'a-
nimal. Quand on les coupe, ils meurent rapidement, mais, dans
de bonnes conditions, ils ne tardent pas à repousser, et c'est
comme chez les Vers par une élongation de leur extrémité
libre que se fait leur accroissement. En captivité les Comatules
se débarrassent souvent de ces appendices, de manière à se réduire à leur disque, il est probable que ce disque isolé pourrait
produire de nouveaux bras. D'autre part, le sac central qui
contient les viscères se détache assez fréquemment du disque
calcaire qui le supporte sans que les Comatules qui ont depuis peu
subi cette perte paraissent moins actives que les autres. Les dix
bras, demeurant unis, sont-ils capables de reproduire alors un sac
viscéral ? cela n'est pas impossible. Quand les Holothuries sont
inquiétées ou qu'elles sont placées dans des conditions défavora-
bles, elles rejettent tous leurs viscères par une brusque contraction
de leur corps, : le tube digestif, l'appareil reproducteur, projetés

au dehors, se détachent bientôt et meurent. L'animal est alors
réduit à son enveloppe coriace parcourue par des vaisseaux ambulacraires et se trouve exactement comparable à une Comatule qui
aurait perdu son disque. Qu'on le replace dans un milieu qui lui
convienne, loin de mourir, il refera les parties qu'il a abandonnées.
Les observations de Dalyell et de Semper ne peuvent laisser aucun
doute sur ce point.

Cela témoigne réellement d'une indépendance considérable des
parties constituant nos Echinodermes ; mais si nous voyons déjà la
partie centrale manifester par rapport aux bras une indépendance
presque aussi grande que celle dont jouissent les bras entre eux,
ces bras sont-ils bien dès lors cinq Vers soudés par la tête et
ayant bourgeonné simultanément sur un autre Ver qui aurait disparu après les avoir produits? Revenons à l'embryogénie.

Les œufs de Comatule se transforment rapidement, par une
série de bipartitions successives, en une sphère creuse dont les parois sont constituées par de grandes cellules cylindriques toutes
semblables entre elles. Cette sphère s'allonge bientôt suivant l'un de
ses diamètres de manière à constituer un ellipsoïde : quatre ceintures de cils vibratiles apparaissent, puis à l'une des extrémités du
petit axe de l'ellipsoïde se creuse une fossette qui devient de plus en
plus profonde, de manière que la partie correspondante de la larve
se trouve refoulée vers l'intérieur. Les bords de la fossette se rapprochent alors ; la fossette devient une sorte de bouche tandis que
la poche dans laquelle elle conduit est analogue à un sac stomacal,
flottant dans une cavité plus vaste limitée par les parois du corps
de la larve. Cette cavité peut être comparée à une cavité générale.
La larve est alors ce que l'on nomme souvent une *gastrula*. A ce moment, un phénomène singulier se produit : de la paroi externe du
sac stomacal se détachent des cellules isolées, douées de mouvements amiboïdes, qui nagent d'abord librement dans la cavité générale, mais finissent par devenir tellement nombreuses qu'elles
se gênent réciproquement, se soudent par leurs pseudopodes et
constituent de la sorte un tissu réticulé contractile, qui prendra
plus tard une part importante à la formation des parois des viscères.
Ce sont des individus unicellulaires qui regagnent momentané-

ment leur indépendance en attendant qu'un rôle nouveau leur soit dévolu.

Cependant, le sac stomacal continue à grandir : son orifice se rétrécit, se ferme et il en reste, pour toute trace, une fossette longitudinale que Wyville Thomson a décrite comme la bouche de la larve (fig. 144, nᵒˢ 1 à 3, *c*). Cette dernière est alors formée de deux poches complètement closes ; la plus petite, enfermée dans la plus grande, est séparée d'elle par le tissu réticulé résultant de la fusion des éléments amiboïdes qu'elle a produits. A ce moment, la larve avec ses quatre ceintures de cils vibratiles, son apparence de bouche, ressemble assez bien à certaines larves d'Annélides ; mais cette ressemblance est tout extérieure, puisque le corps n'est en aucune façon segmenté et que le tube digestif est entièrement dépourvu d'orifices. Le développement ultérieur des parties déjà formées s'éloigne bien davantage de ce que nous avons vu chez les Vers. La poche intérieure, l'estomac clos de la *gastrula*, est plus près de l'extrémité antérieure ou extrémité large de la larve que l'autre. Elle grandit irrégulièrement et ne tarde pas à présenter trois boursouflures qui deviennent autant de sacs suspendus à l'estomac et s'ouvrant par un étroit orifice dans sa cavité : l'un de ces sacs est impair et médian ; les deux autres sont situés à droite et à gauche, sans affecter une position bien régulièrement symétrique.

Ces trois sacs jouent désormais un rôle prépondérant dans le développement de la Comatule. Les deux sacs latéraux grandissent en contournant l'estomac dont ils ne tardent pas à se détacher et arrivent à remplir toute la cavité générale primitive ; leurs parois finissent par se rencontrer et forment en s'adossant une cloison qui partage la larve en deux moitiés (fig. 144, nᵒˢ 4 et 5, *mt*). L'une de ces moitiés correspond au sac latéral droit : c'est autour d'elle que se forment le calice (fig. 144, nᵒˢ 1, 2, 3 et 6, *r*) et le pédoncule du jeune Pentacrine ; l'autre moitié, correspondant au sac latéral gauche, est traversée, suivant son axe, par une colonne de cellules qui relie l'estomac (*d*) aux téguments de la larve ; elle est de nouveau cloisonnée par le développement du sac médian qui s'allonge jusqu'à former un anneau complet autour de cette co-

lonne et constitue ainsi le cercle ambulacraire (fig. 144, nᵒˢ 4 r, et
5, rt) et les tentacules qui le surmontent. La colonne cellulaire se
rompt au-dessus de la nouvelle cloison et laisse alors une cavité
libre (mêmes nᵒˢ, ot) dans laquelle font saillie les premiers tenta-

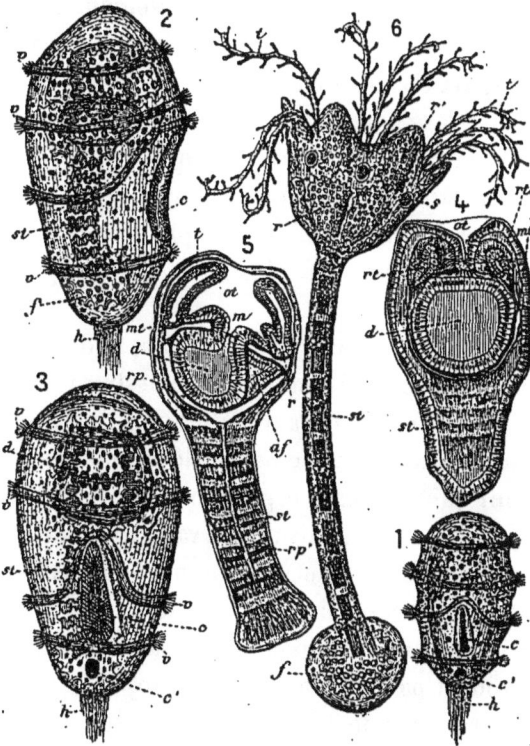

Fig. 144. — ÉCHINODERMES. — Développement des Comatules. — 1, 2, 3, larves de la *Comatula mediterranæa* à divers états de développement ; 1 et 3, sont vues par la face ventrale ; 2, de profil ; c, fossette résultant de la fermeture de la bouche primitive ; c' fossette postérieure correspondant à l'extrémité du pédoncule ; f, plaque calcaire terminale du pédoncule ; v, bandelettes de cils vibratiles. — 4 et 5, coupe à travers de jeunes larves de Comatules à deux états différents de développement ; rp, rp', cavités résultant du développement du sac péritonéal droit ; mt, cloison résultant de l'adossement du sac péritonéal droit et du sac péritonéal gauche ; r, rt, canal ambulacraire formé par le sac péritonéal médian dans l'intérieur de la cavité du sac péritonéal gauche ; ot, cavité contenant les tentacules t et dans laquelle s'ouvre momentanément la bouche, m ; st, pédoncule ; d, cavité digestive ; af, rectum (grossissement 50 fois d'après Götte). — 6. Jeune Pentacrine avant la formation des bras ; r, r'. plaques calcaires correspondant à la position future des bras ; t, tentacules oraux ; s, glandes (corps sphériques) spéciales aux Comatules ; st, pédoncule ; f, plaque calcaire de fixation.

cules ambulacraires. Bientôt, au centre de la couronne de ces tentacules, apparaît la bouche (m) qui ne communique d'abord qu'a-

vec la cavité renfermant ces derniers ; mais la peau se fend à son tour, les tentacules s'épanouissent, la bouche se trouve librement en contact avec l'eau de mer et l'on voit apparaître le tube anal (fig. 144, n° 5, *af*).

Cependant des plaques calcaires se sont enfin montrées autour du sac stomacal, tandis que des anneaux également calcaires sont venus se déposer autour d'un prolongement du sac droit primitif, qui deviendra la partie centrale du pédoncule par lequel la jeune larve ne tardera pas à se fixer. C'est seulement après cette fixation et après l'ouverture de la bouche que les plaques calcaires du disque prennent une disposition nettement radiaire ; elles forment deux rangées exactement superposées, de cinq plaques dont la position correspond à celle qu'occuperont plus tard les bras (fig. 144, n° 2, 3, 6, *r*).

A ce moment tous les organes contenus dans le disque du jeune Pentacrine sont formés. Ces organes sont une simple modification des parties qui constituaient la larve ciliée ; nulle trace de bourgeonnement, nulle trace de génération alternante ; le Pentacrine et sa larve ne sont que le même organisme. Or, le Pentacrine fait essentiellement partie de l'organisme qui va se compléter. La larve, loin de se séparer de l'Echinoderme, comme dans les cas de génération alternante, est au contraire englobée dans sa formation ; loin d'en être la mère, elle en est simplement la partie essentielle, principale ; elle le produit par simple métamorphose.

Précisons les caractères de cette métamorphose.

Le Pentacrine et sa larve ont l'un et l'autre une région dorsale et une région ventrale ; si l'on considère le tube anal des Pentacrines et le bouquet de poils de la larve comme indiquant respectivement la partie postérieure de ces êtres, l'un et l'autre ont aussi un côté droit et un côté gauche. Mais ces diverses parties ne se correspondent pas. Nous avons vu que tout le côté ventral du Pentacrine s'est formé au moyen de parties nées sur le côté gauche de la larve, et que tout le côté dorsal du premier s'est de même développé aux dépens de parties nées sur le côté droit de la seconde. En passant de l'état de larve ciliée à l'état pentacrinoïde, l'animal a donc tourné de 90 degrés autour d'un axe vertical,

exactement comme si durant la vie fœtale nos bras et nos jambes
venaient se mettre peu à peu en croix avec leur position primitive. Un autre mouvement de torsion s'est ensuite produit autour
d'un axe horizontal, amenant graduellement la face ventrale des
jeunes Pentacrines à occuper la calotte antérieure de la larve.
Tous les viscères essentiels de la Comatule se sont formés sur le
côté gauche de la larve ; toutes les pièces principales de son squelette sur le côté droit. Ce sont là des rapports importants que nous
retrouverons, comme les précédents, dans l'histoire des autres
Echinodermes.

Il est essentiel de le noter, la métamorphose de la larve ciliée
n'a pas produit la Comatule tout entière ; elle n'en a produit
que la partie centrale, le disque ; elle a donné naissance à
un Echinoderme sans bras, simplement pourvu d'une couronne
de tentacules (fig. 144, n° 6); elle a produit précisément quelque
chose d'équivalent à ces Crinoïdes enfermés dans une sphère solide, composée de plaques calcaires diversement groupées, qui
comptent parmi les plus anciens des Echinodermes, et dont on a
fait l'ordre des Cystidés (fig. 140).

C'est sur cet organisme central que les bras vont se développer
par un véritable bourgeonnement. La partie centrale de l'Echinoderme, née la première, est évidemment un organisme autonome,
primitif, qui ne doit rien aux bras qui vont pousser sur elle. Elle
ne résulte pas de la fusion de parties que cinq individus différents
auraient mises en commun, comme le voudrait la théorie de
de Blainville, de Duvernoy et d'Hæckel; c'est elle, au contraire, qui
est le point de départ de toutes les formations nouvelles. L'Echinoderme ne saurait donc avoir été produit par la soudure de cinq Vers.

Mais une autre théorie s'offre à nous d'elle-même. On ne saurait contester que les rayons des Crinoïdes, des Ophiures, des
Astéries, les fuseaux couverts de tentacules ou *ambulacres* des
Oursins et des Holothuries soient des parties exactement de
même nature. Chez les Astéries, les phénomènes de reproduction
que nous avons rapportés dans le précédent chapitre ne permettent pas de refuser aux rayons de ces animaux une réelle
autonomie : leur qualité d'organismes indépendants doit être,

par conséquent, étendue aux parties homologues des Crinoïdes, des Ophiures, des Oursins et des Holothuries. L'Echinoderme apparaît donc comme une colonie formée d'un individu central et d'un nombre variable d'individus rayonnant autour de lui : il est, au point de vue de sa constitution, comparable au polype Coralliaire ou à la Méduse.

Nous devons, pour contrôler la valeur de cette proposition nouvelle, rechercher si les phénomènes de développement des Comatules sont conformes à ceux qu'on observe dans les autres types.

CHAPITRE III

III. — Les métamorphoses des Échinodermes et leur signification.

Les larves d'Échinodermes connues jusqu'ici ne paraissent guère avoir de commun au premier abord que l'étrangeté de leur forme et la transparence de leurs tissus qui les fait ressembler à de jeunes Méduses.

On a appelé *Bipinnaria* des larves d'Astéries ou Étoiles de mer ayant quelque ressemblance avec une guitare dont la table supérieure, repliée en dessous antérieurement, serait beaucoup plus grande, plus bombée que la table inférieure qui aurait conservé la forme d'un écusson. Ces deux tables sont bordées de cils vibratiles, seuls organes locomoteurs de l'animal. Un large estomac occupe la partie inférieure de la larve ; la bouche s'ouvre entre les deux tables de la guitare, l'anus dans la partie repliée en dessous de la table supérieure. Les *Solaster* sont les plus remarquables Astérides qui aient pour larves des Bipinnaires.

Les *Brachiolaires* (fig. 145, n°ˢ 1 à 3) ont une physionomie plus singulière encore. Lorsqu'elles sont jeunes, elles ressemblent beaucoup à des Bipinnaires, mais, avec les progrès de l'âge, de longs prolongements ciliés poussent par paires sur le pourtour de leur corps et constituent autant de bras flexibles, grâce auxquels l'animal prend les attitudes les plus bizarres. La Brachiolaire adulte de l'*Asterias pallida*, dont le développement a été soigneusement étudié par M. Alexandre Agassiz, ne porte pas moins de dix bras symétriques deux à deux (fig. 145, n° 1, *e*), plus un bras impair au pôle de la larve opposé à celui où se développera l'Astérie. Au-

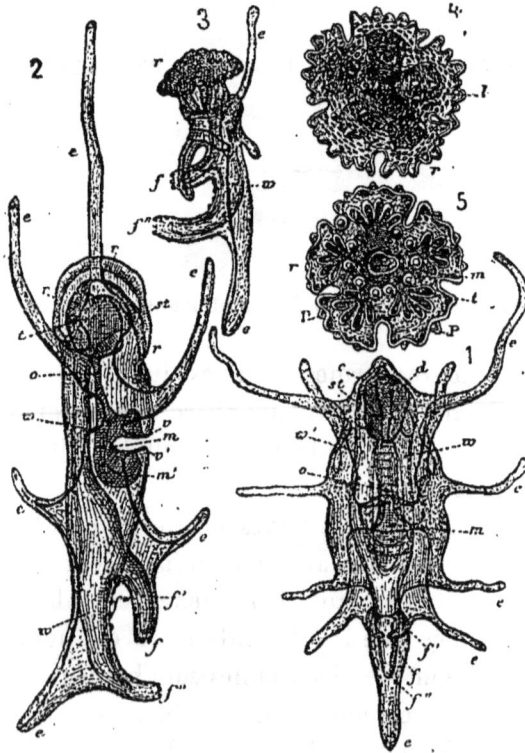

Fig. 145. — DÉVELOPPEMENT DES ASTÉRIES. — 1. Brachiolaire ou larve adulte de l'*Asterias pallida*, vue par la face ventrale. — 2. Brachiolaire de même espèce, un peu plus âgée, vue du côté droit. — 3. Autre Brachiolaire portant déjà une jeune Astérie et commençant à se résorber. — 4. Jeune *Asterias pallida*, vue de dos au moment où la Brachiolaire vient d'être entièrement résor- bée. — 5. La même, vue par sa face inférieure. — Dans toutes les figures : *m*, bouche ; *o*, œsophage ; *d*, cavité digestive ; *e*, bras flexibles, couverts de cils vibratiles le long des bandes noires ; *f*, bras brachiolaires pairs ; *f'*, prolongement de l'appareil aquifère qu'ils contiennent ; *f''*, bras brachiolaire impair ; *w*, appareil aquifère ; *s, si*, rudiments des tubes ambulacraires des bras ; *r*, rudiments de la face dorsale (fort grossissement) ; d'après Al. Agassiz.

dessus de ce bras impair, la Brachiolaire en possède encore trois autres (*f*, *f''*) dont deux symétriques, tronqués au sommet et ter- minés par une ventouse, lui servent sans doute à se fixer momentanément, ce sont les *bras brachiolaires*. Le tube digestif est très semblable à celui des Bipinnaires, et ses orifices sont disposés de la même façon.

Chez les larves d'Astéries, le calcaire ne commence à apparaître qu'à une époque assez avancée du développement ; de là la flexibilité des bras chez les Brachiolaires ; il n'en est pas de même chez les *Pluteus*, qui sont les larves des Ophiures et des Oursins. Là des

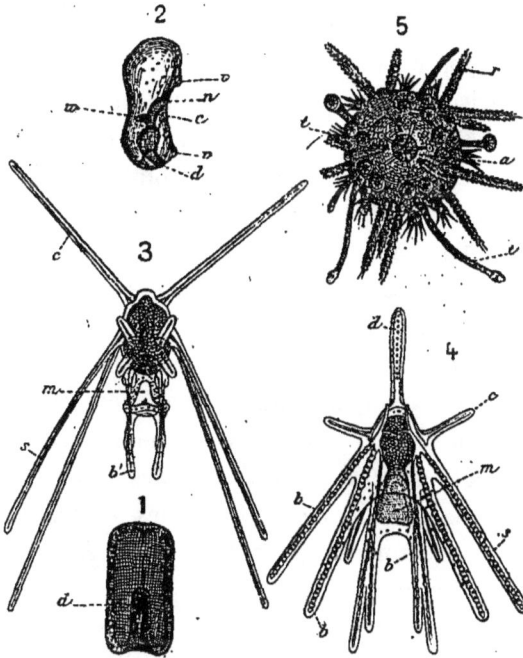

Fig. 146. — DÉVELOPPEMENT DES ÉCHINODERMES. — 1. Jeune embryon d'*Asterias pallida*, au moment où la cavité digestive vient de se former. — 2. Le même plus âgé ; l'orifice primitif *d* est devenu l'anus ; il s'est formé une bouche en *b ;* les rudiments de l'appareil aquifère *w*, se détachent du tube digestif ; *v, v'* rudiments des bandes vibratiles. — 3. *Pluteus*, larve d'un Oursin régulier (*Arbacia*). — 4. *Pluteus* ou larve d'un Oursin à symétrie bilatérale (*Echinocardium*), *b*, bras prolongeant les arêtes du corps du *pluteus ; b',* bras de la marquise buccale ; *c*, bras latéraux ; *s*, baguettes calcaires soutenant les bras ; *m*, bouche ; *e*, estomac. — 5. Très jeune Oursin, après la résorption du *pluteus ; a*, bouche ; *t*, tentacules ambulacraires ; *r*, piquants.

bâtonnets calcaires se forment de bonne heure dans les bras, se réunissent dans la région dorsale de la larve, comme les baleines d'une ombrelle, et donnent au jeune animal une apparence de rigidité, en même temps qu'une forme géométrique tout à fait caractéristiques. Un *Pluteus* a l'aspect d'une pyramide à quatre faces (fig. 146, n° 3) dont les arêtes se prolongeraient bien au delà des faces. De la paroi interne de l'une de ces dernières, on voit pendre entre les quatre arêtes prolongées une sorte de marquise membraneuse (*b'*) dont les bords latéraux se prolongent aussi, et sont soutenus chacun, comme les arêtes de la pyramide, par une baguette calcaire ; la bouche (*m*) s'ouvre à la partie inférieure de cette marquise : elle conduit dans un œsophage suivi d'un estomac (*e*) assez volumineux, d'où part un tube anal qui vient s'ouvrir sur la face de la pyramide opposée à celle qui porte la bouche. Le tube digestif se trouve ainsi divisé en trois parties, comme on l'observe du reste également chez les Bipinnaires et les Brachiolaires. Parfois, chez le *Pluteus* des Spatangues, par exemple, le sommet de la pyramide se prolonge en une longue pointe également soutenue par une baguette calcaire (fig. 146, n° 4, *s*).

Les bras des *Pluteus* ne sont susceptibles que d'un petit nombre de mouvements : ils ne peuvent guère que s'ouvrir ou se fermer. L'animal nage au moyen de puissants cils vibratiles rassemblés d'ordinaire sur des renflements qui chevauchent sur ses quatre arêtes. Johannes Müller appelait ces renflements les *épaulettes vibratiles*. Sur le côté gauche de la plupart des *Pluteus* on observe un cercle de plaques calcaires que Johannes Müller comparait à un cadran, placé sur l'un des côtés d'une horloge ; c'est le commencement de l'Échinoderme.

On a donné le nom d'*Auriculaires* à d'autres larves ayant l'apparence d'une toupie dont la surface présenterait un certain nombre d'appendices membraneux en forme d'oreilles, garnis de cils vibratiles ; ce sont des larves d'Holothuries. Un assez grand nombre d'Holothuries ont des larves beaucoup plus simples, en forme de barillets entourés de plusieurs ceintures de cils vibratiles : telles sont les larves des Synaptes et celle de l'*Holothuria tubulosa* (fig. 139, n°ˢ 3 et 4), récemment étudiée par Selenka. Ces larves ont une ressemblance incontestable avec celles des Comatules et rappellent par conséquent aussi certaines larves d'Annélides.

Il semble, au premier abord, impossible que des larves, aussi différentes les unes des autres, soient construites sur le même type ;

malgré leurs ressemblances fondamentales, les divers Échinodermes paraissent donc suivre, dans leur développement, des voies
fort divergentes. Mais nous avons trouvé chez les Annélides une
aussi grande variété de formes larvaires. Nous savons que des
larves dont l'éclosion est précoce et l'évolution subséquente de
longue durée peuvent avoir subi de profondes modifications extérieures qui n'altèrent cependant en rien le type de leur développement. Cherchons s'il n'en serait pas ainsi chez les Échinodermes et
si les larves des plus éloignés d'entre eux, obligées de se développer
dans des conditions identiques, ne reviendraient pas à un type
commun. A cette question, l'expérience vient donner bien vite
une réponse positive.

Il y a un cas remarquable où la larve, entourée de tout ce qui
est nécessaire à sa nutrition, protégée contre tous les dangers
extérieurs, n'a pas d'adaptation à subir, où l'influence héréditaire
domine, par conséquent, d'une façon exclusive. C'est celui où les
œufs conservés par la mère, après la ponte, sont en quelque sorte
couvés par elle, soit que l'incubation ait lieu dans une partie dis-
posée à cet effet de l'organisme maternel, soit que la mère s'as-
treigne à prendre de ses œufs le même soin que les oiseaux des
leurs. Nous avons déjà signalé le fait dans les Annélides. Dans
toutes les classes d'Échinodermes, nous trouvons quelques espèces
qui se comportent ainsi. Les œufs des Comatules demeurent attachés
en grappes aux pinnules des bras, au moins pendant les premières
phases de leur développement. Parmi les Étoiles de mer l'*Ar-
chaster excavatus*, le *Pteraster militaris*, l'*Hymenaster nobilis*, la
Cribrella Sarsii, les *Asterias Mülleri* et *Perrieri* couvent leurs
œufs soit dans des cavités spéciales pratiquées dans leur organisme,
soit en les rassemblant entre leurs bras ramenés vers la bouche
de manière à constituer une sorte de voûte. L'*Asterina gibbosa*,
de nos côtes, attache les siens sous les pierres, et sa larve est également sédentaire. Les Ophiures, qui gardent leurs œufs jusqu'à
l'éclosion, sont assez nombreuses : on peut citer l'*Amphiura
squamata*, l'*Amphiura magellanica*, les *Ophiacantha vivipara* et
marsupialis. Parmi les Oursins, les *Cidaris nutrix*, *Goniocidaris
canaliculata*, *membranipora* et *vivipara*, les *Hemiaster cordatus* et

excavatus sont dans le même cas ; enfin la classe des Holothurides n'est pas exempte de phénomènes du même ordre qui ont été observés notamment chez les *Cladodactyla crocea*, *Psolus ephippifer*, *Phyllophorus urna*, etc.

Rarement, lorsque le développement a lieu dans ces conditions, la larve revêt l'une des formes compliquées que nous avons précédemment décrites ; elle conserve une forme sensiblement sphérique ou ellipsoïdale, jusqu'au moment où le jeune Échinoderme apparaît, et celui-ci est manifestement le résultat d'une simple métamorphose de la larve. La *Cribrella Sarsii* et l'*Asterina gibbosa* peuvent être considérées comme constituant une phase intermédiaire : leurs embryons de forme sphéroïdale portent à un de leurs pôles deux prolongements tronqués, terminés par une ventouse qui permet au jeune animal de se fixer et de prendre diverses attitudes. Il est probable que ces prolongements correspondent aux bras brachiolaires des larves d'*Asterias*. Les larves de *Cribrella* et d'*Asterina* seraient dès lors des brachiolaires dans leur état le plus simple : les bras brachiolaires qui contiennent, du reste, un prolongement de l'appareil aquifère semblent donc faire plus spécialement partie de l'organisation typique des larves d'Étoiles de mer.

Quoi qu'il en soit, de la simplification considérable des larves d'Échinodermes placées dans des conditions de développement qui excluent toute adaptation spéciale, de la ressemblance que présentent alors ces larves, à quelque classe d'Échinodermes qu'elles appartiennent, il résulte que ni les Brachiolaires, ni les Bipinnaires, ni les Pluteus, ni les Auriculaires ne sont des formes larvaires typiques. Nous sommes amenés à regarder, au contraire, comme typiques les larves simples, dépourvues d'appendices, des Échinodermes vivipares, et cette manière de voir est encore confirmée par le fait que ces larves se retrouvent assez fréquemment même chez les espèces qui ne prennent aucun soin de leurs œufs, comme l'Holothurie connue sous le nom de *Cucumaria doliolum* qui a fait récemment l'objet des recherches de Selenka (1).

(1) *Zur Entwickelung der Holothurien ;* Zeitschrift für wissenschaftliche Zoologie, t. XXVII, 1876, p. 115.

C'est donc chez ces larves que nous devons étudier le mode de développement normal des Échinodermes, sauf à voir si les conclusions que nous tirerons de cette étude sont confirmées par ce que l'on sait des cas plus compliqués et jettent quelque lumière sur les côtés encore obscurs de ces derniers.

Le développement de la *Cucumaria doliolum* est, grâce à Selenka, particulièrement bien connu. Or, nous retrouvons là des phénomènes exactement semblables à ceux que nous avons déjà décrits chez les Comatules. Toutefois la bouche primitive de la *gastrula* ne se ferme pas comme chez ces derniers, elle devient l'anus de la larve tandis qu'une bouche se forme à l'extrémité opposée du tube digestif. En outre la poche aquifère qui, chez les Comatules, ne communique pas avec l'extérieur, vient ici s'ouvrir à la surface des téguments et contribue à former le canal connu sous le nom de *canal du sable* ou de *canal hydrophore* par lequel l'eau ambiante peut s'introduire dans l'appareil ambulacraire des Échinodermes supérieurs.

Au moment où la larve achève son développement, la jeune Holothurie est tout à fait comparable, au point de vue de son organisation, à un Pentacrine encore dépourvu de bras ; mais elle traverse rapidement cette phase. Le collier ambulacraire né de la poche aquifère produit très vite cinq cæcums (fig. 139, n° 4) qui se dirigent vers la partie postérieure du corps, ce sont les rudiments des canaux ambulacraires qui représentent chez l'Holothurie les bras des Crinoïdes. Sur l'un d'entre eux, formé avant les autres et occupant la ligne médiane ventrale, ne tardent pas à apparaître les premiers tentacules à l'aide desquels la jeune Holothurie déjà complètement formée, et commençant à perdre ses cils vibratiles, pourra désormais se fixer sur les objets qui l'environnent et ramper à leur surface. Comment s'accomplit le développement ultérieur de ces canaux ambulacraires? Comment naissent les glandes génitales qui dépendent des bras? On l'ignore: toutefois nous en savons assez pour affirmer que, s'il faut considérer ces bras comme des individus distincts, loin de s'unir directement pour former l'Holothurie, ces individus ont dû, comme chez les Comatules, bourgeonner autour d'un individu central, résultant de la métamorphose de la larve.

Les Comatules et les Holothuries sont aux deux extrémités de l'embranchement des Échinodermes. Nous retrouvons dans, le développement des unes et des autres les mêmes phases, c'est une forte présomption que les phénomènes que nous venons de décrire sont absolument généraux, et cette présomption se change en une certitude absolue lorsqu'ayant présentes à l'esprit les notions que nous venons d'acquérir, on cherche à grouper les faits recueillis par les divers observateurs. Les beaux mémoires de M. Alexandre Agassiz notamment (1) nous montrent constamment les *Pluteus* des Oursins et les Brachiolaires des Astéries comme provenant toujours d'une larve ovoïde (fig. 146, n° 1) dont l'exoderme peut subir les modifications les plus variées, mais dont l'entoderme ou sac intérieur (*d*) fournit toujours, grâce aux transformations que nous avons déjà exposées : 1° un tube digestif pourvu de deux orifices (fig. 146, n° 2, *d, n*) ; 2° l'appareil ambulacraire ; 3° deux poches (*w*) destinées à tapisser la cavité générale, comme le péritoine des animaux supérieurs tapisse la cavité abdominale et que nous pouvons appeler en conséquence *poches péritonéales* : l'une d'elles est située à droite de l'intestin et complètement close ; l'autre est située à gauche et s'ouvre à l'extérieur par un pore donnant accès à l'eau.

La bouche primitive de la larve devient toujours l'anus ; son tube digestif devient toujours le tube digestif de l'Échinoderme adulte et c'est autour de lui que se développent toutes les autres parties.

Les deux poches péritonéales de droite et de gauche, après avoir été de simples dépendances de l'estomac, finissent toujours par s'isoler complètement. Le plus souvent la poche spéciale chargée de constituer l'appareil ambulacraire ne naît pas directement sur l'estomac primitif ; elle se forme alors par une division précoce du sac péritonéal gauche, autour duquel se développe, en outre, presque toute la face ventrale de l'Échinoderme. Le squelette, correspondant à la face dorsale, apparaît toujours autour de la

---

(1) *Revision of the Echini,* 3 vol. in-4°. Boston, 1871 ; et *North American Starfishes,* 1 vol. in-4°. Boston, 1871.

poche péritonéale droite. Ces phénomènes commencent à se manifester avant que ces poches soient assez grandes pour entourer le tube digestif. Il en résulte que les rudiments du squelette et de l'anneau ambulacraire forment chacun au début un commencement d'hélice autour du tube digestif. Les cinq rayons calcaires (fig. 145, n° 2, r) qui représentent le squelette ne correspondent même pas aux cinq lobes de la poche péritonéale de gauche (fig. 145, n° 2, t, st) qui sont les rudiments des bras. Les progrès du développement transforment ces hélices en cercles fermés, les amènent à se superposer exactement et le jeune Échinoderme se trouve ainsi constitué.

Ces phénomènes sont trop frappants, leur identité dans les types les plus variés trop manifeste pour que nous n'ayons pas le droit d'affirmer maintenant que le mode de développement des Échinodermes s'accomplit toujours sur le même plan, quelle que soit la forme de la larve. Toutes les observations récentes s'accordent à montrer qu'aucune partie de la larve ne se détache au cours du développement. Les organes d'adaptation si remarquables que possèdent quelques-unes d'entre elles, les lobes ciliés des Auriculaires et des Bipinnaires, les bras flexibles des Brachiolaires, ceux des Pluteus avec leur squelette se flétrissent et sont graduellement résorbés, comme disparaissent les branchies des Salamandres quand le développement des poumons les a rendues inutiles. D'autre part, c'est toujours une Astérie ou une Ophiure sans bras (fig. 145, n°° 4 et 5), un Oursin ou une Holothurie sans ambulacres proprement dits (fig. 146, n° 5 et fig. 139, n° 4) que produit la métamorphose de la larve. Le squelette dorsal des jeunes Astéries peut être considéré comme formé de dix plaques disposées en deux verticilles alternes autour d'une plaque centrale et reproduisant absolument, comme l'a fait remarquer M. Lovén (1), la disposition du calice de certains Crinoïdes tels que les *Marsupites* ou celle des dix plaques qui occupent le pôle supérieur des Oursins et forment ce qu'on nomme leur *rosette apiciale*. Le squelette ventral n'existe pas encore, toutefois les rudiments des bras paraissent déjà (fig. 145, n 5, t). Le jeune Oursin est également réduit à sa

(1) *Études sur les Échinoïdées*. Stockholm, 1874.

rosette apicale ; mais sa face ventrale est déjà bourrée de nombreux corpuscules calcaires. Les ambulacres ne possèdent chacun que sept tentacules dont un impair qui sans doute a dû être seul à un moment donné. L'Échinoderme à ce premier âge est donc toujours comparable au Pentacrine sans bras dans lequel se transforme la larve des Comatules, et nous devons considérer cette forme résultant directement de la métamorphose de la larve, comme le prototype de la classe remarquable qui nous occupe, comme l'organisme primitif autour duquel s'est constitué, par addition d'un nombre variable de rayons, l'animal complet.

C'est là un point important, car cet organisme primitif est par lui-même indivisible et il devient dès lors impossible de voir en lui le résultat de la soudure de cinq organismes distincts. Nous avons déjà fait remarquer l'analogie qu'il présente avec les Cystidés anciens. Les Cystides jusqu'ici isolés dans la classe des Échinodermes se trouvent donc, par cela même, intimement reliés aux formes qui vivent encore de nos jours. Chez toutes ces dernières, il est facile de reconnaître la persistance de l'individu central. Il est représenté par le calice et le sac viscéral des Crinoïdes actuels, par le disque des Ophiures et des Astéries, par la rosette apicale, le tube digestif et le singulier appareil masticateur des Oursins (1), par le tube digestif et les organes qui en dépendent chez les Holothuries. Tous ces organes échappent en grande partie à la disposition rayonnée.

L'individu central une fois constitué, les bras ne tardent pas à se développer, et cette fois par un véritable bourgeonnement.

Leur disposition rayonnante est la conséquence nécessaire du

---

(1) On a cherché vainement jusqu'ici à homologuer cet appareil masticateur, connu, chez les Oursins, sous le nom de *lanterne d'Aristote*, avec les pièces dentaires qui entourent la bouche des Astéries ; l'insuccès des recherches dirigées dans ce sens s'explique par le fait que la *lanterne d'Aristote* dépend manifestement, chez les Oursins, de l'individu central, tandis que les dents des Astéries appartiennent aux bras qui se sont développés sur cet individu. La membrane buccale serait aussi chez les Oursins une dépendance de l'individu central, et il est à remarquer que, sur sa surface, les pédicellaires, organes de préhension propres aux Échinodermes, ont une forme différente de celles qu'ils présentent sur le reste de la surface du corps.

mode d'existence de l'individu primitif sur lequel ils se produisent. Nous avons vu que cet individu était fixé au sol dans son
jeune âge chez les Comatules; il demeure fixé pendant toute sa vie
chez les autres Crinoïdes vivants et il en était de même chez les
Crinoïdes anciens desquels descendent les Échinodermes libres
qui peuplent nos mers. L'organisme primitif qui devait produire
les Échinodermes, vivait dans des conditions analogues aux hydres :
le groupement des parties constitutives de l'Échinoderme a été
régi en conséquence, par les lois mêmes qui ont régi le groupement des parties chez les Méduses et chez les Coralliaires.

Les Hydraires fixés qui produisent des Méduses sont encore nombreux ; mais nous savons que beaucoup de Méduses se développent aujourd'hui directement ; l'accélération embryogénique a
fait graduellement disparaître les colonies fixées d'où elles proviennent. La même chose s'est produite chez les Échinodermes : les
Échinodermes fixés qui étaient la règle autrefois sont aujourd'hui
l'exception ; les Comatules nous permettent encore heureusement
de prendre sur le fait le passage des formes fixées aux formes
libres chez les Crinoïdes ; dans toutes les autres classes d'Échinodermes, l'accélération embryogénique a complètement éliminé
la phase fixée. La forme rayonnée s'est néanmoins conservée
dans un grand nombre de cas, comme elle l'a fait chez les Méduses
supérieures ; mais elle a aussi quelquefois cédé aux nouvelles influences agissant sur l'Échinoderme libre ; de là, ces Oursins et ces
Holothuries à symétrie bilatérale, si remarquables à tant de titres.

Malgré les modifications qu'ils subissent, les rayons des Échinodermes ne perdent jamais complètement le caractère d'individus
reproducteurs qu'ils présentent si nettement chez les Crinoïdes.
C'est à leur intérieur que sont contenues les glandes génitales chez
les Astérides ; c'est de chaque côté des ambulacres et en rapport
intime avec eux qu'on les trouve chez les Oursins et, bien qu'elles
se soient ramassées dans le disque chez les Ophiures, leur nombre
est toujours en rapport avec celui des rayons, ce qui indique bien
nettement le lien qui les unit. Les rayons des Échinodermes sont
donc, en définitive, les *individus reproducteurs* de la colonie, tandis
que l'individu central est l'individu *nourricier*. C'est exactement la

répétition de ce que nous ont montré les Méduses, les Cténophores et les Polypes Coralliaires.

S'il en est ainsi, la forme spéciale des rayons des Crinoïdes trouve une explication toute naturelle dans l'avantage qui résultait pour la dissémination de l'espèce de leur grande mobilité et de la facilité avec laquelle ils pouvaient se détacher. Mais, suivant une règle physiologique dont nous avons déjà vu de fréquentes applications, l'association entre l'individu nourricier et les individus reproducteurs étant devenue de plus en plus intime, le pouvoir locomoteur acquis par ceux-ci a tourné au profit de la colonie qu'ils contribuaient à former. Aussi est-ce toujours aux rayons ou ambulacres des Échinodermes libres qu'est dévolue la fonction de locomotion. Chez les Ophiures, les glandes reproductrices s'étant concentrées dans le disque, les rayons sont même devenus des organes exclusivement locomoteurs ; ainsi avons-nous vu chez les Siphonophores, les Méduses, d'abord constituées en vue de la reproduction, devenir stériles et se transformer en cloches exclusivement natatoires.

Les liens qui unissent aux Crinoïdes les Échinodermes pourvus de bras distincts comme les Astérides ou les Ophiures sont évidents ; tous ces animaux ne sont, en somme, que des modifications peu importantes d'un même type. Il est possible de trouver dans l'histoire des Crinoïdes anciens des indications précises sur la façon dont les Échinodermes à forme cylindrique ou sphérique sont arrivés à se constituer. Dans certains types tels que les *Platycrinus* (fig. 147) on voit l'individu central prendre une prédominance énorme, tandis que les bras se redressent autour de lui. Dans cette attitude, leurs pinnules s'enchevêtrent ; et dans certaines espèces des plaques calcaires nées entre les bras, comme chez les *Periechocrinus*, maintiennent ceux-ci de plus en plus fixement dans leur position. Les bras ainsi relevés et garnis de leurs pinnules correspondent d'une manière frappante aux ambulacres des Oursins ; les rangées de plaques nées entre ces bras représentent les fuseaux interambulacraires de ces animaux. Ces diverses parties arrivent peu à peu à ne former qu'un seul tout et finissent

par se souder à l'individu central et par l'emprisonner d'une façon
complète. Dès lors, les plaques calcaires qui le protégeaient d'a-
bord et formaient à sa surface une mosaïque serrée lui deviennent
inutiles; ces plaques disparaissent, les tissus mous persistent seuls;
l'ensemble des individus reproducteurs et de l'individu nourricier
ne forme plus qu'une masse sphérique, uniquement limitée par
le squelette des premiers ; de son armature primitive, l'individu

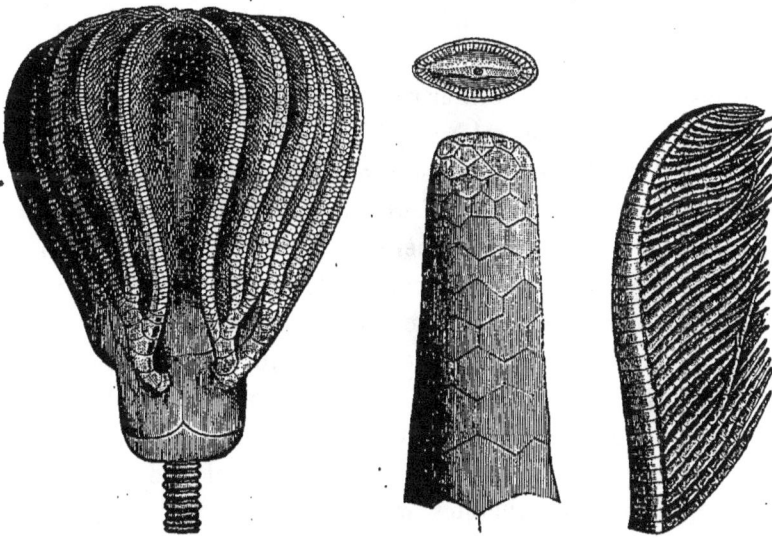

Fig. 147. — CRINOIDES. — *Platycrinus triacontadactylus.* — L'animal entier, l'individu central ;
une section de la tige; un des individus latéraux avec ses pinnules.

central ne conserve que celles qui ont subi des adaptations spéciales : telles sont les pièces de l'appareil masticatoire qui environnent la bouche chez les Oursins.

Ainsi le passage des Crinoïdes aux Oursins se fait par degrés
insensibles ; le passage des Oursins aux Holothuries est plus manifeste encore: la prétendue parenté entre ces derniers et les
Vers composés de segments placés bout à bout, ne repose que sur
des apparences résultant de la forme générale du corps. Rien
dans l'embryogénie ne vient confirmer cette parenté.

Les Holothuries, comme les Oursins, comme les Échinodermes

étoilés résultent bien du groupement de cinq individus reproducteurs autour d'un individu nourricier central.

Il est également impossible d'apercevoir, à une phase quelconque du développement, la moindre ressemblance entre les rayons ou l'individu central des Échinodermes et un animal annelé ; il n'y a pas davantage de ressemblance entre ces parties et celles qui constituent les autres animaux Rayonnés, tels que les Méduses, les Cténophores ou les Coralliaires. Le seul caractère commun aux Échinodermes et aux autres rayonnés, c'est le mode de groupement des parties : tous ces êtres sont des colonies de même *type;* mais les organismes associés pour former ces colonies sont essentiellement différents. L'Échinoderme est à la Méduse ce que l'animal articulé est au Ver annelé. Dans l'organisme primitif auquel les Échinodermes doivent leur origine, il faut voir une forme simple, équivalente à l'Hydre, à la Trochosphère, au Naulius, mais indépendante et que nous n'avons pas encore su découvrir.

On ne manquera pas de voir une objection à la théorie que nous venons d'exposer dans les différences considérables que l'on observe chez tous les Échinodermes connus, entre l'individu central et les individus rayonnants. Il serait difficile, en effet, de dire par quelle série de transformations ont pu passer ces deux sortes d'individus pour devenir aussi dissemblables ; mais il ne faut pas oublier que les bras des Crinoïdes, aussi bien que leur individu central, ont des formes extraordinairement variables et qui témoignent par leur variabilité même de leur éloignement du type primitif. La complication du développement de l'individu central est une autre preuve irrécusable des modifications qu'il a subies. Tous les Échinodermes que nous connaissons sont donc fort éloignés des formes originelles de ce groupe, formes qu'il est impossible, pour le moment, de reconstituer, le type Échinoderme étant déjà fort avancé dans son développement dans les plus anciennes couches géologiques que les paléontologistes aient étudiées ; mais cette impossibilité ne saurait diminuer la valeur des déductions auxquelles nous a conduits une étude rigoureuse des faits.

En résumé, l'embryogénie nous montre que l'Échinoderme se

forme en deux temps : la partie centrale d'abord, les rayons
ensuite. La partie centrale n'est que le produit d'une métamorphose de la larve ; elle a droit comme elle à la qualification d'individu ; des Échinodermes qui comptent parmi les plus anciens,
les Cystidés sont ordinairement réduits à cette partie centrale. Les
rayons se forment par bourgeonnement sur cette dernière : le mode
de reproduction de certaines Étoiles de mer prouve que les rayons
sont eux-mêmes de véritables individus. On ne peut donc échapper
à cette conclusion que l'Échinoderme est formé d'un individu
central et d'un nombre, au moins égal à cinq, d'individus rayonnants. L'équivalence primitive de ces divers individus résulte du
fait que les rayons peuvent reproduire l'organisme central, aussi
bien que ce dernier reproduire les rayons. Toutefois une division du travail s'est faite entre eux : l'individu central est un *individu nourricier ;* les individus rayonnants des *individus reproducteurs.* C'est exactement le mode de division du travail et le
mode de groupement des divers individus que nous ont offert les
Méduses et les Coralliaires. Cette ressemblance résulte de l'identité,
chez tous ces animaux, des conditions d'existence de l'individu
central, progéniteur de ceux qui l'entourent : cet individu est fixé au
sol. Les individus reproducteurs ont d'ailleurs pris accessoirement
chez les Échinodermes, comme chez les animaux rayonnés provenant des Hydres, la fonction locomotrice. Le parallélisme complet
que présentent les deux ordres d'animaux rayonnés est précieux,
car l'histoire des polypes hydraires, dont nous avons pu suivre
pas à pas les transformations, lève toutes les objections que l'on
pourrait tirer des lacunes de celle des Échinodermes.

Le développement des Échinodermes fournit un dernier argument à l'appui de notre théorie. Si l'Échinoderme tout entier
n'était que le résultat d'une métamorphose de sa larve, on ne comprendrait pas que la moindre des modifications de celle-ci ne fût
le point de départ de modifications correspondantes de l'Échinoderme adulte et que les larves si différentes des animaux de ce
groupe n'aient pas donné naissance à des êtres tout à fait dissemblables. Ce phénomène s'explique au contraire naturellement si
la larve d'un Échinoderme ne représente que l'individu central

de la colonie. En tant qu'individu autonome, elle peut, en effet, éprouver individuellement toutes sortes de modifications, comme en éprouvent souvent les individus engagés dans une colonie ; en tant que membre d'une colonie, elle est dominée dans son évolution par une force supérieure qui tend à la constitution rapide de cette colonie et fait disparaître tous les caractères qui ne sont pas nécessaires à cette constitution. Pendant la période de son existence qui précède l'apparition du bourgeonnement, la larve prend donc les caractères qui sont le plus en harmonie avec son genre de vie ; mais, au moment où la colonie échinodermique se constitue, elle perd ces caractères, en quelque sorte personnels, pour revêtir ceux qu'elle a acquis par suite de son adaptation à la vie sociale.

C'est exactement ce que nous ont montré précédemment les larves d'Annélides et de Crustacés, et l'on peut voir dans ce rapprochement une preuve indirecte que les Échinodermes sont bien des animaux composés.

CHAPITRE IV

Les Mollusques et les Brachiopodes.

L'embranchement des Mollusques qui compte des représentants si nombreux et des formes si variées paraît être une des difficultés de la théorie. On chercherait en vain chez ces animaux une trace extérieure de segmentation : leur corps se divise bien en régions, mais ces régions sont mal limitées ; ce sont des parties d'un même tout, des organes d'un même individu, mais nullement des individus distincts. Faut-il voir dans les Mollusques des êtres simples analogues aux *Olynthus*, aux Hydres, aux Trochosphères ou même aux Ascidies dont nous n'avons pas encore déterminé les parents ? Pareille idée se concilie mal avec l'organisation complexe de ces animaux, avec la taille considérable qu'atteignent quelques-uns d'entre eux, certains Calmars par exemple dont la longueur se chiffre par mètres. Devons-nous admettre qu'à la façon des Bryozoaires dont on les a rapprochés, ils résultent de l'emboîtement l'un dans l'autre de deux individus différents ? On ne peut invoquer aucun argument en faveur de cette manière de voir. Les Mollusques comptent au contraire parmi les êtres dont toutes les parties sont le plus étroitement solidaires.

D'ailleurs tous les organismes simples que nous avons rencontrés se sont montrés doués de la faculté de reproduction par voie agame qui fait totalement défaut aux Mollusques.

Ces animaux ne se rattachent par aucun trait de leur structure anatomique ni aux organismes provenant de colonies irrégulières, ni à ceux qu'ont pu former des colonies rayonnées. Des quatre classes dans lesquelles on les divise trois sont caractérisées par la symétrie bilatérale bien franche des organismes qu'elles comprennent, et ceux qui forment la quatrième ne présentent en somme qu'une déviation peu importante de cette symétrie. C'est donc parmi les animaux à symétrie bilatérale, c'est-à-dire parmi les Vers, qu'il faut chercher les plus proches parents des Mollusques, et comme leurs ancêtres ne paraissent pas devoir être des Vers simples, il faut bien les chercher parmi les Vers composés. Les Mollusques seraient donc des colonies linéaires revenues à l'état simple. Les Géphyriens, les Arachnides, les Crustacés parasites nous ont déjà montré que dans de telles colonies toute trace de la segmentation primitive pouvait disparaître.

Comment nous orienter dans la reconstitution de cette parenté? Il n'existe parmi les Mollusques qu'un seul groupe où l'on puisse constater une apparence de segmentation; c'est celui des Oscabrions dont le dos est recouvert de plaques transversales simulant des anneaux. Mais les Oscabrions sont si rapprochés, par tout le reste de leur organisation, d'autres Mollusques où il n'est possible de trouver aucune trace de segmentation qu'on ne peut voir dans leurs anneaux apparents que des productions sans importance au point de vue des affinités. D'autre part, il y a une quantité considérable de Mollusques, dépourvus de coquilles dont l'aspect rappelle assez bien celui des Vers simples. M. de Quatrefages a fait ressortir autrefois de singuliers rapprochements entre l'organisation de ces *Mollusques nus* et celle des Planaires. Mais l'embryogénie vient démontrer que les Mollusques nus sont tous, dans le jeune âge, pourvus d'une coquille : ils ne peuvent être considérés que comme des Mollusques à coquille, ayant subi une dégénérescence plus ou moins considérable. Leur parenté avec les Vers n'est encore qu'une apparence.

Nous ne pouvons résoudre le problème qu'en prenant pour point de départ les Mollusques typiques, ceux dont tout le monde connaît les brillantes coquilles. Malgré le nombre immense de leurs espèces, ces Mollusques ne dérivent en somme que d'un petit nombre de formes fondamentales. On les divise en sept ordres : les *Céphalopodes*, les *Ptéropodes*, les *Gastéropodes*, les *Hétéropodes*, les

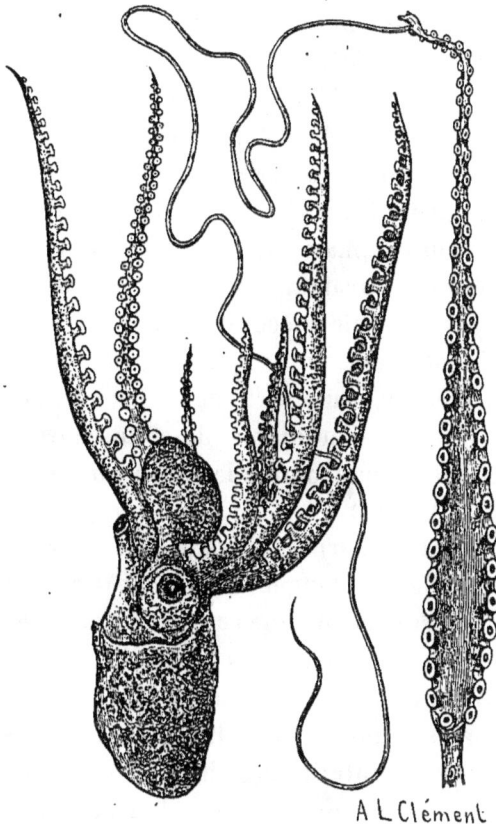

A L Clément

Fig. 148. — CÉPHALOPODE. — *Octopus violaceus,* avec son bras fécondateur encore enfermé dans une poche cutanée, située à droite de l'animal. — Sur la gauche de la figure, le bras fécondateur (hectocotyle) complètement développé.

Solénoconques, les *Acéphales* et les *Brachiopodes.* Ces ordres sont d'inégale valeur. On réunit assez souvent les Ptéropodes, les Hétéropodes et les Gastéropodes en un seul groupe, le groupe des *Céphalophores,* ainsi nommé parce que tous les Mollusques qu'il comprend ont une tête plus ou moins distincte ; les Solénoconques, dont la singulière organisation a été révélée par les beaux Mémoires de M. de Lacaze-Duthiers sur le Dentale, sont exactement intermédiaires entre les Céphalophores et les Acéphales, de telle façon que ces deux groupes sont à leur tour étroitement unis ; enfin les Brachiopodes s'éloignent tellement de tous les autres qu'on s'est demandé s'ils étaient vraiment bien des Mollusques. Nous les laisserons pour le moment de côté.

En somme trois animaux bien connus donneront une idée nette des trois groupes principaux de Mollusques : les *Poulpes* ou Pieuvres sont des *Céphalopodes* (fig. 148), les *Escargots* des *Gastéropodes*, les *Huîtres* et mieux encore les *Mulettes* ou moules de rivière des *Acéphales*. La plupart des Céphalopodes actuels n'ont pas de coquille ; mais leurs ancêtres en avaient une ; les Gastéropodes ont une coquille formée d'une seule pièce et généralement enroulée en spirale ; les Acéphales ont une coquille divisée en deux moitiés semblables, articulées par une sorte de charnière, pouvant s'ouvrir ou se fermer en tournant autour de cette charnière et comprenant entre elles l'animal comme la couverture d'un livre comprend les pages du volume.

Huit ou dix appendices, armés de ventouses, souvent plus longs que le corps tout entier, prolongent en avant la tête du Céphalopode et forment autour de sa bouche une couronne complète ; ce sont ses *bras* si l'on s'en tient au langage des naturalistes, ses pieds si l'on se reporte à l'étymologie du mot Céphalopode. Les poulpes seraient donc des Mollusques ayant leurs pieds autour de la tête. Les Gastéropodes semblent au contraire marcher sur leur ventre : leur organe de locomotion est une sorte de pied aplati en forme de semelle ; enfin les Acéphales ont aussi un pied situé sur leur face ventrale et ayant, en général, la forme d'une langue comprimée. En réalité, *les bras du Céphalopode, le pied aplati du Gastéropode et le pied linguiforme de l'Acéphale sont tous trois des dépendances de la tête du Mollusque*. Quelque paradoxale que paraisse cette proposition, *tous les Mollusques marchent sur un appendice de leur tête* ; à proprement parler tous les Mollusques sont céphalopodes.

Ce point une fois accepté, toute l'organisation des Mollusques devient d'une extrême clarté ; les liens de parenté de ces singuliers animaux se dévoilent d'eux-mêmes. Nous devons donc l'établir d'une manière irréfutable.

Rappelons d'abord que presque tous les naturalistes admettent que les bras des Céphalopodes sont des organes de même nature que le pied des Gastéropodes : on est également d'accord pour admettre l'identité du pied des Gastéropodes et du pied des Acéphales. La tête de ces derniers s'étant fusionnée avec la masse du corps, nous ne pouvons puiser dans leur organisation aucun renseignement utile ; nous n'avons donc à nous occuper que des Gastéropodes, sauf à démontrer ensuite que les résultats acquis en ce qui les concerne doivent être nécessairement étendus aux Acéphales.

Or, tout auprès des Gastéropodes, les Ptéropodes viennent déjà confirmer notre manière de voir. Ces gracieux animaux (fig. 152, n° 3) vivent dans la haute mer et nagent par soubresauts, en frappant l'eau à l'aide de deux larges membranes, épanouies comme deux ailes de chaque côté de leur tête. Leur allure capricieuse rappelle le vol des Lépidoptères : on les a quelquefois surnommés les *papillons de la mer*. Quelle est la nature de leurs rames céphaliques? L'embryogénie et l'anatomie démontrent à la fois qu'il faut voir en elles des organes correspondant au pied des Gastéropodes. Mais ce sont en même temps des dépendances étroites de la tête, de véritables *pieds céphaliques ;* pour la seconde fois, nous sommes obligés de rapprocher la prétendue *sole ventrale* du Gastéropode d'organes dont les rapports avec la tête sont incontestables. Faut-il donc admettre que chez les Céphalopodes et les Ptéropodes le pied a quitté la place qu'il occupe d'habitude chez les Gastéropodes pour venir se souder à la tête ? Nullement. Le pied des Gastéropodes occupe chez ces animaux exactement la même place que chez les autres Mollusques, seulement la tête a été chez eux mal définie ; le volume énorme du pied l'a fait considérer comme la partie importante du corps ; le pied étant pris pour le corps, la face par laquelle il s'applique sur le sol est devenue une *face ventrale*, de là ce nom parfaitement inexact de *Gastéropode* qui est, en somme, la seule difficulté contre laquelle nous ayons à lutter.

.Tout le monde, en voyant ramper un Escargot, le compare aussitôt à une Limace ; la partie visible du premier ressemble presque entièrement à l'ensemble du corps du second ; on est donc naturellement porté à considérer ce que l'on voit alors de l'Escargot comme l'animal entier et à négliger la partie qui reste enfermée dans la coquille ; il semble que cette masse spirale, ce *tortillon*, comme disent les anatomistes, soit sans importance puisqu'il n'existe rien qui lui ressemble chez la Limace. Involontairement on garde cette impression en étudiant les autres Mollusques, et si les anatomistes, reconnaissant que le tortillon renferme en réalité tous les organes, lui accordent une grande attention, ils n'en continuent pas moins à diviser le corps du Gastéropode en trois parties à peu près équivalentes : la *tête*, située en avant de la coquille ; le *pied* au-dessous et en arrière ; le *tortillon*, à l'intérieur. Ils considèrent encore la bouche comme indiquant la partie antérieure du Mollusque, l'extrémité du pied comme indiquant sa partie postérieure ; le tortillon se trouve alors placé verticalement au-dessus de l'animal. C'est toujours, comme on voit, la Limace que l'on prend inconsciemment comme point de départ.

Mais la Limace, comme tous les autres Mollusques sans coquille, est une forme tout à fait exceptionnelle parmi les Mollusques ; son organisation porte l'empreinte irrécusable des modifications profondes qu'elle a subies. Revenons à l'Escargot, souvenons-nous que, dans la presque totalité des Gastéropodes, le *tortillon*, précieusement enveloppé dans sa coquille, contient tous les organes et nous sommes bien obligés de voir en lui le véritable corps de l'animal. Supposons-le déroulé et maintenu verticalement, l'animal continuant à marcher sur le sol, et comparons le corps, ainsi rétabli dans sa forme normale, au corps d'un Ver. Il devient tout de suite évident que la partie *supérieure* du tortillon n'est autre chose que la partie *postérieure* de l'animal et que sa base correspond à l'extrémité *antérieure* ou *céphalique* du Mollusque. Le Gastéropode marche donc en réalité la tête en bas et le corps vertical. Pour continuer cette restauration, il suffit de ramener la tête et le pied dans le prolongement du corps comme le fait l'animal lui-même quand il rentre dans sa coquille : les deux moitiés de la sole ventrale se

rapprochent alors de plus en plus l'une de l'autre ; le *pied* se replie
vers la tête et, dans sa position de repos, il n'apparaît plus que
comme un prolongement de la face inférieure de celle-ci.

A ce moment, le Gastéropode, le Ptéropode et le Céphalopode
sont absolument comparables l'un à l'autre. Il n'est besoin de rien
forcer pour retrouver les déterminations de l'anatomie comparée. Chez tous les trois, l'appareil locomoteur se montre incontestablement comme une simple dépendance de la tête du Mollusque. Les bras étalés d'un Poulpe, les ailes étendues et le lobe moyen
du pied d'une Hyale, la sole d'un Colimaçon déterminent un plan
auquel le corps de l'animal est perpendiculaire ; ce plan, on peut
l'appeler le plan céphalique ; c'est le plan de locomotion du Gastéropode, mais il n'a rien à faire avec sa face ventrale.

La seule différence qu'il y ait, au point de vue de l'appareil
locomoteur chez les Céphalopodes, les Ptéropodes et les Gastéropodes, c'est que chez les premiers cet appareil est également
développé tout autour de la tête et divisé en huit ou dix lobes à
peu près semblables ; chez les seconds, il est partagé en trois lobes,
un médian qui demeure rudimentaire et deux latéraux qui prennent un développement considérable et constituent les ailes et
nageoires ; chez les troisièmes enfin les deux lobes latéraux manquent et le lobe médian devenant énorme constitue à lui seul ce
qu'on nomme le *pied* : la même chose a lieu chez les Acéphales
où le pied est comprimé au lieu d'être aplati.

Le Mollusque ainsi considéré n'est pas sans quelque ressemblance avec une Annélide à branchies céphaliques, telle qu'une
Serpule, un Myxicole ou une Sabelle. Le développement que prennent chez ces animaux les appendices presque insignifiants que
l'on désigne sous le nom d'*antennes* chez les Annélides errantes,
le rôle nouveau qu'ils jouent en devenant un puissant appareil
respiratoire après avoir été de simples organes du tact, montre
quelles transformations profondes peuvent éprouver des organes
de même nature et prépare l'esprit aux modifications plus considérables encore que les appendices céphaliques du Gastéropode ont
dû subir pour devenir un appareil locomoteur.

La branchie de l'Annélide joue d'ailleurs, elle aussi, un rôle

important dans la locomotion. Quand l'animal demeure dans son
tube, elle fait mouvoir autour de lui l'eau ambiante et lui amène à
la fois de l'air et des aliments ; quand il en sort, comme le font les
Myxicoles, les Amphicorines, les Fabricies, c'est encore le tourbillon ciliaire de la branchie qui détermine, suivant M. de Quatrefages, le déplacement. La branchie est donc dans ce cas un véritable
appareil de locomotion.

Bien plus, chez les Annélidés à branchies céphaliques qui habitent un tube calcaire, nous avons précédemment signalé, au-dessous
des branchies (fig. 99 et 105, n° 2) la présence d'un appendice plus ou
moins développé portant un opercule tantôt calcaire, tantôt corné,
qui vient s'appliquer exactement sur l'orifice du tube ; chez les Mollusques gastéropodes typiques (fig. 150), le pied porte constamment
sur son extrémité postérieure un opercule qui peut être, lui aussi,
tantôt calcaire et tantôt corné et qui est destiné à fermer la coquille
quand l'animal se rétracte. Il y a là un remarquable parallélisme
et, si l'on s'en tenait à ces considérations, la ressemblance extérieure entre le Mollusque déroulé et la Serpule serait suffisante pour
faire naître l'idée d'une parenté réelle entre ces deux êtres.

Mais une grosse objection se présente. On admet depuis Cuvier
que les Mollusques et les Vers sont contruits sur deux plans absolument différents, et l'on en trouve la preuve dans la disposition de leur
système nerveux, de cet appareil qui « non seulement fait de l'être
un animal, mais établit encore le degré de son animalité (1). » Chez
les Mollusques, en effet, la chaîne ganglionnaire si caractéristique
des Annelés paraît avoir disparu ; tout le système nerveux est réduit
à deux colliers entourant l'œsophage et sur lesquels sont disséminés
des ganglions que l'on croyait autrefois irrégulièrement distribués.
L'existence de ces deux colliers est tout à fait générale ; mais
leurs diverses parties présentent une netteté particulière chez les
Gastéropodes ; le système nerveux de ces animaux a été d'ailleurs
l'objet d'études approfondies, c'est donc chez eux que nous devons
rechercher les dispositions typiques. M. de Lacaze-Duthiers a nettement établi que, chez tous ces Mollusques, le premier collier,

(1) Cuvier, *Règne animal*, édit. de 1829, t. Ier, p. 46.

le *collier antérieur*, était constamment formé de deux ganglions cérébroïdes (fig. 149, *c*), situés au-dessus de l'œsophage, et de deux ganglions symétriques (*p*), situés au-dessous. Le collier postérieur (fig. 149, *c*, n_1, n_2, n_3) se rattache lui aussi aux ganglions cérébroïdes ; mais il comprend une série de cinq ganglions (n_1, n_2, n_3) reliés entre eux par des cordons nerveux plus ou moins allongés ; en outre, les

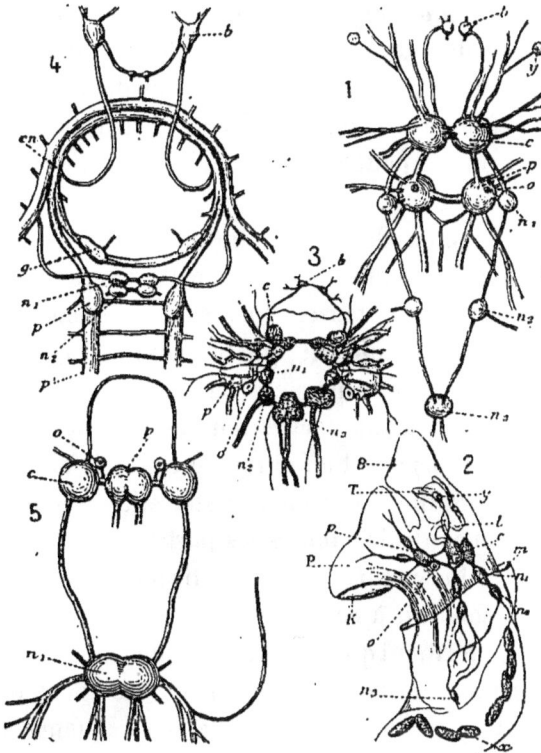

Fig. 149. — SYSTÈMES NERVEUX DE MOLLUSQUES. — 1. *Acera bullata.* — 2. *Truncatella truncatula.* — 3. *Limnæus stagnalis.* — 4. *Chiton fascicularis.* — *Pecten opercularis.* — *b*, ganglions stomato-gastriques ; *c*, ganglions cérébroïdes ; *o*, otocystes ; *y*, yeux ; *p*, ganglions pédieux ; *p'* nerfs qui en naissent chez les *Chiton ; n_1, n_2, n_3,* les trois ganglions de la chaîne nerveuse ; B, partie portant la bouche ; T, tentacules ; *l*, râpe linguale ; P, pied ; K, opercule ; *x*, excréments chez la Troncatelle. (Les figures 1, 3 et 5 d'après V. Ichring ; 4, d'après Lacaze-Duthiers.)

deux colliers sont rattachés l'un à l'autre de chaque côté de l'œsophage par un cordon allant du ganglion sous-œsophagien du premier collier au premier ganglion sous-œsophagien du second. L'ori-

gine du tube digestif se trouve donc comprise entre deux triangles
nerveux dont les sommets sont, de chaque côté, représentés en
haut par le ganglion-cérébroïde, en bas et en avant par le ganglion
inférieur du collier antérieur, en bas et en arrière par le premier
ganglion sous-œsophagien du collier postérieur. On admet implicitement que tous ces ganglions sont également caractéristiques
du système nerveux du Mollusque et sont vis-à-vis les uns des
autres dans les mêmes rapports que les divers ganglions de la
chaîne nerveuse des animaux annelés. S'il en est ainsi, les systèmes nerveux de ces animaux ne peuvent évidemment être rattachés au même type, et les Mollusques sont construits tout autrement
que les Vers : on ne peut songer à établir entre eux aucun lien
de parenté.

Cependant l'examen de la distribution des nerfs qui naisssnt
des divers ganglions vient montrer que l'équivalence qu'on leur
suppose est au moins douteuse. Chaque collier a, en effet, un domaine parfaitement circonscrit qui lui donne une signification
toute spéciale. Le collier antérieur (fig. 149, n° 2, *c*, *p*) n'envoie
absolument de nerfs qu'aux parties habituellement désignées sous
les noms de *tête* et de *pied* et au muscle qui sert à faire rentrer ces
parties dans la coquille. Le collier postérieur (même fig., *c*, n_1,
n_2, n_3) dessert, au contraire, toutes les parties du corps enfermées
dans la coquille. La comparaison des divers types de Mollusques
nous avait déjà conduits à considérer la tête et le pied des Gastéropodes comme ne formant qu'un seul et même tout ; les attributions
spéciales du collier nerveux antérieur viennent confirmer cette
appréciation, et le nom de *tête* doit être, en conséquence, transporté
au tout ainsi déterminé ; le premier collier nerveux réprésente simplement l'ensemble des nerfs céphaliques ; il correspond aux différents nerfs qui, chez les Annélides, se distribuent dans les téguments
et les appendices céphaliques, et ses dispositions particulières ne
sont que la conséquence des modifications éprouvées par les parties
auxquelles il correspond.

S'il en est ainsi, le second collier nerveux correspond seul au
système nerveux des Annelés ; des cinq ganglions qui le constituent, quatre sont à peu près symétriques deux à deux, le cin-

quième est impair. Ces cinq ganglions peuvent être considérés comme formant une chaîne ventrale réduite à trois segments (fig. 149, n° 1). Dès lors le système nerveux des Mollusques se trouve correspondre exactement à celui des Vers annelés ; les deux types sont ramenés l'un à l'autre. A la vérité, la chaîne nerveuse des Gastéropodes n'est pas tout à fait symétrique ; le deuxième ganglion de l'un des côtés est presque toujours plus développé que le ganglion correspondant de l'autre (fig. 149, n° 2) ; mais cela tient simplement à ce que l'un des côtés du Mollusque est lui-même plus développé que l'autre, condition qui a déterminé précisément l'enroulement du corps en spirale. On doit, en effet, à M. de Lacaze-Duthiers d'avoir démontré que, lorsque l'enroulement d'un Mollusque se fait de droite à gauche, comme dans l'Escargot ou la Lymnée, c'est le ganglion droit qui est le plus développé ; c'est au contraire le ganglion gauche qui est le plus développé lorsque l'enroulement se fait de gauche à droite comme dans les Physes ou les Planorbes (1). Dans le premier cas, le plus ordinaire, les coquilles sont dites *dextres*, dans le second elles sont dites *senestres*.

Le Mollusque gastéropode pourrait donc être considéré comme un Ver réduit à un très petit nombre d'anneaux ; mais cela suppose une modification considérable de l'ensemble des nerfs céphaliques, cette modification est-elle possible ? Nous avons un moyen de répondre, c'est de rechercher quelles modifications a subies le système nerveux dans la tête des Sabelles et des Serpules concurremment avec les modifications dont les appendices céphaliques de ces animaux ont été l'objet.

Là nous voyons les nerfs antennaires devenir énormes comme les antennes elles-mêmes qui constituent le panache respiratoire, un nerf particulier se détache de ces nerfs antennaires pour se rendre au support de l'opercule, en même temps un autre gros nerf part du premier ganglion sous-œsophagien pour se rendre au pourtour de la bouche et se termine par un renflement ganglionnaire. Cette partie céphalique du système nerveux possède à elle

---

(1) De Lacaze-Duthiers, *Du système nerveux des Gastéropodes pulmonés aquatiques* ; Archives de Zoologie expérimentale, t. Ier, 1872, p. 494.

seule un volume très supérieur à celui de toutes les autres. Non
seulement les nerfs grossissent avec les parties qu'ils desservent,
mais ils se renforcent encore de ganglions lorsque ces parties prennent une importance considérable. Cela posé, supposons que les
deux appendices operculaires d'une Serpule soient remplacés par
un appendice unique situé sur la ligne médiane du corps, les nerfs
qui les desservent se rapprocheront pour innerver ce nouvel organe ; en se rapprochant, ils rencontreront les gros nerfs labiaux
qu'ils comprennent, se souderont avec eux, et le ganglion qui les
termine se transportera au point de suture. De chaque côté de
l'œsophage se constituera donc un triangle nerveux tout semblable
à celui d'un Gastéropode et qui sera complété par la soudure des
deux ganglions symétriques. L'appendice operculaire rabattu en
arrière avec une portion des tissus de la bouche formera le pied du
Gastéropode pourvu de son opercule ; ce pied prenant un volume
supérieur à celui du corps, les ganglions pédieux et leurs annexes se
développeront en conséquence, finiront par acquérir une sorte de
prépondérance sur les ganglions voisins, dépasseront même en volume les ganglions typiques dont le domaine est plus restreint, et le
système nerveux du Gastéropode sera constitué. La distance qui
sépare le double collier du Mollusque du collier de l'Annelé est
donc bien facile à franchir ; le collier double du Mollusque n'est
qu'une conséquence des modifications de forme et de position subies par certaines parties de la tête.

On peut donner d'autres preuves de l'origine exclusivement
céphalique du premier collier des Mollusques. Les Mollusques ont
un appareil auditif tout semblable à celui des Annélides, formé
d'une vésicule, l'*otocyste*, contenant un ou plusieurs *otolithes*. Les
délicates dissections de M. de Lacaze-Duthiers, entreprises en vue
de démontrer que les ganglions cérébroïdes étaient avant tout des
centres nerveux sensitifs, ont montré (1) que ces otocystes (fig. 149,
n°s 1, 2, 4, 5, *o*) étaient toujours directement reliés au cerveau par
un véritable nerf acoustique souvent fort long, mais toujours grêle

_____

(1) H. de Lacaze-Duthiers, *Sur l'otocyste des Mollusques*; Archives de Zoologie expérimentale, t. 1er, 1872.

et fort difficile à apercevoir. Ces otocystes sont donc sous la dépendance étroite du cerveau. Or chez la plupart des Gastéropodes et des Acéphales, ils sont cependant situés sur les ganglions inférieurs du premier collier, sur les ganglions qui donnent naissance aux nerfs

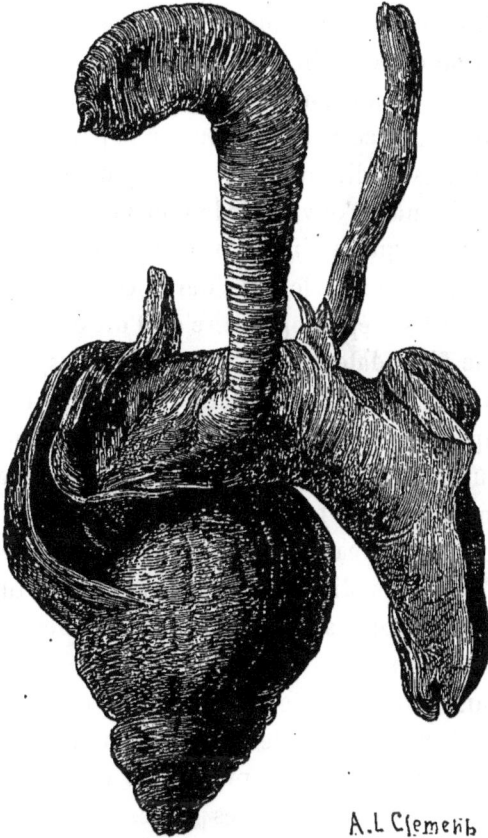

Fig. 150. — GASTÉROPODE. — Buccin ondé (*Buccinum undatum*), un peu réduit, dont la trompe et l'organe copulateur sont étalés ; au-dessous de la trompe on voit le pied, portant son opercule (d'après une préparation déposée au Muséum par M. de Lacaze-Duthiers).

du pied, les ganglions *pédieux*. Ils leur sont souvent unis si étroitement qu'on les a considérés longtemps comme une dépendance de ces ganglions. Le fait est trop général pour qu'on puisse ne voir en lui qu'un accident. Quelle singulière connexion si l'on considère le pied comme un organe indépendant! Elle devient au contraire toute naturelle si le pied n'est, comme nous le pensons, qu'une dépendance de la tête et son ganglion qu'un centre nerveux secondaire, développé sur des nerfs nés directement du cerveau.

Autre exemple non moins frappant : les Gastéropodes possèdent sur l'un des côtés du corps un volumineux organe de fécondation (fig. 150) : cet organe reçoit directement un nerf du cerveau; chez un Ver annelé il faudrait donc le considérer comme une *antenne* modifiée. Souvent l'orifice mâle se trouve à la base même d'un véritable tentacule, c'est-à-dire d'une antenne; ailleurs il arrive que le canal de la glande mâle s'ouvre très loin de l'organe fécondateur; ce dernier n'est alors qu'un simple prolongement des téguments céphaliques; il faut encore le considérer comme un tentacule. D'autre part, chez les Céphalopodes, c'est l'un des bras (fig. 149) qui sert d'organe fécondateur, et dans certaines espèces ce bras, prenant un développement considérable, se détache et peut vivre un certain temps à la façon d'un animal indépendant (1). L'organe fécondateur est ici emprunté à une partie correspondante au pied du Gastéropode. Entre le bras fécondateur du Poulpe et l'organe innervé par le cerveau du Gastéropode, il ne semble donc y avoir aucun lien. Ces dispositions se rattachent au contraire étroitement l'une à l'autre si le pied des Mollusques, en général, doit être considéré comme un organe céphalique.

En rapprochant toutes ces données, on arrive à conclure que l'explication de l'organisation des Mollusques réside avant tout dans l'importance exceptionnelle prise chez ces animaux par la tête et ses appendices; les Mollusques et les Annélides à branchies céphaliques ou *Annélides céphalobranches* sont donc des êtres qui résultent de modifications dans le même sens de certains organismes vermiformes. La direction de ces modifications est elle-même la conséquence des conditions communes dans lesquelles ont dû se transformer les organismes qui les ont subies. Les Mollusques et les Annélides céphalobranches sont les

---

(1) Cuvier l'avait pris pour un Ver parasite de certains Poulpes et lui avait donné le nom d'*Hectocotyle*.

uns et les autres les descendants d'êtres habitant des tubes, n'ayant de rapports avec le monde extérieur que par les orifices de ceux-ci ou même seulement par leur orifice antérieur. Dès lors toutes les fonctions de relation ont dû se concentrer vers les parties voisines de cet orifice : de là ce développement exceptionnel de la tête si manifeste déjà chez les Annélides céphalobranches, mais qui n'atteint son plus haut degré que chez les Mollusques. Aujourd'hui beaucoup de Gastéropodes n'habitent plus de coquilles, mais les larves pourvues d'une coquille et d'un opercule de ces Mollusques nus témoignent encore que ces animaux ont eu pour ancêtres des Mollusques à coquilles; la plupart des Céphalopodes n'ont plus que des coquilles internes; mais les Céphalopodes anciens avaient tous des coquilles externes, et certains traits de mœurs des Céphalopodes actuels peuvent encore être rattachés à ce fait primitif. Chez les Seiches, par exemple, c'est entre la membrane buccale et un repli des téguments qui entoure la bouche que le mâle vient déposer les éléments fécondateurs.

N'y a-t-il entre les Annélides céphalobranches et les Mollusques que des analogies résultant d'un mode commun d'existence? Quelques autres caractères établissent nettement entre les deux types une parenté plus proche : la courte chaîne ganglionnaire des Mollusques a ses deux moitiés, la droite et la gauche, nettement séparées et distantes l'une de l'autre; chez la plupart des Annélides les deux moitiés de la chaîne ganglionnaire sont au contraire confondues tout le long de la ligne médiane du corps; mais chez beaucoup d'Annélides sédentaires, et notamment chez les Serpules, les Vermilies et probablement les autres Céphalobranches à tube calcaire, les deux moitiés de la chaîne nerveuse sont précisément très éloignées l'une de l'autre. Les Mollusques ont un organe de l'audition dont la forme se maintient constante; sauf en ce qui concerne le nombre des otolithes; les Annélides ont rarement des organes de l'ouïe; mais ces organes sont très fréquents dans le groupe des Céphalobranches; ils affectent exactement la forme de ceux des Mollusques, et leurs otolithes présentent les mêmes modifications. Le corps des Gastéropodes présente une asymétrie très

marquée, les Annélides céphalobranches présentent également de
nombreuses traces d'asymétrie : les Spirographes (fig. 102) ont
l'une de leurs branchies céphaliques presque entièrement atro-
phiée ; il devrait exister normalement chez les Serpules deux
appendices operculaires, il ne s'en développe ordinairement qu'un
seul (fig. 99). L'enroulement en spirale si fréquent chez les Mollusques Gastéropodes se retrouve, parmi nos Annélides, chez les
Spirorbes (fig. 105, nᵒˢ 2 et 3) ; de plus, chez ces animaux l'appareil
circulatoire est nul ou peu développé, et les glandes reproductrices
des deux sexes sont réunies sur le même individu, caractères exceptionnels dans la classe des Annélides marines, mais qui sont
fréquents chez les Gastéropodes.

Les analogies entre les Mollusques gastéropodes et les Annélides céphalobranches habitant des tubes calcaires se multiplient donc d'une façon remarquable. Quoique le tube des uns
et la coquille des autres se forment aujourd'hui de façons fort
différentes, ne serait-il pas possible de leur trouver une origine
commune?

On peut objecter, il est vrai, que les Annélides sédentaires sont
pourvues de soies et que les Mollusques n'en ont jamais; mais les
soies ne sont pas aussi caractéristiques des Annélides qu'on pourrait le croire : les *Polygordius* et quelques organismes voisins
d'assez grande taille en sont dépourvus; il en est de même des
Phoronis qui sont des Céphalobranches tubicoles, et du groupe entier des Sangsues. Déjà même, chez les Spirorbes, une portion
considérable de la face ventrale manque de ces organes.

Une objection plus grave consiste dans la position de l'anus
qui est presque toujours terminal chez les Annélides, tandis qu'il
est ramené en avant chez les Mollusques, mais la position de
l'anus chez les divers Annelés ne demeure pas fixe. Déjà cet orifice
cesse d'être terminal chez les Sangsues; il est ramené plus en
avant encore chez les Géphyriens; il n'y a donc pas de raison de se
refuser à admettre qu'il ait pu se porter vers la région antérieure
chez des Vers enfermés dans des tubes, formés d'ailleurs d'un petit
nombre d'anneaux, et dont les téguments ont pu être refoulés en

arrière par le développement d'organes volumineux dans un espace restreint.

Enfin l'entrée du tube digestif des Mollusques supérieurs est

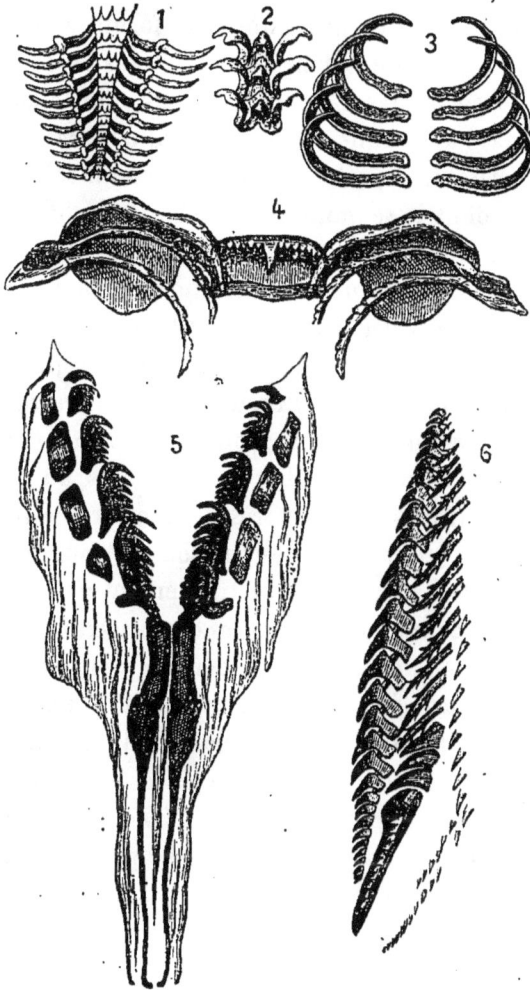

Fig. 151. — ARMATURES PHARYNGIENNES DE MOLLUSQUES. — 1. Langue ou *radula* d'*Atlanta Peronii*. — 2. Id. de *Sigaretus tonganus*. — 3. Id. de *Philine aperta*. — 4. Id. de *Strombus pugilis* (une des rangées transversales seulement).
ARMATURES OESOPHAGIENNES D'ANNÉLIDES. — 5. *Cirrhobranchia parthenopeia*, vue de face — 6. *Staurocephalus rubrovittatus*, vue de profil (d'après Ehlers).

pourvue de mâchoires et d'une armature linguale fort compliquée, formée d'une foule de dents disposées avec une régularité parfaite

suivant un nombre plus ou moins considérable de rangées longitudinales (fig. 151, nᵒˢ 1 à 4) ; cette armature manque aux Annélides céphalobranches. Ceci est un point important, car l'armature linguale
des mollusques supérieurs est un des caractères les plus généraux
de leur appareil digestif ; le nombre, la forme et la disposition
des dents qui la composent sont considérés par tous les malacolo-
gistes comme des caractères de haute valeur pour la classification.
L'animal donnant à l'organe un mouvement de va-et-vient l'utilise
comme une véritable râpe à l'aide de laquelle il saisit, use et dé-
chire les corps dont il se nourrit. Les Annélides du groupe des
Serpules avalent au contraire sans mâcher tout ce que le mouvement ciliaire de leurs branchies entraîne dans leur tube digestif.

Il y a donc là une sérieuse différence : toutefois cette différence
est atténuée par l'absence de radule chez les Mollusques acéphales,
et elle est en rapport avec la direction particulière dans laquelle
s'est développé chacun des deux groupes. Tous les deux descendent d'Annélides errantes, et, chez ces dernières, au tube digestif
est annexée une trompe qui est très souvent armée soit d'épines
cornées que M. de Quatrefages désigne sous le nom de *denticules*,
soit de longues *dents* disposées symétriquement par paires et mobiles latéralement comme les *mâchoires* des Insectes (fig. 151, nᵒ 5).
On les désigne quelquefois sous ce dernier nom, mais entre les
denticules et les *mâchoires* le passage s'établit d'une façon insensible ; ce sont des organes de même nature et leur ensemble présente une incontestable ressemblance avec l'armature linguale
des Mollusques (comparer fig. 151, nᵒ 6) : leur nombre est
moins grand chez les Annélides, mais le plus souvent, à côté
des denticules qui fonctionnent, il y en a un certain nombre
en voie de formation et qui sont destinées à les remplacer en
cas d'usure. Que la résistance des uns devienne plus grande,
que l'accroissement des autres devienne plus rapide, le nombre
des pièces cornées qui peuvent exister simultanément augmente,
l'armature de la trompe de l'Annélide se transforme en une
radule de Mollusque. En fait, il serait impossible d'indiquer une
différence entre l'armature pharyngienne d'Annélide représentée figure 151, nᵒ 6, et une *radula* de Gastéropode. Mais un tel

appareil masticateur serait inutile à un animal destiné à demeurer immobile, ne pouvant saisir que les proies qui viennent
à lui sans défense, emportées par quelque courant et qui sont
par conséquent de petite taille ; il faut donc admettre que les
Annélides tubicoles qui ont pu se transformer en Mollusques
n'étaient pas fixées comme les Serpules, mais avaient conservé
la faculté de se mouvoir, d'aller au-devant de leur proie et de
s'en emparer de vive force. Effectivement, les Annélides tubicoles dont le tube n'est jamais adhérent sont encore nombreuses.
Beaucoup d'Annélides errantes proprement dites, les Néréides elles-
mêmes se construisent des tubes qu'elles abandonnent avec la
plus grande facilité ; les Pectinaires traînent leur tube après elles à
la façon des larves de Phryganes ; les *Ditrupa*, voisines des Serpules, ont aussi un tube libre.

Les Annélides *tubicoles* ne sont donc pas nécessairement *sédentaires*, et l'on peut concevoir en conséquence le *Ver à branchies
céphaliques* et le *Ver à pied céphalique* comme ayant évolué suivant
deux voies différentes, gardant du type primitif un certain fond
commun, acquérant même de nouvelles ressemblances, résultant
de ce qu'il y avait de semblable dans leur manière de vivre, mais
s'éloignant aussi de plus en plus à d'autres égards. Les rapports
que l'on constate entre les Annélides céphalobranches et les Mollusques s'expliquent suffisamment en leur supposant une origine
commune ; il n'est pas nécessaire de faire descendre directement
les seconds des premières.

Comme leur système nerveux, l'appareil circulatoire des Mollusques rapproche encore ces animaux des Vers annelés. Ce fait
avait, dès 1870, frappé l'anatomiste allemand Gegenbaur. Dans
son Traité classique d'anatomie comparée, ce savant rapproche
déjà les Mollusques des Vers ; il déclare que certains traits de
leur organisation ne peuvent s'expliquer qu'en supposant leur
corps primitivement composé d'anneaux, et il développe surtout
cette idée en décrivant leur cœur qu'il compare au vaisseau dorsal

(1) Gegenbaur, *Éléments d'anatomie comparée* ; traduction française, pages
502 et 521.

d'un Ver qui n'aurait qu'un petit nombre de segments. Il signale encore les ressemblances que présente la constitution du rein dans les deux groupes.

Nous avons déjà dit que les reins des Vers, ordinairement désignés sous le nom d'*organes segmentaires*, étaient de longs tubes pelotonnés, se répétant par paires d'anneau en anneau, s'ouvrant à l'extérieur par un orifice latéral et dans la cavité générale par un entonnoir couvert de cils vibratiles. Ces organes contractent souvent de remarquables rapports avec les glandes génitales. Chez les Brachiopodes, ils conservent pendant toute la vie de l'animal leur caractère typique : ce sont des poches volumineuses à parois glandulaires, disposées symétriquement de chaque côté de l'intestin, s'ouvrant au dehors par des orifices situés vers la base des bras, et couronnés, dans la cavité générale, par un large pavillon vibratile, fortement plissé. Owen avait d'abord pris ces organes pour des cœurs. A leur fonction de reins ils ajoutent celle de canaux excréteurs pour les glandes génitales, comme cela arrive chez la plupart des Vers, notamment chez les Géphyriens. Ils fournissent une nouvelle preuve de la segmentation primitive du corps chez les Brachiopodes : chez les Rhynchonelles ils se répètent, en effet, comme chez les animaux segmentés; on en trouve deux paires au lieu d'une.

Il existe aussi des organes segmentaires chez les Mollusques, mais ils n'ont qu'une existence transitoire. On n'a jusqu'à présent constaté leur existence que chez les Mollusques pulmonés qui peuplent les eaux douces ou sont devenus tout à fait terrestres. Ils sont pendant la période larvaire au nombre de deux, situés à la partie antérieure du corps et ayant, comme d'habitude, la forme de deux longs tubes ciliés s'ouvrant d'une part à l'extérieur, de l'autre dans la cavité générale, par un entonnoir également cilié. Ces organes se retrouvant dans un type tel que celui des Gastéropodes pulmonés sont encore un argument bien difficile à combattre, en faveur de la parenté des Mollusques et des Vers annelés. Plus tard, ces reins primitifs disparaissent pendant que se forme un organe nouveau, désigné généralement sous le nom d'*organe de Bojanus;* mais, chose bien digne d'attention, cet organe de Bojanus, quoique très modifié dans sa partie glandulaire, reproduit complètement les connexions propres aux organes segmentaires des Vers et se prête à l'accomplissement des mêmes fonctions. Chez les Acéphales il est toujours pair et symétrique (1); souvent les deux organes communiquent l'un avec l'autre et, sauf dans quelques genres tels que les Peignes ou Coquilles de Saint-Jacques, les Spondyles, les Moules et les Pinnes marines où l'appareil tout entier a subi une dégénération évidente, chacune des deux glandes s'ouvre, d'une part, à l'extérieur, de l'autre, par un orifice cilié, dans la cavité d'une poche qui enveloppe le cœur et qui forme ainsi une sorte de *péricarde*. Cette cavité n'est d'ailleurs qu'imparfaitement séparée de la cavité générale, de sorte que les liquides contenus dans cette dernière peuvent passer à l'extérieur par l'intermédiaire du corps de Bojanus exactement comme ils le feraient par l'intermédiaire d'un organe segmentaire.

La glande singulière, signalée par M. de Lacaze-Duthiers dans le Vermet et au travers de laquelle la cavité générale du corps communique avec l'extérieur, ne serait-elle pas elle aussi un organe segmentaire comparable aux organes segmentaires modifiés qui occupent la région céphalique de beaucoup de Vers annelés?

Comme les organes segmentaires ordinaires, les corps de Bojanus des Mollusques lamellibranches peuvent contracter des rapports plus ou moins étroits avec l'appareil génital. C'est toujours au voisinage de leurs orifices que l'on trouve les orifices des canaux excréteurs des glandes reproductrices; chez les Pinnes marines et chez les Arches ces orifices se confondent déjà; les glandes reproductrices s'ouvrent enfin dans le corps même de l'organe rénal chez les Spondyles, les Peignes et les Limes. Bien qu'on ne puisse voir là que des phénomènes de simplification, simples conséquences d'une tendance générale de l'organisme des Acéphales, la répétition chez ces animaux des rapports que nous avons déjà trouvés chez les Vers dont ils dérivent, n'en est pas moins un fait d'une réelle signification.

Chez les Mollusques Céphalophores, moins éloignés des Vers

(1) H. de Lacaze-Duthiers, *Recherches sur la structure de l'organe de Bojanus chez les Acéphales lamellibranches* ; Annales des Sciences naturelles, 4ᵉ série, tome XVIII.

à bien des égards que les Acéphales, mais affectés d'une déformation particulière d'où résulte leur enroulement en hélice, l'un
des corps de Bojanus avorte généralement. Celui qui reste est
tantôt une glande compacte, tantôt un tube cilié. Quelle que soit
sa forme, sa double communication avec l'extérieur et avec le
péricarde est constante chez les Ptéropodes et les Hétéropodes ; elle
a été positivement observée chez un certain nombre de Gastéropodes, elle reste douteuse chez un certain nombre d'autres ; mais
en présence de la variété des types chez qui elle existe, on peut
dire que les cas où elle n'existe pas constituent l'exception.

L'appareil rénal définitif des Mollusques est donc construit sur le
même modèle général que celui des Vers et s'accorde avec tous les
grands systèmes organiques pour nous révéler l'origine commune
de ces animaux. Les Mollusques ne diffèrent, en réalité, des Vers
que par le petit nombre des anneaux qui sont entrés dans la constitution de leur corps, par la disparition dans celui-ci de toute trace
extérieure de segmentation, enfin par la résorption ou tout au moins
la transformation qu'ont subie les cloisons qui séparaient primitivement les anneaux. Le système nerveux, l'appareil circulatoire, l'appareil excréteur, attestent cependant encore la réalité des segments
dont le nombre, réduit à trois ou quatre, n'a sans doute éprouvé une
telle diminution qu'en raison du développement considérable pris
par le segment céphalique.

La disparition des cloisons a ici une conséquence importante :
les relations entre les parties constituant un même segment n'étant
plus maintenues par leur présence, ces relations cessent d'être
aussi étroites ; les ganglions nerveux et les centres d'impulsion de
l'appareil circulatoire se déplacent, se rapprochent, se fusionnent
même de manière que le type primitif se trouve dans certains cas
complètement masqué ; nous avons trouvé de saisissants exemples
de ces déplacements chez les animaux articulés. C'est au rapprochement et à la fusion de tous les ganglions qu'est due la masse
nerveuse concentrée dans la tête du Céphalopode et que semble
abriter une sorte de crâne.

S'il est plus élevé que le Gastéropode, à ce point de vue, s'il présente des organes des sens plus développés, un système nerveux

plus complexe, le Céphalopode se rapproche peut-être davantage du type primitif par d'autres traits de son organisation. Ses bras ont encore une telle ressemblance avec des appendices céphaliques, tels que les antennes des Annélides, que des anatomistes distingués se refusent encore à voir en eux autre chose et, ne songeant pas que le pied du Gastéropode n'est lui-même qu'un organe de cet ordre, leur refusent toute homologie avec ce pied.

Les bras des Céphalopodes et le pied des Gastéropodes résultant d'une modification dans un sens différent de parties primitivement identiques, on conçoit que ces deux ordres de Mollusques aient pu se développer simultanément. Il n'y a entre eux aucun lien nécessaire de filiation, et, si l'une des formes pouvait être considérée comme ayant engendré l'autre, on pourrait faire valoir d'assez nombreuses raisons en faveur de la forme Céphalopode dont les représentants se sont élevés cependant bien au-dessus des Gastéropodes.

D'autre part, de quelque façon que l'on rattache à la classe des Vers annelés celle des Mollusques, les Mollusques bivalves ou acéphales, tels que les Huîtres, les Moules, les Anodontes, les Vénus, etc., représentent certainement une forme infiniment plus modifiée, quoique inférieure en apparence : les traces de la segmentation primitive sont beaucoup plus effacées que dans les autres types ; le pied s'est beaucoup plus éloigné de la bouche ; la coquille est devenue bivalve ; le corps, plus raccourci, ne s'enroule plus en spirale et avec cet enroulement disparaît la dissymétrie du système nerveux. Mais la parenté intime de ce type nouveau avec celui des Gastéropodes est bien assurée par l'existence d'un double collier œsophagien, l'un pour la région buccale et le pied, l'autre pour les viscères et le manteau (fig. 151, n° 5). Ces deux colliers se trouvant très éloignés l'un de l'autre, aucune anastomose supplémentaire ne s'établit entre eux ; il n'y a plus de cordon nerveux étendu entre les ganglions inférieurs du second collier et les ganglions pédieux. Mais ces derniers manifestent encore leur origine essentiellement céphalique par les rapports de voisinage presque constants qu'ils présentent avec les otocystes. Les Acéphales doivent donc être considérés, d'une manière générale, comme des Gastéropodes dégénérés; s'il en est ainsi, ils n'ont pu apparaître qu'après eux dans la série des couches géologiques.

Cette conséquence de la théorie mérite d'être signalée. L'un des paléontologistes contemporains les plus éminents, celui qui a le plus contribué à faire connaître les animaux et les végétaux les plus voisins des êtres primitifs, M. Joachim Barrande, résumant les résultats consignés dans son immortel ouvrage sur le *Système silurien du centre de la Bohême*, a cru pouvoir faire de l'ordre d'apparition des Mollusques une objection capitale à la théorie de l'évolution : « La trace des Acéphales, dit-il (1), n'a été signalée jusqu'à ce jour ni dans la faune primordiale, ni dans les phases de transition entre cette faune et la faune seconde..... Comme, d'ailleurs, les ordres des Ptéropodes et des Gastéropodes, supérieurs par leur organisation, se sont manifestés durant les premiers âges siluriens, l'absence des Acéphales, durant toute la faune primordiale, constitue une grave anomalie et une interversion de l'ordre supposé, c'est-à-dire une discordance inexplicable entre les prévisions théoriques et la réalité. »

La discordance doit faire place, nous venons de le voir, à une remarquable concordance; et ce n'est pas un des moindres arguments en faveur de notre façon d'envisager les rapports des diverses classes des Mollusques que cet accord entre les déductions exclusivement tirées de l'anatomie et les phénomènes paléontologiques que M. Joachim Barrande considérait encore, en 1871, comme inexplicables.

S'il est impossible de méconnaître, chez les Mollusques adultes, les rapports étroits qui unissent ces animaux aux Vers annelés, des ressemblances plus grandes encore se manifestent pendant la durée de leur développement. Avant d'arriver à leur forme définitive, les Mollusques traversent une série de formes transitoires qui sont à peu près constantes pour un même groupe. Tous les Céphalopodes, par exemple, peuvent être considérés comme ayant le

---

(1) J. Barrande, Trilobites (Extrait du Supplément au vol. Ier du *Système silurien du centre de la Bohême*, p. 233. 1871).

même mode de développement. Les Ptéropodes, les Hétéropodes et les Gastéropodes, c'est-à-dire tous les Céphalophores, traversent les mêmes formes larvaires, et les larves des Acéphalés ne sont elles-mêmes que peu différentes de celles des Céphalophores.

Le développement des Céphalopodes est fort condensé, il s'ac-complit presque entièrement dans l'œuf ; ses phénomènes essen-

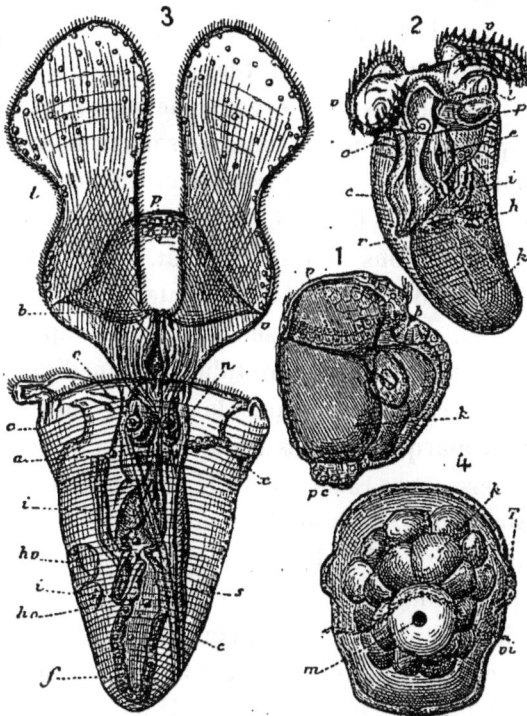

Fig. 152. — DÉVELOPPEMENT DES MOLLUSQUES. — 1. Embryon d'un Ptéropode (*Cavolinia triden-tata*), âgé de 48 heures (grossi 120 fois). — 2. Jeune de la même espèce âgé de près de 4 jours (grossi 90 fois). — Jeune de la même espèce âgé de 5 jours (grossi 90 fois). — 4. Embryon d'un Gastéropode pulmoné (*Planorbis corneus*) : *v*, couronne ciliée ; *b*, bouche ; *pc*, glande qui formera le rudiment de la coquille ; *c*, coquille ; *k*, sphères vitellines provenant de la segmentation de l'œuf ; *p*, pied ; *l*, ses lobes latéraux formant les nageoires du Ptéropode adulte ; *T*, tentacules ; *o*, otocystes ; *e*, esto-mac ; *f*, cœcum de l'estomac ; *i*, intestin ; *a*, anus ; *r*, rudiment du rein ; *h*, cœur ; *hv*, ventricule ; *ho*, oreillette ; *s* muscles ; *x*, organe sensitif spécial (d'après Herman Fol).

tiels sont masqués par la présence d'un énorme amas de matières nutritives qui se rassemble en un sac volumineux adhérent à la tête de l'embryon, ce qui est aussi le cas chez les Limaces ; mais dans la plupart des Céphalophores et des Acéphales, les choses se passent plus simplement. Chez les Ptéropodes, que l'on peut prendre comme type depuis les beaux travaux de M. Herman Fol (1), on voit se former d'abord une larve (fig. 152, n° 1) dont la ressemblance avec une trochosphère d'Annélide est frappante. Cette larve est à peu près sphérique; elle est divisée en deux parties inégales par une ceinture ciliée (*v*) immédiatement au-dessous de laquelle se forme la bouche (*b*). Bientôt cette ceinture se soulève : de même que chez les larves de Serpules, elle se transforme en expansions membraneuses frangées de cils vibratiles puissants (fig. 152, n° 2, *v*) qui constituent d'abord les seuls organes de locomotion du jeune animal. Ces expansions, que l'on désigne sous le nom de *voile* ou *velum*, sont au nombre de deux, parfaitement symétriques chez les Céphalophores (voir aussi fig. 153, n° 6) et correspondent exactement à des expansions semblables qui, chez les Annélides céphalobranches, se développent immédiatement avant les branchies et devront entourer leur base. En même temps le pied fait son apparition ; c'est d'abord une protubérance médiane située au-dessous de la bouche qui occupe ainsi le centre d'un triangle dont les sommets sont marqués par les deux moitiés du *voile* et par le pied. On considère, avec raison, le voile comme une dépendance de la tête du Mollusque, mais ses deux moitiés et le pied occupent, par rapport à la bouche, des situations équivalentes : il n'y a donc pas de raison pour considérer le voile comme appartenant à la tête plutôt que le pied ; le plan du triangle qui entoure la bouche est, au contraire, par rapport à l'animal, dans la même situation que le plan déterminé par les bras des Céphalopodes si on les étalait horizontalement en rayons ; c'est bien là un plan céphalique, et l'embryogénie se trouve d'accord avec l'anatomie pour faire du pied du Gastéropode une dépendance de la tête.

Le pied, à cette époque de la vie de l'animal, n'est d'ailleurs nullement employé à la locomotion ; il porte d'ordinaire chez les Gastéropodes, même chez ceux dont plus tard les téguments seront

___

(1) Herman Fol, *Études sur le développement des Ptéropodes*; Archives de Zoologie expérimentale, t. IV, 1875.

nus, un opercule (fig. 153, n° 6, *o, p*) destiné à fermer la coquille larvaire lorsque le jeune animal se rétracte. Chez les Ptéropodes, le pied conserve pendant toute la vie sa position céphalique (fig. 152, n° 3, *p*) ; on voit de bonne heure se former à ses dépens des lobes latéraux (*l*) qui grandissent rapidement, de manière que la partie médiane prend de moins en moins d'importance et finit par deve-

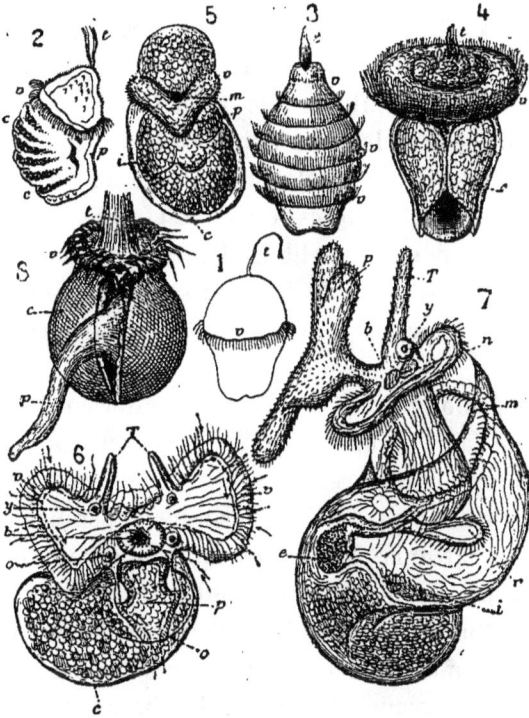

Fig. 153. — DÉVELOPPEMENT DES MOLLUSQUES. — Larve (trochosphère) d'Oscabrion. — 2. Jeune Oscabrion dont les plaques dorsales *c*, commencent à être indiquées. — 3. Larve du Dentale peu après de l'éclosion. — 4. Larve plus âgée du Dentale pourvue d'une coquille *c*, et d'un disque vibratile *v*. — 5. Très jeune larve de Vermet ; *v*, bourrelet cilié passant au-dessous de la bouche *b*, et d'où naîtront le pied et les deux lobes du voile. — 6. Larve plus âgée. — 7. Jeune Vermet plus avancé dans son développement. — 8. Larve d'un Mollusque acéphale, le Taret (*Teredo navalis*). — Dans toutes les figures : *b*, bouche ; *v*, voile cilié ; *p*, rudiment du pied ; *op*, opercule ; *o*, otocystes ; T, tentacules ; *y*, yeux ; *c*, coquille ; *t*, bouquet de poils tactiles ; *m*, manteau ; *n*, ganglions nerveux ; *e*, estomac ; *i*, intestin ; *r*, rudiment de la branchie.

nir à peine distincte. Ces deux lobes sont les nageoires, tellement placées qu'on n'aurait jamais songé à y voir autre chose que des lobes de la tête si elles n'avaient pas été innervées par des ganglions correspondants à ceux qui innervent le prétendu pied ventral des Gastéropodes.

D'ailleurs l'embryogénie ne peut laisser le moindre doute sur la nature céphalique du pied des Gastéropodes ; ses relations sont particulièrement évidentes chez les larves des Vermets (fig. 153, n° 5 et n° 6) où l'on voit les bords du pied (p) se continuer immédiatement de chaque côté avec ceux du voile (v), de sorte que les deux organes ne forment qu'un seul tout. La nature céphalique du voile ne saurait être ici un instant contestée, car c'est sur lui qu'on voit apparaître les tentacules (T) et les yeux (y) qui appartiennent essentiellement à la tête. Chez la larve des Vermets la ressemblance du bourrelet aux dépens duquel se formeront le voile et le pied avec le bourrelet céphalique de certaines larves d'Annélides, telles que les larves de Spio, est frappante et témoigne de l'identité de ces deux formations. La comparaison de la larve de Vermet représentée dans la figure 153, n° 5, v, avec la larve de Spio, représentée page 475, fig. 97, n° 3, v, est à cet égard des plus significatives.

Par suite de l'allongement de sa partie postérieure et par suite de l'usage qu'en fait l'animal, le pied des Gastéropodes prend un tel volume, les proportions relatives des parties sont si complètement changées, que ce pied, d'abord simple appendice de la tête, paraît bientôt la partie la plus importante du corps. D'ailleurs, à mesure qu'il se développe, le corps semble se résorber (fig. 154); ses parois se confondent insensiblement avec celles de la cavité du pied ; il s'étale comme ferait un sac de caoutchouc dont on distendrait de plus en plus l'orifice dans toutes les directions. Les limites, déjà difficiles à tracer, entre la tête et le corps tendent de plus en plus à s'effacer, et l'on peut suivre toutes les phases de la fusion graduelle de ces parties primitivement distinctes.

C'est par un phénomène de ce genre bien plutôt que par une véritable disparition de la tête que s'explique l'organisation des Acéphales, dont les liens intimes avec les Gastéropodes sont démontrés par la position, exactement intermédiaire entre les deux classes, du Dentale dont M. de Lacaze-Duthiers a fait connaître, dans des mémoires classiques, la curieuse structure.

La coquille des Acéphales, malgré sa division en deux moitiés symétriques, correspond exactement, elle aussi, à celle des Gastéropodes et par son mode d'apparition et par son mode de développement. On retrouve cette bipartition de l'enveloppe solide du corps dans un grand nombre de groupes sans qu'elle entraîne avec elle aucune modification bien importante. Les larves de *Flustrella*, parmi les Bryozoaires, le *Chevreulius*, parmi les Tuniciers, les *Cypris* et les *Daphnies*, parmi les Crustacés, ont tous une carapace bivalve et sont autant d'exceptions dans les groupes zoologiques auxquels ils appartiennent. La coquille larvaire du Dentale (fig. 153,

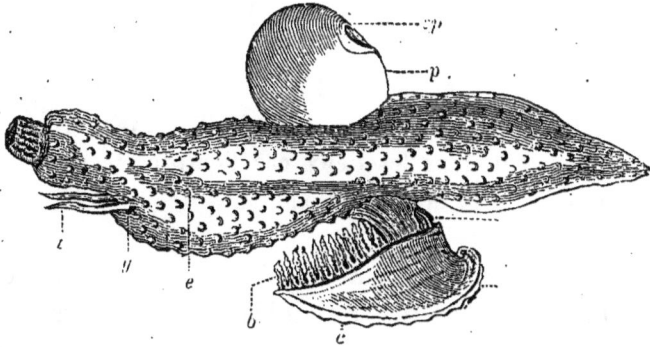

Fig. 154. — MOLLUSQUE HÉTÉROPODE. — Carinaire dans sa position ordinaire de natation : *t*, tentacules ; *y*, yeux ; *e*, indication du tube digestif ; *b*, branchies ; *c*, coquille ; *d*, région du foie ; *p*, nageoire aplatie et membraneuse dépendant du pied ; *vp*, ventouse du pied.

n° 4, *c*), en forme de cornet ouvert sur le côté, peut être considérée comme établissant une transition entre celle des Mollusques gastéropodes et celle des Mollusques acéphales.

Intéressant déjà comme trait d'union entre les deux grandes divisions de l'embranchement des Mollusques, le Dentale l'est plus encore, peut-être, à cause du lien nouveau qu'il établit entre cet embranchement et celui des Vers annelés. La plupart des larves de Mollusques (fig. 152, n°s 1 et 4, fig. 153, n° 1) peuvent être comparées aux larves céphalotroques d'Annélides ; celle du Dentale (fig. 153, n° 3), qui arrive plus tard à ressembler aux larves d'Acéphales (fig. 153, n° 8), prend auparavant toute l'apparence d'une larve polytroque d'Annélide. De forme ovoïde, elle porte un certain nombre de ceintures ciliées complètes (fig. 153, n° 3, *v*), tandis que ses deux pôles sont ornés d'un volumineux bouquet de poils. « Lorsque j'en montrai les dessins à quelques naturalistes, dit M. de Lacaze-Duthiers, on me dit tout d'abord : le Dentale est un Ver (1) ! » Nous avons vu que, chez les larves d'Annélides, la présence de plusieurs ceintures de cils vibratiles indiquait l'apparition de la segmentation du corps : en est-il de même chez le Dentale? Trouverions-nous dans sa larve une dernière indication extérieure de cette division du corps en anneaux dont le système nerveux, l'appareil circulatoire et l'appareil excréteur des Mollusques portent encore les traces ?

Les Oscabrions sont de véritables Gastéropodes ; ils ont une larve céphalotroque qui semble aussi se segmenter en arrière de la ceinture ciliée (fig. 154, n° 2, *c*) ; cette répétition d'un phénomène analogue dans deux types aussi différents mérite l'attention. Indiquerait-il dans les deux cas l'empreinte d'un ancêtre commun dont le corps était annelé ?

On a longtemps classé parmi les Mollusques des animaux qui présentent avec eux certaines ressemblances, qui dérivent comme eux des Vers annelés par une réduction considérable du corps ; mais qui se sont néanmoins formés par un procédé tout différent, ce sont les *Brachiopodes*.

Les Brachiopodes comptent parmi les plus anciens habitants du globe. On les prendrait à première vue pour des êtres très voisins des Acéphales. Ils ont, en effet, comme eux une coquille bivalve ; mais cette coquille présente une structure particulière : au lieu d'être compacte comme celle des vrais Mollusques, elle est traversée par un grand nombre de perforations, visibles seulement à un assez fort grossissement, dans lesquelles s'engagent autant de prolongements cutanés. L'animal est relié à sa coquille par des muscles fort nombreux et fort variés, dont la disposition ne ressemble en rien à celle des deux muscles qui sont, en général, chargés de fermer la coquille

(1) Lacaze-Duthiers, *Recherches sur l'organisation et l'embryogénie du Dentale* ; Annales des sciences naturelles, 4° série, t. VII et VIII, 1857.

des Acéphales. Cette dernière s'ouvre mécaniquement par l'action
d'un ligament élastique, étendu extérieurement entre les deux valves, en arrière de leur charnière, et qui tend par conséquent à les
faire bâiller ; sauf dans des cas très rares, elle est libre et sa position ne peut changer par rapport à ce qui l'entoure que grâce aux
mouvements de reptation du Mollusque. Chez les Brachiopodes,
au contraire, ce sont de véritables muscles qui ouvrent et ferment la
coquille ; l'une des valves, perforée à son sommet, livre passage à
un *pédoncule* au moyen duquel l'animal se fixe ; des muscles s'é-
tendent entre ce pédoncule et la coquille, actionnent celle-ci et
lui permettent de prendre les orientations les plus variées.

Cela montre déjà combien est superficielle la ressemblance qui

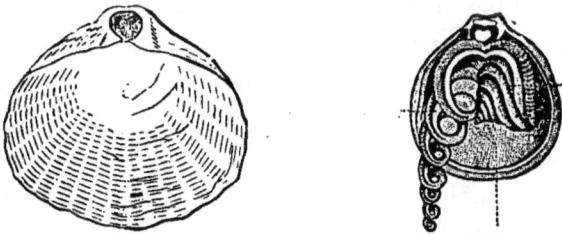

Fig. 155. — BRACHIOPODES. — Valve inférieure de coquille de Térébratule perforée pour le passage
du pédoncule. — Valve inférieure d'une espèce de *Rhynchonelle* contenant l'animal à qui on a enlevé
le lobe supérieur du manteau de manière à montrer le mode d'enroulement des bras.

paraît exister, au premier abord, entre la coquille d'un Acéphale
et celle d'un Brachiopode ; mais toute analogie disparaît lorsqu'on
vient à considérer les positions respectives de ces animaux à l'intérieur de leur double enveloppe calcaire. Le Brachiopode et l'Acéphale sont des animaux parfaitement symétriques par rapport
à un plan, comme les Vers, les Insectes ou les Vertébrés ; le plan
de symétrie de l'Acéphale n'est autre chose que le plan qui sépare-
rait l'une de l'autre les deux valves fermées de la coquille ; c'est, si
l'on veut, le plan de la lame du couteau qu'on introduit entre les
deux valves d'une huître pour l'ouvrir ; le plan de symétrie du
Brachiopode est, au contraire, exactement perpendiculaire au plan
de séparation des deux valves et divise chacune d'elles en deux
moitiés égales. L'Acéphale a donc une valve droite et une valve

gauche ; le Brachiopode a, au contraire, une valve dorsale et une valve ventrale, et chacune de ces valves a une moitié droite et une moitié gauche : une valve d'Acéphale correspond aux deux moitiés de même nom des valves d'un Brachiopode. C'est dire qu'entre ces animaux il ne saurait exister que de lointaines analogies.

Le corps des Brachiopodes est fort peu développé ; il est compris, comme celui des Acéphales, entre deux larges replis membraneux qui tapissent intérieurement la coquille et forment ce qu'on appelle le *manteau*. Ordinairement le manteau des Acéphales ne contient d'autres organes que des nerfs et des vaisseaux ; dans le groupe le plus important des Brachiopodes, les organes reproducteurs se développent dans son épaisseur (1), ce qui donne à cette partie du corps une importance toute particulière. Le bord libre du manteau est toujours frangé de soies chitineuses dont la structure et le mode de développement sont absolument identiques à la structure et au mode de développement des soies des Annélides. La partie la plus apparente du corps consiste dans deux longs appendices, les *bras* (fig. 155), situés de chaque côté de la bouche, enroulés en spirale au moins à leur extrémité et garnis d'une multitude de digitations couvertes de cils vibratiles. Une armature calcaire, de forme variable, fixée à la coquille, soutient ces bras. Sauf chez les Lingules, le tube digestif ne possède qu'un seul orifice ; il s'amincit graduellement à son extrémité opposée à la bouche et se termine, chez les Thécidies, en un filament fixé aux parois du corps. L'appareil vasculaire est complètement clos et pourvu d'un certain nombre d'ampoules contractiles, en guise de cœurs. Il n'y a qu'un seul collier nerveux, dont les ganglions supérieurs disparaissent parfois, tandis que les ganglions inférieurs peuvent donner naissance à une paire de connectifs reliés à de nouveaux ganglions qui innervent principalement le pédoncule.

Ce système nerveux est exactement celui d'un Ver qui ne posséderait que deux ou trois anneaux. L'appareil circulatoire, la struc-

(1) On trouve les glandes reproductrices dans le manteau des Moules et des Anomies, qui sont des Mollusques acéphales ; en revanche, chez les Lingules, qui sont des Brachiopodes, ces organes se développent dans la cavité du corps.

ture des bras, celle des soies du manteau reproduisent des particularités que l'on retrouve, sans modification, chez les Vers annelés et notamment chez les Céphalobranches. La structure de l'appareil d'excrétion, dont nous avons précédemment parlé, rend cette parenté encore plus proche; enfin les études embryogéniques de Edward S. Morse et celles de Kowalevsky, ajoutant aux données déjà recueillies par M. de Lacaze-Duthiers sur le développement d'une espèce méditerranéenne, la Thécidie, sont venues préciser encore les affinités des Brachiopodes.

La larve de ces animaux est réellement composée de trois segments. Le segment antérieur, qui joue d'abord le rôle de tête, devient le corps de l'animal adulte; le segment moyen, garni de soies chitineuses, forme le manteau et sécrète la coquille; le segment postérieur constitue le pédoncule. Ces segments, loin de se fusionner comme chez les Mollusques proprement dits, éprouvent donc des transformations fort différentes et arrivent au plus haut degré du polymorphisme.

Il suit de là que les Brachiopodes ne rentrent que très indirectement dans le groupe des Mollusques; ils ne sont ni les ancêtres ni les descendants de ces animaux; ils font partie d'une lignée collatérale, et l'on doit remonter jusqu'aux Annélides pour leur trouver des parents communs. Les ressemblances que l'on a pu constater entre les Brachiopodes et les Mollusques résultent à la fois de cette parenté et de la réduction du nombre des segments du corps qu'on observe dans les deux groupes. Les premiers sont du reste infiniment plus près des Annélides que les seconds. Malgré leur ressemblance superficielle, les Brachiopodes et les Acéphales sont aux deux extrémités opposées du groupe des Mollusques: les uns ont dû apparaître de fort bonne heure, les autres fort tard; c'est, en effet, ce que nous enseignent les recherches des paléontologistes. Dans cet écart entre l'âge de deux groupes que l'on pourrait croire voisins, M. Barrande a vu une objection nouvelle à l'hypothèse de la descendance (1); la théorie que nous venons de

---

(1) Joachim Barrande, TRILOBITES (Extrait du Supplément au vol. Ier du *Système silurien de la Bohême*, 1871, p. 229 et 233).

développer montre au contraire que cette hypothèse est en parfait accord avec les observations les plus rigoureuses.

Si l'on veut résumer la généalogie de tous ces animaux, on voit que les Brachiopodes sont les plus rapprochés de la souche commune, les Céphalophores et les Céphalopodes sont à peu près au même degré de distance de cette souche, les Acéphales viennent ensuite. C'est exactement leur ordre d'apparition dans les couches géologiques. Parmi les Céphalophores, les Ptéropodes avec leurs nageoires céphaliques sont évidemment les plus rapprochés du point de départ, ce sont eux aussi qui se montrent les premiers. Les Hétéropodes, dont le pied est si profondément modifié et le corps souvent si réduit, sont plus éloignés encore du type primitif que les Gastéropodes normaux ; ils apparaissent, en effet, après eux.

Ainsi se trouvent expliquées toutes les discordances apparentes qui avaient si vivement frappé M. Barrande. Ces discordances reposent simplement sur une interprétation inexacte des rapports réciproques des êtres. Suivant une coutume d'ailleurs assez répandue parmi les naturalistes, M. Barrande établit une sorte de hiérarchie organique entre les animaux, et pense que ceux qui occupent les degrés inférieurs de cette hiérarchie doivent s'être montrés avant ceux qui en occupent les degrés supérieurs ; l'Acéphale est, pour lui, inférieur au Gastéropode, il doit en être l'ancêtre ; nous avons vu, au contraire, qu'il en était le descendant.

La vie, en effet, ne s'astreint pas à faire uniformément progresser ses productions. Certains organismes, après s'être élevés très haut, rétrogradent : des classes tout entières sont le résultat non d'un progrès, mais d'une décadence. Quoi de mieux établi que les dégradations produites par le parasitisme? Des Crustacés, des Vers, des Mollusques même sont ramenés par ce mode d'existence à l'état de simples sacs remplis d'œufs. Parfois l'un des sexes est seul parasite, seul il est alors frappé de déchéance, comme pour rendre plus évidents les effets de ce genre de vie. Les animaux condamnés à l'immobilité, ceux qui mènent une existence souterraine présentent presque toujours des dégénérescences en rapport avec ces circonstances qui limitent singulièrement l'exercice de leurs fonctions primitives. Le degré de perfection organique n'est donc nullement en rapport avec l'ordre d'apparition paléontologique. C'est là un principe qui a été trop souvent méconnu.

En résumé, les Brachiopodes peuvent être considérés comme des Annélides qui se sont fixées après leur période de segmentation, à la façon des Cirripèdes, leurs correspondants dans la série des animaux articulés. Les Bryozoaires sont également des Vers fixés, mais ayant commencé à adhérer avant toute segmentation, à l'état de trochosphère, et ayant conservé par conséquent, ce pouvoir de reproduction par voie agame, qui leur a permis de former des colonies irrégulières. De là les ressemblances et les différences qui ont été si souvent signalées entre eux et les Brachiopodes.

Les Mollusques proprement dits sont également des Annélides transformées : ils naissent comme elles à l'état de trochosphère, présentent une chaîne nerveuse composée de trois articles, deux paires d'organes segmentaires dont une seule persiste, un cœur formé de deux ampoules, une armature pharyngienne qui n'est qu'une modification de l'armature œsophagienne des Annélides. Mais la transformation qui les a produits a eu lieu sous l'empire de conditions d'existence toutes spéciales : elle a été dominée par le fait de l'habitation dans un tube clos de toutes parts, sauf à son extrémité antérieure. Les appendices céphaliques se sont alors modifiés de manière à remplir toutes les fonctions de relation, tandis que l'extrémité postérieure du corps se réduisait sous la double influence de l'importance prise par le segment céphalique et de l'emprisonnement dans un tube solide, emprisonnement dont diverses Annélides tubicoles, et surtout les Hermelles, nous ont montré les effets. La disparition de la segmentation ; son absence même dans la période de développement sont des phénomènes que nous ont déjà montrés les animaux articulés et qu'on ne saurait invoquer par conséquent contre la théorie. Les appendices céphaliques du Ver primitif, c'est-à-dire les appendices nés sur la trochosphère qui devait constituer sa tête, ont formé les bras des Céphalopodes dibranchiaux et les expansions membraneuses couvertes de tentacules des Nautiles ; à ces organes correspondent chez les Céphalo-

phores et les Acéphales le voile de la larve, les tentacules, l'organe
copulateur et le pied de l'animal adulte (1). On sera moins
étonné des modifications qu'a dû subir une antenne pour constituer le large pied des Gastéropodes si l'on se rappelle que, chez le
curieux Bryozoaire marin nommé par Sars *Halilophus mirabilis*,
la languette qui recouvre la bouche des Bryozoaires d'eau douce
devient un véritable pied servant à la reptation et fort semblable à celui des jeunes Mollusques. L'identité avec le pied des
Gastéropodes serait parfaite si cet organe était situé au-dessous
de la bouche au lieu d'être au-dessus, ce qui détruit toute homologie.

Quant aux effets de l'existence tubicole, il serait difficile de les
contester en les voyant se renouveler avec une remarquable persistance, dans la série des animaux articulés, sur les Crustacés bizarres, bien connus sous les noms de Pagures où de Bernard-
l'Ermite. Ces animaux ont pris, sans doute durant la période de
la mue, la singulière habitude d'enfermer la partie postérieure de
leur corps précisément dans des coquilles de Mollusques. La partie
du corps des Pagures ainsi emprisonnée demeure molle et ses anneaux disparaissent presque entièrement; cette partie devient, en
outre, dissymétrique comme la partie correspondante du Mollusque ; les appendices du côté concave du corps subissent une atrophie marquée ; le corps lui-même se réduit, tandis que les pinces
prennent un grand développement et s'adaptent à l'ouverture de
la coquille de manière à la boucher.

Sans doute ces modifications éloignent bien moins le Pagure des
autres Crustacés, que le Mollusque ne l'est des Annélides ; mais
il faut noter qu'elles ont nécessairement agi durant un temps

---

(1) Il y a quelques Mollusques nus cependant chez qui le pied pourrait avoir
une autre origine. La large expansion céphalique des Téthys par exemple
ressemble singulièrement à l'ensemble formé par le voile et le pied chez les
Vermets. Cette expansion ne correspondrait-elle pas aux bras des Céphalopodes, à l'ensemble des appendices, y compris le pied des Gastéropodes, et
dans ce cas ne faudrait-il pas voir dans la sole sur laquelle rampe la Téthys une
modification de la région ventrale du corps correspondante à celle qu'offrent
le sac branchial et l'entonnoir des Céphalopodes ? Ne voit-on pas une partie
du corps se modifier de la sorte chez les Holothuries ?

moindre et que d'ailleurs le Pagure est loin d'être aussi intimement lié à son habitation que le Mollusque à sa coquille. Ce n'en est pas moins une confirmation précieuse de la théorie que de trouver, dans les deux séries parallèles des animaux annelés et des animaux articulés, des termes aussi exactement comparables, au point de vue des conditions d'existence et des modifications organiques qu'elles ont produites, que les Brachiopodes et les Cirripèdes d'une part, les Mollusques et les Pagures de l'autre.

Mais les conditions d'existence ne sont pas les seules actions modificatrices qu'aient subies les colonies linéaires. Un phénomène physiologique dont la nature intime nous échappe, mais dont nous avons eu constamment à signaler les effets, l'accélération embryogénique a produit chez elles des résultats bien autrement importants, en raison même des conditions exceptionnellement favorables que la disposition linéaire offrait à son action. C'est à cette accélération embryogénique que nous allons pouvoir rattacher presque exclusivement l'origine des animaux vertébrés.

CHAPITRE V

On réunit sous le nom de VERTÉBRÉS tous les êtres que l'on désigne, dans le langage vulgaire aussi bien que dans le langage scientifique, sous les noms de Poissons, de Batraciens, de Reptiles, d'Oiseaux et de Mammifères.

Malgré leurs différences extérieures, ces animaux présentent une telle ressemblance anatomique que leur étude avait conduit Geoffroy Saint-Hilaire à sa grande théorie de l'*Unité de plan de composition du règne animal*. Les Vertébrés sont, en effet, des animaux essentiellement de même type; ils manifestent par tous les détails de leur organisation une étroite parenté : on ne saurait un seul instant méconnaître leur commune origine. Ils doivent la dénomination générale qu'on leur applique à ce que les parties molles de leur corps sont soutenues, en général, par un ensemble de pièces solides constituant le *squelette* et subordonnées elles-mêmes à une colonne osseuse, occupant la ligne moyenne de la région dorsale du corps : cette colonne est la *colonne vertébrale* et l'on donne le nom de *vertèbres* aux pièces qui la composent.

Or l'examen le plus superficiel de la colonne vertébrale conduit à voir que ses vertèbres sont des parties équivalentes entre elles, absolument de même nature, qui se répètent en série linéaire et se prolongent en se modifiant à peine jusqu'à l'extrémité

de la queue ; cette répétition est si frappante que Gœthe et Oken
n'ont pas hésité à voir, dans les os du crâne des Vertébrés, des
vertèbres ou des parties de vertèbres modifiées, et que Geoffroy
Saint-Hilaire comparait à une colonne vertébrale les anneaux
chitineux des segments du corps des Insectes.

A ne considérer que les mammifères et les oiseaux, il semble
tout d'abord que les vertèbres se répètent seules longitudinalement et que les autres parties du squelette en soient relativement
indépendantes. Le cou est exclusivement composé de vertèbres ;
dans la région thoracique, à ces vertèbres s'ajoutent des côtes et
un appareil sternal, servant à leur tour de support au système
osseux des membres antérieurs ; dans les lombes et dans la
queue les vertèbres constituent encore à elles seules le squelette ;
mais ces deux régions sont séparées par celle du bassin où le
squelette subit tout un ensemble de modifications en rapport avec
le développement des membres postérieurs. Quand, au lieu de
s'arrêter à ces groupes supérieurs, résultat de profondes modifications organiques, on examine le squelette dans les classes où
le type est plus flottant, comme chez les Reptiles ou les Poissons, on
s'aperçoit bien vite qu'à la vertèbre se joignent un certain nombre
de parties qui entrent presque au même titre qu'elle dans la
constitution du squelette. Chez les Serpents et les Poissons le
plus grand nombre des vertèbres portent des côtes ; les vertèbres
du cou, celles de la queue sont également pourvues, chez les
lézards et les crocodiles, de côtes au moins rudimentaires ; les
vertèbres du cou en possédaient également chez l'*Archæopteryx*,
ce curieux précurseur des Oiseaux. On peut donc concevoir toutes
les vertèbres comme étant essentiellement munies de côtes, de
même que toutes sont munies de lames qui se réunissent en arc
au-dessus de la moelle épinière et constituent par leur ensemble
le *canal rachidien*, chargé d'abriter cette partie importante du
système nerveux central. Les *côtes* entourent les viscères d'une
série d'arcs osseux, comme les *lames* forment elles-mêmes une
série d'arcs osseux autour de la moelle épinière. Ces arcs se relient
les uns et les autres au *corps* de la vertèbre. Le corps de la
vertèbre, son arc viscéral et son arc neural constituent un

segment vertébral; le squelette n'est autre chose que la répétition d'une série de segments vertébraux, primitivement tous semblables entre eux, mais qui se sont à la longue plus ou moins modifiés. Un squelette ainsi constitué est ce que l'illustre anatomiste anglais Richard Owen appelle le *squelette-archétype*. Dans cette conception du squelette, qu'il nous faudra d'ailleurs notablement modifier, le crâne lui-même résulterait, comme l'ont affirmé les premiers Gœthe et Oken, de la soudure d'une série d'arcs vertébraux diversement transformés et unis à quelques éléments osseux d'origine cutanée.

C'est ainsi qu'avant Richard Owen, Étienne Geoffroy Saint-Hilaire comprenait déjà la structure du squelette (1).

Que signifient donc ces segments identiques entre eux dont l'existence s'affirme si énergiquement dans la composition du squelette des animaux vertébrés ? Sont-ils un simple accident dans la structure de ces animaux ? Sont-ils, au contraire, l'indication la plus précise d'un mode de constitution fondamental dont la trace se serait plus ou moins effacée dans les autres parties de l'économie ? Le Vertébré ne serait-il pas lui-même un organisme composé de *zoonites* à la façon des Articulés ou des Vers annelés ? Les segments vertébraux ne seraient-ils pas simplement les parties solides de ces *zoonites*, ou individus primitifs, nés les uns des autres ? En un mot, le Vertébré ne représenterait-il pas l'une des transformations extrêmes des colonies linéaires ?

Admettre qu'un organisme dont l'individualité est aussi nette que celle d'un Vertébré soit cependant composé d'individualités animales distinctes, dont la fusion aurait constitué la sienne, pouvait sembler, il y a quelques années, une fantaisie de l'imagination. Nous avons accumulé les preuves que tous les organismes quelque peu élevés que nous avons étudiés jusqu'ici s'étaient cependant constitués de la sorte. Trouve-t-on chez le Vertébré plus d'harmonie entre les parties qu'il n'en existe chez un Insecte ? Voit-on chez la plupart des représentants de ce groupe une individualité psychologique plus accusée que chez les Abeilles et les Fourmis ? Ces Insectes sont cependant des colonies.

(1) Geoffroy Saint-Hilaire, *Philosophie anatomique*, t. 1er, p. 9 et 10, 1818.

Quand partout, dans le Règne animal, la complication est obtenue grâce à la production, par des organismes simples, d'organismes semblables à eux qui demeurent dans une étroite union, puis se diversifient en s'appropriant à des fonctions spéciales, avons-nous quelque raison de penser que cette méthode générale de création se soit trouvée en défaut précisément pour les êtres les plus étonnants par la variété de leurs parties, la merveilleuse perfection de leurs facultés, la puissance de leur organisation ? Quand la Nature procède partout par étapes, crée d'abord ses matériaux, les assemble ensuite, puis les harmonise, les retouche et les perfectionne, pouvons-nous supposer qu'elle ait produit tout d'une haleine les plus magnifiques de ses ouvrages ? Ne serait-il pas étonnant qu'après avoir composé l'Éponge d'*Olynthus*, la Méduse et le Coralliaire de Polypes hydraires, le Siphonophore d'Hydres et de Méduses, l'Annélide et l'Insecte de trochosphères ou de nauplius soudés bout à bout, qu'après avoir tiré de cette souche le Mollusque et l'Arachnide, elle ait constitué le Vertébré d'une seule pièce, par une simple association de cellules accumulées en nombre infini et prodigieusement variées ?

Les analogies sont évidemment du côté de l'hypothèse de la complexité des Vertébrés : dès lors le *segment vertébral* prend une plus haute signification, et nous devons rechercher si les répétitions qui sont si manifestes dans le squelette ne se produisent pas aussi dans les autres catégories d'organes.

Or, ces répétitions ont depuis bien longtemps frappé les anatomistes. A chaque vertèbre correspond, chez tous les Vertébrés, une paire de nerfs naissant de la moelle épinière, dans les intervalles des vertèbres ; les muscles destinés à faire mouvoir les diverses parties du squelette, les vaisseaux qui sont chargés de les nourrir se répètent comme les os, et ces répétitions sont d'autant plus évidentes, d'autant plus régulières que l'on étudie des Vertébrés d'ordre plus inférieur.

A la vérité cette répétition incontestable, quand on considère les parois du corps, n'existe plus en général pour les viscères ; la plupart des Vertébrés ne possèdent qu'un foie, qu'un pancréas, qu'un cœur ; les branchies des Poissons sont peu nombreuses ; les

Batraciens, les Reptiles, les Oiseaux et les Mammifères n'ont qu'une seule paire de poumons, une seule paire de reins, une seule paire de glandes reproductrices. La segmentation très nette dans le squelette, moins apparente dans les tissus qui l'enveloppent, totalement absente dans les viscères, semble donc un phénomène de peu d'importance. Nous avons déjà vu cependant la segmentation faire également défaut au plus grand nombre des viscères chez les animaux articulés, dont les segments sont trop évidents, dont les rapports avec les Annélides sont trop étroits pour qu'il soit possible de mettre en doute le mode de formation de leur organisme. Nous avons pu d'ailleurs facilement expliquer les phénomènes observés. Nous serions donc en droit dès à présent d'appliquer aux Vertébrés les résultats acquis par l'étude de ces animaux. Mais les Vertébrés ont toujours été considérés comme des êtres à part. Chez eux, l'individualité a servi de type à la définition de l'individualité animale ; ils se distinguent d'ailleurs, comme le faisait remarquer en 1865 M. de Lacaze-Duthiers (1), par un degré de concentration plus grand de toutes les activités vitales ; leurs diverses parties sont unies d'une façon tellement intime que la suppression de quelques-unes d'entre elles entraîne nécessairement la mort de toutes les autres. Tandis qu'une Annélide décapitée se refait une tête, que ses deux moitiés deviennent parfois un nouvel individu quand on vient à la couper par le milieu du corps, un Vertébré meurt irrémédiablement si l'on vient à léser une portion même très limitée de son cerveau, si son cœur s'arrête, si ses poumons se détruisent, si l'une quelconque des parties de son corps subit une grave mutilation. Il y a donc chez les Vertébrés une fusion exceptionnelle de toutes les parties constituantes, fusion dont la mesure peut être donnée par la conscience que chacun de nous possède de l'unité de sa personne. Des inductions que l'on aurait, à la rigueur, le droit de considérer comme démonstratives s'il s'agissait d'autres animaux, pourraient donc être contestées lorsqu'on .les applique à des Vertébrés : il faut ici une démonstration complète.

---

(1) *Leçons faites au Muséum d'histoire naturelle*; Revue des cours scientifiques, 22 janvier 1865.

D'ailleurs, un corps aussi volumineux que celui de beaucoup
de Vertébrés nécessite une charpente solide pour soutenir ses
diverses parties ; les mouvements ne peuvent s'accomplir que si
cette charpente est formée de parties disjointes, pouvant se déplacer les unes par rapport aux autres, mais se fournissant dans le
repos un mutuel appui. De là, la segmentation de la colonne vertébrale. Cette colonne une fois segmentée, les muscles qui doivent
la faire mouvoir, les nerfs qui portent à ces muscles les ordres de la
volonté, les vaisseaux qui les nourrissent, ont dû prendre une disposition en harmonie avec cette segmentation et produire ainsi l'illusion d'une segmentation des parois entières du corps (1). Loin
d'être une disposition primordiale, la segmentation pourrait donc
être une disposition acquise, subordonnée à des nécessités mécaniques, avantageuse du reste pour l'organisme, disposition qu'à défaut d'une corrélation préétablie, la sélection naturelle aurait pu
développer à elle seule.

Les embryogénistes répondraient, sans doute, que la segmentation se montre dans les parties molles du corps avant l'apparition de tout squelette solide ; les zoologistes et les paléontologistes ajouteraient à leur tour que, chez les Vertébrés inférieurs, la
corde dorsale n'est pas segmentée et que cependant c'est précisément chez eux que la segmentation des muscles est le plus évidente ; ils pourraient montrer que, chez les plus anciens des
Vertébrés, le développement de corps vertébraux isolés a pu
n'avoir lieu qu'après l'apparition des côtes, et que par conséquent,
la cause de l'existence des segments vertébraux est dans un phénomène organique plus général que celui de la division du rachis
en vertèbres. Les physiologistes pourraient dire à leur tour que la
segmentation du système nerveux n'est pas seulement un fait

---

(1) L'enchaînement de ces dispositions paraissait nécessaire à Gratiolet lorsqu'il disait dans son *Anatomie du système nerveux*, t. II, pag. 6 : « Les vertèbres,
comme chacun sait, sont à l'ensemble du squelette ce que les anneaux sont
au corps des Articulés... Il y a des segments dans le squelette, il y a des segments dans les muscles. Les nerfs périphériques *s'accommodent* à leur tour à
cette segmentation, et l'observation démontre qu'il y a aussi des segments
dans le système nerveux central. »

anatomique ; que chaque segment de la moelle épinière possède une véritable autonomie qui constitue par cela même une réelle individualité à la région du corps qu'il tient sous sa dépendance. Toute l'histoire des singuliers phénomènes nerveux connus sous le nom de *phénomènes réflexes* n'est qu'une longue démonstration du fait que chacune des parties de la moelle épinière qui avoisine la naissance d'une paire de nerfs domine exclusivement ces nerfs, perçoit des excitations par leur intermédiaire et peut les transformer en mouvements, sans que le cerveau en ait conscience et alors même que celui-ci a été totalement enlevé.

Après avoir rappelé les idées de Moquin-Tandon sur la division des animaux articulés en zoonites ou animaux secondaires, après avoir indiqué les expériences de Dugès sur l'autonomie des ganglions nerveux qui gouvernent ces zoonites, M. Vulpian s'exprime ainsi dans ses *Leçons sur la physiologie générale du système nerveux* faites au Jardin des Plantes (1) : « Ce qui est vrai ici (pour les ganglions des animaux articulés) l'est aussi pour chaque segment de la moelle des Vertébrés. La moelle épinière de même que la chaîne ganglionnaire des Annelés est une série linéaire de centres à la fois indépendants et gouvernés. Permettez-moi cette comparaison, ce sont des provinces avec une administration autonomique, mais soumises, dans certaines limites, à une autorité supérieure. »

Mais l'autonomie des divers segments de la moelle épinière n'existe encore qu'en ce qui concerne l'action de ce centre nerveux sur des muscles dont la disposition est intimement liée à celle des parties du squelette ; tout ce qui concerne les sensations, la direction générale de l'organisme, est évoqué par le cerveau. La division de la moelle en domaines physiologiques distincts peut n'être encore qu'une conséquence de la division du squelette en segments vertébraux. L'objection subsiste donc tout entière. Il n'en serait évidemment plus de même s'il était possible de démontrer que des viscères totalement indépendants du squelette et de ses mouvements présentent cependant le même mode de segmentation que

(1) Page 787.

lui. Jusqu'à ces dernières années cette démonstration paraissait impossible.

De tous les organes que possèdent les différents membres d'une colonie, ceux qui se mettent le plus rapidement en commun et qui perdent le plus vite les traces d'une distinction primitive, sont les organes de la digestion. Chez tous les Vertébrés, les organes définitifs de la respiration sont sous leur dépendance. L'appareil circulatoire, entraîné d'un côté par les modifications que subit l'enveloppe du corps, de l'autre par celles que subissent les viscères, est trop mobile pour qu'il soit possible d'espérer de lui des renseignements précis. Restent donc les organes d'excrétion et de reproduction ; mais ces organes, au moins chez les Vertébrés supérieurs, sont extraordinairement condensés et réduits à quelques glandes d'un très petit volume. Il semble cependant *à priori* qu'ils dussent être, dans une colonie, les derniers à subir l'influence de l'individualisation. S'il est utile à l'ensemble d'une colonie que les matières nutritives soient rapidement et également réparties entre les individus qui la composent, s'il est nécessaire que chaque individu soit informé de ce qui arrive à ses voisins, et possède des moyens d'action sur eux, il est de même avantageux que chaque membre de l'association se débarrasse promptement des produits qui doivent être rejetés au dehors ; mais il n'y a qu'un intérêt de second ordre à ce que ces produits soient mis en commun et expulsés en bloc. Dans une ville qui se fonde, et se développe, c'est à la construction des égouts que l'on songe en dernier lieu ; c'est seulement quand la civilisation est avancée qu'on arrive à les réunir en un réseau unique qui devient ainsi un véritable organe social.

Ces inductions, les faits les ont absolument confirmées. Non seulement il est acquis aujourd'hui que les appareils d'excrétion, les reins des animaux supérieurs ne sont parvenus à leur état actuel qu'à la suite d'une longue élaboration ; mais, grâce aux découvertes très inattendues de Balfour (1) en Angleterre et de

(1) Balfour, *A preliminary account of the development of Elasmobranch Fishes* ; Quarterly Journal of microscopical science, octobre 1874. — *The development of Elasmobranch Fishes*, Journal of Anatomy and Physiology, 1876.

Carl Semper (1) en Allemagne, il est possible désormais de suivre
pas à pas les modifications graduelles qu'ils ont subies, de montrer
ce qu'ils étaient à l'origine et comment ils se sont transformés.

Non seulement ces récentes découvertes donnent l'explication
des métamorphoses étranges et jusqu'ici énigmatiques qui marquent le développement de l'appareil excréteur et des glandes reproductrices chez les Vertébrés supérieurs, mais elles vont nous
fournir encore la preuve cherchée que les Vertébrés étaient à l'origine des organismes complexes, des colonies linéaires, et nous
permettre de préciser la nature des organismes qui se sont associés
pour les constituer. Conclusion tout à fait imprévue, il se trouve
que ces organismes devaient présenter la plus grande analogie
avec ceux qui ont constitué les Vers annelés.

Il est nécessaire, pour faire bien saisir toute l'importance des
résultats acquis, de revenir à l'histoire des Vers annelés et des animaux voisins, de montrer quelle est chez eux la constitution générale de l'appareil excréteur, d'en étudier, au moins rapidement,
les transformations et de faire connaître les fonctions accessoires
qu'il peut remplir.

(1) Carl Semper, *Die Stammesverwandschaft der Wirbelthiere und Wirbello-
sen;* Arbeiten aus dem zoologische-zootomischen Institut in Würzbourg, t. II,
1875 et t. III, 1876-1877.

CHAPITRE VI

L'APPAREIL EXCRÉTEUR CHEZ LES VERS

Lorsqu'on vient à ouvrir un Ver de terre ou une Sangsue et à rabattre horizontalement les téguments fendus tout le long de la ligne médiane du dos, on aperçoit sur les parois du corps, de chaque côté du tube digestif, une série d'organes assez volumineux semi-transparents, légèrement nacrés, enveloppés généralement d'un riche réseau vasculaire. Ces organes se répètent avec une régularité parfaite d'anneau en anneau (fig. 159, n° 3, *sgl*) et éprouvent seulement quelques modifications dans les anneaux antérieurs du corps. Dugès (1) reconnut le premier dans ces organes la présence de tubes tapissés intérieurement de cils vibratiles très actifs. Dans les Lombriciens transparents tels que les *Naïs*, les *Dero* ou les *Tubifex*, il est facile de reconnaître à travers les téguments l'existence de tubes semblables, de suivre leurs détours et d'observer les vibrations des cils qu'ils contiennent, sans qu'aucune préparation anatomique soit nécessaire pour cela. On peut constater, chez ces animaux, que le tube cilié est la partie essentielle de l'organe et souvent la seule ; ce tube s'ouvre à l'extérieur par un orifice situé au voisinage du sillon de séparation de deux anneaux consécutifs et dans l'alignement de l'une des rangées de

(1) Annales des sciences naturelles, 2° série, t. VIII, 1837.

soies locomotrices. Il en résulte deux séries d'orifices qui semblent représenter, chez les Vers, la double série des orifices des trachées, si évidents chez les Insectes et les Myriapodes. En suivant avec soin ces tubes dans l'intérieur du corps, on arrive à reconnaître qu'ils présentent une disposition constante et fort singulière. Après s'être plus ou moins contournés à l'intérieur de l'anneau qui les contient, ils se dirigent vers sa cloison antérieure, la traversent et viennent s'épanouir dans l'anneau précédent en un pavillon libre, largement ouvert et dont la surface est entièrement couverte de cils vibratiles (fig. 159, n° 3, *str*); ces cils vibrent à nu dans la cavité générale, ils sont plus faciles à apercevoir que ceux contenus dans les canaux, de sorte qu'en observant une Naïs par transparence, c'est ordinairement le pavillon vibratile qu'on aperçoit le premier. On avait longtemps considéré ces organes comme constituant un appareil respiratoire ; Jules d'Udekem, ayant à les décrire dans le *Tubifex rivulorum*, émit le premier l'idée que c'étaient des organes excréteurs analogues aux reins des animaux supérieurs (1). Cette opinion a été depuis complètement confirmée. On ne trouve jamais, en effet, ces tubes remplis de gaz chez les Lombriciens terrestres qui cependant sont bien obligés de respirer l'air en nature ; ils sont toujours au contraire plus ou moins gorgés d'un liquide qui ne peut évidemment avoir été puisé que dans l'économie de l'animal, et il est facile, en outre, de constater que les battements des cils font marcher ce liquide non pas de l'extérieur vers l'intérieur du corps, mais de l'intérieur vers l'extérieur. C'est conséquemment un liquide destiné à être rejeté.

Les Vers de terre et les animaux analogues présentent donc cette étrange particularité que la cavité viscérale de leur corps communique avec l'extérieur par autant de paires d'orifices que le corps possède d'anneaux. Le liquide qui remplit cette cavité dans chaque anneau et qui constitue la partie la plus importante du sang peut être rejeté au dehors par l'intermédiaire du canal cilié situé dans l'anneau suivant. Chez certaines sangsues, les *Nephelis*,

---

(1) J. d'Udekem, *Histoire naturelle du Tubifex rivulorum*; Mémoires couronnés par l'Académie de Bruxelles, t. XXVI, 1855 (Mémoire déposé en 1853).

par exemple, ces canaux offrent une disposition plus étonnante encore, leurs pavillons viennent s'ouvrir à l'intérieur même des vaisseaux sanguins, de sorte que, par une simple contraction de son corps, l'animal peut expulser volontairement une quantité de sang plus ou moins considérable, pratiquer sur lui-même une saignée plus ou moins abondante. On sait depuis le célèbre mémoire de M. de Lacaze-Duthiers sur le Pleurobranche que les Mollusques peuvent, d'une façon assez analogue, effectuer sur eux-mêmes cette bizarre opération.

Par ses études sur les Annélides marines, le docteur Williams (de Swansea) fit entrer dans une phase nouvelle l'histoire des canaux ciliés des Lombrics et des Sangsues. Il affirma d'abord que l'existence de ces organes était générale chez tous les Vers annelés ; de plus il exprima, au sujet de leurs fonctions et de leurs rapports avec l'organisme, des idées tout à fait nouvelles (1), et attribua aux canaux ciliés, que nous avons déjà précédemment désignés sous le nom, choisi par lui, d'*organes segmentaires*, une importance exceptionnelle.

L'anatomiste anglais considère les organes segmentaires comme étant, chez tous les Vers annelés, les organes mêmes de la génération. Pour lui ces organes représentent, en quelque sorte, la portion génitale du zoonite. A la vérité, ils ne fonctionnent pas absolument comme organes reproducteurs ; ils peuvent même être détournés de leur destination primitive et employés à d'autres fonctions ; mais, partout où se trouve un organe tenant en quelque façon à la génération, c'est, selon le Dr Williams, par une transformation de tout l'organe segmentaire ou de l'une de ses parties qu'il est produit. Ainsi, par exemple, chez les *Dero* et les autres Naïdiens, l'appareil fort compliqué de la génération comprend des poches dites *copulatrices*, destinées à recevoir les éléments fécondateurs après l'accouplement et à les conserver jusqu'au moment de la ponte, des glandes mâles, un ovaire, une paire de canaux excréteurs pour ces glandes ; tous ces organes si variés ne seraient

(1) Dr Williams, *Report on the British Annelida*, dans *Reports of the British Association for advancement of science*, 1851, et surtout *Transactions of the Royal Society*, 1853, t. I, p. 93.

que des modifications diverses des organes segmentaires. Mais
ces organes ne rempliraient leur véritable fonction que dans les
premiers anneaux du corps ; partout ailleurs ils en seraient détournés pour devenir de simples organes d'excrétion, de véritables reins.

Nous voyons apparaître ici pour la première fois ce lien singulier et inexplicable, en apparence, que l'on observe chez tous les
Vertébrés entre les organes chargés de purifier l'organisme et
ceux qui sont chargés de le reproduire, entre les organes de
la sécrétion urinaire et ceux de la reproduction.

Telle qu'il la présentait, la théorie du Dr Williams n'était
pas absolument exacte. En réalité, les organes essentiels de la reproduction, les glandes mâle et femelle, aussi bien chez les Vers de
terre que chez les Sangsues, que chez les Annélides, se développent indépendamment des organes segmentaires et n'ont avec
eux aucune relation directe. Ils n'apparaissent que lorsque l'animal a atteint un certain âge, tandis que les organes segmentaires sont, au moins chez les Vers de terre, parmi les premiers
organes qui se constituent dans chaque segment, et ne sont nullement affectés, dans les anneaux stériles, par les modifications que
subissent périodiquement les glandes génitales. Toutefois il y a
là un exemple remarquable de l'emprunt fait par une fonction
d'organes originairement destinés à une autre fonction. Dans presque tous les segments du corps, il existe chez les Vers annelés un
organe segmentaire servant avant tout d'organe de sécrétion et
faisant accessoirement communiquer la cavité du corps avec l'extérieur. Chez les Annélides les produits de la génération, œufs ou
zoospermes, se formant dans tous les anneaux du corps, trouvent
là un passage tout préparé pour arriver au dehors. Appelés par le
mouvement ciliaire des pavillons, ils s'engagent dans le canal qui
leur fait suite, cheminent dans ce canal, toujours poussés par le
mouvement des cils, y peuvent achever leur maturation et sont
enfin expulsés.

Assez fréquemment du reste, surtout chez les Annélides sédentaires, les organes segmentaires peuvent éprouver des modifications plus ou moins considérables ; il est rare qu'ils soient réduits,

comme chez les Annélides errantes, à un simple tube cilié terminé par un pavillon : le plus souvent leurs parois deviennent glandulaires ; les organes prennent alors un volume relativement considérable, on trouve parfois dans leur intérieur des cristaux d'acide urique et assez souvent leur pavillon vibratile disparaît. Ce pavillon manque également chez un assez grand nombre de Sangsues ; mais cette disparition du pavillon est un fait sans grande importance, et qui est dû simplement à un arrêt de développement, ou plutôt à une sorte de balancement dans le degré de développement des diverses parties de l'organe. L'organe segmentaire commence en effet par revêtir d'abord la forme d'une simple poche ou d'un tube aveugle et plus tard seulement, à l'une de ses extrémités, le pavillon se développe. Chez le même individu, il arrive que dans un certain nombre d'anneaux les organes segmentaires gardent leur forme typique, tandis que dans les autres ils deviennent éminemment glandulaires et demeurent sans ouverture interne. Parfois, au contraire, le nombre de leurs orifices se multiplie : chez la *Polynoë pellucida*, l'organe segmentaire muni d'un seul pavillon vibratile et d'une portion glandulaire s'ouvre à l'extérieur par quatre orifices distincts, précédés chacun d'un tube assez long (1).

Chez les Annélides, malgré les modifications que nous venons de signaler, les organes segmentaires ne sont jamais liés d'une façon spéciale à la fonction de la génération. Mais, dans le groupe des Lombriciens, il se fait entre ces organes, dans les divers anneaux, une remarquable division du travail, en rapport avec la localisation plus grande de l'appareil reproducteur et aussi avec les conditions nouvelles dans lesquelles doit s'accomplir la fécondation qui, chez les animaux terrestres ou d'eau douce, ne peut plus être livrée au hasard comme chez des animaux aquatiques, habitant en grand nombre la même région et pouvant utiliser comme véhicule l'eau qui les entoure.

Tandis que chez les Annélides marines tous les anneaux sont également aptes à la reproduction, chez les Lombriciens trois ou

(1) Ehlers, *Die Borstenwürmer*, pl. IV, fig. 3.

quatre anneaux au plus sont sexués : deux ou trois sont mâles, un autre est femelle et tous ceux qui restent sont stériles.

Dans les anneaux reproducteurs, à la place ou à côté des organes segmentaires ordinaires, on trouve des organes exactement construits sur le même type, formés, comme eux, d'un tube cilié et d'un pavillon vibratile, mais évidemment modifiés pour servir exclusivement à porter au dehors les produits des glandes génitales. Chez les Lombriciens aquatiques, ces annexes de l'appareil reproducteur ne coexistent jamais avec de véritables organes segmentaires ; ils occupent la même position, s'ouvrent à peu près au même point. On peut admettre qu'ils résultent d'une simple transformation des organes segmentaires. Mais cette transformation peut faire d'eux des organes très variés : renflés en bourses volumineuses, dépourvus de pavillons vibratiles, ils constituent des *poches copulatrices;* considérablement allongés et agrandis, pourvus d'un gigantesque pavillon, ils deviennent les *canaux déférents* des glandes mâles ; réduits à un pavillon absolument sessile, ils jouent le rôle d'*oviductes.*

Parmi les Lombriciens voisins des *Tubifex* et constituant la famille des *Tubifécidés*, on trouve deux formes distinctes, également intéressantes, de canaux déférents. Dans certains genres il n'existe qu'un seul canal (1) terminé par un pavillon vibratile unique ; dans d'autres (2), il existe deux canaux déférents terminés chacun par un pavillon vibratile ; ces pavillons correspondent toujours à deux anneaux distincts ; mais les canaux eux-mêmes, après s'être développés parfois dans l'étendue de plusieurs anneaux, viennent toujours se souder l'un à l'autre, et constituer un canal unique qui ne possède qu'un seul orifice externe (3). Le plus souvent des glandes volumineuses se développent dans cette partie commune que peut terminer un organe d'accouplement.

---

(1) Tels sont les *Tubifex* et les *Psammoryctes*.

(2) Les genres *Rhynchelmis, Lumbriculus, Trichodrilus, Stylodrilus, Phreatothrix*.

(3) Voir à ce sujet les travaux de Claparède dans les *Mémoires de la Société de physique et d'histoire naturelle de Genève*, t. XVI, 1861-1862 et ceux de Vejdovsky dans le *Zeitschrift für wissenschaftliche Zoologie*, t. XXVII, 1876.

Cette disposition que nous ne rencontrons parmi les Tubifécidés que dans un certain nombre de genres, devient au contraire à très peu près générale chez les Lombriciens terrestres ou Vers de terre proprement dits. Là, à part deux exceptions, on a toujours trouvé de chaque côté du corps un appareil déférent composé de deux pavillons vibratiles s'ouvrant dans deux anneaux distincts, mais greffés sur un tube unique que terminent souvent des glandes accessoires et un organe d'accouplement. La seule différence qui existe entre cet appareil et celui des Tubifécidés est que, chez ces derniers, la partie commune aux deux organes qui viennent se souder est ordinairement très courte, tandis que chez les Vers de terre elle forme au contraire la plus grande partie de la longueur de l'appareil.

Mais les Vers de terre sont intéressants à un autre point de vue. Chez eux, en effet, les poches copulatrices, les canaux déférents, les oviductes ne prennent pas la place des véritables organes segmentaires; on trouve ceux-ci, à côté d'eux, dans les mêmes anneaux, possédant des orifices extérieurs distincts ou, ce qui est plus rare, partageant avec eux le même orifice. Malgré la ressemblance que ces annexes de l'appareil génital présentent avec de véritables organes segmentaires, malgré l'identité apparente de leur structure, malgré la transition des Lombriciens aquatiques vers les Lombriciens terrestres qu'indiquent certains Tubifécidés, il faut bien reconnaître que chez les Vers de terre s'est développé tout un système d'organes nouveaux, rappelant les organes segmentaires par leur structure et leurs modifications, mais ne résultant nullement d'une transformation de ceux-ci.

Chez ces animaux, à côté des organes spécialement chargés de la sécrétion urinaire, il existe donc d'autres organes, exactement construits sur le même type, occupant à peu près la même position et qui sont exclusivement dévolus à la fonction de reproduction. C'est là une donnée précieuse et dont nous allons avoir à faire usage en étudiant le *système uro-génital* des Vertébrés.

Dans les Vers annelés où l'appareil circulatoire ne forme pas de réseau dans les téguments, les organes segmentaires n'en possèdent pas non plus; mais partout où le système vasculaire des té-

guments se développe, des branches vasculaires relativement volumineuses viennent se diviser à la surface ou dans la masse glandulaire des organes segmentaires et y former un réseau à mailles
serrées ; souvent sur le trajet de leurs ramifications on observe des
renflements variqueux qui paraissent destinés à ralentir le cours
du sang, comme pour lui permettre de subir d'une façon plus complète l'action épuratrice de la glande.

Ces particularités ont encore une importance qui ne tardera pas
à ressortir. Mais ce qu'il est avant tout nécessaire de bien établir,
c'est la haute signification des organes segmentaires eux-mêmes.
Ces organes ne se rencontrent pas seulement, en effet, chez les
Vers annelés proprement dits, c'est-à-dire les Annélides, les Lombriciens et les Sangsues. On les retrouve, avec une remarquable
persistance de forme et de fonctions, dans tous les types dont les
affinités avec les Vers ne sont pas douteuses, depuis les Rotifères et
les Gastérotriches jusqu'aux Bryozoaires, aux Brachiopodes et aux
Mollusques où nous les avons vus contribuer à former l'organe
rénal connu sous le nom d'*organe de Bojanus*.

Nous sommes donc conduits à considérer les *organes segmentaires* comme éminemment caractéristiques des êtres primitifs d'où
sont descendus tous les animaux que nous désignons sous le nom
de Vers. C'est grâce à eux que nous allons pouvoir remonter jusqu'à l'origine des Vertébrés, et retrouver le chemin par lequel ces
animaux ont pu s'élever jusqu'à leur degré actuel de perfection et
de puissance organique.

CHAPITRE VII

Le résultat définitif de la transformation des colonies en organismes consiste dans une concentration graduelle des parties et des fonctions, qui efface peu à peu les limites des individus composant la colonie, dissocie leurs organes, réunit ceux qui sont de même nature, les soude aux organes analogues des autres individus, les isole des organes différents de l'individu auquel ils appartenaient d'abord, altère par cela même leurs rapports primitifs et finit par rendre méconnaissable leur mode initial d'association. Le développement de l'individualité sociale ou, si l'on veut, le perfectionnement de l'organisme entraîne nécessairement la disparition plus ou moins complète des individualités élémentaires et souvent même la fusion de leurs parties constitutives dans des unités apparentes, nées de quelque nécessité physiologique et qui deviennent les organes de l'individualité nouvelle.

Ainsi, dans une grande nation, les membres d'une même famille se dispersent, en raison des carrières différentes embrassées par chacun d'eux, pour se réunir à d'autres individus d'origine différente, mais remplissant les mêmes fonctions, dans ces unités nouvelles que l'on nomme la magistrature, l'université, l'armée, l'administration, et qui sont comme les organes du corps social. A ne considérer la nation que dans son ensemble et dans son or

ganisation, on n'aperçoit tout d'abord que les unités physiologiques, qui assurent son existence. C'est seulement à l'aide de péni-
bles recherches d'état civil que l'on arrive à reconnaître les familles
primitives, désormais fondues dans la masse et dont le démembre-
ment a fourni ces familles artificielles auxquelles magistrats, soldats
et savants se font honneur d'appartenir. Telle est la situation du
naturaliste en face d'un très grand nombre des organismes dont
il se propose de faire l'étude ; ce qu'il aperçoit tout d'abord dans
un Vertébré, dans un Articulé, dans un Mollusque, ce sont les
organes, et tous paraissent faire partie d'une unité indivisible à
l'existence de laquelle ils sont nécessaires. Il faut une comparaison attentive avec les organismes voisins, une étude soigneuse
des parties de l'animal adulte et de leur mode de développement
pour faire apparaître avec évidence les traces de la constitution
fondamentale.

De même que dans l'embranchement des Articulés et dans
celui des Vers annelés, tous les types ne montrent pas avec la même
évidence leur constitution coloniale, de même dans l'embranchement des Vertébrés, le plus éloigné de tous des formes originelles,
on ne peut espérer trouver également dans tous les types les traces
de leur origine. Si l'on a chance d'en découvrir quelques indices,
c'est parmi les formes inférieures de l'embranchement et peut-être
encore pendant la seule période du développement embryogénique, celle de l'enfance des éléments qui devront plus tard
composer les organes, mais qui pendant un temps variable demeurent unis aux *familles* dans lesquelles ils ont pris naissance
et conservent avec elles des connexions plus ou moins étroites,
avant d'entrer définitivement dans des associations purement
physiologiques. Les résultats fournis par une étude comparative des formes inférieures de Vertébrés n'en gardent pas moins
toute leur généralité, car, dans aucun autre groupe du règne animal, l'unité de plan de composition n'est plus évidente et plus
universellement reconnue.

C'est cette unité de plan de composition des Vertébrés qui donne
leur grand caractère de généralité et leur haute importance théorique aux récentes découvertes de Balfour, de Carl Semper sur la

constitution du système uro-génital des poissons plagiostomes (1),
à celles de Wilhelm Müller sur les Myxines et les Lamproies, enfin
à celles de Spengel sur les Batraciens et les Reptiles.

Chez les Poissons en général, et notamment chez les Plagio-

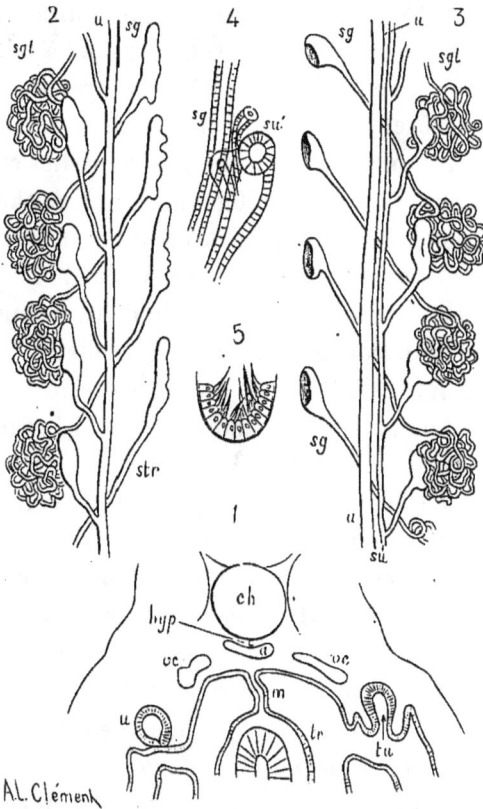

Fig. 156. — Appareil uro-génital d'un embryon de Squale. — 1. Coupe transversale de l'embryon : *ch,*
corde dorsale ; *hyp,* cordon situé au-dessous d'elle ; *a,* aorte ; *tr,* intestin ; *m,* mésentère ; *u,* uretère ;
tu, orifice des tubes du rein primitif ; *vc,* veines cardinales. — 2. Système uro-génital d'un individu
mâle. — 3. Id., d'une femelle : *sgl,* organe segmentaire pelotonné ; *sg,* canal segmentaire ; *str,* pavillon vibratile ; *u,* uretère primitif formant l'oviducte chez la femelle ; *su,* uretère secondaire. —
4. Une partie terminale de l'un des organes segmentaires plus grossie. — 5. Les cellules vibratiles
de l'organe segmentaire,

stomes, le rein n'est pas l'organe compact et de faible volume que
nous connaissons chez les Mammifères. C'est un organe à tissu peu

(1) Ce sont les Squatines, les Requins, les Roussettes, les Anges, les
Raies, etc.

serré qui s'étend tout le long de la colonne vertébrale où il se trouve enchevêtré avec les glandes reproductrices et d'abondants dépôts de matières grasses.

Si l'on observe des embryons suffisamment jeunes de Roussettes ou d'autres Plagiostomes, on reconnaît à la traînée glandulaire formée par ces divers organes une disposition tout à fait caractéristique. De chaque côté de la corde dorsale, les segments musculaires se succèdent régulièrement, indiquant le mode de division de la paroi du corps, également reproduite par les parties cartilagineuses qui représentent les vertèbres (fig. 158, n° 1). A chacun de ces segments correspond un tube qui s'ouvre dans la cavité générale par un large pavillon vibratile ; ce tube descend obliquement en ligne droite de haut en bas et de dedans en dehors, puis il se pelotonne, forme ainsi un corpuscule assez volumineux, revient obliquement vers la ligne médiane et finalement s'ouvre, au niveau du segment musculaire suivant, dans un canal longitudinal qui possède lui-même, au voisinage de l'anus, un orifice extérieur (fig. 156, n° 2). L'ensemble des tubes pelotonnés pourvus d'un pavillon vibratile constitue le *rein*, le canal dans lequel s'ouvre chacun d'eux est l'*uretère* ou canal excréteur du rein. Chez les mâles ce canal conserve définitivement cette fonction ; chez les femelles (fig. 156, n° 3), il se forme à un moment donné un nouvel uretère sur lequel viennent se greffer les canalicules rénaux, et l'uretère primitif se met exclusivement en rapport avec les glandes reproductrices, il devient l'*oviducte*.

On ne peut manquer d'être frappé de la ressemblance que ces organes rénaux présentent avec ceux des Annélides. De même que chaque anneau du corps possède, chez ces derniers, un tube rénal s'ouvrant dans sa cavité par un pavillon vibratile, de même chez les jeunes Requins et les poissons voisins, chaque segment vertébral possède son rein particulier exactement construit comme celui de l'Annélide. La seule différence est que, chez les Annélides, chaque rein, chaque organe segmentaire s'ouvre isolément au dehors, tandis que chez les Requins un canal commun recueille sur son trajet les produits sécrétés par les différents reins segmentaires et se charge seul de porter les produits au dehors.

Cette différence n'a rien de fondamental : des différences
exactement de même nature existent chez des Insectes, d'ailleurs
fort voisins, en ce qui concerne leur appareil respiratoire. Cet
appareil consiste essentiellement en autant de paires de trachées
arborescentes qu'il y a de segments du corps. Chaque touffe est

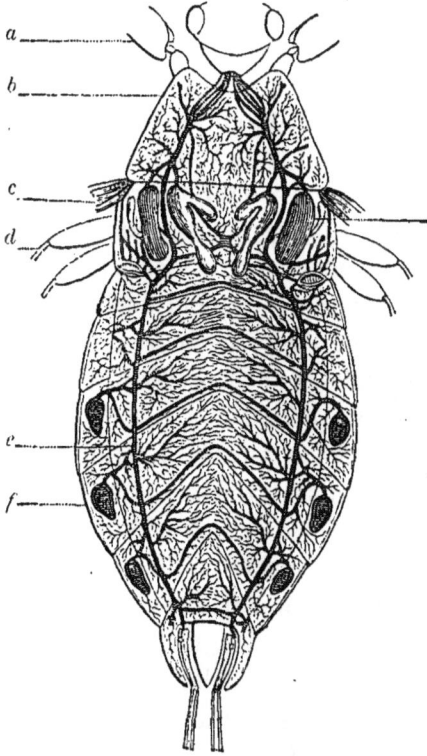

Fig. 157. — Appareil respiratoire de la *Nèpe cendrée* : *a*, pattes antérieures ; *b*, prothorax ; *c*, ailes
antérieures ; *d*, deuxième paire de pattes ; *e*, troncs respiratoires longitudinaux s'ouvrant seulement
à l'extrémité postérieure du corps et amenant l'air dans tout l'arbre trachéen ; *f*, reste des stigmates,
oblitérés chez la Nèpe ; *g*, poches remplies d'air résultant de la dilatation des trachées.

originairement indépendante de ses voisines; mais on voit chez la
plupart des Insectes des anastomoses plus ou moins nombreuses
réunir toutes les touffes ; enfin chez certaines Punaises d'eau, les
Nèpes (fig. 157), les orifices par lesquels les touffes de trachées
communiquaient isolément avec l'extérieur s'oblitèrent, et deux

grands tubes dont les orifices sont situés à l'extrémité postérieure
du corps ont seuls la charge de porter l'air dans l'appareil respiratoire. Entre le système trachéen d'une Nèpe et celui d'un Myriapode, par exemple, la différence est exactement la même qu'entre
le système rénal d'un Poisson plagiostome et celui d'une Annélide.
Nous sommes donc autorisés à regarder les reins segmentaires à
uretère unique des Roussettes, des Requins et autres Poissons cartilagineux, comme ayant pu dériver de reins qui s'ouvraient d'a-
bord isolément à l'extérieur.

Les relations qui, chez les Annélides, s'établissent entre les reins
et les glandes génitales se retrouvent fidèlement ici ; mais de
même que nous avons vu chez les Lombriciens une séparation se
faire entre les reins véritables et les parties qui sont en rapport
avec la fonction de reproduction, de même nous voyons ici l'uretère primitif se séparer complètement de l'appareil rénal et devenir partie intégrante de l'appareil reproducteur.

L'appareil uro-génital des poissons cyclostomes, c'est-à-dire des
Myxines et des Lamproies, se rattache très étroitement à celui des
Poissons plagiostomes. A la vérité, les pavillons vibratiles ont disparu, comme ils disparaissent souvent chez les Annélides ; mais
on voit très nettement chez les Myxines (1) l'uretère primitif
fournir dans chaque segment musculaire un canalicule latéral
qui se termine par un renflement dans lequel viennent se pelo-
tonner une artère et une veine ; ce renflement présente déjà
la structure de ces parties essentielles du rein que l'on retrouve
chez tous les autres Vertébrés et qui ont été désignés sous le nom
de *corpuscules de Malpighi*, du nom de l'illustre anatomiste qui les
a le premier signalés. Le rein conserve donc chez les Myxines les
relations avec les segments vertébraux que nous lui avons vues chez
les Plagiostomes. Il y a plus : chez les jeunes individus, l'uretère se
prolonge antérieurement, et c'est sur lui que viennent se greffer les
diverses parties d'une glande que Johannes Müller avait désignée
sous le nom de *corps surrénal*, la rapprochant ainsi des *capsules*

---

(1) Wilhelm Müller, *Ueber das urogenital System der Amphioxus und der
Cyclostomen* ; Jenaische Zeitschrift, t. IX, 1875, pag. 107.

surrénales des Vertébrés supérieurs. Ce corps surrénal n'est à
l'origine qu'une simple dépendance du rein ; il est effectivement
constitué, comme les reins eux-mêmes, de canalicules pelotonnés,
et ces canalicules qui rampent à la surface de l'enveloppe séreuse
du cœur, le *péricarde*, viennent s'ouvrir dans la cavité de cette enveloppe par des pavillons vibratiles. *Chez les Myxines, comme
chez les Mollusques, la cavité du péricarde communique avec
l'extérieur par l'intermédiaire des reins.* Singulier rapprochement
entre des animaux qui paraissent, au premier abord, si profondément différents et dont l'explication ne peut être que dans leur parenté commune avec les Vers annelés.

La complication de ces diverses parties est un peu plus grande
chez les Batraciens. Les glandes génitales et les reins occupent
une longueur plus restreinte de l'animal et semblent avoir
éprouvé une sorte de condensation qui a altéré leurs rapports avec
les autres parties du corps. On trouve toujours chez ces animaux
deux canaux longitudinaux situés l'un auprès de l'autre : l'un est
absolument indivis, ne présente aucune communication avec les
canaux voisins et rappelle tout à fait le canal que forme l'*uretère primitif* des Plagiostomes après la formation de l'uretère
secondaire. On lui donne le nom de *canal de Müller ;* il sert
d'oviducte chez les femelles, où il se termine par un pavillon ouvert
dans la cavité générale ; chez les mâles, contrairement à ce qui a
lieu chez les Poissons plagiostomes, il se développe aussi, mais se
termine en cæcum et ne contracte aucun rapport avec les glandes
génitales. Près de lui, le second canal ou *canal de Leydig*, correspondant à l'uretère secondaire des Squales femelles, supporte
les canalicules rénaux, qui sont très allongés, sinueux, et finissent par se bifurquer après un certain trajet. L'une de ces bifurcations se termine par un pavillon vibratile (1) ouvert dans la
cavité générale ; l'autre aboutit à un corpuscule de Malpighi. Chez
les mâles, au voisinage des glandes génitales, un certain nombre
de ces bifurcations se prolongent cependant au delà des corpuscules
et se dirigent vers les testicules auxquels elles servent de canaux

(1) On donne assez souvent à ces pavillons le nom de *néphrostomes*.

excréteurs. La correspondance entre-le nombre des canalicules
rénaux et de leurs pavillons vibratiles et celui des segments vertébraux est encore parfaite chez les jeunes de certains Batraciens
inférieurs, tels que les Cœcilies ; mais, de même que nous avons vu
chez les Annélides (1) les orifices extérieurs des organes segmentaires se multiplier, de même nous voyons ici les orifices internes
des canalicules rénaux devenir de plus en plus nombreux avec
l'âge ; les canalicules demeurent encore parfaitement distincts les
uns des autres chez quelques Salamandres, telles que les *Spelerpes;*
mais chez les Tritons tous les tubes, primitivement indépendants,
se rassemblent et constituent une glande compacte, un rein, dans
l'acception ordinaire du mot. Ce rein est divisé en deux parties : la
première grêle, en forme de langue, longeant les glandes génitales,
recevant d'un côté les canaux déférents chez le mâle, et de l'autre
émettant des canaux qui aboutissent au canal de Leydig ; la seconde,
renflée, donnant naissance à un grand nombre de fins canaux
urinaires qui, sans se réunir entre eux, et sans se joindre au canal
de Leydig, vont tous ensemble déboucher à l'extérieur par un orifice commun qui est aussi l'orifice de ce dernier. Une partie des
canalicules urinaires est donc ici à peu près exclusivement affectée
au service de la reproduction ; une autre partie est essentiellement
affectée à la sécrétion urinaire, et les canalicules qui la composent semblent recouvrer à demi leur indépendance primitive. Au canal de Leydig est accolé chez le mâle un canal de
Müller fermé à son extrémité antérieure et aboutissant, lui aussi,
à l'orifice commun du canal de Leydig et des canalicules rénaux.
Chez les femelles, le canal de Müller, plus volumineux, ouvert en
pavillon dans la cavité générale, joue le rôle d'oviducte, et les canalicules rénaux proprement dits cessent d'avoir des rapports avec
l'ovaire. Dans les deux sexes, la portion renflée du rein est couverte de pavillons vibratiles qui affleurent à sa surface sans faire
saillie au-dessus d'elle et témoignent que la constitution de la
glande est bien demeurée essentiellement la même que celle-des
Spelerpes, des Cœcilies et des jeunes Requins. Il y a eu simplement

(1) Les Polynoës.

multiplication et concentration en une seule masse de la plus grande partie des canalicules rénaux.

L'appareil uro-génital des Grenouilles et des autres Batraciens dépourvus de queues ne diffère que par des particularités secondaires de celui des Salamandres et des Tritons.

A partir du groupe des Amphibiens ou Batraciens, l'appareil uro-génital dont nous avons pu suivre pas à pas les métamorphoses depuis la forme élémentaire que nous ont offerte les Squales, change brusquement de structure. Le rein et les glandes génitales se séparent de plus en plus, en même temps qu'ils tendent à se ramasser sous des dimensions relatives de plus en plus faibles ; on ne trouve plus à aucune période du développement trace de pavillons vibratiles. Cependant cet appareil dans les Vertébrés les plus élevés dérive incontestablement, lui aussi, de ceux que nous connaissons déjà.

Dans les premières phases de la vie de l'embryon des Reptiles, des Oiseaux et des Mammifères, le rein tel que nous le voyons chez l'adulte n'existe pas. Il est remplacé par un organe temporaire, le *corps de Wolf*, dont le volume est relativement considérable puisque, chez l'embryon humain, il s'étend du sommet de la poitrine jusqu'au bassin, c'est-à-dire sur presque toute la longueur du tronc ; or, ce corps de Wolf n'est autre chose qu'un rein transitoire qui s'est développé exactement comme le rein définitif des Grenouilles, des Salamandres, des Lamproies et des Squales, et présente la même constitution. Sa masse glandulaire est formée de fins canalicules, les canalicules rénaux, auxquels il ne manque que des pavillons vibratiles ; sur les côtés de la glande, on aperçoit les deux canaux de Leydig et de Müller. Mais ces différents organes, au lieu de se partager entre la fonction de reproduction et celle de la sécrétion urinaire comme chez les Vertébrés inférieurs, sont plus tard exclusivement mis au service de la fonction de reproduction ; leurs parties superflues se résorbent. Le canal de Leydig et une partie du corps de Wolf constituent chez les mâles l'appareil excréteur de la semence ; le canal de Müller se réduit à une petite poche rudimentaire que l'on désigne souvent sous le nom d'*utérus mâle*. Chez les femelles

les canaux de Müller se développent au contraire considérablement pour former les oviductes et les organes qui en dépendent, tandis que le canal de Leydig et le corps de Wolf disparaissent rapidement ou ne laissent que rarement quelques faibles traces.

Quant au rein définitif, il apparaît d'abord sous la forme d'un simple bourgeon qui se produit à la partie inférieure du canal excréteur des reins primordiaux ; ce bourgeon grandit en remontant et se transforme en un tube sur lequel poussent latéralement des canalicules dont l'enchevêtrement constitue le corps de la glande. Le rein définitif n'est donc qu'un organe secondaire dont l'apparition concorde avec l'attribution des reins primitifs à la génération ; il n'est cependant qu'une dépendance de ces derniers ou de leurs annexes et ne trouble en rien les homologies que présente le corps de Wolf avec le système uro-génital des Vertébrés inférieurs.

Ainsi le corps de Wolf, dont la signification était jadis problématique, est désormais l'un des organes les plus instructifs que présente l'embryon ; grâce à lui nous pouvons reconstituer la généalogie des Vertébrés supérieurs ; c'est un véritable certificat d'origine. Aucun autre appareil ne nous ramène aussi loin dans notre histoire, aucun ne nous montre avec plus de précision les étapes successives qui ont marqué les progrès du développement. Aucun autre ensemble d'organes, si ce n'est peut-être le système nerveux des Insectes, ne nous permet de prendre sur le fait le mécanisme en vertu duquel des parties de même nature, appartenant tout d'abord à des membres différents d'une même colonie, arrivent à se constituer en un système unique, puis se condensent peu à peu, tout en se modifiant de façons diverses, et finissent enfin par former un organe compact, commun à tous les membres de la colonie, et que l'on prendrait pour une production nouvelle si l'on n'avait pu suivre pas à pas tous les stades de son évolution. Phénomène merveilleux, un organe d'aussi faible volume que l'oviducte ou le canal déférent s'est constitué au moyen de parties empruntées à presque tous les segments vertébraux d'un Mammifère !

Les segments que, dans toutes les classes, le squelette nous mon-

tre en toute évidence, que l'on retrouve dans les muscles et les vaisseaux du tronc, que les physiologistes avaient été conduits à admettre avant les anatomistes dans le système nerveux central, l'embryogénie et l'anatomie nous les montrent, à leur tour, dans les
viscères et dans des viscères totalement indépendants de la colonne

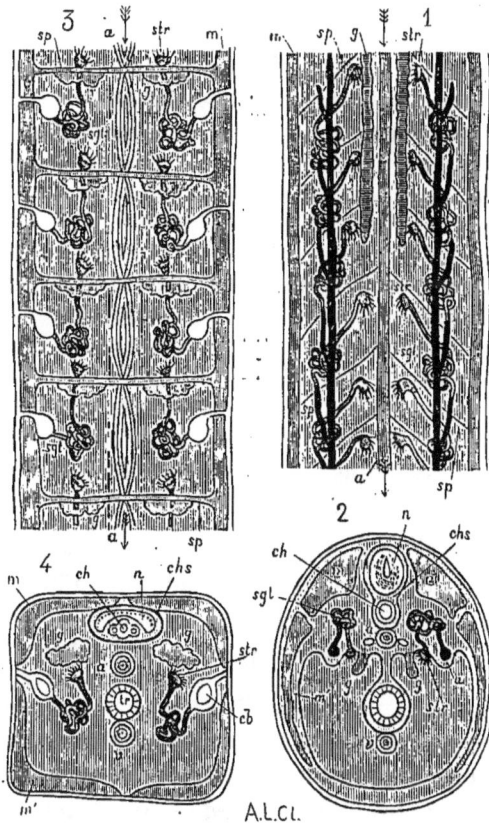

Fig. 158. — Comparaison d'un Vertébré et d'un animal annelé. — 1. Coupe longitudinale d'un embryon
de Squale. — 2. Coupe transversale du même. — 3. Coupe longitudinale d'un Annelé voisin des *Tubifex* (*Euaxes*). — Coupe transversale du même : *n*, système nerveux ; *ch*, corde dorsale ; *chs*, étui
de la corde ; *a*, aorte ; *tr*, tube digestif ; *v*, vaisseau contractile du cœur ; *g*, glandes génitales ; *sgl*,
organe segmentaire ; *str*, son pavillon ; *u*, uretère primitif ; *cb*, ampoules terminales des tubes ciliés ;
sp, cloisons séparant les segments du corps ou les segments musculaires ; *m, m'*, masses musculaires
des parois du corps (figures demi-théoriques, d'après Semper).

vertébrale et de ses mouvements. Tous ces segments se correspondent exactement, et par le nombre et par la position, de telle façon
que le corps du Vertébré peut être, tout aussi bien que celui du Ver

annelé, décomposé en anneaux successifs ayant chacun son double
arc vertébral, son appareil musculaire, ses vaisseaux, son centre
nerveux, son rein et même ses corps reproducteurs. Mais c'est là
tout ce qu'il faut pour constituer un individu distinct et autonome,
et comment expliquer cette segmentation uniforme de tous les appareils, comment comprendre le lien qui unit les segments de chacun d'eux aux segments de tous les autres si l'on n'admet, dans un
lointain passé, l'existence réelle de ces individus, aujourd'hui presque entièrement confondus, mais que nous pouvons mettre en
pleine lumière, à l'aide des ressources dont la science contempo-
raine est armée ? Les Vertébrés n'échappent donc pas à la règle
commune : eux aussi ont été au début de simples agrégations d'organismes nés les uns des autres et à peu près indépendants, mais
qu'une longue existence commune a diversifiés d'abord, puis confondus ; ce sont, en un mot, comme les Vers annelés, comme les
Animaux articulés, comme les Mollusques, des *colonies linéaires
individualisées*.

Nous pouvons aller plus loin et préciser la nature des individus
composant la colonie. Plaçons côte à côte, comme l'a fait Semper,
une coupe longitudinale et une coupe transversale d'un embryon
de Vertébré inférieur et d'un Ver annelé (fig. 158), en ayant soin
de disposer les centres nerveux de la même façon dans les uns et
les autres : on demeure frappé de l'identité presque absolue qui
ressort de cette comparaison. Dans les deux cas, le centre nerveux
étant vers le haut (fig. 158, nᵒˢ 2 et 4), au-dessous de lui on trouve
une corde solide indivise, peu développée chez le Ver, très développée chez le Vertébré, c'est la *corde dorsale*, autour de laquelle
se développent les vertèbres ; puis, toujours dans le plan de symétrie, l'aorte, le tube digestif, le cœur ; de chaque côté on aperçoit
les glandes génitales et les organes segmentaires exactement
construits sur le même type et pouvant, dans les deux cas, être
indifféremment employés soit à porter au dehors les éléments de la
reproduction, soit à épurer le sang par la sécrétion de l'urine, soit
à ces deux fonctions à la fois ; dans les deux cas, le corps se divise
en segments successifs où les dispositions se répètent sans aucune
modification (fig. 158, nᵒˢ 1 et 3).

Ainsi non seulement on peut affirmer que le Vertébré est bien, comme les autres, un animal composé, mais on peut démontrer aussi que les individus qui le composent devaient à l'origine ressembler beaucoup à ceux qui ont constitué les Vers annelés et qui ont encore conservé, chez ces animaux, leur indépendance presque entière. Cette précision de la théorie n'est-elle pas une nouvelle preuve en sa faveur ?

L'embryogénie que nous avons déjà invoquée dans notre argumentation vient d'ailleurs lui prêter bien d'autres appuis. Il ne faut pas croire que, malgré la rapidité de leur apparition, tous les segments d'un Vertébré se forment simultanément. La loi de leur développement est, au contraire, exactement la même que celle de la formation et du développement des colonies linéaires. Les divers *zoonites* d'un Vertébré se forment successivement, s'ajoutent un à un à l'ensemble déjà formé, exactement comme les anneaux d'un Ver ; c'est également d'avant en arrière que se fait le développement, de sorte que les plus jeunes anneaux sont aussi ceux qui occupent le dernier rang. Le développement du Vertébré n'est, en définitive, qu'une segmentation plus accélérée encore que celle dont le développement des Vers annelés nous a offert des formes si variées.

Nous avons vu, chez les Annélides sédentaires et chez les Articulés, le corps se diviser en régions qui prennent un certain degré d'individualité, qui peuvent développer des anneaux nouveaux à leur extrémité postérieure, et présenter même chacune un mode spécial d'évolution ; il en est de même chez les embryons des Vertébrés : leur corps se décompose en trois régions, la tête, le tronc et la queue qui se comportent toutes trois, au point de vue de l'accroissement, comme autant d'individus distincts et, pendant la période embryonnaire, peuvent former de nouveaux segments vertébraux à leur extrémité postérieure. Dans la tête, les segments ont subi une condensation exceptionnelle : l'accélération embryogénique y devient plus grande que partout ailleurs ; cette partie du corps se forme, pour ainsi dire, tout d'une pièce. Nous avons constaté déjà le même phénomène chez les

Myriapodes et les Insectes, où la constitution segmentaire de la tête ne peut faire l'objet du moindre doute.

L'anatomie, la physiologie, l'embryogénie s'accordent donc pour nous montrer dans les animaux Vertébrés une association de zoonites, une véritable colonie linéaire. Dès lors quatre grandes divisions du Règne animal, quatre *embranchements* doivent leur origine à ce mode fécond de groupement des individualités primitives : les Vers annelés, les Mollusques, les Articulés et les Vertébrés, et chacun d'eux est caractérisé par un degré particulier de fusion des organismes élémentaires qui le composent. Chez les Vers annelés les zoonites sont à peu près indépendants : non seulement, à l'extérieur, les limites de chacun d'eux sont parfaitement déterminées, mais encore, à l'intérieur, des cloisons plus ou moins complètes séparent leurs domaines respectifs ; les organes appartenant à un individu ne peuvent, en conséquence, s'éloigner de lui ; ils ne contractent d'union que rarement avec les organes homologues des individus voisins ; le caractère colonial de l'animal apparaît dans toutes les parties de son corps. Chez les Articulés, la segmentation extérieure demeure évidente au plus haut point ; chaque anneau du corps à son squelette cutané, ses membres, et, d'un anneau à l'autre, toutes ces parties sont construites sur le même type ; mais les cloisons intérieures ont disparu ; les organes se répètent d'abord régulièrement et demeurent plus ou moins indépendants comme chez les Myriapodes ; mais aucune cloison ne les maintient séparés. Les progrès de l'accroissement arrivent à mettre en contact des organes de même nature, et ces organes se soudent, se fusionnent de mille façons. Les cloisons protectrices de l'individualité des zoonites manquent aussi chez les Vertébrés, et là, les tissus extérieurs ne possédant pas la faculté de s'encroûter de chitine ou de calcaire comme ceux des Articulés, la segmentation laisse peu de traces extérieures : elle se manifeste encore cependant d'une façon assez nette dans les types inférieurs par un plissement régulier de la peau qui correspond à la division en segments de l'appareil musculaire du tronc, division à laquelle se rattache à son tour la segmentation du squelette. Mais aucune barrière ne se trouvant opposée ni à l'intérieur ni à l'extérieur à

la soudure et au déplacement des parties, les adaptations produisent des modifications plus considérables encore que dans les
groupes précédents ; les *organes coloniaux* tendent à se substituer
plus complètement aux séries d'*organes zoonitaires*. Il faut appeler à soi toute la puissance de pénétration de l'embryogénie et de
l'anatomie comparées pour arriver à reconstituer nettement le type
colonial primitif.

Enfin, chez les Mollusques, des conditions d'existence toutes particulières ont déterminé une transformation plus profonde encore
de cet *être collectif*, la *colonie linéaire*. Là aussi les cloisons de séparation des Zoonites ont disparu, les téguments de l'animal, protégés par un étui solide continu, sans lien direct avec eux, n'ont
produit aucun organe de soutien qui pût maintenir quelque démarcation extérieure entre les individus primitifs. Ces individus se sont
en conséquence fusionnés aussi bien extérieurément qu'intérieurement. Mais, en outre, le Mollusque s'est trouvé dans cette situation exceptionnelle de n'être en rapport avec le monde extérieur
que par la partie de son corps la plus voisine de l'orifice unique du
tube dans lequel il vivait. De là une concentration vers cette région de toutes les fonctions de relation, un surcroît d'activité, un
excès d'accroissement de la partie céphalique de l'animal d'où est
résulté, par un balancement nécessaire, une diminution correspondante des parties cachées dans la coquille : par ces deux causes
les organes zoonitaires se trouvent modifiés dans leurs proportions et dans leurs rapports d'une façon plus considérable que
partout ailleurs, sans que pour cela l'organisme tout entier s'élève
à une bien grande puissance. Son unité paraît absolue, son indivisibilité incontestable ; il semble qu'on ait affaire à un type tout
à fait nouveau, mais une analyse plus rigoureuse tenant compte
des influences qui ont pu entrer en jeu pour modifier les organes
arrive sans difficulté à reconstituer le type primitif dont les Mollusques sont plus rapprochés, d'ailleurs, que les Vertébrés.

Les Mollusques, les Articulés et les Vers annelés présentent en
effet ce double caractère commun d'avoir un système nerveux
composé d'un collier entourant l'œsophage et d'une chaîne nerveuse située sur la face du corps qui regarde le sol. Chez les Ver-

tébrés le collier nerveux est remplacé par un organe compact, le
cerveau, entièrement situé en avant du tube digestif ; la chaîne
nerveuse qui devient une moelle épinière se trouve dans la partie
du corps qui regarde le ciel lorsque l'animal s'appuie sur ses quatre membres ; d'où il suit, conformément à l'opinion de Geoffroy
Saint-Hilaire, d'Ampère, de Leydig et de bien d'autres, que le
dos des Vertébrés correspond réellement au ventre des Annélides,
des Mollusques et des Articulés. Ce sont là des différences considérables, que Semper a le premier cherché à expliquer en
montrant qu'elles tenaient tout simplement à ce que, dans ces
différents groupes, la position de l'orifice buccal n'est nullement
comparable.

. La théorie que nous développons permet de remonter aux causes
de ce déplacement. L'orifice buccal se produit, en effet, par un
mécanisme tout différent dans chacun des principaux types d'organisme, et ce mécanisme est en rapport lui-même avec le mode de
formation de la tête.

La tête est réduite à deux anneaux chez les Vers annelés, la
bouche qu'elle supporte n'est autre chose que la bouche primitive
de la *gastrula* dont nous avons décrit la formation ; c'est donc un
des premiers organes apparus ; elle est née bien avant le système
nerveux. Celui-ci se constitue plus tard et il se montre d'abord
sous la forme de ganglions symétriques qui ne se réunissent
pour former une chaîne ventrale que dans la suite du développement. A mesure que l'Annélide se constitue, son premier
segment, issu de la trochosphère, passe graduellement au-dessus
de la bouche, entraînant avec lui les ganglions qui lui appartiennent ; ceux-ci finissent donc par se trouver au-dessus de l'œsophage
et deviennent les ganglions cérébroïdes : lorsqu'ils se soudent l'un
à l'autre et aux ganglions des anneaux suivants, demeurés dans
leur position initiale, il en résulte nécessairement la formation
d'un collier œsophagien.

Chez les Mollusques, où la bouche est toujours très précoce,
quand elle n'est pas la bouche même de la *gastrula*, les choses se
sont passées exactement comme chez les Annélides, et le collier
nerveux a la même origine.

Chez les Articulés supérieurs qui ont été observés à ce point de vue, notamment chez l'Ecrevisse, la bouche de la *gastrula* se ferme et le tube digestif est d'abord représenté par un sac clos de toutes parts ; mais, très rapidement, des enfoncements de la peau forment de petites poches qui vont à la rencontre de ce sac et constituent l'œsophage d'abord, la partie postérieure de l'intestin ensuite, tandis que leurs ouvertures deviennent la bouche et l'anus. Le système nerveux se constitue seulement après que le tube digestif s'est ainsi complété ; il est d'abord divisé comme chez les Annélides en deux moitiés symétriques ; comme chez les Annélides, sa partie antérieure est entraînée au-dessus de l'œsophage par les anneaux qui passent au-dessus de la bouche et dont les appendices, primitivement ventraux, deviennent les antennes et les pédoncules des yeux ; de sorte que, lorsque les deux moitiés symétriques du système nerveux se soudent, leur partie antérieure se trouvant au-dessus de l'œsophage, leur partie postérieure au-dessous, il se constitue encore un collier nerveux autour de cet organe.

Supposons que dans l'un quelconque de ces deux groupes des animaux articulés ou des animaux annelés, le système nerveux prenne un très grand développement, une prédominance bien marquée ; l'accélération embryogénique qui a d'abord conduit toutes les parties du corps à se constituer de plus en plus rapidement, qui tend sans cesse à les faire apparaître, sous leur forme définitive, d'autant plus vite qu'elles sont plus modifiées, cette accélération va amener une formation d'autant plus précoce du système nerveux, que ce système ayant pris, dans l'organisme, un volume relatif plus considérable, une importance physiologique plus grande, aura plus de chemin à faire pour atteindre son développement final. Sans cela l'équilibre qui s'est établi grâce à lui entre les divers appareils de l'animal adulte serait nécessairement rompu. Les deux moitiés symétriques du système nerveux apparaîtront donc de bonne heure, se souderont de bonne heure. Si cette soudure a lieu avant que la bouche et l'œsophage, déjà tardivement formés chez les articulés, ne se soient constitués, l'œsophage, en voie de formation, rencontrant sur son chemin la masse nerveuse, ne pourra la traverser ; une autre bouche devra se former du côté

opposé à celui qu'occupe le système nerveux : l'œsophage sera
donc placé tout entier du même côté de ce système que la partie
principale du tube digestif. Mais la bouche sera dès lors du côté du
corps opposé à celle où elle se trouvait d'abord : la recherche et la
préhension des aliments exigent qu'elle soit tournée vers le sol, si
l'animal, comme c'est l'ordinaire, ne peut s'en éloigner pour nager
sans cesse en pleine eau. Celui-ci sera donc conduit à se retourner : il marchera habituellement en appuyant sur le sol la région
de son corps qui était primitivement son dos, tandis que sa région
ventrale primitive, celle qui touchait d'abord le sol sera maintenant
dirigée vers le ciel. Un tel retournement est facile chez un animal
encore dépourvu de membres locomoteurs, et nous voyons les Vers
annelés et les Insectes l'exécuter souvent d'une façon momentanée,
lorsqu'ils y sont conviés par une raison quelconque.

Mais entre un Annelé ainsi modifié dans son développement, dans
son organisation, dans son attitude par une série de circonstances
qui s'enchaînent, entre un tel Annelé et les plus inférieurs des
Vertébrés la différence est presque nulle.

Le développement embryogénique des Vertébrés reproduit précisément tous les stades de notre Annelé hypothétique. Le système
nerveux se forme dès les débuts de la vie embryonnaire, et la
masse cérébrale apparaît presque aussitôt. Le collier œsophagien
des Annelés se courbe nécessairement au moment où il se relève
pour passer au-dessus de l'œsophage ; le cerveau des Vertébrés se
courbe lui aussi dès sa formation, comme pour préparer la constitution du collier ; mais il ne forme jamais qu'une masse unique ;
le tube digestif se produit bientôt, mais il est clos, en avant, comme
celui des Articulés supérieurs, et la peau doit s'enfoncer dans le
voisinage de son extrémité supérieure pour aller le rejoindre et
former ainsi la bouche et l'œsophage. Une première tentative se
fait dans ce sens (1). Dans la région qui sera plus tard le fond de la
bouche et des fosses nasales, un enfoncement se produit, marchant
d'abord vers le cerveau, sur le côté opposé duquel apparaît une

_____

(1) Voir Dohrn, *Der Ursprung der Wirbelthiere und das Princip des Functions-
wechsels.* Lepsig, 1875, p. 1 et suiv.

protubérance creuse marchant vers la peau. On croirait voir les premières phases de la formation d'un canal qui traversera le cerveau, dans lequel pourra venir s'ouvrir la partie antérieure du tube digestif et qui nous ramènera aux conditions anatomiques des animaux annelés et articulés (1). Mais la poche venant du fond de la bouche future est bientôt arrêtée dans son développement : elle rencontre un prolongement du cerveau qui marche vers elle, se soude à lui, et devient, chez l'adulte, ce corps singulier, commun à tous les Vertébrés, auquel on n'a pu cependant assigner aucun rôle physiologique et qu'on désigne sous les noms d'*hypophyse* ou de *corps pituitaire*. A la fin de la sixième semaine l'hypophyse de l'embryon humain communique encore avec l'extérieur. La protubérance qui s'est produite du côté opposé du cerveau, entre le cerveau antérieur et le cerveau moyen, s'arrête aussi dans son développement; elle devient cette *glande pinéale* dont, en désespoir de cause, on avait fait quelque temps jadis le siège de l'âme.

Après cette première tentative, la bouche définitive se constitue au-dessous du point où s'est formée l'hypophyse, et en même temps les diverses parties de la face prennent l'aspect et la position qu'elles devront toujours avoir. Ainsi, non seulement le déplacement de la bouche se trouve expliqué, mais nous pouvons en suivre, pour ainsi dire, les péripéties successives.

Toute l'histoire de la formation de la tête et du cerveau, nous montre que les Vertébrés ont eu pour ancêtres des animaux qui possédaient un collier œsophagien ; nous savons déjà que ces animaux étaient segmentés, que leurs segments étaient exactement construits sur le type de ceux des Vers annelés. D'un autre côté, pour tous les groupes organiques nous avons pu remonter à un être simple qui, se reproduisant par voie agame, est devenu le progéniteur du groupe tout entier : les Vertébrés apparaissent, au contraire, d'emblée segmentés, comme les Annelés supérieurs ; nous sommes donc conduits à affirmer qu'ils ne constituent pas un groupe indépendant du Règne animal, qu'ils sont réellement la

---

(1) Voir Kölliker, *Embryologie ou Traité complet du développement de l'homme.* Traduction française, 1880, p. 549.

suite, la continuation, le degré le plus élevé de perfectionnement des Vers annelés. Tous leurs caractères sont la conséquence du développement excessif de leur système nerveux, développement qui se poursuit encore de nos jours et a fait d'eux les privilégiés de la nature.

D'ailleurs, au moment où il s'est dégagé, le type Vertébré était bien loin de présenter un degré de complication organique très élevé. De nos jours, les Vertébrés les plus inférieurs sont encore, toute leur vie, dépourvus de membres, comme les Lamproies, ou naissent sans en avoir, comme les têtards des Salamandres et des Grenouilles; souvent leur squelette demeure cartilagineux. Les premiers Vertébrés avaient donc très probablement un corps mou, allongé, cylindrique, dépourvu de membres, toutes conditions qui plaçaient le mode de station de l'animal uniquement sous la dépendance de sa bouche et ont rendu facile le retournement de haut en bas qui distingue aujourd'hui les Vertébrés quand on les compare aux animaux annelés ou articulés.

La réalité de ce changement d'orientation est encore attestée, il ne faut pas l'oublier, par la position de l'embryon relativement aux parties nutritives de l'œuf, et par sa courbure qui sont inverses chez les Vertébrés et chez les autres animaux segmentés, si l'on tient compte de l'attitude que prendra l'animal par rapport au sol après sa naissance, mais qui sont exactement correspondantes, si l'on ne tient compte que de la position relative des organes, la bouche exceptée.

Ainsi, tous les traits caractéristiques des Vertébrés, toutes les étapes de leur évolution trouvent leur explication naturelle dans les lois qui régissent le développement des colonies linéaires dont ces animaux ne sont que la phase suprême d'évolution, le degré supérieur de condensation. Si étrange que soit, au premier abord, cette affirmation, l'histoire de l'embranchement du Règne animal dont nous faisons partie n'est que la continuation de celle des Vers annelés. Comme les Vers annelés, comme les animaux Articulés, les Vertébrés, malgré l'unité apparente de leur organisme, sont formés de segments, d'individus placés bout à bout et qui sont arrivés à se fusionner. Ils ont commencé par n'être que des organismes comparables à l'hydre, à la trochosphère. au nauplius, qui

les ont constitués en se répétant eux-mêmes en série longitudinale
pour former d'abord une colonie linéaire. Cette colonie s'est ensuite de plus en plus hautement individualisée jusqu'à disparition
presque complète des individualités composantes. Les lois de constitution et de transformation des colonies animales, indépendantes
dans une large mesure des éléments composant ces colonies, embrassent donc les formes supérieures du Règne animal aussi bien
que les plus humbles.

Les Vertébrés, se rattachant étroitement aux colonies linéaires,
ne sauraient plus être reliés aux Invertébrés par un groupe résultant d'une modification des mêmes colonies dans une direction
toute différente, tel que le groupe des Mollusques. Kowalewsky
croyait pouvoir établir cette liaison par l'intermédiaire des Ascidies et d'un singulier animal marin, d'une sorte de poisson tout à
fait inférieur, l'*Amphioxus*. Ces animaux présentent entre eux,
en effet, des rapports incontestables, soit à l'état adulte, soit
durant leur développement ; on ne saurait nier que l'*Amphioxus*
appartienne à l'embranchement des Vertébrés, et il faut bien dès
lors, quoi qu'on en ait, rapprocher les Ascidies de ces animaux ;
mais le mode d'existence de l'Amphioxus et des Ascidies est tout
particulier. L'Amphioxus vit toujours enfoui dans le sable, les
Ascidies son fixées au sol, et nous savons par l'histoire des Géphyriens, des Acéphales, des Cirripèdes, de quelle dégénérescence
profonde sont toujours frappés les animaux qui mènent ces deux
genres de vie. L'Amphioxus et les Ascidies ne peuvent donc être
que des Vertébrés dégénérés, considérablement modifiés par des
conditions d'existence toutes spéciales auxquelles, selon toute
apparence, s'accoutumaient déjà leurs ancêtres à une époque où le
Vertébré venait à peine de se dégager de la souche des Vers. Ainsi
s'explique l'origine des Tuniciers jusqu'ici demeurée pour nous
problématique ; ainsi s'expliquent les affinités contradictoires que
les Vertébrés semblaient présenter avec les Tuniciers d'une part,
les Vers annelés de l'autre.

Les Vertébrés, parmi lesquels l'homme vient se ranger, sont le
couronnement du monde vivant. Nous avons parcouru toute

l'échelle organique, nous élevant successivement des êtres monocellulaires aux Éponges, des Hydres aux Coralliaires, aux Méduses
et aux Siphonophores, des Infusoires et des Planaires aux Vers
cestoïdes, de la trochosphère aux Annélidés, aux Mollusques et
aux Vertébrés, du nauplius aux Crustacés et aux Insectes. Partout nous avons vu le passage des organismes simples aux organismes complexes s'effectuer suivant les mêmes lois. Un petit nombre de principes ont suffi pour enchaîner un nombre considérable
de phénomènes, en rattacher quelques-uns à d'autres auxquels ils
semblaient étrangers, en mettre plusieurs d'accord avec des doctrines qu'ils paraissaient contredire.

Quelque fragiles que soient les théories, on prend confiance
en elles, lorsqu'elles peuvent embrasser un ensemble aussi vaste
que le Règne animal, et qu'elles semblent mêler un rayon de lumière, si pâle qu'on le suppose, aux obscurités profondes dont
le mécanisme de la formation des êtres est si longtemps demeuré
enveloppé. Peut-être nous sera-t-il permis, en raison du chemin
parcouru, de jeter maintenant un coup d'œil sur l'avenir et de
rechercher, après avoir résumé les lois qui se dégagent de ces
études, quelles peuvent être dans d'autres directions leurs conséquences générales.

LIVRE V

CHAPITRE PREMIER

LA THÉORIE DE L'ASSOCIATION ET LES LOIS DE L'ORGANISATION.

Un fait capital, bien modeste en apparence, domine toute l'évolution des deux règnes organiques : la *substance vivante*, le *protoplasme* ne peut exister qu'à l'état de masses de faible grandeur, distinctes les unes des autres, constituant autant d'*individus* auxquels est appliquée la dénomination de *plastides*.

Ces masses grandissent, en s'incorporant des substances diverses, tant qu'elles demeurent au-dessous d'un certain volume limité ; arrivées à ce volume, elles se divisent en deux ou en plusieurs parties égales qui constituent de nouveaux individus semblables entre eux et semblables à leur parent commun. Ces deux actes, l'incorporation des substances étrangères et la division précédée d'accroissement, représentent, sous leur forme la plus simple, les fonctions de *nutrition* et de *reproduction*, caractéristiques de tous les êtres vivants.

De ce que les masses de substance vivante ne peuvent dépasser une certaine taille, quelques dixièmes de millimètre de diamètre, sans se diviser en nouveaux individus, il résulte nécessairement que les animaux et les végétaux, gigantesques relativement à ces mesquines proportions, formés cependant de matière vivante, ne peuvent être constitués que par une accumulation de ces petites masses élémentaires, de ces petits individus. Une première loi, qu'on peut nommer la *loi d'association*, est donc la conséquence forcée de la *limitation de la taille* des masses protoplasmiques : *Les animaux et les plantes sont des sociétés* formées souvent d'individus innombrables. On donne à ces sociétés le nom d'*organismes ;* les individus qui les composent, les *plastides*, sont leurs *éléments anatomiques ;* l'*organisation* résulte de leur réunion.

L'organisation commence dès que deux plastides jumeaux, au lieu de s'éloigner l'un de l'autre, après la division de leur parent, demeurent accolés, quelle que soit du reste la cause qui les maintient unis.

Cette juxtaposition des deux éléments les laisse, sous tous les autres rapports, tout à fait indépendants l'un de l'autre ; la cause qui détermine la division des masses protoplasmiques arrivées à une certaine taille s'oppose évidemment à ce que les deux masses nées de cette division se réunissent de nouveau. Même rapprochés les uns des autres, les éléments anatomiques conservent donc respectivement toute leur individualité. Quel que soit leur nombre, aussi bien dans les organismes les plus élevés que dans les plus humbles, ils se nourrissent, s'accroissent, se reproduisent sans souci de leurs voisins. C'est en cela que consiste une seconde loi d'une haute importance, la *loi de l'indépendance des éléments anatomiques*, devenue si féconde entre les mains des physiologistes. Cette indépendance doit être considérée comme la condition nécessaire au libre exercice d'une autre faculté générale des plastides, la *variabilité* sous l'action des circonstances extérieures ou même de certaines forces immanentes dans les protoplasmes. Grâce à leur aptitude à varier et à leur indépendance réciproque, les éléments nés les uns des autres, et primitivement tous semblables entre eux, ont pu se modifier dans des sens différents, prendre des formes diverses, acquérir des fonctions et des propriétés nouvelles, augmenter ainsi la faculté des organismes de s'adapter aux milieux et accroître, par conséquent, leurs chances de durée.

Toute modification éprouvée par un élément anatomique se transmet à sa descendance. Cette *hérédité* est encore une conséquence nécessaire du mode primitif de reproduction des protoplasmes par division en masses équivalentes et semblables entre elles. L'*hérédité* des caractères des éléments anatomiques et l'*adaptation* de ces éléments aux conditions ambiantes constituent désormais les deux facteurs qui déterminent leur forme, leurs fonctions et leur évolution ultérieure. De la combinaison de ces deux facteurs résulte pour les organismes un accroissement de tendance à la variation, car l'hérédité multiplie par elle-même l'action des conditions ambiantes ou la combine avec l'action de conditions antérieures qui ont pu être très variables pour des êtres appartenant cependant à la même lignée.

La *vie sociale* est, à son tour, une cause importante de variation pour les plastides, soit en raison des conditions différentes dans lesquelles elle les place relativement au milieu extérieur, soit en raison des actions réciproques qu'exercent directement ou indi- rectement les uns sur les autres les plastides associés. Tout d'abord ces plastides occupent par rapport à la colonie des positions équi- valentes, tel est le cas où un petit nombre de ces éléments se grou- pent autour d'un pédoncule commun, comme chez les *Anthophysa*, tel est encore celui où ils se distribuent régulièrement sur la surface d'une sphère comme chez les *Volvox* ou les *Magosphæra ;* il ne peut alors se manifester aucune différence entre eux, et de fait tous sont parfaitement identiques. Mais que le pouvoir reproducteur des di- vers individus augmente : que la colonie s'accroisse très rapide ment, une surface régulièrement convexe ne sera plus suffisante pour permettre aux nouveaux venus de prendre place parmi leurs compagnons sans compromettre l'existence de la colonie : ces nou- veaux venus pénétreront dans la cavité intérieure de la sphère, soit qu'ils s'y forment directement, soit que la sphère se replie sur elle-même de manière à prendre l'apparence d'une coupe à dou- ble paroi ou d'un double sac à étroit orifice. Cette seconde dispo- sition se produit fréquemment, nous l'avons vu, dans le développe- ment embryogénique et constitue la phase *gastrula* de Hæckel.

Du moment que la colonie, au lieu d'être formée d'une seule couche d'individus, se trouve formée de deux couches superposées, tous les individus qui la composent cessent nécessairement de se ressembler. Ceux qui constituent la couche externe, directement

en rapport avec le monde extérieur, éprouvent, sans pouvoir s'y
soustraire, l'action incessante du milieu ; ils vivent en pleine
lumière, sont obligés de s'accommoder des variations plus ou
moins rapides des conditions qui les entourent ; ceux qui constituent la couche interne, protégés par les premiers, ne reçoivent
guère que le contre-coup des actions extérieures ; les conditions
biologiques qui les entourent sont infiniment plus constantes. Dès
lors, les éléments composant chaque couche prennent un ensemble
de caractères communs, en même temps que ces deux couches
diffèrent entre elles de plus en plus ; l'animal se décompose en
deux *feuillets ;* le feuillet extérieur a été désigné sous les noms
d'*exoderme* ou d'*ectoderme ;* le feuillet intérieur est l'*entoderme.*
Ces feuillets peuvent donner naissance à leur tour par des procédés variés à des feuillets intermédiaires qui forment le *mésoderme.*
La position même des deux feuillets de notre colonie de plastides
force désormais les individus qui les composent à jouer des rôles
différents et à prendre des formes particulières : les rapports avec
le monde extérieur deviennent l'apanage exclusif des individus
exodermiques ; les individus entodermiques, placés dans des conditions de tranquillité qui les rendent plus aptes à effectuer les longues
besognes, se consacrent à l'accomplissement des fonctions de nutrition, élaborent les aliments, les digèrent et en font deux parts, l'une
qu'ils gardent pour eux-mêmes, l'autre qui passe naturellement
aux individus exodermiques avec lesquels ils sont en contact.
Lorsque les groupements des plastides deviennent plus compliqués, leurs formes et leurs fonctions varient plus considérablement encore.

Le *polymorphisme* et la *division du travail physiologique*
apparaissent donc comme des conséquences nécessaires du
mode de groupement des individus associés. Mais ils deviennent eux-mêmes les instruments actifs d'une transformation nouvelle subie par les colonies. Tant que tous les individus associés
se ressemblent et accomplissent les mêmes fonctions, les colonies demeurent des collectivités dont les diverses parties n'ont
entre elles que les liens les plus fragiles. Si le voisinage de ses
semblables crée à chaque plastide des conditions d'existence un

peu différentes de celles dans lesquelles il se trouverait s'il était solitaire, ces conditions n'ont cependant tout d'abord rien d'essentiel pour lui. Il peut être séparé de ses compagnons sans en éprouver grand dommage et cette opération se fait souvent naturellement ; la colonie à son tour ne souffre pas de ses mutilations. Les plastides isolés et les plastides associés continuent à vivre comme auparavant. Il n'y a donc de véritable unité que les éléments protoplasmiques composant l'association ; ceux-là seuls sont frappés de mort quand on vient à les mutiler gravement.

Mais l'association, dès qu'elle se complique du *polymorphisme* et de la *division du travail*, entraîne nécessairement entre les plastides associés une *solidarité* de plus en plus étroite et qui finit par les rendre graduellement inséparables. L'observation de tout ce qui vit sur la terre, l'observation de nous-même vient donner à ce fait une évidente réalité. Quand les rôles se partagent, quand deux êtres se délèguent réciproquement l'exécution d'une partie des actes nécessaires à l'existence de chacun d'eux, à la suite d'une longue spécialisation de ce genre, chacun perd graduellement la faculté de faire ce que l'autre fait pour lui. A ce moment, les deux compagnons ne peuvent être séparés sans se trouver en danger de mort ; de leur union résulte un tout désormais indivisible. Ce que nous disons de deux êtres élémentaires est applicable à un nombre quelconque, et, de fait, dans le règne animal, c'est seulement dans les sociétés nombreuses de plastides qu'on voit s'établir une telle solidarité. Les sociétés où elle existe constituent donc des unités nouvelles. A ces unités résultant de l'association directe des plastides, nous avons déjà donné le nom de *mérides*. Mais l'unité est ici d'une tout autre nature que lorsqu'il s'agit des éléments protoplasmiques. Pour les plastides, l'individualité est un fait primitif, elle est un résultat de l'impossibilité de s'élever au-dessus d'une certaine taille et peut-être de descendre au-dessous de certaines dimensions ; on peut dire qu'elle est *essentielle;* elle résulte au contraire, chez les organismes polyplastiques, d'une harmonie entre les actes d'un certain nombre d'individus concourant à un but commun : le maintien de leur

propre existence dans des conditions déterminées ; on peut donc
dire qu'elle est avant tout *physiologique*.

A tous les degrés de formation d'une colonie de plastides, à tous
les degrés de sa transformation en *méride*, les plastides associés
acquièrent une propriété remarquable, qui rentre du reste dans
le domaine des phénomènes d'hérédité. Séparés de la colonie, ils
tendent tous à reconstituer une colonie semblable, comme si chacun d'eux portait en lui l'empreinte de l'organisme à la formation duquel il a contribué. Ainsi se développe, à côté de la fonction reproductrice des plastides, qui consiste dans une simple division de leur substance, une autre sorte de fonction reproductrice qui vient façonner les éléments résultant de la première, les
groupe dans un ordre déterminé et les fait servir à reconstruire
un édifice semblable à celui duquel leur générateur commun s'est
détaché. C'est, à vrai dire, en cela que consiste la fonction de
reproduction telle que la définissent les physiologistes.

Mais cette fonction que peuvent d'abord exercer indifféremment tous les membres d'une colonie, tous les éléments anatomiques d'un méride, ne saurait demeurer ainsi générale.

A mesure que les individus associés deviennent plus différents
les uns des autres, à mesure qu'ils se spécialisent davantage, ils
deviennent de moins en moins aptes à reproduire la colonie
tout entière. Séparés d'elle, ils meurent le plus souvent ; sur
place, l'évolution de leur progéniture est réglée d'avance dans
un ordre de plus en plus rigoureux. Un élément donné est
incapable de reformer les éléments d'où il est descendu par
une longue élaboration, et dans les propriétés desquels réside la
cause de ses propres facultés ; il est également incapable de reproduire les éléments appartenant à d'autres lignées que celle dont
il fait partie : il peut reproduire certaines catégories d'organes
ou de tissus, mais non la totalité de ceux dont le méride se compose. De là la nécessité d'un autre mode de reproduction.

Dans tous les organismes à plastides polymorphes on voit donc,
à mesure que le polymorphisme augmente, la faculté de reproduire l'organisme se localiser de plus en plus. Certains éléments
ne se spécialisent pas comme les autres ; ils ne remplissent pas

d'autre fonction que celle de reproduction, et peuvent dès lors se détacher de la colonie sans dommage pour elle, comme aussi se passer de son assistance. Il est particulièrement remarquable de les voir conserver dans toute l'étendue du règne animal et même dans une partie du règne végétal les deux formes tout à fait primitives que les monères solitaires sont aptes déjà à revêtir successivement : la forme *amiboïde*, représentée par l'*œuf* ou *élément femelle;* la forme *flagellifère*, représentée par le *spermatozoïde* ou *élément mâle.*

L'union de l'œuf et du spermatozoïde constitue la *fécondation*, phénomène essentiel de la *génération sexuée*. Cette union est presque toujours nécessaire pour assurer la reproduction.

Mais la fécondation entraîne une conséquence importante. Elle s'accomplit généralement entre éléments provenant d'individus différents. Par elle, les caractères communs à ces deux individus tendent donc à prédominer, tandis que leurs caractères personnels tendent au contraire à se neutraliser. A chaque génération nouvelle les caractères communs prennent donc une fixité de plus en plus grande et arrivent ainsi à se constituer des séries de formes en apparence immuables, tant les variations individuelles qu'elles présentent sont peu de chose relativement à l'ensemble des caractères qui demeurent constants. Ces séries de formes sont ce que nous appelons les *espèces*. Toutes les recherches récentes s'accordent à prouver que l'espèce n'existe pas dans les groupes du Règne animal où la reproduction s'effectue sans fécondation préalable.

Ainsi l'*apparition de l'espèce est intimement liée à celle de la génération sexuée;* la génération sexuée est elle-même une conséquence nécessaire du *polymorphisme,* de la *division du travail physiologique* et de la *solidarité* qui en résulte entre les plastides associés ; le polymorphisme est, à son tour, la suite de la *variabilité* des plastides et de l'*indépendance* qu'ils conservent dans leurs associations. Cette indépendance n'est enfin qu'une forme de cette propriété plus générale, la *limitation spontanée de la taille* des individus protoplasmiques. De telle façon que ces importants phénomènes s'expliquent les uns par les autres. L'espèce, loin d'être la preuve de l'immobilité de la vie sur la terre, est au contraire une conséquence de la facilité avec laquelle la substance vivante subit les influences auxquelles elle est soumise.

L'apparition de la reproduction sexuée ne fait pas disparaître pour cela la reproduction par voie agame. S'il est impossible à un plastide isolé d'un organisme composé de plusieurs sortes d'éléments, de reproduire cet organisme tout entier, les différentes sortes d'éléments peuvent, en revanche, concourir simultanément à la formation d'un être nouveau : lorsque l'organisme dont ils font partie a atteint un certain degré de développement, on voit, en effet, les tissus se grouper en un point de manière à constituer un *bourgeon* complexe qui ne tarde pas à se transformer en un être nouveau, semblable à celui sur lequel il est né. Les deux individus mènent quelque temps une existence commune; puis ils se séparent et chacun va vivre pour son compte.

On a donné le nom de *génération agame* ou de *métagénèse* à cette forme de la fonction de reproduction (1) qui n'implique pas l'intervention d'un œuf et d'un spermatozoïde, d'un élément femelle et d'un élément mâle.

La métagénèse a une cause facile à découvrir. Dans des conditions données, une société humaine ne peut grandir indéfiniment sans être menacée par son accroissement même. Dès que le nombre de ses membres cesse d'être en rapport avec les moyens de subsistance qui sont à sa disposition, elle doit se diviser, fonder des colonies, sans quoi la misère devient imminente. Les sociétés de plastides n'échappent pas à cette loi : jusqu'à un certain degré l'association est favorable à ses membres; mais il arrive un moment où, loin d'augmenter la puissance de l'association, l'addition de nouveaux éléments ne ferait que l'affaiblir et compromettrait même l'existence de tous. Cependant les cellules toujours nourries ne cessent de se reproduire, d'engendrer de nouveaux éléments; les sociétés dans lesquelles ces éléments peuvent se grouper de manière à constituer des sociétés nouvelles, autonomes, ont l'avantage sur les autres, car elles répartissent sur un grand nombre d'individus les

---

(1) On lui donne aussi, dans certaines circonstances, les noms de reproduction par *scission*, par *division*, par *bourgeonnement* ou encore de *scissiparité*.

mauvaises chances au lieu de les accumuler sur un seul; elles
prospèrent donc, et il en résulte *que les sociétés de plastides, c'est-
à-dire les mérides, ont, comme les plastides eux-mêmes, une taille
limitée.*

Au début, les individus nouvellement formés ont dû se séparer
de leur parent; mais les hydres d'eau douce nous ont montré que,
dans certaines circonstances, ces individus une fois constitués,
n'étant plus une menace pour l'existence de l'individu primitif
puisqu'ils peuvent en devenir indépendants dès que cela est nécessaire, ont pu, au contraire, trouver avantage à s'associer à lui de
nouveau et à former ainsi une colonie de mérides.

La très grande majorité des animaux est constituée par de
telles associations de mérides : on peut désigner, par conséquent,
sous le nom de *zoïdes* (1) ces associations qui ont été la cause de
la merveilleuse puissance qu'a pu acquérir l'organisation sur
notre globe.

Toute colonie de mérides, une fois constituée, a été plus ou
moins énergiquement entraînée à former un tout indivisible, par
les raisons mêmes qui ont déterminé ce résultat pour les colonies
de plastides. Formés de plastides variables à la fois dans leur forme,
dans leurs propriétés et dans leur disposition relative, les mérides
sont nécessairement variables; ils conservent dans l'association
cette indépendance réciproque qui a été leur raison d'être : or, ce
sont précisément des qualités analogues qui ont conduit les plastides à constituer des unités organiques nouvelles. Dans les colonies de mérides, les individus composants se partagent donc le
travail physiologique, remplissent des fonctions différentes et revêtent en même temps une forme appropriée à leur fonction. L'activité vitale, la résistance de ces colonies aux causes de destruction
sont par cela même accrues; les zoïdes peuvent s'accommoder à
des conditions d'existence auxquelles les mérides isolés succom-
beraient; ils se perpétuent.

A mesure que les divers mérides se sont de plus en plus spécialisés, leur solidarité, par une conséquence nécessaire, est devenue

(1) De ζῶον, animal.

de plus en plus étroite ; la colonie de mérides qui semblait d'abord une association d'organismes à peu près indépendants est ainsi devenue, à son tour, et graduellement, cette unité indivisible dont nous voyons l'image dans les animaux supérieurs. La loi de la *division du travail physiologique* et la loi du *polymorphisme,* établies l'une et l'autre en dehors de toute idée d'évolution, ont présidé à cette transformation des *colonies polymériques*, comme elles avaient présidé au perfectionnement des *colonies polyplastiques.* C'est, du reste, l'étude des colonies de mérides qui avait conduit M. Milne Edwards, d'un côté, et M. Leuckart, de l'autre, à formuler respectivement ces deux lois corrélatives.

Les colonies polymériques et les animaux qui en résultent sont formés de mérides, primitivement très indépendants, tous semblables entre eux, construits de la même façon, nés par métagénèse les uns des autres et qui ne se sont graduellement modifiés et fusionnés qu'au fur et à mesure des progrès de l'unité physiologique de la colonie. Longtemps, même chez des animaux déjà très perfectionnés, les mérides demeurent parfaitement distincts et l'identité primitive de leur organisation ne cesse pas d'être évidente à tous les yeux : tel est le cas des polypes d'un Siphonophore, d'une Pennatule ou même des anneaux d'un Insecte. On s'explique donc comment les anatomistes ont pu depuis longtemps poser comme une loi générale que ces êtres étaient constitués par la répétition de parties plus ou moins semblables entre elles. La *loi d'association* comprend cette loi de la *répétition des parties* et la théorie à laquelle elle sert de base en donne l'explication, en accroît la généralité et montre les liens intimes qui l'unissent à la métagénèse ou génération agame.

Les causes immédiates de la division du travail physiologique et des modifications qui l'ont accompagnée dans la forme des mérides associés se trouvent en grande partie, pour ces derniers comme pour les plastides, dans la vie sociale elle-même. *Toutes les fois que deux ou plusieurs organismes entrent en relations constantes, il en résulte toujours pour chacun d'eux des modifications plus ou moins importantes.* C'est là une loi générale à laquelle on peut donner le nom de *loi d'adaptation réciproque.* Darwin a montré l'action qu'ont exercée les insectes sur les fleurs et celles-ci sur les trompes des papillons ; la plupart des caractères extérieurs des sexes sont les conséquences d'adaptations de ce genre; mais il en est de particulièrement frappantes : ce sont celles que produit le parasitisme.

Lorsqu'un animal vit en parasite sur un autre sa forme primitive est ordinairement modifiée, quelquefois au point de devenir méconnaissable, et les deux sexes, lorsqu'ils ne mènent pas une existence identique, se modifient différemment. La perte des organes locomoteurs, et de ceux qui peuvent servir à la recherche et à la préhension des aliments, est une des conséquences les plus habituelles du parasitisme. Cette perte est généralement compensée par un accroissement considérable du pouvoir reproducteur. Mais le parasitisme n'est en définitive qu'une forme de la vie sociale dans laquelle tout le profit est pour l'un des associés, et Van Beneden à fait remarquer avec raison que l'on prenait trop souvent pour des parasites des êtres qui, vivant en commun avec d'autres d'espèce différente, étaient loin cependant de se nourrir toujours à leurs dépens et parfois, au contraire, leur rendaient de réels services : il a très justement distingué des *parasites* les simples *commensaux* et aussi les *mutualistes* (1). Nos animaux domestiques pourraient être pris à certains égards pour des parasites; l'empressement avec lequel nous les recherchons suffit à témoigner que nous ne les considérons pas comme tels. Quel que soit le mode d'association, les modifications particulières subies par les individus associés resserrent de plus en plus les liens qui les unissent, de sorte que les mêmes espèces se rencontrent toujours ensemble et ne peuvent même plus être séparées sans que l'une d'entre elles au moins ne tombe en souffrance. La société hétérogène ainsi formée tend donc elle aussi vers une sorte d'unité; il peut même arriver qu'elle simule les véritables organismes. Dans le Règne végétal, par exemple, les Lichens que tous les botanistes ont considérés jusque dans ces dernières années comme une classe particulière de plantes cryptogames ne seraient décidément, suivant les recherches ré-

(1) P. J. van Beneden, *Les Commensaux et les Parasites dans le Règne animal* (*Bibliothèque scientifique internationale*).

centes de M. Bornet, confirmant une hypothèse de Schwendener (1),
que le résultat de l'association d'une algue et d'un champignon.

Les modifications réciproques qui résultent de l'association, pour
deux individus de type différent, nous permettent de comprendre
celles qui peuvent affecter les divers individus, primitivement
identiques, qui demeurent associés pour former une *colonie*.

Nous avons déjà fait remarquer que la puissance d'adaptation et
par conséquent la force des associations de mérides résidait essentiellement dans l'*autonomie*, ou, pour nous servir d'une expression
plus généralement adoptée, dans l'indépendance réciproque qu'ils
conservaient. Grâce à cette indépendance, les liens physiologiques
qui unissent les divers individus ne sont guère plus intimes que
ceux dont profitent les parasites, les commensaux et les mutualistes ordinaires; les membres d'une colonie, dont l'identité primitive ne saurait être absolue, pourront jouer les uns vis-à-vis des
autres ces différents rôles, et chacun sera affecté des modifications
qui correspondent au rôle qui lui sera échu.

Supposons, par exemple, une colonie quelque peu considérable
de polypes hydraires : certains membres de la colonie pourront se
trouver placés par hasard dans des conditions désavantageuses pour
la chasse ; incapables de se nourrir parce qu'aucun gibier ne vient
jusqu'à eux, ces individus mourraient nécessairement s'ils étaient
isolés ; leur qualité de membres d'une colonie leur permet de
demander à leurs compagnons les moyens de subsistance qu'ils
ne peuvent se procurer par eux-mêmes ; ils vivent donc, mais
leur vie est celle de véritables parasites. Ils subiront les effets dé-
gradants de ce genre d'existence, perdront leurs tentacules, leur
orifice buccal et seront ainsi profondément modifiés dans leur
forme. En revanche, si quelque variation accidentelle profitable à
la colonie se développe en eux, ces variations se transmettant
par voie héréditaire assureront un avantage aux colonies qui les
présenteront et arriveront à se fixer par voie de sélection naturelle.

Nous avons vu d'autre part que l'un des caractères de la vie pa-

(1) E. Bornet, *Recherches sur les Gonidies des Lichens* (*Annales des sciences naturelles*, 1re série, t. XVII, 1873). — (2) Schwendener, *Untersuchungen über den
Flechtenthallen.*

rasitaire était un accroissement considérable, pour le parasite, du pouvoir reproducteur. Or tout accroissement de ce pouvoir est évidemment favorable à la durée des espèces qui le présentent. Dans une colonie quelques individus pourront présenter une précocité exceptionnelle, manifester une tendance à la reproduction avant d'avoir atteint leur complet développement; la faculté pour ces individus de vivre aux dépens de la colonie en fera d'excellents *individus reproducteurs;* dans la lutte pour l'existence, ils constitueront un avantage pour la colonie ; mais ils n'en subiront pas moins les dégénérescences qu'entraîne la vie oisive et prendront ainsi une forme particulière.

On comprend d'ailleurs que l'intensité des phénomènes vitaux dans ces individus puisse devenir une cause d'avortement pour les individus placés dans leur voisinage ; ces individus subordonnés sembleront ne faire avec les premiers qu'un seul tout, pourront se modifier dans des sens divers ou même s'associer plus étroitement avec les individus reproducteurs pour former avec eux des ensembles avantageux à la colonie : telle a été l'origine des Méduses.

Ainsi dans une colonie peut se constituer toute une série de *fonctionnaires*, parasites en ce sens qu'ils ne recherchent pas et ne préparent pas eux-mêmes leur subsistance, parasites en ce sens qu'ils finissent par perdre les organes qui leur seraient nécessaires pour accomplir ces différents actes ; mais dont l'utilité pour la colonie peut être de premier ordre, car ils deviennent les instruments de sa puissance et lui assurent, en définitive, la victoire dans la lutte pour la vie.

Dans toutes les associations animales, qu'elles soient composées d'individus d'espèce différente, ou d'individus de même espèce, que ces individus soient physiologiquement séparés les uns des autres, comme ils le sont dans les simples *sociétés*, ou qu'ils soient unis entre eux, comme ils le sont dans certains cas de parasitisme ou dans les *colonies*, nous voyons donc apparaître les mêmes faits. Par cela seul qu'elle réalise des conditions d'existence particulières et d'une variété exceptionnelle autour des individus qui s'y soumettent, la vie sociale, quelle que soit sa forme, détermine chez ces individus des variations nombreuses et devient par conséquent une cause puissante de diversification dans le Règne animal. Qu'elle unisse des individus d'espèce différente, elle produit les races et les variétés innombrables des animaux, domestiques, les modifications sans nombre qui caractérisent les espèces parasites, commensales ou mutualistes ; qu'elle unisse des individus de même espèce, elle produit chez eux tous les phénomènes qui ont été groupés sous la dénomination générale de *polymorphisme ;* que ces individus conservent entre eux des liens physiologiques, comme dans les colonies, leur société se transforme en organisme grâce à la puissance qui résulte pour elle de la division du travail physiologique entre ses membres ; elle commence ainsi une nouvelle évolution. Que sont d'ailleurs la *lutte pour l'existence* et la *sélection naturelle*, ces principes fondamentaux de la théorie de Darwin, sinon les conséquences rigoureuses de l'association forcée dans laquelle sont maintenus sur le globe tous les êtres vivants ?

Loin d'être indépendante du milieu dans lequel elle se constitue et des autres conditions dans lesquelles elle doit vivre, la forme d'une association est au contraire avec celles-ci dans une étroite dépendance. Il y a, en particulier, deux circonstances, qui ont eu une influence prépondérante sur le sort des colonies. Ou bien l'individu qui les a fondées a conservé la faculté de vivre d'une vie vagabonde et s'est mis à ramper sur le sol ; ou bien, arrivé à une période variable, du reste, de son développement, il a perdu cette faculté, et a dû se résigner à se fixer sur quelque corps étranger où il est demeuré à peu près immobile pendant le reste de son existence. Dans le premier cas, il s'est trouvé mécaniquement forcé, pour ainsi dire, de constituer ces colonies linéaires dont les transformations ont produit les groupes les plus élevés du Règne animal : Annelés, Articulés, Mollusques et Vertébrés. Dans le second cas, l'individu primitif a produit des colonies irrégulières, aux formes généralement indéterminées, telles que les colonies d'Éponges, de Polypes hydraires, de Bryozoaires et d'Ascidies. Le méride fondateur d'une colonie a donc une influence prépondérante sur la forme et le développement ultérieur de la colonie ; en raison de son importance, il a droit à un nom particulier : nous

l'appellerons le *protoméride* (1). Dans les colonies linéaires le protoméride n'est pas seulement l'individu qui détermine la forme de
l'organisme ; il conserve pendant toute la durée de celui-ci une
prépondérance physiologique des plus marquées. C'est lui qui, seul
ou associé aux anneaux qui le suivent immédiatement, en constitue la *tête. Tous les êtres issus de colonies linéaires qui sont, à leur
naissance, représentés par leur protoméride sont donc, en définitive,
pendant la première période de leur existence, réduits à leur tête, et
c'est la tête qui engendre le reste du corps par voie de métagénèse.*

Diverses circonstances secondaires sont intervenues dans l'évolution des colonies irrégulières. Le développement d'une charpente solide intérieure, celle d'un étui résistant soutenant les
parties molles, ou même une plus grande fermeté dans les tissus,
ont pu permettre aux colonies de s'élever verticalement, en sens
contraire de la pesanteur, et de former ces colonies ramifiées dont
les Hydraires, les Coralliaires et les Bryozoaires fournissent tant
d'exemples ; dans tous les cas où les tissus se sont trouvés de moindre consistance, la colonie n'a pu, au contraire, s'étendre qu'en
surface ; elle est devenue encroûtante, et ces diverses particularités ont encore eu une influence évidente sur les modes ultérieurs
de groupements des individus associés.

Dans une colonie encroûtante, comme celles de beaucoup d'Ascidies composées, dans une colonie à rameaux épais relativement
aux individus composants, comme chez les *Stylasteridæ*, l'un des
modes de groupement les plus fréquents qui se sont présentés a dû
être le groupement rayonnant qui résulte simplement du rapprochement de plusieurs individus semblables autour d'un centre.
Ainsi se sont constituées, dans la colonie, des unités secondaires,
tels que les systèmes étoilés des Botrylles, parmi les Ascidies, ou
les systèmes cycliques des Millépores, des *Stylaster* et des *Cryptohelia*. Ces unités secondaires ont pu à leur tour passer à l'état
d'individus : les polypes coralliaires nous en offrent un exemple.

Dans les colonies arborescentes où la dimension des individus

_____

(1) De πρῶτος, premier, et μέρος, partie.

n'était pas très petite par rapport à celles des rameaux, un autre procédé a pu amener entre eux des groupements nouveaux : c'est le raccourcissement de l'axe sur lequel ces individus étaient normalement distribués suivant une hélice plus ou moins régulière. Les individus situés sur un même tour de spire ont forcément encore pris, en se rapprochant, une disposition rayonnée. C'est à un phénomène de cet ordre que les Méduses et les Échinodermes ont dû leur origine.

Mais ce phénomène est lui-même identique à celui par lequel on explique la production de la fleur des plantes phanérogames. Les feuilles disposées en hélice sur la tige se sont de même rapprochées pour former le merveilleux appareil, à structure si nettement rayonnée, qui est chargé d'assurer la conservation de l'espèce chez les végétaux supérieurs et que nous appelons la *fleur*. Dans l'animal, comme dans le végétal, ces deux modes identiques de groupement des parties sont liés intimement à l'exercice de la fonction de reproduction : les Méduses et les Échinodermes sont donc de véritables fleurs animales.

Dans les végétaux et dans les animaux une même disposition a précédé la disposition rayonnée ; c'est la disposition arborescente. Nous avons vu que, dans le Règne animal, cette disposition était déterminée par une condition particulière d'existence, la fixation au sol : c'est précisément la condition dans laquelle sont, dès le début de leur vie, condamnés à se développer les végétaux arborescents. Les ressemblances qu'on a de tout temps remarquées entre les végétaux et les colonies de polypes ne sont donc pas aussi superficielles qu'on pourrait le croire : elles sont dues à une condition d'existence commune qui, dans les deux cas, a déterminé les mêmes effets ; c'est donc à bien juste titre que Pallas a donné aux polypes et aux animaux voisins le nom de *Zoophytes* ou d'animaux-plantes qui est demeuré depuis dans la langue zoologique.

Certains zoïdes ont conservé la faculté de former eux-mêmes des colonies qui, chez les Coralliaires, peuvent atteindre une énorme puissance de développement. On peut désigner ces colonies sous le nom de *colonies polyzoïques* (1) ou de *dèmes* (2). L'exemple des Rénilles, des Virgulaires, des Pennatules, nous prouve que ces colonies sont, à leur tour, capables de se transformer en véritables organismes auxquels doit s'étendre par conséquent la dénomination de dèmes. Les colonies linéaires peuvent se constituer en dèmes aussi bien que les colonies irrégulières ou rayonnées. Les diverses régions du corps d'une Annélide, d'un Articulé ou même d'un Vertébré se développent et se comportent comme des zoïdes, jouissent d'une réelle indépendance qui se manifeste notamment par de grandes différences dans le degré de solidarité des mérides qui les composent : les mérides sont, par exemple, complètement fusionnés dans la tête des Insectes et dans celle des Vertébrés alors qu'ils demeurent plus ou moins distincts dans les autres régions du corps de ces animaux.

La transformation en bloc des colonies irrégulières ou rayonnées en organismes autonomes est constamment corrélative d'un important changement qui s'est produit dans les conditions d'existence de la colonie primitive : cette colonie a recouvré sa liberté. Dès lors des formes régulières, symétriques, tout au moins nettement déterminées, ont pris la place des dispositions capricieuses que présentent, en général, les colonies fixées. Ce même phénomène se produit dans les classes les plus variées. On en peut suivre toutes les phases dans le groupe si éminemment instructif des Siphonophores où l'on s'élève graduellement de la vague individualité des *Praya* et des Agalmes à l'individualité des Vélelles et des Porpites, aussi nette que celle des Méduses et des polypes coralliaires. Aussi bien que les colonies d'Hydraires ou de Coralliaires, les colonies de Bryozoaires, en devenant libres, forment de véritables

(1) De πολύς, plusieurs, et ζῶον, animal.

(2) De δῆμος, peuple. M. de Lacaze-Duthiers a dit dans ce sens *Zoanthodème* pour désigner une colonie de Coralliaires. Il a proposé de dire dans un sens analogue *Helminthodème* ou *Ascidiodème* pour désigner une colonie de Vers, telle qu'un Ténia, ou une colonie d'Ascidies. Nous employons le mot *dème* dans une acception plus restreinte qui exclut la première de ces deux dénominations, puisqu'un *dème* est pour nous une *colonie de zoïdes* et que les anneaux d'un Ténia ne sont que des mérides.

organismes tels que les Cristatelles ; les Ascidies elles-mêmes
constituent ces chaînes de Salpes où le concert entre les individus
associés est déjà bien manifeste, et surtout ces Pyrosomes où l'unité
organique atteint au même degré que chez les Pennatules. Si le
fait de recouvrer sa liberté tend déjà à établir, dans une colonie
primitivement fixée, une solidarité plus étroite entre les individus menant une vie commune, *à fortiori* cette tendance doit-elle
exister plus puissante dans les colonies qui ont été libres de
tout temps comme les colonies linéaires. On peut donc énoncer
ce principe général qui résume toute la théorie de la formation
des organismes : *Toute colonie originairement libre ou qui le devient*
à une époque quelconque de son existence tend à revêtir rapidement,
par cela même, la qualité d'individu.

Si des colonies primitivement fixées ont pu recouvrer par la suite
leur liberté, il est arrivé inversement que des colonies linéaires,
libres par conséquent, déjà transformées en organismes plus ou
moins hautement perfectionnés, ont malgré cela tardivement contracté l'habitude de mener une existence sédentaire ou même de
se fixer soit d'une façon temporaire, soit d'une façon permanente.
Aussitôt ont apparu des modifications caractéristiques, et qui ont
conduit d'une part à l'organisation aberrante des Brachiopodes,
d'autre part à celle non moins étrange des Cirripèdes. La classe des
Tuniciers doit certainement une bonne part de ses particularités
d'organisation aux déformations qui sont résultées de la fixation
du têtard des Ascidies. Mais là encore, certains types ont pu
reprendre leur liberté, comme cela est arrivé pour les Coralliaires
et les Siphonophores ; ils ont donné les groupes aberrants des *Dolio-*
lum, des Salpes et des Pyrosomes, à l'apparition desquels nous
préparent déjà les Molgules vivant librement enfouies dans le
sable. Les Pyrosomes, vivant en société d'une façon permanente,
sont des individus dont l'unité psychologique est pour le moins
aussi nette que celle des Pennatules.

Il y a donc deux sortes d'animaux fixés : ceux dont la fixation
est, pour ainsi dire, *primitive*, se produit à une époque où ils
sont encore réduits à leur protoméride ; ceux dont la fixation est
régressive, et qui sont déjà, lorsqu'ils se fixent, des *individus poly-*

mériques parfaitement constitués. Dans ce dernier cas, le type primitivement acquis se conserve, en général. Dans le premier, au contraire, l'ensemble de la colonie qu'engendre l'individu fixé ne se transforme jamais en individu. Quelques-unes de ses parties peuvent seules s'individualiser comme le montre la formation des Méduses et des Polypes coralliaires. Au contraire toute colonie qui devient libre, quel que soit son degré de développement, tend à se transformer en individu : l'histoire des Siphonophores, des Pennatules, des Cristatelles et des Pyrosomes suffit à le prouver, et témoigne d'une étroite corrélation entre la vie libre et la production de l'individualité. Ce mode d'existence a encore une conséquence importante.

La taille des colonies fixées ne semble limitée que par la durée de l'existence des individus associés et l'activité plus ou moins grande de leur pouvoir reproducteur, qui sont l'une et l'autre influencées, dans une large mesure, par les conditions extérieures. Les bancs de coraux peuvent former des îles d'une vaste étendue ; dès qu'une colonie devient libre, sa taille se limite au contraire rapidement ; le nombre des individus qui la composent tend à se restreindre ; leur polymorphisme devient de plus en plus marqué, d'où résulte un développement rapide de l'individualité ; bientôt, tout semble sacrifié au développement de celle-ci et, par une sorte d'*économie* sur laquelle M. Milne Edwards a le premier attiré l'attention, le nombre des parties devient absolument fixe et strictement égal au nombre nécessaire pour l'accomplissement régulier des fonctions physiologiques. En même temps il peut arriver que la délimitation entre les parties s'efface, comme nous l'avons vu chez nombre de parasites, chez les Araignées, chez les Mollusques et que les organes intérieurs de même nature se soudent d'une façon intime. C'est là une tendance générale des tissus semblables, que les Éponges et les Hydres permettent déjà de constater, tendance que Geoffroy Saint-Hilaire avait parfaitement reconnue dans ses études sur la monstruosité des animaux supérieurs et qui l'avait conduit à formuler sa fameuse loi de *l'attraction du soi pour soi.*

Que deux organes de même nature, non protégés par un revêtement inerte, grandissent assez pour arriver en contact, ils se souderont infailliblement et ne constitueront plus qu'un organe unique. Il peut arriver que de telles *coalescences* se produisent de bonne heure, que l'adhérence entre les organes soudés devienne plus forte que leur adhérence respective avec les parties au contact desquelles ils se sont primitivement développés, que leur accroissement soit enfin moins rapide que celui des parties qui les entourent, il résulte alors de ces soudures un nouvel organe qui tend à perdre ses connexions primitives, s'isole dans l'organisme et semble y prendre une certaine individualité. Ainsi des organes compacts, formant des masses plus ou moins volumineuses, prennent graduellement la place des séries d'organes correspondant aux divers zoonites. Nous en avons vu un frappant exemple dans le mode de développement des reins des Vertébrés supérieurs. Grâce à ces phénomènes de fusion, toute trace des individus simples qui constituaient primitivement l'individu complexe finit par disparaître et celui-ci semble avoir toujours été une unité indivisible. Tel est le degré auquel sont parvenus les Mollusques et les Vertébrés.

Que d'étapes ont été parcourues pour arriver à ce but suprême ! Dans cette marche graduelle des colonies animales vers le degré d'unité physiologique qui finit par les transformer en organismes indivisibles, les diverses parties associées réagissent les unes sur les autres, en vertu de la loi d'adaptation réciproque, de manière que tout paraît combiné pour assurer le plus parfaitement possible l'existence de l'ensemble dans les conditions où il doit vivre. C'est précisément ce qui rend si étroite la solidarité des divers éléments d'un organisme. Il en résulte finalement entre ces éléments des *corrélations* dont l'étude était considérée par Cuvier comme la base même de l'anatomie comparée. Dans des organismes constitués d'une façon semblable, à l'aide d'éléments identiques, ces corrélations dépendent simplement des conditions d'existence : telles sont les corrélations que l'on observe entre la forme des membres et la dentition chez les mammifères herbivores ou chez les mammifères carnassiers. Mais il s'est produit des corrélations semblables à tous les degrés du développement du type que l'on considère ; en raison de l'hérédité, les plus récentes sont nécessairement *subordonnées* aux plus anciennes qui contiennent souvent l'explication de la forme qu'elles ont prises. L'une des plus anciennes de ces corrélations, pour un zoïde, est évidemment celle qui existe entre le mode de groupement des mérides qui le composent et le genre de vie du protoméride. A la condition de tenir compte de l'organisation des mérides qui s'associent, elle domine, en effet, toute la série des corrélations qui ont pu se produire depuis. Le premier problème de l'anatomie comparée consiste donc à déterminer, avant toute comparaison, la nature de l'individualité des organismes qu'il s'agit d'étudier : appartiennent-ils à la catégorie des plastides, à celle des mérides, à celle des zoïdes ou à celle des dèmes ? Pour avoir négligé cette première détermination on a souvent tenté des recherches qui étaient fatalement destinées à ne pas aboutir, comme lorsqu'on s'est efforcé de comparer entre eux les Turbellariés, qui sont des mérides, et les Vers annelés qui sont, pour le moins, des zoïdes.

Il est évident que les organismes de même catégorie sont seuls comparables entre eux ; toutefois les divers zoïdes d'un dème, les divers mérides d'un zoïde sont comparables aussi aux zoïdes et aux mérides indépendants. Les zoïdes d'un même dème, les mérides d'un même zoïde, toujours construits de la même façon, sont dits *homologues* entre eux.

Dans une même catégorie d'organismes, zoïdes ou dèmes, la comparaison s'établit d'une manière plus étroite entre ceux dont les parties sont groupées suivant le même *type* ; et l'on arrive ainsi à rechercher si ces parties sont de même nature, c'est-à-dire si elles sont constituées d'éléments semblables et semblablement placés. Les parties pour lesquelles cette identité est établie sont *analogues ;* ainsi les tentacules d'un Polype coralliaire sont analogues des dactylozoïdes d'un *Stylaster*, les anneaux d'une Sangsue sont les analogues des anneaux d'une Annélide.

Mais des parties semblablement disposées peuvent être d'une nature différente : les rayons d'une Étoile de mer n'ont rien de commun avec ceux d'une Anémone de mer ; les anneaux d'un Mille-pieds ne ressemblent en rien à ceux d'un Lombric ; on peut appeler *homotypiques* ces parties dissemblables, mais affectant un même mode de groupement. Inversement, des parties analogues peuvent occuper des positions relatives très différentes : c'est ainsi que les individus d'une colonie ramifiée de Bryozoaires sont malgré leur disposition arborescente les analogues des anneaux d'une Annélide.

. *La recherche et la comparaison des parties analogues* était pour . Geoffroy Saint-Hilaire le but supérieur de l'anatomie comparée. Mais Geoffroy admettait l'*unité de plan de composition du règne animal.* Il supposait à tous les animaux des organes primitivement identiques, occupant les uns par rapport aux autres les mêmes positions relatives, ayant entre eux les mêmes *connexions.* C'est par les connexions des organes qu'il déterminait leur nature. C'était là une idée féconde : le *principe des connexions* a été l'âme des travaux les plus remarquables de naturalistes tels que Savigny, Audouin, Milne Edwards, de Quatrefages, Blanchard, de Lacaze-Duthiers. La théorie des colonies détermine la place que doivent tenir ces grandes conceptions dans la philosophie anatomique.

Puisqu'à l'état de mérides les organismes présentent déjà de profondes dissemblances, puisque les mérides, s'assemblant pour constituer des zoïdes, peuvent se grouper suivant des lois diverses, que les mêmes faits se retrouvent aussi nettement pour les dèmes, il est bien évident qu'il ne saurait être question pour l'ensemble du règne animal d'unité de plan de composition. Le principe des connexions tel que l'entendait Geoffroy ne saurait donc être applicable dans tous les cas. Il conduirait, d'ailleurs, à ne comparer entre eux, par exemple, que les zoïdes dont les mérides présentent la même disposition et c'est effectivement ainsi que l'on procède généralement ; or, nous avons vu que l'on peut trouver des parties absolument analogues dans des êtres aussi différents qu'une colonie de Bryozoaires et un Ver annelé. Le même principe conduirait, au contraire, à considérer comme analogues les anneaux d'une Annélide et ceux d'un Insecte, or nous savons que ces anneaux sont seulement homotypiques.

La recherche des analogues, quand on embrasse la totalité du règne animal ne saurait donc reposer, comme le voulait Geoffroy, sur le principe des connexions. Mais il n'en est plus de même lorsqu'il s'agit de rechercher les parties analogues chez des animaux formés de mérides originairement identiques et semblablement disposés. Dans les diverses modifications que subissent les mérides et leurs organes, les connexions primitives se conservent ou peuvent être reconstituées soit par des comparaisons méthodiques, soit par l'étude de l'embryogénie, en raison même de l'identité de structure et de groupement des mérides associés. L'identité des connexions se retrouve donc simplement comme un cas particulier, dans la théorie plus générale des analogies à laquelle nous avons été conduit.

Lorsqu'une proposition est introduite dans la science comme une loi générale, il est bien rare qu'elle ne contienne pas une part plus ou moins grande de vérité ; pour qu'une théorie scientifique mérite confiance, elle doit donc embrasser toutes les lois établies ou énoncées, en donner l'interprétation et déterminer l'exacte mesure dans laquelle elles sont applicables. C'est une condition que remplit la *théorie de l'association* vis à vis des lois diverses de l'anatomie et de la physiologie comparées qui toutes sont venues se grouper naturellement autour d'elle comme autant de déductions nécessaires, ont pris place dans l'horizon plus étendu qu'elle semble ouvrir et, s'expliquant les unes par les autres, se sont trouvées dépouillées de tout caractère mystérieux.

La théorie de l'association va, de même, nous permettre d'enfermer dans une formule unique l'ensemble des phénomènes de l'embryogénie.

CHAPITRE II

On réserve généralement le nom d'embryogénie à l'étude du développement des organismes qui naissent d'un œuf après la fécondation. L'embryogénie comprend donc, avant tout, pour la plupart des naturalistes, l'étude des phénomènes de la génération sexuée et laisse de côté, relègue au second plan, ou consigne tout au moins dans un chapitre spécial, l'étude des phénomènes de la génération agame, de la métagénèse. Bien différente est la conception de cette science à laquelle doit nous conduire la série des faits que nous avons exposés dans cet ouvrage.

Les Vertébrés, les Mollusques, les Annelés, les Articulés, les Échinodermes, les Acalèphes, c'est-à-dire presque tous les animaux sont des organismes de l'ordre des dèmes ou de celui des zoïdes ; entre eux et ce que l'on nomme une colonie, c'est-à-dire une association d'organismes nés les uns des autres par voie de génération agame, ou de métagénèse, il n'existe aucune différence tranchée. Tous les animaux que nous venons d'énumérer ont été des colonies qui, par une adaptation réciproque des organismes qui les composaient, sont lentement et graduellement devenues des organismes d'un ordre supérieur. Il suit de là que *les lois du développement de ces organismes doivent être les mêmes que les lois du développement des colonies auxquelles ils doivent leur origine*. La métagénèse doit prendre à leur formation une part aussi considérable que celle qu'elle prend à la formation de ces colonies ; loin d'être, comme on le laisse croire le plus souvent, un phénomène accidentel, une faculté particulière aux organismes inférieurs, elle est au contraire un phénomène d'une généralité absolue ou, pour mieux dire, elle est la cause même de là production des organismes supérieurs. Les phénomènes de métagénèse deviennent ainsi les phénomènes dominants de l'embryogénie : ils contiennent l'explication de ces derniers, dont le sens ne peut être compris que si l'on possède une connaissance approfondie des phénomènes de génération agame grâce auxquels les colonies se constituent.

Or, l'essence même d'une colonie est d'être réduite, au début, au premier des individus qui la composent, c'est-à-dire à son protoméride. Celui-ci seul naît de l'œuf (1) ; les autres se forment successivement, par métagénèse, sur lui ou sur ses descendants agames. Il semble donc que l'œuf de tous les animaux appartenant aux ordres des zoïdes et des dèmes devrait produire seulement leur protoméride, les autres parties se formant successivement par voie agame sur le protoméride ou les mérides qu'il a produits.

Il en est réellement ainsi dans un grand nombre de cas : la larve des Méduses, des Coralliaires et des Siphonophores, celle des Échinodermes, le nauplius des Crustacés, la trochosphère des Annélides et des Mollusques ne représentent réellement qu'un protoméride qui devient l'individu central chez les animaux rayonnés, la tête chez les animaux segmentés : les autres mérides se forment par métagénèse. Ce procédé de développement des organismes, si conforme à la théorie, fait place chez les animaux les plus élevés à un procédé bien différent, en apparence, puisque toutes les parties de leur corps semblent naître

(1) Aussi M. de Lacaze-Duthiers a-t-il proposé de le désigner, chez les Coralliaires, sous le nom d'*oozoïte* (de ωον, œuf et ζωον, animal), que nous aurions employé si nous n'avions craint qu'il n'introduisît quelque confusion dans la nomenclature générale que nous avons dû adopter.

simultanément dans l'œuf que l'animal quitte souvent avec sa forme et sa constitution définitives.

Cependant ce dernier mode de développement n'est au fond qu'une transformation du premier : il en est dérivé par une série de lentes modifications, ménagées de la façon la plus graduelle. Ces modifications peuvent se résumer en deux principes desquels découle l'embryogénie comparée tout entière et qui peuvent s'énoncer ainsi :

1° *L'œuf d'un organisme faisant partie d'une colonie tend à reproduire non seulement l'organisme dans lequel il s'est formé, mais encore la colonie tout entière dans laquelle cet organisme était engagé.*

2° *A mesure que les organismes constituant une colonie deviennent plus étroitement solidaires, les œufs qu'ils produisent tendent à reconstituer de plus en plus vite l'ensemble même de cette colonie.*

Nous désignerons, pour abréger, le premier de ces principes sous le nom de *principe de la reproduction totale des colonies* ou simplement de *principe de la reproduction totale*, le second sous le nom de *principe de l'accélération métagénésique*. Rappelons les faits qui leur servent de démonstration.

Nous avons vu précédemment que lorsque des plastides s'associaient pour former un méride, ils acquéraient la propriété de reproduire non plus seulement des plastides semblables à eux-mêmes, groupés d'une façon quelconque, mais bien le méride même d'où ils se détachaient avec sa forme et ses propriétés caractéristiques. Le principe de la reproduction totale n'est évidemment que le résultat du transfert de cette propriété générale des plastides à l'œuf formé dans un zoïde ou un dème. Ce transfert passerait, sans doute, inaperçu si tous les individus de ces sortes de colonies conservaient leur ressemblance primitive, ou si l'on n'accordait d'attention, comme on le fait d'habitude, qu'aux animaux supérieurs qui sortent de l'œuf tout formés et ont longtemps passé, en raison de ce fait, pour des unités indivisibles. Dans ces deux cas, l'œuf reproduit tout simplement, en effet, un organisme semblable à celui dans lequel il a pris naissance. Mais sont là deux extrêmes entre lesquels viennent s'échelonner un nombre immense d'intermédiaires qui ne rentrent plus dans une formule aussi simple.

Dès que le polymorphisme apparaît dans une colonie, dès que les individus qui la composent affectent un mode de groupement déterminé, les choses se passent autrement. Toutes les modifications qui apparaissent, alors même qu'elles semblent ne pas affecter les individus reproducteurs, se transmettent par voie d'hérédité : elles ont eu par conséquent leur contre-coup dans l'œuf. Dans une colonie de polypes hydraires on voit les individus stériles, gastrozoïdes ou dactylozoïdes être toujours reproduits par les œufs des individus reproducteurs avec leur forme et leur position caractéristiques. C'est ainsi qu'on t pu se fixer les dispositions qui ont amené la production des Polypes coralliaires et celles qui permettent l'apparition intermittente des Méduses.

Cette propriété de l'œuf devient plus évidente encore dans le cas où la colonie prend une forme déterminée. Bien que les œufs d'un Siphonophore, d'une Pennatule, d'une Cristatelle, d'un Pyrosome soient respectivement formés dans une Méduse, dans un Polype coralliaire; dans un Bryozoaire, dans une Ascidie ils n'en reproduisent pas moins les colonies avec une telle fidélité qu'on peut les distinguer en espèces et en genres. Si ces colonies se formaient tout entières dans l'œuf, au lieu de se former pièce à pièce comme cela arrive généralement, rien ne distinguerait leur mode de développement de celui des animaux supérieurs, tels que les Insectes, ou les Vertébrés. Mais ceux-ci étant eux-mêmes des zoïdes ou des dèmes, quels que soient les procédés embryogéniques à l'aide desquels ils se constituent, il faut bien que l'œuf qui n'avait d'abord que la faculté de former un seul de leurs mérides, ait acquis celle de les produire tout entiers et d'un seul coup. Le principe de la reproduction totale est donc l'expression d'un fait indiscutable et ne contient aucune part d'hypothèse. Il en résulte que l'on doit considérer l'œuf comme appartenant non pas à l'individu qui l'a produit, mais à la colonie tout entière : ainsi s'explique ce fait, au premier abord si surprenant; que l'ovaire chez les Salpes et les Pyrosomes puisse être à un cer-

tain moment la propriété indivise de tous les individus qui, chez
ces animaux, naissent par voie agame sur un individu donné.

L'œuf, avons-nous dit, appartient à la colonie à ce point que
les moindres modifications qu'elle subit se repercutent en lui ; il
s'ensuit, de toute nécessité, que les plus importantes de toutes ces
modifications, c'est-à-dire les adaptations réciproques des individus
composants qui rendent ces individus solidaires les uns des autres
et fondent ainsi l'unité organique de la colonie, doivent avoir
sur les propriétés héréditaires des œufs une influence prédominante. L'une des manifestations de cette influence est une accélération des phénomènes de métagénèse qui est exprimée par le second des principes que nous regardons comme fondamentaux. Ce
principe n'est donc pas indépendant du premier, il en est un développement. Comme lui, il résulte invinciblement de la comparaison des faits observés : chaque fois que nous avons voulu réunir
dans une même formule les lois du développement des animaux
composant un groupe zoologique donné, c'est lui que nous avons
retrouvé : chaque fois nous avons pu faire remarquer que notre
conclusion était indépendante de toute théorie et devait être considérée comme la seule expression grammaticale possible du résultat
de nos comparaisons.

Voici la marche de l'accélération métagénésique.

L'œuf ne donne d'abord naissance qu'à un protoméride, et les
phénomènes de métagénèse se produisent avec plus ou moins
de lenteur. Puis les individus formés acquièrent l'aptitude de
produire de plus en plus tôt de nouveaux individus en même temps
que le polymorphisme de la colonie devient plus précoce. Dans le
groupe des Hydroméduses nous trouvons tous les passages entre
la lente formation des Méduses sur des colonies d'Hydres et le développement rapide et direct de ces élégants organismes, tel que
nous le montrent les *Trachynema*, les *Ægina*, les *Geryonia* ; il
est probable que le développement des Hydrocoralliaires fournirait
une série analogue conduisant au développement constamment direct des Coralliaires. Le développement des Siphonophores nous
montre des larves d'Hydres produisant déjà des Méduses avant

d'avoir atteint la forme de Polype. Le développement des Ascidies sociales et composées, dans lesquelles les individus gardent
toujours d'une façon complète leur autonomie, nous révèle des
faits plus démonstratifs encore : le têtard des Botrylles produit, à
peine fixé, de nouveaux individus qui se reproduisent à leur tour
et disparaissent avant d'avoir atteint l'âge adulte; le têtard des
Pérophores, des *Astellium*, des *Didemnum* a déjà produit avant
d'éclore un ou deux individus par métagénèse; nous savons enfin
que chez les Pyrosomes un premier individu naît dans l'œuf et
s'y résorbe presque entièrement après avoir produit, par métagénèse, quatre individus nouveaux qui sont autant d'Ascidies parfaites; ces dernières éclosent seules après s'être groupées en une
couronne circulaire. Quelles preuves plus palpables peut-on donner de cette singulière accélération de la métagénèse?

Ces phénomènes d'accélération n'attendent pas, du reste, pour se
manifester que l'individualité des organismes groupés en colonie se soient plus ou moins fondue dans celle de la colonie dont
ils font partie. Ils se montrent déjà alors que les organismes gardent encore toute leur autonomie, comme c'est le cas chez les
Siphonophores et mieux encore chez les Ascidies composées et les
Pyrosomes, témoignant une fois de plus qu'ils sont une simple
conséquence de la vie coloniale et de l'action qu'exercent sur les
œufs de chaque individu l'ensemble des organismes auxquels il est
associé.

L'histoire des Pyrosomes montre d'une façon incontestable
qu'un organisme composé de plusieurs individus peut être produit
par un œuf unique et met en pleine lumière le rôle de la métagénèse dans cet important phénomène. L'histoire des colonies linéaires vient compléter remarquablement cette donnée. Les Annélides inférieures sortent de l'œuf, nous l'avons vu, réduites à un
seul anneau qui deviendra plus tard leur tête. Cet anneau grandit par sa partie postérieure; toutes les parties qui le composent prennent part à cet accroissement, puis, quand une certaine taille a été atteinte, l'anneau se partage par le travers et
deux anneaux se trouvent ainsi placés bout à bout. Ce premier

phénomène est exactement le même que celui qui s'accomplit chez divers Turbellariés ; là un individu se partage aussi en deux individus après avoir atteint une certaine taille, mais ces deux individus se séparent au bout de peu de temps ; il arrive cependant qu'ils demeurent unis assez longtemps pour avoir eux-mêmes donné naissance, avant de s'isoler, à deux individus nouveaux qui se partagent à leur tour. Ainsi se constituent des chaînes qui peuvent contenir 8 et même 16 individus. C'est là la reproduction normale par division transversale, et en même temps le début de la formation d'une colonie linéaire. Lorsque la colonie linéaire s'est définitivement constituée, pour des raisons que nous avons longuement expliquées la formation des nouveaux individus ou des nouveaux anneaux de la chaîne se localise à la partie postérieure du corps ; en même temps, peut être en raison de l'activité physiologique plus grande qui, pour chaque individu, résulte de l'association, la formation des nouveaux anneaux s'accélère de telle façon que l'individu-colonie tend à acquérir dans un laps de temps de moins en moins grand sa constitution définitive. D'abord les anneaux se forment successivement par un procédé identique à celui que nous venons d'indiquer, c'est-à-dire qu'un anneau grandit, puis se partage dès qu'il a atteint une certaine taille ; mais peu à peu il arrive que les anneaux nouvellement formés n'attendent pas pour se partager, qu'ils aient dépassé la taille moyenne des anneaux adultes; bien avant d'avoir atteint cette taille, bien avant même que tous les organes internes se soient formés, ils se partagent déjà, de telle façon qu'en arrière de l'animal on observe une chaîne plus ou moins longue d'anneaux à tous les degrés de développement; bientôt même, l'accélération continuant, il se forme une sorte d'organe spécial, la *bandelette germinative*, point de départ des nouveaux anneaux qui paraissent dès lors se former simultanément.

Il semble au premier abord que la colonie doive grandir ainsi indéfiniment ; mais, il n'en est rien : les causes qui limitent la grandeur des individus de premier et de second ordre, limitent aussi celles des individus d'ordre plus élevé. On voit donc les individus-colonies, lorsqu'ils ont atteint une certaine taille, se diviser comme le font leurs anneaux ; ces phénomènes, que nous

offrent sous des formes diverses les Naïdiens, les Syllis, les Myrìa-
nides, les Protules, etc., sont, comme la segmentation même des
anneaux, une simple conséquence de l'accroissement ; la tête et la
queue des deux individus qui se séparent se forment comme les
segments nouveaux de l'individu qui grandit ; l'individu lui
même s'est formé par l'addition successive d'anneaux nouveaux à
la partie postérieure d'un anneau primitivement unique, représentant la tête ; de sorte qu'entre l'accroissement pur et simple de
l'individu-colonie, du zoïde, et sa reproduction par division il y a
la continuité la plus absolue. La seule différence c'est que les segments nouvellement formés demeurent unis dans le premier cas
et que deux d'entre eux, entraînant ceux auxquels ils tiennent, se
séparent dans le second.

Quelquefois la séparation semble avoir pour cause une division
du travail qui s'est opérée entre les divers individus. Un certain
nombre d'entre eux sont devenus aptes à la reproduction sexuée ;
ils revêtent des caractères spéciaux qui ont, en général, pour effet
d'accroître dans des proportions considérables leurs facultés locomotrices. Leur ensemble prend alors le caractère d'un individu
qui se sépare de l'individu constitué par l'ensemble des anneaux
asexués : ces deux individus peuvent alors différer considérablement l'un de l'autre, et comme l'individu sexué paraît avoir été
engendré par l'autre, que de ses œufs naissent des individus
asexués identiques à celui qui lui a donné naissance, il en résulte
une succession régulière d'individus qui ne se ressemblent pas
entre eux, dont la forme alterne de génération en génération. C'est
en cela que consiste le phénomène de la *génération alternante*
dont la découverte causa jadis tant d'émoi. L'accroissement d'un
individu-colonie, la reproduction par division et la génération
alternante ne sont donc que des formes variées d'un seul et même
phénomène.

Cependant l'individu-colonie acquiert une puissance physiologique de plus en plus grande, et qui finit par devenir suffisante pour
que tous les segments nés les uns des autres puissent demeurer
unis. La reproduction par voie agame disparaît alors : l'œuf qui
semblait produire tout à l'heure un nombre parfois considérable

d'individus distincts, semble maintenant n'en produire qu'un seul.
Pourtant, il n'est intervenu dans tout ceci qu'une bien faible
modification : l'œuf n'a formé directement dans les deux cas que
le premier anneau de la colonie, le premier méride, celui qui doit
devenir la tête de l'Annélide, les autres sont nés successivement de
ce premier méride toujours par le même procédé ; nous les avons
vus d'abord s'isoler à mesure de leur formation, puis se séparer par
groupes constituant chacun un individu ; maintenant ils ne se
séparent plus, et leur ensemble ne forme plus qu'un seul tout,
incapable de se reproduire spontanément par voie asexuée. Toutefois cette faculté n'est pas entièrement eteinte : un Lombric ne se
reproduit pas par division ; mais coupez-le par le milieu, la moitié
antérieure se complétera, la moitié postérieure demeurera très
longtemps vivante ; elle arriverait sans doute à se compléter aussi
s'il était possible de la nourrir, car un Lombric dont vous enlevez
la tête la refait très rapidement si vous n'avez pas enlevé un nombre trop considérable d'anneaux. Les parties séparées peuvent
donc vivre isolément ; mais cette faculté est déjà diminuée chez
le Lombric et nous arrivons ainsi par degrés insensibles à la perte
totale de la faculté de reproduction asexuée et à la constitution
d'une individualité dont toutes les parties conservent les caractères
essentiels des parties primitivement séparables, mais sont devenues absolument solidaires, ne peuvent plus être isolées même
par groupes considérables sans périr. C'est ce que nous voyons
déjà chez les Sangsues, si voisines cependant des Lombrics et chez
tous les animaux articulés.

L'individualité des mérides est alors complètement absorbée
dans l'individualité plus élevée du zoïde qu'ils constituent. Mais
avant que cette absorption ne soit complète, chez beaucoup d'Annélides, chez les Lombrics et les Sangsues on voit se produire un
phénomène important.

La surexcitation de l'activité génésique produite par l'association aboutissait d'abord à la production rapide d'un chaîne plus ou
moins longue de mérides, pouvant se diviser en un nombre variable de zoïdes : maintenant tout l'effort se concentre vers la production d'un zoïde unique et vers le perfectionnement de ses parties.

Dès que tous les mérides issus d'un même œuf demeurent toujours unis, dès que l'individualité du zoïde qu'ils constituent s'est nettement établie, les mérides se perfectionnent, deviennent plus volumineux, contiennent des organes plus variés, mais en revanche leur nombre cesse d'abord d'être illimité. Chaque espèce atteint un nombre d'anneaux qu'elle ne dépasse pas et le nombre de ces anneaux tend à se réduire de plus en plus à mesure que le type se perfectionne. En outre, l'accélération dans la production des anneaux continue. La tête se formait d'abord seule dans l'œuf; bientôt l'animal sort de l'œuf présentant déjà un certain nombre d'anneaux bien développés et le rudiment de plusieurs autres; mais de nouveaux anneaux, parfois en nombre considérable, s'ajoutent encore après l'éclosion à ceux qui se forment dans l'œuf; c'est ce que nous montrent la plupart des Annélides, les Lombrics, beaucoup de Crustacés et les Myriapodes. A mesure que le nombre des anneaux diminue, la constitution précoce et définitive de l'individu devient de plus en plus facile, la proportion du nombre des anneaux qui se forment dans l'œuf à celui des anneaux qui se forment après l'éclosion de plus en plus forte. Finalement l'individu sort de l'œuf possédant autant de segments qu'à l'état adulte; ces segments n'auront plus qu'à grandir et à subir quelques modifications de forme dont l'importance est secondaire.

Le mouvement d'accélération dans la formation des parties ne s'arrête point là : les segments qui d'abord se formaient successivement, arrivent à se former presque simultanément; ils sont encore réduits à une étroite bandelette, ne contenant aucun organe, qu'ils se multiplient déjà et les bords de la bandelette ne se rejoignent pour former des anneaux complets, que longtemps après le moment où le nombre des segments est devenu définitif. Tels sont les phénomènes qui marquent le développement des Insectes ou Vertébrés. Alors, il semblerait vraiment que l'animal soit une unité indivisible, dont tous les segments, engendrés d'emblée dans l'œuf, loin de naître les uns des autres, sont, au contraire du même âge, et n'ont par conséquent entre eux aucun rapport génétique. Ces segments se présentent comme le résultat de la division d'un tout primitivement homogène, plutôt

que comme une association d'individus autonomes successivement
nés d'un individu unique. Mais la série de faits que nous venons
de rappeler montre d'une manière indiscutable, que les animaux
supérieurs n'ont acquis que très graduellement leur mode actuel de
développement ; nous pouvons retrouver dans un même groupe
zoologique tous les passages entre la formation successive, qu'on
pourrait appeler la formation normale des segments, et leur formation simultanée ; nous pouvons affirmer que le mécanisme qui a conduit à ce dernier type d'évolution est le même qui, agissant d'une
façon constante, a commencé par précipiter simplement l'apparition des anneaux durant l'accroissement des Annélides. Il est à présumer qu'une étude de l'accroissement des Annélides poursuivie
depuis les types où cet accroissement est le plus lent, jusqu'à ceux
où l'animal se forme presque en entier dans l'œuf, contiendrait
l'explication des phénomènes embryogéniques les plus complexes :
en d'autres termes, l'étude de l'accroissement d'une Annélide ou
d'un Crustacé, dont les segments se forment un à un, doit nous
montrer en détail ce qui se passe en bloc dans le développement
d'un Vertébré ou d'un Insecte ; l'étude successive de types qui se
réalisent de plus en plus promptement doit nous révéler le mécanisme grâce auquel le développement presque simultané des
segments des animaux supérieurs a été obtenu.

Il est aisé de voir maintenant combien sont fragiles les conclusions relatives aux affinités des êtres qu'on a souvent voulu tirer
de l'époque relative d'apparition des organes chez leurs embryons,
toutes les fois que l'on n'a pas tenu compte du degré de l'accélération métagénésique chez les animaux comparés. Ainsi l'on
a considéré comme établissant une différence profonde entre les
animaux vertébrés et les animaux invertébrés l'apparition précoce du cœur chez les premiers, l'apparition tardive de l'appareil
circulatoire chez les seconds. Mais lorsque le cœur apparaît chez
un Vertébré, la plupart des segments sont déjà nettement distincts ; l'embryon du Vertébré est par conséquent beaucoup plus
avancé dans son développement, on pourrait dire beaucoup plus
âgé qu'une larve d'Annélide, libre depuis plusieurs jours et qui

forme péniblement ses segments un à un à la partie postérieure de son corps. Il faut, quand on veut comparer des embryons d'une manière vraiment scientifique, tenir compte de ce long travail d'adaptation qui semble s'accumuler dans l'œuf et fait de deux embryons dont le développement a commencé depuis le même nombre de minutes des êtres que sépare déjà toute la distance de l'enfance à la jeunesse.

Dans l'œuf d'une Annélide inférieure et dans celui du Vertébré, les résultats à atteindre dans le même intervalle de temps sont très différents. Le premier ne doit donner naissance qu'à l'individu unique, au segment qui deviendra la tête de l'Annélide et produira les autres anneaux en empruntant directement au monde extérieur les matériaux de leur formation, c'est-à-dire, ses propres aliments. Le second doit produire simultanément un nombre considérable d'individus, équivalant chacun à celui qui naît de l'œuf d'Annélide et trouver en lui-même tout ce qui est nécessaire à cette œuvre prodigieuse. On pourrait à peine songer à rapprocher deux procédés d'évolution aussi différents, si l'histoire même des Annélides et celle des Crustacés, appuyées à leur tour sur l'histoire des animaux rayonnés ou vivant en colonies irrégulières, ne prouvait que l'œuf du Vertébré a acquis lentement son aptitude à faire d'un seul coup un organisme complexe, et qu'il est encore possible de reconstituer par l'étude des différents groupes du règne animal, la marche graduelle de ses progrès.

L'accélération des phénomènes embryogéniques peut enfin se poursuivre encore après que l'œuf est arrivé d'emblée à produire tous les mérides qui doivent former un organisme adulte. Il arrive fréquemment, en effet, que ces mérides doivent subir, hors de l'œuf, diverses métamorphoses pour amener l'animal à sa forme définitive. Aucun organisme n'est exempt de ces modifications ; mais chez quelques-uns elles sont particulièrement prononcées. Tout le monde connaît les métamorphoses des Grenouilles ; divers Poissons en présentent d'aussi considérables et chez les Insectes, elles sont d'autant plus remarquables, que les modifications de l'animal se produisent sous une enveloppe qui les dissimule aux yeux ; l'enveloppe éclate et l'animal en sort transfiguré, comme s'il avait été touché par quelque baguette magique ; l'enveloppe qui l'abrite pendant ses métamorphoses n'est autre chose que sa peau durcie ; la chute de cette peau est ce qu'on nomme une *mue*.

Or, il est des Insectes, les larves de Puce par exemple (1), qui éprouvent une première mue avant de sortir de l'œuf ; il en est de même de beaucoup de Crustacés. M. A. Bavay, pharmacien de la marine à la Guadeloupe, a constaté que, dans cette île dépourvue d'eaux stagnantes, une rainette, l'*Hylodes martinicensis*, subit rapidement toutes ses métamorphoses dans l'œuf et n'en sort qu'après avoir déposé la queue et les branchies caractéristiques du jeune âge des Grenouilles, après avoir acquis les pattes caractéristiques de leur âge adulte (2). Dans ces exemples, il n'y a qu'abréviation de phases du développement qui durent en général plus longtemps ; l'*Hylodes martinicensis* sort de l'œuf à l'état de batracien anoure, mais il a été têtard dans l'œuf. On conçoit que l'abréviation continuant, certaines phases finissent par disparaître d'une façon complète ; c'est un fait dont Fritz Müller a le premier fait ressortir toute l'importance dans son ingénieux opuscule intitulé « *Pour Darwin.* » On voit en effet certains Crustacés inférieurs, profondément modifiés par le parasitisme, tels que les *Lernéopodes* et les *Lernées*, sauter complètement la forme de nauplius que revêtent au sortir de l'œuf tous les Crustacés du même groupe. Cette forme est également sautée chez le plus grand nombre des Crustacés édriophthalmes et podophthalmes, mais, chez les derniers, le développement des *Penæus* vient prouver que la disparition du nauplius n'est qu'un phénomène d'abréviation, puisque ce nauplius peut reparaître inopinément dans certains cas ; de même certaines Méduses cessent de se former sur des colonies de Polypes hydraires et se développent directement ; de même encore, dans la classe des Tuniciers, les Molgules, les Salpes, les Pyrosomes ne passent plus par la forme de têtard que traversent tous

(1) Jules Künckel. *Observations sur les Puces*, Annales de la Société entomologique de France, 1873 ; fig. 136.

(2) *Un nouveau mode de reproduction chez les Grenouilles* ; lettre de M. Jules Garnier au directeur de la *Revue scientifique*. — *Revue scientifique*, 2ᵉ série, 2ᵉ année, 1873, page 880.

les autres Tuniciers dont le développement est connu ; mais là nous sommes encore avertis que c'est simplement le résultat d'une abréviation par l'existence d'un têtard chez les *Doliolum*, si voisins des Salpes, et par ce fait, rappelant entièrement le cas de l'*Hylodes martinicensis*, que chez les *Didemnum* le têtard se forme dans l'œuf et se métamorphose sous ses enveloppes. Chez les Pyrosomes nous assistons à un phénomène plus étrange encore, la formation et la disparition dans l'œuf d'un individu qui n'a jamais pris la forme de têtard. Les Pyrosomes sont-ils les seuls êtres du groupe des dèmes dont le développement soit marqué par la disparition, dans l'œuf, du premier méride formé, ou même d'un certain nombre de mérides? Cela est peu probable et c'est un point sur lequel on ne saurait trop appeler l'attention. L'histoire du développement des Cestoïdes dont l'embryon, métamorphosé en vésicule cystique, ne fait presque jamais partie de la colonie définitive, montre que cette disparition peut avoir lieu hors de l'œuf.

Sans disparaître, il peut arriver que des mérides parfaitement distincts pendant une période plus ou moins longue de la vie de l'animal arrivent à se fusionner complètement de manière à ne former qu'un même individu. Ce phénomène est fréquent chez les parasites : les Lernées, les Sacculines nous en ont offert de frappants exemples. La coalescence des mérides peut encore se produire dans l'œuf : les embryons des araignées se montrent d'abord avec avec un thorax et un abdomen nettement segmentés, tandis que toute trace de segments a disparu sur le céphalo-thorax et sur l'abdomen de l'araignée au moment de l'éclosion. Ne pourrait-on revenir par là à un mode de développement dans lequel un animal résultant de la fusion de plusieurs mérides se formerait dans l'œuf sans que les mérides se soient jamais montrés à l'état isolé? Tout ce que nous savons des procédés habituels de l'embryogénie autorise à penser que cela est possible : la tête des Insectes et des Myriapodes, celle de la plupart des Vertébrés, bien qu'indiscutablement formées de segments confondus, se constituent d'un coup sans avoir présenté à aucune période de leur développement la moindre trace de segmentation. Le mode de développement des Mollusques n'est donc pas une objection, dans

EDMOND PERRIER. **47**

l'état actuel de la science, à la théorie que nous avons donnée de leur origine ; de même le mode de développement des Tuniciers ne serait pas une objection à l'hypothèse de Dohrn que l'Amphioxus et les Ascidies ne sont que des Vertébrés dégénérés.

Les phénomènes d'accélération métagénésique peuvent avoir d'autres conséquences plus importantes encore. Grâce à eux, en effet, les organes de même nature qui correspondent aux divers mérides d'un dème, naissent beaucoup plus rapprochés les uns des autres qu'ils ne le faisaient lorsque les mérides se formaient un à un. Ils se constituent avant que les mérides déjà individualisés se soient séparés dans toute leur étendue ; leurs rudiments peuvent dans ces conditions contracter des adhérences qui ne se seraient jamais produites sans cela, et qui ont ensuite une influence considérable sur le développement. De telles adhérences ne déterminent lorsqu'elles sont anormales que la production de monstruosités, mais elles deviennent au contraire une cause importante de diversification des organismes, lorsqu'elles apparaissent comme la conséquence nécessaire d'un phénomène physiologue normal, tel que l'accélération métagénésique, et qu'elles rentrent dans le cadre du développement au lieu d'en venir troubler l'harmonie. C'est par l'effet d'adhérences de ce genre, contractées durant la période embryonnaire, que certains organes primitivement divisés en autant de segments qu'il y avait de mérides dans l'individu, comme les reins des Annelés et de quelques Vertébrés inférieurs, ont pu se transformer en organes compacts et d'étendue plus limitée, tels que les reins des Poissons et des Batraciens et les corps de Wolf ou reins primitifs des Vertébrés supérieurs. Ces adhérences ont pu contribuer, à leur tour, à empêcher la formation entre les mérides de cloisons qui sans elles les auraient séparés, à maintenir unies des parties de ces mérides qui auraient tendu à s'écarter, et concourir, par conséquent, à effacer les limites des individus primitifs.

Il faut également noter un autre résultat remarquable de cette individualisation hâtive des mérides dans un même zooïde. Ces individus, une fois formés, nés presque simultanément, ne sont plus nourris les uns par les autres, comme cela arrive dans une colonie ordinaire ; au moins pendant un certain temps, ce que l'un prend n'est pas également réparti entre tous. Il y a dans l'œuf une réserve nutritive dans laquelle les divers mérides puisent simultanément : il peut dès lors se faire qu'ils ne soient pas tous également bien placés pour en profiter ; les premiers nés par exemple, ont chance d'être à cet égard mieux partagés que leurs cadets ; cette cause et d'autres encore peuvent hâter le développement des uns, retarder celui des autres ; le polymorphisme peut apparaître plus tôt et retentir d'une façon plus énergique sur tout le reste du développement ; de là l'apparition de variations brusques en apparence, en réalité longtemps préparées, qui peuvent frapper les individus, les modifier assez profondément, devenir héréditaires en raison même des circonstances embryogéniques qui les ont causées et déterminer l'apparition subite de types nouveaux à côté de ceux qui se modifient lentement. En l'absence de toute modification du milieu extérieur, de toute action exercée directement sur l'embryon, si l'on considère les animaux inférieurs comme résultant de la soudure d'individus secondaires distincts, le phénomène incontestable, indépendant de toute théorie, du raccourcissement des phénomènes embryogéniques dans certains types, suffit à faire prévoir dans les organismes des modifications lentes ou brusques, mais fatales, soumises à des lois inconnues, mais dont on entrevoit déjà la précision et qui relèvent de causes naturelles. Ainsi le fait même si souvent invoqué contre la doctrine de la descendance de la substitution subite d'un type à un autre quand on passe d'une couche géologique à la couche immédiatement voisine (1), loin d'être une objection contre cette doctrine, peut être prévu théoriquement, grâce à la connaissance que nous avons aujourd'hui de la loi qui a présidé à la production des phénomènes embryogéniques.

La rapidité plus ou moins grande avec laquelle se produisent les

(1) Il ne faut pas oublier que ces substitutions ne sont le plus souvent qu'apparentes et s'expliquent le plus simplement du monde par la remarque que deux couches géologiques marines, alors même qu'elles sont constamment et partout superposées, qu'elles semblent se succéder sans intervalle dans l'ordre chronologique, indiquent simplement deux retours successifs de la mer sur le même point, retours qui peuvent être séparés par de longs siècles.

phénomènes d'évolution de l'embryon entraînent nécessairement
des changements dans la constitution de l'œuf. Primitivement, le
premier méride formé trouvait au dehors les aliments de la jeune
colonie en voie de formation. Dès que le développement s'accélère,
ces aliments doivent s'accumuler dans l'œuf ; ils en infiltrent d'abord
le protoplasme, puis viennent, en outre, se déposer autour de lui de
manière à former les œufs composés si volumineux des reptiles et
des oiseaux. Le protoplasme vivant, celui en qui réside la force d'é-
volution, n'est donc plus seul sous la membrane d'enveloppe de
l'œuf ; il est uni à des matières inertes qui constituent sa réserve
alimentaire. Son premier acte, lorsque le développement commence, est de s'en séparer d'une façon plus ou moins complète ;
mais la masse restante doit se loger, comme l'embryon lui-même,
sous la membrane ovulaire ; les mérides, à leur tour, doivent,
se répartir autour de cette masse nutritive de manière à en
tirer tout le profit possible. De là encore des modifications profondes dans les phénomènes normaux du développement, modification dont bien peu d'animaux sont exempts. Parfois, comme
chez les Pyrosomes, à ces éléments nutritifs formés en même
temps que l'œuf viennent s'ajouter ceux qui résultent de la dégénérescence de quelque méride déjà formé. Il serait intéressant
de savoir s'il n'y a pas quelques cas où les éléments nutritifs
auraient eux-mêmes une telle origine. Quoi qu'il en soit, on
peut, en quelque sorte, mesurer le degré de raccourcissement des
phénomènes embryogéniques à la quantité d'aliments accumulés
dans l'œuf et qui constituent ce que l'on nomme le *vitellus nutritif* :
toutes les fois que ce vitellus est volumineux, on peut être certain
qu'on se trouve en présence d'un raccourcissement embryogénique
considérable. Il y a cependant des causes qui en diminuent nécessairement la quantité : un embryon qui vient se greffer sur sa mère
et vivre à ses dépens comme celui des Salpes ou des Mammifères n'a
pas besoin d'un vitellus nutritif aussi considérable qu'un embryon
qui se développe librement ; d'autre part, lorsque certaines circonstances, comme le parasitisme ou la fixation de l'animal au sol, ont
déterminé une simplification considérable d'un organisme primitivement complexe, le développement embryogénique, qui était

d'abord graduellement.compliqué, doit à son tour se simplifier, en vertu même du principe de l'accélération métagénésique qui tend toujours à constituer le plus rapidement possible la forme définitive de l'animal. Dans ce cas encore on doit voir diminuer la réserve nutritive de l'œuf ; mais c'est là tout un domaine de l'embryogénie qu'on a à peine tenté de défricher.

Des complications embryogéniques d'une tout autre nature peuvent survenir dans certains cas. Une larve obligée à pourvoir pendant une durée plus ou moins longue aux besoins de son existence peut acquérir des organes transitoires qui lui sont avantageux dans les conditions où elle doit vivre, mais qui, tout en modifiant parfois beaucoup sa physionomie, ne changent rien ou presque rien à la marche ordinaire de son développement et disparaissent toujours à une certaine période de celui-ci. Ce phénomène si remarquable trouve une explication naturelle dans le principe de la reproduction totale, combiné avec celui de l'indépendance des organismes associés dans une colonie. Le méride fondateur d'une colonie possède au moment de son éclosion une double qualité. D'une part, c'est un organisme autonome qui peut, en cette qualité, subir, pour son compte personnel, toutes les modifications possibles ; d'autre part, il est l'héritier de l'œuf, et des tendances évolutives supérieures l'entraînent à reproduire non pas un certain méride, mais un ensemble, une colonie de mérides de forme déterminée, où chacun a sa place, sa fonction et ses caractères. Pendant la phase où il est le seul représentant de la colonie, le protoméride cède aux influences modificatrices du milieu extérieur; de là ces formes larvaires bizarres des Échinodermes et de certaines Annélides ; mais au moment où la colonie commence à se constituer, l'influence des adaptations réciproques antérieures l'emporte : le protoméride revient à sa forme primitive, plus ou moins modifiée par le rôle qu'il joue dans la colonie, et la garde d'une façon définitive.

L'accélération métagénésique explique enfin ce qu'on a appelé les *types de développement*. Les divers mérides qui constituent un animal du troisième ou du quatrième degré d'individualité se groupent suivant un ordre qui a été déterminé en grande partie par le mode d'existence du premier individu formé : flottant ou fixé, il a produit des colonies arborescentes ou rayonnées, libre et rampant sur le sol, des colonies linéaires. Loin de modifier cet ordre de groupement lentement acquis, intimement lié aux conditions biologiques du protoméride, l'accélération métagénésique ne peut que le fortifier, ne fait qu'en rendre l'apparition plus précoce. Plus un animal présentera un développement condensé, plus le mode spécial de groupement des parties qui le constituent se dessinera de bonne heure : un Vertébré, un Articulé, un Coralliaire, un Echinoderme, manifesteront presque dès le début de leur évolution embryonnaire leur type segmenté ou rayonné.

On a cru trouver dans ce fait la preuve que chaque animal avait été créé d'emblée avec le type qu'il nous présente actuellement. On n'a cessé de le présenter comme une objection absolue à la doctrine de l'évolution. Notre théorie nous conduit au contraire, à le prévoir, et nous savons d'ailleurs qu'il n'est pas général, comme le pensait Von Baër et comme l'affirmait encore, en 1869, Louis Agassiz. Toutes les fois que l'animal sort de l'œuf à l'état de simple méride, son type est absolument indécis et ce n'est qu'après l'apparition des premiers mérides qu'il se révèle : les larves des Coralliaires, des Méduses, ressemblent à de jeunes Vers ; les Annélides, les Mollusques, les Bryozoaires ont une forme larvaire commune, la trochosphère ; la *Tornaria*, larve d'un animal annelé, le *Balanoglossus*, a longtemps été prise pour une larve d'Étoile de mer ; les larves des Némertes ont souvent une ressemblance étonnante avec celles des Échinodermes. Là le type ne s'est évidemment pas montré d'emblée ; mais chez tous ces animaux les parties se développent successivement, et non pas à peu près simultanément. En général, dans tous les cas où il n'y a pas d'accélération métagénésique le phénomène initial du développement d'une colonie ou d'un organisme, si complexes soient-ils, se réduit à la formation du protoméride ; les phénomènes consécutifs relèvent purement et simplement de la métagénèse dont les lois dominent encore le développement embryogénique lorsque l'accélération métagénésique est arrivée à son maximum. Mais les phénomènes intimes de la métagénèse dépendent eux-mêmes de la constitution du méride générateur qui prend ainsi une importance de premier ordre. L'étude des modes de formation des mérides par voie successive est donc la préface obligée de l'embryogénie comparée. Nous avons pu suivre toutes les phases qui cient les modes primitifs de développement au mode de développement des animaux supérieurs ; nous connaissons la raison d'être des types organiques ; nous savons la cause de l'apparition précoce de leurs caractères dans l'embryon : il n'est donc plus possible de trouver soit dans leur existence, soit dans le mode de développement des animaux la preuve de différences originelles, supposant qu'ils ont été créés d'après un plan préconçu et opposant à la doctrine de l'évolution des objections insurmontables.

On avait pu croire l'embryogénie générale constituée, lorsque Fritz Müller énonça ce principe entrevu peut-être par Geoffroy Saint-Hilaire, Serres et les philosophes de la nature : *L'embryogénie d'un animal n'est que la répétition abrégée des phases qu'a traversées son espèce, dans la suite des temps pour arriver à sa forme actuelle.* Mais il fallait pour que l'application de ce principe fût possible avoir déterminé d'abord la succession même de ces phases. La théorie de l'association nous a permis tout au moins de jalonner la route. Nous avons pu montrer le parallélisme absolu qui existe entre le développement des colonies et celui des organismes, établir la généralité des phénomènes de métagénèse, indiquer la part prépondérante qu'ils prennent au développement embryogénique des animaux supérieurs, comprendre dans une même formule la théorie de ce développement et celle de la métagénèse, soit qu'elle ait pour objet l'accroissement d'une colonie, soit qu'elle apparaisse sous forme de génération alternante, de généagénèse ou de digénèse. La théorie de l'association semble donc indiquer aux recherches d'embryogénie comparée une voie rationnelle, permettant de procéder méthodiquement du simple au composé dans des recherches où tout semblait également complexe, d'expliquer les uns par les autres des phénomènes qni paraissaient également mystérieux. Un avenir prochain dira si ce sont là de vaines promesses.

CHAPITRE III

« Le système nerveux est au fond tout l'animal ; les autres systèmes ne sont là que pour l'entretenir ou le servir. »

Cette phrase de Cuvier est le fondement même de sa classification qui a longtemps été, pour la plupart des zoologistes, l'expression la plus parfaite des rapports naturels des animaux, et que beaucoup acceptent encore, sauf de légères modifications. Le système nerveux est, pour Cuvier, le *caractère dominateur* par excellence, celui qui doit définir les grandes coupes du Règne animal, ce qu'il nomme les *embranchements*.

M. Milne Edwards a indiqué le premier, en 1844, l'importance des caractères que pourrait fournir l'embryogénie. Cette importance a paru de premier ordre, du jour où l'on a vu dans le développement d'un animal, la brève répétition des phases successives traversées par son espèce pour arriver à sa forme actuelle. C'est à l'embryogénie qu'on est venu demander le moyen de reconstituer cet arbre généalogique du Règne animal avec lequel doit concorder toute classification naturelle. Divers zoologistes, quelques-uns du plus grand renom, ont tenté des classifications exclusivement fondées sur des caractères embryogéniques. Dans la théorie de la formation dés organismes que nous avons développée, les caractères invoqués par Cuvier, ceux invoqués par les embryogénistes, prennent une signification que nous devons préciser.

Quelle que soit la théorie que l'on adopte relativement à l'origine des animaux, que l'on soit partisan de la création ou de l'évolution, de la fixité ou de la variabilité des espèces, il est hors de doute que la considération du système nerveux et de ses rapports suffit d'ordinaire pour indiquer les véritables affinités d'un être. Le système nerveux fournit donc à la classification d'importants caractères. Il y a cependant bien des cas où ces caractères sont en défaut, nous laissent dans le doute. Est-il possible de trouver la raison de ce fait et de déterminer par cela même le degré de confiance qu'il faut attribuer dans les classifications aux caractères que Cuvier considérait comme primordiaux?

Ce n'était pas seulement de ses nombreuses recherches anatomiques que l'illustre fondateur de la paléontologie avait déduit le principe qui servit de base à sa distribution méthodique du Règne animal. Cuvier pensait que chaque animal était créé pour lui-même, formait un tout indivisible dont les diverses parties étaient soigneusement combinées pour assurer l'existence de l'ensemble ; il y avait entre elles, suivant lui, une *corrélation* nécessaire ; elles se disposaient et fonctionnaient d'après un plan déterminé dont le système nerveux était chargé d'assurer l'exécution. On pouvait donc considérer le système nerveux comme étant dans une étroite relation avec le plan idéal de l'animal, ou, pour nous servir de l'expression de L. Agassiz, avec l'idée créatrice dont l'animal était l'incarnation. A toute variation dans le plan du système nerveux devait correspondre une variation dans le plan de structure, dans ce qu'on appelle le *type* de l'animal.

Si ces idées sont exactes, on ne peut échapper à cette conséquence que le système nerveux doit être présent dans tout animal et que, de tous les caractères que nous offrent les organismes, ce doit être le moins variable. Malgré les belles et nombreuses recherches de Cuvier et de la brillante pléiade de ses élèves, on a pu croire longtemps les méthodes d'investigations anatomiques trop imparfaites pour nous révéler toujours l'existence du système nerveux ; on a pu supposer que les nerfs et les ganglions atteignaient

parfois une délicatesse suffisante pour échapper aux plus patientes investigations. Il n'est plus possible aujourd'hui de se soustraire à l'évidence de cette vérité : nombre d'animaux sont dépourvus de centres nerveux et de nerfs proprement dits ; parfois
on ne voit dans ces organismes aucun élément qui puisse être
considéré comme particulièrement destiné à percevoir les sensations ou à déterminer les mouvements ; ailleurs de simples cellules épithéliales modifiées, répandues sans ordre dans toutes les
parties du corps tiennent lieu des ganglions et des nerfs que l'on
observe chez les animaux supérieurs ; d'autres fois encore des
cellules nerveuses forment au-dessous de l'exoderme un réseau
irrégulier. Tel est le système nerveux des Coralliaires, animaux
dont les diverses parties se disposent avec une régularité qui
s'accorderait très bien avec l'idée d'un plan préconçu : aucun
système nerveux n'est cependant intervenu dans la réalisation
de ce plan. On pourrait encore bien moins prétendre qu'un
système nerveux ait réglé l'agencement très régulier aussi des
parties de certains hydraires. Loin de là, chez ces animaux nous
voyons le système nerveux apparaître par degrés, grâce à une
lente division du travail entre les éléments anatomiques, se manifester longtemps sous forme de cellules éparses avant de constituer le moindre ganglion, le moindre nerf. Ce n'est que tardivement qu'apparaît chez les Méduses un vague anneau autour de
l'ouverture de l'ombrelle, ou que les cellules nerveuses se condensent chez les Planaires en un ganglion autour duquel rayonnent les
nerfs. Le système nerveux n'a donc pas une existence primitive ;
loin d'avoir dominé l'évolution de l'animal, il est un résultat de
cette évolution. Ses diverses parties se forment d'abord isolément
et se concentrent ensuite pour constituer des organes d'innervation correspondant aux principales régions du corps. C'est le degré de développement de ces diverses régions qui détermine
les dispositions essentielles des centres nerveux. Ces dispositions
présenteront donc comme un reflet de la forme et de l'organisation
de l'animal ; elles en suivront les modifications et en présenteront,
pour ainsi dire, le résumé. De là l'importance de leur étude, pour
arriver à un classement naturel des animaux.

Toutefois, il faut se garder de croire que ce résumé soit toujours très fidèle. Des changements dans les dimensions relatives des parties, assez considérables pour transformer complètement l'apparence extérieure de l'animal, pourront dans certains cas n'affecter que d'une façon insignifiante le système nerveux. Supposons qu'un même ganglion, par exemple, innerve à la fois deux organes dont l'un augmente, tandis que l'autre diminue, le ganglion lui-même pourra demeurer stationnaire ; le système nerveux aura donc, dans certains cas, une fixité de caractères qui permettra d'attendre de lui de précieux renseignements sur les affinités des animaux. Au contraire, que de deux parties innervées par des ganglions différents, l'une se développe, tandis que l'autre s'atrophie, les ganglions correspondants suivront ce mouvement : l'un prendra une importance de plus en plus grande, l'autre pourra disparaître, comme cela arrive, chez l'Huître, pour le ganglion pédieux. On verra d'ailleurs se former des ganglions nouveaux dans le domaine d'un ganglion donné toutes les fois qu'une partie de ce domaine prendra un certain degré d'accroissement. Il y a donc aussi des cas où le système nerveux présentera de nombreuses variations chez des animaux cependant assez voisins, et où il ne faudra pas attacher une trop grande importance au nombre, au volume et à la disposition relative de ses ganglions.

Mais il importe ici de distinguer soigneusement deux cas : on peut avoir affaire soit à un animal simple, à un méride, soit à un animal composé, à un zoïde ou à un dème. Dans le premier cas, le système nerveux obéira avec une extrême facilité aux nombreuses causes de variations que nous venons d'indiquer ; il n'aura rien d'essentiellement typique (1). Dans le second, au contraire, chaque individu, chaque méride composant le zoïde ou le dème, apportera dans la colonie son système nerveux tout formé. Ces systèmes nerveux s'uniront pour former le système nerveux colonial, dont les parties composantes reprodui-

---

(1) Il y aurait évidemment un très grand intérêt à déterminer les conditions d'apparition ou de disparition des ganglions nerveux dans les mérides ; ce travail a déjà donné, dans le groupe des Trématodes, quelques résultats intéressants à M. Poirier, aide-naturaliste au Muséum.

ront fidèlement le nombre et le mode de groupement des mérides.
En sorte que chez tous les animaux dont l'individualité est de troisième ou de quatrième ordre les variations du système nerveux
dans chaque méride passeront au second plan ; on apercevra surtout les dispositions générales résultant de la réunion des systèmes nerveux particuliers, et ces dispositions seront les mêmes
dans tous les organismes de l'ordre des zoïdes ou des dèmes où
les mérides, *quelle que soit du reste leur nature*, affecteront un
même mode de groupement. En se servant des dispositions fondamentales du système nerveux pour classer les animaux, Cuvier a
donc pris implicitement pour *caractère dominateur*, le mode de
groupement des individus dans des animaux composés. De là
deux conséquences : en premier lieu, les caractères qu'il a employés
ne sont applicables qu'aux animaux du degré des zoïdes et des
dèmes ; en second lieu, ils ne sauraient tenir compte de la nature
différente des mérides composant un zoïde ou un déme ; ils doivent
conduire à placer dans un même embranchement certains zoïdes
dont les mérides n'ont jamais eu aucun rapport : c'est ce qui est
arrivé pour les animaux articulés et les Vers annelés que Cuvier
réunissait dans son embranchement des Articulés, pour les Acalèphes et les Echinodermes dont il formait son embranchement des
Zoophytes ou Rayonnés.

Le caractère général de l'embranchement des Articulés était,
pour Cuvier, la présence chez ces animaux d'une double chaîne
ganglionnaire ventrale ; ce caractère signifie avant tout que les Articulés sont des colonies linéaires. On a néanmoins tenté de rattacher à l'embranchement qu'il définit un grand nombre de formes
équivalentes à de simples mérides et chez lesquelles on s'est efforcé
de retrouver la trace plus ou moins effacée d'un type supposé commun ; on comprend maintenant que ces tentatives n'aient pu conduire à aucun résultat. En fait, les Turbellariés, les Trématodes,
les Scolex de Cestoïdes, les Rotifères, les Bryozoaires, les Gastérotriches, peut-être les Sagitta et les Nématoïdes sont de simples
mérides ; en cette qualité, ils échappent absolument à la caractéristique de Cuvier ; il n'y a pour eux aucune place dans sa classification

et il n'y en a pas davantage dans le cadre habituel des classifications plus récentes.

D'autre part, les Coralliaires, les Siphonophores étant des groupes d'organismes dont le système nerveux n'avait pas encore fait son apparition sous une forme définie au moment de leur association, on comprend que chez ces animaux, tout système nerveux, représenté par un assemblage de ganglions et de nerfs, fasse souvent défaut et soit remplacé par un système nerveux diffus. Dans les colonies où il se développe, il reproduit la disposition générale des individus composants, disposition qui n'a le plus souvent rien de nettement déterminé ; aussi n'a-t-on trouvé quelque chose d'analogue à un système nerveux central que chez les Méduses et les Cténophores. Il y a là un anneau nerveux qui entoure l'ouverture de l'ombrelle, comme il existe un anneau nerveux autour de la bouche chez les Echinodermes. Dans les deux cas ce système nerveux ne fait que traduire la disposition rayonnante des parties qui composent l'Échinoderme, le Cténophore ou la Méduse, parties qui n'ont cependant rien de commun entre elles.

Ces considérations nous permettent de préciser maintenant la valeur du caractère considéré par Cuvier comme dominateur, et qui n'a pas été sans créer quelque embarras à ses successeurs. La disposition du système nerveux pourra servir à caractériser nettement certaines formes d'association et les organismes qui en sont dérivés ; mais elle ne saurait permettre le plus souvent de distinguer les ressemblances ou les différences des parties qui composent l'association elle-même ; on ne saurait l'invoquer à l'appui de la réunion dans un même groupe d'organismes dont les parties sont semblablement disposés, alors qu'il est démontré que ces parties ne sont pas elles-mêmes identiques entre elles. C'est ainsi que les Echinodermes ne peuvent être placés dans le même groupe que les Méduses, bien qu'ils soient rayonnés comme elles : c'est ainsi que les Vers annelés et les animaux articulés ne peuvent pas davantage être placés dans le même groupe, bien qu'ils présentent une identité complète dans la disposition de leurs anneaux ; les rayons dans le premier cas, les anneaux, dans le second, ont, en effet, une structure différente.

Les lois de la disposition du système nerveux chez les mérides sont d'ailleurs encore à trouver et l'on ignore par conséquent dans qu'elle mesure on pourrait lui demander des caractères.

Au moment même où Cuvier faisait connaître les résultats de ses recherches d'anatomie comparée et les appliquait à la classification des animaux, un autre savant illustre, Von Baër, terminait d'importantes recherches sur l'embryogénie comparée des animaux. De même que Cuvier avait reconnu quatre *types anatomiques*, Von Baër reconnaissait quatre *types embryogéniques* parfaitement identiques à ceux de Cuvier. Les deux éminents observateurs virent dans cette concordance une remarquable confirmation de leurs idées. Mais pouvait-il en être autrement ? Les divers modes d'association auxquels Cuvier avait emprunté, à son insu, les caractères de sa classification, devaient forcément, nous l'avons vu, se manifester tout d'abord dans le développement des organismes assez élevés qui avaient servi aux études de Von Baër. L'embryogéniste employait en définitive les mêmes caractères que l'anatomiste ; ils ne faisaient l'un et l'autre que traduire dans deux langues différentes l'expression d'une même idée ; les résultats embryogéniques de l'un, les résultats anatomiques de l'autre étaient dominés par ce fait unique : le mode de groupement des parties.

Les embryogénistes modernes ont fait appel à d'autres caractères : Van Beneden et Carl Vogt, à la position de l'embryon par rapport à la réserve nutritive plus ou moins volumineuse que l'œuf contient ; Huxley, au mode d'apparition de la bouche qui tantôt n'est autre chose que la bouche persistante de la gastrula, et tantôt est un orifice nouveau plus ou moins tardivement formé à une toute autre place que celle occupée par la bouche primitive ; d'autres caractères lui sont fournis par la nature du revêtement de la cavité générale. Giard a fait intervenir la présence ou l'absence d'une membrane cellulaire close, formée comme les autres organes aux dépens du vitellus de l'œuf, et enveloppant l'embryon pendant une phase plus ou moins longue de son évolution ; le mode d'apparition des deux couches de la gastrula et leurs diverses transformations ont fourni des caractères subordonnés aux précédents. Semper a enfin cherché ses principaux caractères dans le mode de développement de la cavité stomacale et des reins.

Nous savons maintenant que le vitellus nutritif fait son apparition partout où l'accélération métagénésique est considérable ; on le retrouvera donc dans les groupes les plus différents sans que cela implique une parenté effective entre les animaux qui en sont pourvus ; la position de l'embryon par rapport au vitellus variera naturellement avec le volume de celui-ci ; aussi Carl Vogt et Van Beneden ont-ils été conduits à réunir presque tous les animaux dans un même groupe, en dehors duquel il n'y a plus que les Articulés et les Vertébrés, c'est-à-dire les êtres où l'accélération métagénésique a atteint son maximum et où le vitellus est le plus volumineux. Il semble, au premier abord, que la position de l'Articulé et du Vertébré soient exactement inverses par rapport au vitellus, le premier ayant le vitellus dorsal, le second l'ayant ventral ; mais nous avons vu que la face dorsale de l'Articulé et la face ventrale du Vertébré se correspondent exactement ; qu'il n'y a de changé chez ces animaux que la position de la bouche et que cette modification est le résultat d'une accélération métagénésique portant sur des organismes dont la bouche était d'abord située comme celle des Articulés. Les caractères tirés de la position du vitellus n'indiquent donc pas les véritables affinités des organismes.

La conservation de la bouche de la gastrula qui équivaut à un protoméride, ou la substitution d'une bouche nouvelle à cet orifice, sont des phénomènes qui sont liés, eux aussi, d'une façon intime à l'accélération métagénésique. C'est surtout dans les cas où la tête se constitue par la fusion d'un certain nombre de mérides, comme chez les Vertébrés et les Articulés que l'orifice buccal primitif n'est pas conservé. On peut observer ce phénomène dans les séries les plus différentes et, d'autre part, la formation d'un nouvel orifice peut avoir lieu de façons très dissemblables. C'est donc encore un caractère auquel on ne peut guère avoir confiance.

La formation d'une membrane d'enveloppe autour de l'embryon est également un caractère secondaire qui est loin de se produire toujours de la même façon, n'est pas général dans les groupes où

on l'observe et se trouve en rapport, soit avec une accélération métagénésique considérable, comme chez les Vertébrés et les Artho-
podes supérieurs, soit avec des conditions d'existence très spéciales
comme chez les Vers parasites; la présence d'une telle membrane, comme le mode de déformation de la bouche, indique donc
un certain degré d'évolution et nullement une ressemblance
de constitution chez les animaux qui la présentent.

Il y a lieu, sans doute, d'attacher plus d'importance au mode de
formation des feuillets de l'embryon, de la cavité digestive, du revêtement cellulaire de la cavité générale. Ces phénomènes peuvent
indiquer des différences originelles dans les protomérides qui ont
produit les organismes supérieurs. Malheureusement ils sont fréquemment altérés eux-mêmes par l'accélération métagénésique,
ou même par des causes moins importantes, comme le montrent
les différences qu'ils présentent dans des groupes voisins, et
aucune recherche n'a été entreprise jusqu'à ce jour pour déterminer la part qu'il faut faire à ces éléments perturbateurs. Quant
aux caractères tirés du mode de formation des reins, ils ne peuvent
guère servir qu'à séparer du reste des animaux ceux qui ont produit les Vers annelés ou qui sont dérivés de cet important groupe
zoologique.

On voit par là combien sont encore incertains les caractères
qu'a fournis l'embryogénie à nos méthodes de classification.
Est-ce à dire que cette science, sur laquelle on avait fondé tant d'es-
pérances, que l'on considère encore comme devant nous révéler,
un jour, les affinités des êtres, soit incapable de réaliser ce qu'on
attend d'elle? Non, sans doute; mais il ne faut pas oublier qu'en
raison même des deux principes fondamentaux que nous avons
développés dans notre précédent chapitre, la série tout entière des
phénomènes embryogéniques est sans cesse modifiée par l'état définitif auquel doit atteindre l'organisme qui se constitue et par les
circonstances dans lesquelles le développement doit s'accomplir. La
théorie de l'association, conduisant à concevoir pour cette longue
série de phénomènes un ordre rationnel de succession, à fonder sur
cet ordre une série méthodique de recherches, permettra peut-
être de rattacher à des causes précises les diverses modifications

secondaires que l'on observe dans le développement des animaux et d'en faire une application à la systématique.

Le vice principal des classifications embryogéniques qui ont été proposées dans ces dernières années, paraît être d'ailleurs, en dehors de l'embryogénie; il réside surtout dans la tendance des zoologistes à grouper tous les organismes sur un arbre généalogique unique, tendance qui les conduit à voir une indice de parenté dans des phénomènes embryogéniques analogues sans doute, mais se produisant dans des séries organiques absolument différentes : tels sont le remplacement de l'orifice buccal primitif, la formation d'une membrane d'enveloppe de l'embryon, etc. Les faits que nous avons exposés dans cet ouvrage s'opposent à ce que l'on puisse admettre une parenté aussi rapprochée entre les êtres vivants; ils montrent que la séparation entre les diverses séries organiques a été beaucoup plus précoce qu'on ne l'admet communément. Les plastides en se groupant ont donné naissance à un nombre considérable de mérides de forme et de structure diverses. Ces mérides, doués de la faculté de métagénèse, auraient pu devenir la souche d'autant de séries distinctes; ce qui importe, pour la détermination des affinités réelles des êtres, but vers lequel tendent toutes les méthodes de classification, c'est avant tout la connaissance de ceux de ces mérides qui ont évolué, celle des divers modes de groupement qu'ils ont affectés, enfin celle des zoïdes et des dèmes qu'il faut rattacher à chacun d'eux.

Il nous suffira, pour rendre évidente la variété qu'ont dû présenter les mérides primitifs, de rappeler les aspects si différents que nous offrent, quand on les compare entre eux, les Infusoires ciliés, les *Magosphœra*, les *Volvox*, les planules ou larves des Hydres, les larves des Éponges, les Olynthus, les Hydres elles-mêmes, les formes primitives des Turbellariés, les trochosphères, les nauplius. Un certain nombre d'entre eux se sont groupés de manière à s'élever plus haut dans l'échelle des individualités, mais beaucoup d'autres sont toujours demeurés à l'état isolé, ne se sont pas élevés au-dessus de l'état de mérides et n'ont cependant parfois aucun rapport direct, ni avec les mérides dont les groupements ont constitué les organismes supérieurs, ni avec ces organismes eux-mêmes;

ils n'ont même entre eux d'autre rapport nécessaire que leur degré d'individualité. On ne saurait, sans forcer les rapports, les rattacher aux groupes plus élevés du Règne animal avec lesquels ils n'ont aucun lien de parenté. Ce sont eux qui constituent les petites classes satellites de la grande classe des Vers ou de celle des Articulés, classes qu'on ne peut rattacher ni à l'une ni à l'autre de ces dernières et qui ne paraissent pas davantage avoir entre elles de lien bien étroit. La place de ces classes ne se trouve naturellement indiquée dans les méthodes que si on les élimine définitivement des groupes supérieurs, en créant pour elles une division des Mérides, dans laquelle on pourra réserver une place spéciale pour les mérides qui correspondent aux manifestement formes simples dont les groupes supérieurs sont descendus.

On doit de même réunir dans une division spéciale les plastides qui sont demeurés à l'état simple et n'ont jamais formé de groupement de l'ordre des mérides. Cette division peut conserver le nom de division des Plastides.

La classification des colonies de mérides devient dès lors d'une grande netteté. Il se trouve, en effet, qu'un très petit nombre de mérides ont eu le privilège de s'élever au-dessus de ce degré d'organisation et peuvent revendiquer l'honneur d'avoir produit à eux seuls la plus grande partie du Règne animal. Ces mérides sont les suivants :

1° Les *Protascus* dont les *Olynthus* sont la plus simple modification et dont les groupements variés ont produit les Éponges.

2° Les *Prohydra*, ancêtres de l'Hydre d'eau douce et de tous les Acalèphes :] Polypes hydraires, Méduses, Cténophores, Siphonophores et Coralliaires.

3° Les *Procystis*, précurseurs des Cystidés et de tous les Échinodermes.

4° Les *Proscolex*, dont les Turbellariés, les Trématodes et les Cestoïdes sont les descendants.

5° Les *Pronauplius* d'où sont sortis les nauplius, générateurs de tous les animaux articulés.

6° Les *Protrocha* qui, après s'être transformés en trochosphères, ont été l'origine, suivant qu'ils se sont fixés ou sont demeurés libres, des Bryozoaires, des Annélides, des Brachiopodes, des Mollusques, des Vertébrés et des Tuniciers, animaux que l'on peut réunir, en raison de la forme primitive de leurs reins, sous le nom de Néphrostomés.

Malgré leur grande simplicité, ces divers mérides sont déjà parfaitement distincts les uns des autres au moment où ils se constituent dans l'œuf. Il serait donc bien difficile de soutenir que les séries dont ils sont respectivement les formes embryonnaires primitives, ne sont pas toujours demeuré séparées depuis que l'organisation s'est élevée sur le globe au-dessus de l'état où se trouvent les mérides. Les formes que nous venons de distinguer sont-elles toutes réductibles à l'état de *gastrula*, comme l'affirme Hæckel? On pourrait l'admettre sans que cela préjuge la question de l'unité ou de la pluralité des origines, car rien ne prouve qu'il n'y ait pas eu plusieurs sortes de *gastrula*. Ce qui est certain, c'est que ce n'est pas sous la forme de *gastrula* que les mérides primitifs ont exercé la faculté de métagénèse qui les a transformés en zoïdes, mais bien sous les formes distinctes que nous venons d'énumérer.

Les animaux dont l'individualité est du troisième ou du quatrième ordre se divisent donc, d'après leur origine, en six groupes parfaitement naturels. Il semblerait que ces six groupes dussent se diviser chacun en trois autres. On conçoit en effet, que les mérides qui les ont produits se soient groupés de trois façons différentes, qu'ils aient formé des colonies pouvant s'étendre dans toutes les directions, ou seulement en surface, ou bien enfin ne pouvant s'étendre que dans le sens longitudinal, c'est-à-dire des colonies arborescentes, rayonnées ou linéaires. En réalité, il n'en a pas été ainsi : les *Protascus* n'ont formé que des colonies arborescentes, les Éponges; les *Prohydra* n'ont formé que des colonies arborescentes et des animaux rayonnés; les descendants actuels des *Procystis* sont tous des animaux rayonnés; les *Proscolex* n'ont fourni, en dehors des Turbellariés, que des Vers parasites, les *Pronauplius* que des colonies linéaires.

Seuls, les *Protrocha* ont donné, suivant qu'ils se sont fixés ou qu'ils ont continué à vivre en liberté, des colonies arborescentes comme celles des Bryozoaires ou des colonies linéaires.

Nous avons précédemment fait remarquer que l'absence de cils vibratiles avait nécessairement forcé les *Pronauplius* à mener une vie errante ; peut-être faut-il attribuer la fixation de tous les *Protascus* et des *Procystis* à l'excès de matière minérale qui allourdissait leurs tissus, entravait leurs mouvements et s'opposait aussi bien à la natation qu'à la reptation. La destinée de chacune des catégories de mérides se trouverait ainsi expliquée par quelqu'une de ses propriétés primitives.

Les divisions auxquelles nous sommes conduits correspondent assez bien à celles qui sont à peu près unanimement adoptées. Cela devait être puisqu'on n'a apporté que de faibles modifications aux groupes principaux établis par Cuvier et qu'en définitive Cuvier, en demandant au système nerveux les *caractères dominateurs* de sa méthode, avait été amené à classer les animaux suivant le mode de groupement de leurs parties constituantes. Il suffit pour mettre sa classification d'accord avec celle qui ressort du mode de formation de l'individualité animale : premièrement, de mettre à part les individualités de premier et second ordre qu'il s'efforçait de rattacher aux embranchements établis pour les individualités de troisième et de quatrième ordre, dans lesquels elles ne sauraient trouver place ; secondement, de distinguer dans ceux de ces embranchements uniquement fondés sur le mode de groupement des mérides, les organismes qui proviennent de protomérides différents ; enfin troisièmement de rapprocher davantage les animaux qui résultent de modifications secondaires d'un même mode de groupement de mérides semblables.

Ce travail s'est pour ainsi dire fait spontanément à mesure qu'on a mieux connu l'organisation des animaux : c'est ainsi que les Échinodermes et les Articulés ou Arthropodes ont été élevés à l'état de groupes indépendants ; que les affinités des Mollusques et des Annélides ont été signalées par de nombreux auteurs, et qu'enfin Semper a montré les liens inattendus qui unissent les Vertébrés aux animaux Annelés.

La classification du Règne animal qui résulte de la théorie des colonies, bien que basée sur des principes nouveaux, ne saurait donc différer beaucoup des classifications qui ont reçu l'assentiment des zoologistes, et cet accord avec les résultats de recherches entreprises dans les directions les plus variées, sans aucune idée préconçue sur les rapports des organismes, nous paraît l'une des plus précieuses confirmations de la théorie. Cette classification est résumée dans le tableau ci-joint.

A partir de l'étage des mérides, les séries verticales de ce tableau constituent des lignées qui sont demeurées distinctes dès l'origine, et qui correspondent sensiblement aux grands types que l'on substitue à peu près partout, de nos jours, aux embranchements de Cuvier; seulement, les Mollusques et les Vertébrés, bien qu'on doive continuer à les considérer comme formant des embranchements distincts, sont généalogiquement rapprochés des Vers annelés d'où ils dérivent et avec qui on leur a longtemps dénié toute parenté.

Les animaux appartenant à une même couche horizontale du tableau auraient été, le plus souvent, classés par Cuvier dans le même embranchement. Les ressemblances qu'ils présentent tiennent à l'identité du mode de groupement des parties qui les constituent, ou à l'identité des modifications qu'ont subies leurs mérides groupés de la même façon; mais il n'y a entre eux aucune parenté généalogique. C'est ainsi qu'il existe certains rapports entre les Éponges et les Coralliaires, entre les Bryozoaires et les Hydraires, entre les Méduses et les Échinodermes, entre les Arthropodes et les Annelés, bien que ces êtres ne puissent avoir de parents communs que parmi les mérides primitifs.

On peut enfin se représenter simplement les rapports des diverses couches horizontales de ce tableau les unes avec les autres par une image d'une réelle exactitude, dont l'idée appartient à Haeckel. Supposons un vaste champ d'une fertilité sans borne dont toute la surface ait été couverte de semences; ces semences formeront comme une poussière vivante dont tous les grains paraîtront de même valeur; mais bientôt la germination va s'emparer d'elles : les unes continueront à se multiplier sous leur humble état de cellules vivantes, tandis qu'autour d'elles se développeront les semences des herbes, des arbrisseaux et des arbres qui ne tarderont pas à couvrir le champ d'un vert gazon. Tout d'abord cette

jeune végétation semblera uniforme, l'orme et le cèdre cacheront
leurs premières feuilles parmi les herbes, et le champ aura l'aspect
d'une immense prairie : enfin les arbres prendront leur essor et la
végétation qui couvre le sol, cachant au-dessous d'elle le monde
des Algues microscopiques, se trouvera à son tour dominée par la
futaie.

Les semences innombrables représentent le monde des plastides,
source première des organismes ; l'herbe de la prairie avec laquelle
se confondent les jeunes pousses des arbres correspond au monde
des mérides, d'où s'élancent enfin, comme autant d'arbres distincts,
les diverses sortes de colonies qui ont produit les organismes polymériques et polyzoïques, les zoïdes et les dèmes. Il y a là plus
qu'une simple comparaison. Les diverses phases que traverse le
champ ensemencé figurent bien exactement le développement
historique du règne végétal ; ces phases successives ont leurs correspondantes dans le règne animal que distingue seulement une
indépendance plus grande du sol et du milieu ambiant.

Les six séries du règne animal que nous avons définies ont dû se
développer simultanément, puisqu'elles partaient toutes de formes
originelles aussi simples les unes que les autres. Il n'y a donc pas à
s'étonner que les êtres qui relèvent de chacune d'elles se trouvent
mélangés dans les couches géologiques. Les Articulés n'ont pas dû
succéder aux Zoophytes, les Mollusques aux Articulés, les Vertébrés aux Mollusques, comme on le suppose ordinairement ; ces organismes se sont formés indépendamment les uns des autres ; ils ne
sont astreints à aucune règle de succession dans les couches géologiques, si ce n'est relativement aux organismes de la série à laquelle ils
appartiennent. C'est ainsi que les Coralliaires ont dû se développer
après les Hydraires et que les Hydrocoralliaires tabulés et rugueux
doivent être plus anciens que les Coralliaires proprement dits ; c'est
encore ainsi que les Mollusques et les Vertébrés doivent succéder
aux Vers annelés, mais ont pu se développer simultanément ; que
les Brachiopodes ont dû se montrer de bonne heure, les Céphalopodes, les Ptéropodes et les Gastéropodes presque en même
temps, tandis que les Acéphales ont dû venir après eux. Tout cela

est parfaitement d'accord avec les faits, tellement que d'illustres savants avaient vu dans ces faits eux-mêmes autant d'objections au transformisme. D'autre part, en raison même des facilités que la disposition linéaire offrait à l'individualisation des colonies affectant ce type, les organismes à symétrie bilatérale, tels que les Articulés, les Mollusques et les Vertébrés, ont dû se développer beaucoup plus rapidement que les organismes issus des colonies arborescentes qui formaient l'embranchement des Zoophytes de Cuvier. Nous devons les trouver très en avance sur eux dans les couches géologiques : ainsi s'explique l'apparition précoce des Arthropodes et des Vertébrés et la perfection relativement considérable des formes de ce groupe que contiennent les plus anciennes des couches géologiques actuellement connues. Cette apparition précoce de formes élevées, loin d'être une objection au transformisme, pouvait donc être prévue et devient un argument de plus à l'appui de la théorie qui fait l'objet de ce livre.

CHAPITRE IV

Tout animal est un être collectif. C'est là une des vérités les mieux établies de la biologie moderne.

« Le corps d'un animal, de même que le corps d'une plante, dit M. Milne Edwards, est une association de parties qui ont chacune leur vie propre, qui sont à leur tour autant d'associations d'éléments organisés et qui constituent ce qu'on appelle des *organites*. Ce sont des individus physiologiques unis entre eux pour constituer l'individu zoologique ou botanique, mais ayant une indépendance plus ou moins grande, une sorte de personnalité (1). »

Que sont eux-mêmes ces individus physiologiques? Ici, les interprétations diffèrent. Le grand poète de l'Allemagne, Gœthe, a vu le premier dans la plante une association d'individus primitivement semblables entre eux, mais susceptibles de se modifier diversement, de se montrer tantôt sous la forme de feuilles, tantôt sous celle d'épines, tantôt sous celle de pétales ou d'étamines. Le botaniste Dupetit-Thouars a cherché à rendre plus saisissante cette idée en imaginant le végétal comme une véritable colonie d'organismes, de *phytons*, formés chacun d'une feuille, d'un bourgeon, d'une petite tige et d'une petite racine.

(1) Milne Edwards, *Leçons sur la physiologie et l'anatomie comparée de l'homme et des animaux*, t. XIV, page 226. — 1880.

. On ne saurait nier, dans le règne animal, l'existence d'individus réalisant le végétal idéal de Dupetit-Thouars. Personne ne conteste l'existence de colonies d'Hydres, de Coralliaires ; personne ne conteste que les Siphonophores ne soient de telles colonies qui tendent à prendre une réelle individualité. Moquin-Tandon, précisant une idée de de Blanville, a montré que tous les animaux articulés pouvaient être eux aussi considérés comme formés d'individus disposés en série linéaire ; il a donné à ces individus secondaires le nom de *zoonites ;* Dugès a étendu cette idée aux animaux rayonnés et à même cherché à l'appliquer aux Vertébrés. Pour ces savants, les zoonites ne sont cependant pas tout à fait des individus ; Moquin-Tandon distingue, en effet, dans un sous-règne particulier les animaux *zoonités,* c'est-à-dire les Articulés de Cuvier et les Échinodermes, des animaux *agrégés* formés de véritables individus tels que les Bryozoaires, les Polypes et les Spongiaires. Mais il considère les Infusoires, les Tuniciers, les Mollusques et les Vertébrés comme des individualités simples, indivisibles, et il forme pour eux une troisième sous-règne, celui des *animaux isolés.*

Malgré les tentatives de Geoffroy Saint-Hilaire, d'Ampère, de Leydig et de quelques autres savants pour assimiler les Vertébrés aux animaux articulés, la plupart des zoologistes acceptent encore sans aucune modification les idées de Moquin-Tandon. En 1865, dans ses leçons au Muséum, M. de Lacaze-Duthiers insiste sur l'opposition qui semble exister entre l'unité de l'organisme chez les Vertébrés et sa pluralité, exprimée par les zoonites, chez les Invertébrés ; toutefois les Mollusques paraissent être également pour lui des animaux simples. M. Milne Edwards dans l'ouvrage que nous venons de citer, tout en revenant plusieurs fois sur « l'hypothèse de la pluralité d'individus vivant unis entre eux pour constituer l'organisme d'un animal ou d'une plante », ne dit pas explicitement comment il faut entendre ces individus ; il indique, au contraire, l'idée de l'*individualité des zoonites* telle qu'elle a été exprimée par Dugès et Moquin-Tandon, celle de l'*individualité des tissus* formant les organes, qui est la base de la pathologie cellulaire de Virchow, enfin celle de l'*individualité des organes,* développée par Claude Bernard, comme des variantes d'une

même conception. Hæckel lui-même, essayant dans sa Morphologie générale de donner une théorie de l'individualité animale,
dominé par l'idée régnante encore que les Vertébrés et les Mollusques constituent des unités indivisibles, se trouve amené à réunir
dans une même série les *organes*, dont la fonction seule crée l'individualité, et les *zoonites* possèdent une individualité qui résulte,
au contraire, de leur mode de formation. Semper, développant
d'une manière si complète les conséquences de sa découverte des
organes segmentaires des Vertébrés, signalant l'assimilation définitive qui en résulte entre les animaux vertébrés, les animaux articulés et les animaux annelés, ne cherche pas à déduire de ses
études une théorie générale de l'individualité. Enfin les derniers
auteurs qui ont indiqué des ressemblances entre les Mollusques
et les Vers n'ont jamais précisé la place qu'ils assignent à ces animaux dans l'évolution des organismes, et personne n'a tenté depuis Hæckel, de réunir dans un même faisceau toutes ces données
éparses, de faire sortir du vague dans lequel elles sont constamment demeurées la notion de l'*individualité* et celle de l'*individu*.

Il est avant tout essentiel de remarquer que ce mot *individualité*
est loin d'avoir toujours la même acception dans la bouche de ceux
qui l'emploient.

Considérons le plus élevé des organismes, l'homme. Son corps
est formé d'éléments anatomiques, *plastides*, *cellules* ou *organites*, peu importe le nom sous lequel on les désigne, qui jouissent
les uns par rapport aux autres d'une certaine indépendance, agissent pendant la vie chacun selon un mode qui lui est spécial, présentent des propriétés fort diverses, remplissent des rôles très variés, peuvent vivre un certain temps après avoir été séparés de
leurs compagnons ordinaires et meurent souvent sans que ceux-
ci s'en aperçoivent. Tous les physiologistes les considèrent comme
autant d'*individus*. La physiologie consistait essentiellement pour
Claude Bernard, dans l'étude des propriétés de ces individus qui
devaient être, suivant lui, pour les physiologistes, ce que les *radi-
caux* sont pour les chimistes. Ces éléments se groupent de façons
diverses. Il existe dans l'homme un grand nombre d'éléments similaires dont l'ensemble forme ce qu'on appelle un *tissu*. Les élé-

ments d'un tissu étant à peu près tous semblables entre eux, les propriétés d'un tissu ne sont, en définitive, autre chose que l'image agrandie des propriétés de l'un, des éléments anatomiques qui le composent ; il en résulte que dans un organisme, les tissus jouissent d'une indépendance réciproque, analogue à celle dont jouissent eux-mêmes les éléments anatomiques ; ils vivent chacun d'une vie propre et chacun d'eux peut éprouver des modifications particulières dont les autres sont exempts. C'est ainsi qu'on voit certaines maladies envahir tous les tissus d'un même ordre en épargnant les autres, que certaines affections rhumatismales peuvent frapper, par exemple, toutes les séreuses simultanément. Les tissus se comportent donc, eux aussi, comme de véritables *individus*, c'est là une idée féconde qui a reçu de Virchow ses principaux développements, et qui est une conséquence directe de l'individualité des éléments anatomiques.

Mais différents tissus se groupent pour constituer un organe. Ces tissus ont des propriétés diverses ; on ne pourrait prévoir que de leur association va résulter quelque chose formant un tout, jouissant au sein de l'être vivant d'une certaine autonomie, pouvant dans une mesure quelquefois assez étendue acquérir une véritable indépendance. C'est cependant ce qui arrive. Les organes, comme les éléments anatomiques, ont leur vie propre : un cœur de tortue arraché de la poitrine de l'animal peut battre pendant plusieurs heures encore ; les glandes après la mort continuent pendant un certain temps à sécréter leur produit habituel ; on peut supprimer certains organes sans que d'autres ressentent en quoi que ce soit les effets de l'opération ; on peut même enlever un organe à un individu, le greffer sur un autre individu, chez lequel il continue à vivre comme par le passé ; c'est une opération qui a été tentée plus d'une fois avec un plein succès, et qui a fourni à M. Paul Bert le sujet de remarquables études. L'organe n'est donc pas lié nécessairement à l'organisme dont il fait partie ; il mène en cet organisme une vie qui lui est propre et l'on peut en conséquence le considérer lui aussi comme un véritable *individu*.

Ici se présente une distinction délicate. Les Siphonophores sont des colonies de polypes hydraires dans lesquelles chaque polype

conserve une grande indépendance et peut même se séparer de la
colonie pour vivre isolé pendant quelque temps, sauf à reconstituer ensuite peu à peu un nouveau Siphonophore. Dans la colonie,
chaque polype a un rôle spécial à jouer : il y a, nous l'avons vu,
des polypes nourriciers, des polypes reproducteurs, des polypes protecteurs, etc. Ces polypes, désormais consacrés à une fonction unique, perdent tout ce qui n'est pas nécessaire à l'accomplissement
de cette fonction ; rien ne saurait dès lors les distinguer de ce que
les physiologistes nomment ordinairement des organes. Des individus qui se sont *directement* associés pour composer la colonie, *qui
la formaient à eux seuls*, qui étaient primitivement tous égaux
entre eux, peuvent donc déchoir de leur rang et tomber à l'état
d'*organes*. L'individualité de l'organe, appelé à remplir dans l'é-
conomie du Siphonophore un rôle déterminé, et celle du polype
qui s'est associé à ses égaux pour former le Siphonophore, se confondent. Mais c'est là une exception. Les animaux supérieurs
sont, comme les Siphonophores, des colonies d'individus primitivement tous semblables entre eux, qui subissent plus tard, par le fait
même de leur association, des modifications diverses, et peuvent
se fusionner plus ou moins. Ces individus que nous avons appelés
des *mérides* ont eux-mêmes des organes mais qui se sont formés
d'une tout autre façon que les *polypes-organes* des Siphonophores. Ces organes résultent de la division du travail qui
s'est accomplie entre les éléments anatomiques des mérides ; ils
jouissent d'une sorte d'individualité secondaire, de même nature que celle des tissus, quoiqu'ils n'aient jamais été des êtres
indépendants et qu'ils n'aient pas d'analogues parmi les organismes libres ; ce sont ces organes qui dans un zoïde ou un dème
peuvent se séparer du méride dont ils faisaient primitivement partie, pour s'associer et former les organes plus complexes de ces
individus d'ordre supérieur. Il est évident que de tels organes
n'ont plus rien de commun avec ceux des Siphonophores : l'individualité *qu'ils acquièrent* n'est nullement de même nature
que l'individualité *primitive* des *polypes-organes* de ces derniers.
C'est là une distinction essentielle qui n'a pourtant jamais été
faite et qu'il était impossible de faire tant qu'on a considéré les

Mollusques et les Vertébrés, dont les organes sont si compliqués, comme des animaux simples. C'est l'absence de cette distinction qui entache la classification des individualités animales de Hæckel et qui laisse planer tant de vague sur les considérations générales que divers auteurs ont présentées à ce sujet. La notion de l'individualité des organes est, comme celle des tissus, une notion utile à considérer pour le physiologiste ou le médecin ; mais on ne peut ordinairement voir en elle qu'une simple abstraction. Cette individualité n'atteint jamais à la réalité qu'il faut bien reconnaître à celle des mérides et des éléments anatomiques ou plastides. Si l'on veut considérer les tissus et les organes comme des individus, il faut soigneusement distinguer ces deux sortes d'individus de ceux dont l'association directe concourt à la formation même des organismes et dont les analogues vivent encore ou ont vécu isolés les uns des autres.

Les organes se prêtent eux-mêmes à des groupements analogues à ceux qu'affectent les *individus primitifs*, les plastides. On trouve dans les diverses parties d'un être vivant des organes de même nature dont l'ensemble jouit d'une individualité analogue à celle des tissus ; on donne à ces ensembles le nom de *systèmes :* tels sont le système osseux, le système nerveux, le système vasculaire, le système rénal, etc. Des organes de nature différente peuvent aussi se grouper pour concourir à l'accomplissement de quelque grande fonction physiologique et constituer de la sorte un ensemble qui est aux organes ce que les organes sont eux-mêmes aux plastides ; les ensembles de ce genre portent le nom d'*appareils ;* tels sont l'appareil digestif, l'appareil circulatoire, l'appareil sensitif, etc. Les *plastides,* les *tissus* et les *systèmes* forment ainsi une série d'individualités d'espèce particulière, parallèle à celle qui comprend les mêmes *plastides,* les *organes* et les *appareils.* La première série peut être distinguée sous le nom de série des INDIVIDUALITÉS HO-MOPLASTIQUES (1), la deuxième est celle des INDIVIDUALITÉS PHYSIOLO-GIQUES. Il faut à côté d'elles établir une troisième série, celle des INDIVIDUALITÉS MORPHOLOGIQUES comprenant les individus véritable-

---

(1) De ὅμοιος, semblable et πλάσσω, je forme.

ment constitutifs des organismes, auxquels nous avons été conduits à donner les noms de *plastides, mérides, zoïdes* et *dèmes.*

Entre ces trois séries, il peut y avoir certains points de contact :
toutes trois ont pour point de départ les plastides ; certains organes,
tels que les nerfs ou les muscles, où un élément anatomique déterminé prédomine, ne diffèrent guère d'une partie de tissu ; on
trouve employées dans des sens peu différents les expressions *tissu
musculaire, système musculaire, appareil musculaire ;* nous avons
vu divers mérides jouer le rôle d'organes et les individus morphologiques ont, en définitive, pour raison d'être un même but, essentiellement physiologique, le maintien de leur existence ; mais s'il
est important de signaler ces ressemblances, faciles à prévoir, il ne
l'est pas moins d'insister sur la conception différente de l'individualité qui caractérise chaque série. S'il est vrai que des mérides
très simples puissent descendre au rang d'organes, la réciproque
est absolument inexacte : un foie, un cœur, un rein, un cerveau
sont des organes, mais n'ont jamais eu la qualité d'individus morphologiques vivant indépendants, la qualité de mérides. Faute
d'avoir suffisamment distingué la série physiologique de la série
morphologique des individualité, les *organes* des *mérides,* les groupements secondaires qui se produisent dans un organisme déjà
formé des groupements primitifs auxquels cet organisme doit son
origine, on s'est condamné à ne tirer de l'idée féconde de la production des organismes par association qu'une partie des importantes conséquences qu'elle contient.

Parallèlement aux phénomènes qui marquent la constitution
progressive d'une individualité morphologique d'ordre quelconque, se déroulent des phénomènes d'une autre nature et qui solli-
citent toute l'attention.

L'individu animal ou végétal peut être défini : *Une association de
parties combinées de manière à former un tout capable de vivre par
lui-même, sans aucun secours physiologique, et de reproduire des
associations semblables à elle-même.*

Une telle association comprend bien des degrés, depuis l'état
rudimentaire que l'on désigne habituellement sous le nom de

colonie, jusqu'à l'état de remarquable coordination, d'étroite alliance des parties que présentent les animaux supérieurs. Or il se produit chez ces derniers, nous le savons par nous-même et les animaux en fournissent maintes preuves, un sentiment particulier d'indivisibilité et de continuité, grâce auquel chaque homme, chaque animal se considère, malgré le renouvellement de ses parties, comme un être absolument distinct, acquiert d'une façon précise la notion de son existence, de son *moi*, arrive à posséder ce que nous appelons la *conscience*. Tandis que l'individualité morphologique s'accentue, alors même que nous distinguons encore nettement les parties qui se fusionnent pour la constituer, nous voyons se dégager une sorte d'unité directrice qui domine toutes ces parties primitivement indépendantes, et c'est précisément la notion de cette unité qui a fait naître dans notre esprit l'idée même de l'*individu* que nous avons ensuite étendue aux cas analogues. L'homme est arrivé à distinguer cette unité abstraite, de l'unité morphologique ou physiologique qu'il constitue ; il voit en lui, comme disait Xavier de Maistre, le *moi* et l'*autre*, l'*esprit* et le *corps*. Ce *moi* doit avoir une place à part dans la série des individualisés, on peut lui réserver le nom d'*individu psychologique*.

Or, et c'est là un fait important, ce *moi*, cet *individu psychologique* ne naît pas d'un seul coup. Il se constitue lentement, pièce à pièce, comme l'individu morphologique. Les plastides, simples cellules équivalentes aux éléments anatomiques des animaux supérieurs, manifestent nettement la notion qu'ils possèdent de leur individualité : ils se meuvent ou s'arrêtent à volonté, explorent le terrain sur lequel ils se trouvent à l'aide de leurs pseudopodes ou de leurs cils, exécutent d'une façon qui paraît consciente tous les actes nécessaires à la recherche de leurs aliments ; ils savent même s'associer à leurs semblables ou se séparer d'eux. Associés, ils conservent toutes leurs facultés que l'on voit encore se manifester nettement chez les Éponges et la plupart des polypes hydraires ; mais chez ces derniers, il devient déjà évident qu'une coordination entre toutes les volontés s'est établie ; il est évident même que certaines sensations sont devenues communes. L'Hydre marche comme pourrait le faire un Insecte ou un animal plus élevé ; elle peut varier

ses procédés de locomotion, changer de direction quand celle
qu'elle suit ne, lui convient plus, se fixer ou devenir libre à volonté; elle sait se diriger vers la lumière qui n'éclaire cependant
qu'une partie de son corps et se rétracte tout entière quand elle a
saisi une proie ou qu'on vient à la toucher en quelque point. Ce
sont là des traits qui supposent une *conscience ;* mais cette conscience est elle-même bien rudimentaire, car on voit le polype serré
par une ligature, traversé par une fine épingle ou forcé d'avaler
quelque objet indigeste, se fendre ou se mutiler spontanément, sans
paraître en souffrir ; pour recouvrer sa liberté, il semble d'ailleurs
que la conscience d'une gêne ou d'un danger entre pour peu de
chose dans les motifs déterminants de ces opérations; on peut simplement les expliquer par la tension particulière résultant pour les
tissus de la présence de quelque corps étranger ; mais on ne saurait contester qu'une sensibilité et une volonté communes se soient
déjà établies chez l'animal qui se mutile ainsi. Le sentiment
de douleur, si énergique chez les animaux supérieurs, qui résulte
d'une mutilation, ne s'est cependant pas encore développé ; les divers plastides composant une hydre ne sont pas tellement solidaires
que le fait de leur séparation se traduise par une souffrance pour
l'organisme qu'ils composent ; comment en serait-il autrement
chez un être dont les parties accidentellement isolées, loin d'être
atteintes dans leur vitalité, reproduisent un individu nouveau? Il y
a donc une distinction à faire entre la *sensibilité* proprement dite,
grâce à laquelle l'animal peut acquérir quelques notions sur ce
qui l'entoure, et la faculté de ressentir la douleur. Une association de plastides peut posséder l'une sans posséder l'autre, et c'est
là un fait qu'un exemple bien simple permettra de comprendre.
Supposons plusieurs personnes se donnant la main de manière à
former une chaîne. Que le premier et le dernier individu de la
chaîne touchent l'un l'armature interne, l'autre l'armature externe d'une bouteille de Leyde, tous les individus composant la
chaîne éprouveront simultanément une commotion, exécuteront
même à la fois certains mouvements provoqués par la secousse
qu'ils auront tous ressentie ; leur ensemble pourra donc paraître
avoir un instant possédé une sensibilité et une volonté commune ;

mais ils ne s'en sépareront pas moins sans difficulté : l'individualité passagère qu'ils constituaient se dissoudra sans même regretter son existence d'un instant.

Ce n'est pas seulement aux associations de plastides que s'appliquent ces considérations : dans une colonie fixée de polypes hydraires ou de polypes coralliaires, bien qu'il y ait continuité entre tous les individus associés, bien que tous puisent dans un même système de vaisseaux, dans un même liquide nourricier les aliments qui leur sont nécessaires, bien que tous concourent simultanément au développement et à la prospérité de la colonie, bien que leur ensemble constitue une véritable communauté, on n'aperçoit encore aucune trace de conscience commune : on peut mutiler un individu, l'enlever même sans que ses compagnons paraissent s'en apercevoir. Il existe entre les Polypes des zones neutres de tissus qui n'appartiennent pas à l'un plutôt qu'à l'autre, une excitation produite sur cette zone n'impressionne aucun Polype si les Polypes sont éloignés, mais s'ils sont très rapprochés, s'ils deviennent presque contigus, il pourra résulter au contraire d'une excitation produite sur elle un mouvement simultané de deux ou trois Polypes. Il n'y a donc entre les individus d'autre sensation commune que l'ébranlement résultant pour les divers individus des mouvements exécutés par l'un d'eux ou par une partie de l'un d'eux. Il arrive cependant, lorsque les individus composant la colonie sont très sensibles, que ces ébranlements se propagent fort loin, et déterminent des mouvements simultanés que l'on pourrait croire dominés par une volonté commandant à la fois à tous les individus qui les exécutent ou dans lesquels on pourrait voir le signe de la perception par tous d'une excitation produite sur un seul. Si, dans une colonie bien vivante de Bryozoaires, on vient par exemple à toucher un individu, il se rétracte vivement ; mais on voit se rétracter en même temps tous ses voisins comme s'ils avaient éprouvé eux-mêmes le contact. L'illusion est telle qu'on avait cru un moment découvrir à ces animaux un *système nerveux colonial*. La rétraction simultanée des Polypes est due en réalité à ce que l'approche de l'objet qui a touché ce Polype, ou le mouvement rapide de celui-ci a ébranlé l'eau au voisinage des autres qui ont, en définitive, ressenti seulement les oscillations du liquide. Il n'en est pas moins vrai que dans de telles colonies un certain nombre de Polypes éprouvant presque toujours simultanément les mêmes impressions, exécutant les mêmes mouvements, une sorte de dépendance tend à s'établir entre eux et le reste de la colonie, ne fût-ce qu'en raison de l'ébranlement plus considérable que ces mouvements simultanés produisent en elle. En réalité, on n'a jamais observé de colonie fixée possédant des facultés que l'on pût regarder avec quelque certitude comme impliquant une notion du moi.

Bien différentes se montrent les colonies errantes même les plus humbles. Chez toutes, nous avons eu occasion d'en faire fréquemment la remarque, les observateurs signalent une réelle coordination des mouvements qui semble supposer une volonté directrice, ou des sensations produites par des excitations locales et qui sont cependant éprouvées en commun. Les individus composant une Agalme semblent indépendants tant que l'animal laisse flotter l'axe commun sur lequel ils sont implantés : qu'un danger se présente ou que l'animal veuille exécuter quelque mouvement complexe, l'axe se retire entraînant tous les Polypes avec lui. La Physale exécute, suivant M. de Quatrefages, une manœuvre compliquée pour virer de bord. Les Pyrosomes, dont les individus sont encore plus distincts les uns des autres que ceux des Siphonophores, savent exécuter un mouvement analogue ; lorsqu'ils sont phosphorescents, une excitation produite sur un individu en fait jaillir un éclair lumineux ; mais cet éclair n'est pas isolé, et un très grand nombre d'individus, souvent même la colonie tout entière paraît s'enflammer d'un seul coup. C'est une sorte de réalisation de l'expérience de la bouteille de Leyde dont nous parlions tout à l'heure. On peut, dans le cas actuel, expliquer l'émission simultanée de lumière en disant que les divers individus ont eux-mêmes en s'illuminant excité directement leurs voisins et que ce sont, en conséquence, des excitations nouvelles produites par chaque Ascidie et non pas la première excitation qui ont été ainsi transmises de proche en proche.

Chez les Pyrosomes et les Pennatules, la conscience résulterait donc, comme chez les Hydres, de ce que les divers individus avertissent leurs voisins des sensations qu'ils éprouvent, de même que des sentinelles placées de distance en distance s'avertissent réciproquement de tout ce que voit chacune d'elles. Ce mode d'avertissement est facilité chez les Botrylles par l'existence d'un organe particulier qui n'est autre chose que l'orifice commun, le cloaque autour duquel les individus composant un même système sont rangés. Chaque individu envoie vers le cloaque une languette pourvue d'un rameau nerveux grâce à laquelle une communication peut être établie d'une manière permanente entre tous les membres d'un même groupe. Aussi les voit-on tous fermer leurs orifices dès qu'on vient à toucher les bords du cloaque commun. On peut représenter cette disposition singulière en imaginant des chiens assis en cercle, la tête tournée vers la circonférence surveillant chacun une partie de l'horizon, et qui auraient étendu leurs queues vers le centre du cercle de manière à les amener au contact. Que l'on vienne à mettre le pied sur le point où ces appendices se réunissent, tous les chiens seront simultanément avertis et détaleront en même temps. L'effet serait exactement le même que si un seul individu s'était chargé d'avertir tous les autres. Mais cette disposition doit être considérée comme constituant un cas particulier.

Les conditions mêmes d'existence des colonies flottantes peuvent permettre de comprendre comment cette forme de la conscience doit se développer chez elles alors qu'elle manque le plus souvent chez les colonies fixées. Supposons toujours qu'il s'agisse d'une colonie de Polypes : un membre de la colonie lorsqu'il se contracte tend nécessairement à entraîner dans son mouvement les Polypes auxquels il est immédiatement uni ; ceux-ci ne peuvent résister qu'en s'appuyant sur leurs voisins et il en résulte une transmission de mouvement qui s'arrête, lorsque la colonie est fixée, sur le corps solide auquel elle est attachée. Il suit de là qu'une partie seulement de la colonie est influencée par les mouvements d'un individu déterminé. En fait, dans ce genre de colonies, les individus se développent sur des espèces de racines charnues qui rampent à la

surface des corps, ou bien ils sont soutenus par une sorte de
polypier, de façon que chaque individu trouve toujours à sa portée un point d'appui qui lui permet de se passer du secours de
ses compagnons, et peut ainsi se mouvoir sans que ses voisins
en aient conscience. Mais il n'en est plus de même dans une
colonie flottante, comme celle des Siphonophores. Là les individus ne peuvent trouver de points d'appui pour leurs mouvements
que dans la colonie elle-même : le développement de pièces
solides ne change rien à cela ; la colonie ne peut s'appuyer que
sur le liquide ambiant qui cède sous la pression, de sorte que tout
mouvement d'un individu détermine un mouvement plus ou moins
sensible de la colonie tout entière, mouvement qui est nécessairement perçu par tous ses membres. Les divers individus composant
une colonie flottante exercent donc constamment les uns sur les
autres une influence réciproque, et si l'un d'entre eux était convenablement placé pour recevoir de ces divers mouvements une
influence plus directe, on comprendrait qu'il soit incessamment
informé de ce qui se passe dans les différents points de l'association,
qu'il puisse réagir en conséquence et prendre ainsi le rôle d'*individu-directeur*. Cet individu manque, en général, dans les colonies irrégulières ; l'individu central de la plupart des colonies
rayonnées, absorbé d'ordinaire par les fonctions digestives, n'acquiert le plus souvent qu'une faible prédominance ; mais l'individu
antérieur des colonies linéaires se distingue nettement de tous
les autres ; il devient réellement l'individu-directeur, c'est lui qui
forme la *tête* des animaux provenant de telles colonies.

De ce qu'une colonie acquiert la notion de son existence, en
tant que colonie, il ne s'en suit pas nécessairement que chacun
des individus qui la composent perde la notion de son existence
particulière. Chaque individu continue au contraire à se comporter
d'abord comme s'il était seul : rien ne permet de supposer que sa
conscience personnelle se soit évanouie. M. de Lacaze-Duthiers
constate que lorsqu'on vient à toucher légèrement l'un des tentacules
d'un Polype de corail épanoui, ce tentacule rétracte d'abord ses
barbules si l'excitation est légère, se replie tout entier si elle
devient plus forte ; il exécute d'abord seul ce mouvement. Il serait

possible que l'excitation de certains points de la membrane buccale commune à tous les individus ou l'ébranlement simultané de
plusieurs tentacules fussent seuls capables de faire rétracter le
Polype tout entier. Le Polype agit dans ces circonstances comme
le ferait une colonie de Pyrosomes, ou même une colonie de
Bryozoaires. Chaque tentacule correspondant, on le sait, à un
Polype hydraire, équivalant à un Polype de Siphonophore, paraît
sentir et vouloir isolément et cependant plusieurs de ses actes,
comme ceux qu'exigent la capture et la déglutition d'une proie,
impliquent nécessairement que le Polype possède une conscience
qui s'élève au-dessus de la conscience particulière de ses parties.
Les Étoiles de mer présentent des faits entièrement analogues ;
dans ces animaux rayonnés on pourrait d'autant moins mettre en
doute l'existence d'une conscience embrassant les phénomènes qui
se produisent dans toutes les parties de l'animal, que l'on ne peut
guère en concevoir d'autre chez une Ophiure dont les bras sont
devenus de simples individus locomoteurs, et surtout chez un
Oursin ou chez une Holothurie dont les divers rayons peuvent cesser d'être distincts. Les Ophiures, les Oursins, les Holothuries sont
aussi intimement liés que possible aux Étoiles de mer ; mais leurs
rayons paraissent avoir perdu toute conscience propre, tandis que
chez certaines Étoiles de mer chaque bras séparé continue à
ramper, à suivre une route déterminée ou à s'en détourner suivant
les cas, à s'agiter quand on l'excite, à témoigner en un mot d'une
véritable conscience. La conscience du rayon n'en est pas moins
subordonnée à la conscience de l'Étoile, comme le prouve l'harmonie qui s'établit entre les mouvements des parties lorsque
l'animal se déplace. On peut considérer cette conscience comme
résidant dans l'individu central, dans l'individu nourricier autour
duquel les autres se sont groupés, et il en est de même chez les
Polypes coralliaires. Les Méduses, plus élevées en apparence que
ces derniers, se rapprochent au contraire des Botrylles au point
de vue du mode d'établissement des sensations communes. L'individu central souvent caché au centre de l'ombrelle ne paraît pas
intervenir plus directement que les autres dans les phénomènes
de coordination. On a constaté au contraire que les individus com-

posant l'ombrelle étaient unis par un anneau nerveux qui établit
entre eux l'harmonie nécessaire aux mouvements de locomotion,
et permet sans doute à ces mouvements de se combiner d'après les
impressions qui sont produites en un point quelconque de la
colonie.

Ainsi l'étude des colonies animales nous permet de distinguer
déjà quatre degrés dans le développement des phénomènes qui correspondent à ce que nous nommons la *conscience* chez les animaux
supérieurs. D'abord les individus associés demeurent à peu près
complètement indépendants les uns et des autres ; le voisinage
forcé, la continuité des tissus, l'unité à peu près constante de l'appareil digestif établit néanmoins entre eux un certain nombre de
rapports qui font que chaque individu ne peut demeurer absolument étranger à ce qui se passe chez ses compagnons les plus
proches : c'est le cas des Éponges, des colonies de Polypes hydraires,
de Polypes coralliaires, de Bryozoaires et de quelques colonies
d'Ascidies ; bientôt des communications régulières s'organisent
entre les membres d'une même colonie ; mais cela peut avoir lieu
de trois façons : ou bien chaque individu transmet successivement
à tous les autres, par un procédé du reste variable, les sensations
qu'il éprouve (Pyrosomes, Pennatules) ; ou bien grâce à la coopération de tous les individus il se forme un organe particulier chargé
de transmettre simultanément à tous certaines impressions et
capable par cela même de déterminer la production de certains
mouvements combinés (Méduses, Botrylles) ; ou bien enfin un individu déterminé, membre comme les autres de la colonie, est chargé
de concentrer toutes les impressions, de les apprécier et de diriger,
en conséquence, les actes de l'association (Polypes coralliaires,
Echinodermes, animaux annelés et articulés).

Dans un seul cas, le dernier, une certaine part des impressions
produites sur les différents individus ou même certaines impulsions
émanées d'eux arrivent à un individu *unique*, qui les ressent per-
sonnellement et dont la volonté semble alors dominer celle des
autres. C'est la conscience de cet individu qui s'agrandit de manière
à devenir la conscience même de la colonie ; c'est lui qui veut
pour tous ses compagnons : ceux-ci lui obéissent docilement et, cette

centralisation faisant des progrès, l'on croit voir comment s'établit dans la colonie une unité psychologique, réelle, indiscutable, comment les animaux supérieurs arrivent à la notion de leur indivisibilité, comment le *moi* se substitue au *nous*. Ce *moi* ne serait autre chose que le *moi* envahissant et devenu despotique de l'individu à qui des circonstances diverses ont donné dans la colonie une place prépondérante.

Ce mode de développement de l'individualité psychologique présente lui-même des degrés. L'individu-directeur n'est pas arrivé d'un seul coup à établir son hégémonie. C'est, pour nous servir d'une heureuse expression de M. Alfred Espinas (1), par une longue série de délégations successives qu'il est parvenu à concentrer en lui la plus grande part de l'activité psychique de la colonie ; il a reçu peu à peu un mandat de plus en plus étendu avant d'arriver à obtenir l'abdication plus ou moins complète de ses associés. Est-ce autrement que les simples confédérations se transforment en nations puissantes, ayant de vastes capitales où s'agitent les questions d'intérêt général, d'où rayonnent les grandes idées, où se concentrent tous les pouvoirs?

Dans les chaînes de Turbellariés tous les individus sont égaux, il n'y a entre eux aucune différence ; chez les Cestoïdes, un individu, l'embryon ou plutôt la larve *hexacanthe*, se charge de trouver pour la colonie une place temporaire ; il disparaît une fois son œuvre accomplie ; un autre individu, le *scolex* ou prétendue tête du Cestoïde, prend le rôle principal et fixe la colonie à sa place définitive. Chez les Annélides ces deux individus, qui ne sont autre chose que les deux aînés de la colonie, forment la tête et le segment anal de l'animal : ils sont tous deux l'objet de délégations particulières ; mais c'est le plus âgé des deux qui conserve le rôle principal et qui devient en somme le véritable individu-directeur. Il est à remarquer toutefois que sa domination est relativement peu étendue. Nous avons vu que les grandes Eunices se mordent la queue sans en avoir conscience ; souvent des Annélides dont la partie postérieure est presque broyée se meuvent à peu près comme celles

(1) *Les Sociétés animales.* 1 vol. in-8, 2ᵉ éd., 1878.

qui sont intactes ; on sait avec quelle facilité ces animaux placés
dans de mauvaises conditions s'amputent spontanément, et la
douleur qui résulte de cette amputation ne paraît pas plus considérable, si l'on en juge par les mouvements de l'animal, que celle
éprouvée en pareil cas par les Hydres. La domination du premier
segment est donc relativement très faible chez ces Annélides. Il
n'est pas sans intérêt de la voir s'affaiblir de plus en plus à mesure
que l'on s'éloigne de la tête, et ce fait est de nature à expliquer la
réduction du nombre des anneaux que l'on remarque chez les animaux issus de colonies linéaires, toutes les fois que l'individualité de
la colonie prend décidément le pas sur celle des organismes associés.
Les anneaux sur lesquels l'individu-directeur n'aurait pas une influence suffisante deviennent une gêne ; ils se réduisent d'abord,
comme chez les Hermelles, les Scorpions et les Vertébrés pourvus
d'une queue, puis ils disparaissent. Il est difficile cependant de déterminer dans quelle mesure, même chez les Annélides, les différents
individus ont perdu leur individualité psychologique. Les mouvements que l'on peut provoquer dans un tronçon d'Annélide, composé
d'un aussi petit nombre d'anneaux qu'on voudra, ceux qui agitent
les membres d'un thorax d'Insecte séparé de la tête et de l'abdomen,
lorsqu'on vient à porter sur eux une excitation, ne prouvent pas,
à la vérité, que le tronçon de l'Annélide, le thorax de l'Insecte aient
conscience de ce qui se passe en eux-mêmes. On sait qu'un animal
décapité, qu'un homme privé de sentiment peuvent sous l'influence
des stimulants ordinaires exécuter des mouvements qui ressemblent étonnamment aux mouvements conscients, produits sous
l'influence de la volonté : les physiologistes ont désigné ces mouvements tout mécaniques sous le nom de *mouvements réflexes.* Mais
l'habitude peut transformer en mouvements réflexes presque tous
les mouvements conscients et volontaires. C'est donc une question
très délicate que d'arriver à déterminer quel est le degré de dépendance dans lequel l'individu-directeur, celui que nous nommons
la tête, tient ses co-associés ; cependant comme, en définitive, chez
les animaux supérieurs, les physiologistes excluent des phénomènes
relevant de la conscience tous les phénomènes de sensation qui
ne sont pas centralisés dans le cerveau et tous les phénomènes de

mouvement qui ne sont pas directement commandés par lui, on est conduit à mesurer le degré d'*individualité psychologique* ou, ce qui revient au même, le *degré de conscience* d'une colonie par le degré de centralisation des fonctions psychiques dans l'individu qui joue le rôle de tête.

A mesure que cette centralisation s'accomplit, à mesure que la conscience générale prend une importance plus grande, les consciences particulières s'endorment, confiantes dans celle qui désormais sentira, appréciera, voudra pour toutes. Un petit nombre d'actes très habituels demeurent sous leur dépendance; ces actes échappent à la conscience directrice : ils doivent en général se répéter régulièrement, toujours de la même façon, dans toutes les circonstances de la vie; il est inutile, il serait même fâcheux que leur accomplissement n'ait pas été prévu et réglé une fois pour toutes. Ces actes forment la plus grande part des actes *réflexes*.

Mais cette domination apparente d'un individu de la colonie sur les autres ne fait que reculer la difficulté de l'unité psychologique des animaux supérieurs, sans la résoudre. Tout d'abord un seul individu suffit rarement à la direction d'une association d'ordre élevé. Il n'y a guère que les Annelés chez qui la tête soit réduite à un seul segment; elle en comprend généralement plusieurs, qui demeurent plus ou moins distincts chez les Crustacés et les Arachnides et sont à peu près complètement fusionnés à l'état adulte, chez les Myriapodes et les Insectes. Comment concilier l'unité de la conscience avec cette multiplicité des individus qui semblent prendre part à sa formation? D'ailleurs, en admettant même que le rôle physiologique spécial et incontestable joué par le méride ou le zoïde-directeur coïncide avec un agrandissement de sa conscience qui absorberait celle de tous les individus subordonnés, comment expliquer la formation de cette conscience elle-même? Dans le cas le plus simple, celui d'un méride-directeur, ce méride n'est-il pas formé lui-même de plastides ayant conservé leur indépendance réciproque? Admettra-t-on que la conscience réside particulièrement dans l'un de ces plastides? Mais ce serait là une hypothèse gratuite que l'on ne saurait appuyer sur aucun fait scientifiquement constaté. Concluons donc que si l'anatomie peut nous rendre compte de certains rapports physiologiques, de certaines coordinations entre les individus constituant un animal donné, elle nous laisse complètement ignorants quant au phénomène de la formation du *moi*. C'est dans une autre direction qu'il faut chercher.

Or, un fait important que nous avons dû mettre en relief dans l'un de nos précédents chapitres prouve que, dans toute colonie, une véritable unité s'est constituée bien avant qu'aucun individu ait pris le rôle directeur qui semble appartenir à la tête chez les animaux annelés, arthropodes et vertébrés. « L'œuf d'un animal vivant en colonie reproduit, avons-nous dit, non pas seulement cet animal, mais la colonie même dont celui-ci faisait partie. » Les divers individus composant la colonie forment donc réellement, par le fait de leur association, une sorte de tout qui se résume dans l'œuf et qui est indivisible comme l'œuf lui-même. L'accélération métagénésique qui se manifeste presque dès le début de la vie sociale et qui tend à reconstituer le plus rapidement possible, avec sa forme définitive, la colonie, c'est-à-dire l'ensemble même dont l'œuf et l'individu qui l'a produit faisaient partie, cette accélération ne se comprendrait pas si l'œuf représentait une partie de la colonie indépendante et non la colonie tout entière, si, par conséquent, la colonie n'était pas virtuellement un tout aux parties solidaires.

Les phénomènes de la reproduction sexuée nous montrent donc que ces associations d'individus, qui semblent avoir conservé toute leur indépendance, se constituent en véritables unités, en dehors de toute prédominance de l'un des organismes associés. Entre les colonies de Polypes et les animaux les plus élevés il n'y a, à ce point de vue, aucune différence : les uns et les autres transmettent en bloc à un plastide unique, l'œuf, la totalité de leurs caractères, et c'est ainsi que les moindres des modifications qu'ils subissent peuvent se perpétuer par voie d'hérédité. L'hérédité de l'ensemble des caractères, telle que la montre l'œuf, les phénomènes de conscience, tels que les montrent les animaux supérieurs, ne sont-ils pas deux effets d'une même cause, deux modes différents de manifestation de cette unité qui se fait, dans une colonie quelconque, en dehors de toute combinaison d'organes ?

Bien qu'on ne l'ait pas aperçu dans toute sa généralité et qu'on l'ait implicitement limité aux animaux que l'on considère habituellement comme des individus, le fait de la concentration dans l'œuf de la totalité des caractères d'un organisme a vivement préoccupé les naturalistes. Darwin a essayé de l'expliquer par son hypothèse de la *pangénèse* (1), Hæckel par ce qu'il appelle la *périgénèse des plastidules* (2). La première de ces hypothèses suppose que l'œuf est formé de particules vivantes venant de toutes les cellules du corps de l'individu qui le produit, ainsi que de particules ayant appartenu à tous les ancêtres de cet individu ; la seconde n'admet dans l'œuf que des éléments venant de l'individu qui lui donne naissance ; mais ces éléments ou *plastidules*, sont animés de mouvements ondulatoires qui peuvent se communiquer aux éléments voisins, et qui résument les mouvements hérités ou acquis par les plastidules analogues des ancêtres.

Malheureusement, dans les phénomènes de formation de l'œuf, on n'entrevoit rien qui autorise à le considérer ainsi, comme le rendez-vous de particules venues de toutes les régions du corps, et l'on se demande pourquoi, après avoir remplacé par un mouvement ondulatoire les particules que l'œuf tiendrait, suivant Darwin, de la série de ses ancêtres, Hæckel n'est pas allé jusqu'au bout et n'a pas rattaché de même à un mode particulier de mouvement imprimé au protoplasme de l'œuf, les propriétés que celui-ci tient de son parent immédiat. D'autre part, si les hypothèses de Darwin et d'Hæckel expliquent les phénomènes d'hérédité, elles ne cherchent pas à expliquer la formation de l'unité psychologique de l'individu et ne tiennent pas compte du lien qui semble exister entre cette unité abstraite et celle qui se manifeste d'une façon sensible dans les propriétés de l'œuf.

Plus préoccupé de cette unité organique qui s'affirme par l'hérédité et par la conscience, M. de Quatrefages a désigné sous

---

(1) Ch. Darwin, *De la variation des animaux et des plantes sous l'action de la domesticité*, tome II, page 369 (éd. française).

(2) Hæckel, *Essais de psychologie cellulaire*, trad. française, 1880, p. 86.

le nom d'*âme animale* la cause inconnue, mais unique, selon
lui, des phénomènes caractéristiques de l'animalité (1); M. Milne-
Edwards cherche, de son côté, la cause particulière de l'organisation dans l'alliance avec la matière d'une *substance*, également une,
de nature indéterminée (2). Pour M. de Quatrefages, l'âme animale fait partie d'une série de causes dont l'essence est inconnue,
mais qui sont capables d'agir simultanément sans se confondre.
Ces causes, caractéristiques chacune d'un Règne spécial sont l'*attraction*, qui préside aux mouvements des astres, l'*éthérodynamie*
qui produit tous les phénomènes physiques et chimiques ; l'*âme
végétale*, cause de la vie, l'*âme animale* qui détermine les phénomènes de conscience et de volonté, propres à l'animal ; enfin
l'*âme humaine*.

Quant au mot *substance*, employé par M. Milne-Edwards, il faut
évidemment l'entendre non dans le sens de matière, mais dans celui d'un *substratum* indéfini, présent dans toute particule vivante
et se rapprochant de ce que l'on nomme ordinairement un *esprit*.
Cette « substance », de quelque façon qu'on la définisse, n'est en
somme, comme l'âme végétale de M. de Quatrefages, que la cause
commune de tous les mouvements qui constituent la vie. Distincte
de la matière, elle ne saurait siéger que dans ce merveilleux Éther
des physiciens qui baigne toutes les particules matérielles, participe à leurs moindres tressaillements, nous les transmet sous forme
d'attraction, de chaleur, de lumière, de magnétisme, d'électricité et devient ainsi l'instrument de l'étroite solidarité qui unit
toutes les parties de l'univers, le lien invisible qui relie entre eux
tous les mondes. Admettre une âme végétale ou animale, admettre
dans tout corps vivant une « substance immatérielle.» revient donc
à admettre que l'Éther est aussi l'instrument de l'unité caractéristique des corps vivants. Mais l'action de l'être vivant sur l'Éther,
le physiologiste la constate à chaque pas. N'est-ce pas en ce fluide
que s'accomplissent, en effet, les phénomènes électriques et lumineux dont s'accompagne l'exercice de la vie dans un grand nombre

(1) A. de Quatrefages, *L'Espèce humaine*, page 11. 1877.
(2) H. Milne-Edwards, *Cours de physiologie et d'anatomie comparée*, t. XIV.
1879.

d'animaux ? S'il y a quelque chose de commun entre ce qu'on a appelé le *fluide nerveux* et l'*électricité* n'est-ce pas que l'un et l'autre sont des mouvements de l'Éther que tiennent emprisonné les corps vivants dans le premier cas; les corps inertes dans le second? S'il en est ainsi, c'est surtout par l'intermédiaire de l'Éther que réagissent les unes sur les autres les diverses parties des animaux même les plus élevés? Mais l'Éther est continu : les mouvements qui l'animent dans un corps vivant doivent donc se transformer en un mouvement d'ensemble qui entraîne toute ses parties dans un complexe et incessant tourbillonnement. Est-ce dans ce mouvement commun que réside le secret de l'unité dont nous cherchons l'explication? De même que les tourbillons atmosphériques se décomposent souvent en tourbillons plus petits, les mouvements qui ont fait l'unité d'un organisme se résoudraient-ils en mouvements limités, les reproduisant en partie, et qui viendraient imprimer au protoplasme de l'œuf ses facultés héréditaires?

Nous sommes bien loin de pouvoir espérer encore une réponse à ces questions ; mais puisque nous ne pouvons recourir qu'à l'hypothèse pour nous représenter la cause commune des phénomènes vitaux, l'hypothèse la plus compréhensive et la plus simple est évidemment la préférable. Or, l'intervention, d'ailleurs incontestable, de l'Éther dans le domaine de la vie permet de concevoir les phénomènes de l'hérédité; elle les relie à l'unité de l'individu; elle dispense d'imaginer l'existence d'éléments hypothétiques tels que les plastidules, et de supposer un voyage mystérieux, à travers l'organisme, de ces éléments cherchant à se réunir dans l'œuf; elle met enfin, à la place de toutes ces conceptions, le fluide même aux mouvements duquel on est bien obligé d'attribuer, en dernière analyse, la puissance particulière du système nerveux.

Mais ce n'est encore là qu'une hypothèse sans preuves, et le problème qu'elle voudrait résoudre est de ceux que les philosophes osent seuls aborder encore. Notre rôle de naturaliste doit être plus humble. Peut-être ne refusera-t-on pas cependant une certaine grandeur au but que nous avons poursuivi.

Nous avons cherché à ramener à une même loi le mode de formation des organismes, du plus bas au plus haut degré du Règne

animal; nous nous sommes efforcé de mettre en évidence toute la
généralité, toute la fécondité d'une idée qui a été plusieurs fois
émise, sous des formes diverses, mais presque toujours à titre
d'hypothèse partielle, et dont la haute portée et les précieuses
conséquences n'avaient pu être aperçues, en raison de l'imperfection de nos connaissances anatomiques et embryogéniques.
Personne ne conteste plus aujourd'hui que les êtres vivants ne
soient des associations ; mais pour que cette affirmation acquît
toute sa valeur il fallait montrer par quelle voie ces associations s'étaient constituées pièce par pièce ; déterminer quelle
était la nature des parties associées, quels étaient les éléments
qui avaient formé ces parties elles-mêmes, quelles lois avaient
présidé à la constitution et aux métamorphoses de leurs sociétés.

La *reproduction asexuée* ou *métagénèse*, longtemps considérée
comme l'apanage exceptionnel de quelques êtres privilégiés, apparaît aujourd'hui comme l'agent indispensable à la formation des
colonies animales, mères à leur tour de tous les animaux supérieurs. Grâce à elle un individu primitif, relativement simple, a
pu produire un plus ou moins grand nombre d'individus qui se
sont groupés de façons diverses et dont l'ensemble est devenu plus
tard une unité d'un ordre supérieur, un individu plus complexe ;
grâce à elle un lien étroit unit d'une façon indissoluble toutes les
parties du Règne animal. Procédant, suivant la méthode scientifique, du simple au composé, nous trouvons dans les propriétés des
organismes inférieurs, dans le conflit de ces propriétés avec celles
du milieu ambiant la cause de la formation des organismes les
plus élevés, l'explication de leur structure et de leurs facultés. Le
milieu extérieur, les conditions d'existence, se révèlent comme
jouant un rôle précis et de premier ordre dans l'évolution des
organismes, trop longtemps considérés comme de petits mondes, portant exclusivement en eux-mêmes leur raison d'être et
d'être tels qu'ils sont. Les lois mystérieuses de l'anatomie comparée, celles de l'embryogénie s'enchaînent rigoureusement comme la
conséquence nécessaire d'une loi unique, la *loi d'association*, dans
le développement de laquelle les principes affirmés par les écoles
les plus opposées trouvent leur place marquée et leur explication.

Les liens nouveaux établis entre les organismes permettent de les grouper dans un ordre naturel, conforme à leur ordre d'évolution paléontologique. Enfin une notion plus nette de ce qu'il faut entendre par individu, un rapport imprévu entre les phénomènes d'hérédité et les phénomènes de conscience, une explication commune aux uns et aux autres, semblent se dégager, comme dernières conséquences, des lois qui ont régi la formation des organismes.

Entre ces lois et celles qui président au développement des sociétés humaines, il serait facile de signaler plus d'une ressemblance. Ne semble-t-il pas voir l'image exacte de l'évolution que nous venons de tracer dans la lente et graduelle marche ascensionnelle de l'humanité vers la civilisation? N'est-ce pas aussi par la division du travail, offrant aux aptitudes diverses les moyens de se développer, par la coopération, la solidarité, une liberté tempérée par la loi, une discipline respectée de tous, une coordination graduelle de toutes les forces sociales, que l'humble peuplade sauvage arrive à acquérir la richesse, la puissance et l'unité de nos grandes nations modernes? Il serait évidemment oiseux de chercher dans les organismes résultant de cette évolution une ressemblance avec telle ou telle forme de gouvernement. Pour les peuples comme pour les organismes, ce qui importe avant tout, c'est un mode de liaison des parties propre à assurer, dans des conditions données, la plus grande prospérité possible à l'association comme aux individus qui la composent : les formes d'association les plus diverses ont des chances égales de durée si elles sont appropriées aux qualités particulières des individus et au milieu dans lequel ils sont destinés à passer leur vie. La sélection naturelle se charge d'éliminer celles qui ne satisfont pas à cette double condition, ou qui ne savent pas se plier aux variations incessantes du milieu. Les espèces les plus parfaites d'une époque disparaissent à l'époque suivante, de même que les nations se succèdent dans la domination du monde et sur toutes ces ruines, s'édifie lentement le progrès des organismes comme celui des peuples.

Des ruines! Est-ce bien là cependant le dernier mot? De cet effort constant, de ce gigantesque travail qui a permis à la substance vivante de s'élever jusqu'aux superbes hauteurs de l'intelligence

humaine, ne doit-il rien rester ? Nous dont tous les efforts tendent
vers le bien, qui nous abandonnons tout entiers à notre ardent
amour pour le vrai, qui sentons vibrer la passion du beau dans
toutes les fibres de notre être, pouvons-nous croire que nos travaux, nos émotions sublimes, nos dévouements généreux, tout ce
que notre esprit ressent en lui de noblesse, de grandeur, d'aspira-
tions vers l'infini, pouvons-nous croire que tout cela viendra s'é-
vanouir dans les ombres du tombeau? Au nom des grandes doctrines qui tentent de soulever un coin du voile étendu sur l'origine
des choses, devons-nous condamner, comme de vaines illusions,
les consolantes croyances à une durée plus grande que celle de
notre vie, à une sanction de nos actes plus élevée que celle dont les
couronnent nos luttes quotidiennes?

Rien ne conduit dans la doctrine de l'Evolution, rien ne conduit
dans la doctrine de l'unité de la Force, de l'unité de la Matière à
ne voir dans l'Homme qu'une combinaison passagère, éminemment
périssable. S'il est possible, comme nous le disions tout à l'heure,
que les mouvements vitaux de la matière se transportent à l'Ether,
pourquoi ces mouvements éthérés s'éteindraient-ils avec la
vie qui est leur cause? La disparition d'une étoile arrête-t-elle
le mouvement des rayons de lumière que l'astre a, depuis sa
formation, lancés dans l'espace? Pourquoi ne pas admettre que
durant la longue évolution historique du corps humain, l'âme
humaine, siège de la conscience, s'élaborait à son tour, résumant et conservant ce qu'il y avait de plus harmonique dans les
mouvements vitaux ? Pourquoi tous les efforts de notre raison en
lutte contre les passions qui se déchaînent en nous, pourquoi
toute la somme de volonté dépensée à la conquête de ce que nous
nommons la vertu, pourquoi tous les sacrifices que nous faisons
pour agrandir les horizons de l'esprit humain n'auraient-ils pas
pour conséquence d'harmoniser les mouvements de notre âme
et d'en assurer la durée? Quelle plus grande récompense l'esprit
humain peut-il rêver que celle de contempler, dans la jouissance
qu'il acquiert après la mort des vérités dernières, dans la confiance absolue d'une durée sans limite, l'œuvre même qu'il a accomplie sur la terre ?

Êtres chéris dont la mort a touché le front, il nous plaît de penser que votre existence bénie a obtenu ce suprême couronnement, que vous pouvez ressentir encore l'affection que nous vous gardons, au fond de nos cœurs, et que votre pensée radieuse ne s'est pas éteinte pour jamais, alors que se conservent éternellement dans l'Ether infini les vibrations de l'étoile qui luit aux cieux !

FIN

Edmond Perrier.

50

TABLE DES MATIÈRES

LIVRE II

LES COLONIES IRRÉGULIÈRES

CHAPITRE PREMIER

LES ÉPONGES ET LA FORMATION DE L'INDIVIDUALITÉ ANIMALE.

CHAPITRE II

L'HYDRE D'EAU DOUCE ET L'INDIVIDUALITÉ ANIMALE.

CHAPITRE III

LES MÉDUSES ET LEUR PARENTÉ AVEC LES HYDRES.

CHAPITRE IV

LA DIVISION DU TRAVAIL ET LE POLYMORPHISME DANS LES COLONIES D'HYDRAIRES.

LIVRE III

LES COLONIES LINÉAIRES

CHAPITRE IV
LA DIVISION DU TRAVAIL DANS LES COLONIES LINÉAIRES.

CHAPITRE V
DEUXIÈME TYPE DE COLONIES LINÉAIRES : LES ANIMAUX ARTICULÉS.

CHAPITRE VI
LES FORMES ORIGINELLES DES VERS ANNELÉS ET DES ANIMAUX ARTICULÉS.

LIVRE IV

GROUPEMENTS ET TRANSFORMATIONS PAR COALESCENCE DES COLONIES LINÉAIRES

CHAPITRE PREMIER

LES COLONIES LINÉAIRES ET LES ANIMAUX RAYONNÉS.

I. — Constitution générale des Échinodermes.

CHAPITRE II

LES COLONIES LINÉAIRES ET LES ANIMAUX RAYONNÉS.

II. — Les Crinoïdes.

LIVRE V

CONCLUSIONS GÉNÉRALES

CHAPITRE PREMIER

LA THÉORIE DE L'ASSOCIATION ET LES LOIS DE L'ORGANISATION.

CHAPITRE II

L'EMBRYOGÉNIE ET LA THÉORIE DES COLONIES.

CHAPITRE III

APPLICATION DE LA THÉORIE DES COLONIES A LA CLASSIFICATION.

CHAPITRE IV
L'INDIVIDUALITÉ ANIMALE.

G. MASSON, ÉDITEUR

PARIS, 120, BOULEVARD SAINT-GERMAIN

LA NATURE

REVUE DES SCIENCES

ET DE LEURS APPLICATIONS AUX ARTS ET A L'INDUSTRIE

Journal hebdomadaire illustré

Honoré par M. le Ministre de l'Instruction publique d'une souscription pour les bibliothèques populaires et scolaires

HUITIÈME ANNÉE

Rédacteur en chef : GASTON TISSANDIER

QUINZE VOLUMES EN VENTE

Prix du volume broché : 10 fr. — Avec une reliure riche dorée sur tranche : 13 fr. 50

LE 16ᵉ VOLUME COMMENCE AVEC LE NUMÉRO 235 (1ᵉʳ DÉCEMBRE 1880)

Chaque volume est vendu séparément

PRIX DE L'ABONNEMENT

PARIS. Un an (deux volumes)...... 20 fr. | DÉPARTEMENTS. Un an (2 vol)..... 25 fr.
— Six mois (un volume)...... 10 fr. | — Six mois (2 vol.).. 12 50

Chaque volume de LA NATURE contient environ 300 gravures sur bois, cartes et diagrammes.

Le journal *la Nature* a pris aujourd'hui un des premiers rangs parmi les publications scientifiques de la France et de l'étranger. On a dit à bon droit de ce recueil qu'il était à la fois le *Magasin Pittoresque* de la Science, et le *Tour du Monde* savant et industriel.

Constamment à la recherche de l'actualité, il pénètre en effet partout où se font les grandes recherches et les importants travaux ; il ouvre à ses lecteurs les établissements scientifiques, les laboratoires, les musées, les collections, les usines ; il suit l'explorateur dans ses voyages ; il prend part aux congrès scientifiques, aux réunions des Sociétés savantes ; il se fait l'écho de toutes les manifestations du progrès.

Toujours au courant du mouvement scientifique, fidèle à la mission qu'il s'est tracée : « *vulgariser la science sans la rendre vulgaire* », **ce recueil répond à un besoin d'une époque où la science est partout et progresse chaque jour. Il s'adresse à tout le monde, aux savants, aux gens du monde, à la jeunesse.**

La Nature paraît le Samedi de chaque semaine. Chaque numéro est formé de seize pages à deux colonnes, avec de nombreuses figures dans le texte.

Le journal forme chaque année deux beaux volumes de bibliothèque, dont la collection est une véritable encyclopédie des découvertes et des travaux scientifiques de la France et de l'Étranger.

G. MASSON, ÉDITEUR

PARIS, 120, BOULEVARD SAINT-GERMAIN

LEÇONS
DE ZOOLOGIE

PROFESSÉES A LA SORBONNE

(ENSEIGNEMENT SECONDAIRE DES JEUNES FILLES)

PAR

M. PAUL BERT

Député

PROFESSEUR A LA FACULTÉ DES SCIENCES DE PARIS
MEMBRE DU CONSEIL SUPÉRIEUR DE L'INSTRUCTION PUBLIQUE

ANATOMIE — PHYSIOLOGIE

Un volume grand in-8 de 600 pages

AVEC 402 FIGURES DANS LE TEXTE

Prix, broché : **12** *fr. —* *Cartonné :* **15** *fr.*

« . . . . . J'ai toujours senti une sorte de respect pour l'importance du rôle que j'avais l'honneur de remplir.

« Ce respect se traduisait par un grand soin dans la préparation des leçons et surtout par une grande prudence dans l'exposition des faits, et je ne fais pas allusion seulement aux délicatesses de langage ou même à la réserve absolue que commandent certaines parties de la science que je professais ; non il n'y a point là de difficultés véritables. Je veux parler de susceptibilités bien autrement éveillées, et même je dirai bien autrement respectables, puisqu'elles protègent l'intégrité du domaine de la conscience. . . . .

« Et maintenant, que le public prononce ! J'ai la ferme et douce conviction que ce livre « pour les jeunes filles » sera recommandé par toutes mes anciennes élèves à leurs sœurs et à leurs amies. Je les prie de ne pas oublier leurs frères, Messieurs de Philosophie, qui y trouveront développées beaucoup de parties du programme officiel de leur classe. Je sais même des papas et des mamans qui le pourront lire avec avantage. »   (*Extrait de la Préface.*)

511-80. — CORBEIL. Typ. et stér. CRÉTÉ.